⑬ハナガサクラゲ(刺胞動物)
かさのあちこちから突き出ているのは，触手である。触手は，光を浴びるとその先端が色とりどりの蛍光色を示し，非常に美しいが，強い毒がある。この毒で小魚などを麻痺させ，かさの裏側にある口で丸飲みにする。

⑭シロナガスクジラ(脊椎動物・哺乳類)
体長23 ～ 27 m，地球上最大の生物である。体重は最大で200 t，最長寿命は100歳と考えられている。

⑮ミズガメカイメンのなかま(海綿動物)
直径1.8 mにもなる超大型のカイメンである。硬くて石のような質感である。

⑯ウミイグアナ(脊椎動物・ハ虫類)
ガラパゴス諸島の固有種で，岩礁に生息し，海中に潜って海藻を食べる珍しいトカゲである。その見た目とは裏腹におとなしい性格で，大きな手や鋭い爪をもつが，これらは陸上や潮の流れのある海中で岩にしがみつく生活に適応(➡p.2)した結果であると考えられている。

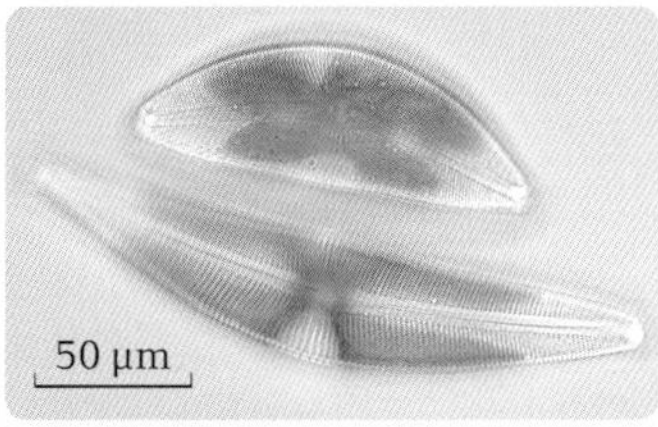

⑱クチビルケイソウ(ケイ藻類)
ケイ藻は，ケイ酸質の殻をもつ。クチビルケイソウは，ヒトの唇に似た形をしており，殻に多数の縦溝がみられる。

⑰オオウキモ(褐藻類)
体長45 m以上にもなり，世界最大の大型藻類といわれている。ジャイアント ケルプとも呼ばれる。1日に30～50 cmも成長する。

⑲ハリセンボン(脊椎動物・魚類)
敵に襲《おそ》われるなど，危険を感じるとからだを膨《ふく》らませて威嚇《いかく》する。棘《とげ》はうろこが変化したものである。

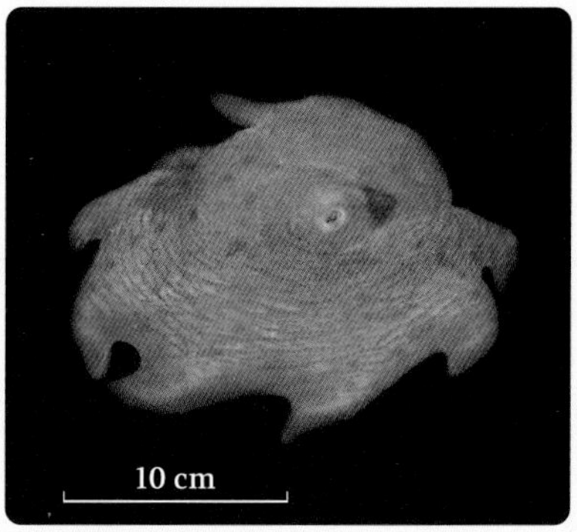

⑳メンダコ(軟体動物)
水深130 ～ 1100 mの深海に生息するタコである。あしは膜でつながっていて，これを広げたり閉じたりして泳ぐ。黒いスミは吐かない。独特な刺激臭がする。

生物とは，生命とは何だろう？

「生物」と「生命」は，一般社会で広く使われる用語であるが，その意味するところは文脈によって異なることが多い。同じ意味で使われる場合もあれば，「生命の尊厳」や「生物多様性」などのように，両者を意識的に区別して使っている場合もある。本書では，生物学用語としての「生物」と「生命」を次のように定義する。

すべての生物には，右に示すような「からだが細胞からなる」，「遺伝物質としてDNAをもち，生殖によって子をつくる」，「代謝を行う」といった共通性がみられる。これらの特徴すべてを兼ね備えたものが**「生物《せいぶつ》」**である。一方，生物には，増殖，代謝，外部環境への適応調節といった活動がみられる。これらの活動すべてを自然に行っている状態が**「生命《せいめい》」**である。

生物にみられる主な共通性

このほか，「体内の状態を一定に保とうとする」，「外界からの刺激を受容し，反応する」，「進化する」などの特徴も共通にみられる。

からだが細胞からなる

生物は，細胞膜によって外界から区切られた，1つ，または複数の細胞からなる。

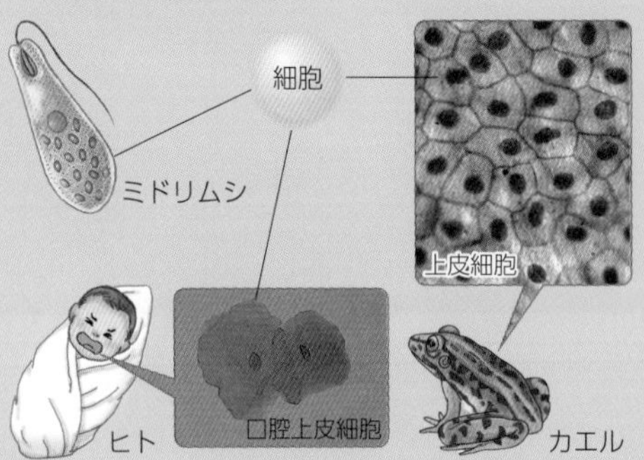

遺伝物質としてDNAをもち，生殖によって子をつくる

生物は，細胞分裂の際にDNAを複製・分配し，また，DNAを子孫へ伝える。

ヒト上皮細胞の分裂▶

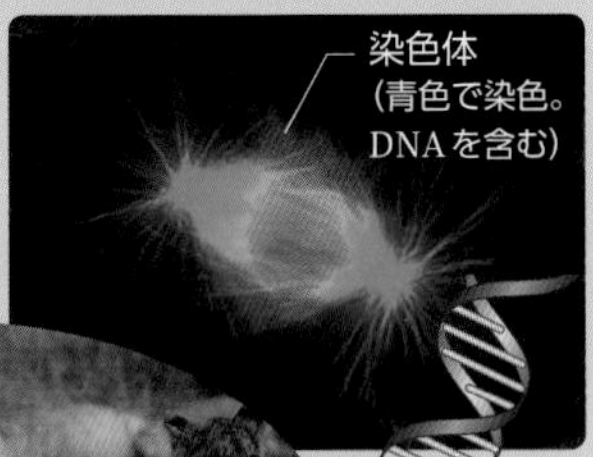

ウイルスは生物か？

ウイルスは，タンパク質でできた殻(カプシド)のなかに，遺伝物質をもつ微細な粒子である(➡p.21)。

ウイルスは，生物と同様に，遺伝物質をもち，自身と同じ構造をもつものをふやす。しかし，生物にみられる共通性のすべてはもちあわせておらず，ふつう，生物とは認められていない。ウイルスの分類や名前を検討する国際組織である国際ウイルス分類委員会(ICTV)も，ウイルスは生物ではないとの発表を2000年に行っている。

ウイルスの基本的な構造

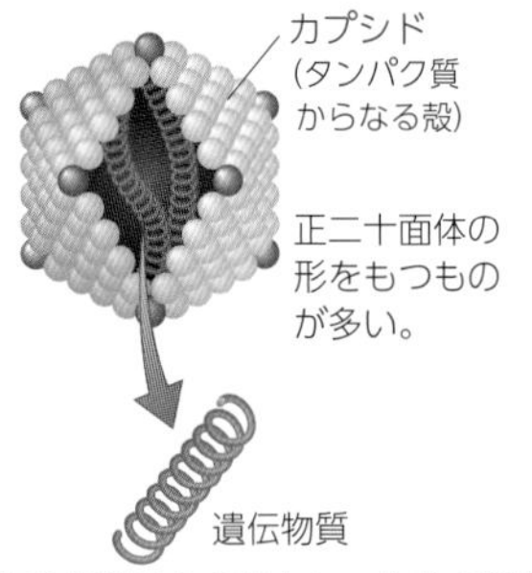

細胞構造はみられない。生物の遺伝物質は2本鎖DNAだが，ウイルスでは種類によって異なる(➡p.21)。

ウイルスの活動と増殖

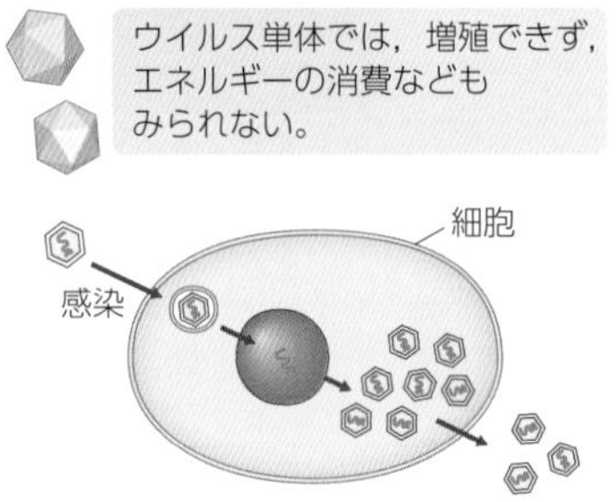

ウイルスは，細胞に感染し，翻訳などの細胞がもつ生命活動を営むしくみを利用して増殖する(➡ p.186，188)。

break《ぶれいく》 ウイルスもどき？

ウイロイドは，数百塩基(➡p.73)の1本鎖RNAが環状になった構造体で，植物にウイルスのように感染して増殖する。ウイロイドは，「ウイルスもどき」という意味で，ウイルスとは区別される。感染によって植物に病気を引き起こすこともあるが，そうでないことも多い。

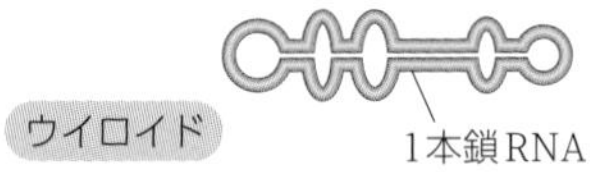

PLUS α 巨大ウイルスの発見

ウイルスは，かつて，細菌は通り抜けられない微細な孔をもつろ過器でろ過した後の液に，病原性があったことから発見された。典型的なウイルスの大きさはおよそ0.1 μmで，ヒトに感染するウイルスのなかで大きいとされる天然痘ウイルスでも長径0.3 μm程度である。ところが，2003年にミミウイルスと命名されたウイルスは，0.75 μmもの大きさがあった。ミミウイルスは大きさが大きいだけでなく，ゲノムサイズ(➡p.78)も大きく，遺伝子数も多いことがわかった。また，それまでのウイルスにはみられなかった，翻訳(➡p.92)に必要な遺伝子も一部もっていた。その後，ミミウイルスと同様に大きく，生命活動に必要な遺伝子をより多くもつ巨大ウイルスが次々と発見されており，ウイルスと生物の境界線は非常にあいまいなものになりつつある。

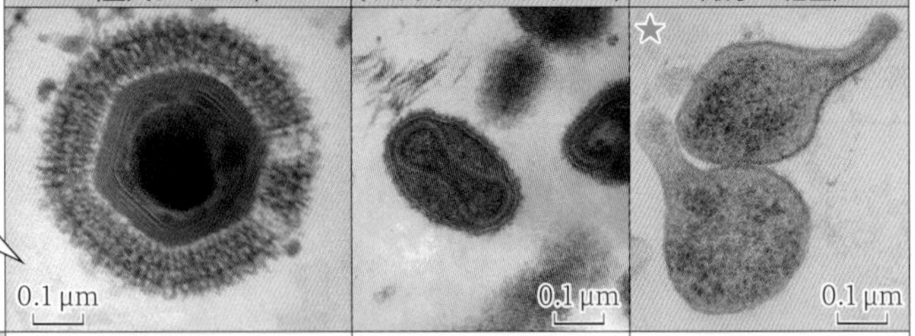

	ミミウイルス (巨大ウイルス)	天然痘ウイルス (やや大きめのウイルス)	マイコプラズマ (最小の細菌)
大きさ	直径0.75 μm (周囲の繊維状構造を含む)	長径0.3 μm	直径0.3 μm
ゲノムサイズ	約120万塩基対	約19万塩基対	約58万塩基対
遺伝子数	約1000	約200	約200

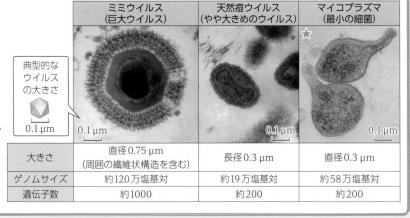

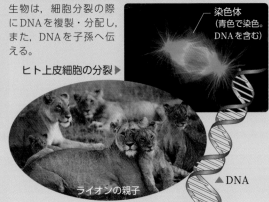

代謝を行う

生物は，栄養分を分解してエネルギーを取り出し，活動する（代謝，➡p.46）。

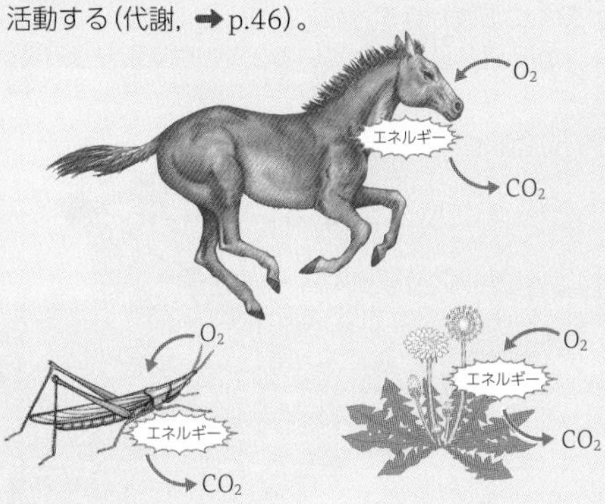

無生物との比較

無生物であるAI搭載ロボットの特徴を生物の特徴と比較してみよう。

生物と共通のAIロボットの特徴

- 周囲の物体や明るさ，温度などを認識する。
- 音声などに反応する。
- 自律的に動く。　など

構造

金属やプラスチックなどからなる。基本単位となるものはない。

設計図とつくられ方

設計図（電子データなど）に従って工場でつくられる。

エネルギー源

電気エネルギーで動く。

生命体が存在するのは地球だけ？

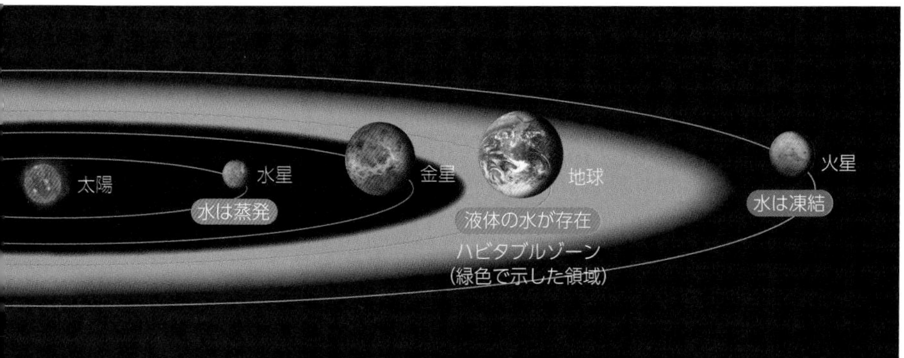

地球は，大気や水を表面にとどめておくのに必要な重力を生じるのに十分な質量と大きさをもつ。また，中心の恒星（太陽系の場合には太陽）から程よい距離にあり，惑星表面に液体の水（海）が存在する可能性がある領域（ハビタブルゾーン）に存在する。

宇宙は人類が観測不可能なほどに広大であるため，確率論的には，地球外生命体が存在する可能性は非常に高い。生物は，からだの成分として液体の水を含む。生命活動に必要な他の物質は，この水に溶けることによってさまざまな化学反応を行うことが可能になる。液体の水は，生命にとっての基本物質といえる（➡p.18）。このため，液体の水が存在している惑星には，生命体が存在する可能性があると考えられる。

太陽系で表面に液体の水が存在するのは地球だけだが，近年，太陽系外で，ハビタブルゾーンに存在する地球サイズ以上の大きさをもつ惑星が次々と発見され，注目されている。宇宙における生命の起源や進化，分布などの解明を目的に，さまざまな学問分野を融合した「アストロバイオロジー」という学問が1990年代後半に創設され，現在も熱い関心を集めている。地球外生命体の存在は未だ確認されていないが，近い将来，発見される可能性はある。

break ぶれいく　太陽系に地球外生命体はいない？

太陽系にも，生命体が存在する可能性のある天体が存在する。

その1つは火星である。現在の火星は極寒の砂漠だが，約40億～30億年前は温暖で，多くの水が存在していた可能性が高く，川が存在した痕跡も確認されている。そこで生命体が生じ，現在まで生き延びている可能性がある。

また，土星の衛星エンケラドスも候補の1つである。ハビタブルゾーンからは大きく外れており，表面は数10 kmもの厚い氷におおわれているが，その氷の下には液体の水からなる海が存在し，有機物などを含むことが確認されている。この発見は，ハビタブルゾーン外であっても液体の水が存在する環境があることを示すものであった。同様に，木星の衛星にも，表面をおおう氷の内部に液体の水をもつものがあると考えられている。

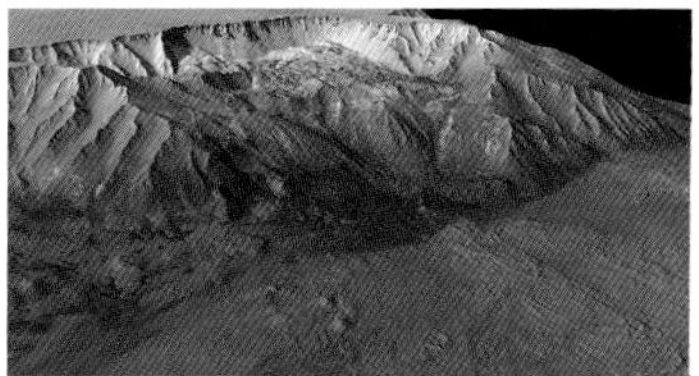

火星の大渓谷　©ESA/DLR/FU Berlin (G. Neukum), CC BY-SA 3.0 IGO

渓谷の底にみられる跡から，この場所にはかつて液体の水が存在していたと考えられている。

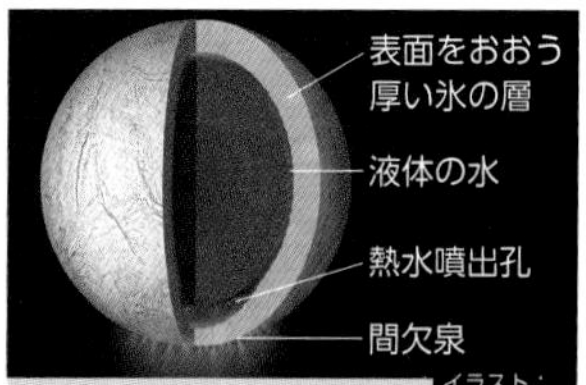

エンケラドスの模式図　イラスト：NASA / JPL-Caltech

厚い氷の下には液体の水が存在し，それが吹き出す間欠泉《かんけつせん》が観察されている。　※層の厚みは正確ではない。

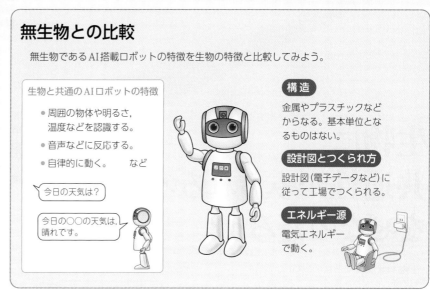

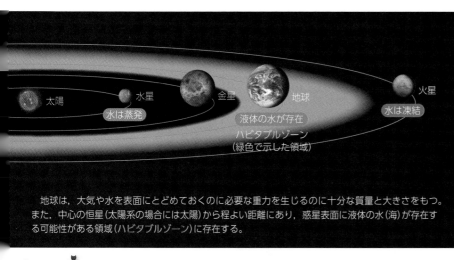

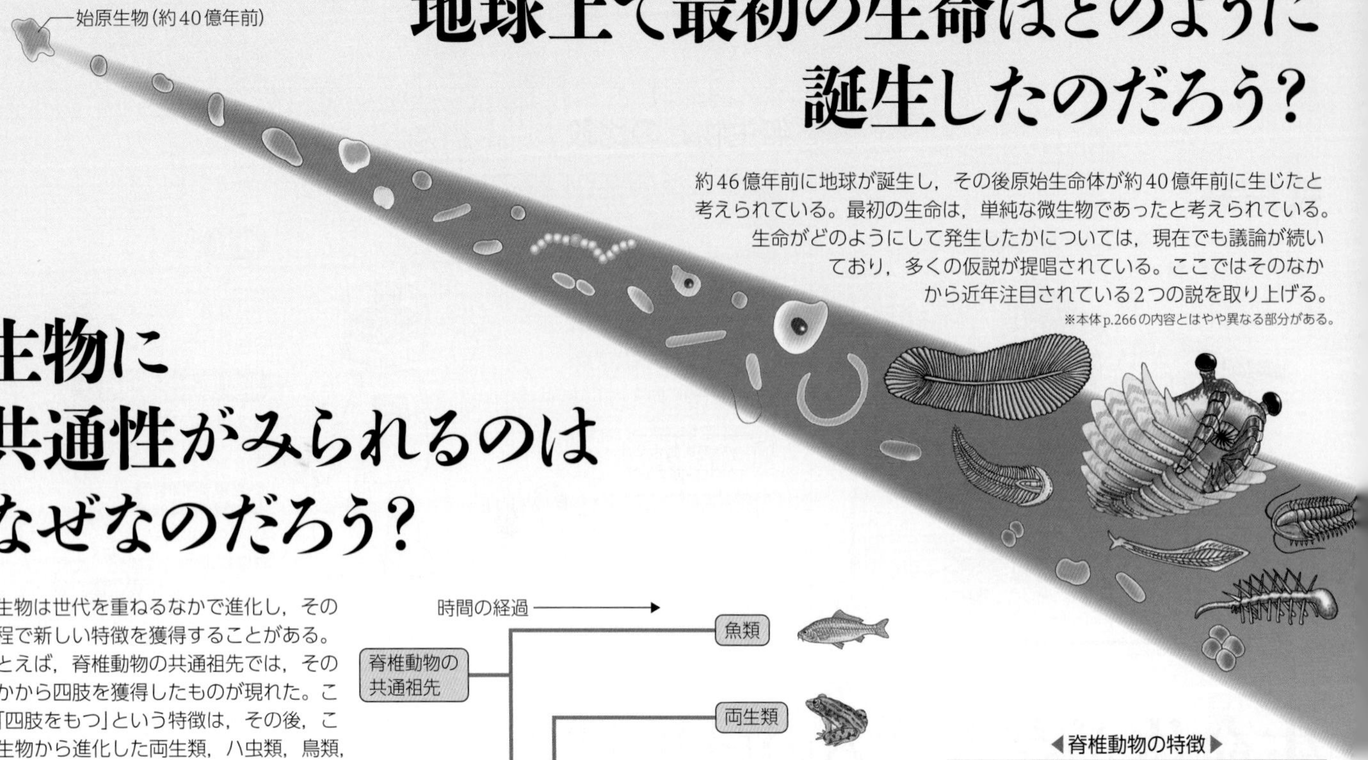

地球上で最初の生命はどのように誕生したのだろう?

約46億年前に地球が誕生し，その後原始生命体が約40億年前に生じたと考えられている。最初の生命は，単純な微生物であったと考えられている。生命がどのようにして発生したかについては，現在でも議論が続いており，多くの仮説が提唱されている。ここではそのなかから近年注目されている2つの説を取り上げる。

※本体p.266の内容とはやや異なる部分がある。

生物に共通性がみられるのはなぜなのだろう?

生物は世代を重ねるなかで進化し，その過程で新しい特徴を獲得することがある。たとえば，脊椎動物の共通祖先では，そのなかから四肢を獲得したものが現れた。この「四肢をもつ」という特徴は，その後，この生物から進化した両生類，ハ虫類，鳥類，哺乳類に受け継がれている。このように，同じグループ(➡p.278)に分類される生物間で共通する特徴には，進化の過程を経るなかで共通祖先から受け継いできたものがみられる。

すべての生物に共通性がみられるのは，共通の祖先から進化したためであると考えられている。地球上における生命の誕生は1度きりではなかったと想像されている。生命の誕生と滅亡がくり返されるなか，最終的に生き残った1種類の生命体が，現在の生物の共通祖先である始原生物となったと考えられている。これが現在の地球にみられる多種多様な生物へと進化していった。

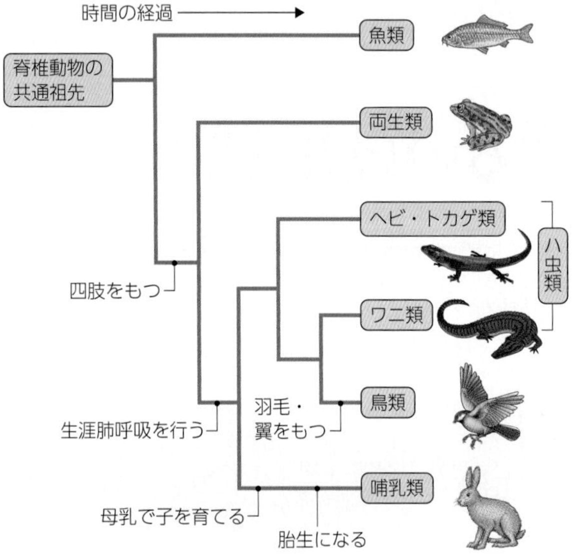

◀脊椎動物の特徴▶

	脊椎	四肢	呼吸	羽毛・翼	母乳	ふえ方
魚類	あり	なし	えら	なし	なし	卵生・水中
両生類		あり	えら(幼生) 肺・皮膚(成体)			
ヘビ・トカゲ類			肺			卵生・陸上
ワニ類						
鳥類				あり		
哺乳類				なし	あり	胎生・陸上

適応，相同，収れん

適応と相同

進化を通じて，生物のからだの形や働きが，生活する環境に適するようになることを**適応**《てきおう》という。たとえば，魚類を除く脊椎動物にみられる四肢は，それらの共通祖先が水中から陸上という異なる環境へ適応するなかで得られたものである。

四肢は，空へと生活空間を広げた鳥類では翼《つばさ》へ，再び水中で生活するようになったイルカなどの哺乳類では鰭《ひれ》へと変化した。形や働きが変化しても，それぞれの骨の構造や発生過程を調べると，いずれも同じ起源をもつことが確認できる。このように，同じ起源をもつことを**相同**《そうどう》であるという。

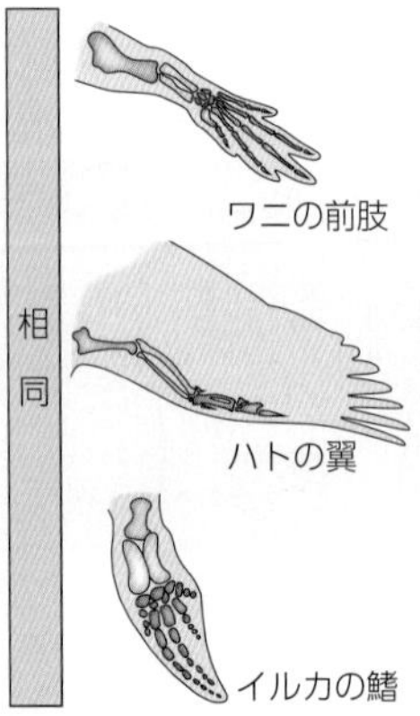

収れん

生物間にみられる共通の特徴のなかには，共通祖先から同じく受け継いだもののほか，生活環境に適応するなかで，別々に獲得されたものもある。祖先の異なる生物が，よく似た特徴をもつことを**収**《しゅう》**れん**という(➡p.261)。

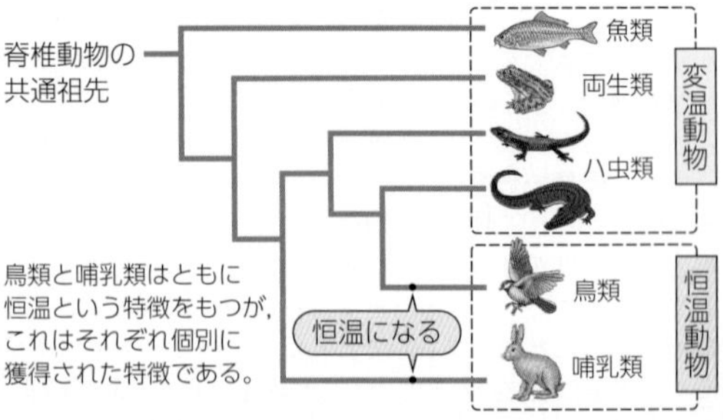

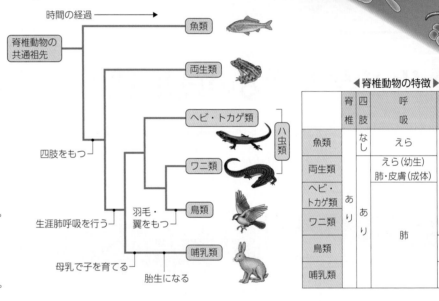

仮説1 陸上の温泉で誕生した

岩石の研究から，約40億年前には，地球には既に陸地が形成されていたことがわかっている。活発な火山活動が続く陸上には温泉が存在し，そこに宇宙から飛来した，または，大気や陸域，および地下において生成された生体の構成材料となる分子が集積した。これらは温泉の水際で乾燥と湿潤のサイクルをくり返すなかで重合し，核酸(➡p.73)などの高分子が生じた。これらが膜で包まれ，生命体となったとする説である。ペプチドやRNA(➡p.73)などの合成には，脱水反応が必要(➡p.88)であり，その説明には都合がよい。この説を支持する模倣実験の結果も報告されている。

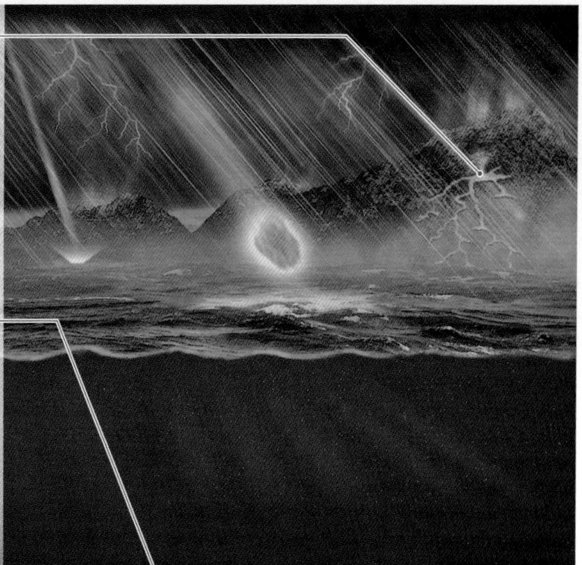

仮説2 原始海底で誕生した

深海には，マグマで熱せられた熱水が噴出する熱水噴出孔が存在する。原始地球の深海にも同様の熱水環境が存在していた。熱水には，岩盤鉱物の成分が多量に溶け込んでおり，生命体の材料となる無機物や水素，メタンも豊富に存在する。さらに近年，熱水噴出孔において発電現象が起きていることがわかった。これらの材料やエネルギーをもとに化学進化(➡p.266)が起こり，やがて生命が誕生したという説である。生物の共通祖先(始原生物)は海で進化したと考えられており，最初の生命体と，すべての生物の共通祖先となった始原生物の連続性を考える上では合理的な説である。

関連動画をCheck!

Up ▸▸▸ To Date

CPR細菌の発見

CPR細菌は，2015年に報告された一大細菌群である。微小フィルターで濾《こ》した地下水のろ液をメタゲノム解析(➡p.147)にかけた結果，未知の数十個の門(➡p.279)を含む細菌の一大グループの存在が明らかとなった。CPRはCandidate Phyla Radiationの略で，Candidate Phylaは培養例がない生物の門を意味し，Radiationはこの細菌の系統樹が1点から放射状に枝分かれすることに由来する。

CPR細菌は，始原生物の謎をとく手がかりとして，現在注目されている。その理由の1つは，CPR細菌が，細菌ドメイン(➡p.278)のなかで最大の多様性をもつことなどから，かなりの初期に出現し，始原生物の特徴を多く保持した生物である可能性があるためである。また，もう1つは，CPR細菌には，地下深部の極限環境で優占的に生存するものがあり，この極限環境は原始地球の環境に類似していると考えられている。このような環境に生息するCPR細菌のゲノム(➡p.78)を調べたところ，ゲノムサイズが極端に小さく，生命活動に必須と思われる多数の遺伝子が欠落していた。このCPR細菌の生存のしくみの解明は，始原生物の理解につながる重要な手がかりになると期待されている。

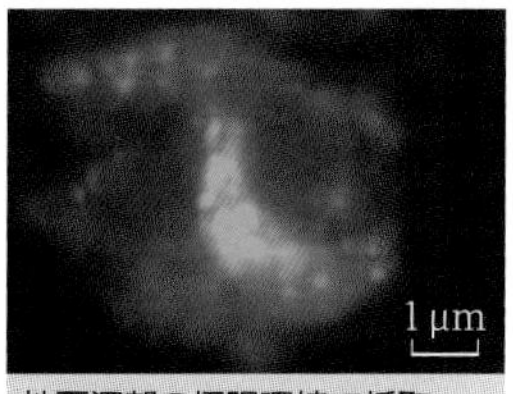

地下深部の極限環境で採取されたCPR細菌の顕微鏡写真

◀CPR細菌を蛍光色素で標識している。黄緑色の小さな粒状のもの(写真○)が1個体である。

生物の系統樹

生物が進化してきた経路は**系統**《けいとう》(➡p.278)と呼ばれ，生物の系統関係を樹状に表したものは**系統樹**《けいとうじゅ》と呼ばれる。現在，地球上でみられる生物の系統樹は，下図のように表される。地球上に生息する多様な生物は，共通にもつ特徴などを基準として段階的に分類されている(➡p.279)。

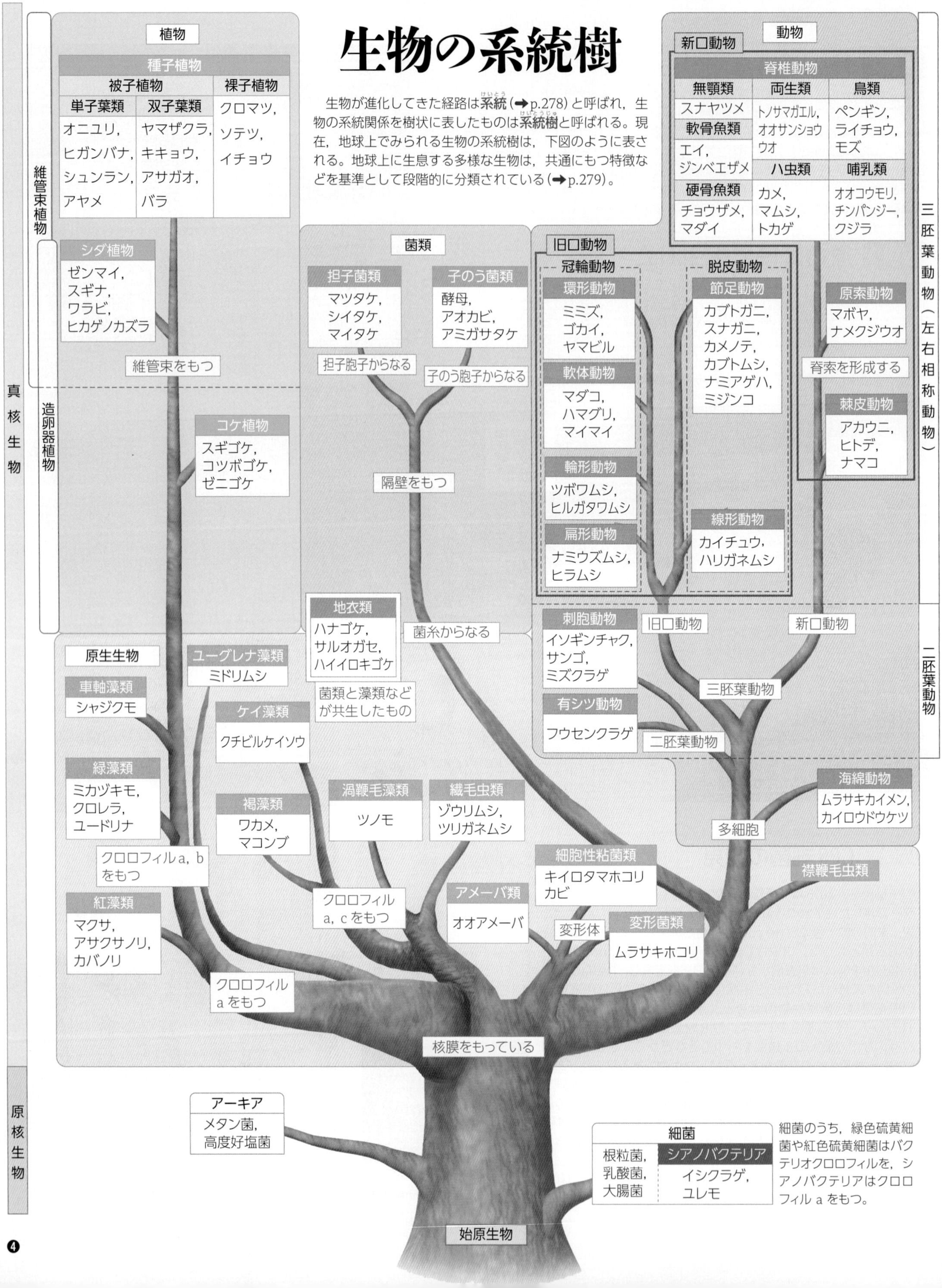

細菌のうち，緑色硫黄細菌や紅色硫黄細菌はバクテリオクロロフィルを，シアノバクテリアはクロロフィル a をもつ。

◆ 日本の絶滅危惧種　◆ 世界の絶滅危惧種　◆◆ 日本の絶滅種　◆◆ 世界の絶滅種

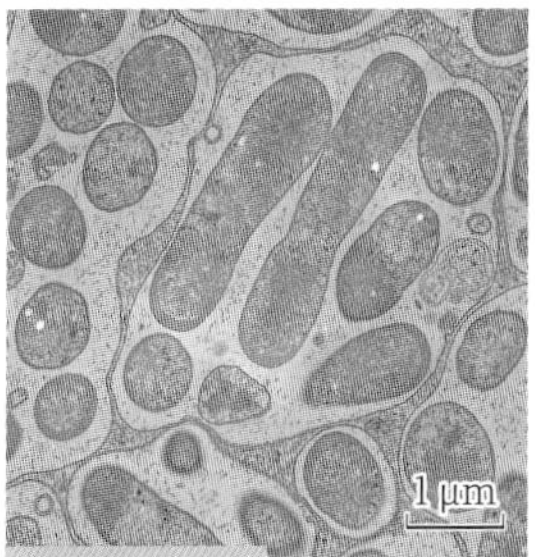

根粒菌（細菌）

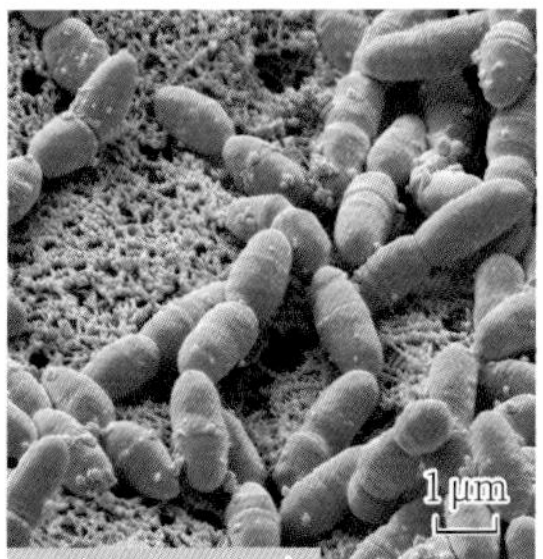

乳酸菌（細菌）☆

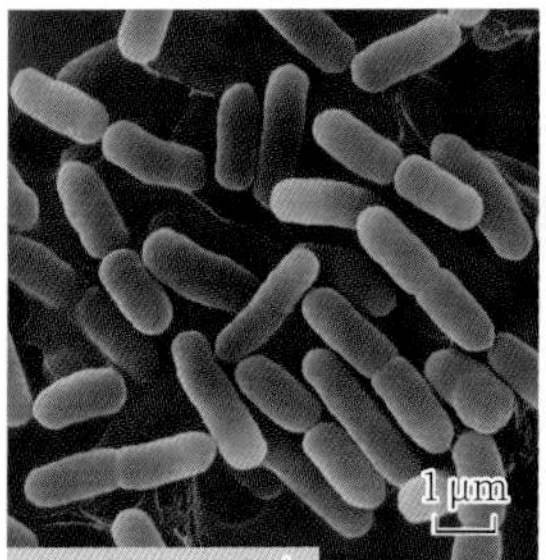

大腸菌（細菌）☆

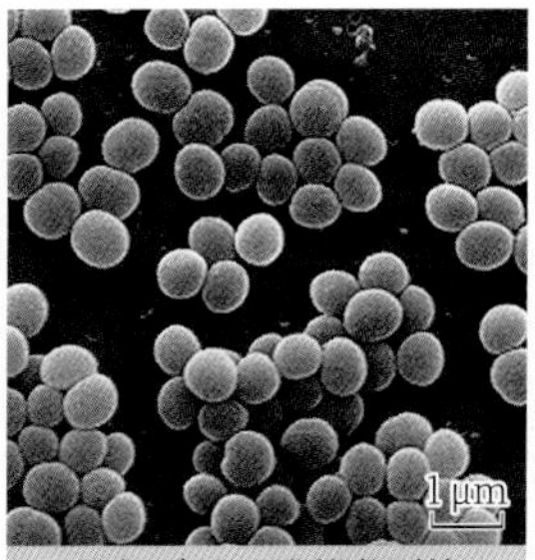

黄色ブドウ球菌（細菌）

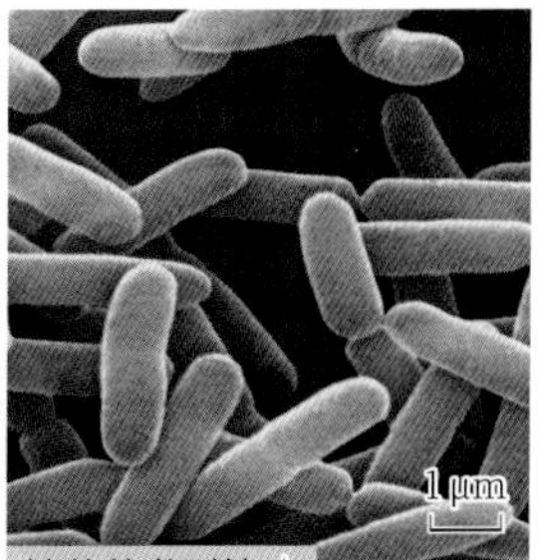

枯草菌（細菌）☆

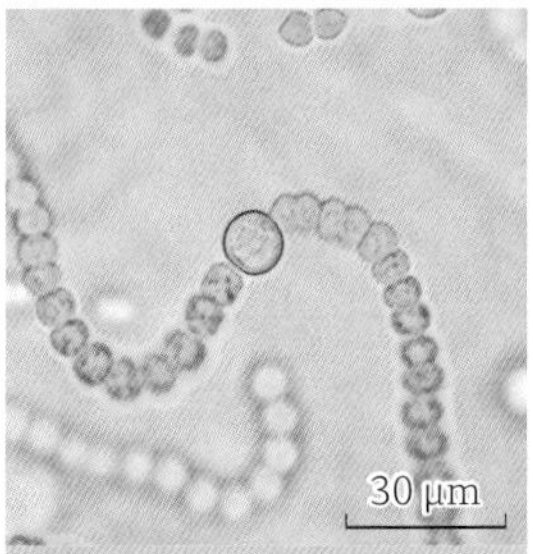

イシクラゲ（シアノバクテリア）

マクサ（紅藻類）

アサクサノリ（紅藻類）

カバノリ（紅藻類）

シャジクモ（車軸藻類）

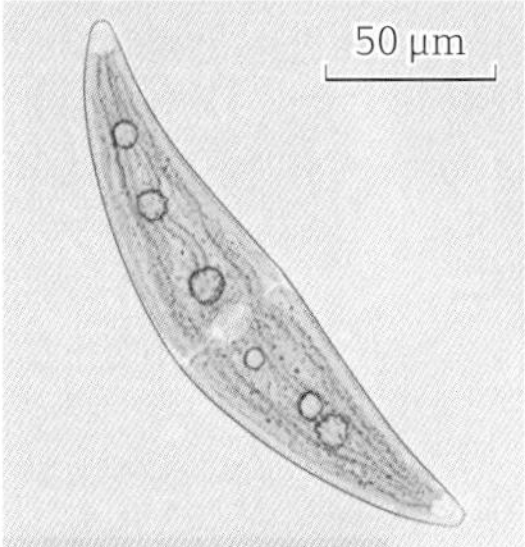

ミカヅキモ（緑藻類）

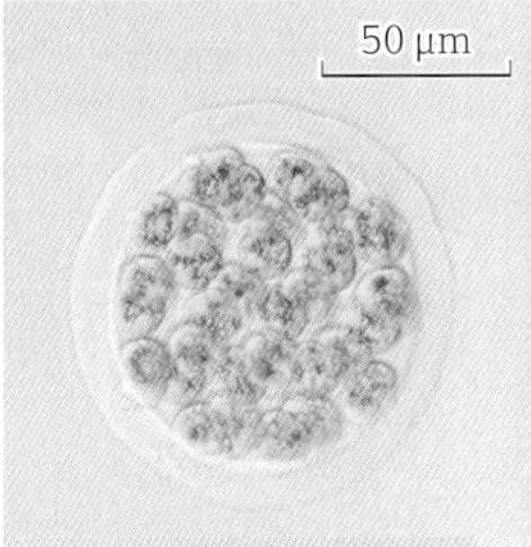

タマヒゲマワリ（緑藻類）

イワヅタ（緑藻類）

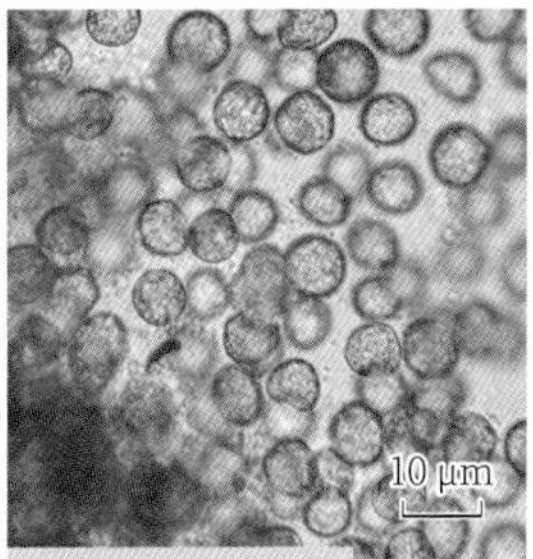

クロレラ（緑藻類）

マリモ（緑藻類）

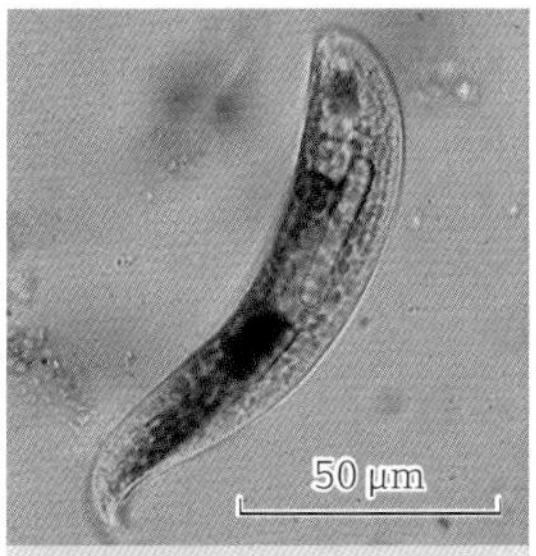

ミドリムシ（ユーグレナ藻類）

ワカメ（褐藻類）

マコンブ（褐藻類）

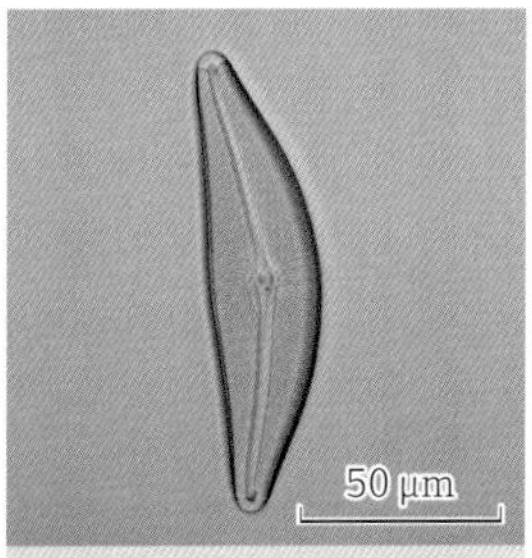

クチビルケイソウ（ケイ藻類）

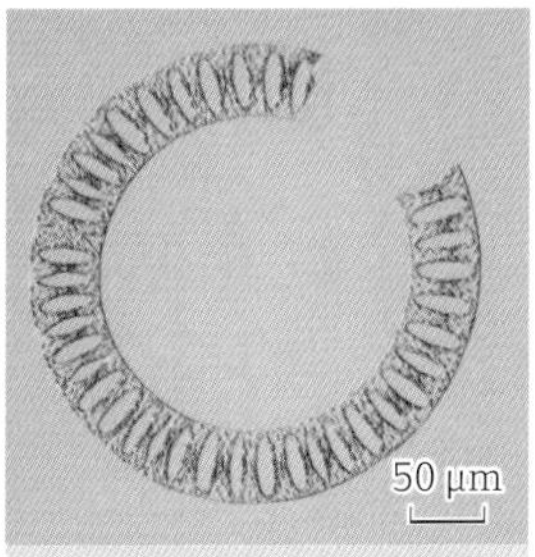

ハシゴケイソウ（ケイ藻類）

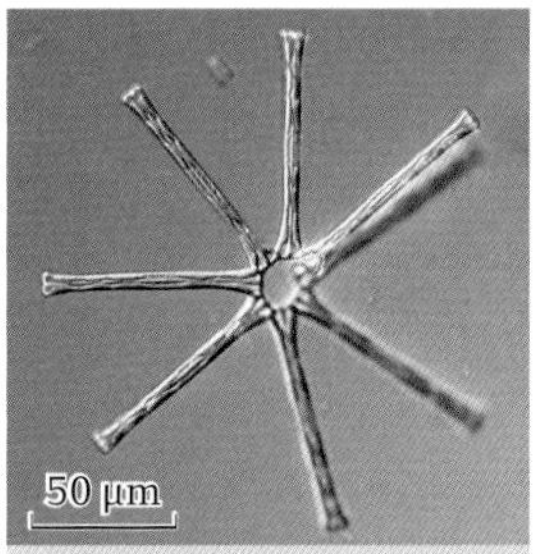

ホシガタケイソウ（ケイ藻類）

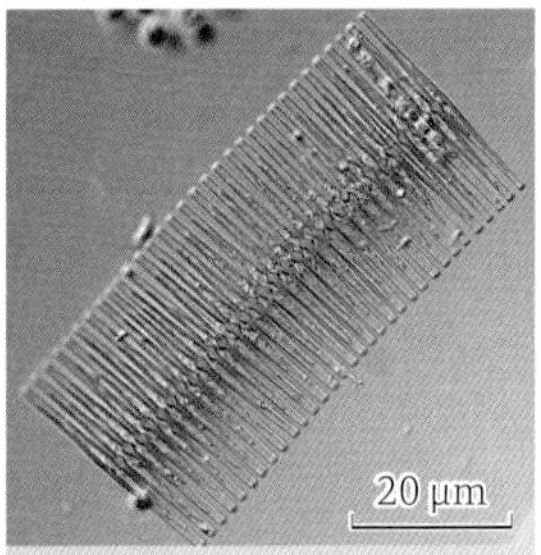

オビケイソウ（ケイ藻類）

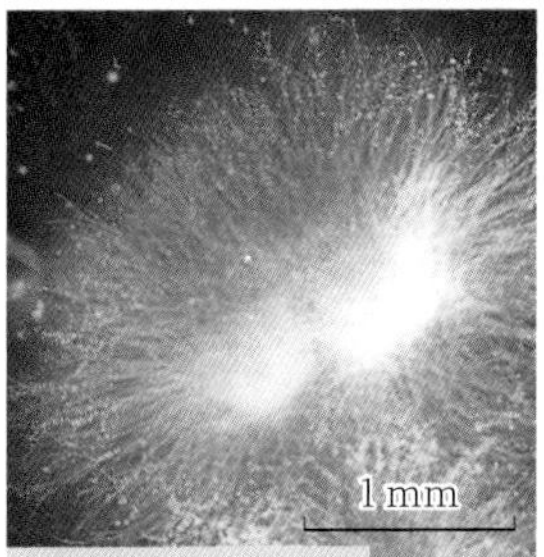

ミズカビ（卵菌類）

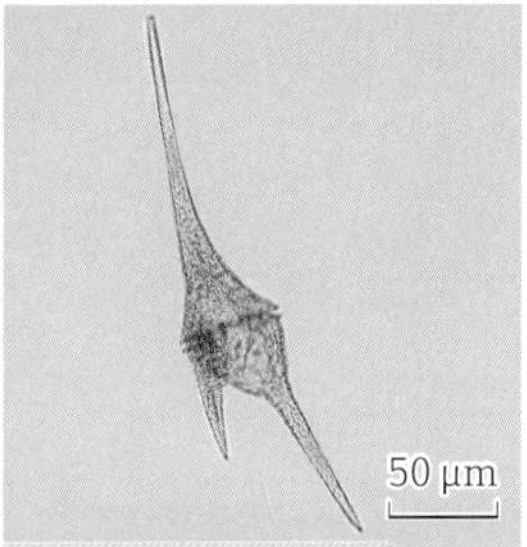

ツノモ（渦鞭毛藻類）

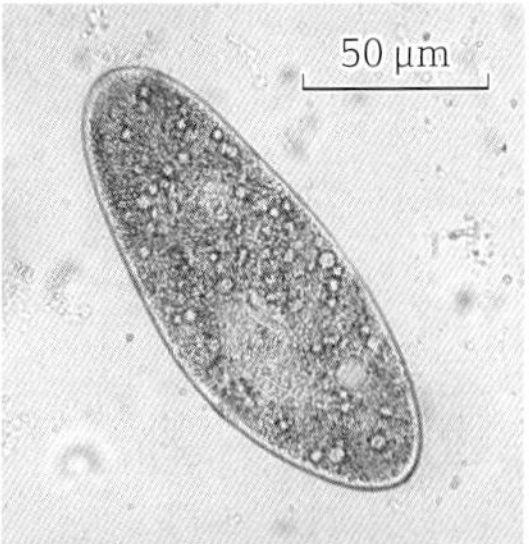

ゾウリムシ（繊毛虫類）

カンパネラ（繊毛虫類）

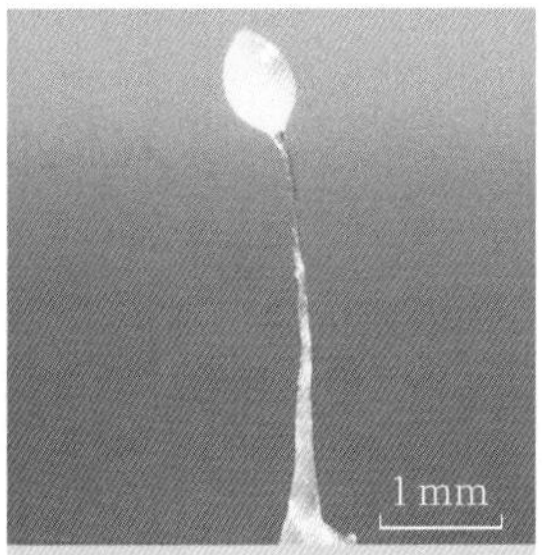

キイロタマホコリカビ（細胞性粘菌類）

ムラサキホコリ（変形菌類）

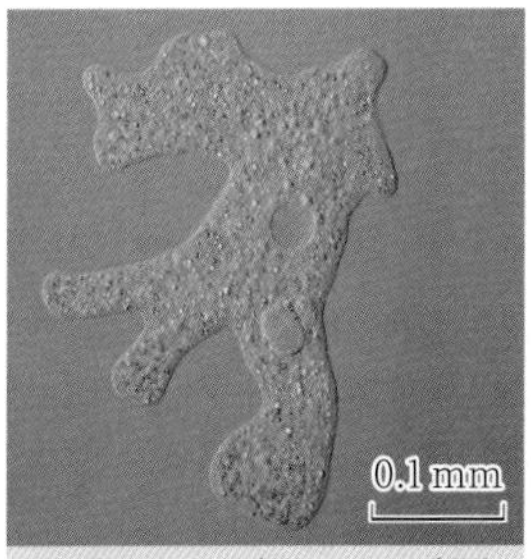

オオアメーバ（アメーバ類）

スギゴケ（コケ植物）

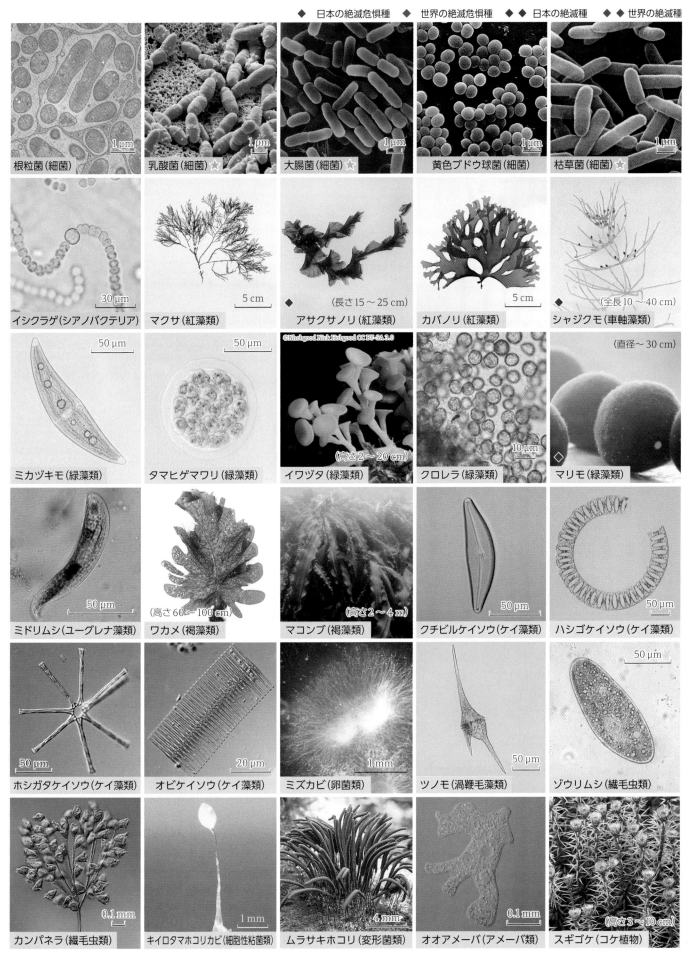

コツボゴケ(コケ植物)

ゼニゴケ(コケ植物)

ゼンマイ(シダ植物)

スギナ(シダ植物)

ワラビ(シダ植物)

ヒカゲノカズラ(シダ植物)

ヒカゲヘゴ(シダ植物)

オニユリ(単子葉類)

ヒガンバナ(単子葉類)

シュンラン(単子葉類)

アヤメ(単子葉類)

マカラスムギ(単子葉類)

オオカナダモ(単子葉類)

レブンアツモリソウ(単子葉類)

サギソウ(単子葉類)

タヌキノショクダイ(単子葉類)

ヤマザクラ(双子葉類)

キキョウ(双子葉類)

アサガオ(双子葉類)

バラ(双子葉類)

エンドウ(双子葉類)

スイートピー(双子葉類)

クダモノトケイソウ(双子葉類)

タバコ(双子葉類)

サキシマスオウノキ(双子葉類)

サクラソウ(双子葉類)

ムニンノボタン(双子葉類)

クロマツ(裸子植物)

ソテツ(裸子植物)

イチョウ(裸子植物)

コメツガ(裸子植物)

ハナゴケ(地衣類)

サルオガセ(地衣類)

ハイイロキゴケ(地衣類)

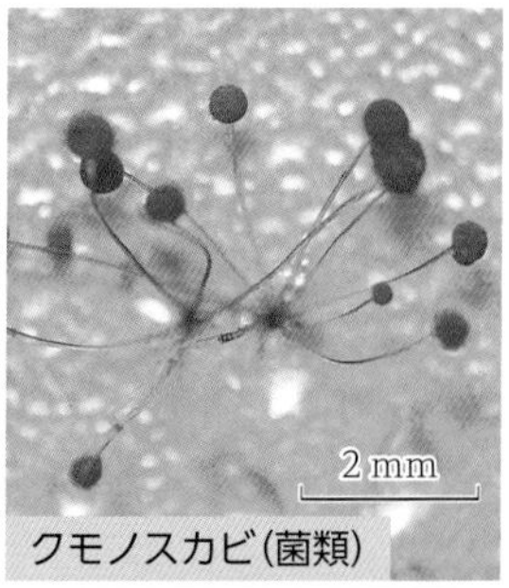

クモノスカビ(菌類)

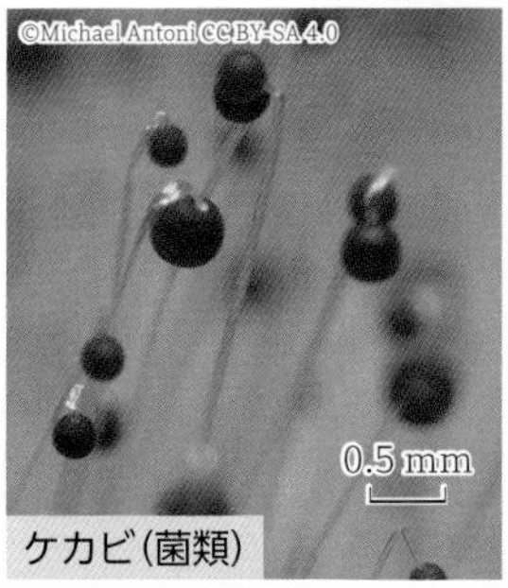

ケカビ(菌類)

マツタケ(担子菌類)

シイタケ(担子菌類)

マイタケ(担子菌類)

酵母(子のう菌類)

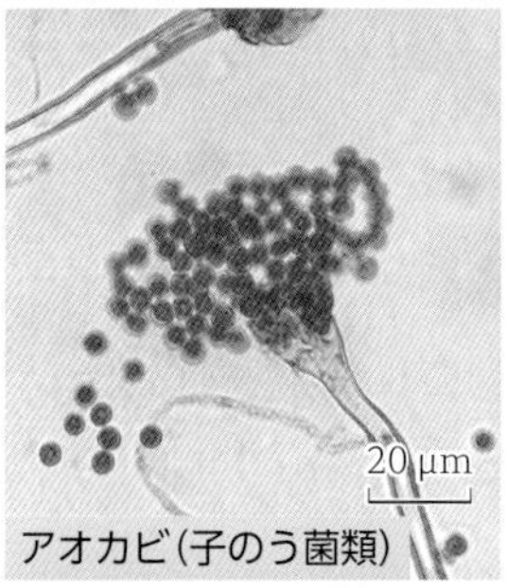

アオカビ(子のう菌類)

アミガサタケ(子のう菌類)

ヒイロチャワンタケ(子のう菌類)

ムラサキカイメン(海綿動物)

カイロウドウケツ(海綿動物)

フウセンクラゲ(有シツ動物)

ヒダベリイソギンチャク(刺胞動物)

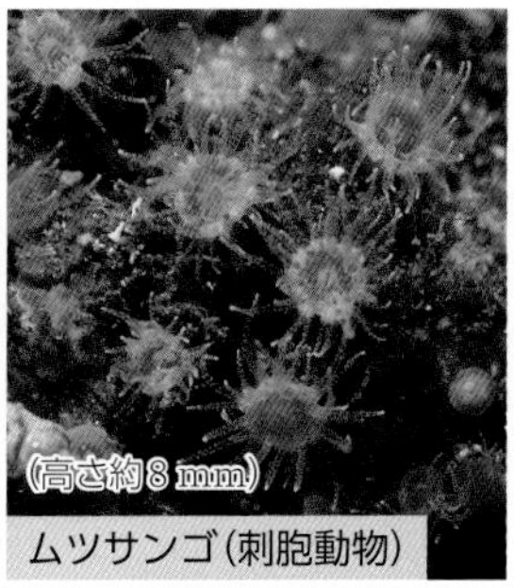

ムツサンゴ(刺胞動物)

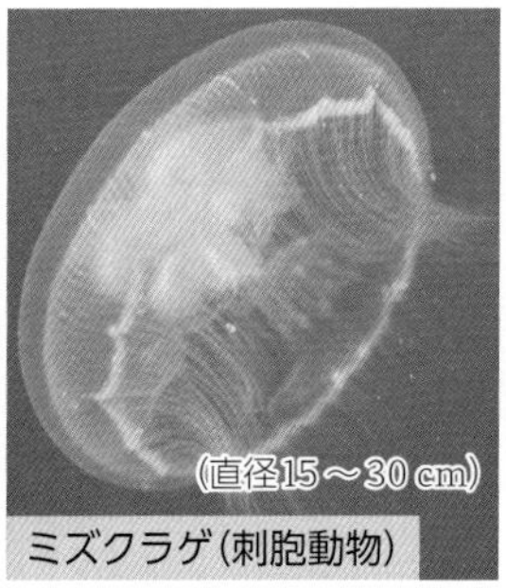

ミズクラゲ(刺胞動物)

エチゼンクラゲ(刺胞動物)

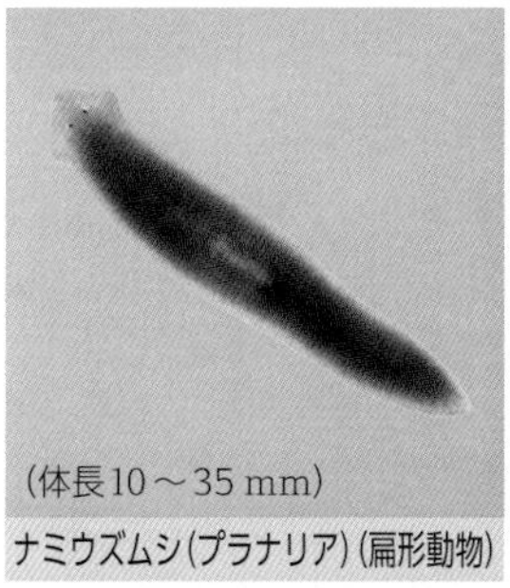

ナミウズムシ(プラナリア)(扁形動物)

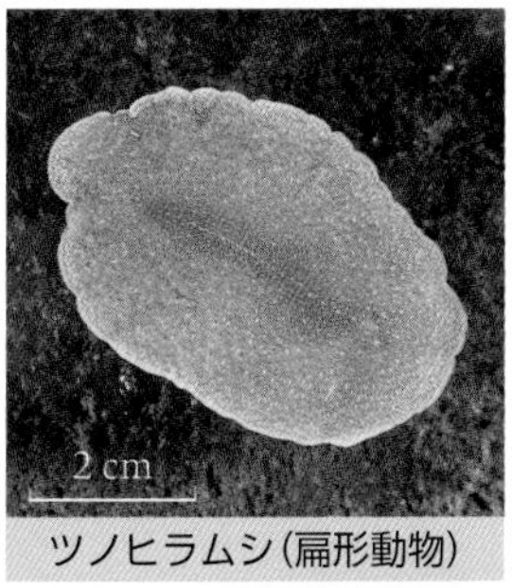

ツノヒラムシ(扁形動物)

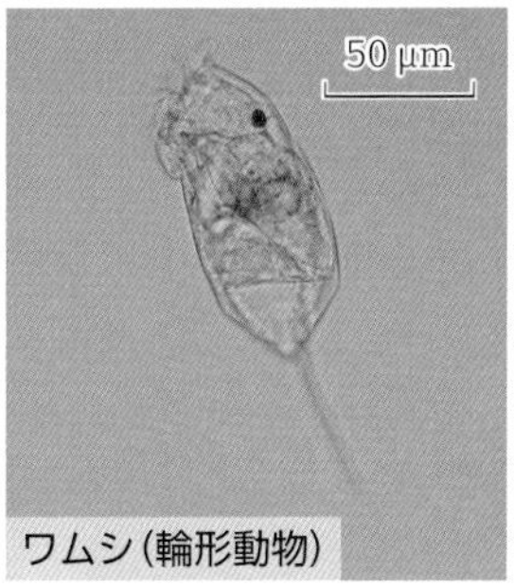

ワムシ(輪形動物)

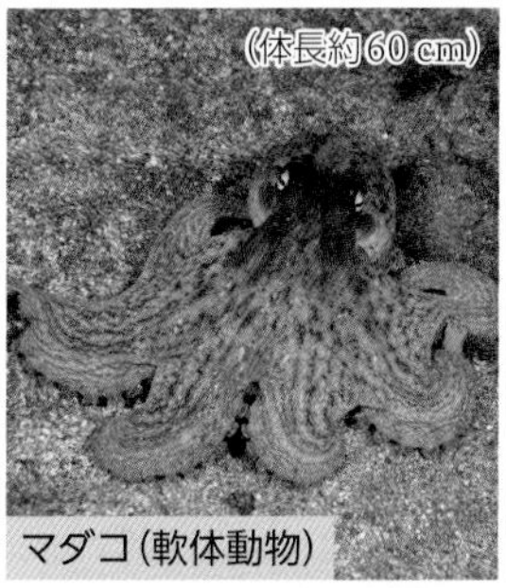

マダコ(軟体動物)

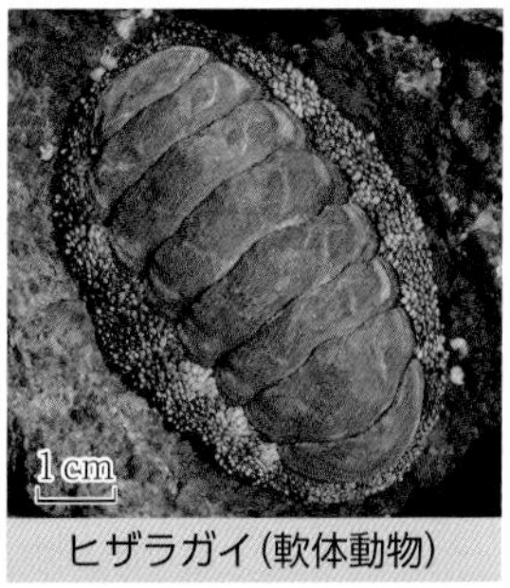

ヒザラガイ(軟体動物)

クリオネ(軟体動物)

アメフラシ(軟体動物)

ゴカイ(環形動物)

ヤマビル(環形動物)

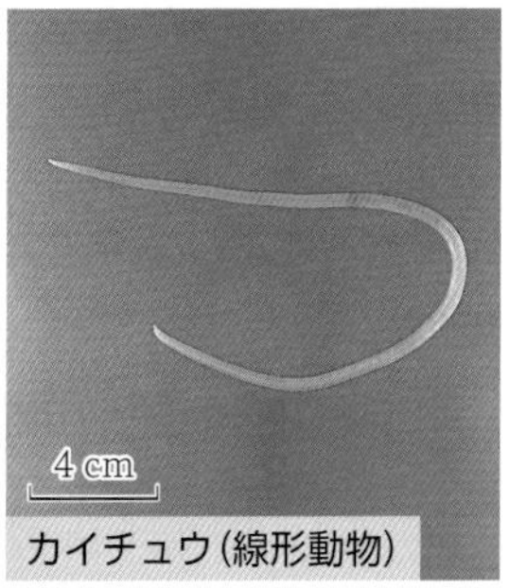

カイチュウ(線形動物)

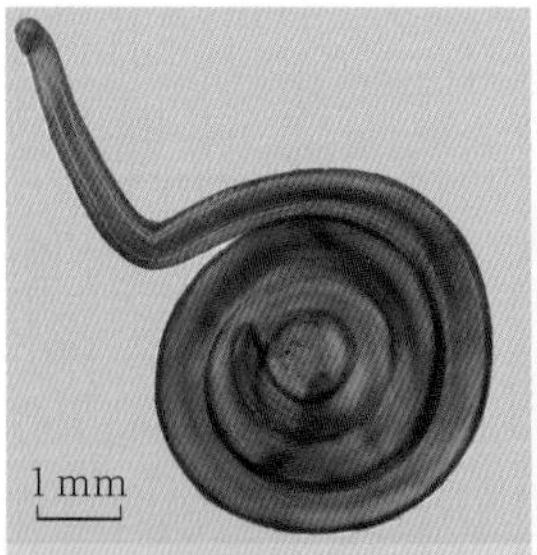

アニサキス（線形動物）

カブトガニ（節足動物）

スナガニ（節足動物）

カメノテ（節足動物）

カブトムシ（節足動物）

ナミアゲハ（節足動物）

フサヒゲルリカミキリ（節足動物）

ミジンコ（節足動物）

カイコガ（節足動物）

コマルハナバチ（節足動物）

ハナカマキリ（節足動物）

タマムシ（節足動物）

アカウニ（棘皮動物）

カワテブクロ（棘皮動物）

ジャノメナマコ（棘皮動物）

マボヤ（原索動物）

スナヤツメ（無顎類）

アカエイ（軟骨魚類）

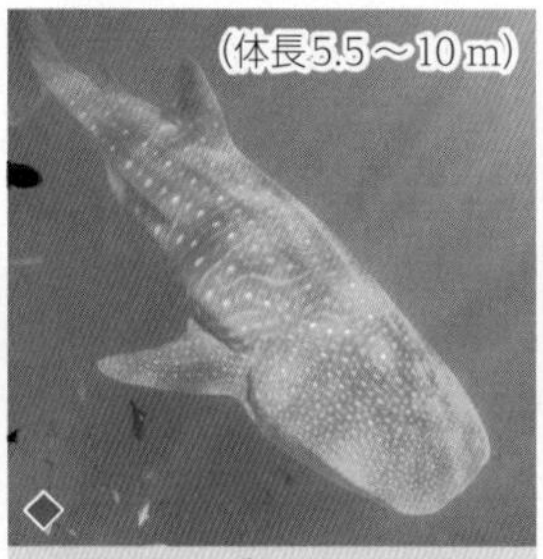

ジンベエザメ（軟骨魚類）

ロシアチョウザメ（硬骨魚類）

マダイ（硬骨魚類）

シーラカンス（硬骨魚類）

チンアナゴ（硬骨魚類）

トノサマガエル（両生類）

オオサンショウウオ（両生類）

アカハライモリ（両生類）

ウミガメ（ハ虫類）

ニホンマムシ（ハ虫類）

キシノウエトカゲ（ハ虫類）

ニホンヤモリ（ハ虫類）

ミシシッピーワニ（ハ虫類）
（体長3～4.5 m）

ピンタゾウガメ（ハ虫類）
（体長約1 m）◇◇

アデリーペンギン（鳥類）
（体長60～70 cm）

ライチョウ（鳥類）
（体長約40 cm）◇

モズ（鳥類）
（体長約17 cm）

タンチョウ（鳥類）
（体長130～140 cm）◇◇

カワセミ（鳥類）
（体長約17 cm）

アカゲラ（鳥類）
（体長20～24 cm）

ハシビロコウ（鳥類）
（体長約1.2 m）◇

ミヤコドリ（鳥類）
（体長約45 cm）

ハイイロガン（鳥類）
（体長76～89 cm）

オオワシ（鳥類）
（体長約1 m）◇◇

ハハジマメグロ（鳥類）
（体長13～14 cm）◆

シマフクロウ（鳥類）
（体長約70 cm）◇◇

ヤンバルクイナ（鳥類）
（体長約30 cm）◇◇

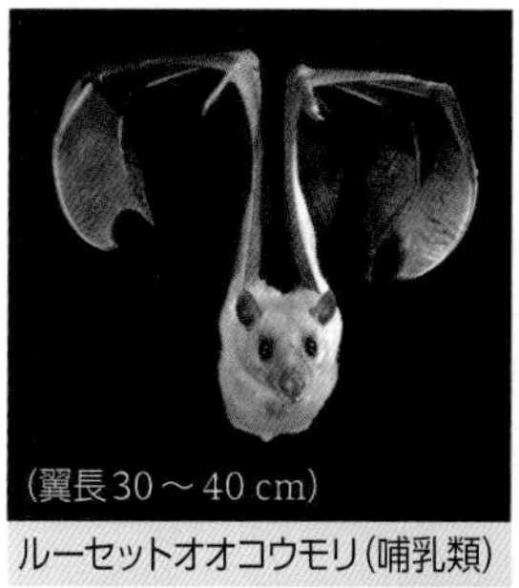
ルーセットオオコウモリ（哺乳類）
（翼長30～40 cm）

チンパンジー（哺乳類）
（体長65～95 cm）◇

カヤネズミ（哺乳類）
（体長54～79 mm）

スマトラトラ（哺乳類）
（体長220～270 cm）◇

イリオモテヤマネコ（哺乳類）
（体長50～60 cm）◇

ウマ（哺乳類）
（体長160～170 cm）

エゾモモンガ（哺乳類）
（体長15～16 cm）

ラッコ（哺乳類）
（体長100～140 cm）◇◇

カモノハシ（哺乳類）
（体長40～60 cm）

ザトウクジラ（哺乳類）
（体長11～16 m）

タテゴトアザラシ（哺乳類）
（体長1.6～1.9 m）

ニホンカワウソ（哺乳類）
（体長60～70 cm）◇◇

はじめに－高等学校で生物を学ぶすべての生徒さんへ

教科目の生物学は生物の特徴を体系的に理解することを目的にしていますが，生物の特徴を一言で述べるとすれば，「生物は多様性のなかに共通性をもっている存在」ということになると思います。生物は多種多様なかたちで存在しているが，それらすべてが共通にもつしくみによって生きているということです。種として現在までに登録されているものの99％は真核生物で，そのうち動物が77％，植物が17％を占めるとの報告もありますから，種数でいえば，生物の多様性は動植物の多様性といえるでしょう。しかし，共通性は種数としては1％の原核生物にも及んでいます。

従来法よりも信頼性の高い解析手法を用いた最近(2011年)の研究によれば，地球上にはおよそ870万種の真核生物が存在していると予測されています(650万種が陸，220万種が海)。現在までに登録されている真核生物をおよそ123万種としたとき，私たち現代人が知らない生物種が未だ86％もいるということになり，生物種の多様性には驚かされます。生物種名の記述法(二名法)の創始者として知られるリンネは1758年に7,700種の植物を記載しました。それから260年以上たった現代ではその数は約22万種に及びますが，それでもなお，およそ8万種の植物が発見されるのを待っているのです。動物に至ってはその数は約680万種にもなります。生物多様性の理解はやっとはじまったばかりの段階といえます。

生物の共通性の1つに子孫に形質を伝える性質(遺伝)があります。2022年は遺伝学の祖メンデルの生誕200年の記念の年です。メンデルは生物学者ではなく僧院の司祭でした。庭のエンドウの形質を世代を超えて丹念に観察記録し，遺伝子の概念も無かった時代に，遺伝の法則を導き出しました。彼は，注意深く忍耐強い，謙虚な人柄で，自ら実験し，データを数理的に解析して，遺伝現象を支配する法則を発見しました。その法則は200年の歳月を経て今もなお生物学の基本法則として受け入れられています。

2020年12月6日に宇宙航空研究開発機構の「はやぶさ2」が小惑星「りゅうぐう」から砂や石を持ち帰りました。これらを分析した結果の一部が2022年6月10日に発表され，「りゅうぐう」の試料からグリシンやアラニンなど23種類のアミノ酸が検出されたことが大きなニュースとなりました。このニュースが関心を集めたのは，生物の共通性に関わる発見だったからです。地球上の生物はすべて，核酸，タンパク質，脂質，糖質に分類される化合物でつくられています。アミノ酸はタンパク質をつくる素材です。「りゅうぐう」は，地球からおよそ3億km離れた宇宙の遥かかなたの星です。アミノ酸を含む鉱物は太陽系誕生から間もなく(約260万年後)形成されたこともわかりました。地球生命の起源を宇宙に求める考え方にとっては朗報です。一方，1953年にミラーは原始地球環境に似せた実験条件でアラニンなど3種のアミノ酸が合成されることを示しました(➡ p.266)。ミラーは2007年に亡くなりましたが，彼の試料が手付かずの状態で残されていました。そのうちの1つの試料を現代の分析法で調べたところ，22種類のアミノ酸が同定されました。これらの研究は，原始地球あるいは太古の地球外惑星のいずれにおいても，条件さえ整えば生物を構成する化合物が単純な化合物から自然の力で合成されることを示しています。今後，生命誕生のしくみに関する研究がより一層盛んになることでしょう。

アミノ酸からタンパク質をつくる営みのように，ある物質を他の物質に変換する過程は代謝と呼ばれ，細胞の重要な活動です。生命活動を行う最小単位として細胞構造をもっていることも生物の共通性です。自然は，生物を構成する化合物から細胞をつくる力をもっているのでしょうか。この疑問に，現代の生物学は答えをもっておりません。しかし，生命現象に関わる自然の力には驚かされます。たとえば，動物の胚を化学処理して，胚をつくっている細胞を個々にバラしてしまっても，適切な条件を与えると元通りの胚が甦《よみがえ》ります(➡ p.123)。リボヌクレアーゼはRNAを分解する酵素ですが，これを化学処理してRNAを分解できない状態にしても適切な条件にすると自然に酵素活性をもつようになります(➡ p.97)。このように生命を構成する化合物や細胞は損傷を受けても元通りに回復する力をもっています。このような力こそ生物を生物として維持可能にしているのだと思います。この力の原因の探究ははじまったばかりです。

共通性をもつ生物が現実には地球環境に合わせて多種多様な種として存在していますが，これらの種は他種とは無関係に単独で存在しているのではありません。互いに影響を受けながら“種のネットワーク”を形成して相互依存的に生活しています。現在，地球温暖化など地球環境は大きく変動しています。その影響で絶滅危惧種の保存問題も出ています。ある程度の環境変化には生物は適応可能ですし，また，変化が一時的であれば，回復も可能です。しかし，現在の地球には，生物のこのような柔軟性をもってしても対応できない状況が生まれつつあるように思います。本書が生物の共通性と多様性を具体的に学ぶ資料として，皆さんの学習の役に立つばかりでなく，地球環境変化における生物多様性の維持の問題を考えるためのヒントを皆さんに与えることができれば嬉しく思います。

2022年8月　　監修代表　広島大学名誉教授　吉里勝利

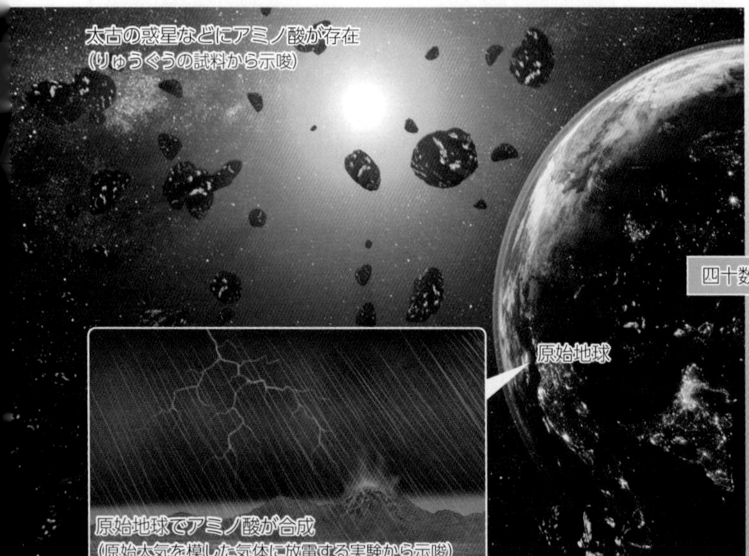
太古の惑星などにアミノ酸が存在
(りゅうぐうの試料から示唆)
原始地球
原始地球でアミノ酸が合成
(原始大気を模した気体に放電する実験から示唆)
四十数億年

生体材料となるアミノ酸が太古の地球外惑星に存在したこと，また，アミノ酸は原始地球でも合成された可能性があることが科学的に示されている。

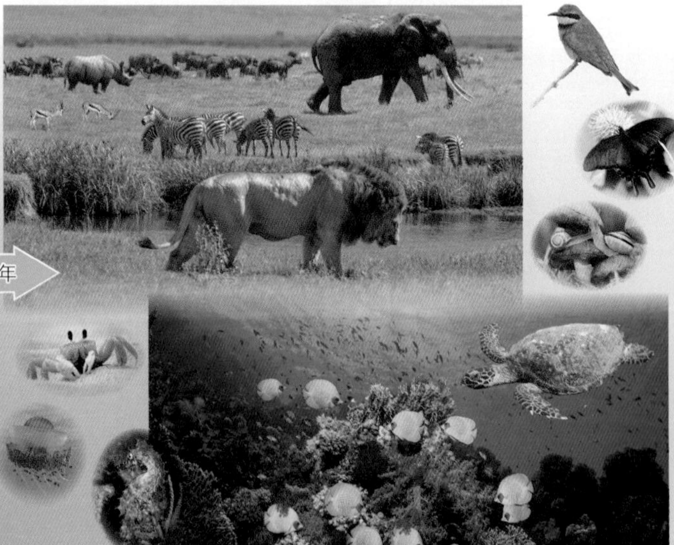

地球の生物は，基本構造として細胞をもち，代謝を行うといった共通性（➡巻頭特集）を維持しつつ，非常に多様な，さまざまな種へ進化した。

本書の構成と利用法

本書は，高等学校「生物基礎」，「生物」の学習内容を網羅し，10章158テーマで構成しました。学習テーマ以外にも，次のような特別な記事を収録しています。

①章扉

各章のはじめに章扉を設けました。各章の学習内容の概要とつながりをまとめた「学びマップ」と，「研究の歴史」，「研究の今と未来の展望」で構成しています。章の学習内容の概観と学習の意義を把握できるようにしました。

②特集(4テーマ)

前見返しに巻頭特集，本体に特集❶～❸の特集記事を設けました。

③サイエンススペシャル(6テーマ)

6テーマで構成し，最新の生物学の情報をわかりやすく図解しました。適宜，研究者の先生による，研究内容の紹介記事「研究・開発の現場から」を設置しました。

④巻末付録(4テーマ)

「生物学の研究方法」，「生物に関する小論文出題例と模範例文」，「生物学習のための化学知識」，「生物の分類」で構成しています。「生物に関する小論文出題例と模範例文」では，参考になる内容を扱うページを付記し，復習しながら取り組めます。

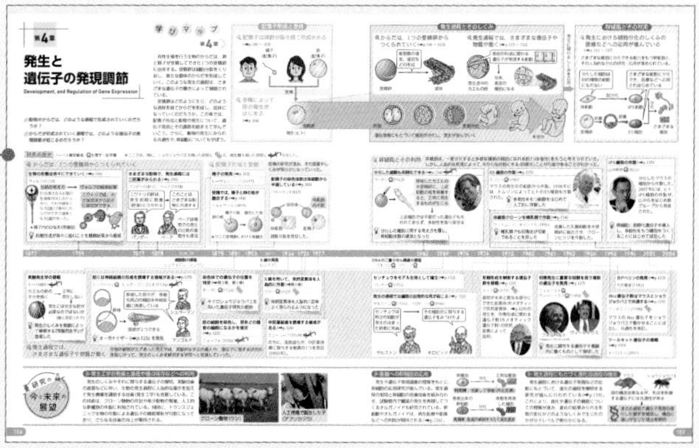

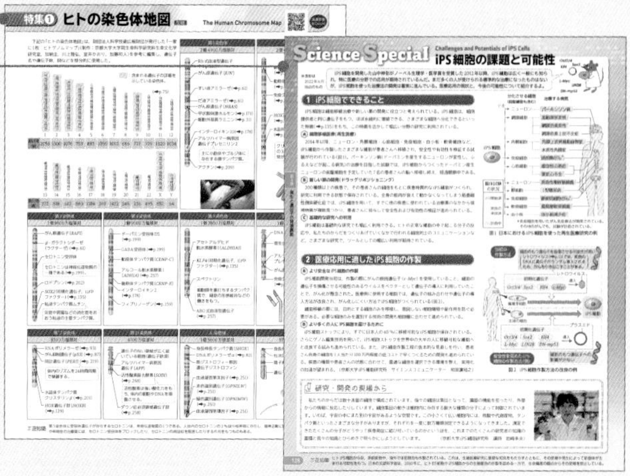

■ページの構成要素と特色

4種類の囲み記事を設置

各テーマには，本体の学習事項を補足する内容を扱う囲み記事を設置しています。

生活や産業に関連する内容に 生活 産業，他の科目に関連する内容には 化学 などのマークを付記しました。

- α PLUS ……………本体の学習事項と関連する補足的な内容
- Up To Date ………最新の生物学の話題
- break ぶれいく …………本体の学習事項に関連する身近な話題，科学史的な内容
- 整理 …………各テーマの学習内容のまとめ

本文の構成要素

①学習項目の重要度を表記

「基本」と「重要」のマークを付記し，各学習項目の位置づけを示すことで効率よく学習できるように配慮しました。

「基本」…高校生物における基本学習事項

「重要」…大学入試対策上重要となる学習事項

②教科書の学習範囲を明記

テーマごと，項目ごとに教科書のどの範囲の学習事項であるかがわかるように，「基礎」，「生物」，「中学」，「発展」のマークを付記しました。

「基礎」…高校「生物基礎」教科書の学習範囲

「生物」…高校「生物」教科書の学習範囲

「中学」…中学校「理科」教科書の学習範囲

「発展」…高校教科書の範囲を超えた学習事項

③重要な生物学用語を理解しやすく解説

重要な生物学用語については，用語自体を赤のゴチックで記載し，できるだけルビをふって読みやすくしました。構造図中の図中文字のうち，構造を理解する上で特に重要な用語については，赤アミをかぶせて区別しました。

④生物基礎の学習項目を含むページに「生物基礎」のツメを付記しました。

⑤人工的な着色を施《ほどこ》した電子顕微鏡写真には，★を付記しました。

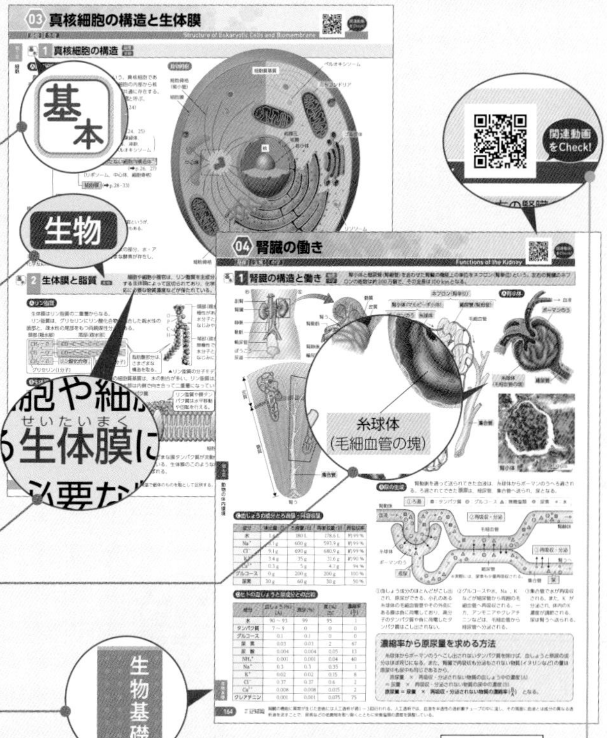

学習支援サイト「プラスウェブ」のご案内

https://dg-w.jp/b/0430001

本体の学習事項に関連する動画や資料などのデジタルコンテンツをご覧いただけます。
テーマタイトル横の二次元コード，または上記URL・二次元コードからアクセスできます。

注意 ①本書の発行終了とともに当サイトを閉鎖することがあります。
②サイトは無料で閲覧できますが，通信料が必要となります。

目　次

第10章 生物の集団 290

Up To Date

付録

索引 358

整理

生物基礎学習用コンテンツ　生物基礎の学習項目を含むテーマ

第1章　細胞

第2章　代謝

第3章　遺伝子の働き

第6章　動物の体内環境

第9章　生物の進化と系統

第10章　生物の集団

第**1**章

細胞

Cell

◎細胞を構成する構造体は，それぞれどのような働きをもつのだろうか？

◎細胞にはどのような種類があり，また，細胞からつくられる組織や器官などには，どのような構造や働きをもつものがあるのだろうか？

学びマップ

第**1**章

すべての生物のからだは細胞からできており，細胞は生命活動を営む基本単位となっている。

生物の種類やからだを構成する部位によって，細胞の構造や機能はさまざまであるが，基本的なつくりには共通性がみられる。細胞の基本的な構造や働きの理解は，生物や生命活動を理解するときの基本となる。

この章では，細胞の構造や働き，また，さまざまな細胞の種類やそれらからなる構造について学んでいこう。

生物の基本単位―細胞―

生物は細胞からできている

(➡巻頭，p.20～21)

細胞には，原核細胞と真核細胞がある。

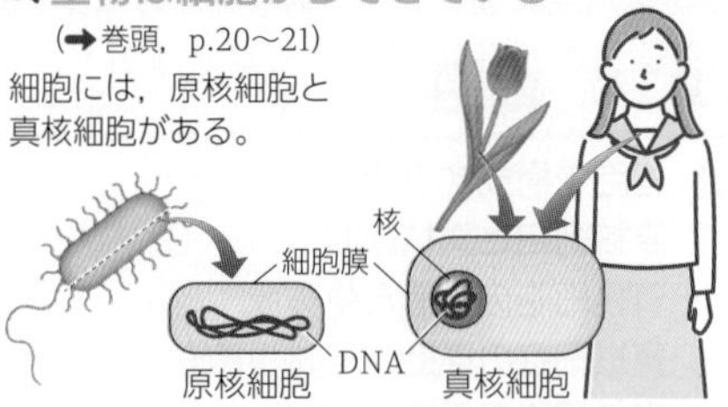

核
細胞膜
DNA
原核細胞
真核細胞

構成

細胞はさまざまな物質からなる

(➡p.18～19)

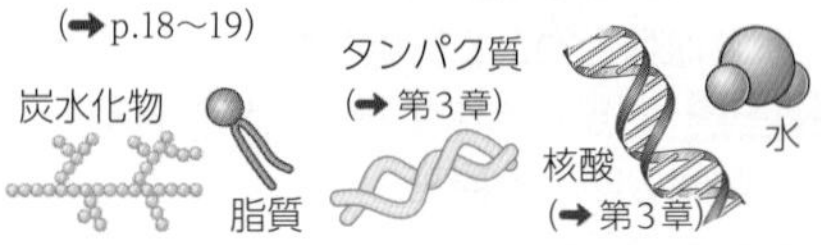

炭水化物
脂質
タンパク質
(➡第3章)
核酸
(➡第3章)
水

研究の歴史

ノーベル賞受賞者：生理学・医学賞，化学賞，物理学賞

顕微鏡の開発

2枚のレンズを組み合わせた顕微鏡（複式顕微鏡）の発明

ヤンセン父子（1590）

電子顕微鏡の発明

ルスカ，クノール（1931）

電子顕微鏡では，光学顕微鏡よりも微細な観察ができる（➡p.34, 340）。

ルスカ

より詳細な構造の観察が可能になり，生物学を進展させた

生物は細胞からできている

細胞の発見後，細胞は多くの人の関心を集め，盛んに観察された。やがて，細胞は生物の基本単位であることが明らかとなった。

細胞を命名（➡p.20）

フック（1665）

コルクが多数の小部屋からなることを発見し，小部屋を「cell（細胞）」と命名。

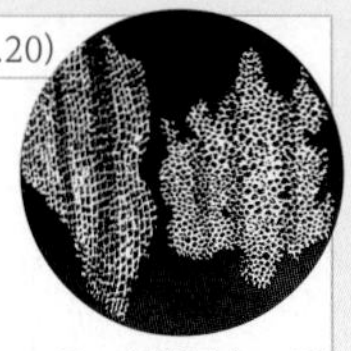
▲フックのスケッチ

はじめて細胞を発見・観察

生きた細胞を観察（➡p.20）

レーウェンフック（1674）

植物・動物のからだは細胞からできている－細胞説の提唱－（➡p.20）

シュライデン（1838，植物），シュワン（1839，動物）

シュライデン
植物の細胞のふえ方を観察すると，植物のからだは細胞からできていると考えられる

シュワン
動物細胞のふえ方も植物細胞と似ている。動物も細胞からできている

細胞が，さまざまな生物に共通する構造単位として認識されるようになった

細胞は分裂によってふえる（➡p.20）　フィルヒョー（1855）

1590　1665　1674　1831　1837　1838　1839　1842　1850年代　1855　1875　1892　1895

1892　**ウイルスの発見**　イワノフスキー

1895　**X線の発見**　レントゲン

核を発見（➡p.24）

ブラウン（1831）

植物の細胞内に不透明な粒を見つけ，「核」と名付けた。

葉緑体の存在について報告（➡p.25）

フォン・モール（1837）

▲モールは原形質（➡p.22）の命名者でもある

「Chlorophyllkörner（葉緑素の粒）」について詳細に記載。その後，これは「chloroplast（葉緑体）」と命名された。

染色体を発見（➡p.24，第3章，第9章）

ネーゲリ（1842）

ミトコンドリアと思われる構造体が報告されはじめる（➡p.24）

（1850年代）

細胞分裂のようすを観察し，核分裂を観察（➡p.24，第3章）

シュトラスブルガー（1875）

私は，受精も研究して，遺伝に関わる因子が核に存在することも考えたよ

ミトコンドリアを命名（➡p.24）

ベンダ（1898）

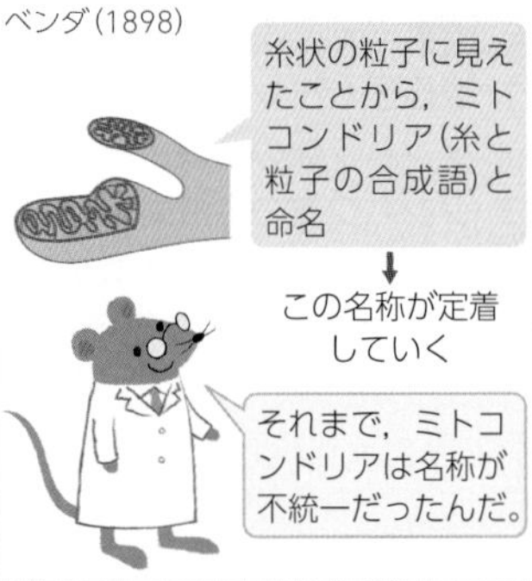

糸状の粒子に見えたことから，ミトコンドリア（糸と粒子の合成語）と命名
この名称が定着していく
それまで，ミトコンドリアは名称が不統一だったんだ。

真核細胞の内部では，核などの構造体が働いている

顕微鏡の精度が向上していき，細胞内からさまざまな構造体が発見された。

研究の今と未来の展望

細胞や物質，生命現象を観察・解析する技術の向上

細胞を生きたまま精密に観察できる顕微鏡の開発が行われている。現在では，特定の成分から蛍光を発生させる技術を利用することで，細胞の生命活動を，生きたまま分子の働きとして観察することができる。また，膜タンパク質などの構造解析技術やAI，ITによる画像解析技術が進歩し，より精密に解明できるようになってきている。

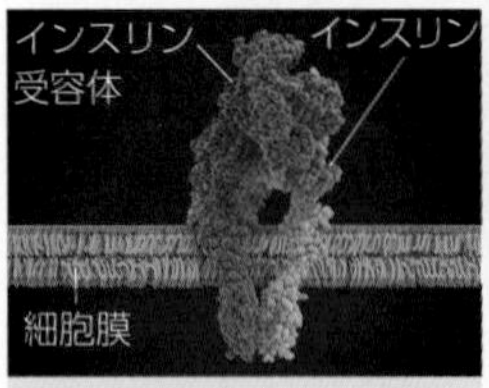

インスリン受容体
インスリン
細胞膜

インスリン受容体の構造★

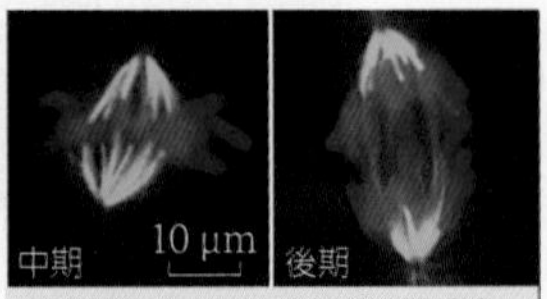

中期
10 μm
後期

核分裂のようす（蛍光染色）

微小管が緑，染色体が青の蛍光を発するよう染色されている

細胞がもつ構造体とその働き

真核細胞の特徴

真核細胞の内部では，核などの構造体が働いている(➡p.22〜27)

真核細胞の内部にはさまざまな構造体が存在し，それぞれ特有の働きを担っている。

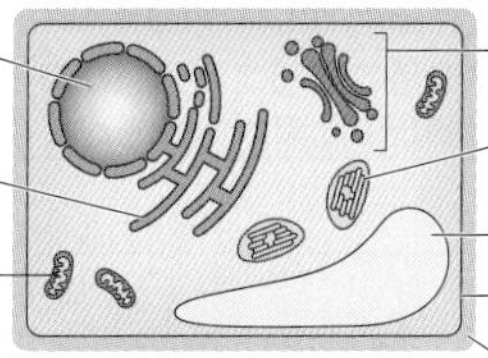

▲植物細胞(真核細胞)

細胞がもつ膜の特徴

細胞膜はさまざまな機能をもつ(➡p.28〜33)

細胞膜はリン脂質と膜タンパク質からなり，これらの性質と働きによってさまざまな機能をもつ。

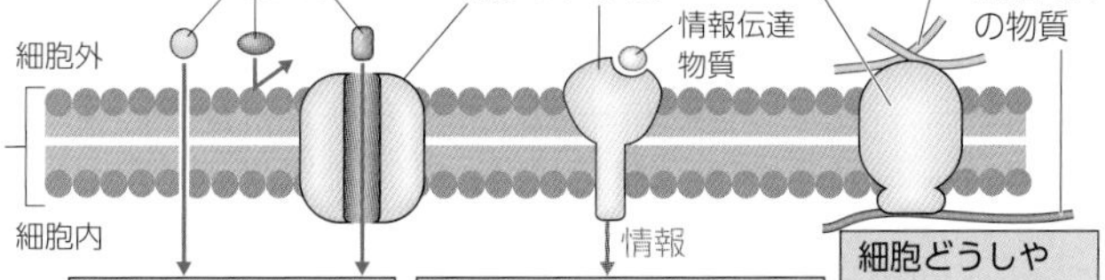

形成

細胞がつくる構造

細胞や，細胞からなる構造には，さまざまなものがある(➡p.34〜43)

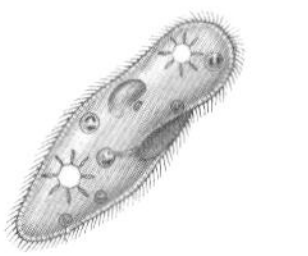
▲ゾウリムシ(単細胞生物)

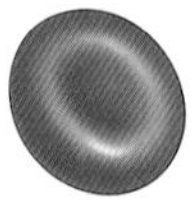
▲赤血球

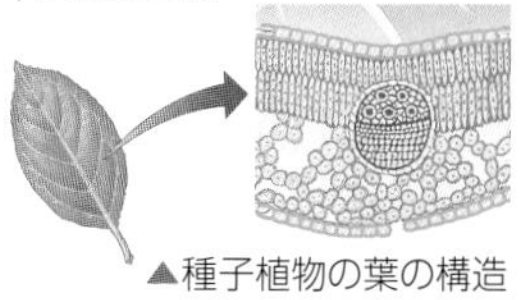
▲種子植物の葉の構造

細胞膜はさまざまな機能をもつ

細胞膜は，リン脂質の二重層に膜タンパク質が分布した構造で，物質の出入りの調節や細胞への情報伝達などの機能をもつ。このしくみは，電子顕微鏡の技術進展を背景に，解明が進んだ。

細胞膜は脂質からなると提唱(➡p.22) | オーバートン(1895)

細胞膜は脂質の二重層からなる(➡p.22)

ゴーター，グレンテル(1925)

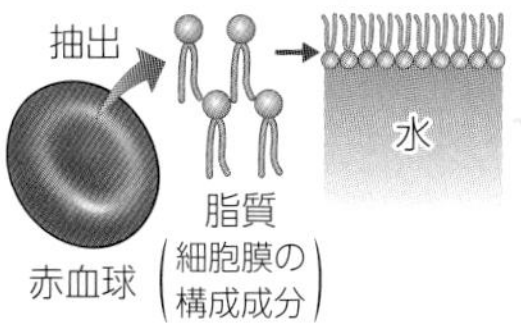

赤血球から抽出した脂質を水面に並べると，その面積は赤血球の表面積の約2倍になった

↓

細胞膜は脂質の二重層からなる

細胞膜の構造の解明につながる

ナトリウムポンプの存在を提唱(➡p.29)

ディーン(1941)

細胞膜には，Na^+やK^+を選択的に通す経路(チャネル)があるのでは(➡p.29，第7章)

アンドリュー・ハクスリー，ホジキン(1952)

ナトリウムポンプを同定(➡p.29)

スコウ(1957)

細胞膜における膜タンパク質の状態についてのモデルを提唱(➡p.22，28)

シンガー，ニコルソン(1972)

流動モザイクモデルを提唱した。

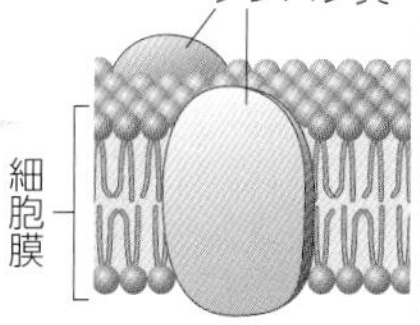

リン脂質の二重層にタンパク質がモザイク状に存在し，自由に移動することができる

1898　1925　1931　1941　1952　1955　1957　1972　1982〜85　1992　1998　2007

リソソームを発見(➡p.25)

ド・デューブ(1955)

ゴルジ体を発見(➡p.25)

ゴルジ(1898)

↓

のちに，ゴルジ体と命名され，物質の輸送・分泌に重要な構造体だと解明された。

膜タンパク質の三次元構造の解析に成功(➡p.28)

ダイゼンホーファー，フーバー，ミヘル(1982〜85)

膜タンパク質の高精度な結晶をつくり，X線を用いてその構造を解析した。

高精度な結晶を得て，構造を解析する技術が確立され，膜タンパク質の構造解析が進んでいった

アクアポリンの機能を解明(➡p.29)

アグレ(1992)

Gタンパク質共役型受容体の構造解析(➡p.32)

コビルカ(2007)

カリウムイオンチャネルの構造を解析(➡p.29)

マキノン(1998)

イオン選択性のしくみの解明につながった

膜タンパク質を標的とした創薬

膜タンパク質の構造を解明し，それを標的とする医薬品の研究開発が盛んに行われている。医薬品は，標的とする膜タンパク質に結合し，細胞の物質分泌や情報伝達を変化させることで効果を現す。特定の細胞のみに作用する効率のよい治療が可能になる。

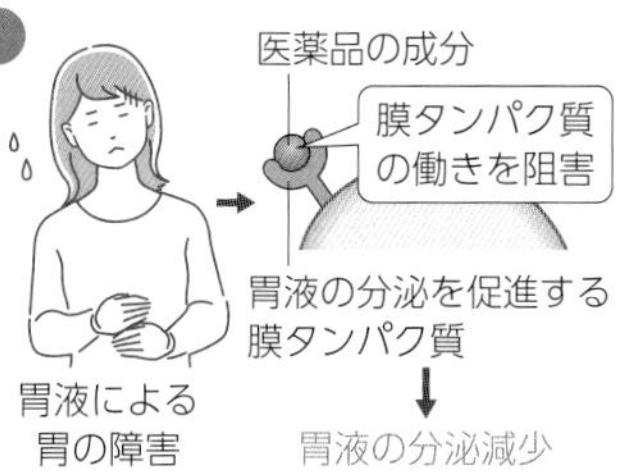

生物を模倣した商品の開発(バイオミメティクス)

生物の動作や構造，構成体などの特徴を解析・模倣し工業製品などに活かす技術をバイオミメティクスという。生物の細胞構造や働きを利用した，さまざまな研究開発が行われている。

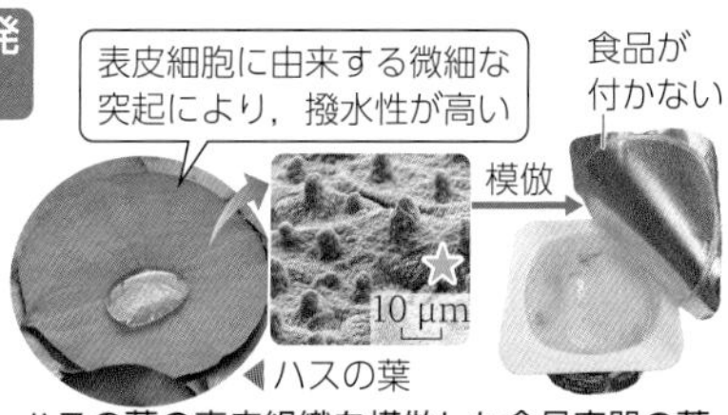

◀ハスの葉

ハスの葉の表皮組織を模倣した食品容器の蓋

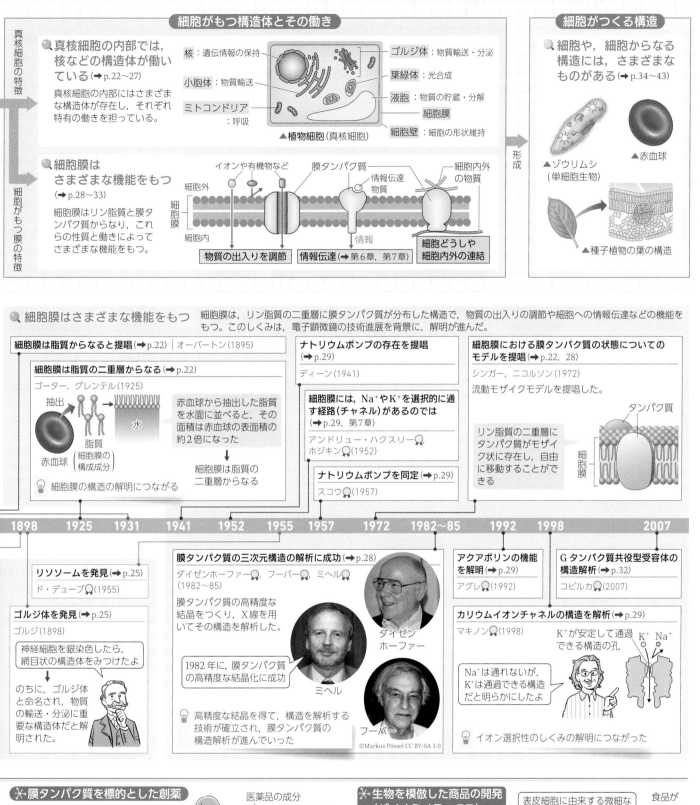

01 細胞を構成する物質

基礎 生物　Materials that Make Up Cells

1 生物体を構成する元素 生物

地球には90種類を超える元素が存在する。生物体は，地球の地殻や海洋・大気に普遍的に存在する約20種類の元素から構成されている。

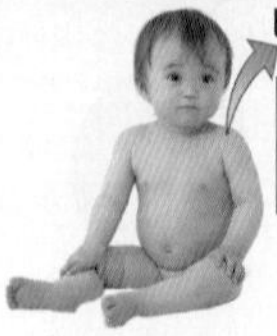

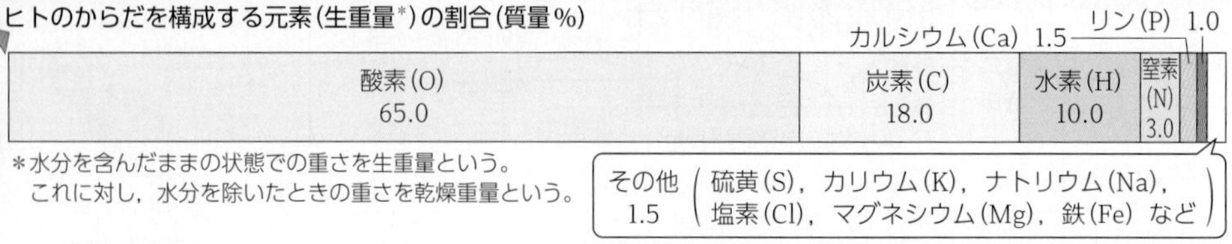

＊水分を含んだままの状態での重さを生重量という。これに対し，水分を除いたときの重さを乾燥重量という。

ヒトのからだを構成する元素のうち，酸素，炭素，水素，窒素が全体の96％を占めている。その他の元素として，カルシウムやリン，ナトリウムなどがあり，それぞれ体内で重要な働きを担っている。

なお，地殻に大量にあるケイ素やアルミニウムなどの元素は，一般的に生物体を構成する元素としてはほとんど使われていない。

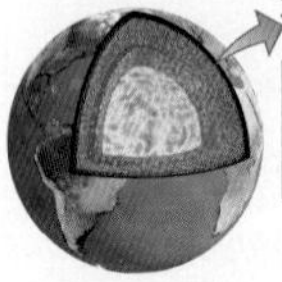

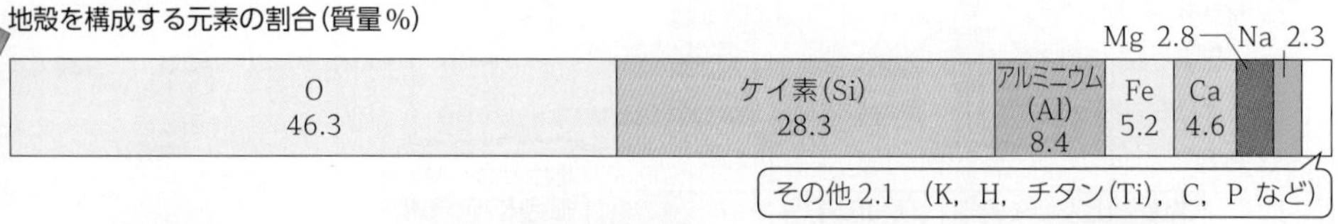

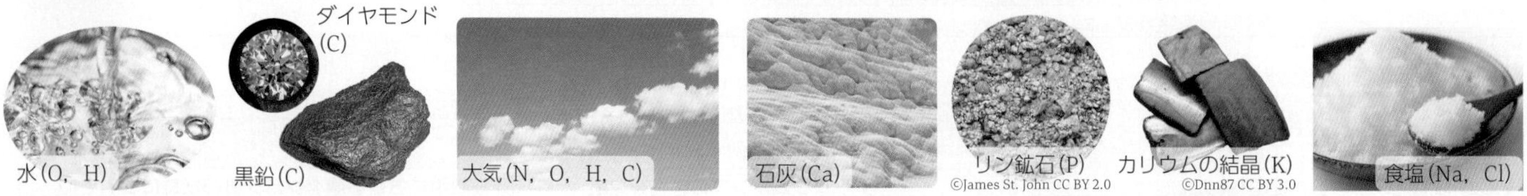

ヒトでは，O，Hは水分や有機物を構成し，C，Nも有機物の成分となる。CaやPは骨の成分となり，K，Na，Clは細胞の働きを調節する。

2 細胞を構成する物質 基礎 生物

生物体において，細胞は，炭水化物や脂質，タンパク質，核酸などの有機物と，水やその他の無機物によって構成されている。構成物質の割合は生物によって異なる。

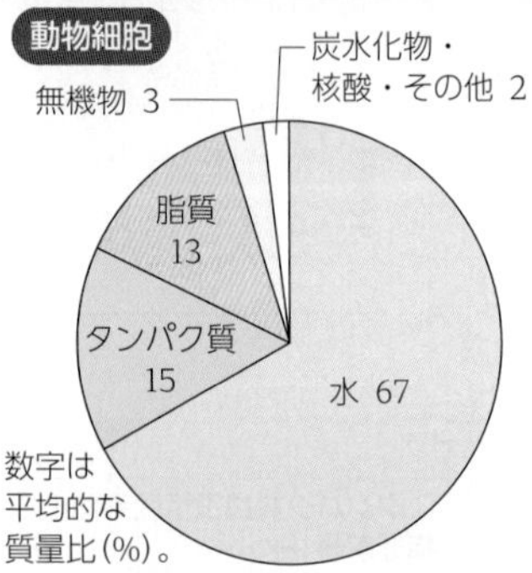

数字は平均的な質量比（%）。

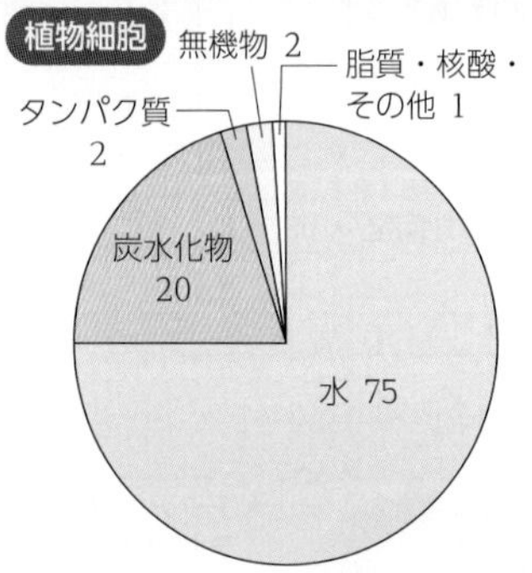

植物で炭水化物の割合が多いのは，植物の細胞壁がセルロース（炭水化物の一種）を主成分とするためである。細胞壁を除いて動物細胞と植物細胞とで比較した場合，構成成分の割合はほとんど同じになる。

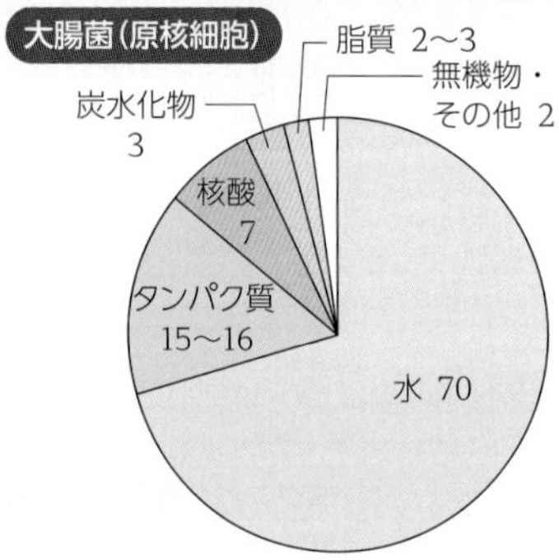

原核生物（➡p.21）である大腸菌は，真核生物（➡p.22）よりも細胞の大きさが小さく，細胞に占める核酸の割合が大きくなる。

物質		構成する元素	働き・特徴
水		H，O	さまざまな物質を溶かす溶媒であり，化学反応の場となる。流動性に優れ，物質輸送を担う。比熱が大きく，温度を保持する上でも重要である。
有機物	炭水化物（糖質）（➡3）	C，H，O	エネルギー源として貯蔵されているものが多く，他の高分子化合物の成分となるものもある。セルロースは植物の細胞壁の主成分である。
有機物	脂質（➡p.22）	C，H，O，P（SやNを含むものもある）	水に溶けず，有機溶媒に溶ける物質の総称。脂肪は脂肪酸とグリセリンからなり，生命活動のエネルギー源になる。リンを含むリン脂質は生体膜の成分として重要である。また，ステロイドはホルモンなどの成分となる。
有機物	核酸（➡p.73）	C，H，O，N，P	DNAとRNAがある。DNAは遺伝子の本体であり，RNAはタンパク質の合成などに関与する。ヌクレオチドが多数鎖状につながった巨大な分子を構成する。
有機物	タンパク質（➡p.88）	C，H，O，N，S	アミノ酸の種類と配列順序によってさまざまなものがある。核と細胞質の主成分であるとともに，酵素やホルモン，膜タンパク質，抗体などとして働いており，ヒトの体内には約10万種類存在するとされる。
無機物（水を除く）		P，Na，Cl，K，Ca，Mg，Fe など	無機塩類として水に溶けているものが多く，細胞の状態や働きを調節する作用がある。また，骨の主成分となるもの（リン酸カルシウム）や酸素の運搬に関与するもの（ヘモグロビンに含まれるFe）もある。

α PLUS 水の性質 生物 化学

体内での水の働きには，次のような性質が関与している。

①水分子は極性をもつため，さまざまな物質を溶かして化学反応や物質輸送の場となる。

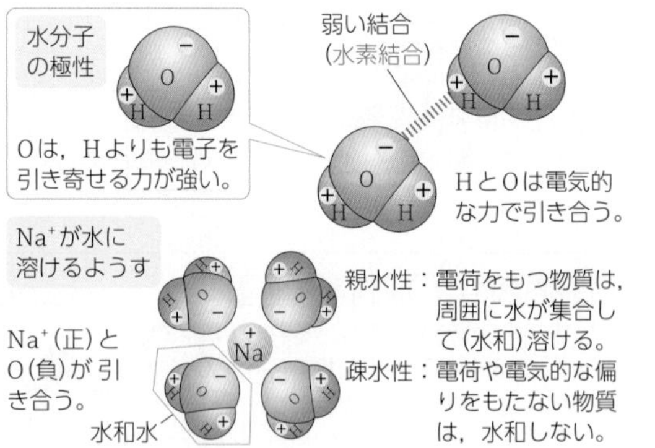

②温まりにくく，冷めにくい性質をもつ（比熱が大きい）ため，細胞の温度の維持に役立つ。

豆知識　比熱とは1gの物質の温度を1℃上げるために必要なエネルギー量であり，その物質の温度変化のしやすさを示している。水の比熱は4.186 J/（g・℃）で，これは液体のなかでも特に高い。

3 炭水化物(糖質) 生物

炭水化物(糖質)は，C，H，Oの3つの元素からできている。最も単純な炭水化物を単糖《たんとう》，2分子の単糖が結合したものを二糖《にとう》，多数の単糖が結合したものを多糖《たとう》という。

Ⓐ単糖 環状構造をとる分子には立体異性体(分子内での原子のつながり方は同じだが，原子や原子団の空間的な配置が異なっている異性体)がある。たとえば，グルコースにはα-グルコースとβ-グルコースがある。

ヘキソース(六炭糖) 1分子中に炭素原子を6個もつ			ペントース(五炭糖) 1分子中に炭素原子を5個もつ	
グルコース(ブドウ糖) $C_6H_{12}O_6$	フルクトース(果糖) $C_6H_{12}O_6$	ガラクトース $C_6H_{12}O_6$	デオキシリボース $C_5H_{10}O_4$	リボース $C_5H_{10}O_5$
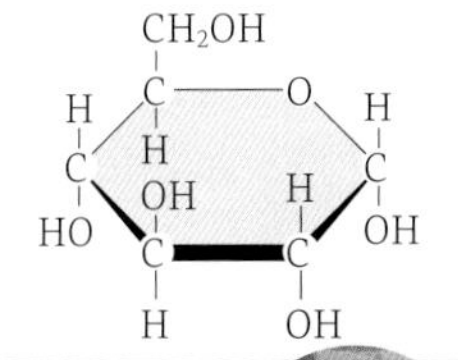	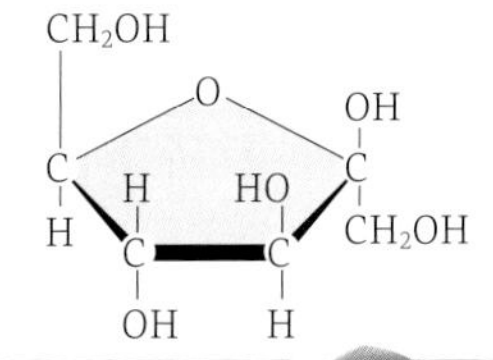	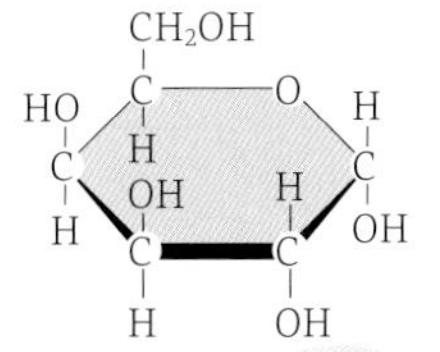	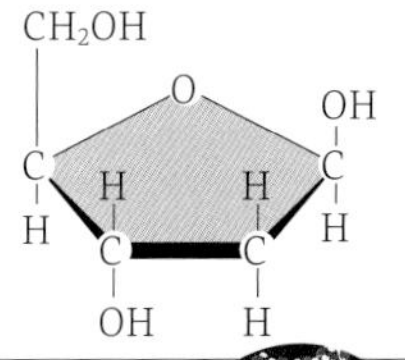	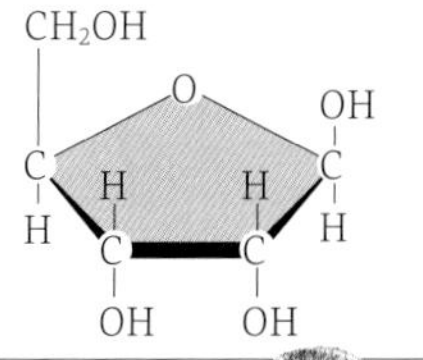
一般的な呼吸基質(➡p.66)で，ブドウなどの果実や血液中に存在する。  ブドウ	糖類のなかでは甘味が最も強く，各種の果実や蜂蜜に存在する。 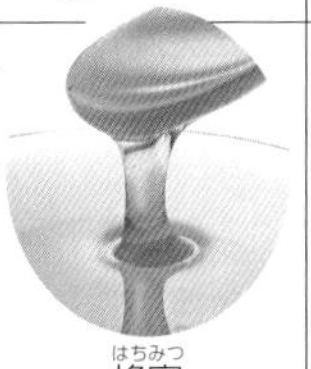 蜂蜜《はちみつ》	牛乳などに含まれる二糖のラクトース(乳糖)を加水分解して得られる。  牛乳	DNAのヌクレオチドの構成成分。 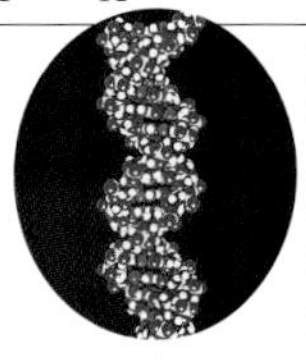 DNA(模型)	RNAのヌクレオチドやATP(➡p.46)の構成成分。 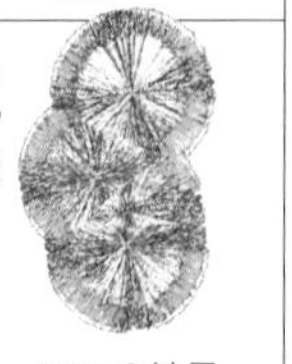 ATPの結晶

Ⓑ二糖

マルトース(麦芽糖) $C_{12}H_{22}O_{11}$ グルコース+グルコース	スクロース(ショ糖) $C_{12}H_{22}O_{11}$ グルコース+フルクトース	ラクトース(乳糖) $C_{12}H_{22}O_{11}$ ガラクトース+グルコース
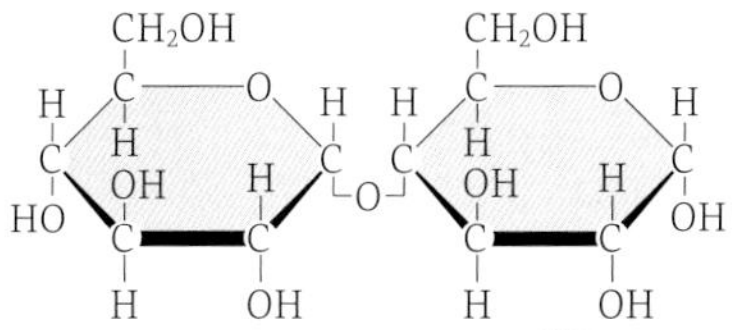	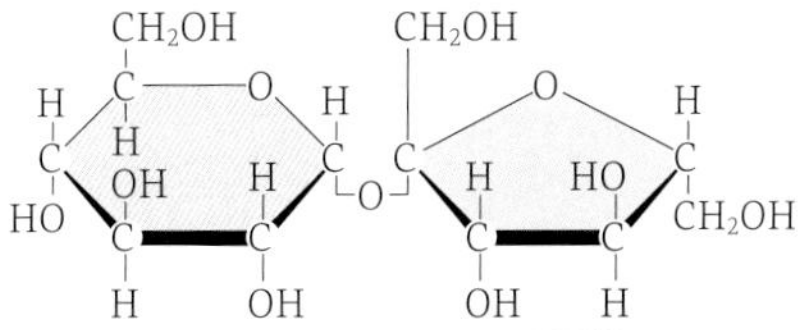	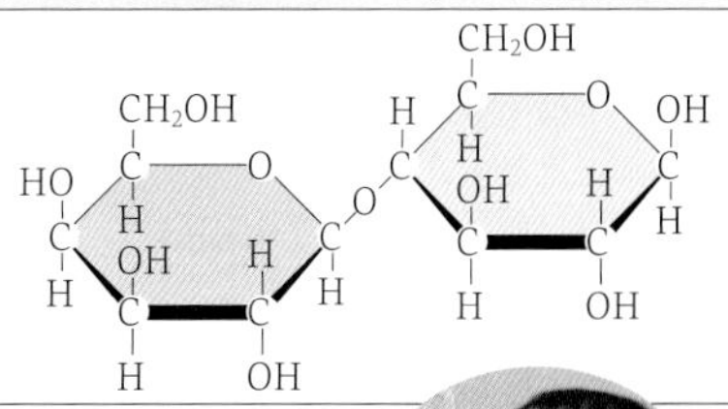
デンプンが分解するときの中間生成物で，マルターゼによって分解される。麦芽中に存在。  麦芽	砂糖の主成分で，スクラーゼによって分解される。サトウキビやテンサイなどに含まれる。  砂糖	牛乳や母乳に含まれ，ラクターゼによって分解される。乳酸菌もラクターゼをもつ。  母乳

Ⓒ多糖 多糖は，$(C_6H_{10}O_5)_n$で表す。

デンプン $(C_6H_{10}O_5)_n$	グリコーゲン $(C_6H_{10}O_5)_n$	セルロース $(C_6H_{10}O_5)_n$
アミロース  数百〜数千のグルコースが直鎖状に結合。 アミロペクチン  数千のグルコースが直鎖状に結合し，分枝。 ◎:グルコース残基	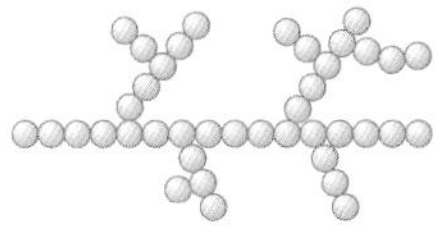 アミロペクチンと似た構造をもつが，アミロペクチンよりも分枝が多い。	 多数のグルコースが直鎖状に結合。 デンプンやグリコーゲンがα-グルコースからなるのに対し，セルロースはその立体異性体であるβ-グルコースからなる。
アミロースとアミロペクチンの混合物で，アミラーゼによって分解される。  デンプン	動物の肝臓や筋肉中に貯えられている。消化管内では，アミラーゼによって分解される。 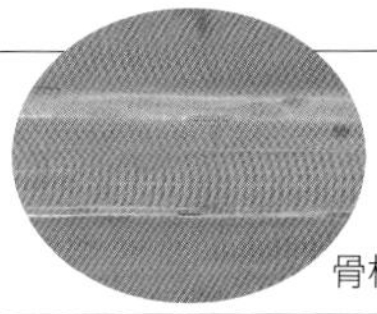 骨格筋	植物の細胞壁の主成分で，長鎖状の繊維構造をつくる。セルラーゼによって分解される。 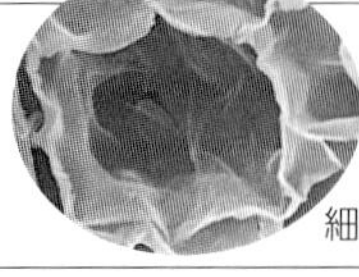 細胞壁

4 無機物 生物

生物の生育に不可欠な元素のうち，有機物に多く含まれるC，H，Oを除くものは無機養素《むきようそ》と呼ばれる。

無機養素は，要求量が多い多量元素と要求量が少ない微量元素に分けられる。

- **多量元素《たりょうげんそ》**…N，P，Ca，S，Cl，K，Na，Mg，Feなどの元素がある。
  Ca，Cl，K，Na，Mg：細胞の浸透圧(➡p.28)の維持，膜電位の形成(➡p.195)に関与。
  Ca：骨や歯の構成成分となるほか，血液凝固(➡p.159)や筋収縮(➡p.210)に関与。
  Fe：ヘモグロビン(➡p.161)に含まれ，酸素運搬に関与。
  Mg：クロロフィル(➡p.52)に含まれ，光合成に関与。
- **微量元素《びりょうげんそ》**…B，F，Si，V，Cr，Mn，Co，Ni，Cu，Zn，As，Se，Mo，Sn，Iの15元素がある。

α PLUS ビタミン 生活 家庭科

タンパク質，脂質，核酸，炭水化物以外で微量に必要とされる有機物にビタミンがある。ビタミンは，エネルギー源や生体構造の主成分にはならないが，生物に不可欠な栄養素であり(➡p.60)，次のような働きと特徴がある。

- 生理機能の調節作用をもつ。
- 補酵素(➡p.47)の成分として働くことが多い。
- 生体内で合成できないものもある。

豆知識 グルコース(ブドウ糖)は多くの果実に含まれているが，グルコースの存在を発見した科学者(アンドレアス・マルクグラーフ)が干しブドウを用いていたことから，日本ではブドウ糖と名付けられた。

02 原核細胞と真核細胞

基礎 生物

Prokaryotic and Eukaryotic Cells

関連動画をCheck!

基本 1 細胞 基礎

すべての生物には，からだが細胞でできているという共通の特徴がみられる(➡巻頭)。細胞は，生物の基本単位となっている。

Ⓐ細胞の働き

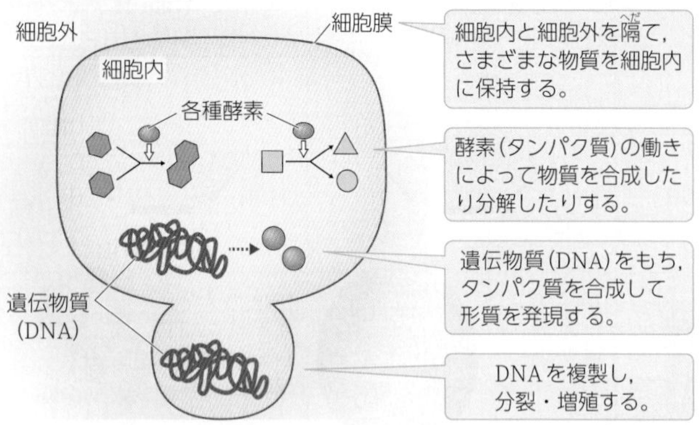

Ⓑ生物の基本単位としての細胞

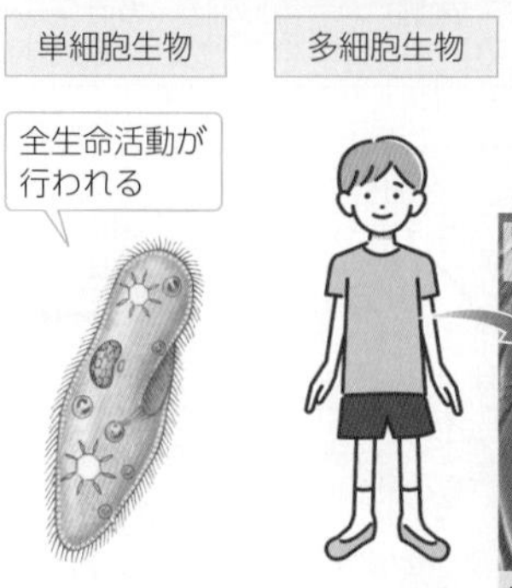

▲ゾウリムシ　▲ヒト

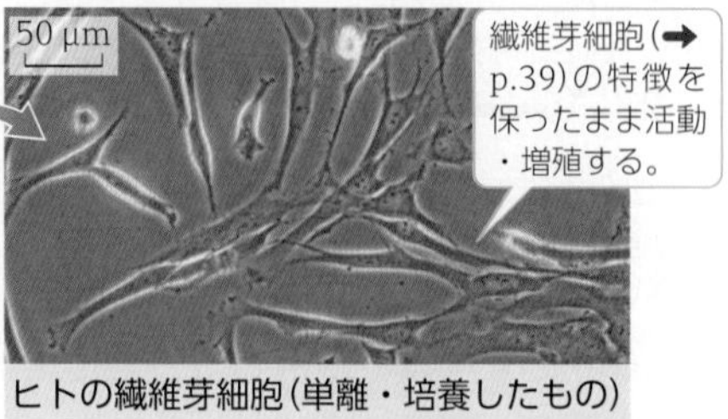

ヒトの繊維芽細胞(単離・培養したもの)

単細胞生物(➡p.36)では，1つの細胞内ですべての生命活動が行われる。多細胞生物(➡p.36)であっても，特定の細胞を単独で培養すると，その細胞独自の活動が継続される。このことからも，細胞は生命の基本単位であることがわかる。

基本 2 細胞の発見と細胞説 基礎

細胞が最初に発見されたのは，現在から350年以上前である。「細胞は，すべての生物の構造および機能の単位である」とする考えを，細胞説《さいぼうせつ》という。

Ⓐ細胞の発見

1665年，フックは，顕微鏡でコルクの切片を観察し，多数の小部屋からなることを見いだした。彼は，観察された多数の小部屋の1つ1つを細胞(cell)と名付けた。ただし，フックが観察したものは，細胞質の失われた細胞壁だけの構造であった。

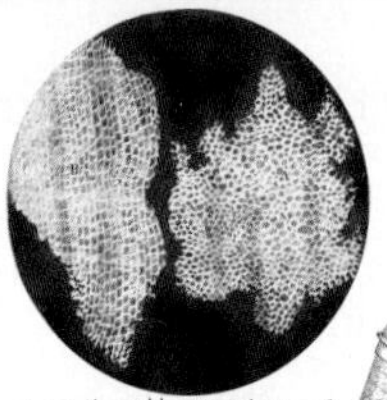
▲コルク片のスケッチ

▲フックの顕微鏡

Ⓑ生きた細胞の観察

1674年には，レーウェンフックがはじめて生きた細胞を観察した。彼はその後も，微生物や精子などの多くの生細胞を観察した。

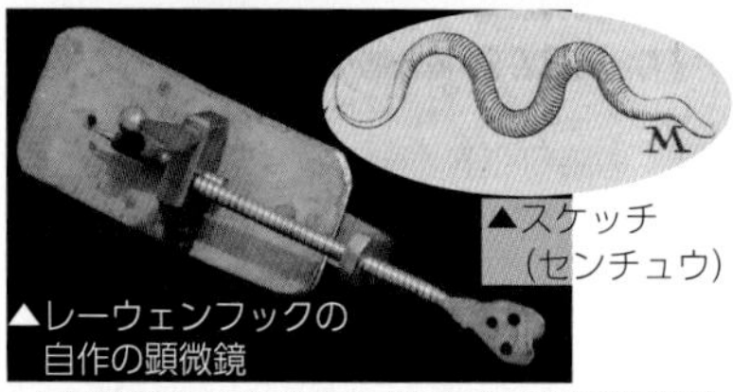

▲スケッチ(センチュウ)
▲レーウェンフックの自作の顕微鏡

虫眼鏡のような構造の単眼式の顕微鏡だが，細胞の動きがわかるほど高性能であった。

Ⓒ細胞説の提唱と発展

シュライデンは，植物の成長は細胞の数や体積の増加によると考え，1838年に，植物について細胞説を提唱した。1839年には，シュワンが，動物細胞の観察結果にもとづいて動物についても細胞説を提唱した。1855年には，フィルヒョーが，それまでの知見と観察から細胞は分裂によってふえると提唱し，細胞説を発展させた。

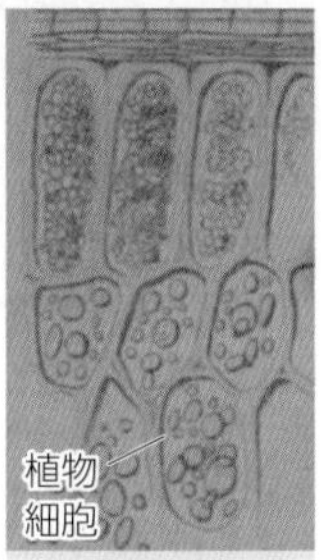

シュライデンによるスケッチ

基本 3 原核細胞と真核細胞 基礎 生物

細胞には，原核細胞《げんかくさいぼう》と真核細胞《しんかくさいぼう》がある。核をもたず，細胞質基質に染色体が存在する細胞を原核細胞という。一方，核をもち，その内部に染色体が存在する細胞を真核細胞という。

Ⓐ形状の比較

原核細胞　大きさ：小さい(数μm程度)

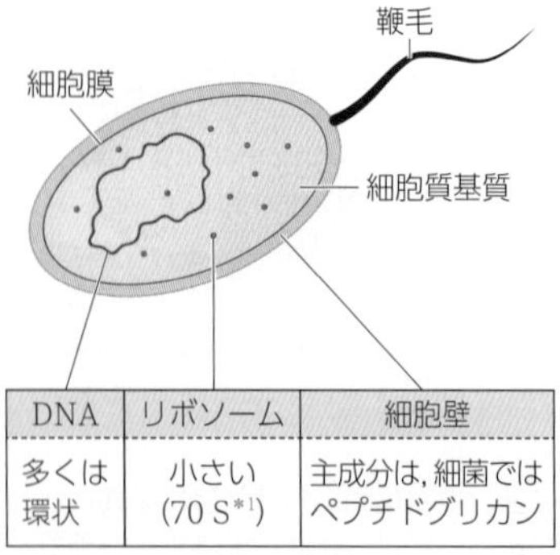

DNA	リボソーム	細胞壁
多くは環状	小さい(70 S[*1])	主成分は，細菌ではペプチドグリカン

- DNAの多くの領域が遺伝子で，スプライシング(➡p.93)はふつう起こらない。

真核細胞　大きさ：原核細胞の10倍以上のものが多い

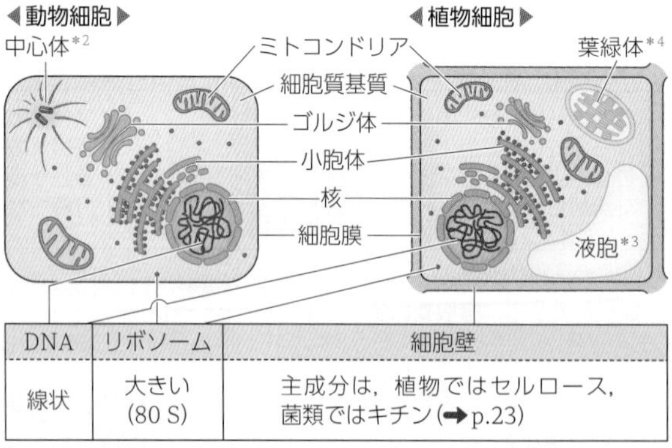

DNA	リボソーム	細胞壁
線状	大きい(80 S)	主成分は，植物ではセルロース，菌類ではキチン(➡p.23)

- DNAは遺伝子以外の領域が多く，スプライシングが起こる。

※細胞内の構造体は一部を示している。

Ⓑ細胞構造の比較

細胞構造	原核細胞	真核細胞	
		植物	動物
細胞膜	+	+	+
細胞質基質	+	+	+
核	−	+	+
染色体	+	+	+
ミトコンドリア	−	+	+
葉緑体	−[*4]	+	−
小胞体	−	+	+
ゴルジ体	−	+	+
液胞	−	+	+[*3]
リソソーム	−	−	+
ペルオキシソーム	−	+	+
リボソーム	+	+	+
中心体	−	−/+[*2]	+
細胞骨格	+	+	+
細胞壁	+	+	−

*1　S(スベドベリ)は沈降係数の単位で，大きいほど密度が大きいことを示す。
*2　中心体は，藻類の細胞のほか，コケ・シダ植物，イチョウ・ソテツなどの裸子植物の一部の細胞にもみられる。
*3　液胞は，動物細胞にも存在するが発達しておらず，植物細胞で特に発達する(➡p.25)。
*4　原核細胞には，葉緑体はないがチラコイド膜をもち光合成を行うもの(シアノバクテリアなど)が存在する。

豆知識　細胞を意味する英語の「cell」は，ラテン語で「小さな部屋」を意味する「cella」に由来する。細胞の発見者であるフックは，物理学者で，ばねの弾性に関する法則(フックの法則)の発見者でもある。

4 ウイルス 基礎 生物

ウイルスは，細胞と同様に遺伝物質をもつが，その構造や働きは細胞とは異なる。ウイルスは，カプシドと呼ばれるタンパク質の殻に遺伝物質が包まれた構造をもち，生物の細胞に侵入して増殖する(➡巻頭)。

Ⓐウイルスの遺伝物質

ウイルスは遺伝物質としてDNAをもつものとRNAをもつものに大きく分けられる。感染する生物種や細胞内でのふえ方はさまざまである。

遺伝物質		ふえ方，特徴	ウイルスの例
DNA	2本鎖	自身の2本鎖DNAからmRNA(➡p.92)を合成させる。多くは大型。	アデノウイルス，T_2ファージ(➡p.70)
DNA	1本鎖	自身のDNAを2本鎖にしてmRNAを合成させる。小型。	パルボウイルス
RNA	2本鎖	一方の鎖がそのままmRNAとなり，もう一方をその後複製する。	ロタウイルス
RNA	1本鎖(非鋳型)	自身のRNAがそのままmRNAとして使われるため，増殖が速い。	コロナウイルス，ノロウイルス，風疹ウイルス
RNA	1本鎖(鋳型)	自身のRNAを鋳型として，mRNAが合成される。	インフルエンザウイルス，エボラウイルス
逆転写RNA(1本鎖)		逆転写(➡p.93)によって2本鎖DNAを合成し，宿主DNAに入り込む。	レトロウイルスと総称。HIV(➡p.188)
逆転写DNA(2本鎖)		DNAからつくられたmRNAをもとに逆転写を行い，DNAを合成する。	B型肝炎ウイルス

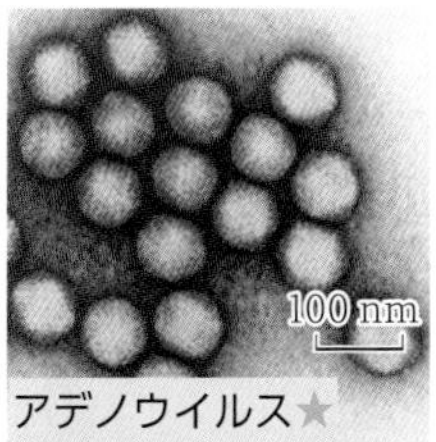

アデノウイルス★

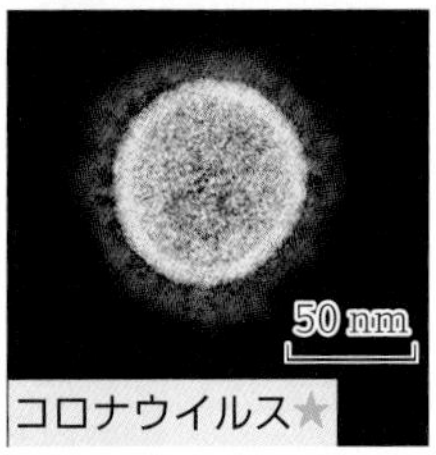

コロナウイルス★

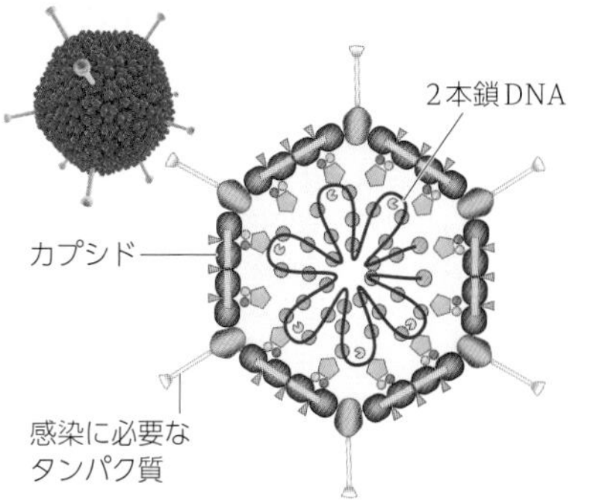

◀アデノウイルスの構造▶

Ⓑエンベロープウイルスとノンエンベロープウイルス

ウイルスには，カプシドの外側にエンベロープという脂質二重膜(➡p.22)をもつエンベロープウイルスと，この膜をもたないノンエンベロープウイルスがある。エンベロープは宿主細胞の脂質二重層に由来し，そのなかに感染に必要なウイルスのタンパク質をもつ(➡p.188)。アルコールなどはエンベロープの構造を破壊するため，エンベロープウイルスの不活化に有効である。

エンベロープウイルス
コロナウイルス，HIV，エボラウイルス，風疹ウイルス，インフルエンザウイルス
ノンエンベロープウイルス
アデノウイルス，パルボウイルス，ノロウイルス，ロタウイルス

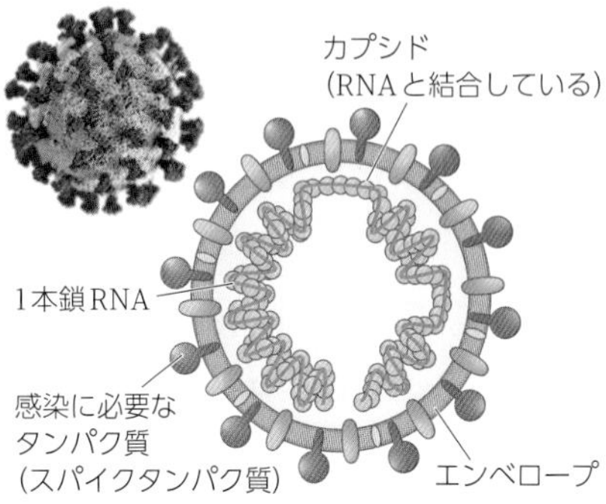

◀コロナウイルスの構造▶

5 原核生物 基礎 生物

原核細胞からなる生物を原核生物《げんかくせいぶつ》という。原核生物は，細菌《さいきん》とアーキアに大きく分けられる(➡p.278)。

Ⓐ細菌(バクテリア，真正細菌)

細菌には，以下に示す生物のほか，大腸菌や乳酸菌などがある(➡p.282)。

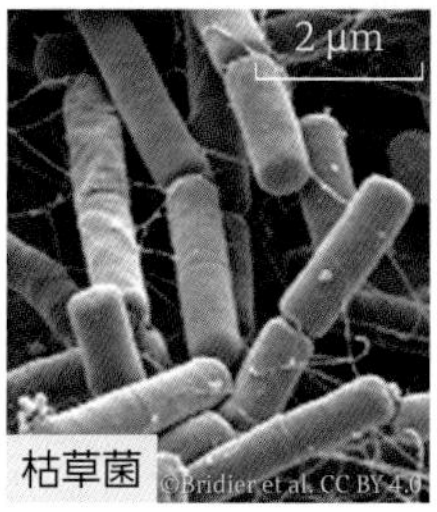

枯草菌

土壌中や植物上にふつうに存在する。納豆菌などがある。

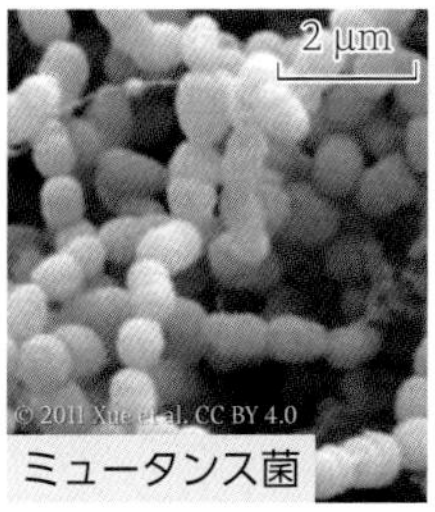

ミュータンス菌

口腔などにみられ，糖を分解して歯垢《しこう》をつくる。虫歯の原因となる。

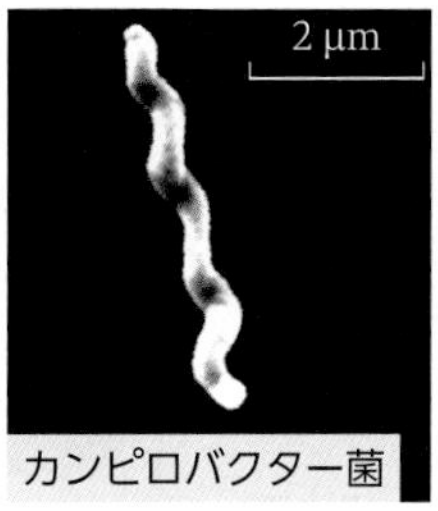

カンピロバクター菌

多くの動物の消化管に常在する。ヒトでは食中毒の原因にもなる。

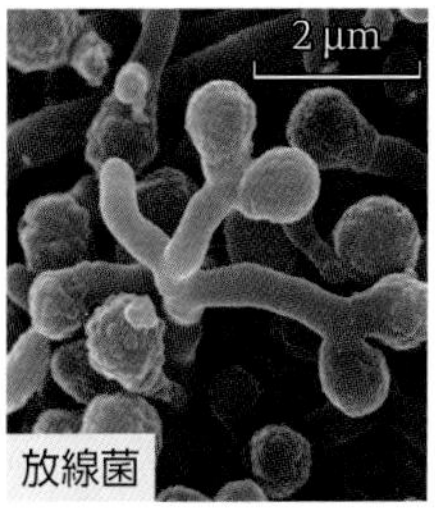

放線菌

土壌中にみられ，落葉などを分解する。物質循環(➡p.322)に関与する。

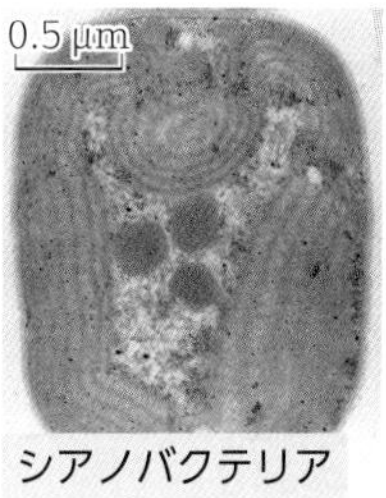

シアノバクテリア

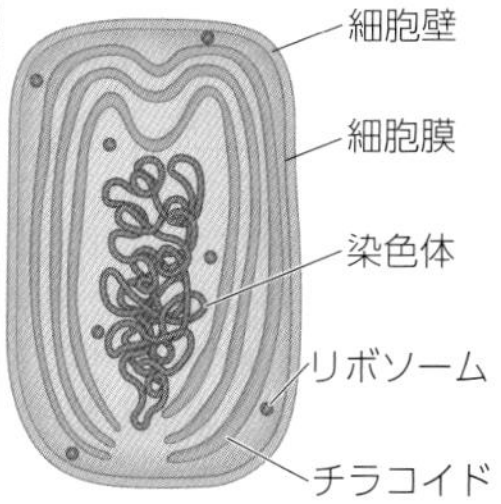

シアノバクテリアは，チラコイド(➡p.52)をもち，植物と同様に酸素発生型の光合成を行う光合成細菌である(➡p.59)。

Ⓑアーキア(古細菌)

メタン菌，好熱菌，高度好塩菌のように，熱水噴出孔(➡p.267)や高温の温泉，塩湖などの極端な環境に生活するものも多くみられる。細菌と同様の構造をもつが，真核生物の染色体を構成するヒストン(➡p.74)と似たタンパク質をもつなど，真核生物と共通する特徴もみられる。

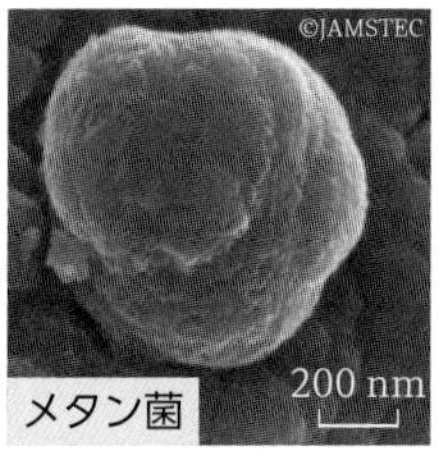

メタン菌

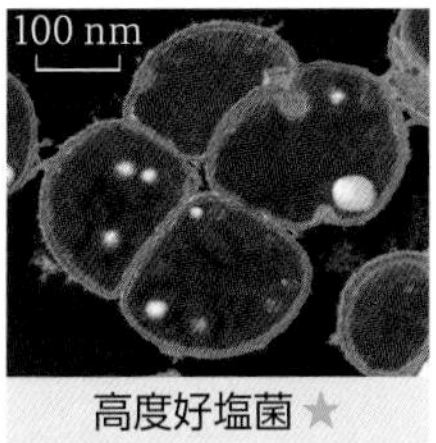

高度好塩菌★

α PLUS 細菌の分類

細菌は，グラム染色と呼ばれる染色法によってグラム陽性菌とグラム陰性菌に大別される。この違いは，細胞壁の構造の違いによる(➡p.282)。また，生育に必要な酸素条件によっても分けられ，酸素がある環境(好気条件)で生育する細菌を好気性細菌，酸素がない環境(嫌気条件)で生育する細菌を嫌気性細菌という。

	グラム陽性菌	グラム陰性菌
好気性細菌	枯草菌，放線菌　など	カンピロバクター，緑膿菌　など
嫌気性細菌	ビフィズス菌，ウェルシュ菌(腸の常在菌)　など	バクテロイデス(腸の常在菌)　など
通性嫌気性細菌	ミュータンス菌，ブドウ球菌　など	大腸菌，赤痢菌　など

※好気性細菌と嫌気性細菌には，好気条件または嫌気条件でのみ生育するものを示した。両方の条件で生育できる細菌は，通性嫌気性(好気性)細菌と呼ばれる。

豆知識　コロナウイルスは，ウイルスの表面に棍棒《こんぼう》状のスパイクタンパク質が並んでおり，そのようすが王冠(ギリシア語でコロナ)や太陽のコロナに似ていることから命名された。

03 真核細胞の構造と生体膜

基礎　生物

Structure of Eukaryotic Cells and Biomembrane

関連動画をCheck!

基本 1 真核細胞の構造 基礎 生物

Ⓐ真核細胞の構成

真核細胞からなる生物を**真核生物《しんかくせいぶつ》**という。真核細胞である動物細胞と植物細胞には，核と**細胞質《さいぼうしつ》**(細胞の内部から核を除いた部分で，細胞膜を最外層とする)が共通に存在する。細胞内で特定の働きをもつ構造体を**細胞小器官《さいぼうしょうきかん》**と呼ぶ。

- 真核細胞
  - 核*1 (染色体が含まれる) (➡p.24)
  - 細胞質
    - 細胞質基質
    - 細胞小器官*2 (➡p.24，25)
      (ミトコンドリア，葉緑体，小胞体，ゴルジ体，液胞，リソソーム，ペルオキシソーム)
    - 膜構造をもたない細胞内構造体*3 (➡p.26，27)
      (リボソーム，中心体，細胞骨格)
    - 細胞膜 (➡p.28~33)
  - 細胞壁 (➡p.26)

核と細胞質を合わせて**原形質《げんけいしつ》**という。

＊1，2…核も細胞小器官である。

＊2，3…膜構造によって区画された構造体を細胞小器官というが，＊3の構造体も含めて細胞小器官とする考え方もある。

Ⓑ細胞質基質(サイトゾル)

細胞小器官の間を埋める，粘性のある液状の部分。水・アミノ酸・タンパク質などを含む。さまざまな酵素が存在し，化学反応の場となる。

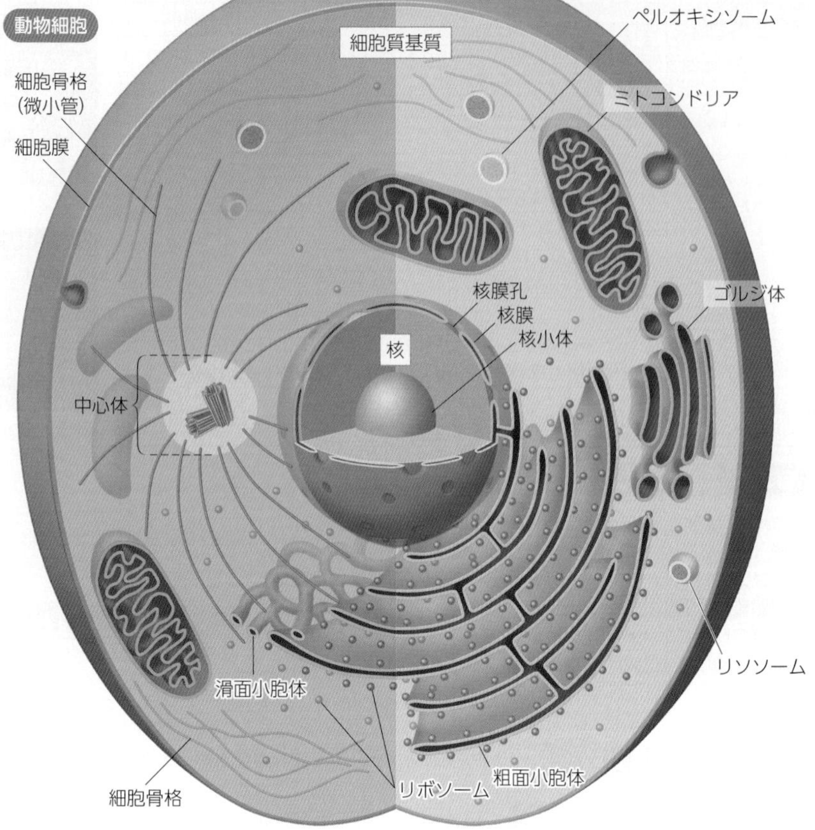

基本 2 生体膜と脂質 生物

細胞や細胞小器官は，リン脂質を主成分とする生体膜《せいたいまく》によって区切られており，化学反応に必要な物質濃度などが保たれている。

Ⓐリン脂質

生体膜はリン脂質の二重層からなる。

リン脂質は，グリセリンにリン酸化合物が結合した親水性の頭部と，疎水性の尾部をもつ両親媒性分子である。

頭部(親水部)　尾部(疎水部)

CH_2 − O − CO−C−C−C−C−…−CH_3
|
CH − O − CO−C−C−C−C−…−CH_3
|
CH_2 − O − リン酸化合物

グリセリン(1分子)　脂肪酸(2分子)

脂肪酸部分は，さまざまな構造を取る。

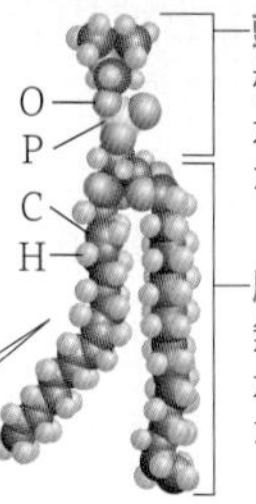

▲リン脂質の分子モデル

Ⓑ生体膜

細胞外の体液や，細胞内の細胞質基質は，水の割合が多い。リン脂質は，親水部でこれらの液体に接し，疎水部は内側で向き合って二重層になっている。

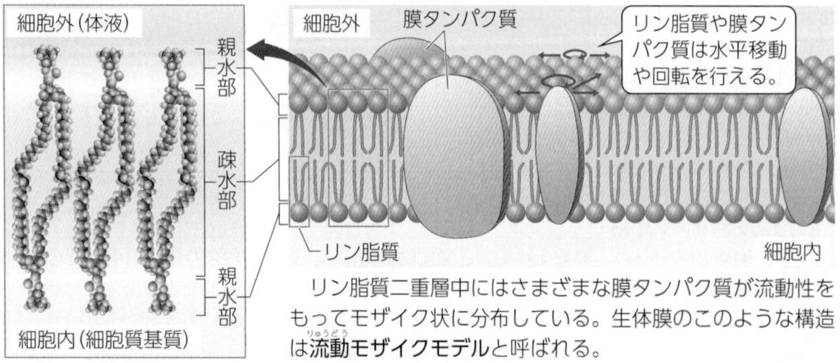

リン脂質二重層中にはさまざまな膜タンパク質が流動性をもってモザイク状に分布している。生体膜のこのような構造は**流動《りゅうどう》モザイクモデル**と呼ばれる。

PLUS α 生体内の脂質

脂質は，グリセリンと脂肪酸からなり，水に不溶の物質である。脂質には多くの種類があり，生体内で重要な役割をもつものには，リン脂質の他に脂肪や糖脂質，ステロイドなどがある。

脂　肪　エネルギーを貯蔵する物質として働く。

脂肪分子

CH_2 − O − CO−C−C−C−C−…−CH_3
|
CH − O − CO−C−C−C−C−…−CH_3
|
CH_2 − O − CO−C−C−C−C−…−CH_3

グリセリン(1分子)
脂肪酸(3分子)

糖脂質　細胞膜の成分となる。

CH_2 − O − CO−C−C−C−C−…−CH_3
|
CH − O − CO−C−C−C−C−…−CH_3
|
CH_2 − O − 糖

グリセリン(1分子)
脂肪酸(2分子)

ステロイド　生体膜やホルモン(➡p.170)などの構成成分となる。

青で示した構造をもつ物質を総称して**ステロイド**という。

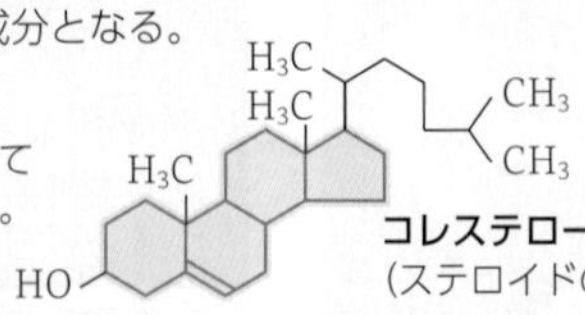

コレステロール
(ステロイドの一種)

豆知識　一般的に，常温で液体のものを油《あぶら》といい，常温で個体のものを脂《あぶら》として区別する。

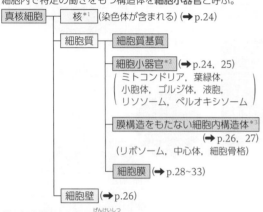

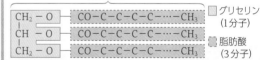

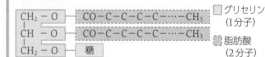

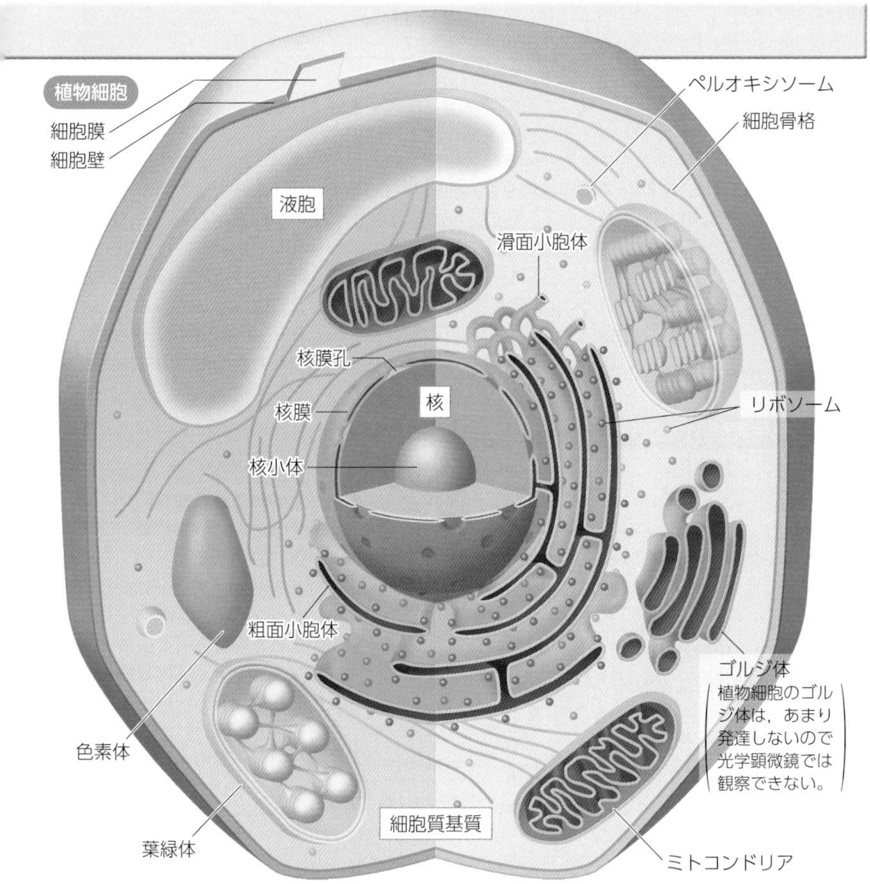

α PLUS 菌類の細胞構造 生物

菌類には，いわゆる「きのこ」を形成するものや，カビのなかまが含まれる（➡p.287）。菌類は真核生物であり，系統的には動物に近く，細胞構造も動物細胞とよく似ている。菌類の細胞は細胞壁をもつが，その主成分は植物細胞とは異なり，キチンである。

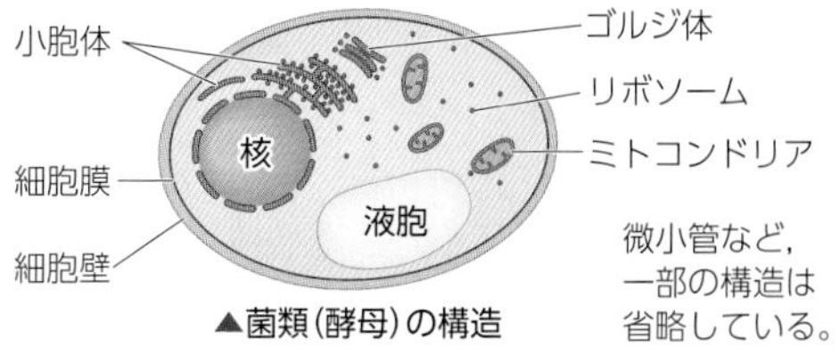

微小管など，一部の構造は省略している。

▲菌類（酵母）の構造

α PLUS 細胞膜の流動性 生物

細胞膜を緑色の蛍光色素で標識したのち，一部に強力なレーザー光を当てると，その部分の蛍光は一瞬失われるが，すぐに回復する。これは，細胞膜の構成物質が盛んに流動するため，蛍光が失われた部分に蛍光で標識した物質が拡散することによる。

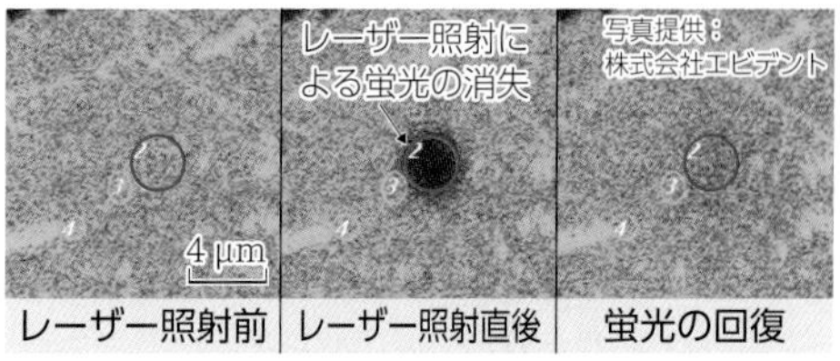

実験1 界面活性剤を用いた二重層構造の作製

生物

目的 水中シャボン玉をつくって脂質二重層の二重層構造を再現し，その形成のしくみから，両親媒性分子の性質や生体膜の構造を理解する。

界面活性剤

材料の台所用洗剤の成分である界面活性剤は，両親媒性分子である。

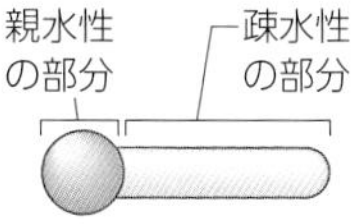

方法

①ビーカーに水と着色した水各100 mLを別々に入れ，台所用洗剤を5滴ずつ加えて混ぜる。

②ストローを，着色した洗剤溶液に挿し，指で上端を押さえて持ち上げる。

③指を離し，高さ5 mm程度の位置から，洗剤溶液に着色した洗剤溶液の液滴を落とす。

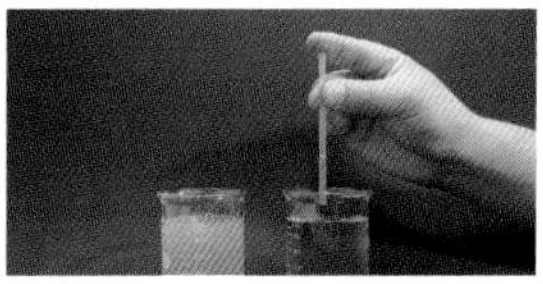

結果

洗剤溶液どうしは混ざらず，それぞれが膜で仕切られた水中シャボン玉が形成された。

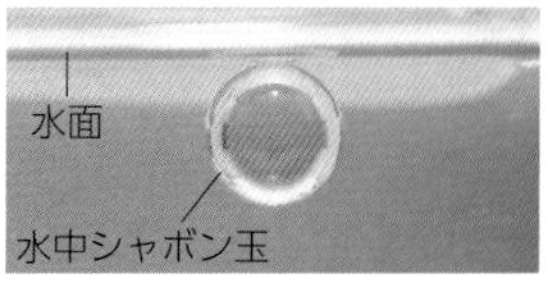

考察

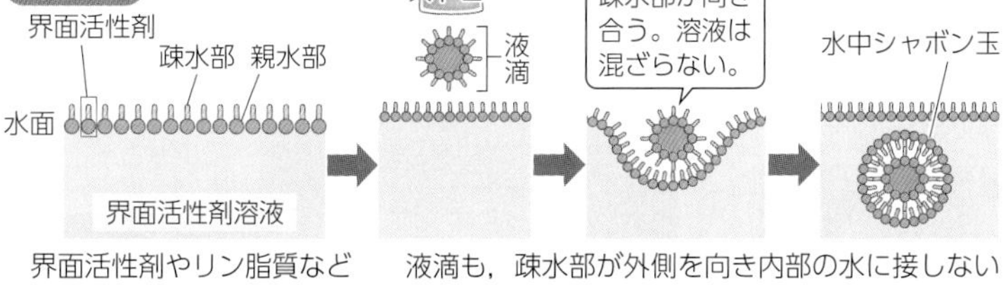

界面活性剤やリン脂質などの両親媒性分子は，疎水部が上を向いて水に接しない状態で水面に並んでいる。

液滴も，疎水部が外側を向き内部の水に接しない状態でストローから落ちてくる。液滴と水面が接しても，溶液は混ざることなく，疎水部が向き合った状態の二重層構造ができたと考えられる。

参考

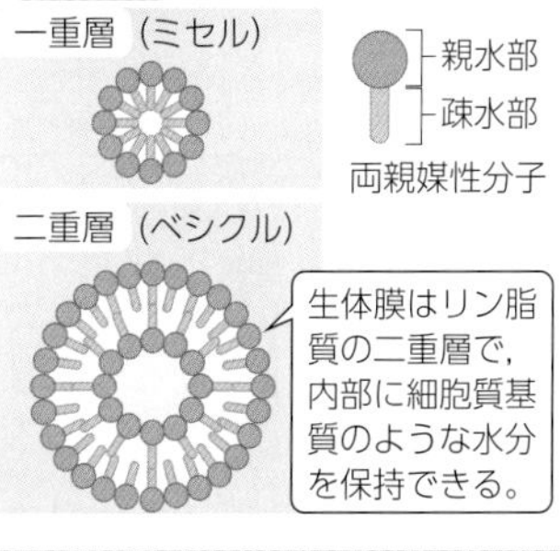

両親媒性分子が溶液中で形成するコロイド状の粒子をミセルという。一方，両親媒性分子の二重層からなるものをベシクルという。ミセルでは，親水部が外側のみに存在するため内部を水で満たすことはできない。これに対し，ベシクルでは，一方の親水部が内側を向くため，内部に水溶液を保持することができる。

豆知識 ベシクルのなかでも直径1 μm以上のものをジャイアントベシクルという。リン脂質で作製したジャイアントベシクルは，光学顕微鏡で個別に観察でき，生体膜が外的要因から受ける影響や，膜タンパク質（➡p.28）の研究などに利用されている。

04 真核細胞の構造① 細胞小器官

基礎 生物

Structure of Eukaryotic Cells, Part 1 Membranous Organelles

基本 1 核 基礎 生物

核《かく》は，遺伝情報の保持と発現に重要な役割を果たし，細胞の生存や増殖に不可欠な構造体である。ふつう，細胞に1個含まれ，その大きさは細胞によって異なるが，直径3～10 µm程度の球形または楕円《だえん》形の構造体である。

Ⓐ核の構造 基礎 生物

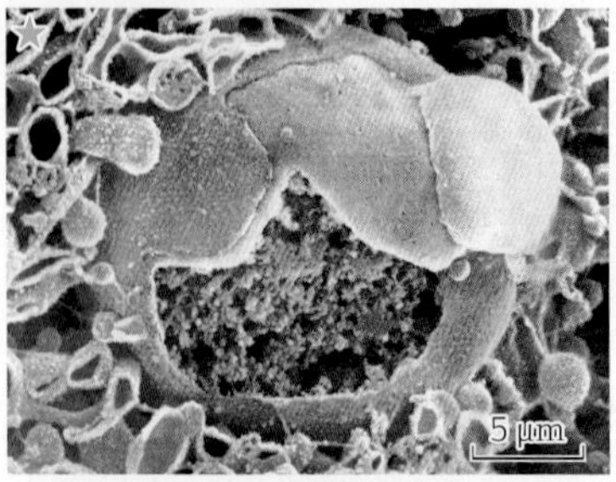

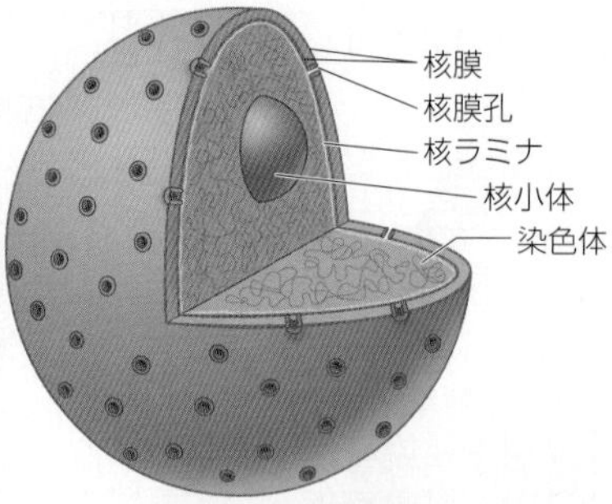

核《かく》　膜《まく》：二重の生体膜。**核膜孔《かくまくこう》**と呼ばれる孔《あな》が多数存在し，これを形成する部分で内側の膜と外側の膜がつながっている。核膜孔を通じて核と細胞質間で物質の移動が行われる。核膜は**核ラミナ**と呼ばれる網目状のタンパク質からなる構造体によって，内側から裏打ちされている。核ラミナの主な構成成分は中間径フィラメント (➡p.27) の一種のラミンである。

核小体《かくしょうたい》：リボソームRNA (➡p.92) の転写とリボソームの組み立てを行う。1つの核に1～数個存在する。

染色体《せんしょくたい》：ヒストンなどのタンパク質とDNAの複合体で (➡p.72)，酢酸カーミン溶液や酢酸オルセイン溶液で赤色～赤紫色に染まる。

Ⓑアメーバの切断・核移植実験 基礎

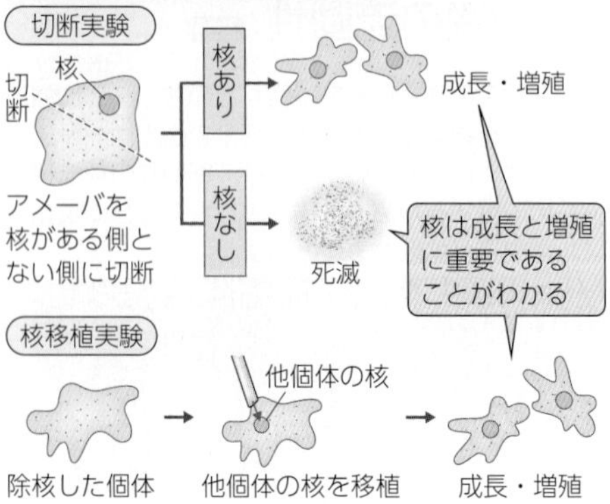

Ⓒカサノリの再生実験 (1940年頃，ヘンメルリング) 基礎

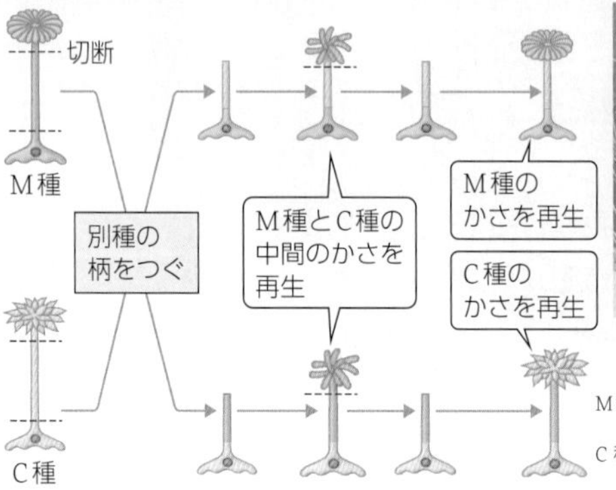

カサノリ

カサノリは，暖かい海に生育する単細胞の緑藻類 (➡p.284) である。生殖期のからだは，かさ (直径1～1.5 cm)，柄 (4～6 cm)，仮根 (1個の核を含む) からなる。

カサノリのかさの形は，仮根に含まれる核によって決まる。かさを除去すると，核内でかさの形成に必要なmRNA (➡p.92) が合成され，柄に送り出される。M種とC種の中間形のかさができるのは，柄に両方のmRNAが存在しているからである。

基本 2 ミトコンドリア 基礎 生物

ミトコンドリアは，細胞内の呼吸の場となっており，ATP (➡p.46) を産生する。

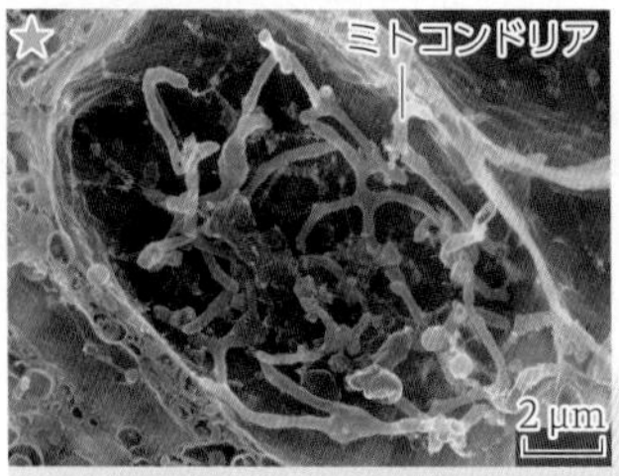

網目状のミトコンドリア
(マウスの神経細胞)

ミトコンドリアは，細胞質全体に広く分布している。形態は細胞の状態や細胞種，組織によって異なり，粒状，棒状，網目状などさまざまである。常に分裂と融合をくり返して変形している。

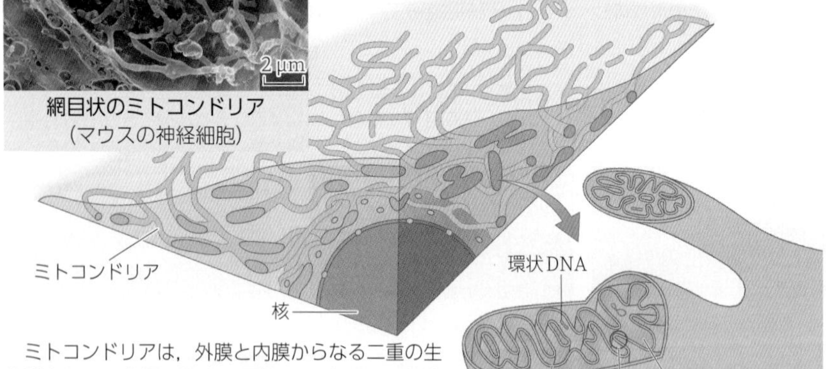

ミトコンドリアは，外膜と内膜からなる二重の生体膜をもつ。内部に独自の環状DNAをもち，細胞内において単独で分裂・増殖することから，その起源は原核生物である好気性細菌と考えられている (➡p.269)。ヤヌスグリーンで青緑色に染色される。

内膜《ないまく》：呼吸の電子伝達系 (➡p.62) に関与する酵素群が存在する。

クリステ：内膜が内側に突出した部分。

マトリックス：内膜に囲まれた部分。呼吸のクエン酸回路 (➡p.62) の酵素群が存在する。

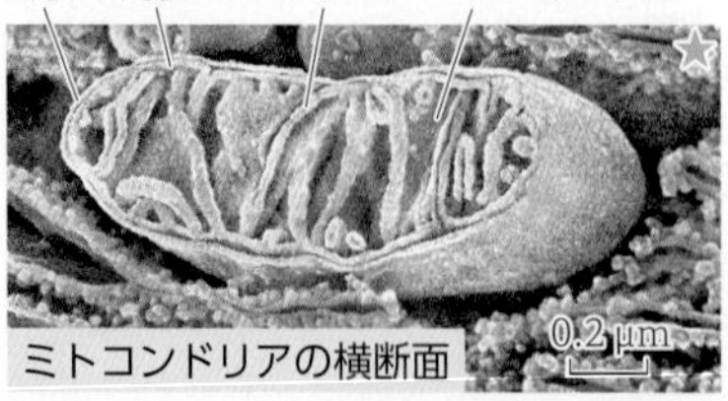

ミトコンドリアの横断面

α PLUS ミトコンドリアの融合と分裂

ミトコンドリアは，分裂と融合をくり返し，細胞内で形態を頻繁に変化させる。異なる色の蛍光タンパク質でミトコンドリアを標識した細胞を細胞融合させると，ミトコンドリアどうしが融合するようすを観察することができる。

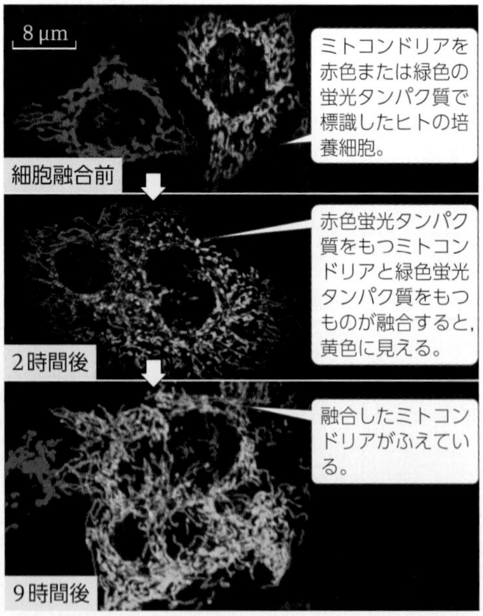

豆知識　細胞内部は，模式図では細胞構造間に比較的ゆとりがあるように描かれるが，実際にはRNAやタンパク質などのさまざまな分子がひしめき合うように存在している (➡p.97)。

3 葉緑体(色素体) 基礎 生物

色素体には，葉緑体《ようりょくたい》，有色体，白色体，アミロプラストがある。葉緑体は，直径5～10 μm，厚さ2～3 μmの楕円形または凸レンズ状の構造体で，光合成の場となる(➡p.52)。

Ⓐ葉緑体

外膜と内膜からなる二重の生体膜をもつ。光合成色素としてクロロフィル(➡p.52)を含み，緑色を呈する。内部に独自の環状DNAをもち，細胞内において葉緑体単独で分裂・増殖することから，その起源は原核生物であるシアノバクテリアと考えられている(➡p.269)。

チラコイド：クロロフィルを含む扁平《へんぺい》な袋状の膜構造。光エネルギーを吸収する。
グラナ：チラコイドが積み重なった部分。
ストロマ：チラコイドの間を満たしている部分。二酸化炭素の固定が行われる。

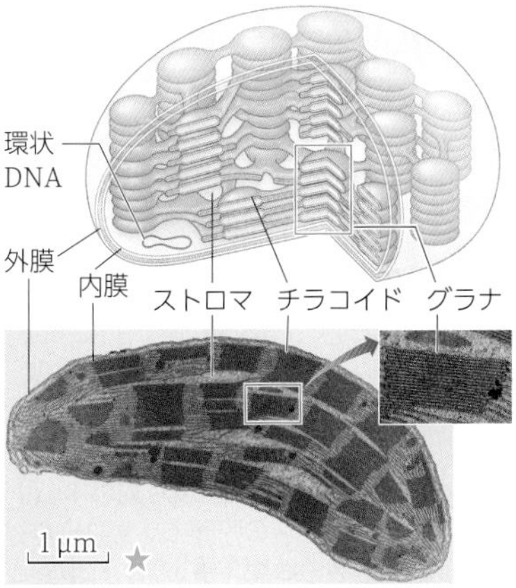

Ⓑ有色体・白色体・アミロプラスト

有色体はトマトやニンジンに，白色体はダイコンに，アミロプラストはジャガイモの塊茎などに多く含まれる。
有色体《ゆうしょくたい》：カロテノイドを含み，黄色または赤色系を呈する。
白色体《はくしょくたい》：色素を含まない。内膜構造は未発達で，小さな袋状の構造が多少みられる程度である。通常，少量のデンプンを含む。
アミロプラスト：白色体の一種で，デンプンの合成や貯蔵を行う。根端では，植物ホルモンの移動に関与している(➡p.237)。

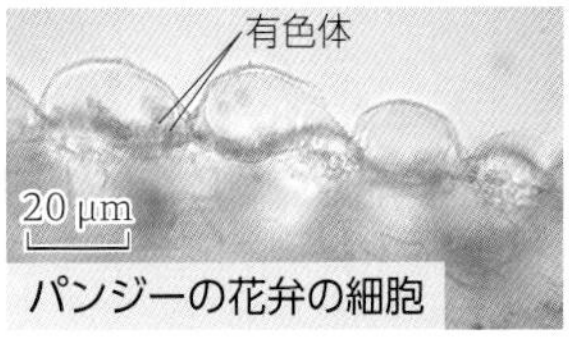

パンジーの花弁の細胞

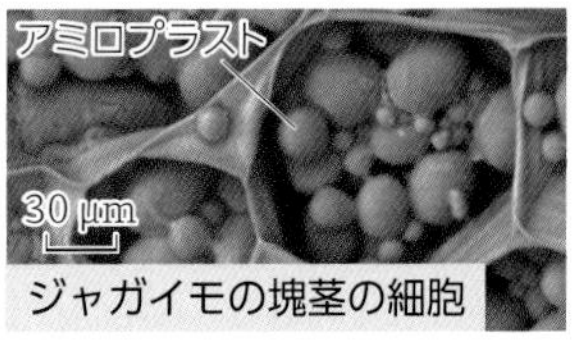

ジャガイモの塊茎の細胞

4 小胞体 生物

核膜の外膜からつながる一重の生体膜からなり，細胞質基質中に広がる。滑面小胞体と粗面小胞体がある。

滑面小胞体《かつめんしょうほうたい》：表面にリボソームが付着していない領域。管状の構造をしている。脂質の合成や分解，薬物の解毒，細胞内のCa^{2+}の濃度調節などに関与している。
粗面小胞体《そめんしょうほうたい》：表面にリボソーム（➡p.26）が付着した領域。扁平な袋が互いにつながった構造をしている。リボソームで合成したタンパク質を取り込み，ゴルジ体へ輸送する。

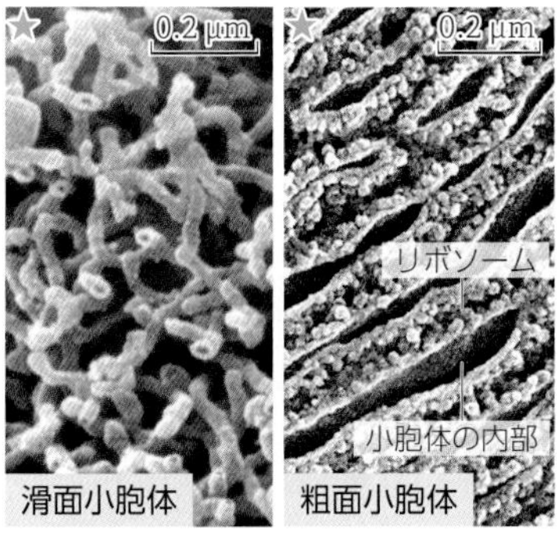

滑面小胞体　粗面小胞体

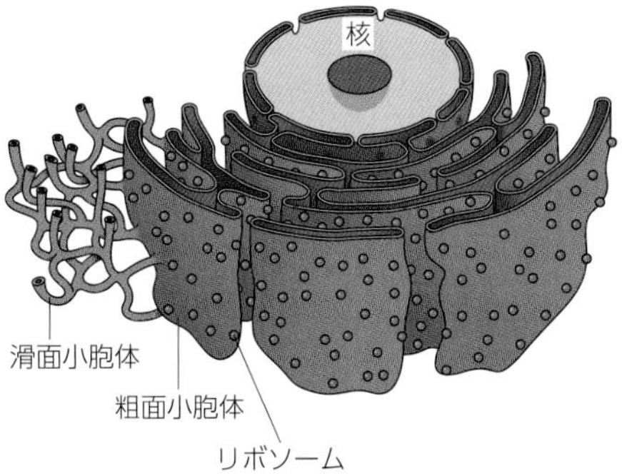

5 ゴルジ体 生物

一重の生体膜からなり，扁平な袋状の構造(ゴルジのう)が重なった構造と，周囲の球状構造からなる。物質の輸送に関与し，分泌細胞に多く含まれる。小胞体から送られてきたタンパク質や脂質に糖を付加するなどの修飾を行い，適切な場所に分泌する。小胞体からタンパク質が輸送されてくる側をシス面，反対側の分泌小胞を送り出す側をトランス面という。

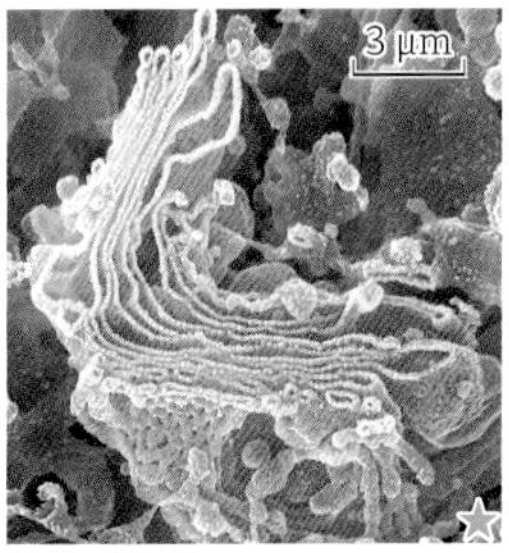

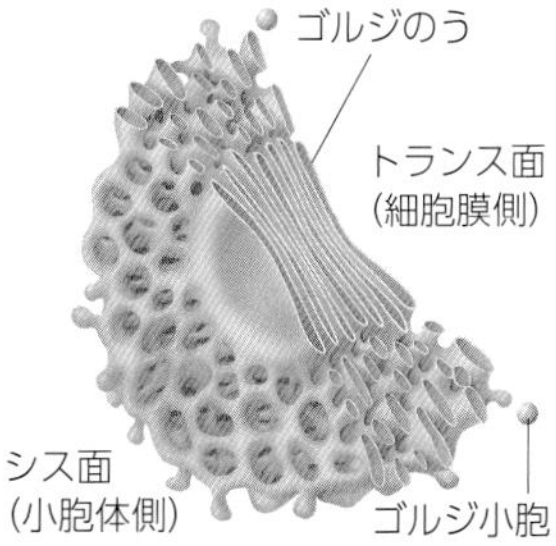

6 液胞 基礎 生物

液胞《えきほう》は，動物細胞にも存在するが植物細胞で特に発達し，物質の貯蔵・分解を行う。

一重の生体膜からなり，内部に細胞液を含む。植物細胞において，浸透圧の調節や不要物の貯蔵・分解，アントシアンなどのフラボノイドと総称される化合物や糖類などの貯蔵を行う。

植物細胞が成長して大型化する際には，主に液胞が肥大化する。これにより，細胞の大型化前後で細胞内(細胞質基質)の物質濃度を一定に保つことができる。

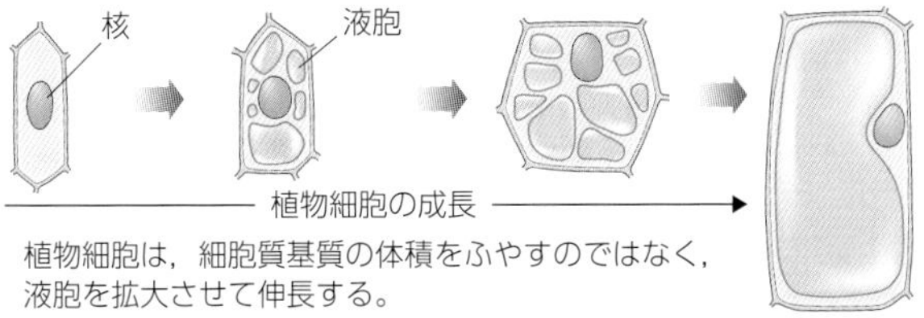

植物細胞は，細胞質基質の体積をふやすのではなく，液胞を拡大させて伸長する。

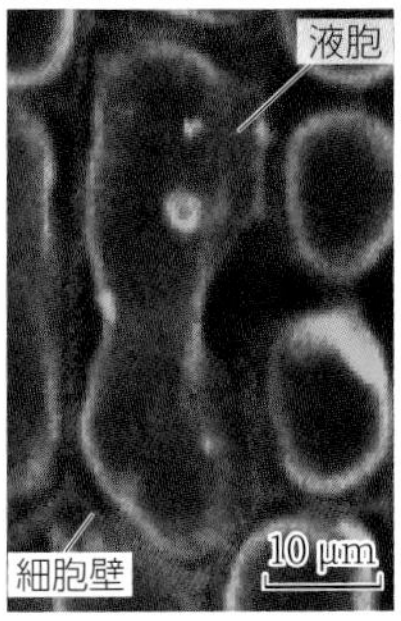

液胞膜を緑色，細胞壁を赤色に着色している。

7 リソソーム 生物

一重の生体膜からなる直径0.4～数 μmの小胞で，ゴルジ体から生じる。内部は酸性（pH5程度）で，加水分解酵素(➡p.50)を含む。エンドサイトーシス(➡p.30)で取り込まれた物質や，オートファジー(➡p.97)において膜で包まれた不要な細胞小器官やタンパク質の分解に関与する。植物細胞では，液胞がこの役割を担っていると考えられている。

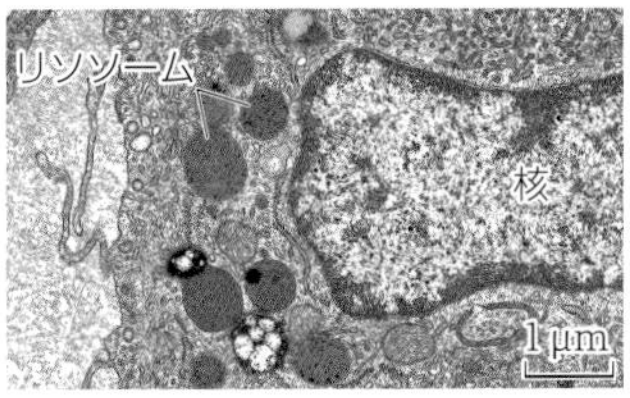

8 ペルオキシソーム 生物

一重の生体膜からなる直径0.2～1.7 μm程度の小胞で，ほぼすべての真核生物の細胞に存在する。さまざまな物質を酸化する酵素を含んでいる。また，酸化反応で生じる過酸化水素を分解するカタラーゼも含まれる。

+α PLUS 細胞小器官どうしのつながり

小胞体やゴルジ体，リソソームなどはいずれも一重の生体膜からなる。これらの細胞小器官では，生体膜からなる小胞を介した物質輸送が行われ(➡p.96)，互いに連携して働くことが知られている。

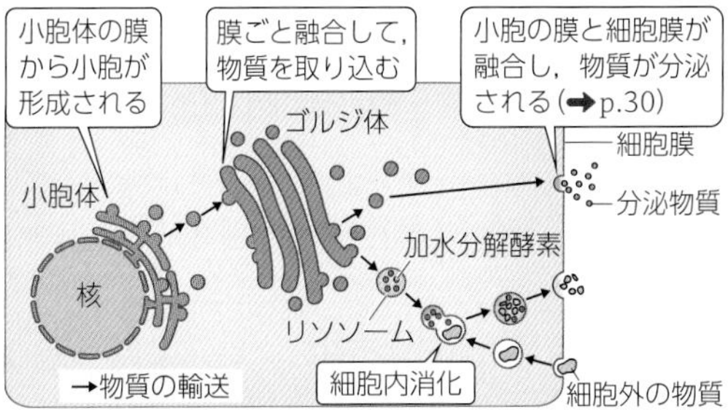

豆知識　液胞は果実にも存在し，グルコースや果糖などの甘味成分や，クエン酸やリンゴ酸といった酸味成分が貯蔵されている。これにより，果実を食べて甘く感じたり酸っぱく感じたりする。

05 真核細胞の構造② 膜構造をもたない構造体

関連動画をCheck!

基礎 生物 Structure of Eukaryotic Cells, Part 2 Structure of Non-membranous Organelles

基本 1 リボソーム 基礎 生物

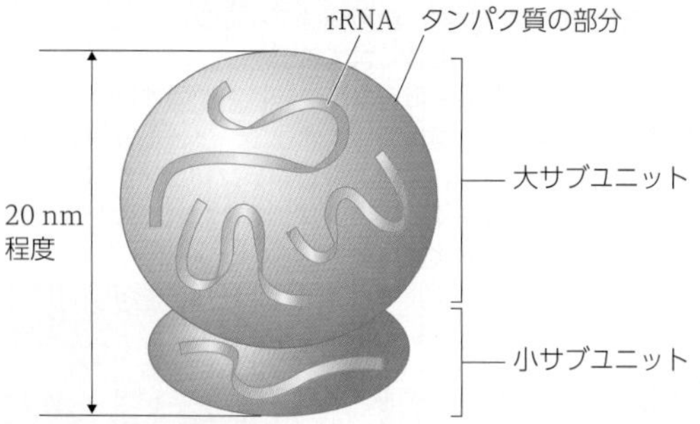

直径20 nm程度の小粒で，rRNA（リボソームRNA）とタンパク質からなる。mRNA（伝令RNA）の塩基配列にもとづいたタンパク質合成の場となる。小胞体に付着しているものと，細胞質基質に遊離しているものがある。

基本 2 中心体 生物

中心体は，細胞分裂の際に紡錘糸の起点となる（➡p.85）ほか，真核生物では，鞭毛や繊毛の形成に関与する。

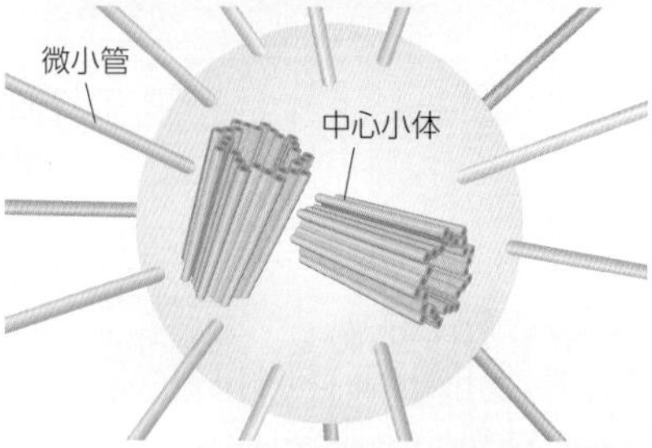

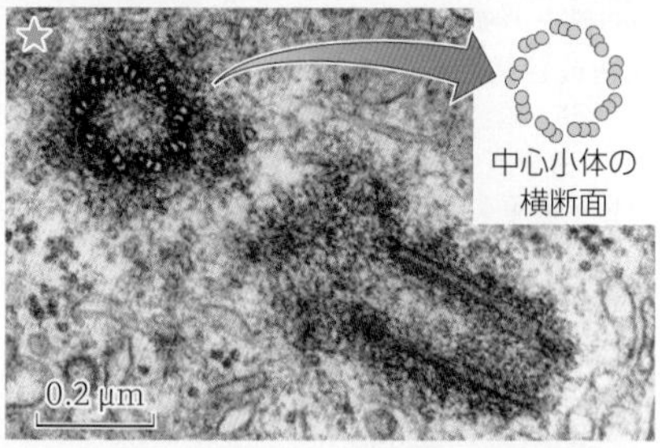

直径約0.2 μm，長さ約0.4 μmの1対の中心小体（中心粒）と，周囲にある特有のタンパク質からなる。中心小体は，中空の円筒で，それぞれ微小管が3つ連なった三連微小管が9組配列してできている。細胞分裂の間期（➡p.84）に複製される。動物細胞や藻類の細胞のほか，コケ植物，シダ植物，イチョウやソテツなどの裸子植物の一部の細胞に存在するが，多くの種子植物の細胞にはみられない。

基本 3 細胞壁 基礎 生物

植物の細胞壁は，セルロースを主成分とする構造体で，ペクチンやヘミセルロースと複合体を形成している。硬く，細胞膜の外側を取り囲んで細胞の形状の維持に働く。若い植物細胞の細胞壁は一次細胞壁と呼ばれ，細胞が成長すると一次細胞壁の内側に二次細胞壁が形成される。二次細胞壁には，セルロース以外にリグニンが沈着したもの（木化）やスベリンが沈着したもの（コルク化）などがある。菌類や細菌も細胞壁をもつが，構成成分が植物細胞とはそれぞれ異なっている（➡p.20）。

特殊な処理によって，細胞壁のセルロースを可視化している。

α PLUS 植物細胞間の連絡 生物

植物の細胞壁には，隣り合う細胞どうしの細胞膜がつながり，細胞質が混ざり合う原形質連絡という部分が存在する。多くの原形質連絡では，滑面小胞体どうしが管でつながっている。原形質連絡を通じてイオンやRNA，タンパク質などのさまざまな物質が交換される。これは，植物において，物質が合成場所から離れた細胞へ運ばれるしくみの1つである。

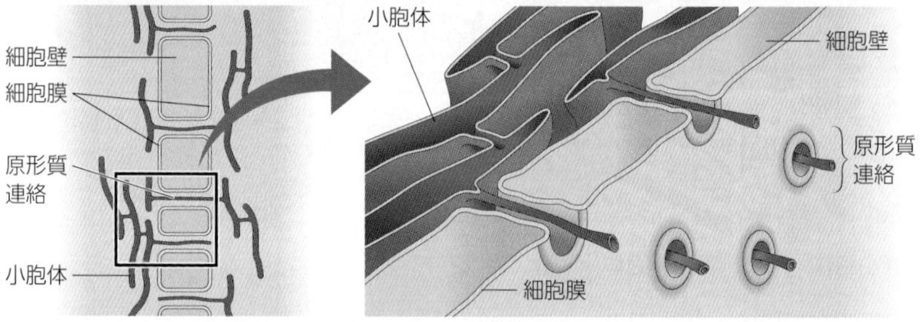

Up To Date 細胞における液－液相分離 生物

細胞小器官は，生体膜によって区画化された内部に特定の物質を周囲と異なる濃度で保持し，特定の働きを担っている。これに対し，細胞内には，生体膜で仕切られていないにも関わらず，周囲とは明らかに異なる構造体として存在するものが知られている。たとえば，核内に存在する核小体や，細胞質に存在するPボディ，ストレス顆粒などがある。タンパク質や核酸がひしめき合う核内や細胞質において，このような生体膜の仕切りをもたない構造体がなぜ形成・維持され，機能するのかについては，長く謎とされていた。

近年，この多くが「液－液相分離」という現象によって説明でき，特徴的なアミノ酸配列をもつ複数のタンパク質が関与していることがわかってきた。そのアミノ酸配列に突然変異（➡p.256）が生じると，構造体の形成に異常が生じ，病気の原因となる可能性も示唆されている。細胞における液－液相分離は，新たな研究分野の1つとして注目されている。

●核小体

rRNA遺伝子をもつ染色体領域を中心として，タンパク質とRNAが集合した液滴の小球体。有核赤血球や動物の精子核などの一部の例外を除いて，ほぼすべての核で観察される。rRNAの転写や修飾が行われる。

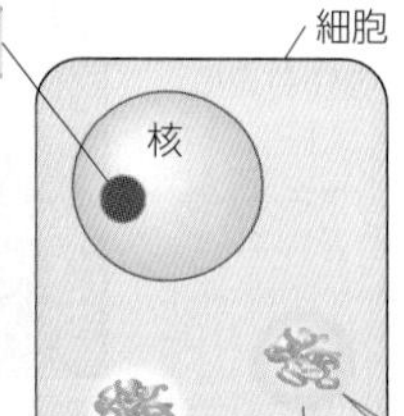

●ストレス顆粒（RNA顆粒）

熱などのストレスを受けた際に形成される液滴。ストレス負荷に伴って翻訳が停止したmRNAを貯蔵すると考えられている。

●Pボディ（RNA顆粒）

mRNAの分解を防ぐ修飾（➡p.103）を外す種々の酵素が集まった液滴。mRNAの分解を担うと考えられている。

この他に，肥満の原因となる脂肪滴や，アルツハイマー型認知症の原因となるアミロイドなどがある。

◀膜をもたない構造体の例▶

液－液相分離

調味料のドレッシングで水と油が分離するように，異なる種類の液体が混ざり合わずに分離する現象を液－液相分離という。細胞内で液－液相分離が起こる要因の1つに，RNA結合タンパク質どうしの作用がある。このタンパク質には，1～数種類のアミノ酸が頻出する特殊なアミノ酸配列がみられ，この部分で互いに電気的に引き合っていると考えられている。

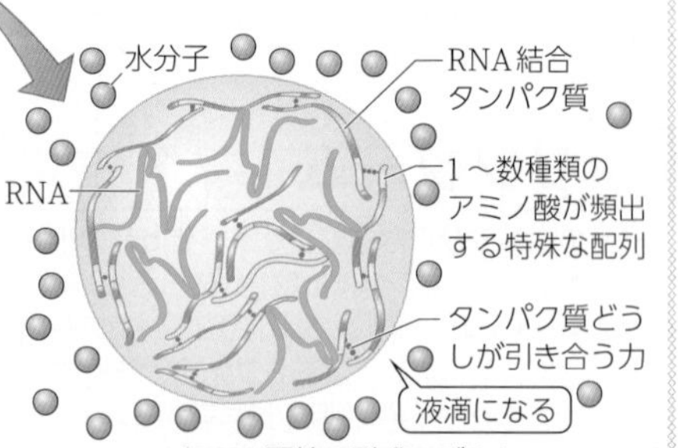

◀RNA顆粒の形成モデル▶

豆知識 木の幹は大部分が木化しており，そのほとんどの細胞は，細胞壁を残して内部が空隙になっている。このため，筏《いかだ》が水に浮かぶように，多くの木の幹は比重が小さく水に浮く。一方，世界で一番硬い木といわれるリグナムバイタは，他の木に比べて細胞壁が厚くて空隙の割合が少なく，幹や枝が水に沈むまれな木である。

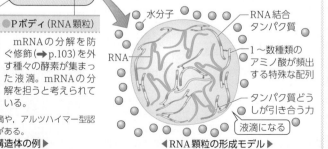

4 細胞骨格 生物

細胞骨格《さいぼうこっかく》は，細胞質基質中に存在し，細胞の形態保持や物質輸送などに関与する繊維状の構造体である。細胞接着(➡p.31)にも関与している。

真核細胞の細胞骨格は，その直径や構造の違いにもとづいて，**微小管《びしょうかん》**，**中《ちゅう》間径《かんけい》フィラメント**，**アクチンフィラメント**に大別される。

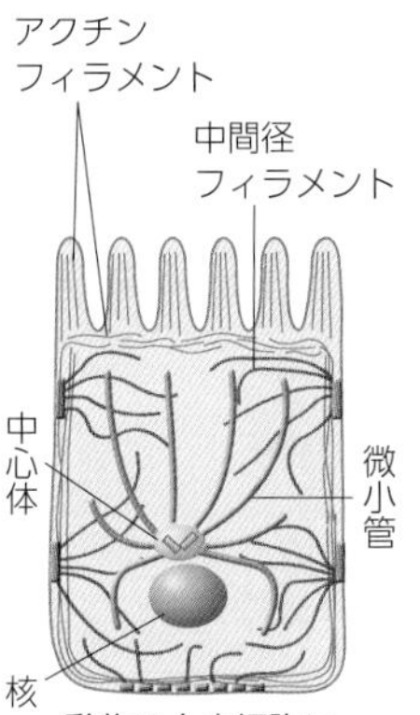

動物の上皮細胞における細胞骨格

種類	微小管	中間径フィラメント	アクチンフィラメント
分布・構造	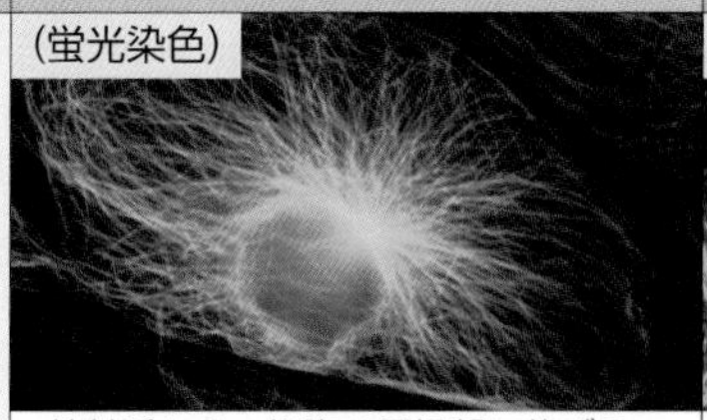 核付近から，細胞の周縁部に伸びる。	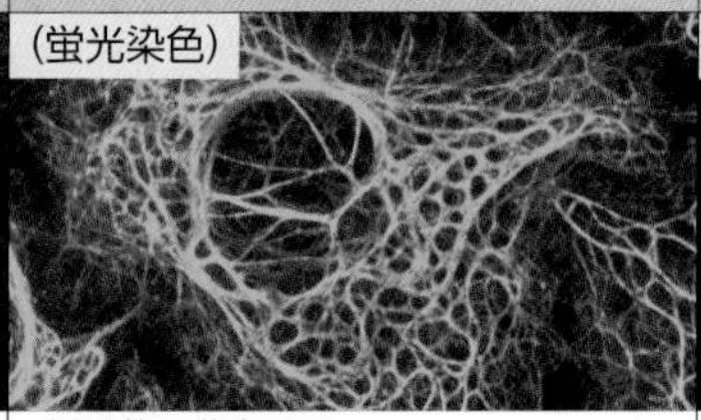 網目状に分布する。	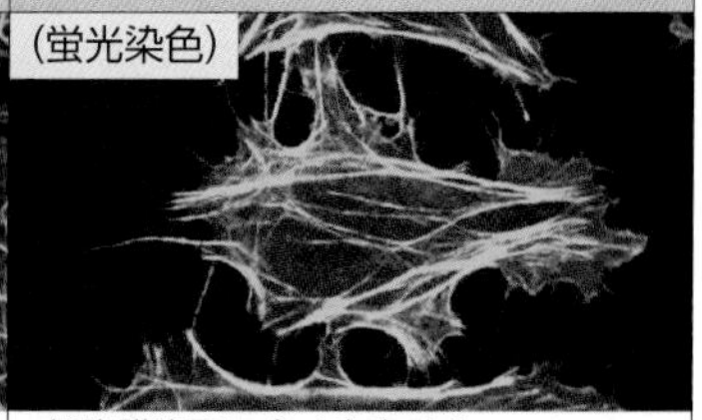 細胞膜直下に多く存在する。
	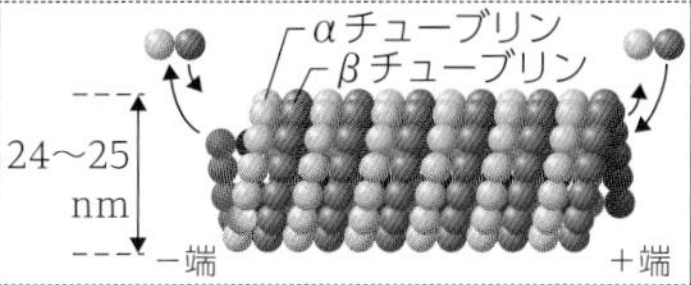	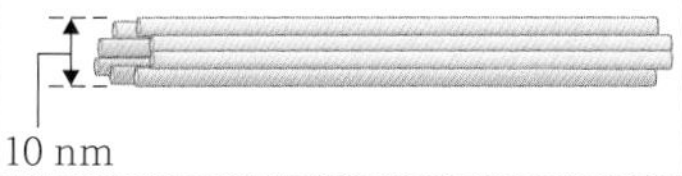	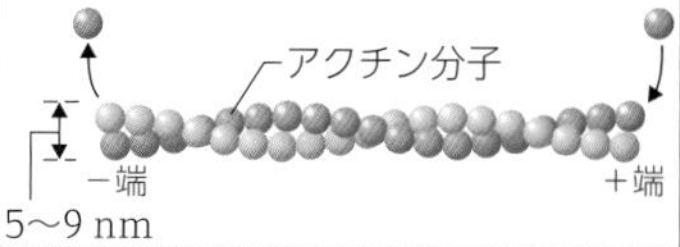
	2種類のチューブリンが1組となり多数結合した管状の繊維。方向性があり，チューブリンの重合が速い側を＋端，反対側を−端という。繊毛や鞭毛も構成する。	細胞骨格のなかでは中間の太さで，タンパク質が集合してできた繊維が束ねられた強固な構造を形成する。構成するタンパク質によって6種類に分けられる。	アクチン分子が多数結合した繊維で，骨格筋を構成する細胞で特に発達する。微小管と同様に方向性をもち，アクチン分子の重合と脱重合で長さが変化する。
働き(例)	細胞の形態保持や変化，物質輸送，繊毛や鞭毛の運動，紡錘体の形成(➡p.85)	細胞や核の形態保持，細胞や細胞内構造の支持に関与	細胞の形態の保持，アメーバ運動，物質輸送，筋収縮(➡p.209)

Ⓐ張力への抵抗

中間径フィラメントとアクチンフィラメントは，張力による変形を防いで細胞の構造を保持する。

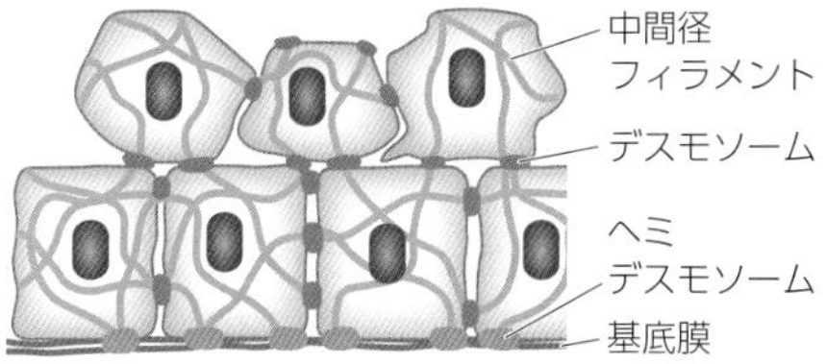

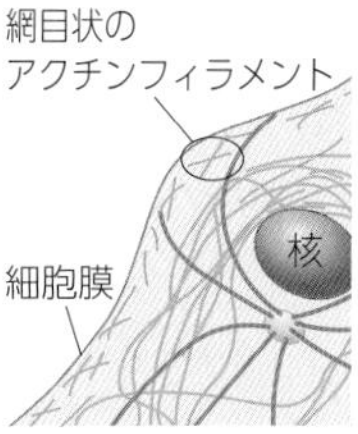

中間径フィラメントは，細胞内や核膜近傍に存在し，張力に対する抵抗力をもたらして細胞の構造を保持する。核膜を裏打ちする核ラミナを構成するラミンなどがある。細胞内ではデスモソーム(➡p.31)と，上皮細胞などではヘミデスモソーム(➡p.31)と結合する。このように組織全体が連結されることで，機械的な強度が高められる。

アクチンフィラメントには，細胞膜の直下で網目状の構造を形成しているものがあり，細胞の構造を保持している。

Ⓑアメーバ運動

白血球やアメーバなどでみられる細胞の変形運動をアメーバ運動といい，アクチンフィラメントが関与している。

アメーバ運動は，進行方向側でのアクチン分子の重合と，反対側でのアクチンフィラメントの引き寄せによって行われる。

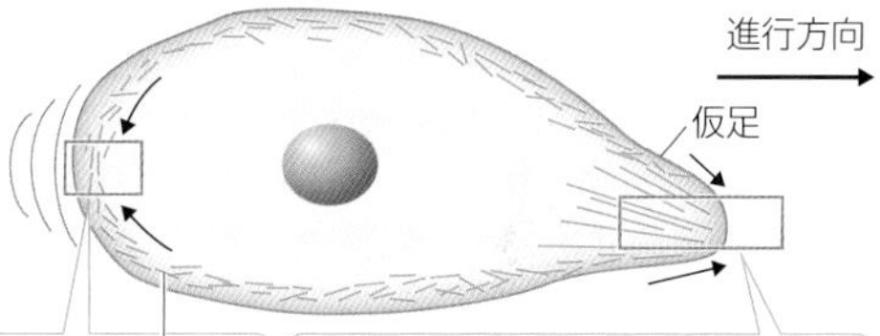

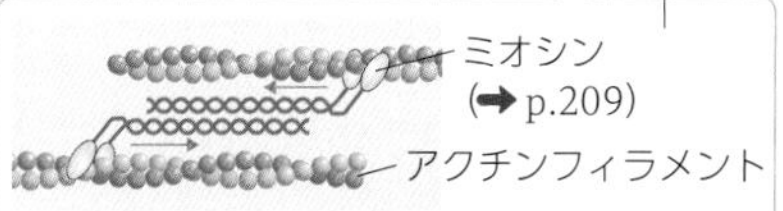

アクチンフィラメントは，ミオシンによって架橋されており，その運動によって互いに引き寄せられる。これにより，細胞質が進行方向へくり出される。

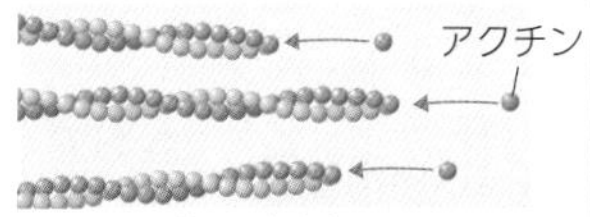

アクチン分子が重合し，アクチンフィラメントが伸長する。これにより，細胞の一部が突出して仮足を形成し，進行方向へ伸長する。

5 物質輸送と細胞骨格 生物

細胞骨格に結合し，ATPのエネルギーを利用して動くタンパク質をモータータンパク質という。

Ⓐ微小管における物質輸送

キネシンとダイニンは，微小管に結合して働くモータータンパク質である。ニューロン(➡p.194)では，多くの微小管が細胞体から軸索末端まで同じ方向に並んでいる。キネシンは主に微小管の−端(細胞体)側から＋端(軸索末端)側へ，ダイニンは＋端から−端側へと物質を輸送する。

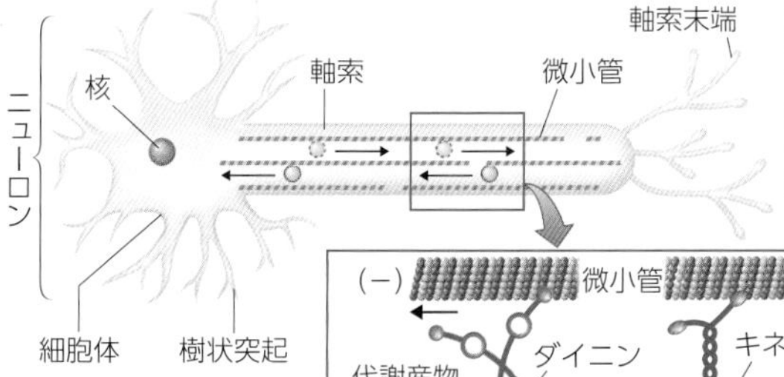

主に，ダイニンは代謝産物などを細胞体側へ，キネシンは軸索末端での情報伝達に必要な物質などを軸索末端側へ運ぶ。

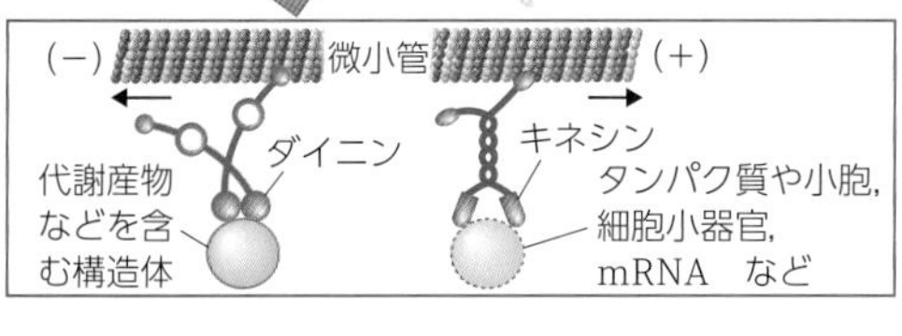

Ⓑアクチンフィラメントにおける物質輸送

ミオシンは，アクチンフィラメントに結合し，細胞小器官などの細胞質中の成分を輸送するモータータンパク質である。

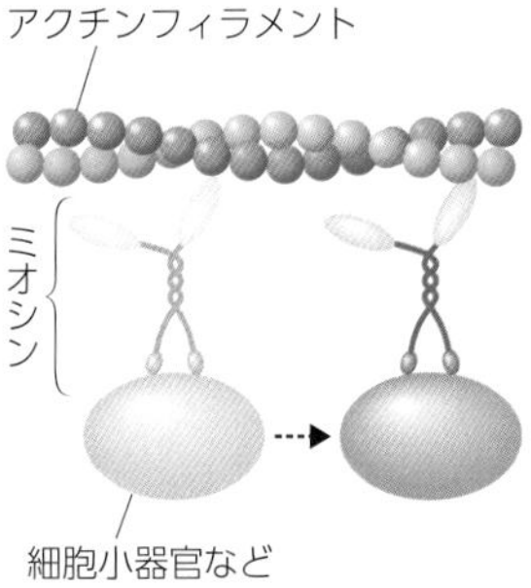

原形質流動 基礎 生物

細胞の外形が変化せず，細胞膜より内側の細胞質が流動する現象を**原形質流動《げんけいしつりゅうどう》**(細胞質流動)という。これは，アクチンフィラメントに沿ってミオシンが物質を輸送することで起こる。原形質流動は死んだ細胞ではみられない。

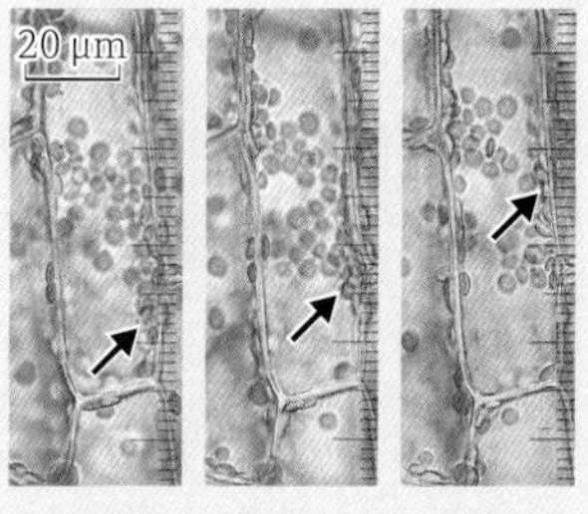

豆知識　「骨格」というと，骨のようで硬く変形しにくい印象を受ける。しかし，細胞骨格は，細胞への力の負荷などのシグナルを受けると，タンパク質の重合や脱重合が生じ，伸長や崩壊，再構築が行われ，これによって変形もできる。この動的な性質により，力の負荷に応じた構造を取ったり，細胞運動を担ったりしている。

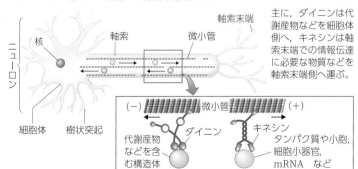

06 細胞膜と膜タンパク質① 膜輸送タンパク質

関連動画をCheck!

生物　Plasma Membrane and Membrane Protein, Part 1 Membrane Transport Protein

基本 1 細胞膜の構造と働き 生物

細胞膜は生体膜の一種である。細胞膜に含まれる膜タンパク質には，物質輸送に関わるものや細胞接着に関わるもの，情報伝達に関わるものなどがある。

細胞膜は，脂質二重層の特性や，膜輸送タンパク質の働きによって，特定の物質を選択的に透過させる。細胞膜のこの性質を**選択的《せんたくてき》透過性《とうかせい》**という。

膜輸送タンパク質
(➡p.29～30)
輸送体やチャネルなどの種類があり，特定の物質の輸送を行う。

細胞接着に関するタンパク質
(➡p.31)
細胞外基質や隣接する細胞と結合し，組織や器官の形成に関与する。

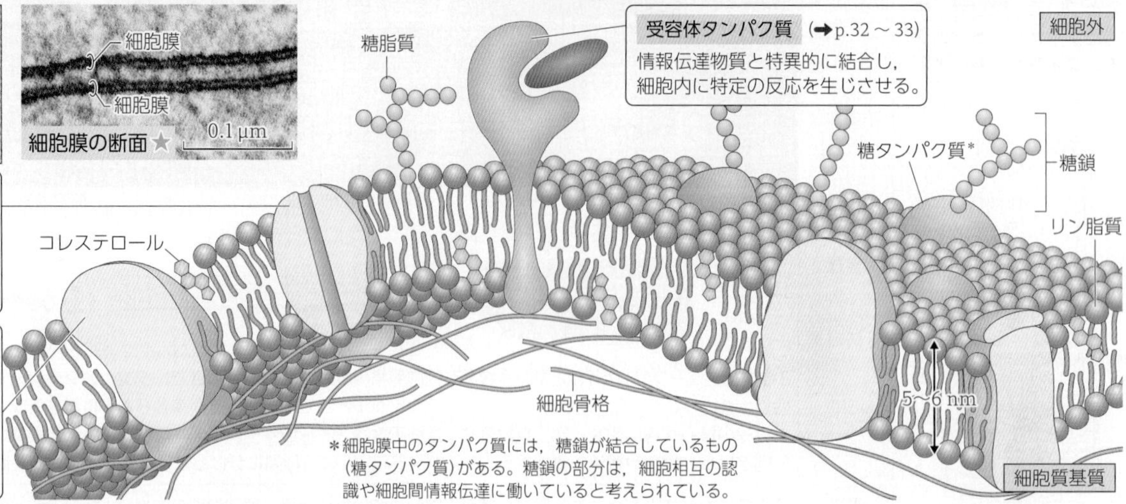

＊細胞膜中のタンパク質には，糖鎖が結合しているもの（糖タンパク質）がある。糖鎖の部分は，細胞相互の認識や細胞間情報伝達に働いていると考えられている。

2 拡散と浸透 生物

物質が，濃度の高い方から低い方へ均一になるように移動する現象を拡散《かくさん》という。溶媒や一部の溶質は通すが，他の溶質は通さない性質を半透性といい，半透性を示す膜を半透膜という。細胞膜は半透膜に近い性質をもつ。

Ⓐ拡散

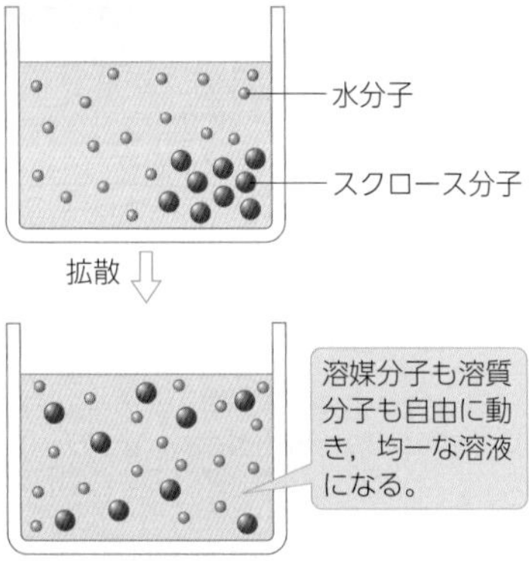

溶媒《ようばい》：物質を溶かしている液体
溶質《ようしつ》：溶けている物質

溶媒(水)にコーヒーシュガー(溶質)を加える。

撹拌せずに静止状態で放置しても，拡散によって，均一な状態の溶液になっていく。

Ⓑ浸透

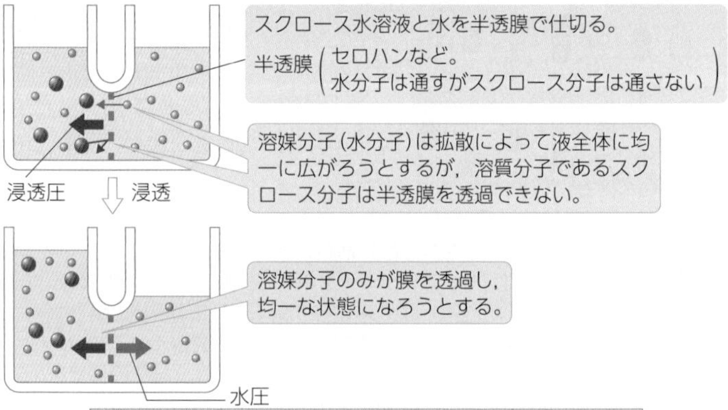

浸透《しんとう》：分子やイオンなどが膜を通過して拡散する現象
浸透圧《しんとうあつ》：浸透を受ける側の溶液に加わる圧力

重要 3 脂質二重層に対する物質の透過性 生物

脂質二重層には，疎水性の部分がある。脂質二重層の透過速度は，脂溶性分子や無極性の小さな分子では大きいが，大きな分子や水，イオンなどの極性分子では小さい。

脂溶性分子	小さい分子(無極性)	小さい分子(極性)	大きい分子	イオン
アルコール，エーテルなど	O_2，CO_2	H_2O，尿素	タンパク質，スクロースなど	H^+，Na^+，K^+，Cl^-など

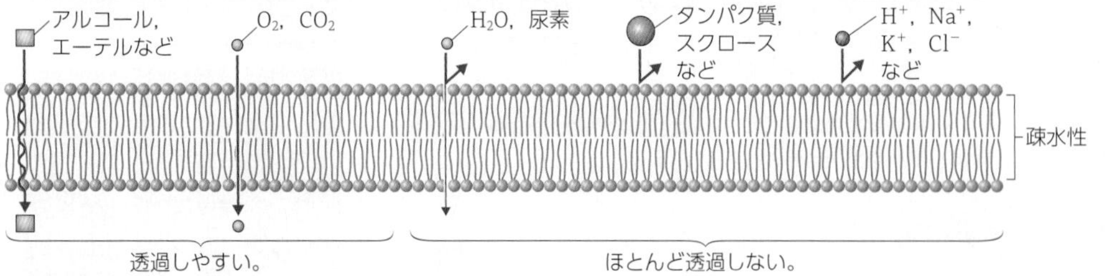

細胞膜への分子の透過速度は，物質の大きさや性質によって異なる。透過速度の大きい分子は，濃度勾配に従って細胞膜を透過して拡散する。この移動を**単純拡散《たんじゅんかくさん》**という。単純拡散は，濃度勾配に従ってエネルギーの供給がなくても起こる受動輸送(➡4)の1つである。

赤血球内外のイオン濃度

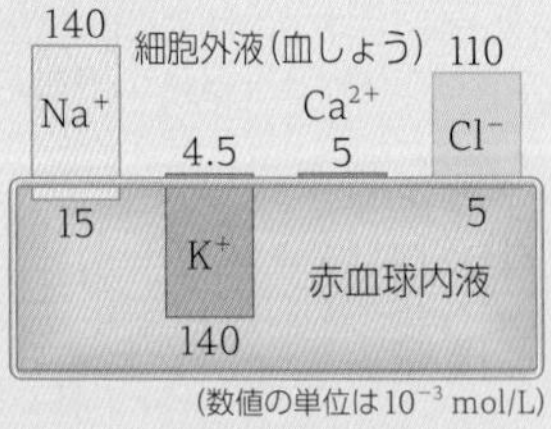

細胞膜が選択的透過性をもつため，各種イオンの濃度は細胞内外で異なる。たとえばNa^+とK^+では，ナトリウムポンプ(➡5Ⓐ)の働きで濃度差が維持される。

豆知識　拡散は，線香の煙が空気中に広がって消えていく現象など，私たちの生活でもよくみられる一般的な物理現象である。

4 受動輸送 生物

細胞膜を介した輸送のうち，濃度勾配に従った拡散によって起こるものを受動輸送《じゅどうゆそう》という。受動輸送はエネルギーの供給を必要としない。輸送方法には，単純拡散のほかに膜輸送タンパク質を介したものがある。

受動輸送

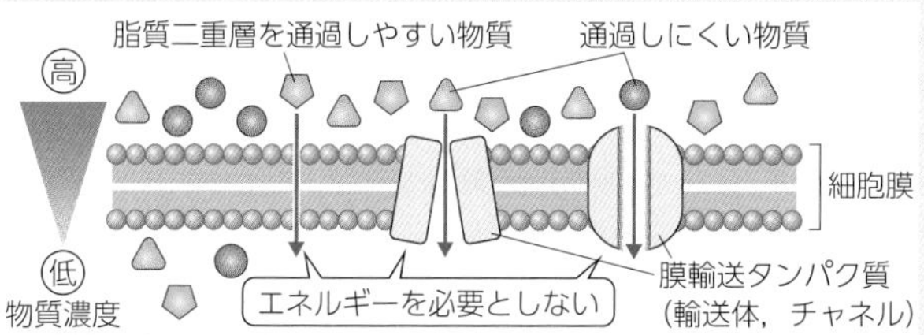

受動輸送では，物質が濃度の高い側から低い側へ細胞膜を通過する。大きい分子や脂質二重層を透過しにくい物質は，膜輸送タンパク質を介して輸送される。

Ⓐ輸送体による輸送(促進拡散)

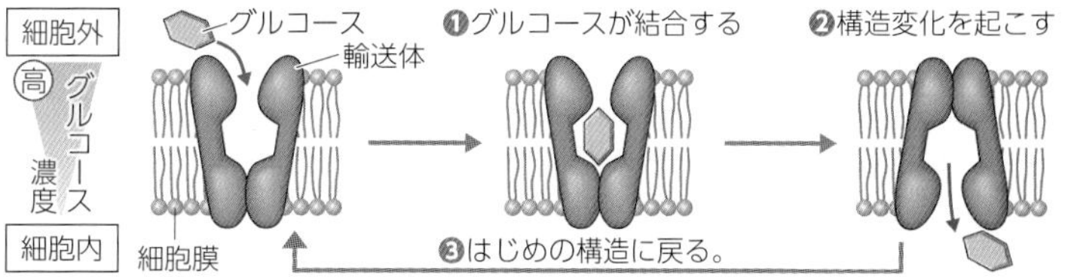

輸送体は，特定の物質が結合すると構造を変化させ，その物質を輸送する。大きい分子は輸送体を介して受動輸送される。輸送の際に物質の結合・構造変化を伴うので，輸送速度はあまり大きくない。赤血球の細胞膜などにみられるグルコース輸送体は，濃度勾配に従ってグルコースを輸送する。輸送体による輸送は，促進拡散と呼ばれる。

Ⓑチャネルによる輸送(イオンの拡散)

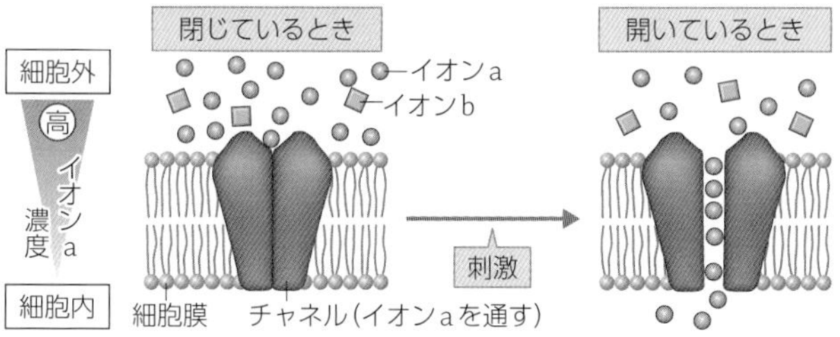

チャネルは，細胞膜を貫く小孔で，イオンなどを輸送する。通過させるイオンの種類は限られていることが多い。刺激によって開閉するものもあり，電流(➡p.195)や神経伝達物質(➡p.199)などが刺激となる。物質は連続的に通過するので輸送速度は大きい。

Ⓒチャネルによる輸送(水の拡散)

極性分子である水は，脂質二重層を透過しにくい。多くの細胞には，水分子を選択的に輸送する**アクアポリン**というチャネルがあり，水分子はこれを介して細胞膜を通過する。アクアポリンは，水の移動が盛んな腎臓などの組織の細胞に多く存在する。

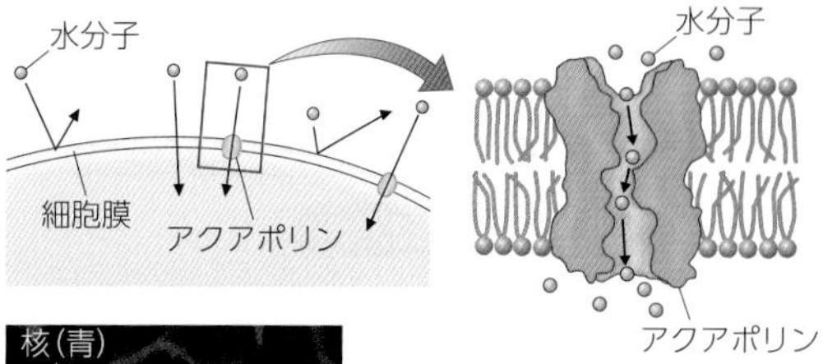

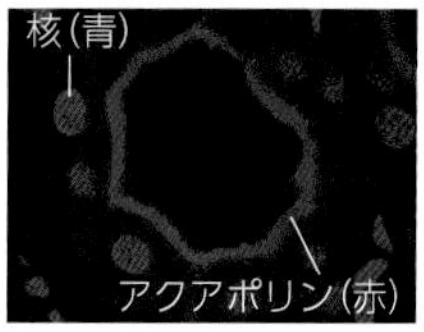

◀**ラットの細尿管**
水の再吸収が行われる細尿管(➡p.164)の内側の細胞膜では，アクアポリンが多く発現しており，水の透過速度が大きい。

5 能動輸送 生物

細胞膜を介した輸送のうち，濃度勾配に逆らって起こるものを能動輸送《のうどうゆそう》という。能動輸送は，膜輸送タンパク質を介して起こり，ATPや他の物質の濃度勾配といったエネルギーを必要とする。

能動輸送

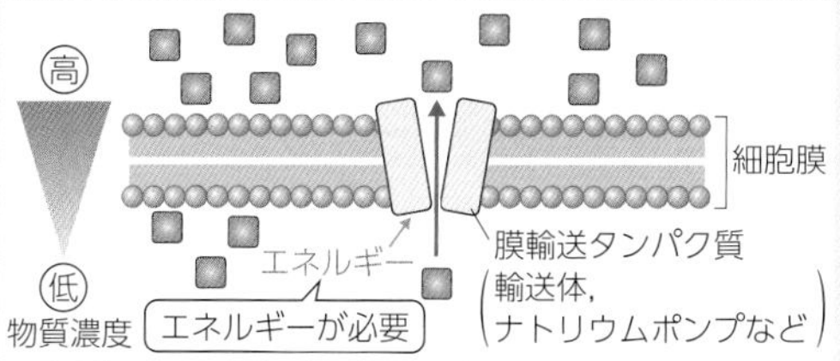

能動輸送では，物質は濃度の低い側から高い側へ細胞膜を通過する。エネルギーを必要とし，用いるエネルギーによって**一次能動輸送《いちじのうどうゆそう》**と**二次能動輸送《にじのうどうゆそう》**に分けられる。

Ⓐ一次能動輸送

一次能動輸送は，ATPのエネルギーを直接利用して行われる。

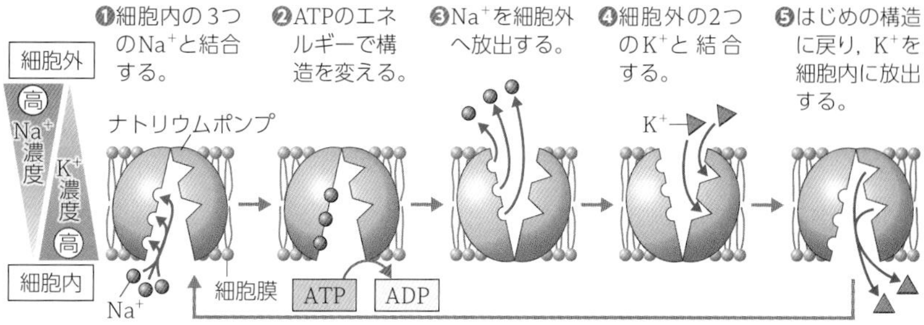

動物細胞の細胞膜には，Na^+-K^+-ATPアーゼという膜輸送タンパク質がある。このタンパク質は，**ナトリウムポンプ**とも呼ばれ，Na^+を細胞外へ排出してK^+を細胞内へ取り込む。

整理 膜輸送タンパク質の種類

名称	働き	輸送の種類
チャネル	小孔を形成し，拡散を利用してイオンなどを受動輸送する。	受動輸送(イオンなど)
輸送体	物質の結合に伴って構造が変化し，グルコースなどを輸送する。エネルギーを利用しないものとするものがある。	受動輸送(大きな分子)，能動輸送

Ⓑ二次能動輸送

一次能動輸送で生じた物質の濃度勾配をエネルギーとして利用する能動輸送は，二次能動輸送と呼ばれる。

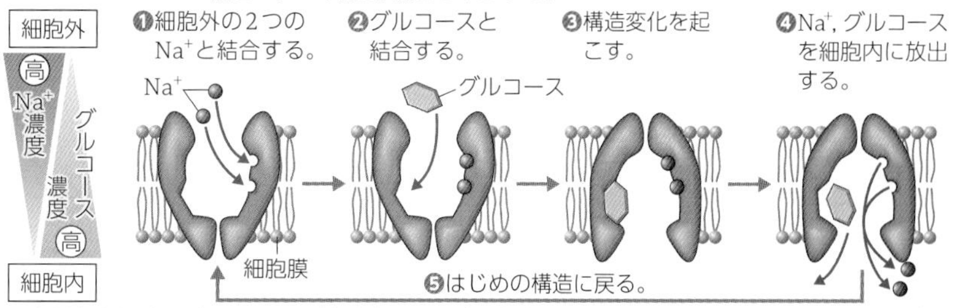

小腸上皮細胞などにみられる輸送体は，Na^+の濃度勾配に従った輸送に伴って，同時にグルコースを輸送する(共役輸送)。この場合，Na^+の濃度勾配がエネルギーとして利用される。

豆知識 アクアポリンは，水の穴(ラテン語の「aqua」=水と「porus」=穴)を意味する。ヒトをはじめとする動物や，菌類，植物，アーキア，細菌からも発見されており，生物に広く共通した水の輸送機構である。

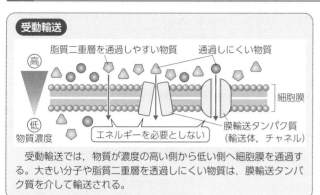

07 細胞膜と膜タンパク質② さまざまな輸送

生物

Plasma Membrane and Membrane Protein, Part 2 Various Types of Transport

関連動画をCheck!

1 小腸上皮細胞におけるグルコースの輸送 生物

小腸上皮細胞では，受動輸送と能動輸送が組み合わさってグルコースが輸送される。

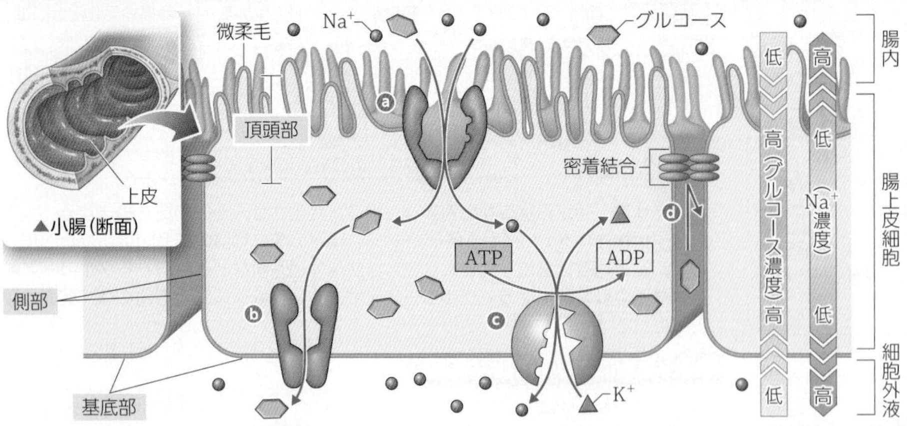

小腸の上皮細胞では，細胞膜の特定の場所にある膜輸送タンパク質によって，グルコースが一方向に輸送され，体内に吸収される。腎臓の細尿管でのグルコース再吸収(➡p.165)も同様のしくみで起こる。

頂頭部(上皮細胞へのグルコースの取り込み)

ⓐ Na^+に依存したグルコースの共役輸送を行う輸送体が，細胞内にグルコースを能動輸送し，細胞内のグルコース濃度は高くなる。

側部・基底部(細胞外液へのグルコース輸送)

ⓑグルコースの受動輸送を行う輸送体が，グルコースを細胞外液へ輸送する。

ⓒナトリウムポンプによって細胞内のNa^+濃度は低く保たれる。

ⓓ密着結合(➡p.31)によって，細胞外へ輸送したグルコースが腸内へ戻ることが防がれている。

2 エキソサイトーシスとエンドサイトーシス 生物

真核細胞では，膜輸送タンパク質を通過できない物質の放出や取り込みは，細胞膜の変形を通じて行われる。

Ⓐエキソサイトーシス(開口分泌)

ゴルジ体から生じた分泌小胞が細胞膜に融合することによって，物質を細胞外に放出する。放出される物質には，細胞内で合成された酵素などのタンパク質や，神経伝達物質，ホルモンなどがある。

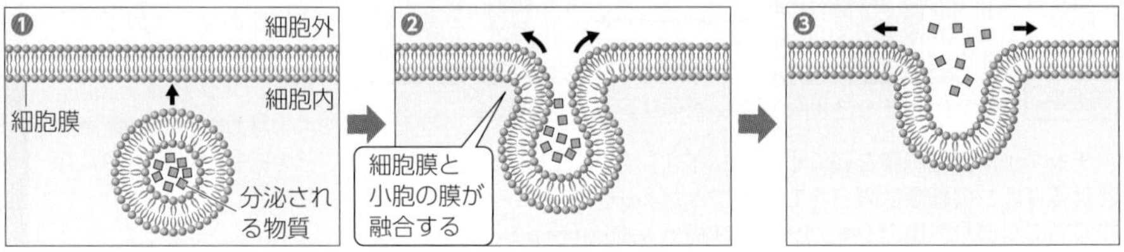

Ⓑエンドサイトーシス(飲食作用)

細胞膜を陥入させることによって物質を取り込む。

エンドサイトーシスは，次の2つに大別される。

食作用《しょくさよう》(ファゴサイトーシス)：白血球(好中球など)の異物処理や，アメーバの摂食などでみられる。

飲作用《いんさよう》(ピノサイトーシス)：液体や微粒子を取り込む作用で，多くの細胞にみられる。

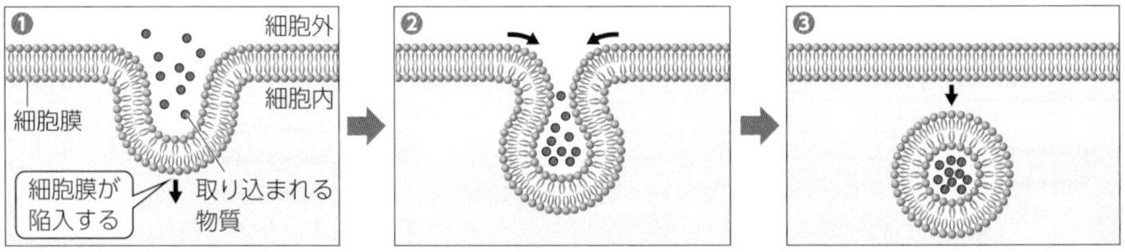

+PLUS α 動物細胞と植物細胞の浸透現象

細胞膜は半透膜に近い性質をもつため，さまざまな濃度の水溶液に細胞を入れると，浸透現象によって細胞に変化が生じる。

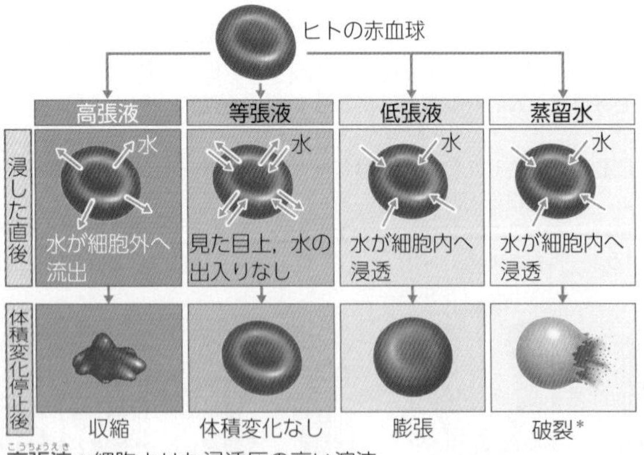

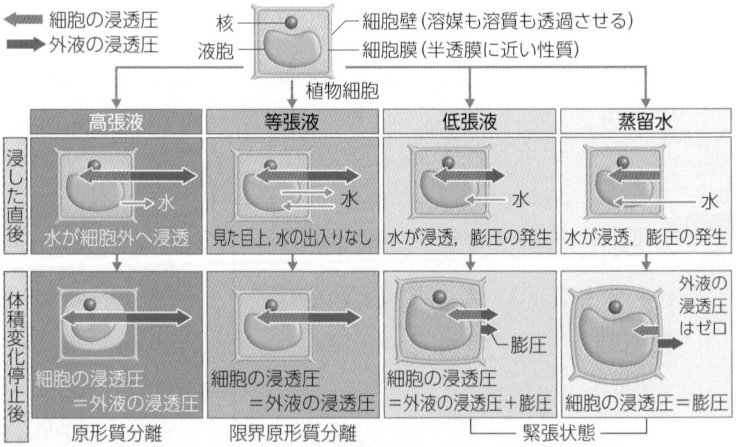

高張液《こうちょうえき》：細胞よりも浸透圧の高い溶液

等張液《とうちょうえき》：細胞と浸透圧が同じ溶液

低張液《ていちょうえき》：細胞よりも浸透圧の低い溶液

＊赤血球の場合，特に溶血《ようけつ》という。

原形質分離《げんけいしつぶんり》：細胞を高張液に浸したとき，細胞膜が細胞壁から分離する現象

限界原形質分離《げんかいげんけいしつぶんり》：細胞膜が細胞壁から分離するかしないかの限界の状態

膨圧《ぼうあつ》：細胞を低張液に浸したときに内部に生じる，細胞壁を押し広げようとする力

豆知識 ナメクジに塩をかけると縮む現象や，レタスの葉を水に浸すとしゃきっとする現象は，細胞における水の浸透現象の結果である。

08 細胞膜と膜タンパク質③ 細胞接着

1 上皮細胞における細胞接着 生物

細胞の外部に存在する構造を総称して，細胞外基質《さいぼうがいきしつ》(細胞外マトリックス)という。細胞と細胞，細胞と細胞外基質は，種々のタンパク質によって接着している。

密着結合

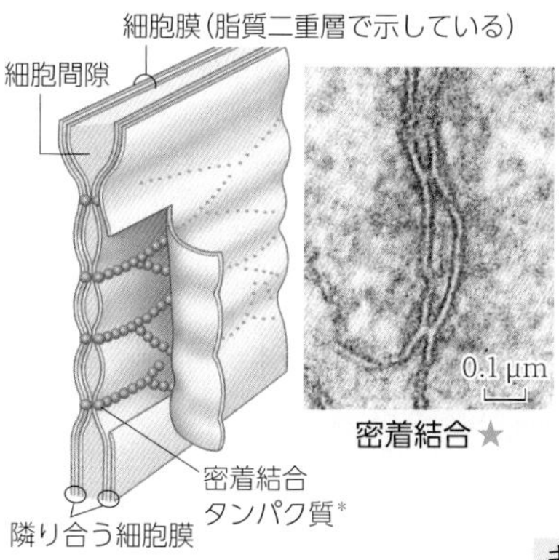

密着結合★

＊密着結合は，クローディンやオクルーディンなどの複数のタンパク質による結合と考えられている。

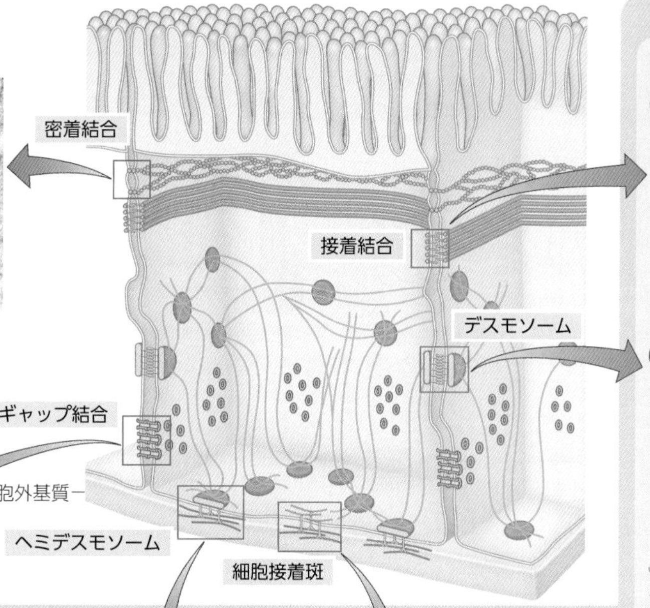

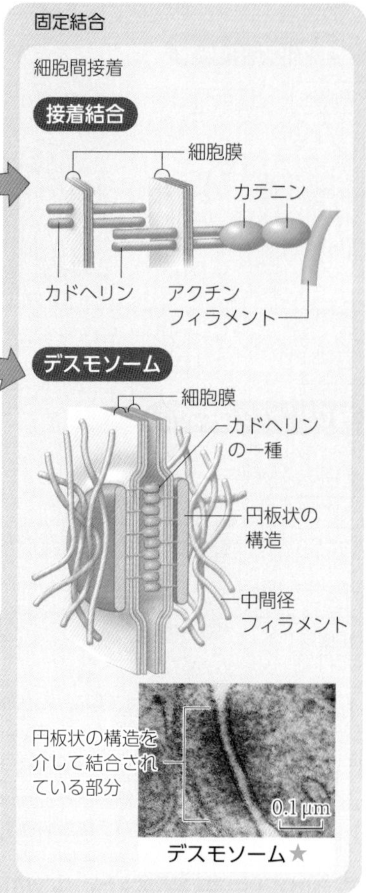

デスモソーム★

ギャップ結合

心筋に多く存在する。コネクソンを介して物質をやりとりし，隣接する細胞が同調して働くことに貢献する。

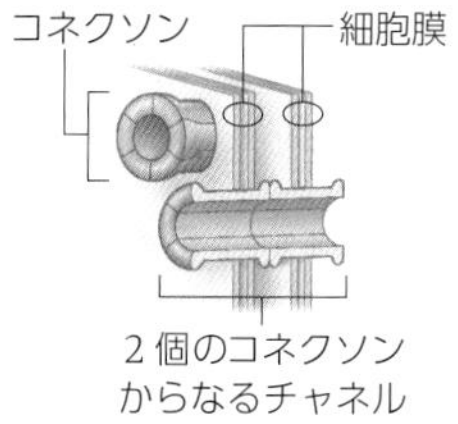

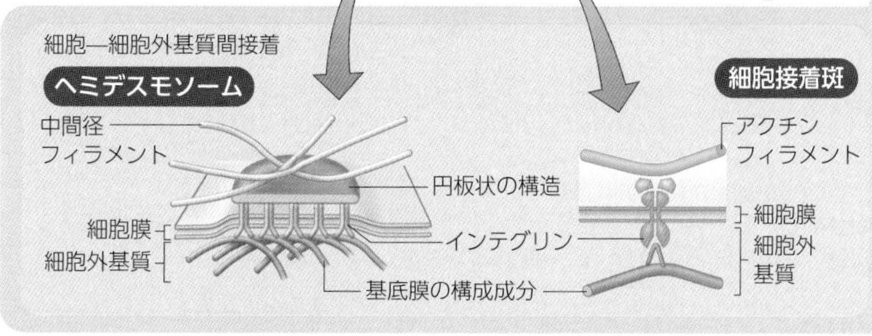

2 細胞外基質 生物

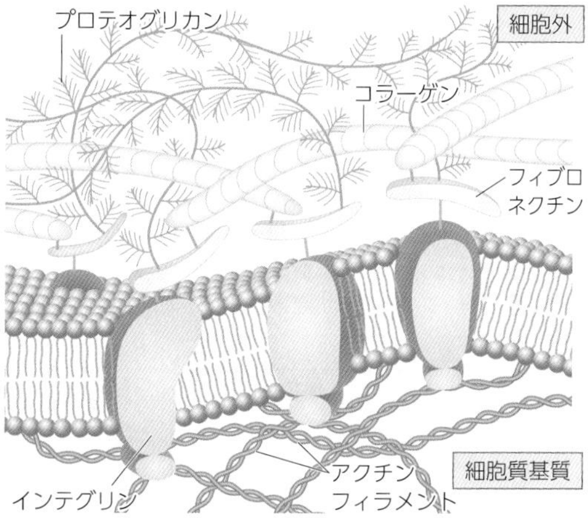

脊椎動物における細胞外基質の主な成分は，

- コラーゲン
- プロテオグリカン
- 糖タンパク質(フィブロネクチン，ラミニンなど)
- 多糖(ヒアルロン酸など)　　に大別される。

インテグリンは，細胞外では細胞外基質，細胞内では細胞骨格と結合し，細胞内外を連結(integrate)している。

整理 細胞接着の種類と役割

細胞接着		接着の機構	主な役割	結合する細胞骨格
密着結合		密着結合タンパク質によって細胞間を結合	細胞間からの物質漏出防止，膜タンパク質の移動防止	なし
固定結合	接着結合	カドヘリン(➡p.123)によって細胞間を結合	細胞の形態保持	アクチンフィラメント
固定結合	デスモソーム	カドヘリンによって細胞間を結合	細胞の形態保持	中間径フィラメント
固定結合	細胞接着斑	インテグリンによって細胞外基質と結合	細胞運動，情報伝達など	アクチンフィラメント
固定結合	ヘミデスモソーム	インテグリンによって細胞外基質と結合	細胞運動，情報伝達など	中間径フィラメント
ギャップ結合		コネクソンによって隣接する細胞の細胞質を結合	細胞の形態保持，物質の透過	なし

■細胞接着のうち，細胞接着斑とヘミデスモソームは細胞と細胞外基質をつなぐ結合で，いずれもインテグリンを介する。

豆知識　コラーゲンは，結合組織で主要な働きをもつタンパク質の1つであり(➡p.39)，細胞に対して強い接着活性をもつ。コラーゲンを合成できる単細胞生物の誕生は，多細胞生物への進化(➡p.269)にとって重要なできごとの1つだったと考えられている。

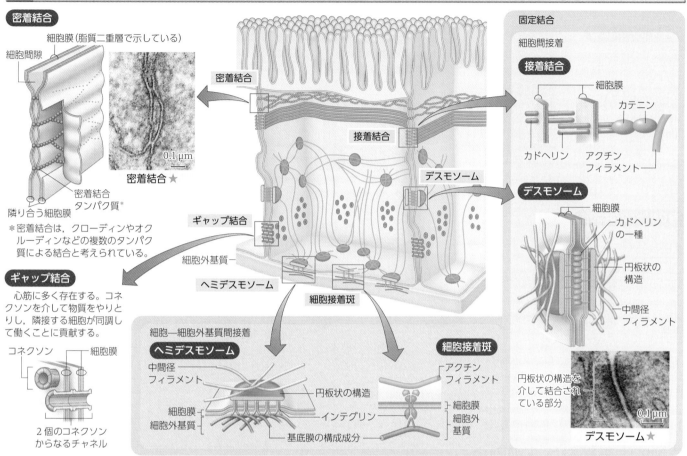

09 細胞膜と膜タンパク質④ 細胞膜受容体

基礎 生物

Plasma Membrane and Membrane Protein, Part 4 Membrane Receptor

関連動画をCheck!

1 細胞膜受容体 生物

細胞膜にある受容体タンパク質は，情報を伝達する物質であるシグナル分子と特異的に結合し，細胞外からの情報を細胞内へ伝える。これは，多細胞生物を構成する細胞どうしが協調して働く上で重要である。

細胞膜受容体は，細胞膜に存在する受容体で，特定の分子と結合する(➡p.170)。イオンチャネル型，酵素型，Gタンパク質共役型がある。

Ⓐイオンチャネル型

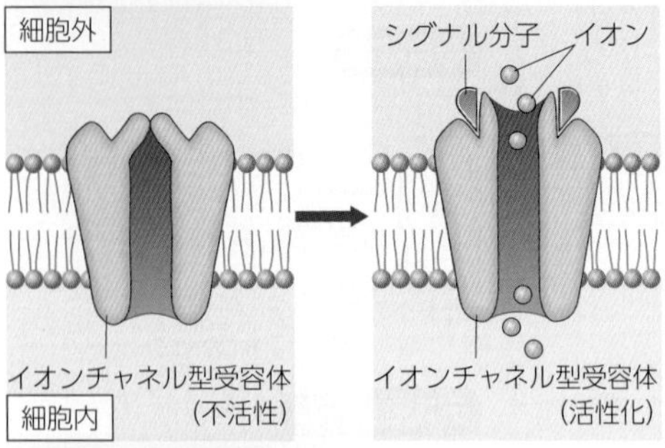

シグナル分子が受容体に結合すると，イオンチャネルが開き，Na^+やCa^{2+}などが細胞内に流入して情報が細胞内へ伝えられる。同様のイオンチャネルは，小胞体膜上にも存在する。

Ⓑ酵素型

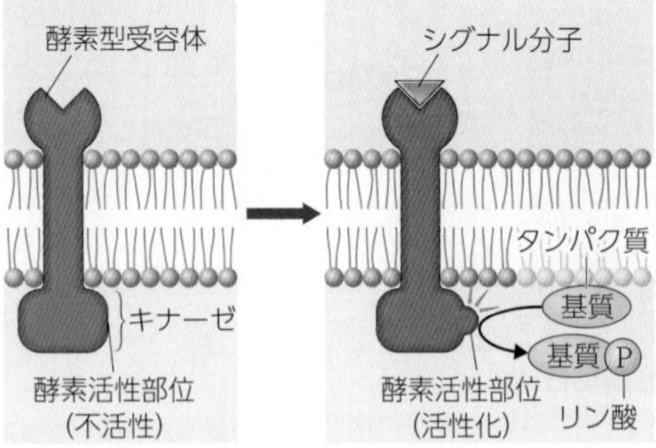

酵素型受容体の多くは，細胞内部にリン酸化酵素(キナーゼ)として働く部位をもつか，キナーゼと結合している。キナーゼは，基質にリン酸を付加する反応を触媒する。タンパク質は，リン酸が付加されると活性が変化し，他の反応を促進するなどして情報伝達に働く。

ⒸGタンパク質共役型

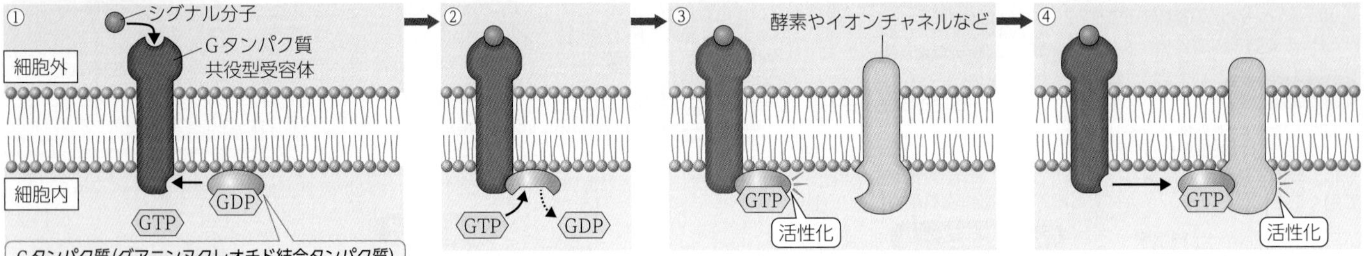

Gタンパク質(グアニンヌクレオチド結合タンパク質)
GDPやGTP*に結合するタンパク質。細胞膜受容体が受容した情報の伝達や増幅を行う。

①シグナル分子が受容体に結合すると，受容体の構造が変化してGタンパク質が結合する。

②Gタンパク質からGDPが離れて，GTPが結合する。

③Gタンパク質が活性化する。

④活性化したGタンパク質は受容体から離れ，他の酵素やイオンチャネルなどの活性を調節する。

＊GDPはグアノシン二リン酸。GTPはグアノシン三リン酸。

2 細胞膜受容体と細胞内シグナル伝達 生物

細胞内に伝達された情報が引き起こす一連の連鎖的な反応を**細胞内《さいぼうない》シグナル伝達《でんたつ》**という。

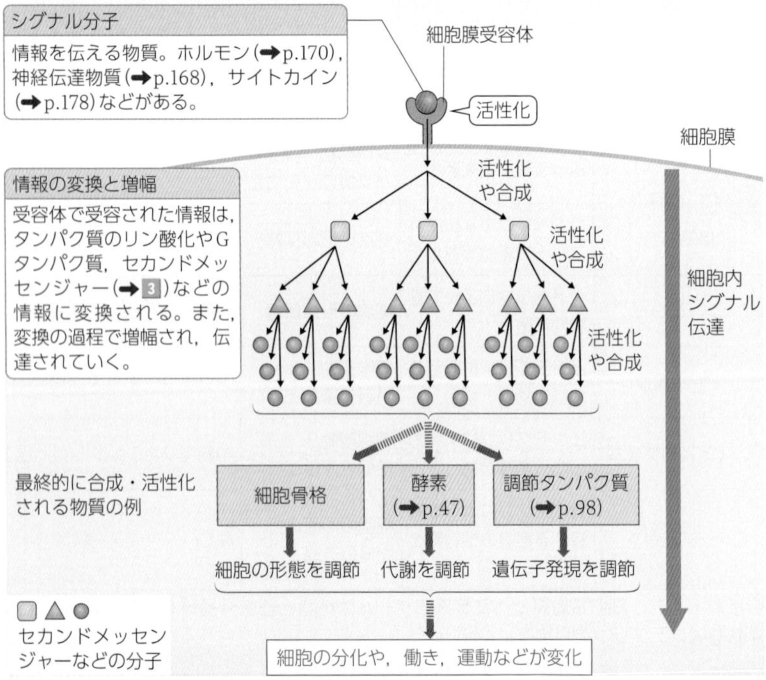

break ぶれいく カフェインと覚醒感 生活

シグナル伝達では，本来結合するシグナル分子とよく似た構造をもつ別の物質が受容体と結合してしまい，シグナル分子が受容体へ結合できなくなって，反応が阻害される場合がある。このような反応阻害を引き起こす物質に，カフェインがある。

脳において，アデノシンは，神経細胞の受容体に結合し，覚醒しているという感覚を抑制するシグナル分子として作用する。カフェインは，アデノシンと似た分子構造をもつため，アデノシン受容体に結合するが，シグナル分子としては作用しない。カフェインがアデノシン受容体に結合している間は，アデノシンの受容体への結合が阻害されるため，覚醒感が維持される。

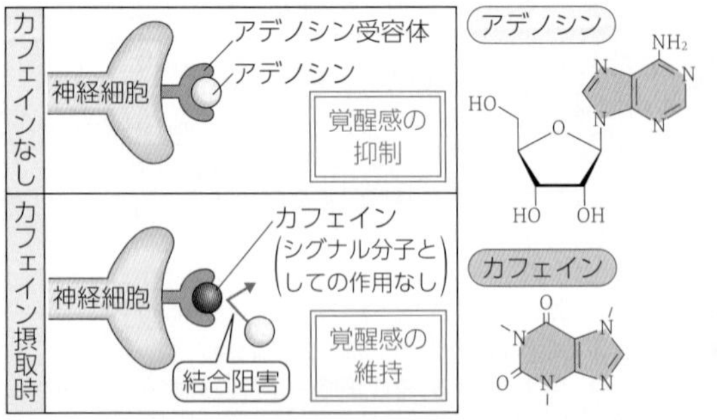

豆知識 受容体に結合する物質は一般にリガンドと総称される。現在開発されている医薬品には，膜タンパク質のリガンドとして細胞や組織・器官に一定の作用をもたらすものも多い(➡p.17)。膜タンパク質の立体構造の解明は，こうした医薬品の開発にも役立っている。

3 細胞内シグナル伝達でみられる情報の変換 生物

Ⓐタンパク質のリン酸化

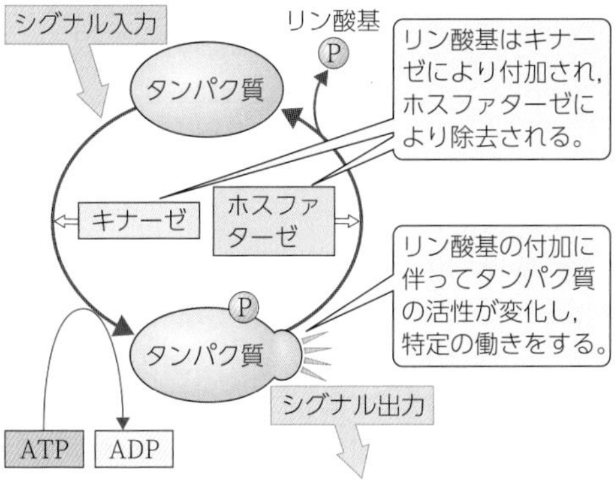

シグナル入力

リン酸基はキナーゼにより付加され、ホスファターゼにより除去される。

リン酸基の付加に伴ってタンパク質の活性が変化し、特定の働きをする。

シグナル出力

細胞内シグナル伝達では，タンパク質にリン酸基を付加(リン酸化)することで，情報を伝えることがある。リン酸基はサイズが大きく，負の電荷をもつ。このため，タンパク質がリン酸化されると，タンパク質の構造が大きく変化してタンパク質の活性も変化する。

Ⓑセカンドメッセンジャー

セカンドメッセンジャーは情報の中継や増幅に働く分子で，大量に産生されて細胞内に拡散し，情報を広く速く伝える。cAMP(サイクリックAMP)やCa^{2+}，イノシトール三リン酸(IP_3)などがある。

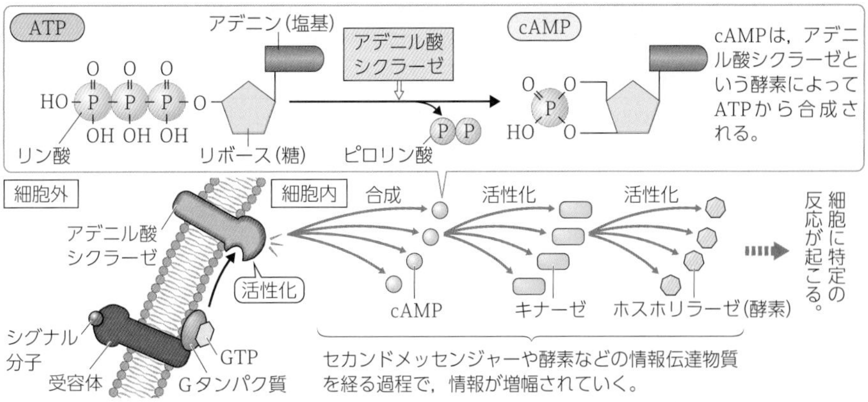

cAMPは、アデニル酸シクラーゼという酵素によってATPから合成される。

Gタンパク質によってアデニル酸シクラーゼが活性化される反応の場合，cAMPが大量につくられて他の酵素を活性化し，遺伝子発現が変化するなどして細胞に特定の反応が起こる。

セカンドメッセンジャーや酵素などの情報伝達物質を経る過程で、情報が増幅されていく。

4 細胞内シグナル伝達の例 生物

Ⓐ酵素型受容体を介したシグナル伝達の例

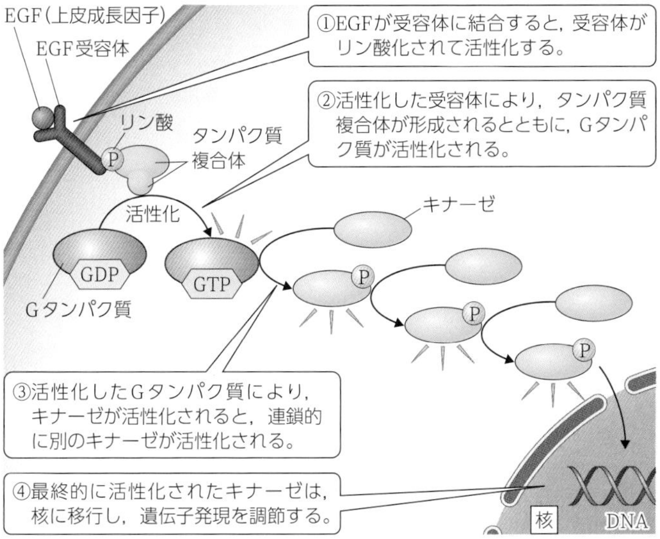

①EGFが受容体に結合すると、受容体がリン酸化されて活性化する。

②活性化した受容体により、タンパク質複合体が形成されるとともに、Gタンパク質が活性化される。

③活性化したGタンパク質により、キナーゼが活性化されると、連鎖的に別のキナーゼが活性化される。

④最終的に活性化されたキナーゼは、核に移行し、遺伝子発現を調節する。

ⒷGタンパク質共役型受容体を介したシグナル伝達の例

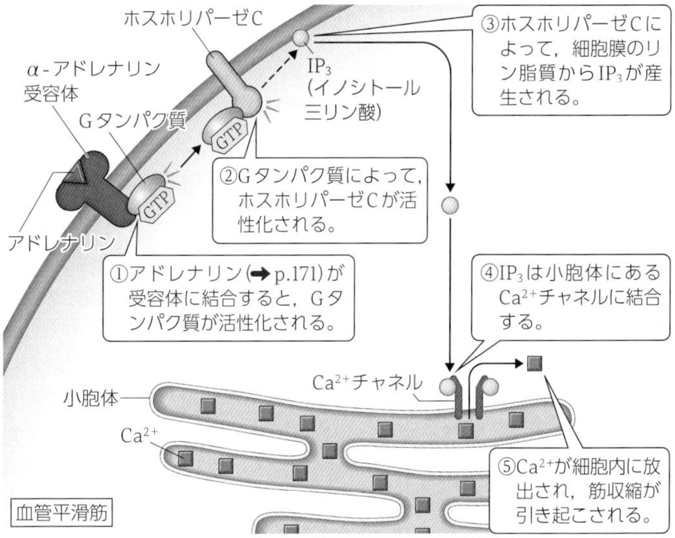

②Gタンパク質によって、ホスホリパーゼCが活性化される。

③ホスホリパーゼCによって、細胞膜のリン脂質からIP_3が産生される。

④IP_3は小胞体にあるCa^{2+}チャネルに結合する。

⑤Ca^{2+}が細胞内に放出され、筋収縮が引き起こされる。

5 細胞間でのシグナル伝達 基礎 生物

シグナル分子と受容体を介した細胞間の情報伝達は，シグナル分子が作用を受ける細胞(標的細胞)に対してどのように放出されるかによって区分される。

接触して提示する	近くで分泌する	シナプスを形成	内分泌
標的細胞へ直接シグナル分子を提示する。	局所的に作用する因子を，標的細胞の近くで分泌する。	神経末端からシナプス間隙に神経伝達物質を放出する。	内分泌細胞が血液中にホルモンを分泌する。
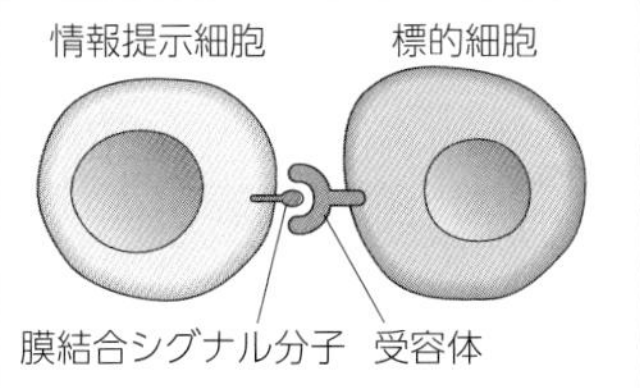	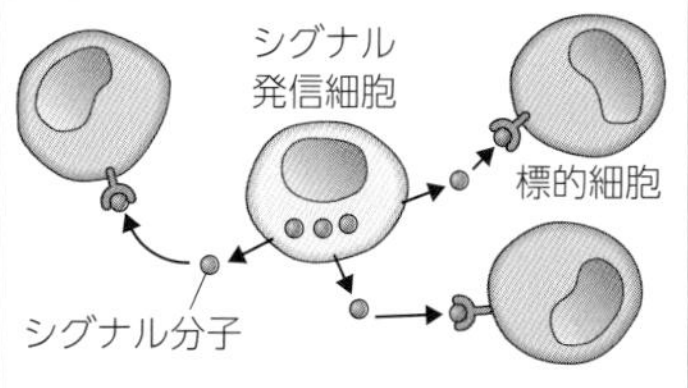	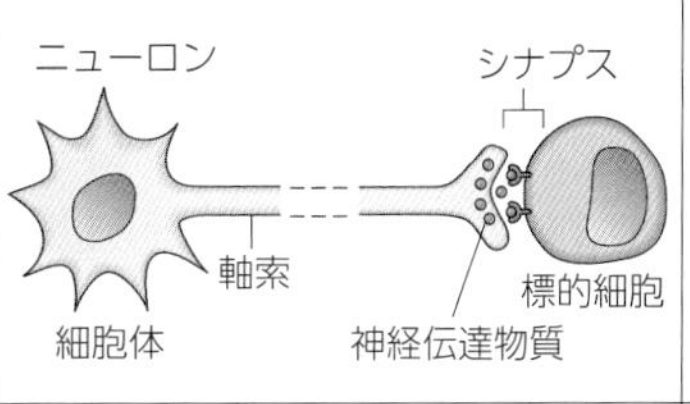	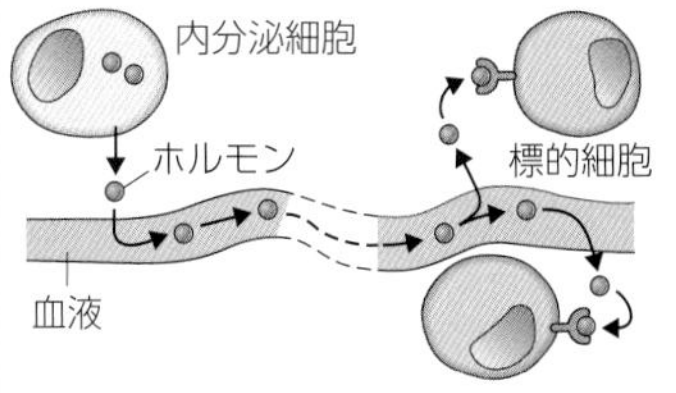
例：抗原提示細胞によるリンパ球への抗原情報の提示(➡p.181)	例：成長因子，BMPなどの胚発生に働くタンパク質(➡p.125)	例：ノルアドレナリンやアセチルコリンなどの神経伝達物質(➡p.168)	例：インスリンやアドレナリンなどのホルモン(➡p.170)

情報提示細胞　標的細胞　膜結合シグナル分子　受容体	シグナル発信細胞　標的細胞　シグナル分子	ニューロン　シナプス　細胞体　軸索　標的細胞　神経伝達物質	内分泌細胞　ホルモン　標的細胞　血液

豆知識　アドレナリンはβ-アドレナリン受容体にも結合し，この場合には血糖濃度の上昇が引き起こされる。たとえば，肝細胞のβ-アドレナリン受容体におけるシグナル伝達の過程では，アドレナリン1分子当たり1万分子のcAMPが生じ，この情報が酵素の活性化を経て増幅されて，最終的には，1億分子のグルコースがつくられる。

10 いろいろな細胞とその大きさ

基礎

Sizes of Various Types of Cells

関連動画をCheck!

基本 1 細胞の大きさ 基礎

顕微鏡(➡p.340)を用いて観察すると，細胞にはさまざまな形や大きさのものがあることがわかる。

分解能	肉眼で観察できる(分解能：0.1～0.2 mm)				
長さの単位 mm	100 (10^2)	10 (10^1)	1	0.1 (10^{-1})	0.01 (10^{-2})
長さの単位 μm	100000 (10^5)	10000 (10^4)	1000 (10^3)	100 (10^2)	10 (10^1)
長さの単位 nm	100000000 (10^8)	10000000 (10^7)	1000000 (10^6)	100000 (10^5)	10000 (10^4)

例 ○細胞でないもの ●細胞

- ●ヒトの座骨神経(長さ1 m以上)
- ●変形菌の変形体(長さ100 mm)
- ●ダチョウの卵(卵黄の直径75 mm)
- ●カサノリ(70 mm)
- ●ニワトリの卵(卵黄の直径30 mm)
- ●バロニア(20 mm)
- ●アフリカツメガエルの卵(2.5 mm)
- ●ヤコウチュウ(1 mm)
- ●ゾウリムシ(200 μm)
- ●ヒトの卵(140 μm)
- ●ミドリムシ(80 μm)
- ●ヒトの精子(60 μm)
- ●ヒトの肝細胞(直径20 μm)
- ●酵母(10 μm)

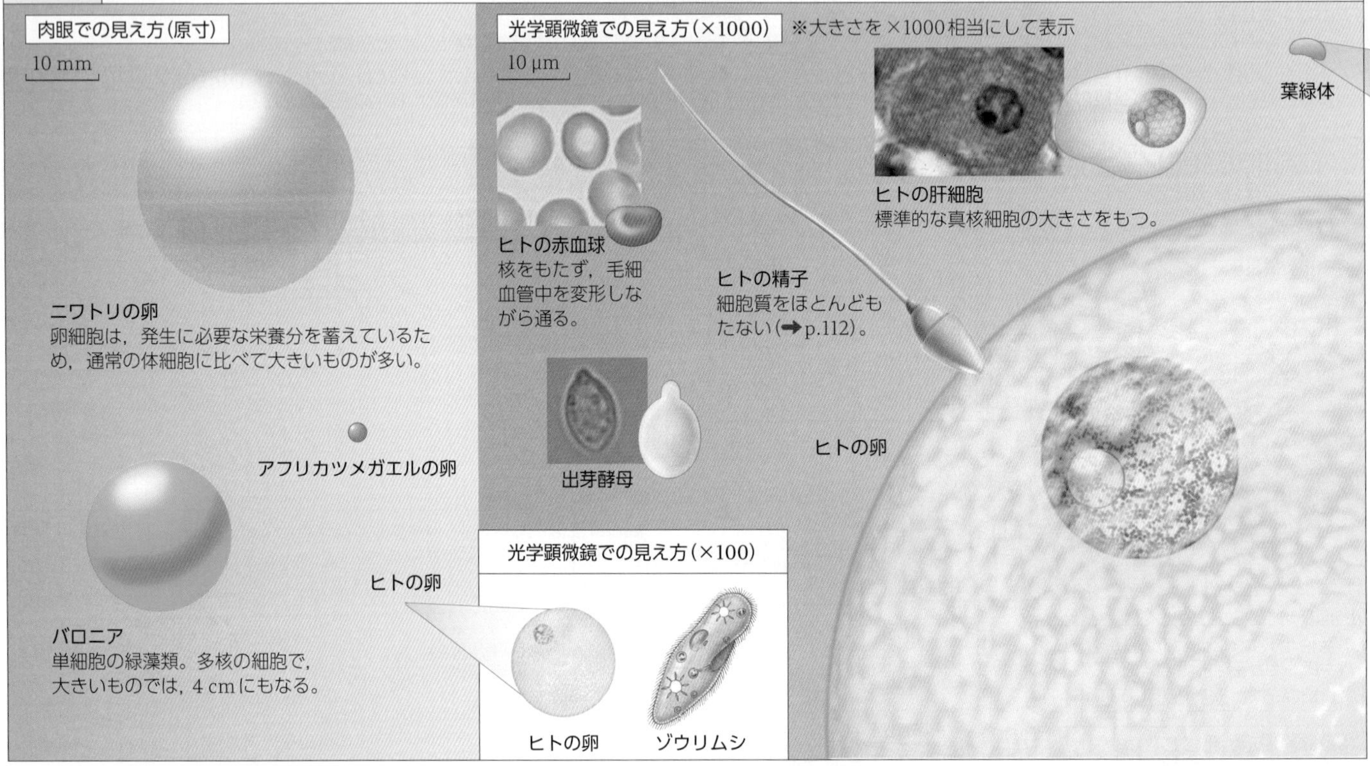

ニワトリの卵
卵細胞は，発生に必要な栄養分を蓄えているため，通常の体細胞に比べて大きいものが多い。

バロニア
単細胞の緑藻類。多核の細胞で，大きいものでは，4 cmにもなる。

ヒトの赤血球
核をもたず，毛細血管中を変形しながら通る。

ヒトの精子
細胞質をほとんどもたない(➡p.112)。

ヒトの肝細胞
標準的な真核細胞の大きさをもつ。

break ぶれいく からだを構成するさまざまな細胞

ヒトのからだはおよそ37兆個の細胞からなる。最も数が多いのは赤血球で，約70％を占めている。ヒトを構成する細胞には，200～250種類があり，その大きさはさまざまである。たとえば，座骨神経の細胞では，長さが1 mを超える。また，骨格筋の細胞は，多核で，長さ数十cmになるものもある。これに対し，赤血球は8 μm程度と小さく，変形しながら細い毛細血管を通ることができる。

ヒトとネズミ，ウシを比較すると，からだの大きさはそれぞれ大きく異なるが，同じ機能を担う細胞の大きさはからだの大きさほどには差がない。これは，細胞の大きさはさまざまな要因によって制限されるためである(➡p.35)。からだの大きさの違いは，主に細胞の数の違いによる。

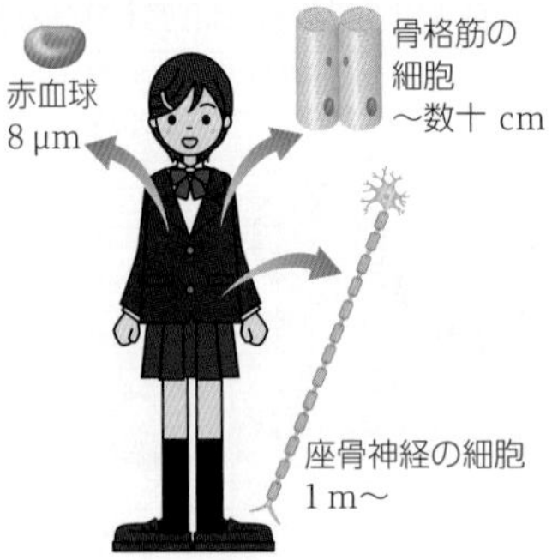

	ヒト	ネズミ	ウシ
細胞の直径(μm)	27.0	19.0	32.0

数値は，プルキンエ細胞(小脳に存在する神経細胞の一種)のものである。

豆知識 ヒトの卵は発生に必要な栄養分を母体から得られるため小型である。現在地球上にみられる最大の細胞(単核)は，ダチョウの卵である。

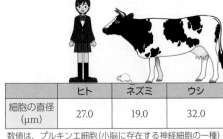

顕微鏡や肉眼などによって，2つの点として識別できる2点間の最小距離を分解能《ぶんかいのう》という。

光学顕微鏡で観察できる（分解能：0.2 μm）

電子顕微鏡（➡p.340）で観察できる（分解能：0.1〜0.2 nm）

0.001 (10^{-3})	0.0001 (10^{-4})	0.00001 (10^{-5})	0.000001 (10^{-6})	0.0000001 (10^{-7})
1	0.1 (10^{-1})	0.01 (10^{-2})	0.001 (10^{-3})	0.0001 (10^{-4})
1000 (10^{3})	100 (10^{2})	10 (10^{1})	1	0.1 (10^{-1})

●ヒトの赤血球（8 μm）
○葉緑体（5 μm）
●ネンジュモの細胞（5 μm）
●大腸菌（3 μm）
○ミトコンドリア（2 μm）
●リケッチア（500 nm）
●マイコプラズマ（300 nm）
○T_2ファージ（200 nm）
○HIV（100 nm）（エイズウイルス）
○リボソーム（20 nm）
○ヘモグロビン分子（6 nm）
○細胞膜の厚さ（5 nm）
○ATP分子（2.5 nm）
○アミノ酸分子（1 nm）
○原子（0.1 nm）

電子顕微鏡での見え方（×10000）

1 μm

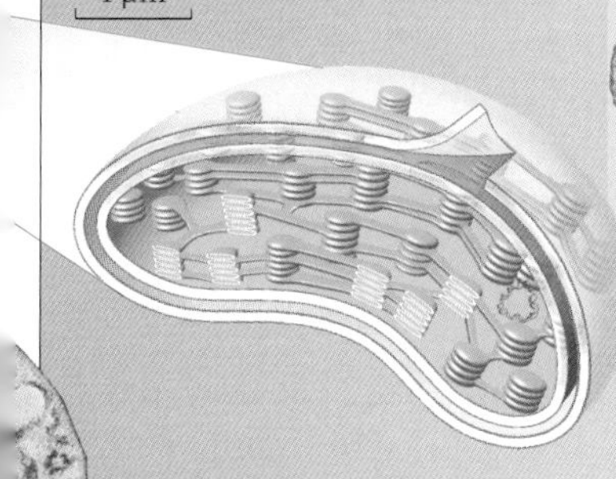

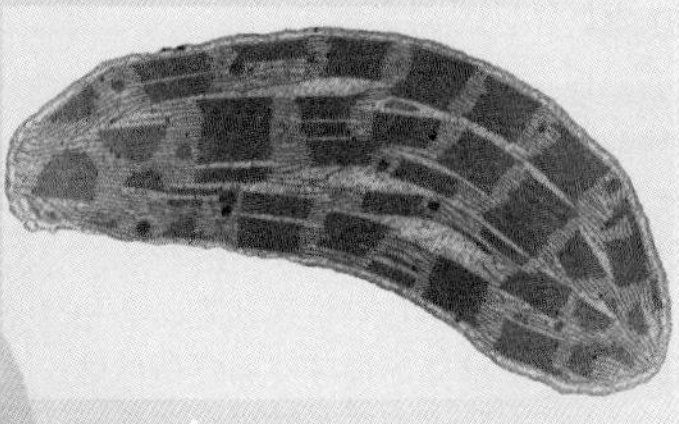

マイコプラズマ
細菌の一種だが，細胞壁をもたない。最小の細胞として知られる。

葉緑体☆
葉緑体の祖先は，シアノバクテリアであると考えられている（➡p.269）。

ミトコンドリア☆

ミトコンドリアの祖先（➡p.269）は，遺伝子解析の結果から細菌の一種であるαプロテオバクテリアのなかまであると考えられている。

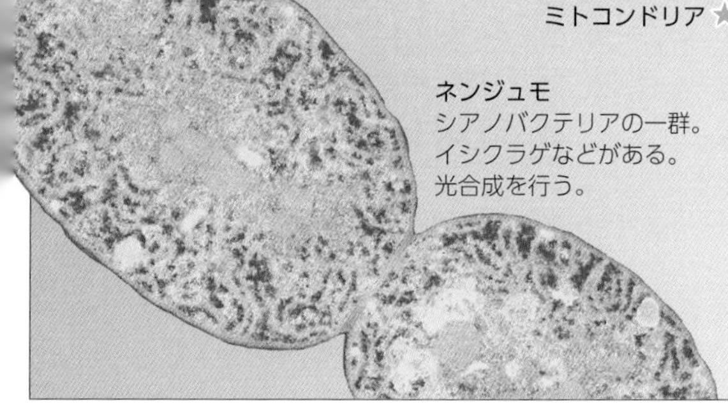

ネンジュモ
シアノバクテリアの一群。イシクラゲなどがある。光合成を行う。

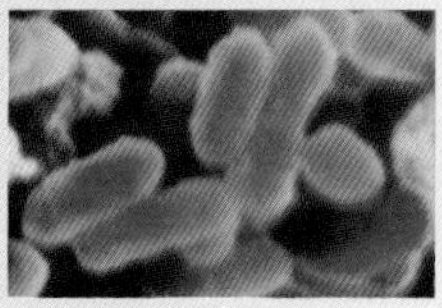

リケッチア☆
αプロテオバクテリアの一種。ダニなどを介してヒトに感染し，発疹チフスなどを引き起こす。

分子・原子の世界（×5000000）

10 nm

電子顕微鏡を用いても原子の1つ1つを観察することはできない。分子構造を原子レベルで調べる際には，X線結晶構造解析（➡p.71）などの方法が用いられる。

ヘモグロビン分子
赤血球に含まれるタンパク質。4個のポリペプチドが結合している。

ATP分子

アミノ酸分子
（アルギニン）

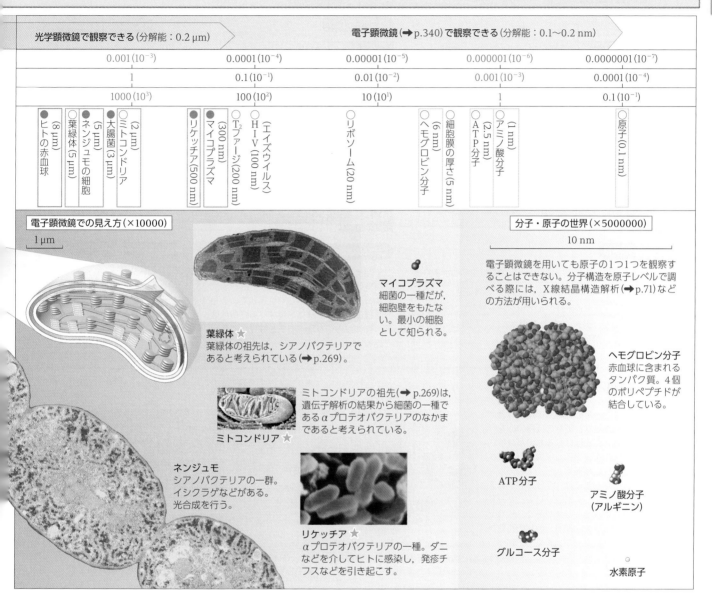

グルコース分子

水素原子

細胞の大きさ

細胞の大きさには上限があると考えられ，ウシのような大きな生物のからだも，多数の小さな細胞で構成されている。

細胞は，生命活動を行うために，表面の細胞膜において細胞外と物質交換を行う。細胞がその容積内で行われる化学反応（代謝）に必要な物質量を確保するには，必要最低限以上の表面積をもつ必要がある。細胞が大きくなると，ふつう，代謝量もふえるため，より多くの物質交換が必要となり，必要な表面積もふえる。一方，細胞が大きくなると，体積当たりの表面積（物質交換の場となる細胞膜の面積）は小さくなっていく。このことは，細胞の大きさを制限する要因の1つであると考えられる。

立方体の表面積の増加と体積の増加

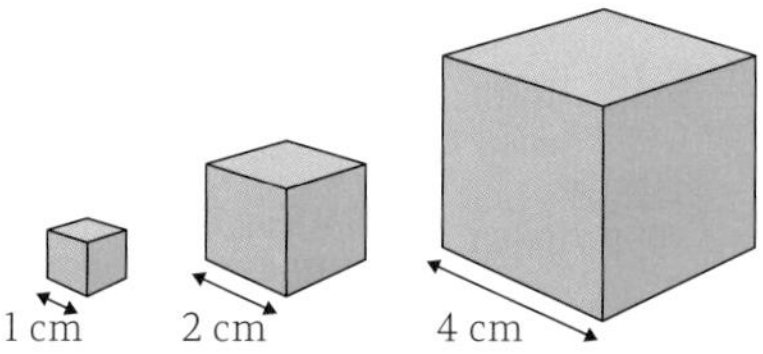

立方体の1辺の長さ	1 cm	2 cm	4 cm
表面積（cm^2）	6	24	96
体積（cm^3）	1	8	64

立方体の一辺の長さの増加に伴う体積当たりの表面積の変化

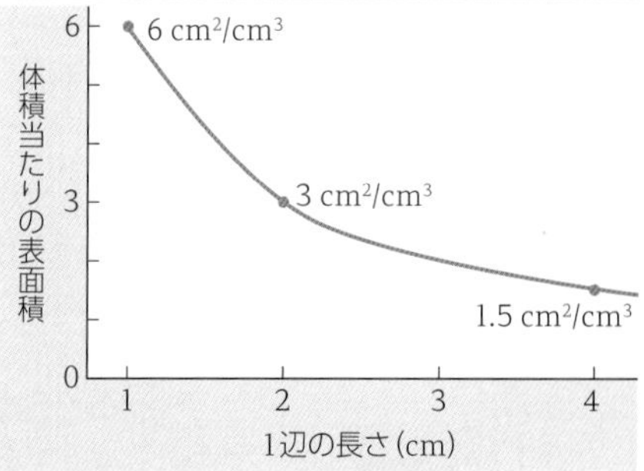

豆知識　マイコプラズマは，しばしば動物に感染し，肺炎を引き起こす。

11 単細胞生物と多細胞生物

基礎　Unicellular and Multicellular Organisms

関連動画をCheck!

1 単細胞生物 基礎

個体が1個の細胞からなる生物を単細胞生物《たんさいぼうせいぶつ》という。単細胞生物は，1つの細胞ですべての生命活動を行っている。ゾウリムシやミドリムシなどでは，さまざまな細胞小器官が発達している。

Ⓐゾウリムシ

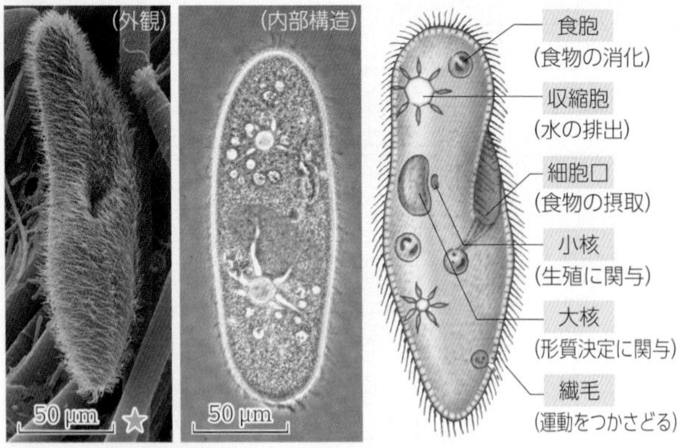

Ⓑミドリムシ

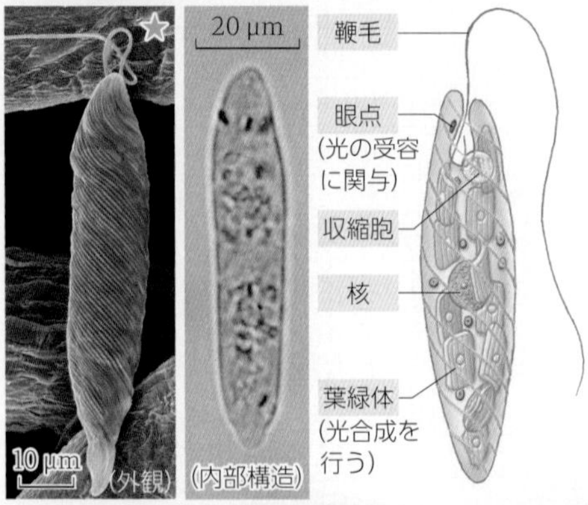

Ⓒクラミドモナス

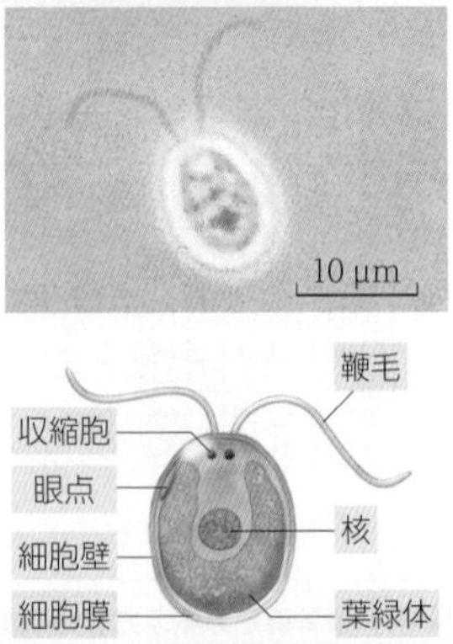

Ⓓ単細胞生物の種類

単細胞生物は，大部分は原核生物で，一部の真核生物も含まれる。

原核生物	大腸菌，枯草菌，コレラ菌，乳酸菌，硫黄細菌，シアノバクテリア(ユレモ，ネンジュモなど)　など
真核生物	ゾウリムシ，アメーバ，ツリガネムシ，ミドリムシ，クロレラ，酵母　など

Ⓔ群体を形成する単細胞生物

分裂または出芽(➡p.108)によって生じた新個体が，からだの一部，または分泌物によって，互いに連結して生活しているものを**群体**《ぐんたい》という。群体を構成する各個体は，その群体から切り離されても独立して生活できる。

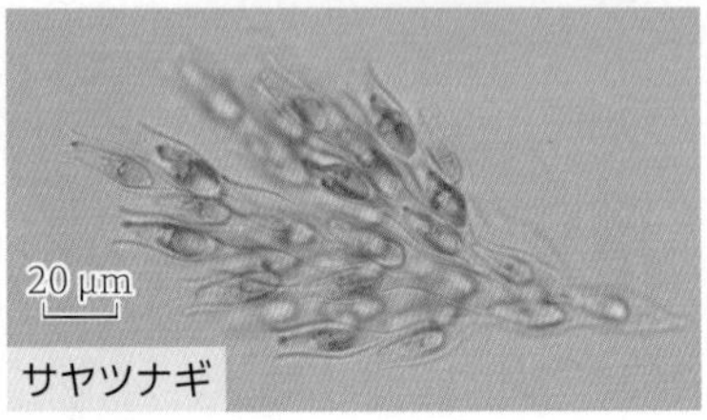

サヤツナギ

+α PLUS 細胞群体

群体のなかには，一定の細胞数に達すると，その後，細胞は増加せず，細胞の成長のみを行う**細胞群体**《さいぼうぐんたい》(定数群体)と呼ばれるものがある。細胞群体には，ボルボックス，イカダモ，クンショウモのなかまなどがある。

ボルボックスのなかまには，クラミドモナスと共通の祖先から進化したパンドリナ，ユードリナなどのさまざまな細胞群体がある。それぞれ，細胞の密着の程度や，連絡，分化の有無が異なっており，単細胞生物から多細胞生物への中間段階を示すモデル生物群として，多細胞生物の進化の研究にも用いられている。

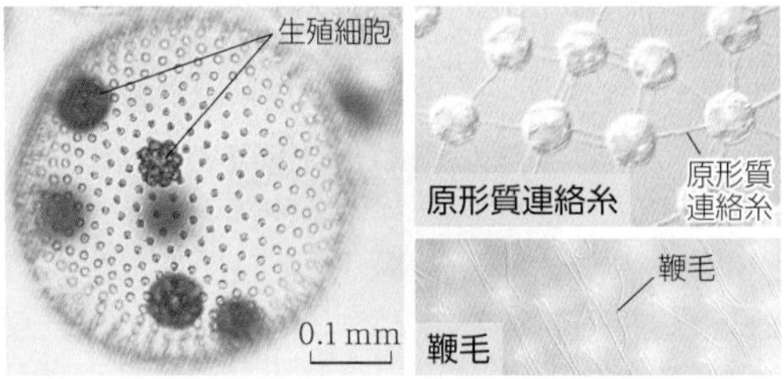

▲ボルボックス
数百～数千の細胞からなる細胞群体で，多数の小型の体細胞と数個～数十個の大型の生殖細胞に分化している*。原形質連絡糸によって細胞は連絡しており，鞭毛ももつ。

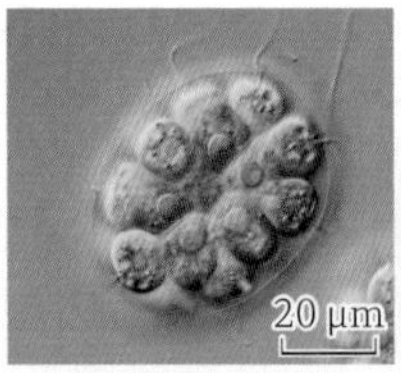

▲パンドリナ
細胞数8または16個の細胞群体で，細胞は球状に密に集合する。

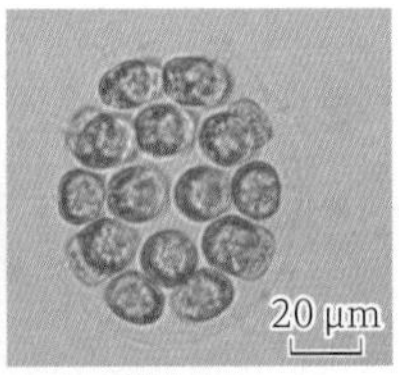

▲ユードリナ
細胞数16または32個の細胞群体で，細胞の分化はみられない。

＊細胞の分化がみられるため，ボルボックスを多細胞生物とみなす考えもある。

2 多細胞生物 基礎

個体が複数の細胞からなる生物を多細胞生物《たさいぼうせいぶつ》という。多細胞生物を構成する細胞には，大きさや形，機能が異なるさまざまなものがあり，互いに協調して働いている。

Ⓐヒドラのからだ

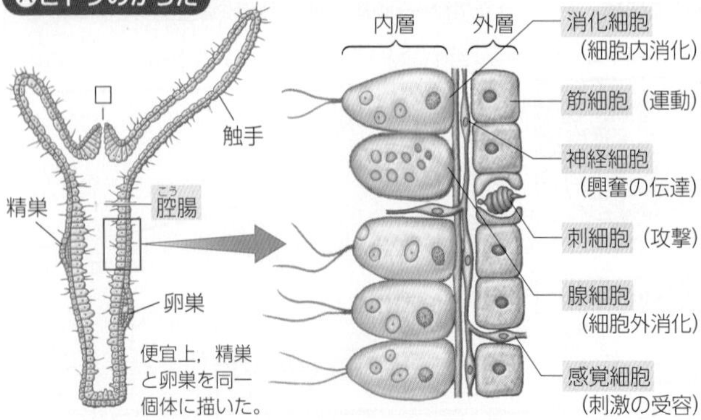

ヒドラ(刺胞動物)は，からだの構造は簡単だが，感覚細胞，神経細胞，消化細胞，筋細胞，刺細胞などの多様な細胞でできている。

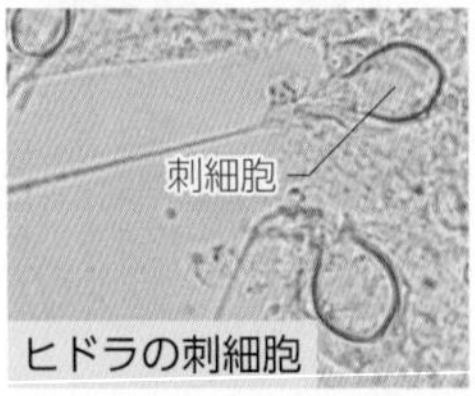

ヒドラの刺細胞

Ⓑ群体をつくる多細胞生物

多細胞生物でも，サンゴやヒドロ虫などでは，多細胞からなる個体が集合した群体がみられる。

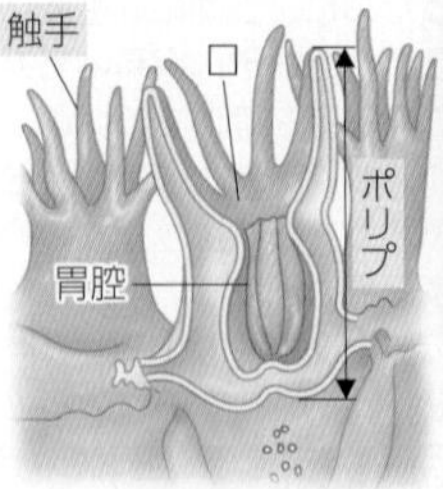

アワサンゴ

▲サンゴの模式図…個々の生物体はポリプと呼ばれる。

豆知識　ボルボックスのなかまは，17世紀にレーウェンフックによって発見された。ボルボックスの名前の由来は，ラテン語で「回転する」を意味するVolvoであるといわれている。

3 多細胞生物(動物，植物)の成り立ち 基礎

動物や植物では，同じ働きをもつ細胞の集合からなる組織や，いくつかの組織の集合からなる器官がみられる。

Ⓐ動物体の成り立ち

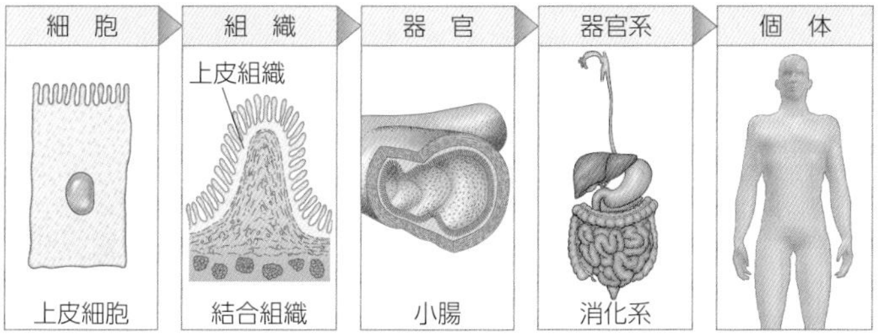

動物の器官は，いくつかの組織が集まって，特定の決まった働きを行う。全体としてまとまった働きをする器官をまとめて器官系という。器官系が集まって，個体が形成されている。

Ⓑ植物体の成り立ち

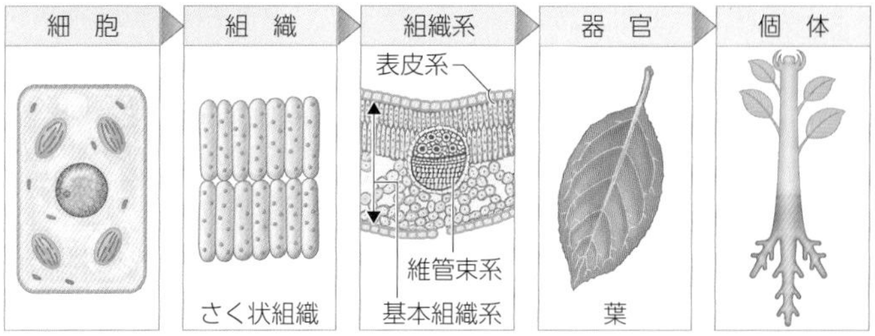

植物の器官には，葉・茎・根などがある。植物では，機能的に関連する組織が集まって組織系をつくる。組織系は，各器官を連結して特定の働きを担う。たとえば，維管束系は，根と茎や葉をつないで物質輸送を行っている。

+α 細胞性粘菌類における単細胞の時期と多細胞の時期－キイロタマホコリカビー

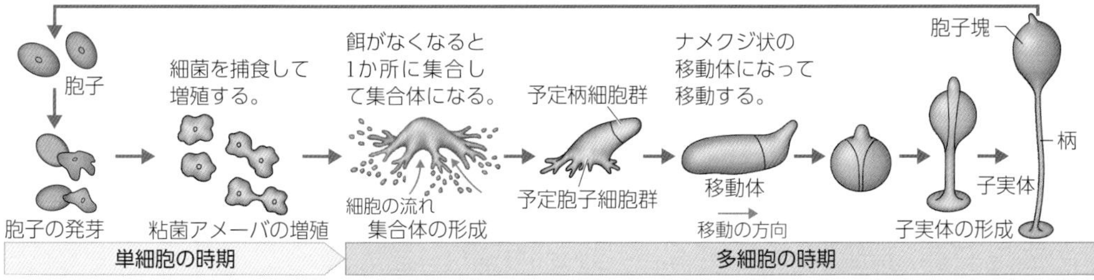

細胞性粘菌類(➡p.285)には，単細胞の時期と多細胞の時期がある。多細胞の時期には細胞の集合体が形成される。やがて，移動体の前部の細胞群が柄を，後部の細胞群が胞子塊を形成する。

観察 1 さまざまな生物の細胞の観察

基礎

目的 さまざまな生物を観察し，それらが細胞からなることを確かめる。また，原核細胞と真核細胞の観察を通じ，その特徴を比較する。

準備 材料…乳清またはヨーグルト，イシクラゲ，ヒトの口腔粘膜，レタス
薬品…酢酸カーミン溶液(または酢酸オルセイン溶液)
器具…検鏡器具，つまようじ，カミソリ

方法 それぞれの試料のプレパラートを作成する。プレパラートを検鏡し，細胞を探すとともに，ミクロメーターで細胞の長さを測定する。

乳酸菌(細菌)

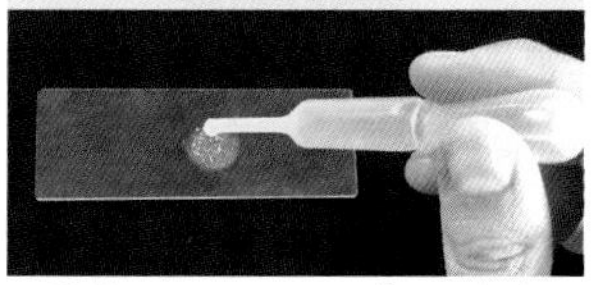

乳清もしくはヨーグルトを水で薄め，スライドガラスにとってカバーガラスをかける。

イシクラゲ(シアノバクテリア)

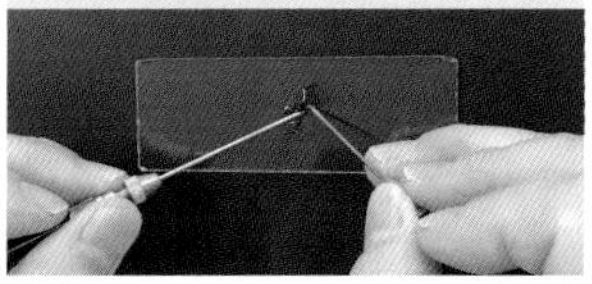

水でふやかしたイシクラゲを少量スライドガラスにとり，柄付き針でよくほぐした後，カバーガラスをかける。

ヒトの口腔粘膜(動物)

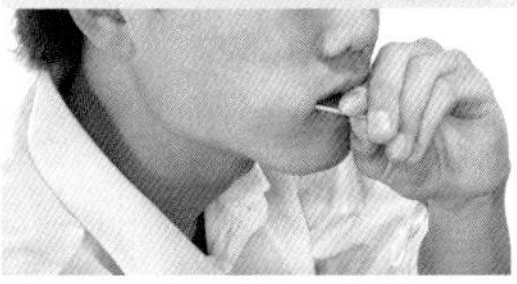

つまようじの丸い部分でほおの内側を軽くこすり，スライドガラスにすりつける。酢酸カーミン溶液を1滴加え，カバーガラスをかける。

レタス(植物)

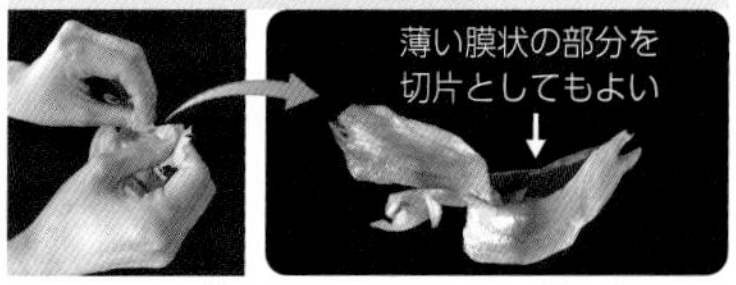

レタスの葉をカミソリの刃で薄く切るか手でちぎり，薄い切片をつくる。切片をスライドガラスにのせ，酢酸カーミン溶液を1滴加えてカバーガラスをかける。

結果

乳酸菌(細菌)	イシクラゲ(シアノバクテリア)	ヒトの口腔粘膜(動物)	レタス(植物)
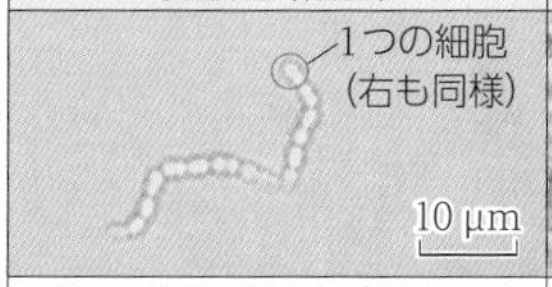	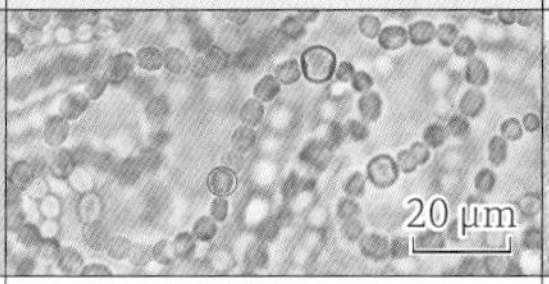	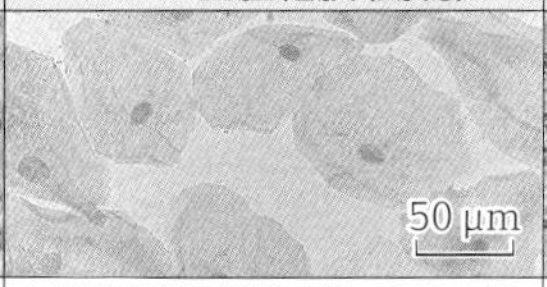	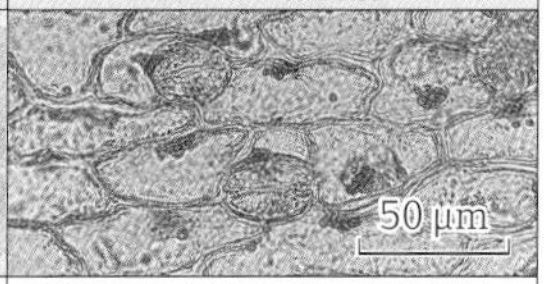
球状の細胞(個体)が観察された。細胞1つの大きさは直径2.5 µm。	球状の細胞が数珠状に連なっていた。細胞1つの大きさは直径5 µm。	口腔粘膜の細胞がみられ，染色された核も観察された。細胞1つの長径は100 µm。	孔辺細胞がみられ，葉緑体も観察された。細胞1つの長径は50 µm。

考察

すべての材料で，膜で仕切られた構造が基本単位となっていた。この構造が細胞であると考えられる。また，細胞ごとに形や大きさは異なり，原核細胞は真核細胞より小さいことが確認できた。真核細胞では，細胞小器官である核や葉緑体がみられた。

豆知識 イシクラゲは，ネンジュモと呼ばれるシアノバクテリアのなかの1グループ(属，➡p.279)に属する一種である。雨の日の校庭などに見られる黒い寒天状の物体はその群体であり，寒天状物質のなかに数珠状に連なった細胞が埋もれている。ネンジュモ(念珠藻)という名称は，この数珠状に連なった細胞に由来している。

12 動物の組織と器官

基礎 生物

Tissues and Organs of Animals

基本 1 動物の組織 基礎 生物

組織《そしき》は，共通の構造と機能をもつ細胞の集団である。動物の組織は，**上皮組織《じょうひそしき》・筋組織《きんそしき》・結合組織《けつごうそしき》・神経組織《しんけいそしき》**の4種類に分けられる。

ヒトのからだは200～250種類の細胞からなり，それぞれ以下のいずれかの組織に含まれる。

組織	特徴	働き
上皮組織	上皮細胞からなり，からだの表面や，体腔，消化管などの内面をおおう。細胞が密に並び，細胞間を満たす物質（細胞間質）をほとんどもたない。細胞には上下左右の区別が存在し，極性がある。	主にからだの表面や内面の保護に働く。感覚や，物質の分泌・吸収などにも関わる。
筋組織	細長い筋繊維（筋細胞）が多数集まり，筋肉を構成する。	筋繊維は高い伸縮性をもち，運動に関わる。
結合組織	広い細胞間隙をもち，そこを各種の細胞間質が埋めている。体内に広く分布する。細胞には上下左右の区別はなく，極性はない。	組織や器官の間を埋め，その結合や支持に働く。栄養補給や，生体防御（➡p.176）などにも関与する。
神経組織	ニューロン（神経細胞）とグリア細胞（神経膠細胞）からなり，神経系を構成する。	外界や体内からの情報の受容，処理，伝達に関わる。

2 上皮組織 基礎 生物

上皮細胞は，基底膜という薄い膜状の細胞外基質と結合している。さらに，隣り合う細胞どうしも細胞接着によって結合しており，細胞のシートを形成している。上皮細胞には，支持組織に接する基底面と，細胞どうしが密着する側面，体外環境にさらされる表層面の区別が存在する（細胞に極性がある）。

Ⓐ働きによる分け方

上皮組織は，主な働きから保護上皮，腺上皮，吸収上皮，感覚上皮に分けられる。

保護上皮

（重層扁平上皮） 物理的な障壁となり，機械的な傷害から保護する。
例：皮膚，口腔，食道

（繊毛上皮） 繊毛運動によって異物を排出する。
例：鼻腔，気管，気管支，咽頭，えら

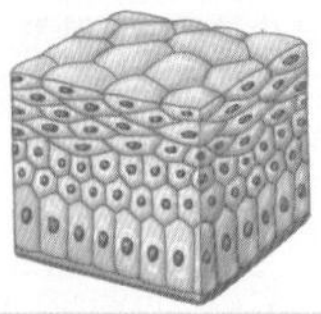

重層扁平上皮（ヒトの直腸）

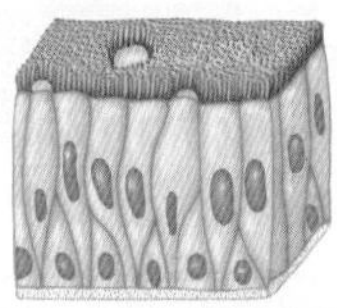

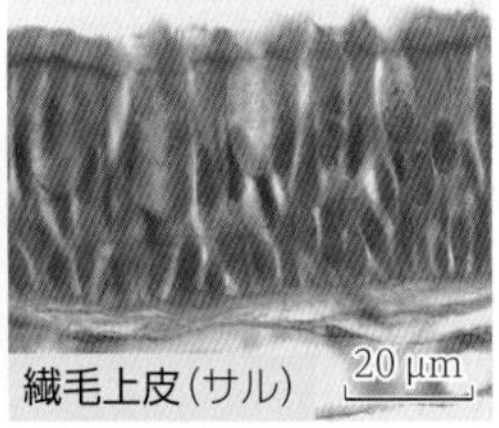

繊毛上皮（サル）

腺上皮（分泌上皮）

腺細胞から消化液などを分泌する。ホルモンを分泌するものもある。
例：だ腺，汗腺，胃腺，甲状腺

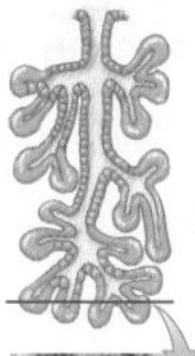

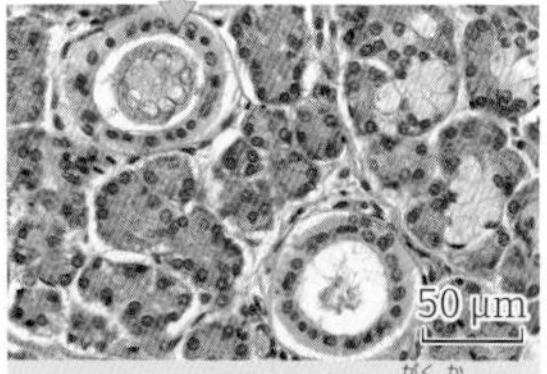

複合管状胞状腺（ヒトの顎下《がくか》腺）

吸収上皮

栄養分などを吸収する。表面には微柔毛が多数存在し，表面積を広くしている。
例：小腸

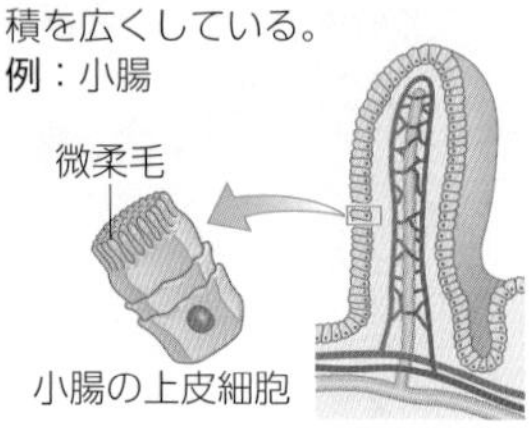

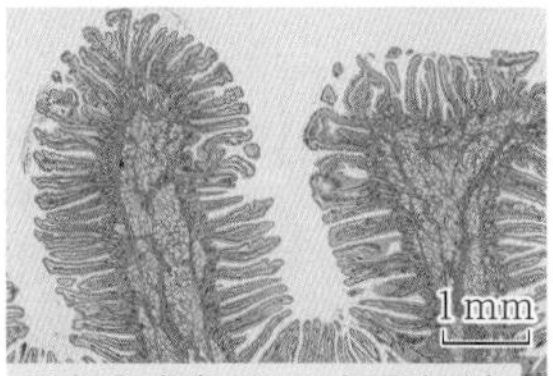

吸収上皮（ヒトの小腸上皮）

感覚上皮

感覚を生じさせる外部からの刺激を受容する。
例：内耳，網膜，鼻粘膜

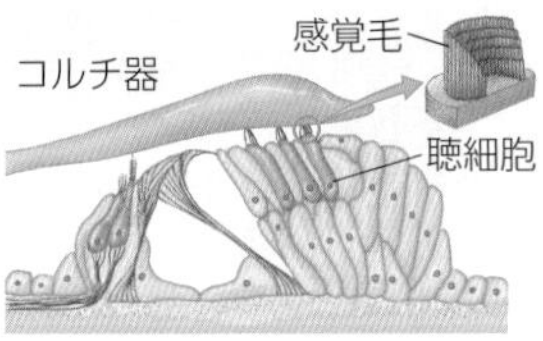

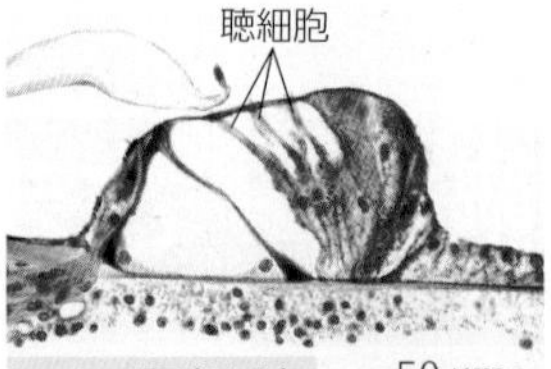

コルチ器（サル） 50 μm

Ⓑ構造による分け方

上皮組織は，構造から大きく単層上皮と重層上皮に分けられ，細胞の形によってさらに細かく分類される。

単層扁平上皮

血管や肺胞などの，物質交換が盛んな場所に多くみられる。

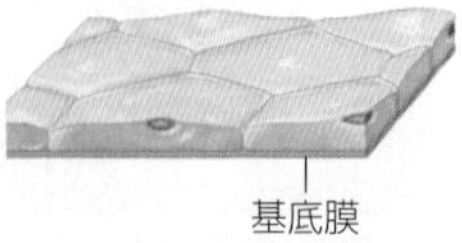

単層円柱上皮

分泌・吸収が盛んな場所に多くみられる。

重層扁平上皮

消化管の出入り口などにみられる。

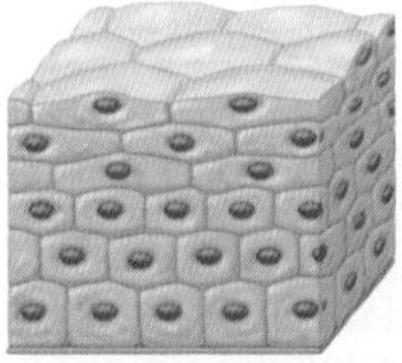

移行上皮

膀胱などにみられる。尿が充満して膀胱が伸展するときには，細胞が扁平化して薄く広がる。

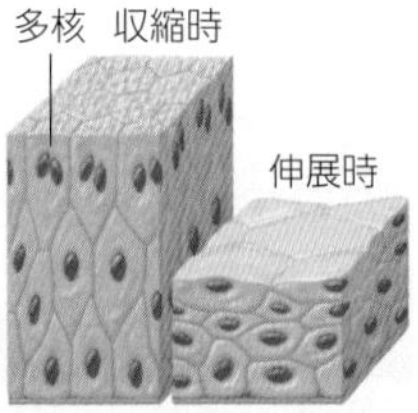

重要 3 筋組織 基礎 生物

動物のからだを動かす組織で，筋繊維（➡p.209）からなる。筋繊維の構造から横紋筋と平滑筋に大別され，さらに，骨格筋，心筋，内臓筋に分けられる。脊椎動物では，意識的に動作できる随意筋と，意識的に動作できない不随意筋がある。

ヒトの筋組織の分類

筋肉の種類		筋繊維の特徴	核の数	運動の特徴	分布
横紋筋	骨格筋	横紋（縞模様）がみられる。円柱状。	多核	随意筋（強く迅速に収縮）	骨格に付着
	心筋	横紋がみられる。枝分かれした筋繊維が互いに接合する。	単核	不随意筋（規則的に収縮）	心臓
平滑筋	内臓筋	横紋はみられない。紡錘形。	単核	不随意筋（持続的に収縮）	内臓

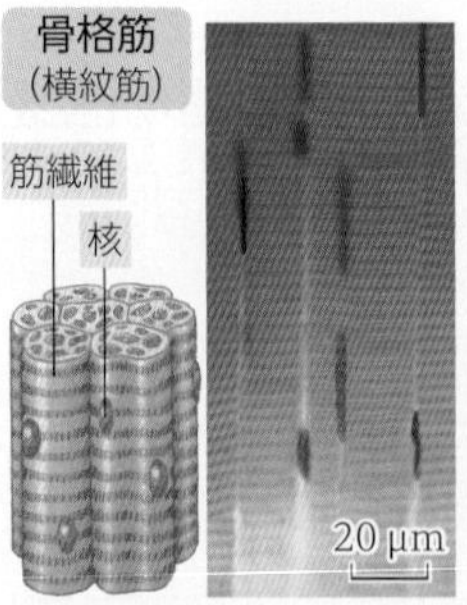

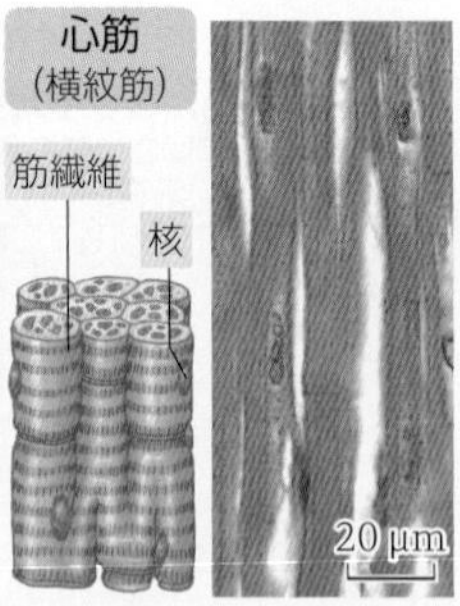

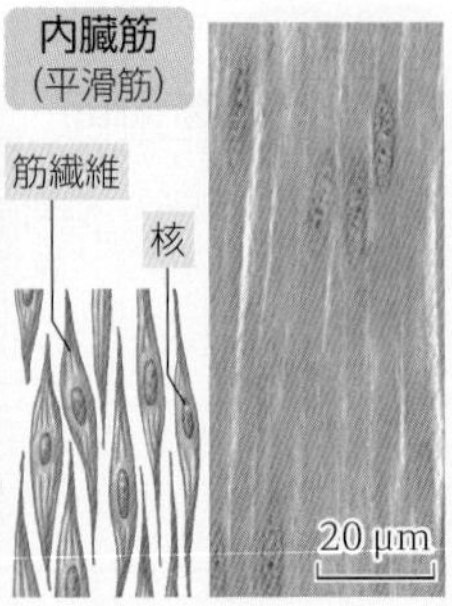

豆知識 動物の毛は，皮膚の付属器であり，特殊化した多数の上皮細胞からできている。毛根で分裂・増殖した細胞が古い細胞を押し上げることによって，毛はしだいに伸びていく。

4 結合組織 基礎 生物

重要

結合組織は，細胞間質(多くの場合繊維を含む)と組織固有の細胞からなる。細胞間質と組織固有の細胞には多くの種類があり，組織の特徴はさまざまである。

Ⓐ繊維性結合組織 細胞間質にコラーゲン繊維などが含まれる。

例：皮膚の真皮，腱，血管の周囲

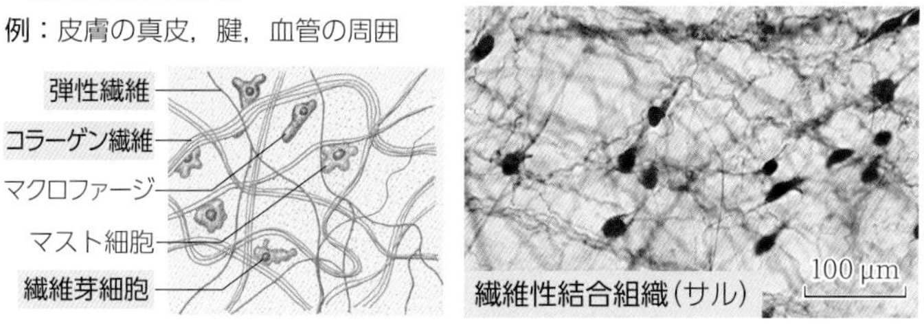

Ⓑ脂肪組織 繊維芽細胞中に脂肪粒がたまった脂肪細胞の集まり。

例：皮下組織

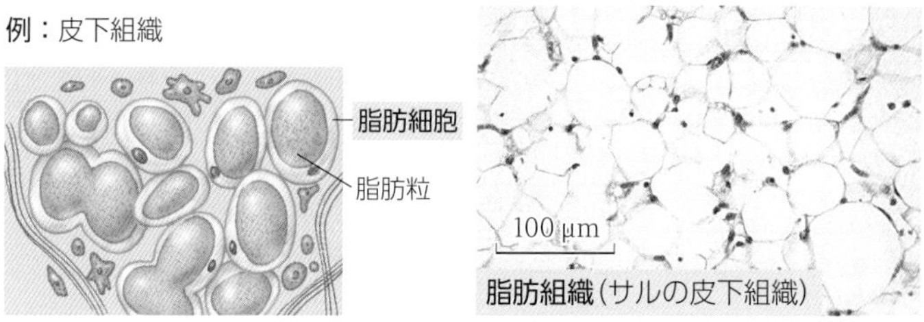

Ⓒ骨組織 リン酸カルシウムを含む硬い骨基質と骨細胞からなる。 例：骨格

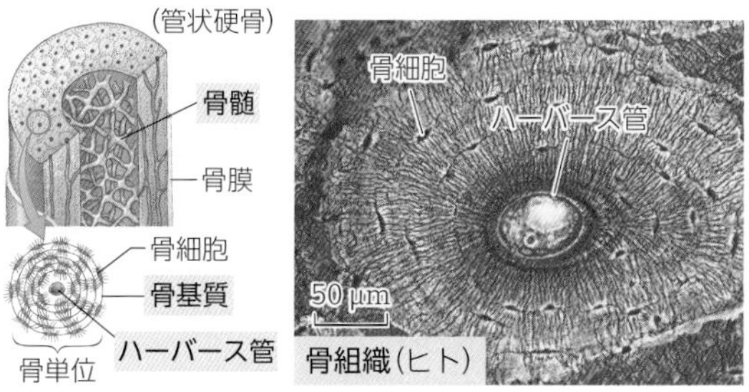

Ⓓ軟骨組織 ゴムのようなゲル状の軟骨基質と軟骨細胞からなる。

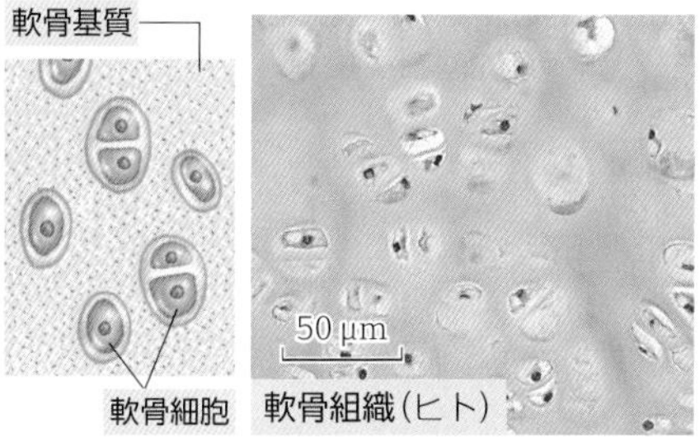

Ⓔ血液 液体状の細胞間質(血しょう)と血球からなる。

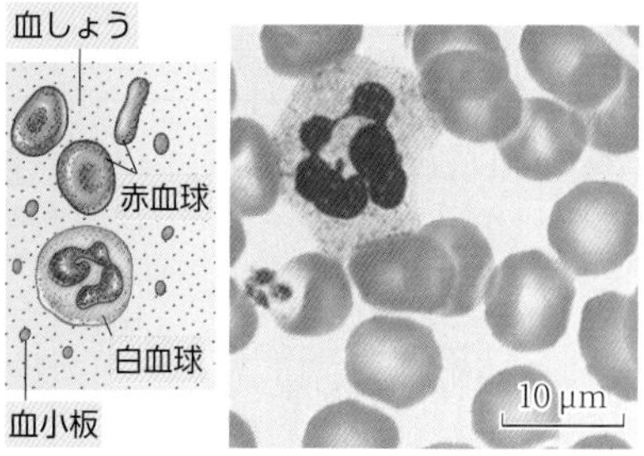

5 神経組織 基礎 生物

神経組織は，ニューロン(神経細胞《しんけいさいぼう》)とグリア細胞《さいぼう》(神経膠細胞《しんけいこうさいぼう》)からなり，情報の受容や処理，伝達を行う。脳・脊髄などの中枢神経系と，感覚神経・運動神経などの末梢神経系を構成する(➡p.167，194)。

Ⓐ末梢神経系を構成する細胞

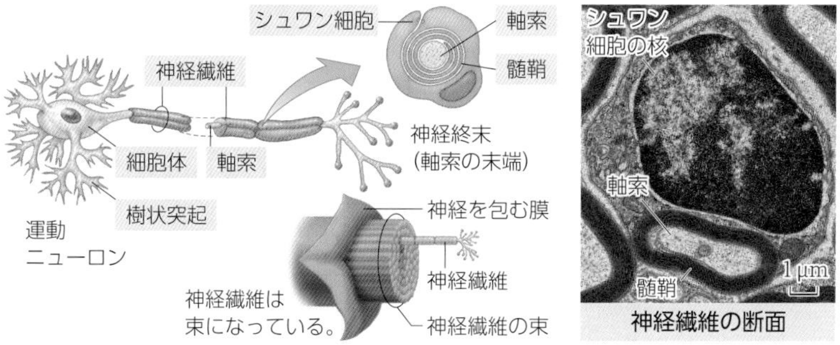

Ⓑ中枢神経系を構成する細胞

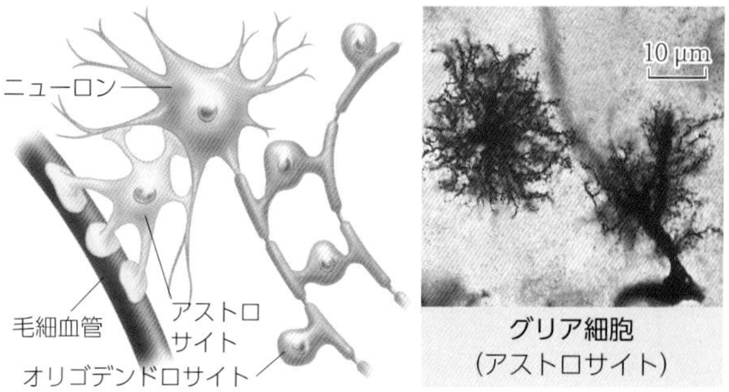

- ニューロン…細胞体とそれから出ている樹状突起，軸索からなる。
- グリア細胞…ニューロンの支持や，ニューロンへの栄養分の供給を行う。末梢神経系では髄鞘を形成するシュワン細胞などが，中枢神経系では，ニューロンと血管をつなぐアストロサイトや，髄鞘を形成するオリゴデンドロサイトがみられる。

6 組織と器官 基礎 生物

多くの器官《きかん》は，4種類の組織が組み合わさってできている。器官は，それぞれに特定の働きを営んでいる。

Ⓐ胃

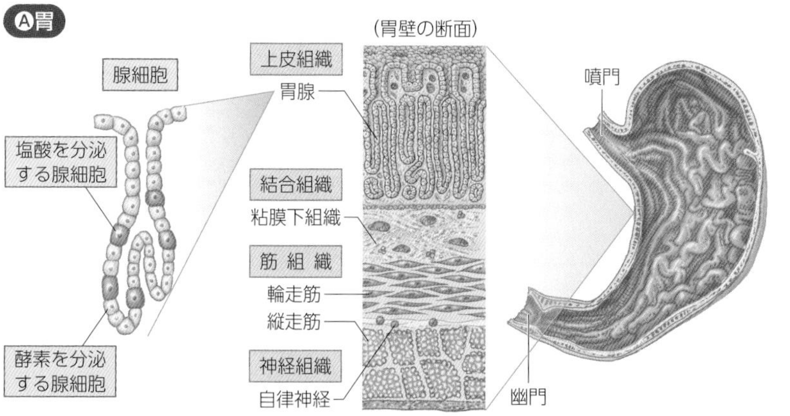

Ⓑ皮膚

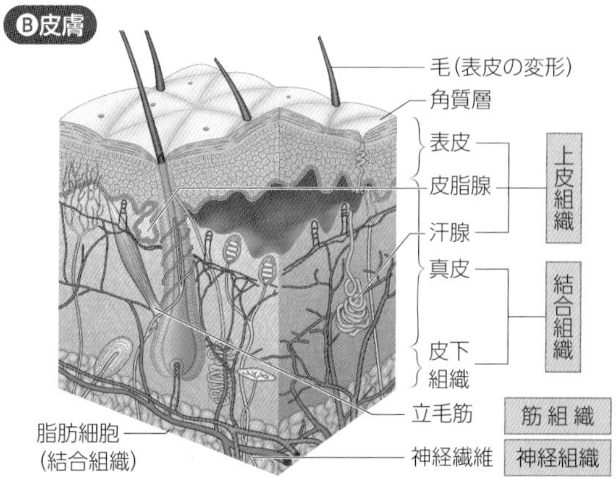

豆知識 脂肪細胞は血中にレプチンという物質を分泌する。この物質が間脳の視床下部(➡p.167)に存在する受容体に結合すると，食欲の抑制や代謝増進などが起こり，肥満の抑制に働く。すなわち，脂肪細胞自身は肥満を防ぐ機能をもっているといえる。レプチンという名称は，ギリシャ語で「痩せる」を意味するleptosに由来する。

13 ヒトの器官と器官系

基礎 生物

Organs and Organ Systems of Human Body

ヒトでは，いくつかの器官が集まり，まとまった働きをもつ器官系を構成する。

器官系	主な組織・器官など	主な機能
神経系	脳，脊髄，神経，感覚器官	情報の受容・伝達・処理
循環系	心臓，血管	酸素や栄養分，老廃物の運搬
リンパ系	骨髄，ひ臓，リンパ節，リンパ管	生体防御（➡p.176）
呼吸系	気管，気管支，肺	酸素の取り込みと二酸化炭素の排出
消化系	口，咽頭《いんとう》，胃，小腸，大腸	食物の消化・吸収
排出系	腎臓，輸尿管，ぼうこう	老廃物の排出
内分泌系	視床下部，脳下垂体，甲状腺	ホルモンの分泌（➡p.170）
生殖系	卵巣，精巣，輸卵管，子宮	配偶子形成，生殖
外皮系	外皮，毛髪，爪，皮脂腺	からだの保護，体温調節
筋肉系	骨格筋	運動
骨格系	骨格（骨，軟骨，腱，じん帯）	からだの支持，運動

神経系

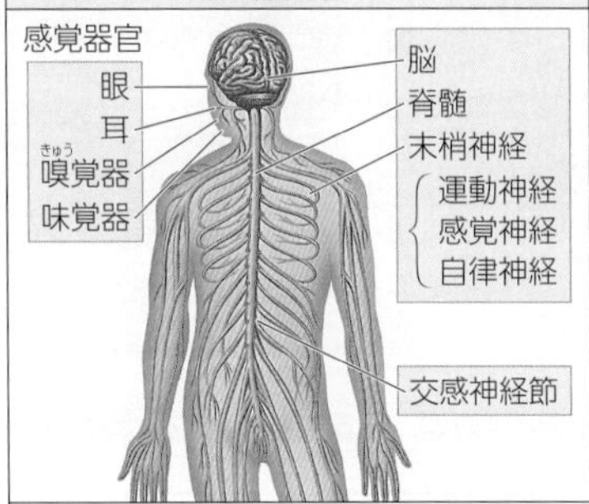

循環系（血管系）

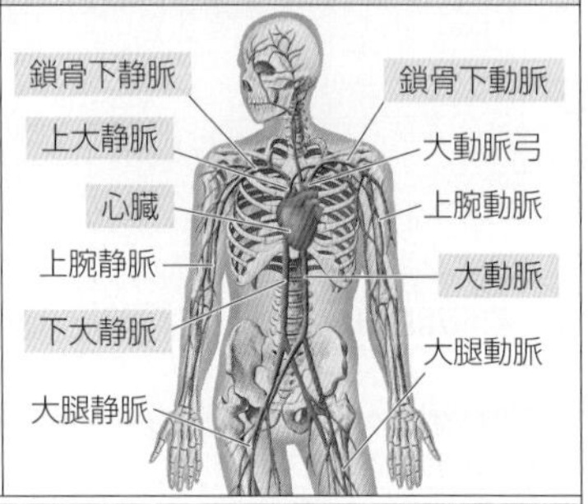

呼吸系　消化系

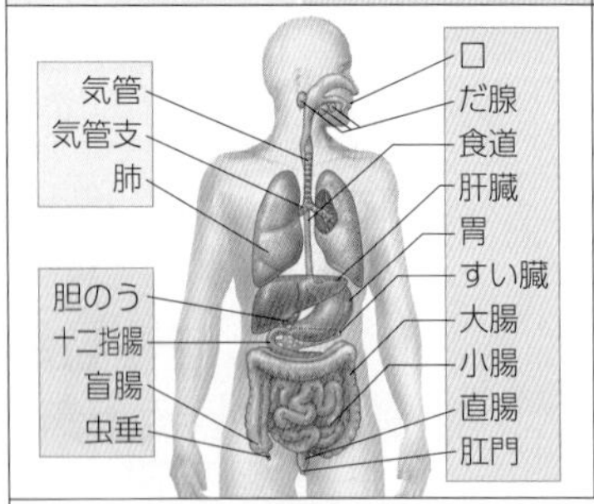

排出系　内分泌系　生殖系

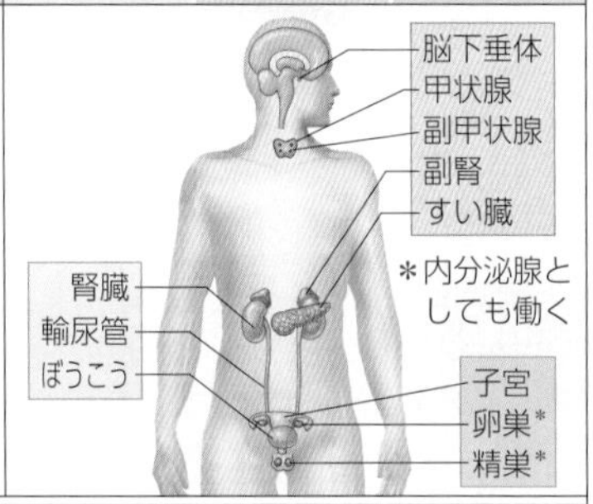

筋肉系

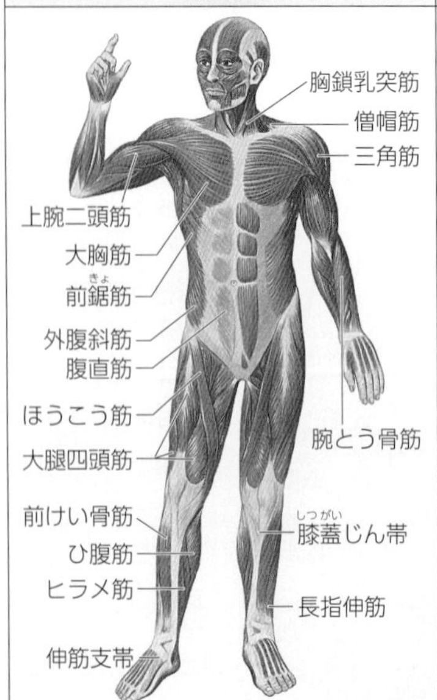

骨格系

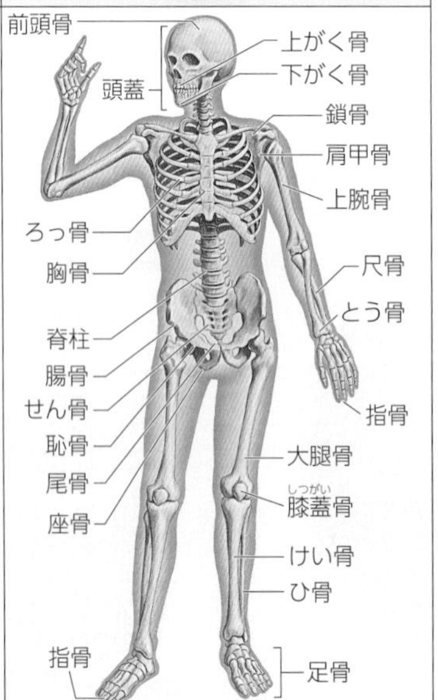

Ⓐからだの腹面からみた器官

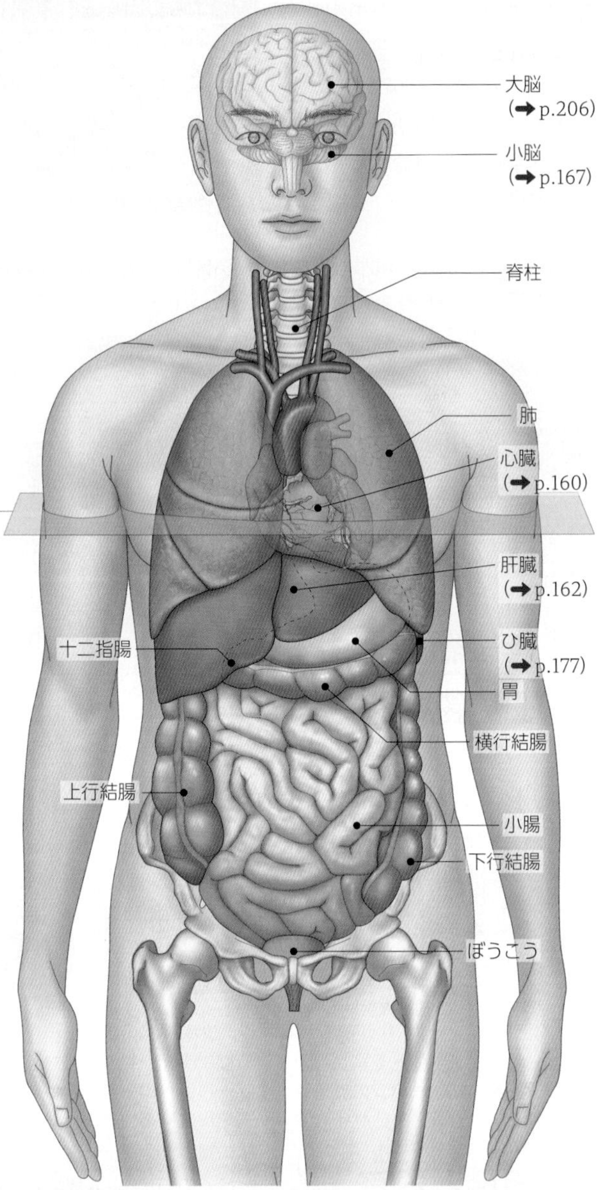

Ⓑ胸部横断面

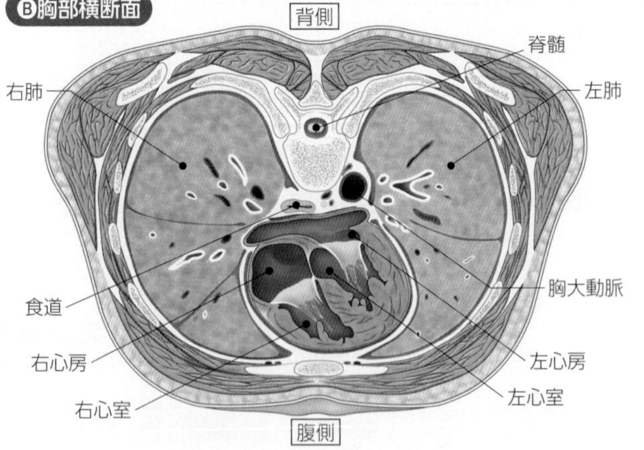

豆知識　成人の脳の重さは体重の約2％であるが，エネルギー消費量はからだ全体の約20％を占めている。対局において活発に脳を活動させる将棋のプロ棋士では，1日の対局が終了すると，2～3 kg体重が減っていることもあるといわれる。

Ⓒからだの背面からみた器官

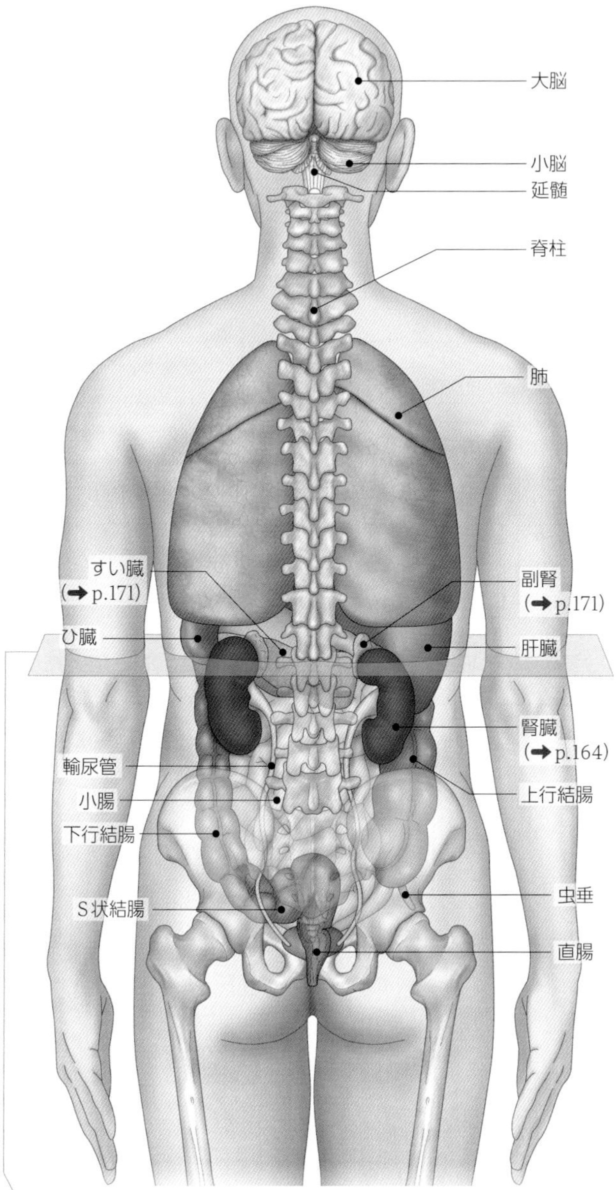

Ⓓ腹部横断面

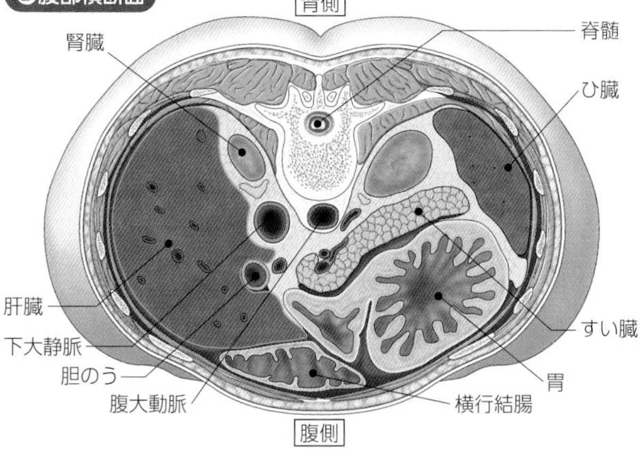

＋α 哺乳類のからだの基本構造

からだの内部には，周囲(外部)と特定の物質をやり取りする表面がある。

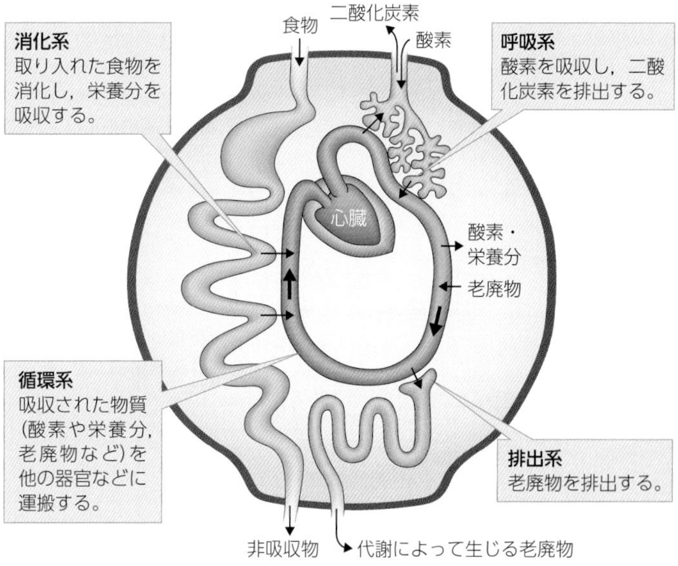

Ⓔヒトの器官に関するさまざまな数値

大　脳	大きさ	長径16 ～ 18 cm，短径12 ～ 14 cm
	重さ	1200 ～ 1500 g
脊　髄	長さ	40 ～ 43 cm
	太さ	1.0 ～ 1.3 cm
肺	重さ	900 ～ 1000 g
	肺胞の数	2 ～ 7億個
	肺胞の全表面積	90 ～ 100 m^2
気　管	長さ	10 ～ 11 cm
心　臓	大きさ	長径14 cm，短径10 cm
	重さ	250 ～ 350 g
胃	容量	1200 ～ 1600 mL
小　腸	長さ	6.5 ～ 7.5 m
大　腸	長さ	1.6 ～ 1.7 m
肝　臓	大きさ	長径25 cm，短径15 cm
	重さ	1200 ～ 2000 g
	温度	41.3 ℃
腎　臓	大きさ	長径10 ～ 12 cm，短径6 ～ 7 cm
骨	数(全身)	206個(腱に付属する種子骨を除く)
骨格筋	数(全身)	約600個
	種類	222種類
すい臓	大きさ	長径12 ～ 15 cm，短径8 ～ 9 cm
	重さ	70 ～ 80 g
皮　膚	表面積	1.6 ～ 1.8 m^2
	重さ	5.5 kg
血　管	長さ(全身)	10万 km(毛細血管が全血管の95 %を占める)
歯	数	永久歯32本(親知らず4本を含む。乳歯は20本)

数値は平均的な成人のものである。

豆知識　肝臓は「沈黙の臓器」と呼ばれ，何らかの異常があっても自覚症状が現れにくい。また，非常に高い再生能力をもつ唯一の臓器である。

14 植物の組織と器官

基礎 生物　Tissues and Organs of Plant

基本 1 植物の成り立ち 基礎 生物

種子植物は，栄養器官《えいようきかん》（栄養成長を行う器官）である根・茎・葉と，生殖器官《せいしょくきかん》である花から構成される。地上部は主に茎や葉，地下部は根からなる。花は花芽形成の時期になると茎頂分裂組織《けいちょうぶんれつそしき》から分化する。

1つのファイトマーは，節と芽（側芽），葉，および節の下の節間（茎）からなる。

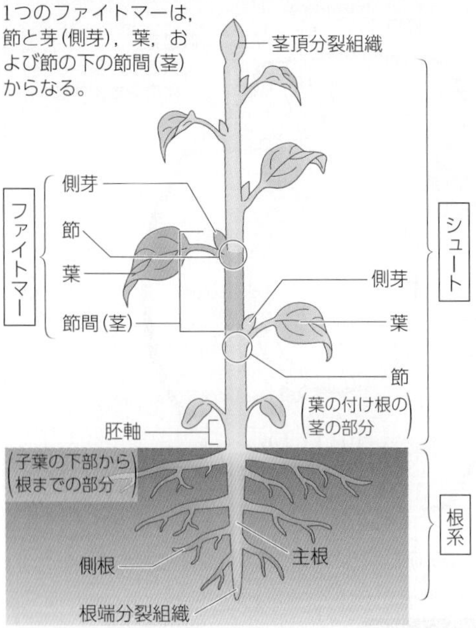

種子植物は，一生を通じて茎頂の分裂組織の細胞が分裂し続けて茎や葉をつくり続ける。この結果，茎，葉，芽がくり返した構造をとる。この単位を**ファイトマー**という。

1つの茎とそれにつく葉をまとめて**シュート**という。これに対し，根はまとめて**根系**《こんけい》と呼ばれる。

植物の機能的な単位としては，関連した組織からなり，ある決まった働きを行う組織系が重要である。植物の組織系には，**表皮系**《ひょうひけい》，**維管束系**《いかんそくけい》，**基本組織系**《きほんそしきけい》の3種類がある。

	組織系	組織		働き
分化した組織	表皮系	表皮組織（表皮，孔辺細胞，毛，根毛）		各器官の保護
	維管束系	師部	師管	同化産物などの輸送
			伴細胞，師部柔組織，師部繊維	師管の支持・保護など
		木部	道管，仮道管	水・無機塩類などの輸送
			木部柔組織，木部繊維	道管・仮道管の支持・保護
	基本組織系	皮層（茎・根）	柔組織（同化組織，貯蔵組織，分泌組織）	同化産物の貯蔵・維管束の保護
			機械組織（厚壁組織，厚角組織，繊維組織）	植物体の支持・保護
		葉肉（葉）	柔組織（さく状組織，海綿状組織などの同化組織）	光合成・窒素同化
分裂組織		分裂組織	頂端分裂組織（茎頂分裂組織，根端分裂組織）	細胞分裂による伸長成長
			形成層，コルク形成層	細胞分裂による肥大成長

基本 2 葉・茎頂分裂組織の構造 基礎 生物

葉は，植物の光合成の主要な場となる器官である。葉を形成する細胞は，茎頂分裂組織から分裂して分化したものである。

Ⓐ葉の構造

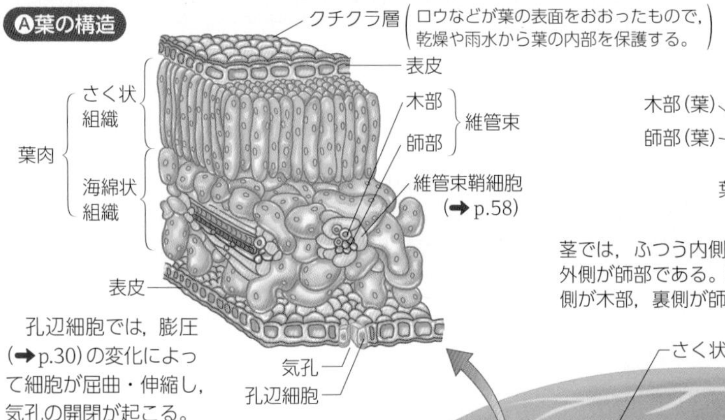

（➡ p.58）

孔辺細胞では，膨圧（➡p.30）の変化によって細胞が屈曲・伸縮し，気孔の開閉が起こる。孔辺細胞は，表皮細胞だが葉緑体をもち，光合成を行う。

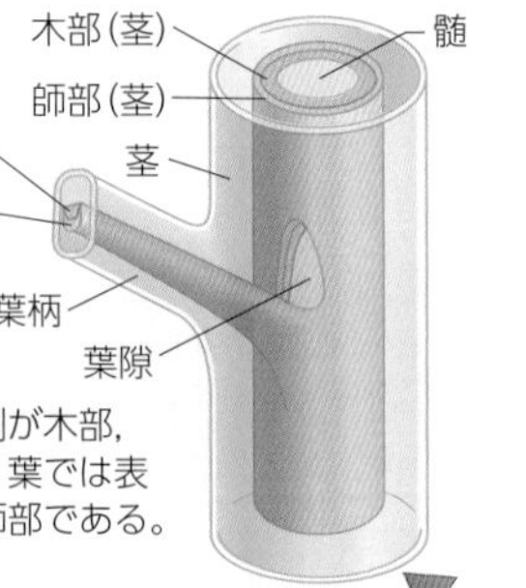

茎では，ふつう内側が木部，外側が師部である。葉では表側が木部，裏側が師部である。

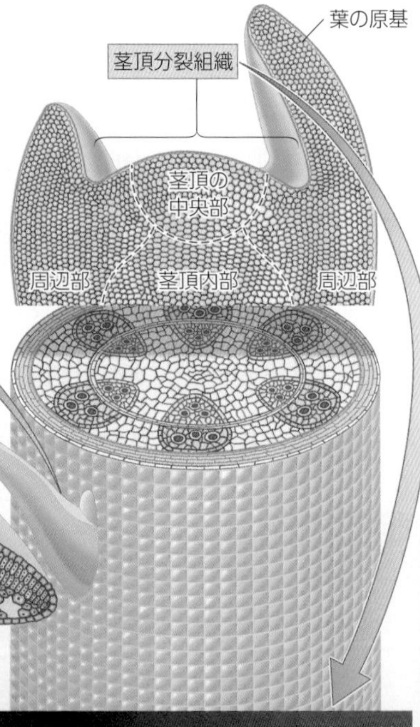

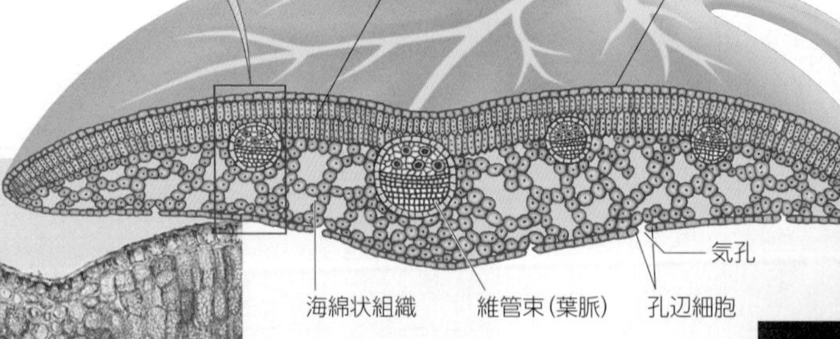

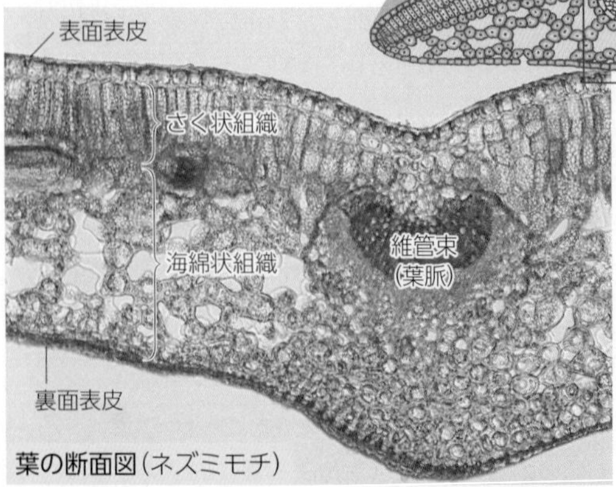

葉の断面図（ネズミモチ）

Ⓑ茎頂分裂組織

茎頂分裂組織は，茎頂の中央部と，これを取り巻く周辺部，茎頂内部の3つの領域に分けられる。葉などの器官の原基は周辺部からつくられる。茎の中央部分は茎頂内部からつくられ，茎の表面に近い部分は周辺部から形成される。

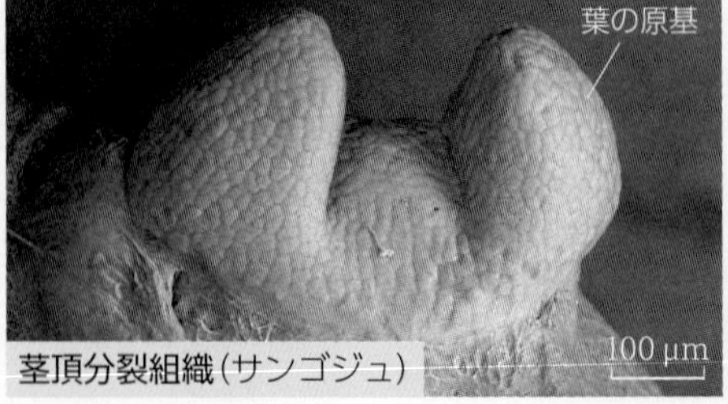

茎頂分裂組織（サンゴジュ）

豆知識　ファイトマーのファイト（phyte-）は，「植物の」という意味を表す接頭辞で，マー（-mer）は「部分・分節」という意味を表す結合辞である。

3 茎の構造 基礎 生物

茎は，葉と根を連絡する器官である。地上部を支え，水や養分の輸送経路として働いている。

Ⓐ茎の構造(双子葉類)

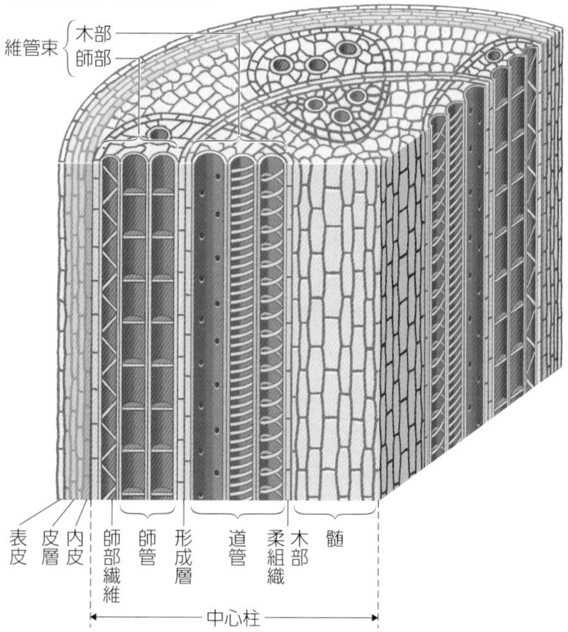

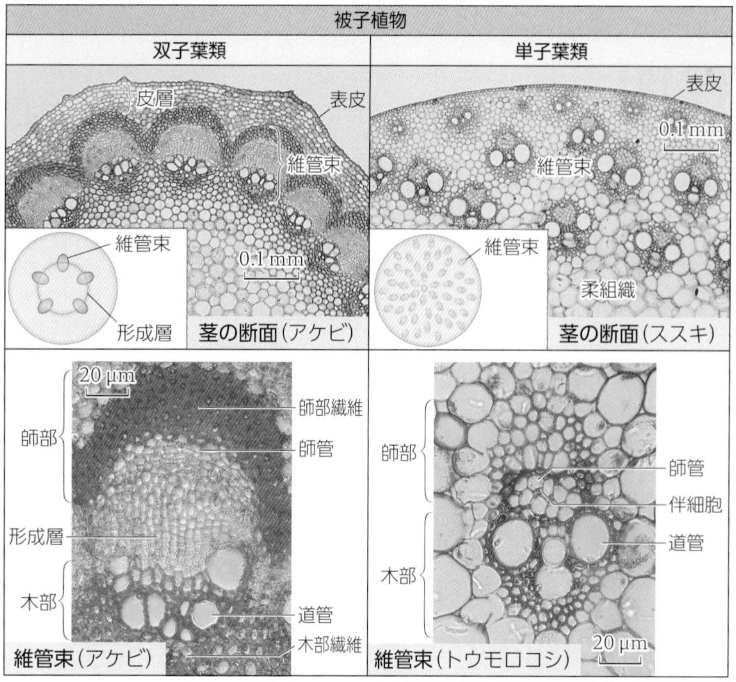

Ⓑ道管・仮道管

道管《どうかん》・仮道管《かどうかん》は，根から吸収された水分や無機塩類の通路で，原形質を失った死細胞である。

道管は，被子植物の木部にみられ，細胞が上下の隔壁を失って1本の管となっている。細胞壁は，肥厚《ひこう》してさまざまな紋様がみられる。

仮道管は，維管束植物の木部に広くみられ，特にシダ植物，裸子植物では木部の主要部分となっている。上下の隔壁は残ったまま，細胞壁の隔壁には壁孔がある。

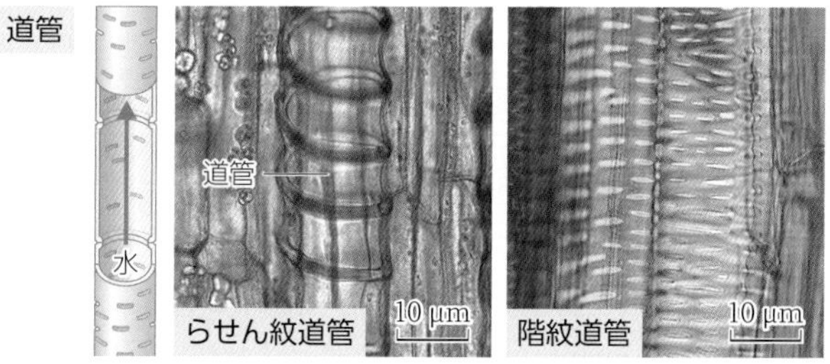

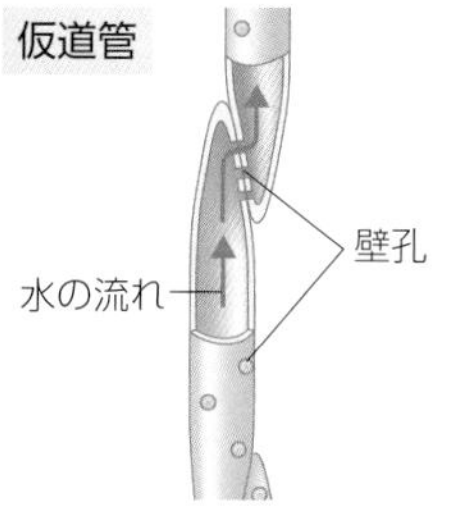

Ⓒ師管

師管は，細長い細胞が縦に並んでできた組織で，同化産物の通路である。細胞内に原形質の一部が残って生きており，孔(師孔《しこう》)の開いたふるい状の隔壁(師板)で上下の細胞が連絡している。伴細胞は，師管にタンパク質を供給したり，光合成でつくられた糖が師管に入る補助をしたりする。

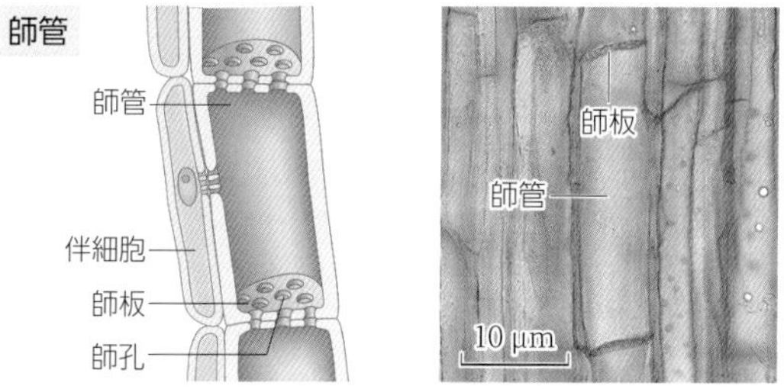

4 根の構造 基礎 生物

根は，植物体を地下から支え，土壌から水と無機塩類を吸収する器官である。また，栄養分を貯蔵する働きをもつものも多い。

Ⓐ髄のない根(双子葉類に多い)

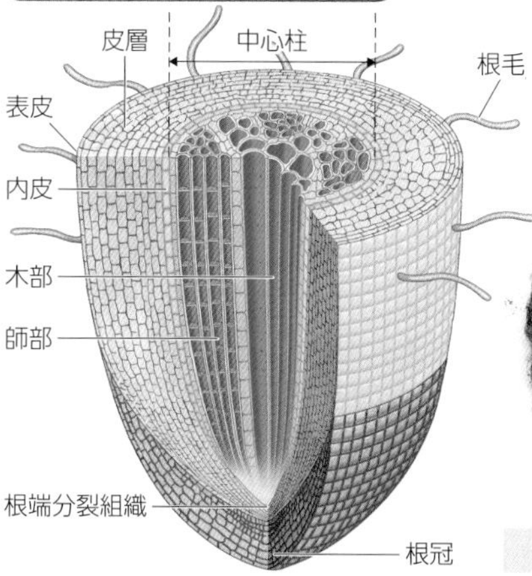

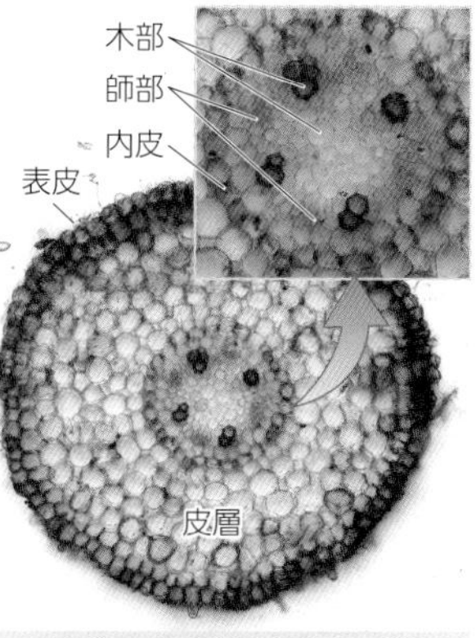

ホウセンカ(双子葉類)の根

Ⓑ髄のある根(単子葉類に多い)

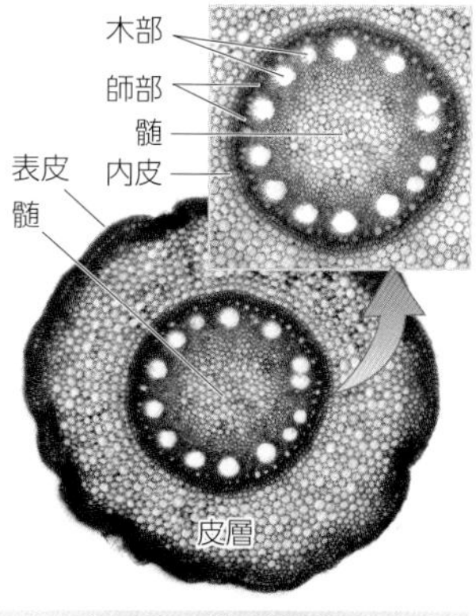

トウモロコシ(単子葉類)の根

維管束の配置変化(根から茎)

維管束の配列(木部と師部の配列)は，茎の最も下に位置する胚軸部分で変化する。

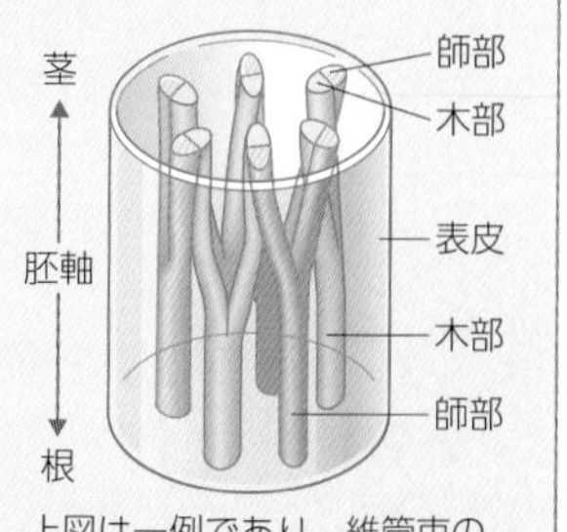

上図は一例であり，維管束の配列は植物種によって異なる。

豆知識 道管は，細胞壁のみからなる円柱形の死細胞から形成されている。この管状の死細胞は，成長過程におけるプログラム細胞死(➡p.132)によってつくられる。

第2章

代謝

Metabolism

◎生物は，代謝によって，生命活動に必要なエネルギーをどのように取り出し，利用しているのだろうか？

◎代謝において働く酵素には，どのような働きと性質があるのだろうか？

学びマップ

第2章

生体内では，たえず物質の合成や分解が行われている。このような，生体内で起こる化学反応を代謝といい，光合成や呼吸もその1つである。

生物は，代謝を行い，生命活動のエネルギーとして利用されるATPを合成したり，そのエネルギーを用いてからだを構成する物質をつくったりしている。代謝では，反応を円滑に進める酵素が重要な働きを担っている。

代謝にはどのような反応があり，それぞれの反応はどのようなしくみで行われているのだろうか。この章では，代謝について学んでいこう。

代謝と生命活動

生物は代謝を行い，生命活動にエネルギーを利用する

(➡巻頭，p.46)

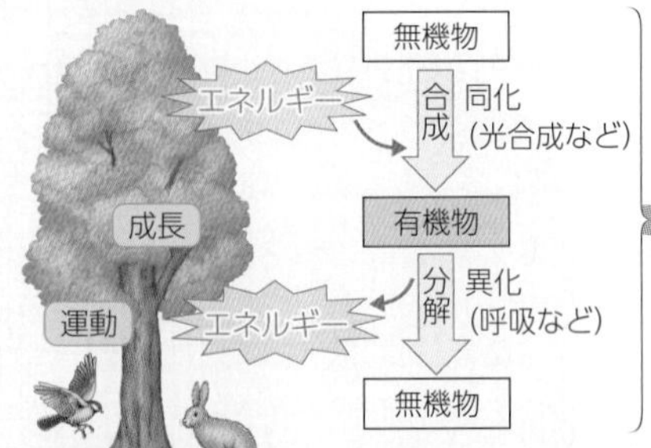

代謝には同化と異化があり，エネルギーの出入りがみられる。

研究の歴史

ノーベル賞受賞者：生理学・医学賞，化学賞

代謝と生命活動

食べたものはどうなるのだろう

サントーリオ(1614)

食べた量よりも排泄量の方が少ないことを発見。

サントーリオは，秤の上で30年▶生活し，体重を計量し続けた。

からだから水分が蒸発しており，食べたものは失われている。

食べたものが失われる反応が体内で起きていることがわかり，代謝研究のはじまりとなる

光合成では，光エネルギーを用いて有機物が合成される

植物は水を吸収して成長する(➡p.54，57)

ヘルモント(1648)

植物は酸素を発生する(➡p.54，57)

プリーストリー(1772)

植物の酸素放出には光が必要(➡p.52，57)

インゲンホウス(1779)

植物は二酸化炭素を吸収して栄養源にする(➡p.54)

ソシュール(1804)

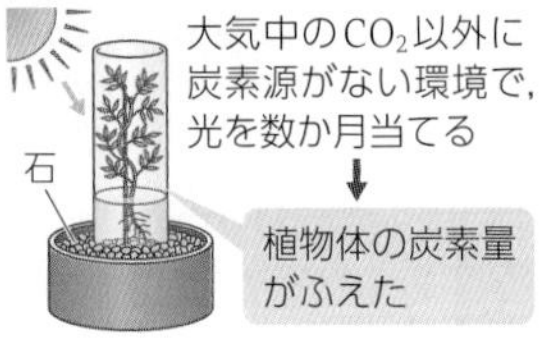

植物による炭素の同化を実証

光合成ではデンプンが合成される(➡p.54，57)

ザックス(1864)

葉緑体のデンプン粒が光合成の初期産物であることを発見。

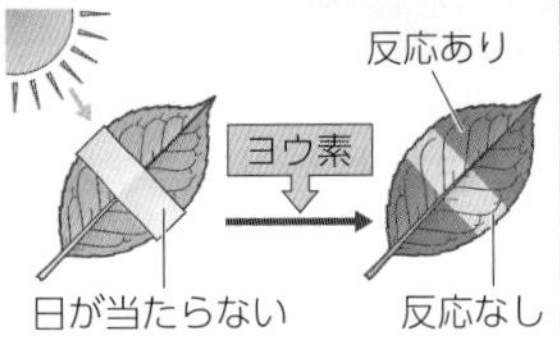

X線の発見 レントゲン 1895

放射性元素の発見 キュリー 1898

1614　1648　1772　1777　1779　1780年代　1804　1833　1857　1864　1894　1895　1897　1898　1919～　1925～35頃

呼吸には，燃焼と同様に酸素が必要(➡p.62)

ラボアジエ(1777)

呼吸は，燃焼と同様に発熱を伴う(➡p.62)

ラボアジエ，ラプラス(1780年代)

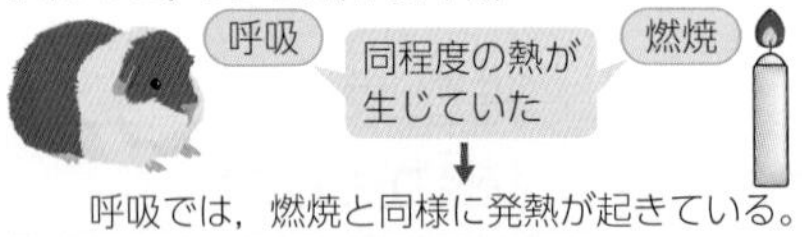

呼吸では，燃焼と同様に発熱が起きている。

呼吸では，体内で燃焼のような現象が生じていると提唱

発酵(腐敗)は微生物の存在下で起こる(➡p.64)

パスツール(1857)

乳酸発酵に微生物が関わることを確認。その後，微生物の種類によって起こる発酵の種類が異なることも解明。

発酵に生物が関わることを証明

解糖系の解明(➡p.62)

エムデン，マイヤーホフ ら(1925～35頃)

解糖において，グルコースが分解される初期の経路を研究。

糖の分解の全容解明につながる

クエン酸回路の提唱(➡p.62)

クレブス(1937)

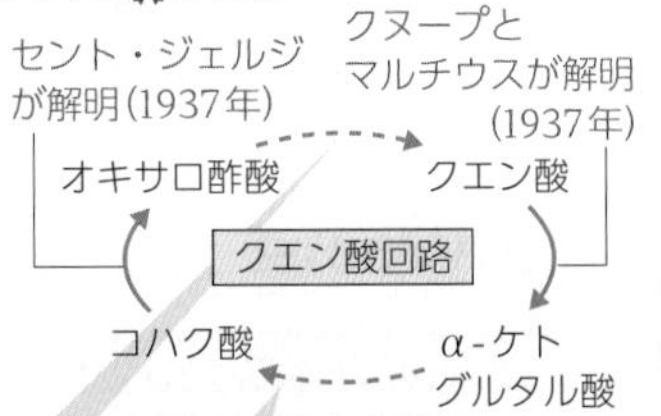

呼吸は回路反応を含むと考え，2つの経路をつなげたクエン酸回路を提唱。

呼吸や発酵では，有機物を分解してエネルギーを取り出す

呼吸と発酵は，それぞれ別の反応として研究が進められていったが，やがて共通の反応経路をもつことが明らかにされていった。

研究の今と未来の展望

有用な酵素の発見・開発

日常生活や工業分野において，酵素の利用が進められている。酵素は，少ない環境負荷で化学反応を促進できる。また，酵素入りの洗剤などとして一般にも利用されている。自然界には多種多様な酵素が存在し，未知の酵素の発見は，新しい工業技術や製品の開発につながる可能性がある。さらに，酵素の機能と構造を解析し，人工的に改変・設計して目的の機能をもつ酵素を開発する技術も発展を続けている。

◀洗濯用洗剤▶

メントールは歯磨き粉にも使われている。

▲メントール(清涼剤)には，酵素のリパーゼを利用して製造されるものもあり，より高純度な製造を目指した酵素開発が行われている。

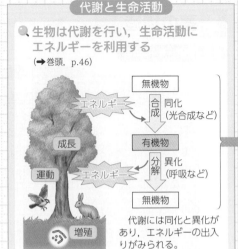

同化

光合成では，光エネルギーを用いて有機物が合成される
(➡p.52〜59)

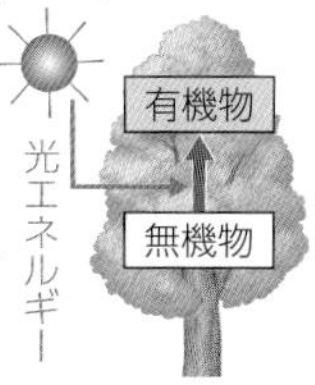

合成された有機物は，他の生物にも利用される(➡第10章)

同化にはさまざまなものがある
(➡p.59〜61，第10章)

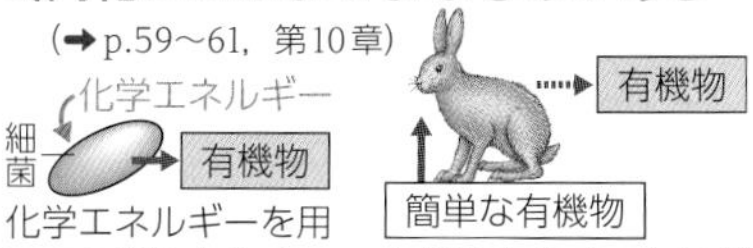

化学エネルギーを用いて有機物を合成(化学合成)

有機物を食べ，からだをつくる有機物を合成

異化

呼吸や発酵では，有機物を分解してエネルギーを取り出す(➡p.62〜67)

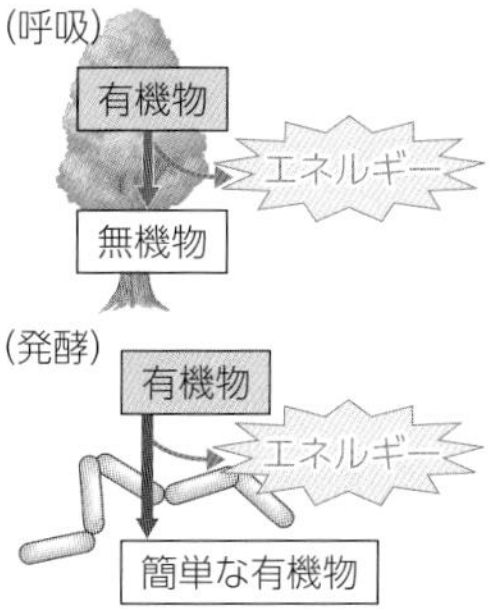

働く

代謝に重要な物質

ATPはエネルギーの授受を仲立ちする
(➡p.46)

ATP　分解・合成に伴い，エネルギーを放出・吸収

代謝は酵素により円滑に進められる
(➡p.47〜51)

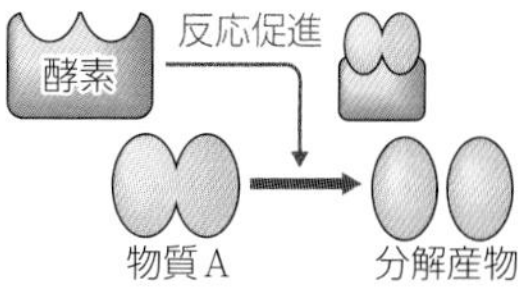

光合成の過程には，光によって進む反応と，光が直接には関与しない反応がある
(➡p.54，56)
ワールブルグ(1919〜)

光合成によって生じる酸素の由来を解明
(➡p.54，56)
ヒル(1939〜)，ルーベン(1941)

炭素が固定される過程を解明(➡p.54，57)
カルビン(1947〜57)

光合成には，吸収する光の波長が異なる2つの反応系があることを解明
(➡p.54，56)
エマーソン(1957)

光合成におけるATP合成のしくみを解明
(➡p.54，57)
ヤーゲンドルフ(1966)

ATPはエネルギーの授受を仲立ちする

ATPは，筋肉の解糖系に関与する物質として研究され，やがて，生体内でのエネルギーの受け渡しを担うことが明らかにされていった。

ATPを発見(➡p.46)
ローマン，フィスケら(1929)

ATPの構造を決定
(➡p.46)
牧野堅(1935)

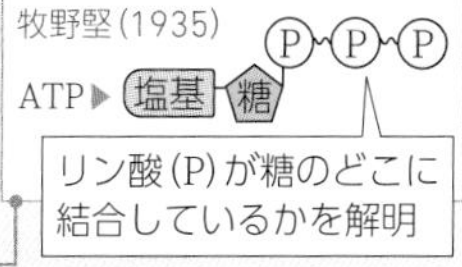

ATPが高エネルギーの結合をもつことを提唱(➡p.46)
リップマン(1941)

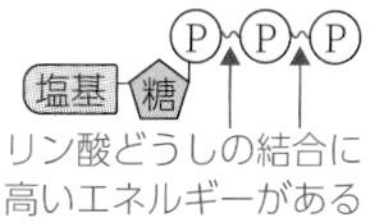

リン酸どうしの結合に高いエネルギーがある

1926　1929　1935　1937　1939〜　1941　1947〜57　1957　1961　1966　1981　1994

アミラーゼを単離
(➡p.50)
パヤン，ペルソ(1833)
デンプンを糖に変える物質として，オオムギの抽出液からアミラーゼを単離した。
酵素をはじめて単離

酵素は基質と，鍵と鍵穴のように結合して働く(➡p.47)
エミール・フィッシャー(1894)

発酵を進める物質がある(➡p.47)
ブフナー(1897)

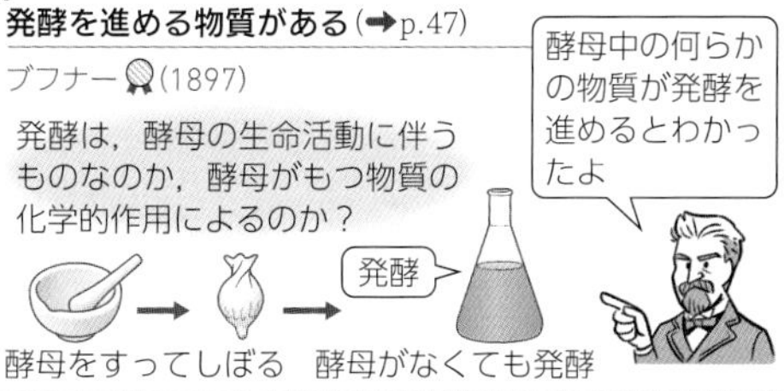

発酵は，酵母の生命活動に伴うものなのか，酵母がもつ物質の化学的作用によるのか？

酵素はタンパク質からなる(➡p.47)
サムナー(1926)
植物から酵素(ウレアーゼ)を単離・結晶化し，その実体がタンパク質であることを実証。

H^+の濃度勾配がATP合成に寄与すると提唱
(➡p.55)
ミッチェル(1961)

ATP合成のエネルギー源は物質ではなくH^+の濃度勾配であるとした

ATP合成酵素の構造を解析(➡p.55)
ウォーカーら(1994)
X線を用い，構造の一部(F_1)を解明。

ATPはATP合成酵素の一部が回転して合成される
(➡p.55)
ボイヤー(1981)
1997年に野地，吉田，木下，安田により，ATP合成酵素の回転が観察された

代謝は酵素により円滑に進められる

人々は，古くは紀元前から，発酵を利用してパンなどを製造してきた。これが酵素の働きであることがわかったのは，19世紀のことである。

環境に配慮したエネルギーの開発

化石燃料の減少やCO_2負荷の問題を背景に，新しいエネルギー資源の開発が進められている。光合成のしくみを模倣し，太陽の光を利用して大気中のCO_2から有機物を合成したり，水素を取り出したりする技術(人工光合成)が研究されている。また，ある種の微生物がもつ呼吸のしくみを利用した微生物燃料電池や，発酵を利用したバイオ燃料の開発なども進められている。

人工光合成

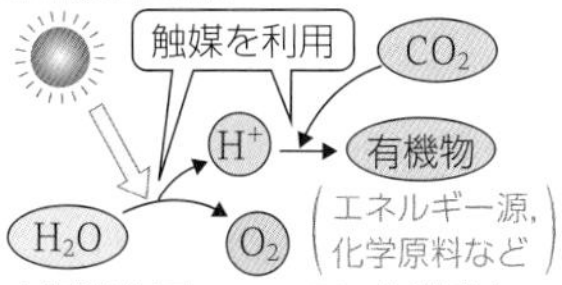

太陽光を用いて，CO_2を消費してH^+や有機物を合成する。

微生物燃料電池

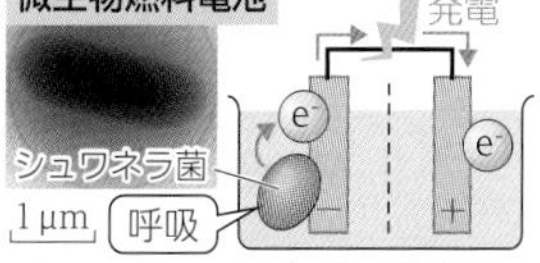

呼吸の際に電子(e^-)を外部の金属へ渡す性質をもつ微生物を用いて発電する。

バイオ燃料(バイオエタノールなど)

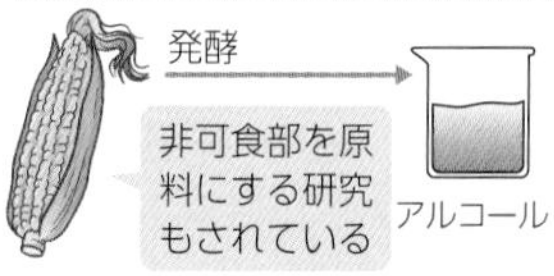

発酵でアルコールをつくり，エネルギー資源に(➡第10章)。

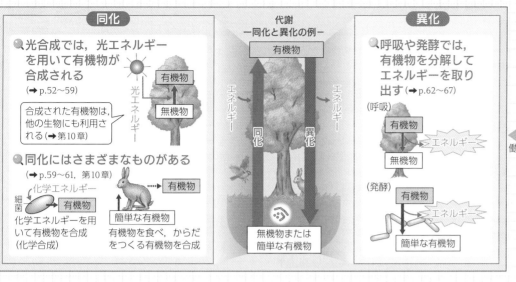

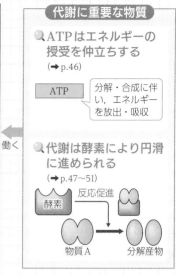

01 代謝とATP・酵素

Metabolism, ATP and Enzymes

基礎 生物

関連動画をCheck!

1 代謝 基礎

生体内では，たえず物質の合成や分解が行われている。このような物質の変化を代謝《たいしゃ》という。代謝には同化《どうか》と異化《いか》があり，エネルギーの出入りがみられる。

同化…単純な物質から複雑な物質を合成する化学反応で，エネルギーの吸収を伴う。

異化…複雑な物質を単純な物質に分解する化学反応で，エネルギーの放出を伴う。

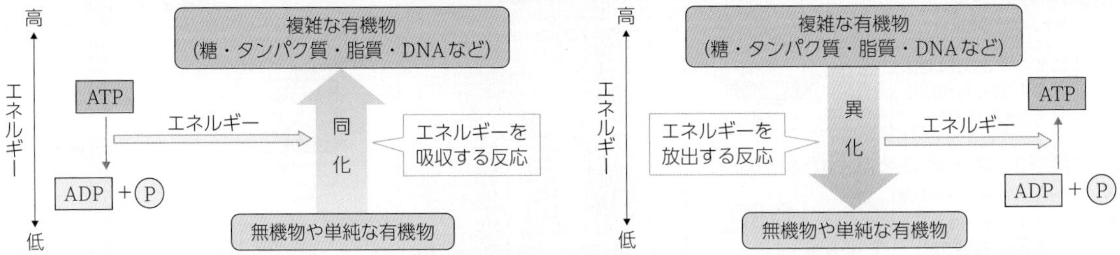

基本 2 ATP 基礎 生物

ATP（adenosine triphosphate）：アデノシン三リン酸は，アデノシンに3分子のリン酸が結合した化合物である。ATPは，すべての生物の体内に存在する。

Ⓐ ATPの構造

ATPは，分子中のリン酸どうしの結合が切り離されるときに多量のエネルギーを放出する。この結合は，高《こう》エネルギーリン酸結合《さんけつごう》と呼ばれる。

ATPの結晶▶

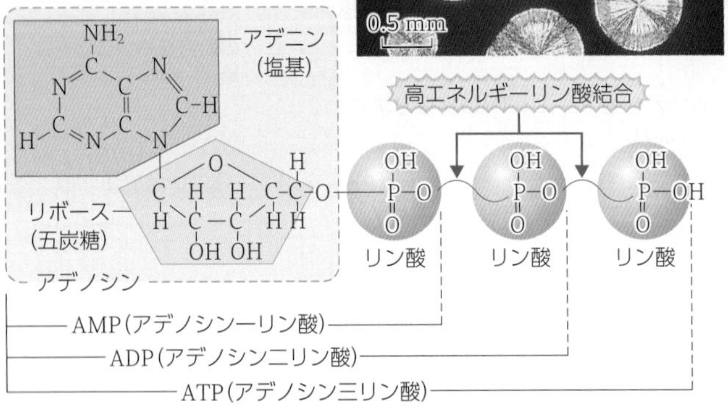

(M：mono=1，D：di=2，T：tri=3)

Ⓑ ATPの働き

ATPは，ADPとリン酸から，エネルギーの吸収を伴って合成される。ATPのもつエネルギーは，分解時に放出され，さまざまな生命活動に利用される。

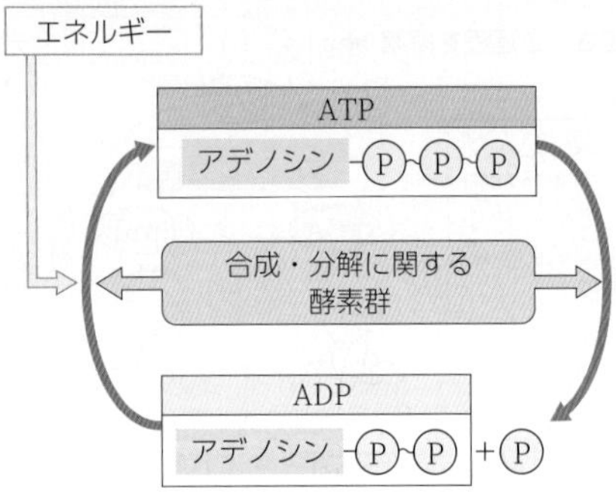

生命活動	エネルギーの形態
生体物質の合成	化学
筋収縮	運動
能動輸送	浸透圧
発熱	熱
発光	光
活動電位	電気

$ATP + H_2O \rightleftarrows ADP$ ＋リン酸＋ 42 ～ 54 kJ (10 ～ 13 kcal)※ (ATP1 mol当たり)

※生体内に近い環境での数値で，ATPが分解される環境によって変化する。

ヒトが消費するATP量は，激しい運動時には毎分約500 g，安静時でも約28 gといわれ，1日では約70 kgも消費していることになる。これだけ多量のATPを消費し続けることができるのは，分解されたATPが異化で放出されたエネルギーによって直ちに再合成され，たえず補充されるからである。

基本 3 代謝におけるATPの役割 基礎

ATPは，その分解と合成を通じて代謝におけるエネルギーの受け渡しを仲立ちすることから，生体における「エネルギーの通貨」とも呼ばれる。

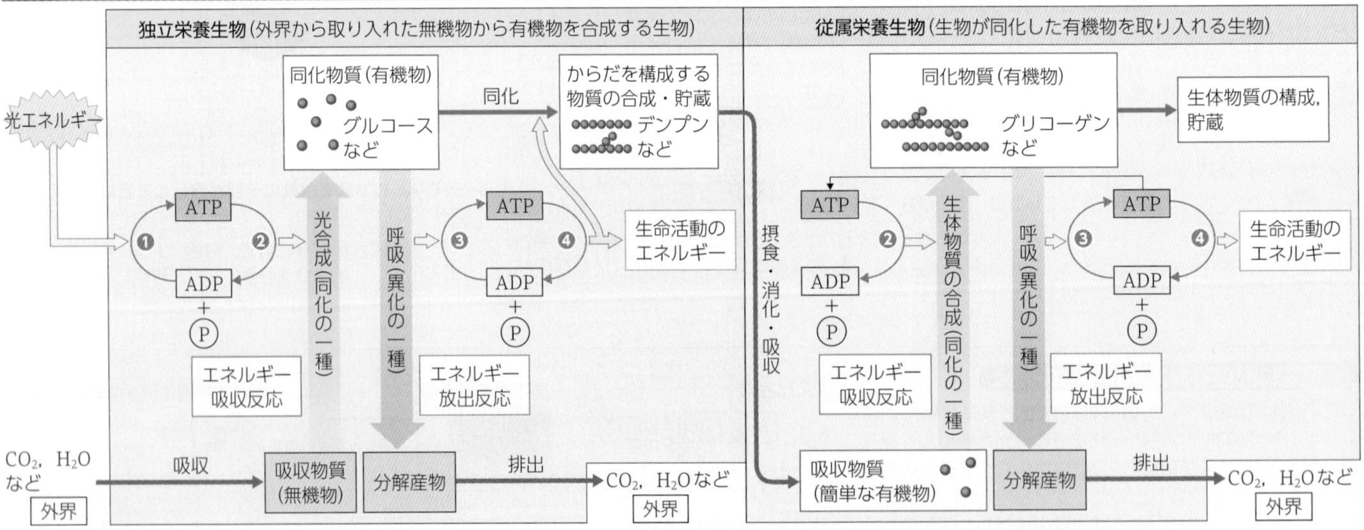

❶光エネルギーは化学エネルギーに変換されATPに貯えられる。
❷ATPから放出された化学エネルギーは同化に利用される。
❸呼吸(異化)によって放出された化学エネルギーはATPに貯えられる。
❹ATPから放出された化学エネルギーはさまざまな生命活動に利用される。

豆知識 ATPの含有量は，エネルギー消費の盛んな哺乳類の骨格筋(静止時)でも，100 g当たり0.3 ～ 0.4 gに過ぎない。

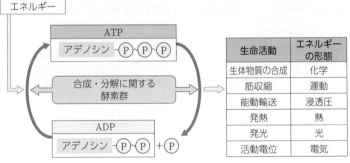

4 酵素作用のしくみ 基礎生物

自身は変化することなく，化学反応の速度を大きくする物質を触媒《しょくばい》という。酵素は，生体内で触媒として働き，代謝を円滑に進める。酵素の作用を受ける物質を基質《きしつ》という。

Ⓐ酵素の構造

酵素の主成分はタンパク質である。酵素分子内には，基質と結合して触媒作用を示す**活性部位**《かっせいぶい》と呼ばれる割れ目やくぼみがある。

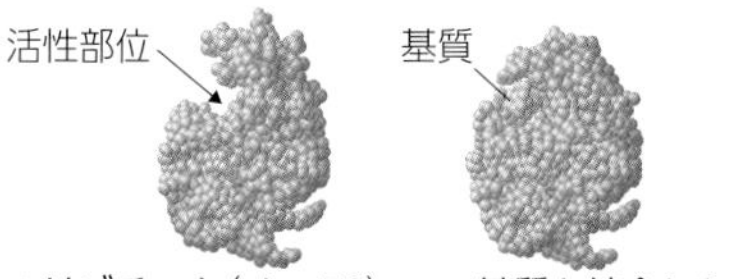

▲リゾチーム(➡p.50)の立体構造　▲基質と結合したリゾチーム

Ⓑ基質特異性

酵素は，鍵と鍵穴のように，活性部位にぴったりと適合する特定の基質にのみ作用する。この性質を**基質特異性**《きしつとくいせい》という。

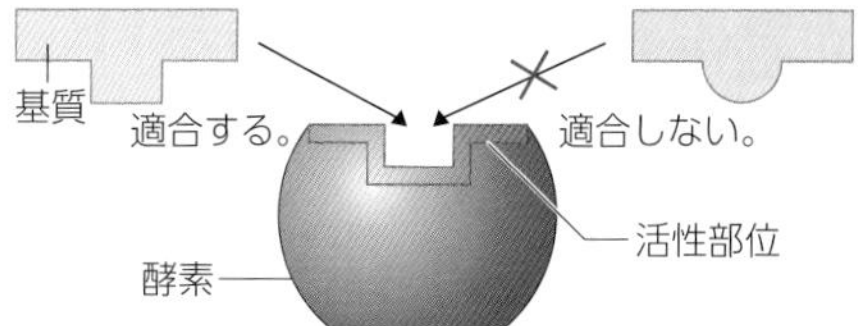

Ⓒ酵素反応の流れ

酵素は，基質と結合して**酵素－基質複合体**《こうそ きしつふくごうたい》となり，基質に作用する。

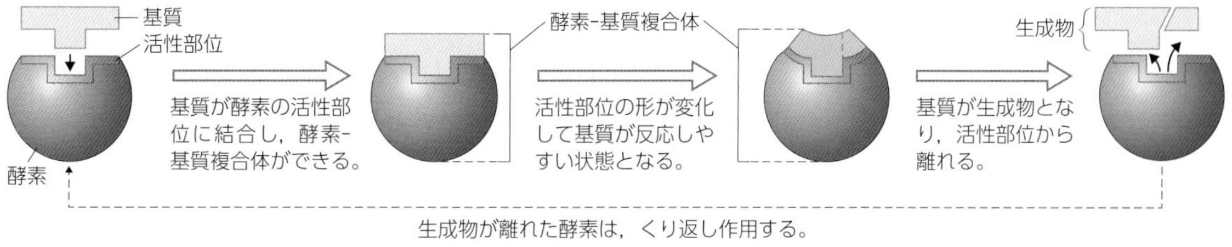

5 酵素の働き 生物発展

物質が反応しやすい状態に変わるために必要なエネルギーを活性化《かっせいか》エネルギーという。酵素は，基質と結合することで活性化エネルギーを下げ，反応速度を大きくする。

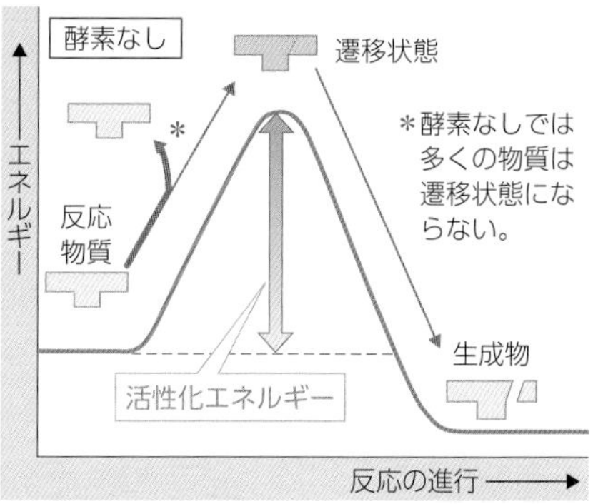

反応物質が反応しやすい状態である遷移状態(活性化状態)になるには，大きな活性化エネルギーを必要とするため，反応の進行は遅い。

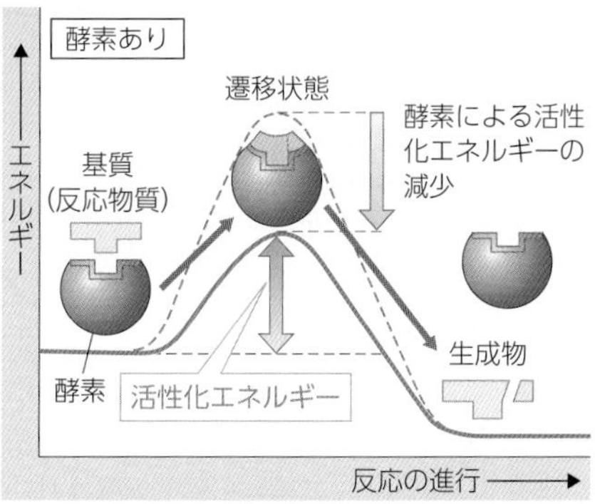

基質が酵素と結合することで活性化エネルギーが小さくなり，遷移状態になる分子が増加する。反応速度は，$10^3 \sim 10^{17}$倍にも達する。

6 酵素の反応速度 生物

酵素の反応速度は，基質に酵素を作用させ，一定時間ごとに反応液中の基質の減少量または生成物の増加量を測定し，反応の進行状況を追跡して調べる。

$$\text{反応速度} = \frac{\text{基質の減少量または生成物の増加量}}{\text{単位時間}}$$

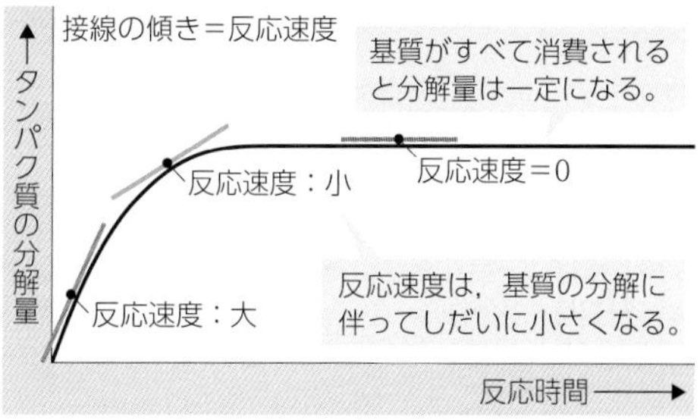

◀トリプシンによるタンパク質の分解▶

7 補因子 生物

酵素には，活性をもつ酵素として働くとき，タンパク質のほかに補因子《ほいんし》と呼ばれるタンパク質ではない低分子物質を必要とするものがある。

Ⓐ補因子

補因子を必要とする酵素では，タンパク質からなる本体部分をアポ酵素といい，アポ酵素に補因子が結合したものをホロ酵素という。

補因子のうち，アポ酵素と弱く結合する低分子の有機物は**補酵素**《ほこうそ》と呼ばれる。補酵素は，熱に強く，透析によって除かれる。これに対して，アポ酵素と強く結合して透析などで除きにくいものは，補欠分子族と呼ばれる。

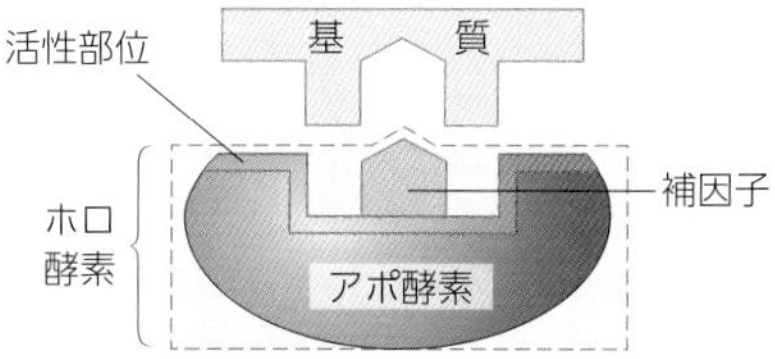

			酵素の例
補因子	補酵素	NAD^+	脱水素酵素
		$NADP^+$	脱水素酵素
	補欠分子族	FAD	コハク酸脱水素酵素
	金　属	Mg^{2+}	リン酸転移酵素
		Zn^{2+}	炭酸脱水素酵素

補酵素NAD^+の働き

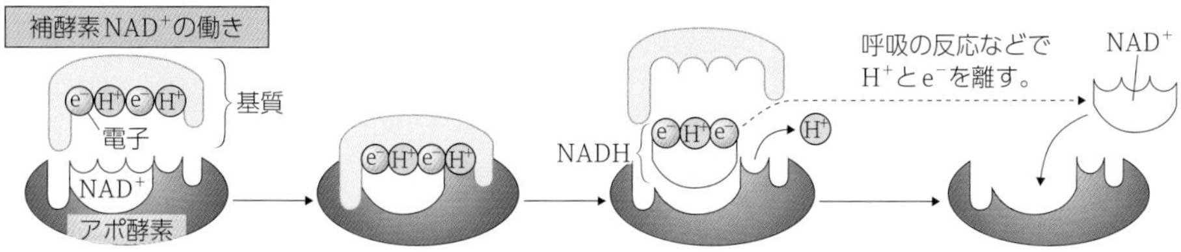

NAD^+(➡p.62)は，基質から1個のH^+と2個の電子を奪う。呼吸に関係し，体内で最も多く存在する補酵素である。

Ⓑ補因子の酸化・還元

生体内で起こっている多くの酸化還元反応では，補因子(補酵素など)が重要な役割を果たしている。補因子は，他の物質と水素や電子の受け渡しをすることで，還元型になったり，酸化型になったりする。NADHなどの還元型補因子が，NAD^+などの酸化型補因子に変わるときに放出されるエネルギーは，ATPや有機物の合成に用いられる。

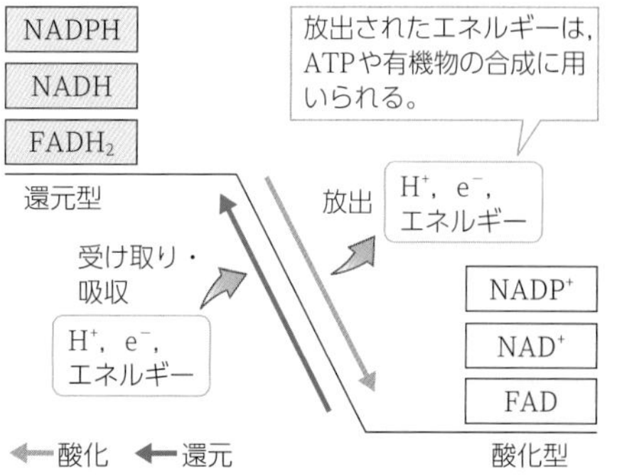

豆知識　透析は，セロハン膜などの低分子の物質のみを透過できる膜を用いて，溶液中から低分子物質などを除去する操作のことをいう。

02 酵素反応の性質

生物

Characteristics of Enzyme Reaction

関連動画をCheck!

基本 1 酵素反応と外的条件 生物

酵素の働きは，温度やpHなどの外的条件の影響を受ける。反応速度が最大となる温度を最適温《さいてきおん》度《ど》といい，反応速度が最大となるpHを最適pH《さいてきぴーえいち》という。

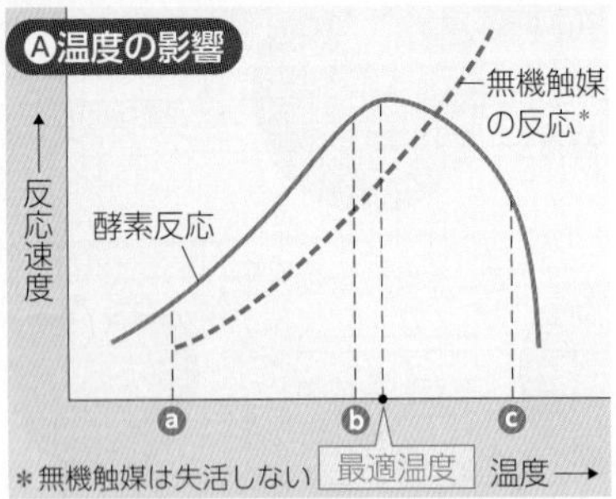

＊無機触媒は失活しない

ある程度以上に温度が上がると，熱変性(➡p.90)によって酵素は活性を失う(失活《しっかつ》)。

ⓐ 	分子運動が活発でなく，酵素と基質が結合する確率が低いため，反応速度が小さい。
ⓑ 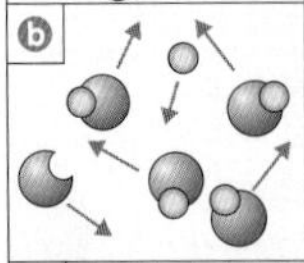	分子運動が活発になったり，遷移状態になる分子の割合が増加したりして反応速度が上昇する。
ⓒ 失活した酵素 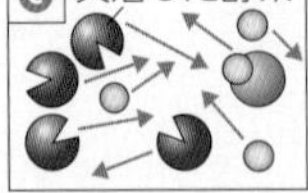	分子運動は活発だが，失活した酵素が多く，基質は結合できない。

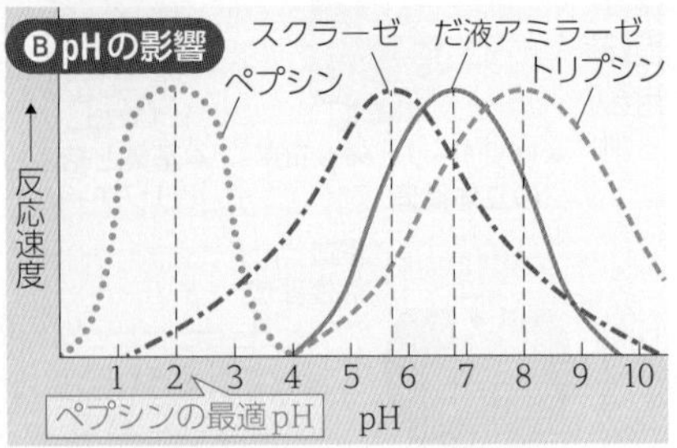

最適pHの値は，酵素の種類によって異なる。最適pHから外れると，酵素のタンパク質の構造が変化する。

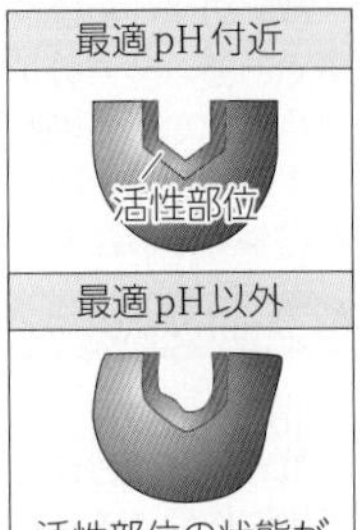

活性部位の状態が変化して，酵素－基質複合体を形成しにくくなる。

重要 2 反応速度と基質・酵素の濃度 生物

酵素反応の速度は，基質の濃度や酵素の濃度によっても変化する。

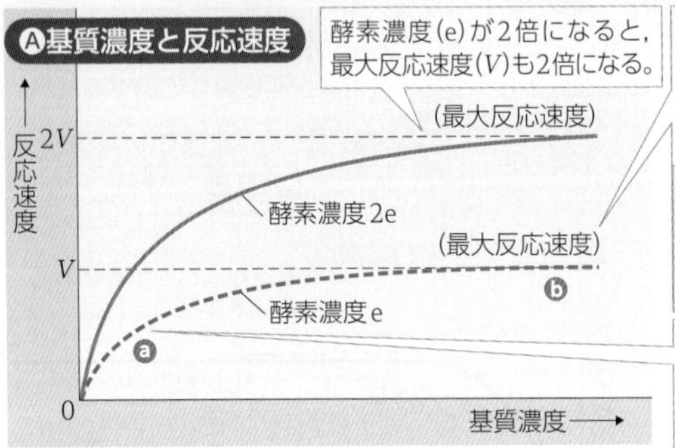

酵素濃度が一定のとき，基質濃度が低いと，反応速度は基質濃度に比例する(ⓐ)。基質濃度が十分高いと，反応速度は最大に達して変化しなくなる(ⓑ)。

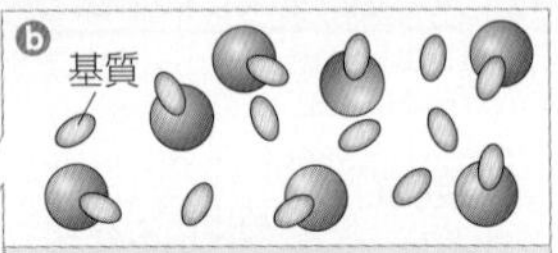

すべての酵素が酵素-基質複合体を形成し，これ以上基質と結合できない。反応速度は最大に達して変化しない。

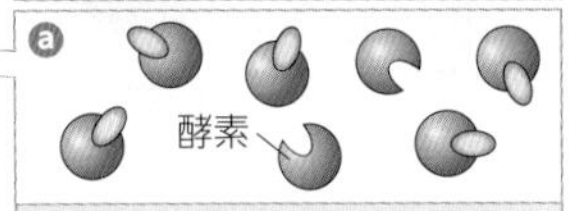

基質と複合体をつくらない酵素がある。反応速度は基質濃度に比例する。

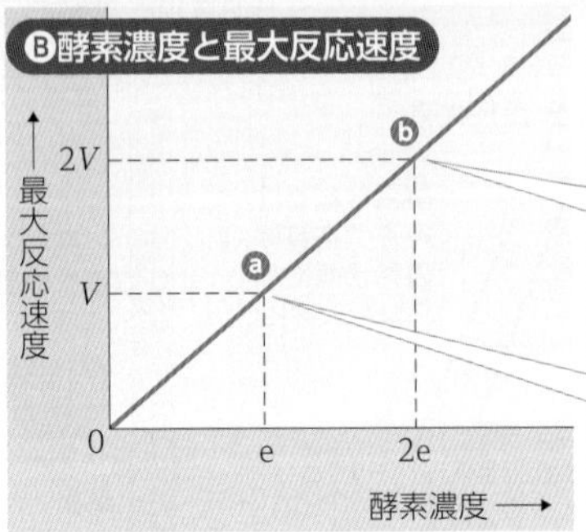

基質濃度が十分に高いとき，最大反応速度(V)は酵素濃度に比例する。

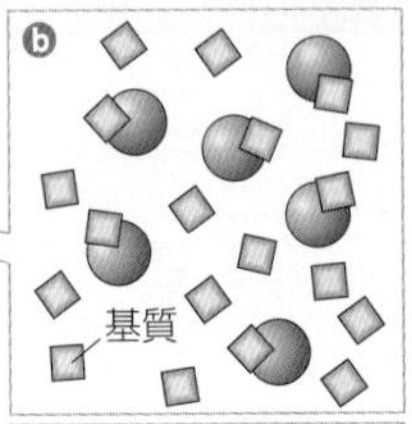

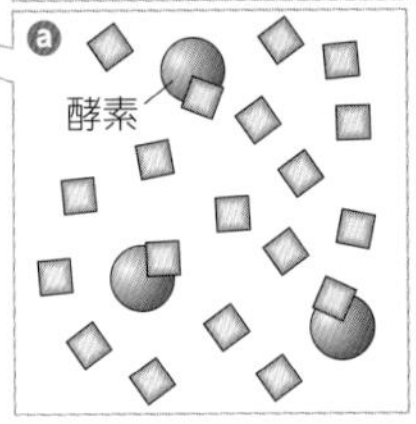

3 酵素濃度と生成物量 生物

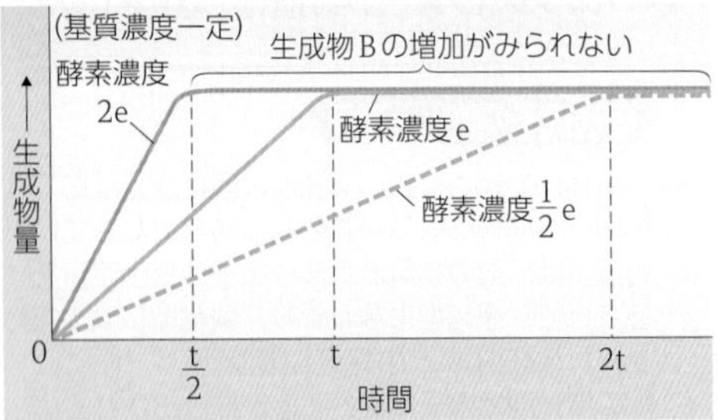

基質Aが生成物Bとなる反応において，一定量のAに酵素を作用させる。すると，時間とともにBの量は増加し，やがて増加しなくなる。これは基質がすべて消費された結果，それ以上には生成物が生じなくなるためである。この状態になるのに要する時間は，酵素濃度に反比例する。

+α PLUS 酵素の親和性

一定量の酵素に十分な量の基質を加えると，酵素反応は最大速度(V)となる。最大速度の1/2の速度($V/2$)となる基質濃度はK_m値(ミカエリス定数)と呼ばれる。K_m値が小さいほど，その酵素は基質との親和性が高いとみなされる。

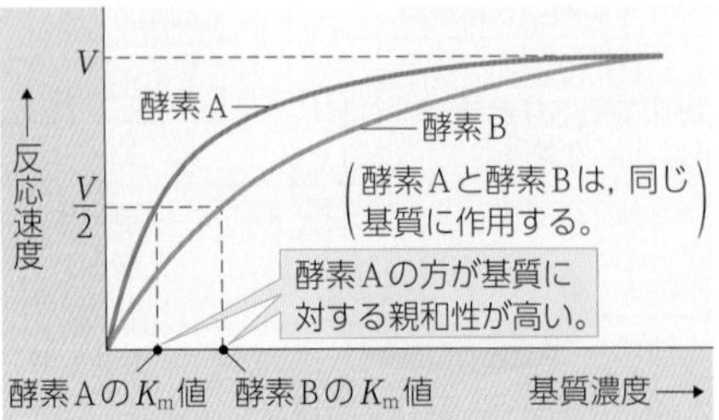

+α PLUS 代謝と平衡状態

化学反応には，不可逆反応と可逆反応がある。

不可逆反応…A＋B→C(反応が一方向へ進む。)
例)過酸化水素の分解　$2H_2O_2 \rightarrow 2H_2O + O_2$
可逆反応…A＋B⇄C(反応が両方向へ進む。)
例)コハク酸の酸化　コハク酸⇄フマル酸＋2H

代謝の化学反応の多くは，可逆反応である。

右図の場合，ある程度反応が進むと生成物量は増加しなくなる。これは，両方向の反応速度が等しくなって見かけ上反応が起こっていない状態(平衡状態)であり，基質がすべて生成物となったわけではない。平衡状態に達すると，見かけ上反応は止まってしまうことになる。

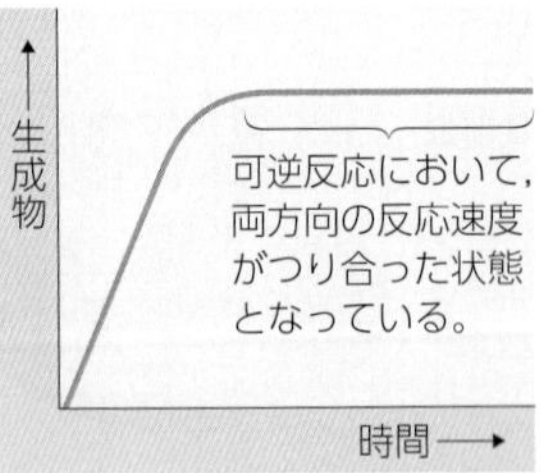

生体内では，ふつう，ある反応の生成物はさらに次の反応の基質となって消費されたり，他の場所へ移動したりする。このため，平衡状態に達することはなく，反応は生成物がつくられる方向へ進む。

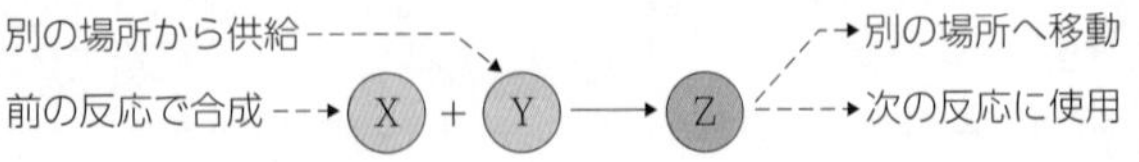

豆知識　胃の中が塩酸の分泌によって強い酸性になっているのは，微生物が外界から腸へ侵入するのを防ぐとともに，強酸性に最適pHをもつペプシンが胃の中で食物を消化するのに都合がよい。

重要

4 酵素反応に対する阻害 生物

基質以外の物質が酵素に結合して，酵素反応を阻害する場合がある。酵素反応の阻害には，競争的阻害と非競争的阻害がある。

Ⓐ競争的阻害

基質と似た構造をもつ物質(阻害物質)が活性部位に結合すると，酵素の作用が阻害される。コハク酸(➡p.62)が基質，マロン酸が阻害物質となるコハク酸脱水素酵素の例がある。

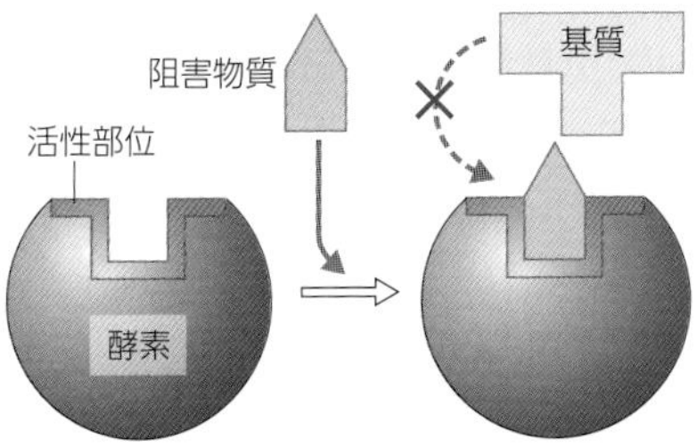

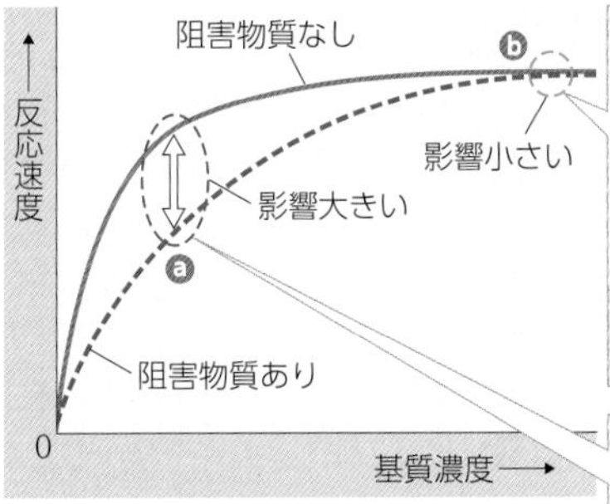

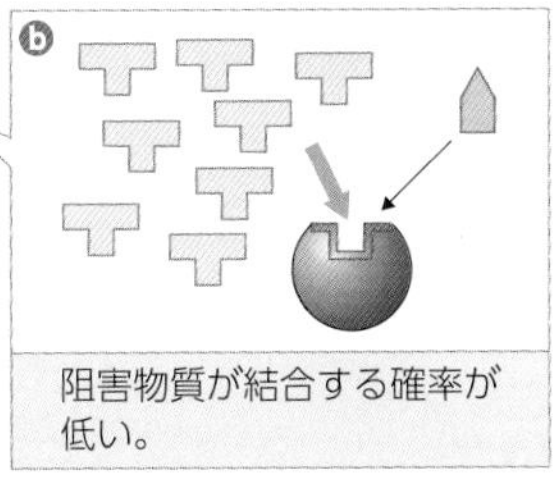

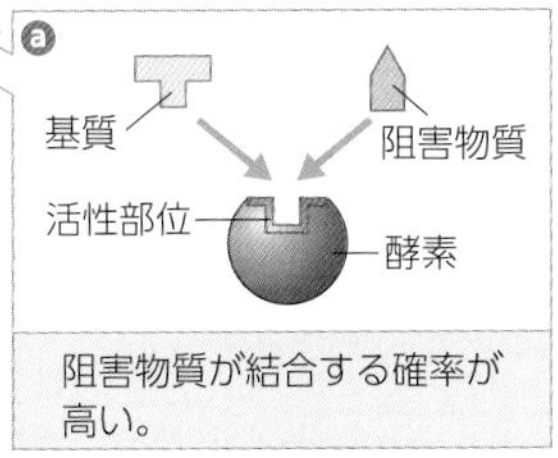

基質と阻害物質とで酵素への結合部位が競合するため，阻害物質と酵素の濃度が一定の場合，基質濃度が低いときには阻害物質の影響が大きく(ⓐ)，基質濃度が十分高くなると，阻害物質の影響がほとんどみられなくなる(ⓑ)。

Ⓑ非競争的阻害

阻害物質は，活性部位とは別の場所に結合する。阻害物質が結合すると，基質が結合できなくなったり，結合しても反応が進みにくくなったりする。

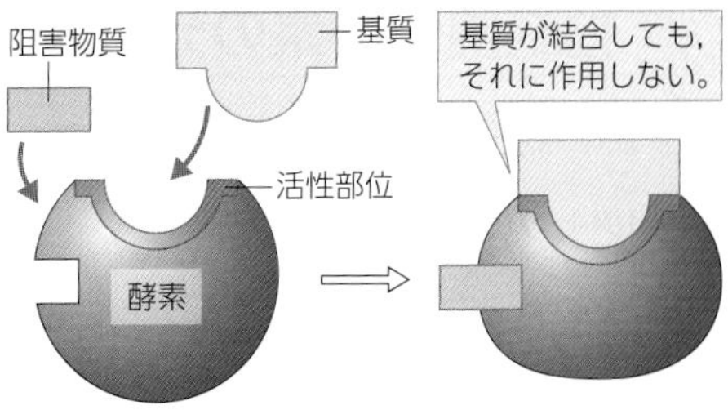

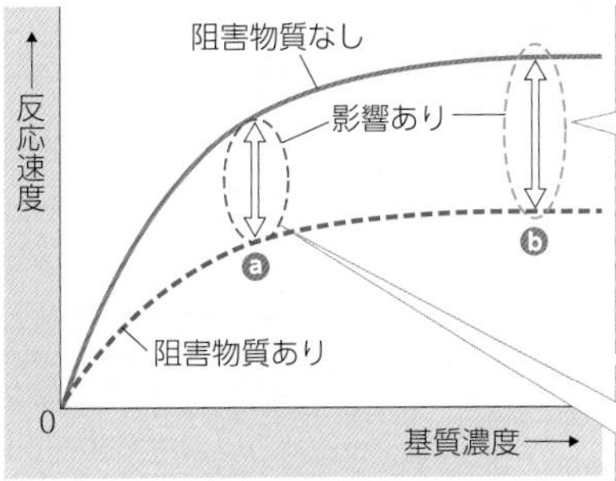

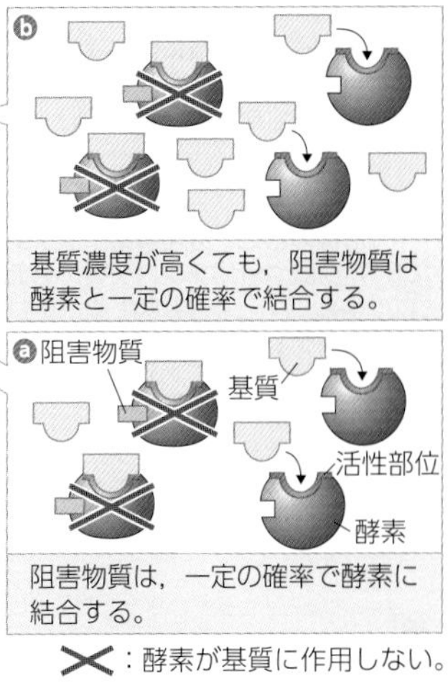

基質と阻害物質とで酵素への結合部位が競合しないので，阻害物質と酵素の濃度が一定の場合，阻害物質が一定の確率で酵素に結合する。基質濃度を高くしても阻害を受ける酵素の量は変化せず，阻害の程度にほとんど影響が現れない。

5 アロステリック酵素 生物

活性部位とは別にアロステリック部位と呼ばれる部位をもち，ここに調節物質が結合すると，酵素の立体構造が可逆的に変化して活性が阻害または促進される酵素をアロステリック酵素《こうそ》という。

Ⓐアロステリック酵素

アロステリック酵素は，ふつう，複数の活性部位をもち，1つの活性部位に基質が結合すると，構造が変化して他の活性部位にも基質が結合しやすくなる。

アロステリック酵素のアロステリック部位に調節物質が結合すると，酵素の立体構造が変化し，活性部位における基質への親和性が変化する。調節物質には，正の調節物質と負の調節物質がある。

アロステリック酵素には，シチジン三リン酸によって阻害されるアスパラギン酸カルバモイルトランスフェラーゼ(ATCアーゼ)などがある(➡6)。

ⓐ活性部位に基質が結合した状態

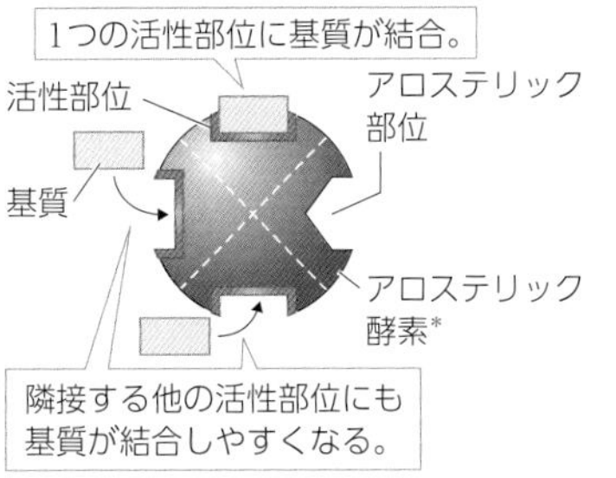

ⓑ負の調節物質が存在するとき

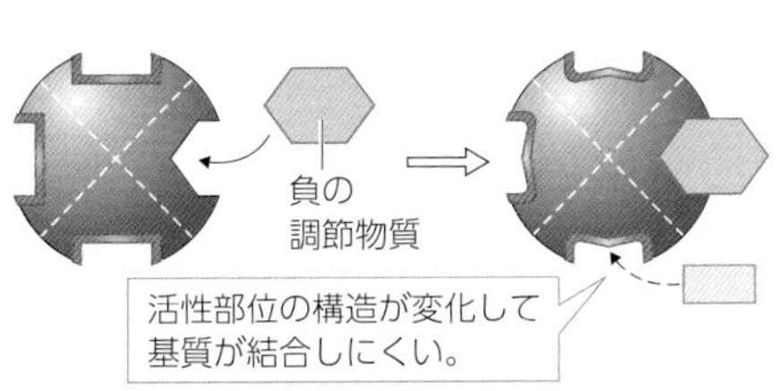

＊この酵素は4つのサブユニット(➡p.89)からなる。

Ⓑアロステリック酵素の反応速度

アロステリック酵素では，調節物質が存在しない場合，基質濃度が増加すると基質に対する親和性が高まるため，反応速度はS字型を示す(グラフⓐ)。

負の調節物質が存在する場合，基質に対する親和性が低下するため，反応速度も小さくなる。しかし，基質濃度が高くなるに従って活性部位に結合する基質が増加するため，反応速度は次第に大きくなる(グラフⓑ)。

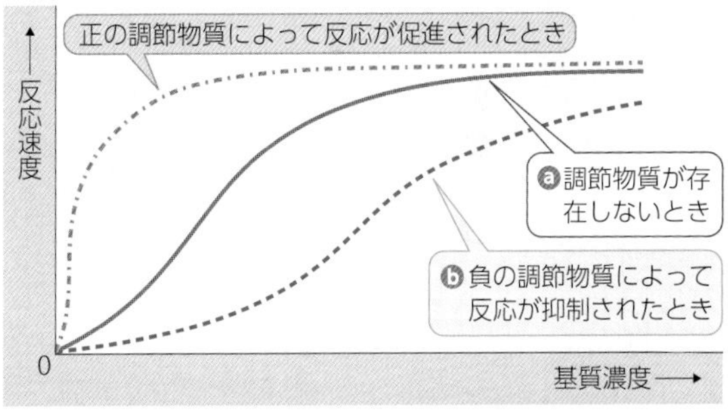

6 フィードバック調節 生物

結果が原因にさかのぼって作用するしくみをフィードバックといい，一連の反応経路のなかで初期の反応を触媒する酵素が，最終産物によって阻害されるしくみは負《ふ》のフィードバック調節《ちょうせつ》という。

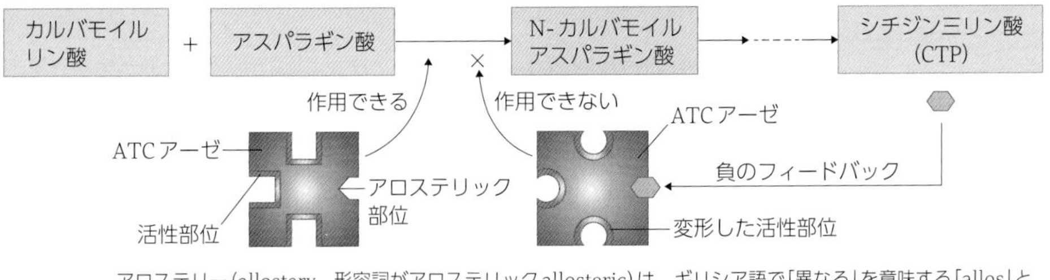

反応の最終産物であるCTPは，過剰に蓄積すると，ATCアーゼに結合してその働きを阻害する。その結果，CTPの生産が抑制される。

CTPはピリミジン塩基(➡p.73)をもつ。一方，プリン塩基をもつATPは，ATCアーゼの働きを促進する。このようなフィードバック調節は，両塩基の量のバランスを保つのに役立っていると考えられる。

豆知識　アロステリー(allostery，形容詞がアロステリックallosteric)は，ギリシア語で「異なる」を意味する「allos」と，「形・場所」を意味する「stereos」からつくられた言葉である。

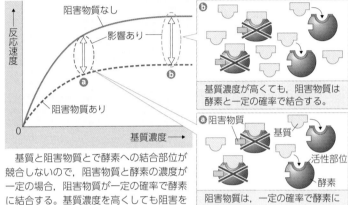

03 酵素の種類と分布

生物

Types and Distribution of Enzymes

関連動画をCheck!

1 細胞内の酵素の分布 生物

真核細胞では，多くの酵素はそれぞれの役割ごとに細胞内の特定の場所に存在している。これは，酵素ごとに最適な環境で作用したり，酵素間で相互に作用しあったりすることに役立っている。

核
DNAポリメラーゼ…DNAの複製(➡p.82)
DNAリガーゼ…DNA断片の連結(➡p.82)
RNAポリメラーゼ…RNAの合成(転写)(➡p.93)

葉緑体
電子伝達系，ATP合成酵素，カルビン回路に関与する酵素群…光合成に関与(➡p.54)
窒素同化に関与する酵素群…無機窒素の取り込みに関与(➡p.324)

細胞膜
ATP分解酵素…ナトリウムポンプ(➡p.29)などを形成し，能動輸送に関与

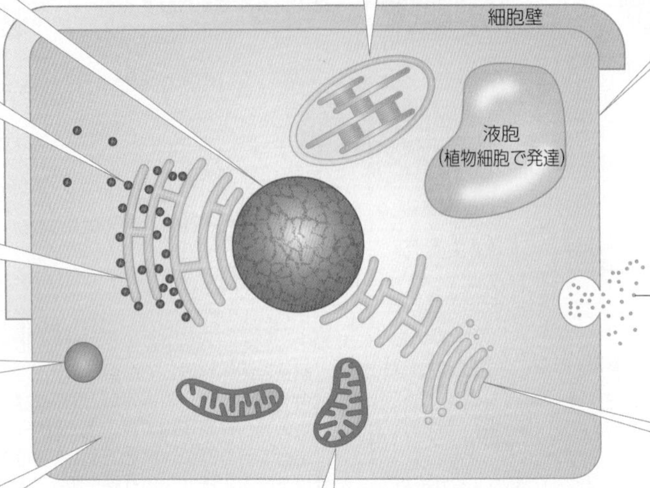

リボソーム
タンパク質合成に関与する酵素…アミノ酸を結合してポリペプチドを合成する(➡p.95)。

小胞体
各種の合成・分解酵素…膜タンパク質や分泌タンパク質の修飾(➡p.97)，脂質の合成，グリコーゲンの代謝

リソソーム
各種加水分解酵素…タンパク質，脂質，炭水化物などを加水分解(➡p.25)

細胞質基質
解糖系，発酵に関与する酵素群…筋収縮などのエネルギーを供給(➡p.65)

ミトコンドリア
クエン酸回路に関与する酵素群，電子伝達系，ATP合成酵素…呼吸に関与(➡p.62)

細胞外に分泌される酵素
各種加水分解酵素(アミラーゼ，ペプシン，リパーゼなど)…消化管で細胞外消化に関与(➡p.61)。
リゾチーム…涙などに含まれる。細菌の細胞壁を分解し，抗菌作用をもつ(➡p.176)。
プロトロンビン…血液凝固(➡p.159)に関与する酵素であるトロンビンの前駆体。血しょう中に含まれる。

ゴルジ体
糖タンパク質や糖脂質の生成に関与する酵素
ペクチンなど細胞壁構成成分を合成する酵素

2 主な酵素とその働き 生物

酵素には多くの種類があり，触媒する反応にもとづいてグループ分けされている。

Ⓐ加水分解酵素(ヒドロラーゼ)

水が加わって基質を分解する反応を触媒。

$$A-B + H_2O \longrightarrow A-OH + B-H$$

炭水化物分解酵素(カルボヒドロラーゼ)	アミラーゼ	アミロース→マルトース
	マルターゼ	マルトース→グルコース
	スクラーゼ	スクロース→グルコース＋フルクトース
	ラクターゼ	ラクトース→グルコース＋ガラクトース
	セルラーゼ	セルロース→グルコース
タンパク質分解酵素(プロテアーゼ)	ペプシン	タンパク質→ポリペプチド
	トリプシン	タンパク質→ポリペプチド
	キモトリプシン	{タンパク質 ポリペプチド} → {ポリペプチド ペプチド}
	ペプチダーゼ	ペプチド→アミノ酸
脂肪分解酵素	リパーゼ	脂肪→脂肪酸＋モノグリセリド
核酸分解酵素	デオキシリボヌクレアーゼ	DNA→ヌクレオチド
	リボヌクレアーゼ	RNA→ヌクレオチド
尿素分解酵素(ウレアーゼ)		尿素→アンモニア＋二酸化炭素
ATP分解酵素(ATPアーゼ)		ATP→ADP＋リン酸

Ⓑ合成酵素(リガーゼ)

ATPなどの分解に伴って，2つの基質を結合する反応を触媒。

$$A + B \xrightarrow[\text{ADP＋リン酸(AMP＋ピロリン酸)}]{\text{ATP}} A-B$$

アセチルCoA合成酵素	酢酸＋CoA＋ATP →アセチルCoA＋AMP＋ピロリン酸

Ⓒ酸化還元酵素(オキシドレダクターゼ)

基質の酸化・還元を触媒。

$$A-H_2 + B \longrightarrow A + B-H_2$$

脱水素酵素(デヒドロゲナーゼ)	基質から水素を除去
酸化酵素(オキシダーゼ)	酸素分子を電子受容体として，基質を酸化
過酸化水素分解酵素(カタラーゼ)	過酸化水素→水＋酸素

Ⓓ転移酵素(トランスフェラーゼ)

ある化合物の基(原子団)を他の化合物へ転移させる反応を触媒。

$$A-R + B \longrightarrow A + B-R$$

(基)

アミノ基転移酵素(トランスアミナーゼ)		アミノ酸のアミノ基を転移
リン酸転移酵素	プロテインキナーゼ	リン酸基をタンパク質へ転移

Ⓔ脱離酵素(リアーゼ)

基質から2つの化合物を生成する反応を触媒。(反応は可逆的で，場合によっては逆反応も促進)

$$A-B \rightleftarrows A + B$$

脱炭酸酵素	ピルビン酸脱炭酸酵素	ピルビン酸からCO_2を離脱

Ⓕ異性化酵素(イソメラーゼ)

異性化反応(分子内の原子配置を変化させる反応)を触媒。

レチノールイソメラーゼ	トランス形をシス形に変化

上記のほか，生体膜を隔てた物質の移動を触媒する酵素のグループとして，輸送酵素(トランスロカーゼ)が最近提案された。

豆知識 タンパク質を分解する酵素は数種類あるが，酵素が作用できるペプチド鎖中の位置が決まっているものもある。たとえば，トリプシンは，アルギニンまたはリシンというアミノ酸のC末端側のペプチド結合に作用して切断する。

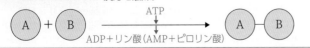

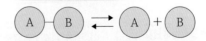

実験2 カタラーゼの働きと性質

基礎 生物

目的 細胞では，呼吸などに伴って過酸化水素が生じる。過酸化水素は細胞にとって有害な物質であるが，カタラーゼの触媒作用などによって，分解される。カタラーゼの働きと性質を，無機触媒と比較して調べる。

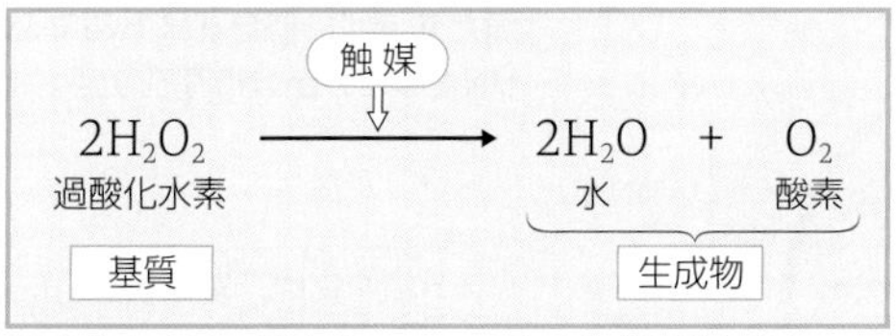

過酸化水素は，酵素（カタラーゼ）や無機触媒（酸化マンガン（Ⅳ））の触媒作用によって分解される。

事前準備 材料…酵素液（ウシの肝臓片を乳鉢ですり潰し，蒸留水を加えて，ろ紙で濾したもの）

器具…試験管

薬品…3％過酸化水素水，酸化マンガン（Ⅳ）（無機触媒），石英砂，線香，10％塩酸，10％水酸化ナトリウム水溶液

予備実験 試験管に3％過酸化水素水と，酵素液または酸化マンガン（Ⅳ），石英砂のいずれかを入れて，変化を観察する。

予備実験の結果

酵素液：カタラーゼ	無機触媒：酸化マンガン（Ⅳ）	石英砂（対照）
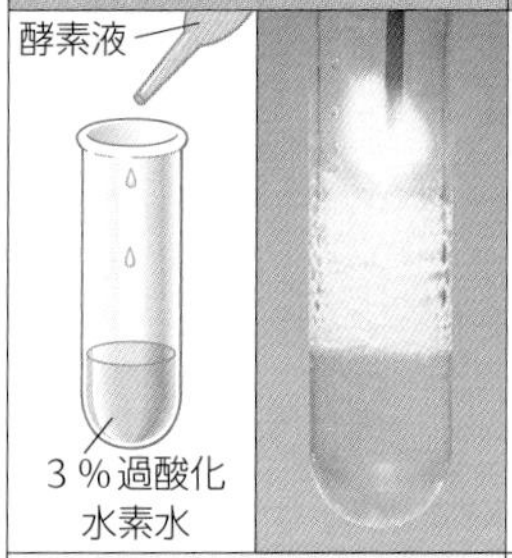	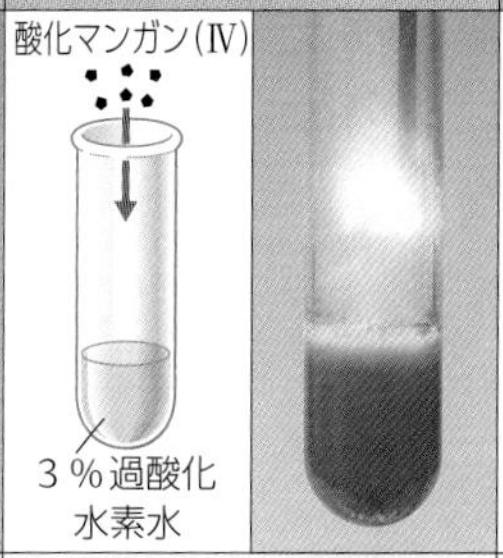	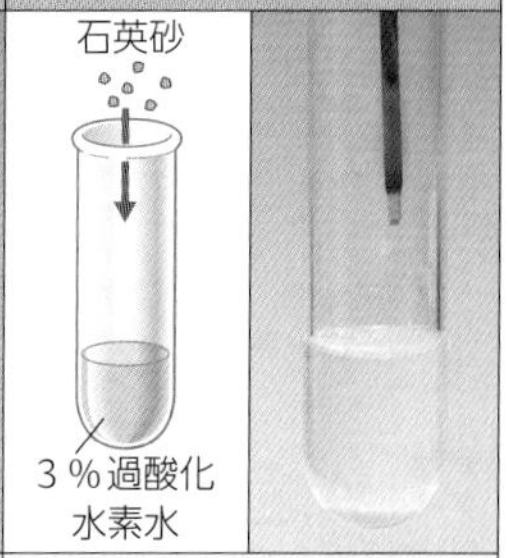
気泡（酸素）が盛んに発生	気泡が盛んに発生	気泡は発生しない

石英砂を入れる実験は，過酸化水素水の分解が触媒によって促進されていることを確認するために行っているよ。このように，調べる条件以外の条件をすべて同じにして行う実験を**対照実験**《たいしょうじっけん》というよ。

方法 3％過酸化水素水を5 mLずつ入れた試験管を12本用意する。

実験A 6本の試験管（a～f）を，それぞれ結果の表にあるような温度条件にする。それぞれの試験管に，それと同じ温度にした酵素液1 mL，または酸化マンガン（Ⅳ）0.1 gを入れて観察する。

実験B 残りの試験管のうちの4本に，塩酸（g，j），または水酸化ナトリウム水溶液（i，l）を加えて，結果の表のようにpHを調整する。2本（h，k）には，加えた塩酸または水酸化ナトリウム水溶液と同量の，煮沸して常温に戻した水を加える。試験管g～iに酵素液1 mLを，試験管j～lに酸化マンガン（Ⅳ）0.1 gを入れて観察する。

実験Aの結果（温度による影響）　気泡の発生と線香の火の燃え方を比較

試験管	a（5℃）	b（35℃）	c（90℃）	d（5℃）	e（35℃）	f（90℃）
材料	酵素液			酸化マンガン（Ⅳ）		
反応のようす	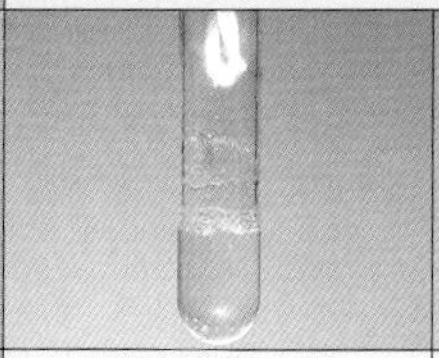	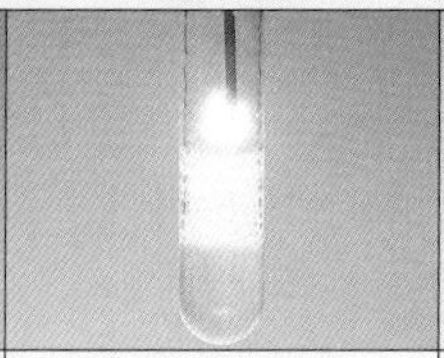	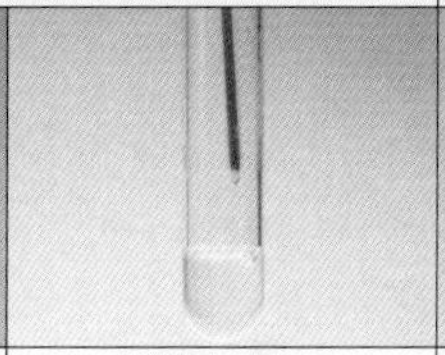	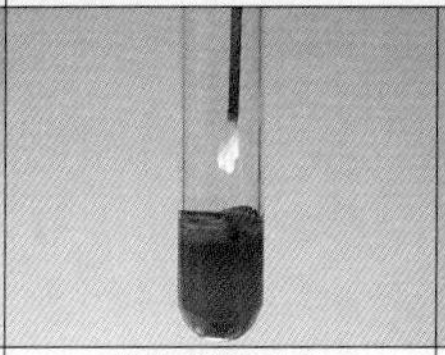	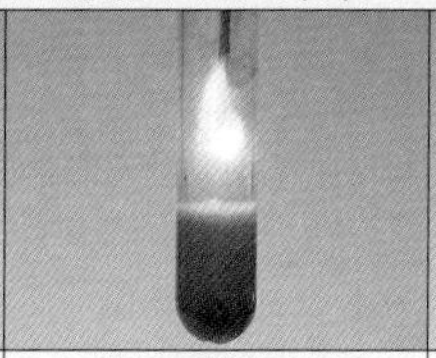	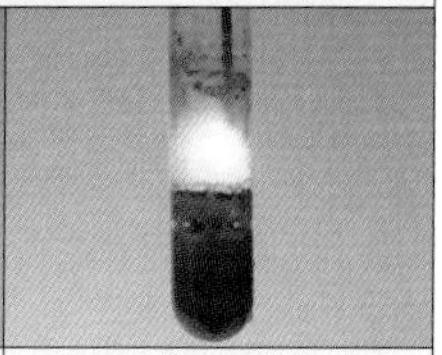
気泡	少し発生する	盛んに発生する	発生しない	少し発生する	盛んに発生する	さらに盛んに発生する
線香	火が少し明るくなる	火が激しく燃える	火は変化しない	火が少し明るくなる	火が激しく燃える	火が激しく燃える

実験Bの結果（pHの影響）　気泡の発生と線香の火の燃え方を比較

試験管	g（pH2：酸性）	h（pH7：中性）	i（pH11：アルカリ性）*	j（pH2：酸性）	k（pH7：中性）	l（pH11：アルカリ性）
材料	酵素液			酸化マンガン（Ⅳ）		
反応のようす	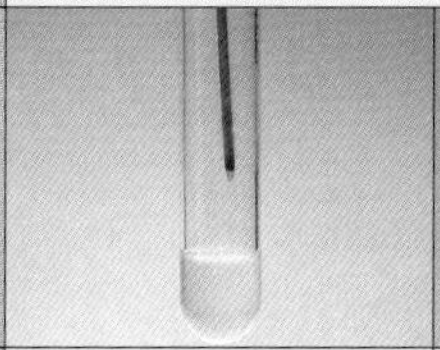	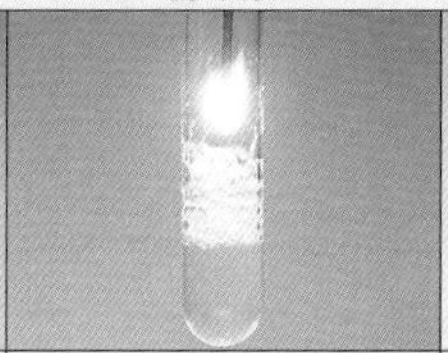	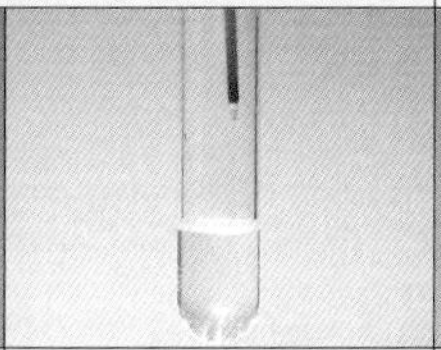	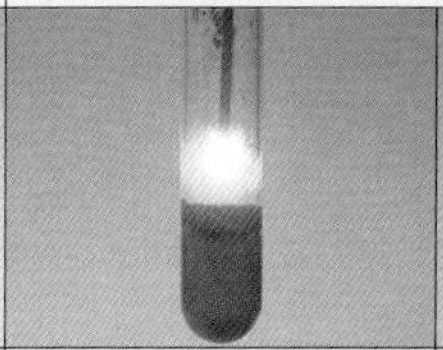	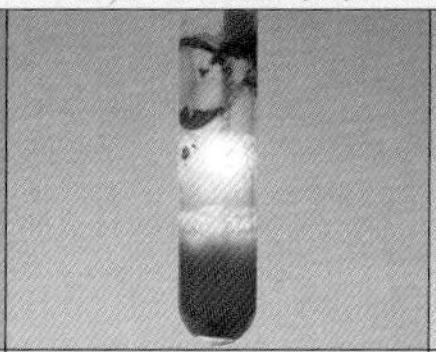	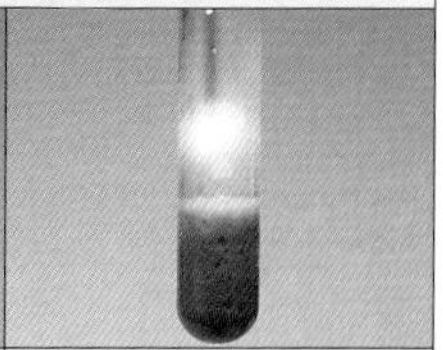
気泡	あまり発生しない	盛んに発生する	あまり発生しない	盛んに発生する	盛んに発生する	盛んに発生する
線香	火は変化しない	火が激しく燃える	火は変化しない	火が激しく燃える	火が激しく燃える	火が激しく燃える

＊iの試験管では，気泡が発生することがある。これは，過酸化水素の分解自体がアルカリ性条件下で促進されるためである。

考察

実験A 無機触媒である酸化マンガン（Ⅳ）の触媒作用は，温度上昇に伴って活発になった。これに対し，酵素であるカタラーゼも温度上昇に伴って作用が活発になったが，高温では作用しなくなった。これは，酵素の主成分であるタンパク質が加熱によって変性し，酵素が失活したためであると考えられる。

実験B この反応では，無機触媒の触媒作用はpHの影響を受けなかった。一方，カタラーゼは強い酸性やアルカリ性の条件下では働かなくなった。これは，カタラーゼの主成分であるタンパク質が，強い酸性やアルカリ性の条件下で変性し，失活したためであると考えられる。

豆知識 濃度が2.5～3.5％の過酸化水素水は，日本薬局方の名称ではオキシドールと呼ばれ，消毒・殺菌・漂白などに利用されている。ケガをした際に，傷口にオキシドールをつけて消毒をすると泡が発生するが，発生した気体の正体は「酸素」である。

04 葉緑体と光合成色素

基礎 生物

Chloroplasts and Photosynthetic Pigments

関連動画をCheck!

1 葉緑体の構造 生物

葉緑体は光合成の場となる細胞小器官で，種子植物では，直径5～10 μm，厚さ2～3 μmで，楕円形または凸レンズ形をしている。内部には，光合成に必要な光合成色素や酵素が含まれている。

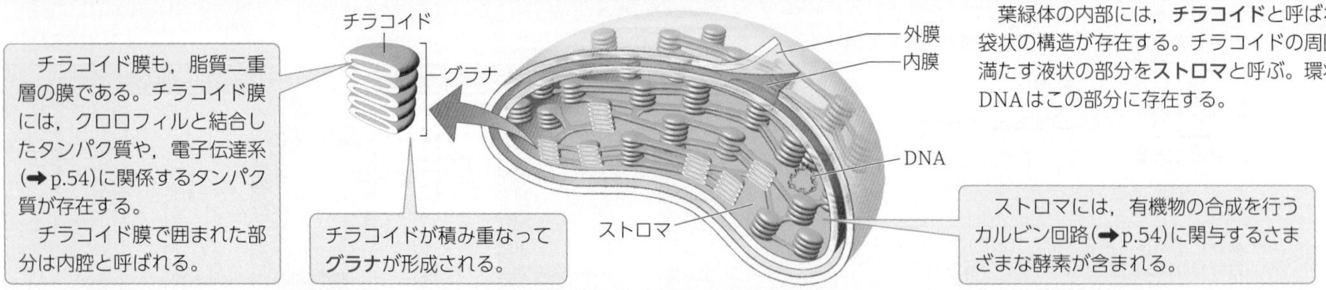
チラコイド
グラナ
外膜
内膜
DNA
ストロマ
チラコイド膜も，脂質二重層の膜である。チラコイド膜には，クロロフィルと結合したタンパク質や，電子伝達系(➡p.54)に関係するタンパク質が存在する。
チラコイド膜で囲まれた部分は内腔と呼ばれる。
チラコイドが積み重なってグラナが形成される。
ストロマには，有機物の合成を行うカルビン回路(➡p.54)に関与するさまざまな酵素が含まれる。

葉緑体の内部には，**チラコイド**と呼ばれる袋状の構造が存在する。チラコイドの周囲を満たす液状の部分を**ストロマ**と呼ぶ。環状のDNAはこの部分に存在する。

2 光合成の概要 基礎 生物

光合成では，光合成色素によって吸収された光エネルギーが，有機物中の化学エネルギーとして貯えられる。産生された有機物は，いったん葉緑体内に貯えられ，他の組織や器官へ運ばれる(➡p.227)。

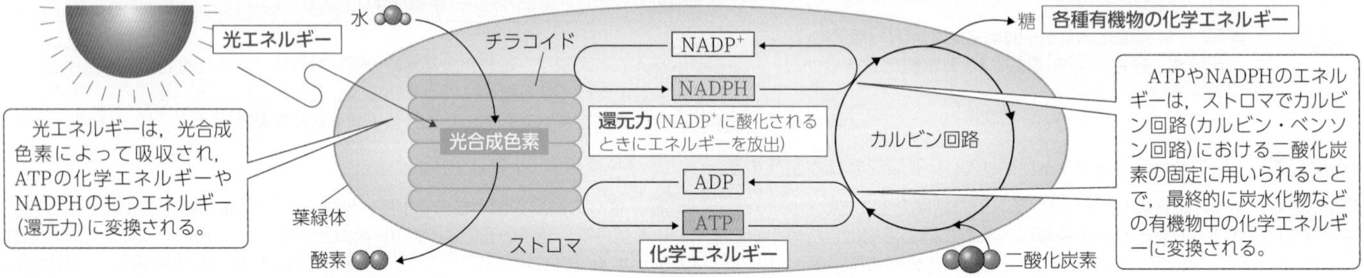
光エネルギー
水
チラコイド
光合成色素
$NADP^+$
NADPH
還元力($NADP^+$に酸化されるときにエネルギーを放出)
ADP
ATP
化学エネルギー
カルビン回路
糖
各種有機物の化学エネルギー
葉緑体
ストロマ
酸素
二酸化炭素
光エネルギーは，光合成色素によって吸収され，ATPの化学エネルギーやNADPHのもつエネルギー(還元力)に変換される。
ATPやNADPHのエネルギーは，ストロマでカルビン回路(カルビン・ベンソン回路)における二酸化炭素の固定に用いられることで，最終的に炭水化物などの有機物中の化学エネルギーに変換される。

3 光合成色素と光化学系 生物

光エネルギーを吸収して光合成のエネルギー源に変換する色素は，光合成色素《こうごうせいしきそ》と呼ばれる。光合成色素は，タンパク質と結合してチラコイド膜に埋め込まれている。

クロロフィルaは，すべての植物や藻類，シアノバクテリアに含まれている。フィコシアニンとフィコエリトリンは，色素が結合したタンパク質である。フィコビリンは，フィコシアニンとフィコエリトリンの色素部分の総称である。

光合成色素			化学的性質	色	植物	緑藻類	紅藻類	褐藻類	ケイ藻類	細菌 シアノバクテリア	細菌 光合成細菌
クロロフィル	クロロフィルa		中心金属としてMgを含む。疎水性である。	青緑	●	●	●	●	●	●	
	クロロフィルb			黄緑	●	●					
	クロロフィルc			緑				●	●		
	バクテリオクロロフィル			青緑							●
カロテノイド	カロテン(βカロテン)		長い直鎖上の不飽和炭化水素。疎水性である。	橙	●	●	●	●	●	●	
	キサントフィル	ルテイン		黄	●	●	●				
		フコキサンチン		褐				●	●		
フィコビリン	フィコシアニン		ポルフィリン環が開いた形で金属を含まない。親水性である。	青			●			●	
	フィコエリトリン			紅			●			●	

Ⓐクロロフィルaの分子構造

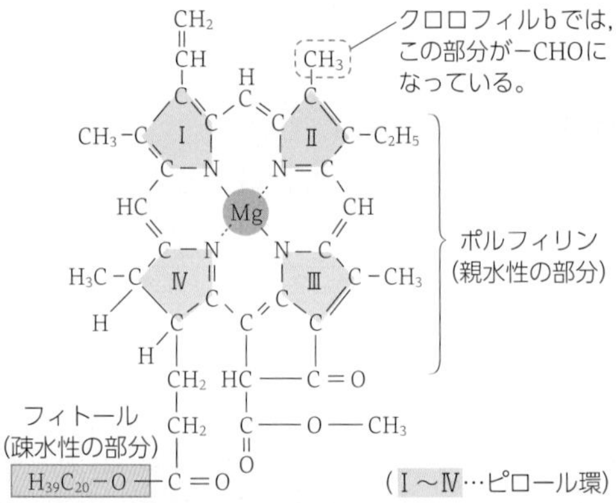
クロロフィルbでは，この部分が−CHOになっている。
ポルフィリン(親水性の部分)
フィトール(疎水性の部分)
Mg
Ⅰ
Ⅱ
Ⅲ
Ⅳ
CH_3
C_2H_5
$H_{39}C_{20}$
(Ⅰ～Ⅳ…ピロール環)

Ⓑさまざまな光合成色素の抽出液

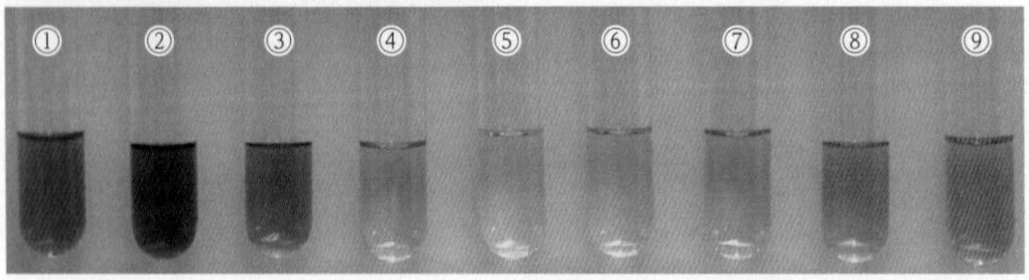
①
②
③
④
⑤
⑥
⑦
⑧
⑨

①フィコシアニン ②クロロフィルa ③クロロフィルb ④クロロフィルc ⑤βカロテン ⑥シホナキサンチン ⑦シホネイン ⑧フコキサンチン ⑨フィコエリトリン

シホナキサンチンとシホネインはカロテノイドの一種で，比較的深い場所に生育する緑藻類がもっている。

Ⓒ光化学系Ⅱ(反応中心と集光アンテナ)

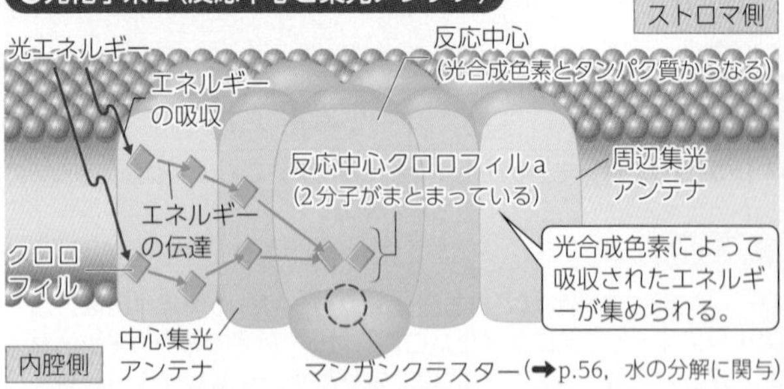
ストロマ側
光エネルギー
反応中心
(光合成色素とタンパク質からなる)
エネルギーの吸収
反応中心クロロフィルa
(2分子がまとまっている)
周辺集光アンテナ
エネルギーの伝達
クロロフィル
光合成色素によって吸収されたエネルギーが集められる。
内腔側
中心集光アンテナ
マンガンクラスター(➡p.56，水の分解に関与)

光化学系は，光エネルギーを用いた反応が生じる場で，多くの光合成色素や30種類以上のタンパク質などからなる複合体である。光化学系Ⅰと光化学系Ⅱがあり，それぞれ反応中心と集光アンテナを含む。

豆知識 クロロフィル分子にみられるポルフィリンは，血液中のヘモグロビンや酵素カタラーゼなどにもみられ，酸化還元反応において重要な働きをしている。

実験3 光合成色素の分離

生物

目的 薄層クロマトグラフィー(TLC)によって，植物の緑葉に含まれる光合成色素の種類を調べる。

方法

(1) シロツメクサなどの緑葉をはさみで切り刻み，少量の硫酸ナトリウム(乾燥剤)とともに乳鉢に入れてすりつぶす。

材料の磨砕

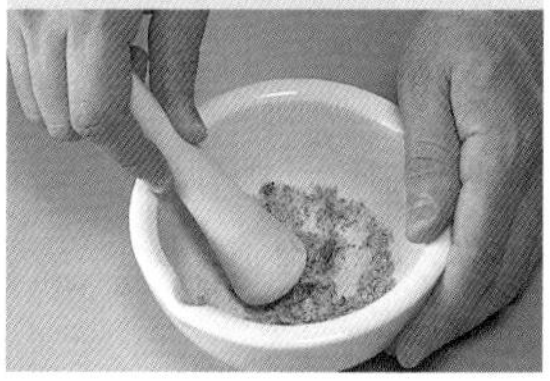

(2) (1)の試料をマイクロチューブに入れ，ジエチルエーテルを加えて色素抽出液をつくる。これを薄層プレートの原点にくり返しつける。

色素抽出液の吸着

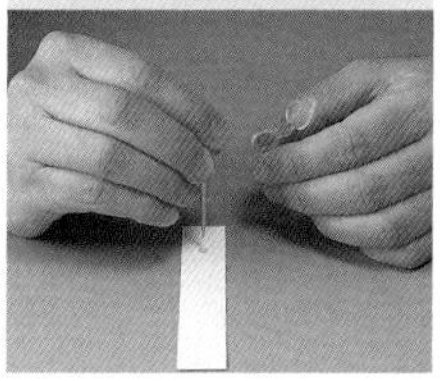

(3) 試験管に展開溶媒(石油エーテル：アセトン＝7：3の混合液)を3 mL入れ，薄層プレートの下端を静かに展開液に浸してゴム栓をする。溶媒前線が終点(薄層プレートの9割程度)に達したら引き出す。

色素の展開

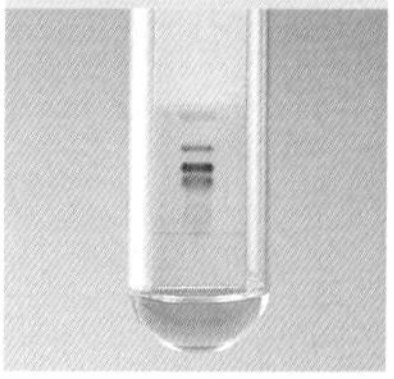

結果

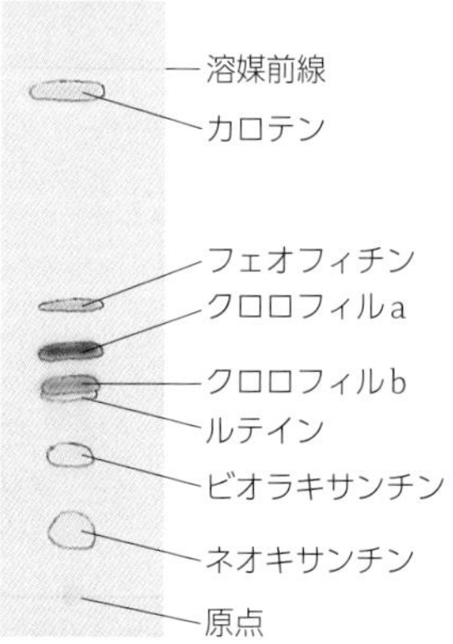

Rf値の求め方

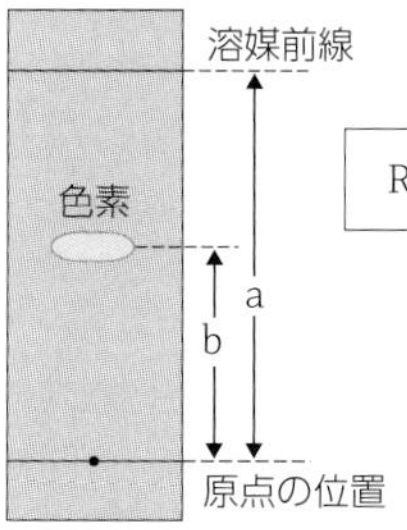

$\text{Rf値}=\frac{b}{a}$

Rf値は，展開溶媒・温度・クロマトシートの条件が同じならば色素の種類によって一定である。

光合成色素のRf値

色素	色	Rf値
クロロフィルa	青緑	0.45 ～ 0.55
クロロフィルb	黄緑	0.40 ～ 0.45
カロテン	橙	0.85 ～ 0.90
ルテイン	黄	0.35 ～ 0.40
ビオラキサンチン	黄	0.20 ～ 0.30
ネオキサンチン	黄	0.10 ～ 0.20

※フェオフィチンは，クロロフィルのMgが2個のHに置きかわった色素で，その多くは作業中に生じるため，ここではデータとして示さない。

参考 ペーパークロマトグラフィーによる色素の分離(➡p.344)。

(　　)はRf値

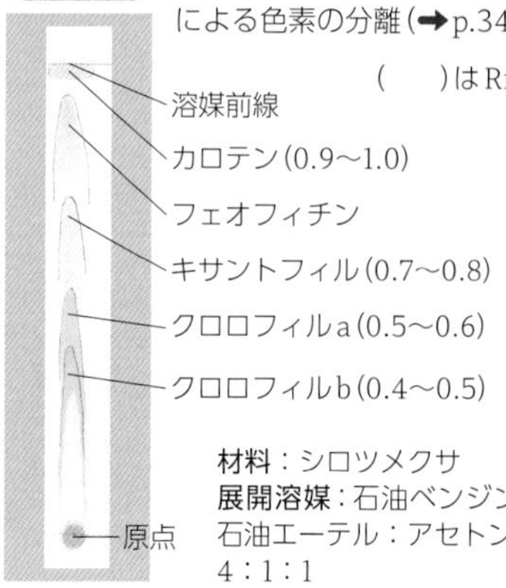

材料：シロツメクサ
展開溶媒：石油ベンジン：石油エーテル：アセトン＝4：1：1

4 光合成色素の光の吸収

生物

光合成色素などの物質がさまざまな波長の光を吸収するようすを示したものを吸収《きゅうしゅう》スペクトルといい，光の波長と光合成の速さの関係を表したものを作用《さよう》スペクトルという。

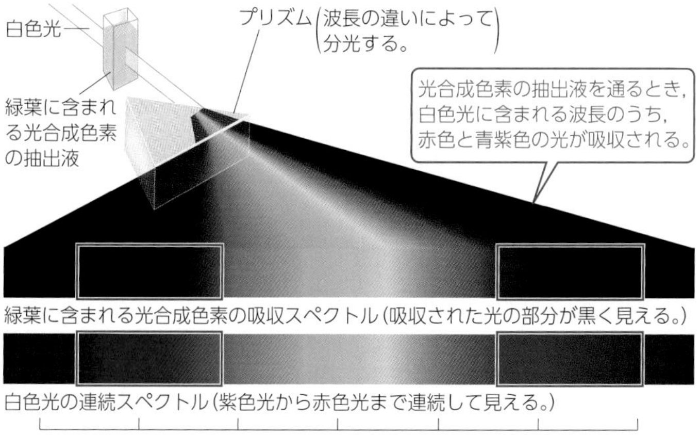

緑葉に含まれる光合成色素の吸収スペクトル(吸収された光の部分が黒く見える。)
白色光の連続スペクトル(紫色光から赤色光まで連続して見える。)

Ⓐエンゲルマンの実験

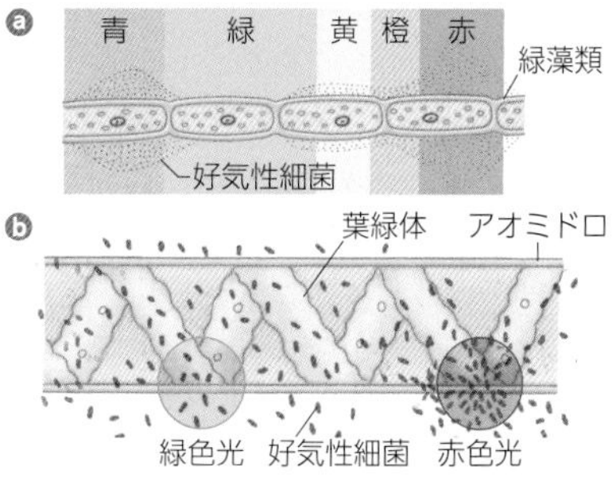

ⓐ緑藻類に異なる波長の光を照射
→青色と赤色の部分に好気性細菌が多く集まった。(好気性細菌は酸素が多い部分に集まる)

ⓑアオミドロの葉緑体に光を照射
→赤色の光が当たった部分に好気性細菌が多く集まった。

結論 葉緑体は，特定の波長の光(ⓐでは青色と赤色，ⓑでは赤色)で効率よく光合成を行う。

Ⓑ光合成色素の吸収スペクトルと作用スペクトル

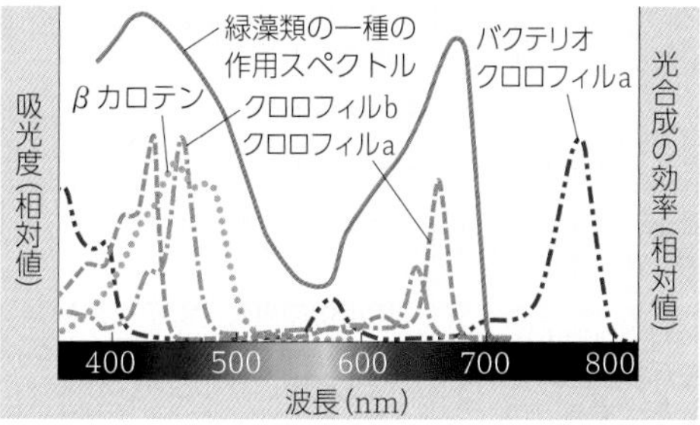

吸収スペクトルは，分光の結果にもとづき，波長による吸光度の変化を示すグラフとしても表すことができる。

クロロフィルaやbの吸収スペクトルと緑藻類の一種の作用スペクトルの変化はほぼ対応しており，光合成色素が吸収した光のエネルギーを光合成に利用していると考えられる。

※吸光度：光が物体を通る際に，吸収や散乱などで減衰した程度を示す尺度。

Ⓒ藻類に含まれる光合成色素の吸収スペクトルと光環境

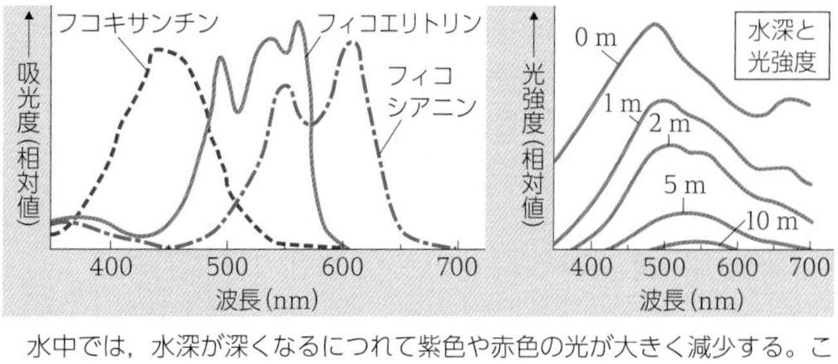

水中では，水深が深くなるにつれて紫色や赤色の光が大きく減少する。このような光環境の下で，紅藻類，褐藻類などは，青色や緑色の光を吸収する色素を含むことで，光を効率よく利用している。

豆知識 葉緑体に含まれる光合成色素は，緑色光を吸収する効率が低い。光合成色素に吸収されずに散乱・透過した光が眼に入ってくるので，葉の色は緑色に見える。

1 光合成のしくみ 生物

光合成では，光エネルギーがチラコイドでATPやNADPHのエネルギーに変換され，さらにストロマで有機物の化学エネルギーに変換されていく。

光合成全体の反応過程

光合成の反応式

$6CO_2 + 12H_2O$ + 光エネルギー
二酸化炭素　水　(2867 kJ，686 kcal)

$\longrightarrow C_6H_{12}O_6{}^* + 6O_2 + 6H_2O$
有機物　酸素　水

＊光合成でつくられた有機物は，最終的にデンプン$(C_6H_{10}O_5)_n$やスクロース$(C_{12}H_{22}O_{11})$になる。これらはグルコースが結合した物質であるので，反応式ではグルコースとして示した。

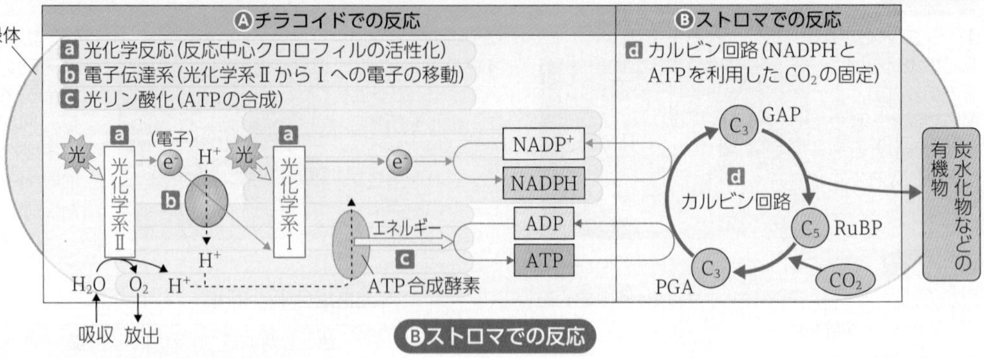

Ⓐチラコイドでの反応

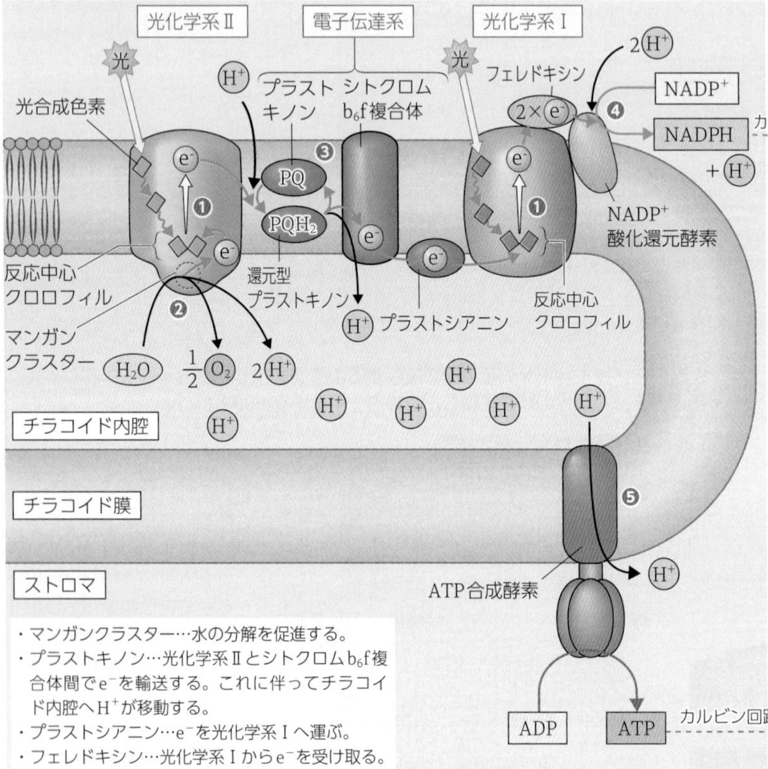

・マンガンクラスター…水の分解を促進する。
・プラストキノン…光化学系Ⅱとシトクロムb_6f複合体間でe^-を輸送する。これに伴ってチラコイド内腔へH^+が移動する。
・プラストシアニン…e^-を光化学系Ⅰへ運ぶ。
・フェレドキシン…光化学系Ⅰからe^-を受け取る。

Ⓑストロマでの反応

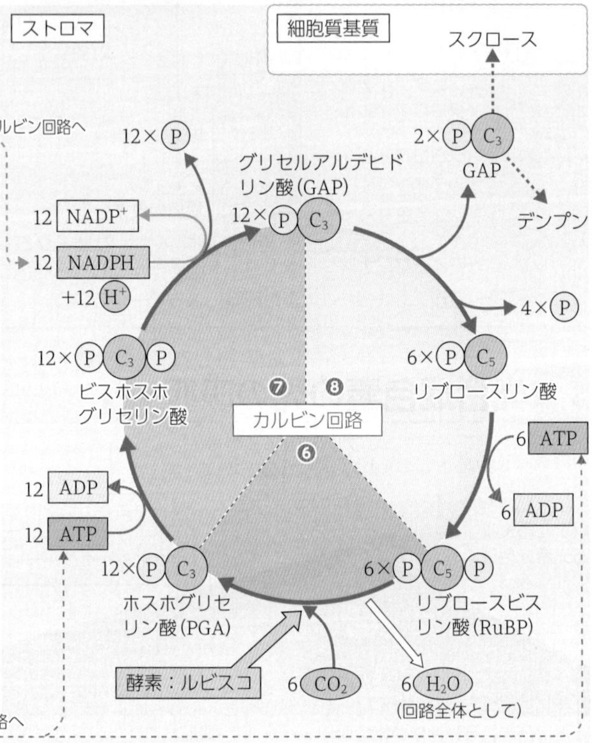

❶**光化学反応**　光化学系《こうかがくけい》Ⅱおよび光化学系《こうかがくけい》Ⅰで，光エネルギーが光合成色素に吸収され，反応中心クロロフィルへ伝わっていく。これによって反応中心クロロフィルが励起《れいき》され，電子(e^-)を放出する。

❷**水の分解**　光化学系Ⅱにおいて水が分解され，e^-とO_2，H^+が生じ，e^-は光化学系Ⅱの反応中心クロロフィルに渡される。

❸**電子伝達系**　光化学系Ⅱから放出されたe^-は，シトクロムb_6f複合体などからなる電子伝達系《でんしでんたつけい》を経て光化学系Ⅰへ移動し，❶でe^-を放出した反応中心クロロフィルに渡される。この過程で，ストロマからチラコイド内腔へH^+が取り込まれる。

❹**$NADP^+$の還元**　光化学系Ⅰから放出されたe^-は，$NADP^+$酸化還元酵素の働きで$NADP^+$を還元して NADPH を生じる。

❺**光リン酸化**　❷，❸でチラコイド内腔に蓄積したH^+が，ATP合成酵素を通ってストロマに拡散する。これに伴って，ATPが合成される。

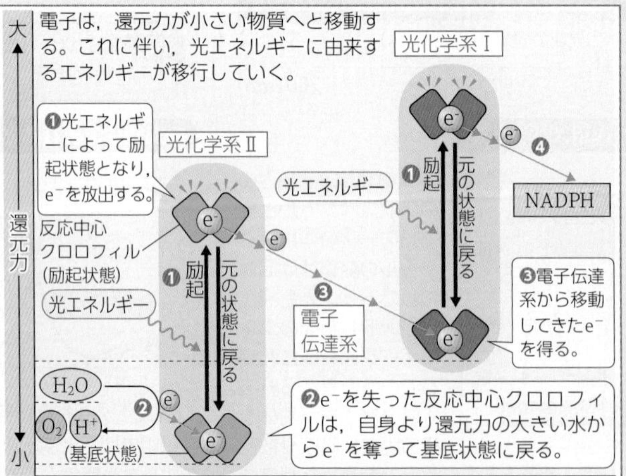

◀チラコイド膜での反応における一連の電子の授受▶

❻**二酸化炭素の固定**　CO_2がリブロースビスリン酸(RuBP)と結合し，ホスホグリセリン酸(PGA)を生じる。この反応は，酵素のルビスコ(RuBPカルボキシラーゼ/オキシゲナーゼ，RubisCO)によって促進される。

❼**PGAの還元**　PGAはATPによるリン酸化と，NADPHによる還元を受けて，グリセルアルデヒドリン酸(GAP)となる。

❽**RuBPの再生**　GAPからATPを用いてRuBPを再生する。この間に，グルコースやスクロース，デンプンなどの糖を生じる。

豆知識　光合成において，光合成反応で利用する量を上回る強さの光は，光合成反応速度を低下させることがある。このような現象は光阻害と呼ばれ，強い光によって活性酸素などが生成され，これが光合成に関わる成分の酸化や損傷を引き起こすために起こる。

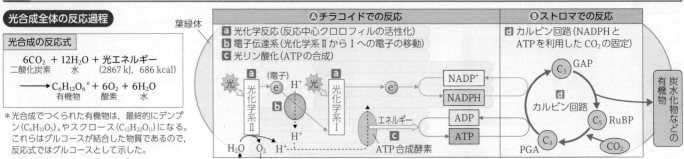

2 ATPの合成 生物

ATPの合成は，チラコイド膜中のATP合成酵素の回転運動によって行われる。

ATP合成酵素は，複数のタンパク質からなり，F_oとF_1の2つの回転モーターをもつ。H^+の濃度勾配にもとづくエネルギーを用いて，F_oがF_1を回転させることで，ATPが合成される。

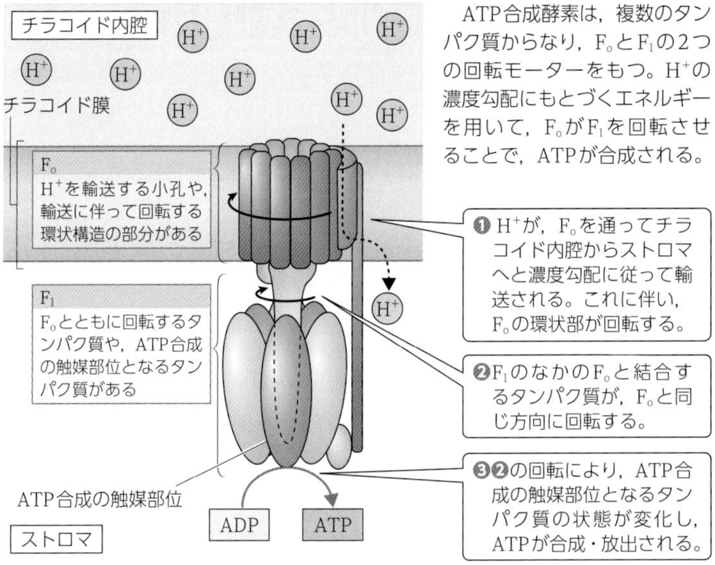

α PLUS ルビスコと光呼吸

ルビスコは，カルビン回路において1分子のRuBPにCO_2を付加し，2分子のPGAを生成する反応で働く酵素である。一方，RuBPにO_2を付加してPGAとホスホグリコール酸を1分子ずつ生成する反応も促進する。ホスホグリコール酸は，カルビン回路の進行を阻害する作用をもつ。このため，植物は，ペルオキシソームとミトコンドリアを経由し，ATPを消費してホスホグリコール酸をPGAに変えている。この反応は，O_2を消費し，CO_2を発生させることから光呼吸と呼ばれる。

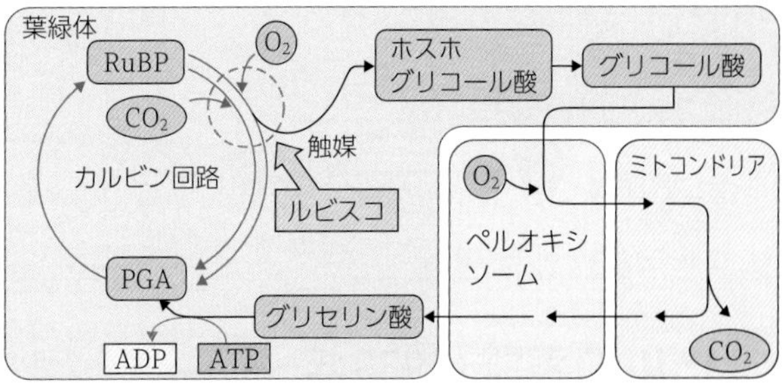

原子の基底状態と励起状態

原子は，通常，最もエネルギーの低い安定な状態にあり，これを基底《きてい》状態という。基底状態の原子にエネルギーを与えると，電子がこれを受け取り，原子はエネルギーの高い励起《れいき》状態になる。励起状態は，一般に不安定で，すぐに基底状態に戻る。このとき，励起状態と基底状態のエネルギーの差に相当する光や熱が放出される。

クロロフィルの抽出液に白色光を照射すると，クロロフィルは赤い蛍光を発する。これは，光合成に使われなかったエネルギーが熱とともに再び光として放出されるためで，この現象は植物体でもわずかに起こっている。

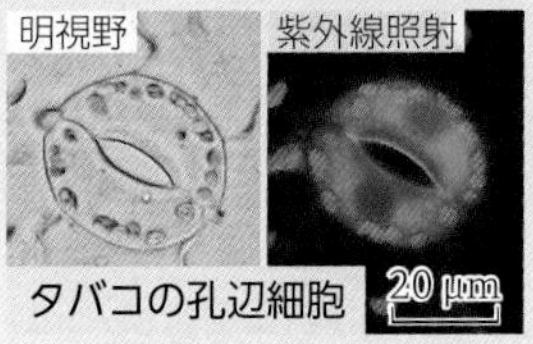

タバコの孔辺細胞

◀クロロフィルは紫外線を吸収しても励起状態になる。孔辺細胞に紫外線を照射すると，クロロフィルが赤い蛍光を発し，葉緑体が赤く見える。

3 カルビン回路と外的条件 生物

Ⓐ明暗切り替え実験

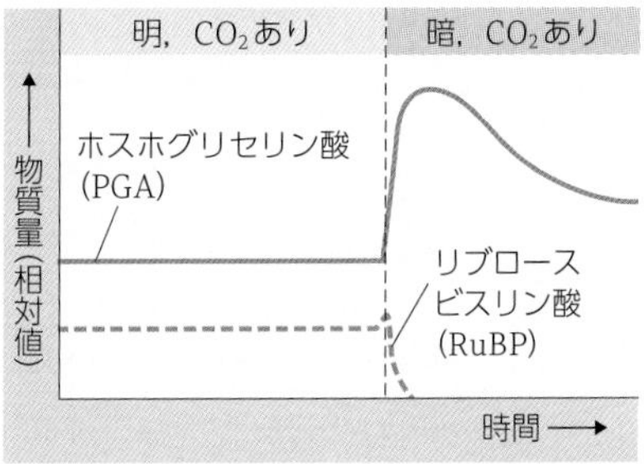

藻類に光とCO_2を十分与えたのちに光を消すと，PGAが増加し，RuBPが減少する。これは，RuBPからPGAが生成されること，およびカルビン回路の反応には，光照射による生成物が必要であることを示している。

ⒷCO_2濃度切り替え実験

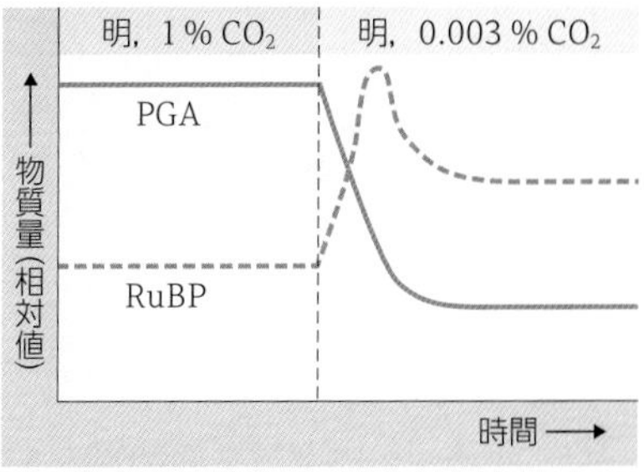

藻類を，光とCO_2を十分与えたのちに，CO_2濃度が著しく低い条件下におくと，RuBPが増加し，PGAが減少する。これは，RuBPからPGAが生成される過程で，CO_2固定が行われていることを示している。

4 光合成と外的条件 生物

光合成全体の反応速度は，光合成に関係する外的要因のうち，最も不足する要因（限定要因《げんていよういん》）が関与する反応段階の速度によって制限される。これは限定要因説《げんていよういんせつ》と呼ばれ，ブラックマンによって提唱された。

Ⓐ二酸化炭素濃度と光合成速度

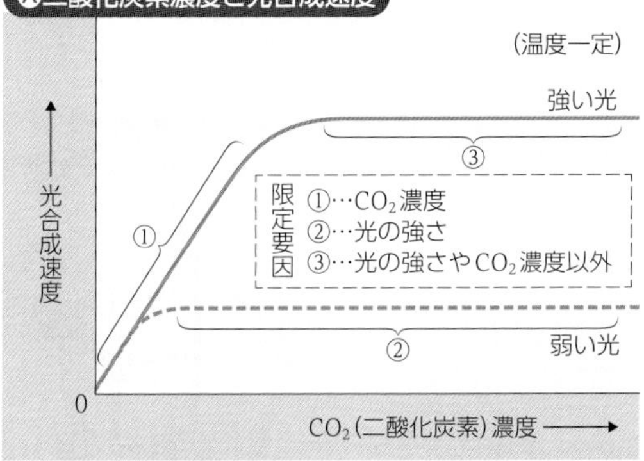

温度が一定の場合，光の強さが十分な場合にはCO_2濃度が，光が弱い場合には光の強さが限定要因となる。また，光とCO_2濃度が十分な場合は，他の要因が限定要因となる。

Ⓑ光の強さ・温度と光合成速度

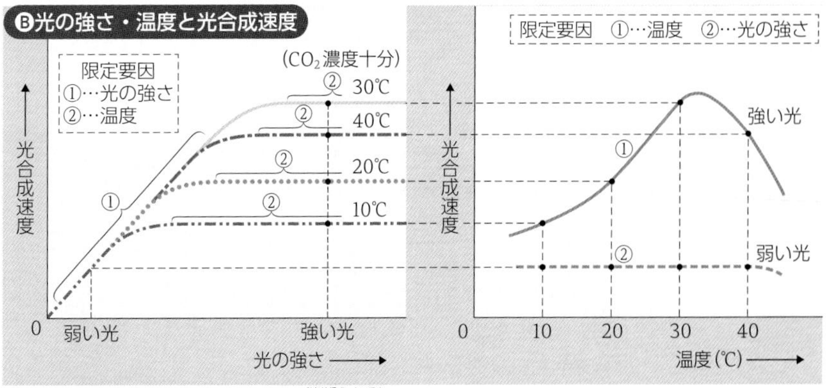

光合成速度は，一定の光の強さ（光飽和点《ひかりほうわてん》，➡p.294）に達するまでは増すが，それ以上の強さの光では変化しない。

光合成速度は，光が強いと温度の影響を受けるが，光が弱い場合は光の強さが限定要因となって，温度にほとんど影響されない。

豆知識 ATP合成酵素は，F_1が突き出した側のH^+濃度が低くない場合には，F_1がATPを分解してATP合成とは逆方向に回転してしまう。葉緑体のATP合成酵素では，このH^+の濃度勾配が形成されなくなる夜間になると一部のタンパク質の構造が変化し，不活性化することによってATPの分解が防がれている。

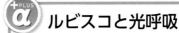

06 光合成の研究

生物

The Research of Photosynthesis

光合成にみられる各反応のしくみは，さまざまな研究によって明らかにされてきた。

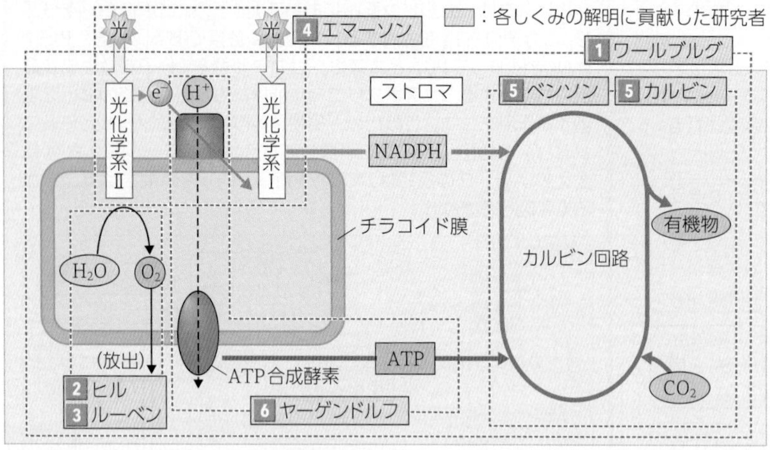

1 ワールブルグの実験(1919年～) 生物

光の当て方	O_2発生量(相対値)
連続して照射	1
1分間に20回の割合で断続的に閃光《せんこう》を照射	1.4
1分間に200回の割合で断続的に閃光を照射	1.56

クロレラ(緑藻類)に光を連続的，または断続的に当てて，一定の光量（□の長さ）当たりのO_2発生量を測定した。その結果，光を断続的な閃光として照射する方がO_2の発生量は多かった。

結論 光合成の反応過程には，光を必要とする反応と，光が直接関与しない反応の2つの段階がある。

2 ヒルの実験(1939年～) 生物

光合成で発生するO_2の由来を調べた。

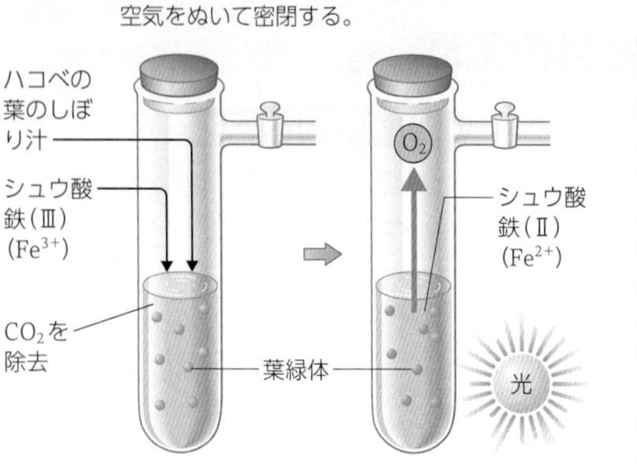

緑葉から取り出した葉緑体の懸濁液にCO_2がない状態で光を照射してもO_2は発生しない。しかし，シュウ酸鉄(Ⅲ)などの電子受容体が存在するとO_2が発生する。このように，人工的な電子受容体を加え，光照射したときに起こる酸素発生反応を**ヒル反応《はんのう》**と呼ぶ。ヒルの実験では，水の分解で生じたe^-が，

$e^- + Fe^{3+} \rightarrow Fe^{2+}$

の反応によって受容されている。

生体内では，$NADP^+$が電子受容体として働く。

結論 光合成によって発生するO_2はCO_2に関係なく，H_2Oの分解によると考えられる。

3 ルーベンの実験(1941年) 生物

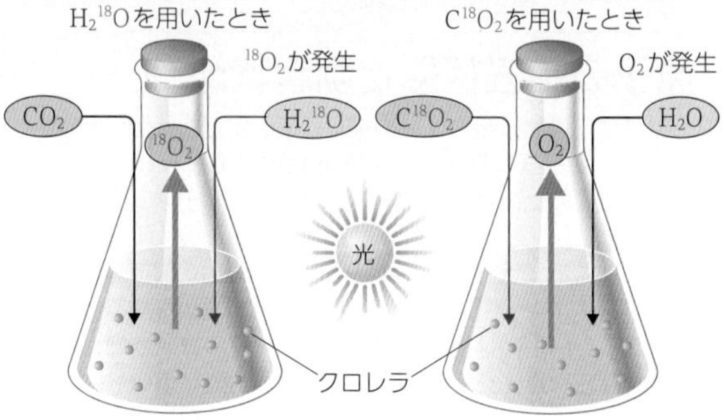

クロレラの培養液に^{16}Oの同位体の^{18}Oを含む$H_2{}^{18}O$を与えたのち光を照射すると，培養液から$^{18}O_2$が発生した。一方，^{18}Oを含む$C^{18}O_2$を与えても，発生するO_2には^{18}Oは含まれなかった。

結論 光合成で発生するO_2は，すべてH_2Oに由来する。

4 エマーソンの実験(1957年) 生物

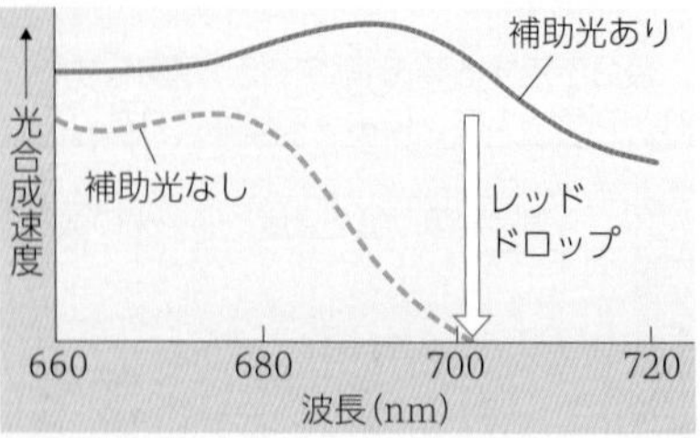

クロレラに単色光を照射して光合成速度を測定すると，680 nmを超える波長で急激に低下する。この現象をレッドドロップと呼ぶ。このとき，650 nmの光（補助光）を同時に照射すると，レッドドロップは起こらない。また，これらの単色光を単独で照射したときの光合成速度の和よりも，同時に照射したときの光合成速度の方が大きい。この現象は**エマーソン効果《こうか》**と呼ばれる。

結論 光合成には，長波長の光を吸収する反応と，それより短波長の光を吸収する反応の2つの反応系が存在することが示唆された。

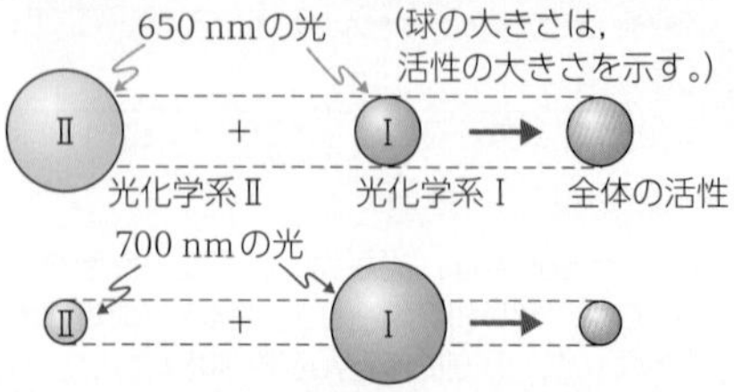

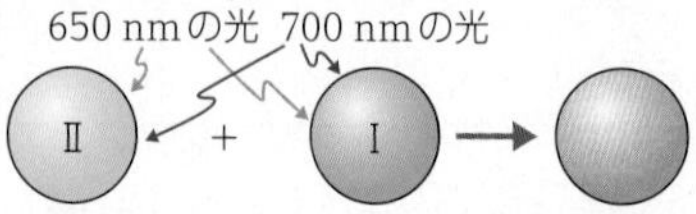

光化学系Ⅰと光化学系Ⅱは直列に働くので，反応の遅い方(図では小さい球)が全体の活性を決める。光化学系Ⅱは，700 nm付近の光ではほとんど働かない。

Up To Date 水を分解する部分の構造

光合成において，水を分解する反応は，光化学系Ⅱのチラコイド内腔側に存在するマンガンクラスターと呼ばれる触媒部分で行われる(➡p.52)。触媒部分の構造やその変化を明らかにすることは，水の分解反応のしくみの解明にとって重要である。マンガンクラスターの詳細な構造は，2011年に，シアノバクテリアにおいてはじめて解明され，Mn原子4個，Ca原子1個，O原子5個からなる，歪んだいすのような形をしていることがわかった。さらに，2019年には酸素を発生する直前の構造が解明され，酸素を発生するときには，マンガンクラスターのO原子が少しずれてO原子が新たに取り込まれることなどが明らかにされている。

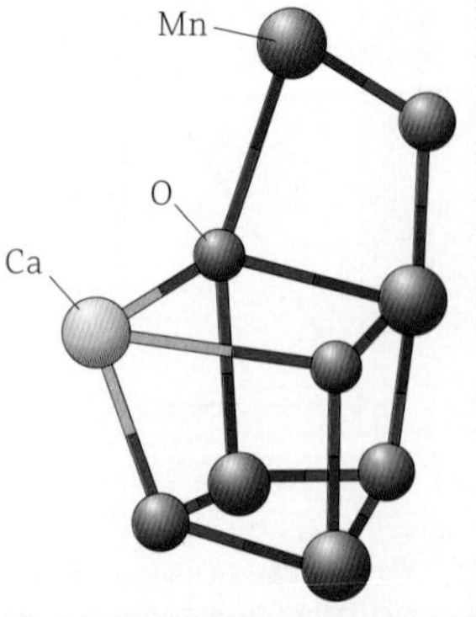

豆知識 光合成研究の歴史は長く，17世紀には研究がはじまっていた。光合成において働く成分の構造や，その働きのしくみの解明も進んでいる。こうした研究結果を人工光合成(➡p.45)に応用する試みもあり，たとえばマンガンクラスターを模倣した触媒(マンガン錯体)などが研究されている。

5 二酸化炭素の固定－ベンソンの実験(1949年)，カルビンの実験(1947～1957年) 生物

Ⓐベンソンの実験

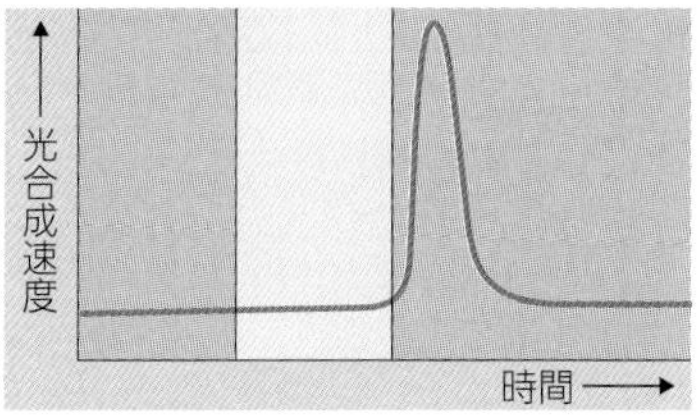

暗所でCO_2を十分与えたのち，明所でCO_2なしの条件にすると，光合成は行われない。しかし，その後，暗所でCO_2ありの条件にすると光合成が行われた。

結論 光エネルギーの吸収によって生じた物質が，CO_2固定に使用される。

Ⓑカルビンの実験(方法)

❶クロレラに$^{14}CO_2$を取り込ませる。

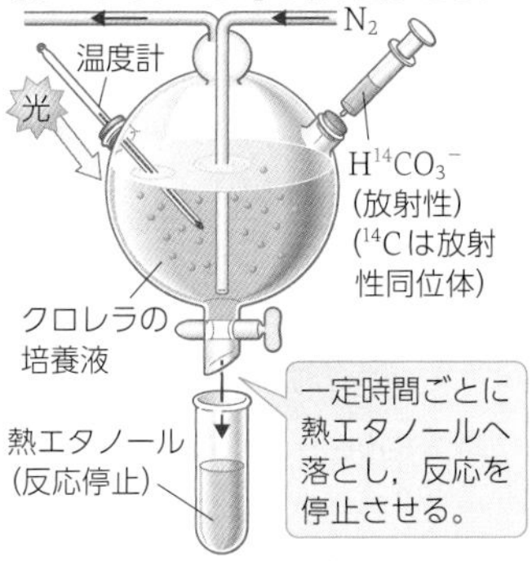

クロレラの培養液に$H^{14}CO_3^-$の形で$^{14}CO_2$を注入し，一定時間ごとに反応を停止させた試料を採取する。

❷クロレラから抽出した成分を二次元クロマトグラフィーで分離する。

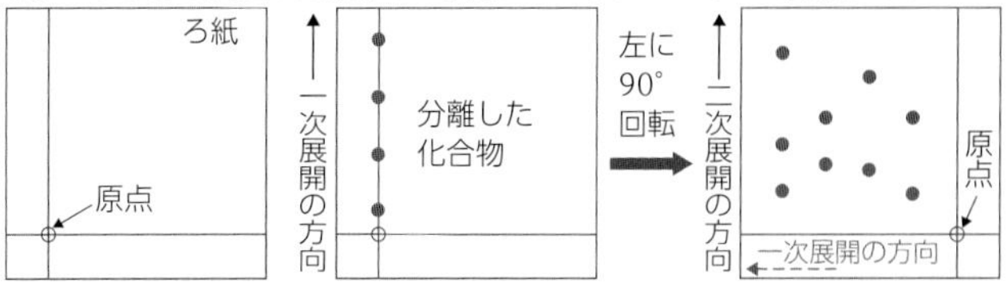

ろ紙の原点に❶で採取した試料をつけ，展開液に浸して一次展開し，化合物を分離する。

90°回転し，展開液の種類を変えて二次展開する。

❸オートラジオグラフィーによって^{14}Cを含む化合物を調べる。

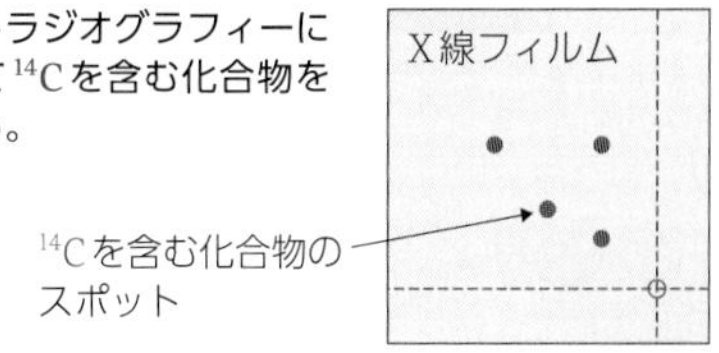

❷で二次展開したろ紙にX線フィルムを密着させる。X線フィルムを現像すると，^{14}Cを含む化合物の位置に黒いスポットが現れる。

Ⓒカルビンの実験(結果)

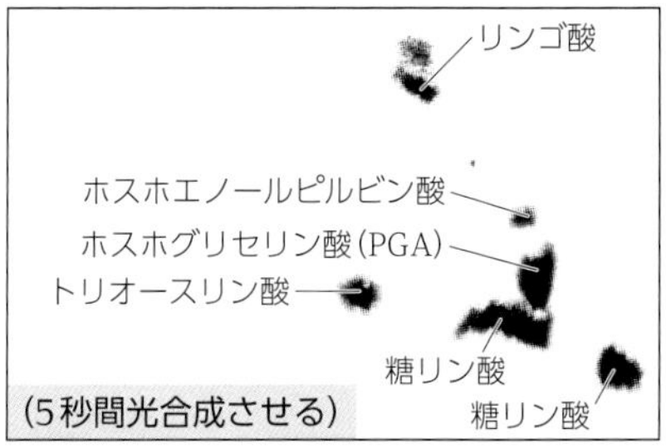

(5秒間光合成させる)

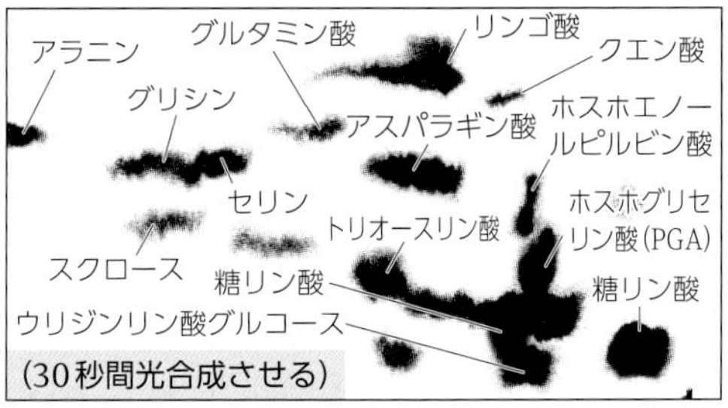

(30秒間光合成させる)

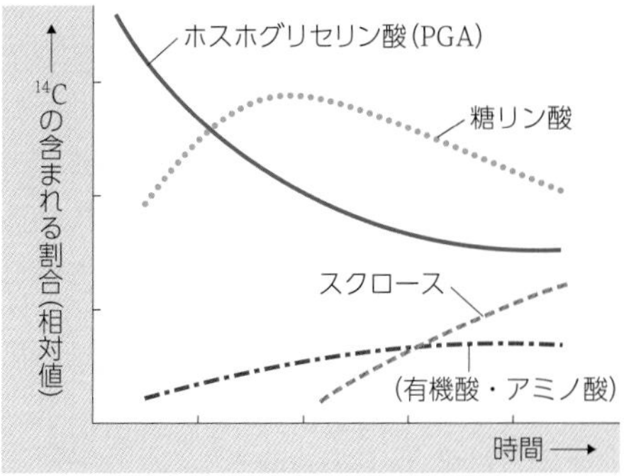

◀^{14}Cを含む化合物の追跡(模式図)▶

結論 CO_2が取り込まれて最初にできる物質は，ホスホグリセリン酸(PGA)である。取り込まれた炭素は，複雑な反応経路を経て，炭水化物やアミノ酸などの有機物につぎつぎと変化していくと考えられる。

6 ヤーゲンドルフの実験(1966年) 生物

光合成や呼吸では，膜内外におけるH^+の濃度勾配によってATPが合成されると考えられていた(化学浸透圧説)。ヤーゲンドルフは下記の実験を行い，この説を裏付ける結果を得た。

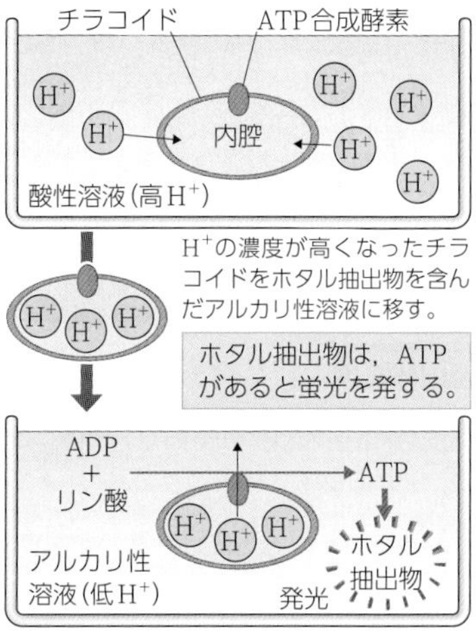

葉緑体から取り出したチラコイドを酸性溶液に浸し，チラコイド内腔にH^+を浸透させる。

ATPが合成され，ホタル抽出物が発光する。

結論 ATP合成は，チラコイド内外のpH差(H^+の濃度差)によって進む。

+α PLUS 初期の光合成研究

ヘルモントの実験(1648年)…水のみを与えてヤナギを5年間生育させたところ，ヤナギの重量は約74.5 kg増加したが，土の重さは約56.8 gしか減少していなかった。このことから，ヤナギの成長は，土中の養分ではなく，水に由来すると結論づけた。

プリーストリーの実験(1772年)…ⓐハッカの枝を入れたガラス鐘ではろうそくが燃え，ネズミは生育できた。ⓑハッカの枝を入れないと，ろうそくが消えてネズミは死んだ。このことから，植物は物質の燃焼や動物の呼吸に必要な気体(酸素)を発生すると結論づけた。

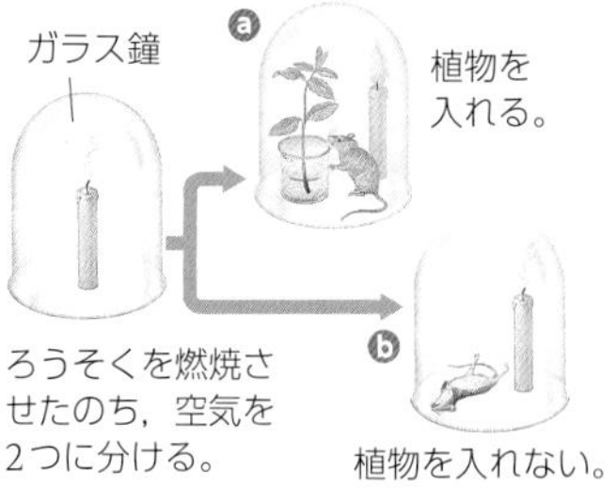

◀プリーストリーの実験▶

インゲンホウスの実験(1779年)…ⓒガラス鐘に緑葉を入れておいても，夜間には空気が悪化してネズミは死んだ。ⓓ緑葉に光を当てると，ネズミは死ななかった。このことから，緑葉が酸素を発生するには，光が必要と結論づけた。

ザックスの実験(1864年)…緑葉の一部をおおって光を照射し，緑色の色素を取り除いたのちにヨウ素反応を調べた。その結果，光が当たった部分でのみヨウ素反応が現れ，光合成によってデンプンがつくられていると結論づけた。

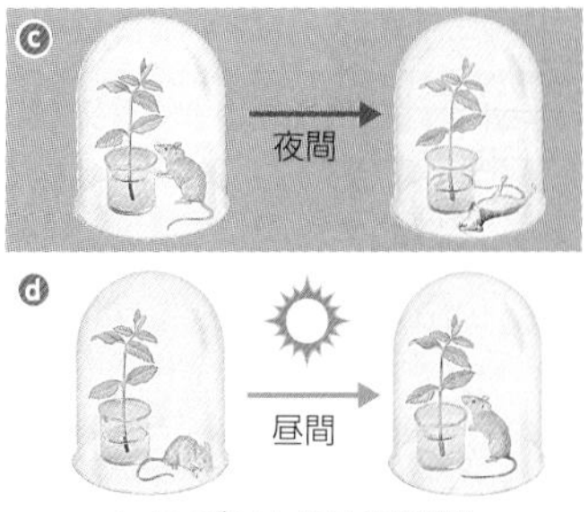

◀インゲンホウスの実験▶

豆知識 ルビスコ(RubisCO)は，ribulose 1,5-bisphosphate carboxylase/oxygenaseの通称で，この通称は，食品会社のナビスコ(Nabisco)をもじってつくられた。ルビスコは，地球上で最も多量に存在するタンパク質である。

07 いろいろな炭酸同化と光合成の進化

生物　Various Types of Carbon Dioxide Assimilation and Evolution of Photosynthesis

1 C_3植物とC_4植物 生物

多くの植物は，二酸化炭素をC_3化合物として取り込む。このような植物は，C_3植物《しょくぶつ》と呼ばれる。一方，二酸化炭素をC_4化合物として取り込む植物もあり，これらはC_4植物《しょくぶつ》と呼ばれる。

C_3植物　二酸化炭素をPGA（C_3化合物）として固定。
（例）多くの植物（陸上植物の約90 %）

C_4植物　二酸化炭素をオキサロ酢酸（C_4化合物）として固定。強光・高温・乾燥の環境での生育に適している。
（例）トウモロコシ，サトウキビ，ススキなど8100種以上が知られている

葉の断面（サザンカ）

維管束を取り囲む維管束鞘細胞《いかんそくしょうさいぼう》はあまり発達せず，内部に葉緑体がほとんどみられない。

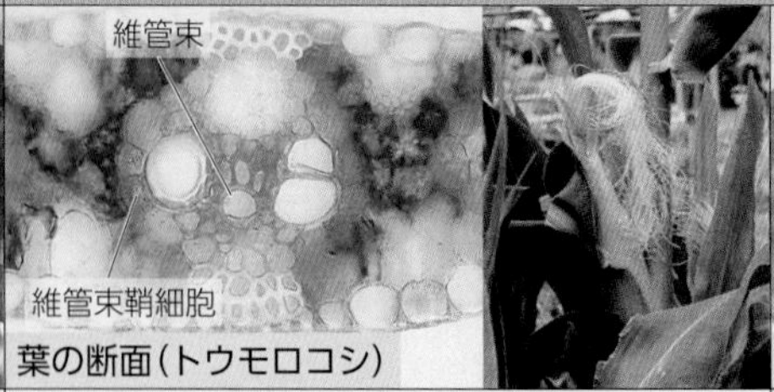

葉の断面（トウモロコシ）

葉緑体を含む発達した維管束鞘細胞をもつ。葉肉細胞は維管束鞘細胞の周囲に密集する。

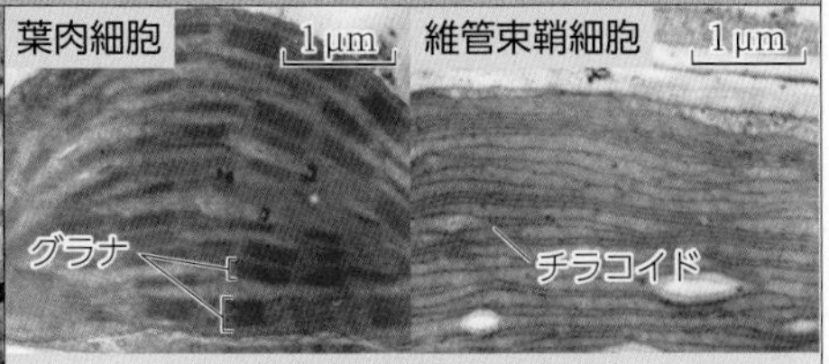

トダシバ（C_4植物）の葉緑体

維管束鞘細胞の葉緑体では，チラコイドがグラナを形成していないことが多い。

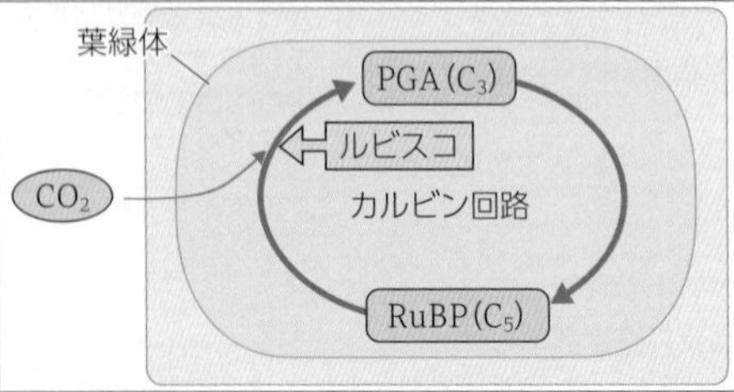

CO_2は，カルビン回路に入り，PGAを生じる。

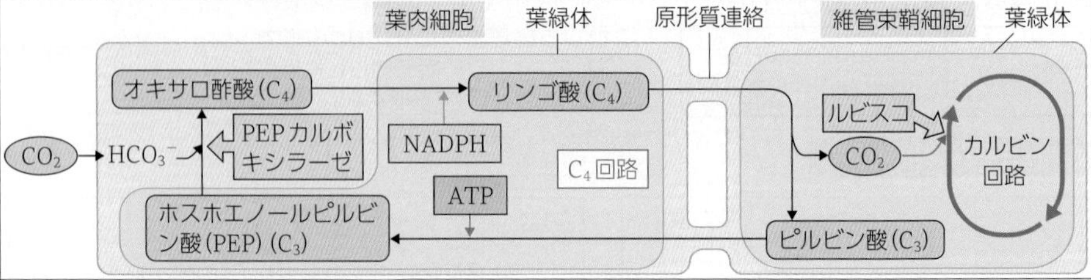

CO_2は，葉肉細胞でオキサロ酢酸に固定される。PEPカルボキシラーゼは，ルビスコに比べ，低いCO_2濃度でも高い活性を示す。オキサロ酢酸は，リンゴ酸に変換されて維管束鞘細胞へ運ばれる。リンゴ酸の脱炭酸でCO_2が生じ，これによって細胞内のCO_2濃度は高く保たれる。CO_2は，カルビン回路に入る。

C_3植物とC_4植物の光合成の特徴

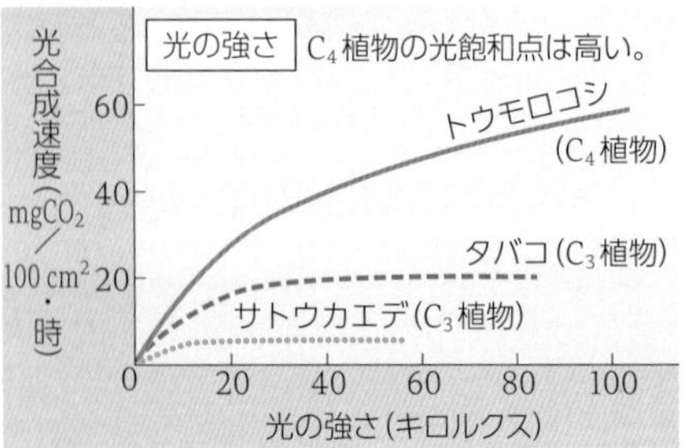

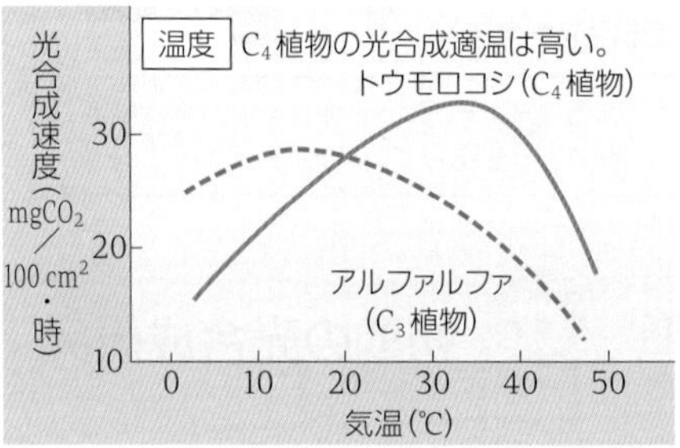

	C_3植物	C_4植物
初期の生成物	ホスホグリセリン酸（PGA）	オキサロ酢酸 リンゴ酸
光飽和点	低い	高い
最大光合成速度	低い	高い
光合成適温	低い（13 ～ 30 ℃）	高い（30 ～ 47 ℃）
光呼吸（➡p.55）	高い	低い
耐乾性	弱い	強い

2 CAM植物 生物

ベンケイソウやサボテンなどは，夜間に気孔から取り入れた二酸化炭素をオキサロ酢酸として固定したのち，リンゴ酸に変えて液胞内に貯える。昼間，光が当たると気孔を閉じ，リンゴ酸から二酸化炭素を取り出す。これがカルビン回路に取り込まれて同化される。このような代謝をベンケイソウ型有機酸代謝（Crassulacean Acid Metabolism）といい，これを行う植物はCAM《カム》植物《しょくぶつ》と呼ばれる。

CAM植物では，C_4植物の葉肉細胞と維管束鞘細胞で行われる二酸化炭素の固定が，同じ細胞内で昼間と夜間に分けて行われる。また，CAM植物の気孔は，夜間に開いて昼間に閉じる。このため，水の蒸散が防がれ，乾燥地での生育に適する。

ベンケイソウ　サボテン

Ⓐ CAM植物の二酸化炭素固定のしくみ（サボテン）

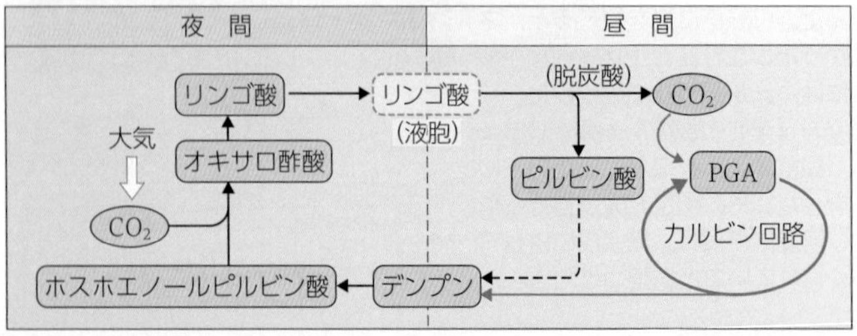

Ⓑ CAM植物の二酸化炭素の固定と気孔の開閉

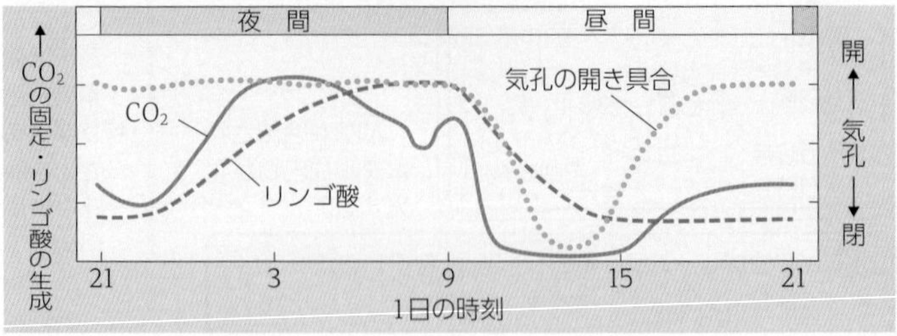

豆知識　C_4回路は，ATPを用いて維管束鞘細胞の二酸化炭素濃度を上昇させている。したがって，ATPを消費しながら光合成を行っていることになる。このため，低温や弱光などの光合成速度が低下するような環境では，正味で得られるATP量が少なくなり，C_3植物よりも生育が不利になる。

3 光合成細菌 生物

光合成を行う細菌は光合成細菌《こうごうせいさいきん》と呼ばれる。光合成細菌には，水を電子供与体として酸素発生型の光合成を行うシアノバクテリアのほか，バクテリオクロロフィルをもち，酸素非発生型の光合成を行うものが存在する。

Ⓐ酸素非発生型の光合成を行う光合成細菌の例

種類		主な電子供与体	光合成色素	光化学系	生育条件
紅色細菌	紅色硫黄細菌	H_2S，S，H_2	バクテリオクロロフィルaまたはb，カロテノイド	Ⅱに相当する系	明・嫌気
	紅色非硫黄細菌	有機物（乳酸など），H_2			明・嫌気 または暗・好気
緑色硫黄細菌		H_2S，S，H_2	バクテリオクロロフィルa，c，dまたはe	Ⅰに相当する系	明・嫌気

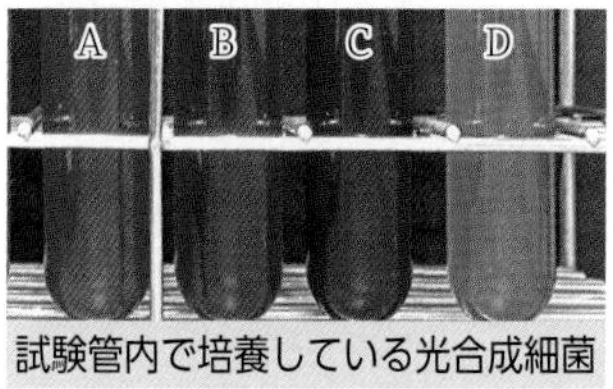

試験管内で培養している光合成細菌

A：紅色非硫黄細菌
B, C：紅色硫黄細菌
D：緑色硫黄細菌

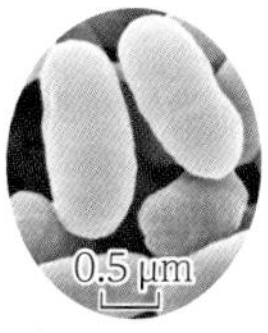

紅色硫黄細菌

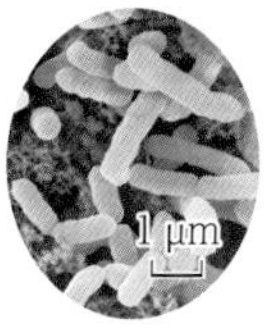

緑色硫黄細菌

Ⓑ酸素非発生型の光合成を行う光合成細菌の特徴

【光合成の特徴】
- 光化学系ⅠまたはⅡに相当する系を1つだけもつ。
- 水以外の分子を電子供与体として利用し，酸素を放出しない。

紅色硫黄細菌の光合成（化学反応式）

$$6CO_2 + 12H_2S \xrightarrow{\text{光エネルギー}} C_6H_{12}O_6 + 6H_2O + 12S$$

（硫化水素）　　　　（硫黄）

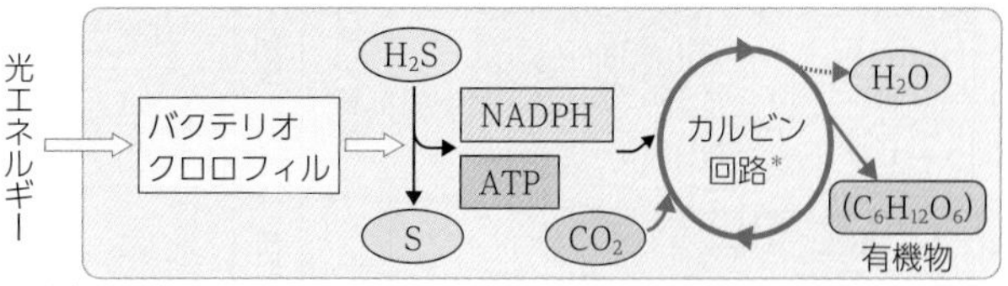

＊光合成細菌には，これとは異なる反応経路でCO_2を固定するものもいる。

4 化学合成細菌 生物

無機物の酸化で遊離する化学エネルギーを利用して二酸化炭素から有機物を合成する反応を化学合成《かがくごうせい》という。化学合成を行う細菌は，化学合成細菌《かがくごうせいさいきん》と呼ばれる。

種類		無機物の酸化反応（エネルギー生産）	生息場所
硝化菌	亜硝酸菌（➡p.324）	$2NH_3 + 3O_2 \rightarrow 2\underline{HNO_2} + 2H_2O$ ＋エネルギー アンモニア　亜硝酸	土壌中や海洋
	硝酸菌（➡p.324）	$2HNO_2 + O_2 \rightarrow 2\underline{HNO_3}$ ＋エネルギー 亜硝酸　硝酸	土壌中や海洋
硫黄細菌		$2H_2S + O_2 \rightarrow 2\underline{S} + 2H_2O$ ＋エネルギー $2\underline{S} + 3O_2 + 2H_2O \rightarrow 2H_2SO_4$ ＋エネルギー	硫黄分の多い水中や土壌中
鉄細菌		$4\underline{Fe}SO_4 + O_2 + 2H_2SO_4 \rightarrow 2Fe_2(SO_4)_3 + 2H_2O$ ＋エネルギー 硫酸鉄（Ⅱ）　硫酸鉄（Ⅲ）	水田や鉄分の多い湖沼
水素細菌		$2\underline{H_2} + O_2 \rightarrow 2H_2O$ ＋エネルギー	土壌中

無機物の酸化反応で生じたエネルギーが有機物の合成に用いられる。
反応式では，細菌の名称に使われている物質や元素に下線を引いている。

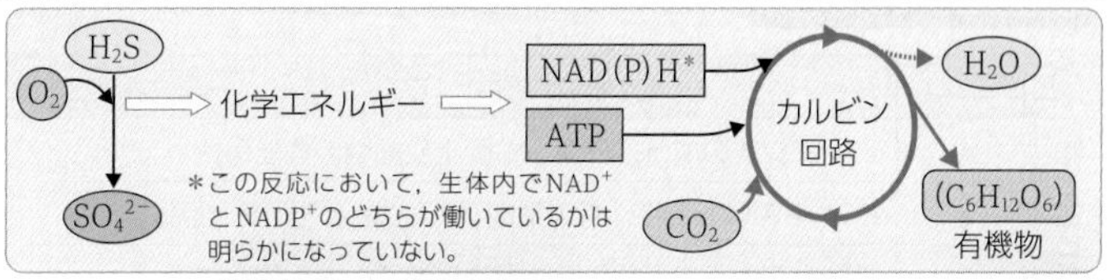

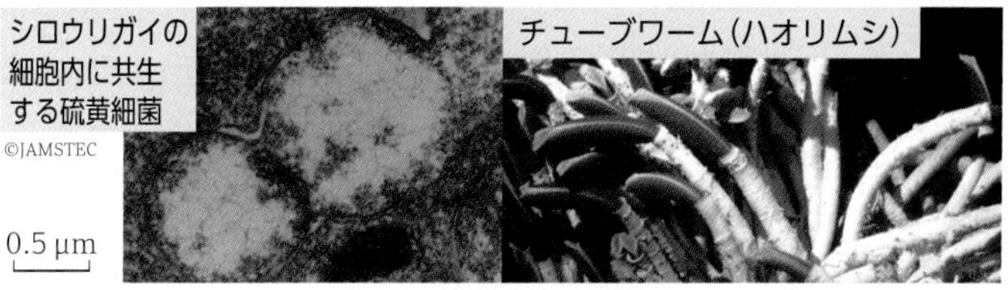

シロウリガイの細胞内に共生する硫黄細菌

光の届かない深海の熱水噴出孔付近には，硫黄細菌と共生（➡p.314）する生物が存在する。これらの生物は，硫黄細菌が合成した有機物を利用して生育している。

5 光化学系の進化 生物

酸素発生型の光合成のしくみは，酸素非発生型のしくみから生じた。

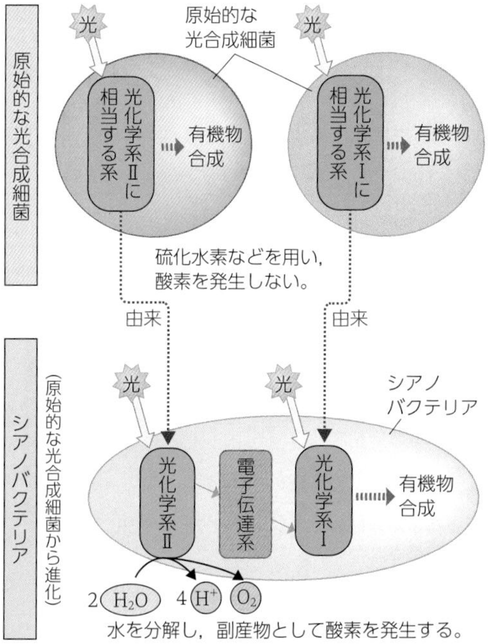

シアノバクテリア（➡p.21）は，植物と同様に，光化学系ⅠとⅡが直列に働くしくみをもっている。これは，原始的な光合成細菌がもっていた光化学系ⅠやⅡに相当する系に由来すると考えられている。シアノバクテリアは，進化の過程で，この2種類の光化学系を使うようになったことで，還元力の小さい水を用いて酸素発生型の光合成を行うことが可能となった。

原始的な光合成細菌は，生物の進化の初期に現れ，硫化水素などが存在する限られた場所で生息していたと考えられている。これに対し，シアノバクテリアは，地球上に広く大量に存在する水を電子供与体に利用することで著しく生息域を広げた。これに伴って大量の酸素が放出され，地球環境や生物の進化に大きな影響を与えた（➡p.268）。

同化の形式 生物

同化には，炭酸同化《たんさんどうか》（炭素同化《たんそどうか》）や窒素同化《ちっそどうか》がある。

【炭酸同化】

生物が二酸化炭素を吸収し，これを炭素源として炭水化物などの有機物をつくる働きを炭酸同化という。炭酸同化は，さらに光合成と化学合成に分けられる。

		生物群	エネルギー源
光合成	酸素発生型	植物，藻類，シアノバクテリア	光エネルギー
	酸素非発生型	光合成細菌	
化学合成		化学合成細菌 一部のアーキア	無機物の酸化による化学エネルギー

【窒素同化】

生物が，窒素を含む化合物を取り入れ，からだを構成する有機窒素化合物をつくる働きを窒素同化という。植物は，土壌中などから無機窒素化合物を吸収して窒素同化を行う（➡p.324）。これに対し，動物や菌類は，他の生物が合成した窒素化合物を取りこんで窒素同化を行う。

生物群	エネルギー源
すべての生物	有機物の分解による化学エネルギー

豆知識　メタン菌（➡p.283，化学合成を行うアーキア）の一種から，ルビスコの遺伝子やカルビン回路の原型と考えられる二酸化炭素の固定反応経路がみつかっている。メタン菌は進化の初期に出現したとされる生物で，この発見により，光合成における二酸化炭素固定のしくみの原型が非常に古くから成立していたことが示唆された。

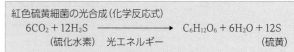

08 動物の栄養素と同化

基礎　生物　中学　発展

Nutrients and Anabolism in Animals

関連動画をCheck!

1 栄養素 基礎 生物

従属栄養生物である動物では，栄養素《えいようそ》として有機物が取り入れられ，その動物に有用な有機物につくり変えられる（動物の同化）。

Ⓐヒトのからだの成分

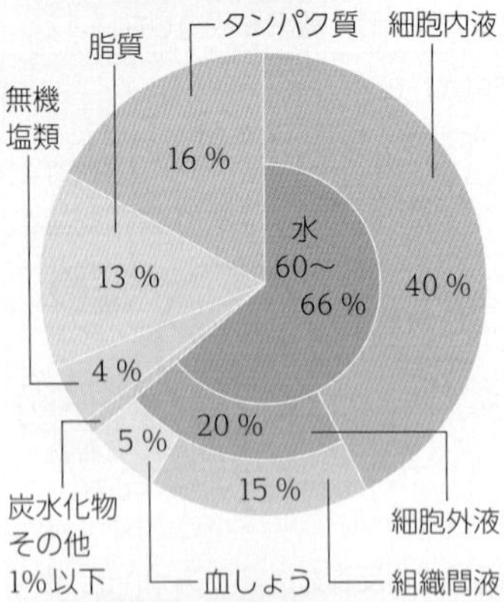

Ⓑ栄養素の種類と働き

種類			働き
有機栄養素	三大栄養素	タンパク質	体構成物質の材料。 他の栄養素がないときのエネルギー源。
		炭水化物（糖質）	最も利用されやすいエネルギー源。 体構成物質の材料としても利用。
		脂質	最も効率の高いエネルギー源。 体構成物質の材料としても利用。
	補助栄養素	ビタミン	体内のいろいろな機能の調節。 不足すると，欠乏症が現れる。
無機栄養素		無機塩類（ミネラル）	骨・歯や酵素・ホルモンの構成成分。 体内のいろいろな機能の調節。

細胞や構成物質の更新

成人の赤血球の寿命は120日程度であり，壊れたものと同じ数だけの赤血球が，日々新生して補われている。細胞の更新は，スピードの差はあるが，ほとんどの細胞で行われる。このため，細胞の新生に必要な材料をたえず食物から供給しなければならない。細胞が壊れなくても，細胞の構成物質や細胞内の酵素はたえず更新されている。

ヒトの細胞の寿命（更新されるまでの日数）

赤血球	120	血小板	10
直腸上皮	6～8	十二指腸上皮	2
腕の表皮	13	舌の味覚細胞	10～13

Ⓒ主なビタミンの種類

ビタミンは，生理機能を営むために必要な微量栄養素で，体内では十分な量を合成できないため，食物から取り入れられる。

ビタミン		働き	ビタミン		働き
脂溶性ビタミン	A	ロドプシンの成分，皮膚・粘膜上皮細胞の機能保持	水溶性ビタミン	B_1（チアミン）	脱炭酸酵素の補酵素（TPP）の構成成分
	D	CaやPの吸収促進，骨の形成（骨の成長と石灰化）促進		B_2（リボフラビン）	脱水素酵素の補欠分子族（FAD）の構成成分
	E	抗酸化剤として不飽和脂肪酸やビタミンAの酸化防止		ナイアシン（ニコチン酸）	脱水素酵素の補酵素（NAD^+）の構成成分
	K	血液凝固作用の促進（➡p.159），Caの透過性増大		C（アスコルビン酸）	酸化還元反応において還元剤として働く

2 消化のしくみ 中学

外界から取り入れた食物中の栄養素は，吸収できる状態にまで分解される。この働きを消化《しょうか》という。

細胞内消化

食物は，細胞内に取り入れられ，消化酵素の働きによって消化される。
(例) 織毛虫類・アメーバ類・海綿動物など

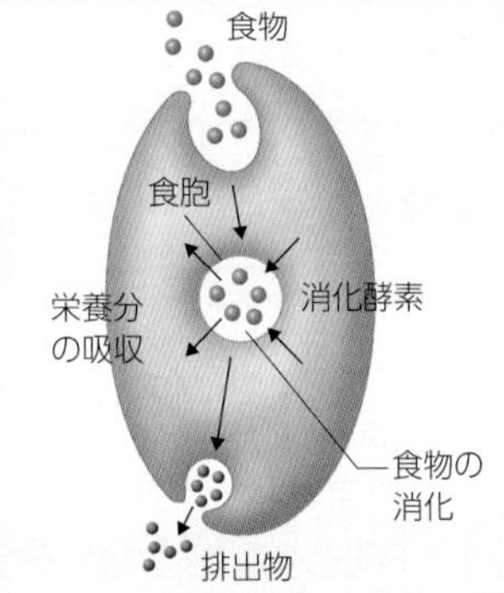

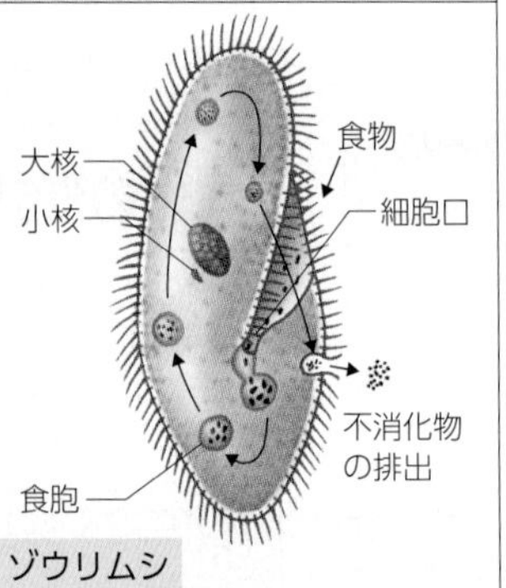

ゾウリムシ

細胞外消化

食物は，消化管内に取り入れられ，消化酵素の働きによって消化される。
(例) 織毛虫類・アメーバ類・海綿動物以外の動物

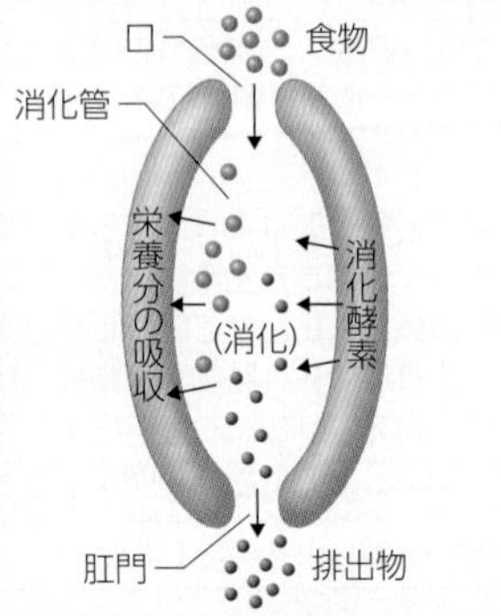

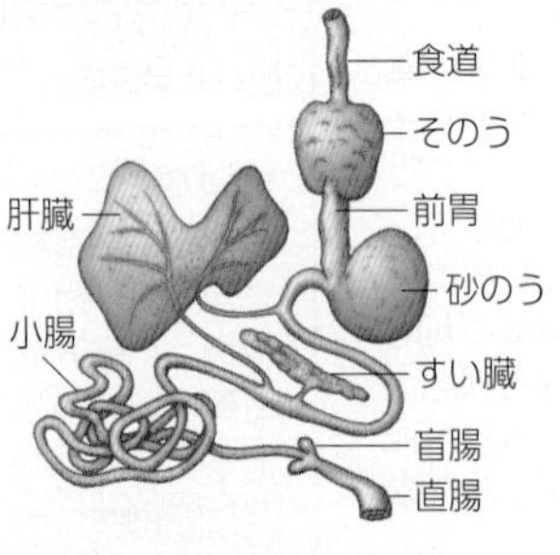

ハト　胃は消化腺に富む前胃と食物を砕く砂のうに分かれる。

機械的消化	化学的消化（消化作用の主役）
食物の破砕，食物と消化液（消化酵素）の混合，消化管内の食物の移動などの働き。	消化酵素の働きによって，食物中の栄養素を低分子の物質に分解する働き。

食道のぜん動

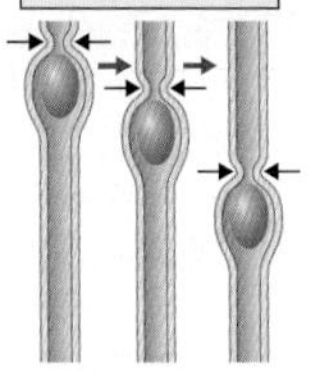

（移動させる）

小腸の分節運動

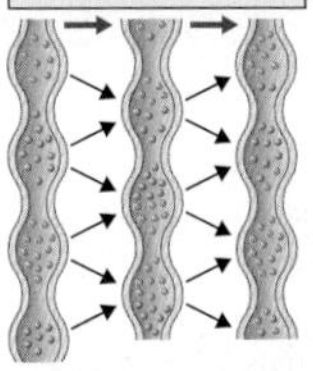

（混ぜ合わせる）

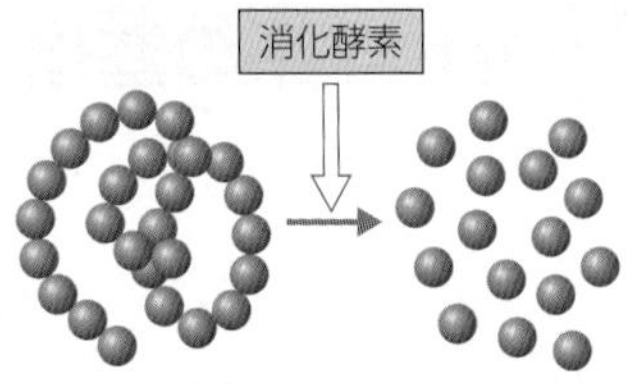

食物中の栄養素（タンパク質分子）　消化産物（アミノ酸分子）

break 胃壁はなぜ消化されないか

胃の中でタンパク質を分解する消化酵素のペプシンは，胃腺からペプシノーゲンとして分泌され，塩酸やペプシン自体の作用で活性化されて，酵素活性をもつようになる。胃壁の表面は，分厚い粘液でペプシンの作用から守られている。仮にペプシノーゲンが粘液中に浸み込んできても，粘液は塩酸を通さないために活性化されず，胃壁の細胞は破壊されない。粘液の分泌が少なくなると，ペプシンによって胃壁が壊されて潰瘍《かいよう》を生じる。

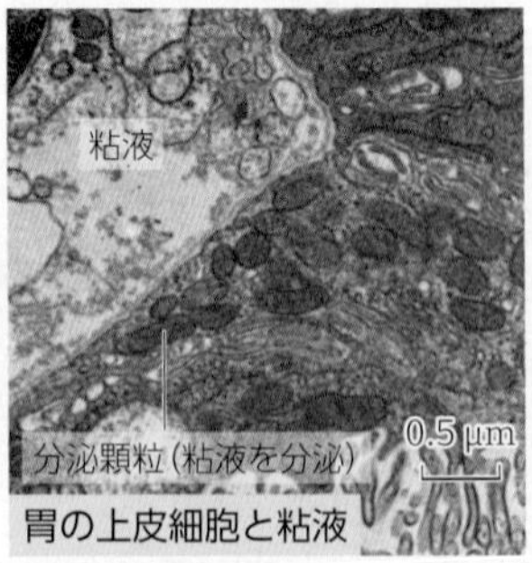

胃の上皮細胞と粘液

豆知識　ビタミンを発見したのは鈴木梅太郎であり，脚気（ビタミンB_1の不足によって末梢神経障害などを生じる病気）の予防や治療に有効な成分を米ぬかからみつけ，オリザニンと命名した。この成分は，現在ではビタミンB_1として知られている。

3 ヒトの消化の過程 中学

食物に含まれる炭水化物・タンパク質・脂肪・核酸などの有機物は，消化管内を移動しながら，消化液中や小腸内面の膜に存在する消化酵素によってつぎつぎと加水分解される。

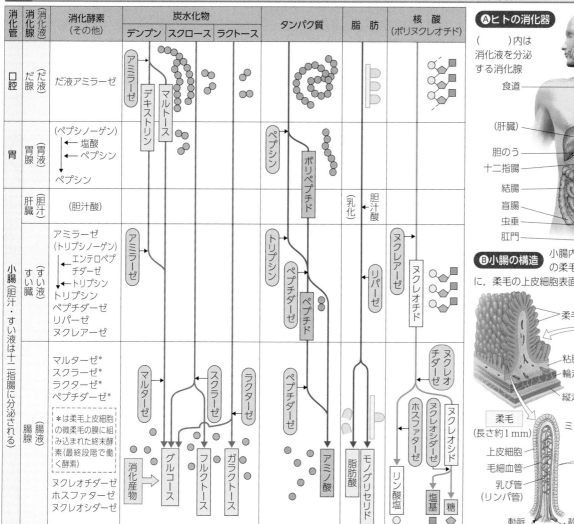

消化管	消化腺（消化液）	消化酵素（その他）	炭水化物 デンプン	炭水化物 スクロース	炭水化物 ラクトース	タンパク質	脂肪	核酸（ポリヌクレオチド）
口腔	だ腺（だ液）	だ液アミラーゼ	アミラーゼ → デキストリン，マルトース					
胃	胃腺（胃液）	（ペプシノーゲン）←塩酸 ←ペプシン ↓ ペプシン				ペプシン → ポリペプチド		
肝臓	肝臓（胆汁）	（胆汁酸）					胆汁酸 →（乳化）	
小腸（胆汁・すい液は十二指腸に分泌される）	すい臓（すい液）	アミラーゼ （トリプシノーゲン） ←エンテロペプチダーゼ ←トリプシン ↓ トリプシン ペプチダーゼ リパーゼ ヌクレアーゼ	アミラーゼ			トリプシン，ペプチダーゼ → ペプチド	リパーゼ	ヌクレアーゼ → ヌクレオチド
	腸腺（腸液）	マルターゼ* スクラーゼ* ラクターゼ* ペプチダーゼ* （＊は柔毛上皮細胞の微柔毛の膜に組み込まれた終末酵素（最終段階で働く酵素）） ヌクレオチダーゼ ホスファターゼ ヌクレオシダーゼ	マルターゼ → グルコース（消化産物）	スクラーゼ → グルコース，フルクトース	ラクターゼ → グルコース，ガラクトース	ペプチダーゼ → アミノ酸	脂肪酸，モノグリセリド	ヌクレオチダーゼ → ヌクレオシド，リン酸塩；ホスファターゼ，ヌクレオシダーゼ → 塩基，糖

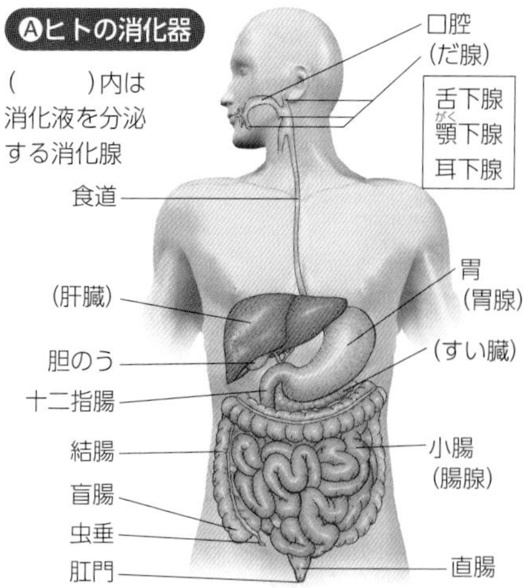

Ⓑ小腸の構造　小腸内面のひだは，表面が多数の柔毛でおおわれている。さらに，柔毛の上皮細胞表面には微柔毛が並んでいる。

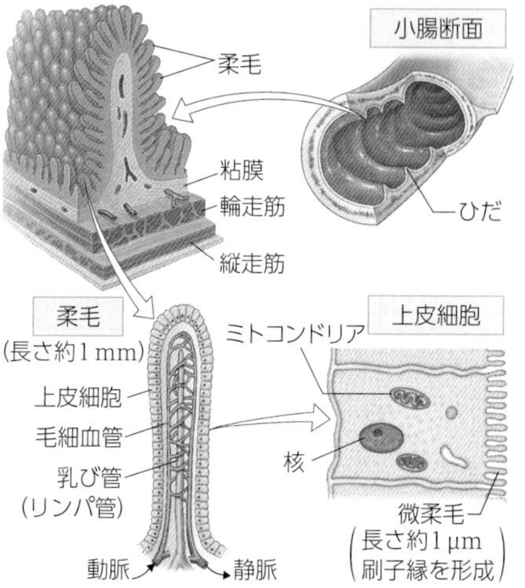

4 終末消化と消化産物の吸収・同化 発展

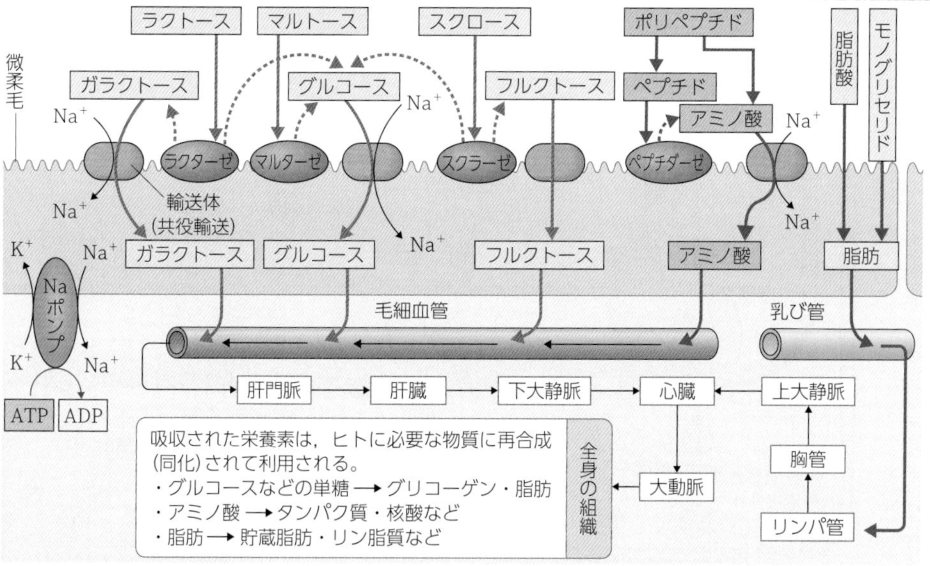

小腸の柔毛《じゅうもう》を構成する上皮細胞の微柔毛部分の細胞膜には，マルターゼやラクターゼ，スクラーゼ，ペプチダーゼといった終末酵素が配列している。小腸に至るまでの消化の過程で，消化酵素の働きで生じた中間消化産物は，最終的にこれらの終末酵素によって分解され（終末消化），吸収される。グルコースやアミノ酸は，Na^+とともに輸送体を通って能動輸送される（➡p.29）。

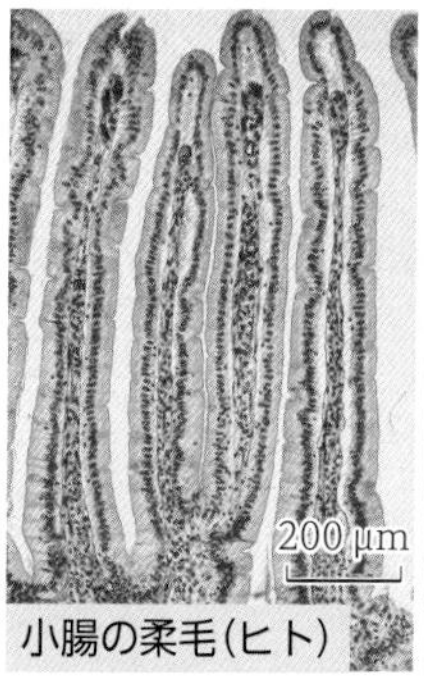

小腸の柔毛（ヒト）

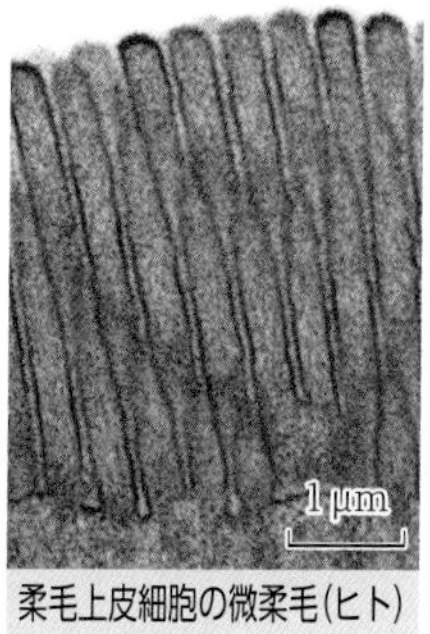

柔毛上皮細胞の微柔毛（ヒト）

豆知識　ヒトの小腸全体では，柔毛が約300万個あり，その表面をおおう上皮細胞の数は約1500億個にも達する。また，1個の上皮細胞には，約2000本の微柔毛が並んでいる。

09 呼吸

基本 1 呼吸のしくみ 生物

酸素を用いて有機物を無機物にまで分解し，取り出されたエネルギーを使ってATPを合成する過程を呼吸《こきゅう》という。呼吸は，細胞質基質とミトコンドリアで行われ，解糖系《かいとうけい》，クエン酸回路《さんかいろ》，電子伝達系《でんしでんたつけい》の3つの段階からなる。

ミトコンドリアの構造

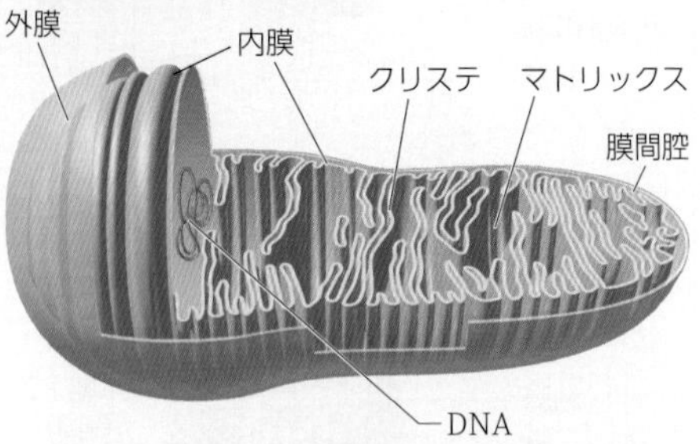

ミトコンドリアは，外膜と内膜の二重の生体膜からなり，内部のマトリックスに独自の環状DNAをもつ(➡p.24)。

- **クリステ**…内膜が内側に突出した部分。
- **マトリックス**…内膜に囲まれた部分。
- 膜間腔《まくかんこう》…内膜と外膜の間の領域。

呼吸の概要

Ⓐ解糖系 細胞質基質	Ⓑクエン酸回路 ミトコンドリアのマトリックス	Ⓒ電子伝達系 ミトコンドリアの内膜
グルコースがピルビン酸に分解される。	ピルビン酸が脱炭酸反応と脱水素反応で無機物にまで分解される。	解糖系とクエン酸回路で生じたNADHや$FADH_2$を使ってATPが合成される。

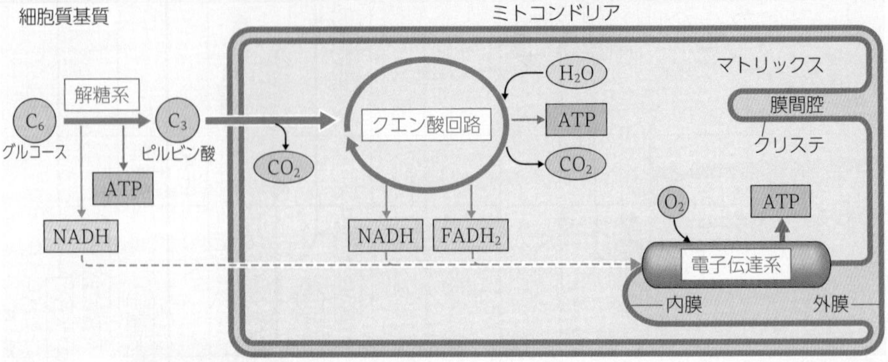

Ⓐ解糖系

解糖系は，脱水素酵素を含む10種類の酵素の働きによって進行する。

$C_6H_{12}O_6+2NAD^+ \rightarrow 2C_3H_4O_3+2(NADH+H^+)+$ エネルギー
(グルコース)　(ピルビン酸)　(2ATP)

Ⓑクエン酸回路

ピルビン酸は，ミトコンドリアのマトリックスに取り込まれ，クエン酸回路を経て無機物にまで分解される。

$2C_3H_4O_3+6H_2O+8NAD^++2FAD \rightarrow 6CO_2+8(NADH+H^+)+2FADH_2+$ エネルギー
(ピルビン酸)　(2ATP)

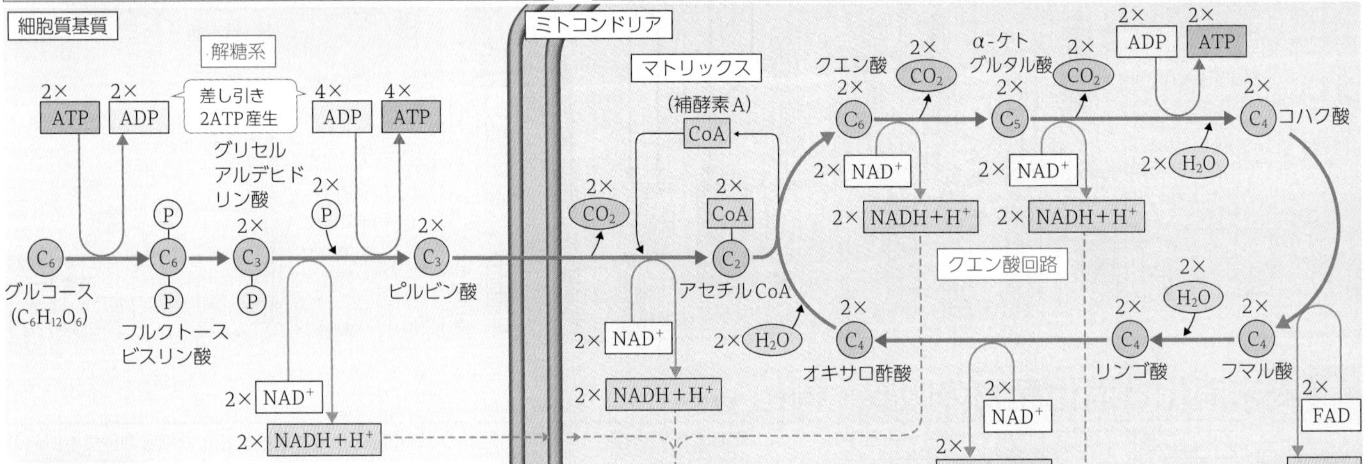

Ⓒ電子伝達系

$10(NADH+H^+)+2FADH_2+6O_2 \rightarrow$
$12H_2O+10NAD^++2FAD+$ エネルギー
(最大34ATP)

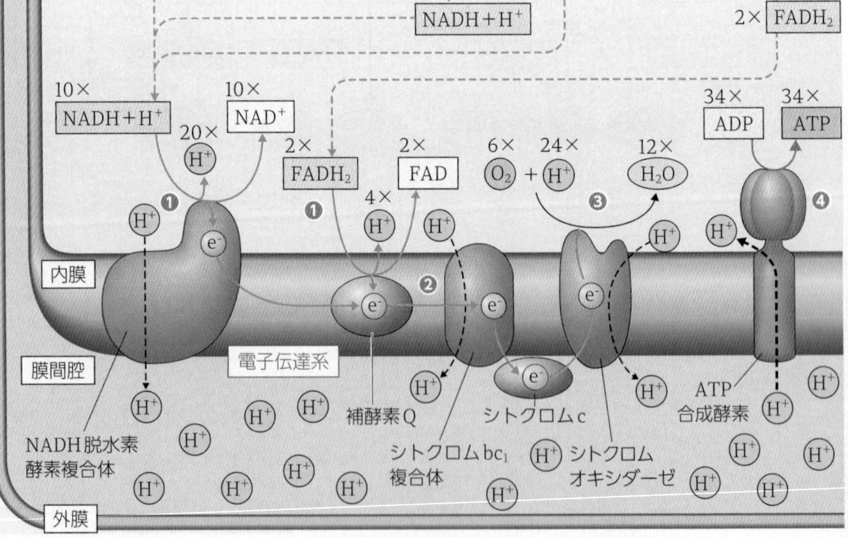

❶解糖系とクエン酸回路で生じたNADHや$FADH_2$が酸化され，H^+とe^-を放出する。
❷e^-が電子伝達系を次々と伝達されるのに伴い，H^+が膜間腔へと輸送される。→H^+の濃度勾配が生じる。
❸e^-は，最終的にO_2に受け渡され，さらにH^+と結合してH_2Oを生じる。
❹膜間腔のH^+は，濃度勾配に従ってATP合成酵素を通過し，マトリックスへと拡散する。その際，ATPが合成される。

呼吸の反応式

$C_6H_{12}O_6+6O_2+6H_2O \rightarrow 6CO_2+12H_2O+$ エネルギー
(グルコース)　(最大38ATP)

豆知識 シアン化カリウム(KCN)は青酸カリとも呼ばれ，電子伝達系のシトクロムオキシダーゼを低濃度でも強く阻害することによって細胞呼吸を止める。

2 ATP合成 生物

呼吸におけるATP合成のしくみには，基質《きしつ》レベルのリン酸化《さんか》と酸化的《さんかてき》リン酸化《さんか》がある。

Ⓐ基質レベルのリン酸化

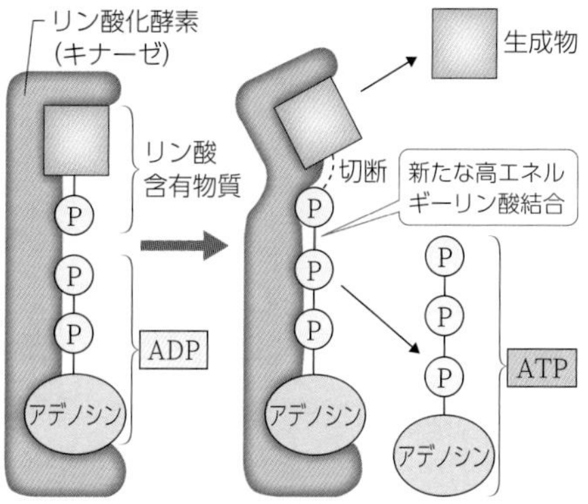

解糖系やクエン酸回路でみられる。

リン酸化酵素（キナーゼ）によって，中間段階のリン酸含有物質からリン酸がADPに転移され，ATPが合成される反応である。

Ⓑ酸化的リン酸化

酸化的リン酸化は，電子伝達とH^+の濃度勾配によるATP合成のしくみである。

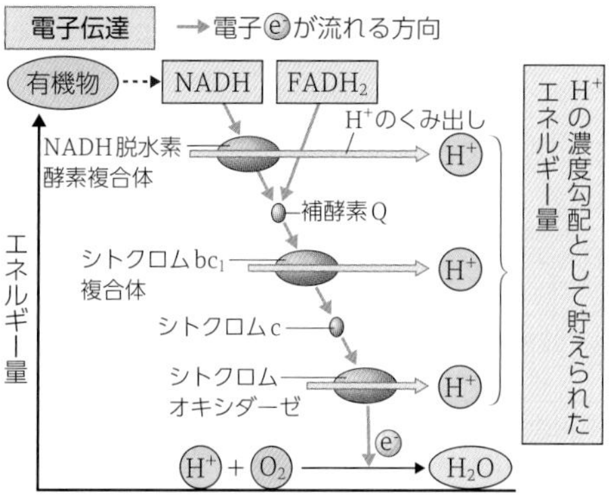

電子は，有機物中からNADHや$FADH_2$に受け渡され，最終的に電子伝達系中の成分へ次々に伝達される。このときに放出されるエネルギーによってH^+が膜間腔へくみ出される。

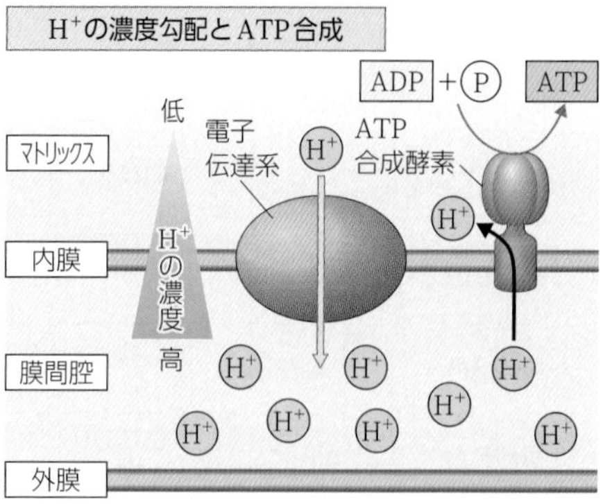

ミトコンドリアでは，膜間腔とマトリックスに生じたH^+の濃度勾配を利用してATPが合成される（化学浸透）。このしくみは，葉緑体のチラコイドにおけるATP合成と同じである（➡p.55）。

3 脱水素反応と脱炭酸反応 生物

Ⓐ脱水素反応

基質から水素を除去する酸化反応で，脱水素酵素（デヒドロゲナーゼ）が触媒となる。

呼吸に関与する脱水素酵素は，補因子としてNAD⁺やFADをもつ。

補因子は電子と水素を受け取る（→p.47）。

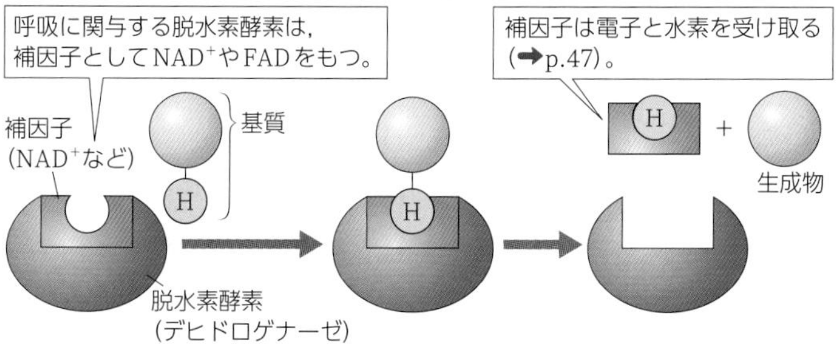

Ⓑ脱炭酸反応

カルボキシ基（－COOH）を含む化合物から二酸化炭素を除去する反応。脱炭酸酵素（デカルボキシラーゼ）が触媒となる。

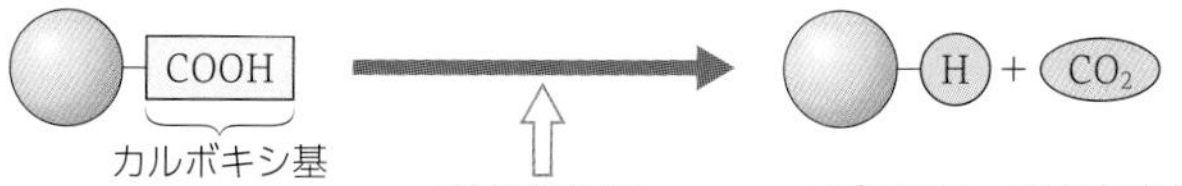

＊呼吸では，脱水素酵素が脱炭酸酵素としても働く。

4 ATPの生成量 生物

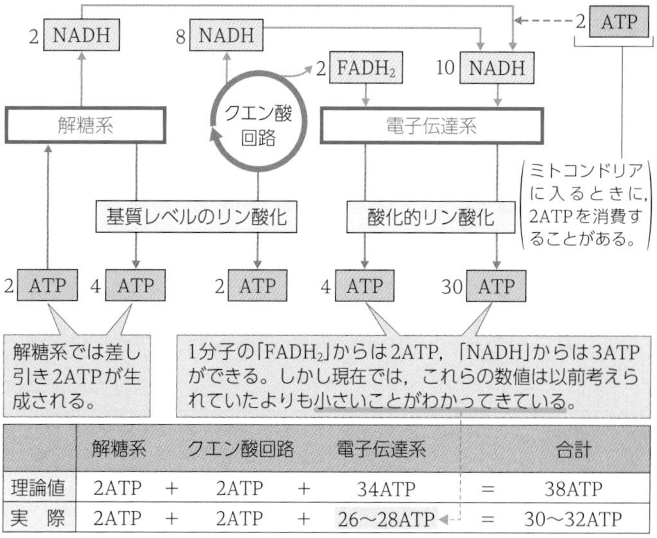

	解糖系		クエン酸回路		電子伝達系		合計
理論値	2ATP	＋	2ATP	＋	34ATP	＝	38ATP
実　際	2ATP	＋	2ATP	＋	26～28ATP	＝	30～32ATP

5 解糖 生物

乳酸発酵（➡p.64）と同じ経路で進行する発酵の1つである。嫌気条件下の動物の筋肉などで進行する。

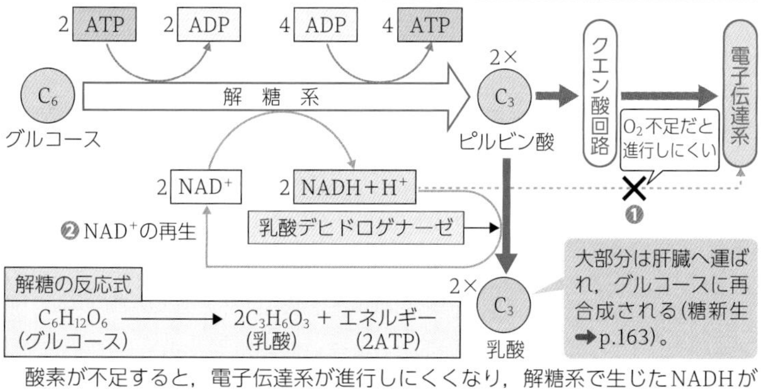

❷NAD⁺の再生

乳酸デヒドロゲナーゼ

大部分は肝臓へ運ばれ，グルコースに再合成される（糖新生→p.163）。

解糖の反応式

$$C_6H_{12}O_6 \longrightarrow 2C_3H_6O_3 + \text{エネルギー}$$

（グルコース）　（乳酸）　（2ATP）

酸素が不足すると，電子伝達系が進行しにくくなり，解糖系で生じたNADHが蓄積する一方，NAD^+が不足して解糖系の進行が抑制される（❶）。このような条件下では，ピルビン酸が還元されて乳酸となり，これによってNAD^+が再生されることで解糖系が進行する（❷）。この過程は，解糖《かいとう》と呼ばれる。

+α PLUS 外呼吸と内呼吸 中学 基礎

呼吸を行う生物は，外界と体内との間で酸素と二酸化炭素のガス交換を行う。これを**外《がい》呼吸《こきゅう》**という。

これに対して，血液と細胞の間の酸素と二酸化炭素のガス交換と細胞内の有機物の酸化過程をまとめて**細《さい》胞《ぼう》呼吸《こきゅう》（内《ない》呼吸《こきゅう》）**という。

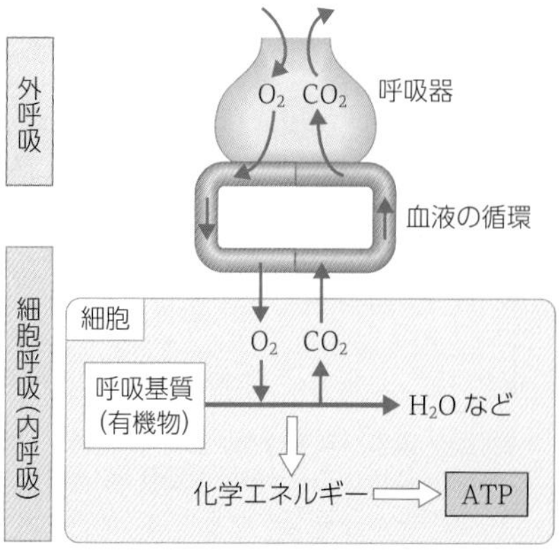

豆知識　生体内に存在するATP合成酵素の量は膨大で，ヒトの細胞ではミトコンドリアにおける膜タンパク質の1割を占める。また，そのタンパク質の総量は，地球上でルビスコに次いで2番目に多いといわれている（➡p.55）。この膨大な量の酵素によって，1日に70 kgという多量のATP合成が行われている（➡p.46）。

10 発酵

重要 1 さまざまな発酵 生物

酸素を用いずに有機物を分解してATPを合成する過程を発酵《はっこう》という。（広義には，微生物による有機物の代謝全般を発酵という。日常ではこちらの意味で使われることが多い。）

種　類	生物名	反　　応	利用その他
解　糖	動物(筋肉)	$C_6H_{12}O_6 \rightarrow 2C_3H_6O_3$＋エネルギー グルコース　乳酸	動物組織でみられ，乳酸発酵と同じ反応過程をもつ。
アルコール発酵	酵母	$C_6H_{12}O_6 \rightarrow 2C_2H_5OH + 2CO_2$＋エネルギー エタノール	酒やパンの製造。
乳酸発酵	乳酸菌	$C_6H_{12}O_6 \rightarrow 2C_3H_6O_3$＋エネルギー 乳酸	チーズやヨーグルトの製造，漬物
酪酸《らくさん》発酵	酪酸菌	$C_6H_{12}O_6 \rightarrow C_4H_8O_2 + 2CO_2 + 2H_2$＋エネルギー 酪酸	酵母や乳酸菌とともにぬかみそに多い。
酢酸発酵*1	酢酸菌	$C_2H_5OH + O_2 \rightarrow CH_3COOH + H_2O$＋エネルギー エタノール　酢酸	食酢の製造。
腐　敗*2	ボツリヌス菌 黄色ブドウ球菌 シュードモナス 大腸菌など	タンパク質 → {アンモニア，プトマイン(有毒)，エンテロトキシン(有毒)，プトレッシン(悪臭)，硫化水素(悪臭，有毒)，CO_2，H_2，メタンなど	悪臭を生じたり，食中毒の原因となる毒素をつくったりする。

*1 酢酸発酵は，O_2を利用することから，狭義の発酵とは区別される。酸化発酵とも呼ばれる。
*2 広義の発酵のうち，ヒトにとって有益でないものが生成される場合を特に腐敗として区別することがある。

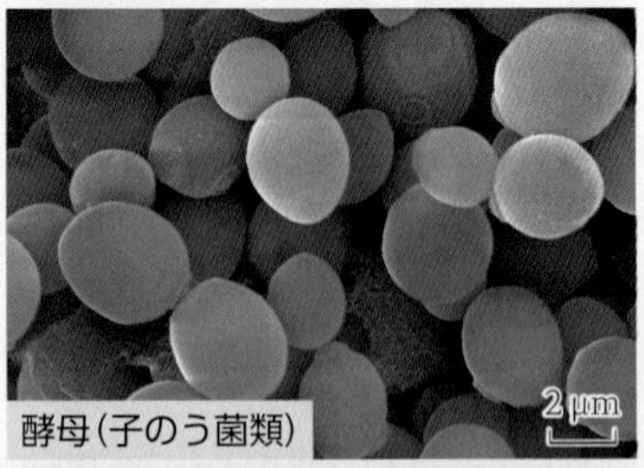

酵母(子のう菌類)

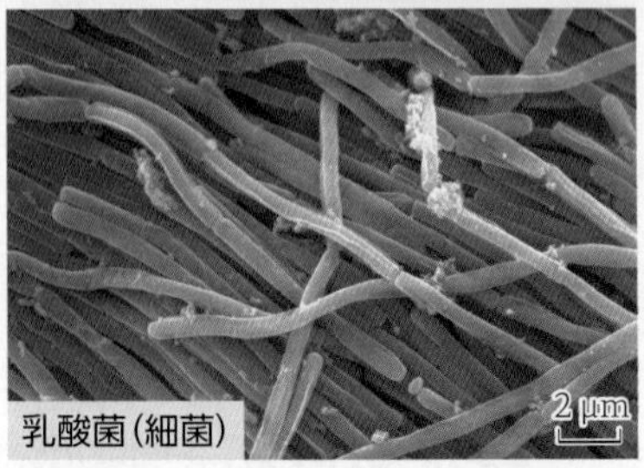

乳酸菌(細菌)

α PLUS パスツール効果 生物

パスツールは，ある種の酵母の発酵が，酸素のない嫌気条件下では活発だが，酸素のある好気条件下では抑制されることを発見した。このように，好気条件下において呼吸が活発になって発酵が抑制される現象は，パスツール効果と呼ばれる。この酵母では，酸素の有無でミトコンドリアの発達が変化する。嫌気条件下では，ミトコンドリアは消失したようにみえるが，実際にはミトコンドリアDNAやATP合成酵素を含んだ「前ミトコンドリア」の状態で存在している。したがってこの酵母を好気条件下に移すと，やがて正常なミトコンドリアが現れる。これは，酸素の有無によって代謝経路を変え，糖を効率的に消費するしくみであると考えられる。パスツール効果は動物の細胞でもみられる。

嫌気条件下の酵母☆

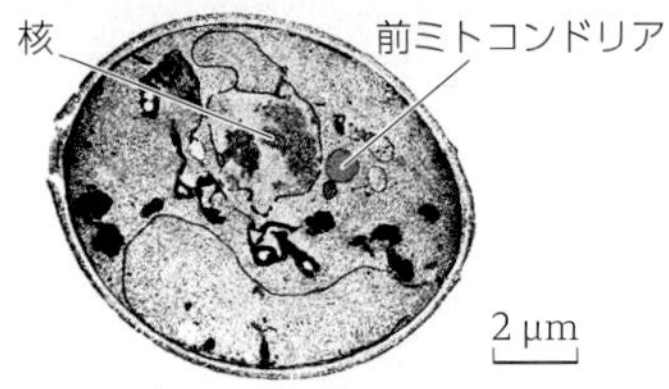

ミトコンドリアが発達していない。

好気条件下の酵母☆

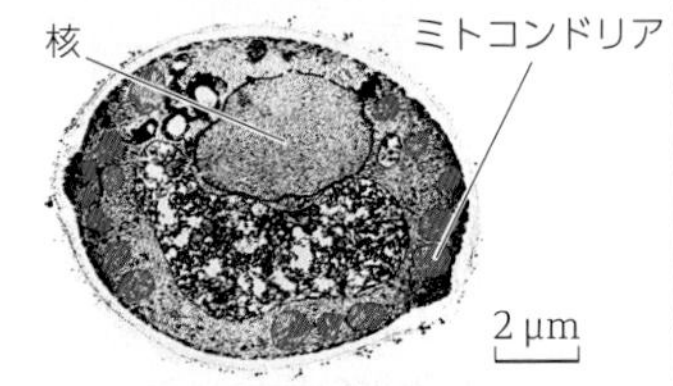

ミトコンドリアが発達している。

整理 燃焼・呼吸・発酵の違い

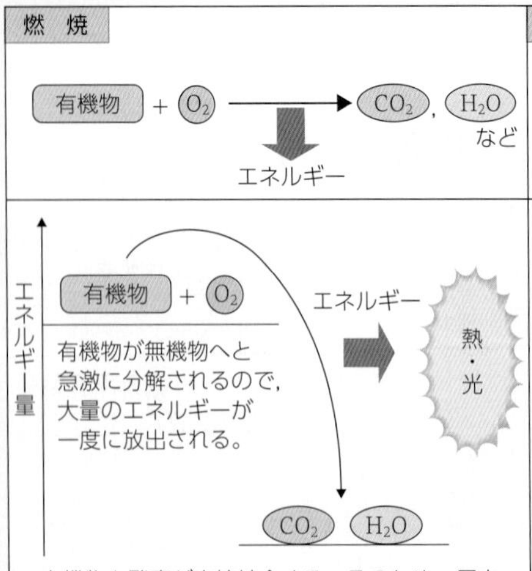

有機物と酸素が直接結合する。そのため，反応が急激に進行して，一度に大量のエネルギーが熱や光として放出される。

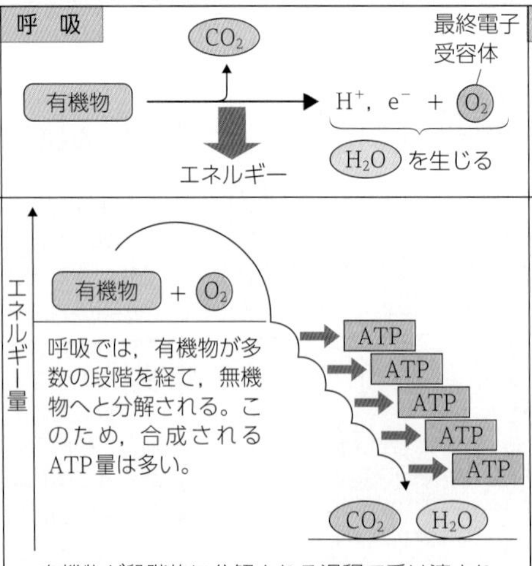

有機物が段階的に分解される過程で受け渡される電子は，最終的に無機物に受容される。

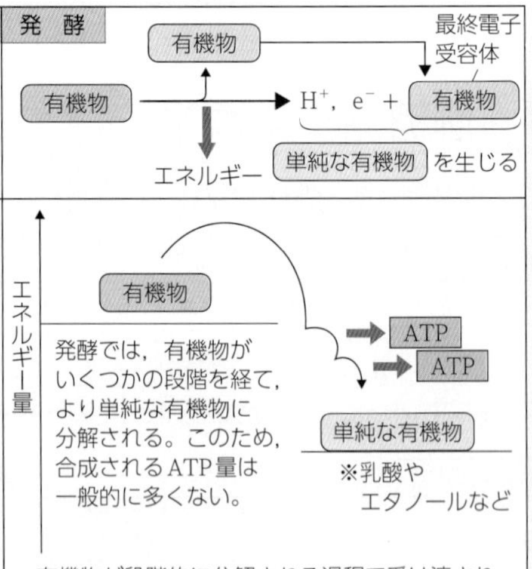

有機物が段階的に分解される過程で受け渡される電子は，最終的に有機物に受容される。

豆知識　ヒトの腸内には，数百種類の細菌がいるといわれている。空気が存在することの多い小腸には，酸素の有無に関係なく生育する乳酸菌や大腸菌などの細菌が生息している。一方，盲腸から大腸はほぼ無酸素状態であり，ビフィズス菌などの嫌気性細菌が多くなる。

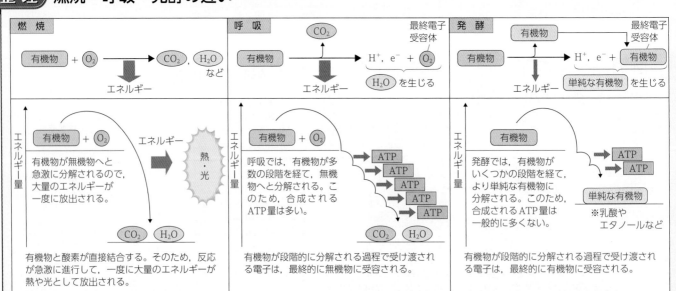

2 発酵の過程 生物

発酵では，種類に関わらず，その過程には共通して解糖系が存在し，ATPが合成される。

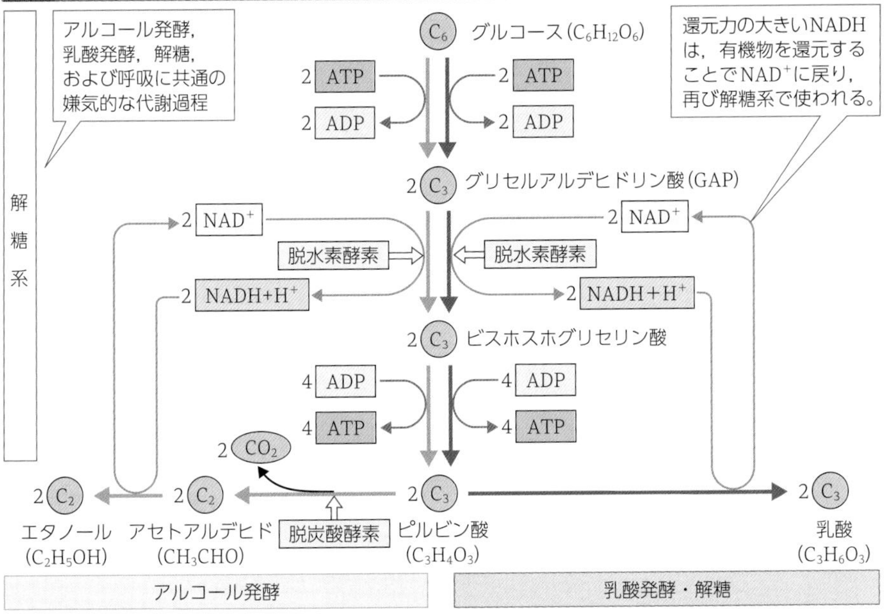

細胞質基質に存在する10種類の酵素の働きによって，グルコース1分子が分解されてピルビン酸2分子を生じる。この代謝経路は**解糖系**《かいとうけい》であり，呼吸と共通している。アルコール発酵では，ピルビン酸がさらに脱炭酸されたのち，NADHで還元されてエタノールとなる。一方，解糖や乳酸発酵では，ピルビン酸が還元されて乳酸を生じる。いずれの場合でも，ATPの純生産量は2分子である。

PLUS α 解糖系の解明

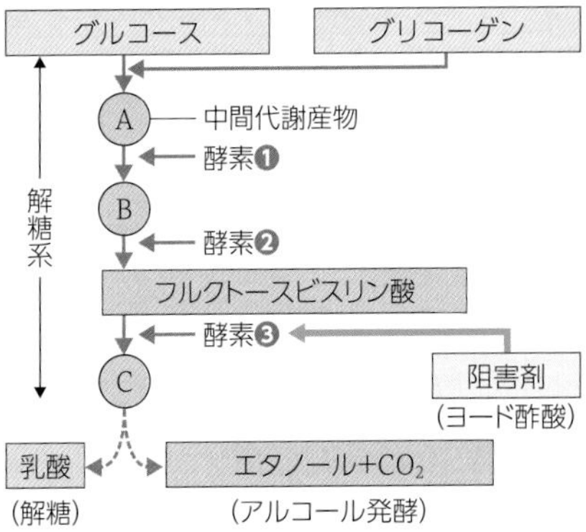

酵母の抽出液と糖液を混ぜ合わせ，これに酵素の阻害剤(ヨード酢酸)を加えて反応を止めると，フルクトースビスリン酸(中間代謝産物)が蓄積する。このような方法で中間代謝産物を見つけ出し，それらの物質の生成と分解に関与する酵素を特定する研究が進められた。その結果，酵母のアルコール発酵，筋肉の解糖などの嫌気条件下での糖の代謝は，主に解糖系で行われることが明らかになった。

この経路は，研究者の名にちなんで，エムデン・マイヤーホフ経路と呼ばれることもある。

3 呼吸と発酵の比較 生物

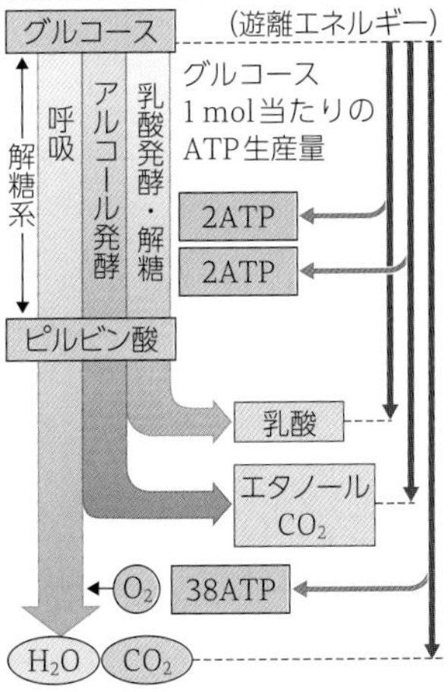

呼吸では，発酵に比べて多量のエネルギーが遊離し，ATPの生産量も多い。呼吸や発酵の過程で遊離するエネルギーのうち，ATP生産に利用される割合を**エネルギー効率**《こうりつ》という。

エネルギー効率	呼吸	$\frac{42\times38}{2867}\times100=55.7(\%)$
	アルコール発酵	$\frac{42\times2}{234}\times100=35.9(\%)$

(グルコース1 mol当たり，呼吸では2867 kJ，アルコール発酵では234 kJのエネルギーが生じ，ATP 1 molの生産に42 kJを要するとして計算。)

PLUS α 脱窒素細菌の電子伝達 生物

脱窒素細菌は，窒素循環(➡p.322)において重要な役割を担っており，硝酸塩を酸化窒素や窒素(N_2)に還元する。これらの細菌は，好気条件下では呼吸を行うが，嫌気条件になると硝酸塩を電子受容体とする電子伝達系を駆動させてATPの合成を行うようになる。このような，嫌気条件下で起こる酸化的リン酸化によるATP合成反応は，嫌気呼吸とも呼ばれる。

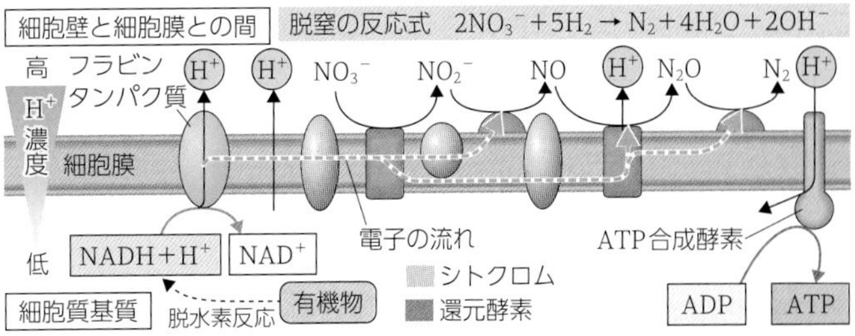

break ぶれいく 微生物の利用 生活

微生物の発酵作用を利用してつくられた食品を発酵食品といい，酵母や細菌のほか，カビが利用されるものもある。

1種類の微生物の働きを利用した食品
パン，ビール，ワイン　など
数種類の微生物の働きを利用した食品
日本酒…コウジカビがデンプンを糖に分解し，これを酵母がアルコールに変える。 カマンベールチーズ…乳酸菌で生乳を発酵させ，カビを表面に発生させて風味を出す。

豆知識　ブフナーは，すりつぶした酵母のしぼり汁にアルコール発酵を行う能力があることを発見し，この発酵に働く酵母中の物質を「チマーゼ」と名づけた。チマーゼは複数の酵素からなる集合体で，補酵素のコチマーゼとともに働く。現在ではコチマーゼの大半はNAD^+であることが示されている。

11 呼吸基質と呼吸商

生物　Respiratory Substrates and Respiratory Quotients

関連動画をCheck!

1 呼吸基質の代謝経路 生物

呼吸基質には，グルコースだけでなく，脂肪やタンパク質も利用される。生体内において，物質は酵素反応によって順次別の物質へと変化していく。その一連の反応経路を代謝経路という。

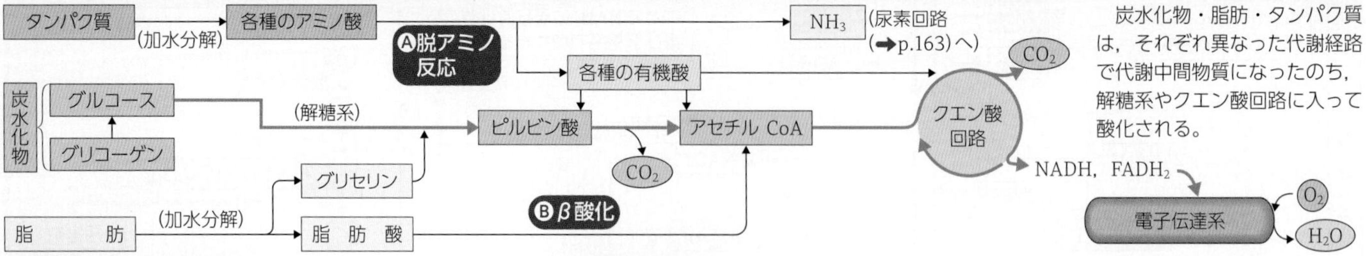

炭水化物・脂肪・タンパク質は，それぞれ異なった代謝経路で代謝中間物質になったのち，解糖系やクエン酸回路に入って酸化される。

Ⓐアミノ酸の脱アミノ反応

アミノ酸からアミノ基を取り去る場合，まず，アミノ酸からアミノ基が転移されてグルタミン酸を生じる。次に，脱アミノ反応によってアンモニアが生成される。

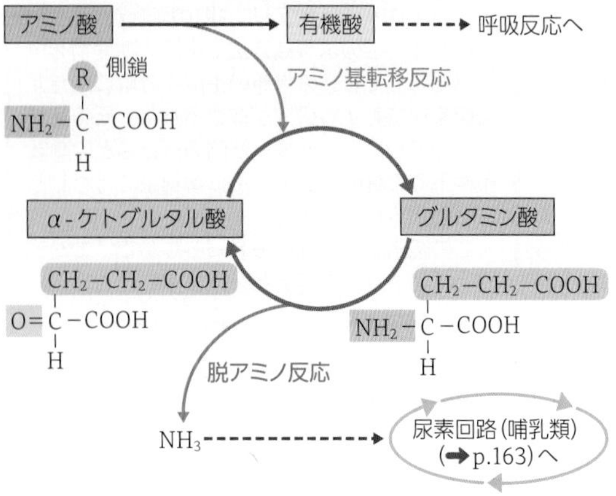

Ⓑ脂肪酸のβ酸化

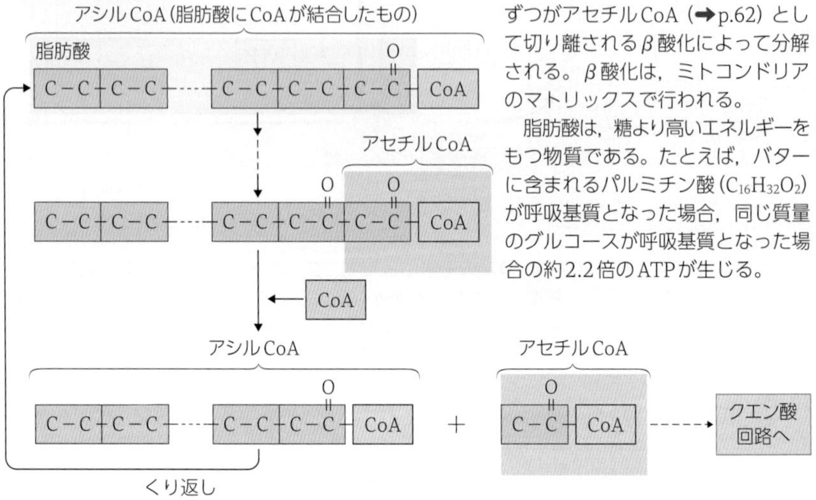

脂肪酸は，一方の端から炭素2個ずつがアセチルCoA (➡p.62) として切り離されるβ酸化によって分解される。β酸化は，ミトコンドリアのマトリックスで行われる。

脂肪酸は，糖より高いエネルギーをもつ物質である。たとえば，バターに含まれるパルミチン酸 ($C_{16}H_{32}O_2$) が呼吸基質となった場合，同じ質量のグルコースが呼吸基質となった場合の約2.2倍のATPが生じる。

重要 2 呼吸商(RQ) 生物

生物が呼吸を行うときに放出する二酸化炭素と外界から吸収する酸素との体積比を呼《こ》吸《きゅう》商《しょう》 (RQ; Respiratory Quotient) という。RQの値は，呼吸基質の種類で異なる。

呼吸基質	酸化反応	RQ	物理的燃焼
炭水化物	$C_6H_{12}O_6+6O_2+6H_2O \rightarrow 6CO_2+12H_2O$ グルコース	$\frac{6}{6}=1.0$	17.2 J/g (4.1 kcal/g)
脂　肪	$2C_{51}H_{98}O_6+145O_2 \rightarrow 102CO_2+98H_2O$ トリパルミチン	$\frac{102}{145} \fallingdotseq 0.7$	39.4 J/g (9.4 kcal/g)
タンパク質	$2C_6H_{13}O_2N+15O_2 \rightarrow 12CO_2+10H_2O+2NH_3$ ロイシン(アミノ酸)	$\frac{12}{15}=0.8$	23.9 J/g (5.7 kcal/g)

$$RQ=\frac{\text{放出される}CO_2\text{量}}{\text{吸収される}O_2\text{量}}\left(\begin{array}{c}\text{体積または}\\\text{モル数の比}\end{array}\right)$$

脂肪とタンパク質は，分子中の酸素の割合が炭水化物よりも少ないので，消費されるO_2が多く，RQが1よりも小さくなる。

Ⓐ発芽種子のRQの算出

RQの値から利用されている呼吸基質を推定することができる。

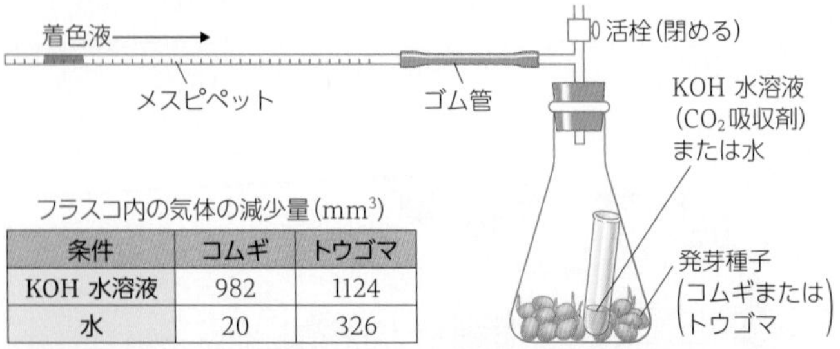

フラスコ内の気体の減少量(mm^3)

条件	コムギ	トウゴマ
KOH 水溶液	982	1124
水	20	326

RQの計算　コムギ $\frac{982-20}{982}=0.98$　トウゴマ $\frac{1124-326}{1124}=0.71$

利用されている主な呼吸基質　コムギ 炭水化物　トウゴマ 脂肪

種子の貯蔵物質　コムギ デンプン(60～75 %)，タンパク質(13 %)
トウゴマ 脂肪(64 %)，タンパク質(18 %)

Ⓑ発芽種子のRQ

発芽初期には，一般にRQが小さくなる。これは，脂肪の炭水化物への変換にO_2が使われるためである。やがて，それぞれの呼吸基質に用いられる貯蔵物質のRQの値に近づいてくる。

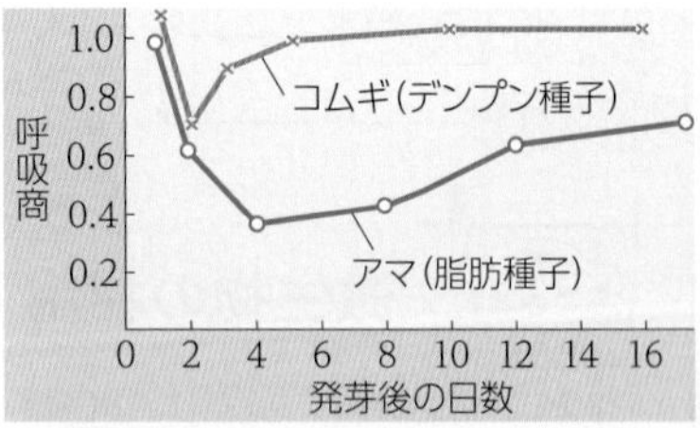

発酵なども行われているため，呼吸商は理論値と一致しないことがある。

Ⓒさまざまな生物・組織のRQ

動　物	RQ	組織(ネズミ)	RQ	植　物	RQ
ウ　シ	0.96	網　膜	1.00	オオムギ(葉)	1.02
ヒ　ト	0.89	大脳皮質	0.99	スイセン(球根)	0.96
ブ　タ	0.86	腎　臓	0.84	エンドウ(発芽種子)	0.83
ネ　コ	0.74	肝　臓	0.74	トウゴマ(発芽種子)	0.71

呼吸商の値は，一般に炭水化物を呼吸基質とする植食性動物では大きく，タンパク質や脂肪を呼吸基質とする肉食性動物では小さい。

豆知識　酸素が存在する条件下で酵母を生育させ，吸収したO_2量と排出したCO_2量の比を求めると，1より大きくなる。酵母は，酸素がある条件下では呼吸と発酵の両方を行い，吸収O_2量＜排出CO_2量となるためである。

実験4 呼吸の実験

生物

実験A アルコール発酵と温度の影響

目的
〈a〉 酵母によるアルコール発酵の反応を確認する。
〈b〉 アルコール発酵の反応速度と温度の関係を調べる。

準備

①発酵液のつくり方

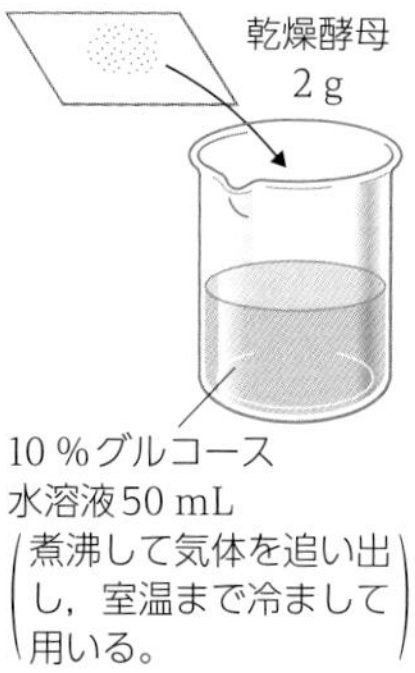

②発酵管

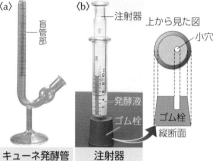

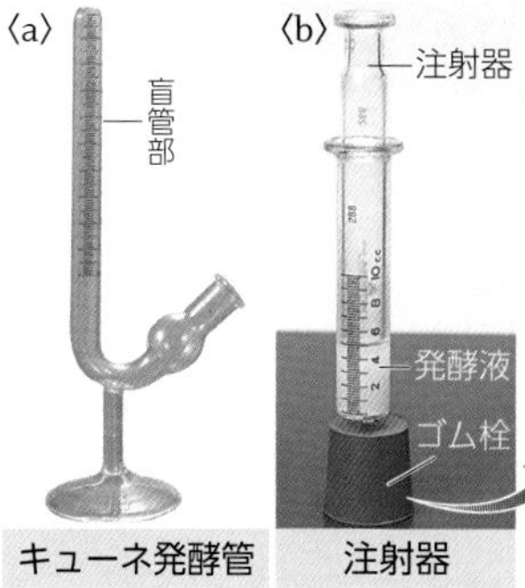

方法

〈a〉酵母によるアルコール発酵の反応の確認

(1)キューネ発酵管に発酵液を静かに入れる。盲管部に空気が入らないように注意する。発酵管を40 ℃の湯につけ，気体を発生させる。十分に気体が発生したら，発酵管に水酸化ナトリウムの粒を入れて溶かす。

(2)発酵液の一部を試験管に取り，ヨウ素溶液を数滴加えて70 ～ 80 ℃の湯につけ，色の変化とにおいを調べる。

〈b〉アルコール発酵の反応速度と温度の関係を調べる

(1)注射器を6個準備し，それぞれを20 ℃，30 ℃，40 ℃，50 ℃，60 ℃，70 ℃に保った温水中に入れる。約5分後から，10分間に注射器内にたまる気体の体積を測定する。

(2)気体が多くたまった注射器の発酵液を捨てたのち，10 %水酸化カリウム水溶液を3 mL吸い取ってゴム栓をし，静かに振って管内の気体の変化を観察する。

結果

〈a〉試験管には黄色の沈殿が見られ，特有の臭気があった。

〈b〉(1)各温度における気体の発生量をグラフに表すと右のようになった。
(2)発生した気体が水酸化カリウム水溶液に吸収された。

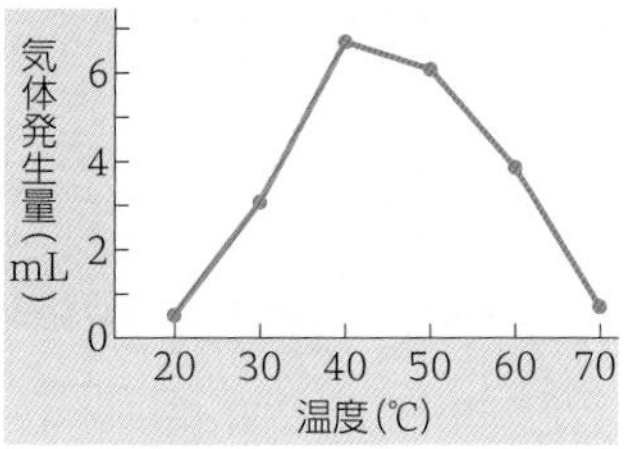

考察

1．〈a〉から，酵母のアルコール発酵でエタノールの生成が確認された。

2．〈b〉(1)から，アルコール発酵の反応速度は温度によって変化した。これは，発酵に関わる酵素の活性が温度の影響を受けるためである。結果から，これらの酵素の最適温度は，40 ℃付近であると考えられる。

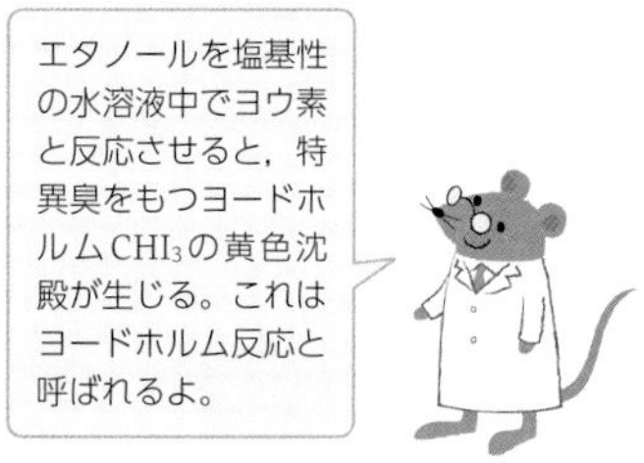

3．〈b〉(2)から，発生した気体は，CO_2であることが確かめられた。

4．発酵液をつくるとき，グルコース水溶液を煮沸して溶けている気体を追い出したのは，アルコール発酵の反応を低下させるO_2の影響を除くためである(パスツール効果➡p.64)。

> エタノールを塩基性の水溶液中でヨウ素と反応させると, 特異臭をもつヨードホルム CHI_3の黄色沈殿が生じる。これはヨードホルム反応と呼ばれるよ。

実験B 脱水素酵素の働き

目的 酵素の濃度と活性(酵素反応の強さ)の関係について，生体から抽出した脱水素酵素を用いて調べる。

予備実験 指示薬メチレンブルーの酸化と還元による色の変化

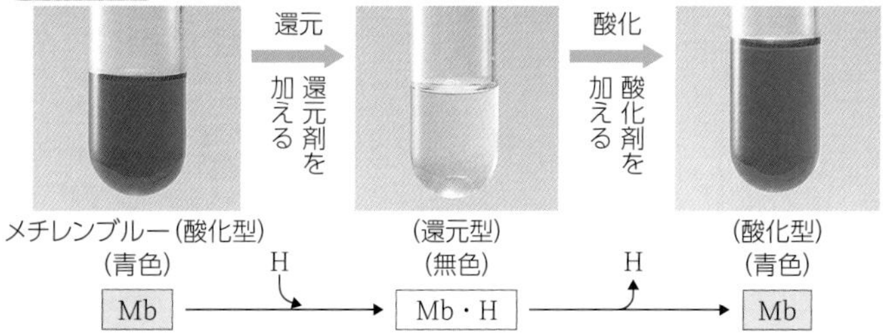

準備

①酵素液のつくり方
ニワトリの胸筋にリン酸緩衝液(pH6.8)を加えてすりつぶし，ガーゼでろ過して酵素液をつくる。

②実験装置
ツンベルク管をセットする(右図)。

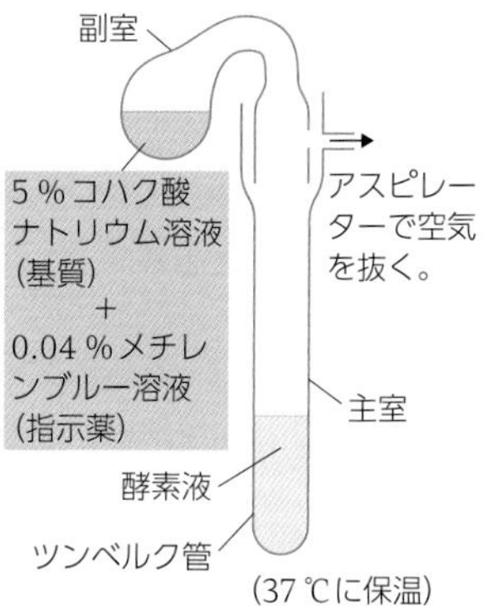

方法

(1)アスピレーターでツンベルク管内の空気を抜き，副室を回して密閉する。

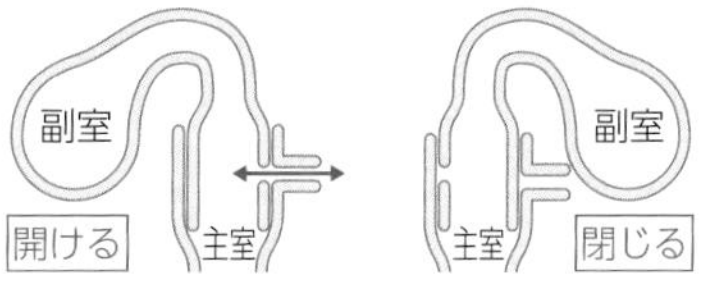

(2)副室の溶液を主室に流し込み，37 ℃に保ってメチレンブルーの青色が消えるまでの時間を測定する。

(3)酵素液を希釈し，いろいろな濃度の酵素液を用いて同じ測定をする。

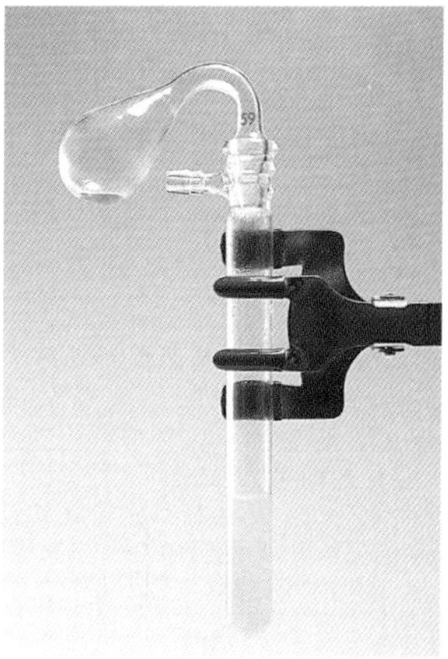

結果

酵素液の濃度	青色が消えるまでの時間
1倍	6.3分
0.8倍	8.1分
0.6倍	10.2分
0.4倍	16.2分
0.2倍	29.4分

考察

1．胸筋に含まれる脱水素酵素は，コハク酸ナトリウムから水素を奪い，酸化型メチレンブルー(Mb，青色)に与えた。これによりMbが還元型(Mb・H，無色)になったと考えられる。

2．各濃度の酵素液の活性は，Mbの青色が消えるまでの時間の逆数で相対的に表すことができる(右図)。

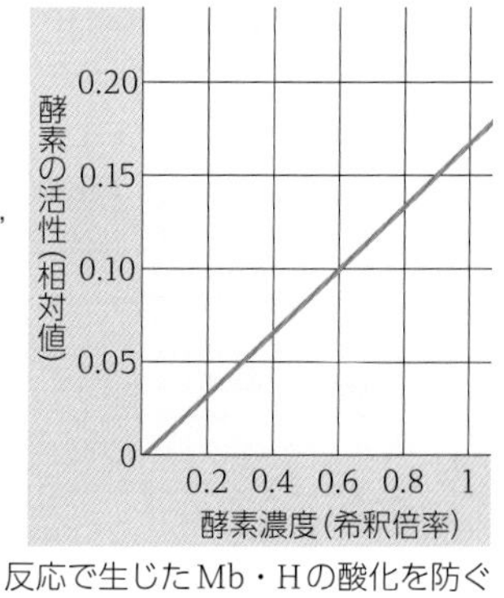

3．温度，pH，基質濃度の条件が一定ならば，酵素の活性は酵素濃度に比例すると考えられる。

4．反応前に管内の空気を抜いたのは，反応で生じたMb・Hの酸化を防ぐためである。反応後に管内に空気を入れると，Mb・Hが酸化されて再び青色になると考えられる。

豆知識 実験Bにおいて，メチレンブルーは，コハク酸脱水素酵素の補欠分子族であるFADから電子を受け取り，周囲のH^+と結合して還元される。メチレンブルーは，細胞の核を染める染色液としても利用される(➡p.339)。

第3章

遺伝子の働き

Gene Function

- 遺伝子の本体であるDNAは，どのような物質なのだろうか？
- 遺伝情報はDNAにどのように存在し，どのようなしくみで形質として現れるのだろうか？

学びマップ 第3章

生物には，自身の特徴（形質）を子へ伝えるしくみがある。生物の形質を決め，親から子へと伝えられる情報は，遺伝情報と呼ばれる。遺伝情報は，遺伝子の本体であるDNAによって担われており，これにもとづいて合成されたタンパク質によって，生物の形質が現れる。

DNAはどのような物質で，それをもとにどのようにしてタンパク質が合成されるのだろうか。この章では，DNAの特徴や，遺伝子発現のしくみについて学んでいこう。

遺伝子の本体，DNAと染色体

- DNAは，遺伝子として働く領域をもつ （➡p.70～73）
- DNAは染色体を構成する （➡p.72，74～77）
- 個体や種ごとに異なるゲノムをもつ （➡p.78～79）

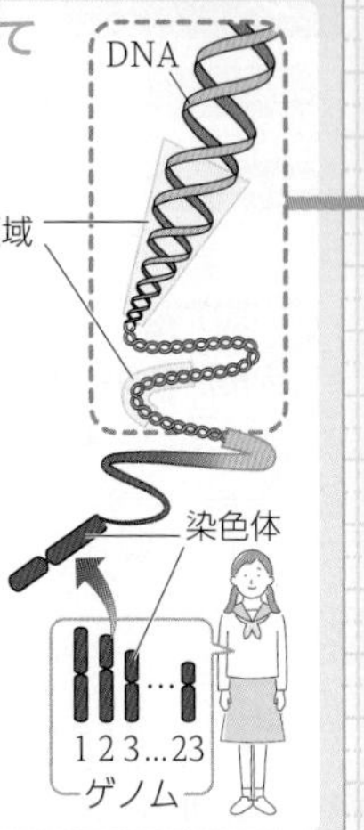

研究の歴史

ノーベル賞受賞者：生理学・医学賞，化学賞

遺伝子の本体 ―染色体と遺伝子―

遺伝物質は粒子である（➡第9章）

メンデル（1865）

遺伝物質に関するそれまでの考え

ダーウィンらの考え（19世紀頃）

メンデルの考え（1865）

遺伝子につながる考えの提唱

遺伝子は染色体にある（➡p.75，第9章）

サットン（1903），ヨハンセン（1909），モーガン（1926）

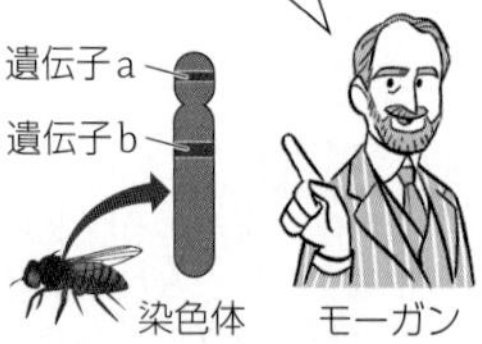

染色体と遺伝子の関係が示された

遺伝子の本体 ―DNAとその構造―

遺伝子が染色体に存在することがわかり，遺伝子の本体は，染色体を構成するDNAかタンパク質だと考えられるようになった。

形質が変わる現象（形質転換）を発見（➡p.70）

グリフィス（1928）

何らかの物質が肺炎双球菌に伝わり，形質を変えると考えた。

形質転換を引き起こす物質はDNAだと証明（➡p.70）

エイブリーら（1944）

遺伝情報を伝える物質はDNAであると実証（➡p.71）

ハーシー，チェイス（1952）

一連の研究により，遺伝子の本体がDNAであることが証明された

DNAの構造を解明（➡p.71，72）

シャルガフ（1949），ウィルキンス，フランクリン（1952），ワトソン，クリック（1953）

複製や発現のしくみの解明につながっていった

年表：1842　1865　1882　1895　1898　1903　1909　1926　1928　1944　1945　1949　1952

- 1895　X線の発見　レントゲン
- 1898　放射性物質の発見　キュリー

研究の今と未来の展望

DNAの非コード領域の解析

タンパク質非コード（タンパク質を指定しない）領域は，働きが不明なものが多く，ジャンク（がらくた）DNAとさえ呼ばれていた。しかし近年，遺伝子の転写調節領域となったり，転写産物の安定性に関与したりするなどして，重要な役割を担う領域が多く存在することがわかってきた。今後もさまざまな機能をもつ領域が発見されると考えられている。

ヒトのDNAの大部分は非コード領域　たとえば，なかには…

進化に関わる領域

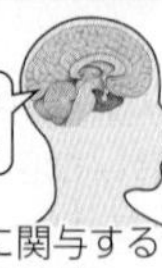

脳の発達に関与すると考えられる領域

健康に関わる領域

がんの抑制に関与すると考えられる領域

体質に関わる領域

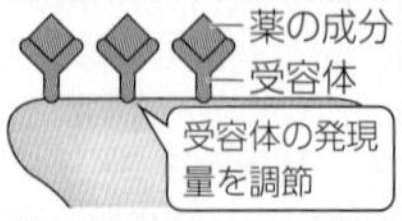

薬の効きやすさに関与すると考えられる領域

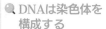

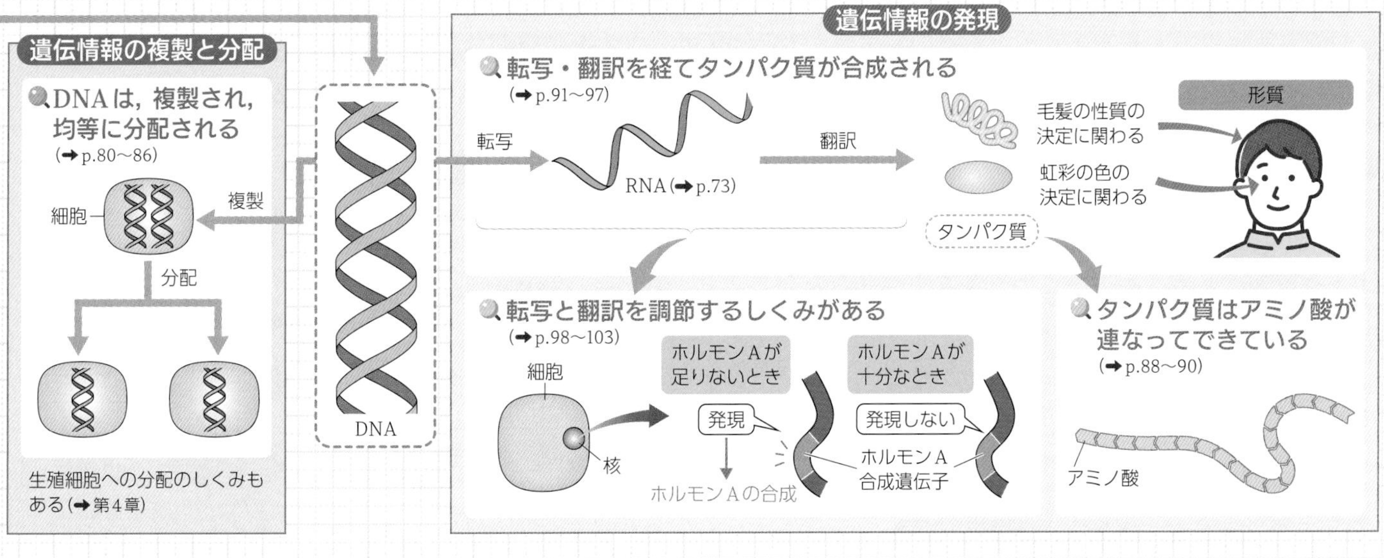

遺伝情報の発現

遺伝子の本体が明らかになると，DNAの構造(塩基配列)が遺伝情報になっていることや，その発現のしくみが解明されていった。

1つの遺伝子は1つの酵素の合成に関与している(➡p.91)
ビードル，テータム(1945)
遺伝子と形質の関係を解明する研究の先駆けとなる

DNAに似た塩基組成をもつRNAの存在を報告(➡p.92)
ヴォルキン，アストラカン(1956)

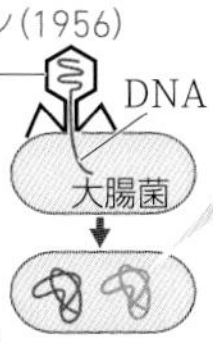

ウイルス(細胞内に挿入されたウイルスDNAをもとに，ウイルスのタンパク質が合成される)

ウイルスDNAと似た塩基組成のRNAが，感染後に短期間みられた
↓
のちにmRNAと命名され，ブレナー，ジャコブらが存在を実証

mRNAの存在を示唆

遺伝情報は，DNA→RNA→タンパク質へと流れる(➡p.91)
クリック(1958)

mRNAはアミノ酸を指定する(➡p.94)
ニーレンバーグ(1961)，コラーナ(1963)
mRNAの役割を示した

オペロン説を提唱(➡p.98)
ジャコブ，モノ(1961)

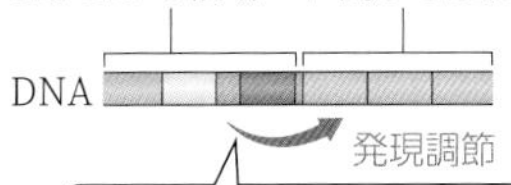

ラクトースの分解に関する遺伝子群の発現を調節する領域が近くにある

他の遺伝子による遺伝子発現調節のしくみを解明した

tRNAのヌクレオチド配列の決定(酵母)(➡p.92)
ホリー(1965)

スプライシングのしくみを提唱(➡p.93)
シャープ，ロバーツ(1977)

遺伝子の発現領域でヒストンアセチル化酵素が働いていると報告(➡p.101)
アリスら(1996)

1953　1956　1958　1961　1963　1965　1966　1977　1978　1996　2003

ヒトゲノムの大部分の解読が完了
(2022年に完全解読の報告)

細胞分裂を観察 ｜ ネーゲリ(1842)

体細胞分裂における染色体の挙動を詳細に報告(➡p.84)
フレミング(1882)

▼フレミングによるスケッチ(サンショウウオの上皮細胞における細胞分裂)

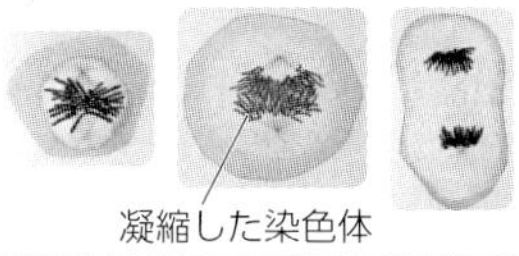

▲有糸分裂を命名。クロマチン(➡p.74)の命名者でもある。

DNAポリメラーゼを単離(➡p.82)
コーンバーグ(1956)

DNAの複製のしくみを解明(➡p.80)
メセルソン，スタール(1958)

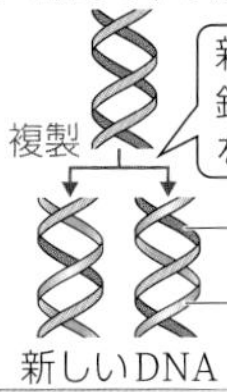

DNA複製の基本的なしくみが解明された

岡崎フラグメントの発見(➡p.82)
岡崎令治，岡崎恒子(1966)
DNAの複製において，一方の鎖は，短い鎖が不連続に合成され，これらが結合されてできると提唱。

分子シャペロンを発見(➡p.97)
ラスキーら(1978)

タンパク質の立体構造はアミノ酸配列に依存する(➡p.89，97)
アンフィンセン(1961)

側鎖の性質などにもとづき，自動的に一番安定な立体構造になる。

遺伝情報の複製と分配

体細胞分裂における染色体の挙動は，顕微鏡観察によって19世紀には報告されていた。一方，染色体が分配される前に遺伝情報が複製されるしくみは，DNAの構造が明らかになったのち，解明されていった。

遺伝子発現の調節機構のより詳しい解明

遺伝子発現の調節では，染色体やDNAの化学修飾と遺伝子発現の関係(➡p.101)や，選択的スプライシング(➡p.93)の調節因子の全容など，未解明な部分も多く，その解明が進められている。これらの異常が原因となる病気もあり，調節機構の解明は，こうした病気の治療法の開発にもつながる。

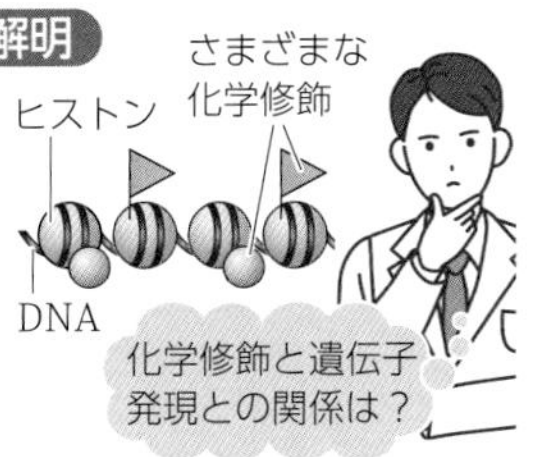

DNAを用いたナノサイズの構造体の開発

塩基の相補性(➡p.72)を利用して，DNAを任意の形に折りこむ技術(DNAオリガミ法)の研究が行われている。この技術では，微小なDNAを用いることで，微細な構造体を詳細に設計できる。物質の結合や可動部の設計もでき，医療などでの利用が期待されている。

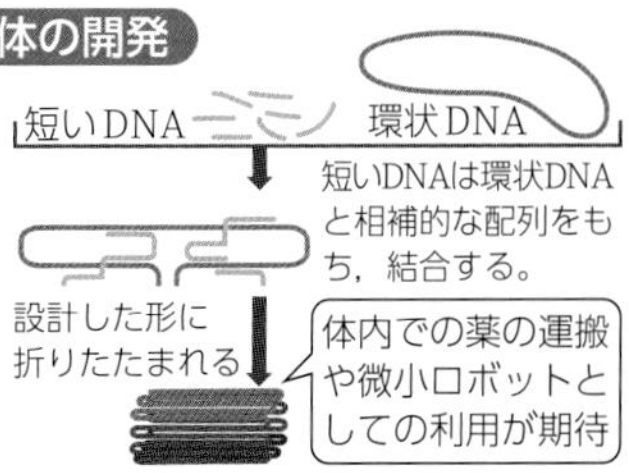

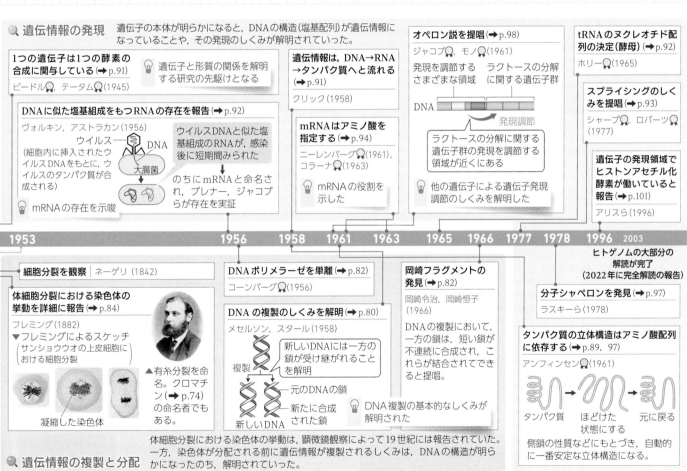

01 遺伝情報を担う物質の探究

基礎 The Search for Substances That Carry Genetic Information

関連動画をCheck!

基本 1 形質転換とDNA 基礎

遺伝子が存在する染色体の構成成分がタンパク質と核酸(DNA，RNA)であることから，遺伝子の本体はこのどちらかであると考えられていた。

Ⓐ肺炎双球菌

肺炎双球菌《はいえんそうきゅうきん》(肺炎球菌《はいえんきゅうきん》)は，肺炎を引き起こす細菌で，遺伝物質解明の端緒となった研究で利用された。2個の球菌が連なっており，病原性をもつS型菌と非病原性のR型菌がある。

S型菌(病原性)	R型菌(非病原性)
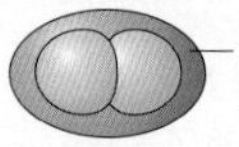 多糖からなるカプセル(鞘)	 カプセルがない
●寒天培地上でのコロニーの表面が平滑 Smooth になる。 ●動物の体内では，カプセルによって白血球の攻撃から逃れ，増殖して肺炎の原因になる。	●寒天培地上でのコロニーの表面が粗面 Rough になる。 ●カプセルがないため，動物の体内では白血球の攻撃によって排除され，肺炎の原因にはならない。

Ⓑ形質転換の発見(グリフィス，1928年)

グリフィスは，肺炎双球菌の病原性を研究するなかで，外部からの物質によって形質が変化する現象(**形質転換《けいしつてんかん》**)を発見した。

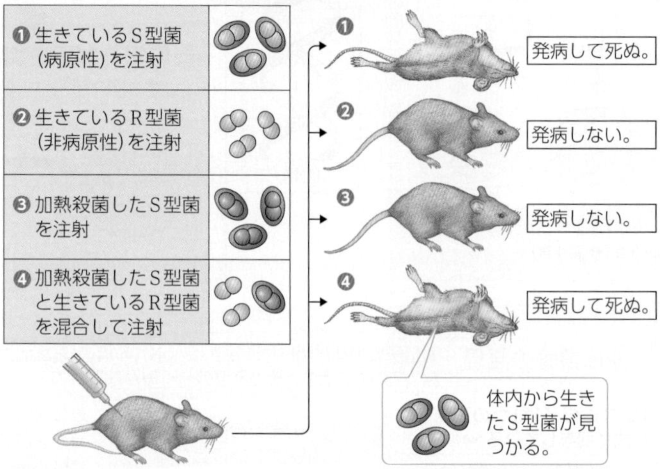

結論 加熱殺菌されたS型菌に含まれる何かがR型菌にカプセルの合成能力を与え，R型菌がS型菌に形質転換した。

Ⓒ形質転換原因物質の究明(エイブリーら，1944年)

エイブリーらは，グリフィスの研究をさらに進め，ネズミを用いない実験系によってS型菌に含まれる形質転換の原因物質を特定しようとした。

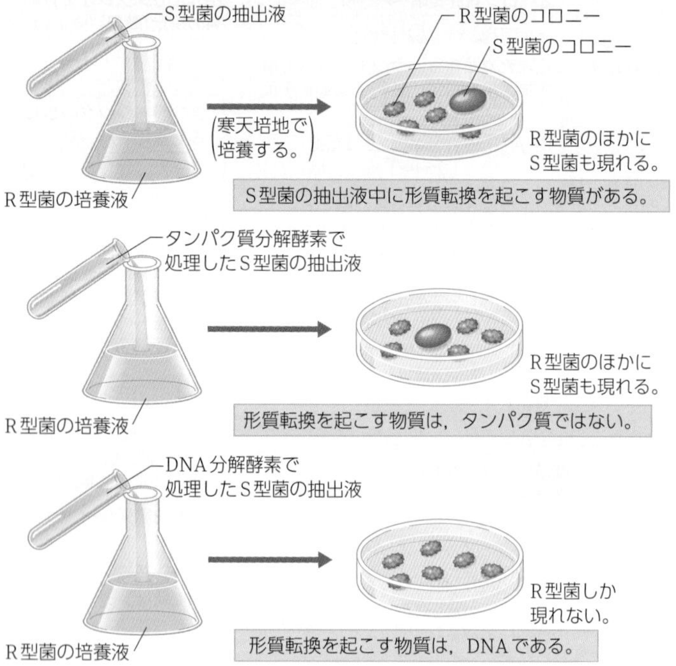

結論 DNAが形質転換の原因物質である。

+α PLUS 形質転換のしくみ

細菌の形質転換は，遺伝子(DNA)の組換え(➡p.249)によって起こる。DNAの構造は加熱しても壊れない。グリフィスの実験では，加熱殺菌したS型菌のDNAがR型菌に取り込まれて形質転換が生じた。

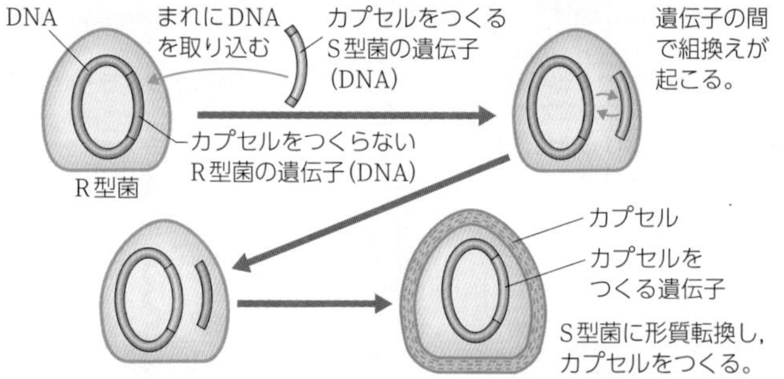

+α PLUS T_2ファージ

T_2ファージは，バクテリオファージ(bacteriophage：細菌を食べるものという意味，単にファージともいう)の一種で，大腸菌に寄生して増殖するウイルスである。DNA約50％とタンパク質約50％からできており，どちらの物質が遺伝子として働くかを調べるのに都合のよい研究材料であった(➡2)。

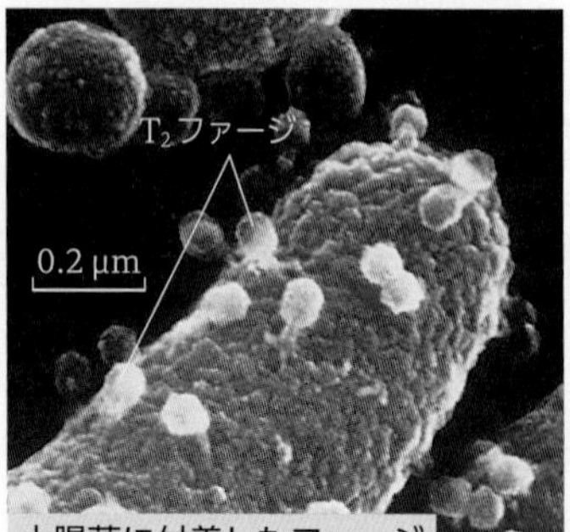

大腸菌に付着したファージ

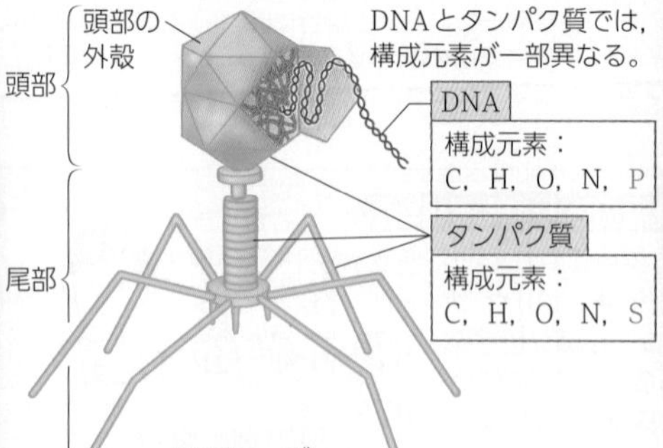

T_2ファージ

T_2ファージ

豆知識 生体の一部分を生体外に取り出して行う実験系(例：エイブリーらの実験)は *in vitro*(「ガラス容器の中で」という意味)と呼ばれ，*in vivo*(「生体の中で」という意味)と呼ばれる生体内で行う実験系(例：グリフィスの実験)より因果関係を把握しやすい。

2 T_2ファージの増殖とDNA 基礎

ハーシーとチェイスは，T_2ファージのタンパク質とDNAを別々の放射性同位体《ほうしゃせいどういたい》で標識して区別し，それらの挙動を調べて，遺伝子の本体を究明した。

Ⓐ放射性同位体を用いた研究(ハーシーとチェイス，1952年)

Sの放射性同位体(^{35}S)はタンパク質だけを標識し，Pの放射性同位体(^{32}P)はDNAだけを標識する。

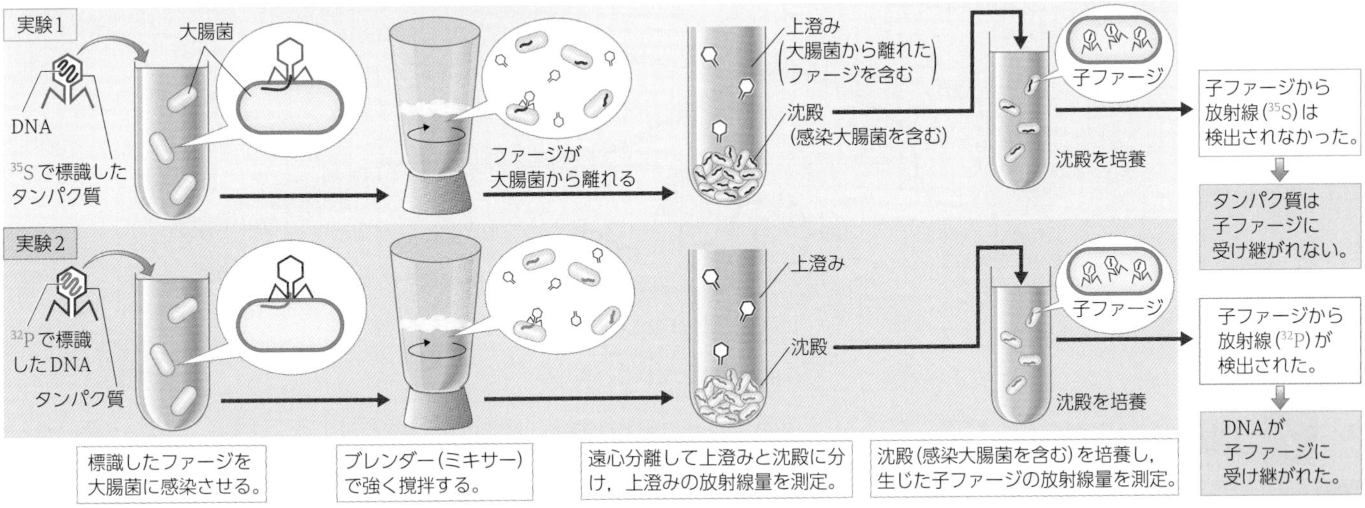

ファージのタンパク質やDNAを標識する方法

^{35}Sと^{32}Pは，それぞれ自然界に多く存在する^{32}Sと^{31}Pの放射性同位体で，放射線を放つ。

Sはタンパク質のみに，PはDNAのみに含まれる。したがって，右図のような操作を行うと，タンパク質とDNAのいずれかを放射性同位体で標識したファージが得られる。

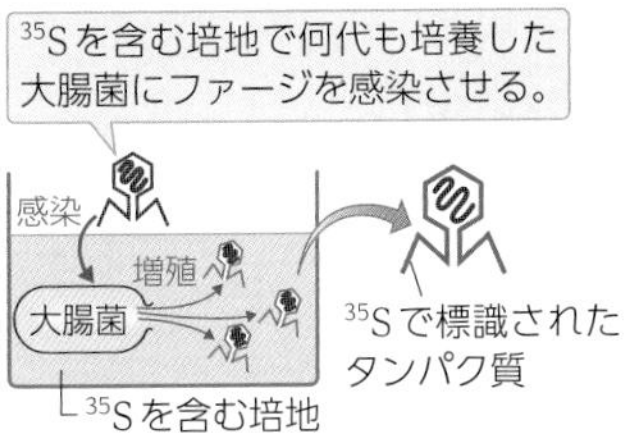

同様の操作を^{32}Pを含む培地で行えば，DNAを^{32}Pで標識できる。

上澄みに検出された^{35}S，^{32}Pの放射線量

(ブレンダー処理前の放射線量を100としたときの相対値)

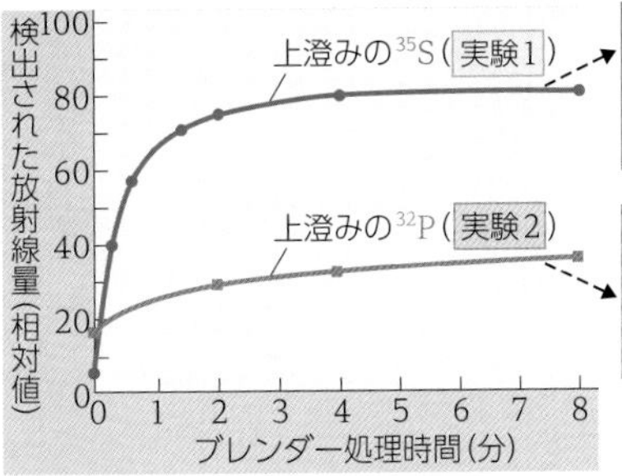

^{35}Sは，ブレンダーで撹拌し，遠心分離すると上澄みに多く回収される。

^{32}Pは，同様に撹拌し，遠心分離しても上澄みにあまり回収されない。

^{35}Sは菌体内に入らなかったために撹拌で菌体から外れ，上澄みに多く検出された。一方，^{32}Pは多くが菌体内に入ったため沈殿に含まれ，上澄みにはあまり回収されなかったと考えられる。

結論 遺伝子の本体はDNAである。

Ⓑファージの増殖過程

ファージが大腸菌に感染すると，DNAのみが菌体内に注入され，およそ30分で子ファージを生じる。

①ファージが大腸菌に付着する。 → ②ファージのDNAが尾部から菌体内に入る。 → ③大腸菌のDNAは分解され，ファージのDNAが複製される。 → ④ファージのDNAの遺伝情報にもとづいて外殻や尾部ができる。 → ⑤数百の子ファージが菌体を溶かして外に出る(溶菌)。

3 DNAの分子構造の解明 基礎

ⒶDNAの塩基組成(シャルガフ)

	A	T	G	C
ウシの胸腺	29.0	28.5	21.2	21.2
ブタの肝臓	29.8	29.1	20.4	20.7
ヒトのひ臓	30.4	30.1	19.6	19.9
ウニ	32.8	32.1	17.7	17.3
ファージ	30.9	33.3	18.4	17.4

(数値は塩基の数の割合を示している。)

DNAを構成する塩基は，AとT，GとCの数がそれぞれほぼ等しかった。

ⒷDNAのX線回折(ウィルキンスとフランクリン)

ウィルキンスとフランクリンは，DNA分子にX線を照射し，立体構造を調べた。(X線回折法)

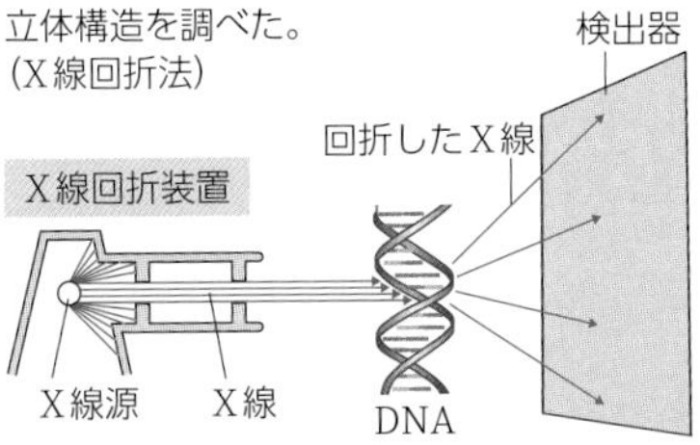

◀DNAのX線回折像▶

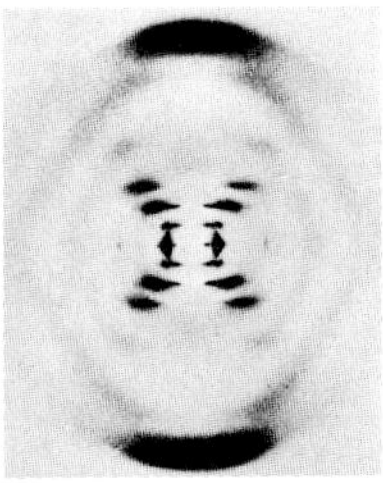

DNAはらせんを形成しており，0.34 nm，2.0 nm，3.4 nmという3種類の分子内距離をもつことを明らかにした。

Ⓒ二重らせん構造の提唱(ワトソンとクリック)

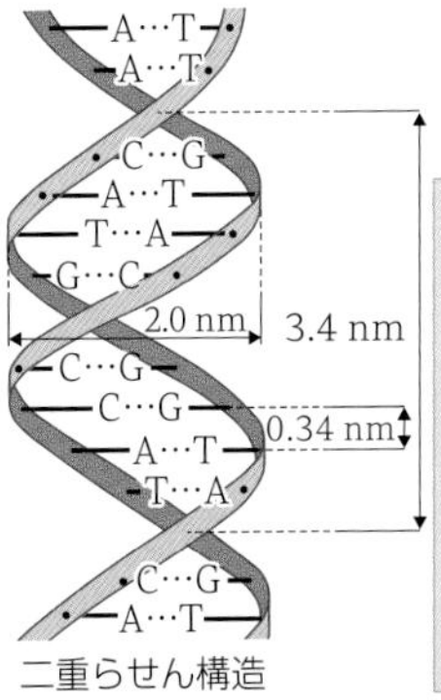

二重らせん構造

ワトソンとクリックは，シャルガフやウィルキンスとフランクリンの分析結果を参考にDNAの分子模型を作成し，DNAが2本のヌクレオチド鎖からなり，これらが塩基の部分で結合して二重らせん構造をとることを提唱した。

豆知識 ハーシーとチェイスが行った実験では，大腸菌とファージを引き離すのに強い力を加える必要があった。当時の実験器具ではその力を得るのに不十分であったため，彼らは調理用のミキサーを用いて実験を行ったといわれている。

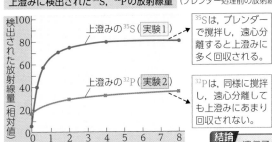

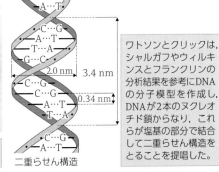

02 核酸の構造と遺伝子

基礎 生物

The Structure of Nucleic Acids and Gene

関連動画をCheck!

基本 1 遺伝子・DNA・染色体 基礎 生物

ヒトの眼の色や植物の花の形など，生物にみられる形質《けいしつ》の多くは，遺伝子によって決まる。遺伝子の本体はDNAであり，DNAは細胞内で染色体を構成している(➡p.74)。

真核生物の染色体はDNAとタンパク質からなり，DNAの一部が遺伝子としての働きをもつ。

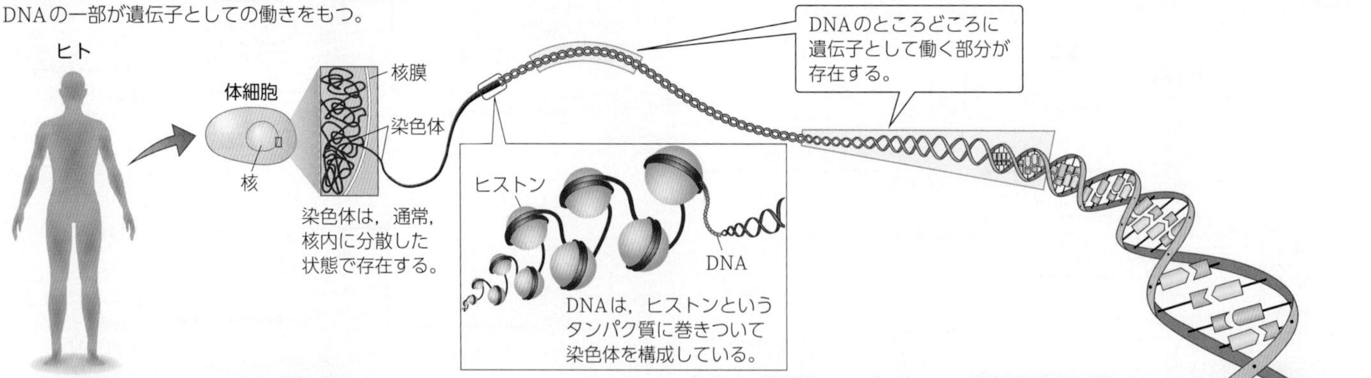

基本 2 DNAの分子構造 基礎 生物

DNAは，2本のヌクレオチド鎖《さ》からなる。2本の鎖は，塩基どうしの水素結合でつながってはしご状となり，これがねじれて二重《にじゅう》らせん構造《こうぞう》を形成している。

❶基本構造

DNAは，リン酸と糖と塩基からなるヌクレオチド(➡p.73)を構造の基本単位としている。

❷塩基の相補性

2本のヌクレオチド鎖の塩基(➡p.73)どうしの結合では，アデニン(A)とチミン(T)，グアニン(G)とシトシン(C)が必ず対になっている。このような，特定の塩基どうしが対となって結合する性質を塩基《えんき》の相補性《そうほせい》という。

このため，A=T，G=Cというシャルガフの規則が成立する。

❸2本鎖の方向性

DNAの2本のヌクレオチド鎖では，互いに逆向きのものが平行に並んでおり，これがらせん状にねじれている。

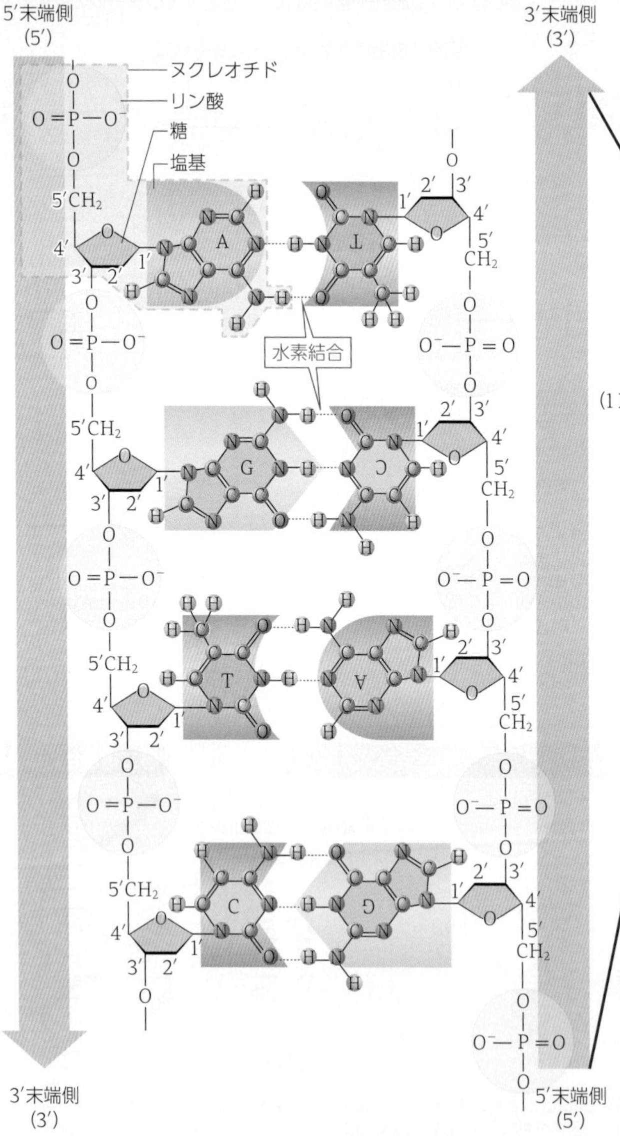

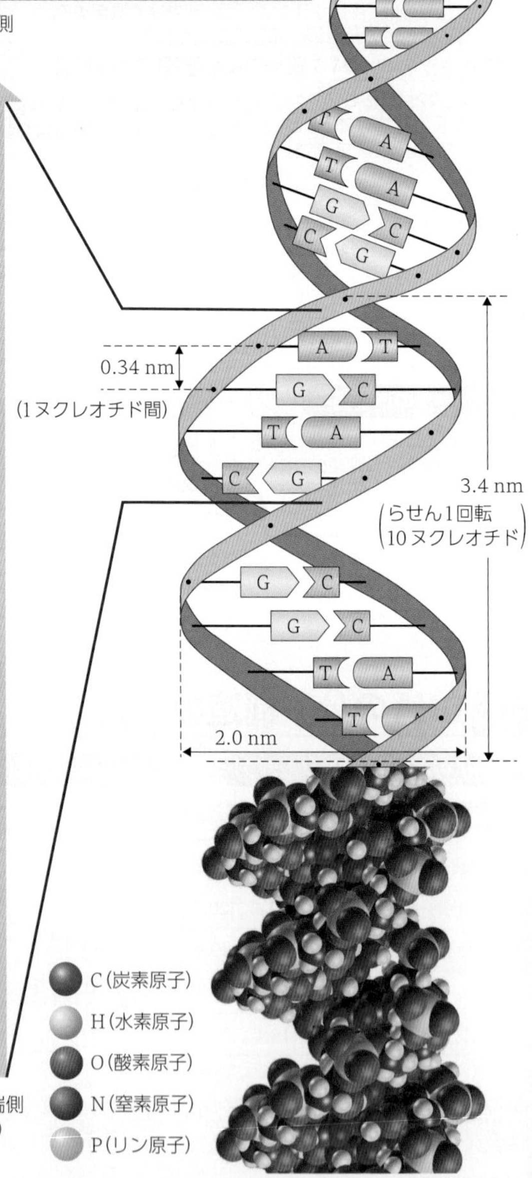

対になった塩基(A–T・G–C)を塩基対(base pair：bp)といい，遺伝子やDNA断片の大きさを表す単位として用いられる。塩基どうしの結合は水素結合(➡p.18)である。

例：以下のDNAは，10bpと表される。

A G A T A A T A G C
T C T A T T A T C G

豆知識 DNAのX線回折像の撮影や構造分析に関しては，ウィルキンスの助手を務めたロザリンド・フランクリンの力によるところが大きかった。彼女はノーベル賞の受賞を有望視されていたが，1958年，37歳の若さで病気のため他界した。ワトソン，クリック，ウィルキンスがノーベル生理学・医学賞を受賞する4年前のことだった。

3 ヌクレオチド 基礎 生物

核酸《かくさん》は，DNAとRNAに大別される(➡p.18)。リン酸，糖，塩基が結合した物質をヌクレオチドといい，核酸の構成単位となっている。

Ⓐヌクレオチド 基礎 生物

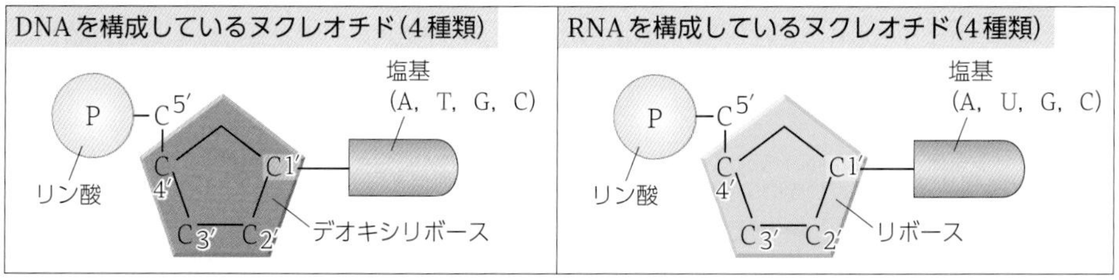

糖や塩基などの有機化合物の炭素には，番号が付けられている。デオキシリボースやリボースの炭素は，塩基の炭素と区別するため，それぞれの番号に「′(プライムと読む)」が付けられている。

ATP(➡p.46)やサイクリックAMP(➡p.33)などもヌクレオチドの一種である。

Ⓑヌクレオチドどうしの結合 基礎 生物

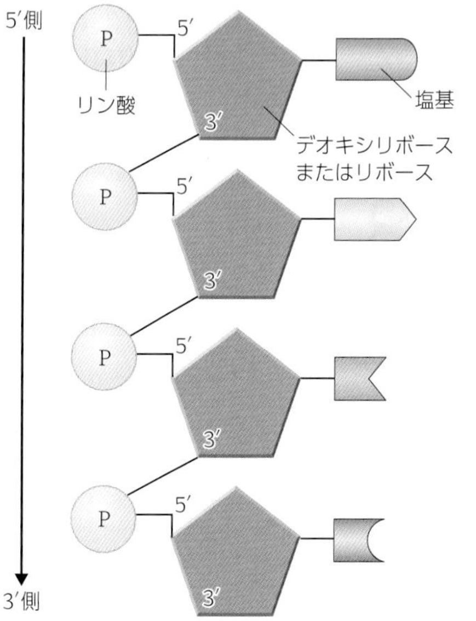

DNAやRNAは，それぞれヌクレオチドが多数結合した構造をもつ。隣り合うヌクレオチドどうしは，それぞれ一方のヌクレオチドの糖の3′の炭素と，他方のヌクレオチドのリン酸との間で結合している。このため，ヌクレオチド鎖には，5′→3′という方向性がある。DNAの塩基配列をアルファベットで表記する場合，ふつう，5′→3′の順に書く。

ⒸDNAとRNAの糖と塩基 生物

デオキシリボースは，リボースと比べて酸素(O)が1つ少ない。(deoxyriboseの“de”は“〜がない”，“oxy”は“酸素”の意味。)

核酸	糖(五炭糖)	塩基			
		プリン塩基		ピリミジン塩基	
DNA	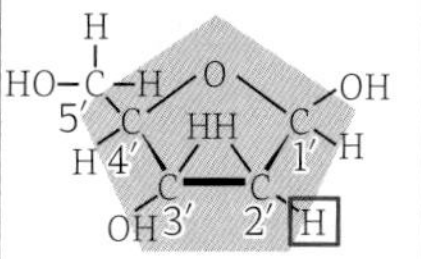 デオキシリボース(dR)	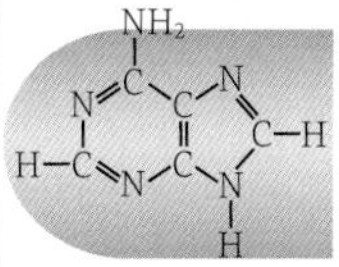 アデニン(A)	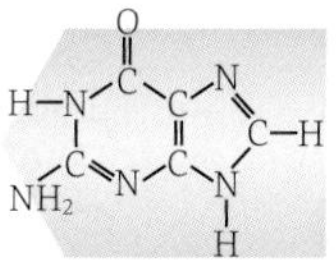 グアニン(G)	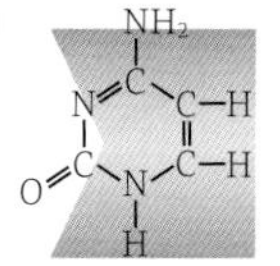 シトシン(C)	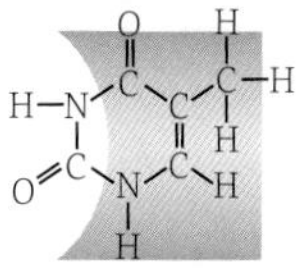 チミン(T)
RNA	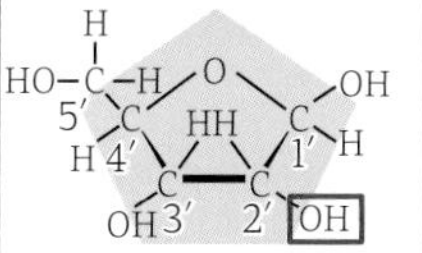 リボース(R)	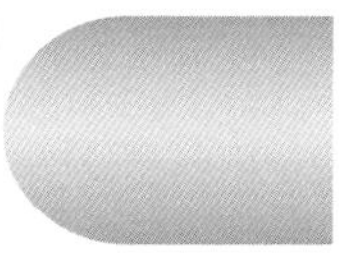 アデニン(A)	 グアニン(G)	 シトシン(C)	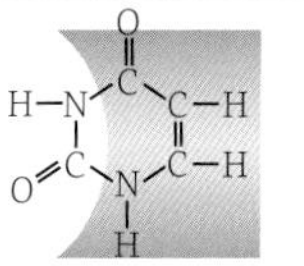 ウラシル(U)

4 DNAとRNAの比較 基礎 生物

ウイルスのなかには，1本鎖DNAや，RNA(1本鎖または2本鎖)を遺伝物質とするものが存在する(➡p.21)。

種類	DNA(デオキシリボ核酸)	RNA(リボ核酸)			
		mRNA(伝令RNA，メッセンジャーRNA)	tRNA(転移RNA，トランスファーRNA)	rRNA(リボソームRNA)	ウイルスRNA
所在	染色体，プラスミド，葉緑体，ミトコンドリア，ウイルス	真核細胞では，核内で合成され，細胞質基質へ出る。	真核細胞では，核内で合成され，細胞質基質へ出る。	リボソーム，核小体	ウイルス
構造	2本鎖のらせん構造 ウイルスでは1本鎖もある。	1本鎖	1本鎖	1本鎖	1本鎖 または，2本鎖
分子量	10^6〜10^9	3×10^5〜6×10^5	2×10^4〜3×10^4	4×10^4〜1.6×10^6	10^5〜10^6
ヌクレオチドの数	1×10^7個(大腸菌)， 6×10^9個(ヒトの1ゲノム)	900〜1800個	70〜90個	120〜4700個	約1000〜10000個
働き	遺伝子の本体(遺伝情報をもち，タンパク質合成を支配し，形質を発現する。)・RNAの合成・自己複製	DNAの遺伝情報を転写して合成され，タンパク質のアミノ酸配列の情報を伝える。	特定のアミノ酸と結合し，mRNAに付着したリボソームへ運ぶ。	リボソームを形成し，mRNAの遺伝暗号順にアミノ酸を結合させる。	宿主の細胞内でDNAを合成するものもある。mRNAとしても働く。

5 遺伝情報と遺伝子 基礎 生物

DNAやRNAを構成するヌクレオチド鎖の塩基の並びを塩基配列《えんきはいれつ》という。遺伝情報《いでんじょうほう》は，塩基配列として存在する。各遺伝子は，固有の塩基配列をもち，タンパク質の構造に関する情報を含む(➡p.94)。

DNAの遺伝子部分の塩基配列では，塩基数や配列順序が遺伝子ごとに異なっている。ここにはタンパク質のアミノ酸配列に関する情報が含まれている。

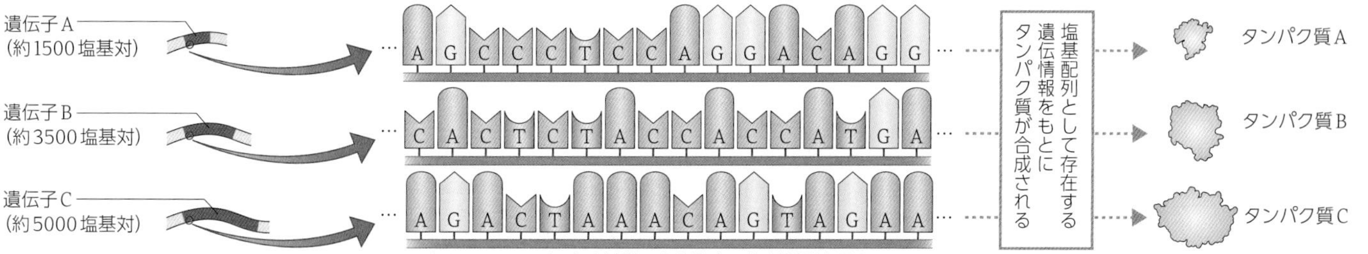

2本のDNAヌクレオチド鎖のうち片方の塩基配列を示している

豆知識　ヒトの細胞核(直径5 μm)内のDNAの総延長距離は，約2 mにも達する。これは，核の直径をテニスボール大としたとき，DNAはおよそ幅0.3 mm，長さ29 kmになるサイズである。

03 染色体

生物　　Chromosome

1 染色体の構造 生物

真核生物の染色体は，DNAとタンパク質からなる巨大な複合体である。通常は核内に分散した状態で存在するが，細胞分裂時には全体が凝縮する。また，染色体の構造変化は，遺伝子発現にも関係している(➡p.100)。

Ⓐ染色体の構造

核内では，染色体はクロマチン繊維と呼ばれる状態で存在すると考えられている。クロマチン繊維は，DNAがヒストンに巻き付いたヌクレオソームと呼ばれる基本構造からなる。クロマチン繊維の折りたたまれ方(凝縮の程度)は，そこのDNAに含まれる遺伝子の発現状況によって変化する(➡p.100)。

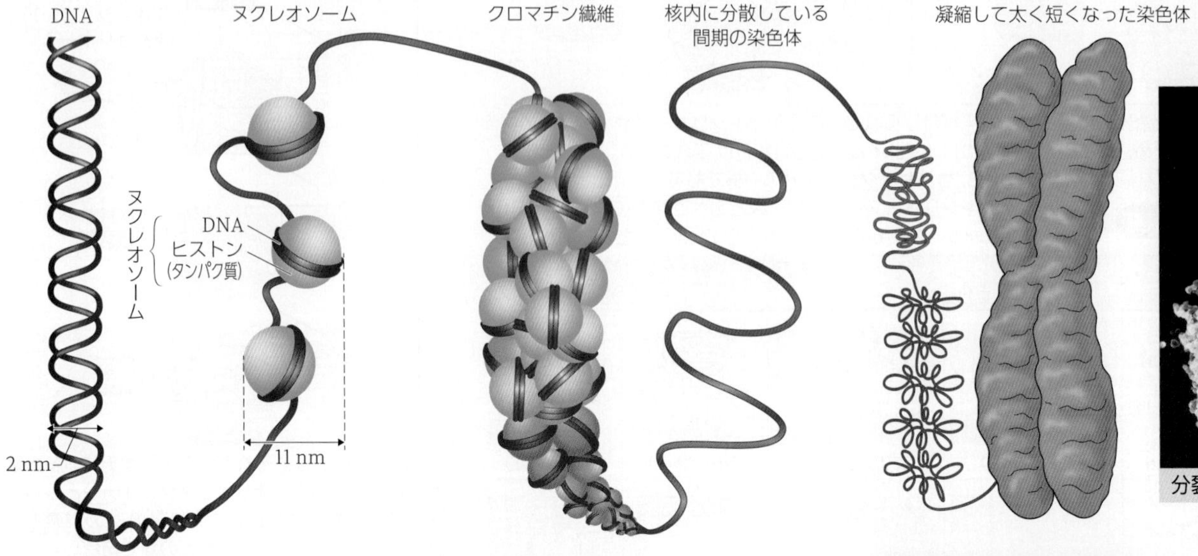

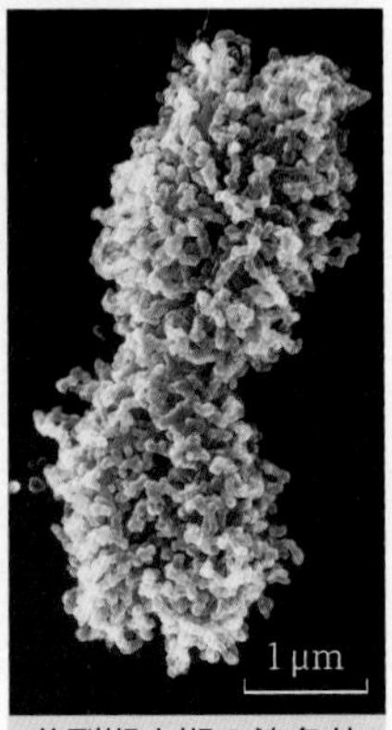

分裂期中期の染色体

染色体を構成する物質

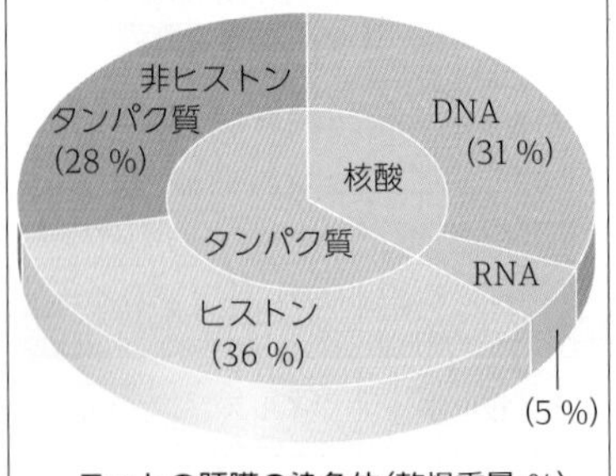

ラットの肝臓の染色体(乾燥重量 %)

Ⓑ核内での染色体のようす

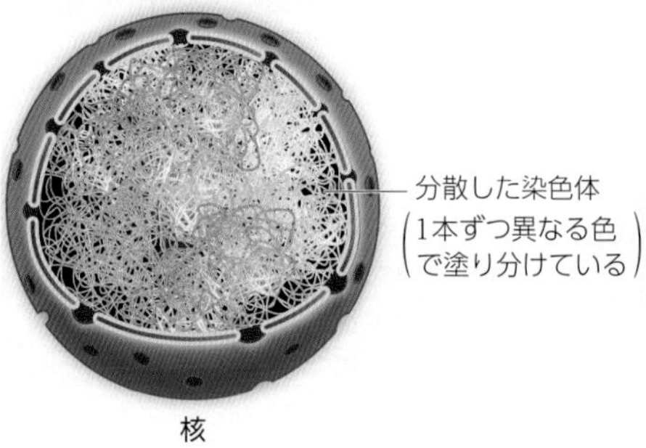

核

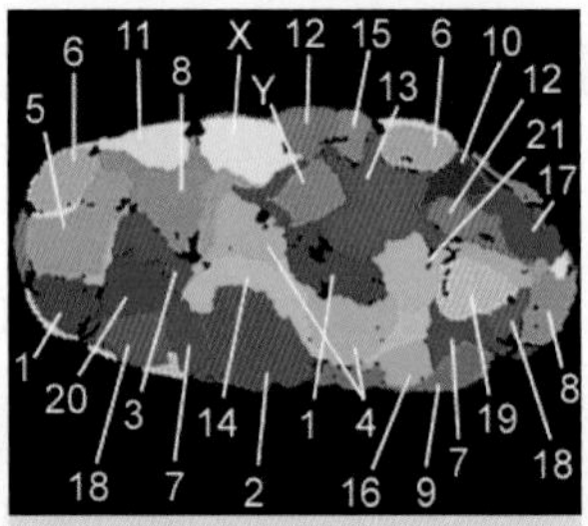

ヒト(男性)の繊維芽細胞の核における24種類の染色体(➡2)の配置

複数の蛍光色素を用いて，24種類の染色体を染め分けている。

染色体は，核内で無秩序に散在しているのではなく，それぞれ塊となって特定の位置に局在している。ただし，その配置は，細胞の種類や分化(➡p.100)の状態などによって異なる。

+α 染色体に関わる非ヒストンタンパク質の役割

細胞分裂の中期の太く短い染色体は，クロマチン繊維が凝縮して太くなり，さらに同じDNAを含む染色体どうしが密着している。この2本の染色体は，セントロメアと呼ばれる領域で強く結合している。セントロメアには動原体(キネトコア)が形成され，ここに紡錘糸が付着する(➡p.85)。

クロマチン繊維の凝縮には，コンデンシンと呼ばれるタンパク質が関わっている。コンデンシンは，クロマチン繊維をループ状につなぎ留め，規則的に並べる役割をもつと考えられている。また，染色体どうしの密着にはコヒーシンと呼ばれるタンパク質が関与していると考えられている。

セントロメアの形成には多くのタンパク質が関わっており，CENP-Aと呼ばれるタンパク質がこの領域を決めるのに重要な役割をもつと考えられている。

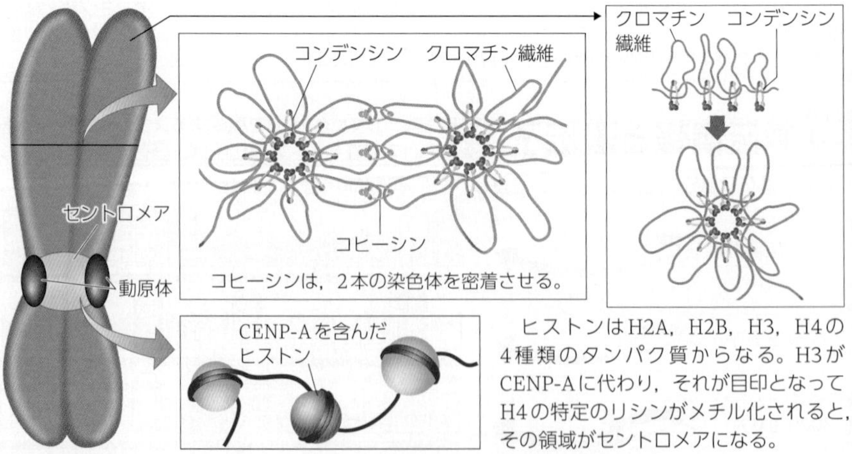

ヒストンはH2A，H2B，H3，H4の4種類のタンパク質からなる。H3がCENP-Aに代わり，それが目印となってH4の特定のリシンがメチル化されると，その領域がセントロメアになる。

豆知識　コンデンシンの名称は「凝縮する」という意味をもつ動詞のcondense，コヒーシンは「結合する」という意味をもつ動詞のcohereにそれぞれ由来する。

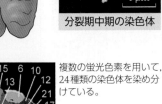

2 核相と核型 生物

Ⓐ相同染色体

有性生殖を行う生物の体細胞で，ふつう2本ずつみられる形や大きさの等しい染色体を**相同《そうどう》染色体《せんしょくたい》**という。相同染色体の一方は父方から，他方は母方から受け継いだもので，それぞれ同じ形質に関与する遺伝子を含んでいる(➡p.248)。

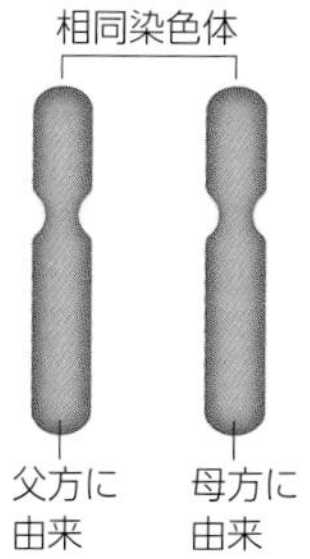

Ⓑ染色体構成の表し方と核相

母方，または父方から受け継いだ染色体の1組をそれぞれnで表すと，体細胞には，$2n$の染色体が含まれることになる。染色体数の組に関する核内の状態は，**核相《かくそう》**と呼ばれる。

核相
- 複相…$2n$の染色体をもつ。有性生殖を行う生物の体細胞など。
- 単相…nの染色体をもつ。卵や精子などの生殖細胞。

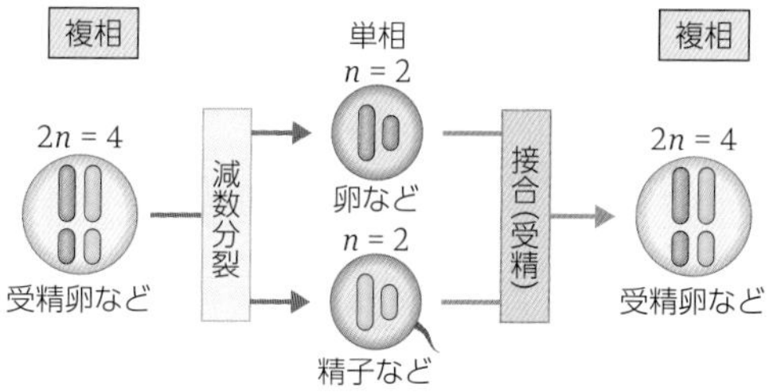

有性生殖を行う多くの生物では，減数分裂や接合(受精)によって核相が変化する核相交代がみられる(➡p.286)。

Ⓒ核型

染色体の数と各染色体の形態は，核型と総称される。一般に，生物は種固有の核型をもつ。ヒトの体細胞は，46本の染色体を含み，23対の相同染色体からなる。

分裂期中期(➡p.85)には，凝縮した明瞭な形態の染色体が観察されるので，核型の特性は，ふつうこの時期の染色体を用いて表される。なお，この時期の染色体は複製によって生じた2本の染色体が接着したものである。

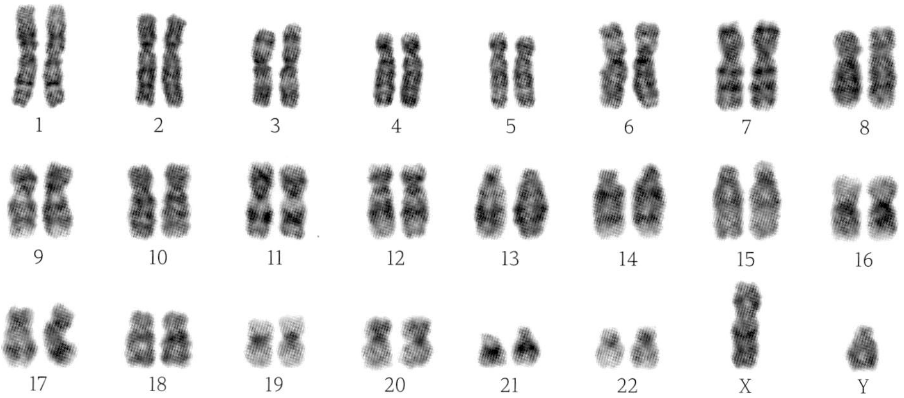

ヒト(男性)の染色体($2n$=46) ▶
22対の常染色体と1対の性染色体(XとY)が存在する(➡p.76)。

3 いろいろな生物の染色体 生物

生物は，それぞれ固有の染色体をもっている。

体細胞の染色体数

植物($2n$)および菌類			
ハプロパップス(キクの一種)	4	イネ	24
アカパンカビ(n)	7	イチョウ	24
ゼニゴケ(n)	9	ムラサキツユクサ	24
ソラマメ	12	パンコムギ	42
ヌマムラサキツユクサ	12	タバコ	48
エンドウ	14	オシロイバナ	58
タマネギ	16	オクラ	130
パン酵母(n)	16	ハナヤスリの一種	1260

動物			
トビキバアリ(n)	1	ハツカネズミ	40
ウマノカイチュウ	2	ヒト	46
キイロショウジョウバエ	8	チンパンジー	48
センチュウ	12	メダカ	48
ナミウズムシ	16	ウシ	60
ネッタイツメガエル	20	イヌ	78
チクビヒドラ	30	ニワトリ	78
ネコ	38	オホーツクヤドカリ	254

©Kirov,I., Divashuk,M., Van Laere, K. et al. CC BY 2.0

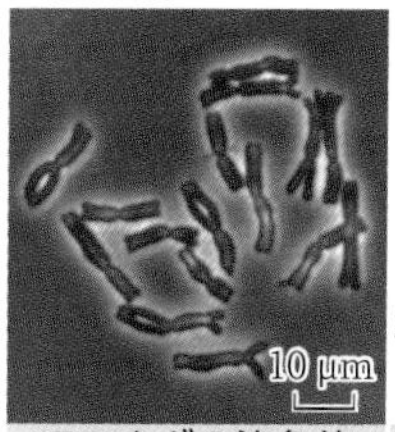

タマネギの染色体($2n = 16$)

写真提供：東京大学 宇野 好宣

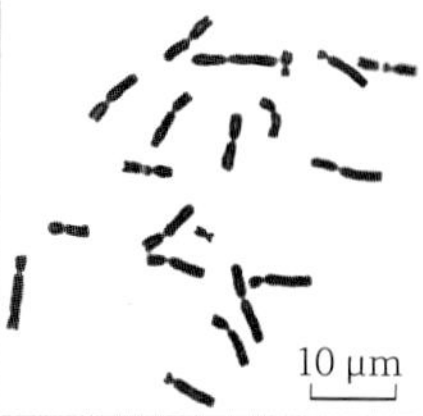

ネッタイツメガエルの染色体($2n = 20$)

4 染色体と遺伝子 生物

ある遺伝子が染色体の中で占める位置は，遺伝子座《いでんしざ》と呼ばれる(➡p.248)。

染色体を構成するDNAには，多数の遺伝子が存在する。
各遺伝子は，特定の染色体を構成するDNAの特定の位置に存在する。

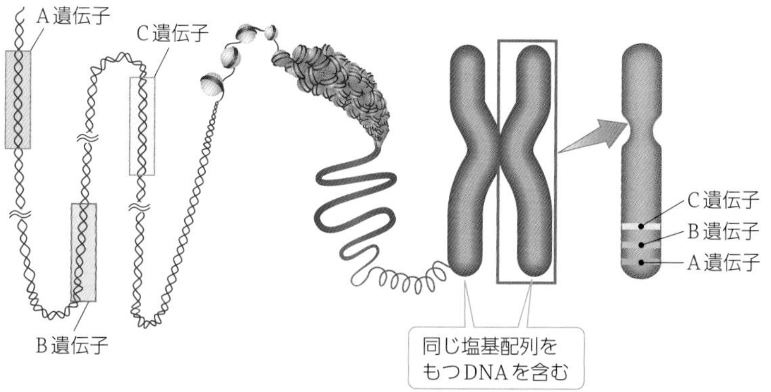

ヒト第11染色体の遺伝子座の例

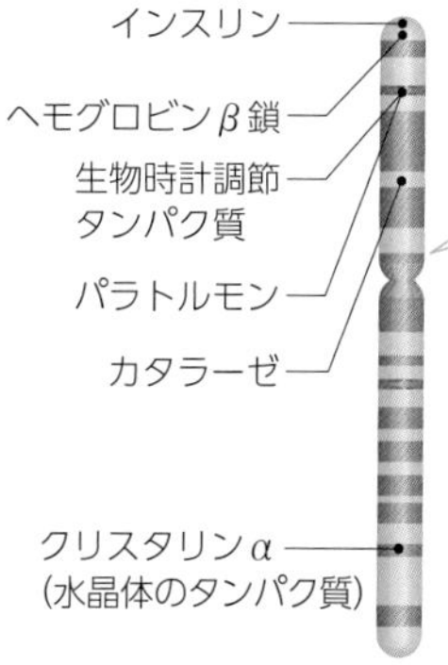

ヒトの第11染色体の場合，1320個の遺伝子が存在する(➡p.77)。各遺伝子がどの染色体のどの位置に存在するかは，生物種によって決まっている。

分裂期にみられる凝縮した染色体において，特定の遺伝子が存在する位置は常に一定である。このことから，分裂期の染色体の凝縮は，厳密な制御のもと決まった順序を経て行われていると考えられている。

豆知識 顕微鏡観察によって染色体をはじめて発見した人物は，スイスの植物学者カール・ネーゲリ(Karl Wilhelm von Nägeli)であるといわれている。ネーゲリは植物体内のデンプン粒の発見，細胞分裂の発見などでも知られるが，メンデルのエンドウを用いて行った遺伝学の研究(➡p.250)に対しては批判的であった。

04 性染色体

生物 発展　　Sex Chromosome

基本 1 性染色体 生物

雌雄異体の生物では，雌雄に共通な常染色体《じょうせんしょくたい》のほかに，性染色体《せいせんしょくたい》がみられることが多い(➡p.75)。性染色体には性の分化を決める遺伝子が存在し，この組み合わせによって個体の性が決まる。

Ⓐ性決定の様式と性染色体

雌が雌雄に共通の性染色体のみをもつ雄ヘテロ型(➡p.248)では，共通の性染色体をX，雄のみにみられる性染色体をYで表す。これに対し，雌ヘテロ型の場合，共通の性染色体をZ，雌のみにみられる性染色体をWで表す。

性決定の型		性	体細胞(2*n*)	配偶子(*n*)	例
雄ヘテロ型	XY型	♀	2A＋XX	A＋X	キイロショウジョウバエ，ヒト，ウマ，ネコ，メダカ，ヒロハノマンテマ
		♂	2A＋XY	A＋X，A＋Y	
	XO型	♀	2A＋XX	A＋X	ゴキブリ，トンボ，イナゴ，バッタ
		♂	2A＋X	A＋X，A	
雌ヘテロ型	ZW型	♀	2A＋ZW	A＋Z，A＋W	ニワトリ，ヘビ，カイコガ
		♂	2A＋ZZ	A＋Z	
	ZO型	♀	2A＋Z	A＋Z，A	トビケラ，コウモリガ
		♂	2A＋ZZ	A＋Z	

(Aは常染色体の1組を表し，X，Y，Z，Wはそれぞれ性染色体を表す。)

ヒロハノマンテマ

雌株

雄株

Ⓑヒトの性決定

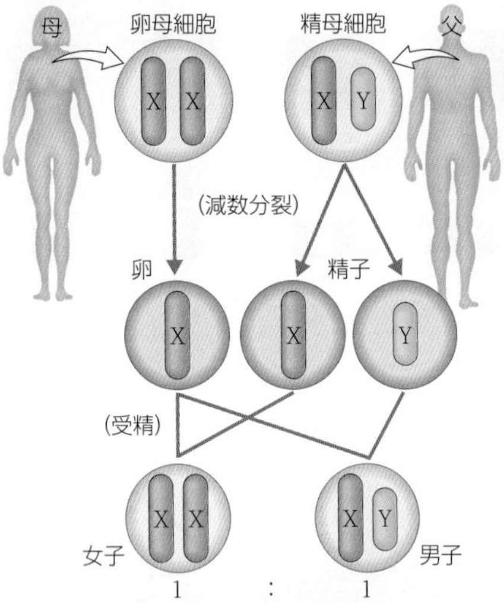

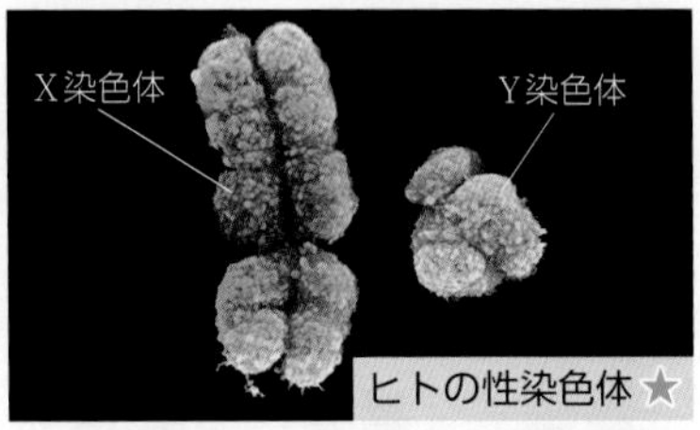

ヒトの性染色体★

ヒトの性決定様式はXY型である。Y染色体の大きさはX染色体の約3分の1である。X染色体とY染色体間で相同な領域は4％程度であるが，減数分裂の際に対合するため，これらは相同染色体と見なされる。

男性では，減数分裂を経てX染色体をもつ精子とY染色体をもつ精子が1：1の割合で生じる。このことは，生まれる子の男女比がほぼ1：1であることの要因である。

＋α 性染色体によらない性決定 発展

生物のなかには，性染色体が存在せず，環境要因によって性が決定されるものも多い。

ボネリムシ(環形動物(⇨p.288))の性決定

ボネリムシでは，発生過程の幼生が雌のからだに付着すると雄になり，単独で成長すると雌になる。

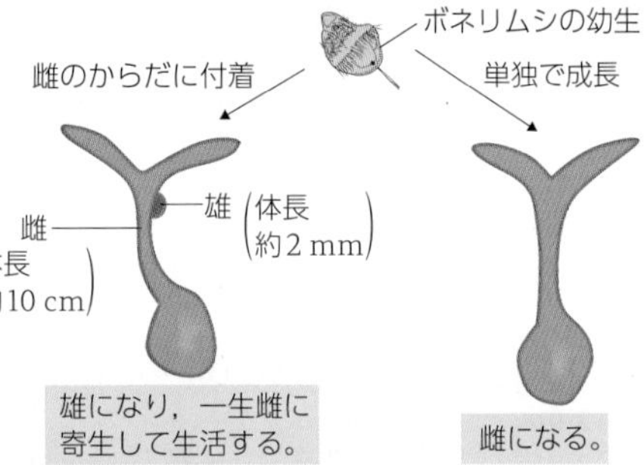

ミシシッピーワニ(脊椎動物・ハ虫類)の性決定

ハ虫類のなかには，発生中の温度によって性が決定されるものがある。たとえば，ミシシッピーワニは，発生中の特定の時期の温度が33〜34 ℃の場合100 ％雄に，30 ℃では雌になる。最近，TRPV4チャネルというタンパク質が，この現象の温度センサーとして働いていることがわかった。TRPV4チャネルは，33〜34 ℃では開いており，Ca^{2+}などが細胞内に流入する。このCa^{2+}の流入がシグナルとなって，遺伝子の発現が変化する。その結果，雌化に働く酵素で，アンドロゲン(➡p.171)をエストロゲンに変換するアロマターゼの発現が抑制され，雄化が起こると考えられている。一方，ワニガメなどでは，ミシシッピーワニよりも低温で雄になる。

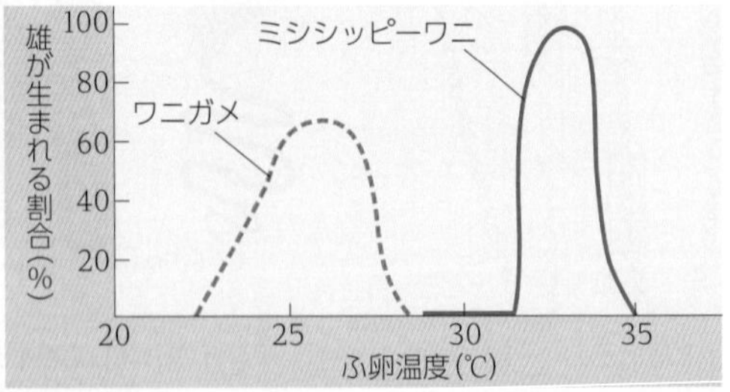

2 性決定遺伝子 発展

Y染色体には雄性化に関わる遺伝子が存在し，性決定で重要な役割を果たしている。

Ⓐ哺乳類の性決定遺伝子

多くの哺乳類のY染色体には，*Sry*遺伝子(Sex-determining region Yの略。性決定領域の意。)と呼ばれる雄性化に関わる遺伝子が存在する。*Sry*遺伝子は，胚発生時において精巣形成のマスター遺伝子(➡p.130)として働く。この働きは，マウスのXXの胚(雌)に*Sry*遺伝子を導入すると精巣が形成されることから確認された。

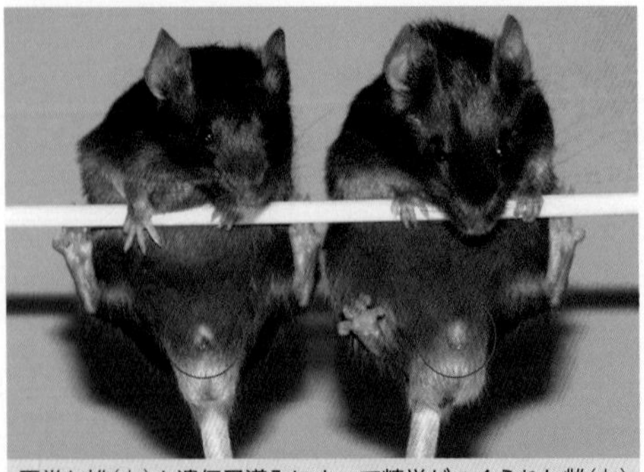
正常な雄(右)と遺伝子導入によって精巣がつくられた雌(左)

Ⓑ魚類(メダカ)の性決定遺伝子

哺乳類以外で性決定遺伝子が特定されている生物には，メダカがある。メダカの性決定様式はXY型で，Y染色体には，性決定遺伝子である*Dmy*(DM-domain gene on the Y-chromosome)遺伝子が存在する。ただし，*Dmy*遺伝子は，哺乳類の共通性決定遺伝子である*Sry*遺伝子とは異なり，メダカ属の2種に特異的な性決定遺伝子であることが明らかにされている。

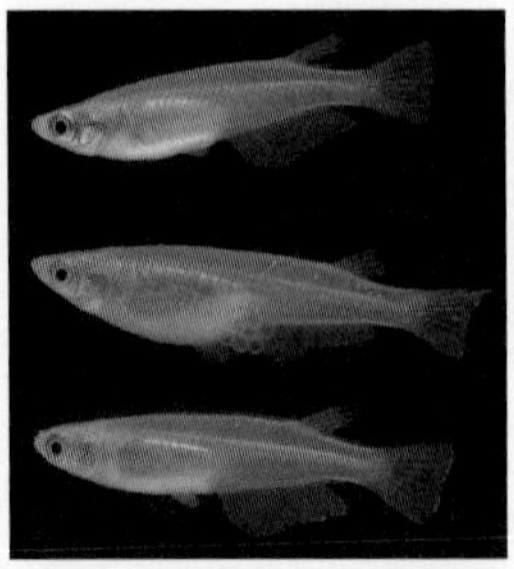
正常な雄(XY)
正常な雌(XX)
*Dmy*遺伝子を組み込まれて雄化した雌(XX)

豆知識 ミツバチ，カイガラムシなどの昆虫では，未受精卵が発生してできた個体は雄(*n*)，受精卵からできた個体は雌(2*n*)となる。これを半倍数性決定という。

特集① ヒトの染色体地図 生物

The Human Chromosome Map

関連動画をCheck!

下記の「ヒトの染色体地図」は，財団法人科学技術広報財団が発行した「一家に1枚　ヒトゲノムマップ」(制作：京都大学大学院生命科学研究科生命文化学研究室，加納圭，川上雅弘，室井かおり，加藤和人)を参考に編集し，遺伝子名や遺伝子数，図などを部分的に使用した。

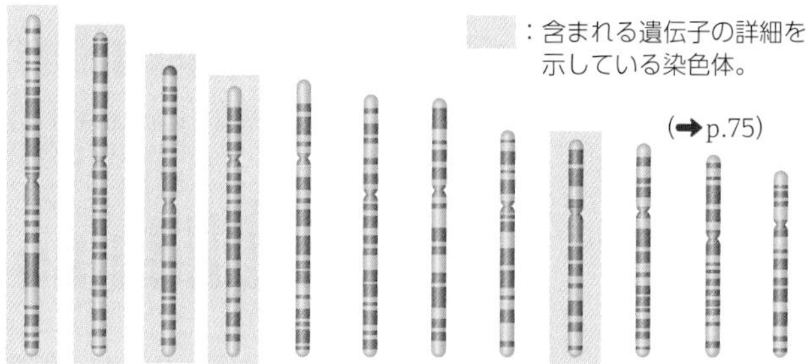

：含まれる遺伝子の詳細を示している染色体。

	1	2	3	4	5	6	7	8	9	10	11	12
遺伝子数(個)	2056	1300	1076	753	883	1050	1002	686	777	729	1320	1034

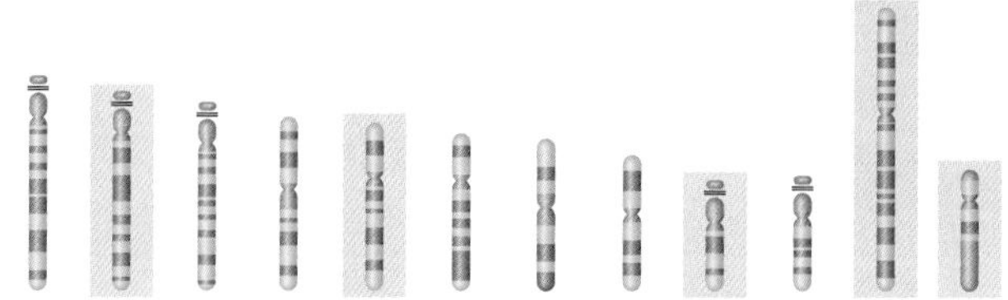

	13	14	15	16	17	18	19	20	21	22	X	Y
遺伝子数(個)	322	818	612	860	1184	269	1472	545	236	495	857	64

第1染色体

2億4900万塩基対

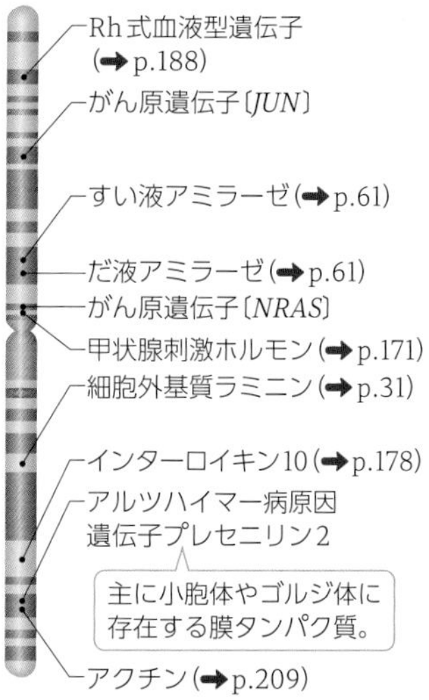

第2染色体

2億4200万塩基対

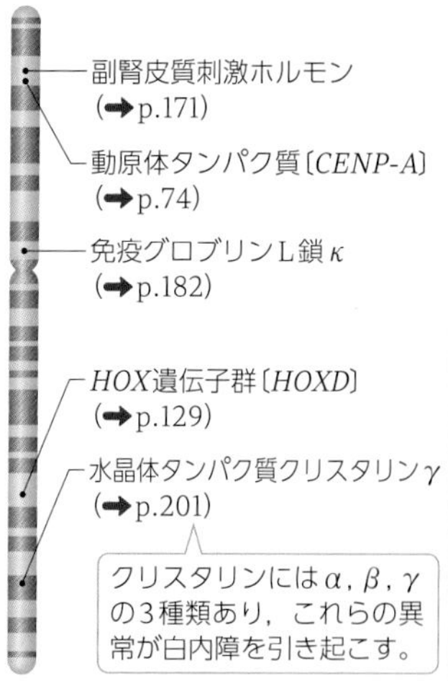

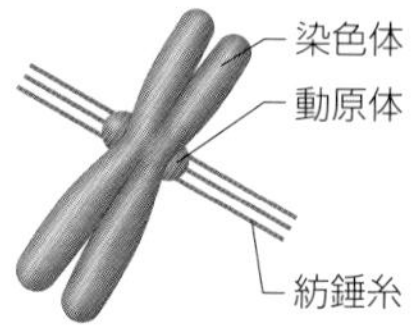

第3染色体

1億9800万塩基対

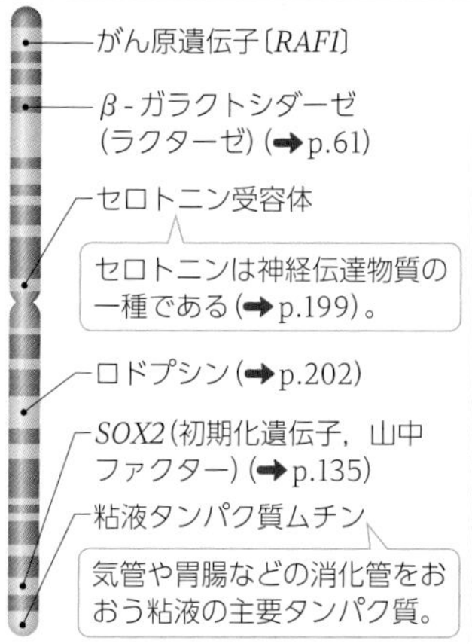

第4染色体

1億9000万塩基対

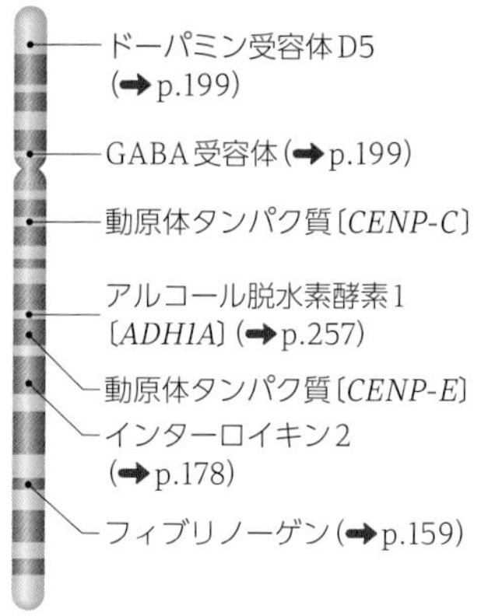

第9染色体

1億3800万塩基対

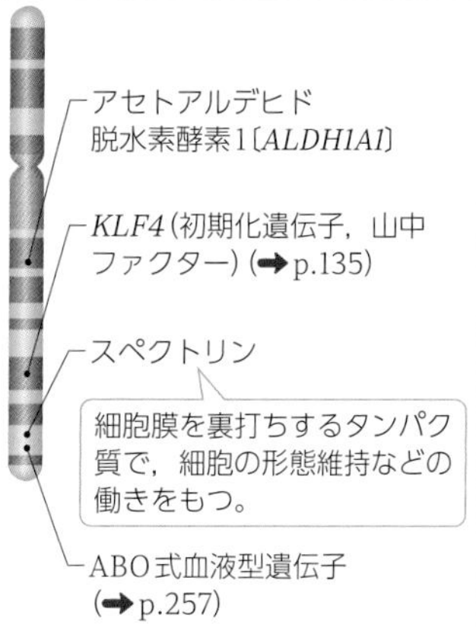

第14染色体

1億700万塩基対

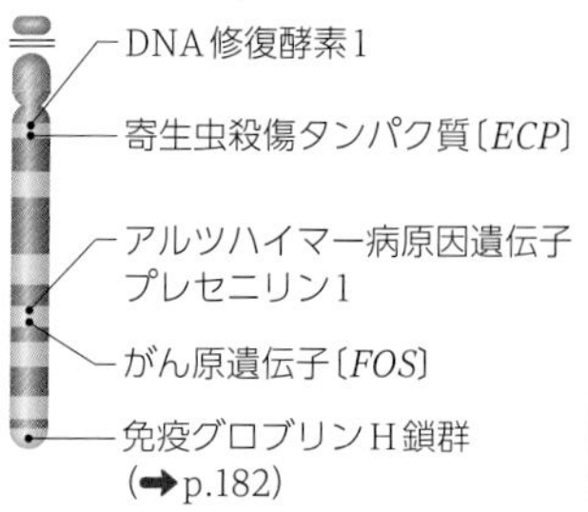

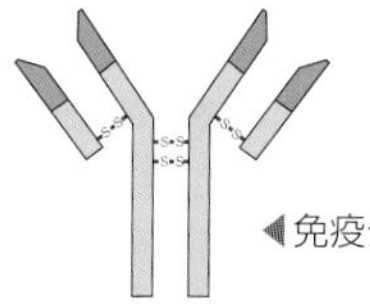

◀免疫グロブリン

第17染色体

8300万塩基対

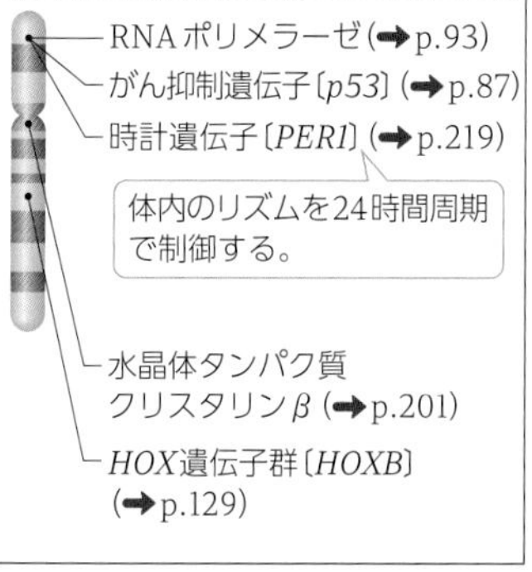

第21染色体

4700万塩基対

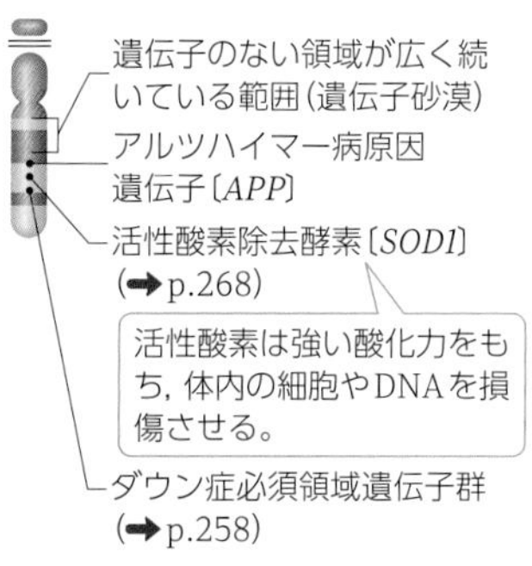

X染色体

1億5600万塩基対

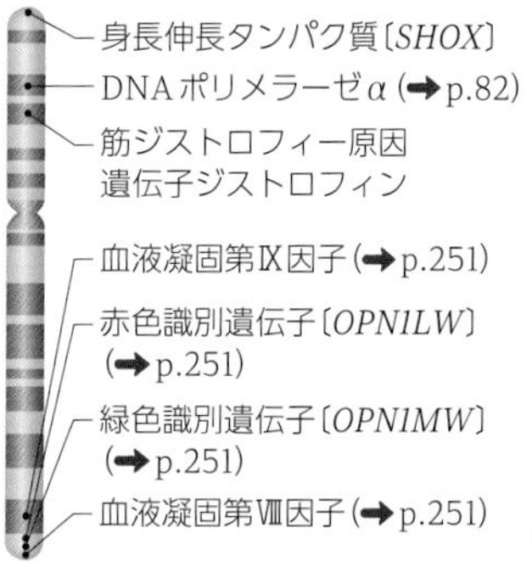

Y染色体

5700万塩基対

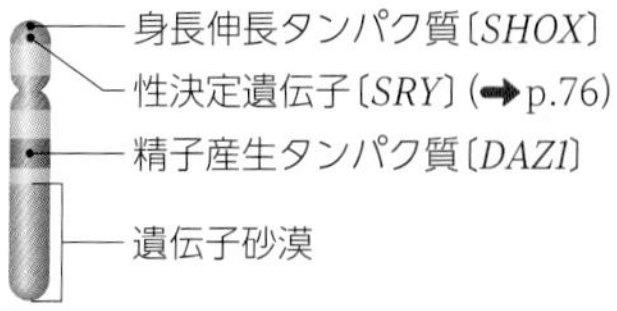

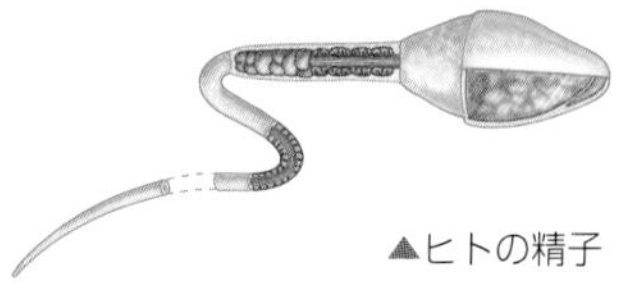

▲ヒトの精子

豆知識　第3染色体に受容体遺伝子が存在するセロトニンは，神経伝達物質の1つである。人体内のセロトニンの2％は中枢神経に存在し，精神活動に影響を与える。うつ病や神経症の治療薬には，セロトニン受容体をブロックしたり，セロトニンの再吸収を阻害したりする作用をもつものもある。

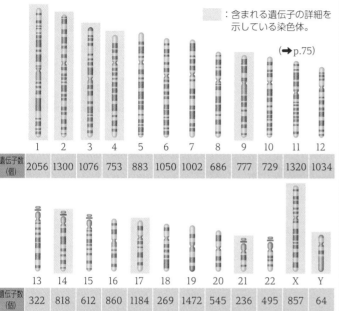

05 ゲノム

基本 1 ゲノム 基礎

生物がもつ1組のDNAをゲノムという。ゲノムにはその生物が必要とする遺伝情報のすべてが含まれる。

Ⓐゲノム

通常，1組のゲノムとは，原核生物の場合，細胞中の染色体に含まれるDNAの全塩基配列に相当する。一方，有性生殖を行う2倍体(➡ p.258)の真核生物の場合，精子や卵などの生殖細胞がもつ染色体に含まれるDNAの全塩基配列が相当する。

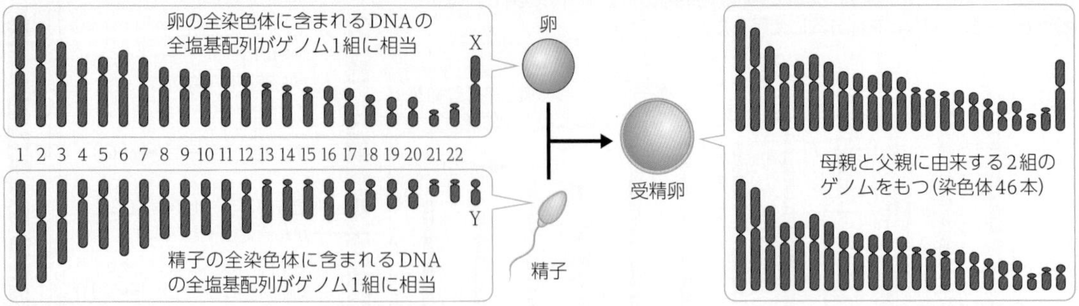

Ⓑゲノムプロジェクト

ゲノムの塩基対数は，**ゲノムサイズ**とも呼ばれる。ある生物の全ゲノム情報の解読を目的とした取り組みをゲノムプロジェクトといい，研究に多く利用されるモデル生物を中心に進められ，現在では，ヒトを含む多くの生物で全ゲノムが解読されている。

生物名	大腸菌	出芽酵母	センチュウ	シロイヌナズナ	ショウジョウバエ	マウス	ヒト
解読年	1997	1997	1998	2000	2000	2002	2003
塩基対(bp)	約460万	約1200万	約1億	約1億2000万	約1億4000万	約27億	約31億
遺伝子数(個)	約4300	約6000	約2万	約2万7000	約1万4000	約2万2000	約2万

生物名	イネ	チンパンジー	メダカ	ナメクジウオ	カモノハシ	アフリカツメガエル	コムギ
解読年	2004	2005	2007	2008	2008	2016	2018
塩基対(bp)	約3億7000万	約30億	約7億3000万	約5億2000万	約22億	約27億	約150億
遺伝子数(個)	約2万8000	約2万1000	約2万2000	約2万2000	約1万9000	約3万4000	約10万

基本 2 原核生物と真核生物のゲノムの特徴 基礎

原核生物のゲノム

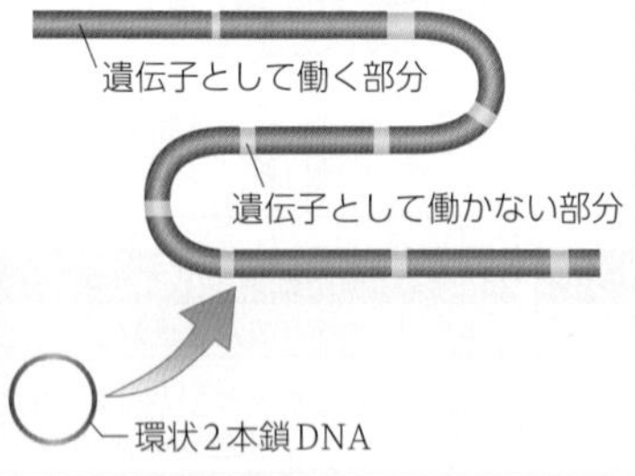

・ほとんどがタンパク質をコードする領域(タンパク質のアミノ酸配列の情報を担う領域)である。
・遺伝子が近接している。
・遺伝子密度(100万塩基中に存在する遺伝子の数)
大腸菌…約900個
マイコプラズマ…約860個
肺炎双球菌…約1060個

真核生物のゲノム

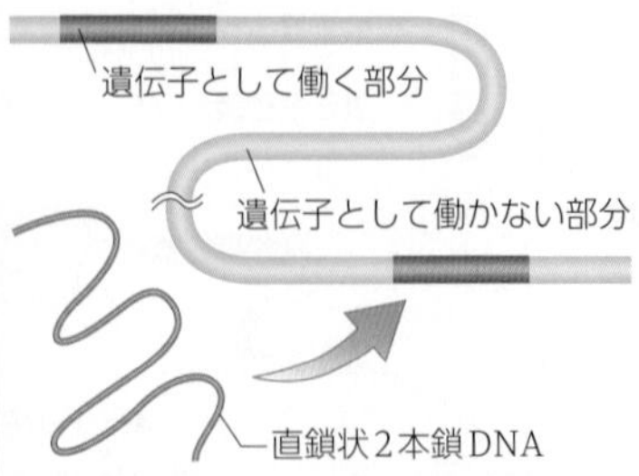

・タンパク質をコードする領域は，ゲノム全体のごくわずかである。
・遺伝子以外の部分が多く，遺伝子どうしは離れて存在する。
・遺伝子密度
ショウジョウバエ…約120個
シロイヌナズナ…約210個
ヒト…約7個

Up to Date 人工ゲノムをもつ細菌 生物

ゲノム解析の進展を受け，実際の生物のゲノムを参考に，化学合成したDNAをつないで人工ゲノムを作製し，細胞に導入するという研究が，2010年，アメリカのベンターらによって行われた。参考に用いられたのは，マイコプラズマ(➡ p.35)の一種のゲノムで，作製された人工ゲノムは，それとは別種のマイコプラズマの細胞に導入された。その結果，人工ゲノムが機能し，導入されたゲノムに由来する形質をもつ細菌が生じた。さらに，2016年には，その人工ゲノムから生命活動に必須でない遺伝子を極限まで除く試みがなされ，作製された人工細菌は，自己増殖する既知の生物のなかで最小のゲノムサイズをもつ生物として報告された。

◀2016年作製の人工細菌
・53.1万塩基対，473個の遺伝子をもつ。
・生存に必要な栄養は培地で供給したため，遺伝子の大半は細胞の働きに必要なものだった。
・149個の遺伝子は機能不明で，ヒトにみられるものもあった。

豆知識 ゲノムの語，および生殖細胞がもつ全染色体をゲノム1組とする考え方は，1920年にドイツの植物学者によって提唱された。その後，研究が進展するにつれて考え方も変化していき，現在では，ある生物の細胞1個に含まれるDNAの全遺伝情報をゲノムとする考え方に変わってきた。

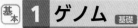

3 ヒトゲノムの特徴 生物

ヒトゲノムは，アメリカ，イギリス，日本，フランス，ドイツ，中国からなるヒトゲノムプロジェクトによって解読が進められた。2003年に計画終了宣言があり，2022年に完全解読が報告された。

Ⓐヒトゲノムの特徴

小論文 ➡p.346

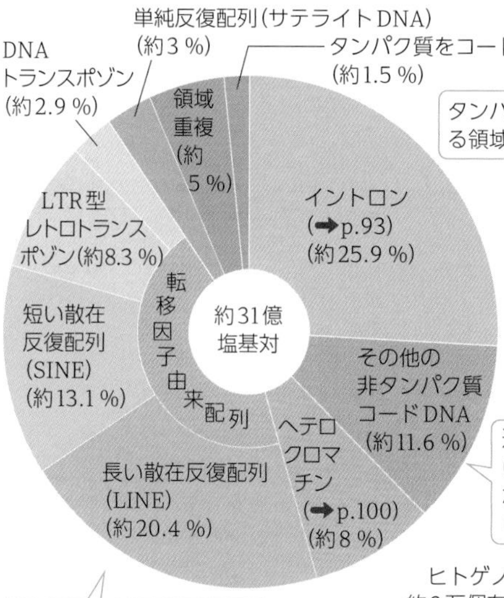

ヒトゲノムには，遺伝子が約2万個存在する。
また，偽遺伝子（➡p.259）が約1万7000個存在する。

Ⓑ転移因子

ヒトゲノムでは，転移因子とそれに関連する配列（機能を失った転移因子など）が約45％を占める。転移因子は，自身の塩基配列を，ゲノムの他の領域に挿入する（転移させる）しくみに関与するDNA上の領域である。転移のしかたによって，DNAトランスポゾンとレトロエレメントに大きく分けられる。多くの細胞では，いずれもエピジェネティックな制御（➡p.101）などによって，発現が抑制されている。

DNAトランスポゾン

トランスポザーゼという酵素の働きによって塩基配列が切り出され，別の場所に挿入されるものが多い。

レトロエレメント

転写された自身のRNAを鋳型として，逆転写酵素でcDNAを合成し，これを別の場所に挿入する。逆転写によって配列がコピーされるため，ゲノムサイズに大きな影響を与える。レトロエレメントは以下の3つに分けられる。

- **LTR（Long Terminal Repeat，長い末端反復配列）型レトロトランスポゾン**
  両末端に長い反復配列（LTR）と逆転写酵素遺伝子をもつ。レトロウイルスの遺伝物質の塩基配列と類似している。
- **LINE（Long Interspersed Nuclear Element，長い散在反復配列）**
  LTRをもたないが逆転写酵素遺伝子はもつ。
- **SINE（Short Interspersed Nuclear Element，短い散在反復配列）**
  ごく短い配列で，LTRも逆転写酵素遺伝子ももたない。LINEがつくる酵素などによって転移する。

break ぶれいく 有胎盤類の誕生は転移因子のおかげ！

ヒトゲノムが解読された当初，ヒトゲノムの98.5％を占める非タンパク質コード領域の機能は不明な点が多く，ジャンク（がらくた）DNAなどと呼ばれることもあった。その後，解明が進んだが，転移因子に由来する配列は，未だに不明な点が多い。そのようななか，2000年頃から，LTR型レトロトランスポゾンに由来する配列に，哺乳類の胎盤形成に働く遺伝子が含まれるという報告が続いている。太古の昔に哺乳類の祖先生物のゲノムに挿入されたLTR型レトロトランスポゾンが変化し，やがて胎盤形成に使われるようになったと考えられている。また，胎盤形成に転用された転移因子由来の遺伝子は複数あるとされている。哺乳類の胎盤構造は，種によって多様であることが知られており，これは，このような遺伝子の転用が進化の過程で独立して複数回起こったことが要因の1つであると考えられている。

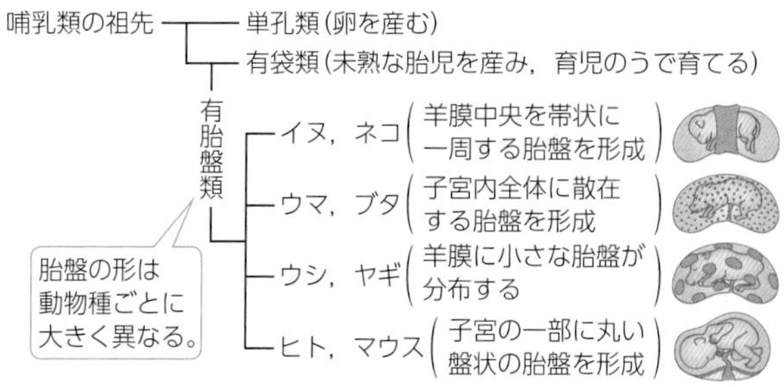

4 一塩基多型 生物

あるヒトのゲノムを別のヒトと比較すると，99.9％は共通だが，残りの約0.1％（1000塩基に1つ）は異なる。このうち，塩基が1個異なるものは一塩基多型《いちえんきたけい》（SNP；Single Nucleotide Polymorphism，スニップ）と呼ばれる。

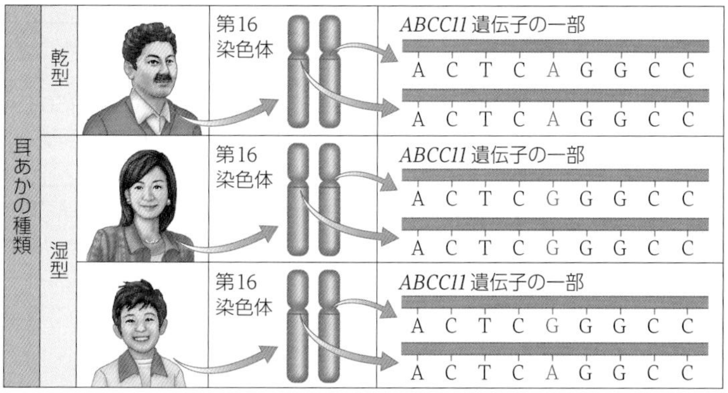

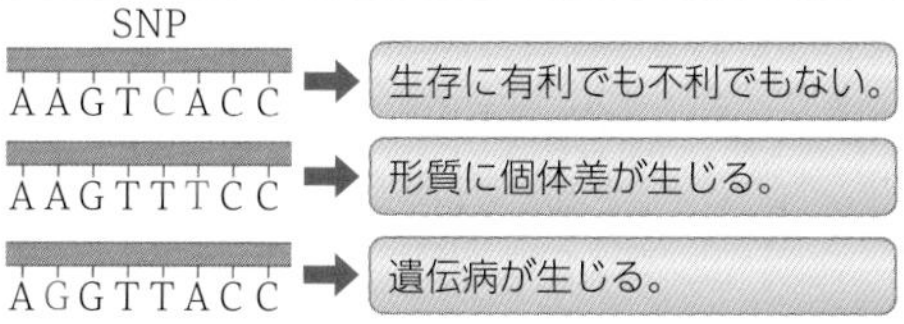

同一種内で，個体によって異なる塩基配列が存在することを**遺伝的多型**（DNA多型）という。ふつう，少ない方の塩基が集団内に1％以上の割合でみられる場合を指す。

たとえば，耳あかに関する遺伝子である*ABCC11*遺伝子の538番目の塩基は，乾型のヒトではAだが，湿型のヒトではどちらか一方，または両方がGになっている。

SNPは，ヒトゲノム全体では多数存在することがわかっている。耳あか以外にもアルコールの代謝速度（➡p.257）や病気へのかかりやすさ，薬の効き方などの体質や体格など，さまざまな形質に直接関係したり，またはそのような原因遺伝子と高確率で一緒に遺伝したりすると考えられており，現在，盛んに研究が行われている。

SNPは，配偶子などの生殖細胞系列の細胞のゲノムに起こった突然変異（➡p.256）が原因で生じる。このような突然変異は，一世代当たり数十塩基の頻度で起こると考えられている。生じた突然変異は，遺伝病の原因となることもあるが，生存に有利でも不利でもないものが多い。SNPも含め，変異の生じたゲノムは，自然選択や遺伝的浮動（➡p.262）によって生物集団内で広まったり，消失したりする。

SNPは，ヒトの形質に正常と異常の区別をつけることが適切ではないことを示している。ヒトの集団には，正常な形質と異常な形質が存在しているのではなく，多様なゲノムが存在しているととらえることが重要である。

豆知識　転移因子を最初に発見したのは，アメリカのバーバラ・マクリントックである。彼女は，1940年，トウモロコシの実にみられる斑が転移因子の転移によって生じると提唱した。その後，分子生物学の進展に伴い，この学説が証明され，彼女は1983年ノーベル生理学・医学賞を受賞した。

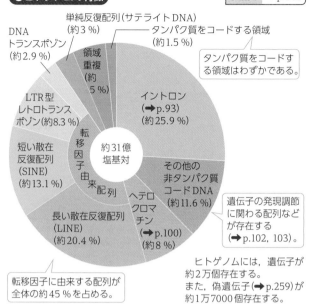

06 DNAの複製① 半保存的複製

基礎 生物

DNA Replication, Part 1 Semiconservative Replication

関連動画をCheck!

基本 1 DNAの複製 基礎 生物

DNAは，細胞が分裂する際に，同じものが合成(自己複製)されて娘細胞に均等に分配される。複製されたDNAは，もとのDNAから一方のヌクレオチド鎖をそのまま受け継いでいる。このような複製を半保存的複製《はんほぞんてきふくせい》という。

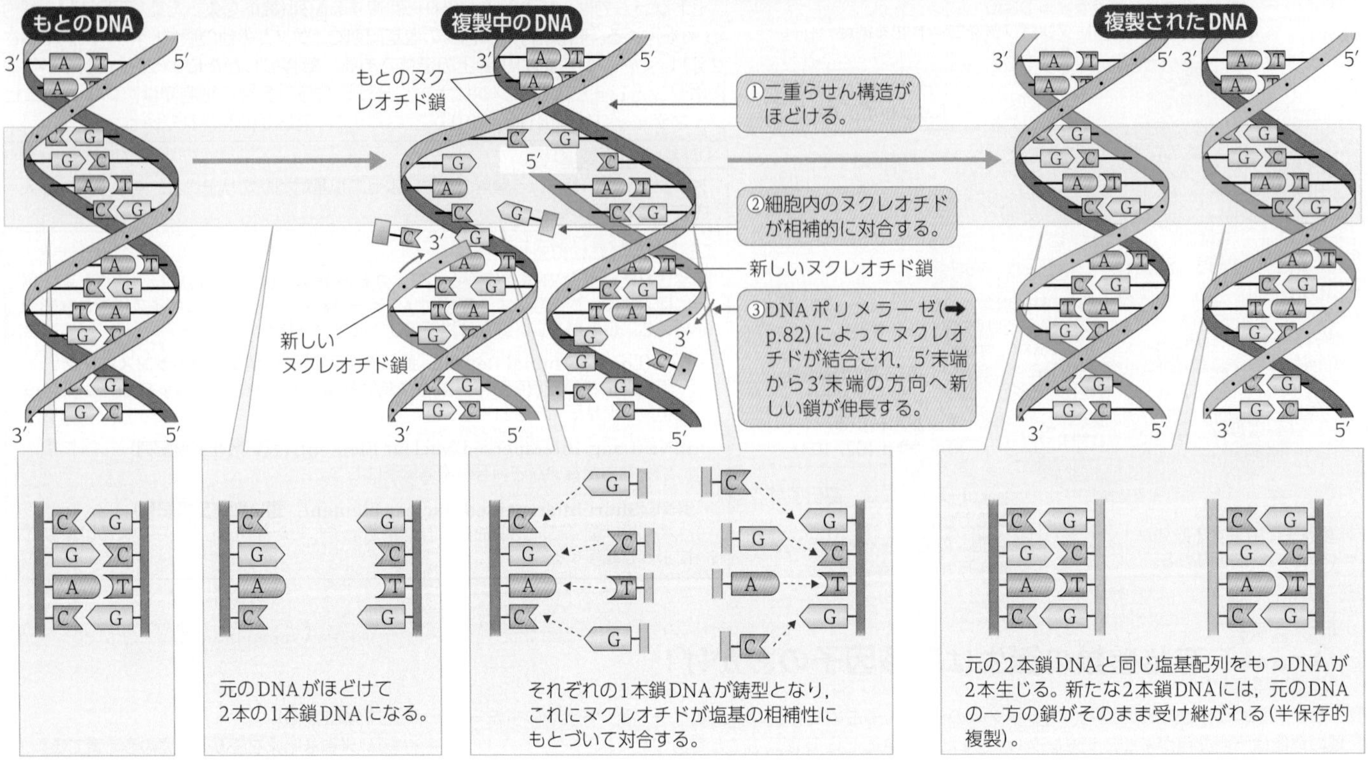

基本 2 半保存的複製の証明 基礎 生物

DNAの複製方法については，かつて，いくつかの仮説があった。メセルソンとスタールは，1958年，窒素の同位体を用いた実験によって，半保存的複製が正しいことを証明した。

DNA複製に関する3つの仮説

DNA複製のしくみが明らかになっていなかった時代には，(1)～(3)のような仮説が提唱されていた。

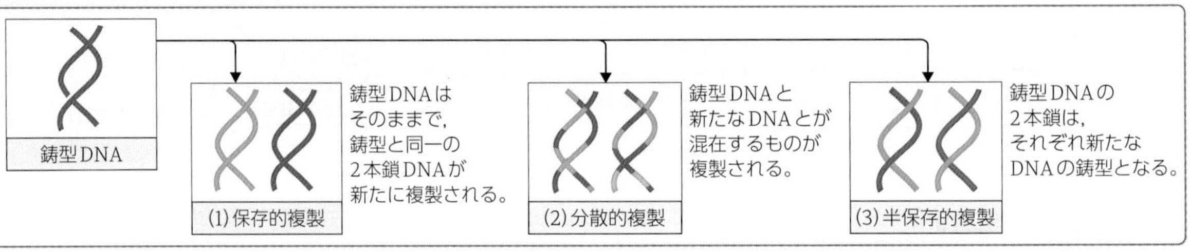

メセルソンとスタールの実験

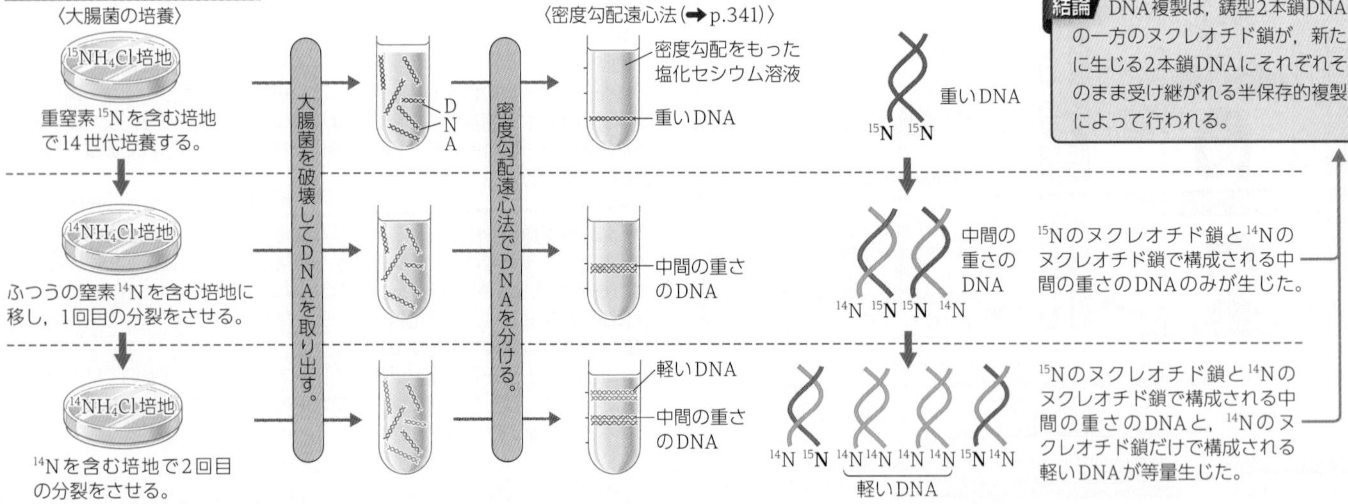

結論 DNA複製は，鋳型2本鎖DNAの一方のヌクレオチド鎖が，新たに生じる2本鎖DNAにそれぞれそのまま受け継がれる半保存的複製によって行われる。

豆知識 ヒトの体細胞の核内には，46本の2本鎖DNAが存在し，それらの総塩基対数は約60億を上回る。これを細胞は数時間でコピー(複製)し，コピーミスは約100億ヌクレオチドに1つと極めて少ない。これは驚くべき速度と正確さである。

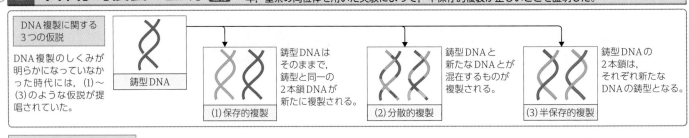

3 複製起点 生物

DNAの複製は，二重らせんをほどき，塩基間の水素結合を壊して2本鎖を引き離すところからはじまる。DNA複製が開始する部分は複製起点《ふくせいきてん》(複製開始点)と呼ばれ，生物によって決まっている。

Ⓐ真核生物の複製起点

真核生物のDNAには複製起点が複数か所あり，ヒトでは約10000から100000か所ある。DNA複製の進行部分にみられる，DNAがY字型に分岐した部分は複製フォークと呼ばれる。

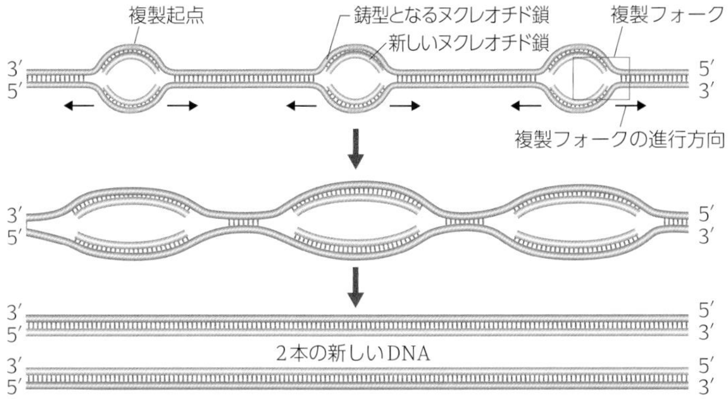

Ⓑ原核生物の複製起点

原核生物のDNAやプラスミド(➡p.142)などのDNAは環状をしており，複製起点は1か所しかない。

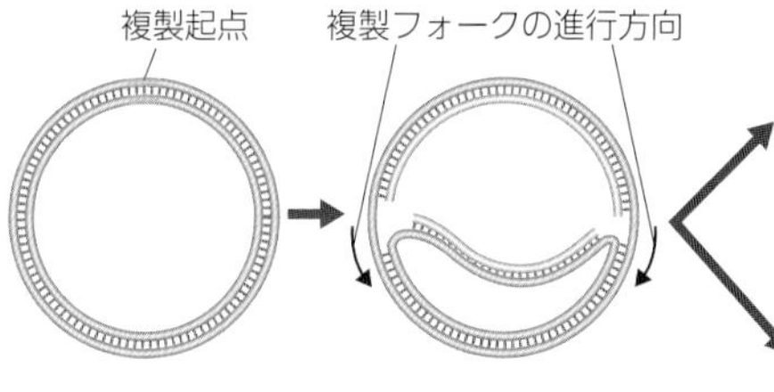

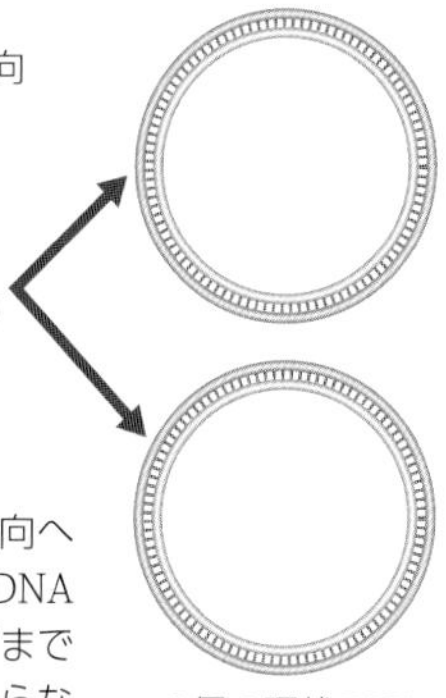

2つできる複製フォークは，互いに逆方向へ進んで環状DNAを複製していく。大腸菌のDNAは小さいので(➡p.78)，複製開始から終了までには約40分(37 ℃の条件のとき)しかかからない。

実験5 DNAの抽出実験

基礎

目的 遺伝子の本体であるDNAを抽出し，その存在を確認する。

準備 材料…ブロッコリーの花芽の部分
器具…はさみ，乳鉢，乳棒，茶こし，ビーカー，ガラス棒，時計皿，筆，ろ紙
薬品…抽出用溶液(台所用洗剤を食塩水で10倍に希釈したもの)，氷冷したエタノール，食塩水(重量%で15 %)，ヘマトキシリン溶液(市販のヘマトキシリン染色液を水で2～3倍に希釈したもの)

方法 DNAの抽出

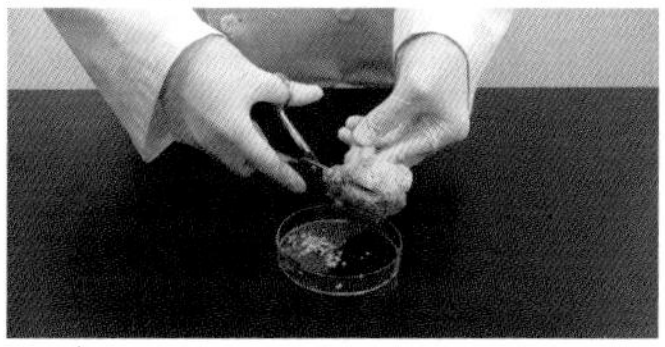
①ブロッコリーの花芽部分をはさみで刈り取り，5 g程度乳鉢に入れる。

②乳棒で素早くすり潰す。

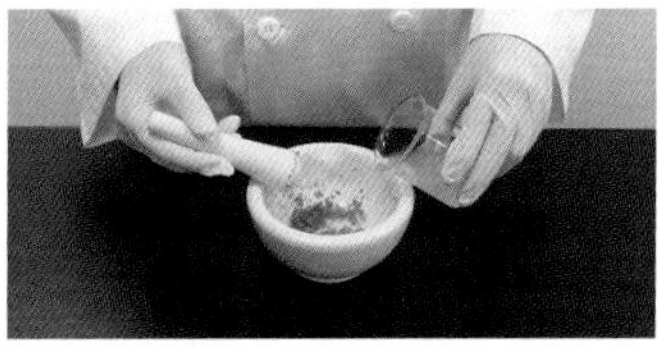
③抽出用溶液50 mLを加え，粘り気が出るまですり混ぜる。

④ビーカーに茶こしをのせ，③をこしてDNA抽出液を得る。

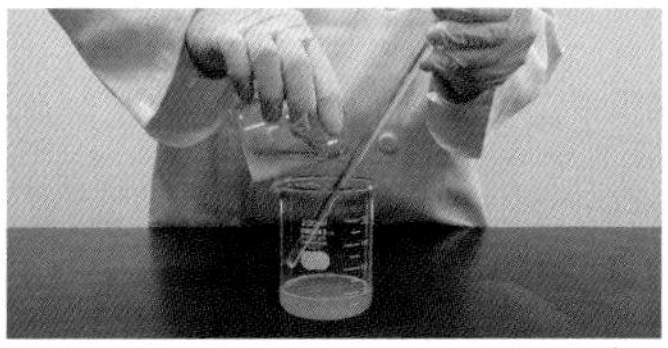
⑤冷えたエタノール20 mLを，ガラス棒を伝わせて静かに注ぐ。

⑥抽出液とエタノールの境界面に析出したDNAを，ガラス棒で絡めとる。

ブロッコリーは冷凍してもいいよ。冷凍すると，細胞構造が壊れやすくなるし，細胞内のDNA分解酵素の働きを抑制できるよ。また，界面活性剤である台所用洗剤は，ここではリン脂質からなる細胞膜や核膜を壊す役割を担っているよ。

DNAは，塩《えん》(NaClなど)の存在下で凝集しやすいという性質をもつ。また，エタノール，特に冷エタノールには溶けにくいため，⑥の操作で境界面のエタノール側に析出するよ。

方法 DNAの確認

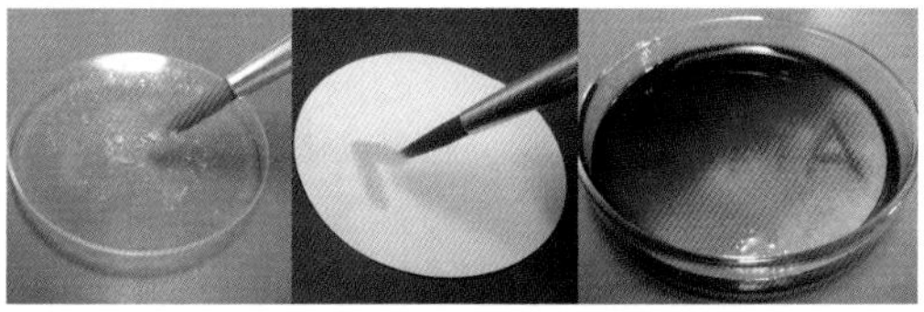
⑦DNAをガラス棒などで時計皿に移し，筆を使ってろ紙にのせ，乾燥させる。ヘマトキシリン溶液に5分間浸したのち，熱湯で染色液を落とす。

結果・考察

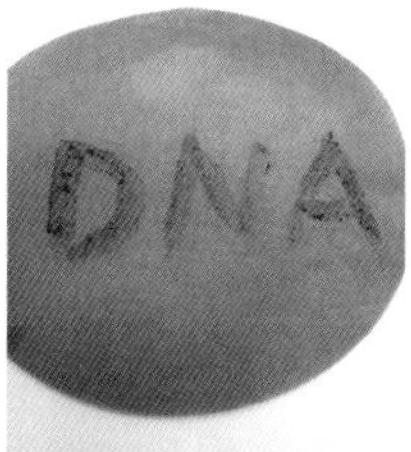

ヘマトキシリンは，細胞の核を青紫色に染める染色液である。ヘマトキシリンの酸化物が，負に帯電する核のリン酸基と結合し，核を染色すると考えられている。

ろ紙にとったDNAは，ヘマトキシリン溶液によって染色された。このことから，抽出された物質は核に含まれるDNAであると考えられる。

ガラス棒でDNAを絡めとるのが難しい場合，ピンセットや割り箸を代わりに使ってみよう。

豆知識 DNA抽出実験に用いる材料には，ブロッコリーの花芽や魚の白子(精巣)のような，細胞の大きさに対して核の大きさの割合が高いものが適している。また，タマネギの内側の鱗片葉など，細胞中のタンパク質が少ないものも適している。

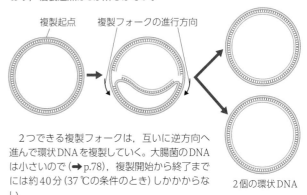

07 DNAの複製② 複製のしくみ

1 DNAの複製のしくみ 生物

DNAの複製は，鋳型となるDNAをもとにして行われる。**DNAポリメラーゼ**は，ヌクレオチド鎖の3′末端に新たなヌクレオチドを結合させ，5′→3′方向へのみ伸長させる酵素である。

プライマーの合成

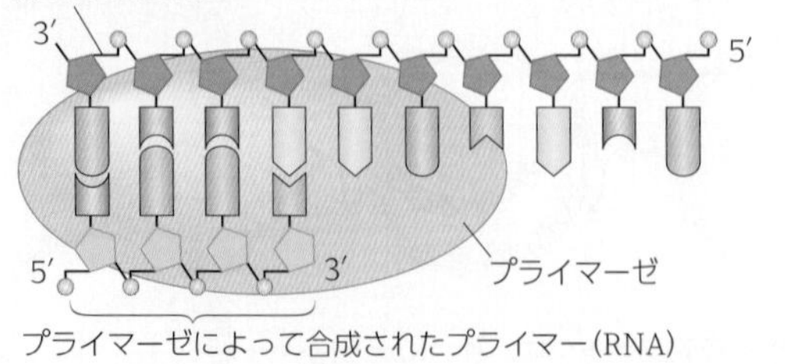

DNAの複製では，まず，プライマーゼによって鋳型の塩基配列と相補的な配列をもつ短いヌクレオチド鎖(**プライマー**)が合成される。細胞内におけるプライマーはRNAからなる。

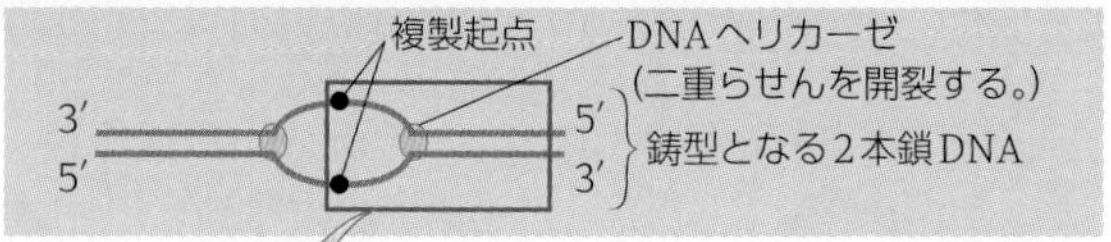

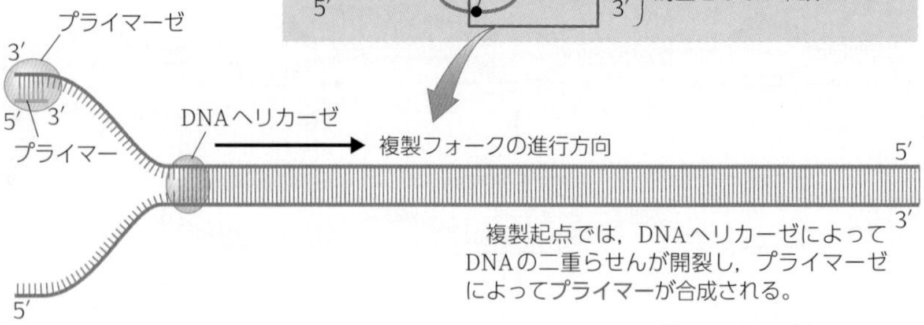

複製起点では，DNAヘリカーゼによってDNAの二重らせんが開裂し，プライマーゼによってプライマーが合成される。

DNAポリメラーゼによるDNA鎖の伸長

DNAポリメラーゼは，鋳型鎖と既に相補的に結合しているヌクレオチド鎖(1本鎖)を伸長させる酵素である。鋳型DNAと相補的に結合しているプライマーの3′末端にDNAのヌクレオチドを付加することで，新しいヌクレオチド鎖を5′→3′方向へ伸長していく。

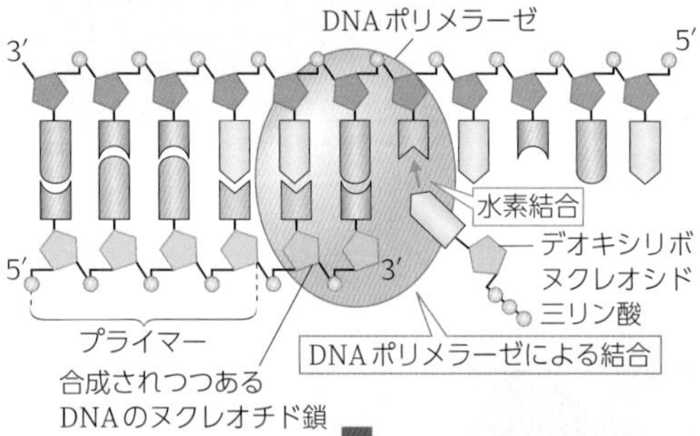

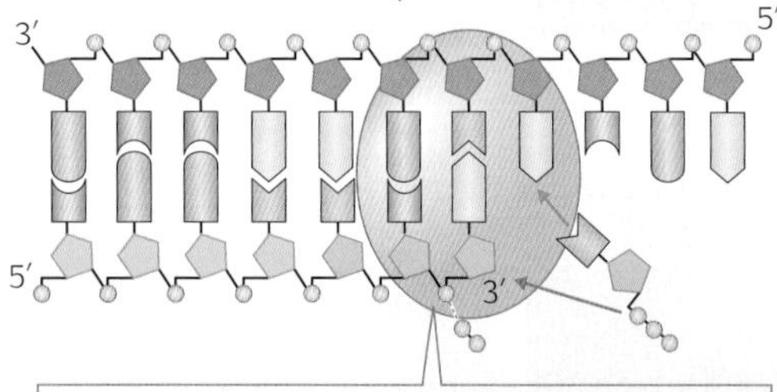

外側2個のリン酸が外れることで生じるエネルギーによって，残りのリン酸が末端の糖の3′に結合する。

デオキシリボヌクレオシド三リン酸

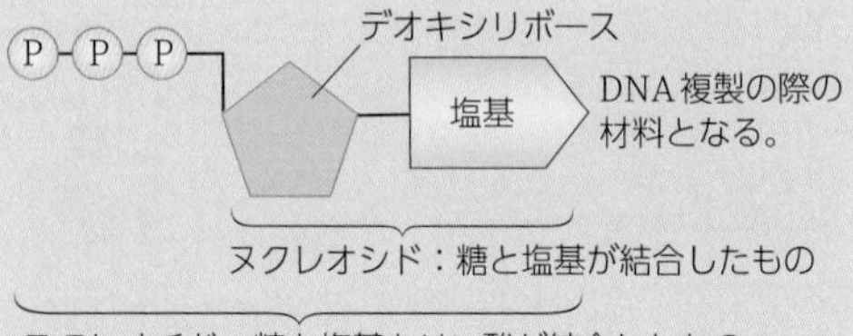

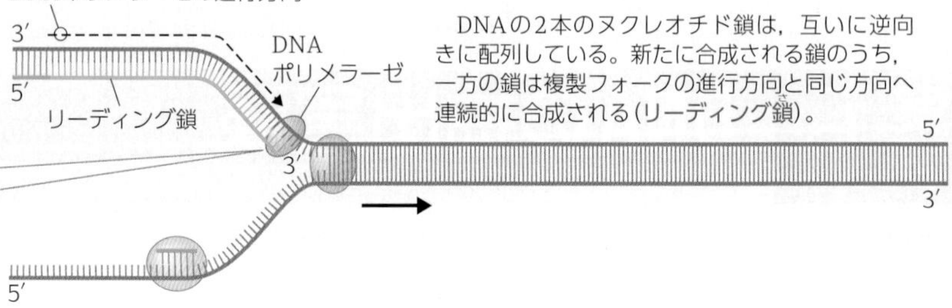

DNAの2本のヌクレオチド鎖は，互いに逆向きに配列している。新たに合成される鎖のうち，一方の鎖は複製フォークの進行方向と同じ方向へ連続的に合成される(リーディング鎖《さ》)。

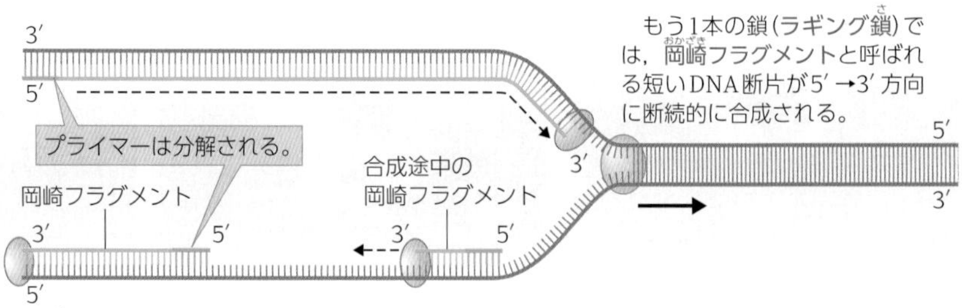

もう1本の鎖(ラギング鎖《さ》)では，岡崎《おかざき》フラグメントと呼ばれる短いDNA断片が5′→3′方向に断続的に合成される。

プライマーは分解・除去され，DNAポリメラーゼによってDNAのヌクレオチド鎖に置き換えられる。

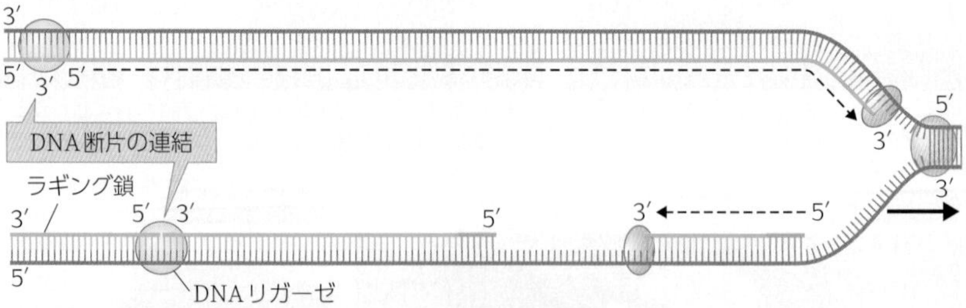

岡崎フラグメントはDNAリガーゼの働きによって連結される。この結果，ラギング鎖も全体として複製フォークの進行方向へ伸長する。

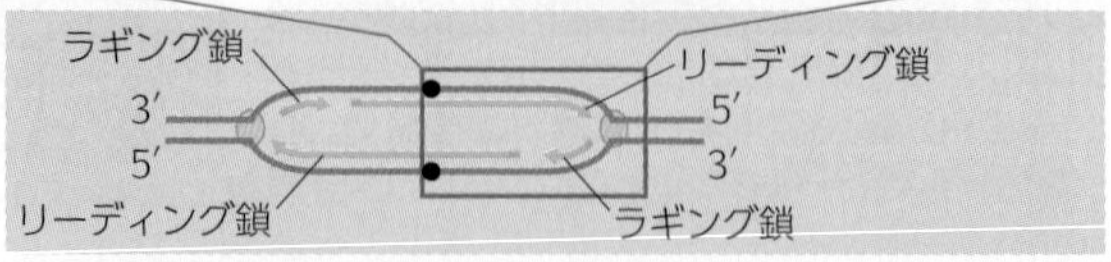

豆知識 DNAポリメラーゼは，アメリカのアーサー・コーンバーグによって単離された。コーンバーグは，DNAポリメラーゼを用いたDNAの人工合成に成功し，この業績によって，1959年，ノーベル生理学・医学賞を受賞した。この研究は，その後，息子のロジャー・コーンバーグに引き継がれた。

break ぶれいく 岡崎フラグメント

DNAの複製は二重らせんがほどける方向へ進行すると仮定した場合，右図のように，DNAの一方の鎖は5′→3′方向へ，もう一方の鎖は3′→5′方向へ伸長することになる。しかし，DNAポリメラーゼは，ヌクレオチド鎖を5′→3′方向にしか伸長しないため，ラギング鎖の複製のしくみは謎であった。

1966年，岡崎令治らは，ラギング鎖では，5′→3′方向への短い鎖の合成と連結をくり返しながら，全体としては3′→5′方向へ伸長するという不連続複製機構を発見した。岡崎フラグメントは発見者の名に由来する。

この業績はノーベル賞受賞が確実視されていたが，岡崎令治は，1975年，中学生のときの広島での被爆を原因とする慢性骨髄性白血病のため44歳で急逝した。その後，研究は妻の岡崎恒子らに引き継がれ，やがて岡崎フラグメントの合成開始から連結までの全過程が解明された。

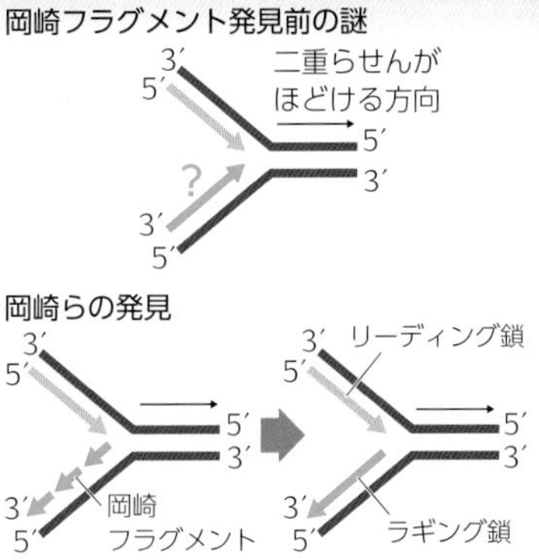

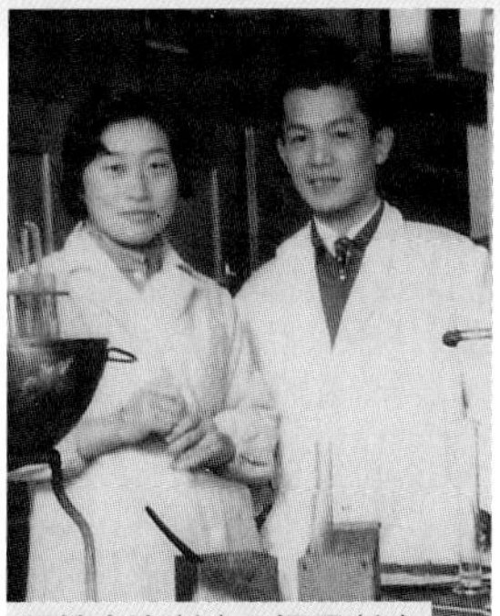
岡崎令治(右)と恒子(左)

テロメア 発展

●**テロメア**　真核生物の染色体を構成するDNAの末端には，特定の塩基配列(脊椎動物ではTTAGGG)のくり返しからなる，遺伝子の存在しない部分がある。この部分は，**テロメア**と呼ばれる。DNAの複製の開始には，プライマーが必要である。DNAの最末端部分では，ラギング鎖のプライマーが分解された後，鋳型となる鎖は1本鎖のまま複製されない。このため，細胞分裂のたびに，末端のテロメア部分は，理論上短くなっていく。テロメアが一定の長さまで短縮すると細胞は分裂しなくなることから，テロメアには，細胞の寿命を示す時計のような役割があると考えられている。一方，原核生物のDNAは環状なので，テロメアは存在しない。

●**テロメラーゼ**　細胞によっては，テロメアを伸長させる**テロメラーゼ**という酵素が働いており，細胞分裂をくり返してもテロメアは短縮しないことが知られている。テロメラーゼは，鋳型RNAと逆転写酵素活性をもち，DNAポリメラーゼとともにテロメアを伸長する。テロメラーゼは，単細胞生物や植物細胞，魚類，げっ歯類，チンパンジーの体細胞などで活性が認められる。ヒトでは，体細胞ではほとんど活性がなく，生殖細胞や幹細胞など一部の細胞でのみ活性がみられる。多くのがん細胞では，テロメラーゼが活性化されており，がん細胞が無限に増殖できる理由の1つであると考えられている。

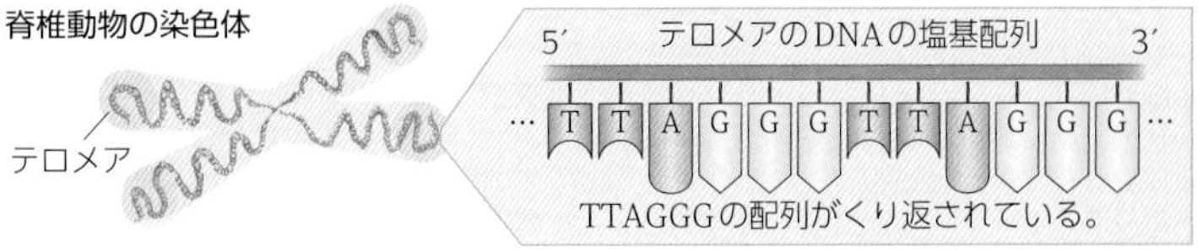

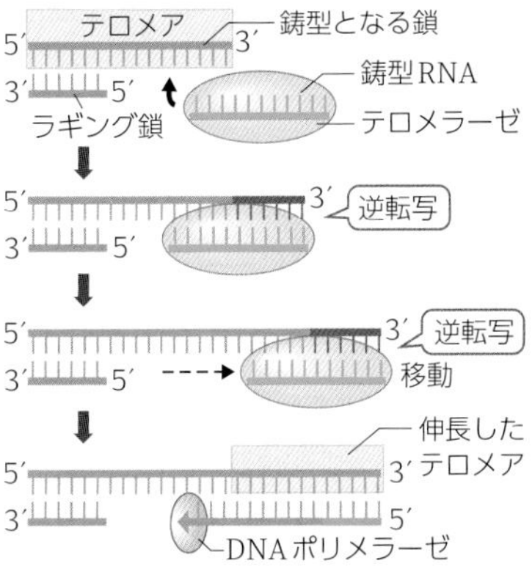

●**テロメラーゼの働き**

❶テロメラーゼは，鋳型となる鎖のテロメアを認識すると，これに結合する。

❷テロメラーゼがもつテロメアに相補的な配列のRNAを鋳型としてDNAが合成され(逆転写)，鋳型となる鎖が伸長する。

❸テロメラーゼが移動し，鋳型となる鎖がさらに伸長される。

❹テロメラーゼが外れ，DNAポリメラーゼの働きによってラギング鎖が合成される。

2 DNA修復 生物

DNA修復のしくみは，リンダールをはじめ，モドリッチやサンジャルによって解明された。2015年，3名は，ノーベル化学賞を受賞した。

DNA複製で働くDNAポリメラーゼは，合成過程で誤って取り込まれたヌクレオチドを，それに続くヌクレオチドを重合させる前に切り取り，正しい塩基に置き換えるという校正機能をもつ。しかし，このような機能をもっていても，まれに相補的でない塩基対を生じることがある。このようなときには，**DNA修復**《しゅうふく》のしくみが働く。細胞にはDNA修復のしくみが複数存在するが，一般的には，誤った塩基をもつヌクレオチドの部分，またはその周囲を含めた部分が除去されて修復される。

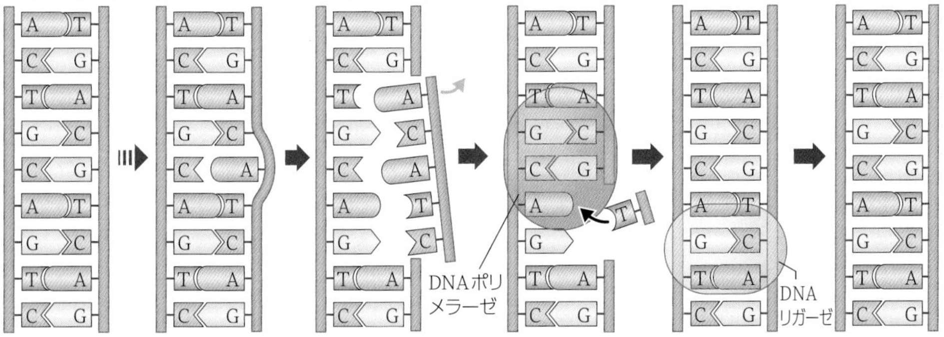

相補的でない塩基が取り込まれる。　相補的でない塩基を含む部分が認識，除去される。　DNAポリメラーゼが，相補的なヌクレオチドを結合させる。　DNAリガーゼが切れ目をつなぎ，修復が完了する。

変異原

DNAの複製ミス以外にも，下に示すような要因によってDNAは常に変化し，損傷を受けている。しかし，これらの損傷もDNA修復のしくみによってすみやかに修復される。

修復が失敗した場合は，塩基配列や染色体構造が変化する**突然変異**《とつぜんへんい》(➡p.256)を生じることになる。

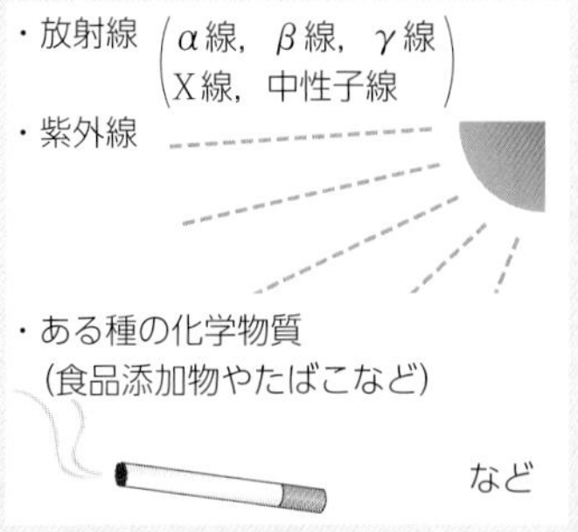

豆知識　ラギング鎖の合成は，複製フォークが進行して岡崎フラグメントの合成開始点が現れるまで開始されない。そのため，連続的に進むリーディング鎖(leading strand)の合成に比べると遅れる(＝ラグが生じる)。このことがラギング鎖(lagging strand)の語源となっている。

08 DNAの分配

基本 1 細胞周期 基礎 発展

体細胞の一部には，細胞分裂を行う分裂期《ぶんれつき》(M期《き》)と，それ以外の間期《かんき》をくり返す周期(細胞周期《さいぼうしゅうき》)がみられる。

Ⓐ細胞周期 基礎 発展

複製されたDNAは細胞分裂に伴って娘細胞に分配される。

多細胞生物において，体細胞の多くは，細胞周期から外れた，G_0期《き》の状態にある。細胞周期には，周期を進めたり停止させたりする特定のチェックポイントがある。チェックポイントは，G_1期とG_2期，およびM期の3か所に存在する。

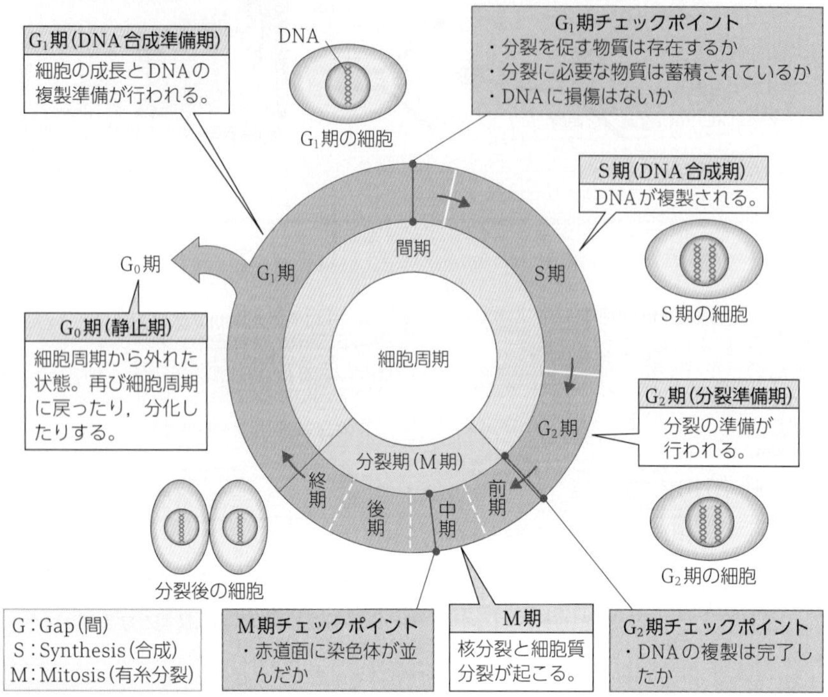

Ⓑ細胞周期の時間 基礎

細胞周期の長さは，主に間期の長さで決まり，生物や細胞の種類によって異なる。たとえばヒトの肝細胞の細胞周期の長さは約1年である。

	間期			分裂期	(単位：時間)
	G_1期	S期	G_2期	M期	計
ヒトの結腸上皮細胞	15	20	3	1	39
マウスの小腸上皮細胞	9	7.5	1.5	1	19
タマネギの根端細胞	10	7	3	2	22
ヒマワリの根端細胞	3.5	4	1.4	1.6	10.5
マウスの繊維芽細胞	8	8	4	2	22

Ⓒ細胞周期とDNA量の変化 基礎

核膜の形成は細胞質分裂の完了に先がけて起こるため，核当たりと細胞当たりとでは，DNA量の変化の時期にずれが生じる。

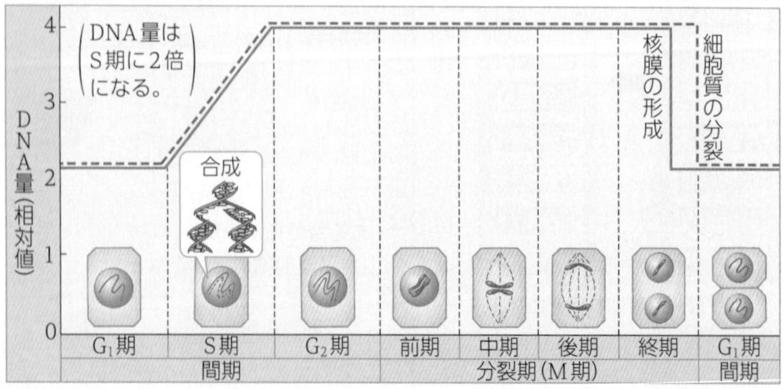

2 体細胞分裂の過程 基礎 生物

植物細胞

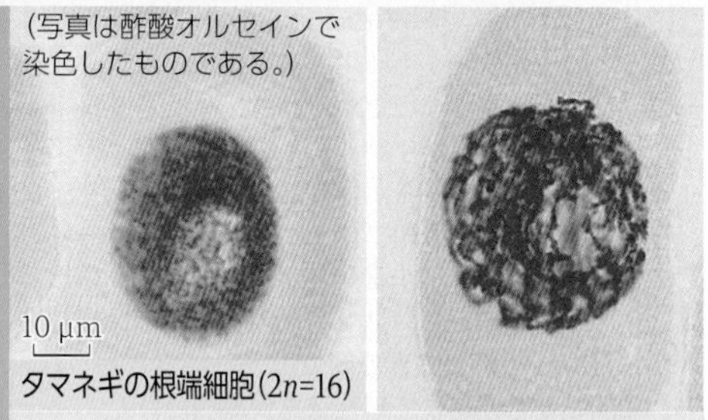

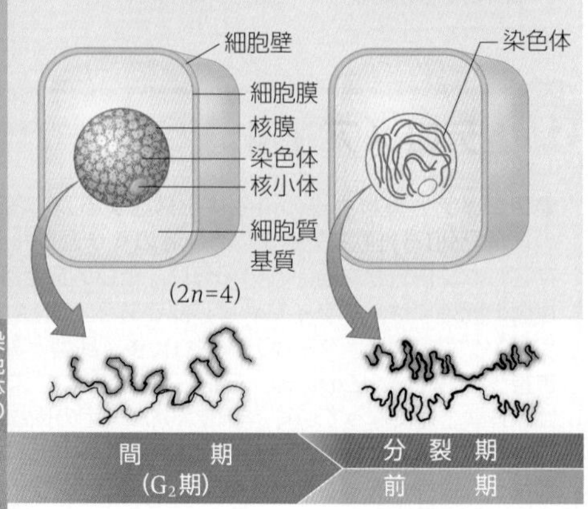

・S期に複製された倍量のDNAが存在する。
・細胞質基質でタンパク質が合成される。
☆動物細胞では中心体が複製される。

・核内に分散していた染色体は，凝縮して太く短くなる。
・核膜や核小体が消失する。

動物細胞

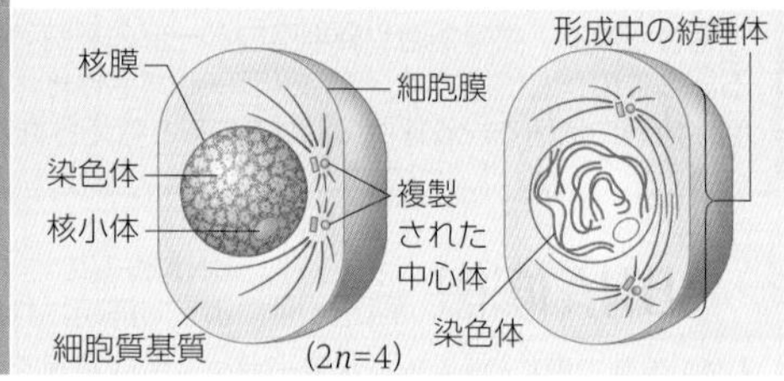

細胞周期とDNA量の解析

S期にDNA量が倍になることを利用して，細胞が細胞周期のどの時期にあるかを調べることができる(➡p.341)。

右のグラフは，増殖中の細胞集団における，細胞当たりのDNA量と細胞数を示したものである。G_1期の細胞数がG_2期とM期の合計の細胞数より多いことから，この集団ではG_1期の時間がG_2期とM期の合計時間よりも長いことがわかる。

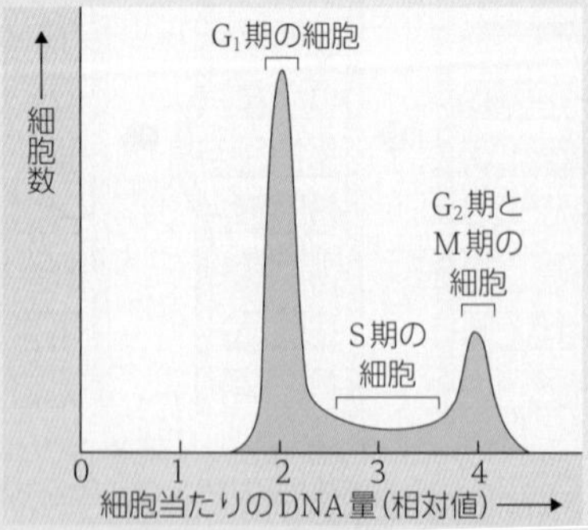

豆知識 体細胞分裂は、染色体や紡錘糸などの糸状(mito)構造の形成がみられるため、体細胞有糸分裂(somatic mitosis)と呼ばれる。Somaticとは体細胞のことである。

▲は植物細胞のみでみられる過程
☆は動物細胞のみでみられる過程

からだを構成する体細胞は，体細胞分裂《たいさいぼうぶんれつ》によって増殖する。分裂前の細胞を母細胞《ぼさいぼう》，分裂後の細胞を娘細胞《むすめさいぼう》といい，1個の母細胞から2個の娘細胞ができる。体細胞分裂では，核分裂《かくぶんれつ》が起こり，続いて細胞質分裂《さいぼうしつぶんれつ》が起こる。娘細胞の染色体数は，G_1期の母細胞と同じになる。

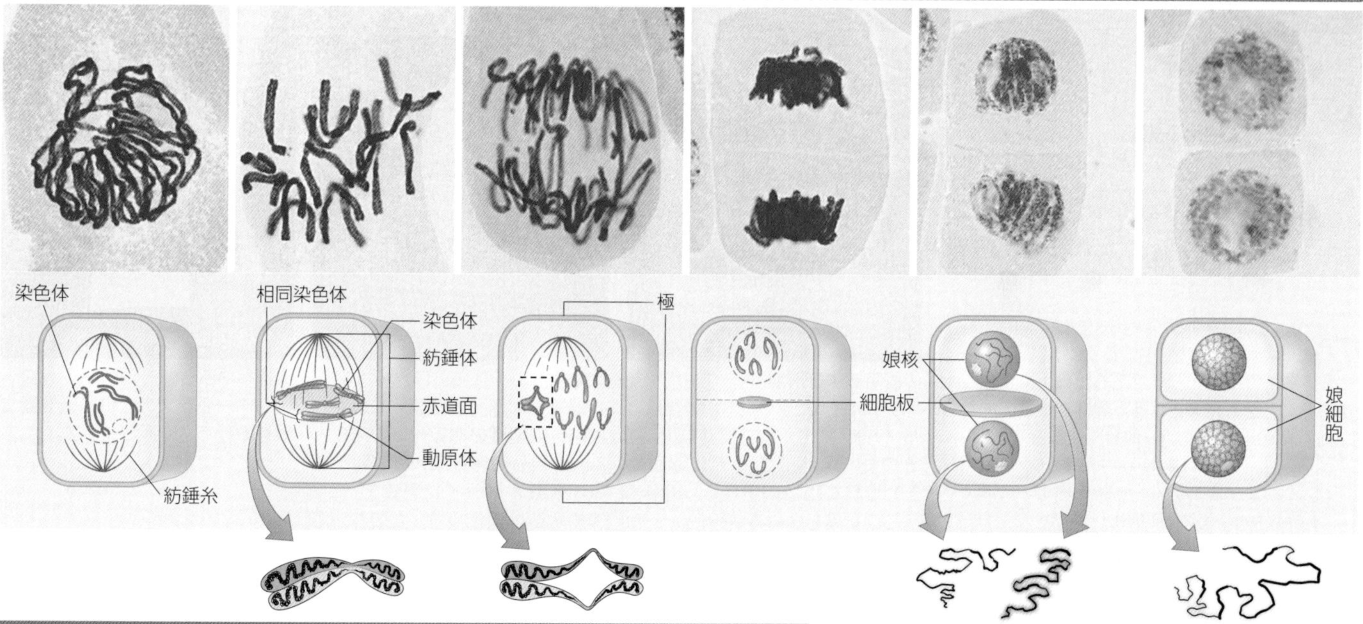

分裂期(M期)　細胞質分裂

前期	中期	後期	終期	間期(G_1期)
・紡錘体の形成が進み，動原体に紡錘糸が付着する。 ☆動物細胞では中心体の微小管が伸長し，星状体が形成される。	・染色体は，さらに凝縮して赤道面と呼ばれる細胞の中央部に並ぶ。 ・紡錘体が完成する。	・染色体は接着面で離れ，紡錘糸によって両極へ移動する。	・染色体が再び分散する。 ・核膜，核小体が再形成され，2個の娘核ができる。 ・細胞質分裂が起きて，細胞が二分される。 ▲植物細胞では，赤道面に細胞板が形成される。 ☆動物細胞では，赤道面付近で細胞がくびれる。	・G_1期の母細胞と同じ染色体数をもつ2個の娘細胞が形成される。

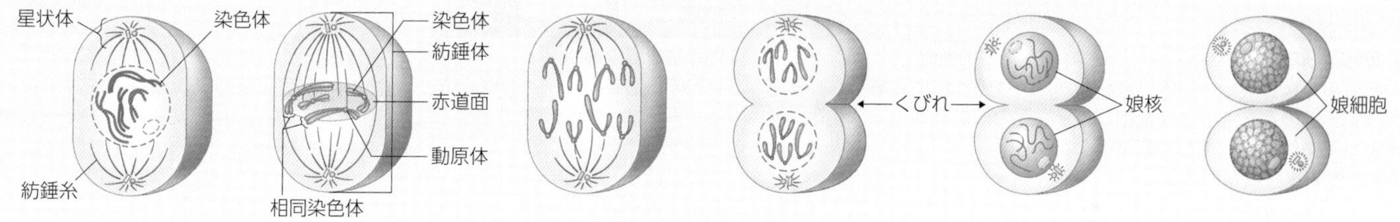

整理 染色体と動原体

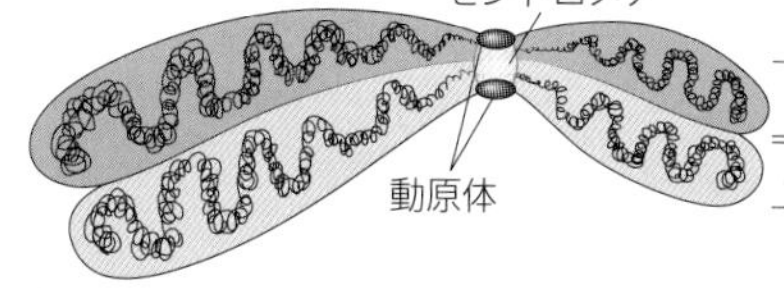

染色体　DNAとタンパク質からなる構造体。間期にはほどけて細長くなっているが，分裂期には太く短く凝縮する。DNA複製後の染色体では，2本の染色体がセントロメアと呼ばれる部分で接着している。このときの染色体のそれぞれを，特に染色分体，または姉妹染色分体と呼ぶことがある。

動原体　分裂期の染色体のセントロメア領域に形成される，紡錘糸が付着する部分で，特殊なタンパク質が存在する(➡p.111)。

PLUS α 細胞質分裂 生物

植物細胞　植物細胞の細胞板は，赤道面付近の微小管に沿って集合したゴルジ体由来の小胞が融合して形成される。やがて，細胞板の内部にセルロースなどが沈着して細胞壁が完成する。

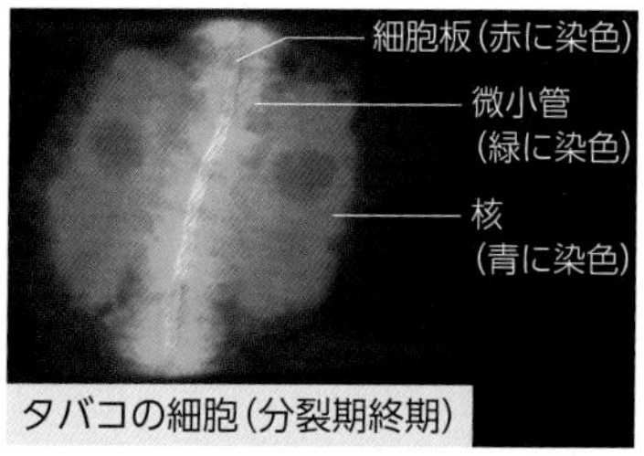

タバコの細胞(分裂期終期)

動物細胞　動物細胞では，赤道面の細胞膜内面に形成される収縮環の働きによって起こる。収縮環は，アクチン，ミオシンからなり，それらの滑り込み(➡p.209)によって収縮して細胞質を二分する。

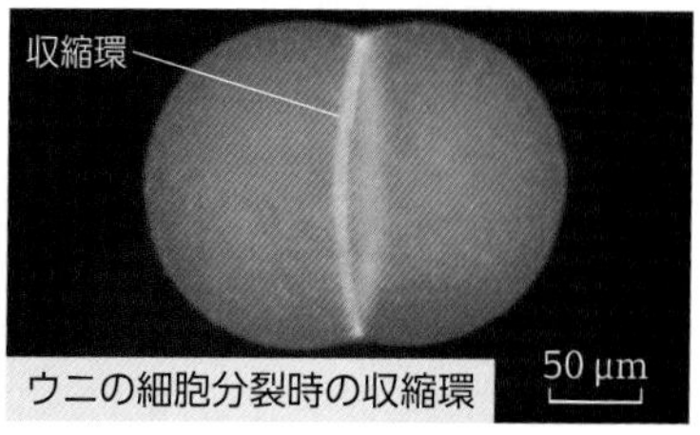

ウニの細胞分裂時の収縮環

蛍光試薬でアクチンフィラメントを染色している。

豆知識　有糸分裂に対して，染色体や紡錘糸がつくられず，核が引きちぎられるようにして分かれる分裂を無糸分裂(amitosis)という。ヒトでは，この分裂は，病的に変性した細胞の退行現象と考えられる。

観察2 体細胞分裂の観察

基礎

目的 タマネギの根端を用いて体細胞分裂を観察し，分裂期の各時期の相対的な長さを推定する。

準備

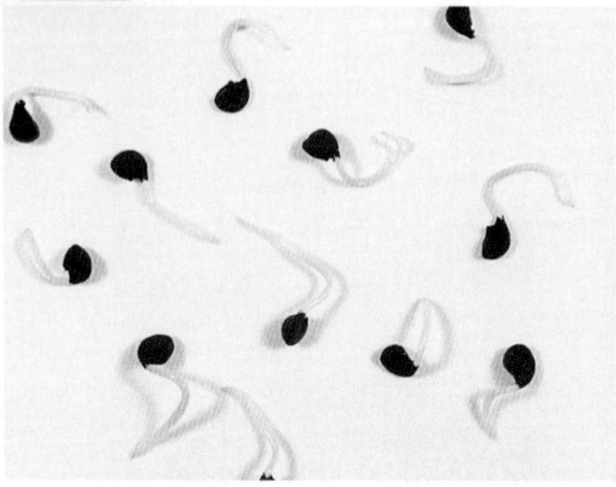

タマネギの種子を湿らせたろ紙の上にまき，十分に吸水させて発芽させる。発芽した根の先から1 cm程度のところで切り取り，試料とする。

カルノア液…無水エタノール：クロロホルム：氷酢酸＝6：3：1(体積比)

方法

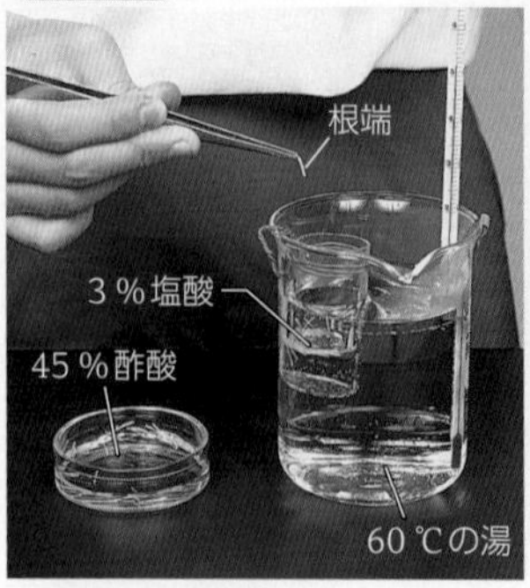

①固定および解離

5 ℃に保った45 %酢酸(またはカルノア液)に5～10分間浸す(固定)。その後，湯せんで60 ℃に温めた3 %塩酸に15秒間浸して，細胞どうしの接着を弱める(解離)。

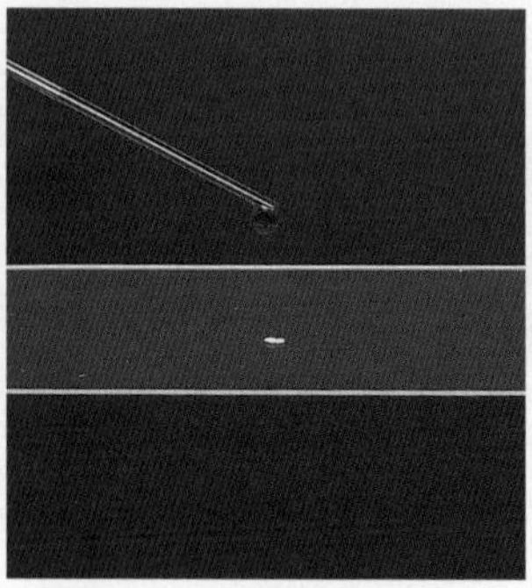

②染色

根端をスライドガラスにのせ，根端分裂組織のある先端部を2～3 mm残して切り取って試料とする。酢酸オルセイン溶液を1～2滴加えて10分間放置したのち，カバーガラスをかける。

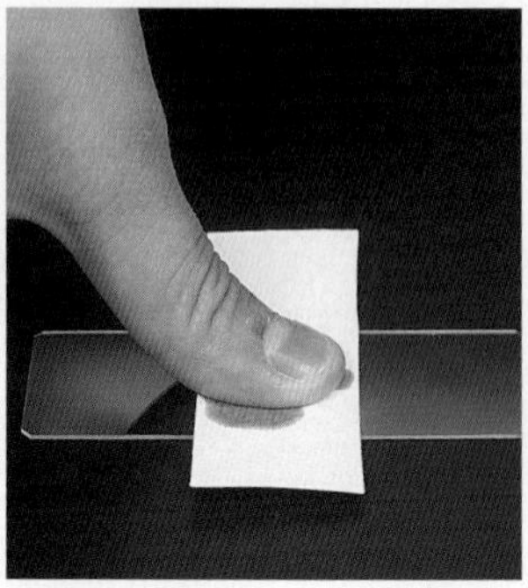

③押しつぶし

カバーガラスの上にろ紙を置き，親指の腹で強く押しつぶす。

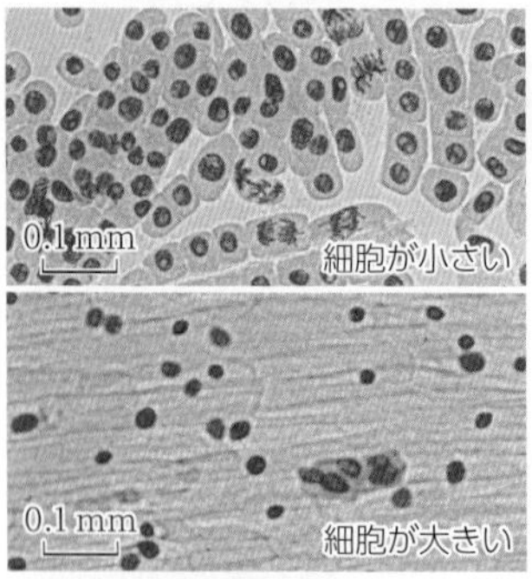

④低倍率での観察

低倍率で検鏡し，分裂期の細胞を探す。このとき，小さな細胞が集まっている部分を選んで観察すると，分裂像を得やすい。

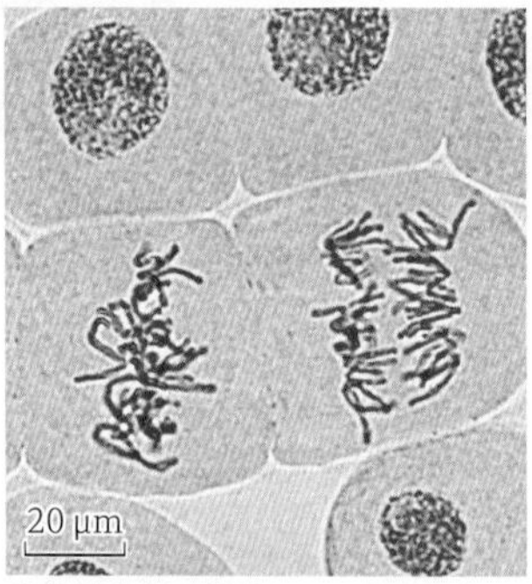

⑤高倍率での観察

染色体の状態に注意しながら各分裂期の細胞を観察し，スケッチする。

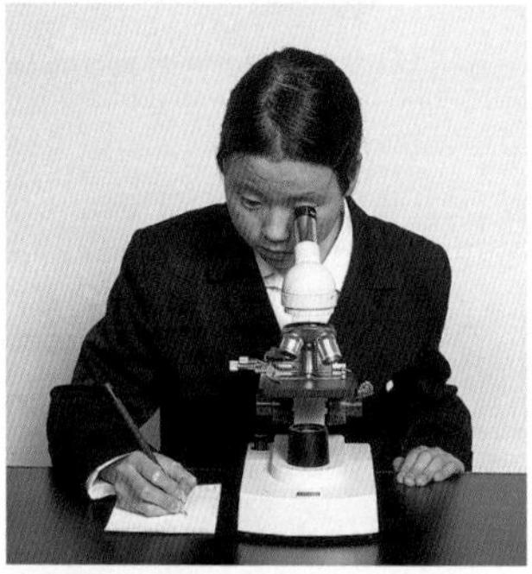

⑥細胞数を調べる。

低倍率にして，1つの視野内における各時期の細胞数を数える。これを数か所でくり返す。

結果・考察

分裂期の各時期にある細胞数とその割合は，表のようになった。

	分裂期			
	前期	中期	後期	終期
細胞数	146	50	26	37
割合(%)	56.4	19.3	10.0	14.3

各時期が占める時間の長さは，ある時点におけるそれぞれの時期の細胞数の割合に比例すると考えられる。したがって，観察の結果から，前期が最も長く，後期が最も短いと考えられる。

また，分裂期の細胞数は間期の細胞数に比べてかなり少なかった。このことから分裂期全体の長さは間期よりも短いと推測される。

参考

①根端各部の細胞

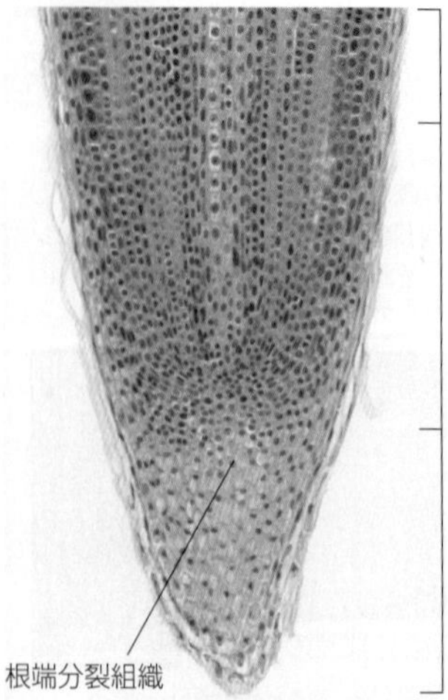

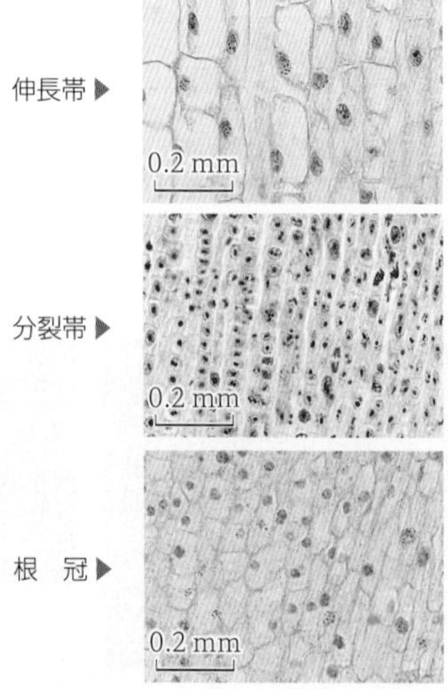

②分裂指数とその活用

分裂指数 ある細胞集団の全細胞数に対する分裂期の細胞の割合(%)

分裂指数＝(分裂期の細胞数／全細胞数)×100

ある細胞で1回の細胞周期に要する時間がわかれば，分裂指数を用いて分裂期の長さを求めることができる。

分裂期の長さ＝(1回の細胞周期の長さ×分裂指数)／100

また，上記の式は，分裂期の各時期の長さに関しても当てはめることができる。

(例) 分裂期の長さが120分で，前期の分裂期における割合が59 %であった場合，前期の長さは以下のように求めることができる。

(120×59)／100＝70.8(分)

分裂期の時間 (単位は分)

生物名	分裂時の温度	分裂期			
		前期	中期	後期	終期
タマネギの根端細胞	20 ℃	70	18	14	18
ムラサキツユクサのおしべの毛の細胞	20 ℃	181	11	15	130
バッタの神経芽細胞	38 ℃	102	13	9	57
ハツカネズミのひ臓の細胞	38 ℃	21	13	5	20

豆知識 体細胞分裂は，タマネギのほかにも，ソラマメやエンドウなどのマメ科植物の種子から発芽した根を用いて観察することができる。
植物細胞における解離は，細胞を強く結びつけているペクチンを溶かし，個々の細胞を離れやすくする操作で，通常は1分以内で効果がある。

Science Special

Cell Cycle and Cancer 細胞周期とがん

がん細胞は，細胞周期の制御が正常に働かず，無秩序に増殖するようになって，正常な組織に入り込むようになった細胞である。がんを発症すると，臓器の働きが乱れたり，がん細胞が栄養分を多量に消費したりして死に至ることもある。がんは，日本における最大の死因である。細胞周期とがんとの関係をみていこう。

1 | がん細胞とは

がん細胞の最大の特徴は，増殖と成長を無秩序にくり返し，周囲の組織や離れた組織に入り込む(浸潤・転移)ことである(図1)。がんは，いくつかの特定の遺伝子に突然変異(➡p.256)が起こることが原因となって発症する。がん細胞では，細胞周期の制御に関する遺伝子が正常に働いていないことが多い。

突然変異によって過剰に発現したり，遺伝子産物の活性が強くなったりすることでがんを発症させる遺伝子を**がん原遺伝子**《げんいでんし》という。一方，突然変異によって機能を失った結果，がんを発症させる遺伝子を**がん抑制**《よくせい》**遺伝子**《いでんし》という。細胞周期の調節に関与するがん原遺伝子として*RAS*遺伝子が，がん抑制遺伝子として*p53*遺伝子がよく知られている。これらの遺伝子とがんとの関係についてみてみよう。

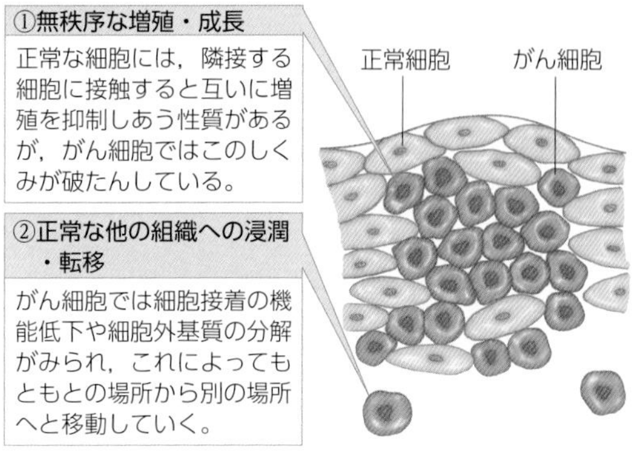

図1　がん細胞

2 | 増殖因子の受容とがん

細胞が増殖をはじめるには，増殖因子による刺激が必要である。G_1期チェックポイントでは，増殖因子の有無をチェックしている。増殖因子は，細胞膜にある受容体によって受容され，その情報は，次々にタンパク質がリン酸化されることによって伝えられる。最終的に細胞周期の進行に関係するタンパク質の合成を促進する(図2)。

*RAS*遺伝子は，この過程の初期の段階に関与するRASタンパク質をコードしている。ふつう，RASタンパク質は不活性な状態で細胞内に存在し，増殖因子が受容体に結合すると活性化される。しかし，*RAS*遺伝子に特定の変異が生じて，常に活性化した状態のRASタンパク質がつくられると，増殖因子が存在しなくてもタンパク質のリン酸化の過程が進行し，常にG_1期からS期に移行させるようになる。その結果，細胞の増殖が止まらなくなってがんが発症することがある。

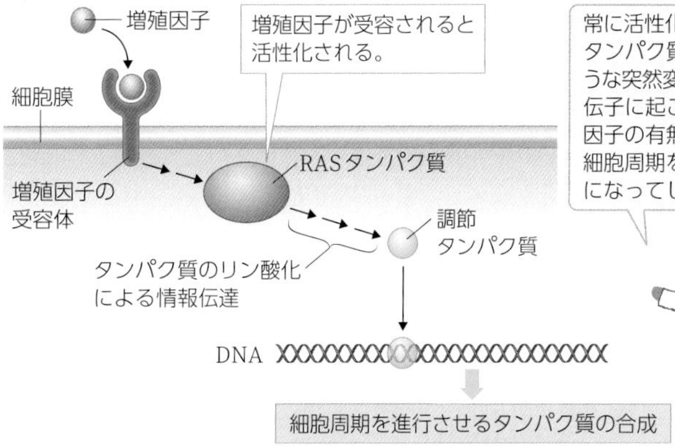

図2　RASタンパク質の働き

3 | DNA損傷の確認とがん

G_1期チェックポイントでは，DNAに損傷がないかどうかのチェックも行われ，DNAに損傷がある場合には，細胞周期が進まなくなる(➡p.84)。これにはp53タンパク質が関与している。ふつう，DNAに損傷がない場合には，p53タンパク質は細胞内で分解されて，微量にしか存在していない。しかし，DNAに損傷があると，p53タンパク質はリン酸化やアセチル化されることで安定化・活性化して細胞内の量が増加する。活性化したp53タンパク質は，*p21*遺伝子を活性化してp21タンパク質をつくらせる。p21タンパク質は，G_1期で細胞周期を止めておく働きをする。さらに，p53タンパク質は，DNA修復に関与する遺伝子の調節領域に結合し，DNA修復を活性化する。しかし，DNAに極度の損傷がある場合は，その細胞にアポトーシス(➡p.132)を引き起こす。

*p53*遺伝子に突然変異が生じて働かなくなると，上記の経路が働かなくなる。すなわち，DNAに損傷が生じてもG_1期で細胞周期を止めることができずに増殖し，損傷したDNAが複製される。また，突然変異を起こした細胞でアポトーシスが誘導されにくくなると考えられる(図3)。このようにして，がんが発症すると考えられている。実際，ほぼ100％のがんで，この一連の経路に関与する遺伝子のどこかに突然変異が見つかっている。

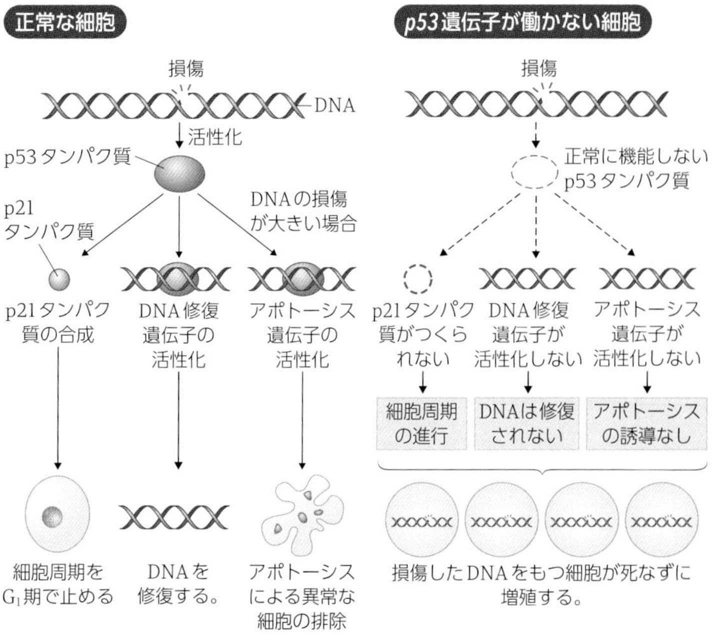

図3　p53タンパク質と細胞周期

豆知識　ラテン語でカニを意味する「cancer」が英語のがんの語源である。これは，紀元前4世紀，ギリシアの医師ヒポクラテスがはじめてがんのことを述べたとき，周囲の組織に伸びたがんの突起が甲殻類の脚を連想させたことから，「karkinos」(ギリシア語でカニの意味)という言葉を用いたことに由来している。

タンパク質の構造① 基本構造

基本 1 アミノ酸の構造とタンパク質 生物

アミノ酸《さん》が多数結合した物質をポリペプチドという。タンパク質は，ポリペプチドからできている。

Ⓐアミノ酸

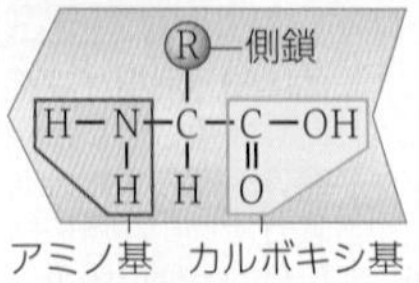

アミノ酸（α - アミノ酸）は，1個の炭素原子に**アミノ基《き》・カルボキシ基《き》**・水素原子および**側鎖《そくさ》**が結合したものである。側鎖部分の構造は，アミノ酸の種類によって異なる。

グリシン以外のアミノ酸には，互いに鏡像関係にある2種類の立体構造が存在する。これを**鏡像異性体《きょうぞういせいたい》**（光学異性体《こうがくいせいたい》）といい，L型とD型に区別される。生物体を構成するタンパク質は，基本的にL型のアミノ酸からなる。

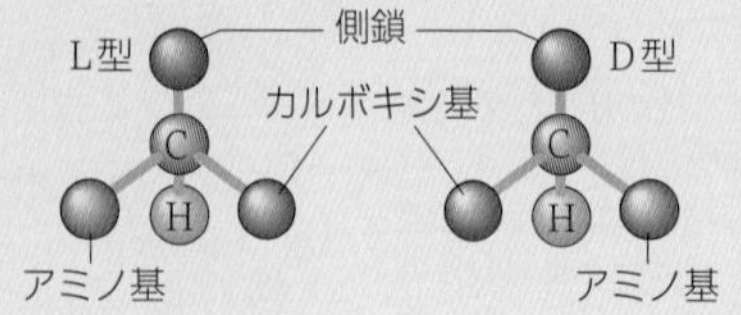

Ⓑペプチド結合

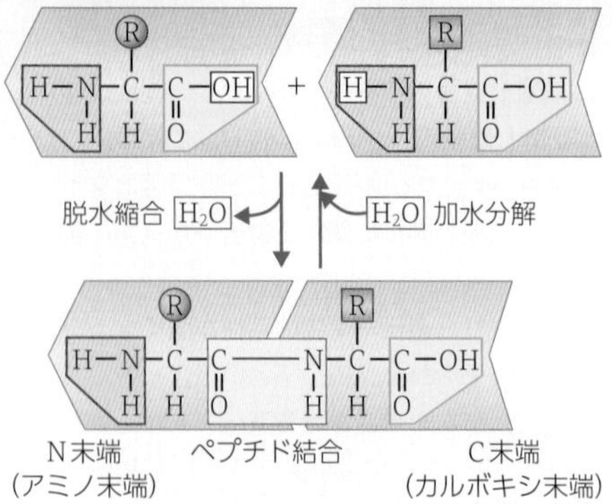

2個のアミノ酸は，一方のアミノ基と他方のカルボキシ基との間で1分子の水がとれて結合する。この結合を**ペプチド結合《けつごう》**という。

Ⓒタンパク質

インスリン（ヒト）

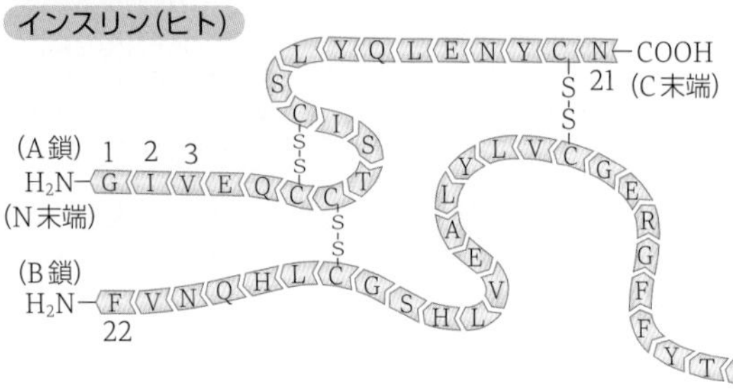

タンパク質は，1本，または複数本のポリペプチドからできている。タンパク質の種類によって，ポリペプチドを構成するアミノ酸の種類や数，配列は異なっている。

タンパク質名	アミノ酸の数	ポリペプチドの数	ポリペプチドのアミノ酸数
グルカゴン（➡p.171）	29	1	29
インスリン（➡p.171）	51	2	A鎖：21 B鎖：30
ミオグロビン（➡p.161）	153	1	153
アクチン（➡p.27）	375	1	375
ヘモグロビン（➡p.161）	574	4	α鎖：141×2 β鎖：146×2
免疫グロブリン（➡p.182）	約1300	4	H鎖：約440×2 L鎖：約220×2
コラーゲン（➡p.31，39）	約3000	3	α鎖：約1000×3

2 アミノ酸の種類 生物

生物体に存在するタンパク質を構成するアミノ酸には20種類が知られている。親水性アミノ酸は球状タンパク質の外側の部分を，疎水性アミノ酸は中心部を形づくる。

名称	グリシン	アラニン	セリン	プロリン	バリン*	トレオニン*	システイン
分子構造	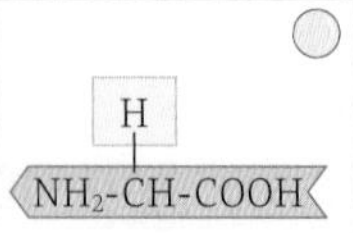	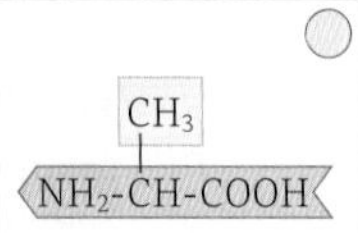	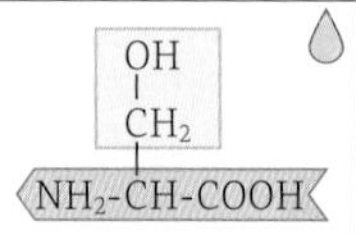	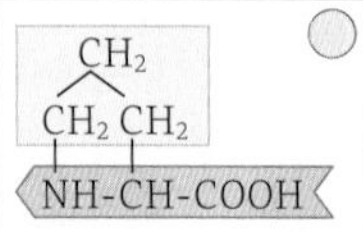	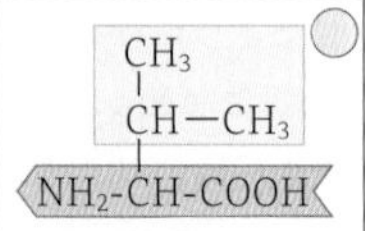	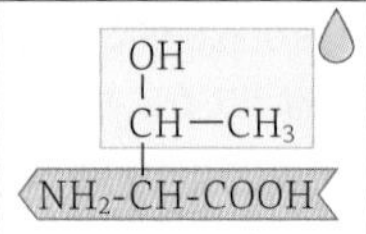	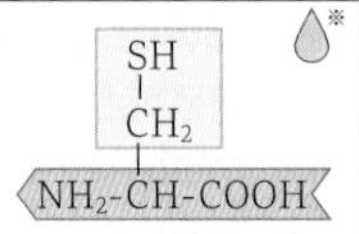 ※
略号	G(Gly)	A(Ala)	S(Ser)	P(Pro)	V(Val)	T(Thr)	C(Cys)

名称	ロイシン*	イソロイシン*	アスパラギン	アスパラギン酸	リシン*	グルタミン	グルタミン酸
分子構造	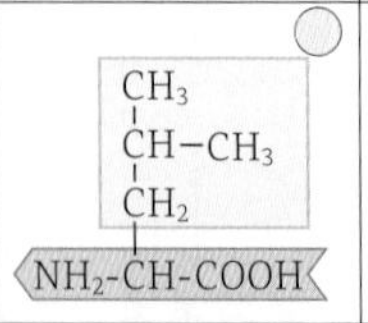	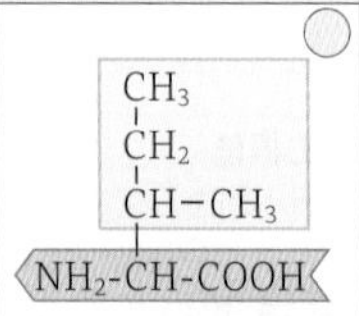	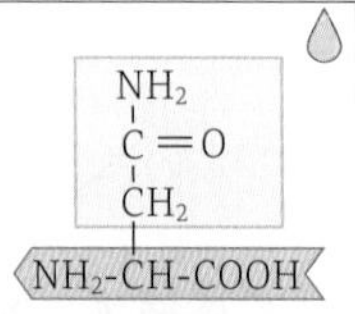	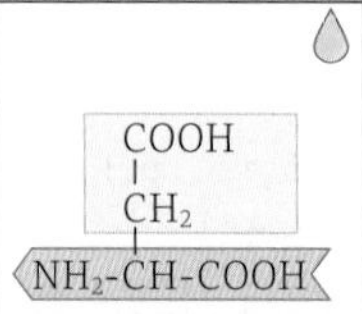	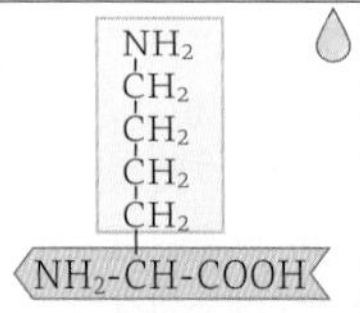	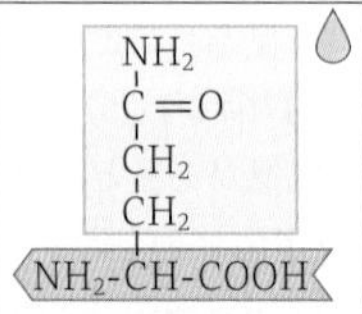	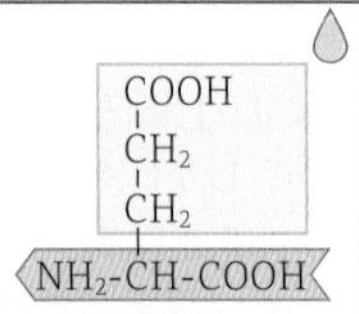
略号	L(Leu)	I(Ile)	N(Asn)	D(Asp)	K(Lys)	Q(Gln)	E(Glu)

名称	メチオニン*	ヒスチジン*	フェニルアラニン*	アルギニン	チロシン	トリプトファン*
分子構造	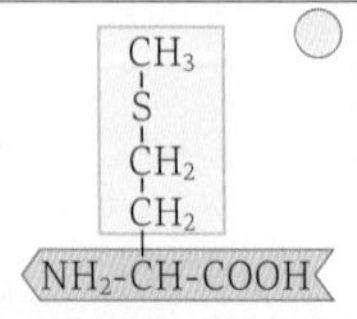	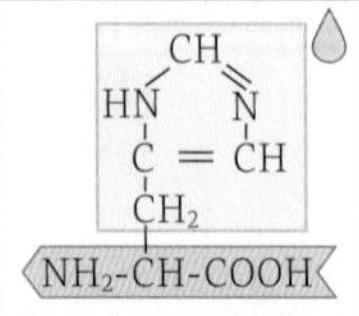	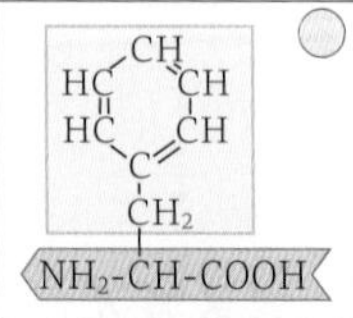	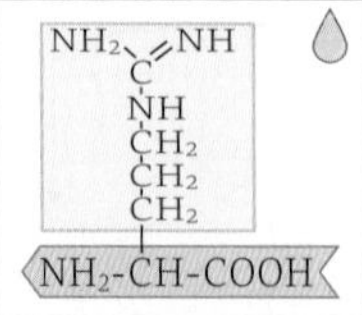	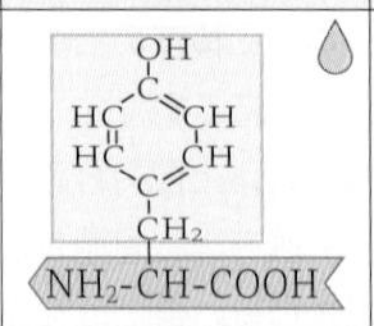	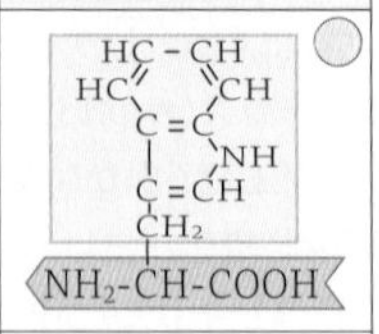
略号	M(Met)	H(His)	F(Phe)	R(Arg)	Y(Tyr)	W(Trp)

酸性アミノ酸

塩基性アミノ酸

親水性アミノ酸

疎水性アミノ酸

＊ヒト（成人）の必須アミノ酸……体内で十分な量が合成できず，食物として摂取しなければならないアミノ酸で，9種類ある。

※システインは疎水性に分類されることもある。

酸性アミノ酸は，側鎖中にもカルボキシ基（－COOH）を含み，細胞中で負の電荷を帯びやすい。一方，塩基性（アルカリ性）アミノ酸は，側鎖中にもアミノ基（$-NH_2$）が存在し，細胞中で正の電荷を帯びやすい。

豆知識　鏡像異性体は，融点や密度などは同じであるが，光（偏光）に対する性質や，味覚などの生理学的な作用は異なることが知られている。鏡像異性体をもつ化合物を人工的に合成すると，L型とD型が等量生じる。自然界では，細菌の細胞壁などにD型アミノ酸が含まれている。

3 タンパク質の立体構造 生物

ポリペプチドは，それを構成するアミノ酸の性質によってそれぞれの固有の立体構造を形成する。タンパク質の立体構造は，一次～四次構造に段階的に整理できる。

一次構造

ポリペプチドのアミノ酸配列を一次構造《いちじこうぞう》という。

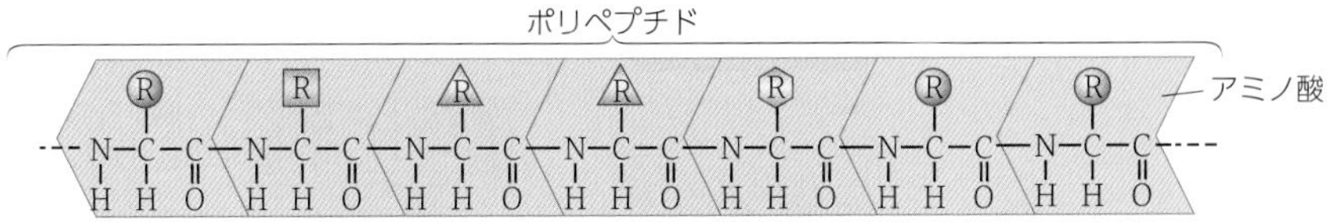

二次構造

ポリペプチドは，特定のアミノ酸間に生じる水素結合などによって，らせん状（αヘリックス）やシート状（βシート）などの規則的な構造を形成する。このような構造は二次構造《にじこうぞう》と呼ばれる。

αヘリックス…ポリペプチドのアミノ酸が3～4個ごとにひと巻するらせん状構造である。らせんの輪は水素結合で結ばれている。

βシート…ポリペプチド鎖が並行に並び，互いに水素結合でつながってシート状（びょうぶ状）になった構造である。安定で分解されにくい。

▼αヘリックス

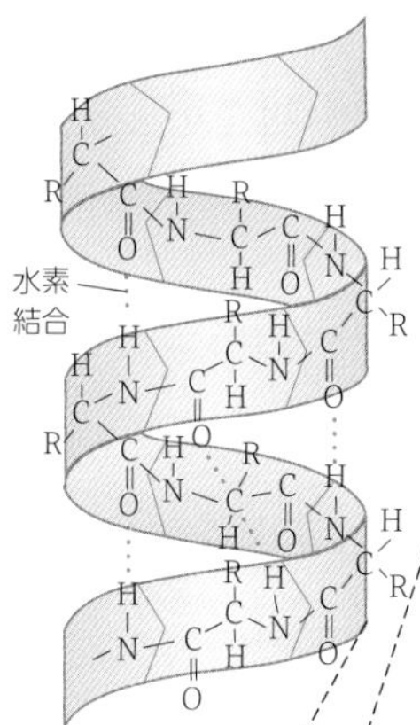

▼βシート

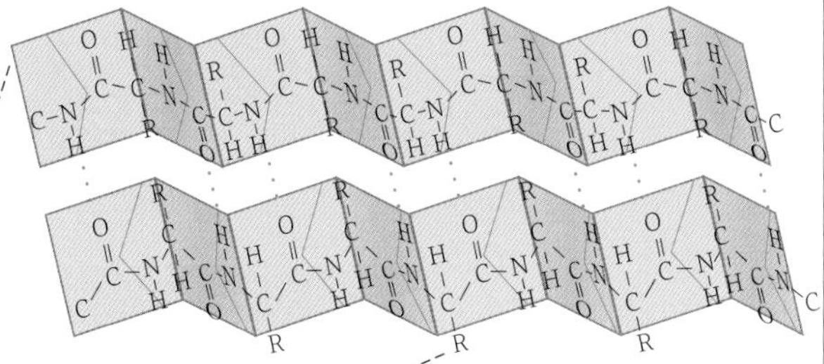

三次構造

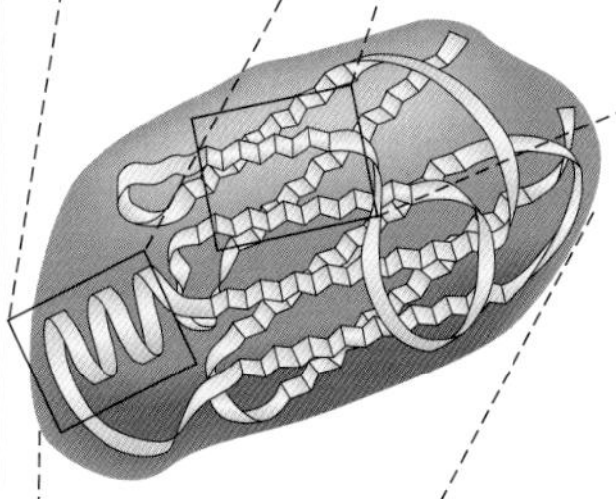

二次構造をとったポリペプチドが，疎水結合やS-S結合などで折りたたまれて形成する立体構造を三次構造《さんじこうぞう》という。

四次構造

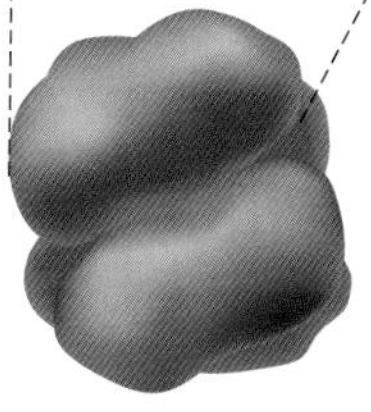

タンパク質には，1本のポリペプチドからなるものもあるが，複数のポリペプチドからなるものが多い。複数のポリペプチドから構成される立体構造を四次《よじ》構造《こうぞう》という。

四次構造をもつタンパク質において，個々のポリペプチドが形成する塊は，**サブユニット**と呼ばれる。

タンパク質の立体構造に関わる相互作用

S-S結合（ジスルフィド結合）

システイン2分子がそれぞれのSH基のH原子を失ってつながる結合。

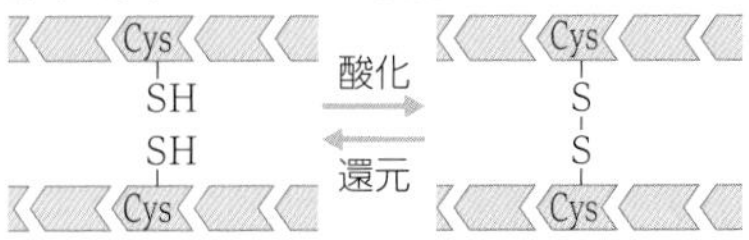

イオン結合

アミノ酸の正に荷電している側鎖と，負に荷電している側鎖とが静電気的引力によって引き合って形成される結合。

水素結合

水素原子と酸素原子や窒素原子などの間にできる弱い結合。

疎水結合

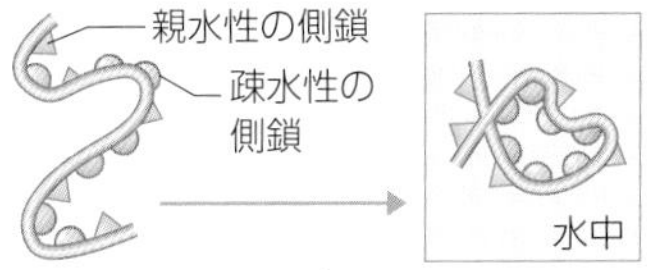

水中では，ポリペプチドを構成する疎水性アミノ酸の側鎖が内側に集まり，ポリペプチドは球状になる。

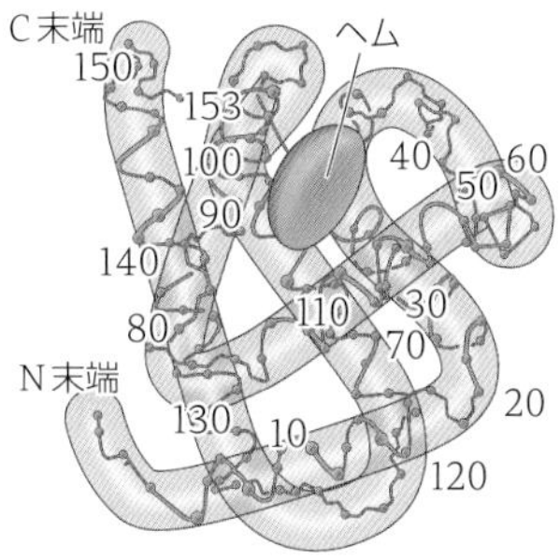

▲クジラのミオグロビンの針金モデル

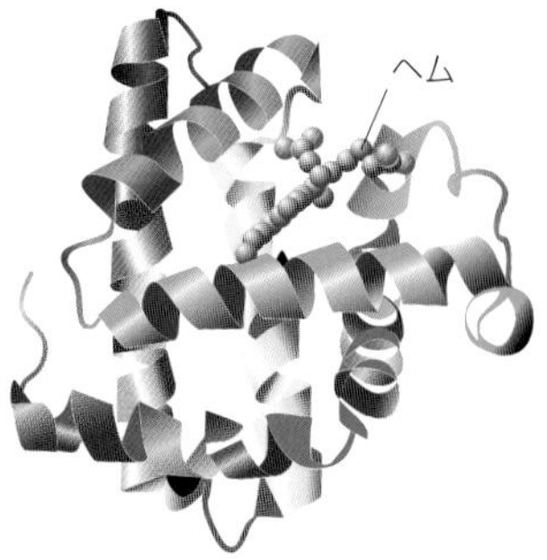

▲ミオグロビンのリボンモデル

ミオグロビン（➡p.161）は，1本のポリペプチドからなるタンパク質である。多くのαヘリックスが存在し，内部に鉄原子を含むヘムと呼ばれる色素を1つもつ。

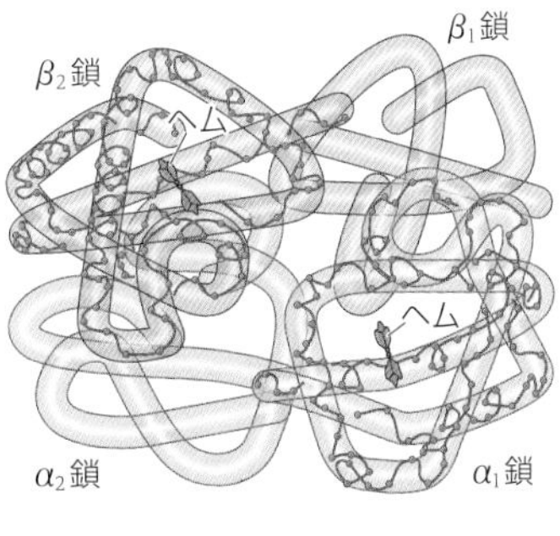

▲ヒトのヘモグロビンの針金モデル

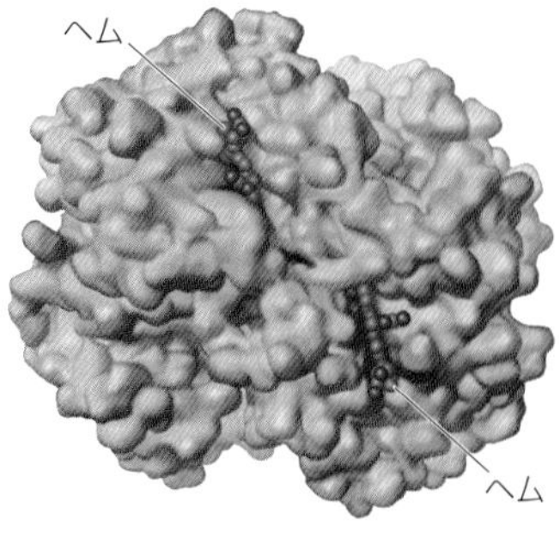

▲ヘモグロビンの空間充填モデル

ヘモグロビン（➡p.161）は，4個のサブユニット（α鎖からなるもの2個と，β鎖からなるもの2個）からなるタンパク質である。それぞれのサブユニットにヘムが存在し，ここに酸素が結合する。サブユニットどうしは，疎水結合や水素結合によって集合している。

タンパク質の立体構造の表示法

リボンモデル：αヘリックス，βシートの二次構造をわかりやすく示したモデル。どのように折りたたまれているかがわかりやすい。

空間充填モデル：水素以外のすべての原子を示したモデル。全体の形や大きさがわかりやすい。

針金モデル：ポリペプチド鎖の骨格を示したモデル。

豆知識 毛髪の主成分であるケラチンというタンパク質にはシステインが多く，数多くのS-S結合が含まれている。パーマは，そのS-S結合を還元剤でいったん切断し，毛髪の形を整えた後に酸化剤で再結合させ，形状を固め直したものである。

10 タンパク質の構造② タンパク質の変性

生物　Protein Structure, Part 2 Denaturation of Protein

基本 1 タンパク質の変性 生物

タンパク質は，熱や圧力，紫外線，pH，界面活性剤などによって疎水結合や水素結合が切れ，立体構造が変化する。立体構造が変化すると，その性質も変わる。このような現象を変性《へんせい》という。

Ⓐ変性の過程

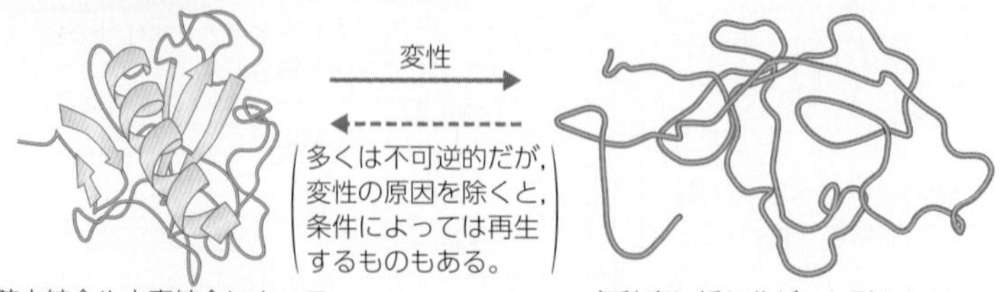

疎水結合や水素結合によって秩序ある立体構造をもつ。

無秩序に折れ曲がった形となり，働きや活性を失う（失活）。

Ⓑ熱による変性

卵アルブミン（白身の約65％を占めるタンパク質）は，特有の立体構造をもつが，加熱すると変性したタンパク質が絡まり合って大きな凝集体を形成する。ゆで卵は，もとの生卵には戻らない。

2 立体構造の異常と疾病 生物

タンパク質を適切な構造に保つしくみ（➡p.97）が正常に働かなくなると，異常な立体構造をもつタンパク質が生じる。このようなタンパク質は，疾病の原因となることがある。

Ⓐ異常な立体構造をもつタンパク質によって引き起こされる疾病

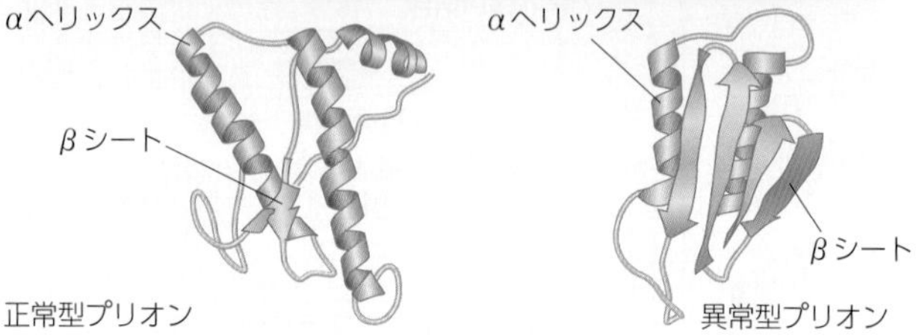

- αヘリックスが多い。
- 単独分子で存在する。
- 分解されやすく変性しやすい。

- βシートが多い。
- 凝集体を形成する。
- 分解されにくく変性しにくい。

プリオン（正常型プリオン）は，哺乳類の神経細胞などに存在する膜タンパク質で，その働きはよくわかっていない。異常型プリオンは，正常型プリオンと同じ一次構造をもつが，立体構造が異なる。異常型プリオンは，神経細胞の死滅によって脳がスポンジ状（海綿状）になる海綿状脳症を引き起こす。BSEは，ウシの海綿状脳症で，狂牛病とも呼ばれる。クロイツフェルト・ヤコブ病は，ヒトの海綿状脳症である。

Ⓑ異常型プリオンが増殖するしくみ（仮説）

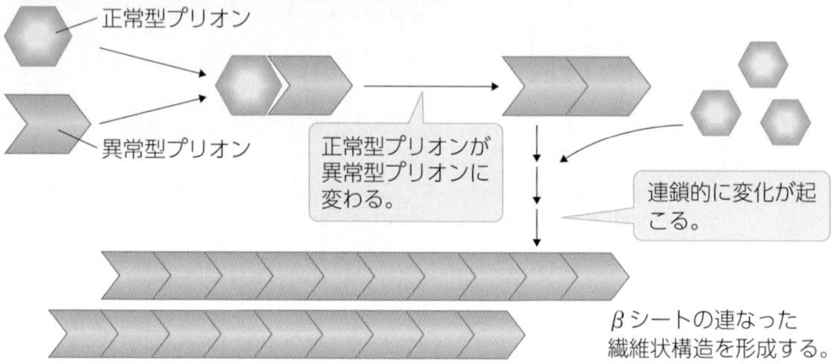

体内に侵入または発生した異常型プリオンが正常型プリオンに接触すると，正常型プリオンが異常型のプリオンへと構造変化を起こす。異常型プリオンは，次々に重なってβシートの連なった繊維状構造を形成する。伸長した繊維状構造は，何らかの刺激を受けると小片に分かれて飛散し，そこでさらに正常型プリオンを変化させていく。このようにして連鎖的に異常型プリオンが増殖することで，脳の神経細胞が死滅すると考えられている。

Up To Date タンパク質の立体構造～モチーフとドメイン～

タンパク質の立体構造において，ある特定の形や機能をもつ部分的な構造を**モチーフ**（超二次構造）や**ドメイン**として扱うことがある。これらは同じ機能をもつタンパク質に共通して見い出されることが多く，これらを検索することでタンパク質の機能の類似性や未知のタンパク質の機能を類推できる。

Ⓐモチーフ（超二次構造）

構造モチーフ

多くのタンパク質に存在する特定の二次構造の組み合わせをいう。

(例) ヘリックス・ターン・ヘリックス

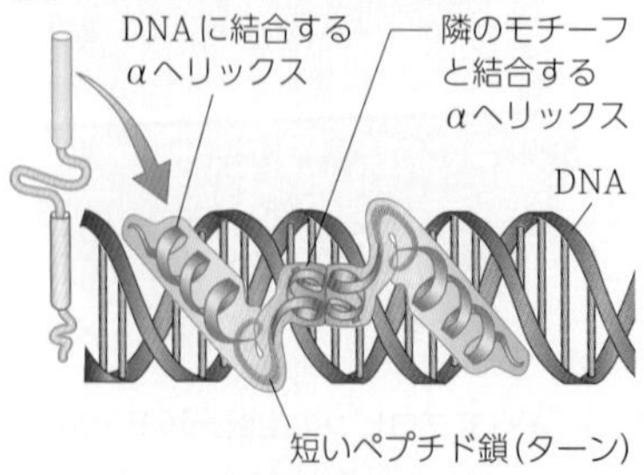

2つのαヘリックスが短いペプチド鎖でつながった構造で，DNAに結合できる。

配列モチーフ

局所的に保存された，特徴的なパターンをもつアミノ酸配列をいう。

(例) ロイシン・ジッパー

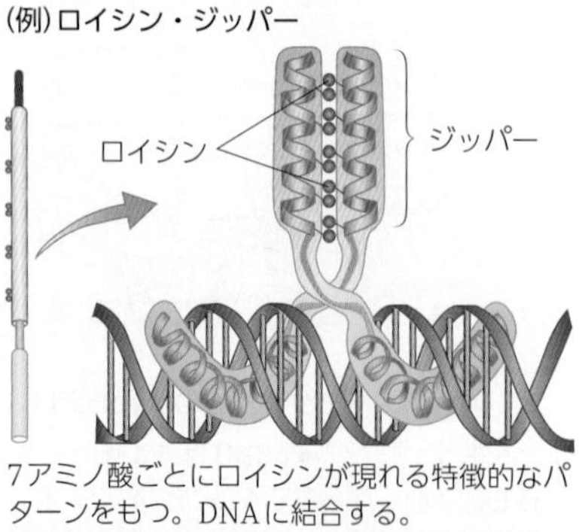

7アミノ酸ごとにロイシンが現れる特徴的なパターンをもつ。DNAに結合する。

Ⓑドメイン

分子量の大きなタンパク質では，その立体構造がいくつかのドメインと呼ばれる構造単位に分けられることがある。各ドメインではポリペプチドが密に折りたたまれ，それらが連結されたようになっている。

(例) 免疫グロブリン（IgG）

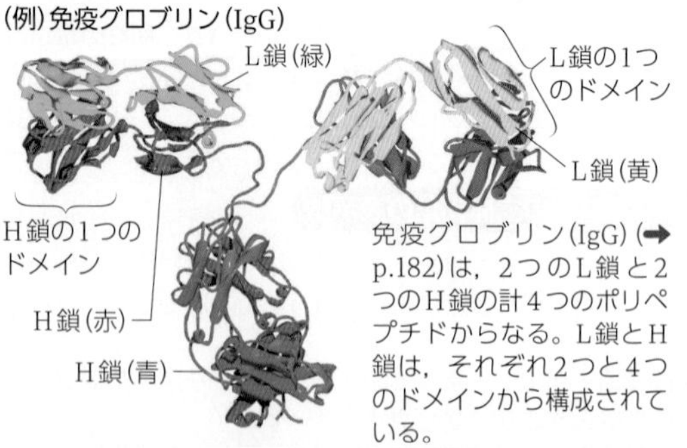

免疫グロブリン（IgG）（➡p.182）は，2つのL鎖と2つのH鎖の計4つのポリペプチドからなる。L鎖とH鎖は，それぞれ2つと4つのドメインから構成されている。

豆知識　プリオン（prion）は，タンパク質（protein）と感染症（infection）を組み合わせた造語で，プルシナーによって命名された。プリオンは，ノックアウトマウス（➡p.148）を用いた研究から神経細胞の成熟や機能維持に必要であるという報告もある。また，アルツハイマー病もタンパク質の立体構造の異常が原因であるとされている。

11 遺伝子とタンパク質

基礎　生物　　Gene and Protein

関連動画をCheck!

1 セントラルドグマ　基礎 生物

遺伝情報は，原則としてDNA→RNA→タンパク質へと一方向に伝えられる。この遺伝情報の流れに関する原則は，すべての生物で共通し，セントラルドグマと呼ばれる。

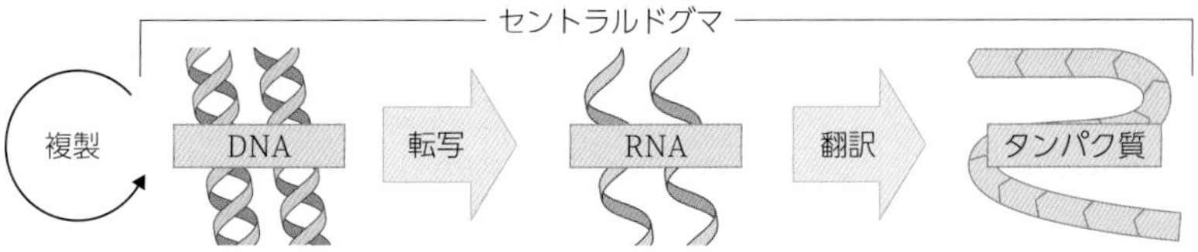

遺伝情報は，DNAの塩基配列として存在する。DNAの遺伝情報は，まず，RNAの塩基配列として写し取られ（転写《てんしゃ》，➡p.93），その後，RNAの塩基配列が，タンパク質のアミノ酸の配列に変換される（翻訳《ほんやく》，➡p.95）。遺伝情報をもつDNAの塩基配列（遺伝子）がRNAに転写されたり，タンパク質に翻訳されたりすることを**遺伝子《いでんし》の発現《はつげん》**という。

2 一遺伝子一酵素説　生物

遺伝子の本体の探索が行われていた頃，遺伝子がどのようにして形質を支配するのかについての研究も進められていた。ビードルとテータムは，アカパンカビを用いた研究から，遺伝子が酵素を介して形質の発現に関与していることを示した。

アカパンカビの野生株は，生育に必要な最小限の成分を含む培地（最少培地）で生育できる。ビードルとテータムは野生型のアカパンカビの胞子にX線や紫外線を照射し，突然変異体でも生育できる完全培地で培養した。その結果，最少培地では生育できないが，最少培地にアルギニンを加えると生育できる突然変異株（アルギニン要求株）を3種類得た。彼らは，アルギニンやその前駆物質を加えた最少培地でアルギニン要求株を培養する実験を行った。

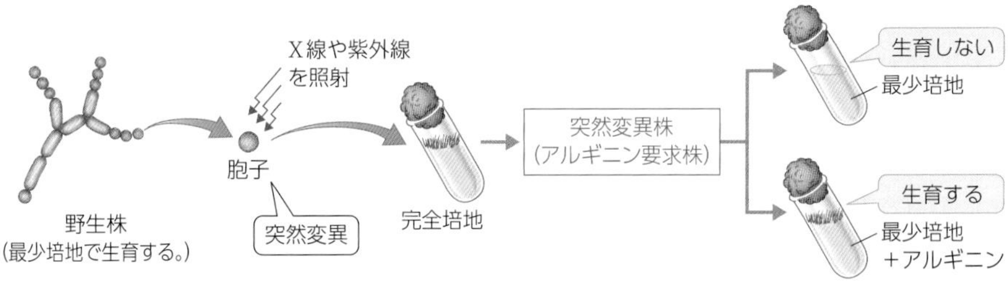

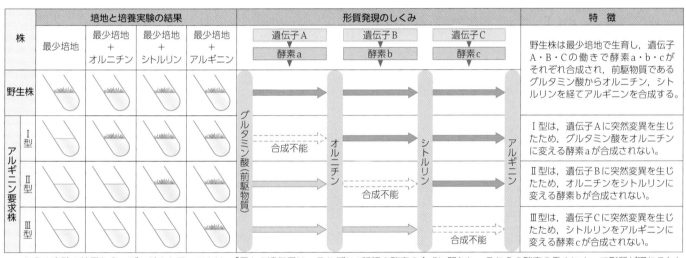

株		培地と培養実験の結果 最少培地	最少培地＋オルニチン	最少培地＋シトルリン	最少培地＋アルギニン	形質発現のしくみ（遺伝子A→酵素a，遺伝子B→酵素b，遺伝子C→酵素c；グルタミン酸（前駆物質）→オルニチン→シトルリン→アルギニン）	特徴
野生株							野生株は最少培地で生育し，遺伝子A・B・Cの働きで酵素a・b・cがそれぞれ合成され，前駆物質であるグルタミン酸からオルニチン，シトルリンを経てアルギニンを合成する。
アルギニン要求株	Ⅰ型					合成不能	Ⅰ型は，遺伝子Aに突然変異を生じたため，グルタミン酸をオルニチンに変える酵素aが合成されない。
	Ⅱ型					合成不能	Ⅱ型は，遺伝子Bに突然変異を生じたため，オルニチンをシトルリンに変える酵素bが合成されない。
	Ⅲ型					合成不能	Ⅲ型は，遺伝子Cに突然変異を生じたため，シトルリンをアルギニンに変える酵素cが合成されない。

これらの実験の結果から，ビードルとテータムは，「個々の遺伝子は，それぞれ1種類の酵素の合成に関与し，それらの酵素の働きによって形質が現れる」という**一遺伝子一酵素説《いちいでんしいちこうそせつ》**を提唱した（1945年）。これをきっかけとして，遺伝子が形質を決定するしくみは徐々に明らかにされていった。

3 フェニルアラニンの代謝異常　生物

ヒトのフェニルアラニンの代謝異常は，一遺伝子一酵素説で説明できる事例として知られている。

食物中のフェニルアラニンやチロシンは，生物体にとって不可欠なアミノ酸であるが，過剰に摂取された場合，肝臓で水と二酸化炭素に分解される。

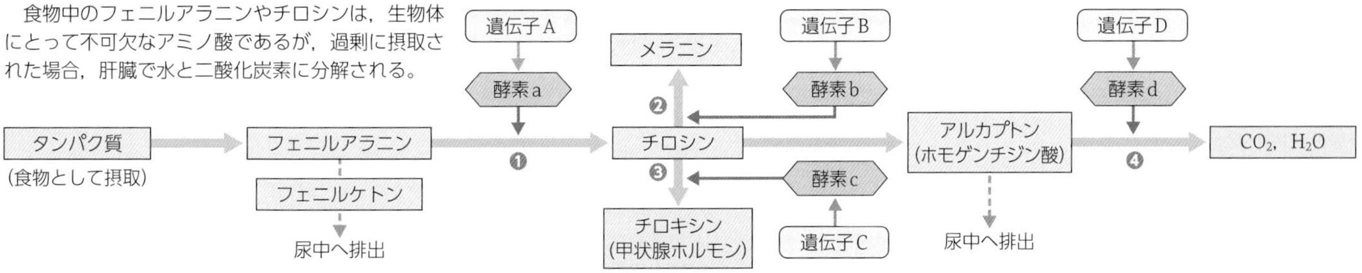

❶フェニルケトン尿症
遺伝子Aを欠き，酵素aが合成されない。このため，血液中にフェニルアラニンが蓄積し，これがフェニルケトンとなって尿中に排出される。発育不全などの障害が現れる。

❷アルビノ（白化個体，白子《しろこ》症）
遺伝子Bを欠き，酵素bが形成されない。このため，黒色色素であるメラニンがつくられず，毛や皮膚が白くなる。眼の虹彩は，毛細血管の血液で赤く見える。

❸クレチン病
遺伝子Cを欠き，酵素cが形成されない。このため，チロキシンが合成されず，基礎代謝の低下や神経系の発育不全などの障害が現れる。（クレチン病は，他の原因でも起こる。）

❹アルカプトン尿症（黒尿《こくにょう》症）
遺伝子Dを欠き，酵素dが形成されない。このため，血液中にアルカプトンが蓄積して尿中に排出される。アルカプトンは空気に触れて黒色に変わるので，黒尿症とも呼ばれる。

豆知識　アカパンカビを用いた突然変異の研究業績によって，ビードルとテータムは，1958年にノーベル生理学・医学賞を受賞した。

12 タンパク質の合成① 転写・スプライシング

Protein Synthesis, Part 1 Transcription and Splicing

基本 1 タンパク質の合成過程とRNA 基礎 生物

タンパク質合成には，mRNAのほかに，tRNAや，rRNAを含むリボソームが関与している。

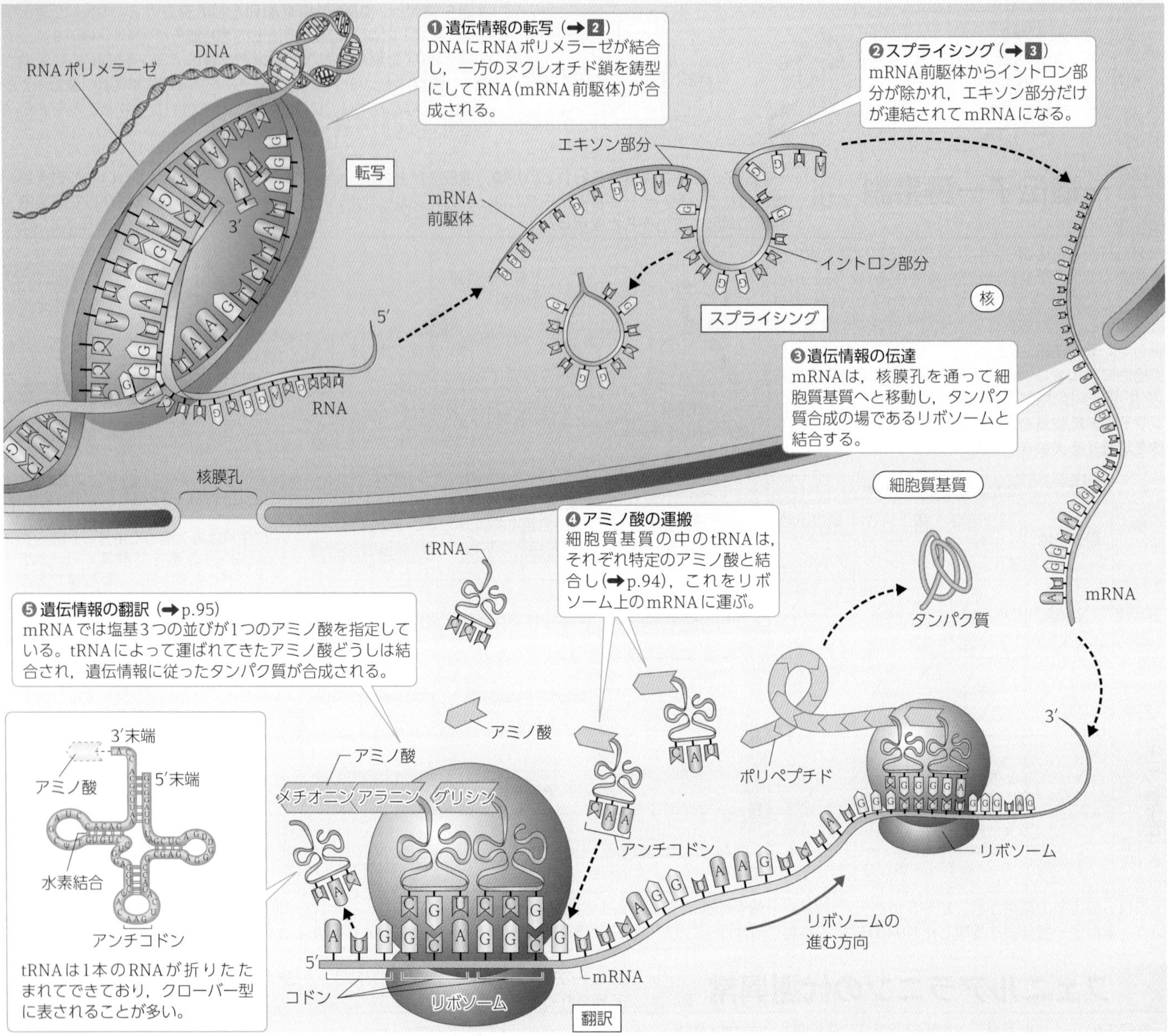

❶ 遺伝情報の転写（→ 2）
DNAにRNAポリメラーゼが結合し，一方のヌクレオチド鎖を鋳型にしてRNA（mRNA前駆体）が合成される。

❷ スプライシング（→ 3）
mRNA前駆体からイントロン部分が除かれ，エキソン部分だけが連結されてmRNAになる。

RNAポリメラーゼ
DNA
転写
mRNA前駆体
エキソン部分
イントロン部分
スプライシング
核

❸ 遺伝情報の伝達
mRNAは，核膜孔を通って細胞質基質へと移動し，タンパク質合成の場であるリボソームと結合する。

核膜孔
細胞質基質

❹ アミノ酸の運搬
細胞質基質の中のtRNAは，それぞれ特定のアミノ酸と結合し（→p.94），これをリボソーム上のmRNAに運ぶ。

tRNA
アミノ酸
タンパク質
ポリペプチド
mRNA
3′
リボソーム
リボソームの進む方向
アンチコドン

❺ 遺伝情報の翻訳（→ p.95）
mRNAでは塩基3つの並びが1つのアミノ酸を指定している。tRNAによって運ばれてきたアミノ酸どうしは結合され，遺伝情報に従ったタンパク質が合成される。

3′末端
アミノ酸
5′末端
水素結合
アンチコドン

tRNAは1本のRNAが折りたたまれてできており，クローバー型に表されることが多い。

アミノ酸
メチオニン アラニン グリシン
5′
コドン

RNAの構造と働き

mRNA（伝令RNA）	tRNA（転移RNA）	rRNA（リボソームRNA）
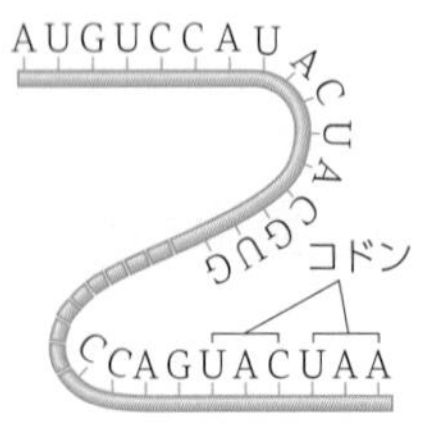 1本のヌクレオチド鎖で，連続する3つずつの塩基（コドン）が1個のアミノ酸を指定する。細胞内におけるmRNAの寿命は比較的短い。	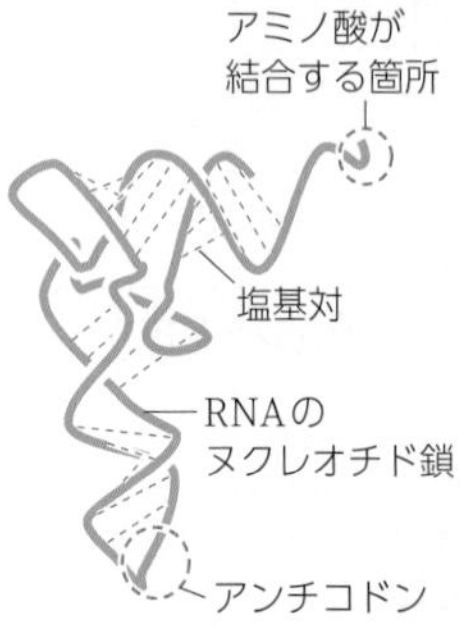 アミノ酸に結合する部位と，mRNAのコドンに結合する部位（**アンチコドン**）をもち，アミノ酸をmRNAまで運ぶ。約80個のヌクレオチドからなる1本鎖のRNAで，分子内の4つの領域の水素結合によって細胞内ではL字型の立体構造をとる。	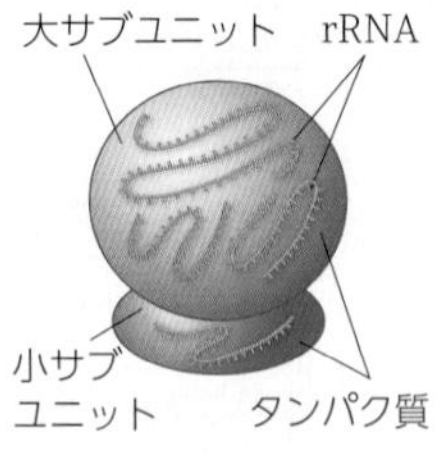 リボソームを構成するRNAで，細胞内の全RNAの約80％を占める。真核生物の大サブユニットには3種類のrRNAと46種類のタンパク質が，小サブユニットには1種類のrRNAと32種類のタンパク質が含まれる。

mRNA: AUGUCCAU ACUA CGUG CAGUACUAA コドン

tRNA: アミノ酸が結合する箇所 / 塩基対 / RNAのヌクレオチド鎖 / アンチコドン

rRNA: 大サブユニット rRNA / 小サブユニット タンパク質

第3章 遺伝子の働き

生物基礎

豆知識 tRNAには，Ψ（プサイ，シュードウリジン）やD（ジヒドロウリジン）などの修飾塩基がある。これらは転写後にウラシルが修飾されて生じ，tRNAの働きに関係していると考えられている。人工的に合成した，修飾塩基を含むmRNAは過剰な免疫応答を回避できることが発見され，RNAワクチンの開発に利用された（➡p.191）。

2 転写 生物

転写の過程では，遺伝情報をもつDNAの塩基配列と相補的な塩基配列をもつRNAが合成される。

Ⓐプロモーターと基本転写因子

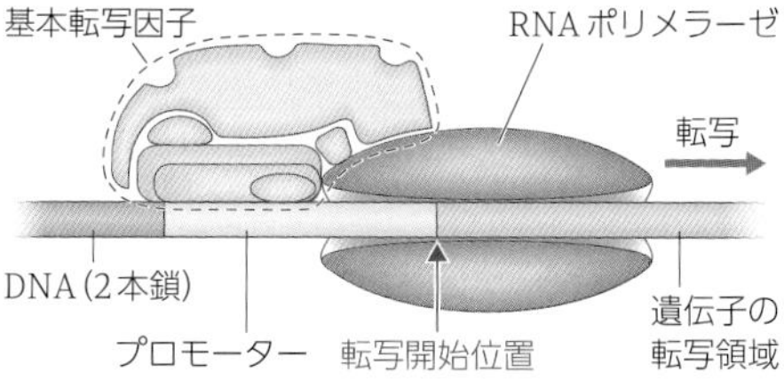

プロモーター 遺伝子の転写開始部位の近くに存在し，基本転写因子とRNAポリメラーゼが結合するDNA上の領域。

基本転写因子 転写が開始される際に，RNAポリメラーゼとともにプロモーターに結合するタンパク質。複数のタンパク質がある。真核生物における転写の開始に必要(➡p.102)。

RNAポリメラーゼ DNAの塩基配列と相補的なRNAを合成する酵素。RNA合成酵素。

α PLUS 逆転写 発展

RNAを鋳型としてDNAを合成する反応を逆転写といい，この反応を触媒する酵素を逆転写酵素という。**レトロウイルス**(➡p.21)は**逆転写酵素**《ぎゃくてんしゃこうそ》をもち，これにより，感染した宿主の細胞内で自身のRNAを鋳型としたDNAを合成する。この場合，遺伝情報は，セントラルドグマに従わず，RNA→DNAの方向へ伝えられる。

Ⓑ転写のしくみ

ⓐ転写の開始

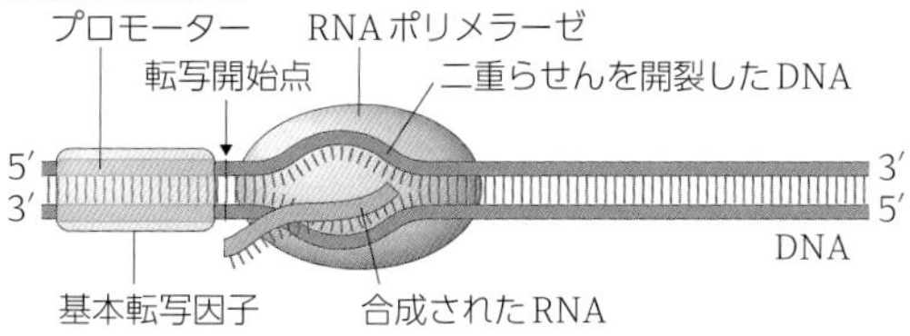

基本転写因子が，プロモーターを認識し，RNAポリメラーゼとともにDNAに結合する。DNAの二重らせんが開裂し，RNAポリメラーゼがDNAの塩基配列をもとにRNAの合成を開始する。DNAポリメラーゼ(➡p.82)とは異なり，転写の開始にプライマーを必要としない。転写がはじまると，基本転写因子はRNAポリメラーゼから外れる。

ⓑRNA鎖の伸長

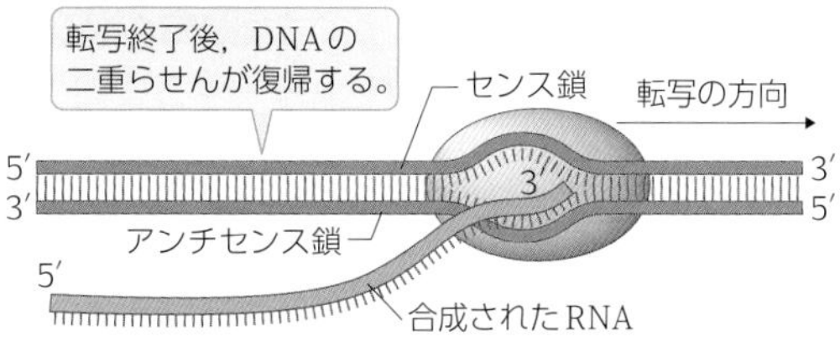

RNAポリメラーゼは，DNAの二重らせんを開裂させながらRNAのヌクレオチド鎖を5′→3′方向へ伸長させていく。合成されたRNAは最終的に遊離し，RNAポリメラーゼがDNAから離れて転写が終結する。

Ⓒセンス鎖とアンチセンス鎖

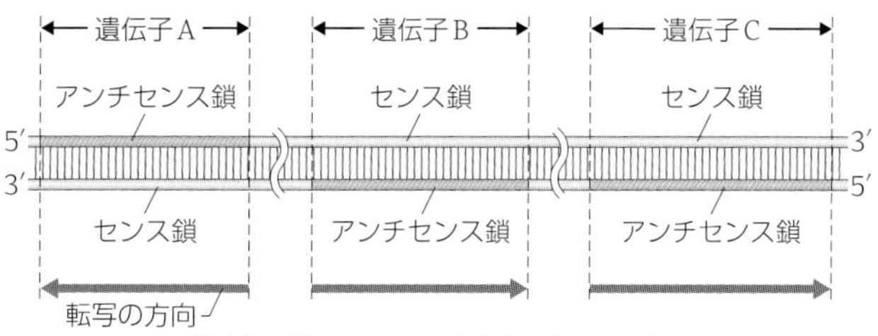

アンチセンス鎖は鋳型鎖，センス鎖は非鋳型鎖と呼ばれることもある。RNAはアンチセンス鎖の転写によって生じるため，センス鎖と同じ塩基配列になる(ただし，TはUに置き換わる)。

DNAの2本鎖のうち，転写される鎖は，遺伝子ごとに決まっている。鋳型として転写される鎖はアンチセンス鎖と呼ばれ，転写されない鎖はセンス鎖と呼ばれる。1本の鎖全体にはアンチセンス鎖とセンス鎖の両方が存在しており，一方の鎖全体がアンチセンス鎖，他方がセンス鎖となっているのではない。

3 スプライシング 生物

真核生物では，多くの場合，mRNA前駆体合成後に核内で起こる**スプライシング**と呼ばれる過程でRNAヌクレオチド鎖の一部が取り除かれてmRNAができる。

Ⓐスプライシング

スプライシングで取り除かれる部分に対応するDNA領域を**イントロン**，それ以外を**エキソン**という。

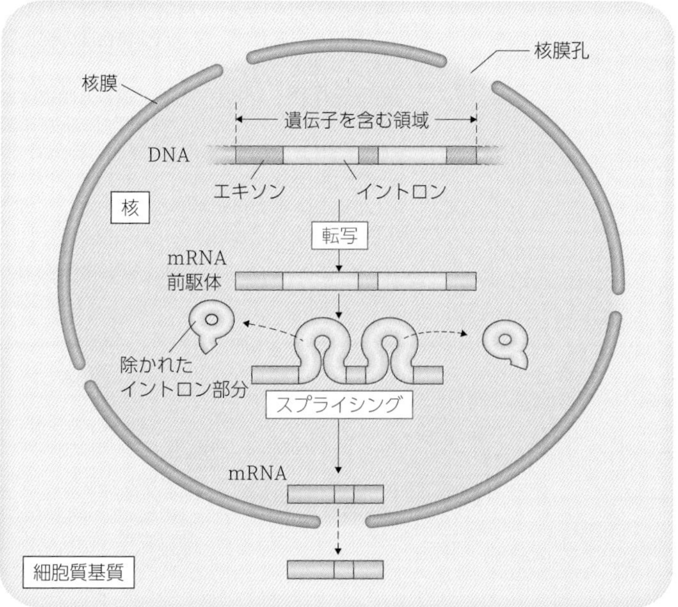

Ⓑ選択的スプライシング

mRNA前駆体から取り除かれる部分が変化することで，1種類のmRNA前駆体から2種類以上のmRNAがつくられることがある。このようなスプライシングは**選択的**《せんたくてき》**スプライシング**と呼ばれる。

ヒトの遺伝子数はおよそ20,000個であるが，ヒトのタンパク質は10万種類とも推定されている。このようにタンパク質の種数が遺伝子数よりも多くなるのは，選択的スプライシングによって1つの遺伝子から複数種類のタンパク質が合成されていることも要因の1つであると考えられている。ヒトでは，90％以上の遺伝子が選択的スプライシングを受けると考えられている。

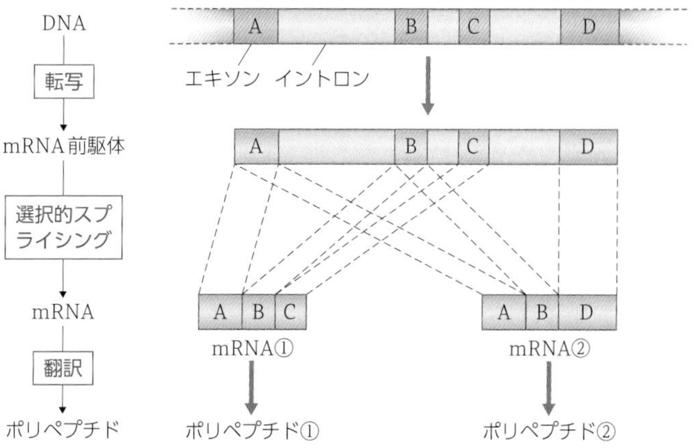

豆知識 イントロンの名称は，DNAにおいて遺伝情報の連続性を壊すような介在配列であることから，「介在する(intervening)」に由来する。一方，エキソンは，「発現する(express)」に由来している。

13 タンパク質の合成② 翻訳

基礎 生物 Protein Synthesis, Part 2 Translation

関連動画をCheck!

重要 1 遺伝暗号の解読 基礎 生物

DNAの4種類の塩基で20種類のアミノ酸を指定するしくみは，次のような研究によって明らかにされた。

Ⓐトリプレット説 （ガモフ，1955年）

DNAを構成する塩基は4種類，タンパク質を構成するアミノ酸は20種類。 → 4種類の塩基で20種類のアミノ酸を指定するには？ → 2個の塩基の組み合わせでは4^2=16通りしかできない。 → 3個の塩基の組み合わせでは，4^3=64通りとなり，20種類のアミノ酸に対応できる。 →

トリプレット説
塩基3つの並び(トリプレット)が，アミノ酸を指定する暗号となる。

Ⓑ1種類の塩基だけをもつmRNAを用いた研究 （ニーレンバーグ，1961年）

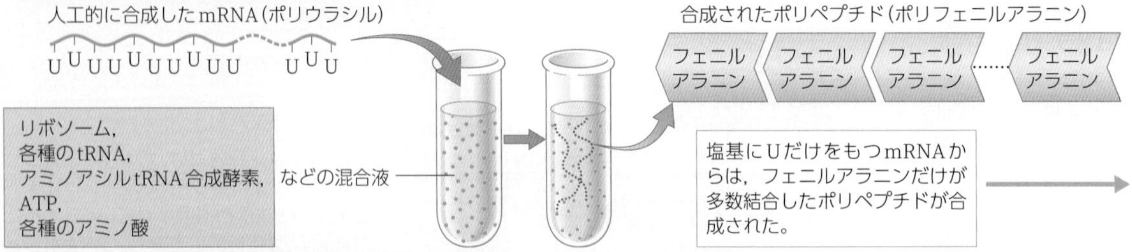

結論 UUUは，フェニルアラニンを指定する暗号であると考えられる。

Ⓒ2種類の塩基を特定の順序に含むmRNAを用いた研究 （コラーナ，1963年）

	合成したmRNA	合成されたアミノ酸	予想されるトリプレット
Ⅰ	…A C A C A C A C A…	トレオニンとヒスチジンが交互に並ぶ。	トレオニン ヒスチジン は ACA または CAC
Ⅱ	…C A A C A A C A A…	グルタミンだけが並ぶ。 アスパラギンだけが並ぶ。 トレオニンだけが並ぶ。	グルタミン アスパラギン トレオニン は CAA または AAC または ACA

結論 ACAはトレオニン，CACはヒスチジンを指定する暗号である。

基本 2 mRNAの遺伝暗号表 基礎 生物

翻訳の過程において，mRNAは塩基3つの並び(トリプレット)で1つのアミノ酸(➡p.88)を指定する。このような遺伝情報の単位となるトリプレットをコドンという。

1番目の塩基	2番目の塩基 U	2番目の塩基 C	2番目の塩基 A	2番目の塩基 G	3番目の塩基
U	UUU, UUC フェニルアラニン(F) UUA, UUG ロイシン(L)	UCU, UCC, UCA, UCG セリン(S)	UAU, UAC チロシン(Y) UAA, UAG (終止)	UGU, UGC システイン(C) UGA (終止) UGG トリプトファン(W)	U C A G
C	CUU, CUC, CUA, CUG ロイシン(L)	CCU, CCC, CCA, CCG プロリン(P)	CAU, CAC ヒスチジン(H) CAA, CAG グルタミン(Q)	CGU, CGC, CGA, CGG アルギニン(R)	U C A G
A	AUU, AUC, AUA イソロイシン(I) AUG メチオニン(M)(開始)	ACU, ACC, ACA, ACG トレオニン(T)	AAU, AAC アスパラギン(N) AAA, AAG リシン(K)	AGU, AGC セリン(S) AGA, AGG アルギニン(R)	U C A G
G	GUU, GUC, GUA, GUG バリン(V)	GCU, GCC, GCA, GCG アラニン(A)	GAU, GAC アスパラギン酸(D) GAA, GAG グルタミン酸(E)	GGU, GGC, GGA, GGG グリシン(G)	U C A G

◀表では，コドンの1番目の塩基を左欄，2番目を上欄，3番目を右欄から選ぶ。

開始コドン AUGは，メチオニンを指定するコドンだが，タンパク質合成の開始を指示する**開始《かいし》コドン**としての役割も担う。このため，タンパク質合成はメチオニンからはじまる。この開始メチオニンは，ふつう，タンパク質合成途中に切り離される。

終止コドン UAA，UAG，UGAは，どのアミノ酸にも対応せず，タンパク質合成の終止を指示する**終止《しゅうし》コドン**である。

ゆらぎ仮説 1種類のアミノ酸に2種類以上の同義コドンがある場合，1種類のtRNAが複数の同義コドンを認識することが多い。これは，コドンの3番目の塩基において，tRNAのアンチコドンの塩基との対合が厳密に行われないためで，**ゆらぎ仮説《かせつ》**として提唱され，その後実証された。

+α PLUS アミノアシルtRNA合成酵素 生物

tRNAへのアミノ酸の付加反応は，アミノアシルtRNA合成酵素によって触媒される。各アミノ酸に対応するものがそれぞれ存在し，特定のアミノ酸をそれを指定するアンチコドンをもつtRNAに正確に結合させる。この反応にはATPのエネルギーが利用され，これによってアミノ酸は反応性の高い状態になり，リボソームでペプチド結合を形成しやすい状態となる。

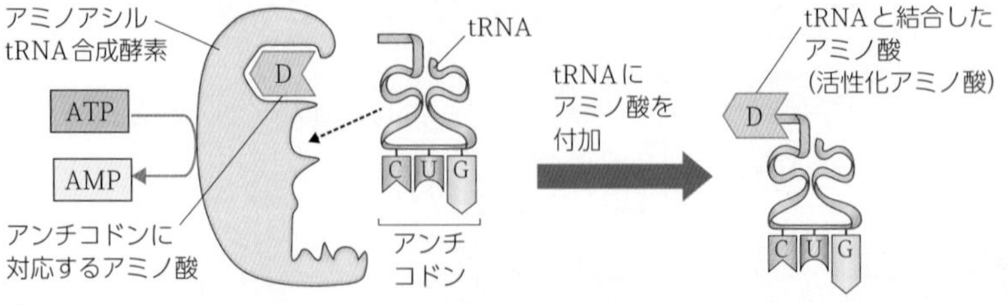

豆知識 ニーレンバーグとコラーナは，遺伝暗号の翻訳とタンパク質合成の研究によって，1968年，ノーベル生理学・医学賞を受賞した。

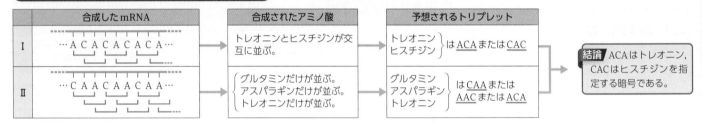

3 翻訳 生物

翻訳の過程では，mRNAの塩基配列にもとづいてポリペプチドが合成される。

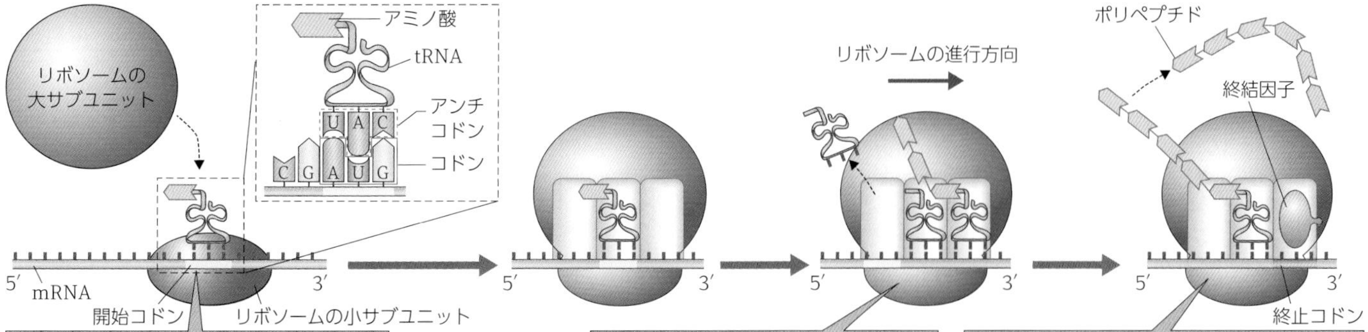

①翻訳の開始

開始コドンに対応するアンチコドンをもつtRNAと，リボソームの小サブユニットがmRNAに結合し，開始コドンを探索する。開始コドンに到達すると，大サブユニットが引き寄せられ，翻訳が開始される。

②ポリペプチド鎖の伸長

リボソームがmRNA上をコドン1つ分移動するごとに，相補的なアンチコドンをもつtRNAが結合する。アミノ酸どうしがペプチド結合によって連結され，ポリペプチドが伸長される。

③翻訳の終結

リボソームが終止コドンに達すると，細胞質基質中に存在するタンパク質(終結因子)がこれに結合し，翻訳が終結する。ポリペプチドが放出され，リボソームは2つのサブユニットに解離してmRNAから離れる。

4 DNAの塩基配列(真核生物)とタンパク質のアミノ酸配列 基礎 生物

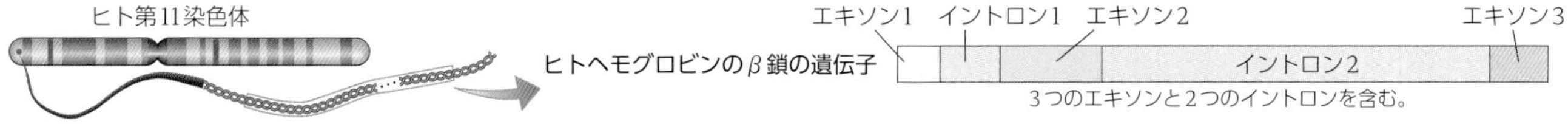

DNAの塩基配列(センス鎖，5′→3′，1424塩基対*)

開始コドンに対応　＊遺伝子の塩基配列のうち，翻訳される部分を中心に抜粋

1 ATGGTGCACC TGACTCCTGA GGAGAAGTCT GCCGTTACTG CCCTGTGGGG CAAGGTGAAC
61 GTGGATGAAG TTGGTGGTGA GGCCCTGGGC AGGTTGGTAT CAAGGTTACA AGACAGGTTT
121 AAGGAGACCA ATAGAAACTG GGCATGTGGA GACAGAGAAG ACTCTTGGGT TTCTGATAGG
181 CACTGACTCT CTCTGCCTAT TGGTCTATTT TCCCACCCTT AGGCTGCTGG TGGTCTACCC
241 TTGGACCCAG AGGTTCTTTG AGTCCTTTGG GGATCTGTCC ACTCCTGATG CTGTTATGGG
301 CAACCCTAAG GTGAAGGCTC ATGGCAAGAA AGTGCTCGGT GCCTTTAGTG ATGGCCTGGC
361 TCACCTGGAC AACCTCAAGG GCACCTTTGC CACACTGAGT GAGCTGCACT GTGACAAGCT
421 GCACGTGGAT CCTGAGAACT TCAGGGTGAG TCTATGGGAC CCTTGATGTT TTCTTTCCCC
481 TTCTTTTCTA TGGTTAAGTT CATGTCATAG GAAGGGGAGA AGTAACAGGG TACAGTTTAG

------------------ 中略 ------------------

1201 CTTTTATTTT ATGGTTGGGA TAAGGCTGGA TTATTCTGAG TCCAAGCTAG GCCCTTTTGC
1261 TAATCATGTT CATACCTCTT ATCTTCCTCC CACAGCTCCT GGGCAACGTG CTGGTCTGTG
1321 TGCTGGCCCA TCACTTTGGC AAAGAATTCA CCCCACCAGT GCAGGCTGCC TATCAGAAAG
1381 TGGTGGCTGG TGTGGCTAAT GCCCTGGCCC ACAAGTATCA CTAA

終止コドンに対応

→ 転写・スプライシング →

mRNAの塩基配列(444塩基*)

＊翻訳される部分を抜粋

1 AUGGUGCACC UGACUCCUGA GGAGAAGUCU
31 GCCGUUACUG CCCUGUGGGG CAAGGUGAAC
61 GUGGAUGAAG UUGGUGGUGA GGCCCUGGGC
91 AGGCUGCUGG UGGUCUACCC UUGGACCCAG
121 AGGUUCUUUG AGUCCUUUGG GGAUCUGUCC
151 ACUCCUGAUG CUGUUAUGGG CAACCCUAAG
181 GUGAAGGCUC AUGGCAAGAA AGUGCUCGGU
211 GCCUUUAGUG AUGGCCUGGC UCACCUGGAC
241 AACCUCAAGG GCACCUUUGC CACACUGAGU
271 GAGCUGCACU GUGACAAGCU GCACGUGGAU
301 CCUGAGAACU UCAGGCUCCU GGGCAACGUG
331 CUGGUCUGUG UGCUGGCCCA UCACUUUGGC
361 AAAGAAUUCA CCCCACCAGU GCAGGCUGCC
391 UAUCAGAAAG UGGUGGCUGG UGUGGCUAAU
421 GCCCUGGCCC ACAAGUAUCA CUAA

→ 翻訳 →

タンパク質のアミノ酸配列(147アミノ酸)

1 MVHLTPEEKS AVTALWGKVN
21 VDEVGGEALG RLLVVYPWTQ
41 RFFESFGDLS TPDAVMGNPK
61 VKAHGKKVLG AFSDGLAHLD
81 NLKGTFATLS ELHCDKLHVD
101 PENFRLLGNV LVCVLAHHFG
121 KEFTPPVQAA YQKVVAGVAN
141 ALAHKYH

↓ 立体構造の形成

開始メチオニンは外れるため，146アミノ酸からなる(➡p.88，161)。

ヒトヘモグロビンβ鎖のタンパク質

5 原核生物におけるタンパク質合成 生物

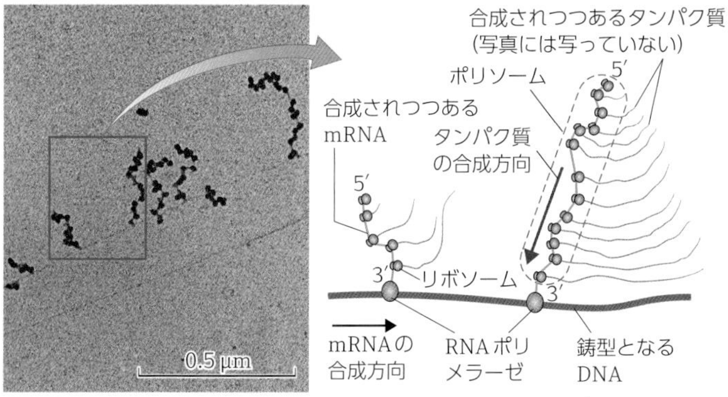

細菌などの原核細胞では，細胞質基質でDNAの遺伝情報がmRNAに転写されると，ただちに翻訳がはじまる。1本のmRNAにリボソームが次々に結合し，mRNA上にリボソームが数珠状に連なったポリソームが形成される(ポリソームは，真核生物の翻訳の過程でも形成される)。

整理 真核生物と原核生物のDNAの複製・タンパク質の合成

	真核生物	原核生物
DNAの複製	半保存的複製。複製起点は複数ある。約100塩基対/秒	半保存的複製。複製起点は1か所。約1000塩基対/秒
転写の開始	核内で起こる。基本転写因子とRNAポリメラーゼがプロモーターに結合する。	細胞質基質で起こる。RNAポリメラーゼが直接プロモーターに結合する。
タンパク質の合成	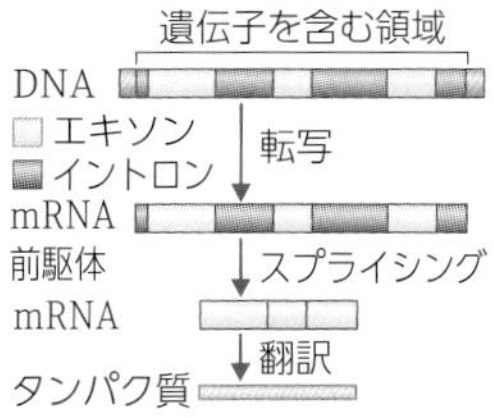	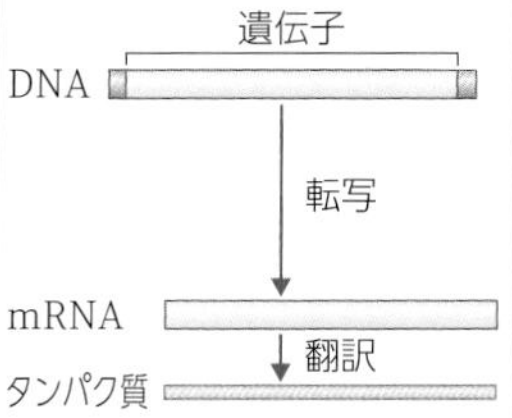

豆知識　結核治療薬のストレプトマイシンは，原核生物である結核菌のリボソームに含まれるrRNA（23SrRNA）に結合し，翻訳を阻害する。ただし，ヒトの細胞においてもミトコンドリアのリボソームには23SrRNAが含まれるため，投与量によっては副作用が生じる。

14 タンパク質の輸送・修飾

関連動画をCheck!

生物 発展

Transport and Modification of Protein

基本 1 タンパク質の輸送 生物

細胞質基質や小胞体表面にあるリボソームで合成されたタンパク質の輸送先は，アミノ酸配列(シグナル配列)によって決まっている。

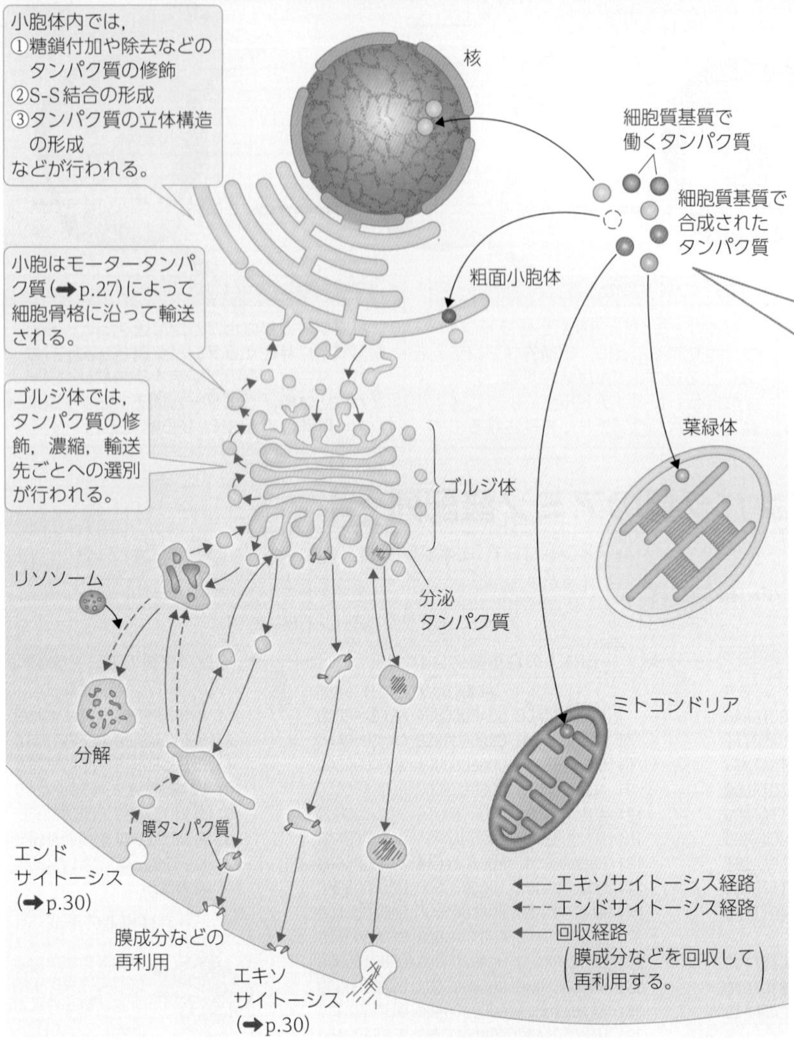

シグナル配列

核やミトコンドリアなどの細胞小器官に輸送されるタンパク質のアミノ酸配列には，各細胞小器官への輸送を指示する**シグナル配列《はいれつ》**と呼ばれるアミノ酸配列が存在する。シグナル配列をもたないタンパク質は，そのまま細胞質基質で働く。

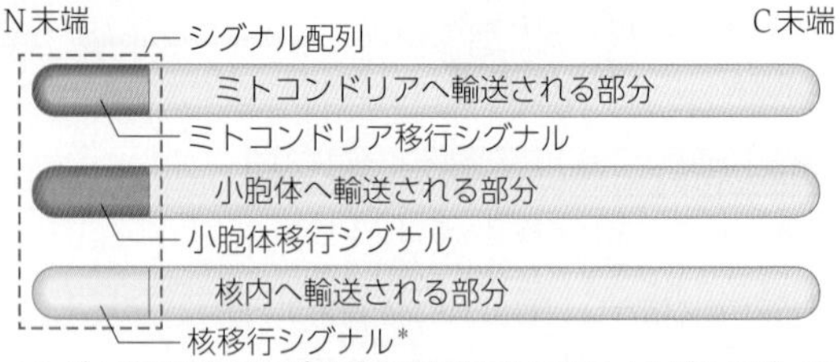

＊シグナル配列はタンパク質のN末端に存在することが多いが，核移行シグナルは，タンパク質中のどこに存在してもよい。

Up To Date 核へのタンパク質の輸送

核内で働くDNAポリメラーゼやRNAポリメラーゼなどのタンパク質も細胞質基質で合成される。これらのタンパク質は，核移行シグナルをもっており，これを認識するタンパク質(核内輸送受容体)によって核内へ輸送される。核膜孔は，立体構造をもつタンパク質が透過するのに十分な大きさをもつ。各タンパク質は，細胞質基質で立体構造を形成した後に核膜孔を通って核内へと輸送される。

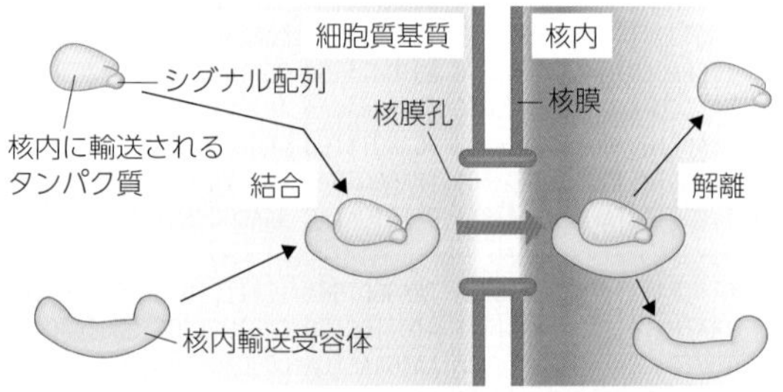

2 小胞体へのタンパク質の輸送 生物

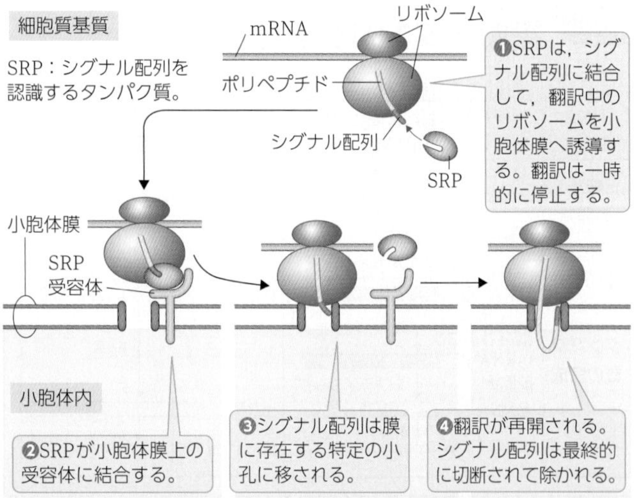

3 ミトコンドリアへのタンパク質の輸送 生物

ミトコンドリアは独自のDNAをもつが，ミトコンドリアを構成するタンパク質の99％は核DNAに由来する。核DNAに由来するミトコンドリアのタンパク質は，細胞質基質で翻訳された後，ミトコンドリアへ輸送される。

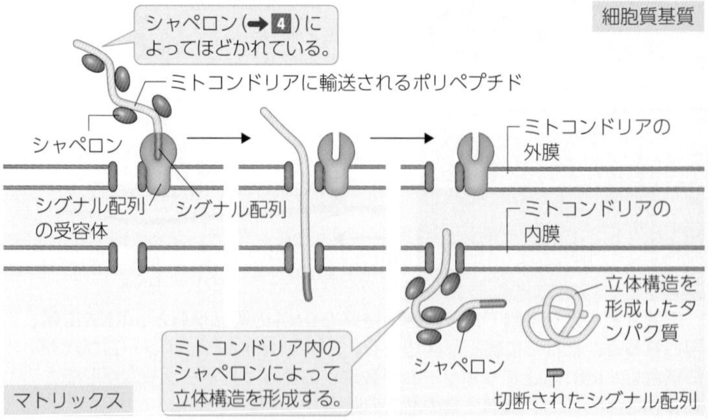

豆知識　社交界にデビューする若い女性にドレスを着せ，パーティー会場へ連れて行って，自身は終わるまで控え室で待機するなどして色々と世話をする女性をシャペロンという。細胞内のシャペロンも翻訳されたてのポリペプチドが機能するタンパク質になるまでの介添えをすることから，その名前が付けられた。

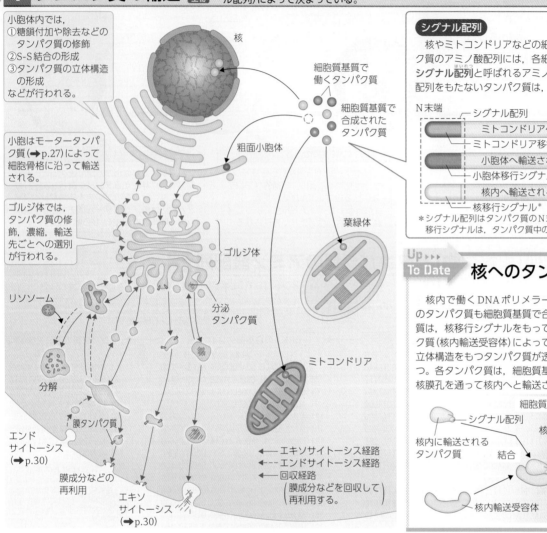

4 シャペロン 生物

細胞内において，ポリペプチドに正しい立体構造を形成させ，その機能の獲得を補助するタンパク質は，シャペロン（分子シャペロン）と総称される。シャペロンにはいくつかの種類が存在する。

Ⓐ試験管内でのタンパク質の立体構造の形成

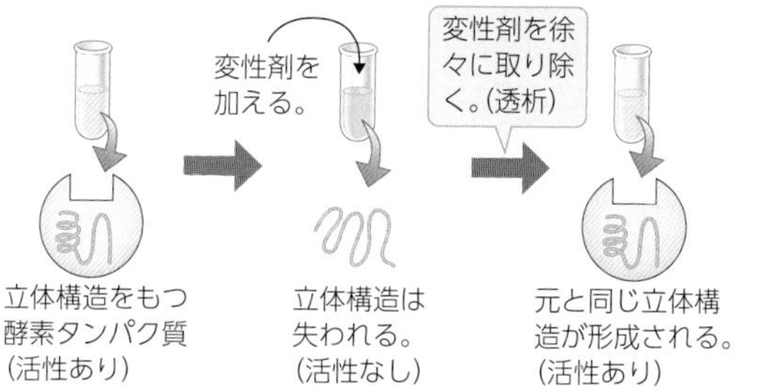
変性剤を加える。
変性剤を徐々に取り除く。（透析）
立体構造をもつ酵素タンパク質（活性あり）
立体構造は失われる。（活性なし）
元と同じ立体構造が形成される。（活性あり）

タンパク質の立体構造は，試験管内などのタンパク質濃度の低い条件下では，一次構造に依存してポリペプチドが最も安定するように自動的に形成される。これは，1960年代初頭に行われたアンフィンセンによる実験にもとづくもので，「アンフィンセンのドグマ」と呼ばれる。

Ⓑ細胞内におけるタンパク質の立体構造の形成とシャペロン

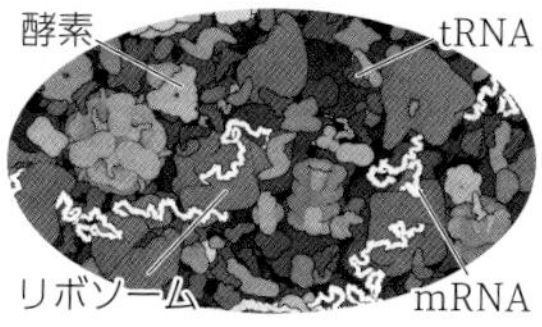
酵素
tRNA
リボソーム
mRNA

大腸菌の細胞質基質の模式図

細胞内にはタンパク質などのさまざまな物質が密に存在し，ポリペプチドは誤った立体構造を形成しやすい。シャペロンは，このような環境下でポリペプチドが正しい立体構造を形成するのを助ける。

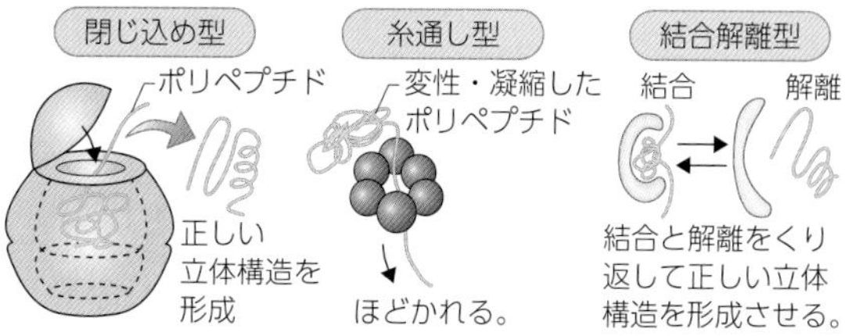
閉じ込め型
ポリペプチド
正しい立体構造を形成
糸通し型
変性・凝縮したポリペプチド
ほどかれる。
結合解離型
結合
解離
結合と解離をくり返して正しい立体構造を形成させる。

シャペロンの働き

- ポリペプチドの正しい立体構造形成の補助
- ポリペプチドの細胞小器官への輸送の補助
- 変性したタンパク質の修復
- 古いタンパク質の分解補助

細胞の温度が上昇したときに多量に生産されるタンパク質は，熱ショックタンパク質と総称される。その多くは，シャペロンとして働くことが知られている。

5 小胞体・ゴルジ体におけるタンパク質の修飾 発展

小胞体に輸送されるタンパク質のなかには，ゴルジ体で修飾を受けて細胞外へ分泌されるものがある。

インスリンの合成と分泌

インスリンは，A鎖とB鎖の2本のポリペプチドからなるが，前駆体ではC鎖によってつながっている。

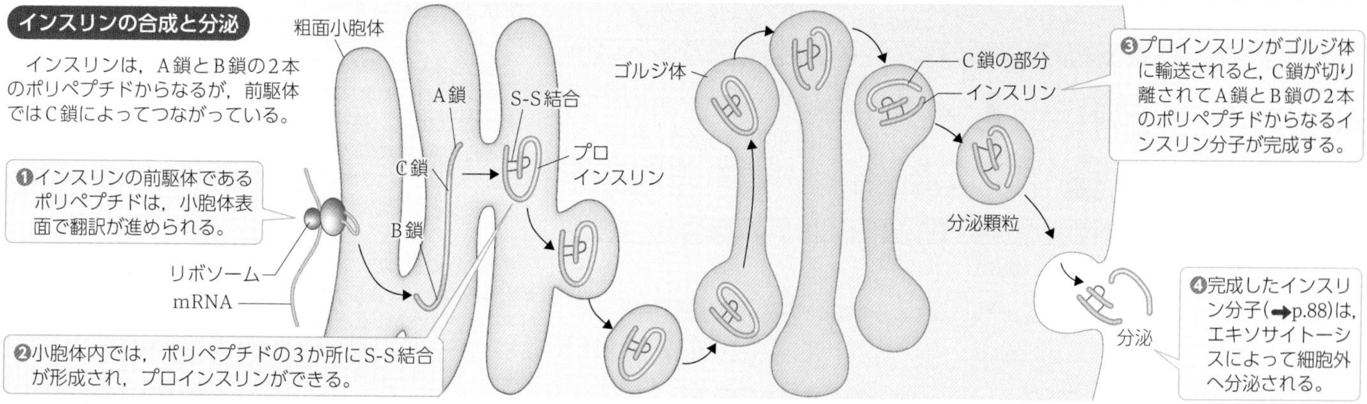
粗面小胞体
A鎖
S-S結合
C鎖
プロインスリン
B鎖
リボソーム
mRNA
ゴルジ体
C鎖の部分
インスリン
分泌顆粒
分泌

❶インスリンの前駆体であるポリペプチドは，小胞体表面で翻訳が進められる。

❷小胞体内では，ポリペプチドの3か所にS-S結合が形成され，プロインスリンができる。

❸プロインスリンがゴルジ体に輸送されると，C鎖が切り離されてA鎖とB鎖の2本のポリペプチドからなるインスリン分子が完成する。

❹完成したインスリン分子（➡p.88）は，エキソサイトーシスによって細胞外へ分泌される。

Up To Date タンパク質の分解

生体内では，タンパク質の合成と分解が絶えずくり返されており，ヒトのからだを構成するタンパク質のうち，1日当たり2～3％は古いものから新しいものへと入れ替わっていると言われている。不要なタンパク質を分解する代表的な方法には，基本的に無差別にタンパク質や細胞小器官などを分解する**自食作用《じしょくさよう》（オートファジー）**と，特定のタンパク質分子を選択的に分解する**ユビキチン・プロテアソーム系《けい》**とがある。分解によって生じたアミノ酸は別のタンパク質の構成成分として再利用される。この働きによって，異常なタンパク質の蓄積を防ぐことで細胞内の状態を更新している。また，飢餓状態において，細胞質に存在するタンパク質を分解して栄養源として再利用する働きもある。

Ⓐ自食作用（オートファジー）

自食作用では，タンパク質や細胞小器官などを含む細胞質の一部が膜で取り囲まれる。膜で囲まれた構造は，オートファゴソームと呼ばれる。これに各種の分解酵素を含むリソソームが融合し，内部のタンパク質などは分解される。このしくみを解明した大隅良典は，2016年にノーベル生理学・医学賞を受賞した。

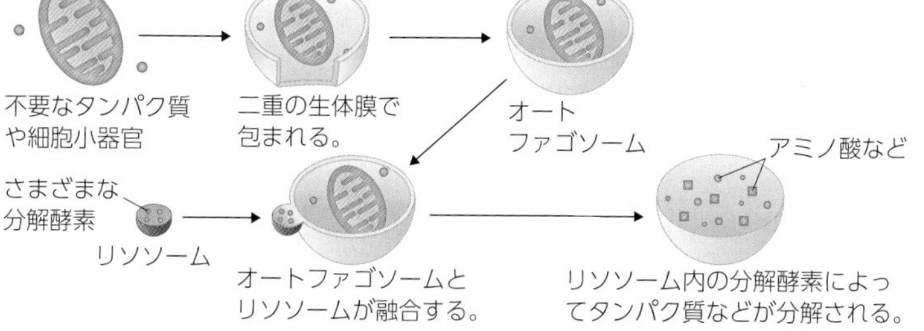
不要なタンパク質や細胞小器官
二重の生体膜で包まれる。
オートファゴソーム
さまざまな分解酵素
リソソーム
オートファゴソームとリソソームが融合する。
アミノ酸など
リソソーム内の分解酵素によってタンパク質などが分解される。

Ⓑユビキチン・プロテアソーム系

ユビキチンは，76個のアミノ酸からなる小型のタンパク質である。分解の標的となるタンパク質には，ユビキチンが多数付加される。ポリユビキチン鎖をもつタンパク質は，タンパク質の分解装置であるプロテアソームへと運ばれ，分解される。プロテアソームは巨大なタンパク質複合体であり，筒状の構造をもつ。

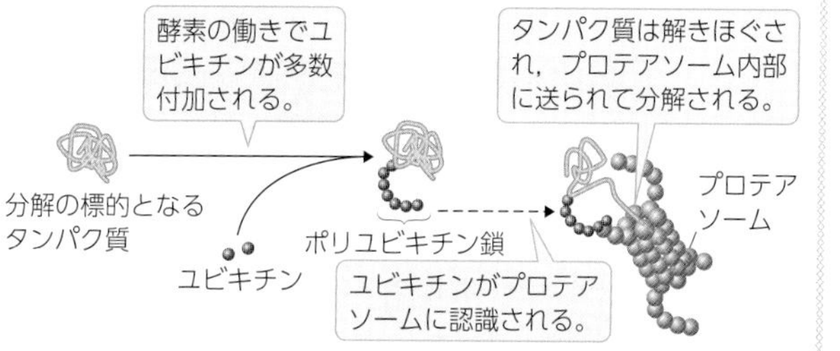
酵素の働きでユビキチンが多数付加される。
タンパク質は解きほぐされ，プロテアソーム内部に送られて分解される。
分解の標的となるタンパク質
ユビキチン
ポリユビキチン鎖
ユビキチンがプロテアソームに認識される。
プロテアソーム

豆知識 70 kgの成人1人が1日に合成するタンパク質の量は，180～200 gと推定されている。この量のタンパク質合成に使われるアミノ酸のうち，食事で摂取したタンパク質に由来するのは60～80 gであり，残りはオートファジーなどで体内のタンパク質を分解することによって供給されると考えられている。

15 遺伝子の発現調節① 原核生物における調節

生物　Regulation of Gene Expression, Part 1 in Prokaryotes

関連動画をCheck!

基本 1 遺伝子の発現調節 生物

細胞では，外界の変化に対応して，遺伝子の発現が促進されたり抑制されたりしている。

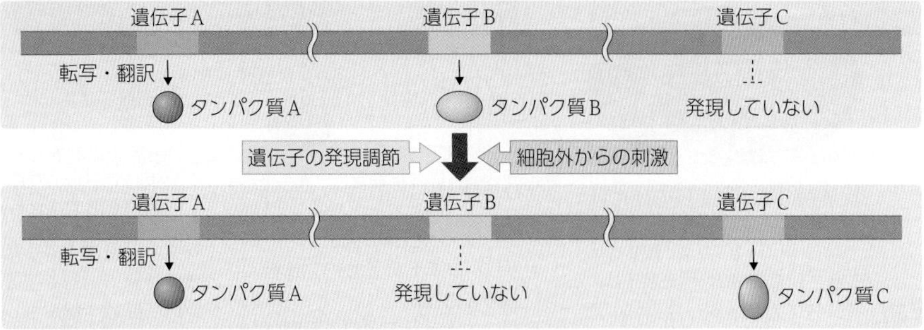

外界の変化に対応し，発現する遺伝子の種類や発現する量が必要に応じて調節されている。一方，生命活動を維持するのに必要な遺伝子は常に発現している。

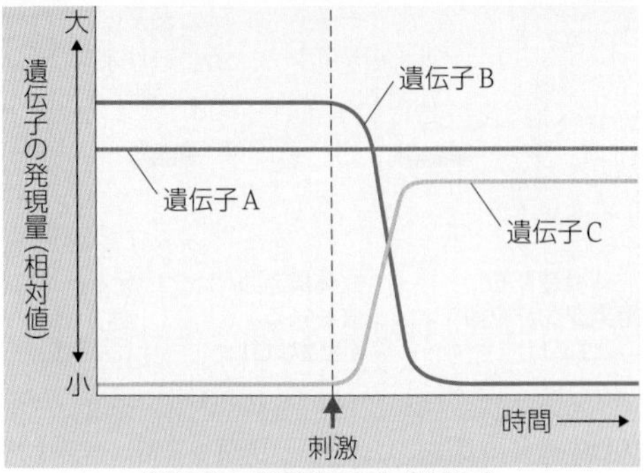

遺伝子の発現量の変化(概念図)

基本 2 原核生物の遺伝子の発現 生物

原核生物では，機能的に関連の深い複数の遺伝子がオペロンと呼ばれる遺伝子群を形成しており，同時に転写される。オペロンは，まとめて発現調節を受ける。

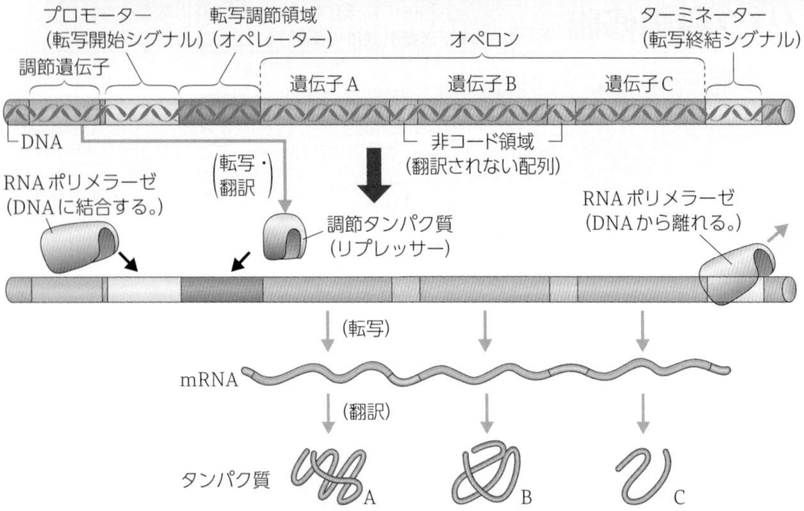

転写単位《てんしゃたんい》…RNAポリメラーゼによって一度に転写される領域。

プロモーター…転写開始の際，RNAポリメラーゼが結合するDNA上の領域(➡p.93)。

ターミネーター…転写を行っているRNAポリメラーゼが到達するとDNAから離れ，転写を終える特定のDNA領域。

調節《ちょうせつ》**タンパク質**(転写調節因子，転写因子)…DNA上の**転写調**《てんしゃちょう》**節領域**《せつりょういき》に結合し，遺伝子の転写を調節するタンパク質。転写を促進するものを**アクチベーター**(転写活性化因子)，抑制するものを**リプレッサー**(転写抑制因子)という。調節タンパク質の遺伝子は**調節遺伝子**《ちょうせついでんし》と呼ばれる。

原核生物において，オペロンの転写は**オペレーター**と呼ばれる転写調節領域で調節され，オペレーターにリプレッサーが結合すると，オペロンの転写は抑制される。オペレーターは，プロモーターと遺伝子群の間に存在することが多いが，プロモーターと一部，またはすべてが重なり合って存在することもある。

オペレーターによるオペロンの転写調節のしくみをオペロン説といい，1961年，ジャコブとモノが提唱した。

3 トリプトファンオペロン 生物

大腸菌は，アミノ酸の一種であるトリプトファンが培地にない場合，その合成に必要な遺伝子を発現するが，ある場合はそれらの発現を抑制する調節を行う。

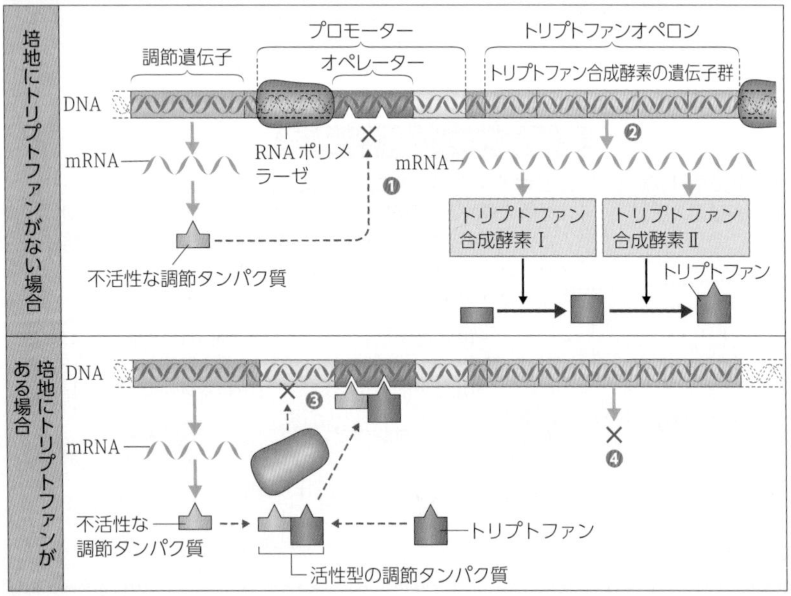

〈培地にトリプトファンがない場合〉

❶調節遺伝子からつくられるのは，不活性な調節タンパク質である。不活性な調節タンパク質はオペレーターに結合しない。

❷RNAポリメラーゼがプロモーターに結合し，転写が進んでトリプトファン合成に関わる各種酵素が合成される。

〈培地にトリプトファンがある場合〉

❸不活性な調節タンパク質が，トリプトファンと結合して活性型の調節タンパク質となり，オペレーターに結合する。

❹RNAポリメラーゼはプロモーターと結合できず，転写が起こらないため，トリプトファン合成酵素は合成されない。

トリプトファン合成酵素の抑制(概念図)

大腸菌は，トリプトファンが培地にないと，トリプトファン合成酵素を合成する。一方，トリプトファンが培地にあると，このトリプトファンを利用し，トリプトファン合成酵素の合成は抑制される。

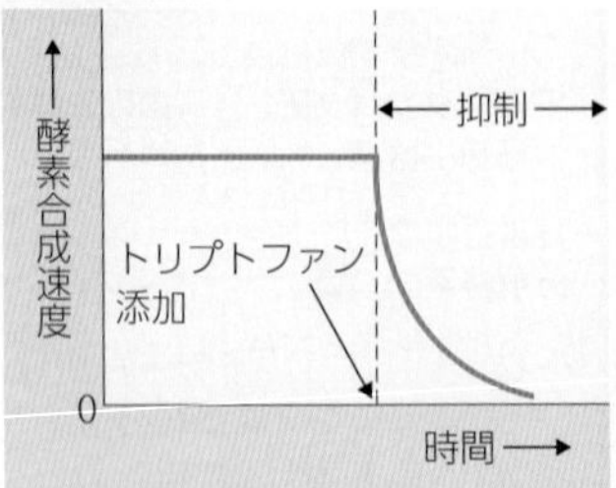

豆知識　ジャコブとモノは，オペロン説提唱の業績から，1965年，ノーベル生理学・医学賞を受賞した。

4 ラクトースオペロン 生物

大腸菌は，培地にグルコースが存在する場合には，これを解糖系で分解し，エネルギーを得る。しかし，培地にグルコースがなくラクトースがある場合には，ラクトースオペロンを発現させることで，ラクトースを分解してグルコースを生成する。

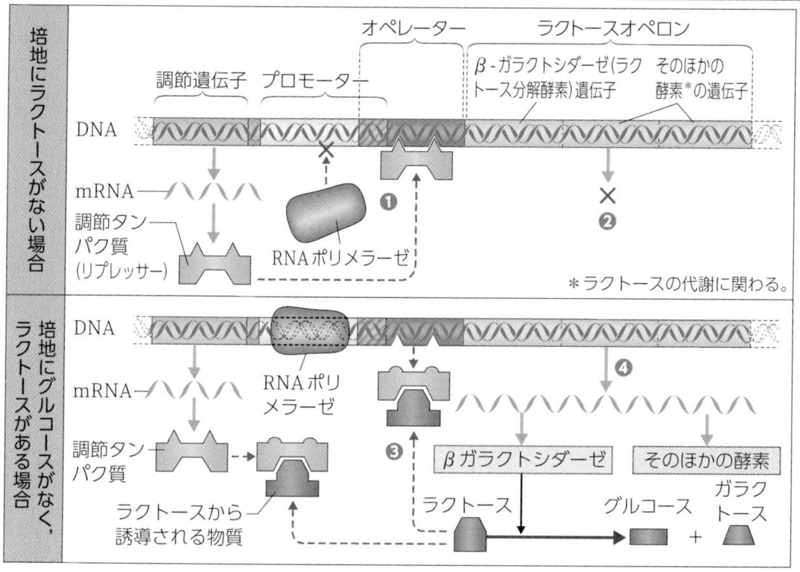

〈培地にラクトースがない場合〉

❶調節遺伝子からつくられた調節タンパク質は，オペレーターに結合し，RNAポリメラーゼのプロモーターへの結合を妨げる。

❷転写が抑制され，β-ガラクトシダーゼは合成されない。

〈培地にグルコースがなく，ラクトースがある場合〉

❸調節タンパク質は，ラクトースから誘導される物質と結合し，オペレーターから離れる。

❹RNAポリメラーゼがプロモーターに結合し，ラクトースオペロンが転写されてβ-ガラクトシダーゼなどが合成される。

β-ガラクトシダーゼの誘導(概念図)

大腸菌は，培地にグルコースがなく，ラクトースがあると，β-ガラクトシダーゼを合成するが，ラクトースがないと，この酵素を合成しない。

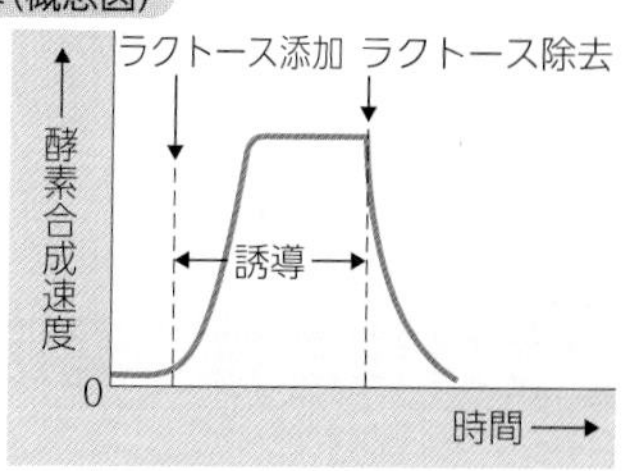

PLUS α カタボライト抑制

培地にグルコースがあると，ラクトースオペロンの発現は，ラクトースの有無に関わらず抑制される。これをカタボライト抑制という。

培地にグルコースがある場合，大腸菌は，まずグルコースを消費し，グルコースがなくなるとラクトースを利用するようになる。このしくみの1つは，ラクトースオペロンの発現に関与するアクチベーターによるものであり，培地にグルコースがあるとこのアクチベーターが活性化されず，ラクトースオペロンでの転写が起こりにくくなる。これによって，大腸菌は余分な酵素を合成せずに，グルコースを優先的に消費することができる。

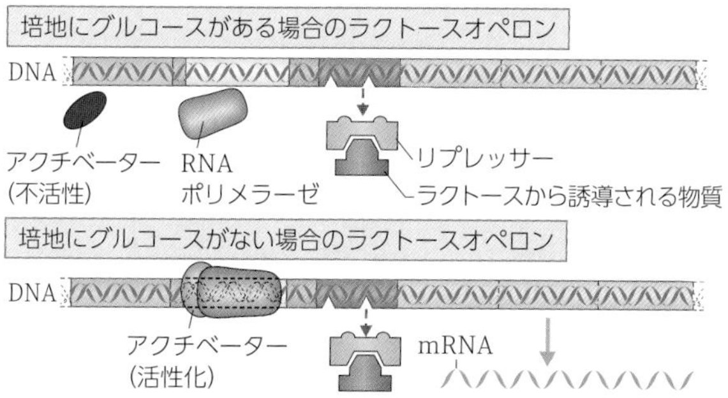

ラクトースが存在し，リプレッサーが外れてもアクチベーターが活性化されていないため，RNAポリメラーゼはプロモーターに結合しにくい。

リプレッサーが外れれば，活性化されたアクチベーターがRNAポリメラーゼのプロモーターへの結合を促進する。

5 アラビノースオペロン 生物

アラビノースはペントース(➡p.19)の一種である。大腸菌は，培地にグルコースがなくアラビノースがある場合，アラビノースオペロンを発現させて，アラビノースを利用する。

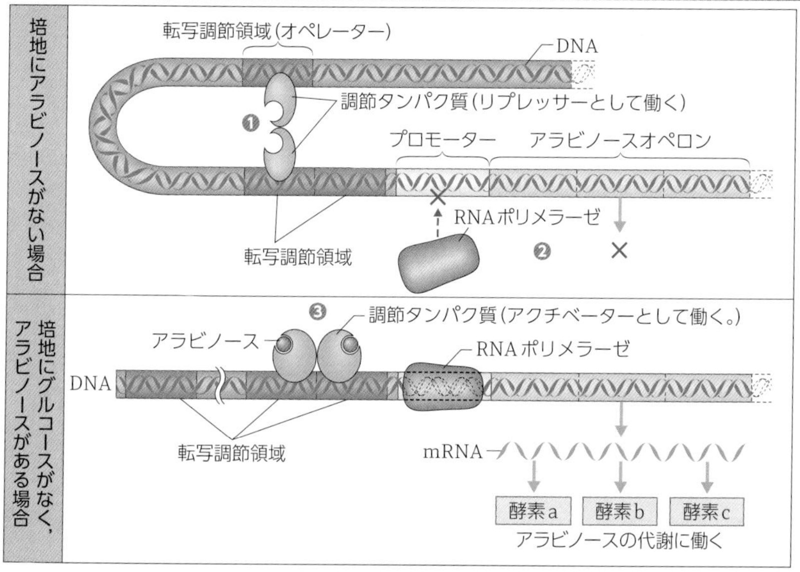

〈培地にアラビノースがない場合〉

❶調節遺伝子からつくられた調節タンパク質は，2か所の転写調節領域に結合することで，DNAをループ状にする。

❷RNAポリメラーゼはプロモーターに結合できず，アラビノースオペロンは発現しない。

〈培地にグルコースがなく，アラビノースがある場合〉

❸調節タンパク質は，アラビノースと結合すると構造が変化し，二量体を形成してプロモーター近くの転写調節領域に結合する。これがRNAポリメラーゼのプロモーターへの結合を促すことでオペロンで転写が起こり，アラビノースの代謝に必要な酵素群が合成される。

アラビノースオペロンの誘導(概念図)

大腸菌は，培地にグルコースがなく，アラビノースがあるとアラビノース分解酵素を合成するが，アラビノースがないとこれらの酵素を合成しない。

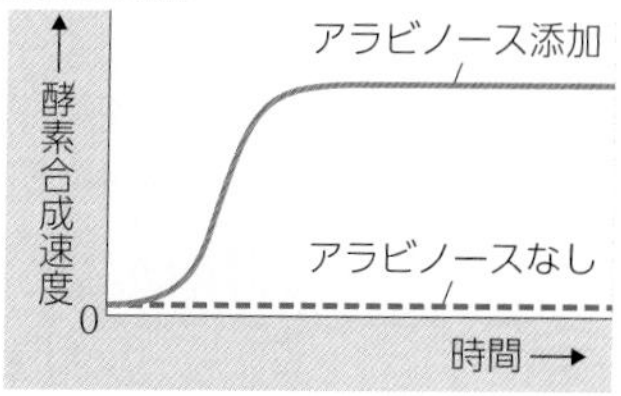

豆知識　アラビノースは，砂糖に似た甘みをもつ。ヒトの小腸では吸収されにくく，さらに終末酵素であるスクラーゼ(➡p.61)の働きを阻害してスクロースの分解とグルコースの生成を抑え，血糖濃度の上昇を抑える作用をもつことから，特定保健用食品として利用されている。

16 遺伝子の発現調節② 真核生物における染色体レベルでの調節

関連動画をCheck!

基礎 生物 発展 Regulation of Gene Expression, Part 2 Regulation at the Chromosome Level in Eukaryotes

基本 1 真核生物（多細胞生物）における遺伝子の発現調節 基礎 生物

細胞が特定の形や働きをもつようになることを分化《ぶんか》という。

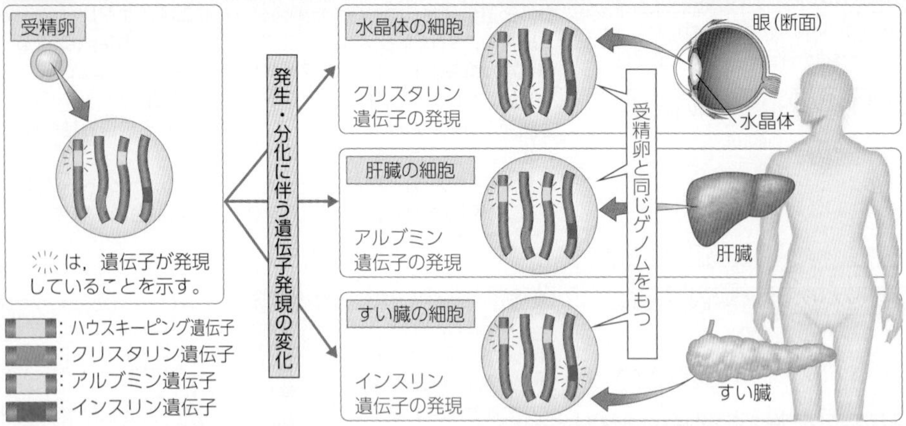

多細胞生物は，1個の受精卵が体細胞分裂をくり返してできた多数の体細胞からなる。したがって，これらの体細胞はすべて基本的に同じゲノムをもつ。

一方，各細胞は発生や成長の過程でさまざまな調節を受けることで発現する遺伝子が変化し，特定の形態や機能をもつように分化していく。分化した細胞で発現している遺伝子の組み合わせやそれらの発現量は，細胞の種類によって異なる。

ハウスキーピング遺伝子《いでんし》…遺伝子には特定の細胞でのみ発現するものもあるが，細胞の生存に不可欠で，どの細胞でも常に発現しているものもある。このような遺伝子はハウスキーピング遺伝子と総称され，DNAの複製や転写・翻訳，細胞の代謝などに関わるものがある。

基本 2 真核生物の遺伝子発現の調節段階 生物

真核生物の遺伝子発現は，転写前や転写後，翻訳後といったさまざまな段階で調節される。

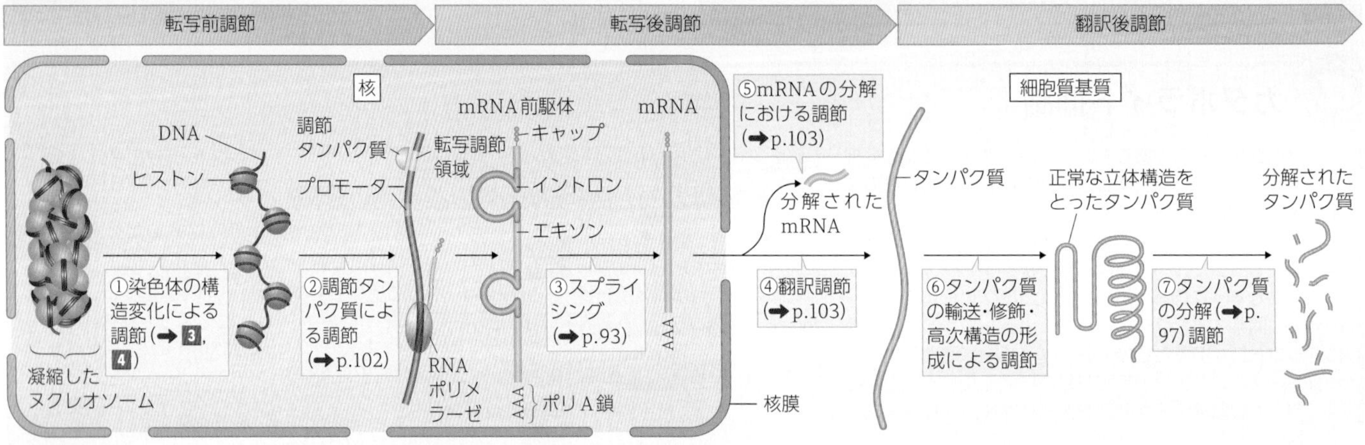

3 染色体の構造と遺伝子の発現 生物

真核生物の染色体では，DNAがヒストンに巻き付いてヌクレオソームを形成している（➡p.74）。ヌクレオソームが凝縮して高次構造を形成した状態では，基本転写因子やRNAポリメラーゼなどがDNAに結合できない。転写が起こっている部分ではこの構造は緩められており，基本転写因子やRNAポリメラーゼなどが結合できるようになっている。

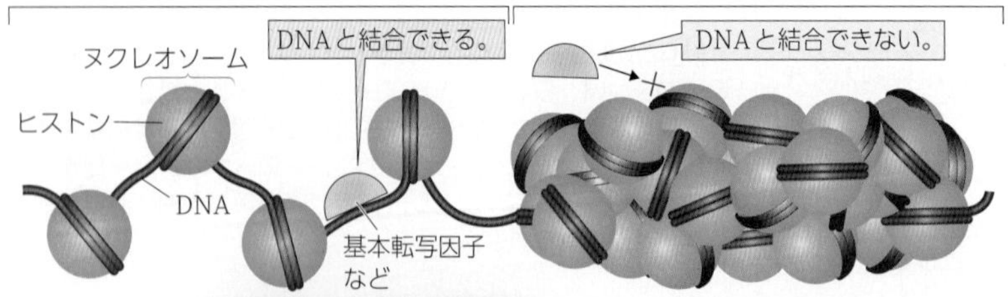

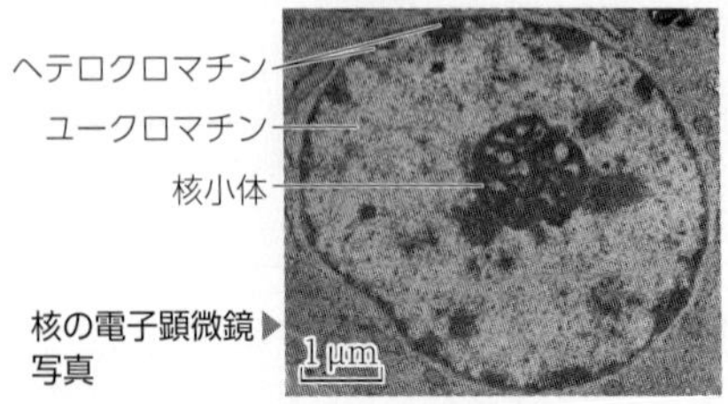

核の電子顕微鏡写真▶

ヌクレオソームが高度に凝縮した部分は，ヘテロクロマチンと呼ばれ，核膜に沿って多く存在する。遺伝子を含まない部分が大半で，また，遺伝子の転写は抑制されている。一方，そうでない部分はユークロマチンと呼ばれ，ほとんどの遺伝子の転写はこの部分で行われる。

Up to Date 転写ファクトリー 発展

核内には，盛んに転写が行われる転写ファクトリーと呼ばれる部分が複数存在する。転写ファクトリーには，RNAポリメラーゼや基本転写因子などが集まっている。不活性化していた遺伝子が転写されるときには，その遺伝子を含む部分のDNAが伸びてループ状になり，転写ファクトリーに入るとされている。このことは，異なる染色体上に存在する遺伝子の協調的な発現にも関わっていると考えられている。

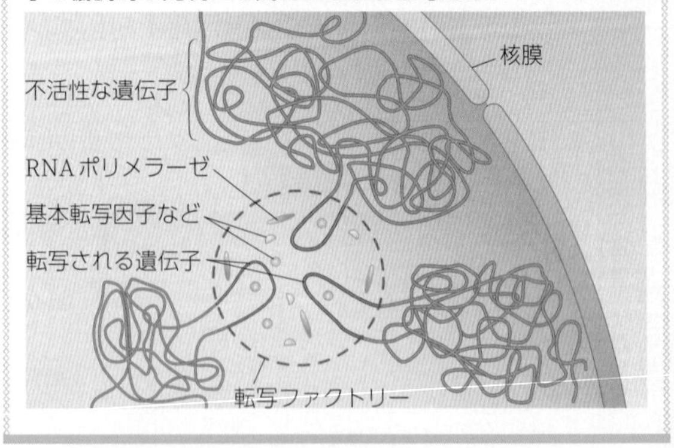

豆知識 ハウスキーピング（housekeeping）とは，家事・家政，企業や施設などの維持管理・メンテナンスを意味する。

4 エピジェネティクス 発展

エピジェネティクスは，DNAの塩基配列によらず，DNA複製・細胞分裂を経て親から子に伝達される遺伝的現象，およびその解明を目指す研究分野である。

Ⓐ DNAやヒストンの化学修飾とエピジェネティクス

細胞には，DNAやヒストンにメチル基 ($-CH_3$) やアセチル基 ($-COCH_3$) などを付加または除去する酵素が存在する。これらの酵素によってDNAやヒストンが化学修飾を受けると，染色体の高次構造が変化するなどして遺伝子の発現が変化する。これが，エピジェネティクスにおいてDNAの塩基配列によらず遺伝子の発現が変化するしくみである。このDNAやヒストンの修飾状態は，DNA複製や細胞分裂を経て娘細胞に伝えられることがあり，さらには減数分裂・受精を経て，次世代へ伝えられることもある。一方，この修飾状態は恒常的なものではなく，配偶子の形成時などには初期化されたり，新たな修飾パターンに書き換えられたりすることもある。

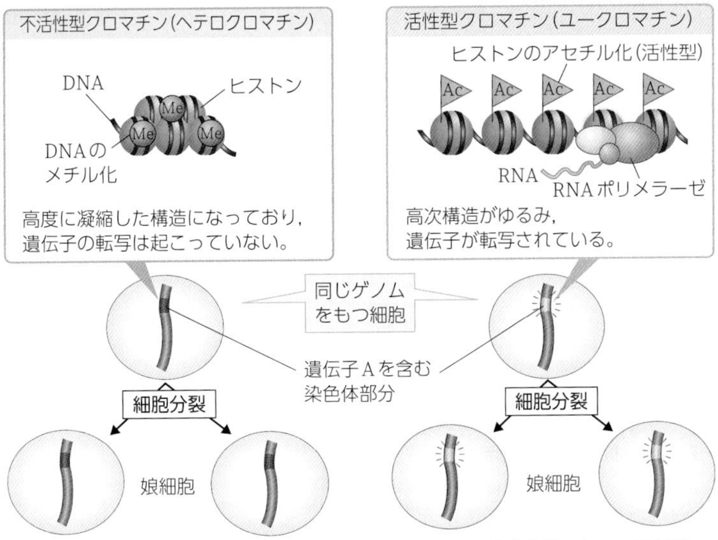

DNAの塩基配列は同じであっても，DNAやヒストンの化学修飾によって遺伝子発現が変化する。さらに，その修飾情報は娘細胞へ受け継がれることがある。

エピジェネティクスの例

ミツバチ

ミツバチでは，幼虫時にロイヤルゼリーを与え続けられた雌が女王バチとなり，そうでない雌は働きバチとなる。これには，DNAのメチル化が関わっており，DNAのメチル化酵素の働きを抑えると，女王バチになりやすいという研究結果がある。

Ⓑ ゲノムインプリンティング

哺乳類の体細胞には，2セットのゲノムが存在し，各遺伝子には父親由来のものと母親由来のものとが存在する。多くの遺伝子では両方の遺伝子が発現するが，一部の遺伝子では一方の親由来のもののみが発現する。このように，遺伝子がどちらの親に由来するものかを記憶している現象を**ゲノムインプリンティング**(ゲノム刷り込み)といい，そのような遺伝子はインプリント遺伝子と呼ばれる。ゲノムインプリンティングにはDNAのメチル化が関わっており，一方の遺伝子はこれによって発現が抑制されている。

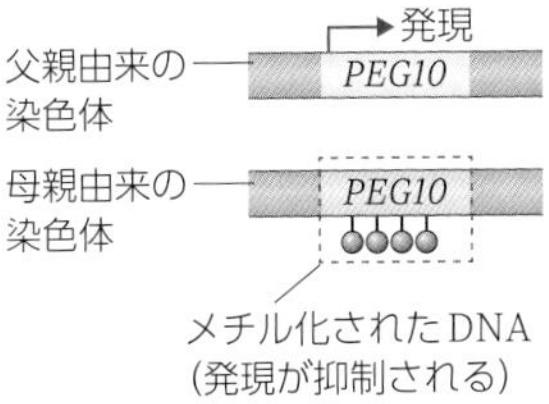

PEG10 (*paternally expressed imprinted gene 10*; 父性発現遺伝子10)は，父親由来のものだけが発現する。転移因子に由来し，胎盤形成に働く遺伝子の1つである(➡p.79)。

Ⓒ X染色体の不活性化(ライオニゼーション)

哺乳類はXY型の性決定様式をもち，雌はX染色体を2本，雄はX染色体とY染色体を1本ずつもつ。X染色体にはY染色体と比べて多くの遺伝子が存在する(➡p.77)。このため，雌の2本のX染色体にある遺伝子がすべて発現した場合，それらの発現量は雄の2倍となり，過剰な状態となる。しかし実際には，雌の細胞では発生の初期にいずれか一方のX染色体がヒストンやDNAの化学修飾によって不活性化されるため，そのような遺伝子発現量の不均衡は回避される。不活化されたX染色体は，その後，DNAの複製や細胞分裂を通じて安定的に維持されるが，生殖細胞形成の際には不活性化が解除される。

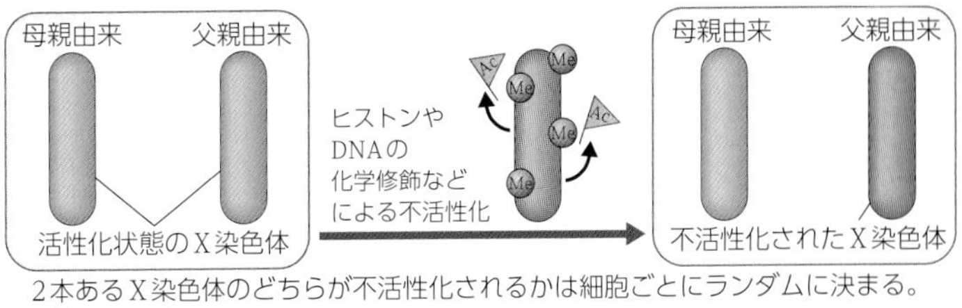

2本あるX染色体のどちらが不活性化されるかは細胞ごとにランダムに決まる。

α PLUS 二母性マウスかぐや

有性生殖を行う生物のなかには，ミツバチのように，交配を経ずに，雌だけで子を残す単為発生を行うものがある(➡p.313)。単為発生は，魚類やハ虫類などの脊椎動物でもまれにみられるが，哺乳類での事例は知られていない。哺乳類は，胎生という形質を獲得すると同時に，単為発生ができなくなったと考えられており，これにはゲノムインプリンティングが関係している。

雌雄どちらか一方のゲノムしかもたない哺乳類の2倍体の胚を作製し発生させると，発生初期に致死となる。これは，インプリント遺伝子には発生に必須のものがあり，一方の性のゲノムのみではその発現量に過不足が生じるためである。2004年，河野友宏らは，2つの卵を用い，一方のインプリント遺伝子の発現を雄型に近づけて合体させることで，雌ゲノムのみをもつ二母性マウス（かぐやと命名）を作製した。これによって，正常発生における父性インプリント遺伝子の重要性が示された。

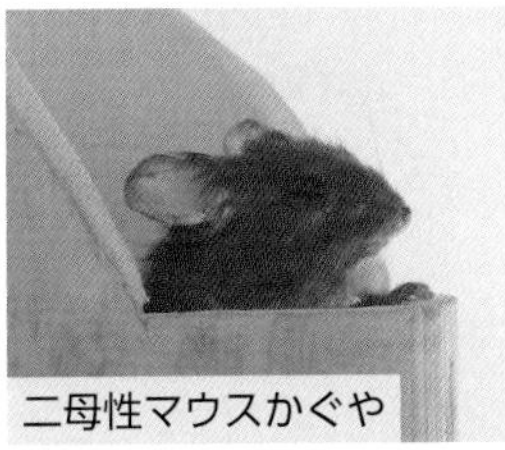

二母性マウスかぐや

X染色体の不活性化と三毛ネコ

三毛ネコは，白・茶・黒の3色の毛をもち，通常，雌である。白斑を生じる遺伝子や黒の毛色を決定する遺伝子は常染色体にあるが，茶の毛色を決定する遺伝子(顕性遺伝子…O，潜性遺伝子…o)はX染色体にある。Ooの個体では，発生初期にX染色体の不活性化が起こり，O遺伝子が発現する細胞からは茶色の毛が生じ，O遺伝子が不活性化した細胞では黒色の遺伝子が働いて黒色の毛を生じる。このネコが白斑を生じる遺伝子ももつ場合，腹側に白斑を生じて三毛となる。

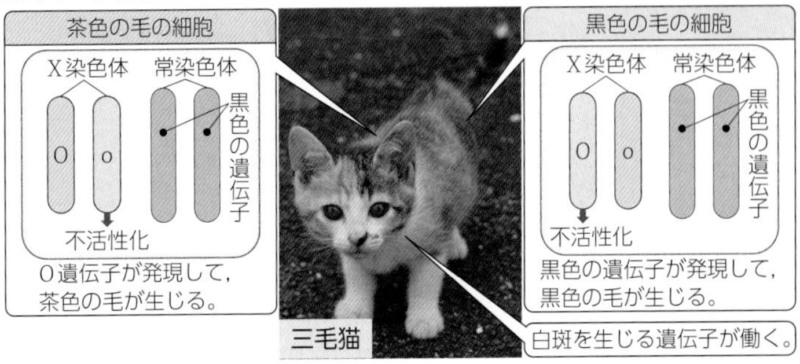

三毛猫

豆知識 飢餓などで胎児期に母体の栄養が不足すると，その子は将来生活習慣病になりやすい傾向がみられる。また，少年期に飽食を経験した男性の息子や孫息子に短命の傾向がみられるという研究がある。これらは，親の経験や胎児期の経験がエピジェネティクスによって伝達された可能性のある事例として知られている。

17 遺伝子の発現調節③ 真核生物における転写・翻訳調節

生物 発展 Regulation of Gene Expression, Part 3 Regulation of Transcription and Translation in Eukaryotes

1 真核生物における調節タンパク質による転写調節 生物

真核生物においても，遺伝子の発現は，同じDNA上にある転写調節領域によって調節される。ただし，原核生物の場合と比較して，以下の点が異なる。

❶1つの転写単位に含まれる遺伝子は，通常1つで，各遺伝子は個々に転写調節を受ける。
❷1つの遺伝子の発現調節に，複数の転写調節領域や調節タンパク質が関与することが多い。
❸1つの遺伝子の発現調節に関わる複数の転写調節領域が，長いDNA上に散在していることが多く，プロモーターから数千塩基対以上離れていることもある。
❹調節タンパク質は，RNAポリメラーゼに対し，間接的に作用することが多い。
❺真核生物には，自身はDNAに結合しないが，調節タンパク質に結合して遺伝子発現の調節に関わるタンパク質が存在する。
活性化補助因子(コアクチベーター)…遺伝子発現の活性化に関わる。真核生物では特に，**メディエーター複合体**と呼ばれる多数のタンパク質からなる構造体がアクチベーターの情報伝達に広く関わることが知られている。
抑制性補助因子(コリプレッサー)…遺伝子発現の抑制化に関わる。

エンハンサー…ある遺伝子に対して転写を促進させる働きをもつ転写調節領域。アクチベーターが結合する。
サイレンサー…ある遺伝子に対して転写を抑制させる働きをもつ転写調節領域。リプレッサーが結合する。

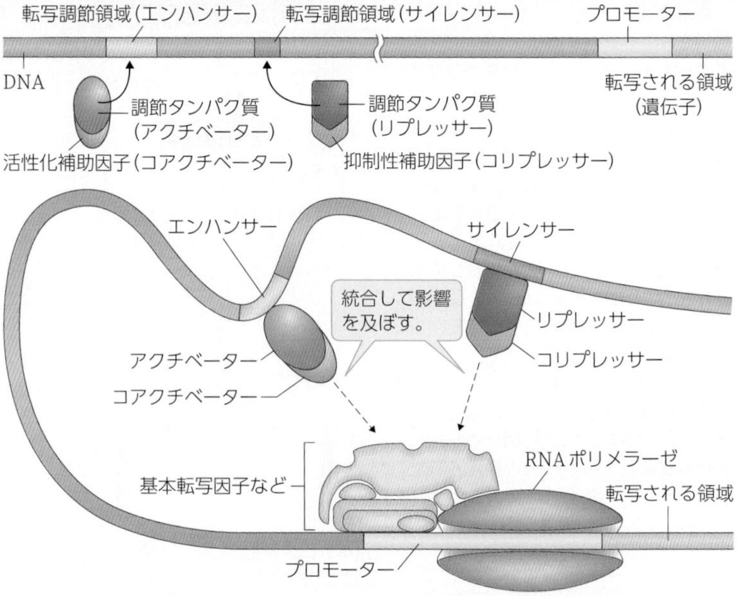

離れた場所で転写調節領域に結合した調節タンパク質は，DNAが湾曲することによって，プロモーターに結合したRNAポリメラーゼや基本転写因子に作用する。
転写の開始や転写速度は，調節タンパク質の種類によって総合的に決定される。

2 調節タンパク質による転写調節の例 生物

細胞で特定の遺伝子が盛んに発現するしくみの1つは，調節タンパク質の組み合わせによるものである。

細胞が分化する過程で，合成される調節タンパク質の種類は細胞ごとに変化する。遺伝子の発現は，その遺伝子の発現調節に必要な調節タンパク質がそろっている場合にのみ，促進または抑制される。これは，特定の細胞で特定の遺伝子が発現するしくみの1つとなっている。

同じ個体に由来する水晶体の細胞と肝細胞は，同一のゲノムをもつ。

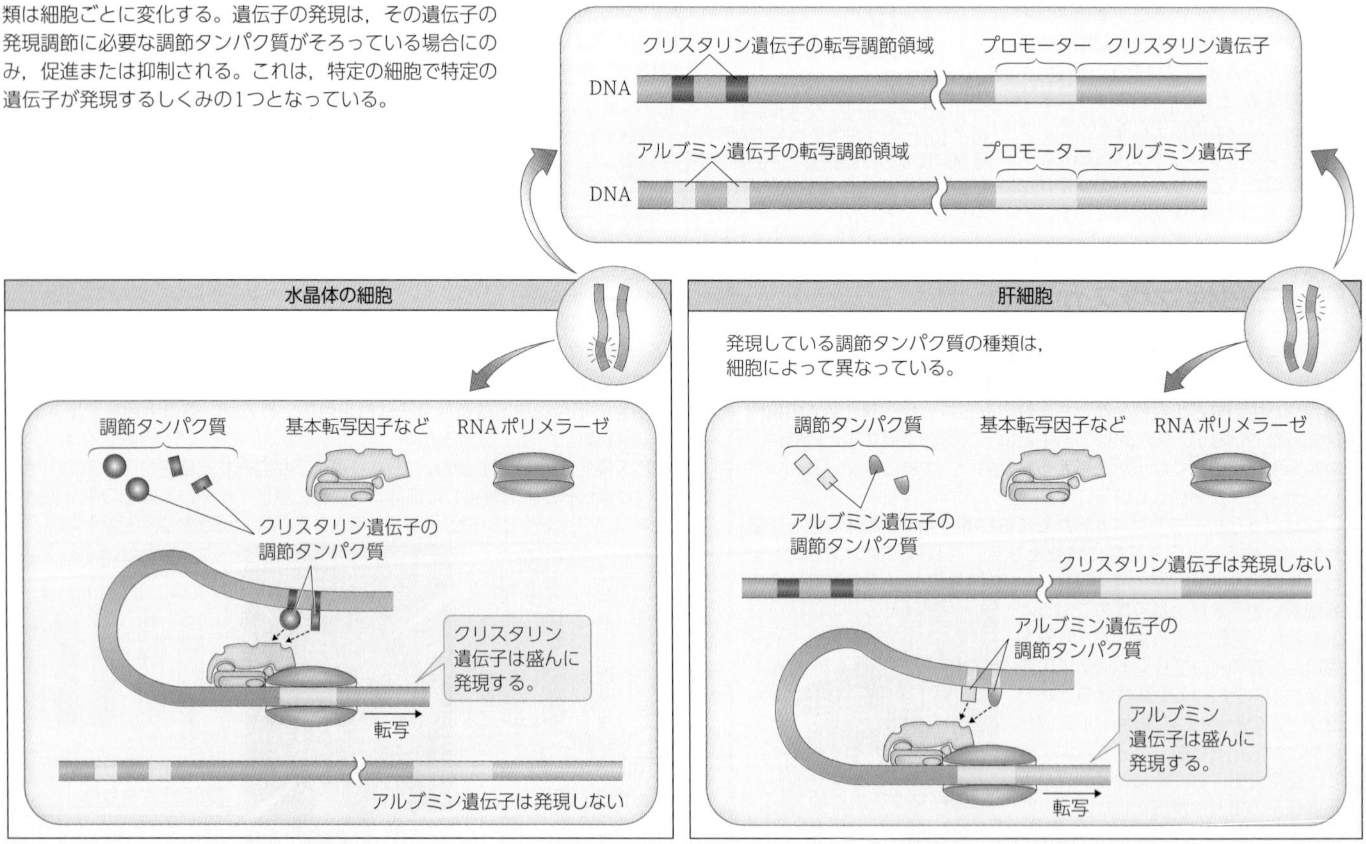

豆知識 真核生物のゲノムでは，転写調節領域が標的としない隣接の遺伝子の発現に影響を及ぼさないよう，インスレーターと呼ばれる特定の配列によって区分されている。この配列を転写調節領域とプロモーターの間に挿入すると，調節タンパク質による促進や抑制の影響が遮断される。

3 小さなRNAによる翻訳調節 発展

タンパク質をコードしないDNA部分の転写で生じるRNAのなかには，遺伝子の翻訳抑制に働くものが存在する。

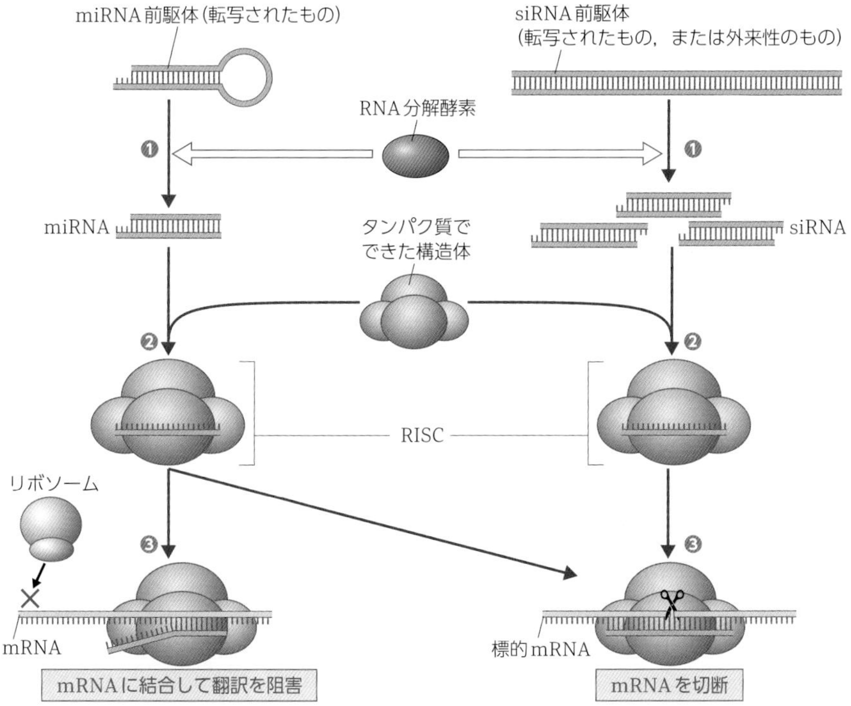

DNAからは，tRNA，rRNAのほかにも翻訳されないRNAが転写されており，このなかには小さな一本鎖RNAを生じて標的遺伝子の発現抑制に働くものがある。

miRNA(micro RNA)…1本鎖RNAの塩基配列のなかに相補的に結合する部分があり，折れ曲がって2本鎖となったもの(miRNA前駆体)からつくられる短いRNA。ヒトでは，1000種類以上のmiRNAがつくられ，非常に多くの遺伝子の発現調節に関与していると考えられている。

siRNA(small interfering RNA)…内在性，あるいは外来性の長鎖2本鎖RNAからつくられる短いRNA。

小さなRNAによる遺伝子の発現調節の過程

❶細胞質基質において，転写で生じたRNAなどからRNA分解酵素(ダイサーなど)の働きによって小さなRNA(siRNAやmiRNA)が合成される。

❷生じた小さなRNAは，タンパク質でできた構造体に取り込まれて1本鎖となり，RISC(RNA-induced silencing complex，RNA誘導サイレンシング複合体)を形成する。

❸RISCは，構成因子である一本鎖RNAの塩基配列と相補的に結合する標的mRNAを認識し，翻訳を阻害したり(部分的に対合する場合)，標的mRNAを切断したり(広範囲で対合する場合)する。

Up To Date mRNAのキャップ・ポリA鎖構造とmRNAの分解 発展

真核生物では，細胞質基質で働くほとんどのmRNAには，5′末端にキャップ，3′末端にポリA鎖と呼ばれる構造が核内で付加される。これらは，mRNAの核内から細胞質基質への輸送，翻訳調節，および細胞質基質に存在するRNA分解酵素からの保護などに関与すると考えられている。

mRNAが細胞質基質に移動すると，ポリA鎖はすぐに脱アデニル化酵素による分解を受けはじめる。ポリA鎖がある程度まで分解されると，キャップが外され，mRNAはRNA分解酵素による分解を受けるようになる。ただし，分解までに要する時間はmRNAの種類によってさまざまであり，mRNAの塩基配列を認識して結合するさまざまなタンパク質によって厳密に制御されていると考えられている。

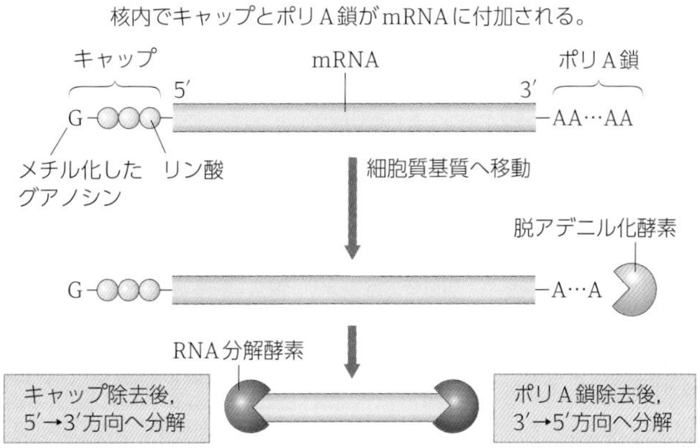

キャップ…3つのリン酸とメチル化したグアノシン(グアニンとリボースが結合したもの)が，転写中にmRNA前駆体の5′末端に付加される。

ポリA鎖…70～250個のAMP(➡p.46)が連続したもので，転写直後にmRNA前駆体の3′末端に付加される。

整理 原核生物と真核生物における遺伝子の発現調節の違い

	染色体の構造の変化による調節	発現調節の単位	調節タンパク質の種類	調節領域の位置
原核生物	なし（ヌクレオソーム構造をもたない）	1つのmRNAに複数のタンパク質がコードされていることが多く(ポリシストロン性mRNAという)，これらはオペロンを形成してまとめて転写調節を受ける。	少ない	通常，プロモーターの近傍に存在する。
真核生物	あり（弛緩…発現できる 凝縮…発現できない）	ふつう，1つのmRNAには1つのタンパク質がコードされており(モノシストロン性mRNAという)，遺伝子ごとに発現が調節される。	多い（1つの遺伝子の発現調節に複数の調節タンパク質が関与し，それらの情報が統合されて調節されることが多い。）	プロモーターの近傍に存在することが多いが，離れた場所にあることも少なくない。

豆知識　転移因子(➡p.79)やウイルスは，転移や増殖の過程で2本鎖RNAをつくる。siRNAによる発現調節は，それらを抑える役割を担っていると考えられている。また，内在性のsiRNA前駆体の形成には，偽遺伝子(➡p.259)が関与していることが近年明らかとなった。

実験6 ラクトースオペロンによる遺伝子の発現調節

生物

関連動画をCheck!

目的 IPTGを用いて，大腸菌のラクトースオペロンにおける遺伝子の発現調節を確認する。

準備 材料…大腸菌HB101株(冷凍保存のものを氷上で溶かす。)
器具…マイクロピペット，恒温器，コンラージ棒
薬品…LB液体培地(細菌の培養に用いる培地)，X-galとIPTGを含むLB寒天培地，X-galを含みIPTGを含まないLB寒天培地

X-gal…ほぼ無色の薬品だが，β-ガラクトシダーゼの基質となり，分解されると青色の物質を生じる。

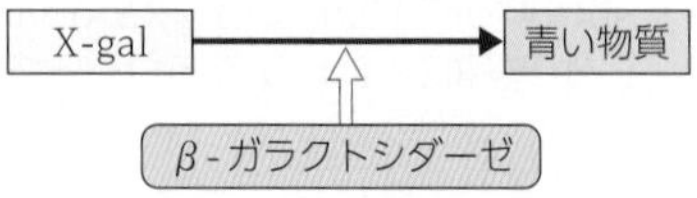

IPTG…ラクトースに似た構造の物質で，調節タンパク質（リプレッサー）に結合して，リプレッサーがオペレーターに結合するのを阻害する。β-ガラクトシダーゼによって分解されず，ラクトースよりも強くラクトースオペロンの発現を誘導する。

実験中は無菌操作を徹底しよう！
- 手をよく洗って水をふき取り，70％エタノールで消毒する。
- 実験台に霧吹きで70％エタノールをまんべんなくかけ，ペーパータオルで拭く。
- クリーンベンチがない場合，ガスバーナーをつけて上昇気流をつくり，付近で操作を行う。やけどにも注意しよう。

LB液体培地の作製

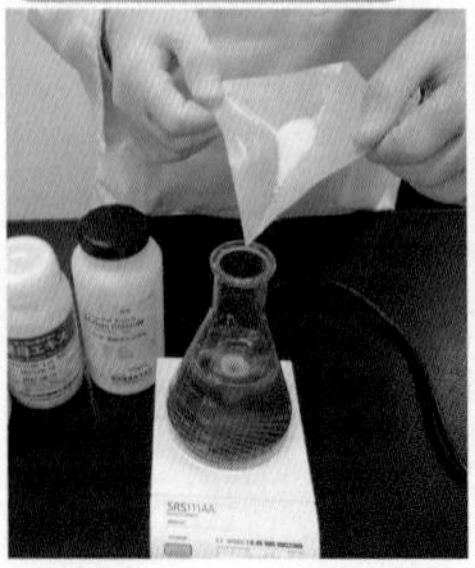

①蒸留水250 mLに，トリプトン3 g，酵母抽出物1.5 g，NaCl 3 gを加え，よく溶かす。

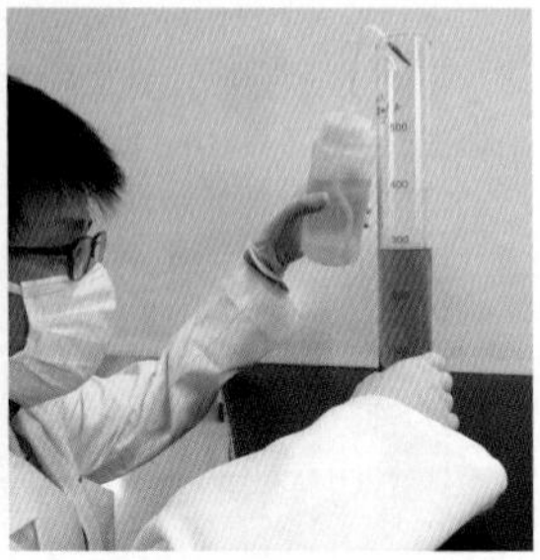

②メスシリンダーに移して300 mLになるよう蒸留水を加える。このうち，100 mLを，オートクレーブ(➡p.344)で121 ℃，20分間滅菌する。

LB寒天培地の作製

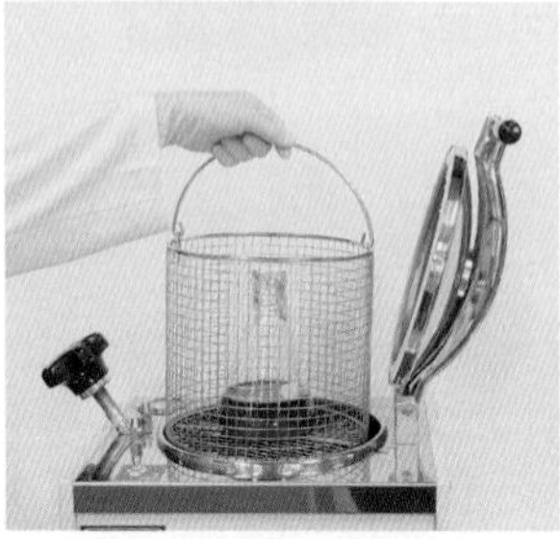

①作製したLB液体培地の残り200 mLを100 mLずつに分け，それぞれに1.5 gの寒天粉末を加えて混ぜる。オートクレーブで121 ℃，20分間滅菌する。

②IPTGなどを加える場合，①が65 ℃程度に冷めてから加える。(抗生物質などを加える場合も同様(➡p.149)。)

③ペトリ皿に約10～20 mLずつ分注する。

方法

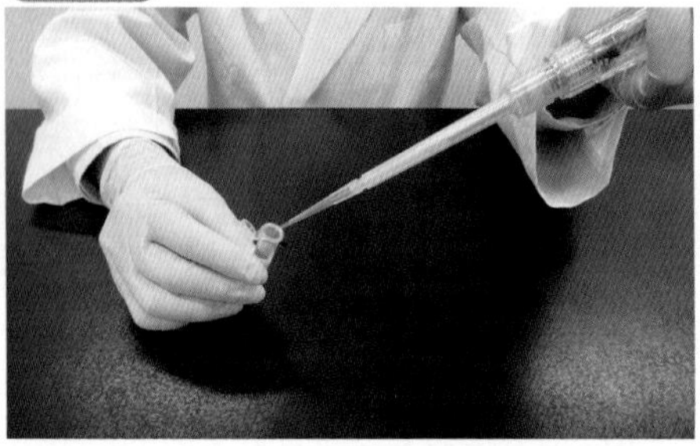

①マイクロピペットで大腸菌5 μLをとり，LB液体培地1 mLに加えて混ぜる。

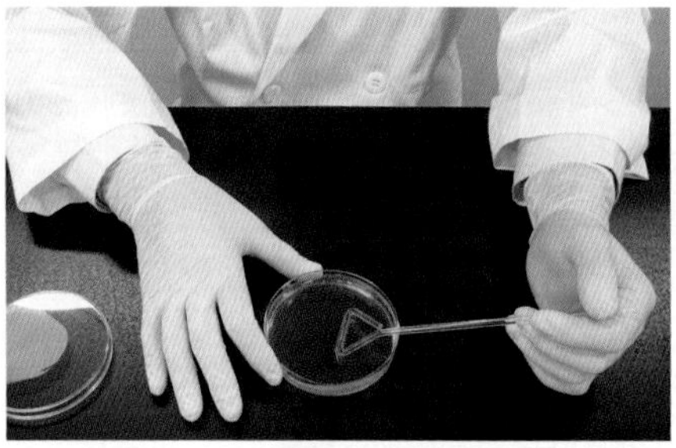

② ①で調整した大腸菌を，IPTGを含む培地と含まない培地に，それぞれ200 μLずつコンラージ棒を用いて塗布する。

③37 ℃の恒温器で24時間培養する。

結果

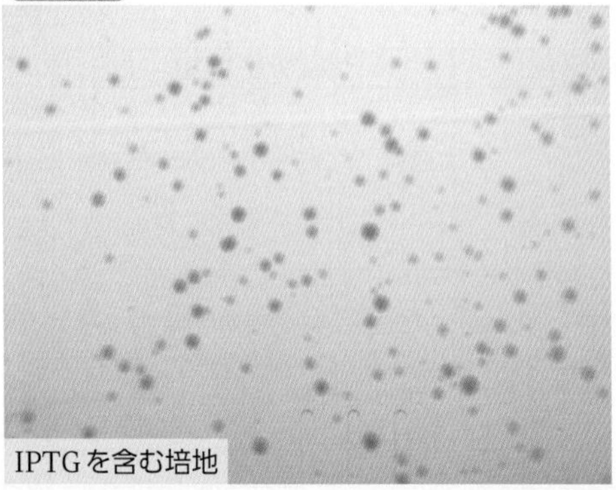

IPTGを含む培地

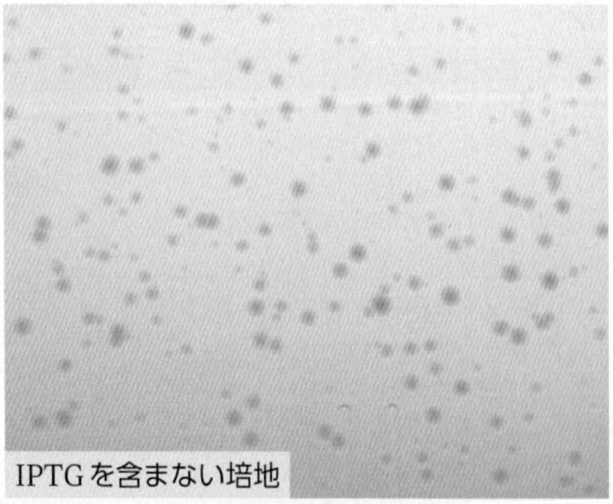

IPTGを含まない培地

考察

IPTGを含む培地では青色のコロニーが形成されたことから，大腸菌でβ-ガラクトシダーゼが合成され，X-galが分解されたと考えられる。一方，IPTGを含まない培地では白っぽいコロニーが形成されたことから，大腸菌でβ-ガラクトシダーゼはあまり合成されず，X-galもそれほど分解されていないと考えられる。

これらのことから，大腸菌のラクトースオペロンにおいて，遺伝子の発現がIPTGによって誘導されることが確認された。β-ガラクトシダーゼ遺伝子は，培地中のラクトースの有無によって発現量が調節されていることが示唆された。

豆知識 ガスバーナーの火をつけると，上昇気流が生じ，ガスバーナーの周囲は細菌などが空気中から落下してこない空間になる。これにより，無菌操作を行える。

観察 3 だ腺染色体の観察

基礎　生物

関連動画をCheck!

目的　アカムシユスリカ(昆虫類の双翅目《そうしもく》)の幼虫を用いてだ腺染色体を観察し，染色体の大きさ，横じまの状態，パフの位置や数などを調べる。

準備　材料…アカムシユスリカの幼虫　　器具…検鏡器具，ルーペ，ろ紙　　薬品…酢酸カーミン溶液(または酢酸オルセイン溶液)

ユスリカ

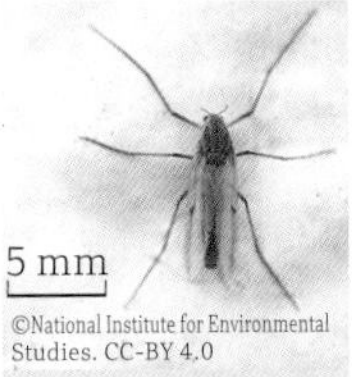

アカムシユスリカの成虫

ユスリカ類は動物の血を吸わない。アカムシユスリカの幼虫は，池や沼，湖などの底の泥のなかに生息する。体液に赤い呼吸色素を含み，体色が赤いことからアカムシとも呼ばれる。釣りの餌などに利用され，市販されている。12個の体節があり，だ腺は第2体節付近に1対ある。

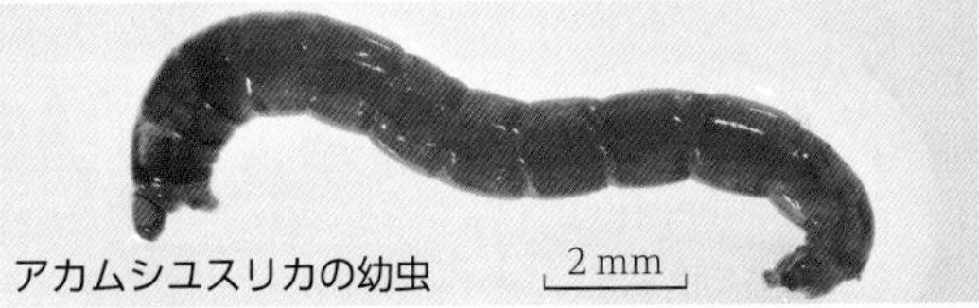

アカムシユスリカの幼虫

だ腺染色体

昆虫類の双翅目(ハエ目)の幼虫のだ腺細胞中には，巨大な染色体(ふつうの染色体の約200倍)が常時みられる。

- だ腺染色体が巨大なのは，細胞分裂を伴わずに染色体が複製され，分離しないままの状態であるためである。
- だ腺染色体は，相同染色体が接着して，染色体数が通常の体細胞の半数になっている。キイロショウジョウバエでは1細胞中に4本あり，動原体の部分で接着している。
- 全長にわたって多数の横じまがあり(➡p.254)，発生時期に応じて特定の部分にふくらみ(パフ)を生じる。パフではmRNAが活発に合成されている。

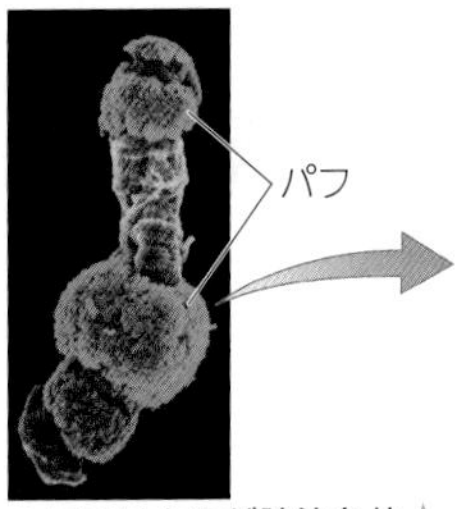

▲ユスリカのだ腺染色体★

だ腺染色体では，幼虫の発生段階に応じて特定の部分にパフが現れる。

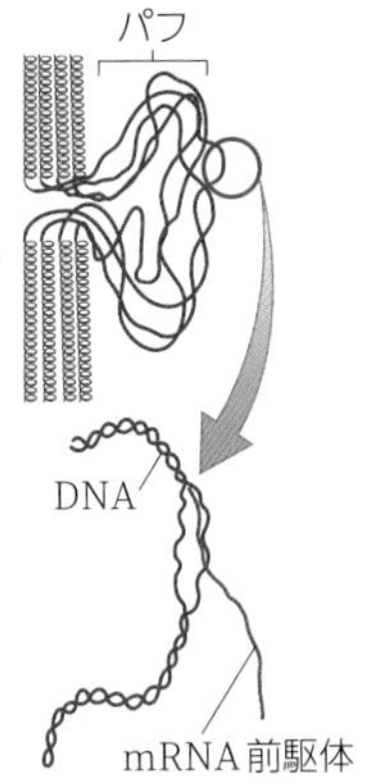

方法

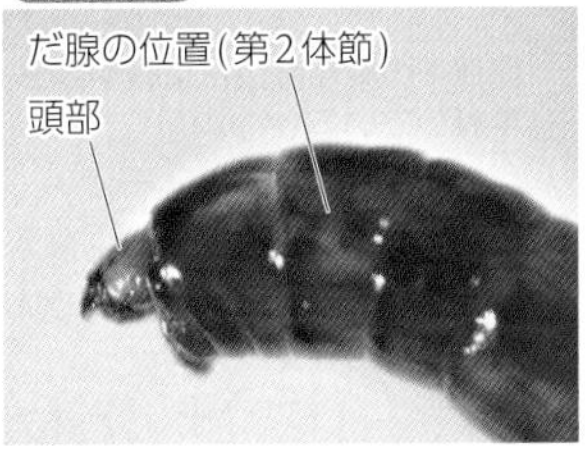

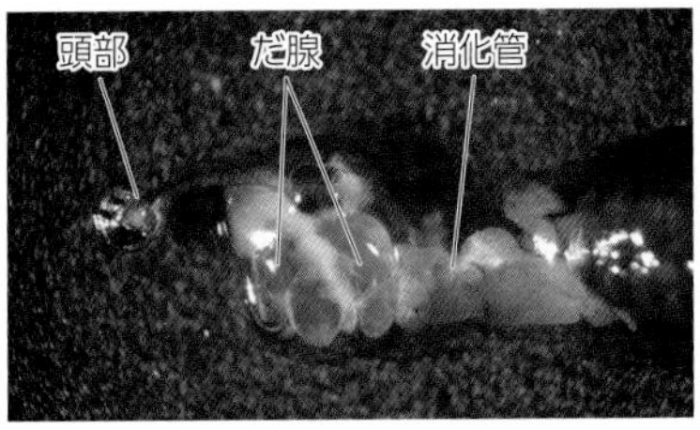

①スライドガラス上で頭部をピンセットでつまみ，内部の消化管を引き出すようにしてだ腺を取り出す。

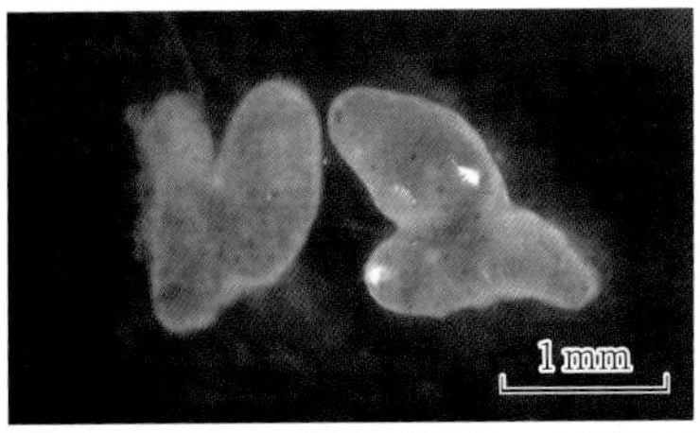

②ルーペを用いてだ腺を確認し，だ腺以外のものをスライドガラス上から取り除く。

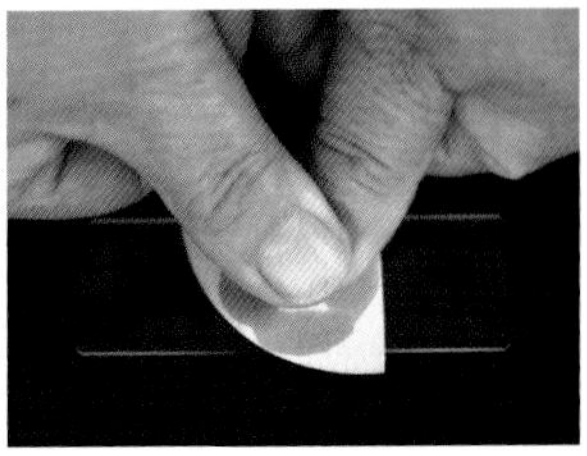
③染色液を加えてしばらく待ち，カバーガラスの上から強く押しつぶす。

結果

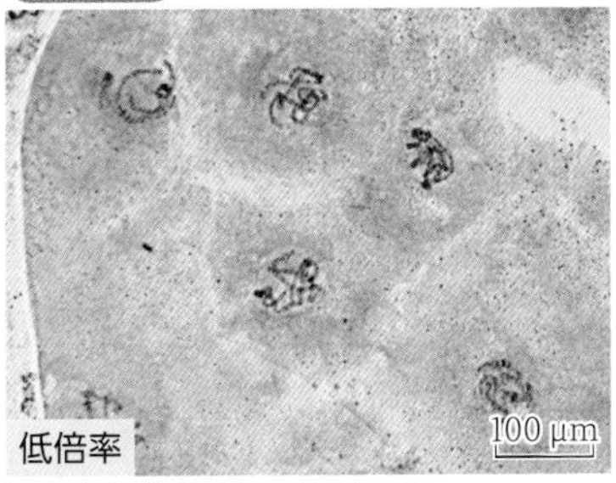

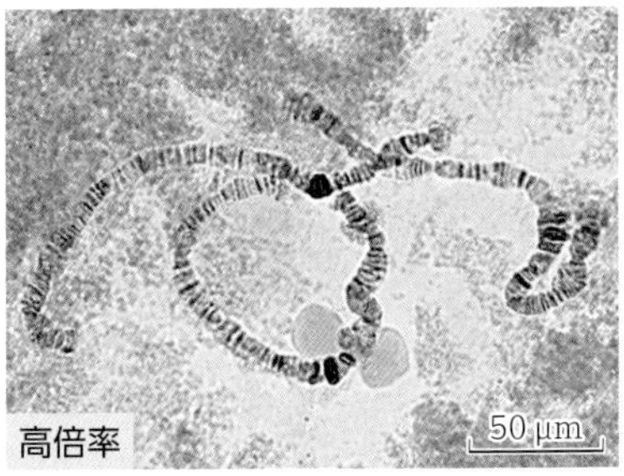

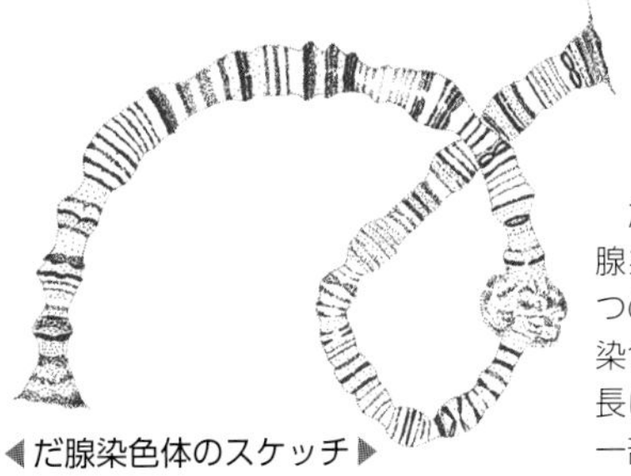
◀だ腺染色体のスケッチ▶

だ腺細胞中にひも状のだ腺染色体が観察された。1つのだ腺細胞に，長いだ腺染色体が3本みられた。全長にわたる多数の横じまと，一部にパフが観察された。

参考1

染色にピロニン・メチルグリーン染色液(➡p.339)を用いると，だ腺染色体全体が青緑色に，パフの部分は赤色に染色される。このことから，パフでは転写が行われてRNAが合成されている一方で，それ以外の部分では転写はあまり起こっていないことがわかる。

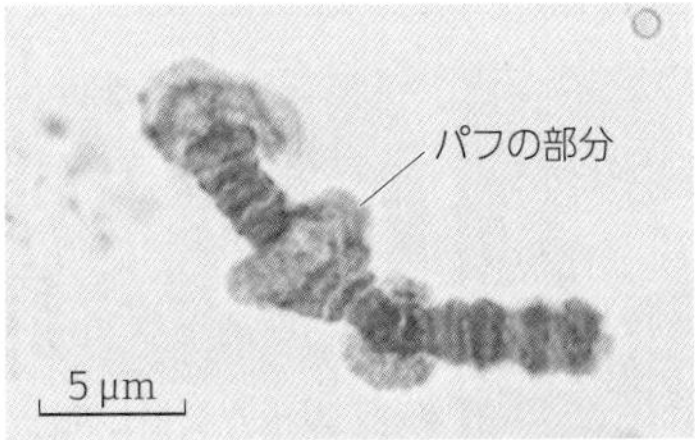

参考2

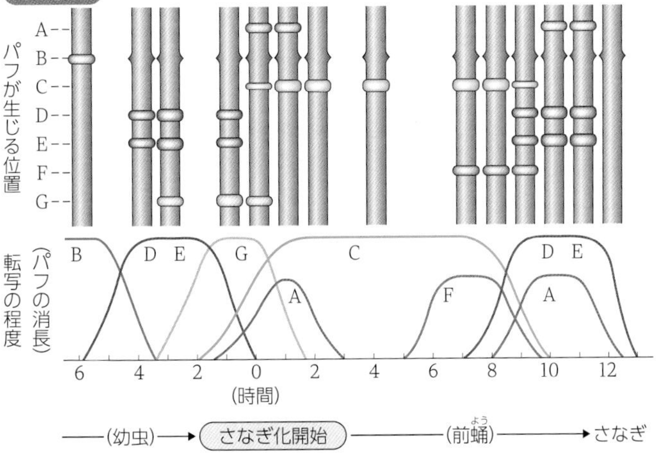

図中のA～Gは，キイロショウジョウバエの第3染色体に生じるパフの位置を示している。発生過程に応じて活性化する遺伝子は次々と変化し，これに伴ってパフの位置や大きさは変化していく。パフの部分にある遺伝子には，調節タンパク質をコードするものがあり，それらは他の遺伝子の発現を調節する。

豆知識　ユスリカ類のセスジユスリカは，夏の夕方に群れ飛び，蚊柱をつくる。数十～数百匹のユスリカが1つの蚊柱を形成するが，そのほとんどは雄であり，雌は数匹しかいない。蚊柱は雄が雌に居場所をアピールする場であり，雌は蚊柱を見つけるとその中に入り相手を見つけて交尾を行う。

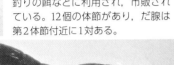

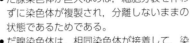

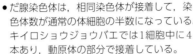

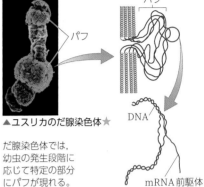

第4章

発生と遺伝子の発現調節

Development, and Regulation of Gene Expression

- 動物のからだは，どのような過程で形成されていくのだろうか？
- からだが形成されていく過程では，どのような遺伝子の発現調節が起こるのだろうか？

学びマップ 第4章

有性生殖を行う生物のからだは，卵と精子が受精してできた1つの受精卵に由来する。受精卵は細胞分裂をくり返し，新たな個体のからだを形成していく。このような発生の過程は，さまざまな遺伝子の働きによって制御されている。

受精卵はどのように生じ，どのような過程を経てからだを形成し，成体になっていくのだろうか。この章では，配偶子形成と動物の発生について，遺伝子発現とその調節を踏まえて学んでいこう。さらに，動物の発生にみられる共通性や，幹細胞についても学ぼう。

配偶子形成と受精

配偶子は減数分裂を経て形成される
(➡p.110～113)

受精によって胚の発生がはじまる
(➡p.114)

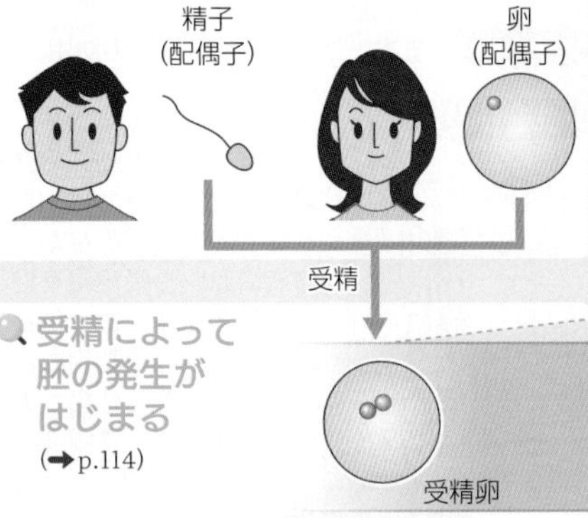

研究の歴史

ノーベル賞受賞者：生理学・医学賞　※ここでは，特に，ショウジョウバエを用いた研究に（ハエ）を，両生類を用いた研究に（イモリ）を付した。

からだは，1つの受精卵からつくられていく

生物の形態は徐々にできていく（➡p.116）

ヴォルフ(1759)

当時の考え方 ⟶ ヴォルフの観察結果

「ひな形となる小型の生命体がはじめからあり，それが成体となる」説と「徐々にからだができて成体となる」説があった。

ニワトリでは，小さな球体から徐々に器官ができる

▲精子内のひな形(想像図)

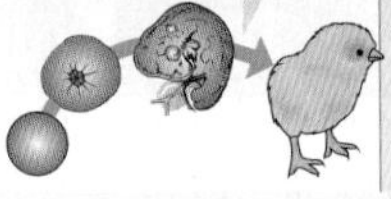

形態形成が徐々に進むことを観察結果から提唱

さまざまな動物で，発生過程には三胚葉がみられる（➡p.116）

パンダー(1817)，ベーア(1828)

ニワトリの胚は，発生初期に数層(胚葉)に分かれる ➡ このことは，さまざまな動物に共通する

ベーアは種間での発生の比較の重要性も提唱

配偶子形成と受精

受精の研究が進み，その意義やしくみが明らかになっていった。

精子の発見（➡p.112）

レーウェンフック(1677)

受精では，精子と卵の核が融合する（➡p.114）

ヘルトウィヒ(1875)

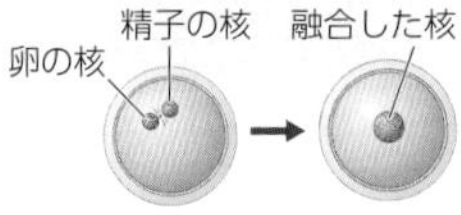

▲ウニの受精卵における核融合

配偶子の染色体数は体細胞から半減している（➡p.110）

ベネーデン(1883)

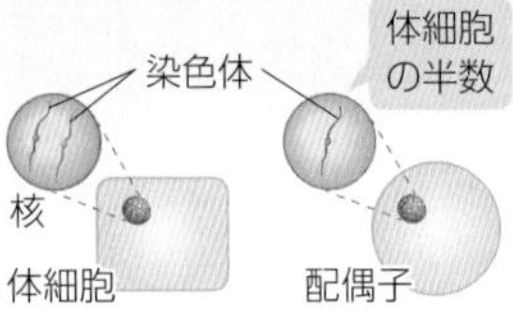

減数分裂を発見した。

1677　1759　1817　1828　1838, 39　1875　1881　1883　1895　1924　1926　1927

1838, 39　細胞説の提唱　シュライデン，シュワン

1895　X線の発見　レントゲン

実験発生学の提唱

ルー(1881)

カエルの胚の半分を焼く ⟶ 正常に発生しない

発生には完全な胚が必要なのではないか（後に否定される）

発生のしくみを実験によって解明する「実験発生学」が登場した

胚には神経組織の形成を誘導する領域がある（➡p.125）

シュペーマン，ヒルデ・マンゴルド(1924)

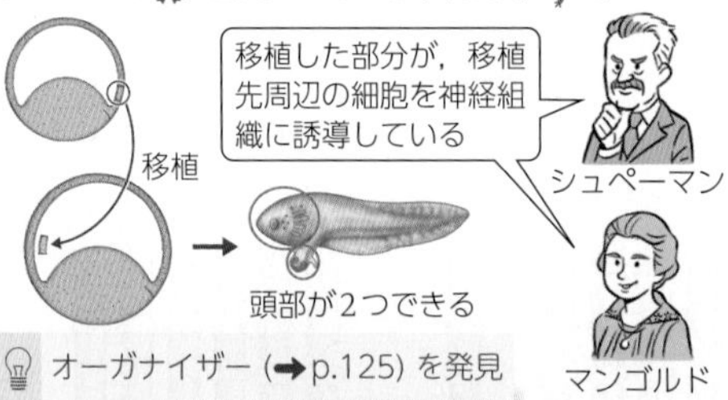

オーガナイザー（➡p.125）を発見

染色体での遺伝子の位置を特定（➡第3章，第9章）

モーガン(1926)

キイロショウジョウバエを用いた遺伝子研究の創始

胚の細胞を染色し，将来どの器官の細胞になるかを推定（➡p.122）

フォークト(1926)

X線を用いて，突然変異体を人為的に作製（➡第9章）

マラー(1927)

突然変異体を人為的に効率よく得られるようになった

中胚葉組織を誘導する領域がある（➡p.124）

ニューコープ(1969)

のちに，浅島誠らが，中胚葉誘導に関与する物質の1つを発見(1990年)。

発生過程では，さまざまな遺伝子や物質が働く

形態の観察が主であった発生学は，実験的な手法の導入や，遺伝子に関する研究の進展に伴って，発生のしくみを解明する学問へと発展していった。

研究の今と未来の展望

発生工学の発展と畜産や種の保存などへの利用

発生のしくみやそれに関与する遺伝子の解明，実験技術の進展などに伴い，生物の発生過程に人為的な操作を加えて発生機構を調節する技術(発生工学)も発展している。この技術は，クローン動物の作出や希少動物の繁殖，人工的な幹細胞の作製に利用されている。同時に，トランスジェニック生物の作製による遺伝子の機能解析が可能になっており，さらなる技術の向上が期待される。

クローン動物(ウシ)

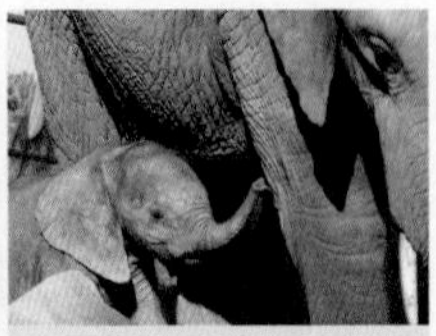

人工授精で誕生した子(アフリカゾウ)

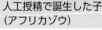

発生過程とそのしくみ

からだは，1つの受精卵からつくられていく(➡p.116～122)

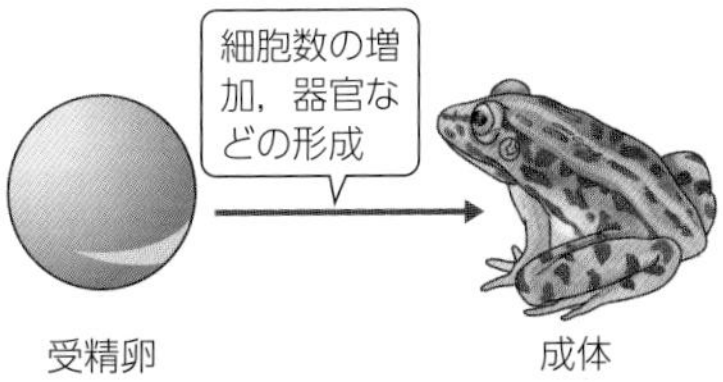

発生過程では，さまざまな遺伝子や物質が働く(➡p.123～132)

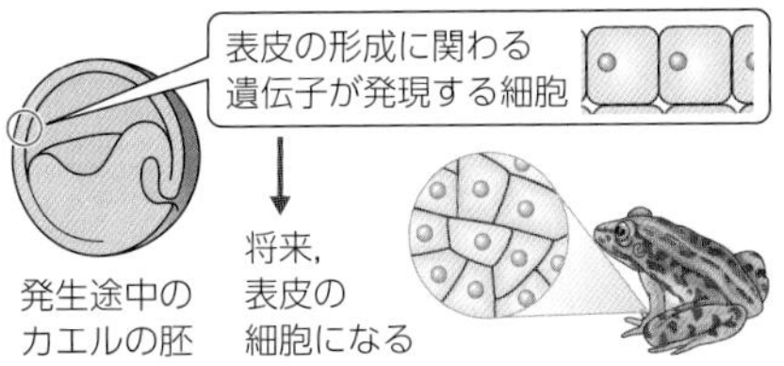

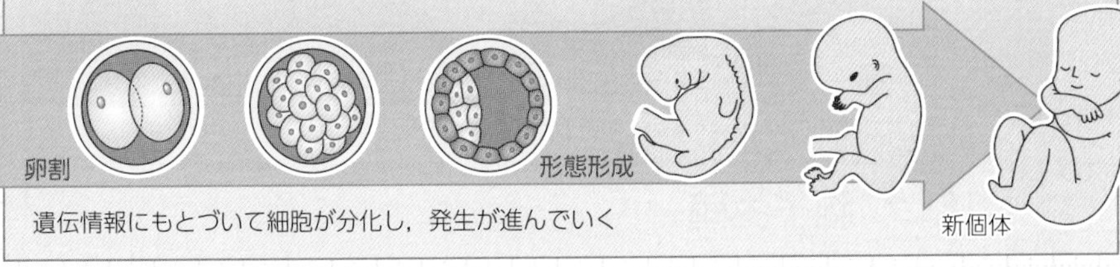

遺伝情報にもとづいて細胞が分化し，発生が進んでいく

発生に関わるしくみを応用

幹細胞とその利用

発生における細胞分化のしくみの医療などへの応用が進んでいる
(➡p.133～137)

さまざまな細胞に分化できる能力をもつ幹細胞と，その人為的な分化の研究・応用が進められている。

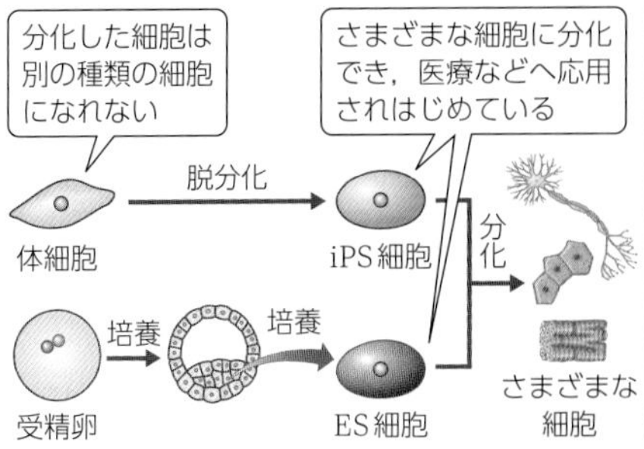

幹細胞とその利用

体細胞は，一度分化すると多様な種類の細胞になれる能力(多能性)を失うと考えられていた。しかし，人為的な処理によって，未分化な状態にする(初期化)ことが可能であることがわかった。

分化した細胞も初期化できる(➡p.134)

ガードン(1962)

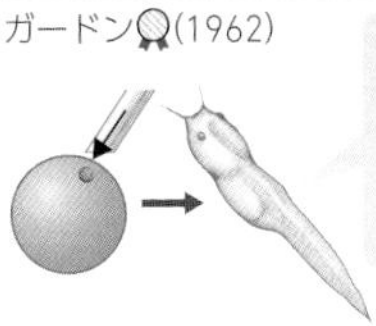

除核したカエルの未受精卵に，上皮細胞の核を移植すると，正常に発生するものが生じる

↓

上皮細胞では不要だった遺伝子も失われておらず，多能性を取り戻せる

分化した細胞に関する考え方を覆《くつがえ》し，幹細胞作製の源流となった

ES細胞の作製(➡p.135)

エバンス(1981)

マウスの発生中の細胞から作製。1998年には，トムソンによってヒトのES細胞も作製された。

多能性をもつ細胞をはじめて人工的に作製した

体細胞クローンを哺乳類で作製(➡p.134)

ウィルムット，キャンベル(1996)

哺乳類でも初期化が可能であることを示した

培養した乳腺細胞を未受精卵に融合させ，クローンヒツジを作製した。

iPS細胞の作製(➡p.135)

山中伸弥(2006)

分化したマウスの細胞から作製した。2007年には，ヒトiPS細胞の作製が，山中らをはじめ数グループから発表された。

体細胞に初期化遺伝子を導入し，多能性をもつ細胞をつくることにはじめて成功した

1953 1962 1969 1974 1976 1978 1980 1981 1982 1986 1990 1996 2001 2006

DNAの二重らせん構造の提唱
ワトソン，クリック

センチュウをモデル生物として確立(➡p.132)

ブレナー(1974)

発生の過程では細胞の自発的な死が起こる(➡p.132)

サルストン(1976)，ホロビッツ(1986)

形態形成を制御する遺伝子群を提唱(➡p.129)

ルイス(1978)

器官が本来と異なる部分にできた変異体(ホメオティック突然変異体，➡p.129)の発生を，形態形成に関わる遺伝子群(ホメオティック遺伝子群)の突然変異によって説明。

初期発生に重要な役割を担う複数の遺伝子を発見(➡p.127)

フォルハルト，ヴィーシャウス(1980)

発生に関与する遺伝子を連鎖的に働くものとして解明した

カドヘリンの発見(➡p.123)

竹市雅俊(1982)

***Hox*遺伝子群はマウスとショウジョウバエで共通する**(➡p.129)

マッギニスら(1990)

マウスの*Hox*遺伝子をショウジョウバエで働かせることに成功し，共通性を実証。

ツールキット遺伝子の提唱(➡p.130)

キャロルら(2001)

医療への幹細胞の応用

発生や遺伝子発現調節の理解をもとに，幹細胞の応用研究が進んでいる。発生過程の知見と幹細胞の培養技術を組み合わせ，試験管内で臓器の発生を再現してつくるオルガノイドも研究されている。幹細胞やオルガノイドは，再生医療や創薬などへの利用が期待される(➡p.136)。

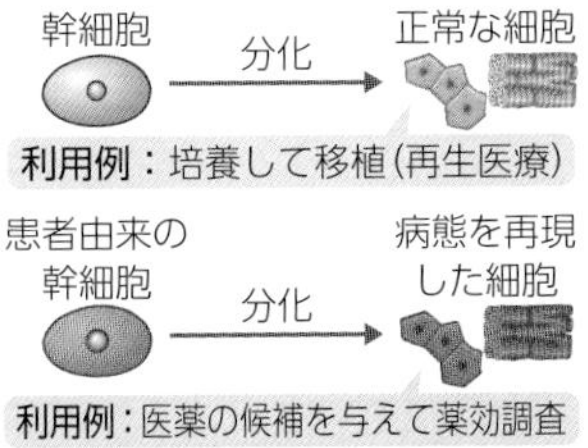

発生過程にもとづく進化の過程の推定

発生過程における遺伝子発現などの比較にもとづいて，進化の過程を解明する研究が盛んに行われている(➡p.139)。これにより，進化や遺伝子の機能についての理解が進み，進化の結果みられる形質の変化がどのようなしくみで生じたのかが分子レベルで明らかになる。

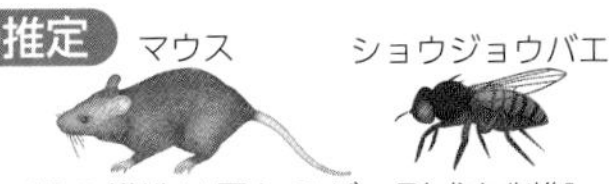

眼の構造は異なるが，形成を制御する遺伝子には共通性がある

↓

進化の過程で遺伝子発現の変化した箇所を確認し，構造に違いが生じた理由を解明

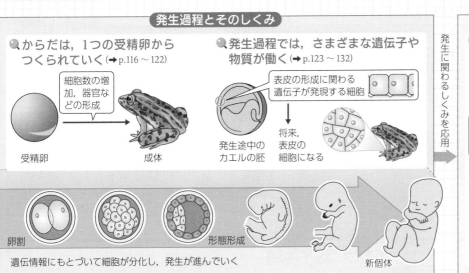

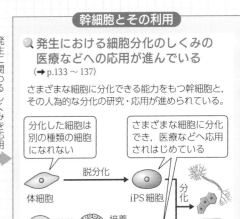

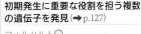

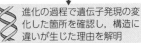

01 いろいろな生殖法

生物　Various Types of Reproduction

関連動画をCheck!

基本 1 無性生殖 生物

無性生殖《むせいせいしょく》は，配偶子（➡2）が関係しない生殖様式である。無性生殖で生じた子は親と同一の遺伝情報をもち，このような遺伝的に同一な個体からなる集団はクローンと呼ばれる。

Ⓐ分裂

親個体が同じ大きさで2つ以上に分かれ，それぞれが新しい個体となる。多細胞動物のクラゲなどでもみられる。

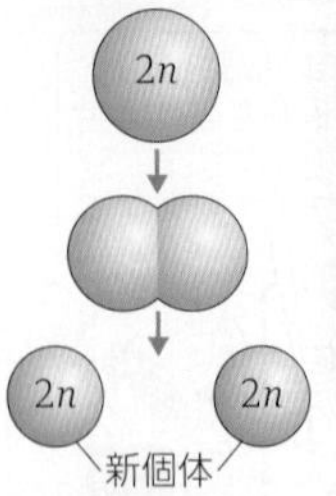

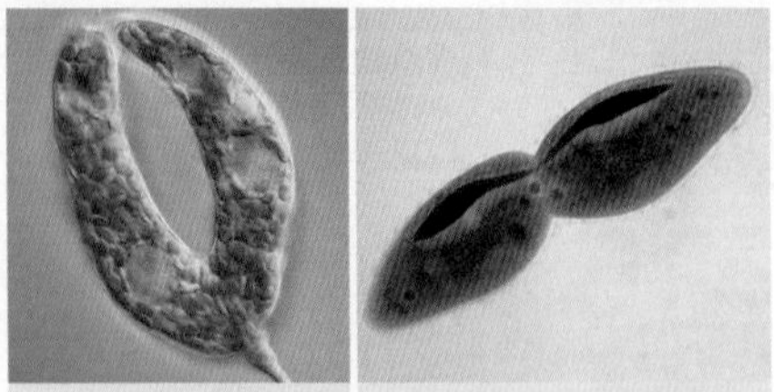

ミドリムシの縦分裂　ゾウリムシの横分裂

Ⓑ出芽

親個体から芽体《がたい》と呼ばれる小さな突起が生じ，これが成長・分離して新しい個体となる。

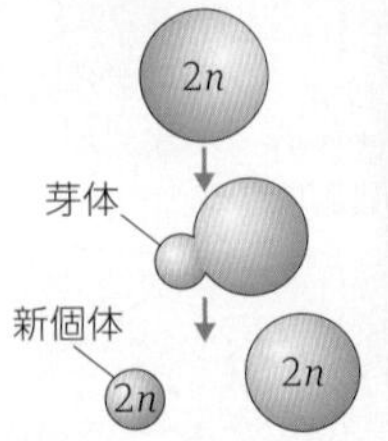

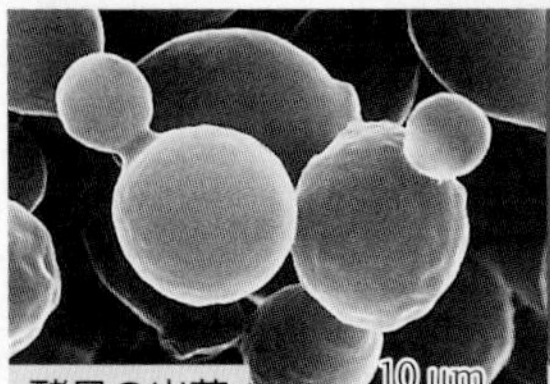

酵母の出芽

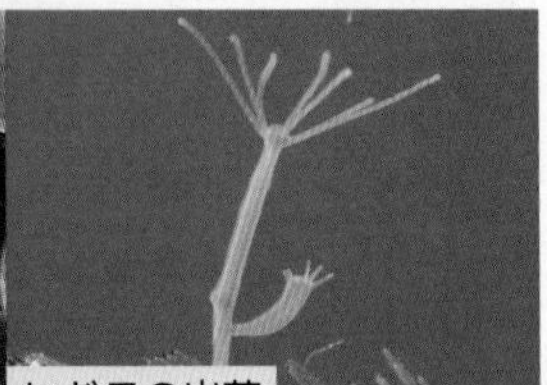

ヒドラの出芽

Ⓒ栄養生殖

植物の栄養器官（根・茎・葉）から新しい個体が生じる。

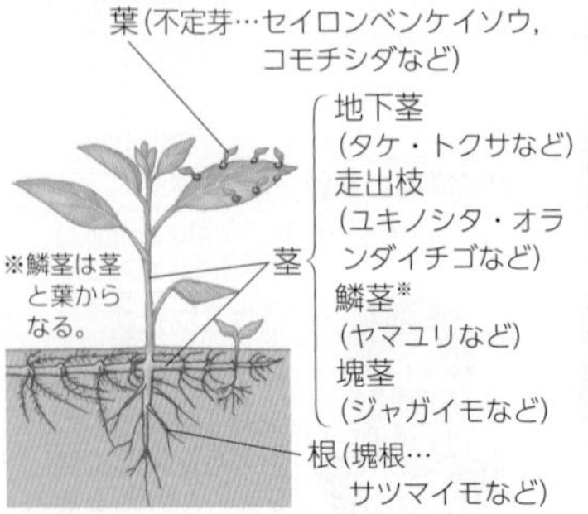

コモチシダの不定芽

PLUS α 胞子生殖

菌類や藻類，コケ植物やシダ植物では，胞子をつくって個体をふやす。胞子には，体細胞分裂によってつくられる栄養胞子と，減数分裂によってつくられる真正胞子がある。栄養胞子による生殖は無性生殖である。一方，真正胞子は，有性生殖に関わる（➡p.286）。

栄養胞子（無性生殖）	真正胞子（有性生殖）
アオカビ（子のう菌類）	ワラビ（シダ植物）
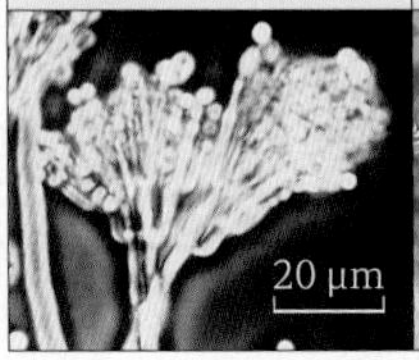	

基本 2 有性生殖 生物

有性生殖《ゆうせいせいしょく》は，配偶子と呼ばれる生殖細胞の合体（接合）によって個体が増殖する生殖様式で，多くの場合雌雄の性が関係する。有性生殖では，親とは異なる遺伝情報をもつさまざまな子が生じる。

同形配偶子接合	異形配偶子接合	
例：クラミドモナスの一種（緑藻類）	例：ミル（緑藻類）	例：メダカ（脊椎動物・硬骨魚類）
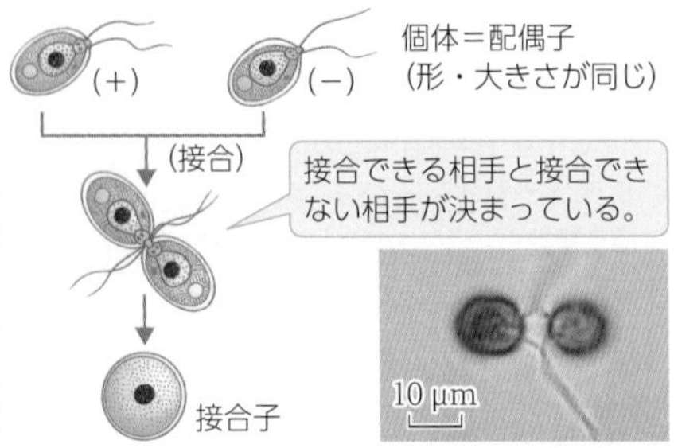	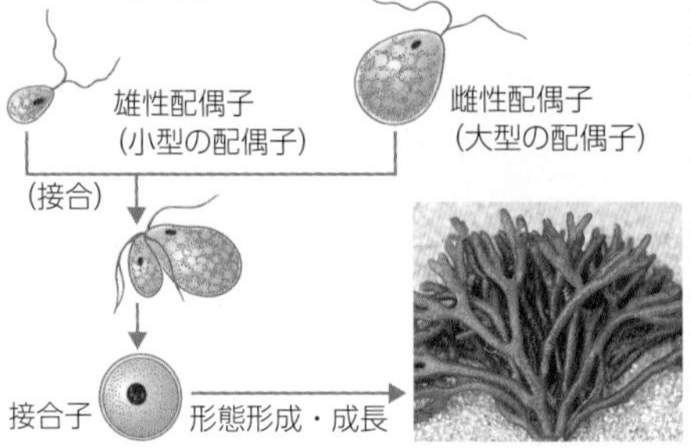	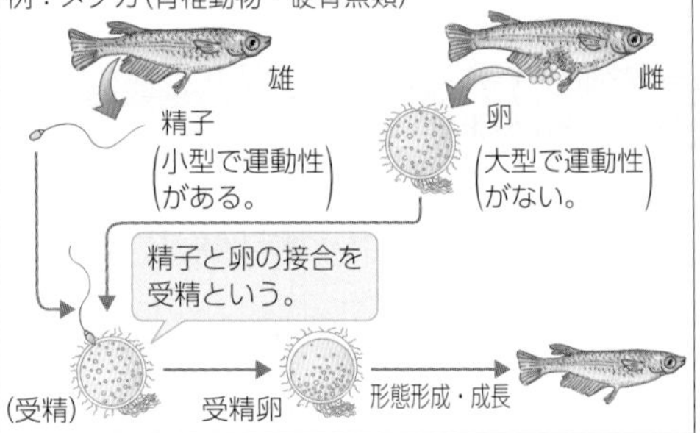

整理 無性生殖と有性生殖の比較

※クラミドモナスやプラナリアなど，状況に応じて無性生殖と有性生殖を使い分ける生物も多い。

	無性生殖	有性生殖
	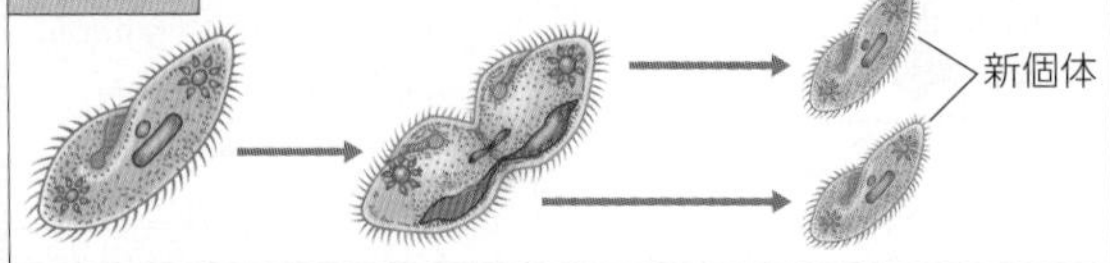	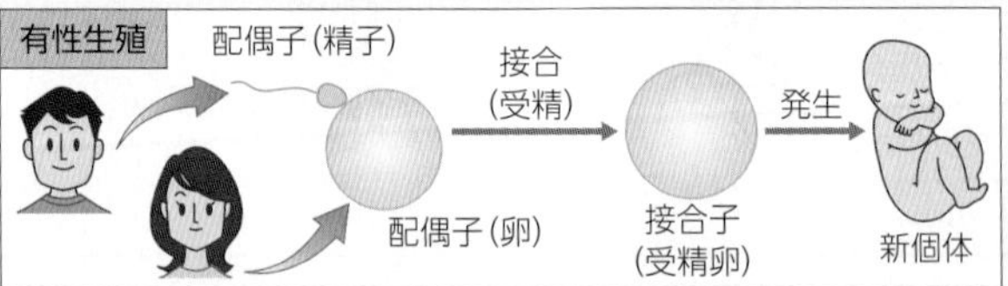
生殖の様式	体細胞分裂によって新個体が形成される。	減数分裂で生じた配偶子の接合によって新個体が形成される。
例	分裂，出芽，栄養生殖，栄養胞子による胞子生殖	同形配偶子接合，異形配偶子接合，受精，真正胞子による胞子生殖
核相（➡p.75）の変化	親と同じ。親（n）→新個体（n），または，親（$2n$）→新個体（$2n$）	配偶子（n）＋配偶子（n）→新個体（$2n$）
新個体の遺伝的特徴	新個体のもつ遺伝情報は，すべて同一で，親個体と同じ。	親とは異なる遺伝情報をもつさまざまな新個体を生じる。
特徴	単独で繁殖できるので高効率。一方，子に遺伝的多様性がなく，環境変化に対応できない場合には死滅する可能性が高い。	単独で繁殖できないので低効率。一方，子に遺伝的多様性があり，環境が変化しても，変化に対応する個体が生き残る可能性がある。

豆知識　「むかご」は，ヤマノイモ属などの植物の茎や葉が球状に肥大化したもので，主に葉の付け根などにみられる。栄養生殖の1つであり，やがて親個体から離れて新たな個体として成長する。ヤマノイモ属のむかごは，秋の味覚として親しまれており，塩ゆでや炊きこみ飯などの料理に使われる。

02 有性生殖と動物の発生

生物　Sexual Reproduction and Animal Development

1 生殖と発生の概要 生物

動物では，有性生殖を行う際に，卵と精子が受精して受精卵を生じる。受精卵からからだがつくられていく過程は発生《はっせい》と呼ばれる。発生では，多くの遺伝子の発現調節が行われ，その生物固有のからだのかたちが形成されていく。

動物の発生（カエルの例）

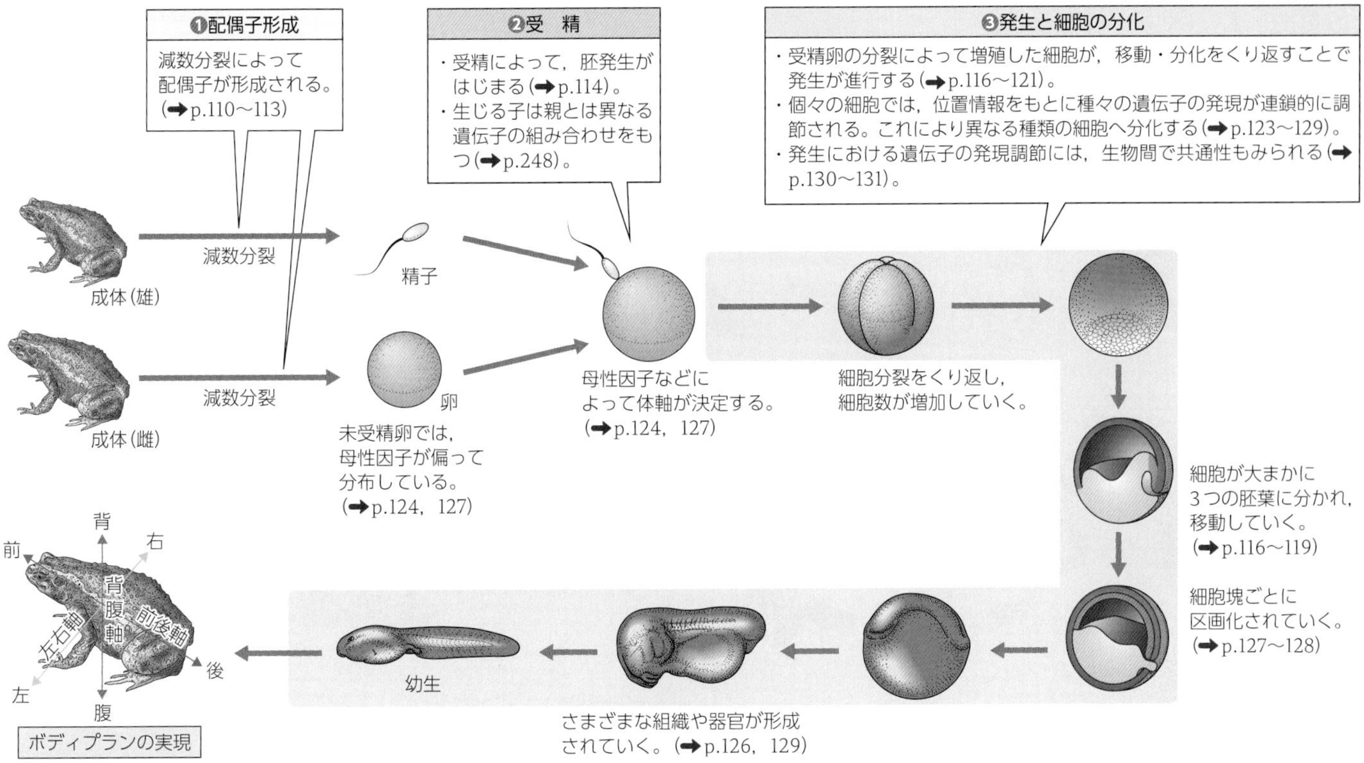
❶配偶子形成
減数分裂によって配偶子が形成される。(➡p.110〜113)
❷受　精
・受精によって，胚発生がはじまる(➡p.114)。
・生じる子は親とは異なる遺伝子の組み合わせをもつ(➡p.248)。
❸発生と細胞の分化
・受精卵の分裂によって増殖した細胞が，移動・分化をくり返すことで発生が進行する(➡p.116〜121)。
・個々の細胞では，位置情報をもとに種々の遺伝子の発現が連鎖的に調節される。これにより異なる種類の細胞へ分化する(➡p.123〜129)。
・発生における遺伝子の発現調節には，生物間で共通性もみられる(➡p.130〜131)。
成体(雄)
減数分裂
精子
成体(雌)
減数分裂
卵
未受精卵では，母性因子が偏って分布している。(➡p.124，127)
母性因子などによって体軸が決定する。(➡p.124，127)
細胞分裂をくり返し，細胞数が増加していく。
細胞が大まかに3つの胚葉に分かれ，移動していく。(➡p.116〜119)
細胞塊ごとに区画化されていく。(➡p.127〜128)
さまざまな組織や器官が形成されていく。(➡p.126，129)
幼生
背
前
右
背腹軸
前後軸
左右軸
後
左
腹
ボディプランの実現

体　制　生物それぞれにみられる，基本的な形や構造。発生段階は順序立てて進むことから，あたかも設計計画にもとづいて進行しているようにみえる。このことから，生物の体制は**ボディプラン**とも呼ばれる。

母性因子　卵に貯えられたmRNAやタンパク質。発生過程において，胚の体軸形成や生殖細胞の形成などに影響を及ぼす。母性因子の遺伝子を母性効果遺伝子という。

体　軸　生物のからだの方向性を示す軸。発生過程の初期に決定される。

位置情報　基本的には，発生過程において，細胞にからだの中における位置を認識させる情報。調節タンパク質の濃度勾配などがある。

形態形成　生物の発生において，その生物固有の形態がつくられること。

+PLUS α モデル生物

他の生物にも共通する現象の研究・解明に適した実験用生物は，モデル生物と呼ばれる。モデル生物は，以下の条件をより多く兼ね備えていることが望ましい。

①観察に適している。
②入手や飼育，繁殖などが容易で，その方法が確立されている。
③世代交代が比較的早い。
④実験手法や遺伝情報など，研究に必要な情報が充実している。

どの生物をモデル生物に含めるかに明確な基準はないが，右に示すのは代表的なものの例である。

マウス

ネッタイツメガエル

メダカ

シロイヌナズナ

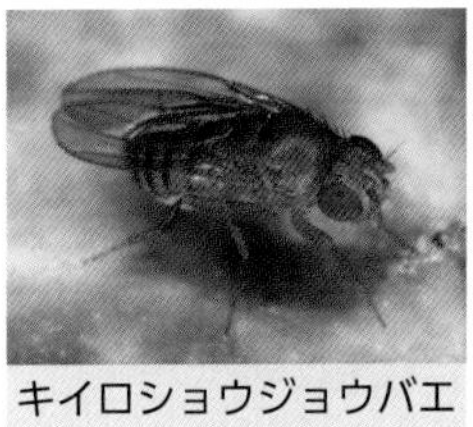
キイロショウジョウバエ

©Mogana Das Murtey and Patchamuthu Ramasamy CC BY-SA 3.0
2 µm
出芽酵母

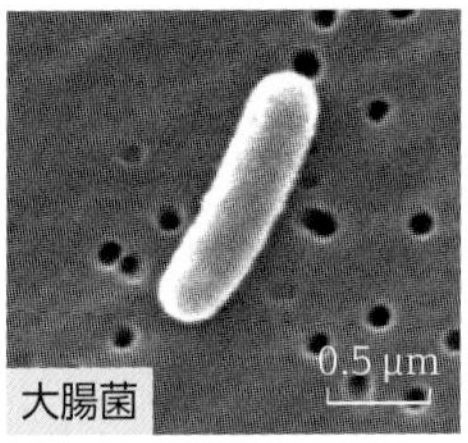
0.5 µm
大腸菌

他にも，枯草菌やイネ，センチュウ(*C. elegans*)(➡p.132)，カタユウレイボヤ，ゼブラフィッシュ(➡p.119)，ラットなどがある。

豆知識　キイロショウジョウバエは，モーガンらの突然変異体を利用した研究(➡p.253)によって，遺伝学研究の代表的なモデル生物となった。また，センチュウは，ブレナーやサルストンが発生過程や細胞系譜(➡p.132)を明らかにしたことで，モデル生物として広まった。

03 減数分裂

基本 1 減数分裂 生物 中学

動物の卵や精子(➡p.112，113)などの配偶子や，種子植物の生殖細胞である胚のう細胞や花粉四分子(➡p.230)などが形成されるときは，染色体数が半減する分裂が起こる。この分裂を減数分裂《げんすうぶんれつ》という。

間期	第一分裂 前期	第一分裂 中期	第一分裂 後期	第一分裂 終期
S期にDNAが複製される。タンパク質が盛んに合成される。	染色体が凝縮する。相同染色体は対合《たいごう》し，二価染《にかせん》色体《しょくたい》となる。乗換えが起こる(➡p.249)。	4本の染色体からなる二価染色体が赤道面に並ぶ。このとき，染色体はさらに凝縮して太く短くなっている。各染色体の動原体(➡p.85)には紡錘糸が付着しており，紡錘体が形成される。	二価染色体を構成していた相同染色体は，対合面で分離し，それぞれ両極へ移動する。	染色体は形がくずれ，核内に分散する。娘核《むすめかく》の核相は母細胞の半分(単相，n)になる。

動物細胞（$2n=4$）

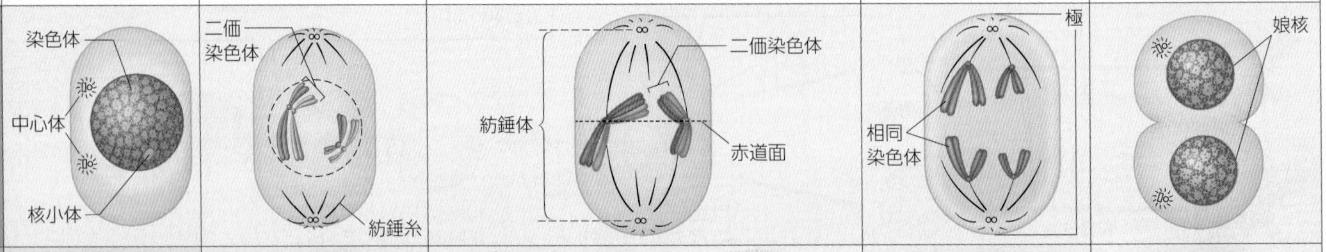

植物細胞（ヌマムラサキツユクサ）（$2n=12$）

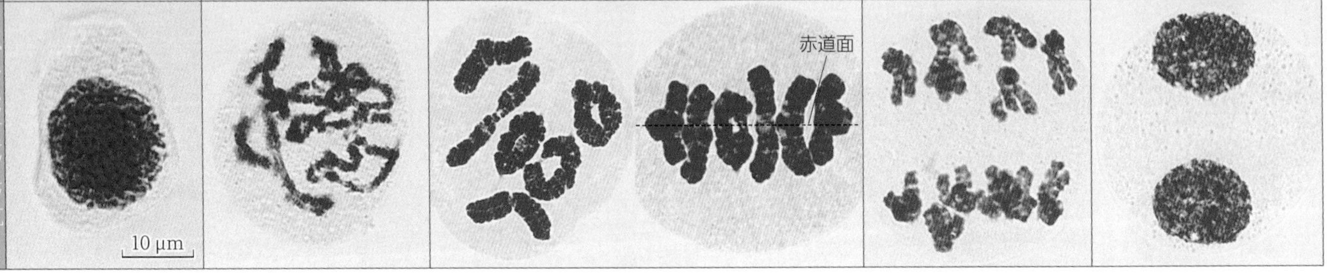

整理 体細胞分裂と減数分裂の比較

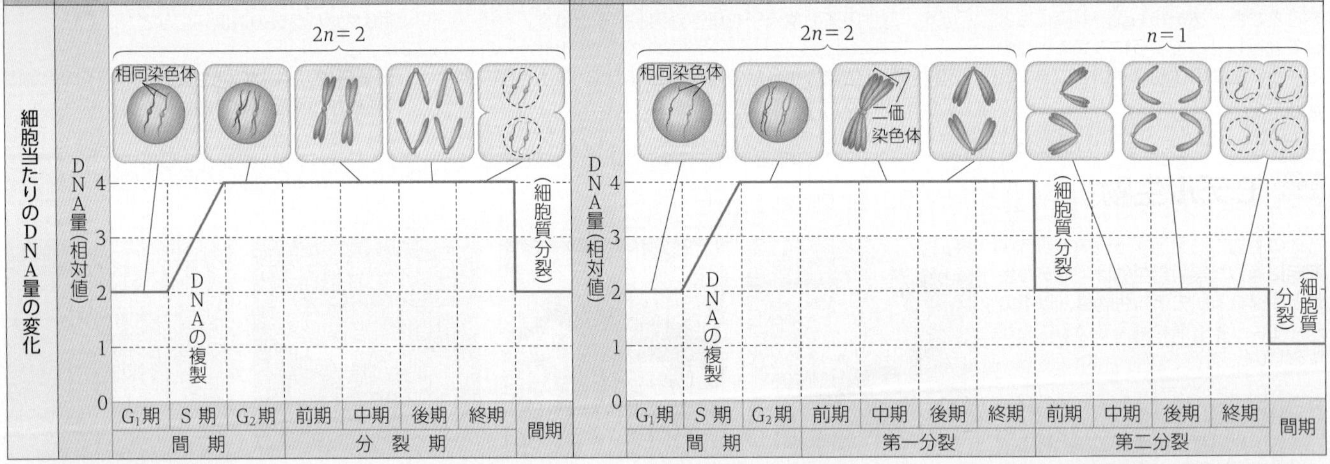

	分裂によって形成される主な細胞	DNAの複製	核分裂の回数	相同染色体の対合	乗換え(➡p.249)	生じる娘細胞の数	娘細胞の核相	娘細胞のDNA量
体細胞分裂	体細胞	分裂前の間期（S期）に起こる。	1回	なし	起こらない。	2	母細胞と同じ($2n$)	複製前(G_1期)の母細胞と同じ
減数分裂	生殖細胞（動物の卵や精子，植物の胚のう細胞や花粉四分子など）		2回	あり（対合したものが二価染色体）	相同染色体どうしの間で起こる。	4	母細胞の半分(n)	複製前(G_1期)の母細胞の半分

豆知識 減数分裂の第一分裂と第二分裂の間を減数分裂間期という。減数分裂間期は，多くの植物やバッタ・トンボなどでみられるが，トウモロコシやエンレイソウなどのように，この時期が観察されないものもある。いずれにしても，この時期にはDNAの複製は起こらない。

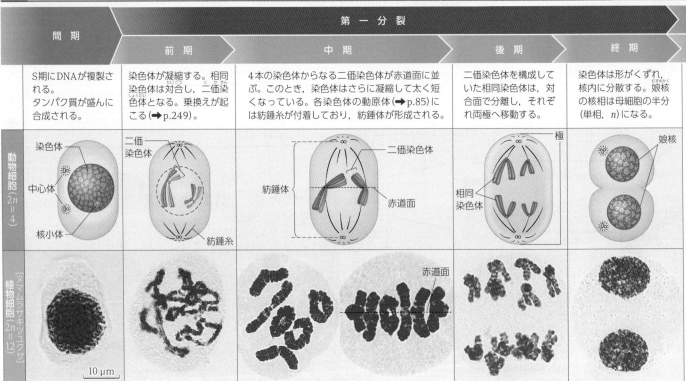

減数分裂は，連続した2回の分裂(第一分裂と第二分裂)からなる。

第二分裂 前期	第二分裂 中期	第二分裂 後期	第二分裂 終期	生殖細胞(配偶子・花粉四分子)
染色体は再び凝縮して太くなる。	染色体がさらに凝縮して太く短くなり，赤道面に並ぶ。紡錘体が形成される。	第一分裂前のS期に複製された各染色体は，接着面で分離して両極へ移動する。	染色体は核内に分散する。第二分裂の前後で核相は変化しない。	減数分裂が終わり，1個の母細胞($2n$)から4個の娘細胞(n)が形成される。

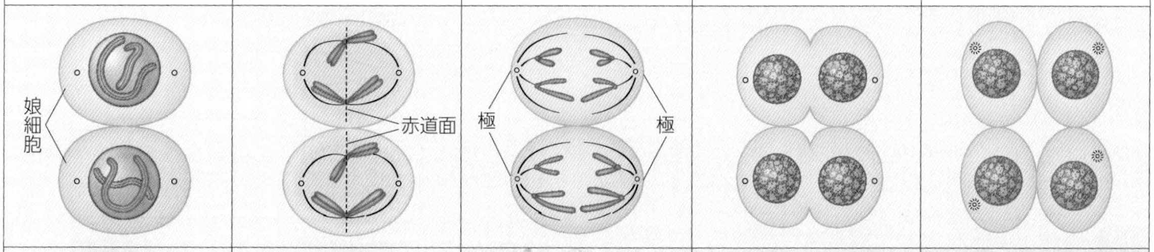

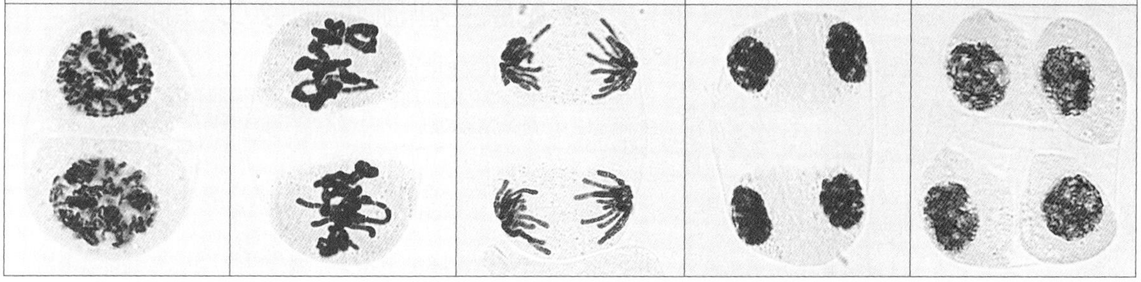

観察方法

ヌマムラサキツユクサ

若いつぼみの時期におしべの葯《やく》を取り出す。酢酸オルセイン溶液(➡p.339)で染色し，押しつぶし法で観察する。

花粉四分子はそれぞれ将来花粉になる。

整理 減数分裂における染色体の変化と遺伝情報の分配

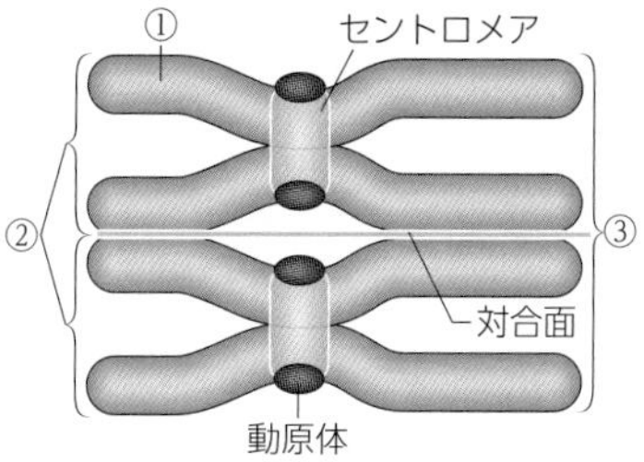

・染色体《せんしょくたい》(①)………DNAとタンパク質からなる構造体(➡p.74)。分裂期には太く短く凝縮する。S期に複製された後の2本の染色体は，第二分裂後期に接着面で分離し，娘細胞へ均等に分配される。
・相同染色体《そうどうせんしょくたい》(②)…それぞれ父方および母方に由来する，同形同大の染色体。相同染色体には，同じ形質に関する遺伝子が相対する位置に存在する。第一分裂後期に，対合面で分離する。
・二価染色体《にかせんしょくたい》(③)…減数分裂の第一分裂で現れる，相同染色体どうしが対合したもの。相同染色体のそれぞれは2本の染色体から構成されているため，二価染色体は4本の染色体からなる。

第一および第二分裂後期には，相同染色体や染色体が両極へ牽引される。これにより，娘細胞(生殖細胞)へと，遺伝情報が過不足なく均等に分配される。また，第一分裂前期には相同染色体間で乗換えが起こり，遺伝子の組換えを生じることがある。このため，減数分裂では，娘細胞の遺伝的多様性が増大する(➡p.249)。

+PLUS α 染色体の凝縮や接着・分離に関わるタンパク質

染色体の凝縮，接着・分離には，コンデンシンやコヒーシン(➡p.74)，シュゴシンなどのタンパク質が関与している。

体細胞分裂では，後期にコヒーシンがセパラーゼという酵素によって分解され，染色体は分離して両極へと移動する。これに対し，減数分裂の第一分裂後期では，染色体どうしは接着したまま移動する。これは，セントロメア付近に局在するシュゴシンが，セパラーゼによる分解からコヒーシンを保護するためである。第二分裂の際には，シュゴシンは不活性化される。

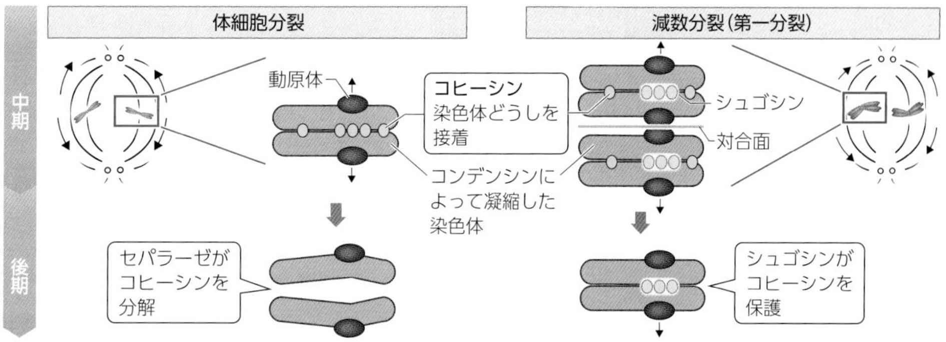

豆知識 シュゴシンは，2004年に北島，渡辺らによって酵母から発見された。セパラーゼの分解からコヒーシンを守るというその働きから，守護神にちなんで名付けられた。シュゴシンを欠損した細胞では，第一分裂後期にコヒーシンが分解されてしまい，減数分裂に異常が生じる。

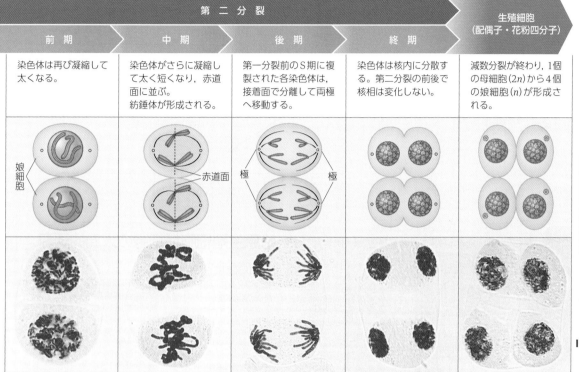

04 動物の配偶子形成

生物　Animal Gametogenesis

関連動画をCheck!

基本 1 精子の形成過程（ヒト） 生物

ヒトの場合，精原細胞《せいげんさいぼう》の増殖（体細胞分裂）は生涯行われる。青年期以降に，減数分裂（精子形成）がはじまる。その際，卵形成のような周期性はみられない。

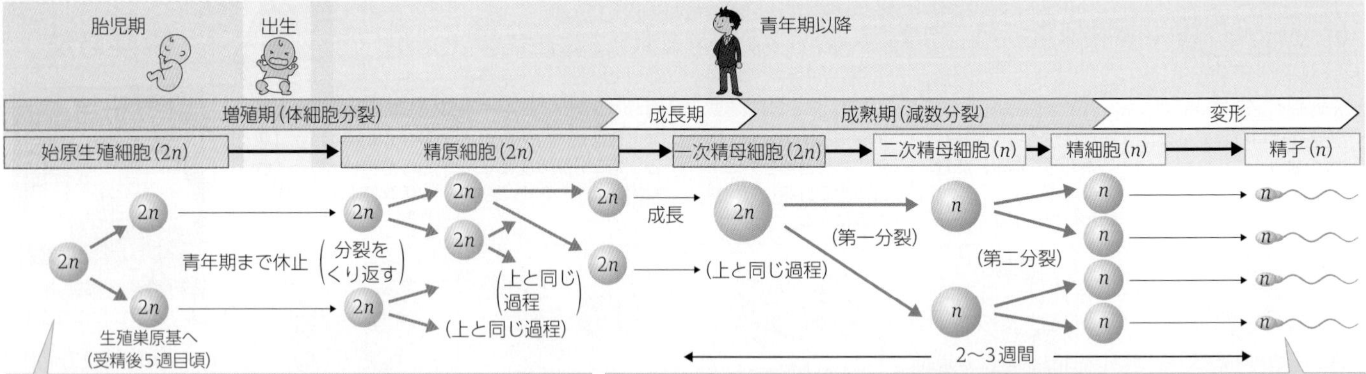

始原生殖細胞は，受精後3週目に出現し，増殖しながら生殖巣（精巣）原基に向かって移動する。その後，増殖・成長は停止する。

始原生殖細胞は精原細胞となり，青年期以降盛んに増殖する。精原細胞は一次精母細胞となったのち，減数分裂を経て精細胞を形成する。精細胞は変形して精子になる。

Ⓐ始原生殖細胞の移動（ヒト）

配偶子のもとになる細胞は**始原生殖細《しげんせいしょくさい》胞《ぼう》**と呼ばれ，胚発生時に分化する。

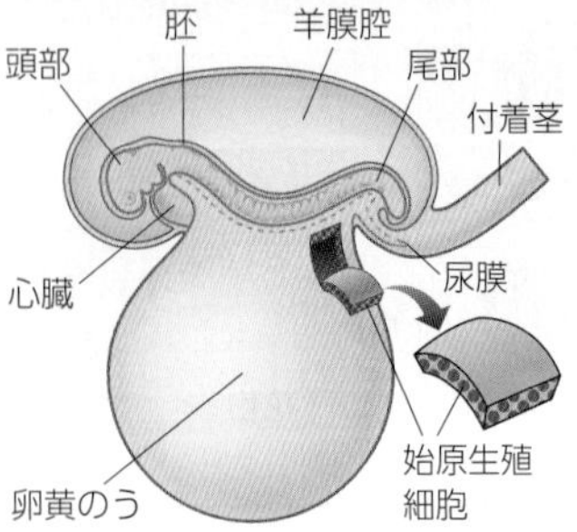

▲受精後3週目のヒトの胚

始原生殖細胞は，ヒトの場合，受精後約3週目に胚の後方の卵黄のう基部付近に観察されるようになる。

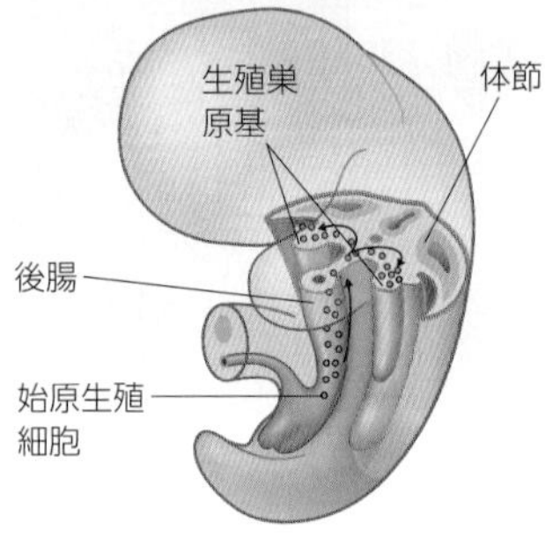

受精後5週目頃，始原生殖細胞は，アメーバ運動（➡p.27）によって，将来精巣または卵巣となる生殖巣原基まで約1週間かけて移動する。

Up▸▸▸ To Date 始原生殖細胞様細胞の人為的誘導

哺乳類における生殖細胞への発生運命の決定は，胚発生の初期に行われる。斎藤通紀らは，マウスにおいて，生殖細胞への運命決定に関わるタンパク質などを複数同定し，これらがDNAの化学修飾などを消去する働きをもつことを明らかにした。さらに，これらのタンパク質を組み合わせて，試験管内でES細胞やiPS細胞（➡p.135）に与えることで，始原生殖細胞に似た細胞を作製することに成功した。これらの成果は，リプログラミング（➡p.134）のしくみの解明や，不妊治療への応用につながると期待されている。

作製した始原生殖細胞様細胞由来の卵から生まれたマウスの子（2012年）

Ⓑ青年期の精巣内での精子形成

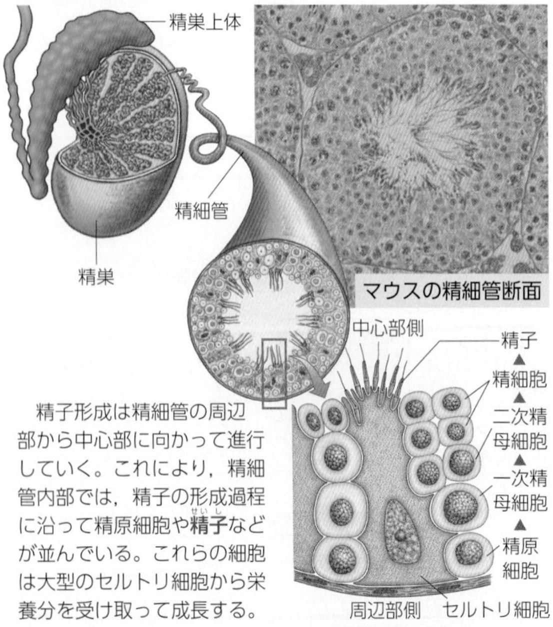

精子形成は精細管の周辺部から中心部に向かって進行していく。これにより，精細管内部では，精子の形成過程に沿って精原細胞や**精子《せいし》**などが並んでいる。これらの細胞は大型のセルトリ細胞から栄養分を受け取って成長する。

Ⓒ精細胞から精子への変形

ゴルジ体から先体が形成される。
中心小体から鞭毛ができる。

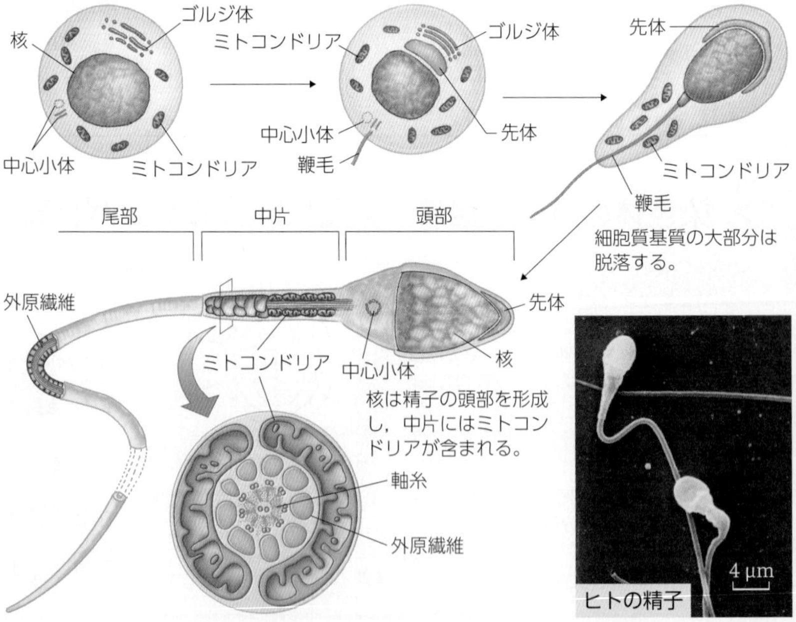

ヒトの精子

豆知識　精子の鞭毛は，中片のミトコンドリアで放出されるエネルギーで運動する。そのエネルギー量は限られているので，精子は運動量に応じて力を失う。

2 卵の形成過程(ヒト) 生物

ヒトの卵形成では，出生時には卵原細胞《らんげんさいぼう》の増殖が終わっている。卵は，青年期以降に，28日程度の周期で通常1つずつ排卵されるため，結果的に，生涯に排卵されるのは400個程度となる。

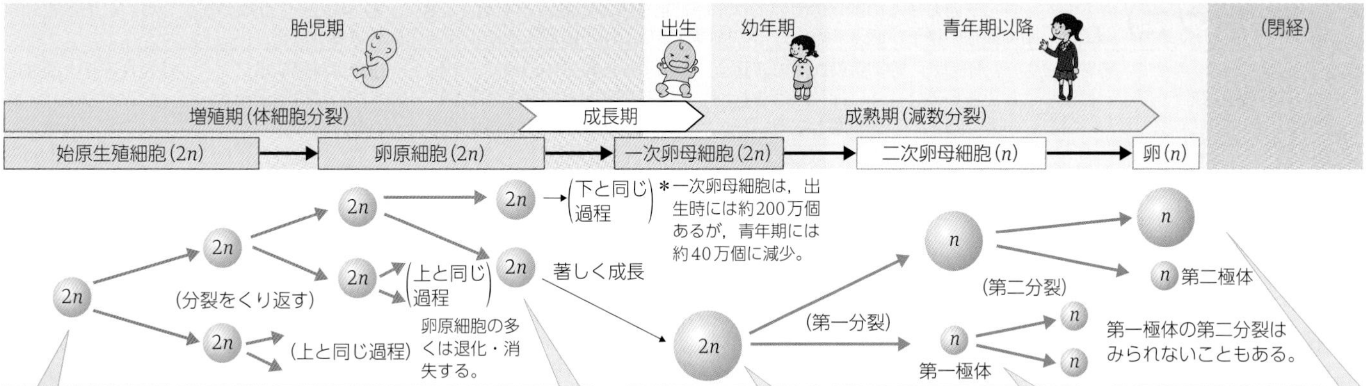

受精後約3週目に出現した始原生殖細胞は，5週目頃に生殖巣(卵巣)原基に移動する。

始原生殖細胞は卵原細胞となり，分裂をくり返して20週目には約700万個になる。

排卵までは減数分裂第一分裂前期の状態で休止している。

排卵の直前に分裂を再開して二次卵母細胞と第一極体になる。

第二分裂中期で休止していた二次卵母細胞は精子の進入で分裂を完了する。

Ⓐろ胞の発達と卵母細胞(青年期以降)

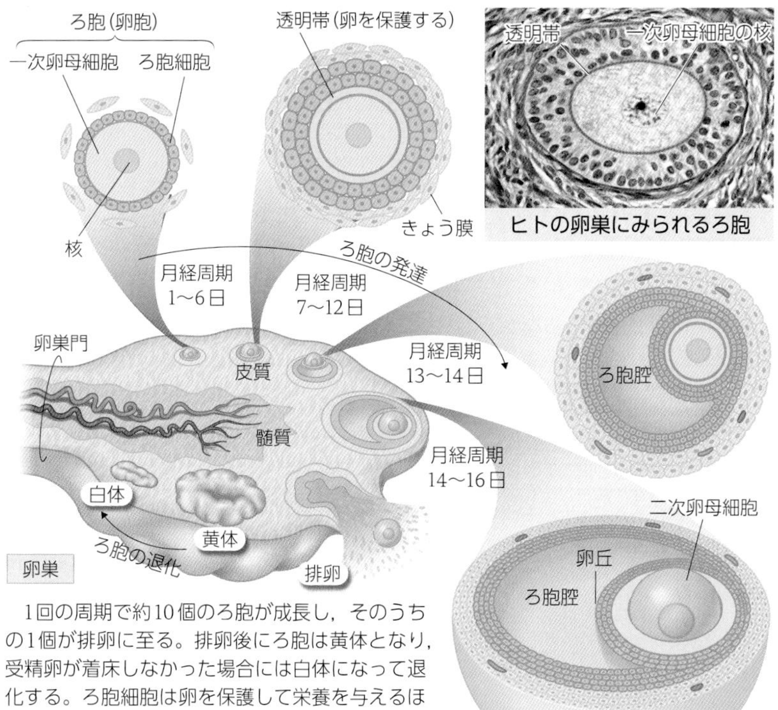

ヒトの卵巣にみられるろ胞

1回の周期で約10個のろ胞が成長し，そのうちの1個が排卵に至る。排卵後にろ胞は黄体となり，受精卵が着床しなかった場合には白体になって退化する。ろ胞細胞は卵を保護して栄養を与えるほか，ホルモンの合成にも関わる(➡p.171)。

Ⓑ一次卵母細胞の肥大成長

ヒトを含む多くの生物では，第一分裂前期の長い休止期の間に表層粒などの合成が行われる。

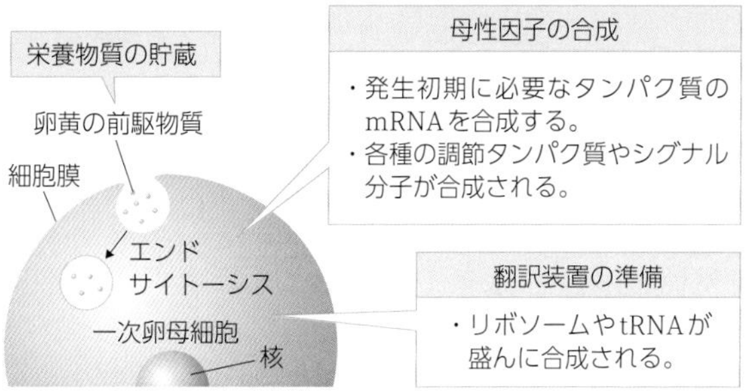

卵生の生物などでは，この時期に胚の発生に必要な物質が合成されたり，肝細胞や脂肪組織でつくられた物質がエンドサイトーシス(➡p.30)によって取り込まれたりする。

Ⓒ極体の放出

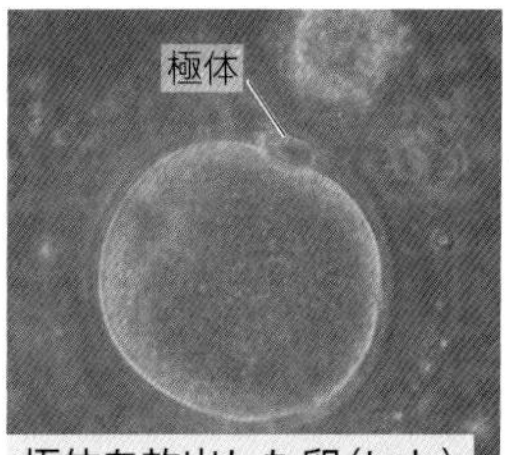

極体を放出した卵(ヒト)

卵の形成において，減数分裂の第一分裂，第二分裂の細胞質分裂はともに不等分裂である。一方の娘細胞は母細胞とほぼ同じ大きさで，もう一方は非常に小さい。小さい細胞は**極体**《きょくたい》と呼ばれ，やがて消失する。

卵の極体が放出された側を**動物**《どうぶつ》**極**《きょく》，その反対側を**植物極**《しょくぶつきょく》という。

+α PLUS ヒトの配偶子形成と経年

ヒトでは，卵のもととなる細胞の形成は出生時に完了しており，生涯にわたって新たに形成されることはない。このため，ヒトの卵母細胞は，出生後減少し続け，排卵されるまで女性の年齢と同じ時間を減数分裂の第一分裂前期の状態で休止する。これは哺乳類の卵形成の特徴であり，カエルなどのように，成体となってからも卵原細胞が体細胞分裂によって補充される生物とは異なっている。

近年の研究から，この休止状態が長期化すると，減数分裂が正常に再開されずに染色体異常が生じやすくなると考えられている。このしくみは明らかになっていないが，コヒーシン(➡p.74)が減少して二価染色体が早期に分離する可能性を示唆した研究もあり，さらなる研究が進められている。

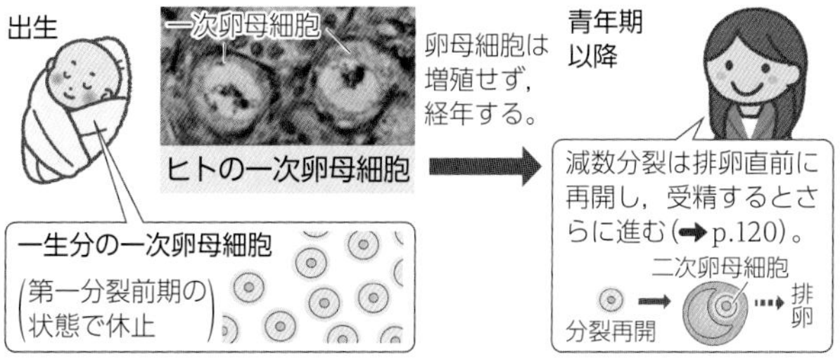

豆知識 加齢による影響は，卵だけではなく精子にも現れ，精子の量や運動率の低下などが生じると考えられている。加齢が生殖に与える影響については，しくみが解明されていない点が多く，ヒトの配偶子形成と発生のしくみにもとづいた多角的な研究が進められている。

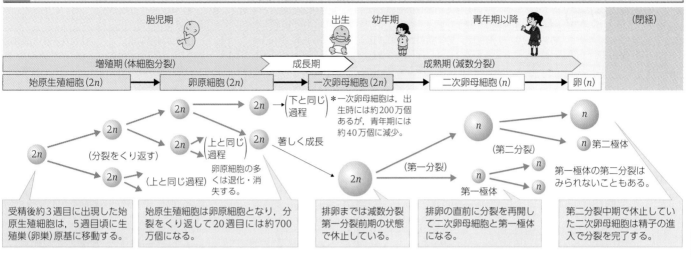

05 動物の受精と卵割

生物

Fertilization and Cleavage in Animal Development

関連動画をCheck!

1 受精（ウニ） 生物

ウニを含む多くの動物の受精では，卵と精子の細胞融合と核融合を経て，核相が$2n$の受精卵を生じる。このとき，卵に最初の精子が進入すると，その後のさらなる精子の進入を妨げる多精拒否《たせいきょひ》がみられる。

❶精子が先体反応によってゼリー層を通り抜け，卵に到達する。

❷精子と接した卵の表面に小さなふくらみ（**受精丘**《じゅせいきゅう》）が生じる。

❸卵黄膜が卵の表面全体に押し広げられ，受精膜となる。

❹精子から核，中心体，ミトコンドリアなどが進入するが，核と中心体以外は分解される。

❺核は雄性前核に，中心体は精子星状体になる。

❻雄性前核と雌性前核とが合体し，受精が完了する。

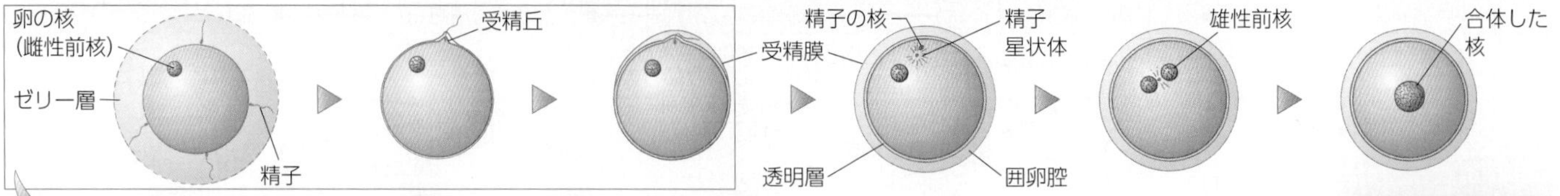

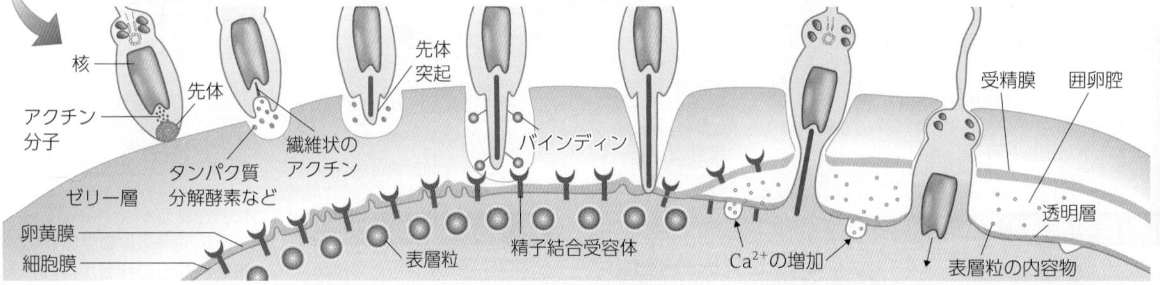

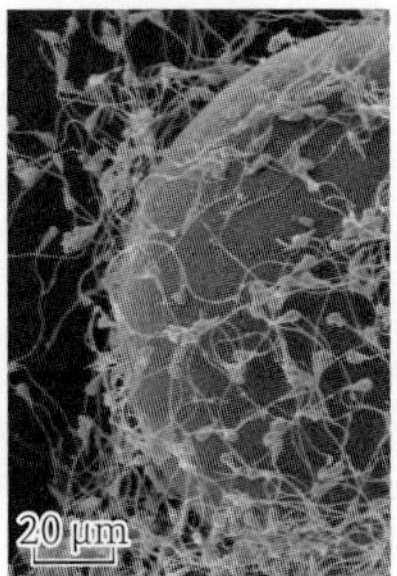

ウニの受精

1. 先体反応《せんたいはんのう》 ＞ 2. 卵黄膜の通過と細胞膜との融合 ＞ 3. 表層反応と受精膜・透明層の形成

1. 精子の細胞膜がゼリー層に含まれる多糖類を受容すると，先体でエキソサイトーシス（➡p.30）が起こり，その内容物が放出される。精子頭部のアクチン分子は，繊維状に重合して束となり，細胞膜とともに**先体突起**《せんたいとっき》を形成する。この一連の反応を**先体反応**《せんたいはんのう》という。

2. 卵黄膜に達した精子の先体突起上にある，タンパク質のバインディンが，精子結合受容体に結合する。精子が卵黄膜を透過して卵の細胞膜に達し，細胞膜どうしが融合する。これによって，卵内にNa^{+}が流入して膜電位（➡p.195）が上昇し，他の精子の細胞膜と融合できなくなる（これを早い多精拒否という）。

3. 卵内のCa^{2+}濃度が上昇する。これにより，表層粒のエキソサイトーシスが起こり，細胞膜と卵黄膜の間に内容物が放出されて（**表層反応**《ひょうそうはんのう》），透明層ができる。内容物に含まれる酵素は他の精子と卵黄膜の結合を阻害する。卵黄膜が細胞膜から分離し，硬化して受精膜となり，他の精子の進入を防ぐ（これを遅い多精拒否という）。受精膜の内側に海水が流入して囲卵腔が生じる。

2 卵割 生物

動物の初期発生では，連続してすみやかに起こる体細胞分裂がみられる。これを卵割《らんかつ》といい，卵割によって生じる細胞を割球《かっきゅう》という。卵割では，通常の体細胞分裂にはない特徴がみられる。

Ⓐ卵割と一般の体細胞分裂

卵割では，割球は分裂後に成長しない。卵割の進行に伴って，大きな受精卵が次第に小さくなり，通常の細胞の大きさに近づいていく。

	分裂の特徴	細胞当たりのDNA量（相対値）の変化
通常の体細胞分裂	分裂して生じた娘細胞は，成長してもとの大きさになる。 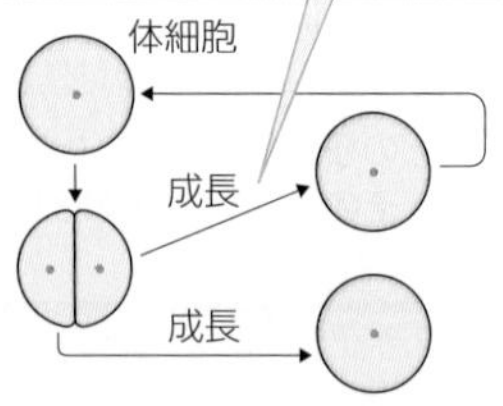	S期にDNAを複製し，G_2期に分裂の準備を整える。  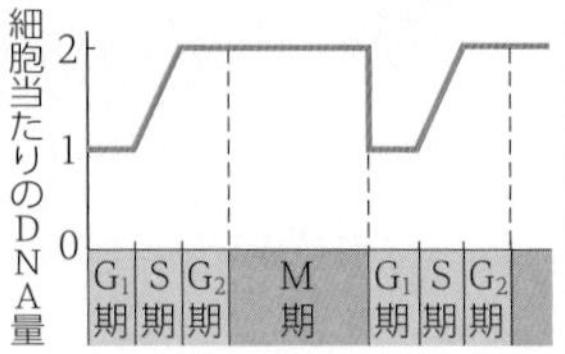
卵割	割球が成長しないで分裂を続けるので，各割球は小さくなる。 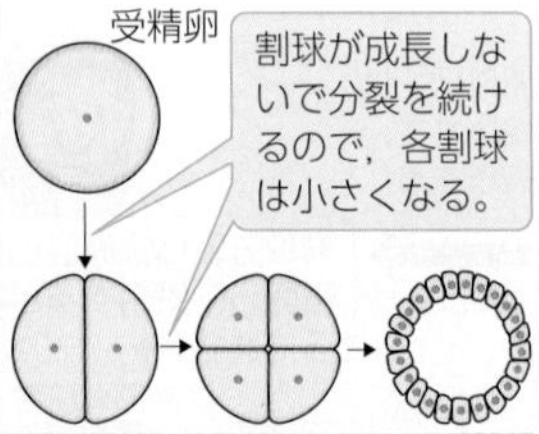 初期の卵割では，各割球がほぼ同時に分裂（同調分裂）する。	G_1，G_2期がないため，細胞周期が速く回る。  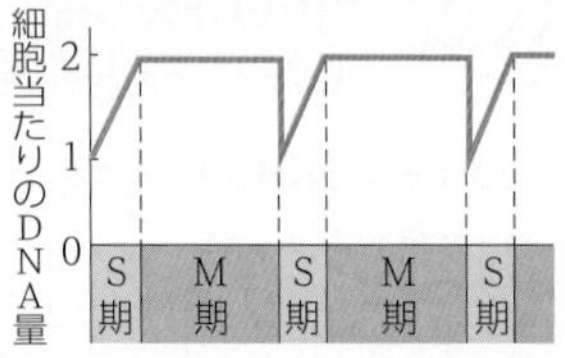

Ⓑ卵黄の分布と卵割の様式

卵には，発生に必要な栄養分として卵黄が含まれる。一般に，卵黄の多い部分では卵割が起こりにくい。卵黄の量と分布，卵割の様式は動物の種類によって異なる。

	卵の種類	卵割の様式			動物の例
等黄卵《とうおうらん》	卵黄は少なく，一様に分布する。 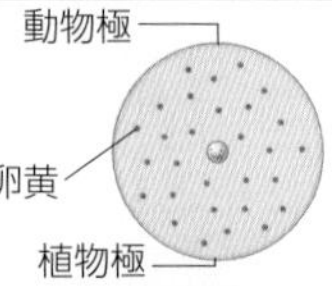	全割	等割	8細胞期までは，ほぼ同じ大きさの割球ができる。	・棘皮《きょくひ》動物（➡p.116） ・原索動物 ・哺乳類
端黄卵《たんおうらん》	卵黄は多く，植物極側に偏っている。 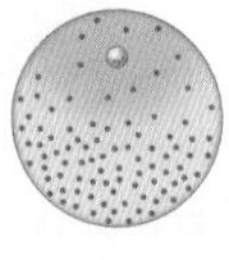	全割	不等割	8細胞期から，赤道面より動物極側の割球（動物球）と植物極側の割球（植物球）とで大きさが異なる。	・環形動物 ・軟体動物 ・両生類（➡p.118）
端黄卵《たんおうらん》	卵黄はきわめて多く，極端に偏っている。 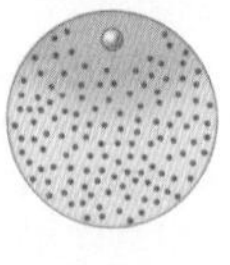	部分割	盤割	動物極の胚盤の部分だけで，卵割が進む。	・魚類（➡p.119） ・ハ虫類 ・鳥類（➡p.119）
心黄卵《しんおうらん》	卵黄は多く，中心部に分布する。 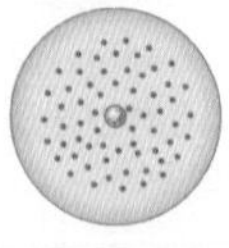	部分割	表割	分裂してふえた核が卵の表層に移動し，そこで卵割が進む。	・節足動物（昆虫類 甲殻類）（➡p.117）

豆知識　鳥類では，多数の精子が卵内に進入する。しかし，特定の領域以外から進入した精子の核は，すべて分解されてしまう。これによって，1個の精子の核が卵の核と融合する。

観察 4 減数分裂の観察

生物

目的 ムラサキツユクサ($2n=24$)を用いて減数分裂を観察する。

方法

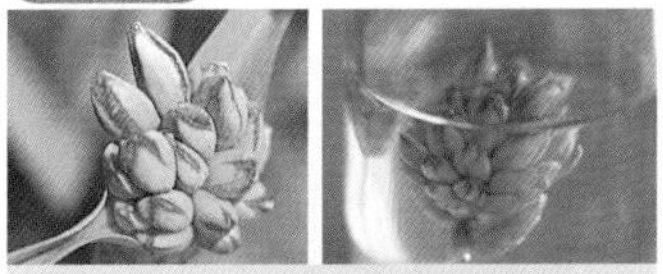
つぼみ(左)とその固定(右)

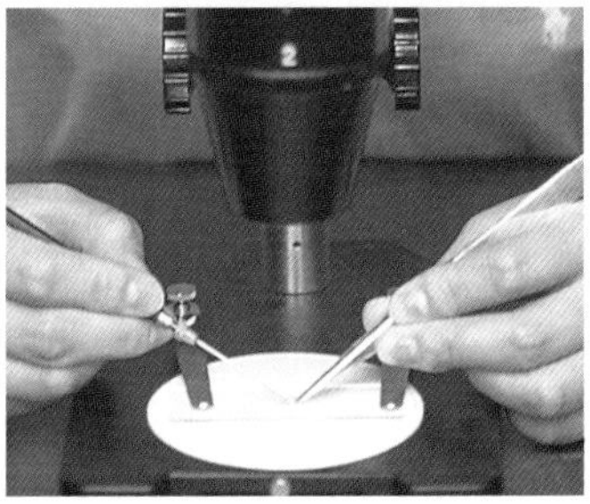

①つぼみの塊をカルノア液(➡ p.86)などの固定液に入れて固定し，保存する。3 ～ 6 mmのつぼみを選び，実体顕微鏡下で，ピンセットと柄付き針を用いてつぼみの中から葯《やく》を取り出す。

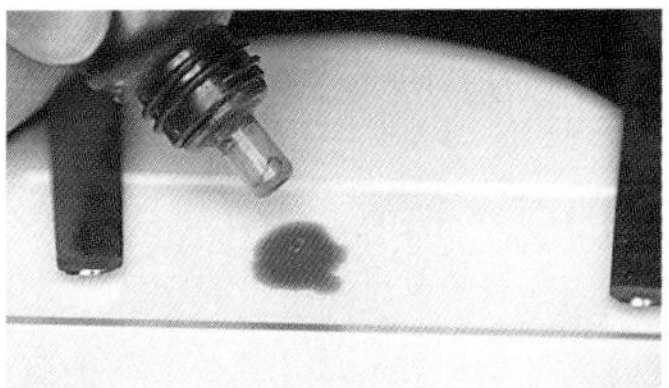

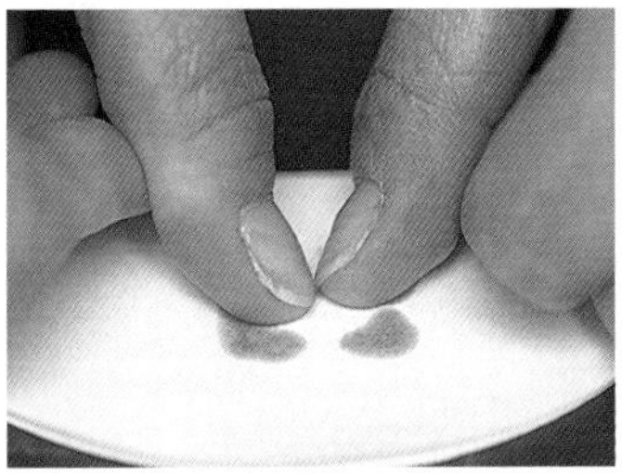

②葯をつぶして中身を出す。葯壁を取り除き，塩基性色素である酢酸オルセイン溶液を滴下してカバーガラスをかける。ろ紙にはさんで軽く押しつぶす。

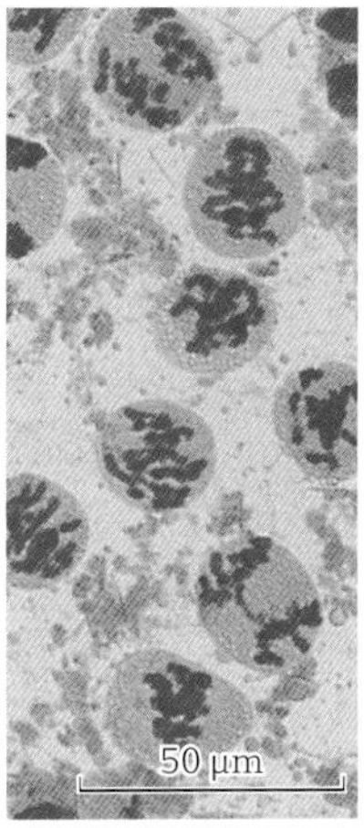

③観察に適した細胞を低倍率で探し，倍率を上げて観察する。

結果

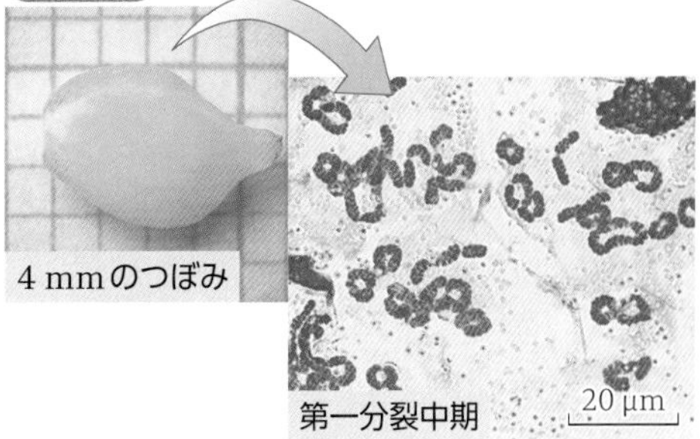

4 mmのつぼみ
第一分裂中期

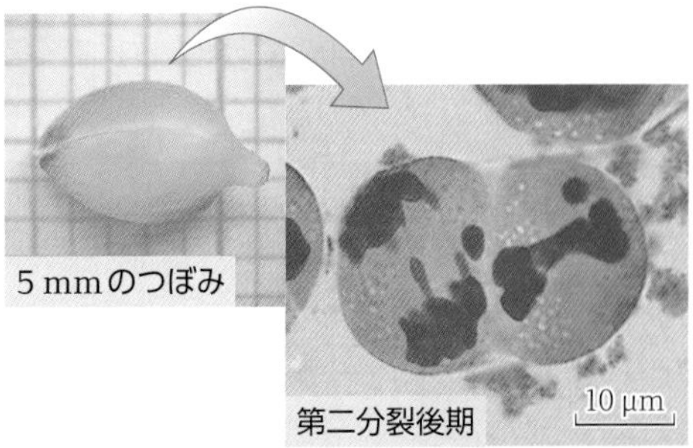

5 mmのつぼみ
第二分裂後期

観察 5 ウニの受精の観察

生物

目的 ウニを用いて人工授精を行い，そのようすを観察する。

方法

①ムラサキウニの口器を，ピンセットで取り除く。

②生殖孔を下にして，海水で満たした容器にのせる。口から0.5 mol/LのKCl溶液をピペットで数滴注ぐ。

③雄では，生殖孔から精子が白色の液状となって放出される。

④雌では，生殖孔から卵が黄色の顆粒《かりゅう》状になって放出される。

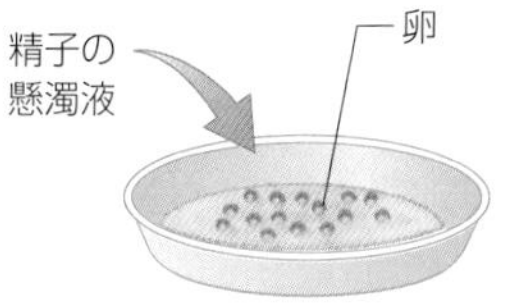

⑤採取した卵を海水で洗い，卵に精子の懸濁《けんだく》液をかけて受精させる。

◀ウニの口器
(アリストテレスのちょうちん)

結果

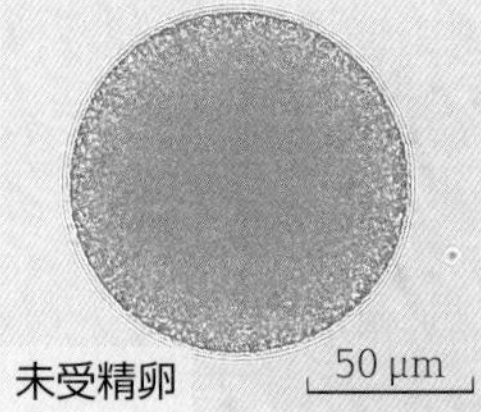

未受精卵

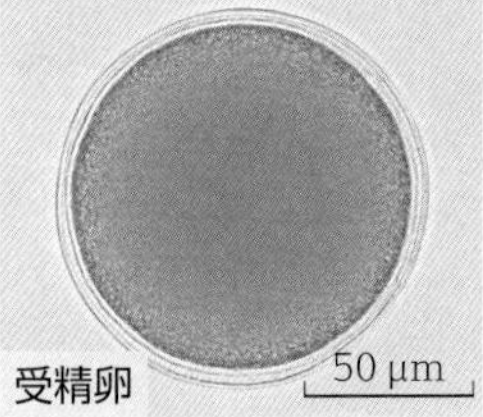

受精卵

精子の進入点から透明な受精膜が分離しはじめ，数十秒間で卵表面全体をおおうようになる(➡ 1)。

参考

■ウニ類のからだの構造

ムラサキウニ

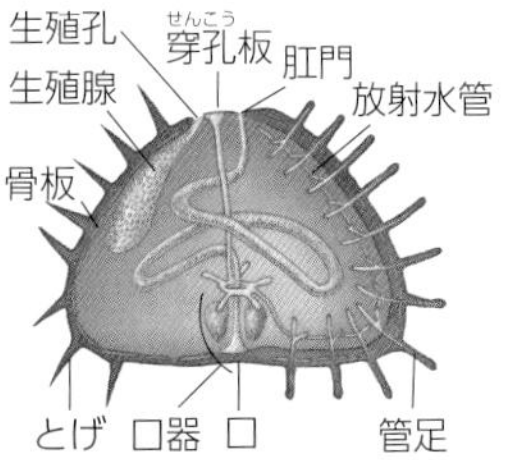

ウニの口はからだの下側にあり，岩についた海藻を歯ではぎとって食べる。肛門・生殖孔《こう》は上側にある。

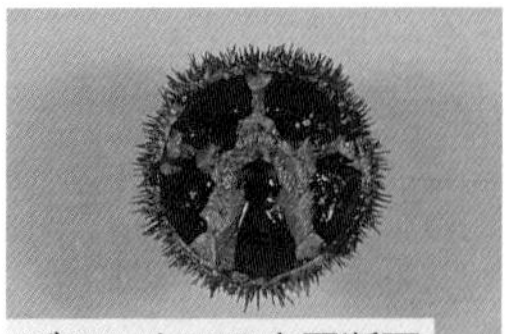
バフンウニの水平断面

ウニの生殖腺は5つあり，五放射相称のからだであることがわかる。

■ウニ類の生殖時期：バフンウニ…1 ～ 4月，ムラサキウニ…6 ～ 8月，サンショウウニ…6 ～ 8月，コシダカウニ…7 ～ 8月，アカウニ…11 ～ 12月

豆知識 ウニの口器(咀嚼器)は，最初にギリシャの科学者，アリストテレスが記載したことから，「アリストテレスのちょうちん」と呼ばれるようになった。

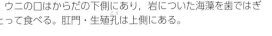

06 動物の発生過程① ウニ，ショウジョウバエ

1 ウニの発生 生物

ウニは発生が速く，卵が比較的大型で透明であるため内部を容易に観察できる。このようなことから，ウニは発生の研究に古くから用いられてきた。写真は，バフンウニの発生過程を撮影したものである（水温16 ℃）。

①受精卵

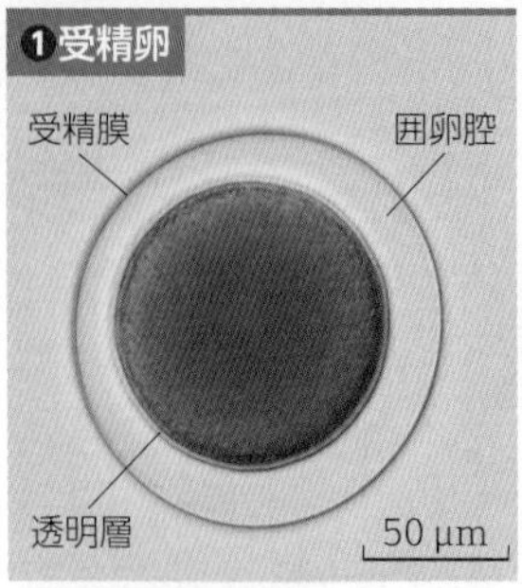

受精卵が卵割を開始し，自ら食物をとりはじめるまでの個体を**胚**《はい》という。胚はふ化するまで受精膜に保護される。

②2細胞期～8細胞期

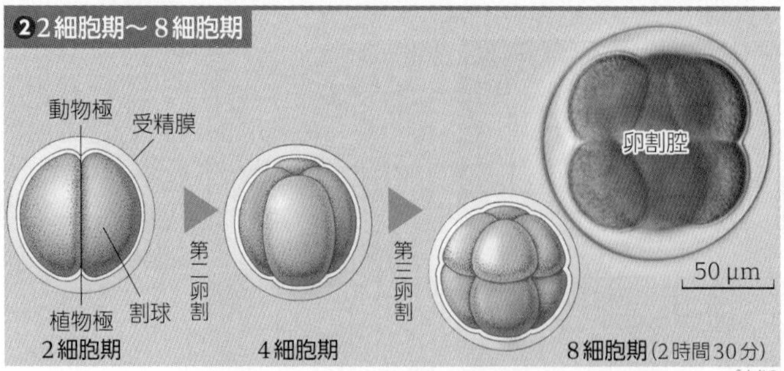

ウニの胚では，8細胞期になる第三卵割までは等割を行う。第一・第二卵割《らんかつ》は，動物極と植物極を結ぶ垂直方向の面で起こる（経割《けいかつ》）。第三卵割は赤道面に沿った水平方向の面で起こる（緯割《いかつ》）。

▲割球に囲まれた**卵割**《らんかつ》**腔**《こう》と呼ばれる空所が生じる。

③16細胞期

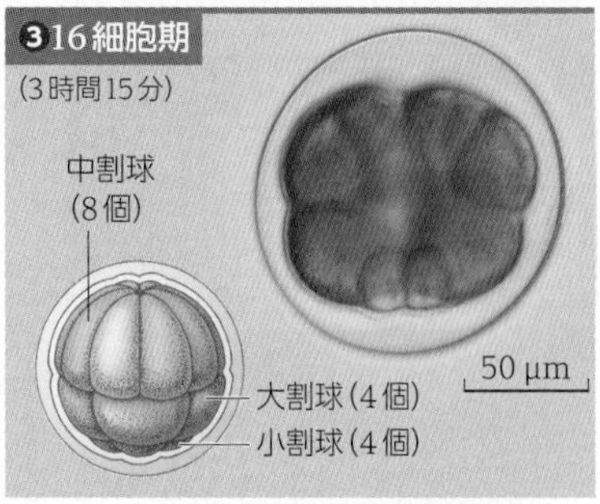

第四卵割は，動物極側では経割が起こって中割球が生じる。一方，植物極側では緯割が起こり，大割球と小割球が生じる。

④桑実胚期（5時間35分）

卵割が進行して割球が小さくなり，胚全体がクワの実に似た形となる。

⑤胞胚期（8時間40分）

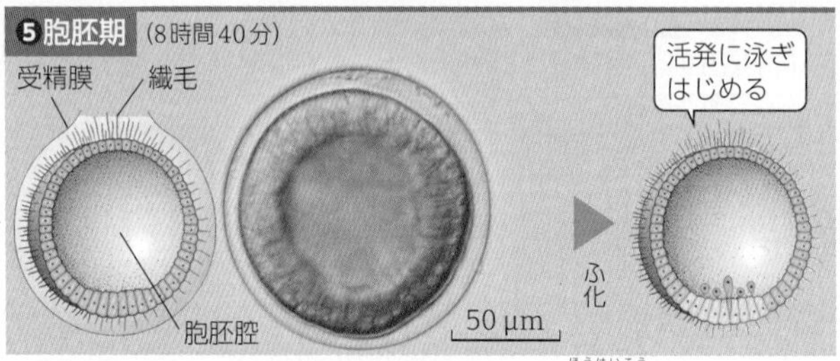

割球は胚の表面に並ぶ。卵割腔が大きくなって**胞胚腔**《ほうはいこう》となり，胞状の胚ができる。胚は，割球に生じた繊毛によって受精膜の内側で回転をはじめる。やがて，酵素によって受精膜が溶け，ふ化する。

⑥原腸胚期（初期）（21時間40分）

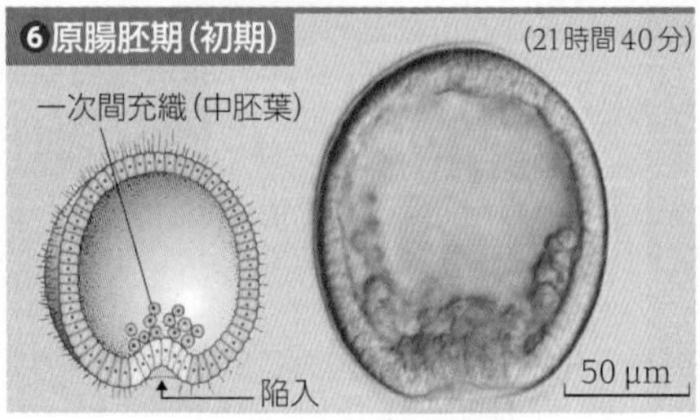

植物極側の細胞層が胞胚腔内へ落ち込み，陥入がはじまる。植物極から胞胚腔内へ遊離した細胞を**一次間充織**《いちじかんじゅうしき》という。

⑦原腸胚期（中期～後期）

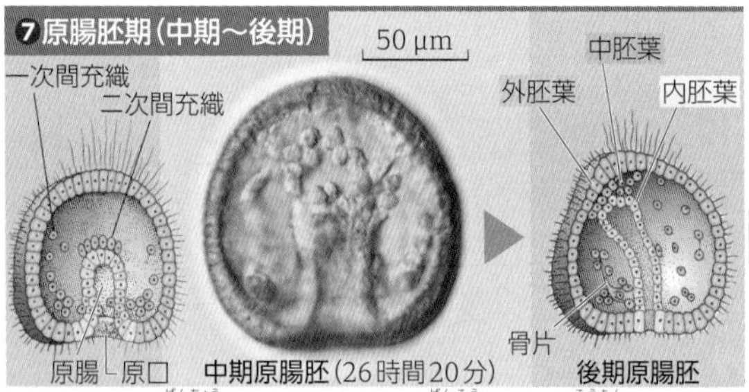

陥入によって**原腸**《げんちょう》が生じ，その口は**原口**《げんこう》（のちに肛門《こうもん》となる）と呼ばれる。一次間充織に続き，原腸の先端から二次間充織（中胚葉）が遊離する。胚を形成する細胞は，外側の外胚葉，内側の内胚葉，その中間の中胚葉の3つに区別できる。

⑧プリズム幼生期（31時間）

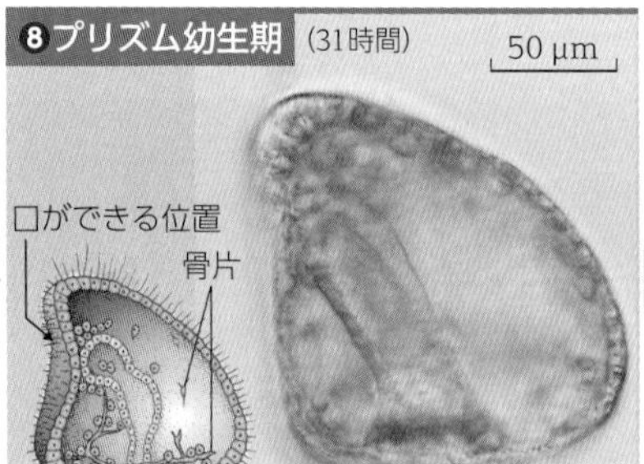

原腸の先端は外胚葉に達し，外に開いて口を生じる。口ができると，原腸は消化管と呼ばれるようになり，原口は肛門となる。

⑨プルテウス幼生期（4腕期）（5日）

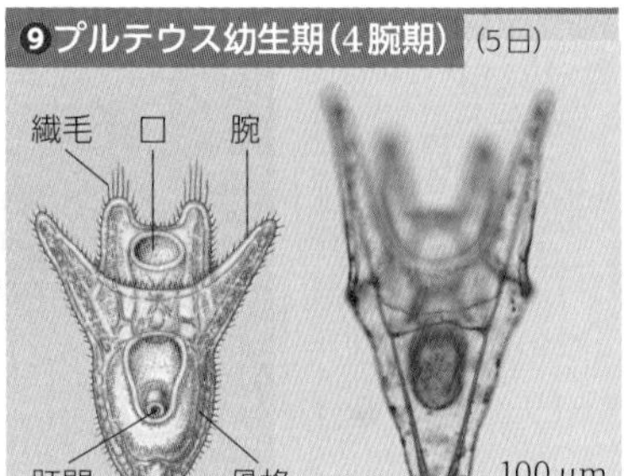

一次間充織からできた骨片が発達して腕を伸ばす。消化管が形成されると，海中のプランクトンを食べるようになる。

⑩プルテウス幼生期（8腕期）（20日）

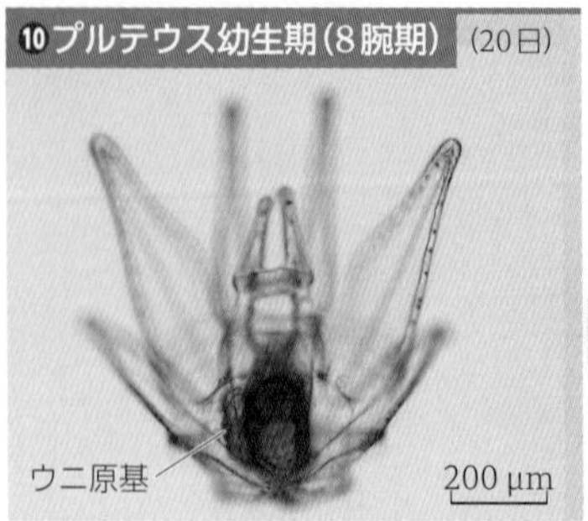

腕の数は6，8とふえ，消化器官が分化する。ウニ原基ができ，内部に成体のとげ・管足《かんそく》・口器などの器官が生じる。

⑪幼生の変態（58日）

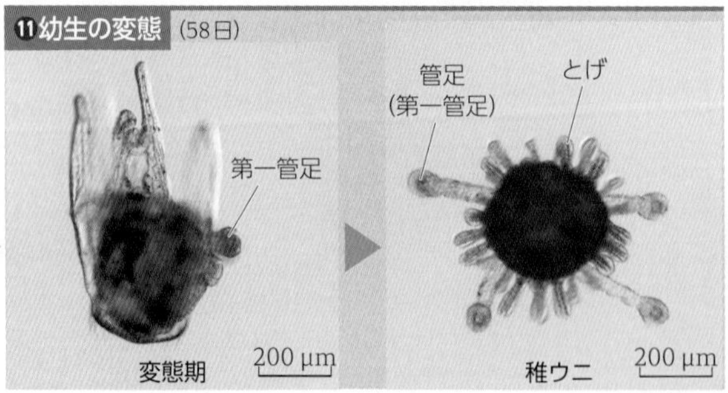

ウニ原基内につくられていたとげ，管足が一挙に外に現れ，稚ウニとなって，管足を使った歩行をはじめる（変態）。変態後，口を下側に向けて海底で生活する。海藻を食べて成長し，やがて成体になる。

⑫成体

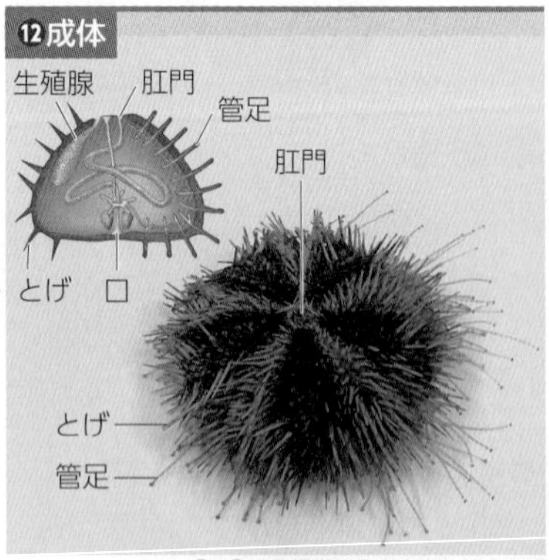

①～⑫写真提供：広島大学　坂本尚昭

豆知識　ウニやクモヒトデ類の幼生をプルテウス幼生という。ラテン語でプルテウスは「イーゼル（画架）」を意味する。イーゼルを逆さにした形に似ていることからその名がついた。

2 ショウジョウバエの発生 生物

ショウジョウバエは，多くの突然変異体が得られており，また，遺伝子操作が容易であるなどの理由から，発生の研究に盛んに用いられてきた。

Ⓐ卵形成

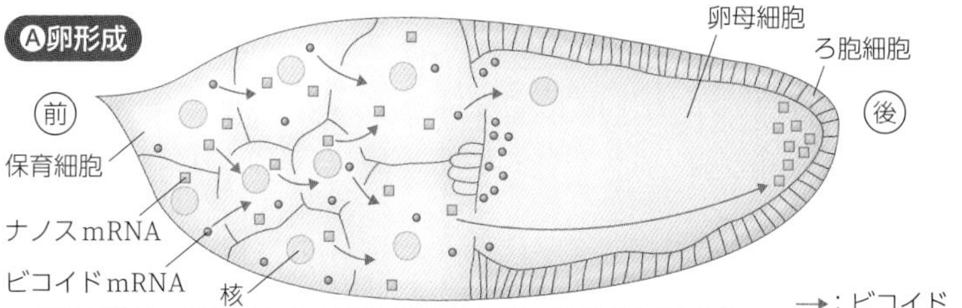

→：ビコイドmRNAの移動
→：ナノスmRNAの移動

卵原細胞は4回分裂して16個の細胞になり，そのうち1個が卵母細胞となる。残りの細胞は保育細胞という細胞になる。これらの細胞は細胞質が完全に分離せずにつながっている。

保育細胞は，ビコイドmRNAやナノスmRNAなどを合成し，卵母細胞へ送り込む。これらは母性因子(➡p.127)となる。

母性因子の分布と物質輸送

ビコイドmRNAやナノスmRNAの分布には，微小管(卵母細胞の前方が－端側)を移動するモータータンパク質(➡p.27)が関与する。

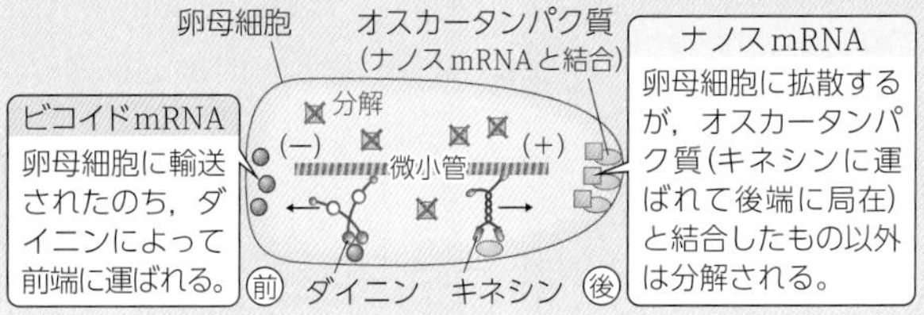

Ⓑ受精卵～細胞性胞胚

Ⓑ～Ⓓ写真提供(成虫を除く)：筑波大学　佐藤隆奈，浅岡美穂，小林 悟

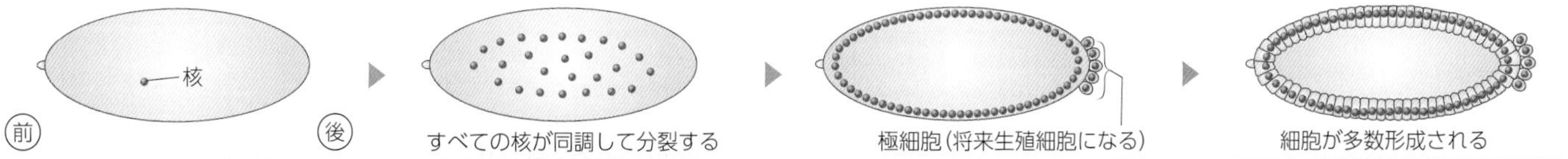

❷合胞体
すべての核が同調して分裂する
❸多核性胞胚

❹細胞性胞胚
細胞が多数形成される

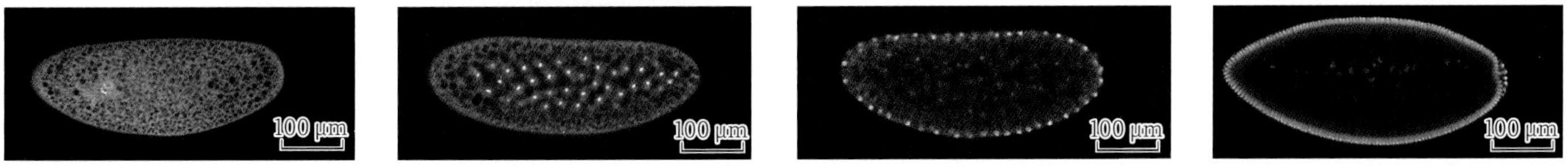

❶精子の進入によって受精卵(胚)が形成される。この時期には，すでに体軸の特定化がはじまっている。

❷細胞質分裂を伴わずに核分裂が起こり，内部に多数の核が生じる。核はしだいに表層へ移動しはじめる。

❸9回目の分裂時には数個の核が胚の後端に達し，極細胞ができる。ほかの核も表層へ並び，多核性胞胚となる。

❹さらに4回の核分裂が起こり，卵の表面から内部に向かって細胞膜が落ち込んで細胞ができる。

Ⓒ原腸形成

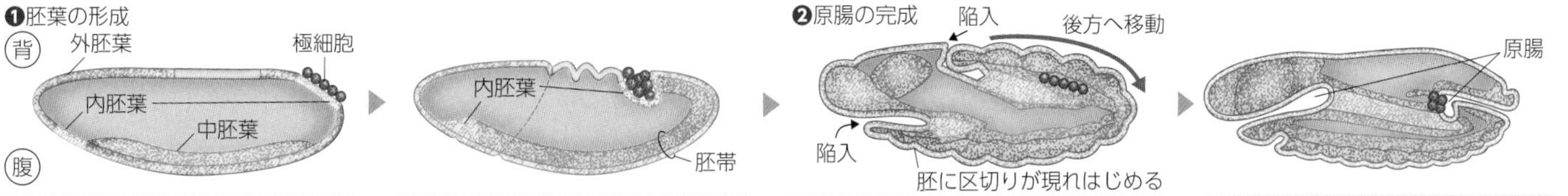

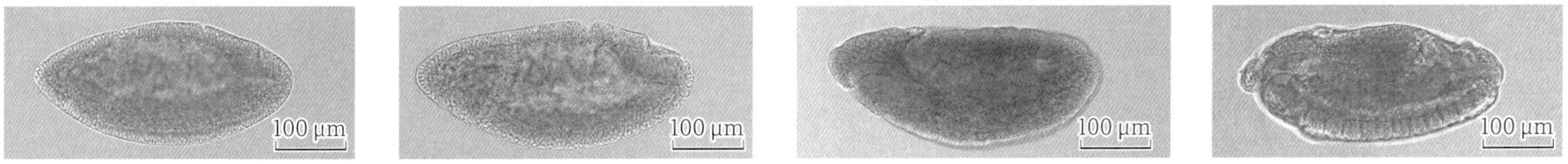

腹側から胚の内部に細胞が陥入し，この細胞群が中胚葉になる。さらに，前端と後端にある細胞が胚の内側に陥入しはじめ，これらは内胚葉になる。

表層の外胚葉と陥入した中胚葉が胚帯《はいたい》(幼虫の体幹をつくる細胞の集合体)を形成する。胚帯は後方へ伸長し，後端で背側に折れ曲がる(胚帯伸長)。

胚帯伸長が完了し，体節の区切りが現れはじめる。胚帯はやがて短縮し，将来幼虫のからだの後方を構成する細胞が，胚の後方に位置するようになる。

胚内に陥入した内胚葉の細胞群がつながり，前後軸に沿った原腸となる。

Ⓓ幼虫～成虫

❶幼虫

❷さなぎ

❸成虫

雄　体長約2 mm

ふ化した幼虫は，2回脱皮したのち，さなぎになる。さなぎは羽化《うか》し，産卵後約10日で成虫になる。

Ⓔ体節構造の対応

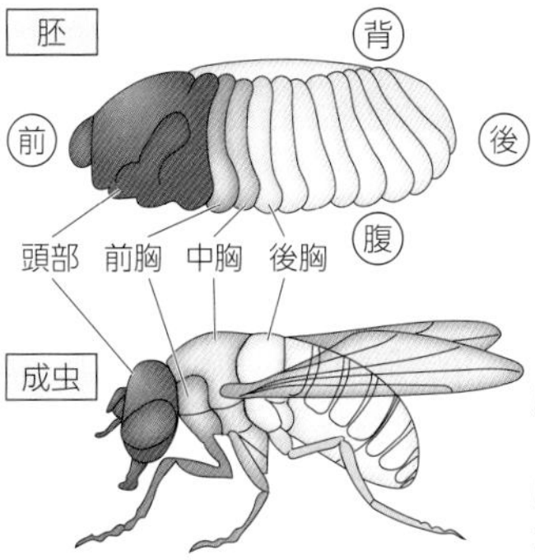

胚の体節構造にもとづいて成虫のからだがつくられる。

豆知識　ショウジョウバエという名前は，「猩々(しょうじょう)」という顔が赤くて大酒のみの妖怪に由来している。ショウジョウバエは大きな赤い眼をもち，酒(アルコール)に集まる性質があることから名づけられた。

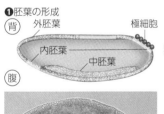

基本 1 カエルの発生 生物

カエルは，容易に受精卵が得られ，胚が大きく，手術などの操作も容易であることから，発生の研究によく用いられてきた。写真は，ネッタイツメガエルの発生過程である（水温25 ℃）。 写真提供：広島大学両生類研究センター・NBRP

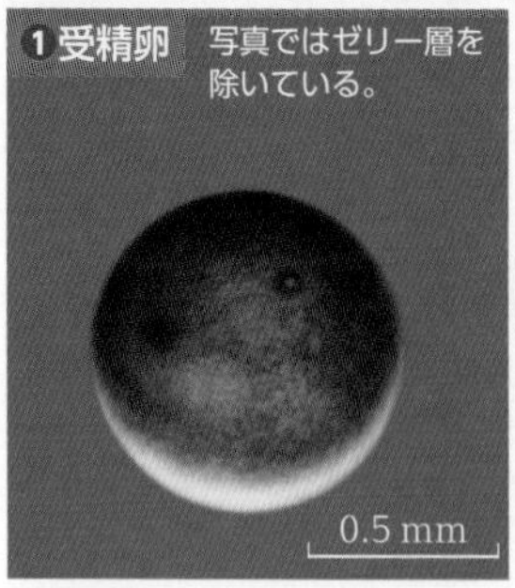

動物極側にメラニンが，植物極側に卵黄が多い。種によっては灰色三日月が生じる（➡p.124）。

第一卵割

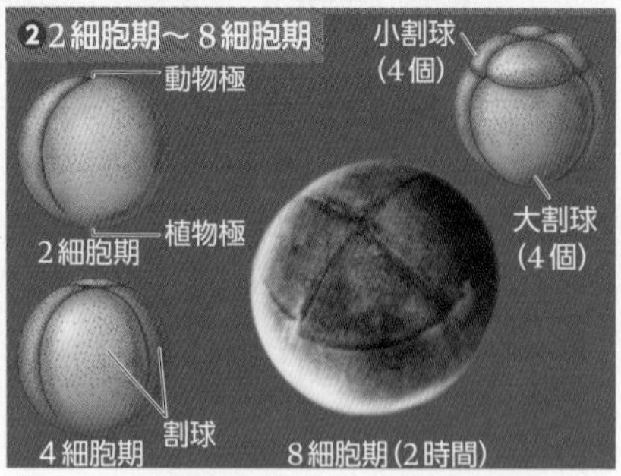

第一・第二卵割は，等割で，動物極と植物極を結ぶ垂直な面で起こる（経割）。第三卵割は水平面で起こり（緯割），大割球と小割球を生じる。

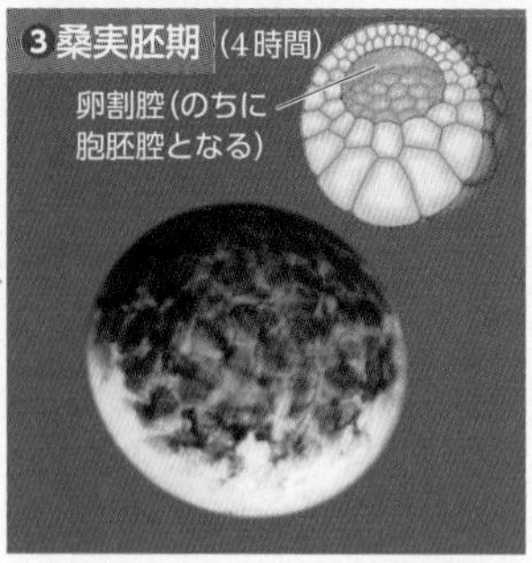

卵割が進み，クワの実に似た形となる。卵割の進行が速い動物極側に生じた**卵割腔**《らんかつこう》が大きくなる。

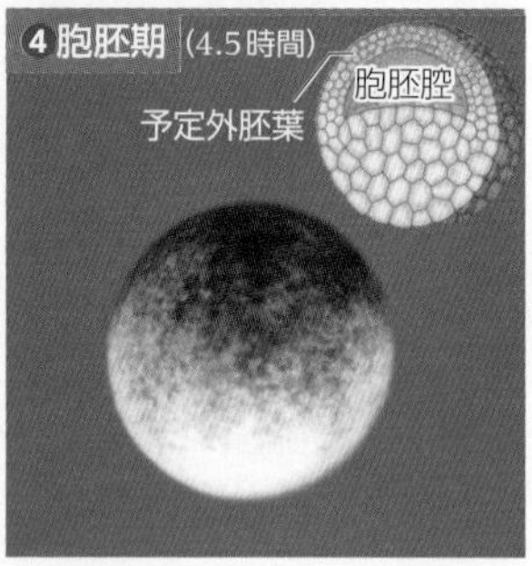

胚は表面が滑らかなボール状になる。卵割の進行が速い動物極側に偏って**胞胚腔**《ほうはいこう》が発達する。

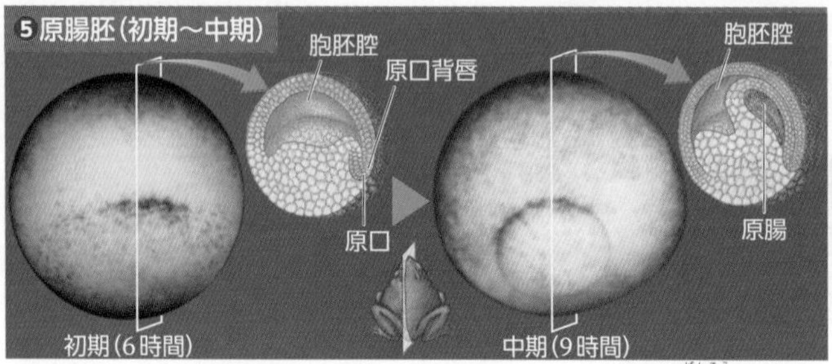

植物極側に半月状の溝ができ，内部へ陥入が起こる。この溝を**原口**《げんこう》という。原口の上側にある**原口背唇**《げんこうはいしん》の細胞群などが胚の内部に巻き込まれていき，**原**《げん》**腸**《ちょう》が形成される。原腸は発達していき，胞胚腔はしだいに小さくなる。

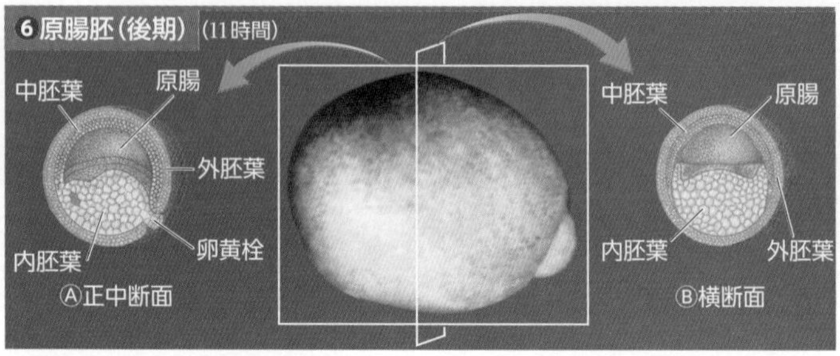

原腸胚後期には，原腸が完成する。胚の細胞層は外側に外胚葉，原腸の背側に中胚葉，腹側に内胚葉が分布するようになる。胚の表面は外胚葉でおおわれ，原口で囲まれた部分には，卵黄を含む内胚葉の細胞（**卵黄栓**《らんおうせん》）が見える。

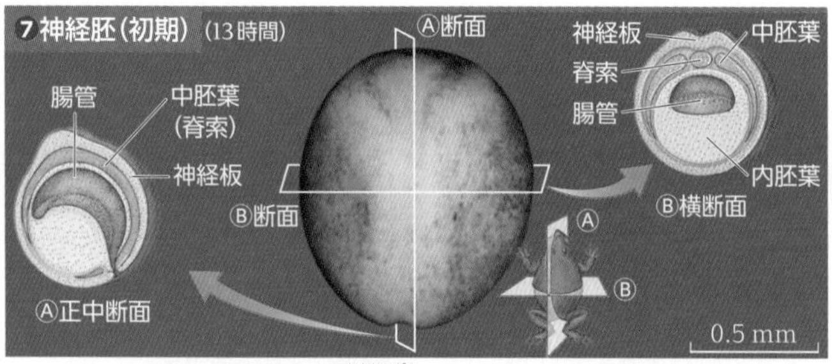

胚の背面の外胚葉が厚くなって**神経板**《しんけいばん》となる。原腸の背面にある中胚葉のうち，神経板の下側にある中胚葉が，その両側の部分から分かれて**脊索**《せきさく》となる。

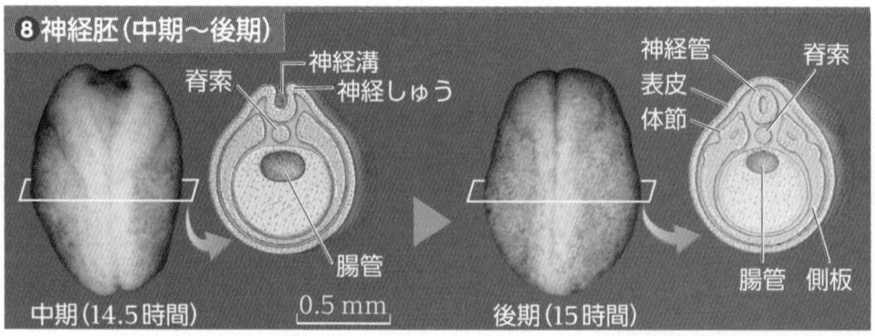

神経板の両縁が盛り上がって神経しゅうを形成する。脊索の両側の中胚葉は腹側に伸びてつながる。後期には，神経しゅうは上側でつながり，**神経管**《しんけいかん》を形成する。中胚葉は，体節や側板に分かれる。

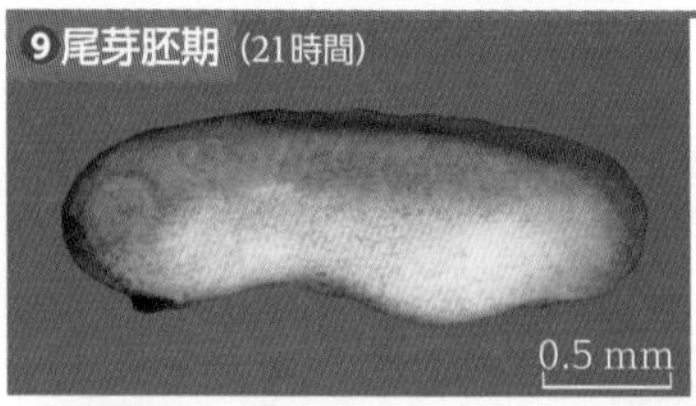

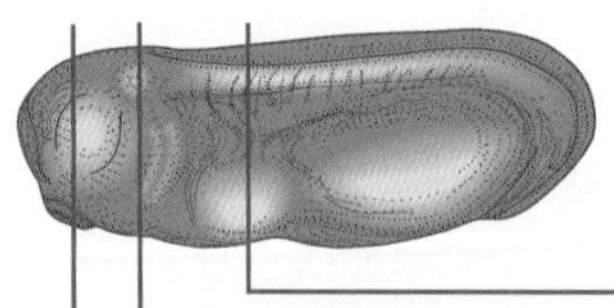

胚は前後に伸びる。胚葉の分化が進み，さまざまな器官が形成される。原口側の腸管には肛門が，その反対側には消化管が開いて口を生じる。

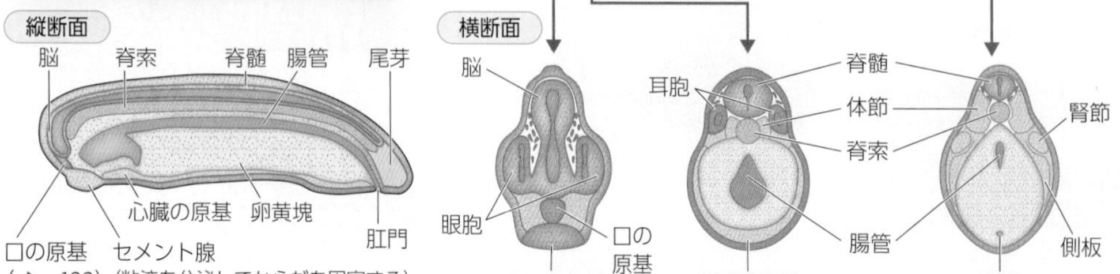

口の原基（➡p.122） セメント腺（粘液を分泌してからだを固定する）

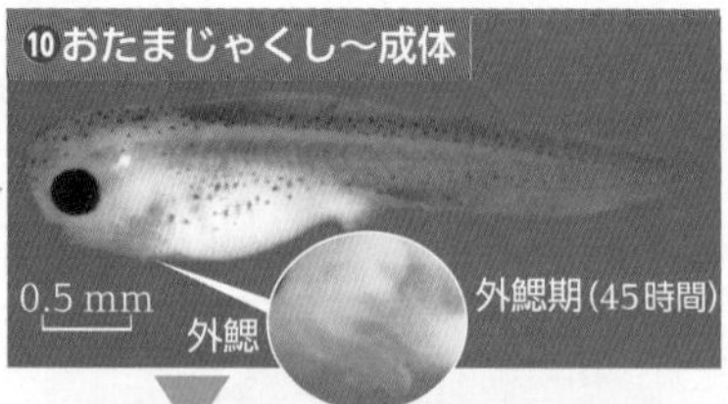

おたまじゃくし（幼生）は外鰓で呼吸する。外鰓はやがて消失し，内鰓を生じる。その後，1～3か月で変態し，成体となる。

豆知識 ネッタイツメガエルは，アフリカツメガエルの近縁種で，アフリカツメガエルよりもゲノムの構成が単純で発生が速く，日本で越冬できず定着の恐れがないなどの理由から，アフリカツメガエルに並ぶモデル生物として用いられはじめている。発生だけでなく，両者の比較によって進化の研究にも利用される。

2 ゼブラフィッシュの発生 生物

ゼブラフィッシュは，体長5 cm程度の小型の熱帯魚である。飼育や観察が容易であり，多産で一世代も短い(2～3か月)ことから，発生の研究によく用いられている。

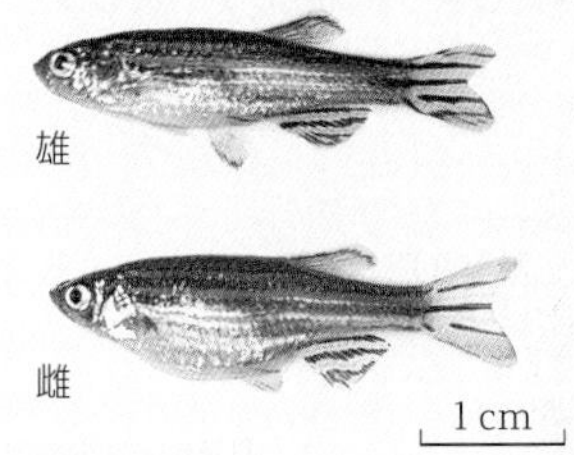

ゼブラフィッシュは，1週間に1回約200個産卵する。胚が透明で，発生過程の観察に適している。発生に要する時間は短く，器官の形成が24時間でほとんど完了する。卵は直径0.5 mm程度で，微量の核酸を注入して，トランスジェニック個体(➡p.153)もつくられている。

写真提供：千葉大学　溝口貴正・伊藤素行

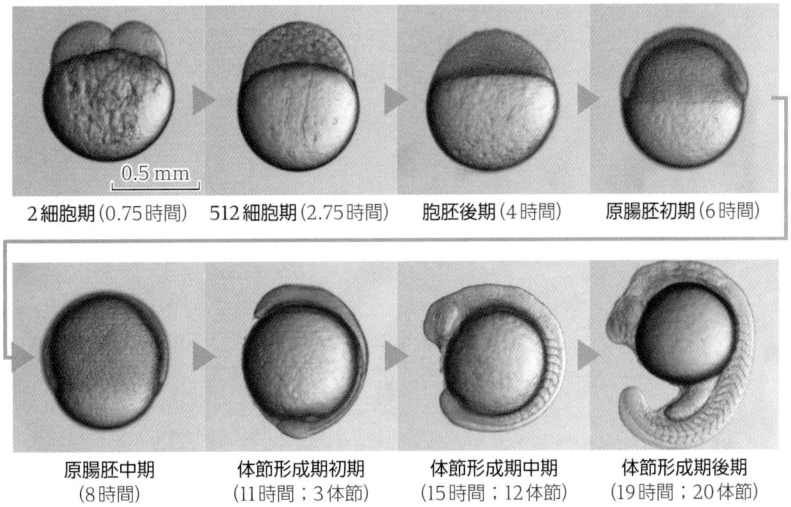

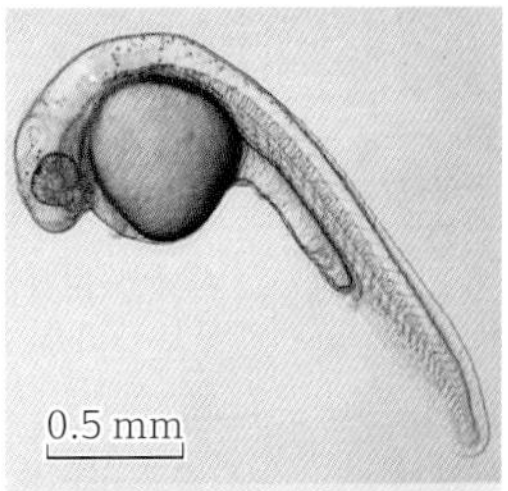

グリア細胞(➡p.194)で蛍光タンパク質を発現する個体

グリア細胞のみで発現する遺伝子の転写調節領域に，蛍光タンパク質の遺伝子をつなぎ，そのDNAを卵に注入して発生させた個体の子孫。全細胞がそのDNAをもつ。

3 ニワトリの発生 生物

ニワトリは，哺乳類と発生過程が似ていることや，胚発生が卵殻内で進行し観察操作が容易であることなどから，発生の研究に用いられてきた。ニワトリの卵は卵黄量がきわめて多く，卵黄の直径は30 mmにも及ぶ。

Ⓐニワトリの発生過程(産卵まで)

受精卵は，輸卵管を移動しながら，胚盤(直径3 mm)の部分で卵割が進む。胚盤葉(胞胚に相当)まで発生した状態で産卵される。

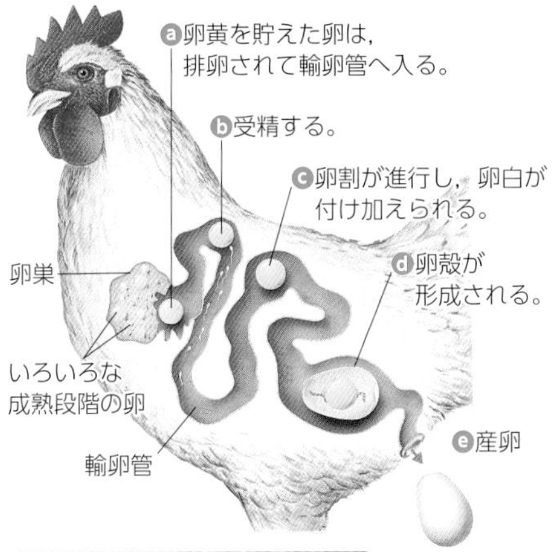

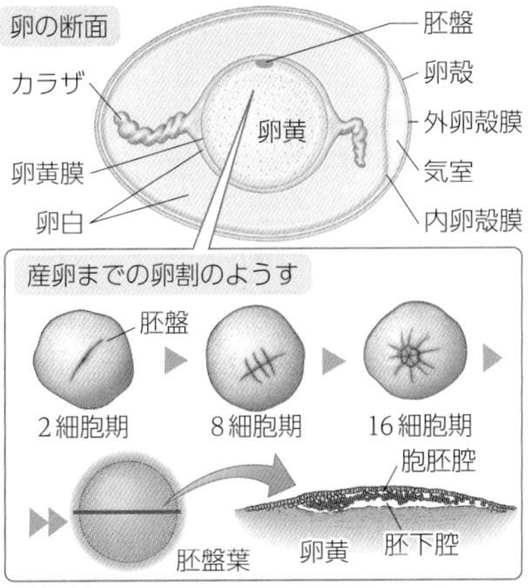

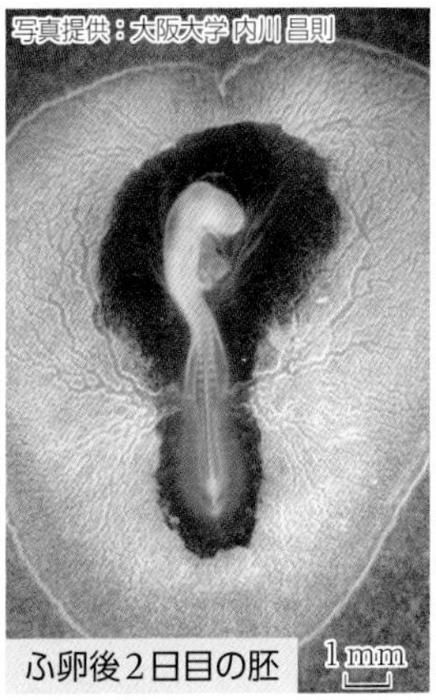

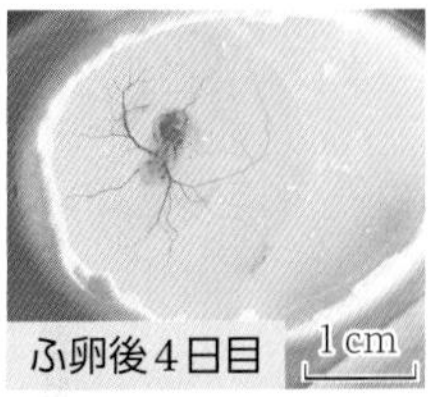

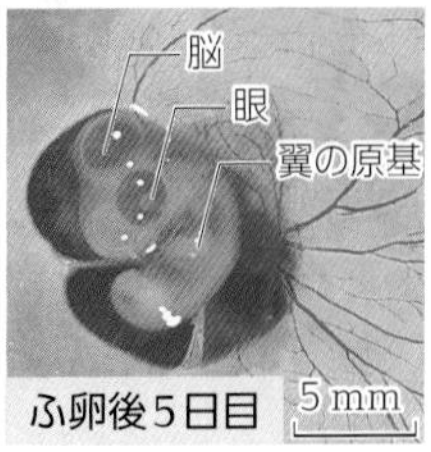

Ⓑニワトリの発生過程(産卵後)

ふ卵後，原条が形成されるとともに三胚葉が分化し，からだの構造がつくられていく。

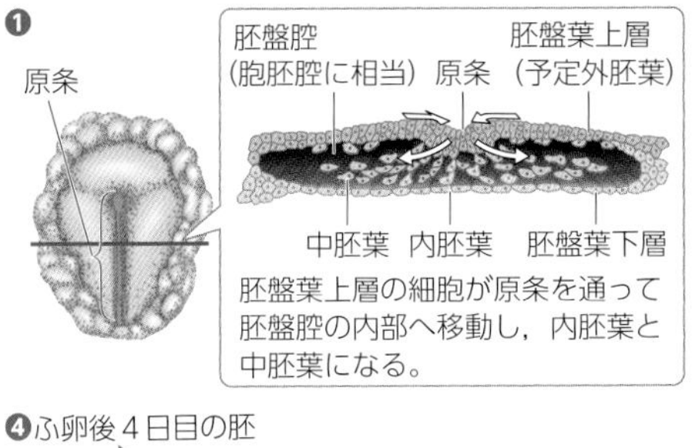

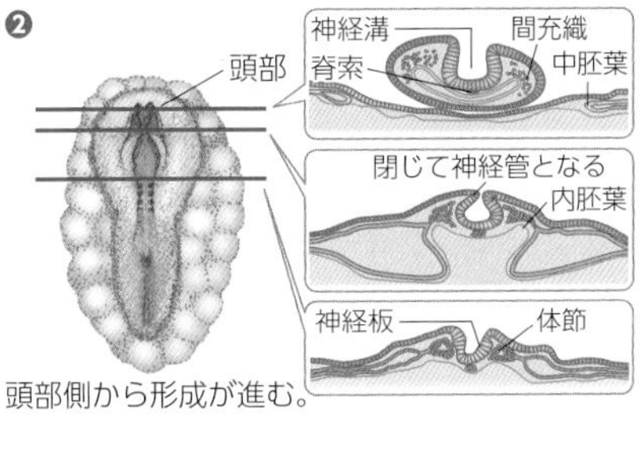

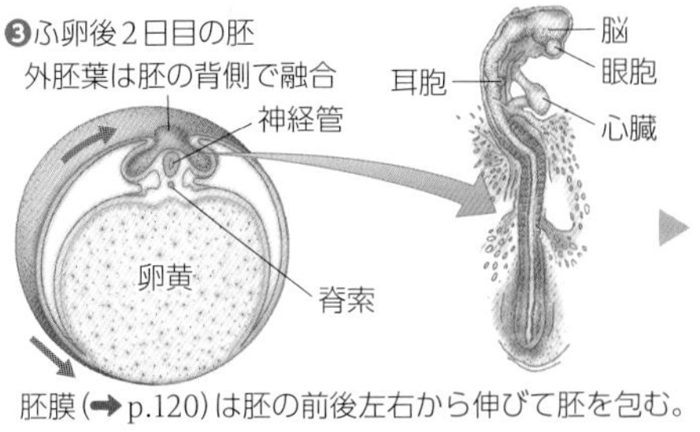

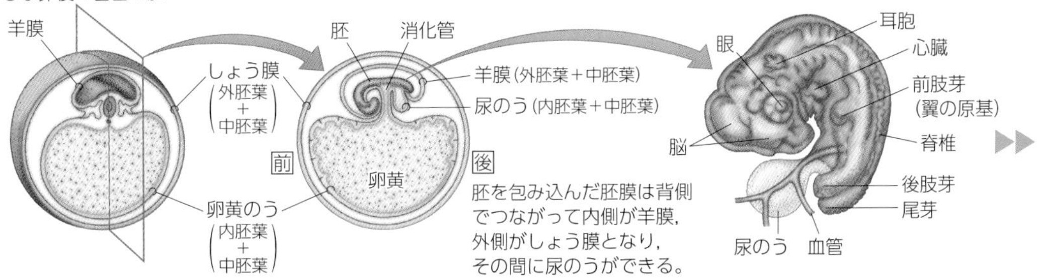

豆知識　ニワトリでは，発生の進行とともに卵殻のカルシウムが取り込まれて胚の骨の形成に用いられる。ひよこの骨を構成するカルシウムは，80 %が卵殻に由来する。

08 動物の発生過程③ ヒト

生物

Animal Development, Part 3 Human

関連動画をCheck!

1 排卵と初期発生（等黄卵・等割） 生物

ヒトの発生は，桑実胚まではウニの卵とほぼ同じような卵割がみられるが，それ以後は哺乳類特有の様式で進む。

Ⓐ排卵から着床までの過程

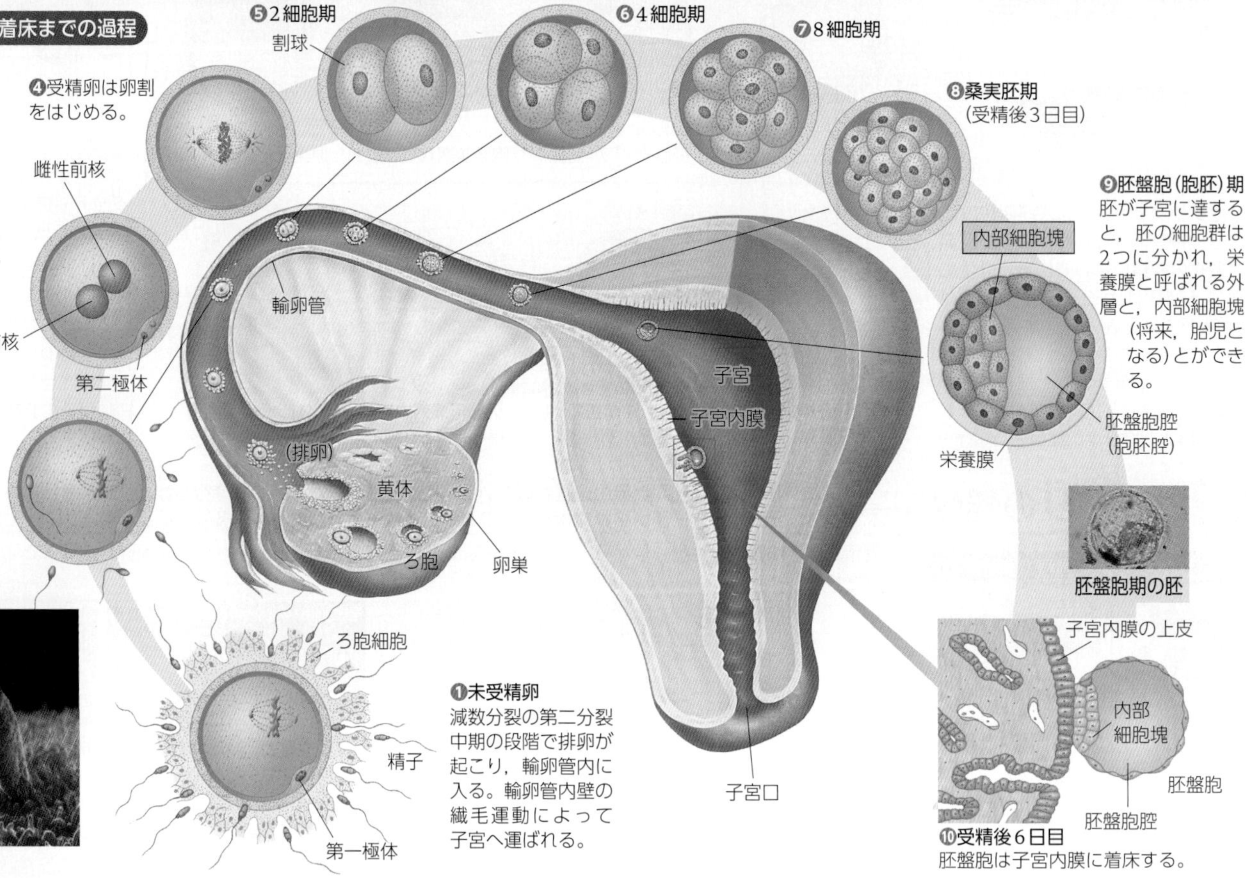

❸雄性前核と雌性前核が形成される。雌性前核が形成される際，第二極体が放出される。

❹受精卵は卵割をはじめる。

❷受精
卵に精子が進入する。1つの精子が進入すると，他の精子は進入できなくなる。

❶未受精卵
減数分裂の第二分裂中期の段階で排卵が起こり，輸卵管内に入る。輸卵管内壁の繊毛運動によって子宮へ運ばれる。

❾胚盤胞（胞胚）期
胚が子宮に達すると，胚の細胞群は2つに分かれ，栄養膜と呼ばれる外層と，内部細胞塊（将来，胎児となる）とができる。

胚盤胞期の胚

❿受精後6日目
胚盤胞は子宮内膜に着床する。

Ⓑ着床後

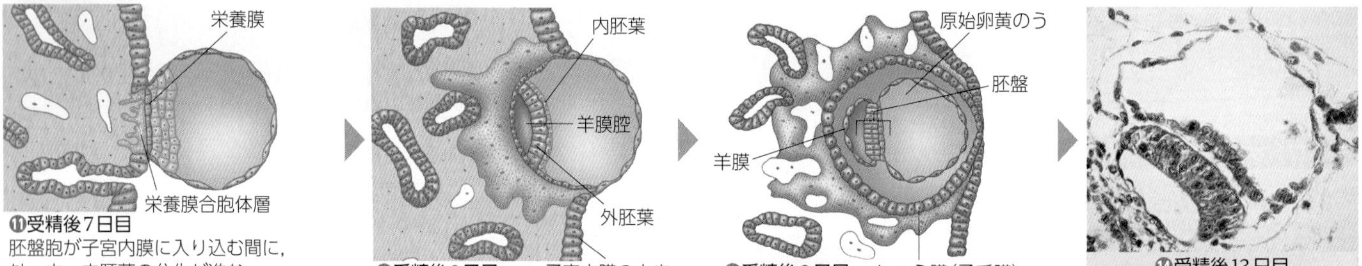

⓫受精後7日目
胚盤胞が子宮内膜に入り込む間に，外・中・内胚葉の分化が進む。

⓬受精後8日目

⓭受精後9日目

⓮受精後13日目

2 胚膜と胎盤の形成 生物

胚盤胞は，タンパク質分解酵素を分泌しながら子宮内膜に入り込んでいく。着床後，胚膜（胚を包む膜の総称）の尿膜としょう膜は，母体の子宮内膜とともに胎盤を形成する。

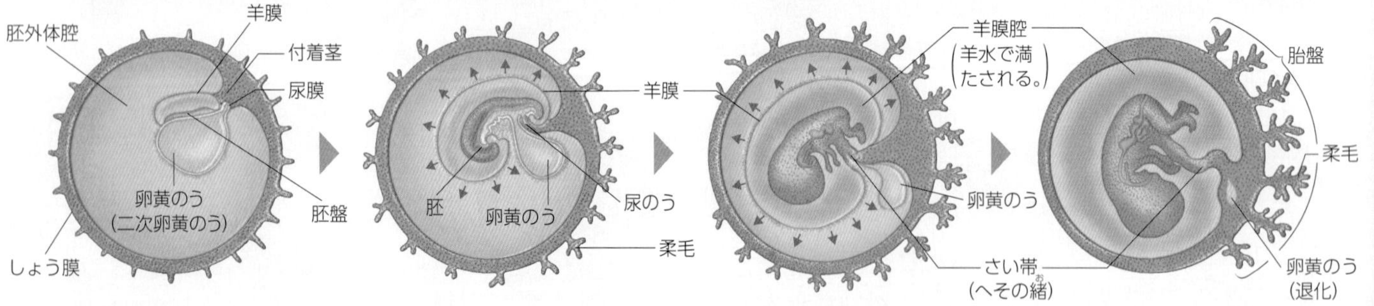

扁平な胚盤は，縦横両方向に折りたたまれて円筒形の胚となる。胚膜には羊膜，しょう膜，尿膜，卵黄膜があり，胚を包んで内側に羊膜，外側にしょう膜ができて，その間に尿のうをつくる尿膜が形成される。卵黄膜からなる卵黄のうの一部は，消化管として胎児内に取り入れられる。

豆知識　ES細胞（胚性幹細胞）は，胚盤胞期の内部細胞塊を取り出し，培養することによってつくられる（➡p.135）。胚を破壊するため，ヒトES細胞の作製には倫理的な問題がある。日本では，不妊治療における体外受精で使用されなかった余剰の受精卵を利用する場合に限り，ヒトES細胞の作製が認められている。

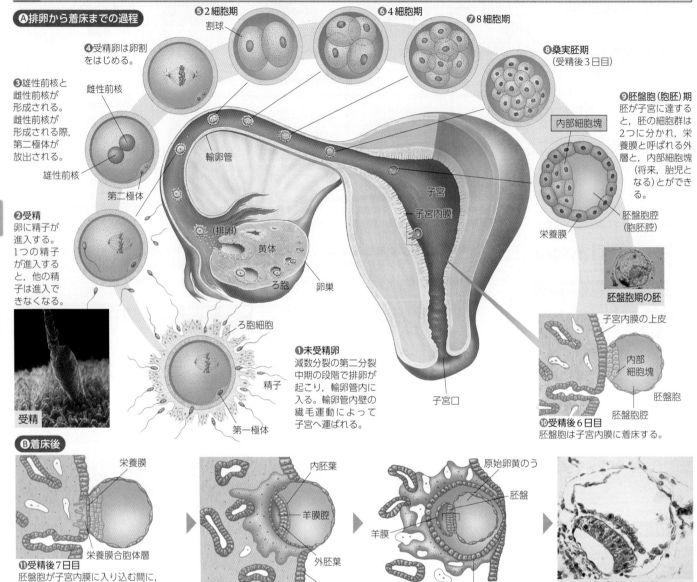

3 胎盤の構造と働き 生物

胎盤では，母体側の動脈から柔毛間腔へ血液が噴き出す。母体の血液が柔毛周辺から静脈へと移動していく間に，胎児の血液との間で物質の交換が行われる。

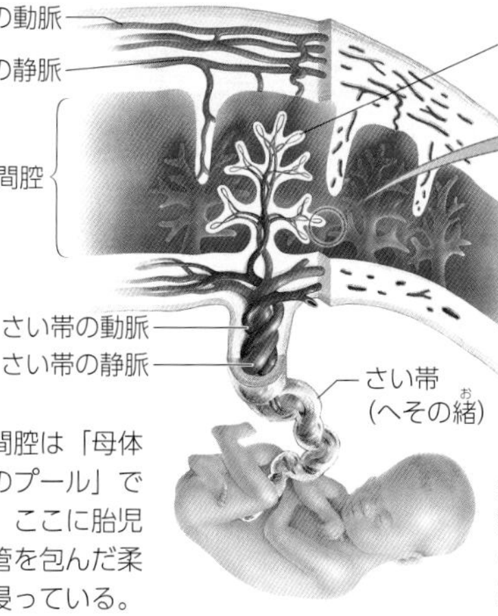

柔毛間腔は「母体血液のプール」であり，ここに胎児の血管を包んだ柔毛が浸っている。

さい帯では，酸素の多い血液が静脈を，老廃物の多い血液が動脈を流れている。

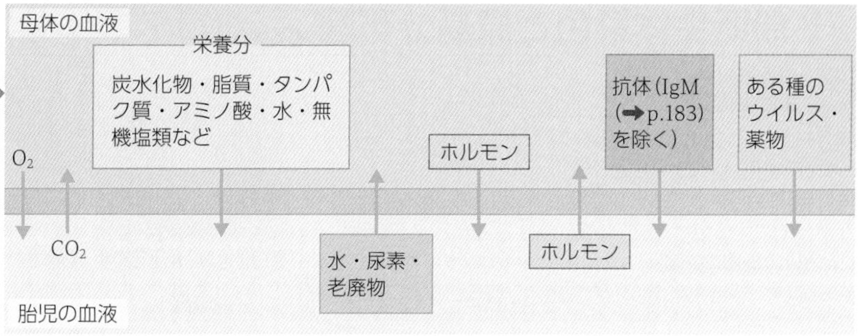

- 母体の血液と胎児の血液は混じり合うことはない。
- 胎児は，母体(成人)のヘモグロビンよりも酸素と結びつきやすい種類のヘモグロビンをもつ(➡p.161)ため，母体から酸素を受け取ることができる。
- ジフテリアや麻疹(はしか)などの病原体に対する抗体は，胎児へ移行し，出生後しばらくは有効に働く。

4 胚(胎児)の成長 生物

からだの構造は，受精後4週目の終わりころにはおおまかに形成されている。ヒトでは，9週目以降の胚は，胎児と呼ばれるようになる。

Ⓐからだの形成

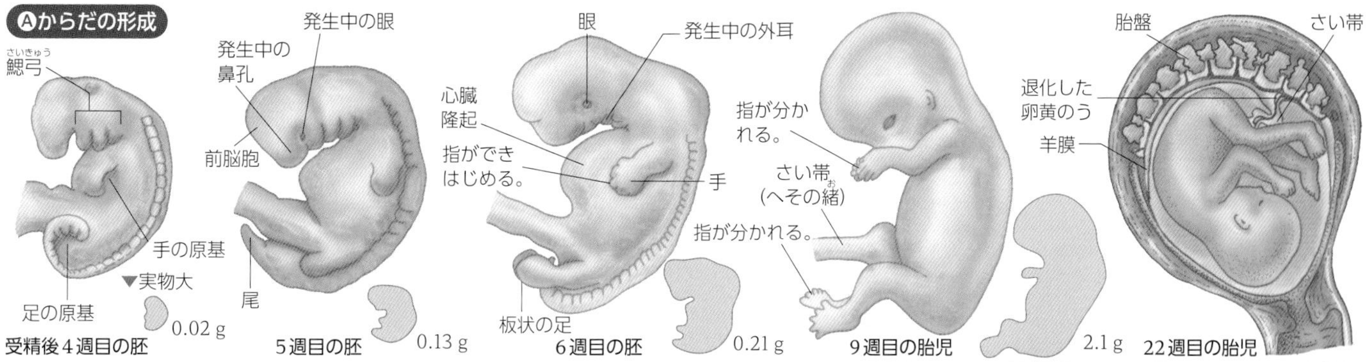

5週目の胚

6週目の胚

9週目の胎児

22週目の胎児

Ⓑ中枢神経の形成

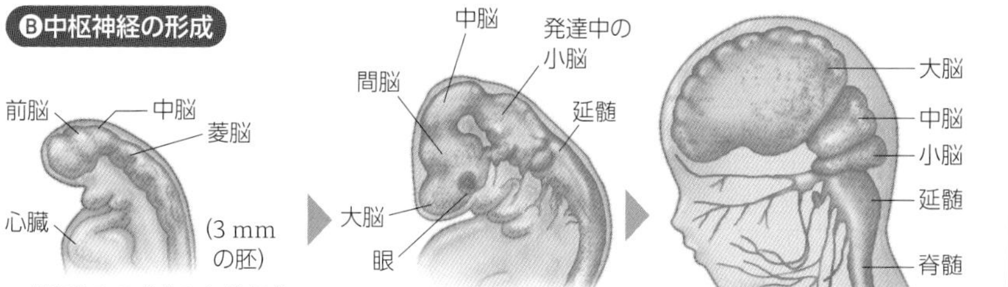

外胚葉から分化した神経管の前端の脳胞は，第4週中に3つのふくらみ(前脳・中脳・菱脳)を生じる。

脳胞は，第5週中に大脳・間脳・中脳・小脳・延髄の5つに分かれる。

(3か月目の胎児)

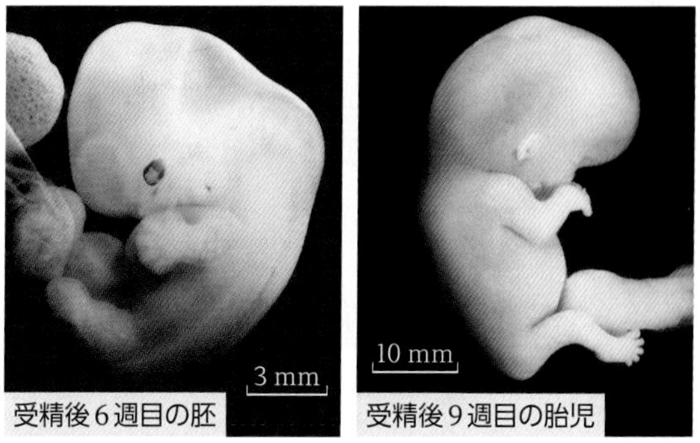

受精後6週目の胚　受精後9週目の胎児

α 一卵性双生児

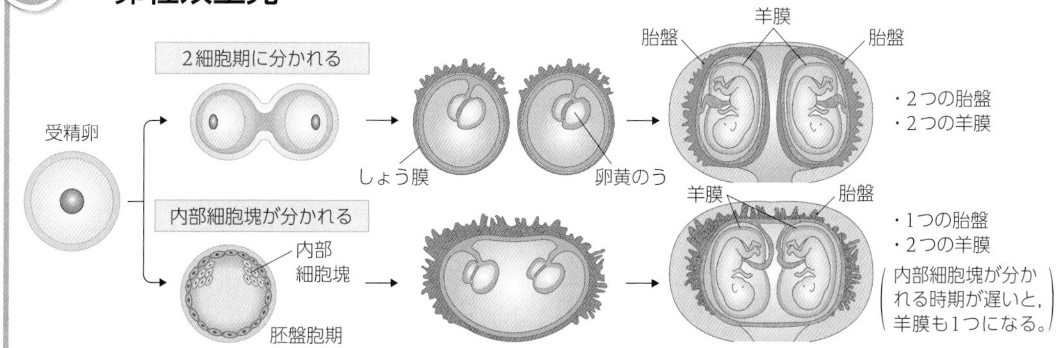

(内部細胞塊が分かれる時期が遅いと，羊膜も1つになる。)

一卵性双生児は，発生の早い時期に何らかの原因で胚が2つに分かれることによって生じ，分かれる時期によって発生のようすが異なってくる。2細胞期に分かれた場合，2つの胚はそれぞれ胎盤を形成して発生する。一方，胚盤胞期まで発生が進んだ後に内部細胞塊が分かれた場合，2人の胎児は1つの胎盤を共有するようになる。

豆知識　ヒトの胎盤は，直径が15～20 cm，妊娠末期には重さが500 gにもなる。出産のとき，胎盤も母体から外へ出る(後産《あとざん》)。通常，胎盤では母体と胎児の血液や細胞の交換は行われないが，胎盤の柔毛細胞が新しい細胞に入れ替わるときに柔毛細胞のDNAが流入するなどして，母体の血液中には胎児由来のDNAも流れている。

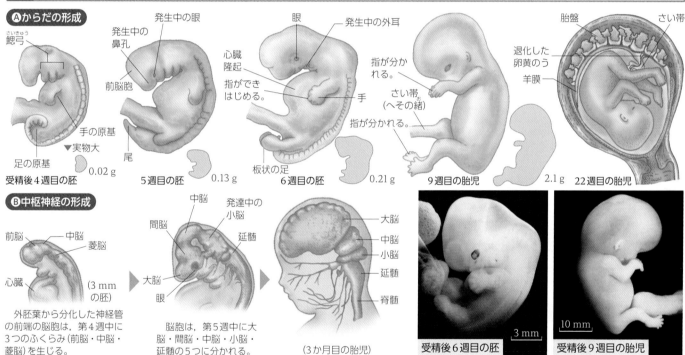

09 胚葉の分化

生物

Differentiation into Germ Layers

1 局所生体染色と原基分布図 生物

発生過程でそれぞれの組織や器官を形成する予定の胚域をそれらの原基という。フォークトらは，胞胚に局所生体染色《きょくしょせいたいせんしょく》を行い，イモリの胚の原基分布図《げんきぶんぷず》を作成した。

Ⓐ局所生体染色

フォークトらは，ナイルブルーやニュートラルレッドなどの生体に無害な色素で，イモリの胚を部分的に染め分けた。

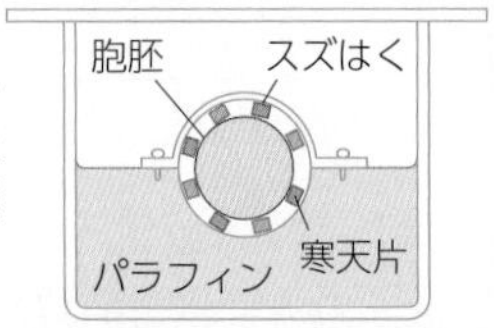

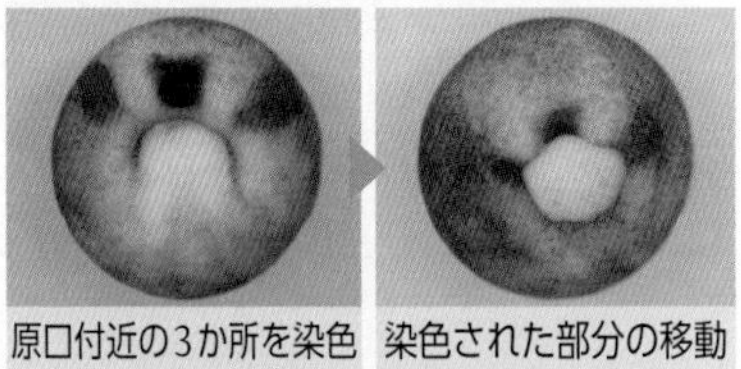

原口付近の3か所を染色　染色された部分の移動

染色後の細胞の移動

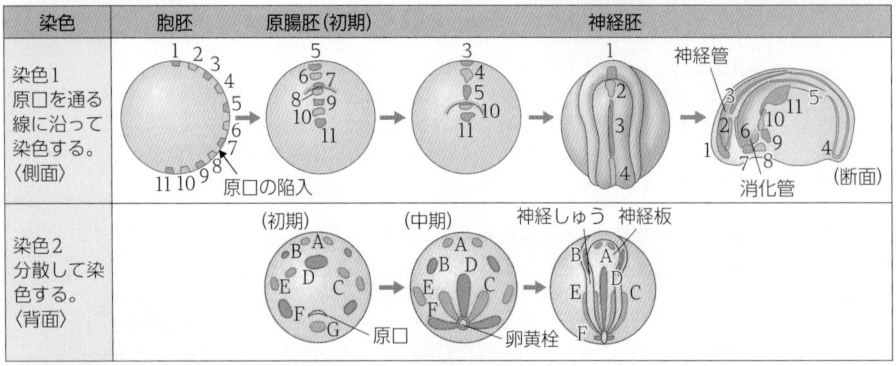

Ⓑ原基分布図（予定運命図）

下の図は，フォークトの原図をもとに，中村治が一部訂正したものである。

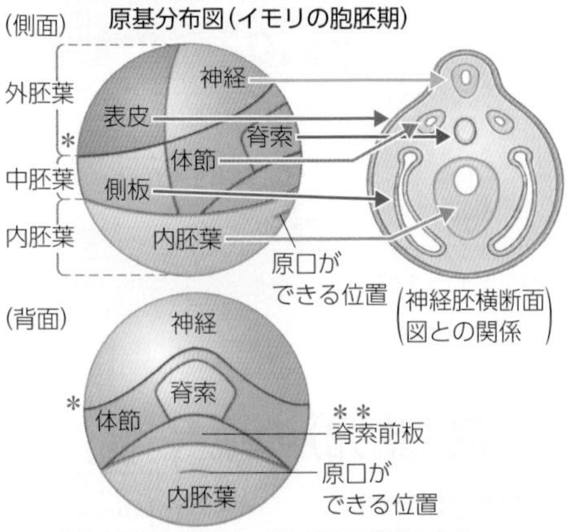

＊この線より下の部分は，後に表皮におおわれる。
＊＊陥入後，脊索の前方に位置する中胚葉の細胞群である。

基本 2 胚葉から分化する器官 生物

3つの胚葉は，それぞれ下記に示すような器官を主に形成するようになる。ただし，多くの器官は，単一の胚葉からではなく，複数の胚葉から形成される（➡3）。

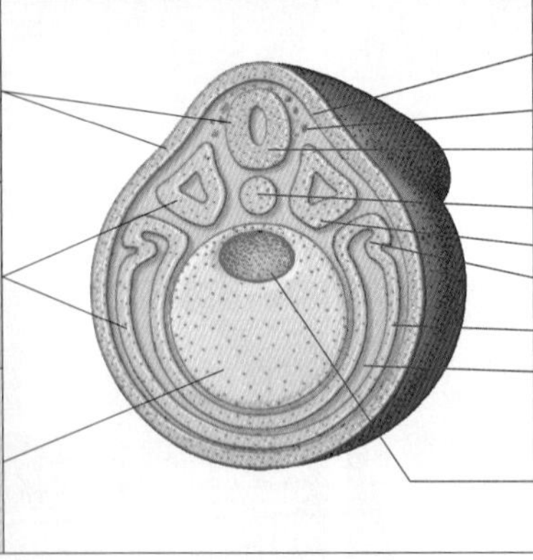

胚葉	部位	分化する器官
外胚葉	体表の外胚葉（表皮）	眼の水晶体・角膜・表皮・毛・爪 汗腺・口腔上皮
	神経堤細胞	色素細胞・感覚神経・自律神経・副腎髄質・角膜
	神経管	脳・脊髄・運動神経・網膜
中胚葉	脊　索	（器官形成で中心的な役割を果たし，後に退化する。）
	体　節	脊椎骨・肋骨《ろっこつ》・骨格筋・真皮
	腎　節	腎臓・輸尿管
	側　板	腹膜・腸間膜・平滑筋・心臓・血管・結合組織
	体　腔	（体壁と内臓の間のすきま）
内胚葉	腸管 前部	えら・中耳・肺・気管・食道・胃・肝臓・すい臓・甲状腺
	腸管 中部	小腸の内面上皮
	腸管 後部	大腸の内面上皮・ぼうこう

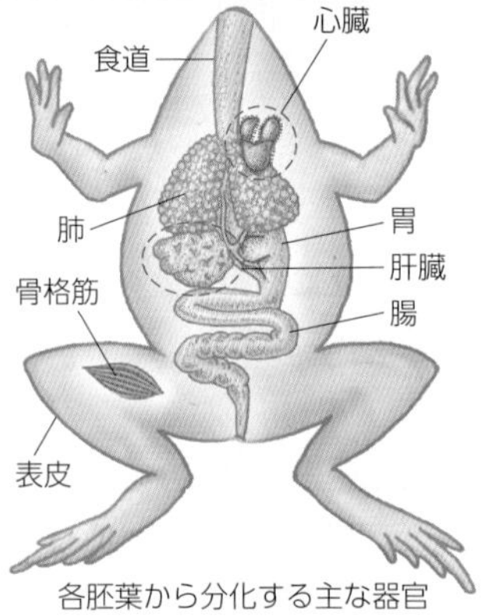

各胚葉から分化する主な器官

3 器官形成と胚葉 生物

消化管 多くの器官は，2種類以上の胚葉から形成される。消化管の場合，内壁は内胚葉性だが，その外側の結合組織や筋肉は中胚葉性で，神経は外胚葉性である。

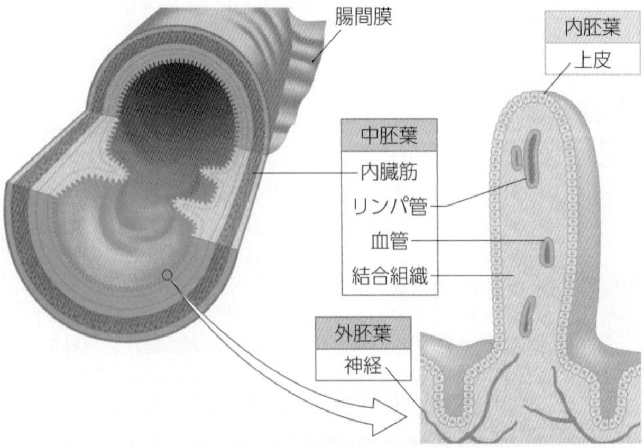

4 神経堤細胞 生物

神経胚期には，神経管と背側の表皮との間に，神経堤細胞《しんけいていさいぼう》（神経冠細胞《しんけいかんさいぼう》）という細胞群が生じる。

神経堤細胞は，神経胚期に神経管から分離し，中胚葉組織の間を移動したのち，さまざまな細胞へ分化する。外胚葉由来の細胞であるが，この移動能と多種類の細胞への分化能から，第四の胚葉と呼ばれることもある。

神経堤細胞から分化する細胞の例
頭部の骨や軟骨，角膜，自律神経や感覚神経のニューロンやグリア細胞（➡p.194），皮膚の色素細胞，副腎髄質の細胞，血管の平滑筋細胞

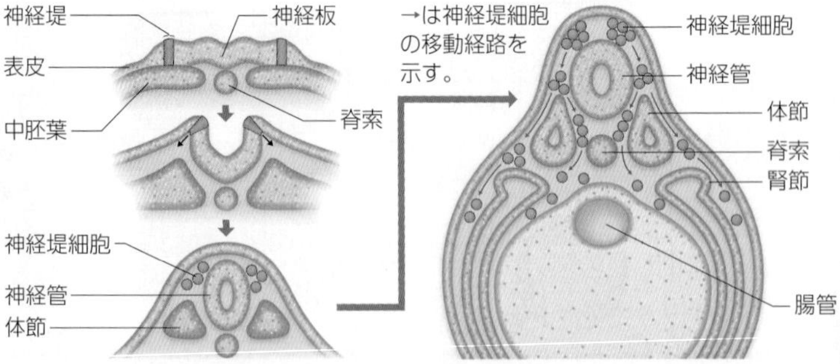

豆知識 中胚葉から分化する体節（somite）は，節足動物の体節（segment）とは異なる構造である。中胚葉由来の体節は，脊索の原基から分離したもので，脊索の左右に「串だんご」のように並んだ構造を指す。

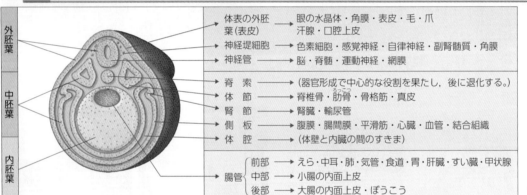

10 多細胞生物の発生における遺伝子の発現調節

生物　Regulation of Gene Expression in Development of Multicellular Organisms

1 形態形成と細胞 生物

形態形成は，細胞の遺伝子発現が変化することで以下のような現象（A ～ E）が生じ，進行していく。ただし，これらの現象に明確な順序性はない。

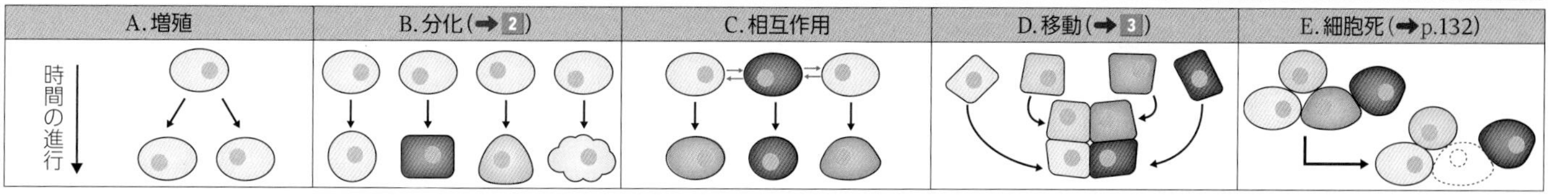

2 発生と遺伝子の発現調節 生物

発生では，細胞内の調節タンパク質（➡p.98）や，細胞間のシグナル伝達（➡p.33）などによって，個々の細胞の遺伝子発現が変化し，細胞が特定の形や機能をもつよう分化していく。

Ⓐ細胞の分裂と物質の分配

卵などでタンパク質やRNAなどの濃度勾配に明確な方向性がある場合，極性があるという。

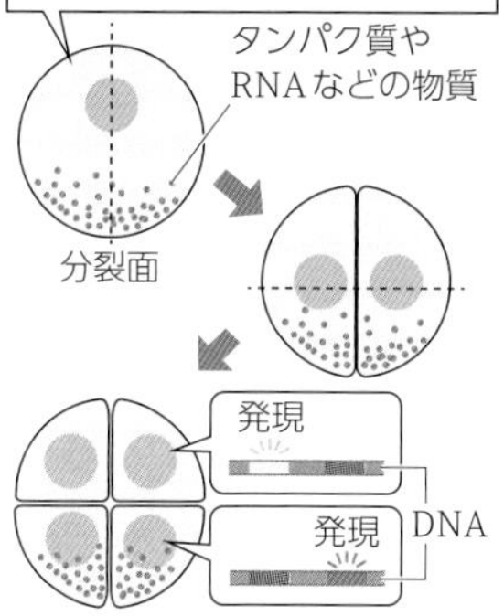

物質濃度の違いによって細胞間で遺伝子発現に違いが生じる。

受精卵などでは，調節タンパク質やそのmRNAなどが不均等に分布している。細胞分裂によって娘細胞への分配量に差が生じると，分化の方向性に影響が現れる。

Ⓑ細胞間シグナル伝達と細胞の多様化

発生では，細胞間シグナル伝達が重要であり，物質の濃度勾配や組み合わせ，作用順序などによって多様な遺伝子の発現調節が行われる。

濃度勾配　濃度依存的に細胞の分化を決定する物質はモルフォゲンと総称される。拡散などによって濃度勾配が形成され，細胞の位置情報のシグナルとなる。例：SHHタンパク質（➡p.126）など

モルフォゲンの濃度勾配と閾値

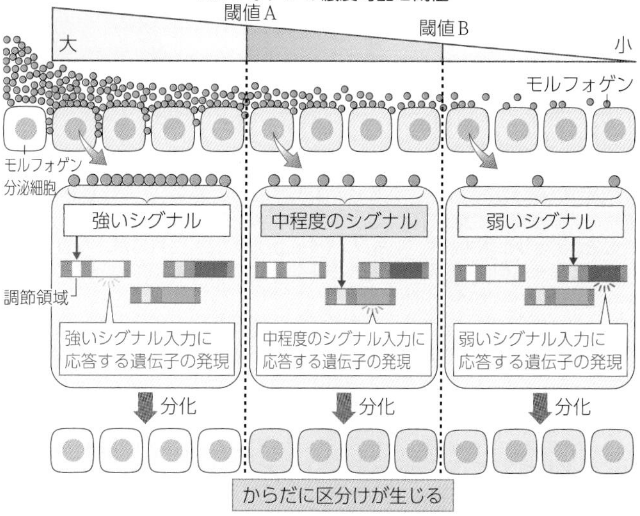

組み合わせ　同時に複数の細胞間シグナル伝達を受けた場合，組み合わせによってその応答が変化する。例：分節遺伝子（➡p.127）

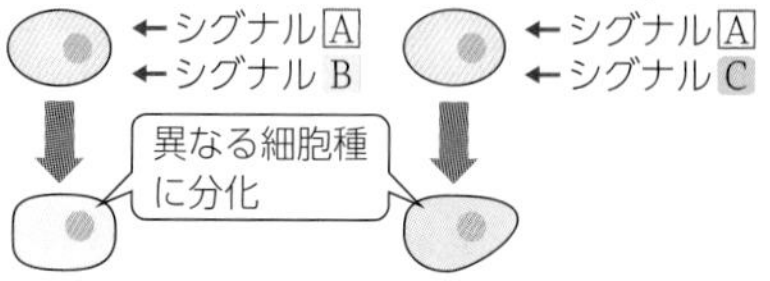

作用順序　以前に受けた細胞間シグナル伝達によって細胞の状態が変化することで，同じシグナルを受け取っても，応答が異なる。

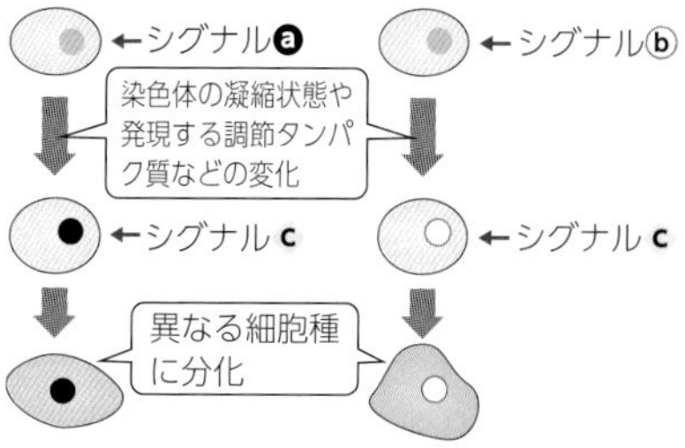

3 形態形成と細胞接着 生物

発生では，遺伝子発現の変化に伴って合成される細胞膜の細胞接着タンパク質（➡p.31）の種類などが変化し，特定の細胞どうしが結合するなどして形態形成が進行する。

Ⓐ細胞選別　ホルトフレーター（1955年）の実験

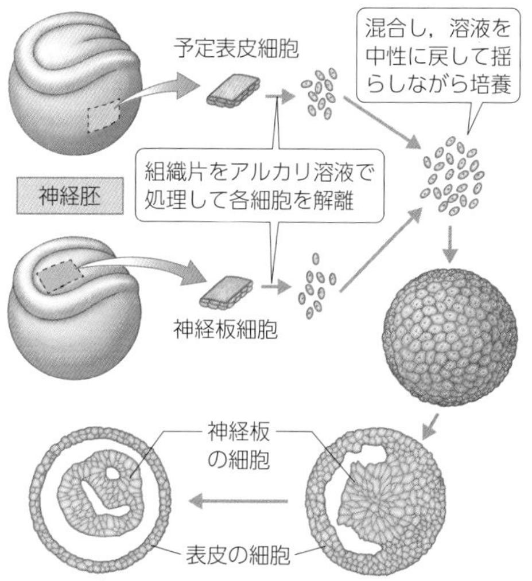

不完全ながら，表皮と神経板の組織をつくる。　しだいに選別されて同種の細胞どうしが集合する。

Ⓑカドヘリン

細胞選別には，細胞接着タンパク質が関わっている。カドヘリンは，主要な細胞接着タンパク質の1つで，1982年，竹市雅俊らによって発見された。

カドヘリン

- 膜タンパク質で，細胞内ではカテニンを介してアクチンと結合する。
- 細胞間の接着にはCa^{2+}が必要である。
- 多くの種類があり，細胞種特異的に発現する。
- 基本的に同じ種類どうしが接着する。

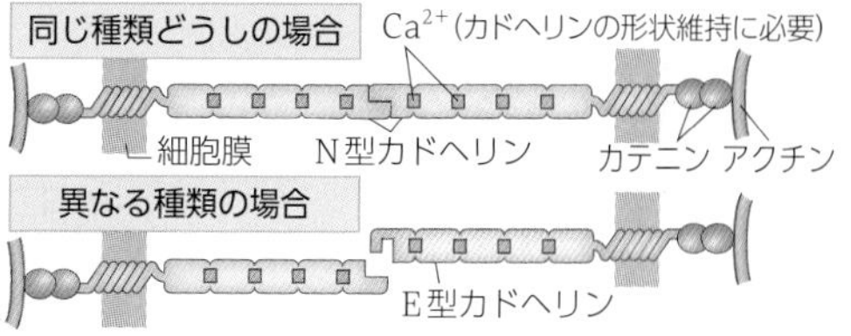

Ⓒ神経管の形成とカドヘリンの発現変化（カエル）

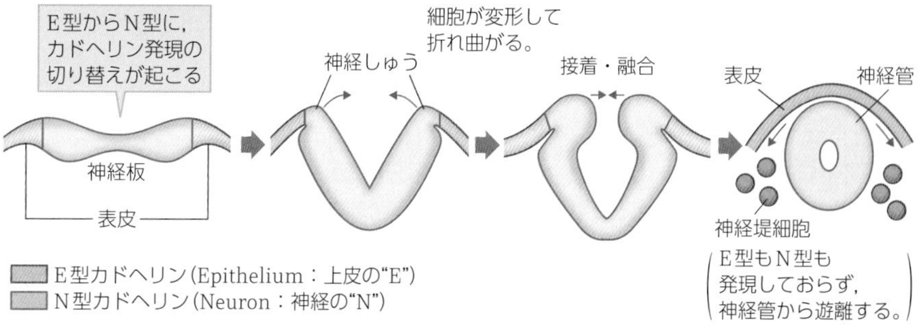

豆知識　カドヘリン（cadherin）はカルシウム依存的な細胞接着分子であることから，カルシウム（calcium）と接着（adherence）にちなんで竹市らが命名した。

11 脊椎動物の発生のしくみ① 体軸決定と誘導

生物 Mechanisms of Vertebrate Development, Part 1 Body Axis Determination and Induction

関連動画をCheck!

1 精子の進入と背腹軸の決定（カエル） 生物

カエルの胚の背腹軸の決定には，精子の進入点と，局在する母性因子が関与する。

Ⓐ背腹軸の決定と遺伝子の連鎖的な働き

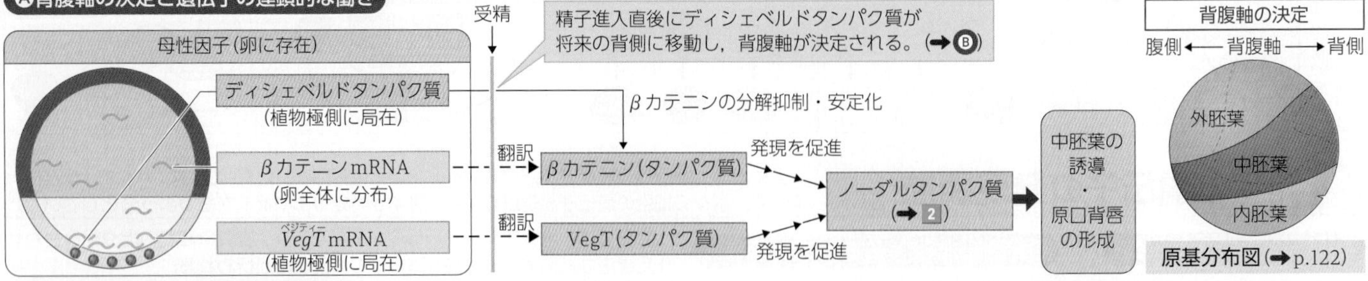

Ⓑ受精卵の表層回転と背腹軸の決定

カエルでは，精子の進入点が腹側に，その180°反対側が背側になる。

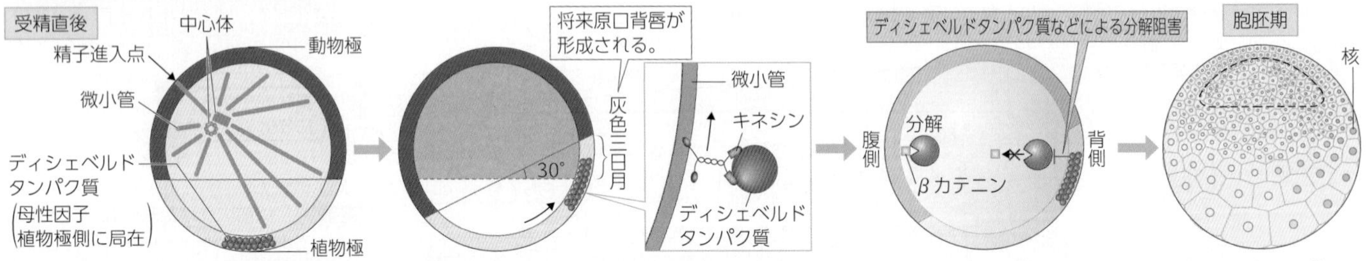

❶精子由来の中心体から植物極側へ微小管が伸長し，表層が約30°回転する（表層回転）。

❷内部の色素が灰色に透けて見える灰色三日月が生じる。ディシェベルドは，キネシン（➡p.27）によって将来背側になる胚域へ輸送される。

❸βカテニンは，腹側では分解されるが，背側では分解されないため，濃度勾配を生じる。

❹βカテニンは核へ移動し，背側組織の形成に働く。

2 中胚葉誘導 生物

細胞の分化の方向が，その胚域に接した別の胚域からの影響によって決まる現象は誘導《ゆうどう》と呼ばれる。両生類の中胚葉は，胞胚期に予定内胚葉域が隣接する予定外胚葉域に働きかけることで生じる。この現象を中胚葉誘導《ちゅうはいようゆうどう》という。

Ⓐ中胚葉誘導の現象を示す実験（メキシコサンショウウオ）

動物極と植物極の中間にある帯状の領域は帯域《たいいき》と呼ばれる。帯域は胞胚期より前では外胚葉性であるが，胞胚期には中胚葉へと誘導される。ニューコープは，右の実験から，予定外胚葉域である帯域の細胞が，内胚葉の誘導によって中胚葉に変わると考えた。中胚葉誘導は，予定内胚葉域と予定外胚葉域の間に水溶性物質が透過するフィルターを設置しても起こる。

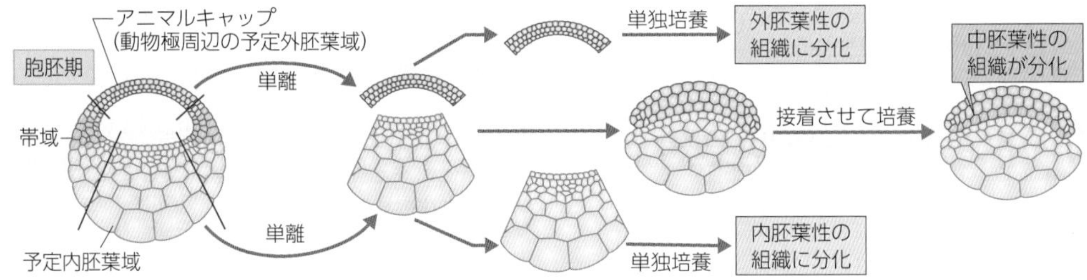

Ⓑ中胚葉誘導のしくみ（カエル）

中胚葉誘導のしくみとしては，現在，下記のようなモデルが考えられている。

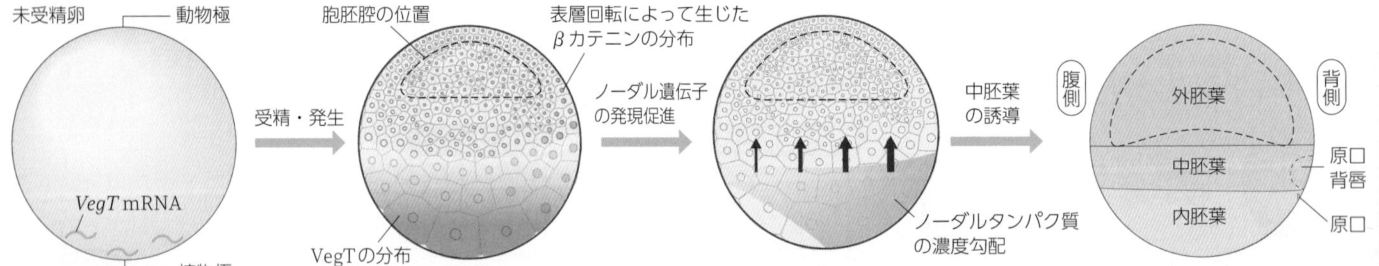

母性因子であるVegT mRNAは植物極側に局在する。

VegTが植物極側に局在する（胞胚中期）。

βカテニンとVegTの作用で，合成されるノーダルタンパク質に濃度勾配が生じ，予定外胚葉域へ作用する（胞胚後期）。

ノーダルタンパク質の濃度に応じ，背腹軸に沿って各種中胚葉が誘導される（原腸胚初期）。

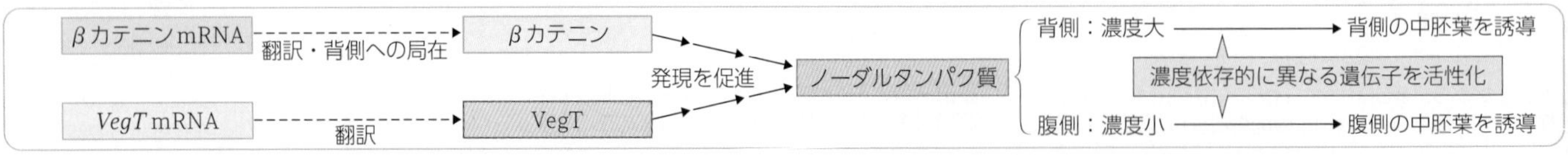

豆知識 シュペーマンは，イモリの受精卵をしばって発生させる実験において，灰色三日月が割球に含まれる場合にのみ正常に発生が進んだことから，この部分が発生に重要な役割を担うと考えた。イモリの受精卵の大きさは数ミリで，シュペーマンはこれを赤ちゃん（自身の娘）の毛髪で結さくし，実験を行った。

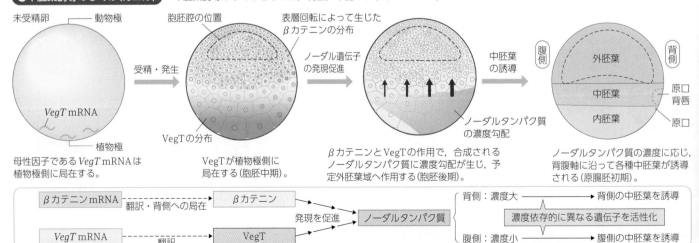

3 オーガナイザーと神経誘導 生物

胚の他の部分に対して誘導作用をもつ胚域をオーガナイザー(形成体《けいせいたい》)という。原口背唇は，外胚葉域から神経組織を誘導する。この現象は神経誘導《しんけいゆうどう》と呼ばれる。

Ⓐ交換移植実験と予定運命の決定

胚の領域が将来どのような組織に分化するのかを予定運命(発生運命)(➡p.122)という。

シュペーマンは，色の異なる2種類のイモリ胚を用いて移植実験を行い，細胞の予定運命が決定される時期を調べた(1918年)。

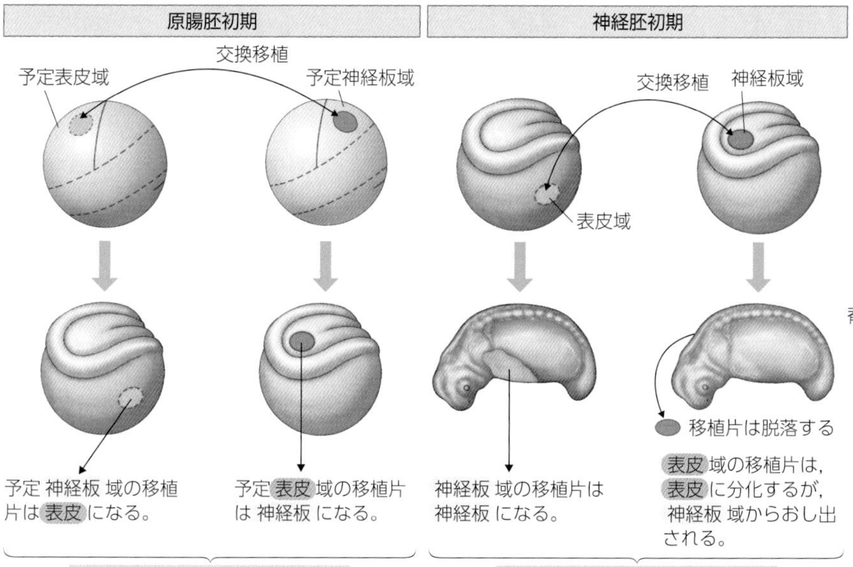

移植片は移植場所の予定運命に従って分化する。

移植片は移植片自身の予定運命に従って分化する。

- 外胚葉(予定表皮域と予定神経板域)の予定運命は神経胚初期までに決定される。
- 予定運命の決定後は変更できない。

Ⓑオーガナイザーの発見と神経誘導

シュペーマンとヒルデ・マンゴルドは，原腸胚初期の原口背唇を別の胚の胞胚腔へ移植した。その結果，移植された胚では神経が誘導され，二次胚が生じた(1924年)。

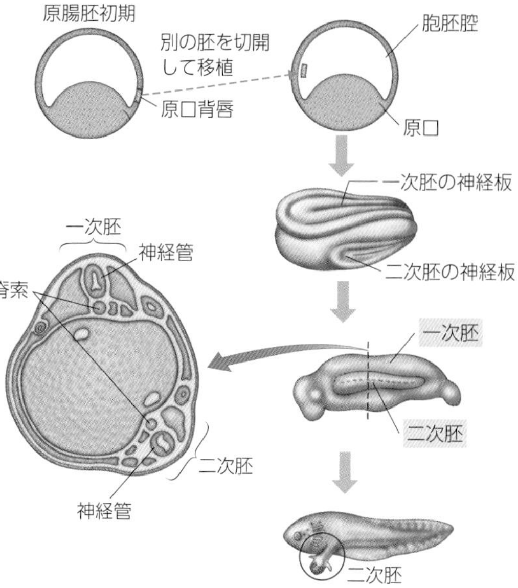

- 原口背唇の予定運命は原腸胚初期には決定されており，自らは脊索に分化する。
- 原口背唇は，それが接する外胚葉を神経管に誘導するオーガナイザーとして働く。

4 神経誘導のしくみ 生物

1990年代後半にカエルを用いた研究によって，神経誘導は，オーガナイザーで合成されるタンパク質が，外胚葉を表皮へ分化させるタンパク質の働きを阻害することで起こることが明らかにされた。

Ⓐ神経誘導に関与するタンパク質

BMP (Bone morphogenetic protein*)
腹側組織の形成に関与し，外胚葉を表皮に分化させる。細胞表面の受容体に結合するシグナル分子。
*発見当初，骨形成タンパク質として単離された。

ノギン，**コーディン** 原口背唇(オーガナイザー)で合成されるタンパク質。BMPに結合して，その作用を阻害する。背側組織の形成に関与し，外胚葉を神経に分化させる。

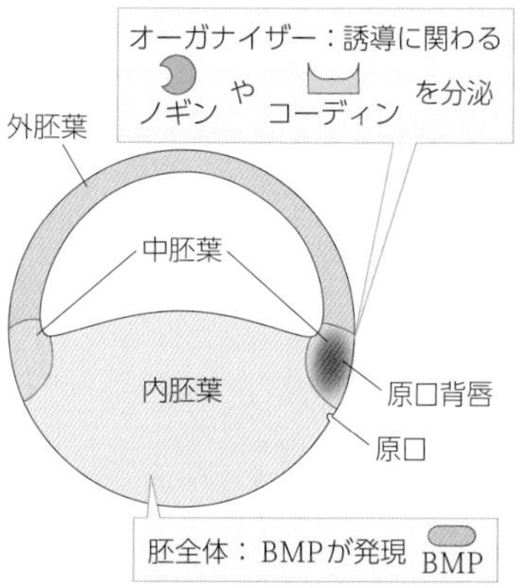

Ⓑ外胚葉が表皮や神経に分化するしくみ

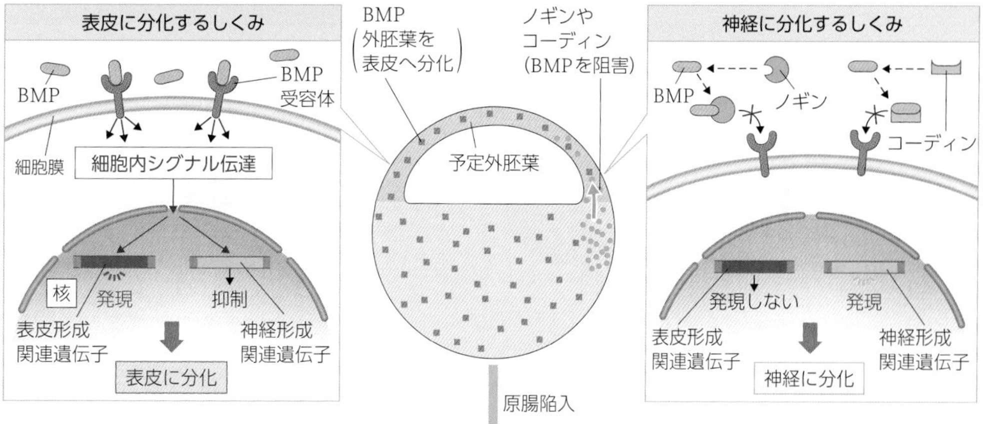

原腸胚初期になると，オーガナイザーは隣接する外胚葉を神経へ誘導する。外胚葉の細胞は，本来，神経に分化する性質をもつが，BMPが受容体に結合すると，遺伝子の発現が変化して表皮に分化する。一方，ノギンやコーディンなどのタンパク質が存在すると，BMPの受容体への結合が阻害され，表皮に分化できずに神経に分化する。

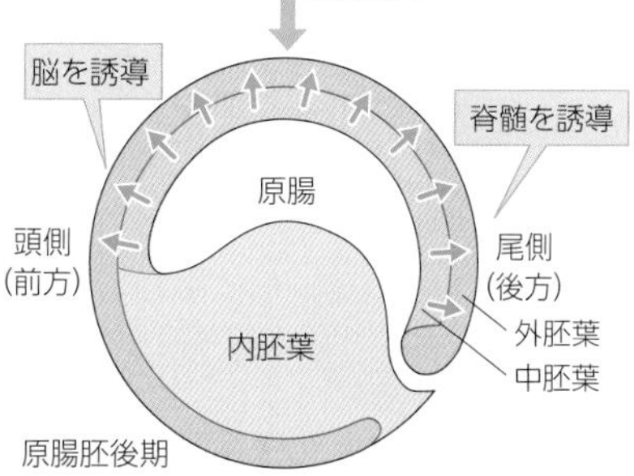

オーガナイザーは，原腸の形成に伴って外胚葉域を裏打ちするとともに，前方には脳，後方には脊髄を誘導する。また，自身は頭部中胚葉や脊索，体節などに分化する。

豆知識 原口背唇の移植実験を成功させたのは，当時シュペーマンの研究室に在籍していた大学院生のヒルデ・プレショルド(のちのヒルデ・マンゴルド)であった。彼女は，研究室のチーフアシスタントとして働いていたオットー・マンゴルドと結婚したが，1924年，台所ヒーターの爆発事故でわずか26歳の若さで亡くなった。

12 脊椎動物の発生のしくみ② 器官形成

生物

Mechanisms of Vertebrate Development, Part 2 Organogenesis

関連動画をCheck!

基本 1 形態形成と誘導の連鎖 生物

発生では，誘導（➡p.124）によって生じた組織が別の組織を誘導する誘導《ゆうどう》の連鎖《れんさ》がしばしばみられる。

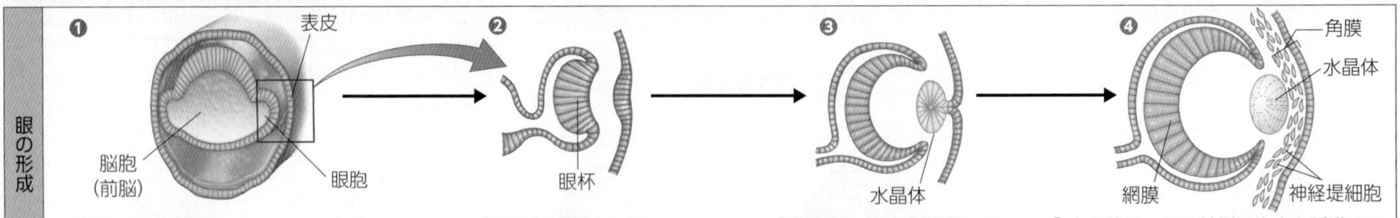

❶原口背唇の誘導によってできた神経管の前端は脳胞となり，脳胞の一部に眼胞が分化する。

❷眼胞は眼杯となる。

❸眼杯は，表皮を誘導して水晶体に分化させる。眼杯は網膜に分化する。

❹水晶体は，その外側の表皮を誘導する。誘導を受けた表皮は，内側の神経堤細胞とともに角膜に分化する。

誘導の連鎖のようす

（前脳は眼胞以外に大脳や間脳に分化する。）

形成体として働く
⟶ 誘導
⟶ 分化

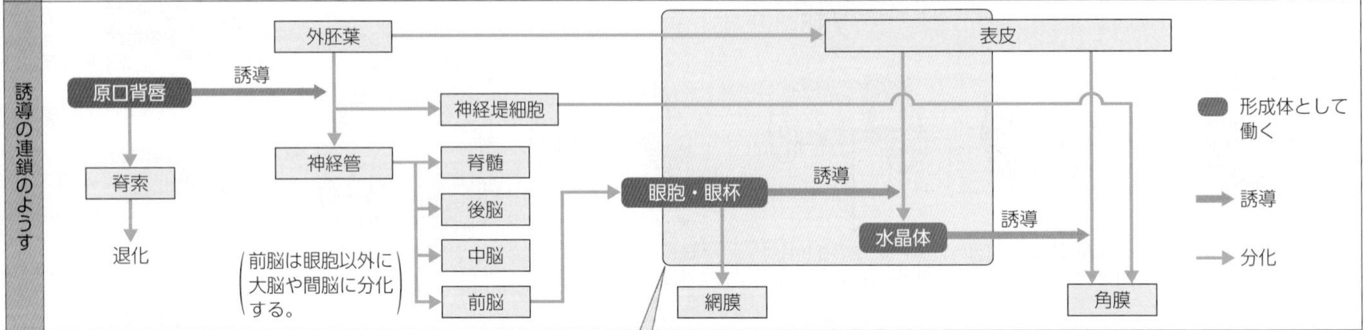

眼胞による誘導実験と反応能

カエル尾芽胚の眼胞を切除し，別の尾芽胚の頭部や胴部の表皮を切ってめくり，その内側に眼胞を移植する。頭部では，眼胞と接した外胚葉から水晶体が誘導されるが，胴部では誘導されない。

頭部
① 本来の眼胞に接している外胚葉
眼胞の誘導によって水晶体が誘導される。

② 移植した眼胞に接している頭部外胚葉
眼胞の誘導によって水晶体が誘導される。

④ 眼胞を切除
水晶体の誘導は起こらない。

胴部
③ 移植した眼胞に接している胴部外胚葉
水晶体の誘導は起こらない。

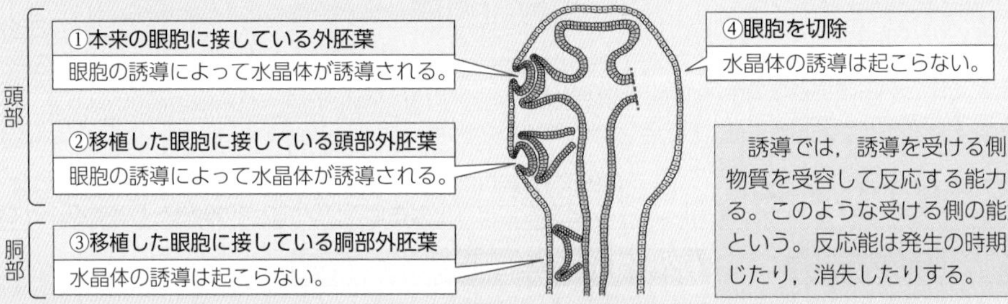

誘導では，誘導を受ける側にも，誘導物質を受容して反応する能力が必要である。このような受ける側の能力を反応能《はんのうのう》という。反応能は発生の時期に応じて生じたり，消失したりする。

2 器官形成とモルフォゲン 生物

両生類，ハ虫類・鳥類，哺乳類の発生初期にみられる肢の原基を肢芽《しが》という。肢芽でも物質の濃度勾配が分化の方向性の決定に関わると考えられている。

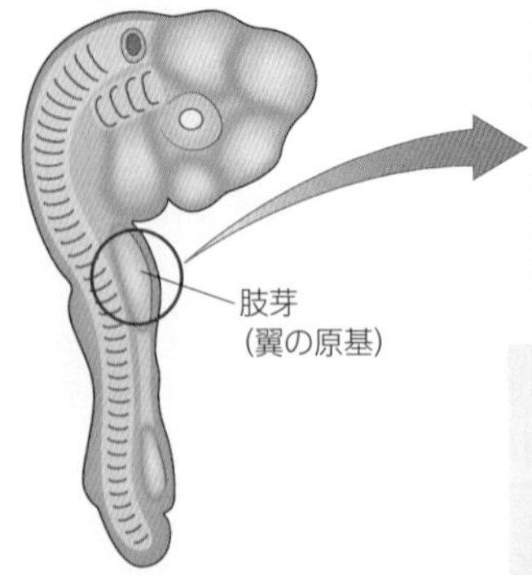

ニワトリの胚では，ある時期にZPA（Zone of Polarizing Activity；極性化活性帯）と呼ばれる領域が肢芽の後縁に現れる。肢芽の前後の方向性の決定には，ZPAから分泌されるソニックヘッジホッグ（SHH）タンパク質の濃度が位置情報として働いていると考えられている。

肢芽の前縁に別の胚から取り出した肢芽のZPAを移植する。

移植されたZPA
SHH
第2指
第3指
第1指
第2指
第3指
ZPA
低 ←SHHの濃度→ 高

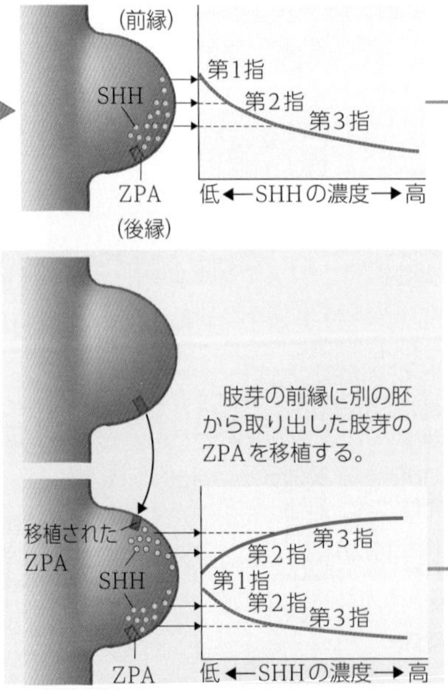

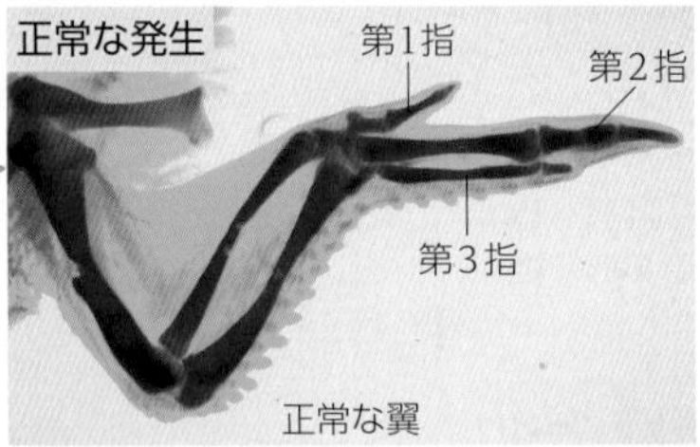

ニワトリの前肢では，第1指はSHHの濃度非依存的に分化する。第2，3指はSHHの濃度依存的に分化し，濃度が低い部分に第2指が，高い部分に第3指がつくられる。

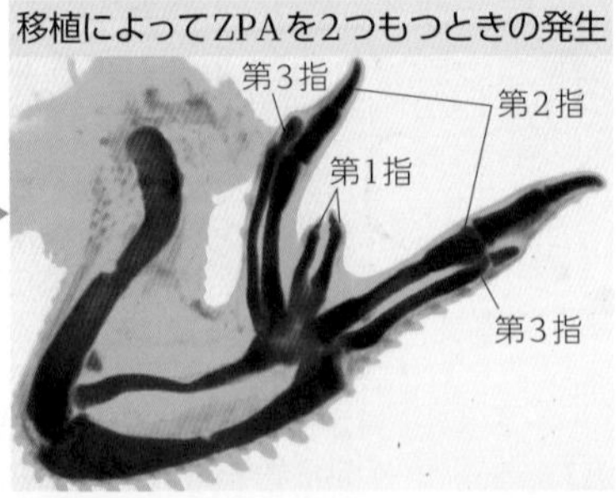

対称な位置に重複した指をもつ翼ができる。

移植によってZPAを2つもつときの発生
第3指
第2指
第1指
第3指

ZPAを肢芽の前縁に移植すると，もう1組の指を鏡像にもつ翼が形成される。

豆知識　ソニックヘッジホッグ（*SHH*）は，ヘッジホッグ（*hh*）ファミリーに属する遺伝子である。ヘッジホッグは，ハリネズミを意味し，ショウジョウバエの*hh*遺伝子突然変異体で胚の表面に棘状の突起が見られることから命名された。ソニックヘッジホッグは，日本のゲームに出てくるハリネズミのキャラクター名に由来する。

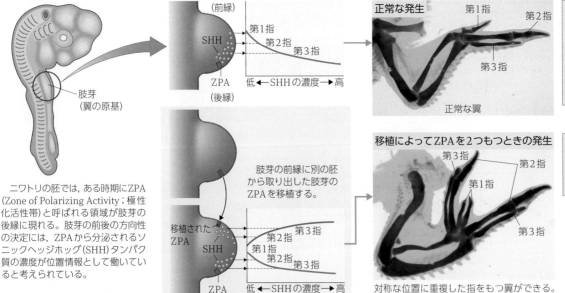

13 昆虫の発生のしくみ① 遺伝子の段階的発現

生物

Mechanisms of Insect Development, Part 1 Stepwise Gene Expression

1 体節構造の形成と分節遺伝子の段階的発現 生物

ショウジョウバエでは，種々の分節遺伝子が段階的に発現することで，胚の区画化が進み，体節が形成される。

母性効果遺伝子・母性因子

からだの前後軸を決定

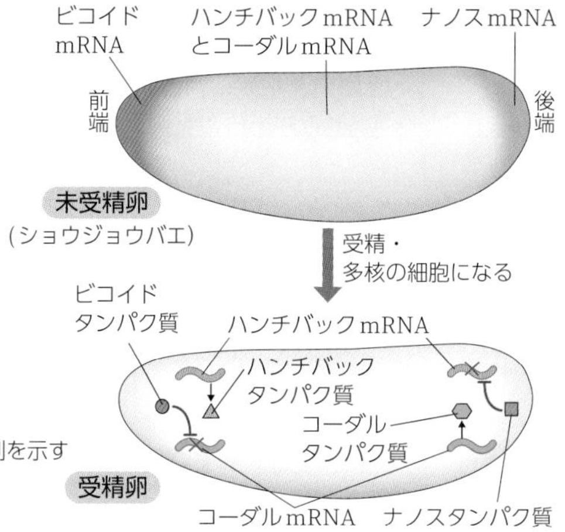

⊢ は翻訳抑制を示す

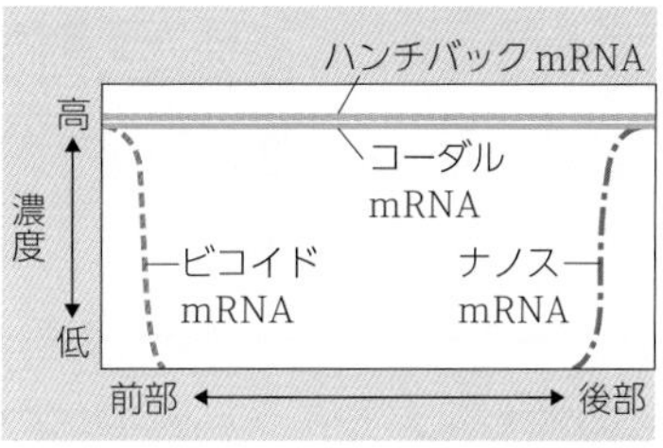

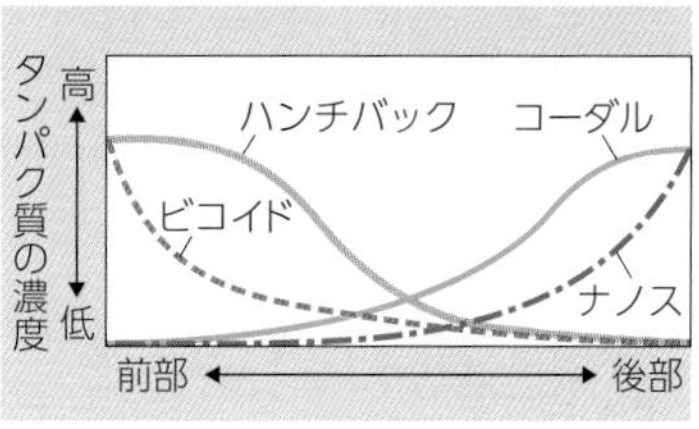

- 母性因子は，保育細胞（➡p.117）でつくられ，未受精卵に複数種類蓄積される。
- **ビコイドmRNA**と**ナノスmRNA**は，それぞれ卵の前方と後方に局在し，胚の前後軸の決定に重要な働きを担う。
- ビコイドタンパク質とナノスタンパク質は，ハンチバックとコーダルmRNAの翻訳調節を通じて，これらのタンパク質の分布に影響を与える。
- このようにしてできた濃度勾配は，位置情報として働き，それぞれの領域に存在する核の遺伝子発現に影響を与える。

ギャップ遺伝子群

胚の大まかな区画化

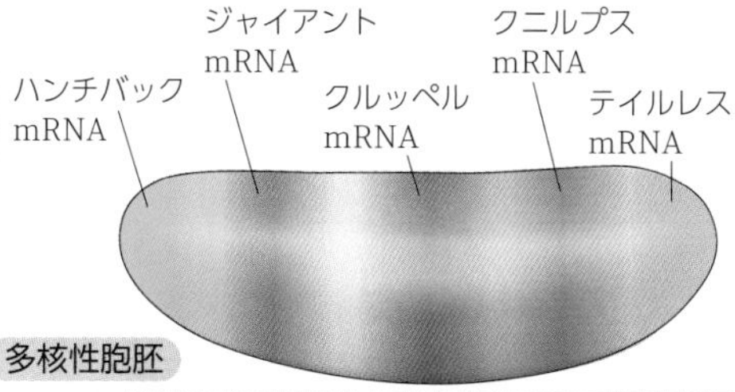

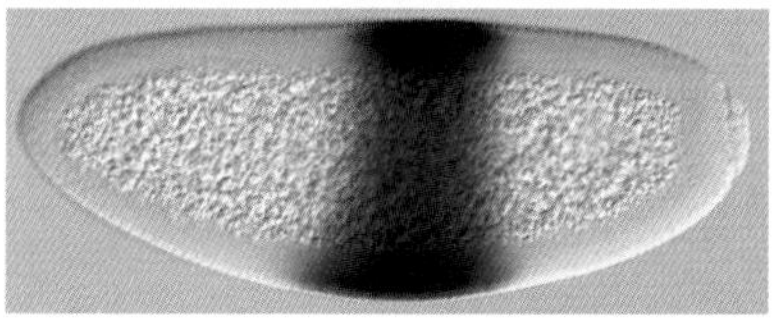

クルッペルmRNAを青色に染色している。▶

- 主要な遺伝子には9種類があり，すべて調節遺伝子である。
- 母性因子に由来する調節タンパク質や別のギャップ遺伝子の働きによって発現が促進されたり抑制されたりする。
- 各遺伝子は，それぞれ前後軸に沿った太い帯状の発現領域をもつ。発現領域は，しばしば重複する。

ギャップ遺伝子群，ペアルール遺伝子群，セグメントポラリティー遺伝子群をまとめて**分節《ぶんせつ》遺伝子《いでんし》**という。

ペアルール遺伝子群

胚をより細かく区分する

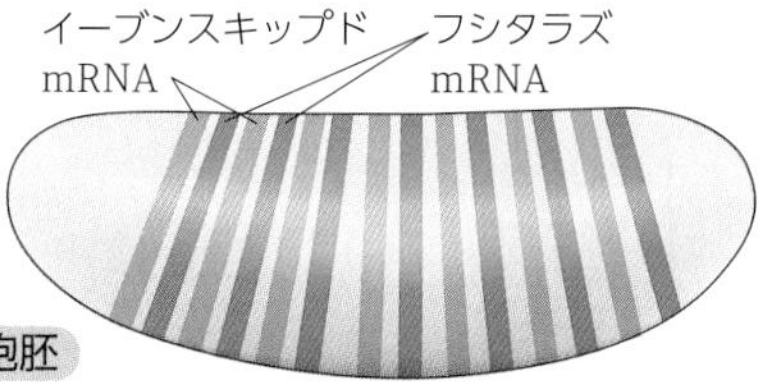

フシタラズmRNAを青色に染色している。▶

- 主要な遺伝子には8種類があり，すべて調節遺伝子である。
- ギャップ遺伝子群に由来する調節タンパク質の働きなどによって発現が引き起こされる。
- それぞれの遺伝子は，胚の前後軸に沿った7つの細い帯状の発現領域を示す。それぞれの発現領域は，重複もあるがいずれも少しずつずれており，周期的なパターンを形成する。

セグメントポラリティー遺伝子群

擬体節の確立と各体節における方向性の決定

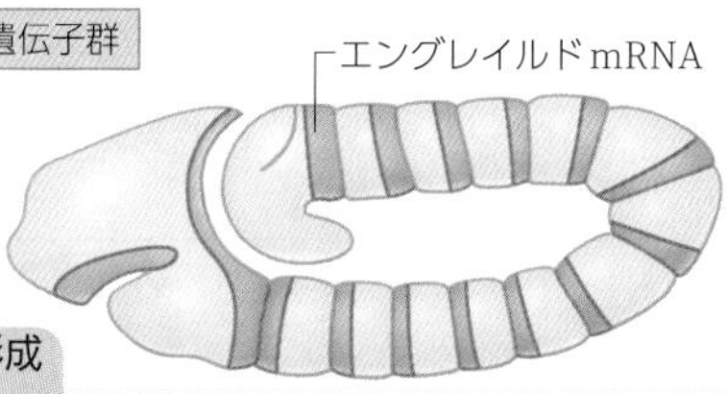

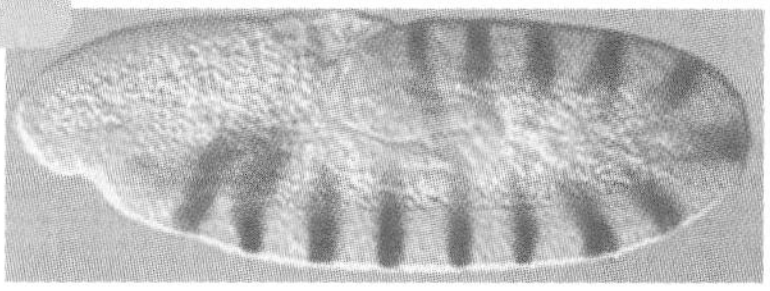

エングレイルドmRNAを青色に染色している。▶

- 主要な遺伝子には9種類があり，その一部は調節遺伝子である。
- ギャップ遺伝子群やペアルール遺伝子群に由来する調節タンパク質によって発現が引き起こされる。
- 各遺伝子は，胚の前後軸に沿ったそれぞれに異なる14本からなる帯状の発現領域をもつ。
- 擬体節《ぎたいせつ》※の確立に働く。

※擬体節…擬似的な体節で，胚発生における遺伝子発現の制御単位となる。後期発生でからだの基本となる体節とは少しずれている。

ホメオティック遺伝子群

分節遺伝子の変異体

分節遺伝子の変異体では，それぞれの遺伝子が発現する部位の構造が欠失している。

①ギャップ遺伝子

連続する体節が1～数か所で欠失し，ギャップのある変異体が生じる。

野生型の幼虫

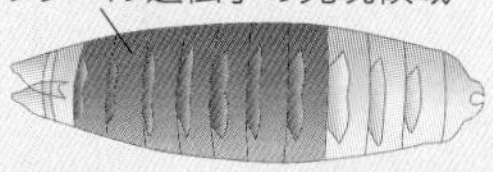

クルッペル遺伝子を欠失した変異体

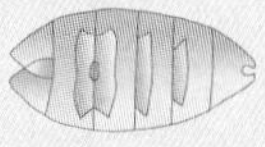

②ペアルール遺伝子

変異は体節2個（ペア）を単位に現れ，体節が1つおきに消失する。

野生型の幼虫

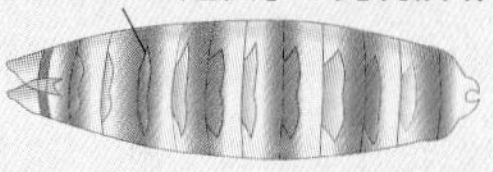

フシタラズ遺伝子を欠失した変異体

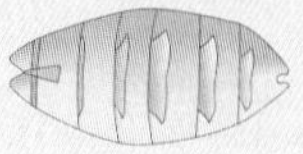

③セグメントポラリティー遺伝子

各体節の一部が欠失し，残りの部分が鏡像に重複された変異体が生じる。体節の極性（セグメントポラリティー）が失われている。

野生型の幼虫

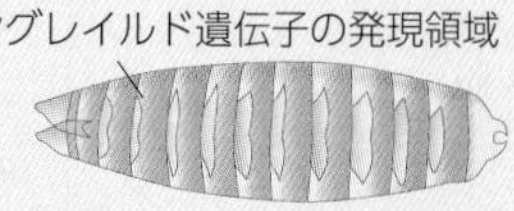

エングレイルド遺伝子を欠失した変異体

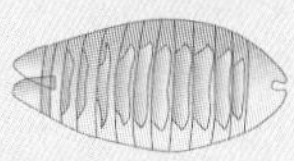

豆知識　ビコイドとナノスは，それぞれギリシャ語の「樽型」，「発育不全」からつけられたと言われている。また，クルッペルはドイツ語の「肢体不自由」，クニルプスはドイツの折り畳み傘のブランド名からつけられた。フシタラズは日本語の「節足らず」に由来する。

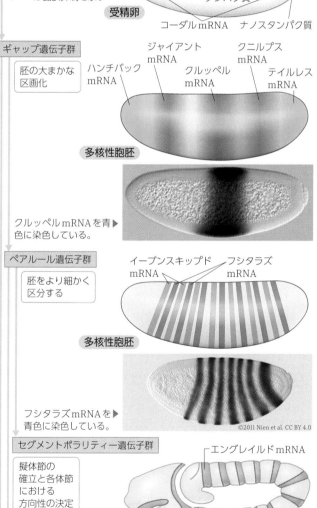

14 昆虫の発生のしくみ② 遺伝子発現と形態形成

1 母性因子の働きの解明 生物

ニュスライン・フォルハルトらは，ビコイドを欠くキイロショウジョウバエの胚を用いた実験によって，この母性因子が頭部側の構造形成に働くモルフォゲン(➡p.123)であることを示した。

Ⓐビコイド欠失胚の表現型

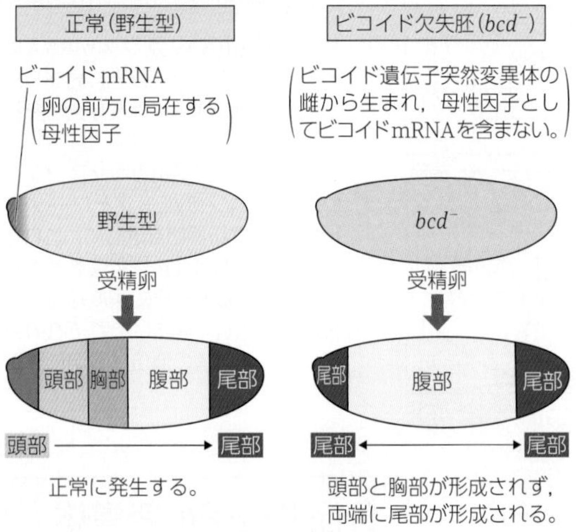

結論 ビコイドは，頭部・胸部の形成に必要である。

Ⓑビコイド mRNAの注入実験

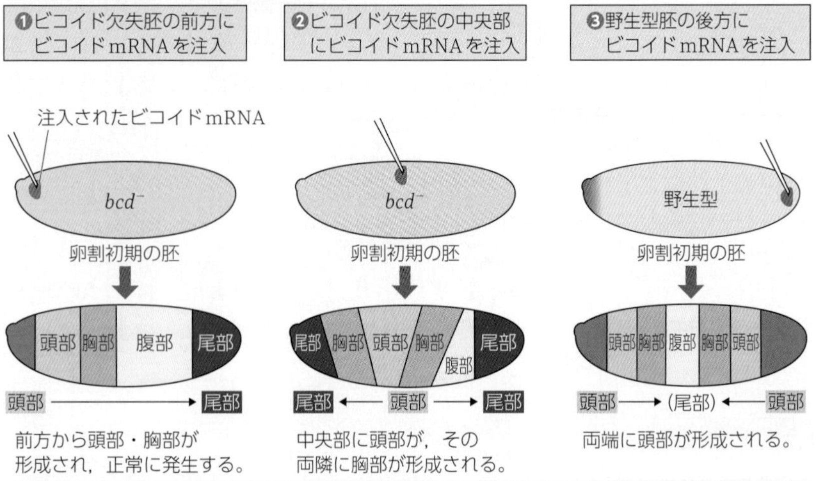

結論 ビコイドmRNAを注入した部位に頭部が，その隣に胸部が形成されたことから，ビコイドは，その濃度勾配によって胚に位置情報を提供するモルフォゲンであると考えられる。

2 分節遺伝子における遺伝子の発現調節 生物

ペアルール遺伝子の1つであるイーブンスキップド遺伝子の発現領域は，母性因子とギャップ遺伝子群の働きによって決定される。

Ⓐイーブンスキップド遺伝子とその転写調節領域

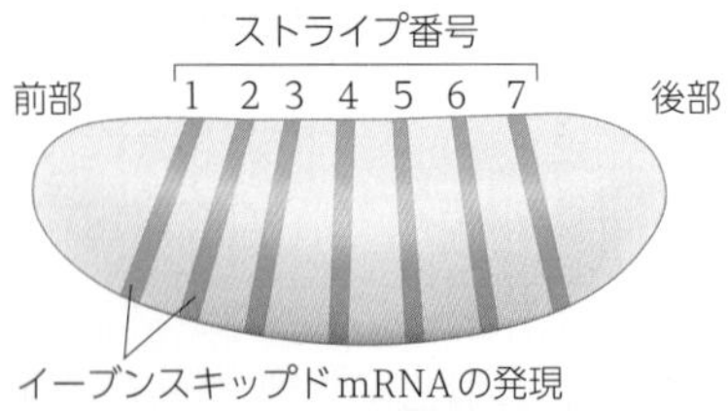

イーブンスキップド遺伝子には，複数の転写調節領域(A～E)があり，各転写調節領域は特定のストライプの発現を制御する。たとえば，転写調節領域Aはストライプ2と7の発現を制御している。

イーブンスキップド遺伝子とその転写調節領域

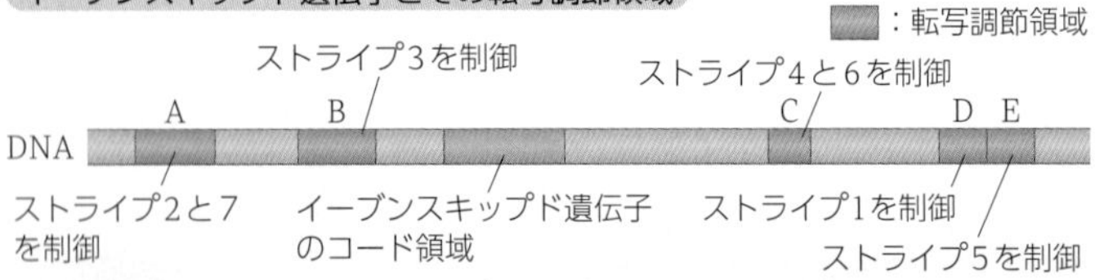

Ⓑストライプ2の発現調節(イーブンスキップド遺伝子)

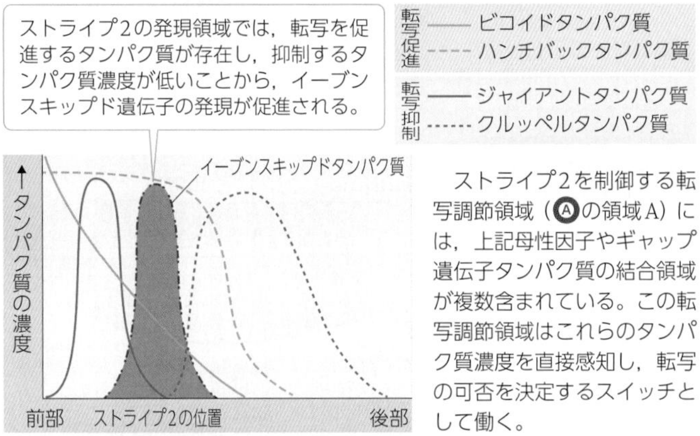

ストライプ2を制御する転写調節領域(Ⓐの領域A)には，上記母性因子やギャップ遺伝子タンパク質の結合領域が複数含まれている。この転写調節領域はこれらのタンパク質濃度を直接感知し，転写の可否を決定するスイッチとして働く。

Ⓒギャップ遺伝子突然変異体におけるイーブンスキップド遺伝子の発現変化

ギャップ遺伝子であるクルッペル遺伝子による発現調節がなくなると，その調節を受けるイーブンスキップド遺伝子の発現領域に異常が生じる。

	正常(野生型)	クルッペル遺伝子欠失胚
ギャップ遺伝子であるクルッペル遺伝子の発現(mRNAを青色に染色)	前部  後部	発現なし
ペアルール遺伝子であるイーブンスキップド遺伝子の発現(mRNAを青色に染色)	前部 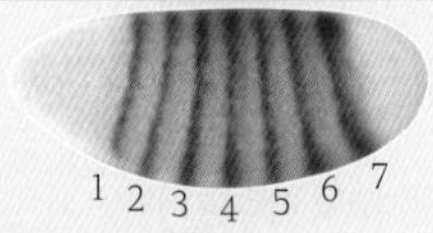 後部 ・前後軸に対して垂直方向に発現する。 ・発現する領域と発現しない領域が交互にみられ，前後軸に沿った7本のストライプ模様が形成される。	前部 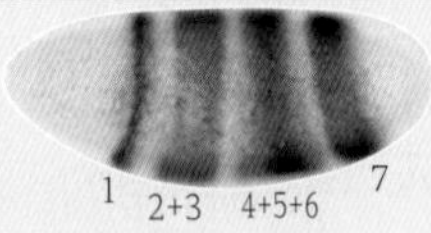 後部 ・野生型と比較すると，前部から2，3番目，および4～6番目のストライプがそれぞれ融合している。 ・ストライプの融合が起きたところは，クルッペル遺伝子による調節(イーブンスキップド遺伝子の転写抑制)がなくなった部分である。
幼虫の表現型	正常	一部の体節を欠く幼虫(➡p.127)

豆知識 ペアルール遺伝子の1つであるイーブンスキップド(*even-skipped*)遺伝子は，その突然変異体において，偶数(even number)番目の体節が欠失することから名付けられた。同様に，奇数(odd number)番目の体節が欠失するペアルール遺伝子として，オッドスキップド(*odd-skipped*)遺伝子も知られている。

3 ホメオティック遺伝子群 生物

分節遺伝子の働きによって生じた体節では，ホメオティック遺伝子群《いでんしぐん》と呼ばれる一連の調節遺伝子が働くことで，それぞれの体節がどのような構造を形成するかが決定される。

ショウジョウバエのホメオティック遺伝子群は，第3染色体に2つの集合（複合体）を形成して存在する。胚の各体節においてどのホメオティック遺伝子が発現するかは，その体節で発現している分節遺伝子の働きによって決定される。

ホメオティック遺伝子群は，ホメオティック突然変異体の原因遺伝子として同定された。

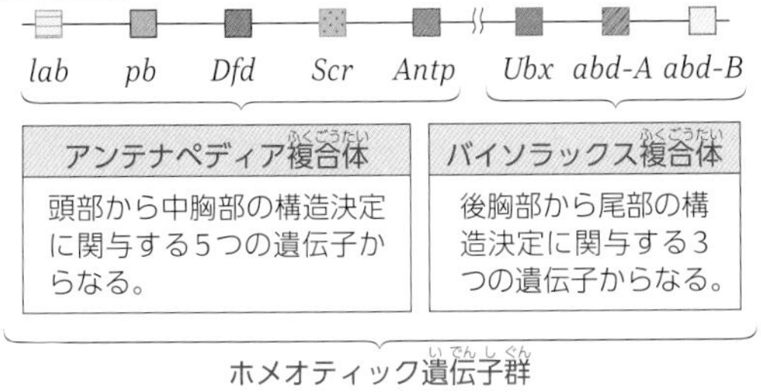

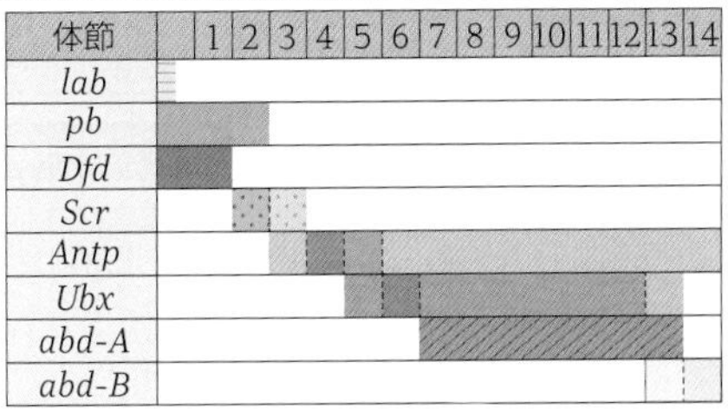

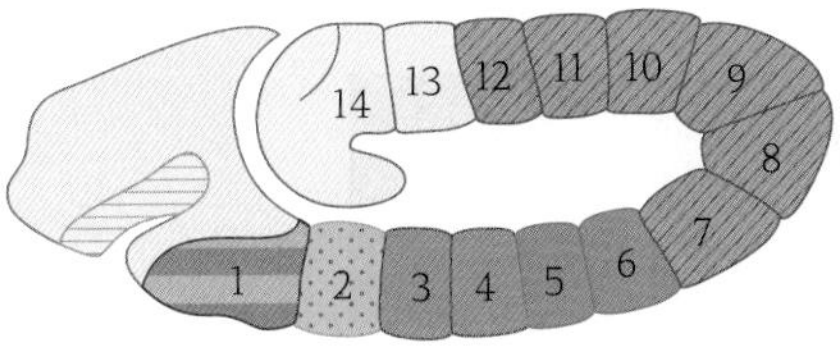

各体節で発現する主な遺伝子を示している。染色体上の遺伝子の並びと発現する体節の位置には相関がみられる。

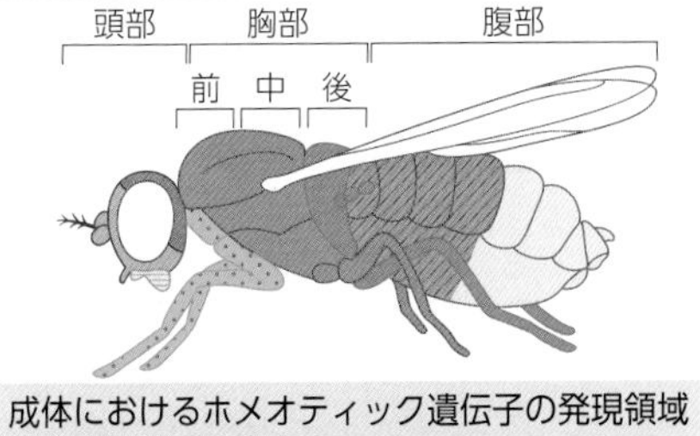

成体におけるホメオティック遺伝子の発現領域

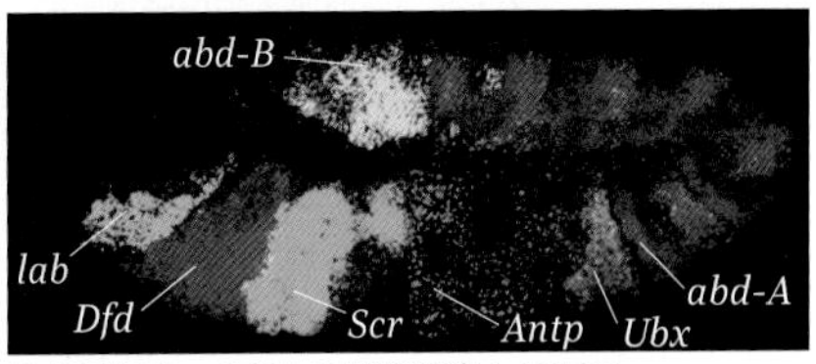

それぞれのmRNAを蛍光染色している。

写真はDave Kosman et al., Science, 305:846, 2004から転載。
AAASより許諾。

α ホメオティック突然変異体

ホメオティック突然変異体《とつぜんへんいたい》は，触角や脚などの構造が本来形成される位置に形成されず，別の構造に置き換わった個体である。この突然変異体の解析によってホメオティック遺伝子が同定された。すなわち，ホメオティック突然変異体は，ホメオティック遺伝子群の異常により生じる。

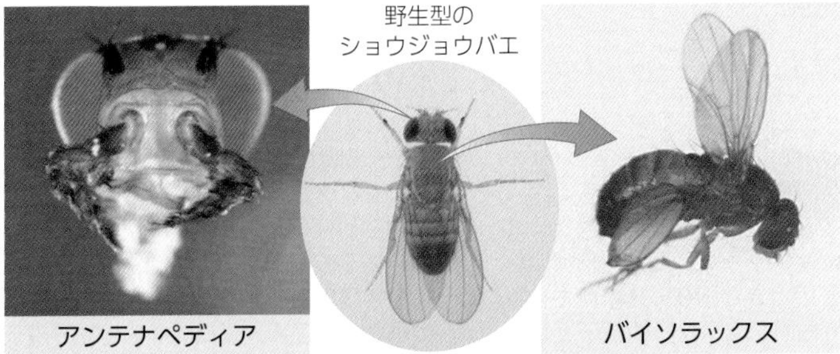

アンテナペディア（Antennapedia）では，触角（antenna）ができる位置に脚（pedis）が形成される。これは，頭部の触角を形成する領域に脚の形成を誘導する*Antp*遺伝子が異常発現しているためである。

バイソラックス（Bithorax）では，二重（bi）の胸部（thorax）と2対の翅が生じる。これは，後胸部に発現して翅の形成を抑制する*Ubx*遺伝子が正常に発現していないためであると考えられている。

4 *Hox*遺伝子群 生物

研究の進展につれて，ショウジョウバエで見つかったホメオティック遺伝子群は，多細胞生物が広く共通にもつ遺伝子群であることがわかり，ショウジョウバエのものも含めて*Hox*遺伝子群《いでんしぐん》と総称される。

Ⓐホメオティック遺伝子とホメオボックス

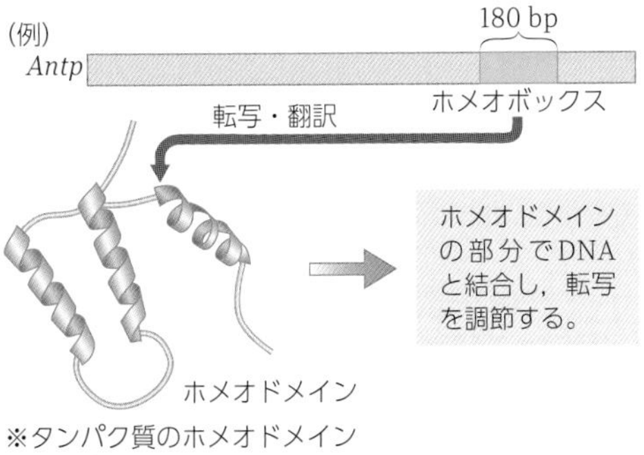

※タンパク質のホメオドメインの部分のみを示している。

ショウジョウバエの8つのホメオティック遺伝子には，180塩基対（bp）からなる相同性の高い塩基配列がそれぞれ存在する。これを**ホメオボックス**といい，ホメオボックスが転写・翻訳されてできる特徴的な構造を**ホメオドメイン**（➡p.90）という。ホメオドメインをもつタンパク質は，調節タンパク質としての機能をもつ。ホメオボックスは，ホメオティック遺伝子以外にも存在し，ショウジョウバエだけで60種類以上のホメオドメインタンパク質が発見されている。

Ⓑショウジョウバエのホメオティック遺伝子群と哺乳類の*Hox*遺伝子群

哺乳類の*Hox*遺伝子群は，遺伝子重複（➡p.258）によって*Hoxa* ～ *Hoxd*までの4群存在し，それぞれ異なる染色体上にクラスターとして存在する。個々の*Hox*遺伝子には1 ～ 13の番号が付けられており，各遺伝子はその配列からショウジョウバエのホメオティック遺伝子と対応づけられている。

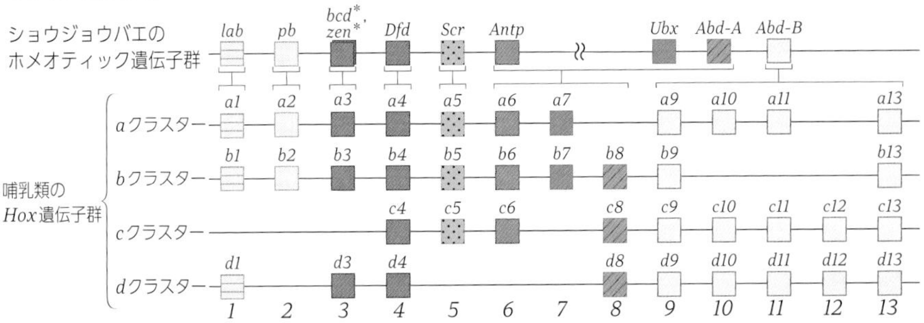

＊ショウジョウバエには，*Hox3*に相当する遺伝子として*bcd*（ビコイド）と*zen*が存在するが，いずれもホメオドメインのアミノ酸配列が大きく変化している。また，発生時に体節構造の形成に関わるホメオティック遺伝子群の機能は失われ，それぞれ別の機能をもつ。

哺乳類の胚での発現領域▶

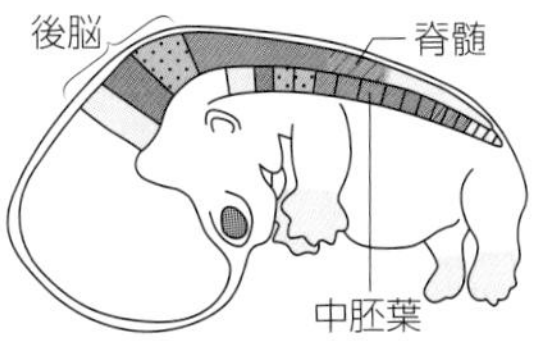

哺乳類の胚において，*Hox*遺伝子群は，ショウジョウバエと同様，染色体に存在する順番と同じ順序で胚の前後軸に沿って発現していることが多い。哺乳類においても，*Hox*遺伝子群は，前後軸に沿った形態形成において，位置情報を与える調節タンパク質として強く働く（➡p.131）。

豆知識　ショウジョウバエの変異体を用いて分節遺伝子の同定・解析を行ったドイツのニュスライン・フォルハルトとアメリカのヴィーシャウス，およびホメオティック遺伝子群とその機能についての先駆的な研究を行ったアメリカのルイスは，1995年にノーベル生理学・医学賞を受賞した。

15 発生における遺伝子発現の共通性

1 眼の形成にみられる遺伝子発現の共通性 生物

昆虫と脊椎動物の眼の構造は異なるが，共通の遺伝子によってその発生が制御されている。

Ⓐ眼の形成とマスター遺伝子

ショウジョウバエの眼の形成に必須な遺伝子として，*Ey* (*Eyeless*) 遺伝子が知られている。*Ey*遺伝子は調節タンパク質をコードしており，*Ey*遺伝子が発現すると，多くの調節遺伝子が連鎖的に，また，正のフィードバックによって恒常的に働くようになる。これらの働きによって眼が形成される。*Ey*遺伝子のように，ある細胞が特定の細胞へと分化するための指令スイッチとして機能する遺伝子は，**マスター遺伝子《いでんし》**と呼ばれる。

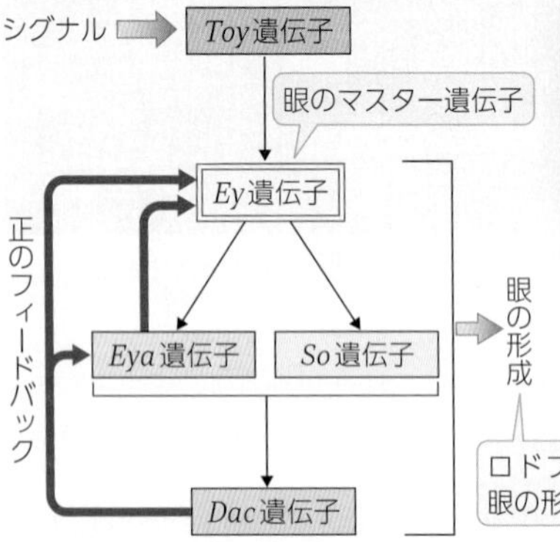

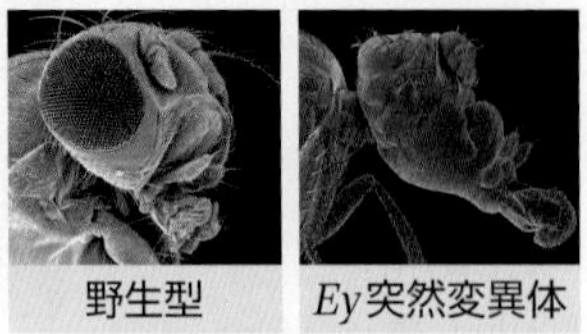
野生型　*Ey*突然変異体

ショウジョウバエでは，突然変異体の表現型から遺伝子名が命名される。*Ey*遺伝子突然変異体の成虫では眼が欠失する。

Ⓑマスター遺伝子の働き

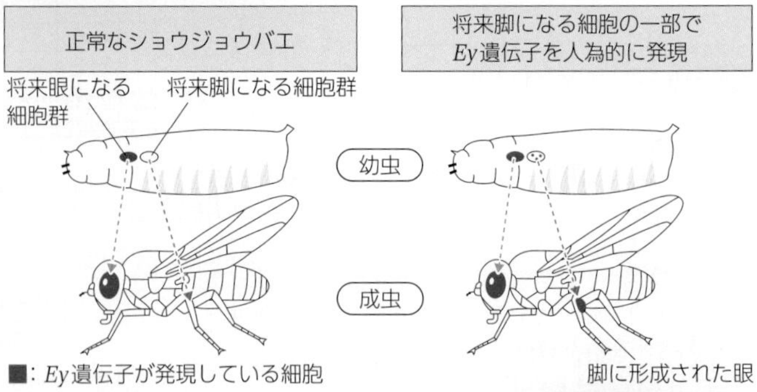

本来*Ey*遺伝子を発現しない脚などの細胞で*Ey*遺伝子を人為的に発現させると，眼の細胞へ分化するよう指令のスイッチが入ってその場所に眼が生じる。このような実験によって，*Ey*遺伝子のマスター遺伝子としての役割が示された。

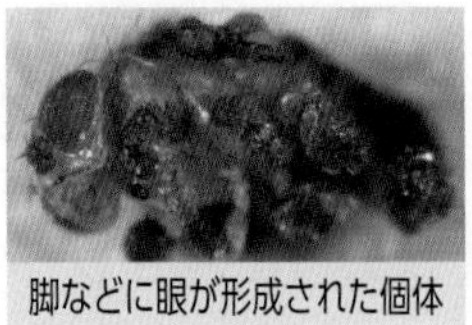
脚などに眼が形成された個体

Ⓒ眼のマスター遺伝子の共通性

脊椎動物には，*Ey*遺伝子と塩基配列の相同性が高く，同じ役割を担う*Pax6*遺伝子が存在する。これらの遺伝子は，共通祖先の同じ遺伝子に由来する。

脊椎動物のカメラ眼(➡p.203)とショウジョウバエの複眼は構造が大きく異なる。にも関わらず，マウスの*Pax6*遺伝子をショウジョウバエの将来脚になる細胞で人為的に発現させると，Ⓑの*Ey*遺伝子のときと同様に複眼を生じる。このことは，*Pax6*遺伝子がショウジョウバエでも眼のマスター遺伝子として機能したことを意味する。また，カメラ眼と複眼という眼の構造の違いは，マスター遺伝子の指令スイッチを受けて働く遺伝子(下流の遺伝子)の違いによってもたらされることを示している。

ツールキット遺伝子

多くの動物の発生では，共通の祖先から，塩基配列の相同性が高い状態で受け継がれたいくつかの遺伝子が広く働いていることが，分子生物学的な研究の進展によってわかってきた。*Hox*遺伝子群や*Ey/Pax6*遺伝子はその一例である。動物のボディプランは種によってさまざまだが，この多様性の一部は，そのような遺伝子の働き方，すなわち，発現時期や場所，発現量，調節の標的とする遺伝子などが変化することでもたらされる(➡2，3，4)。このような遺伝子は，さまざまな作業で共通に使われる工具の一式になぞらえて**ツールキット遺伝子《いでんし》**と呼ばれる。

2 昆虫の翅の多様化と遺伝子発現 生物

昆虫の翅の多様化には，ホメオティック遺伝子である*Ubx*遺伝子の働き方の変化が関係している。

Ⓐショウジョウバエの翅形成と*Ubx*遺伝子

多くの昆虫は第2，3胸部に1対ずつ，計2対の翅をもつが，ショウジョウバエ(ハエ目。双翅目ともいう。)は1対のみをもつ。ショウジョウバエの翅は，第2胸部体節からのみ形成される。これは，第3胸部体節でホメオティック遺伝子である*Ubx*遺伝子が発現し，翅形成遺伝子の発現を抑制した結果である。

ショウジョウバエ胚

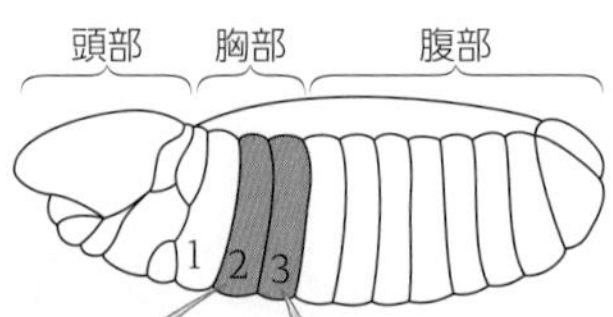

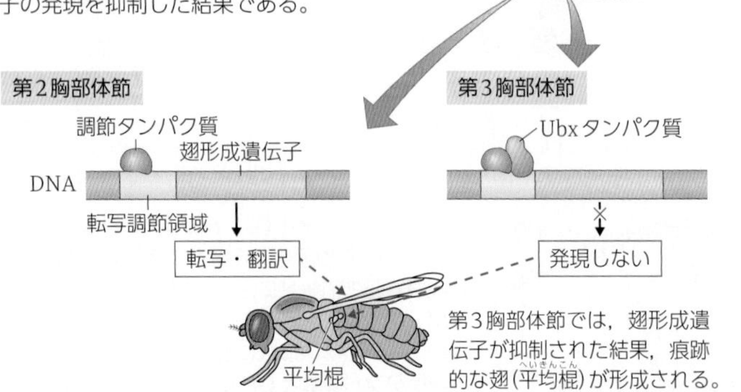

第3胸部体節では，翅形成遺伝子が抑制された結果，痕跡的な翅(平均棍《へいきんこん》)が形成される。

Ⓑ昆虫の翅の形態と*Ubx*遺伝子

昆虫の前翅と後翅の構造は種ごとに異なる。これは*Ubx*遺伝子の働き方の違いによって生じる。*Ubx*遺伝子はこれまでに調べられたすべての昆虫の後翅に相当する部分で発現している。しかし，ハエ目ではUbxタンパク質が翅形成遺伝子を抑制して平均棍が形成されるのに対し，チョウ目・コウチュウ目では翅形成遺伝子を抑制せず，後翅が形成される。

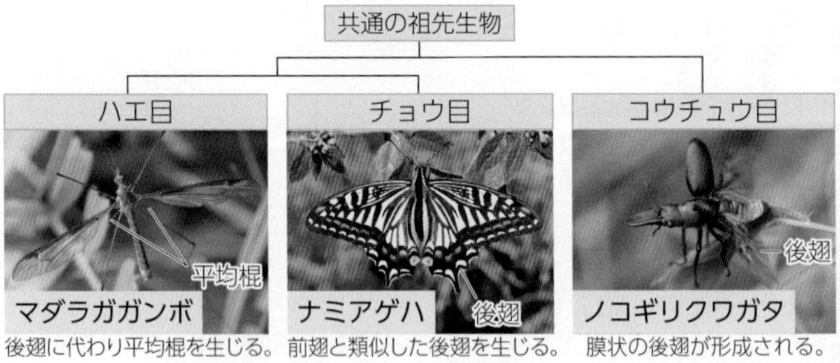

後翅に代わり平均棍を生じる。　前翅と類似した後翅を生じる。　膜状の後翅が形成される。

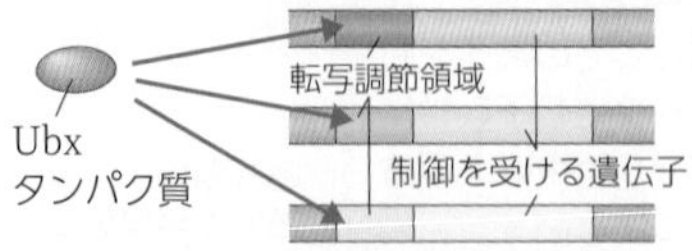

Ubxタンパク質は，複数の遺伝子を制御する。制御する遺伝子の種類は生物種によって異なるため，同じタンパク質が働くにも関わらず異なる特徴をもった構造が形成される。

豆知識　*Ubx*遺伝子は，節足動物の脚の発生も調節している。昆虫の脚は胸部体節から6本発生するだけで，腹部体節からは発生しない。一方，昆虫以外の多くの節足動物は腹部体節からも脚が発生する。これは，昆虫の系統で*Ubx*遺伝子に突然変異が起こり，腹部体節において脚の形成に必要な遺伝子を抑制するようになった結果である。

3 背腹軸の形成と遺伝子発現 生物

節足動物では，脊椎動物とは異なり，背側に消化管や循環器系が，腹側に中枢神経系が形成されるが，神経誘導(➡p.125)のしくみは脊椎動物と共通している。

Ⓐ脊椎動物と節足動物のボディプラン(モデル)

脊椎動物

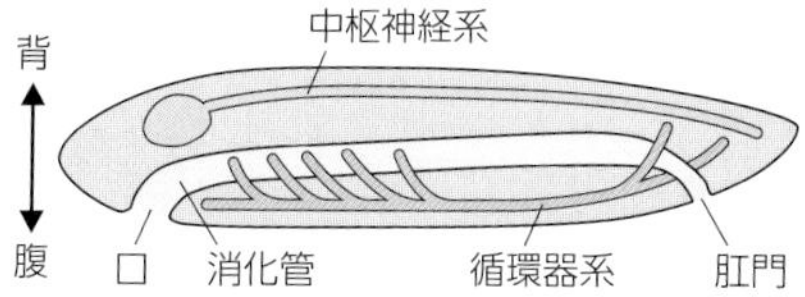

背側に神経系などが，
腹側に消化管や循環器系などがつくられる。

節足動物

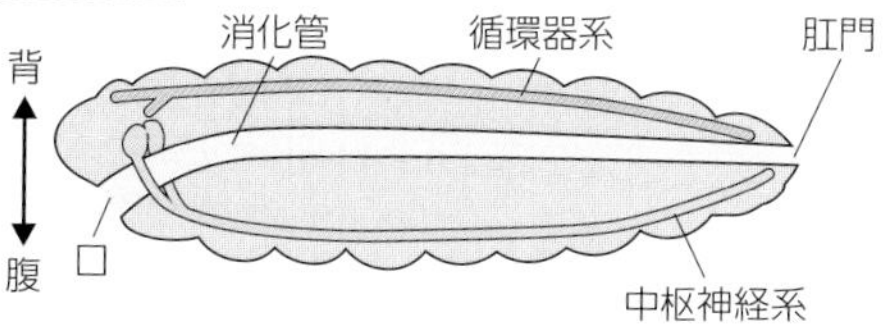

背側に消化管や循環器系などが，
腹側に神経系などがつくられる。

Ⓑ背腹軸を決めるしくみの共通性(分子の分布モデル)

脊椎動物(カエル)

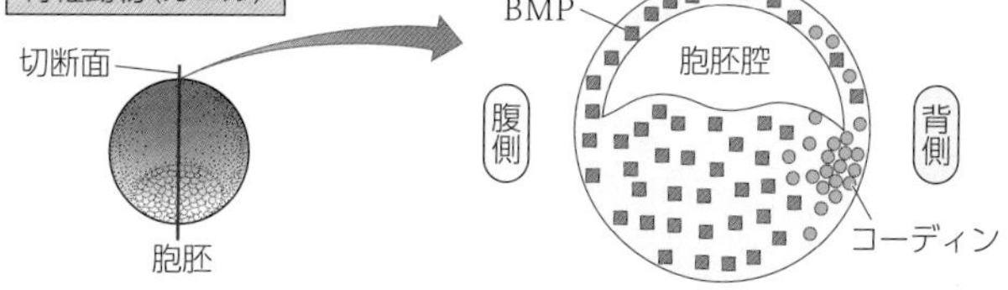

脊椎動物では，背側に存在するコーディンがBMPの働きを阻害することで，背側に神経系が形成される。

節足動物(ショウジョウバエ)

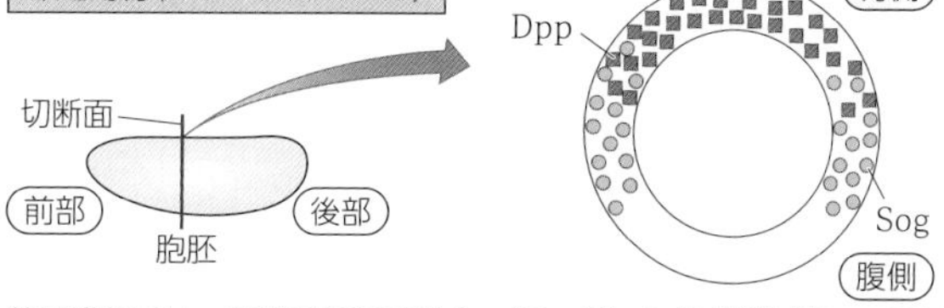

節足動物では，腹側に存在するSog(コーディンに相当)がDpp(BMPに相当)の働きを阻害することで，腹側に神経系が形成される。

節足動物では，SogとDppというタンパク質が脊椎動物と同様のしくみで神経を誘導する。Sogとコーディン，DppとBMPは，それぞれ遺伝子の塩基配列の相同性が高く，遺伝子の由来が共通していると考えられる。

神経誘導のメカニズムは進化の過程で大きく変化することなく維持されており，カエル胚でコーディンの代わりにショウジョウバエのSogを発現させても，神経誘導が起こる。節足動物と脊椎動物ではボディプランが大きく異なるが，これは，節足動物と脊椎動物の共通祖先がもっていた神経誘導のメカニズムを異なる場所で使うことでもたらされたと考えられる。

4 脊椎動物における*Hox*遺伝子群の働き 生物

*Hox*遺伝子群は，脊椎動物の発生においてもショウジョウバエと同様に，前後軸に沿った形態形成で重要な役割を担う。

Ⓐ脊椎骨の形成と*Hox*遺伝子群

脊椎は，頭側から順に頸椎，胸椎，腰椎，仙椎，尾椎に大きく分けられ，それぞれ異なる形態的特徴をもつ脊椎骨からなる。

どの種類の脊椎骨が形成されるかの決定には，*Hox*遺伝子群の発現が関与している。これは，*Hox10*または*Hox11*遺伝子をすべてノックアウト(➡p.148)したマウスの研究などから示された。

＊哺乳類の*Hox10*遺伝子は，1ゲノム中に3つ存在する(➡p.129)。これをすべてノックアウトしないと下記のような形質は現れない。*Hox11*遺伝子も同様。

▼正常なマウスの骨格の一部を背側から見た図

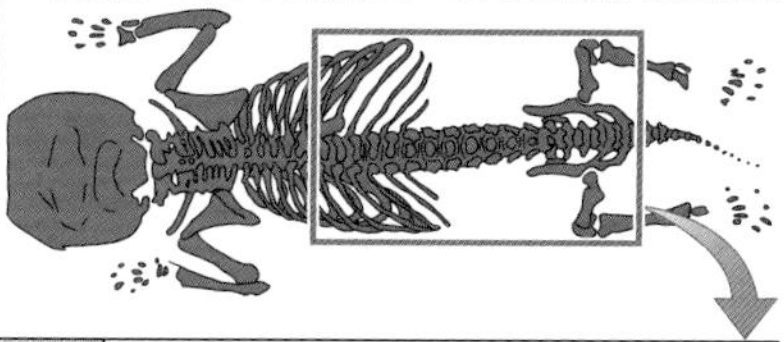

正常なマウス

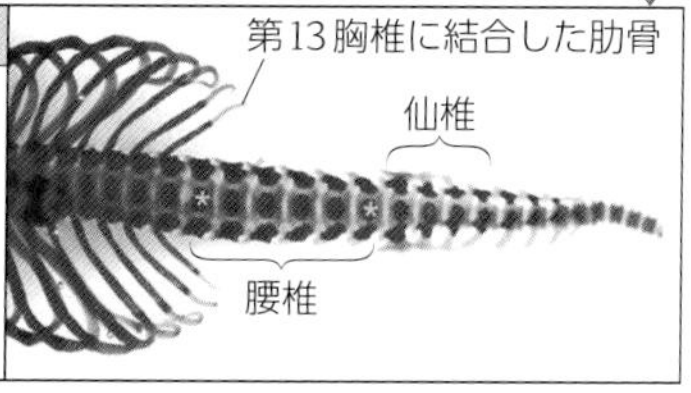

胸椎は13個，腰椎は6個，仙椎は4個の脊椎骨からなる。

*Hox10*遺伝子をすべてノックアウトしたマウス＊

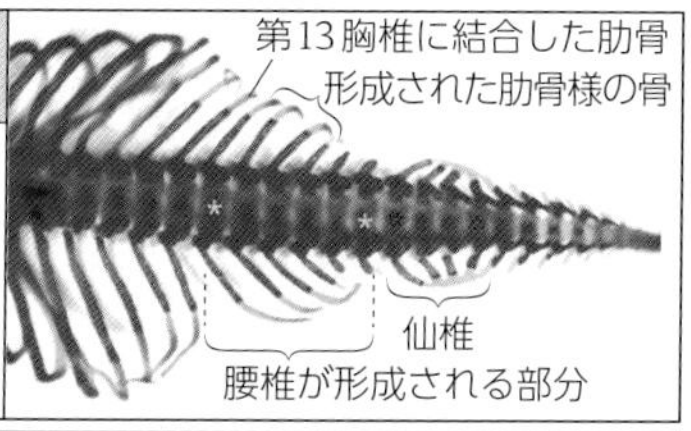

腰椎が形成される部分に胸椎様の脊椎骨が形成され，肋骨様の骨が形成された。

*Hox11*遺伝子をすべてノックアウトしたマウス＊

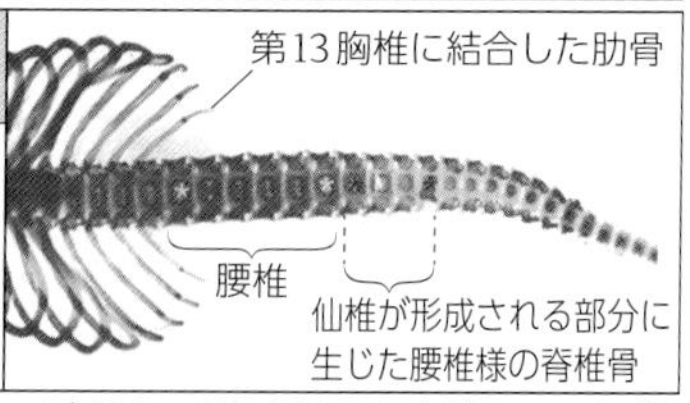

仙椎が形成される部分に腰椎様の脊椎骨が形成された。

写真はDM Wellik and MR Capecchi, Science, Vol. 301, Issue 5631, 363-367, 2003から転載。AAASより許諾。

Ⓑ*Hox*遺伝子群の発現パターンと脊椎

ニワトリとマウスでは，脊椎骨の総数は同じだが，各種脊椎骨の数の構成は異なっている。テービンらは，脊椎骨の種類の決定には*Hox*遺伝子群の発現パターンが関わっており，ニワトリとマウスでは各*Hox*遺伝子の発現範囲が異なることを示した。

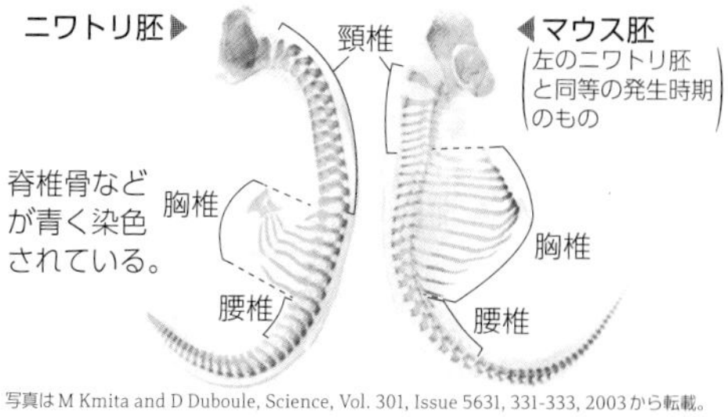

◀マウス胚
(左のニワトリ胚と同等の発生時期のもの)
脊椎骨などが青く染色されている。

写真はM Kmita and D Duboule, Science, Vol. 301, Issue 5631, 331-333, 2003から転載。AAASより許諾。

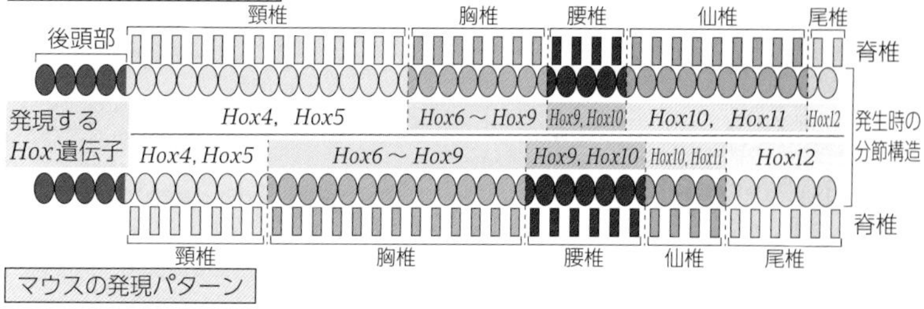

break《ぶれいく》 キリンの頸椎

キリンの首は平均約2 mもの長さになるが，他のほとんどの哺乳類と同様，頸椎は7個の脊椎骨からなる。1つの脊椎骨の長さが長く，平均約30 cmである。これは，発生時に骨の成長を止めるシグナルの発生が他の哺乳類よりも遅く，骨の成長が長期間続くためであると考えられている。

頸椎の骨1個の長さ(平均)
キリン：約30 cm
ヒ　ト：約1.5 cm

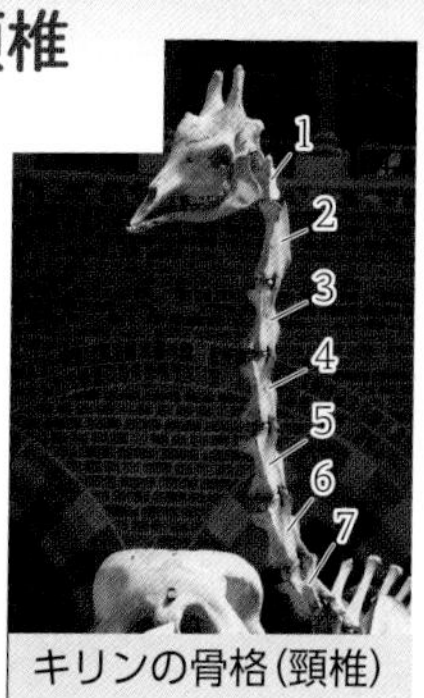

キリンの骨格(頸椎)

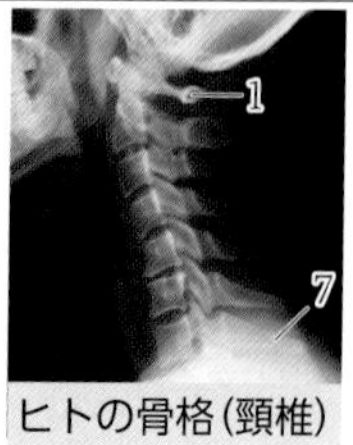

ヒトの骨格(頸椎)

豆知識 *Hox*遺伝子など，生物の発生を制御する共通の遺伝子群の発見によって，「evo-devo《エボデボ》」(Evolutionary Developmental Biology; 進化発生生物学)と呼ばれる学問分野が誕生した。evo-devoによって，生物の多様な形態をつくるメカニズムやその共通性，基本原理が理解されつつある(➡p.139)。

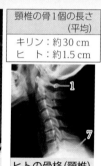

16 発生と細胞死

生物

Cell Death in Development

1 プログラム細胞死 生物

発生のある段階などで起こるように遺伝的に予定されている細胞の死をプログラム細胞死《さいぼうし》という。この現象は，線形動物(➡p.288)のセンチュウを用いた細胞系譜の解明を通じて明らかになった。

Ⓐセンチュウの細胞系譜

サルストンらは，センチュウの一種である*Caenorhabditis elegans*(*C. elegans*)《シー・エレガンス》の発生を顕微鏡で丹念に観察し，細胞がどのように分裂し，どのような運命をたどるかを系図上に示した。このような系図は，**細胞系譜**《さいぼうけいふ》と呼ばれる。

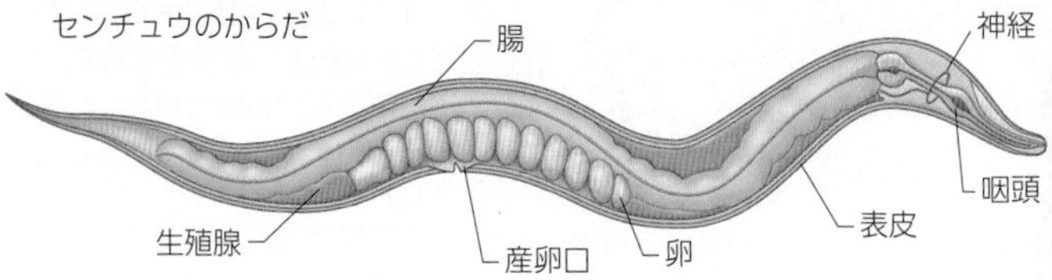

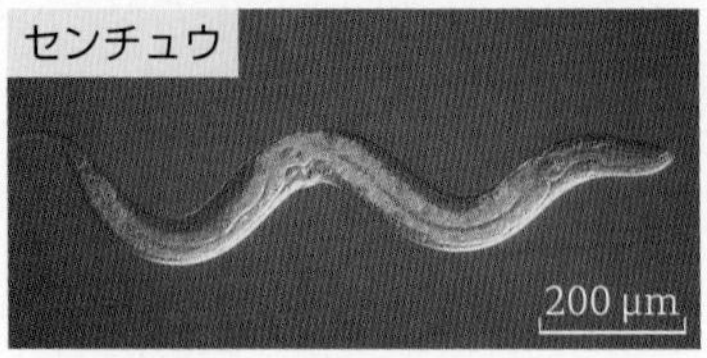

解析の結果，*C. elegans*では，発生過程で合計1090個の体細胞を生じ，このうちの131個は決まった時期に決まった場所で細胞死を起こしていた。これによって，正常な生物の発生には，特定の細胞が自発的に死ぬ過程が含まれることが明らかとなった。

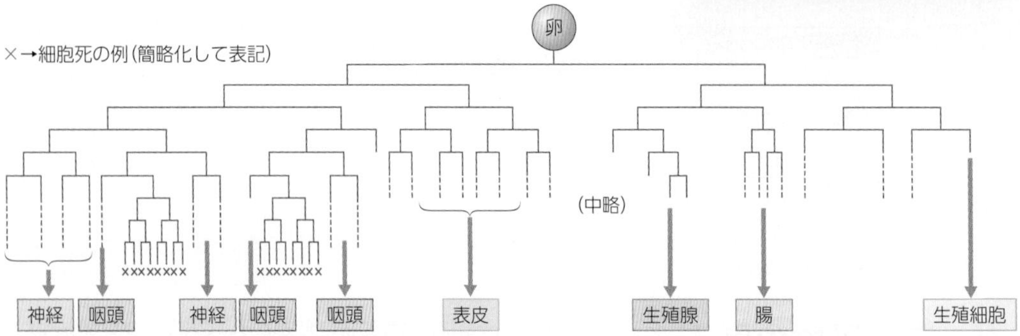

*C. elegans*では，発生過程で生じた1090個の体細胞のうち131個が死滅し，残りの959個の体細胞が成体をつくる。

*C. elegans*は，ブレナーによって発生学，神経行動学，分子遺伝学に適した実験動物として採用され，モデル生物として広まった。次のような利点がある。
①からだの構造が単純。また，透明で細胞を観察しやすい。
②雌雄同体のものが多く，自家受精できる。
③1世代が約3日(25℃で飼育した場合)と短い。

Ⓑ脊椎動物の指の形成にみられるプログラム細胞死

ヒトやマウス，ニワトリなどの発生で指が形成される過程では，水かきに当たる部分の組織がプログラム細胞死によって消失する。これによって，指の形が現れる。

右の写真では，プログラム細胞死を起こした細胞は特異的に染色されて明るい緑色に見える。

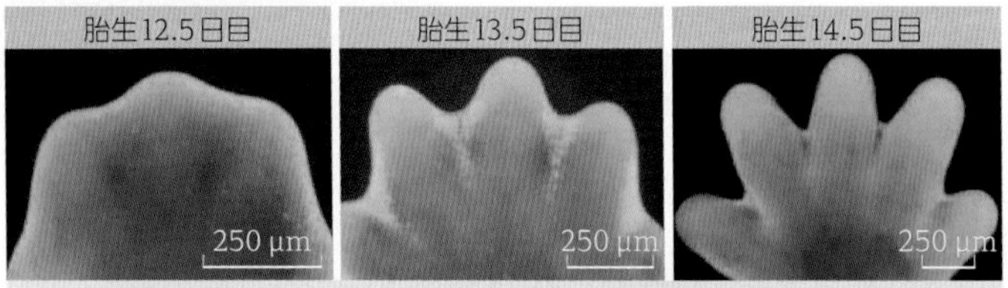

マウスの指の形成にみられるプログラム細胞死(アポトーシス)

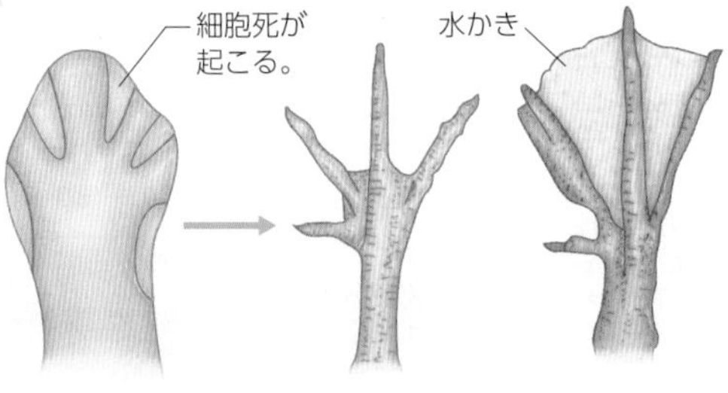

ニワトリの胚の肢《あし》の原基　ニワトリの肢(右後肢)　アヒルの肢

アヒルでは細胞死がほとんど起こらず，水かきができる。

プログラム細胞死は，発生の過程だけでなく成体でも起こる。たとえば，自己の成分に反応するリンパ球の排除(➡p.184)や，中枢神経系の形成時に特定の部分で起こる細胞死などは，プログラム細胞死である。

Ⓒアポトーシス

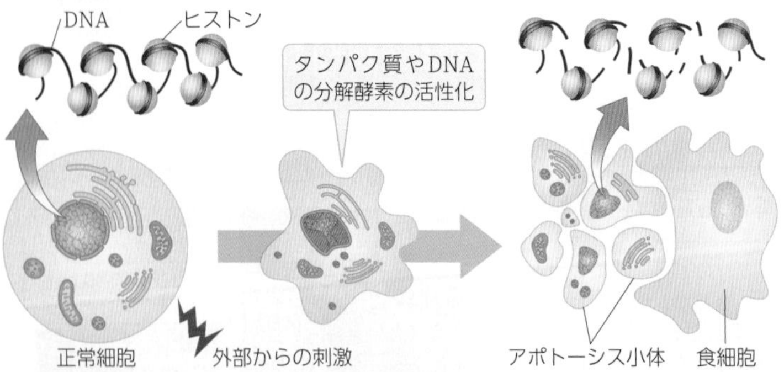

細胞死には，さまざまな細胞小器官は正常なまま，核が崩壊し，やがて細胞全体が断片化するものがある。このような細胞死は，**アポトーシス**と呼ばれる。DNAの断片化が起こる点が特に特徴的である。動物におけるプログラム細胞死の多くは，このアポトーシスによるものである。アポトーシスは，特定の受容体を介したシグナル伝達などによって誘導され，これによってタンパク質分解酵素やDNA分解酵素などが発現することによって起こる。アポトーシスを起こした細胞は，マクロファージなどの食細胞によってすみやかに除去される(➡p.178)。

α PLUS ネクローシス

細胞死には，ネクローシスと呼ばれるものもある。ネクローシスでは，核や細胞質にさまざまな崩壊過程がみられる点でアポトーシスとは異なる。細胞が崩壊するのに伴って細胞内のさまざまな酵素が放出され，その周囲では炎症が引き起こされる。ネクローシスは，火傷や外傷など，主に物理的な要因が原因で生じる。

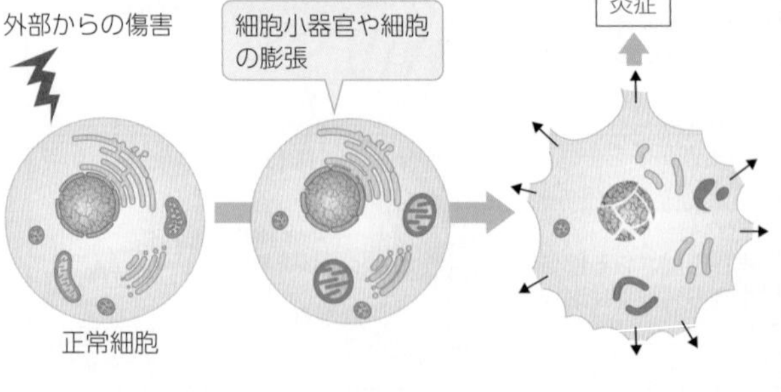

豆知識　アポトーシスとは，ギリシア語のapo(「離れる」の意味)と，ptosis(「落ちる」の意味)に由来し，花弁や枯葉が落ちていくようすを意味する言葉で，英語のfalling offに相当する。

17 幹細胞と再生

基本 1 細胞の分化と幹細胞 生物

発生において，受精卵の体細胞分裂によって増殖した細胞は，移動や相互作用を伴いながら，さまざまな細胞に分化できる幹細胞から，特定の形や機能をもつ細胞へ分化していく。

Ⓐ幹細胞

自己複製能力をもち，さまざまな，あるいは特定の種類の細胞に分化する能力をもつ細胞を**幹細胞**《かんさいぼう》(stem cell)という。

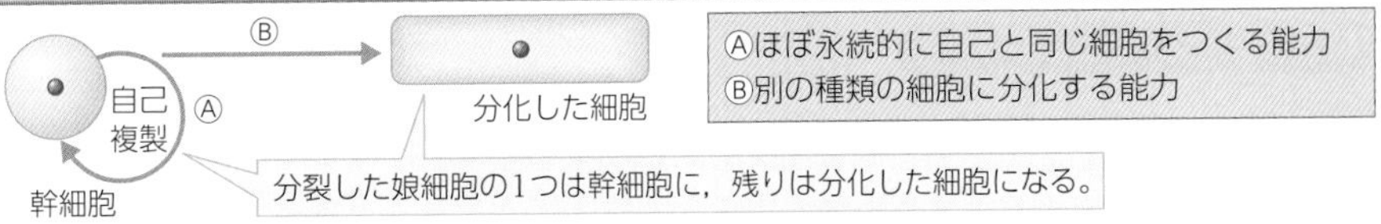
Ⓑ
Ⓐ
自己
複製
幹細胞
分化した細胞
分裂した娘細胞の1つは幹細胞に，残りは分化した細胞になる。
Ⓐほぼ永続的に自己と同じ細胞をつくる能力
Ⓑ別の種類の細胞に分化する能力

Ⓑ組織幹細胞

一般に発生の進行に伴って細胞の増殖能力や分化できる細胞の種類は限定されていく。一方，発生を終えて成体となった組織にも幹細胞が存在する。脊椎動物の器官や組織には，特定の細胞に分化する**組織幹細胞**《そしきかんさいぼう》と総称される幹細胞が存在する。

全能性《ぜんのうせい》…あらゆる細胞に分化し，完全な個体をつくる能力。有性生殖のみを行う動物では，成体に全能性の細胞は存在しない。
多能性《たのうせい》…限られた一定の種類の細胞に分化する能力。脊椎動物の組織幹細胞の多くがもつ。また，iPS細胞(➡p.135)などがもつ，完全な個体とはなれないが，多種の細胞に分化する能力。
単能性《たんのうせい》…表皮幹細胞のように，1種類の細胞に分化する能力。

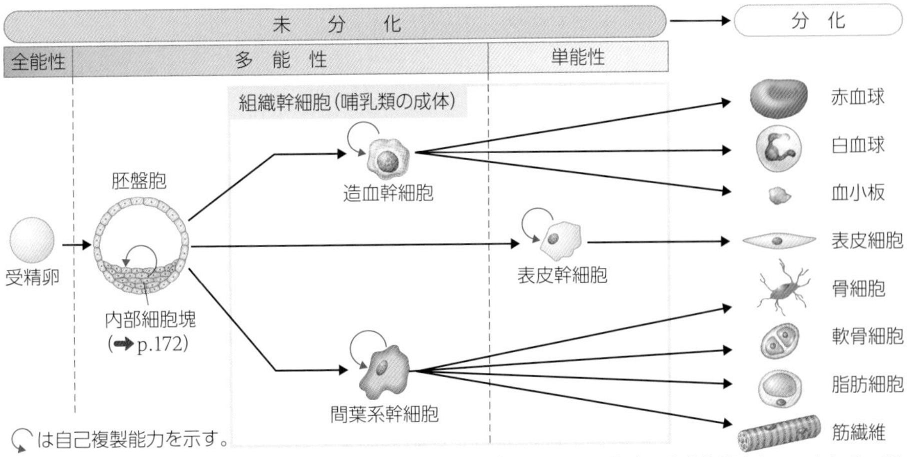
未　分　化
分　化
全能性
多　能　性
単能性
組織幹細胞(哺乳類の成体)
受精卵
胚盤胞
内部細胞塊
(➡p.172)
造血幹細胞
表皮幹細胞
間葉系幹細胞
赤血球
白血球
血小板
表皮細胞
骨細胞
軟骨細胞
脂肪細胞
筋繊維
は自己複製能力を示す。

間葉系幹細胞は，骨髄や脂肪組織などから採取することが可能で，比較的高い多分化能をもつことから，再生医療への利用が研究されている(➡p.136)。

Ⓒ組織幹細胞による生理的再生

多くの細胞には寿命が存在し，古い細胞は新しい細胞に定期的に置き換えられることで，恒常性が維持される。この過程は**生理的再生**《せいりてきさいせい》と呼ばれ，新しい細胞は組織幹細胞の増殖・分化によってつくられる。たとえば，皮膚や消化管の上皮細胞における古い細胞の剥離と新しい細胞への置き換えや，骨髄の造血幹細胞による血球の供給などがある(➡p.158)。

小腸の柔毛上皮細胞における生理的再生

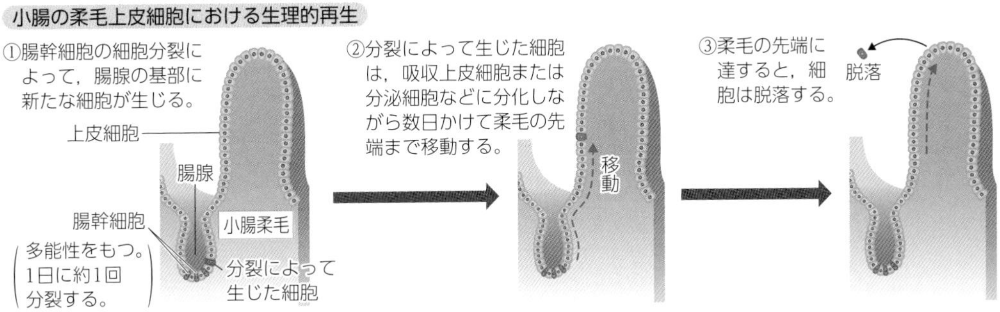
①腸幹細胞の細胞分裂によって，腸腺の基部に新たな細胞が生じる。
上皮細胞
腸腺
腸幹細胞
多能性をもつ。1日に約1回分裂する。
小腸柔毛
分裂によって生じた細胞
②分裂によって生じた細胞は，吸収上皮細胞または分泌細胞などに分化しながら数日かけて柔毛の先端まで移動する。
移動
③柔毛の先端に達すると，細胞は脱落する。
脱落

＋α PLUS 外傷的再生

個体の一部分が失われた際にそれに該当する部分が復元される現象は再生と呼ばれる。動物の再生には，生理的再生のほか，偶発的に脱落・損傷を受けた部分が補われる**外傷的再生**《がいしょうてきさいせい》がある。外傷的再生には，脱分化と再分化による再生と，幹細胞による再生とがある。

Ⓐイモリの肢の再生(脱分化と再分化による外傷的再生)

分化した細胞が再び未分化な状態に変化することを**脱分化**《だつぶんか》といい，脱分化した細胞が再び分化する現象を**再分化**《さいぶんか》という。イモリ(成体)の肢は，切断されると，脱分化と再分化によって再生される。脱分化した細胞は，脱分化する前と同じ組織の細胞に分化すると考えられている。脱分化や再分化には遺伝子発現の変化を伴う。

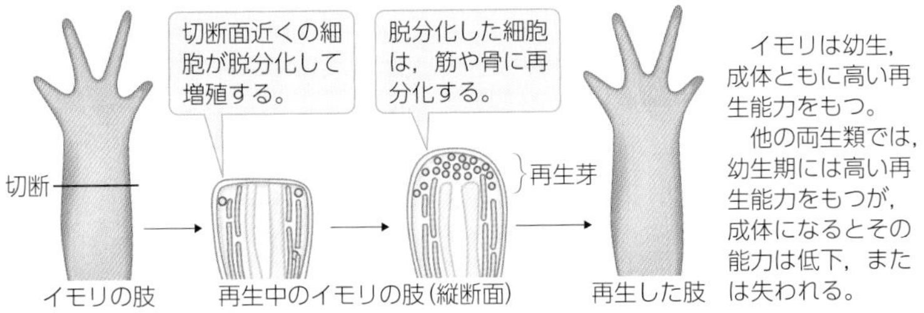
切断面近くの細胞が脱分化して増殖する。
脱分化した細胞は，筋や骨に再分化する。
切断
再生芽
イモリの肢
再生中のイモリの肢(縦断面)
再生した肢

イモリは幼生，成体ともに高い再生能力をもつ。
他の両生類では，幼生期には高い再生能力をもつが，成体になるとその能力は低下，または失われる。

Ⓑプラナリアの再生(幹細胞による外傷的再生)

プラナリアでは，常に全身に全能性の幹細胞が存在する。損傷時にはこれが分化して，組織や器官を再生する。

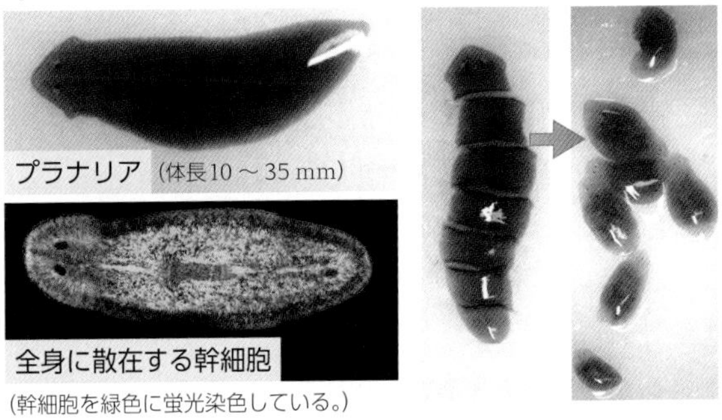

プラナリア (体長10～35 mm)

全身に散在する幹細胞

(幹細胞を緑色に蛍光染色している。)

豆知識　全身に幹細胞をもつ生物は，通常無性生殖でふえるものが多い。プラナリアの場合，環境が安定しているときは無性生殖でふえ，環境が悪化して有性生殖を行う際には，幹細胞が生殖細胞などに分化する。すなわち，全身に存在する幹細胞は，基本的には生殖のために存在すると考えられている。

18 多能性幹細胞の作製

生物 発展　　Generation of Pluripotent Stem Cells

重要 1 核移植とリプログラミング 生物

分化した細胞の核を未受精卵に移植すると全能性を回復させることができる。この過程ではリプログラミングが起きていると考えられる。

Ⓐアフリカツメガエルの核移植

脊椎動物の体細胞の核は，発生の進行に伴って全能性を失い，再び全能性をもつことはないと考えられていた。しかしガードンは，分化した細胞の核であっても卵細胞へ移植することで全能性を回復することを示した。

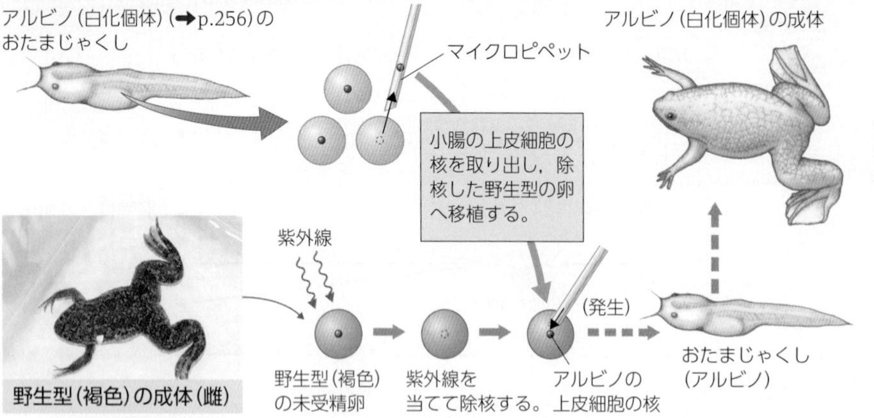
アルビノ（白化個体）(➡p.256) のおたまじゃくし
マイクロピペット
アルビノ（白化個体）の成体
小腸の上皮細胞の核を取り出し，除核した野生型の卵へ移植する。
紫外線
(発生)
野生型（褐色）の成体（雌）
野生型（褐色）の未受精卵
紫外線を当てて除核する。
アルビノの上皮細胞の核
おたまじゃくし（アルビノ）

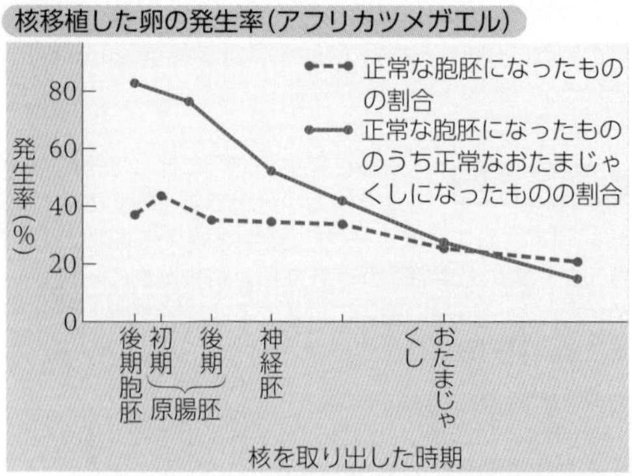
核移植した卵の発生率（アフリカツメガエル）
正常な胞胚になったものの割合
正常な胞胚になったもののうち正常なおたまじゃくしになったものの割合
発生率（%）
80
60
40
20
0
後期胞胚
初期
後期
原腸胚
神経胚
おたまじゃくし
核を取り出した時期

発生率は低下するが，発生が進み分化した細胞でも再度全能性を獲得できる。

Ⓑ哺乳類の核移植

ガードンによる実験結果は，長い間両生類に特有の現象であると考えられていたが，1996年，ウィルムットとキャンベルは，ヒツジの体細胞を用いて，哺乳類の体細胞でも再び全能性を回復することが可能であることを示した。

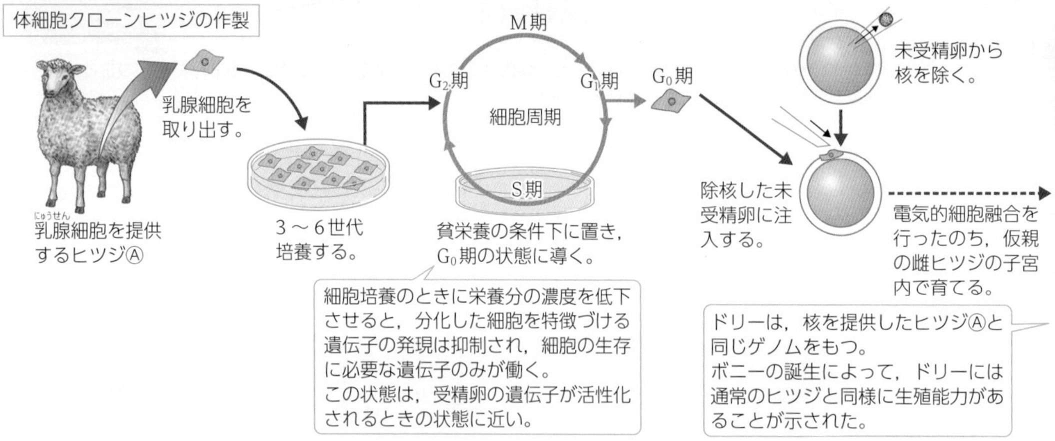
体細胞クローンヒツジの作製
乳腺細胞を取り出す。
乳腺《にゅうせん》細胞を提供するヒツジⒶ
3～6世代培養する。
M期
G_2期
G_1期
細胞周期
S期
G_0期
貧栄養の条件下に置き，G_0期の状態に導く。
細胞培養のときに栄養分の濃度を低下させると，分化した細胞を特徴づける遺伝子の発現は抑制され，細胞の生存に必要な遺伝子のみが働く。
この状態は，受精卵の遺伝子が活性化されるときの状態に近い。
未受精卵から核を除く。
除核した未受精卵に注入する。
電気的細胞融合を行ったのち，仮親の雌ヒツジの子宮内で育てる。
ドリーは，核を提供したヒツジⒶと同じゲノムをもつ。
ボニーの誕生によって，ドリーには通常のヒツジと同様に生殖能力があることが示された。

クローンヒツジ「ドリー」(右)とその子「ボニー」(左)

ガードンが核移植実験で作製したような，除核した未受精卵に体細胞の核を入れて作製した個体は，核を提供した個体のクローン（➡p.108）である。このようにしてつくられたクローン個体は，体細胞クローン動物と呼ばれる。

1996年，ウィルムットとキャンベルは，成体のヒツジの体細胞の核を用いて，哺乳類ではじめて体細胞クローン動物の作製に成功した。その後さまざまな動物で体細胞クローンの作製が報告されているが，子宮に移植したクローン胚の数に対して無事に誕生する個体数の割合は，ウシで10～15%，マウスで1～3%ときわめて低い。また，誕生しても，臓器や組織に異常が生じてすぐに死亡してしまうことが多い。これは，染色体や遺伝子の異常が原因であると考えられている。2018年には，霊長類で初となるサルの体細胞クローン動物がつくられた。ヒトと同じ霊長類のクローン作製には，体細胞クローン技術による人間の誕生に繋がりかねないなどの批判もある。

クローン動物は，初期胚の細胞を，除核した未受精卵に注入し，融合させることによって作製されることもある。

哺乳類の体細胞クローンの成功例

年	成功した動物種
1996	ヒツジ
1998	マウス，ウシ
1999	ヤギ
2000	ブタ
2002	ネコ，ウサギ
2003	ラット，ロバ，ウマ
2005	イヌ
2006	フェレット
2018	サル

Ⓒリプログラミング

細胞は，発生の進行に伴って，発現する遺伝子が変化することで分化し，分化後には発現する遺伝子が限定されている。これには，DNAやヒストンの化学修飾などが関わっている（➡p.101）。分化した細胞が再び全能性をもつ際には，このような修飾の除去や再構成が起こる。この過程はリプログラミングと呼ばれるが，そのしくみは未解明な部分が多い。ガードンやウィルムットらの実験は，未受精卵により人為的にリプログラミングが引き起こされたと考えられる。現在では未受精卵を利用せず，特定の遺伝子を導入する方法も開発されている（➡2）。

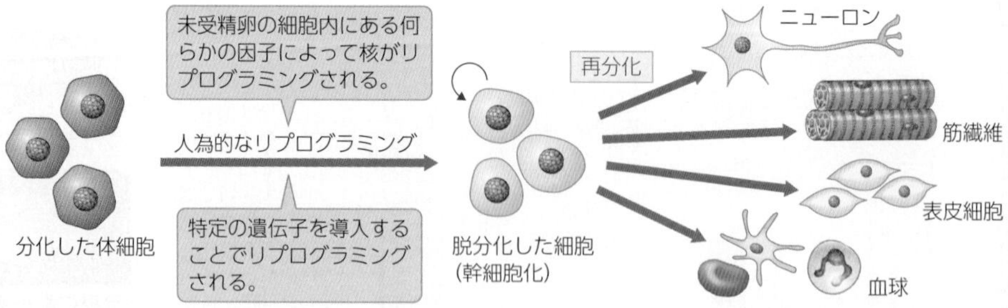
未受精卵の細胞内にある何らかの因子によって核がリプログラミングされる。
人為的なリプログラミング
特定の遺伝子を導入することでリプログラミングされる。
分化した体細胞
脱分化した細胞（幹細胞化）
再分化
ニューロン
筋繊維
表皮細胞
血球

ES細胞（➡3）と体細胞を融合させるとリプログラミングが起こることから，山中はES細胞に特異的に発現する遺伝子を導入することで，核をリプログラミングした。

豆知識　2012年のノーベル生理学・医学賞は，ガードンと山中の共同受賞だった。受賞理由は，「分化した細胞を多能性をもつ細胞へリプログラミングできるという発見」である。ガードンがこの核移植実験の研究発表をしたのは1962年，彼が29歳の大学院生のときで，この研究がその後，iPS細胞作製技術開発の源流となった。

重要

2 iPS細胞 生物

山中伸弥らは，未受精卵への核移植ではなく既知の4つの遺伝子の働きを利用して体細胞をリプログラミングし，多能性をもつiPS細胞《さいぼう》(induced pluripotent stem cells；人工多能性幹細胞)を作製することに成功した。

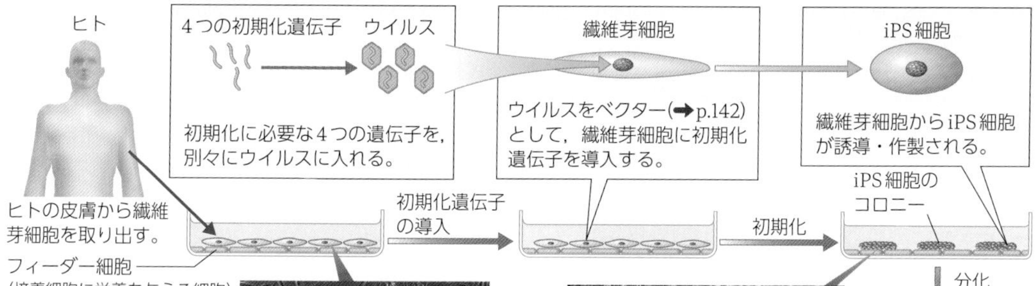

発生初期の胚を破壊して作製するES細胞と異なり，iPS細胞は体細胞を初期化することで作製されるので，作製や利用に関する倫理上の問題が生じにくい。

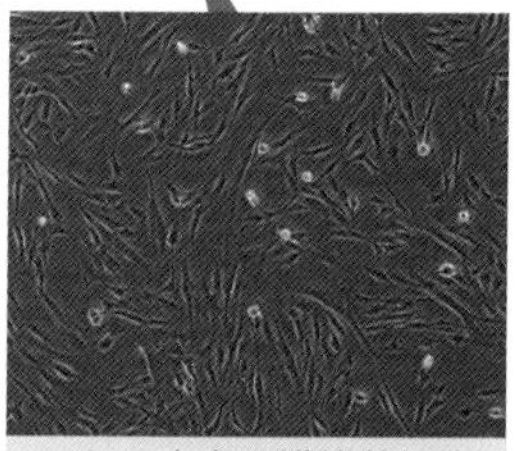
ヒトの皮膚の繊維芽細胞

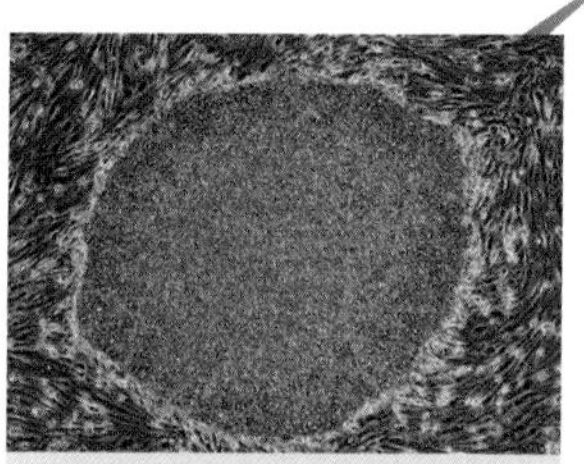
ヒトiPS細胞の集まり(中央の円形部分)

4つの初期化遺伝子(山中ファクター)

細胞の初期化に必要な遺伝子で，これらを用いて最初にiPS細胞を作製した山中伸弥の名をとって山中ファクターと呼ばれる。

Oct3/4：多能性の維持に関与している調節遺伝子。受精卵などで発現する。

Sox2：多能性の維持に関与している調節遺伝子で*Oct3/4*と協調的に働く。神経幹細胞などで発現する。

Klf4：細胞の増殖を制御する遺伝子。

c-Myc：がん原遺伝子(➡p.87)。現在では，*c-Myc*を除いてもiPS細胞を作製できることがわかっている。

重要

3 ES細胞 生物 発展

ES細胞《さいぼう》(Embryonic Stem Cells；胚性幹細胞)は，哺乳類胚盤胞の内部細胞塊の細胞を分離・培養することで得られる多能性細胞である。ES細胞は，多能性を維持したまま継続して培養できる細胞株として1981年にマウスではじめて樹立された。

Ⓐ ES細胞の作製(ヒト) 生物

人為的リプログラミングが確立される以前より，哺乳類の初期胚には多能性幹細胞が存在することが知られていた。この細胞を取り出し，培養下で多能性を維持しながら増殖できるES細胞として確立することでさまざまな利用が可能になった。

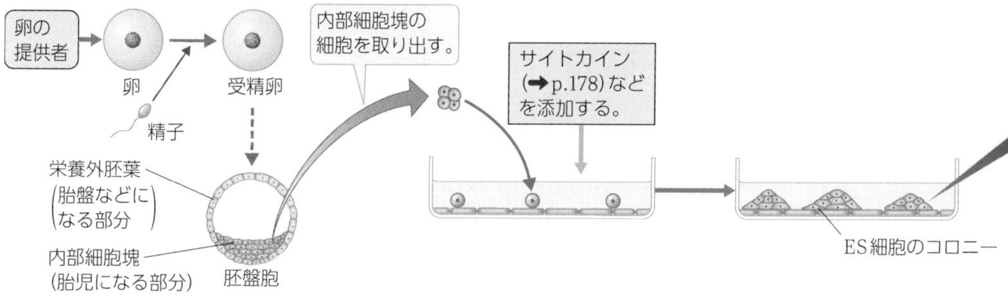

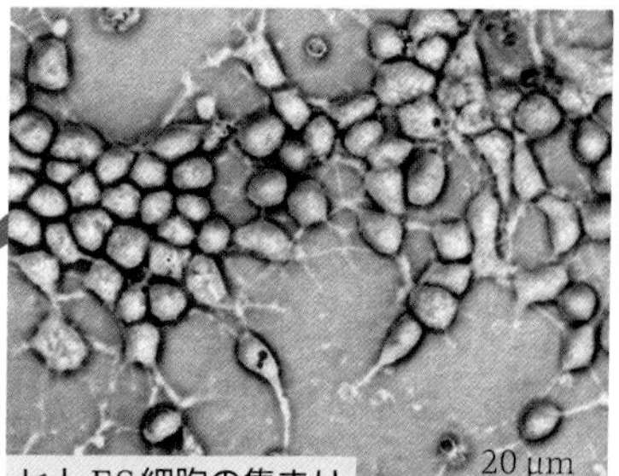

ヒトES細胞の集まり

Ⓑ ES細胞を利用したノックアウトマウスの作製 生物 発展

ある特定の遺伝子を欠損させて働かないようにしたマウスを**ノックアウトマウス**という。ES細胞は，ノックアウトマウスの作製にも利用され，遺伝子の働きの解明に役立っている。

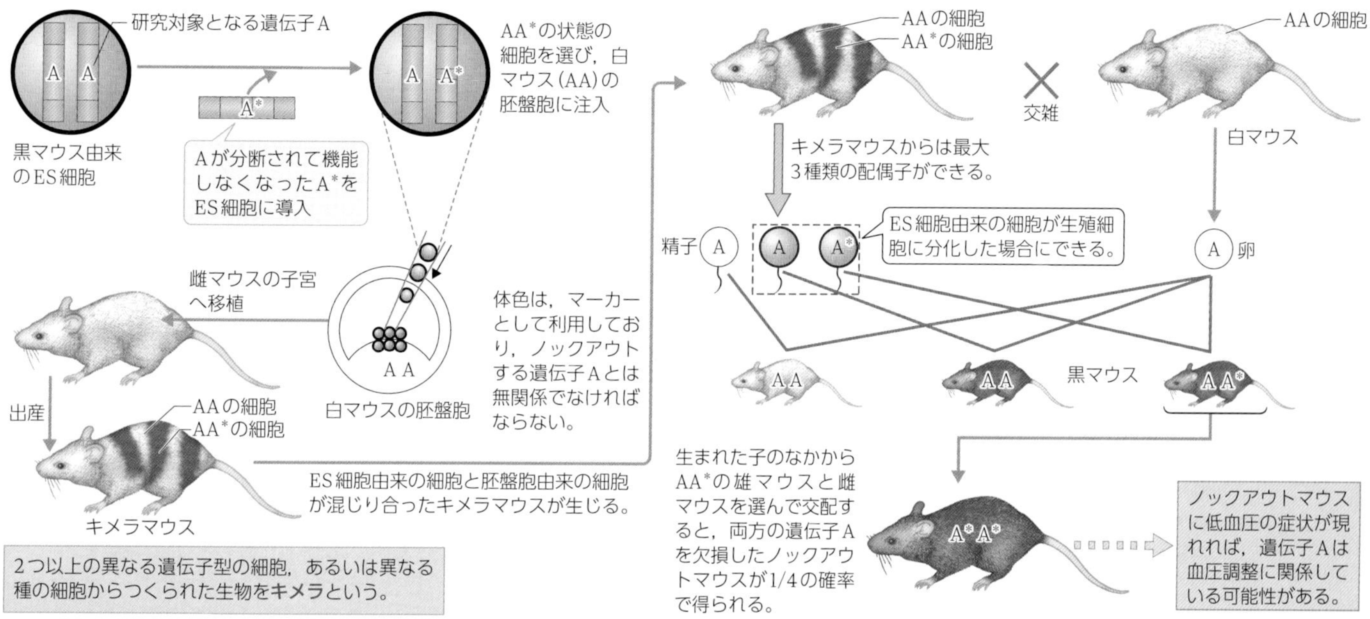

2つ以上の異なる遺伝子型の細胞，あるいは異なる種の細胞からつくられた生物を**キメラ**という。

豆知識　山中らは，2006年にマウス，その翌年にはヒトの細胞でiPS細胞の作製に成功した。iPS細胞と命名するとき，最初の文字を大文字のIではなく小文字のiとしたのは，山中教授がアップル社の携帯音楽プレーヤー「iPod(アイポッド)」の名前を意識したことも理由の1つだといわれている。

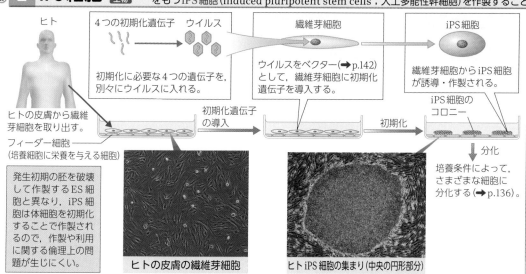

19 医療における幹細胞の利用

生物　発展　　Medical Applications of Stem Cells

1 再生医療 生物

機能障害・不全に陥った組織や臓器を，人工の組織や臓器，あるいは異種動物やヒトの組織を利用してその機能を復元・代替する治療法を再《さい》生《せい》医《い》療《りょう》という。

Ⓐ再生医療

臓器の慢性的な機能不全に対する治療法

①臓器移植

問題点　臓器提供者の不足，拒絶反応

②人工臓器（人工腎臓や人工ペースメーカーなど）

問題点　機能補助範囲の限界，移植後の人工材料の劣化

これらの問題点を解決するために再生医療の研究が推進されている。

- 現在は，細胞機能を積極利用する研究が盛ん。
- 患者自身の細胞が利用できれば拒絶反応を回避できる。
- 医学・生物学以外に，組織工学や材料工学などの工学分野，さらには生命倫理学や法学など，多くの学術分野が関係する。

Ⓑ骨髄移植

造血幹細胞は組織幹細胞の1つである。骨髄移植は，造血幹細胞を利用した再生医療として実用化されている。

白血病は，白血球の分化過程で異常が生じてがん化し，異常な白血球が無制限に増殖する疾病である。

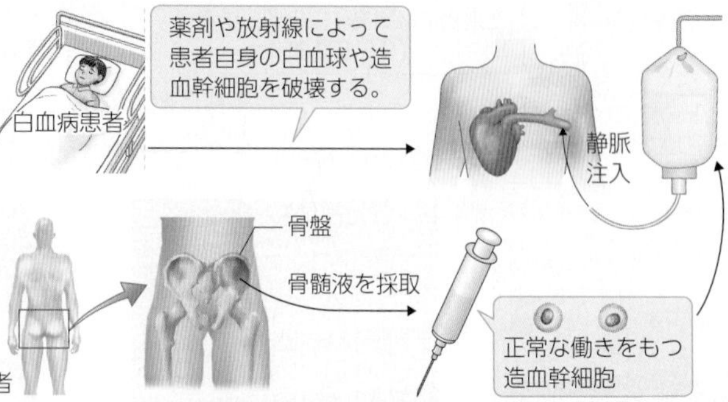

2 幹細胞を利用した再生医療の研究 生物 発展

現在，幹細胞を目的の細胞へ分化させ，患者に移植することで病気を治療する研究が盛んに行われている。

Ⓐ幹細胞の再生医療における可能性

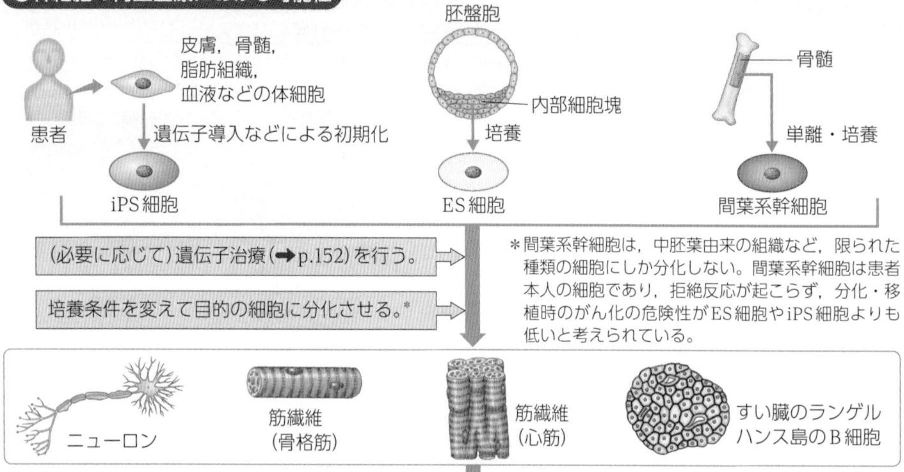

＊間葉系幹細胞は，中胚葉由来の組織など，限られた種類の細胞にしか分化しない。間葉系幹細胞は患者本人の細胞であり，拒絶反応が起こらず，分化・移植時のがん化の危険性がES細胞やiPS細胞よりも低いと考えられている。

iPS細胞，ES細胞，間葉系幹細胞では，それぞれ，拒絶反応の問題，倫理問題，分化・移植時のがん化の問題，分化できる細胞種の範囲など，実用化に際しての課題が異なり，改善の道が検討されている。

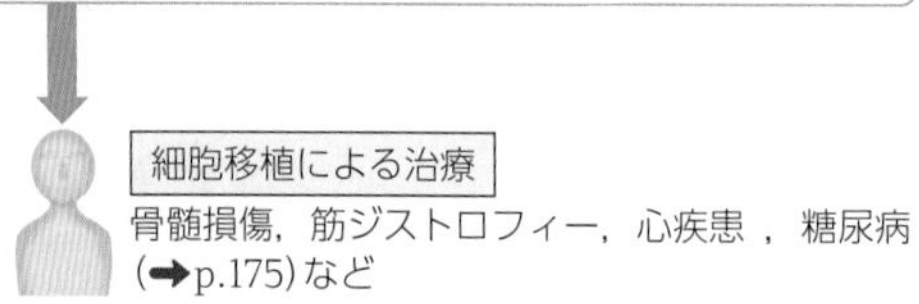

Ⓑ幹細胞を用いた組織の作製

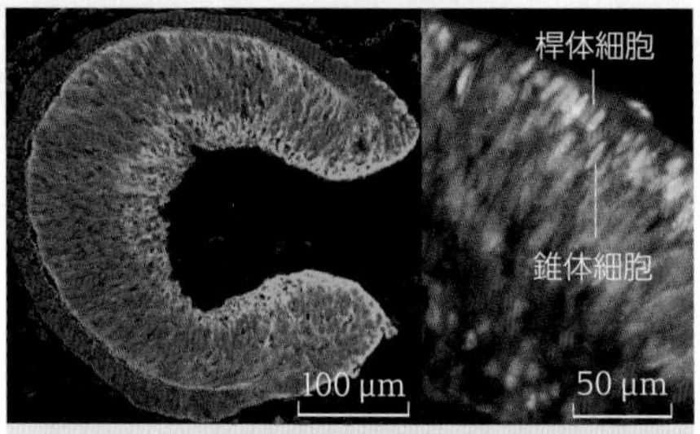

ヒトES細胞由来の眼杯（左）と網膜（右）

2012年，ヒトES細胞を用いた立体的な網膜組織の作製に成功した。iPS細胞やES細胞などを用いて作製された立体的な組織はオルガノイド（臓器に類似したものという意味）と呼ばれる。現在，脳や網膜，小腸，腎臓などさまざまな臓器での作製が報告されており，ふつう数mm程度の大きさである。オルガノイドを利用すると，培養細胞と比較してより生体に近い条件で実験ができることから，再生医療研究のほか，創薬や病態生理の解明，発生の研究などでも利用が進んでいる。

Up to Date 細胞シート

再生医療を支える工学的な技術の1つに細胞シートがある。通常，シート状に培養した細胞を培養皿からはがすには，細胞接着タンパク質を分解するトリプシンなどの酵素を利用する。トリプシン処理を行うと，細胞はバラバラになり，細胞膜中のタンパク質や細胞外基質は失われる。

岡野光夫らは，温度を変化させると疎水性と親水性の性質が切り替わる特殊な培養皿を用いて，シート状の細胞集団（細胞シート）を作製する技術を開発した。この技術でつくられた細胞シートは細胞外基質を保持しており，生体組織に接着しやすい。さらに，細胞シートどうしを重ねて立体的に培養し，厚みのある組織を作製することも可能である。現在，iPS細胞と組み合わせて眼の角膜や心筋の疾患に対する臨床試験に用いられており，再生医療の発展を支える技術として期待されている。

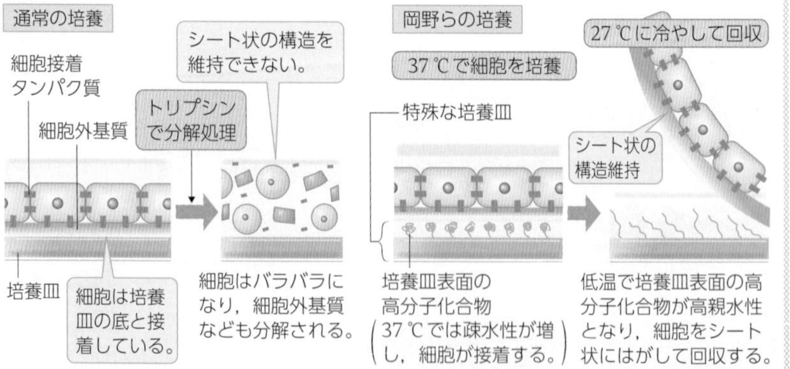

豆知識　鎌状赤血球症のマウスから体細胞を取り出してiPS細胞を作製し，これに正常遺伝子を導入して造血幹細胞に分化させ体内に戻したところ，症状が改善したとの報告がある。

3 創薬におけるiPS細胞の利用 発展

培養して容易にふやすことができ，また，さまざまな細胞に分化させることのできるiPS細胞は，新薬の薬効や副作用を調べる研究にも活用されている。

Ⓐ創薬への利用 ヒトの細胞を用いて創薬の研究をすることができる。

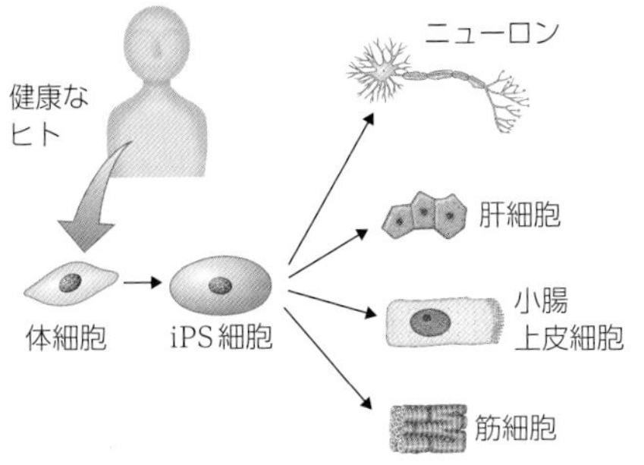

臨床試験の前に人に対する副作用を予想することができるので，より安全に薬の開発を行うことができる。

Ⓑ治療薬候補物質の絞り込み

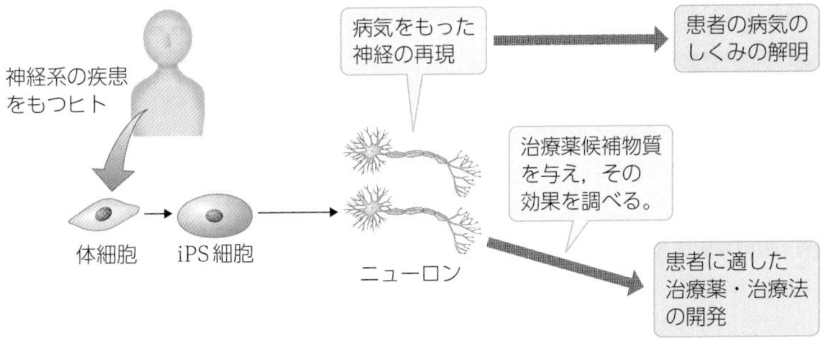

Up To Date iPS細胞ストックの構築

iPS細胞の作製には時間がかかり，早急な移植が必要な場合でも，すぐに必要な細胞を得ることはできない。たとえば脊髄損傷の場合，損傷後1か月以内に移植を行うと有効性が高いとされているが，患者の細胞からiPS細胞を作製し，神経幹細胞などに分化させるには数か月以上の時間を要する。そこで，あらかじめ品質が保証されたiPS細胞を備蓄しておく「iPS細胞ストック」の構築が進められ，2015年から稼働している。

HLA(➡p.185)のA，B，DRの3つの座の遺伝子をホモ接合でもつヒトの細胞は，他人への移植（他家移植）に用いても拒絶反応を起こしにくいとされている。iPS細胞ストックでは，このようなヒトから細胞の提供を受けてiPS細胞を作製し，凍結保存しておくことで，必要なiPS細胞のすみやかな供給が可能になる。また，患者1人当たりにかかる費用も削減できる。

必要な種類のiPS細胞をストックするため，現在では，日本骨髄バンクや日本赤十字社の協力のもと，広く研究協力の案内が行われ，賛同者のHLA型を調べて条件に合った提供者を見つける取り組みがなされている。

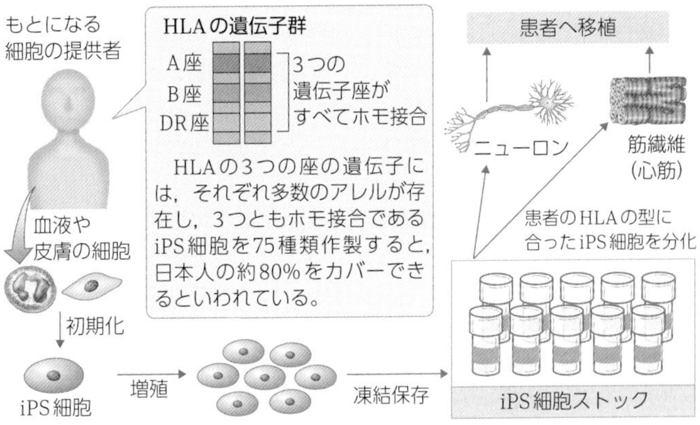

整理 ES細胞・組織幹細胞・iPS細胞

幹細胞	特徴・性質	分化能	再生医療上の問題点			その他
			移植後の拒絶反応	倫理上の問題	がん発生の危険性	
ES細胞(胚性幹細胞)	初期胚の内部の細胞(哺乳類の場合，胚盤胞の内部細胞塊)を取り出し，一定の条件下で培養したもの。	多能性	あり	注意が必要(1人のヒトとなりうる胚盤胞を破壊して作製するため。)	目的の細胞に分化させたとき，少しでも未分化な細胞が混じると移植後にがん細胞になる危険性がある。	ノックアウトマウスの作製に利用されている。
組織幹細胞(体性幹細胞)	出生後のからだの各組織に存在する。哺乳類ではへその緒《お》や胎盤などにも含まれる。分裂して限られた種類の体細胞をつくる。	多能性，単能性	自身のものであればなし	ほとんどなし(生殖細胞や，それを用いて個体をつくるような場合には問題が生じる。)	目的の細胞に分化させて移植したあと，がん細胞になる危険性はES細胞に比べて低いと考えられている。	分化できる細胞種の範囲はES細胞やiPS細胞よりも狭い。白血病患者への造血幹細胞の移植は既に実用化されている。
iPS細胞(人工多能性幹細胞)	体細胞に初期化遺伝子を導入して人工的に作製される人工のES様細胞。	多能性	自身の細胞に由来するものであればなし		移植後がん細胞になる危険性がある。	リプログラミングのしくみが未解明。薬効の研究などでも利用が進められている。

ES細胞
- iPS細胞に比べて，研究の歴史が長い。
- ES細胞の知見はiPS細胞に応用が可能で，ES細胞の性質の解明はiPS細胞の発展に役立つ。
- 胚を破壊せずに作製する技術も確立されつつある。

iPS細胞とES細胞では遺伝子発現などに違いがみられ，同質ではない。

iPS細胞
- 性質について不明な点が多い。

➡ iPS細胞とES細胞，体性幹細胞それぞれを活用した研究を進めることで，より安全な再生医療を実現できると考えられる。

豆知識 テレビや新聞などの報道では，ES細胞を「万能細胞」，iPS細胞を「人工万能細胞」と呼ぶことがあるが，「万能」という言葉は，研究者の間ではほとんど使われていない。受精卵のように，個体をつくるすべての器官・組織・細胞種に分化できるかどうか証明できていないためである。

Science Special
Challenges and Potentials of iPS Cells
iPS細胞の課題と可能性

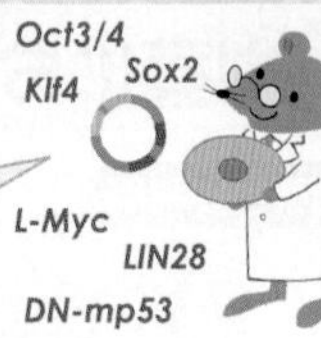

※進捗は2022年6月時点のもの

iPS細胞を開発した山中伸弥がノーベル生理学・医学賞を受賞した2012年以降，iPS細胞は広く一般にも知られ，特に医療の分野での応用が期待されているんだ。まだ多くの人が受けられる標準的な治療になったものはないが，iPS細胞を使った治療法の開発は着実に進んでいる。医療応用の現状と，今後の可能性について紹介するよ。

1 iPS細胞でできること

iPS細胞は細胞移植治療や新しい薬の開発に役立つと考えられている。iPS細胞は，細胞提供者と同じ遺伝子をもつ，ほぼ永続的に増殖できる，さまざまな細胞へ分化できるといった特徴(➡p.135)をもち，この特徴を活かして幅広い分野の研究に利用されている。

A 細胞移植医療(再生医療)

2014年以降，ニューロン・角膜細胞・心筋細胞・免疫細胞・血小板・軟骨細胞など，iPS細胞から作製したさまざまな細胞が患者さんへ移植され，安全性や有効性を検証する試験が行われている(図1)。パーキンソン病(ドーパミンを産生するニューロンが変性し，ふるえなどが起こる病気)の治療を目指した試験では，iPS細胞からつくったドーパミン産生ニューロンの前駆細胞を予定していた7名の患者さんの脳へ移植し終え，経過観察中である。

B 新しい薬の開発(ドラッグリポジショニング)

200種類以上の疾患で，その患者さんの細胞をもとに疾患特異的なiPS細胞がつくられ，研究に利用できる状態で保存されている。全身の筋肉が衰えて動かなくなってしまう筋萎縮《きんいしゅく》性側索硬化症《せいそくさくこうかしょう》では，iPS細胞を用いて，すでに他の疾患に使われている治療薬のなかから候補物質が複数見つかり，患者さんに投与して安全性および有効性の検証が進められている。

C 基礎的な研究への利用

iPS細胞は基礎的な研究でも幅広く利用できる。ヒトの正常な細胞の中で起こる分子の反応や，私たちのからだをつくりあげていくなかで行われる細胞同士のコミュニケーションなど，さまざまな研究で，ツールとしての幅広い利用が期待されている。

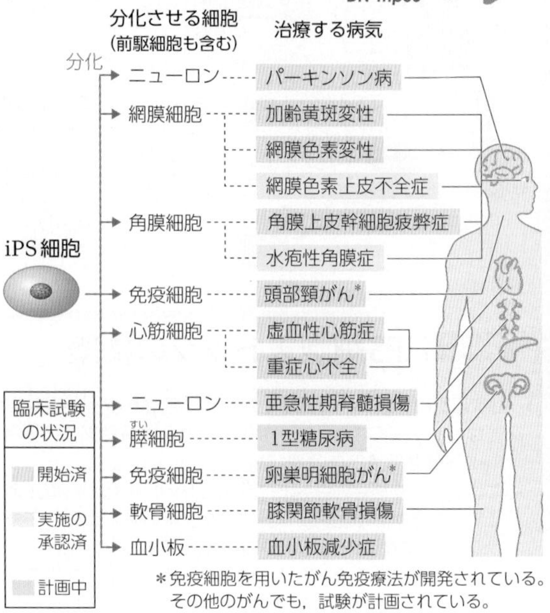

*免疫細胞を用いたがん免疫療法が開発されている。その他のがんでも，試験が計画されている。

図1 日本におけるiPS細胞を使った再生医療研究の例

2 医療応用に適したiPS細胞の作製

A より安全なiPS細胞の作製

iPS細胞開発当初は，作製の際にがんの原因遺伝子(*c-Myc*)を使用していること，細胞の遺伝子を損傷させる可能性のあるウイルスをベクターとして遺伝子の導入に利用していたことで，がん化が懸念された。医療用に使用する細胞では，遺伝子の組み合わせや遺伝子の導入方法が改良され，がん化しにくい方法でiPS細胞がつくられている(図2)。

細胞移植の際には，目的とする細胞のみを移植し，意図しない細胞増殖や副作用を防ぐ必要がある。必要な細胞のみを選別する技術の開発も細胞種に合わせて進められている。

B より多くの人にiPS細胞を届けるために

iPS細胞ストックにより，すでに日本人の40％に移植可能なiPS細胞が保存されている。さらにゲノム編集技術を用いて，iPS細胞ストックを世界中の大半の人に移植可能な細胞へと改良する試みも進められている。また，iPS細胞作製工程の抜本的な見直しを行い，患者さん自身の細胞を1人当たり100万円程度の低コストで早くつくるための開発も進められている。疾患の種類や患者さんの状態に合わせて，最適な細胞を選択できる環境を整え，実用化の加速が望まれる。(京都大学iPS細胞研究所　サイエンスコミュニケーター　和田濵裕之)

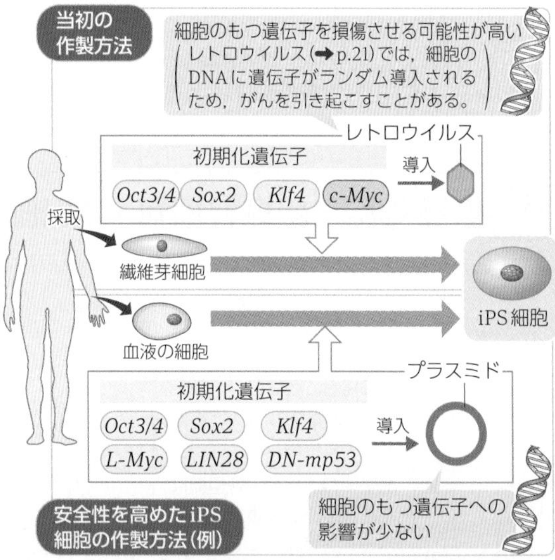

図2 iPS細胞作製方法の改良の例

研究・開発の現場から

私たちのからだは数十兆個の細胞で構成されています。個々の細胞は集団となって，臓器の機能を担ったり，外部からの情報に反応したりしています。細胞集団の動きは細胞内に存在する膨大な種類の分子によって制御されています。いわば，宇宙の中にまた別の宇宙があるような空間です。この小さくて広い細胞内には，核酸や代謝産物，タンパク質といったさまざまな分子がありますが，それぞれを一度に数万種類測定できるようになってきました。測定できたたくさんの分子がどうやって疾患発症に結び付いているのかという謎を，これまでのたくさんの研究者の知識の蓄積と我々の知識とひらめきで明らかにしようとしています。　(京都大学iPS細胞研究所　講師　岩崎未央)

豆知識　ヒトiPS細胞からは，卵原細胞や，海外では胚盤胞も作製されている。これは，生殖医療研究に重要な知見をもたらすとともに，その受精や発生によって新個体が生まれる可能性をもつ。日本の文部科学省は，2010年に，ヒトES細胞やiPS細胞からの生殖細胞の作製を認める一方で，生命倫理の観点からその受精を禁止している。

Science Special

Approach of "evo-devo"

進化発生生物学のアプローチ

地球上のさまざまな場所で生活する動物や植物は，生息環境や行動様式に即した多様な形態をもっている。DNA解析技術の発展によりその多様性がつくりだされるようすが明らかになってきた。そのような自然と進化の謎に取り組む進化発生生物学(Evolutionary Developmental Biology，通称エボデボ：evo-devo)をみていこう。

1 エボデボの概要

生物は祖先からDNAを継承し，その一部を変化させることでさまざまな形に進化する。では，その遺伝情報の変化がどう形態の変化に結びつくのだろうか。生物のからだは，何万という遺伝子の働きにより，1つの受精卵から発生の過程で形づくられる。つまり，どういった遺伝情報の変化が発生過程において形態の多様性を生み出すのかを調べる必要がある。エボデボとは，生物の進化に際し，発生過程がどのように変化し，また，多様性の創出にどのような影響を与えたのかを示す研究分野である。

この学問分野は1970年代から80年代に生じた進化に対する新たなアプローチである。DNA操作技術の発達などにより，遺伝子のもつ多面的な機能や調節機構が示され，生物のなかで幅広く保存された遺伝子群や発生メカニズムが明らかになった。たとえばホメオティック遺伝子群は，ハエやヒトを含む多くの動物でこれまで考えられていなかった保存性を示した(図1，➡p.129)。このような研究により，生命の本質ともいえる多様性が生じる過程が理解されつつある。

2 エボデボの成果

エボデボの大きな成果は，多様な生物のからだづくりに使われる共通のツールキット遺伝子(➡p.130)の発見である。この発見は，生物の発生と進化の理解に2つのインパクトを与えた。

1つは，先に述べたように，広く動物に保存された発生メカニズムである。以前は，類縁関係の遠い動物で，発生過程は異なると考えられていた。たとえば，カエルとハエの神経系は，できる場所が背腹逆であり，異なる発生メカニズムで形成されると考えられていた。だが実際にはBMPとコーディンによる背腹軸決定機構が同じように働いていた(➡p.130)。他にも，前後軸の位置情報をもたらす*Hox*遺伝子群や，眼の形成に関わる*Ey*/*Pax6*遺伝子(➡p.130)など，発生メカニズムが異なると考えられてきた構造が同じメカニズムでつくられることが明らかになった。

次に，ツールキット遺伝子の使いまわしによる多様性創出の発見である。それまでは，異なるからだのパーツをもつ生物は，個別の遺伝子でその違いをつくりだすと考えられていた。たとえば，魚の胸鰭《むなびれ》から進化した私たちの手は，大きな違いとして自脚部《じきゃく》(てのひら)をもち，自脚部をつくる遺伝子を獲得することで進化したと考えられていた。しかし実際には，自脚部は鰭《ひれ》に使われている*Hox*遺伝子群を使いまわしてつくられていた(図2)。このように，発現調節機構の変化によってツールキット遺伝子を使いまわすことが進化に重要であることが明らかになった。

3 金魚のTwin-tailのエボデボ研究

身近なエボデボの研究例として，金魚の特定品種がもつ対になった尾鰭(Twin-tail)の研究を紹介したい。観賞魚である金魚はさまざまな形の改良品種(変異個体)が人為的に選択されてきた歴史をもつ。Twin-tailは，通常1つしかない尾鰭が左右で対になって2枚存在し，出目金などにみられる(図3Ⓐ)。このTwin-tailの原因遺伝子は，背腹軸を決めるコーディン遺伝子(*Chd*)だった。*Chd*が変異すると，背側からの誘導に異常が生じ，初期胚の腹側領域が拡大する。これに伴い，腹側領域に由来する，鰭の形成に関わる細胞が生じる範囲が広がる。その結果，尾鰭が2枚形成されるのである(図3Ⓐ)。ただし*Chd*は重要な遺伝子で，他の魚では変異するとほぼ成魚になれない。金魚はたまたまゲノム重複により*Chd*が2つあったので，致死性を回避できていたのである(図3Ⓑ)。さらに，それらは発現調節機構の変化により，からだの側方(*ChdS*)と正中線❶(*ChdL*)で機能が分化していた。側方で働く*ChdS*が変異して腹側領域の拡大を引き起こす一方，*ChdL*は働きを維持しており，これらのことが，生存に必要な*Chd*の働きを補償しつつ，Twin-tailという形質を生じさせていたのである。Twin-tail金魚の研究は，発生初期での変化や発現調節機構が形態進化に重要であること，また，進化が決して必然としてではなく，偶然が重なることで生じるものであることを教えてくれる。(鳥取大学医学部生命科学科　准教授　阿部玄武)

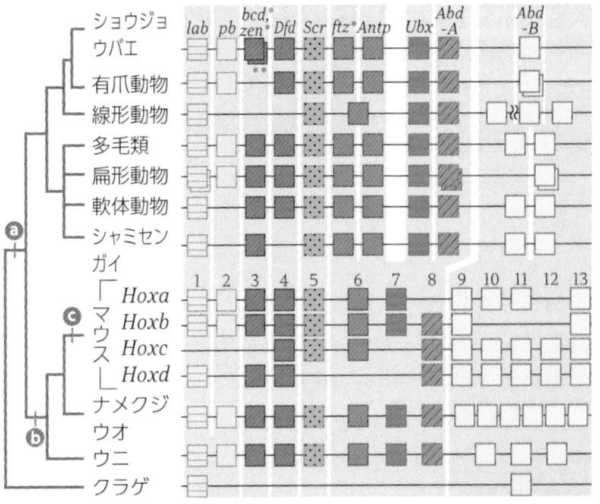

ⓐ中央の*Hox*遺伝子の増加，ⓑ後方の*Hox*遺伝子の増加，ⓒゲノム倍化

＊ショウジョウバエでは，ホメオティック遺伝子群としての機能は失われており，発生において別の機能をもつ。

＊＊2つ重ねた四角形は，対応する遺伝子が2組あることを示す。

さまざまな動物が*Hox*遺伝子群をもっており，この遺伝子は数億年の進化によって高度に保存されていることがわかる。

図1 動物の*Hox*遺伝子群の進化

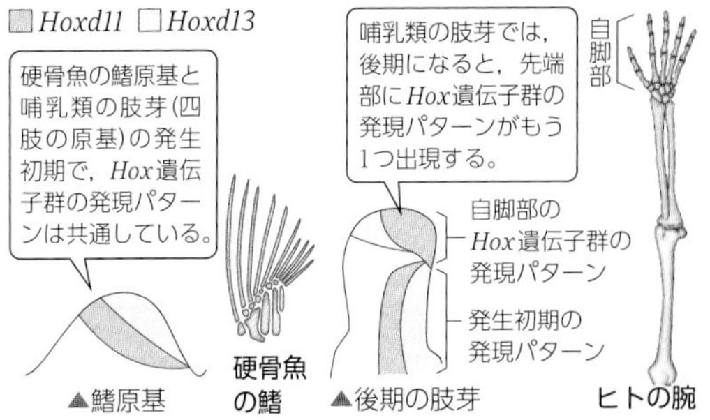

自脚部の進化は，哺乳類の肢芽の先端においても，*Hox*遺伝子群の発現がみられるようになることにより特徴づけられる。

図2 自脚部の進化と*Hox*遺伝子群の発現パターン

Ⓐ

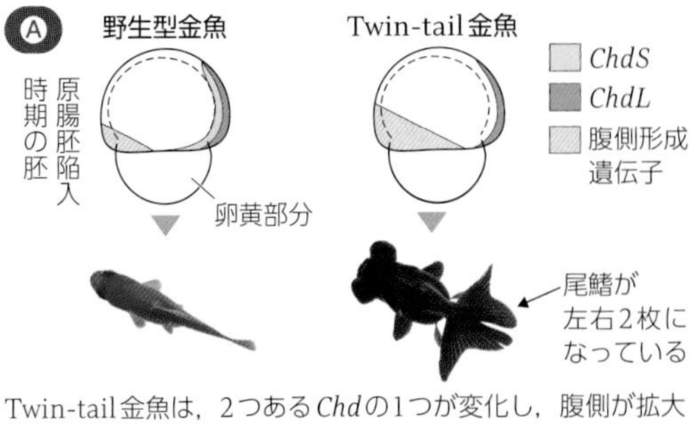

Twin-tail金魚は，2つある*Chd*の1つが変化し，腹側が拡大することで，尾鰭が左右対の2枚となる。

Ⓑ

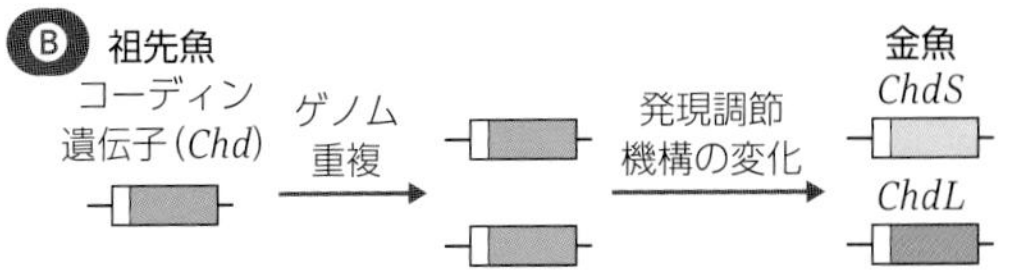

金魚の*Chd*は，重複して2つになり，さらに機能分化している。

図3 Twin-tail金魚と*Chd*の変異

❶からだで，頭と尾を結ぶ線。

豆知識　ゼブラフィッシュにおいても*Chd*が突然変異した個体が生じることがあるが，その多くが浮き袋の奇形をもち，生存率は10％未満といわれる。金魚において偶然生じたゲノム重複の結果，発生に必要な役割は維持されつつ多様な形態をつくり出すことが可能となった。これは，金魚が観賞魚となった要因の1つと考えられる。

第5章

遺伝子を扱う技術

DNA Technology

◎遺伝子を扱う技術には，どのようなものがあるのだろうか？

◎遺伝子を扱う技術は，私たちの生活にどのように関わっているのだろうか？

学びマップ

第5章

生物のもつ機能を利用・応用する技術は，バイオテクノロジーと呼ばれ，発酵食品や医療などの幅広い分野で活用されている。特に，遺伝子組換え技術をはじめとした遺伝子を扱う技術は，遺伝子に関する研究が進み，近年飛躍的に発達してきた。現在では，農業や医療などの多様な分野に応用され，私たちの生活に深く関わるものとなっている。

この章では，遺伝子を扱う技術やそのしくみ，それらと私たちの生活との関わりについて学び，こうした技術との関わり方を考えていこう。

バイオテクノロジー

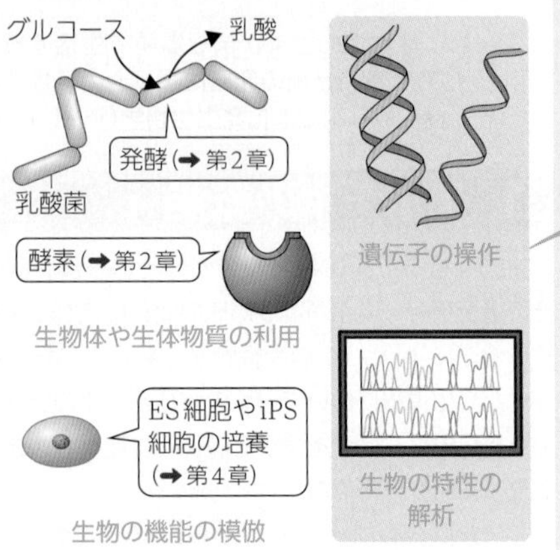

▲バイオテクノロジーの例

研究の歴史

ノーベル賞受賞者：生理学・医学賞，化学賞

遺伝子の改変，単離・増幅

遺伝子の複製のしくみや，制限酵素の存在が解明されると，それらを利用して遺伝子を改変する技術が確立された。

DNAを切断する酵素（制限酵素）の発見（➡p.142）
アーバー，スミス，メセルソンら（1960〜70年代）

DNAリガーゼの発見（➡p.142）
リチャードソン，ゲラートら（1967）

逆転写酵素の発見（➡p.143）
テミン，ボルティモア（1970）

組換えDNAの作製技術を確立（➡p.142）
バーグ（1972），スタンリー・コーエン，ボイヤーら（1973）

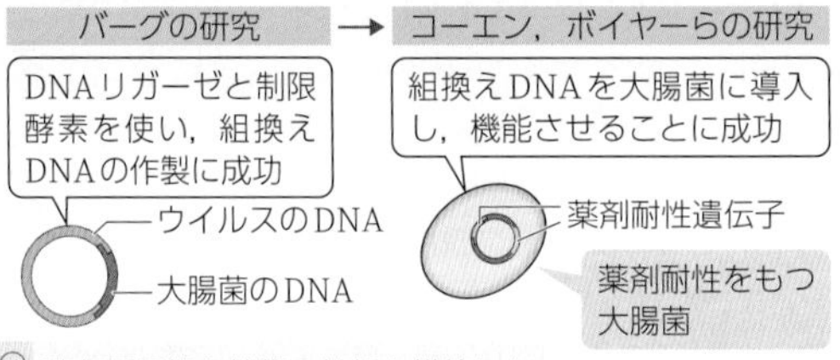

遺伝子組換え技術の基盤を構築した

PCR法の考案（➡p.144）
マリス（1983〜85）

1986年には，PCR法の概念や用途などをまとめた論文を発表した。

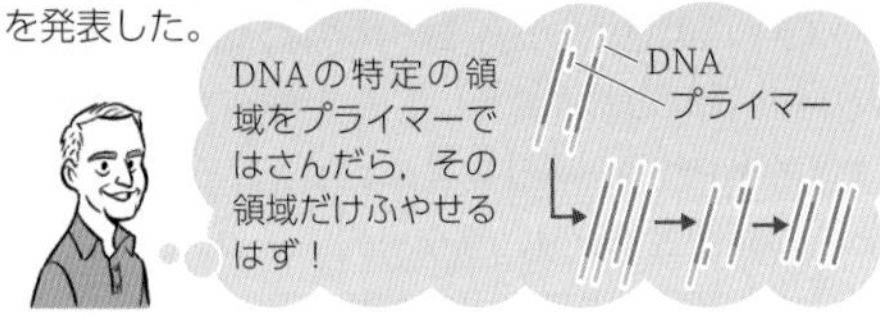

DNA断片を生体外で簡単に大量にふやせるようになり，遺伝子を扱う技術を発展させた

1953	1960〜70年代	1962	1967	1970	1972	1973	1977	1978	1981	1983〜85	1989

DNAの二重らせん構造の提唱（1953）
ワトソン，クリック

ES細胞の作製（1981）
エバンス

緑色に光るタンパク質（GFP）を単離（➡p.147）
下村脩（1962）

のちに，DNAに組み込んで，生体内において遺伝子発現などを可視化する道具として用いられるようになる

遺伝子組換え技術を用いてヒトインスリンを合成（➡p.152）
リッグス，板倉啓壱（1978）

遺伝子組換え技術を用いて作製された最初の医薬品で，日本では，1985年に認可された。

日本イーライリリー株式会社
（画像提供：2022年7月）

遺伝子組換え技術の産業利用の先駆けとなった

ノックアウトマウスの作製（➡p.135，148）
カペッキ，スミシーズ（1989）

特定の遺伝子を欠損させる技術と，エバンスが開発したES細胞を用いた生殖細胞の作製技術を組み合わせた。

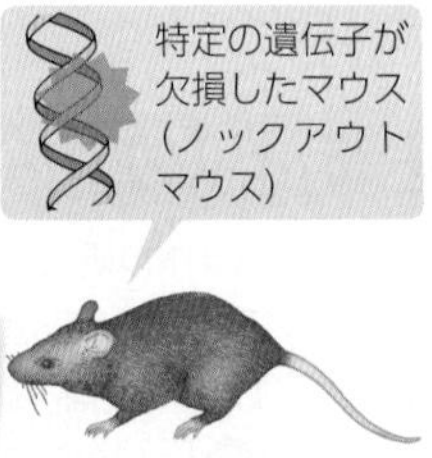

ノックアウトマウスの作製方法が確立され，遺伝子の機能解析などに用いられるようになった

遺伝子の機能解析とその応用

遺伝子を扱う技術の進展によって遺伝子の機能解析が行われるようになると，遺伝子のもつ機能が，遺伝子組換え食品などさまざまに応用されるようになった。

研究の今と未来の展望

遺伝子を改変した有用な生物の作製

従来の遺伝子組換え技術に加え，ゲノム編集技術の開発によって，遺伝子を改変したさまざまな生物を容易に作製できるようになった。このような技術は，遺伝子の研究だけでなく，高品質で付加価値のある食品や，医薬品などの開発にも利用されている。今後，このような研究・開発のスピードはさらに増すと考えられる。

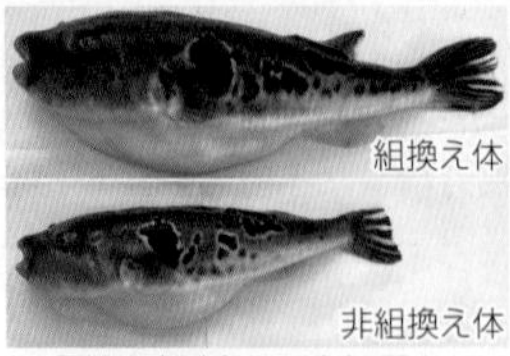

▲食欲を抑制する遺伝子をノックアウトした高成長トラフグ

▲青色の色素を合成するカーネーション

▼遺伝子組換えニワトリが生んだ卵
卵白が白く濁っている。

▲ヒトのインターフェロン（➡p.178）を合成するニワトリ。医薬品への利用が期待される。

遺伝子を扱う技術 ー遺伝子を改変・解析する技術ー

発展

特定の遺伝子を取り出してふやす
(➡p.142〜144)

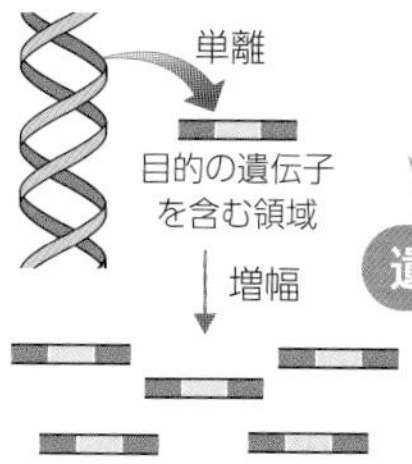

遺伝子の改変や解析を行う際には，目的の遺伝子を単離してふやす必要がある。

利用

遺伝子の塩基配列を解析する
(➡p.145)

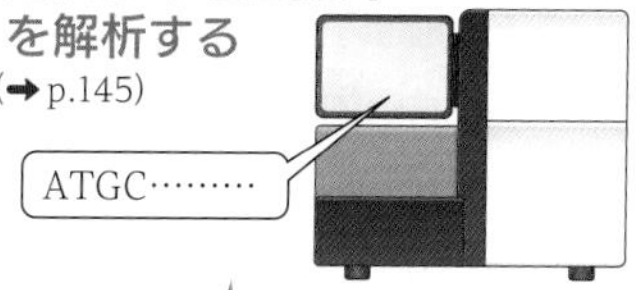

遺伝子を改変する技術も利用される

利用

遺伝子の発現・機能を解析する
(➡p.146〜148)

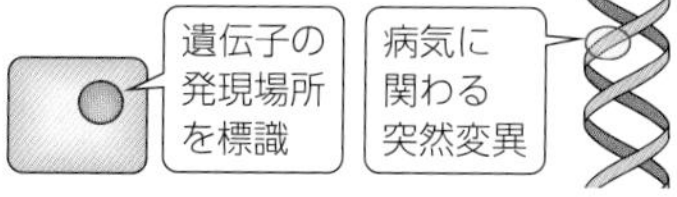

応用

遺伝子を扱う技術の応用

遺伝子を扱う技術は，さまざまな分野で応用されている
(➡p.150〜153)

医療

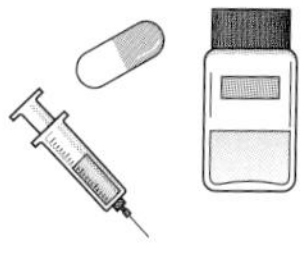

医薬品の製造，病気の検査

農業，食品

遺伝子組換え食品の作製

鑑定

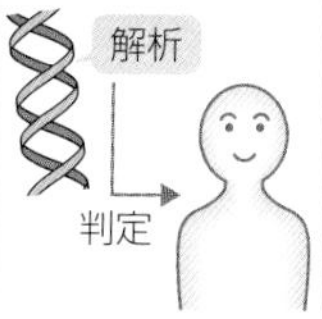

DNA型鑑定

工業，環境

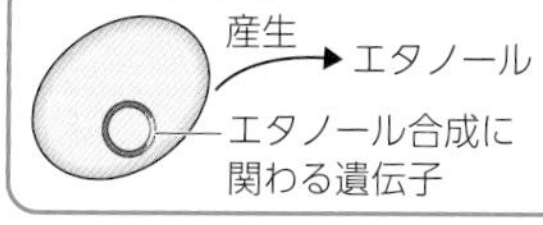

燃料となる物質(エタノールなど)を産生する遺伝子組換え生物の作製に向けた研究

など

遺伝子の塩基配列を解析する

塩基配列の解析法の発明後，塩基配列の解析は，装置の発展とともに高速・安価に行えるようになってきた。

塩基配列の解析法として，ジデオキシ法を開発(➡p.145)

サンガー(1977)

1975年に発明した方法を改良。ジデオキシ法は，広く利用されるようになった。

ヒトゲノムプロジェクトによる，ヒトゲノムの解読(➡p.145)

(1990〜2003)

ヒトゲノムのほとんどが解読される。2022年には，この当時の解析技術では解読できなかった配列も含めた全塩基配列の決定が報告された。

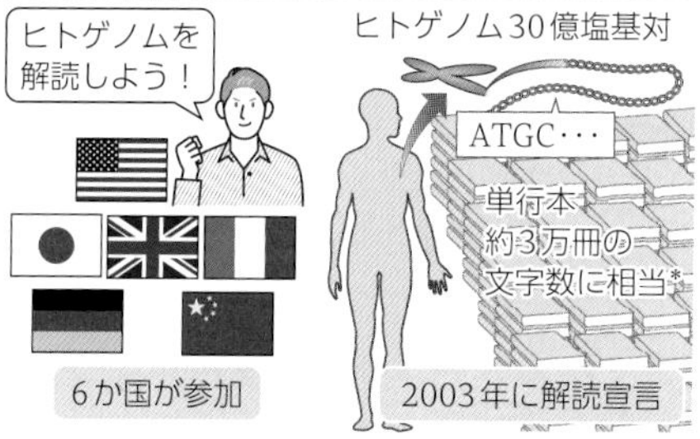

*1ページ600文字，1冊300ページ程度とした場合

次世代シーケンサーの実用化(➡p.145)

(2005〜07)

膨大な量の塩基配列を迅速に解読できるようになった。現在も，シーケンサーの解析機能は向上を続けている。

それまでの…
速さ ➡100倍以上
コスト ➡ $\frac{1}{100}$ 以下

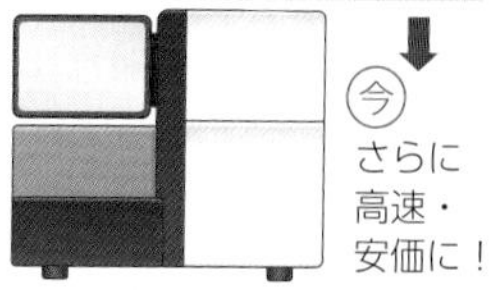

解読によって得られた膨大なデータを分析するために，コンピュータ技術などの情報学の手法を用いた解析技術も発達していった

1990 | 1990〜2003 | 1994 | 1990年代 | 1997 | 1998 | 2002 | 2003 | 2005〜07 | 2012

1997 大腸菌と酵母の全ゲノムの塩基配列の決定

2002 マウスの全ゲノムの塩基配列の決定

世界初の遺伝子治療の実施(➡p.152)

(1990)

ある酵素の遺伝子の突然変異が原因で免疫不全となったヒトに対し，正常な遺伝子を導入する治療を実施。

最初の遺伝子組換え食品の販売(➡p.153)

(1994)

細胞壁を分解する酵素の遺伝子を抑制し，日持ちするトマトを作製。

GFPを用いた可視化技術の開発・発展(➡p.147)

チャルフィー，チェン(1990年代)

GFPを用いた可視化技術や，GFPを改変した多様な色の蛍光タンパク質が開発された。

さまざまな色の蛍光タンパク質を導入した細菌のコロニーで描いた絵▶

RNA干渉の発見(➡p.148)

ファイアー，メロー(1998)

カルタヘナ法の制定(➡p.153)

(2003)

CRISPR/Cas9法によるゲノム編集技術の開発(➡p.150)

シャルパンティエ，ダウドナ(2012)

2013年には，この技術は急速に広がっていった。

ダウドナ(左)とシャルパンティエ(右)▶

従来の遺伝子組換え技術に比べ，さまざまな種で，目的の遺伝子を的確に改変できるようになった

ゲノム情報の解析技術の発展

高性能な解析装置の開発が続いている。また，バイオインフォマティクスを行うには，生物学に加え，コンピュータシステムなどの情報科学にも習熟している必要がある。学問の進展に伴い，そのような人材(バイオインフォマティシャン)の需要が高まっており，その育成が行われている。

バイオインフォマティシャン

ポストゲノム研究の発展

バイオインフォマティクスの発展により，ゲノムだけでなく，生命現象に関わるさまざまな情報を網羅的に解析・統合して，生命機能や病気について解明するポストゲノム研究(➡p.147)が盛んになっている。この研究は，医療などへの応用も期待されている。

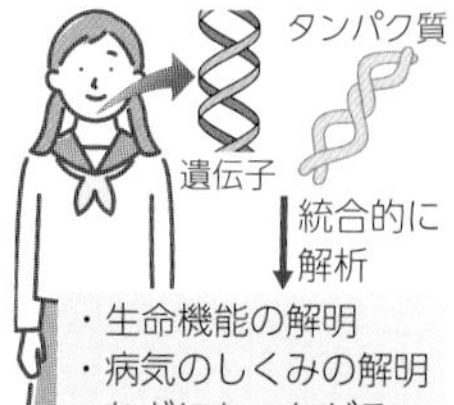

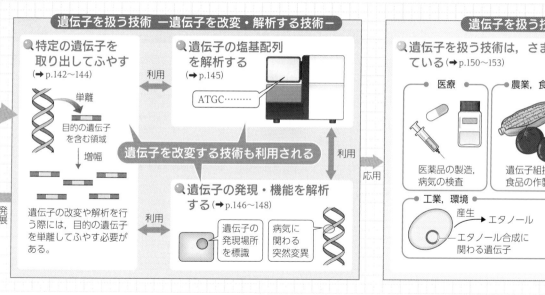

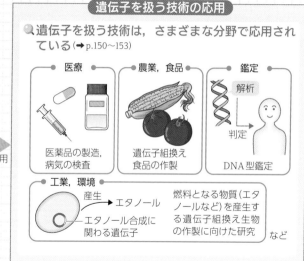

01 遺伝子の単離と増幅① 遺伝子操作の基本技術

生物 発展

Gene Cloning and Amplification, Part 1 Basic Techniques for Gene Cloning

1 遺伝子を扱うさまざまな技術（概要） 生物

遺伝子を扱う技術では，まず，目的とする遺伝子のDNAの調製を行い，これをもとに目的に応じた操作を行っていく。

目的とする遺伝子の単離・増幅
- PCR法（➡p.144）
- 微生物とプラスミドを用いたクローニング（➡p.142）

DNAリガーゼ（➡p.142）
制限酵素（➡p.143）
ベクター（➡p.143）

遺伝子の構造解析
- 電気泳動法（➡p.145）
- ジデオキシ法（➡p.145）
- 次世代シーケンサー（➡p.145）

遺伝子の発現（転写）を調べる
- RNAシーケンシング（➡p.146）

遺伝子を生物に導入（➡p.148）

遺伝子の発現（翻訳），機能解析

遺伝子が働く場所を調べる
- 抗体を用いた解析（➡p.146）
- レポーター遺伝子を用いた解析（➡p.147）

遺伝子の働きを調べる
- 遺伝子の改変による解析（➡p.148）
- 遺伝子の改変を伴わない解析（RNAを導入）（➡p.148）

応用・実用化
- 医薬品の製造（➡p.152）
- ゲノム医療（➡p.152）
- トランスジェニック生物（➡p.153）
- DNA型鑑定（➡p.153）

重要 2 クローニング 生物

ある生物の特定の遺伝子を含むDNA断片を別の生物のDNA断片に人工的に組み込む技術を遺伝子組換え技術という。遺伝子を扱う際には，ゲノムから目的の遺伝子を含む領域を単離・増幅する必要がある。この操作をクローニングという。

微生物とプラスミドを用いたクローニング

ベクター 遺伝子組換えで対象生物に特定のDNAを導入する際，DNAの運び手となる小型DNA。自律複製能があり，そのベクターに適した生物の細胞へ導入すると，細胞内で自律的に複製される。**プラスミドやウイルス**などが用いられる。

プラスミド 細菌などの細胞内に染色体とは別に存在する小型の環状DNA。染色体とは独立して自律的に複製する。自然界では，細胞どうしの接合に伴ってプラスミドが複製・移動する現象がみられ，プラスミドを介して別の個体へ形質が伝えられる（➡p.283）。

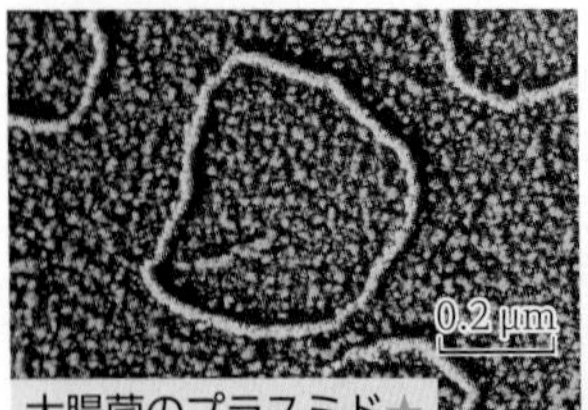

大腸菌のプラスミド★

制限酵素 特定の塩基配列を認識してDNAを切断する酵素。認識・切断する塩基配列が異なるさまざまな種類がある。遺伝子組換えの操作では，DNAを切断する「はさみ」として利用される。細菌から発見され，本来は，ウイルスのDNAなど外来のDNAを切断する自己防衛機構で働く。

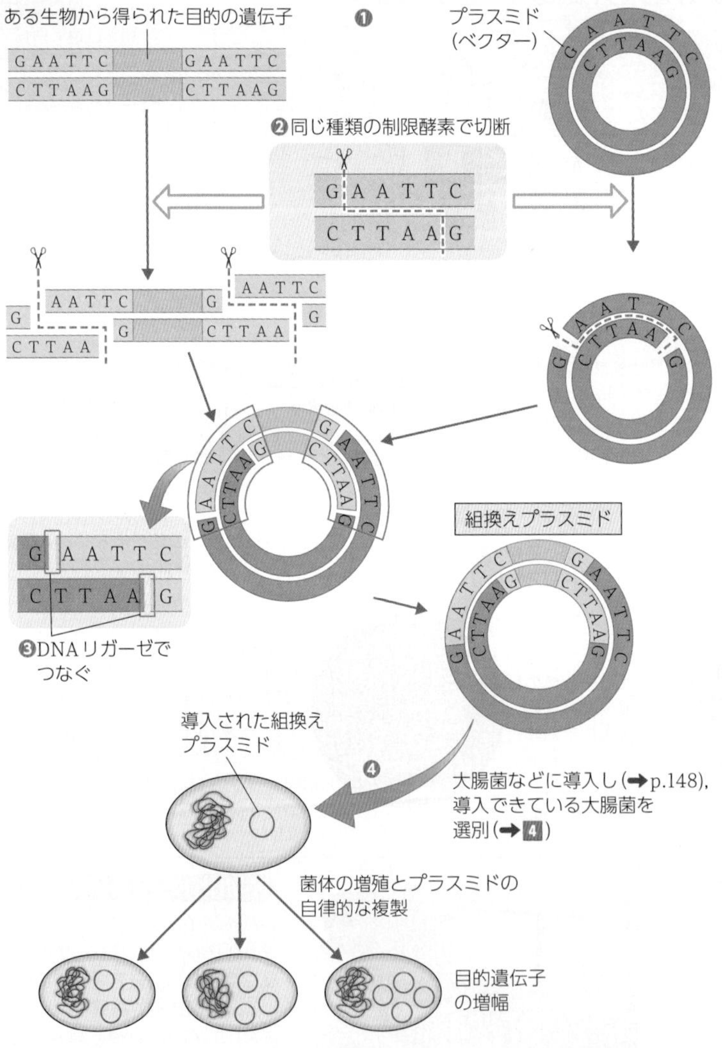

ベクターの導入細胞には，大腸菌がよく用いられる。大腸菌は，増殖が速くて扱いやすく，菌体内で自律複製するプラスミドが多数発見・利用（➡p.152）されている。

❶ 目的の遺伝子を含むDNA断片とベクターの用意

目的の遺伝子を含むDNA断片の調製は，主にPCR法（➡p.144）によって行われる。また，ゲノムライブラリー（➡p.143）を利用することもある。ベクターは目的に応じて適切なものを選ぶ。ここではプラスミドを用いた例を示す。

❷ 制限酵素によるDNAの切断

制限酵素を用いて，目的の遺伝子を含むDNA断片を切り出す。同じ種類の制限酵素でプラスミドも切断する。

❸ DNAリガーゼによるDNAの連結

DNAリガーゼを用いて切り出したDNA断片とプラスミドを連結させ，組換えプラスミドをつくる。

❹ 組換え遺伝子の導入

組換えプラスミドを大腸菌などの微生物に導入する。微生物とともに体内のプラスミドも増殖し，目的のDNA断片がふえる。

DNAリガーゼ DNAどうしを連結する酵素。遺伝子組換え技術では，組換えなどの際に生じたDNA断片の端をつなぐ「のり」として利用される。本来，細胞内でDNAの複製（➡p.82）や修復（➡p.83），組換えなどで働く。

豆知識 制限酵素は，細菌内に侵入したウイルスの増殖を制限する酵素として発見された。制限酵素の認識配列は，その制限酵素をもつ微生物のゲノムDNAなどにも存在する。そのような微生物は，制限酵素の認識配列の一部をメチル化する酵素をもつことで，自身の制限酵素の働きから自身のDNAを保護している。

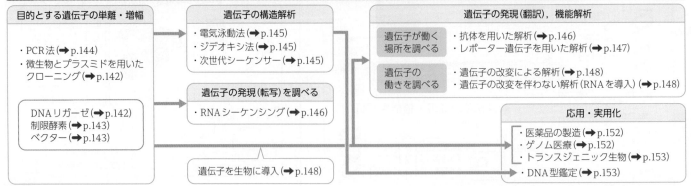

3 制限酵素 生物

制限酵素は，現在までに3000種類以上が単離されており，そのうち約300種類が遺伝子操作に利用されている。制限酵素による切断末端には，5′または3′末端側のいずれかに数塩基が突出する粘着末端と，突出のない平滑末端とがある。

制限酵素	認識される塩基配列	末端の種類
EcoR《エコアール》 I《ワン》	5′ G A A T T C 3′ 3′ C T T A A G 5′	粘着末端 (5′突出)
Pst《プスト》 I《ワン》 (ピーエスティーワンとも読む)	5′ C T G C A G 3′ 3′ G A C G T C 5′	粘着末端 (3′突出)
Sma《スマ》 I《ワン》	5′ C C C G G G 3′ 3′ G G G C C C 5′	平滑末端

制限酵素の認識配列は，一般に4～8塩基対で，それぞれ固有の配列を認識する。ゲノムを切断した場合に得られるDNA断片のおおよその大きさは，認識配列の長さによって異なる。たとえば，計算上，4塩基対を認識するものでは256塩基対の，6塩基対を認識するものでは約4000塩基対のDNA断片が得られる。

◀6塩基対を認識する制限酵素でゲノムを切断した際に得られるDNA断片の長さ▶

塩基は4種類あるので，認識配列が6塩基対の制限酵素が切断する配列が現れる確率は

$$\frac{1}{4^6}=\frac{1}{4096}$$

➡約4000塩基対ごとに認識配列が存在

4096 | 4096 | 4096 | 4096 | 4096 | 4096

断片の長さ(平均)　約4000塩基対

10000塩基対以下の大きさのDNA断片は，通常用いるベクターによる単離・増幅が容易で，構造解析なども比較的容易にできる。

4 ベクター 生物

ベクターとして用いるプラスミドは，制限酵素で切断される場所が限定されるように人工的に改変されており，選別に必要な薬剤耐性遺伝子などが組み込まれている。

Ⓐ人工的に改変されたプラスミドベクターの例

現在では，目的に応じたさまざまなプラスミドが市販されている。

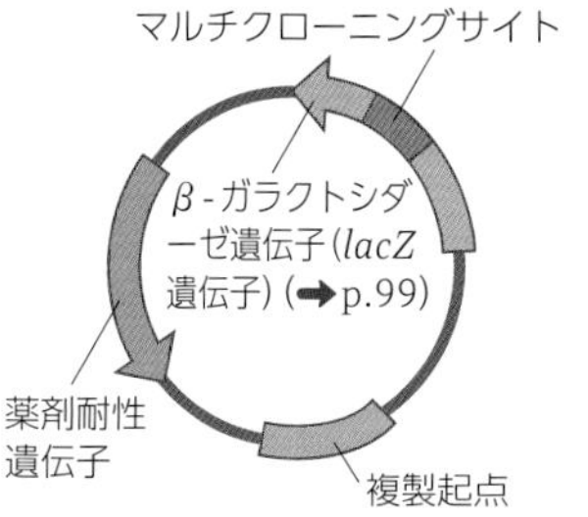

複製起点　プラスミドが大腸菌内で複製される際に必要な配列。

薬剤耐性遺伝子　抗生物質(細菌などの増殖や生育を阻害する物質)への耐性をもたせる。大腸菌にプラスミドを導入した際に，導入に成功した大腸菌を選別するのに利用する。

マルチクローニングサイト　多数の制限酵素の認識配列が集中しており，通常，ここに目的の遺伝子を挿入する。

Ⓑ薬剤耐性遺伝子による選別

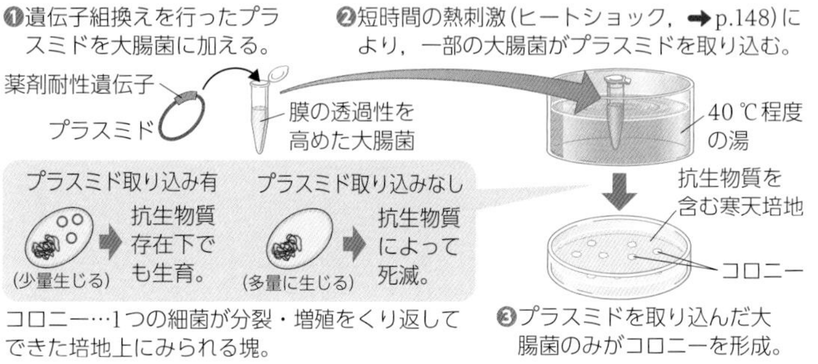

Ⓒ青白選択(ブルーホワイトセレクション)

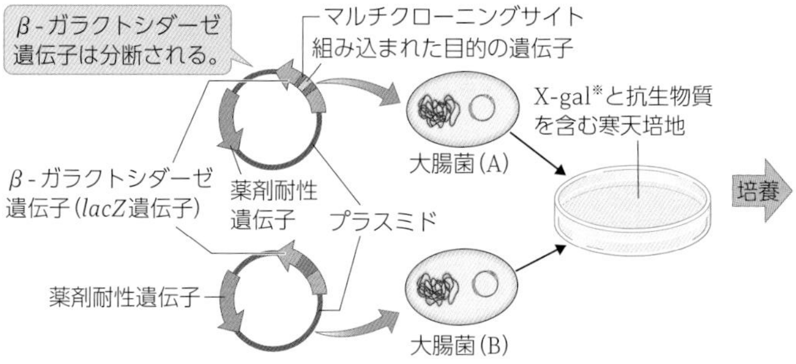

※X-galは，β-ガラクトシダーゼ存在下で青色の物質に変化する(➡p.104)。

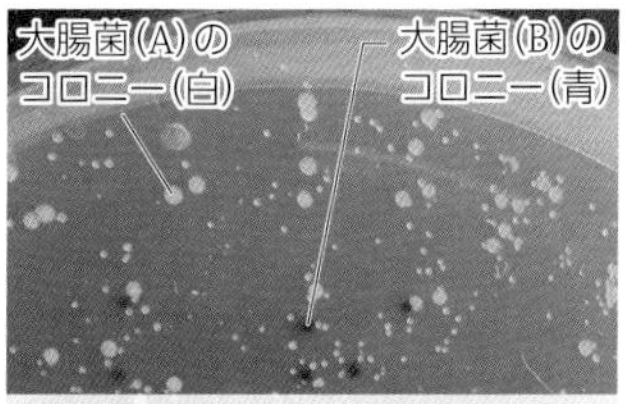

β-ガラクトシダーゼ遺伝子が発現すると，X-galが分解されて青色色素を生じる。

青白選択は，遺伝子が組み込まれなかったプラスミドをもつ大腸菌を排除する方法である。薬剤耐性遺伝子による選別のみでは，DNA断片が組み込まれなかったプラスミドをもつ大腸菌もコロニーを形成する。青白選択を行うと，目的の遺伝子が組み込まれたプラスミドをもつ大腸菌(A)は白色，そうでない大腸菌(B)は青色のコロニーを形成するため，Aを判別できる。

大腸菌	薬剤耐性	目的遺伝子	*lacZ*遺伝子の発現	コロニー
A	有	有	無	白
B	有	無	有	青

5 cDNA 生物 発展

mRNAから逆転写(➡p.93)によって合成されたDNAを，cDNA(complementary DNA，相補的DNA)という。

cDNAは，スプライシングによってイントロン部分が除去されたmRNAから，逆転写酵素を用いて合成される。たとえば，大腸菌などに真核生物の遺伝子を導入してタンパク質をつくらせる場合には，原核生物ではスプライシングがないため，cDNAが必要となる。

①細胞質からのmRNAの抽出
mRNAはイントロン部分が除去されており，エキソン部分のみからなる。

②逆転写酵素によるDNA鎖の合成
mRNAをもとにcDNAがつくられる。

③酵素によるmRNAの分解
エキソンのみからなる1本のDNA鎖ができる。

④DNAポリメラーゼによるDNAの合成
③に相補的なヌクレオチド鎖が合成され，2本鎖のcDNAが完成する。

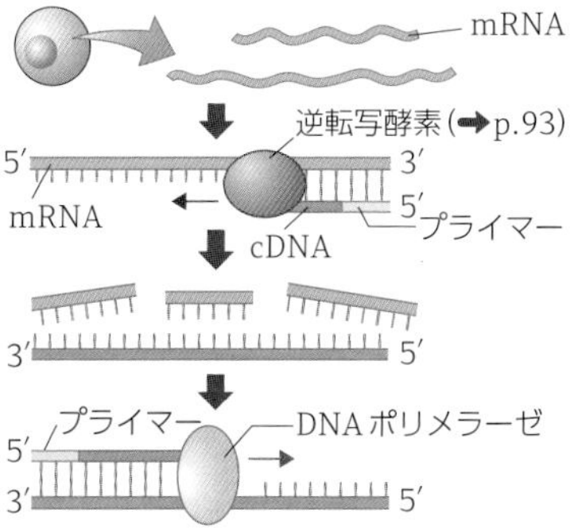

α PLUS ゲノムライブラリー

ある生物のゲノムDNAを切断して生じた全DNA断片を，それぞれベクターへ挿入した集合体を**ゲノムライブラリー**という。また，ある生物やその組織などがもつ全mRNAをcDNA化し，ベクターに組み込んだ集合体を**cDNAライブラリー**という。目的のDNA断片をもつ微生物を選んで増殖させることで，クローニングを行うことができる。

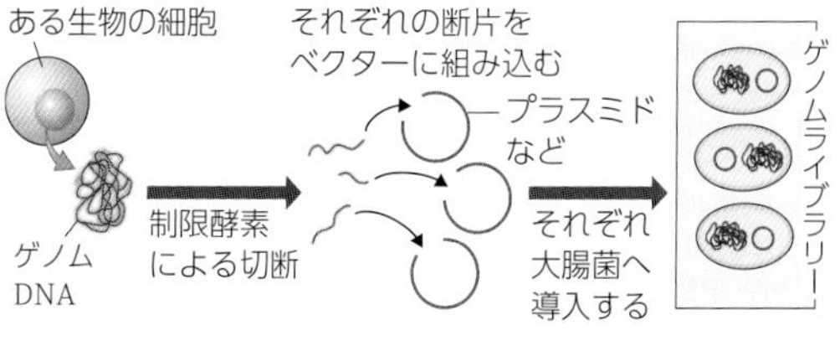

豆知識　前後どちらから読んでも同じように読める文章を回文(かいぶん)という。制限酵素によって認識される塩基配列は，ふつう，一方の鎖の5′→3′方向の塩基配列と，もう一方の鎖の5′→3′方向の塩基配列が同じになっている。このように2本鎖が回文のような関係にある配列は，回文配列(パリンドローム配列)と呼ばれる。

02 遺伝子の単離と増幅② PCR法

重要 1 PCR法 生物

PCR法《ほう》(ポリメラーゼ連《れん》鎖《さ》反応法《はんのうほう》)は，耐熱性のDNAポリメラーゼを利用し，目的のDNA断片を多量に増幅する方法で，現在最も利用されているクローニング法である。また，PCR法を活用した遺伝子発現の定量方法なども開発されている(➡p.146)。

＊PCR：Polymerase Chain Reaction (ポリメラーゼ連鎖反応)

Ⓐ材料

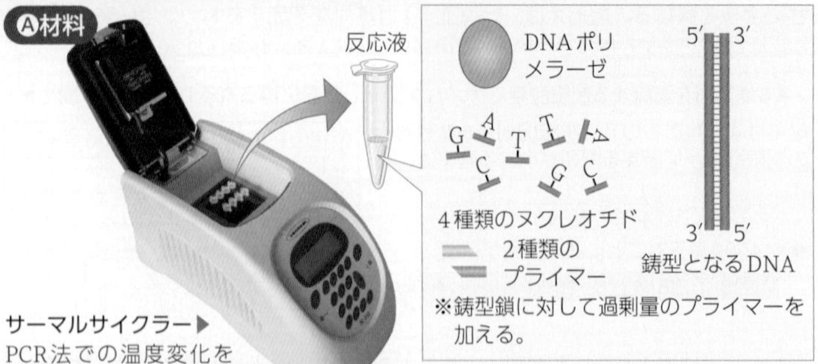

サーマルサイクラー▶
PCR法での温度変化を自動でくり返し行う機器

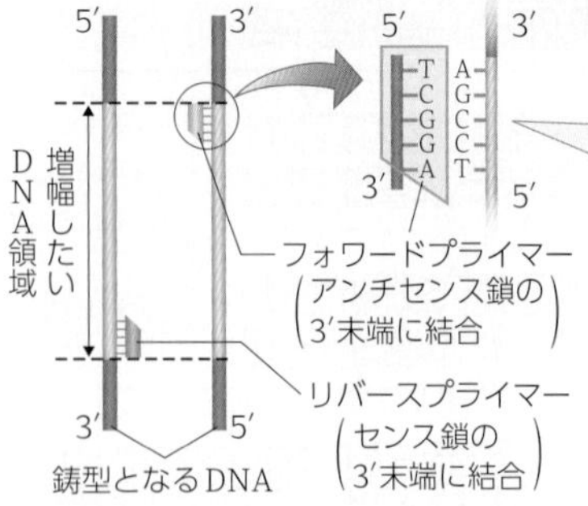

増幅したい領域を挟むようにプライマー(➡ p.82)を設計する。PCR法では，データベース上の塩基配列をもとにして人工的に設計・合成したDNAプライマーを用いる。現在はゲノムの解析が容易で(➡ぷれいく)，データベース上にゲノム情報がない生物でも，ゲノムを解析してプライマーの設計が行われる。

ⒷPCR法によるDNA断片のクローニング

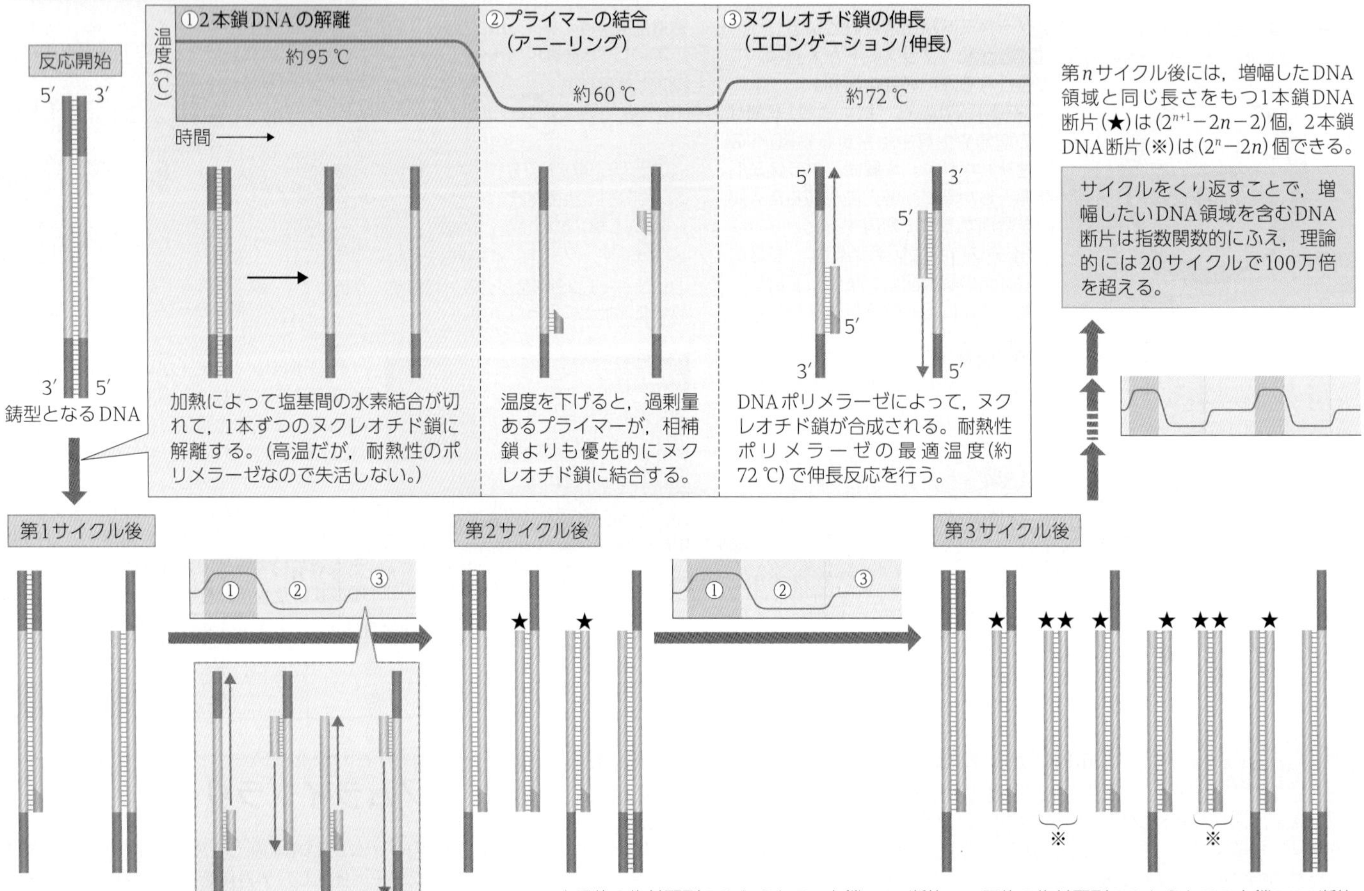

第nサイクル後には，増幅したDNA領域と同じ長さをもつ1本鎖DNA断片(★)は$(2^{n+1}-2n-2)$個，2本鎖DNA断片(※)は$(2^{n}-2n)$個できる。

サイクルをくり返すことで，増幅したいDNA領域を含むDNA断片は指数関数的にふえ，理論的には20サイクルで100万倍を超える。

★目的の塩基配列のみからなる1本鎖DNA断片　※目的の塩基配列のみからなる2本鎖DNA断片

+α PLUS PCR法に用いるDNAポリメラーゼ

PCR法では2本鎖DNAの解離のために反応溶液を高温に加熱するが，このような高温条件では，多くの生物のDNAポリメラーゼは変性し失活してしまう。PCR法に用いられるDNAポリメラーゼは，生育至適温度が約50℃以上にある好熱菌のもので，耐熱性をもつ。こうしたDNAポリメラーゼの代表的なものとして，イエローストーン国立公園の温泉中に生息する好熱菌から単離された*Taq*ポリメラーゼがあり，PCR法によく用いられている。

好熱菌

好熱菌がいる温泉(イエローストーン国立公園)

豆知識 PCR法を考案し，その開発に携わった生化学者マリスは，のちに，PCR法のアイデアはドライブを楽しんでいる最中にひらめいたと話している。

03 DNAの構造の解析

1 電気泳動法 生物

電気が流れる溶液中で，電荷を帯びた(帯電した)物質をその大きさなどに応じて分離する方法を**電気泳動法**《でんきえいどうほう》という。これにより，DNAなどの核酸やタンパク質を分離し，およその大きさを推定することもできる(➡p.343)。

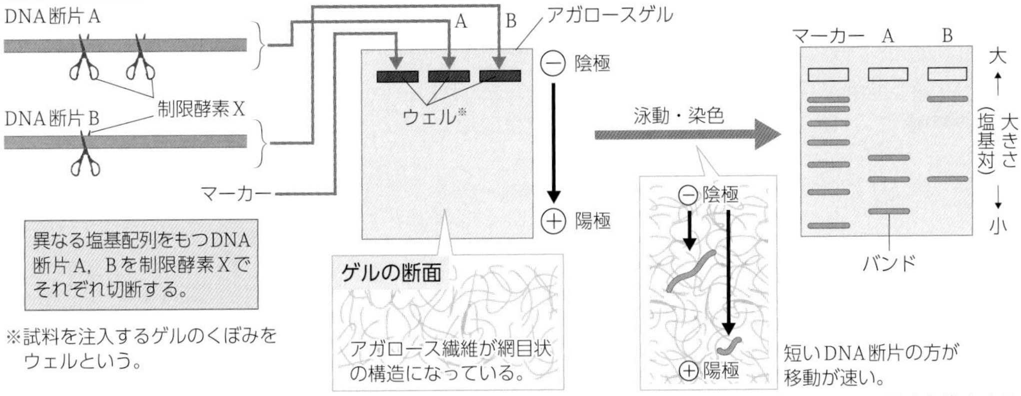

※試料を注入するゲルのくぼみをウェルという。

長さ(塩基対数)が既知のDNA断片(マーカー)を試料と一緒に電気泳動することで，DNA断片のおよその長さを推定することができる。

DNAやRNAは，リン酸基を含み，中性から塩基性の緩衝液中で負(－)に帯電する。このため，緩衝液(➡p.342)中のアガロースゲルなどの中で電気泳動を行うと，陽極(＋)に向かって移動する。

アガロースゲルでは，アガロース(多糖の一種)の繊維が網目状の構造になっている。アガロースゲルを用いて電気泳動を行うと，小さな分子は速く遠くまで移動し，大きな分子は移動に時間がかかりあまり移動しない。その結果，DNA断片はその大きさに応じて分離される。染色などで可視化すると，分離されたDNAはバンドとして確認できる。

2 DNAの塩基配列の決定法(ジデオキシ法) 生物

ジデオキシ法は，サンガーによって開発され，サンガー法とも呼ばれる。

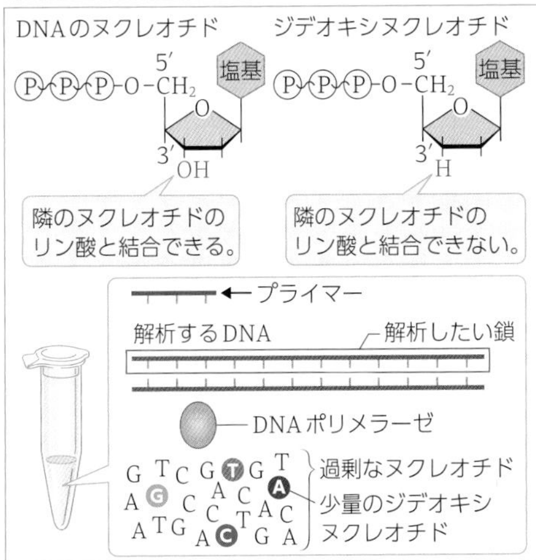

①解析したいDNA，DNAポリメラーゼ，プライマー，過剰な4種類のヌクレオチドに，4種類のジデオキシヌクレオチドを少量加え，反応液を調製する。ジデオキシヌクレオチドは，A，T，G，Cのヌクレオチドの3′のOH基をHで置換したデオキシ型のヌクレオチドになっており，それぞれ別々の色の蛍光色素で標識されている。

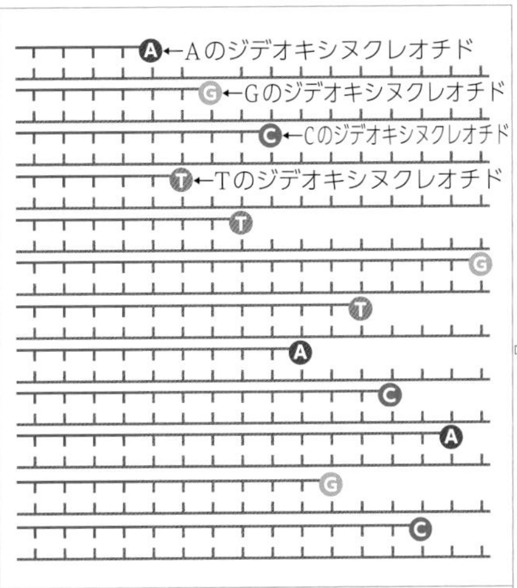

②解析したいDNAの相補鎖にプライマーを結合させ，複製を行う。複製の過程でジデオキシヌクレオチドが結合すると，ヌクレオチド鎖の伸長は停止する。これによって，4つの蛍光色素のうちいずれか1つで標識されたさまざまな長さのヌクレオチド鎖ができる。

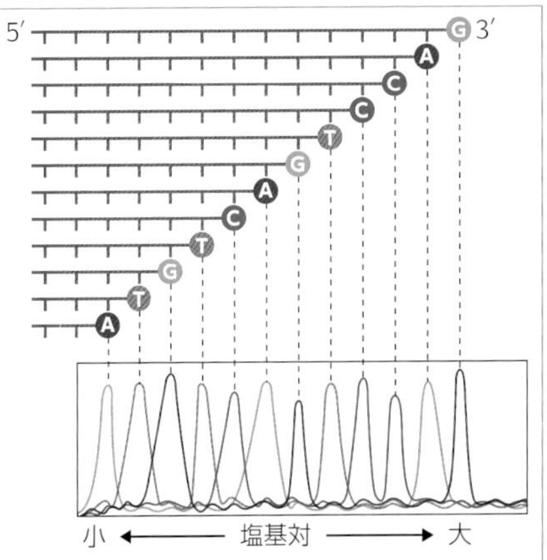

解析結果を示す波形のグラフでは，Ⓐを緑，Ⓣを赤，Ⓖを黒，Ⓒを青で示すことが多い。

③新しく合成されたヌクレオチド鎖を，電気泳動によって長さを解析して，長い順に並べる。端の蛍光の色(標識されたジデオキシヌクレオチドの色)を識別し，塩基配列が読み取られていく。実際の読み取りは，塩基配列解析装置(シーケンサー)を用いて行われる。

break ぶれいく 次世代シーケンサー

近年では，従来のジデオキシ法を用いたシーケンサーよりもより大量の塩基配列を高速で読みとることができる**次世代**《じせだい》**シーケンサー**の使用が広まっている。次世代シーケンサーの開発競争は，世界中で激化の一途をたどっており，より高速・高性能で安価に解読できる機器が次々と生み出されている。次世代シーケンサーの開発の進展に伴い，病気の原因となる遺伝子の同定や個々の細胞の遺伝子発現の解析が急速に進められている。

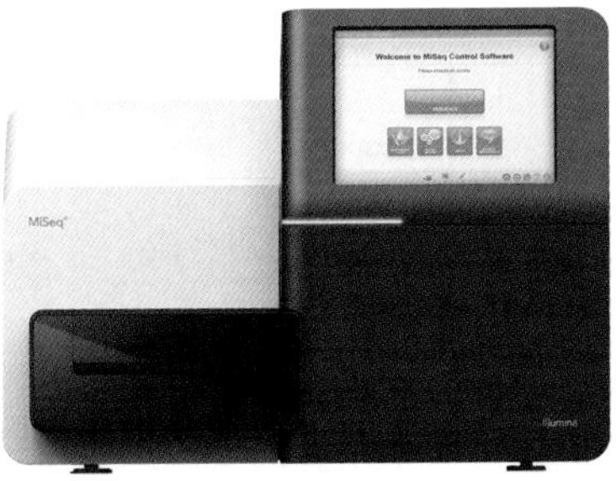

次世代シーケンサーとゲノム解析

ゲノムの塩基配列を解読することを，ゲノム解析という。次世代シーケンサーの開発によって膨大な塩基配列を高速で読み取ることが可能になり，現在では，モデル生物をはじめとしたさまざまな生物やウイルスのゲノムが解析されている(➡p.78)。ゲノムがデータベース上に公開されているものも多い。ゲノム解析は，遺伝子の機能解析や，オーダーメイド医療(➡p.152)の研究に利用されている。また，ウイルスなどの微生物の同定にも，ゲノム解析の技術が用いられている(➡p.147)。

豆知識 2003年に完了したヒトゲノムプロジェクトは，ヒトゲノムの全塩基配列の解読を目的とし，十数年の歳月と約30億ドルの資金が費やされた。近年では1人分のヒトゲノムの解読に要する日数は数日，費用は数万円程度でも可能になっており，より短期化・低コスト化が進んでいる。

04 遺伝子の発現解析

Analysis of Gene Expression

1 RNAシーケンシング 生物

次世代シーケンサーによってRNAの塩基配列を網羅的に決定する方法をRNAシーケンシングという。RNAシーケンシングによって，発現する遺伝子の種類やその発現量が調べられている。

次世代シーケンサーによって，組織や細胞で合成されるmRNAの網羅的な解析が可能になった。ある組織や細胞中に存在するmRNAの塩基配列と量から，どの遺伝子がどれだけ転写されたかがわかる。

現在，1つの細胞内の全mRNAの網羅的な解析が進められている。細胞ごとの遺伝子発現の違いを調べることで，細胞の種類や機能などをより正確に判別することが可能になってきた。

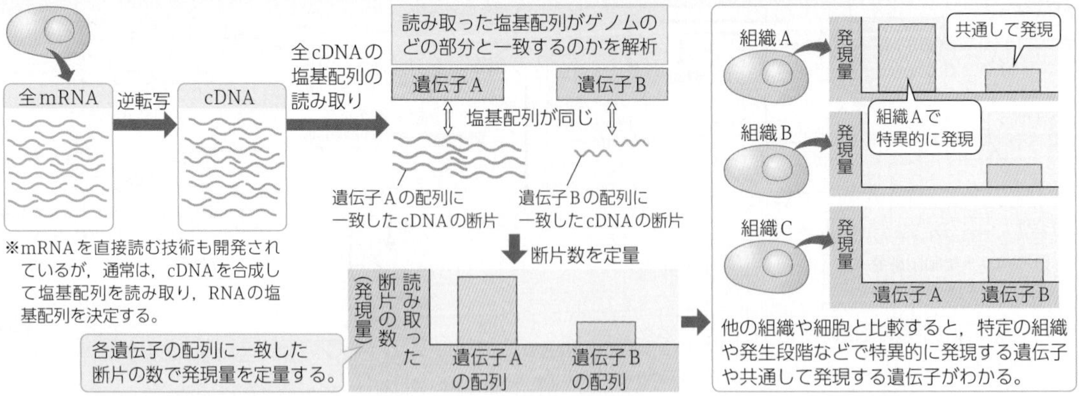

※mRNAを直接読む技術も開発されているが，通常は，cDNAを合成して塩基配列を読み取り，RNAの塩基配列を決定する。

各遺伝子の配列に一致した断片の数で発現量を定量する。

他の組織や細胞と比較すると，特定の組織や発生段階などで特異的に発現する遺伝子や共通して発現する遺伝子がわかる。

α PLUS リアルタイムRT-PCR

特定の遺伝子の発現を測定する方法には，リアルタイムRT-PCRと呼ばれる方法がある。PCR法では，はじめのDNA量が多ければ増幅後のDNA量も多くなることから，サイクル数とDNAの増幅量にもとづいて，はじめのDNA量を定量できる。リアルタイムRT-PCRは，蛍光色素を利用してDNAの増幅をリアルタイムで観測して定量する方法（リアルタイムPCR，定量PCR）と，RNAから合成したcDNAを増幅する方法（逆転写ポリメラーゼ連鎖反応/reverse transcription polymerase chain reaction；RT-PCR）とを組み合わせたものである。これにより，特定の遺伝子のmRNAの量を定量することができる。リアルタイムRT-PCRは，HIVやコロナウイルスなどのRNAウイルスによる感染症の検査にも用いられている。この検査では，増幅と定量を密閉装置内で同時に行うため不純物が混ざる可能性が低く，ウイルスのRNA量を正確に定量できる。

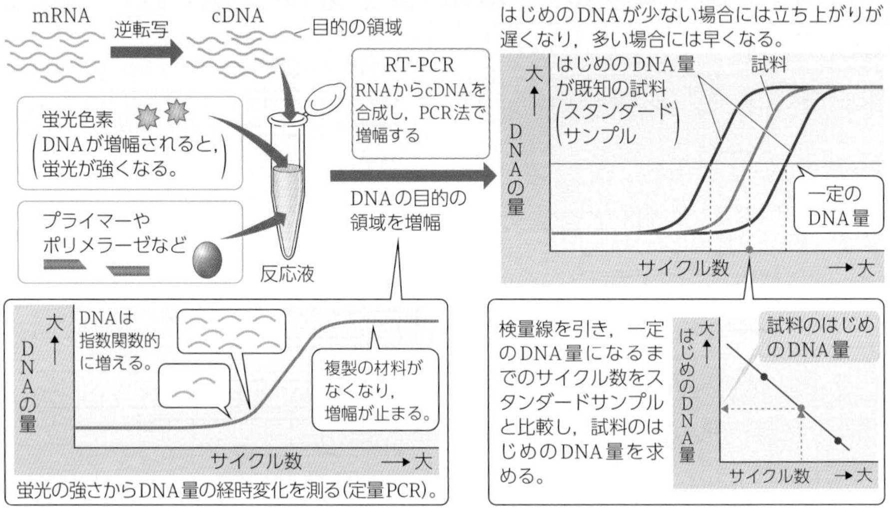

蛍光の強さからDNA量の経時変化を測る（定量PCR）。

2 抗体を用いた解析 生物

遺伝子の発現は，遺伝子の産物であるタンパク質を同定することでも推定できる。目的のタンパク質に結合する抗体を蛍光色素などで標識して反応させると，タンパク質の有無や存在場所が可視化できる。

Ⓐ顕微鏡による観察

目的のタンパク質に特異的に結合する抗体を，蛍光色素などで標識し，固定した細胞や組織に加える。目的のタンパク質と結合させたのち，顕微鏡で蛍光を観察する。

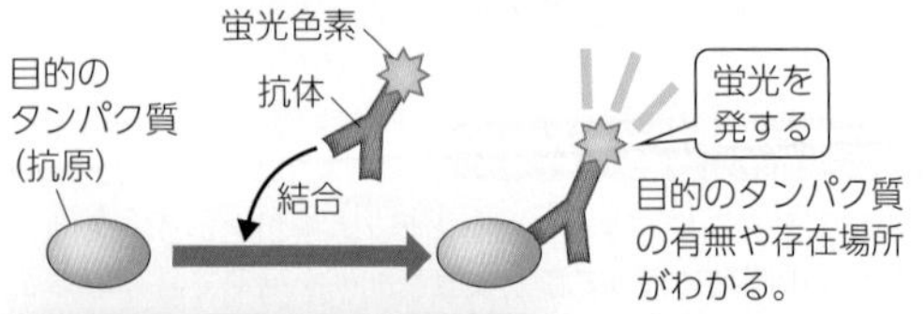

赤…DNA修復に関わる酵素　緑…チューブリン　青…ミトコンドリア

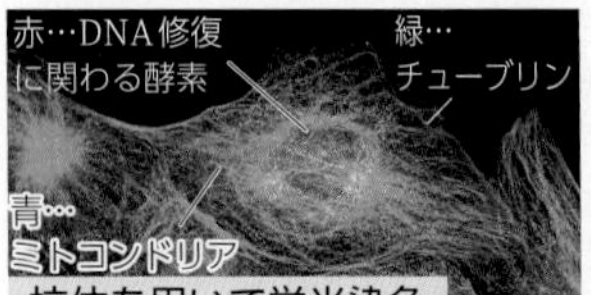

抗体を用いて蛍光染色したヒトの骨肉腫細胞

抗体を強力に標識するさまざまな色の色素が開発されており，複数の分子を同時に染色して観察することができる。

Ⓑ生化学的な検出（ウェスタン ブロッティング）

目的のタンパク質を含む混合物を電気泳動によって分離した後，検出膜に移し取り，目的のタンパク質の抗体を反応させると，目的のタンパク質の大きさ（およその分子量）を決定できる（➡p.343）。

＊目的のタンパク質のバンド

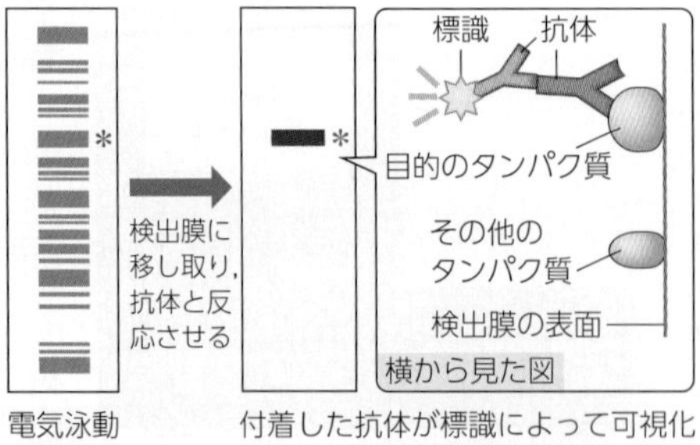

電気泳動で分離

付着した抗体が標識によって可視化され，バンドが検出される

抗体を用いた解析では，目的のタンパク質に結合する一次抗体のほか，感度を高めることなどを目的に，一次抗体に対する抗体である二次抗体を標識して利用する場合がある。

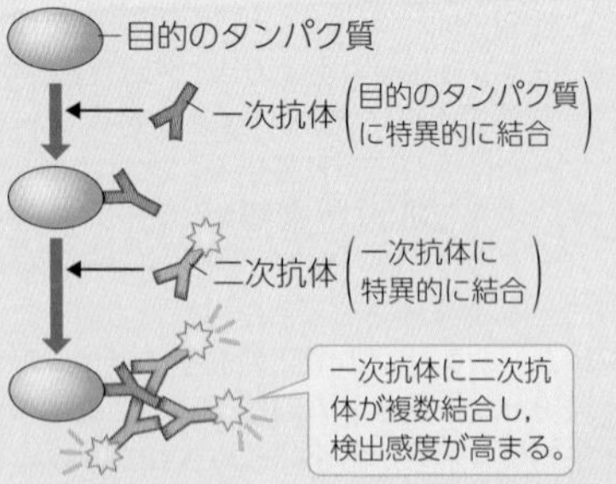

一次抗体に二次抗体が複数結合し，検出感度が高まる。

第5章 遺伝子を扱う技術

豆知識 断片化したDNAを電気泳動によって分離し，特定の配列を含む断片を検出する手法は，考案者であるエドウィン・サザンにちなんでサザン ブロッティングと呼ばれる。同様にしてRNAを扱う方法は，サザン（南）に対してノーザン（北）ブロッティングと呼ばれ，ポリペプチドの検出法にはウェスタン（西）を入れた命名がなされた。

重要

3 レポーター遺伝子を用いた解析 生物

目的の遺伝子につなげて，その発現の有無や量を調べるために使われる遺伝子を，レポーター遺伝子という。

Ⓐ GFP

代表的なレポーター遺伝子に，緑色蛍光タンパク質(GFP：Green Fluorescent Protein）の遺伝子がある。GFPは青色光(または紫外線)の照射によって緑色蛍光を示す。下村脩に よってオワンクラゲで発見された。蛍光タンパク質は，その後，サンゴなどでも見つかっており，現在ではそれらを改変したさまざまな色のものが開発されている。

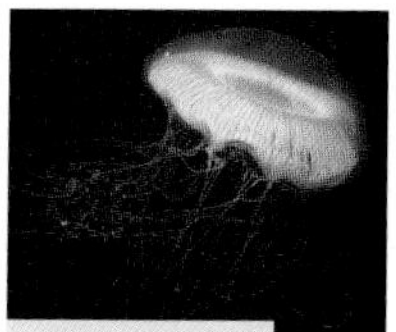

オワンクラゲ

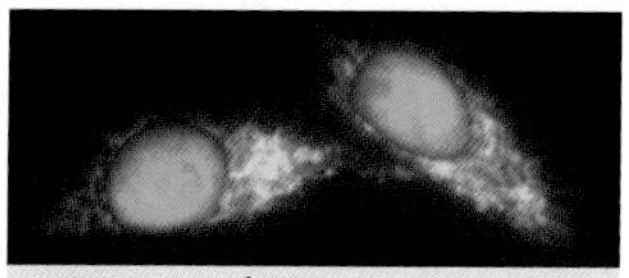

3種類のタンパク質に別々の色の蛍光タンパク質をつなげて発現させた細胞

緑…核局在タンパク質＋GFP(緑色蛍光タンパク質)
赤…ゴルジ体局在タンパク質＋RFP(赤色蛍光タンパク質)
黄…ミトコンドリア局在タンパク質＋YFP(黄色蛍光タンパク質)

Ⓑ GFPの利用

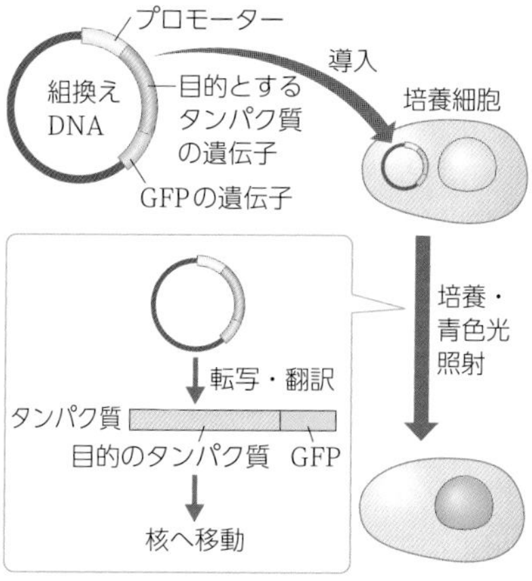

このタンパク質は核に局在することがわかる。

GFPなどの蛍光タンパク質を利用すると，生きた細胞におけるタンパク質の局在を可視化できる。目的のタンパク質の遺伝子にGFPの遺伝子をつなげ，細胞内で発現させると，目的のタンパク質とGFPが一体化したタンパク質が合成される。これに青色光などを当てると，目的のタンパク質の存在場所がわかる。

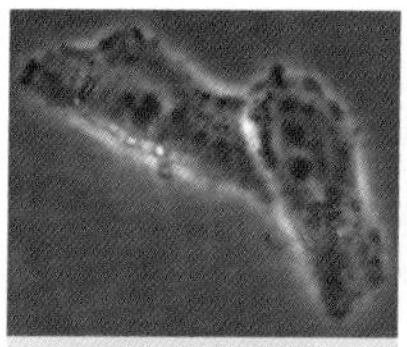

青色光未照射
(明視野の像)

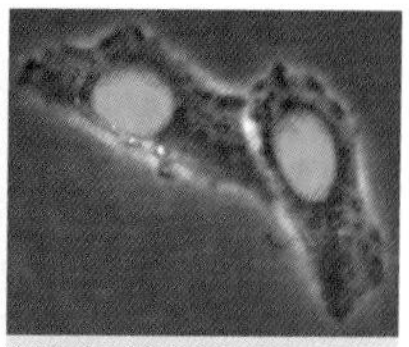

青色光照射(明視野の像と重ねている)

4 ポストゲノム研究 生物

ゲノム情報をはじめ，転写産物やタンパク質，その他代謝産物の網羅的な解析結果にもとづいて，生命現象や病態などを統合的に理解しようとする研究は，ポストゲノム研究と呼ばれる。

生命現象においてゲノムの情報がどのように機能しているかを理解するには，ゲノムの塩基配列だけでなく，ゲノムをもとに合成される物質や，それらの作用などを解明する必要がある。核酸やタンパク質などの分析技術の進展によって，特定の生体物質全体を網羅的に調べられるようになった。このような研究は研究対象の末尾に**オミクス**を付けた名称で呼ばれ，複数のオミクスの横断的な解析は**マルチオミクス解析**と呼ばれる。

生体物質の解析技術とコンピュータの性能の向上に伴って，多分野にわたる膨大な解析情報を扱えるようになった。情報処理技術を活用して生命現象を解明する研究領域を**バイオインフォマティクス**といい，ポストゲノム研究を支えている。

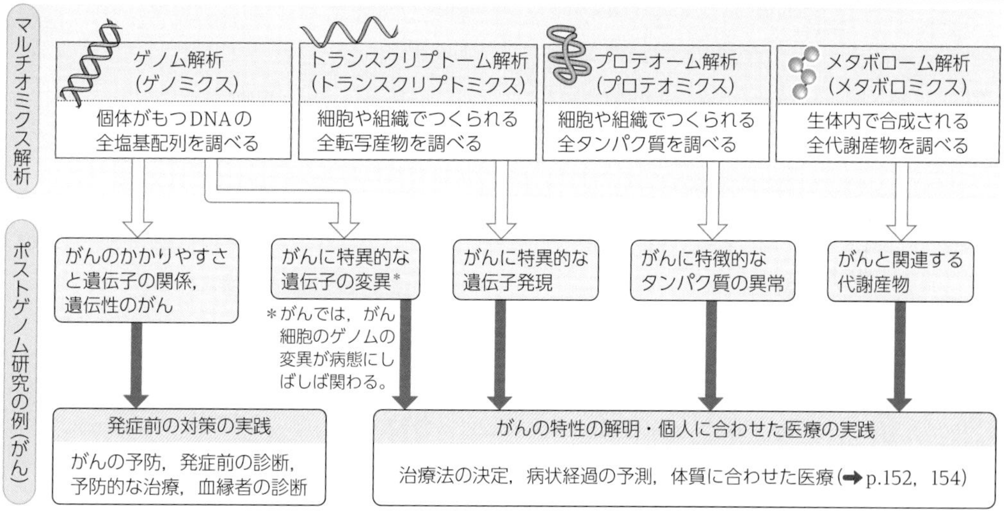

Up To Date 生物集団のDNAの解析とその応用 生物

自然界や生物の体内には，多種多様な微生物が混在しており，それらには単離・培養が困難なものも多い。このような微生物集団などのゲノムをまとめて網羅的に解析する手法は**メタゲノム解析**と呼ばれる。シーケンス技術の発達によってゲノム情報が集積され，その比較解析法が発達したことで，多数の生物種のゲノムが混合した膨大なデータをコンピュータで解析できるようになった。メタゲノム解析は，新規微生物の探索や，有用な遺伝子の発見などにも利用されている。また，ヒトの腸内細菌と病気との関係も研究されており，病気の予防に役立てることも考えられている。

水や土壌などの環境中に存在するDNAを環境DNAといい，そこに生息する生物の死骸や排出物などに由来する。ある環境の環境DNAを網羅的に解析して，生物の分布や相対的な存在量などを推定する方法が開発されている。この方法では，生物を直接採取せずに生態系の状態を調査でき，環境保全などへの利用も進んでいる。

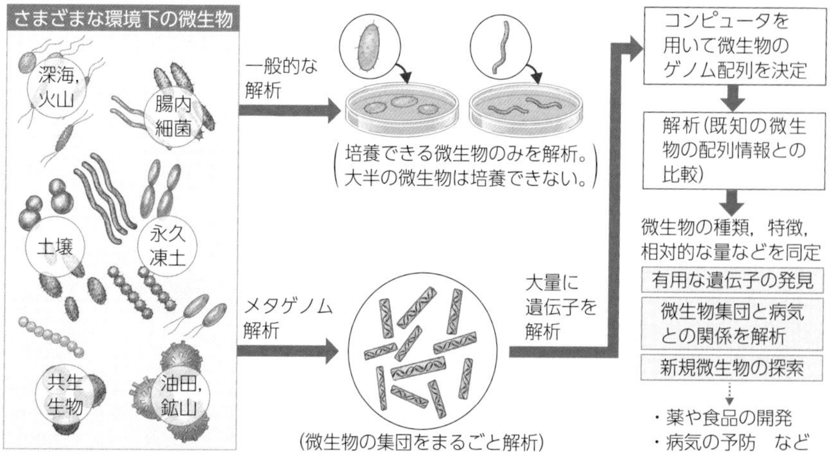

豆知識　オミクスは，ギリシャ語で「すべて・完全」などを意味する接尾辞-omeと，「学問」を意味する接尾辞-icsとを合わせた言葉である。ゲノムと遺伝子について研究する分野はゲノミクス，同様に，転写産物についてはトランスクリプトミクス，タンパク質についてはプロテオミクス，代謝産物全般についてはメタボロミクスと呼ばれる。

05 遺伝子の機能の解析

1 遺伝子の導入方法 生物

遺伝子の機能解析を行う際には，生物に遺伝子を導入する操作がよく用いられる。遺伝子の導入方法は，対象とする細胞の種類によってさまざまである。

Ⓐ塩化カルシウム法

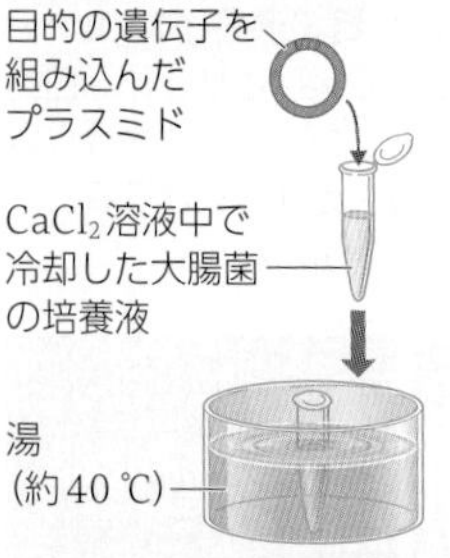

大腸菌などの細菌を塩化カルシウム溶液中で冷却すると，外来DNAを取り込みやすい細胞（コンピテントセル）になる。これに目的の遺伝子を組み込んだプラスミドを混合して熱を加えると，大腸菌にプラスミドがさらに効率的に取り込まれる。

Ⓑリポフェクション法

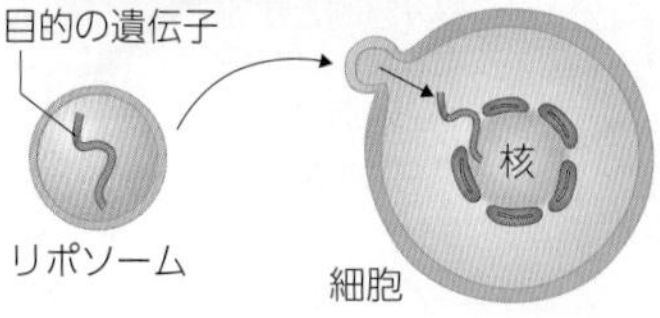

目的の遺伝子を含むDNA断片を，リン脂質からなる小胞（リポソーム）で包む。これを細胞膜と融合させ，細胞内にDNA断片を導入する。

Ⓒマイクロインジェクション法

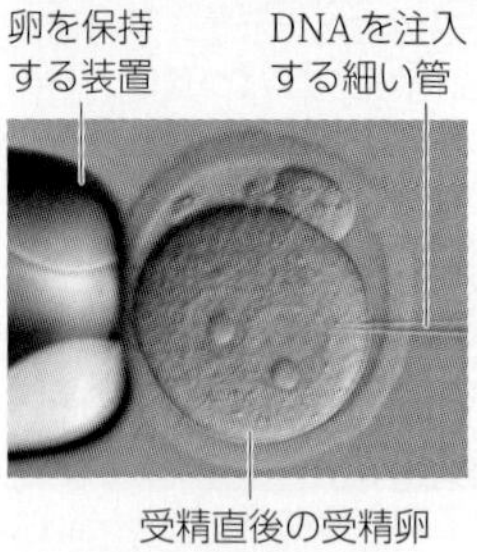

受精直後の，卵の核と精子の核が融合する前の哺乳類の受精卵を利用する。微細な管を使い，目的の遺伝子を含むDNA断片を受精卵内の精子由来の核に注入する。受精卵は仮親の子宮に移植される。注入した遺伝子が受精卵のDNAに組み込まれた場合，生まれた個体で目的の遺伝子が発現する。

Ⓓパーティクルガン法

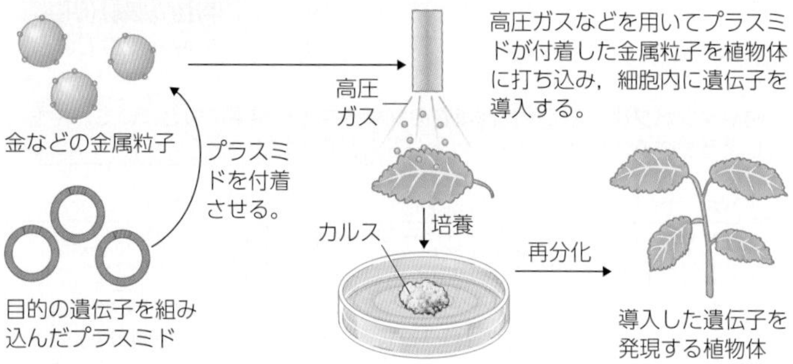

高圧ガスなどを用いてプラスミドが付着した金属粒子を植物体に打ち込み，細胞内に遺伝子を導入する。

Ⓔウイルスや細菌による遺伝子導入

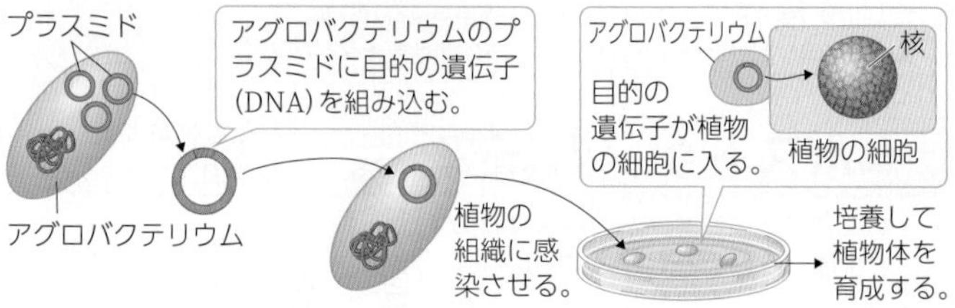

目的の細胞に感染する細菌やウイルスを利用する。植物では，アグロバクテリウム（細菌）を用いることが多い。動物では，アデノウイルスやレトロウイルスなどを用いる。

2 遺伝子の改変による機能解析 生物

特定の遺伝子を改変した細胞や生物を解析すると，その遺伝子の機能を推測できる。遺伝子の改変は，ゲノム編集技術（➡p.150）を用いて行われることも多い。

Ⓐ遺伝子のノックイン

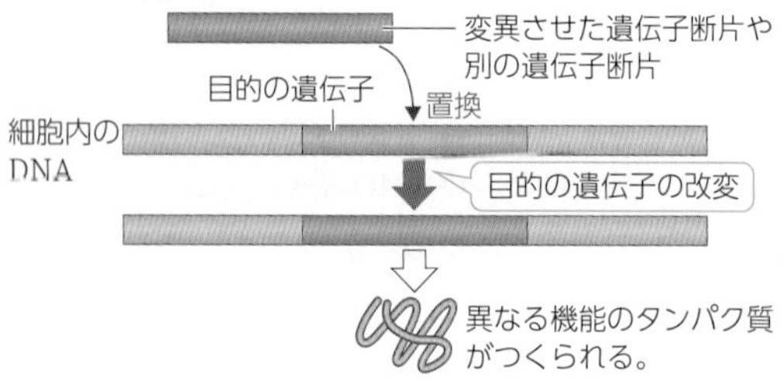

ノックインは，目的の遺伝子を外部からの遺伝子で置換したり遺伝子断片を挿入したりして，目的の遺伝子の働きを改変する技術である。特定の病気の原因遺伝子を挿入し，病態を再現する際などに用いられる。

Ⓑ遺伝子のノックアウト

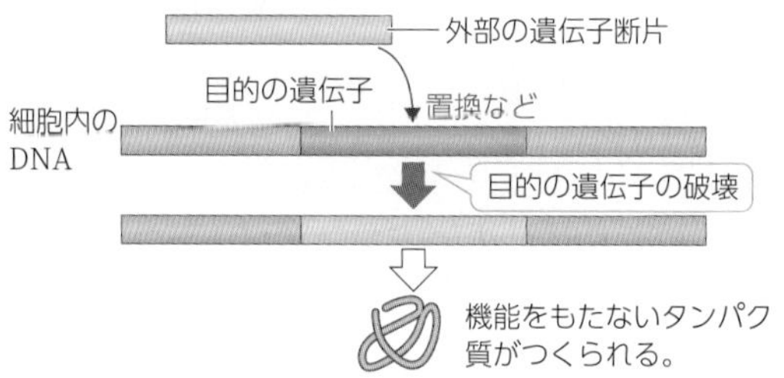

ノックアウトは，目的の遺伝子（またはその一部）を除去したり，外部の遺伝子断片を挿入したりして，目的の遺伝子の働きを失わせる技術である。この技術で作製されたマウスをノックアウトマウスという（➡p.135）。

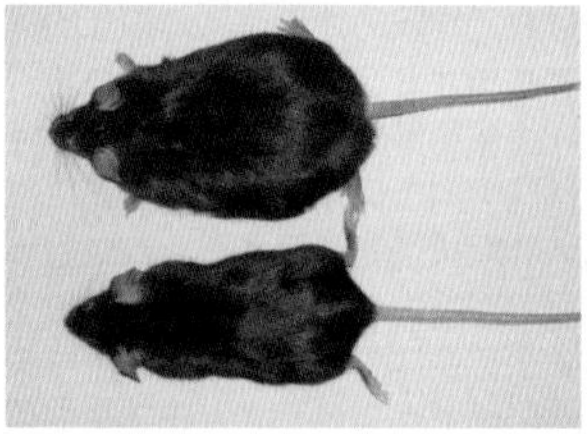

肥満を抑制する遺伝子のノックアウトマウス（上）は，通常のマウス（下）に比べてからだが大きくなる。ノックアウトでは，遺伝子の欠損による影響から遺伝子の働きを推測できる。

3 ノックダウンによる解析 発展

遺伝子を改変せずに特定の遺伝子の発現を抑制することを遺伝子のノックダウンという。ノックダウンによる形質の変化から，遺伝子の働きを推測できる。

ノックダウンでは，標的とする遺伝子の塩基配列をもとに20塩基対程度からなる2本鎖RNAを設計し，細胞に導入する。これにより，生体内での小さなRNAによる遺伝子発現の抑制のしくみ（➡p.103）が働き，標的遺伝子の発現量が減少する。このような人為的に加えられた2本鎖RNAによって，配列特異的に遺伝子発現が抑制される現象を，**RNA干渉**（RNAi；RNA interference）という。

この方法は，2本鎖RNAを加えるだけで遺伝子発現を抑制できることから，遺伝子の機能解析に広く用いられている。

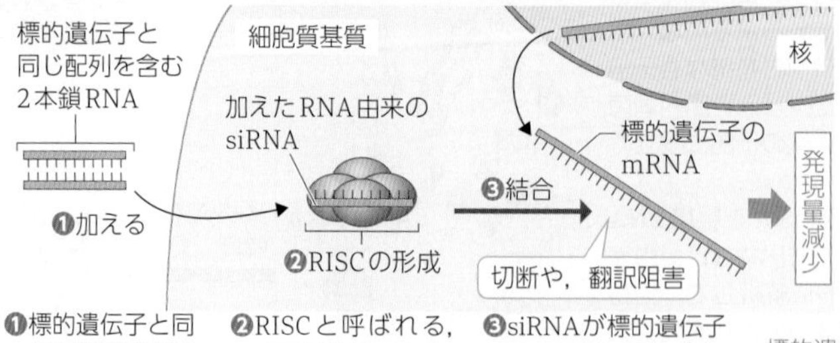

❶標的遺伝子と同じ配列を含む2本鎖RNAを細胞などに加える。

❷RISCと呼ばれる，siRNA（➡p.103）とタンパク質の複合体が形成される。

❸siRNAが標的遺伝子のmRNAに結合し，mRNAの切断や翻訳阻害が生じる。

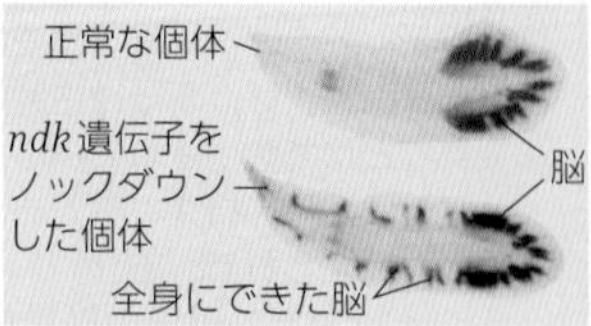

プラナリアの*ndk*遺伝子は，脳の形成位置を制御する。これをノックダウンすると，脳が全身にできる。

豆知識　プラナリアの*ndk*（*nou-darake*）遺伝子の名称は，この遺伝子の発現を抑制すると，全身「脳だらけ」のプラナリアができることにちなんで名づけられた。その後，発現を抑制すると，全身に尾をつくる（脳なしにする）遺伝子も発見され，これは*nou-nashi*遺伝子と名づけられた。

実験 7 遺伝子の導入実験

生物

目的 大腸菌に遺伝子を導入し，形質を変化させる。

準備

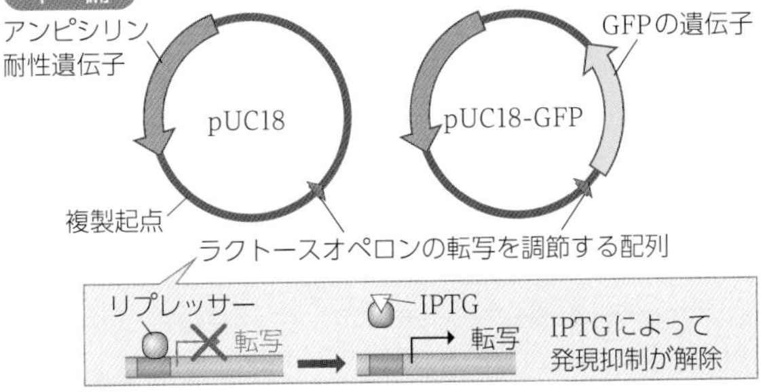

市販の実験キットを用いて実験を行う。プラスミドは，pUC18とpUC18-GFPを用いる。これらには，アンピシリンという抗生物質への耐性をもつようになる遺伝子のほか，ラクトースオペロンの転写を調節する配列が組み込まれている。IPTG(➡p.104)が培地にあるとタンパク質が合成され，GFPの遺伝子が組み込まれているpUC18-GFPでは，GFPが合成される。

⚠遺伝子組換え実験は，カルタヘナ法の定めるルール(➡p.344)に従って行い，実験室外へ遺伝子組換え生物を拡散しないようにする必要があるよ。作製した遺伝子組換え生物は，決してそのまま下水に流したりせず，オートクレーブで滅菌処理してから廃棄するなど，ルールを必ず守ろう。

方法

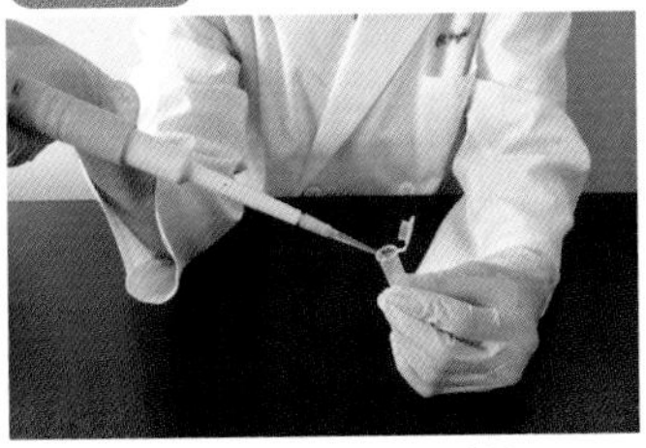

①大腸菌に塩化カルシウム溶液100 μLを加えて混ぜ，氷上で5分間静置する。これにより，大腸菌はコンピテントセルとなる(➡p.148)。

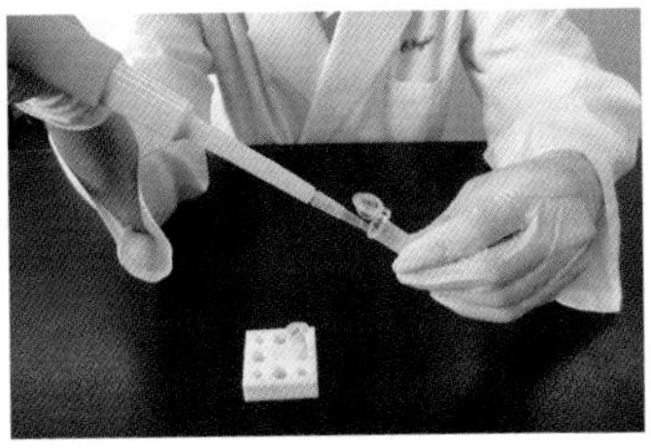

②2種類のプラスミド溶液を別々のマイクロチューブに各5 μLとる。これに①の大腸菌をそれぞれ50 μLずつ加えて混ぜ，氷上で10分間静置する。

③②を，42 ℃の恒温槽に1分間浸した(ヒートショック)後，氷上で2分間静置する。SOC培地*をそれぞれ200 mL加え，37 ℃で10分程度培養する。

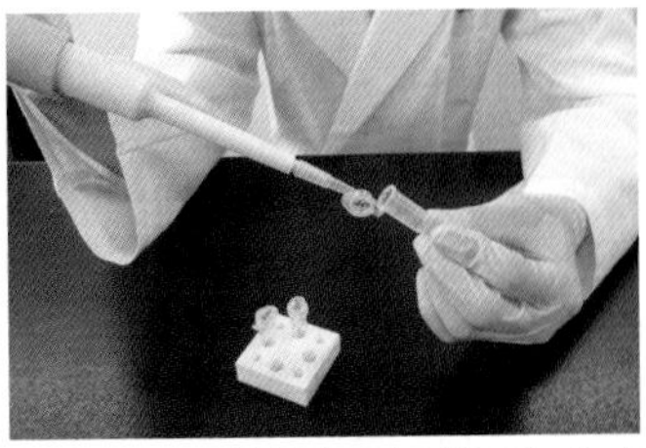

④③にIPTG溶液をそれぞれ50 μLずつ加えて混ぜる。

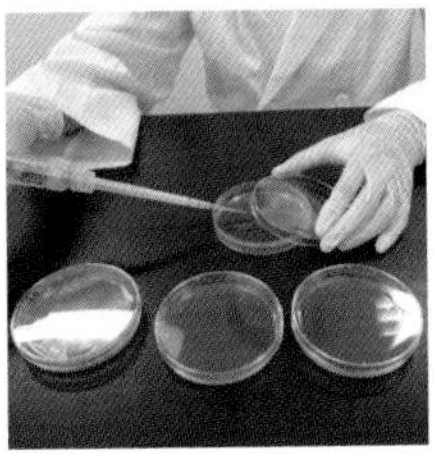

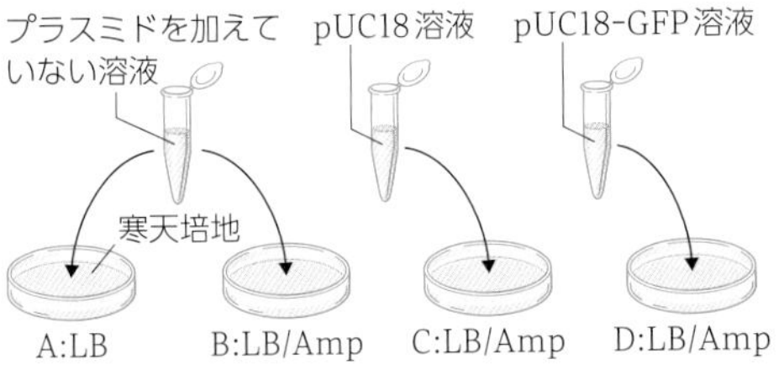

⑤プラスミドを加えなかったコンピテントセル(①の残り)と④を，それぞれLB/Amp寒天培地にコンラージ棒(➡p.104)を用いて塗布する。プラスミドを加えなかったものは，LB寒天培地にも塗布する。

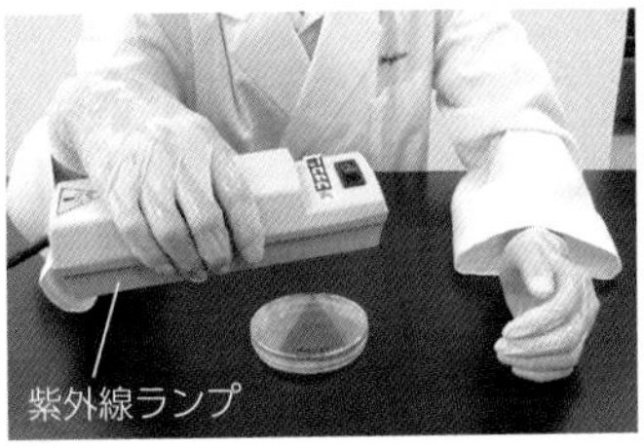

⑥37 ℃の恒温器に入れて一晩培養する。培養後，それぞれコロニーの有無を確認する。さらに，ペトリ皿に紫外線を当て，蛍光の有無を記録する。

実験6(➡p.104)と同様，無菌操作を徹底しよう。
⚠紫外線は目や皮膚に害を与えるので，UV照射の際には必ずゴーグルを着用しよう。

*細菌の培養に用いる培地で，LB培地よりも形質転換効率が高い。

結果

	A	B	C	D
プラスミド	なし	なし	pUC18	pUC18-GFP
培地	LB	LB/Amp	LB/Amp	LB/Amp
培養後の培地のようす	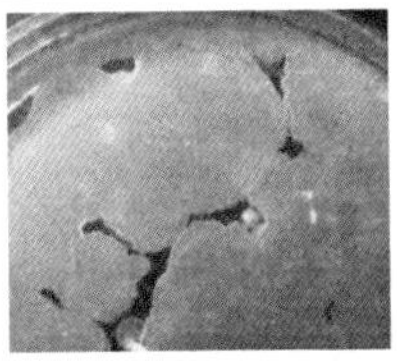 大腸菌が一面に増殖	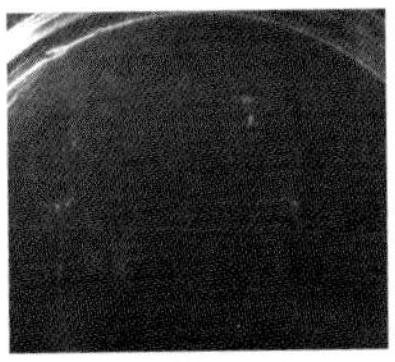 コロニーなし	 コロニーあり	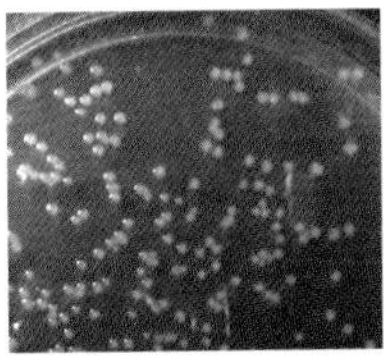 コロニーあり
紫外線照射	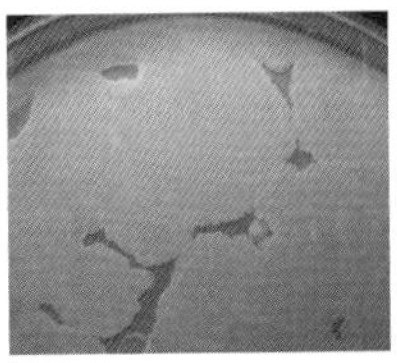	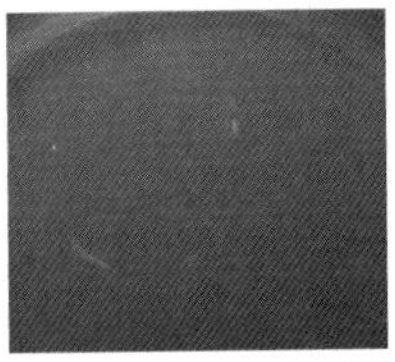		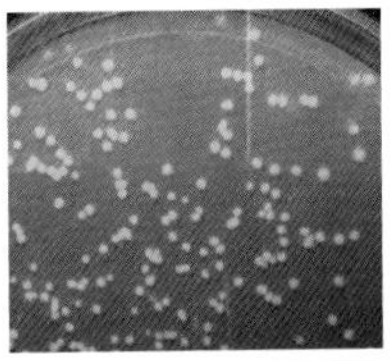

考察

プラスミドを加えなかったペトリ皿では，Aには塗布した大腸菌が培地上一面に増殖したが，Bではコロニーがまったく観察されなかった。これは，アンピシリン存在下では，通常の大腸菌は生育できないことを示している。一方，プラスミドありのペトリ皿では，いずれもコロニーが観察された(C，D)。プラスミドが導入された大腸菌はアンピシリン耐性を獲得し，アンピシリン存在下でも生育することができたと考えられる。

紫外線の照射によって，Dでは蛍光が観察された。このことから，Dの大腸菌では，導入されたプラスミドに組み込まれているGFPの遺伝子が発現し，GFPが合成されたと考えられる。

豆知識 細菌を扱う実験では，以前は，培養した際にコロニーが形成されるかどうかで生きた細菌の存在を判断することが多かった。しかし近年，土壌や水圏の環境中のDNAを網羅的に調べるメタゲノム解析(➡p.147)によって，自然界の細菌の99 %は培養してもコロニーを形成しないことが明らかになっている。

ゲノム編集とそのしくみ

ゲノム編集は，標的の塩基配列を切断するよう設計した分子を用いて，DNAのねらった部分を改変する技術である。現在，さまざまな分野で遺伝子を改変する手法として利用されている。

ゲノム編集のしくみ(CRISPR/Cas9法)

ゲノム編集の方法の1つであるCRISPR《クリスパー》/Cas9《キャスナイン》法では，ガイドRNAと，Cas9というタンパク質が用いられる。ガイドRNAは，標的の塩基配列と相補的な配列をもつように設計されており，Cas9と複合体を形成して標的の塩基配列まで誘導する。Cas9はDNAの2本鎖を切断する働きをもつ。

ガイドRNAとCas9が作用するには，目印となる配列(PAM《パム》)が標的配列の近傍に必要となる。ガイドRNAとCas9の複合体がPAMを認識すると，ガイドRNAはPAM近傍にある標的の配列と相補的に結合する。Cas9はこれを認識し，DNAの標的配列を切断する(図1-❶)。ゲノム編集では，この切断に伴って働くいくつかのDNAの修復機構を利用して，塩基配列を改変する。切断面どうしを再度結合させる機構が働く場合，一定の割合で，切断面のDNAの一部欠失や，他の塩基が挿入されるミスが起こる。このミスが起こると，標的遺伝子が破壊される(図1-❷)。DNA修復には，このほか，相同な塩基配列をもつDNAをもとに修復するしくみもある。このしくみを利用し，DNA断片をともに導入することで，切断面に目的の遺伝子を組み込むこともできる(図1-❸)。

ゲノム編集の特徴

ゲノム編集は，従来の遺伝子組換え技術と比べ，次のような特徴をもつ。

従来の遺伝子組換え技術	ゲノム編集技術
・利用できる生物種が限られる ・成功率は低い ・目的の組換え体を得るために実験をくり返し，長い時間を費やすことも多い	・多様な生物に利用できる ・成功率は高い ・操作は従来法より簡便で，短時間ですむ ※変異体の選別や，生じた突然変異の確認などの行程は必要である。

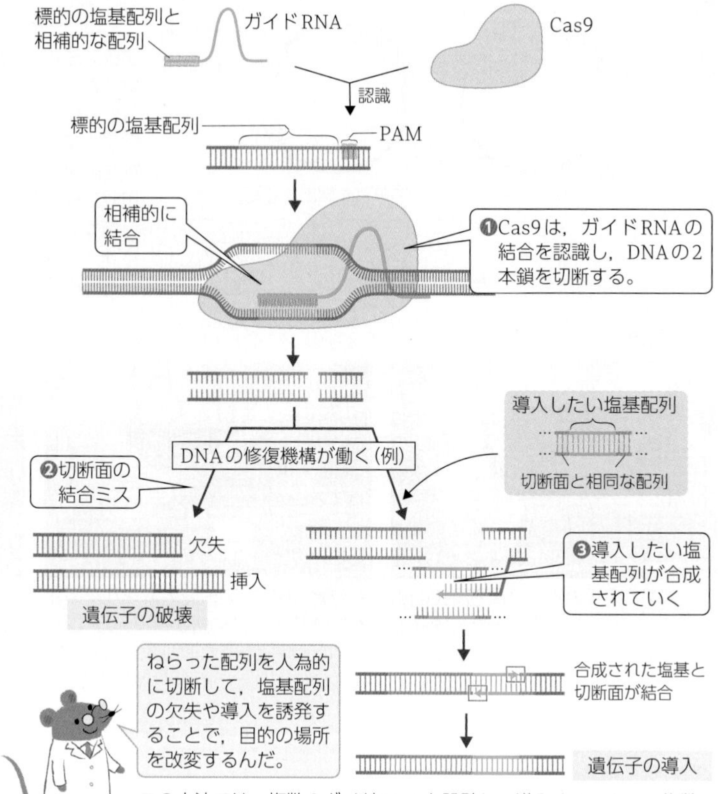

この方法では，複数のガイドRNAを設計し，導入することで，複数の標的部分を同時に改変することも可能である。

図1 CRISPR/Cas9法によるゲノム編集のしくみ

CRISPR/Cas9法の開発

CRISPR/Cas9法は，化膿《かのう》連鎖球菌などの細菌がウイルスDNAを排除するしくみを応用したもので，2012年にダウドナとシャルパンティエによって開発された。細菌のゲノムには，ランダムな塩基配列(スペーサー配列)がほぼ同じ塩基配列を挟んで並んでいる領域(クリスパー)が存在する。細菌にウイルスが感染すると，ウイルスDNAの塩基配列の一部(ウイルスDNA中のPAM近傍の部分)がスペーサー配列として細菌のゲノムに取り込まれる(図2-❶)。スペーサー配列の転写を経て生じたRNA(crRNA)は，tracrRNA《トレイサー》というRNAを足場にして，Cas(化膿連鎖球菌のCasをCas9という)とともに複合体を形成する。同じ種類のウイルスが再度感染すると，crRNAがウイルスDNAと塩基対をつくる。これにより，Cas9がDNAを切断して，ウイルスDNAを排除する(図2-❷)。

なお，スペーサー配列にPAMは取り込まれない。細菌は，PAMの有無によって自己の塩基配列とウイルスなどの非自己の塩基配列を区別し，自己のDNAの切断を防いでいると考えられている。

CRISPR/Cas9法で用いるガイドRNAは，crRNAとtracrRNAを組み合わせて設計されたものである(図3)。crRNAの塩基配列の一部を，標的の部分と相補的に結合する配列にすることで，標的配列が切断される。CRISPR/Cas9法は，従来の遺伝子組換え技術に比べて簡便で安価に行えることから，開発後，多くの研究者に広まっていった。

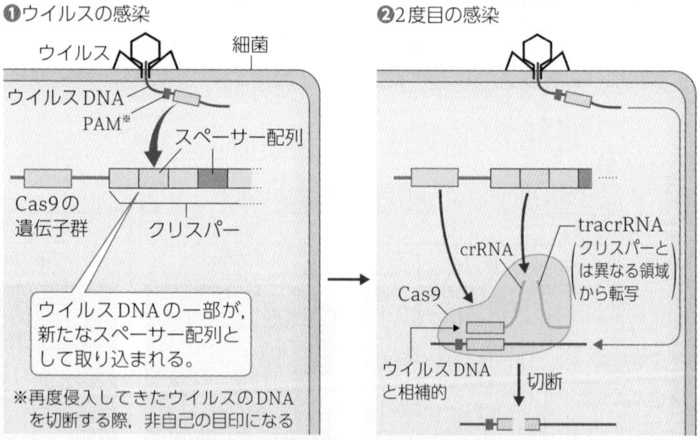

図2 クリスパー配列とCas9によるウイルスDNAの排除

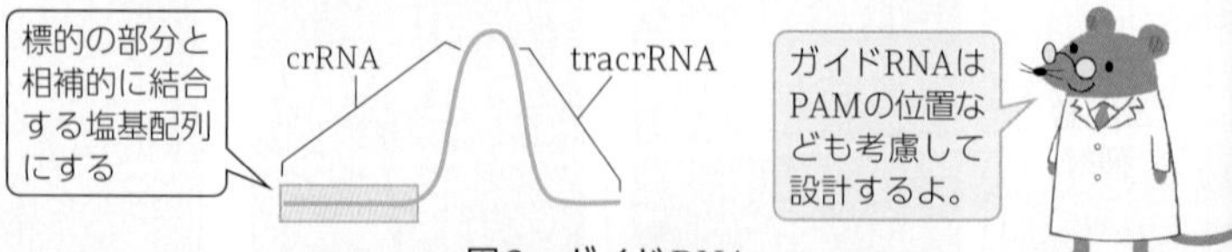

図3 ガイドRNA

豆知識 CRISPR/Cas9法では，標的配列はPAMの近傍に制限される。開発当初は，PAMがNGG(※Nは任意の塩基)であったことから，標的にできるのはNGGの近傍にある配列に限られていた。現在では，NGなどといった，NGG以外の配列をPAMと認識して働くものが開発され，自由度が格段に向上している。

ゲノム編集の応用例

ゲノム編集は，基礎研究をはじめ，食品の開発や疾患の研究など私たちの生活に身近な応用研究にも用いられている。

食品の開発(ゲノム編集食品)

新たな品種の作出は，有用な形質をもつ個体どうしの交配によって行われることが多い(➡巻末)。この方法では，偶然によって生じた，より有用な形質をもつ個体を選抜する必要がある。このため，自由な改変が行えず，また，開発に膨大な時間を要した。一方，ゲノム編集では，特定の遺伝子を短時間で改変できる。現在，ゲノム編集技術を用いて，さまざまな食品が開発されている(図4)。

●ステロイドグリコアルカロイド(SGA)低生産性ジャガイモ

ジャガイモの塊茎では，栽培や保存の過程で光や高温に曝されると，SGAと総称される毒性物質が芽などに蓄積される。SGA低生産性ジャガイモでは，SGAの合成過程で働くSSR2酵素の遺伝子がノックアウトされており，SGAが体内に蓄積しにくい。

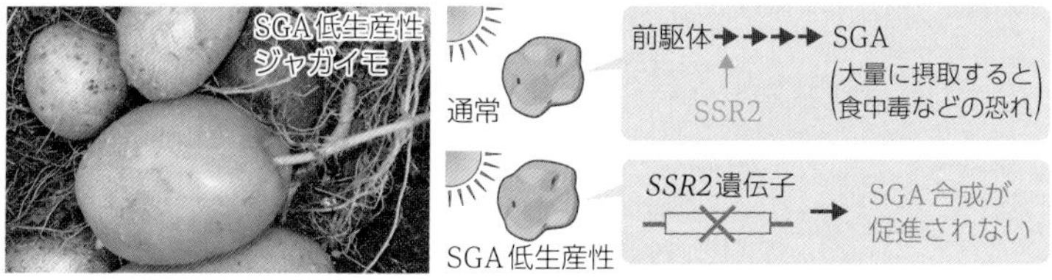

●肉厚マダイ

骨格筋の細胞の成長と増殖は，ミオスタチンによって抑制される。肉厚マダイは，ゲノム編集によってミオスタチン遺伝子がノックアウトされた品種である。このため，通常よりも筋肉質で可食部が多い。

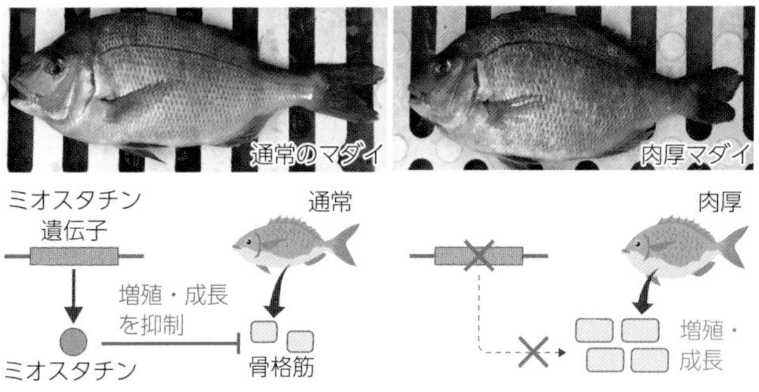

肉厚マダイは，高成長トラフグ(➡p.140)やGABA高蓄積トマト(➡巻末)などとともに，一般に販売できるゲノム編集食品として届出されている。

図4　ゲノム編集食品

医療への応用

遺伝子が関与する疾患の研究では，遺伝子を改変して病態を再現した疾患モデル動物や細胞(➡p.137)を作製することがある。従来の遺伝子組換え技術では，疾患モデル動物にできる種は限られていた。一方，ゲノム編集は，多くの生物に利用できるため，たとえば，系統がよりヒトに近い霊長類でも病態の再現ができるようになった(図5)。また，ゲノム編集は，iPS細胞を用いて病態を再現した細胞などを作製する際にも利用されている。さらに，遺伝子治療(➡p.152)での利用に向けた研究も行われている。従来はできなかった，特定の遺伝子の破壊・修復や，生体内で標的遺伝子を改変する治療法の開発が期待されている。

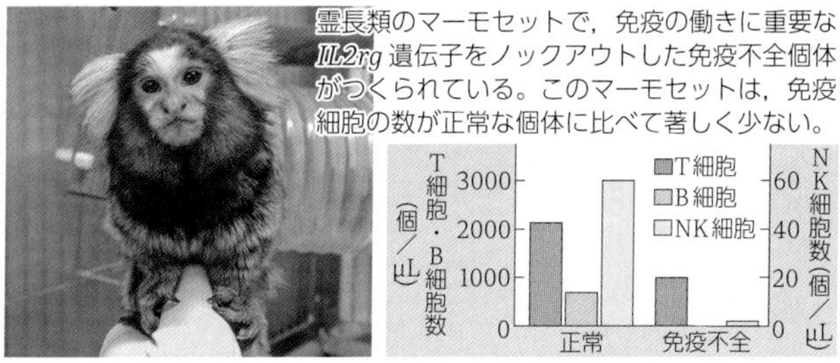

霊長類のマーモセットで，免疫の働きに重要な *IL2rg* 遺伝子をノックアウトした免疫不全個体がつくられている。このマーモセットは，免疫細胞の数が正常な個体に比べて著しく少ない。

図5　免疫不全マーモセット　(出典：Cell Stem Cell. 2016 Jul 7;vol.19 issue:127-138)

ゲノム編集の課題と展望

ゲノム編集は，従来の遺伝子改変技術に比べると正確性が高いものの，標的外の遺伝子を予期せず改変してしまうこともある。このような改変をオフターゲット効果という。現在，このリスクを軽減する研究が行われている(図6)。

ゲノム編集は，その利便性から急速に広まった。こうした広がりの一方で，ゲノム編集は，従来の遺伝子組換え技術と同様に環境への影響や生命倫理についての問題をはらんでいる。また，身近なこととしては，外来遺伝子を導入していないゲノム編集食品は，従来の品種改良で作製された食品と区別ができず，遺伝子を改変したことを表示する義務(➡p.344)がない。このため，消費者の知る権利が侵害されているのではないかという議論などがある。技術の進展を踏まえた，適切なルールの制定が必要である。

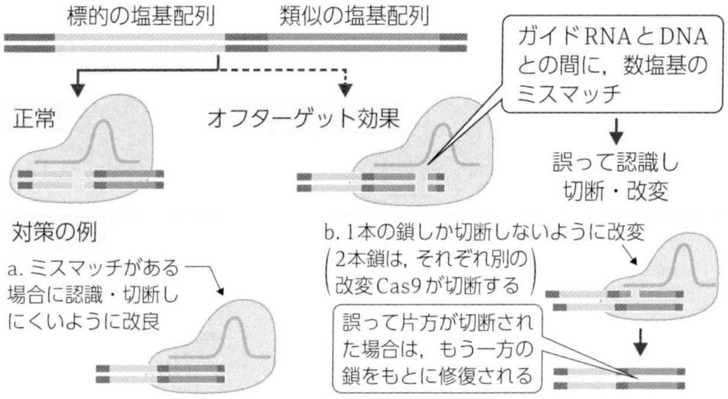

図6　オフターゲット効果とその対策

CRISPR/Cas9法以外のゲノム編集技術

ゲノム編集には，CRISPR/Cas9法の他に，ZFN(ジンクフィンガーヌクレアーゼ)法や，TALEN《ターレン》法がある。ZFN法は，はじめて開発されたゲノム編集技術である。この方法では，ジンクフィンガーというDNA結合性ドメイン(➡p.90)と，ある制限酵素のDNA切断ドメイン(FokI)とを結合した酵素を用いる。標的の塩基配列は，複数連結したジンクフィンガーの並びによって指定される。その後，より簡便な方法として，DNA結合性ドメインを改変したTALEN法が開発された。これらの方法は，標的DNAを認識するドメインタンパク質の設計が難しい。一方で，CRISPR/Cas9法に比べて正確性が高く，現在もゲノム編集技術の1つとしてそれぞれ研究に用いられている。

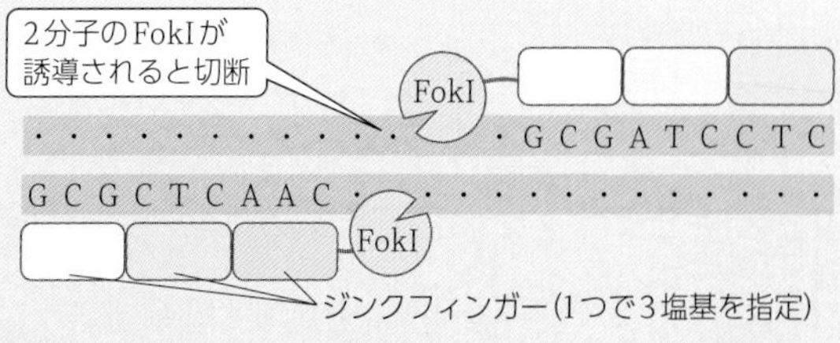

ZFN法ではジンクフィンガーのドメインどうしの干渉を考慮する必要があり，設計が難しかったが，TALEN法では改善された。

豆知識　CRISPR/Cas9は，遺伝子の改変にとどまらず，さまざまな研究への利用が期待されている。たとえば，DNA切断する働きを失わせたCasがつくられており，これに蛍光タンパク質を結合させて，標的遺伝子の位置を生きた細胞内で観察する技術などが報告されている。

06 バイオテクノロジーの応用

生物

Applications of Biotechnology

関連動画をCheck!

1 医薬品の製造 生物

遺伝子を扱う技術が発達し，純度の高いタンパク質を安価で大量合成できるようになった。合成された遺伝子組換え生物由来のタンパク質は，医薬品としても利用されている。

Ⓐインスリンの合成

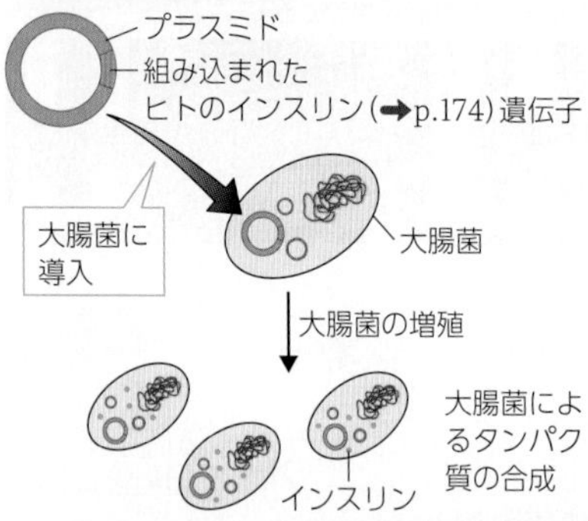

ⒷB型肝炎の予防ワクチンの合成

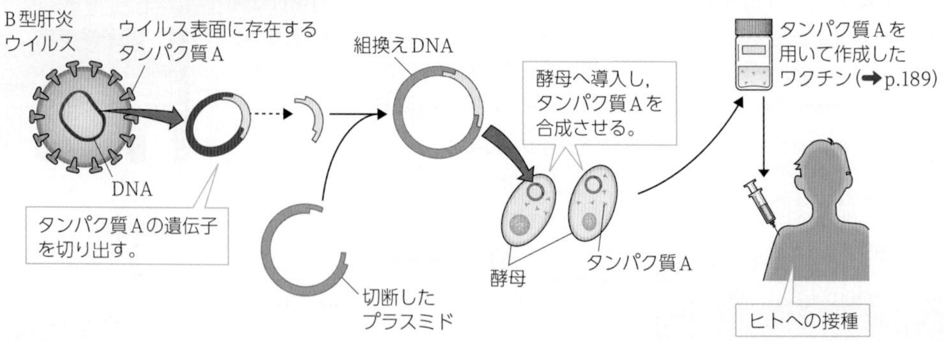

Ⓒ遺伝子組換えによって実際に製造されている医薬品の例

医薬品	対象の疾患	合成されるタンパク質	医薬品の作用	製造方法
インスリン	糖尿病(➡p.175)	ホルモン	肝臓や筋肉などに作用し，血糖濃度を低下	遺伝子組換え大腸菌や酵母
インターフェロン(➡p.178)	B型肝炎，がん，多発硬化症	サイトカイン	ウイルスや細菌の増殖を抑制，免疫反応を調節	遺伝子導入した動物細胞
第Ⅷ因子	第Ⅷ因子の異常による血友病	補因子(の前駆体)	血液凝固(➡p.159)に働く	遺伝子組換え大腸菌
抗体医薬(モノクローナル抗体➡p.189)	関節リウマチなど	免疫グロブリン	病気に関連する分子に特異的に結合し，症状を改善	遺伝子導入したヒトの細胞
ワクチン(一部)	B型肝炎などの感染症	病原体のタンパク質	記憶細胞(➡p.184)を形成させ，感染症の予防や症状を軽減	遺伝子導入した酵母など

Up To Date mRNAワクチン 生活

遺伝子に関するバイオテクノロジーを応用したワクチンの1つに，RNAを主成分としたmRNAワクチンがあり，その製造にはゲノム解析の結果が利用されている。mRNAワクチンでは，試験管内でcDNAから転写されたmRNAを脂質の膜に包んで投与する。このため，ウイルスに突然変異が生じても，その遺伝情報を読み取ってmRNAを設計し直すだけで対応できる。2021年には，COVID-19に対するmRNAワクチンが日本で承認された(➡p.189)。

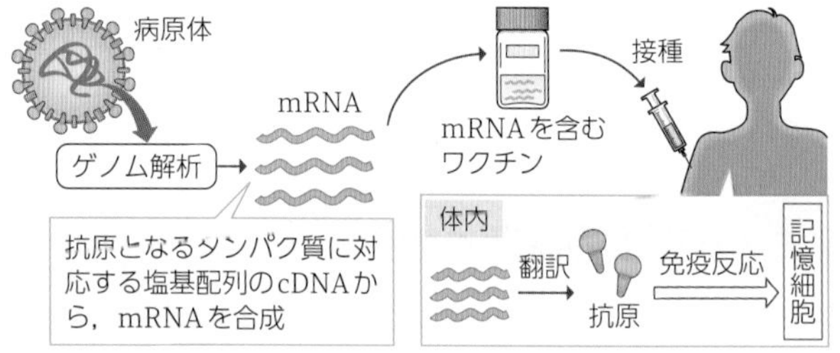

2 ゲノム医療 生物

ゲノム情報を利用し，病気の診断や治療を行うゲノム医療《いりょう》が発展してきている。

Ⓐオーダーメイド医療

患者個人の体質や症状に合わせた医療を**オーダーメイド医療《いりょう》**(個別化医療，精密医療)という。遺伝子の重複数やSNP(➡p.79)などの違いによって，特定の病気へのかかりやすさや薬の効きやすさ，副作用の出やすさなどには個人差がある。また，同じがんでも原因となる遺伝子の変異が異なり，この違いに応じて有効な薬も異なっていることがある。体質の個人差やがん細胞の変異をSNPの解析や遺伝子の検査で調べることで，効果的な治療法を検討することができる。

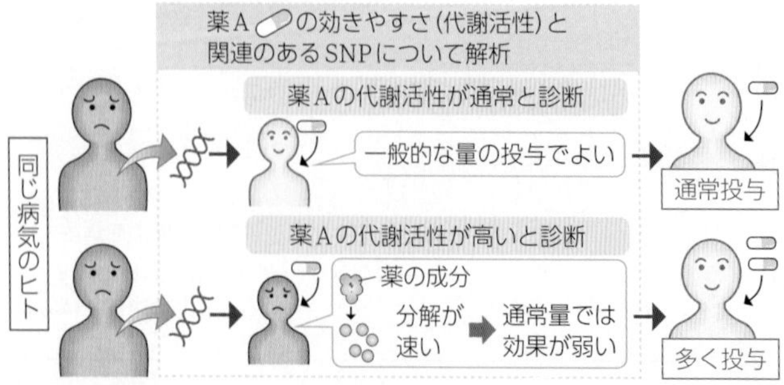

Ⓑ遺伝子治療 小論文 ➡p.352

治療を目的として，遺伝子や遺伝子を導入した細胞をヒトの体内に投与したり，特定の塩基配列を標的としてヒトの遺伝子を改変したりすることを**遺伝子治療《いでんしちりょう》**という。遺伝子治療における遺伝子の導入方法は，大きく下記の2つに分けられる。遺伝子治療は，特に，遺伝子の異常による疾患に対して有効な治療法となる可能性がある。

体内に直接ベクターを投与

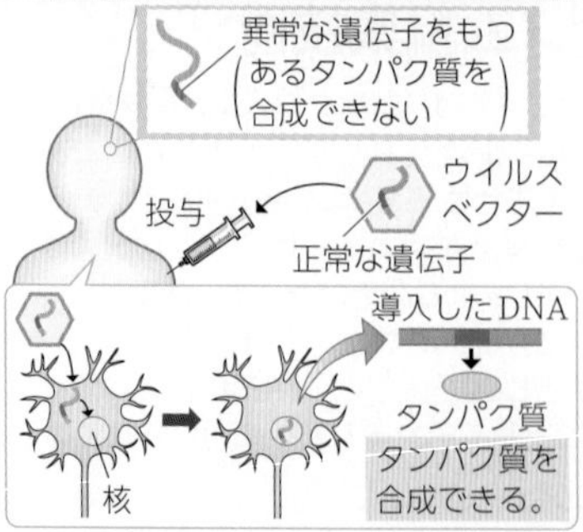

遺伝子を導入した細胞を投与

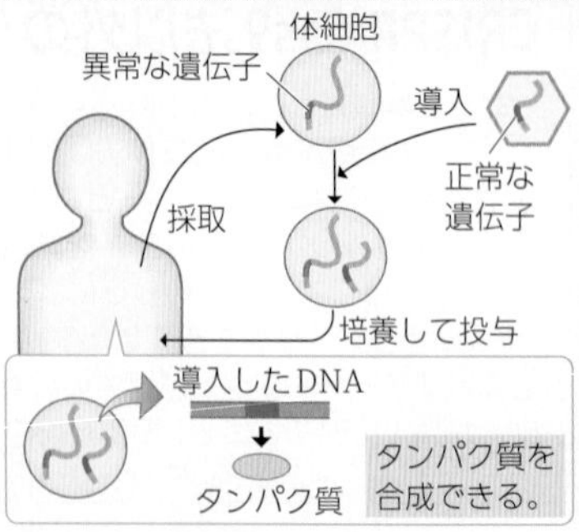

豆知識 インスリンは，以前はブタやウシのすい臓から抽出したものを使用していた。これらは製造コストが高く，また，異なる種のタンパク質であるためくり返し使用するとアレルギー反応などの副作用を起こす危険性があった。現在では，ヒトのインスリン遺伝子を用いてつくることによって，これらの問題は解決されている。

3 DNA型鑑定 生物

ヒトゲノムには多くの反復配列 (➡p.79) が存在するが，そのくり返しの回数には多様性がある。反復配列のようなゲノムの個人差を分析して，個人を識別する方法をDNA型鑑定《がたかんてい》という。

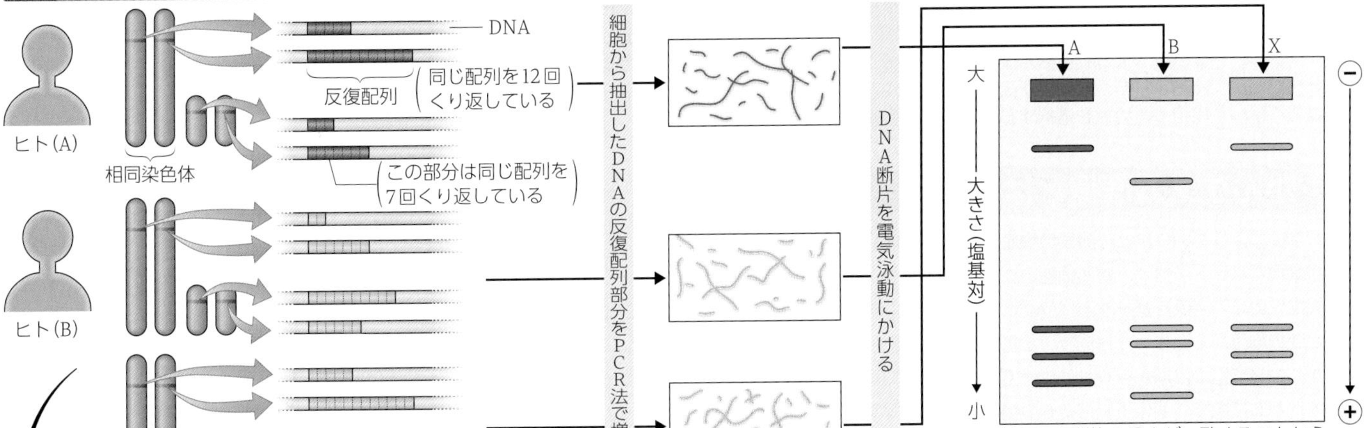

得られた断片の長さが一致することから，毛髪XはAのものであることがわかる。(実際は，多数の反復配列について調べる。)

4 トランスジェニック生物 生物

遺伝子組換え技術によってつくられ，人為的に導入された外来の遺伝子をもつ生物は，トランスジェニック生物《せいぶつ》と呼ばれる。トランスジェニック生物が食品として利用される場合，それらを遺伝子《いでんし》組《く》換《か》え食品《しょくひん》(GM食品，genetically modified foods)という。

除草剤耐性ダイズ	ウイルス抵抗性パパイヤ	ゴールデンライス	青いバラ	蛍光絹糸をつくるカイコ
	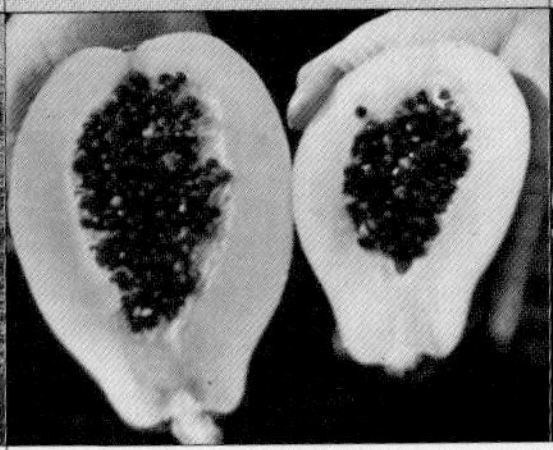	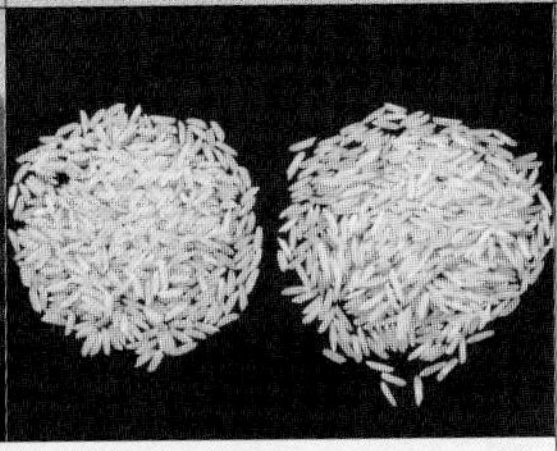		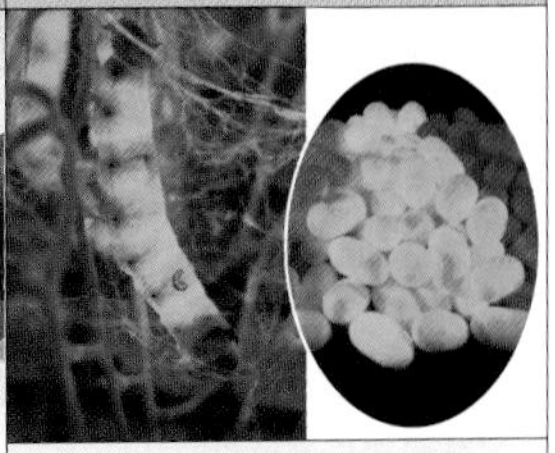
除草剤散布前　除草剤散布後	左が遺伝子組換えのもの，右が遺伝子組換えでないもの			カイコの幼虫(左)と繭(右)
土壌細菌などのもつ遺伝子を導入し，特定の除草剤に対して耐性をもたせる。	ウイルスの外殻タンパク質の遺伝子を導入し，ウイルスに対する耐性をもたせる。	ビタミンAの前駆体であるβカロテンの合成に関与する遺伝子をもち，栄養価が高い。	パンジーの青い色素を合成する遺伝子が導入され，花弁が青色になっている。	GFPなどの蛍光タンパク質の遺伝子を導入し，蛍光を発する絹糸をつくらせている。

5 遺伝子組換え技術の規制 生物

遺伝子組換え生物は生態系に影響を及ぼす可能性があるため，さまざまな規制が設けられている。

Ⓐカルタヘナ法

カルタヘナ法(遺伝子組換え生物等の使用等の規制による生物の多様性の確保に関する法律)は，遺伝子組換え生物による生態系への悪影響を防ぐことが目的のカルタヘナ議定書を，国内で適切に運用するための法律である。遺伝子組換え生物の生物多様性(➡p.326)への影響評価や，その適切な使用方法を定めている。

Ⓑ規制を受ける分野の例

分　野	規制対象(例)
工　業	アルコール生産性遺伝子組換え微生物
農水産物	遺伝子組換え作物，遺伝子組換え動物
医　療	遺伝子治療用ウイルス
研　究	実験動物，実験植物

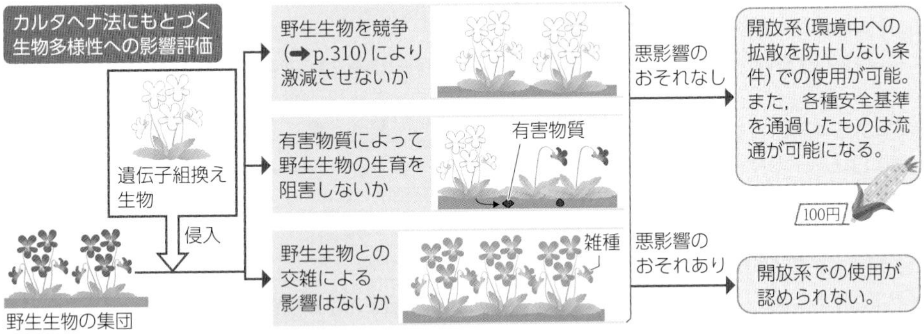

α 実験動物の愛護

実験動物は，生物学のさまざまな分野で用いられており，遺伝子組換えマウスも多く利用されている。日本では，動物愛護管理法(動物の愛護及び管理に関する法律)により，実験動物の愛護に関わる3Rの原則が定められている。これにもとづいて，可能な限り実験動物の個体数と苦痛を減らす取り組みが行われている。

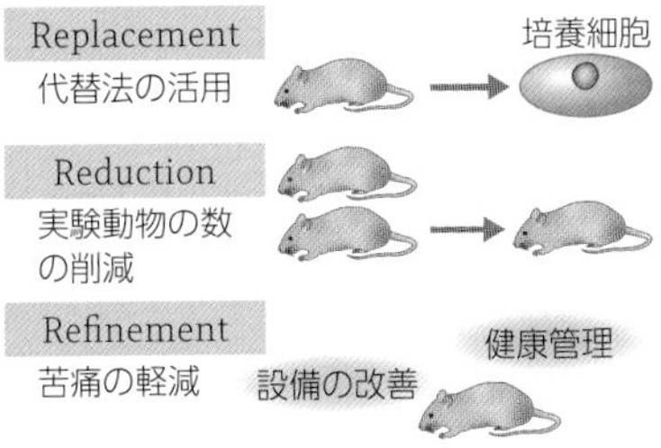

実験の目的を達成できる範囲で，上記の取り組みを実施するよう求められている。

豆知識　発展途上国ではビタミンA不足が深刻な問題となっており，2005年時点では年間百万人以上の子どもが死亡し，数十万人が失明しているといわれている。ゴールデンライスは，このような問題を背景として開発された。2018年にアメリカなどの4か国ではじめて食品として承認されている。

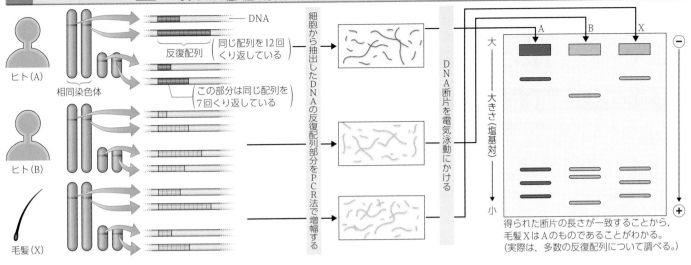

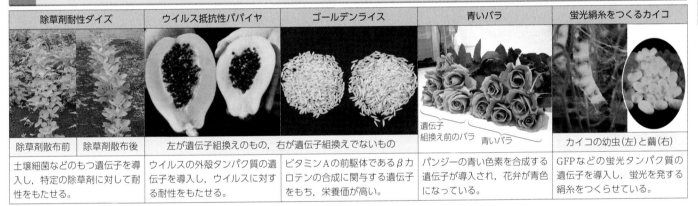

Science Special

Precision Oncology and Comprehensive Genomic Profiling Tests

がんゲノム医療と遺伝子検査

※進捗は2022年8月時点のもの

がんについての研究が進み，がんは主に，がんの原因となる遺伝子の突然変異(遺伝子異常)によって起こることがわかってきた(➡p.87)。がんの発生に重要な役割を果たす遺伝子異常が数多く同定され，その遺伝子異常によってつくられる異常タンパク質(分子)に対する分子標的薬の開発が進められている。分子標的薬は，従来の抗がん剤よりも治療効果が高いことが多い。現在，患者さんのがんの遺伝子異常を複数の遺伝子にわたって調べ，それに合った治療を選択するがんゲノム医療が注目されている。

1 がんゲノム医療とは

がん治療は，基本的にはどの臓器の細胞からがんが発生したかによって治療薬が選択される。一方で，がん細胞のゲノムを調べて，それぞれがもつ遺伝子異常に応じて治療を選択する「がんゲノム医療」が注目されている。たとえば，肺の細胞から発生した「肺がん」と胃の細胞から発生した「胃がん」は，別のがんとして別の治療が行われる。一方，がんゲノム医療では，ゲノムを調べて，ともに同じA遺伝子異常をもつ場合は「A遺伝子異常陽性がん」としてA遺伝子異常を標的とした治療選択を行う(図1)。

がんゲノム医療が注目されている背景として，分子標的薬(タンパク質などの分子に特異的に作用する医薬品)の効果の高さがあげられる。がんでは，遺伝子異常によってつくられる，がんの発生に重要な働きをする異常タンパク質を標的とした分子標的薬が開発されている。たとえば，*EGFR*遺伝子異常陽性肺がん(細胞の増殖促進に関わる受容体であるEGFRの遺伝子の異常により，EGFRが常に活性化される)に対するEGFR阻害剤(ゲフィチニブ)は，日本ではじめて承認された肺がんの分子標的薬である。この薬は，従来の医薬品で*EGFR*遺伝子異常陽性肺がんが縮小する結果が得られた割合が30％程度であったのに対し，約70％と高い効果を示した。さらに，治療が有効な期間が長いことも報告され，肺がん診療を大きく変化させた(図2)。がん研究の発展によって，現在ではこれ以外にもがん発生に関わる遺伝子異常が多く発見され，それに対する分子標的薬の開発が進められている。

また，遺伝子異常を検出する技術開発が進んだこともゲノム医療に貢献している。複数の遺伝子を一度に解析できる次世代シーケンサー(➡p.145)が2000年代後半に登場し，技術革新とともに遺伝子解析の低コスト化・高速化が進んだ。これにより，医療現場でも次世代シーケンサーを用いた「遺伝子パネル検査」という検査を実施できるようになった。

この遺伝子パネル検査を用いて患者さんひとりひとりのがん細胞のゲノムを解析し，遺伝子異常に合った，より高い効果が期待される治療を選択するのが「がんゲノム医療」である。

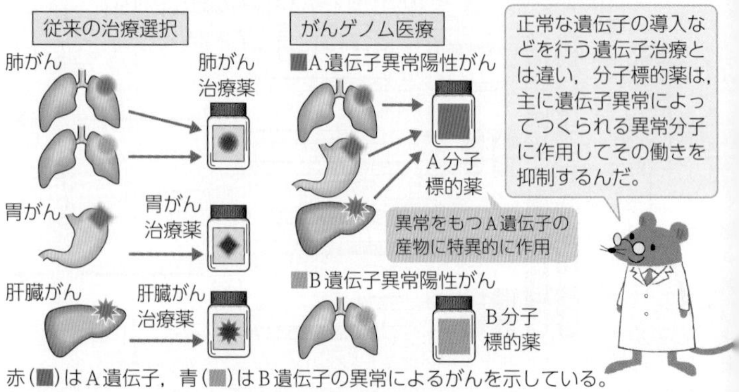

赤(■)はA遺伝子，青(■)はB遺伝子の異常によるがんを示している。

図1　がんゲノム医療とは

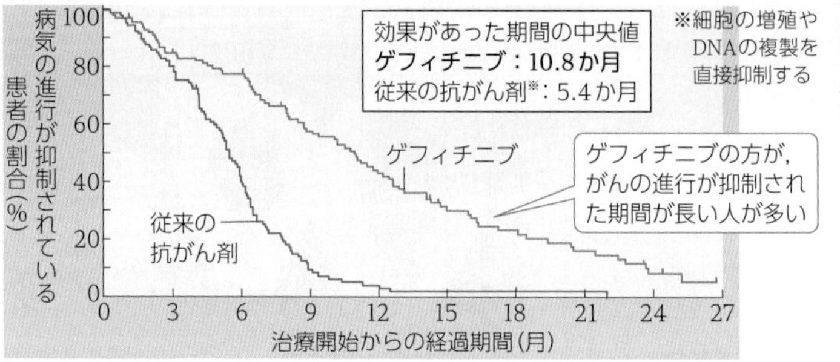

図2　分子標的薬の効果 (出典：N Engl J Med 2010; 362:2380-2388)

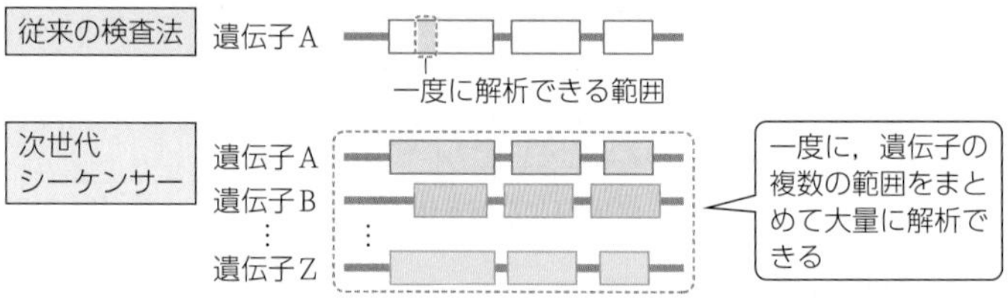

図3　従来の検査法と次世代シーケンサーの解析範囲の違い

2 遺伝子パネル検査とは

ヒトの遺伝子約20000のうちがんに関連する遺伝子は数百といわれている。従来のPCR法を用いた遺伝子検査では，一度に解析できる遺伝子の数や範囲に限界があったが，次世代シーケンサーを用いることで，がんに関連する遺伝子数十～数百の複数の範囲をまとめて一度に解析することが可能となった(図3)。以前は研究として一部の施設で実施されているだけだったが，2019年6月に日本ではじめて2種類の遺伝子パネル検査が保険適用され，広く診療に用いられるようになった。

遺伝子パネル検査の概要を図4に示す。まず，患者さんから採取した腫瘍《しゅよう》組織検体からゲノムDNAを抽出する。次に，解析したい遺伝子のDNA配列だけを抽出し増幅させ，シーケンスライブラリーを作製する(図4＊)。そのシーケンスライブラリーを次世代シーケンサーにかけて解析したい遺伝子の塩基配列(リードデータ)を得る。リードデータをコンピュータプログラムで正常な塩基配列と比較して解析することで，遺伝子異常が検出される。

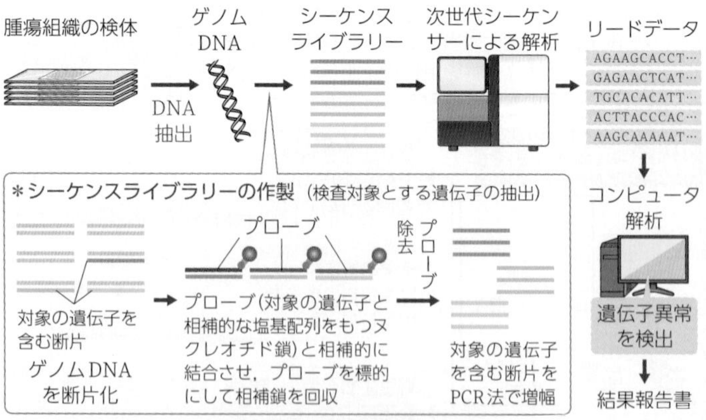

図4　遺伝子パネル検査の流れ

豆知識　そのがんに対して保険適用されている分子標的薬の投与適否を判断する目的で，その分子標的薬に対して効果を示す特定の遺伝子異常を検査することは一般的に行われてきた(コンパニオン診断という)。この検査では対象となる遺伝子異常が限定されているが，遺伝子パネル検査では幅広い遺伝子について異常が検出できる。

3 がんゲノム医療の実際

医療機関におけるがんゲノム医療の流れを図5に示す。現在，保険診療での遺伝子パネル検査の対象は，固形がん（白血病や悪性リンパ腫などの血液がんを除くがん）の患者さんのうち，標準的な治療が終了した（終了見込みも含む）患者さんや，希少がんなどで標準的な治療がない患者さんである。対象の患者さんに対して，担当医が遺伝子パネル検査について説明して文書での同意を取得し，検体を検査会社に提出する。検査会社で遺伝子パネル検査が実施され，各医療機関に検査結果が返却される。その結果はすべて，“エキスパートパネル”と呼ばれる，医師だけでなくゲノム研究者や認定遺伝カウンセラーなど多職種のがんゲノム医療の専門家による会議にかけられる。エキスパートパネルでは，主に検出された遺伝子異常に対応する分子標的薬についての議論が行われる。さらに，がんに関連する遺伝子の生まれつきの変化*が疑われる場合（図6）などは，遺伝カウセリングの要否も検討される。エキスパートパネルでの検討結果は，担当医を通して患者さんへ伝えられ，診療に反映される。

＊がんに関連する遺伝子に生まれつきの変化がある場合，それが原因でがんを発症しやすい体質をもつことがある。がん細胞だけで起こる遺伝子異常は遺伝することはないが，この体質は次世代に遺伝することがあり，生まれつきの遺伝子の変化で発症するがんは「遺伝性腫瘍」と呼ばれている。遺伝子パネル検査によって，この生まれつきの遺伝子の変化を疑う検査結果が得られることがあるため，エキスパートパネルには遺伝カウンセリング部門の専門家も参加し，必要な患者さんには適切な対応ができるように配慮されている。

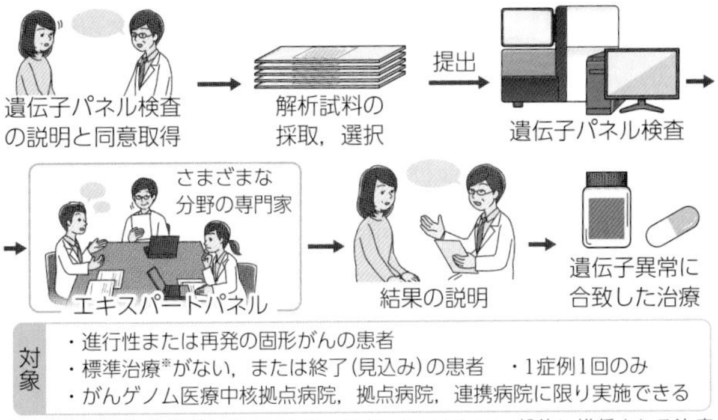

※科学的根拠にもとづき，ある病態で最良のものとして一般的に推奨される治療

図5　実際のがんゲノム医療の流れ

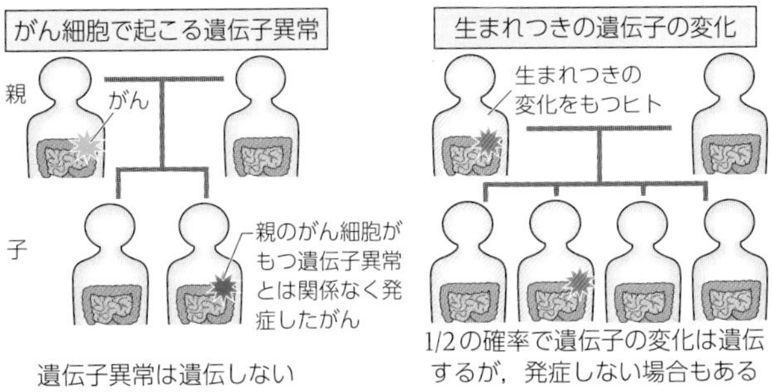

図6　がん細胞で起こる遺伝子異常と生まれつきの遺伝子の変化

4 現状の課題と今後の展望

Ⓐ 遺伝子異常に合致した治療への到達性が最大の課題

前述の通り，遺伝子異常に合致した分子標的薬は高い治療効果が得られる場合があるため，がんゲノム医療に対する患者さんの期待度は高い。その一方で，遺伝子パネル検査を実施しても，すべての患者さんが遺伝子異常に合致した治療薬にたどり着けるわけではない。これまでの国内外の報告によると，遺伝子パネル検査によって治療に結び付く可能性のある遺伝子異常が検出される割合は約50 ～ 60 %，遺伝子異常に合致した治療薬が投与される割合は7 ～ 15 %程度とされている（図7）。この投薬される割合を向上させるために，新規の分子標的薬の開発などが進められている。

図7　遺伝子パネル検査後の治療到達性

Ⓑ 今後の展望：血液検体を用いた遺伝子パネル検査

次世代シーケンサー解析技術が進歩し，微量のDNAからでも解析ができるようになったことで，がん細胞から血液中に漏れ出たがん由来DNA（血中循環腫瘍DNA, circulating tumor DNA，ctDNA）を用いたがん遺伝子パネル検査が実用化されている（図8）。日本においても，2021年8月に保険適用された。遺伝子パネル検査は，これまで手術や生検で採取したがん組織がある患者さんのみを対象としていたが，この方法によって採血で得られた末梢血を検体として利用することが可能となった。これにより，低侵襲（からだへの負担が少ないこと）な検査として普及しつつある。

（国立がん研究センター　医員　角南 久仁子）

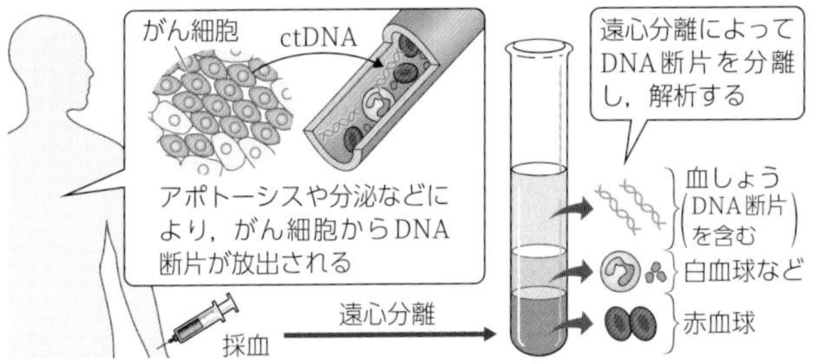

図8　血中循環腫瘍DNA（ctDNA）による検査

研究・開発の現場から

国立がん研究センター中央病院 臨床検査科でがんゲノム医療に関わる仕事をしています。遺伝子パネル検査の結果を確認してエキスパートパネルでの論点を予め整理しておいたり，患者さんを診療している臨床医からゲノム医療に関連したさまざまな相談を受けたりしています。また，ヒトのゲノムのすべてを解析する全ゲノムシーケンスを実施し，その解析結果を患者さんの治療に反映させるための体制構築を目指す研究などに従事しています。

お医者さんというと，外来や病棟で直接患者さんの治療にあたっている姿が真っ先に頭に浮かぶと思います。でも実際は，検査・診断を専門としていたり，研究を専門としていたり，医療を提供する制度をつくることを専門としていたり，仕事はさまざまです。患者さんを診療すること以外の「医療」にもぜひ目を向けて，医療に携わる仕事に興味をもっていただけたらと思います。　（同上）

豆知識　「個人情報の保護に関する法律についてのガイドライン」では，ゲノム情報は個人情報として保護の対象になっている。特に遺伝子検査の結果は扱いに配慮が必要である。ゲノム情報は究極の個人情報とも呼ばれ，親族のプライバシーにも関わることから，取り扱いに注意が必要である。

第6章

動物の体内環境

Internal Environment of Animals

◎動物は，どのようにして体温などの体内の状態を一定の範囲内に保っているのだろうか？

◎動物は，どのようにして病原体からからだを守り，体内の状態を維持しているのだろうか？

学びマップ

第6章

　気温など，生物のからだを取り巻く外部環境は常に変化している。一方で，体温など，動物の体内環境は常に一定の範囲内に保たれている。動物にみられるこのような性質は，さまざまな細胞や組織・器官の働き合いによって成り立っている。さらに，動物のからだには体内に侵入した病原体を排除するしくみが存在し，これも体内環境の維持に重要な役割を担っている。

　この章では，体内環境の調節に働く自律神経系や内分泌系，および，病原体を排除する免疫などのしくみを学んでいこう。

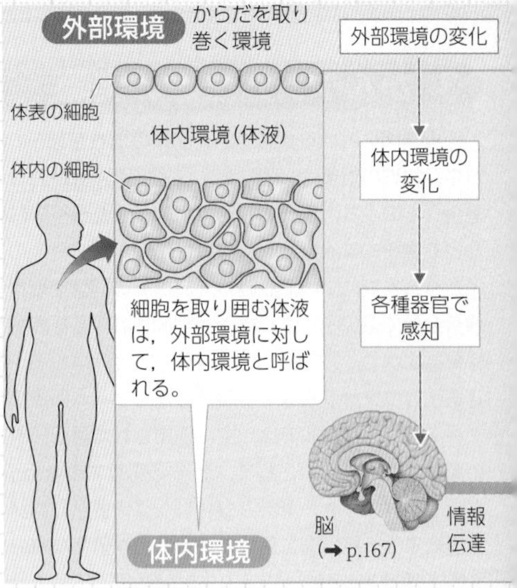

研究の歴史　ノーベル賞受賞者：生理学・医学賞

循環系や臓器は体内環境の調節に働く

紀元前から，臓器は生物にとって重要で，その不調は病気につながると考えられていた。観察・実験手法の発達などに伴い，臓器の構造や働きが明らかになった。

尿は腎臓でつくられることを証明（➡p.164）
ガレノス（2世紀）

血液は体内を循環している（➡p.160）
ハーベイ（1628）

糸球体の発見（➡p.164）
マルピーギ（1666）

ボーマンのうの発見（➡p.164）
ボーマン（1842）

肝臓における糖代謝の発見（➡p.162）
ベルナール（1850～60頃）
肝臓での糖の貯蔵と放出を提唱した。

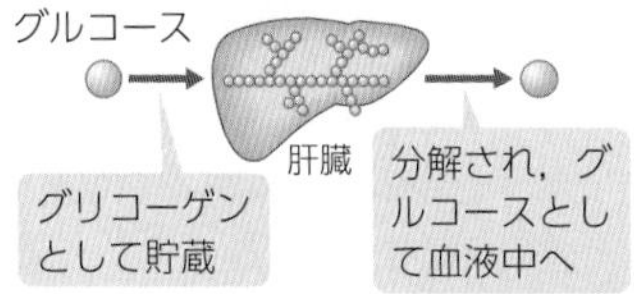

内分泌系は，ホルモンを介して体内環境を調節する

さまざまなホルモンが単離されたことで，ホルモンの働きに関する研究が進んだ。

アドレナリンの発見（➡p.171）
高峰譲吉（1901）
アドレナリンを結晶として単離した。

純粋な結晶として抽出されたはじめてのホルモンとなった

ホルモンの発見（➡p.170）
ベーリス，スターリング（1902）
すい液の分泌を促す物質（セクレチン）を発見。1905年にホルモンの語を提唱。

2世紀　1628　1666　1727　1796　1842　1850～60頃　1870～80年代　1883　1890　1901　1902　1914

種痘の開発（➡p.189）
ジェンナー（1796）

結核菌などの病原体の発見・研究（➡p.176）
コッホ（1870～80年代）

食作用の発見（➡p.178）
メチニコフ（1883）

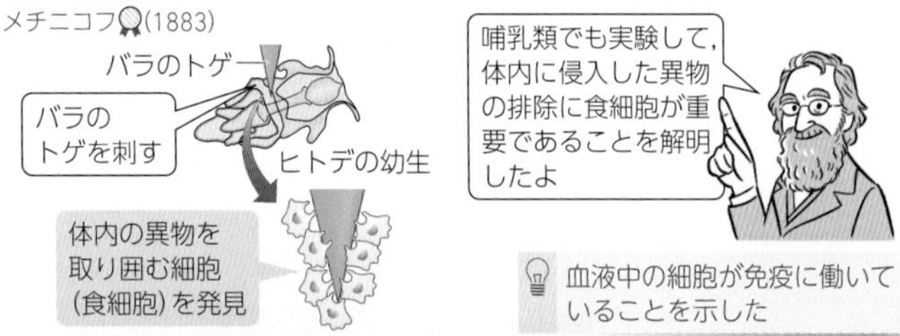

血液中の細胞が免疫に働いていることを示した

抗体の発見（➡p.182，189）
北里柴三郎，ベーリング（1890）
毒素を無毒化する物質（抗体）を発見した。

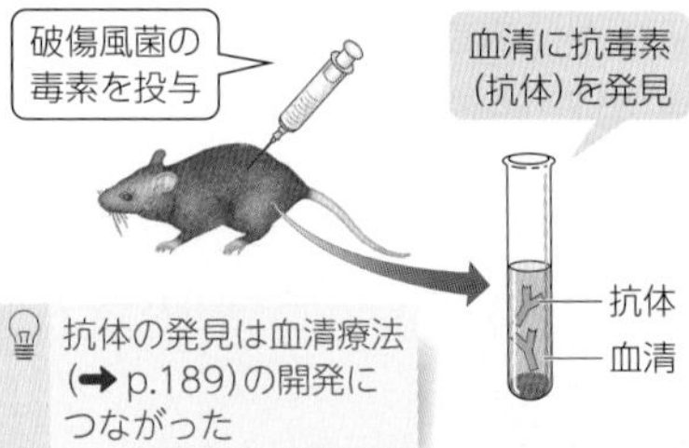

抗体の発見は血清療法（➡p.189）の開発につながった

ABO式血液型の発見（➡p.188）
ランドシュタイナー（1901）

抗体の構造の解明（➡p.182）
エデルマン，ポーター（1959）

体内に侵入した病原体は，免疫の働きによって排除される

免疫のしくみや病気の原因の解明は，病気の治療や予防法の開発につながった。

研究の今と未来の展望

がん免疫療法の開発

　現在，がんの治療において，従来の外科治療や抗がん剤による薬物療法，放射線治療などに加えて，患者自らの免疫のしくみを利用した治療法が開発されている。これには，抗PD-1抗体（商品名　オプジーボ）（➡p.189）のように，ヒトのからだに備わっている免疫の働きを抑制するしくみを阻害することで，がん免疫を増強するものがある（免疫チェックポイント阻害剤）。また，がん細胞への攻撃力を高めた免疫細胞（CAR《カー》-T細胞）を投与する治療法もある。

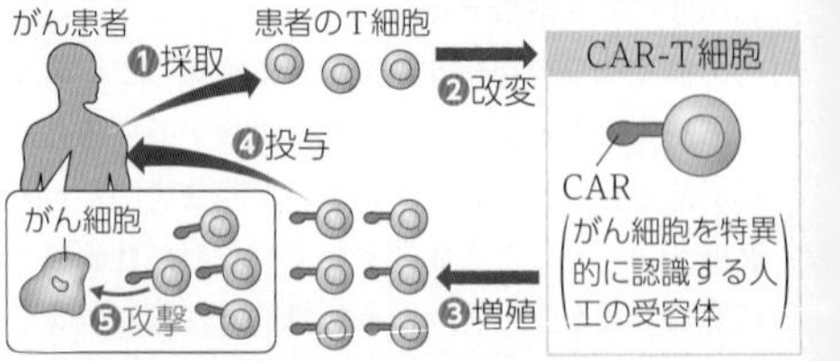

▲がん細胞への攻撃力を高めた免疫細胞による治療法

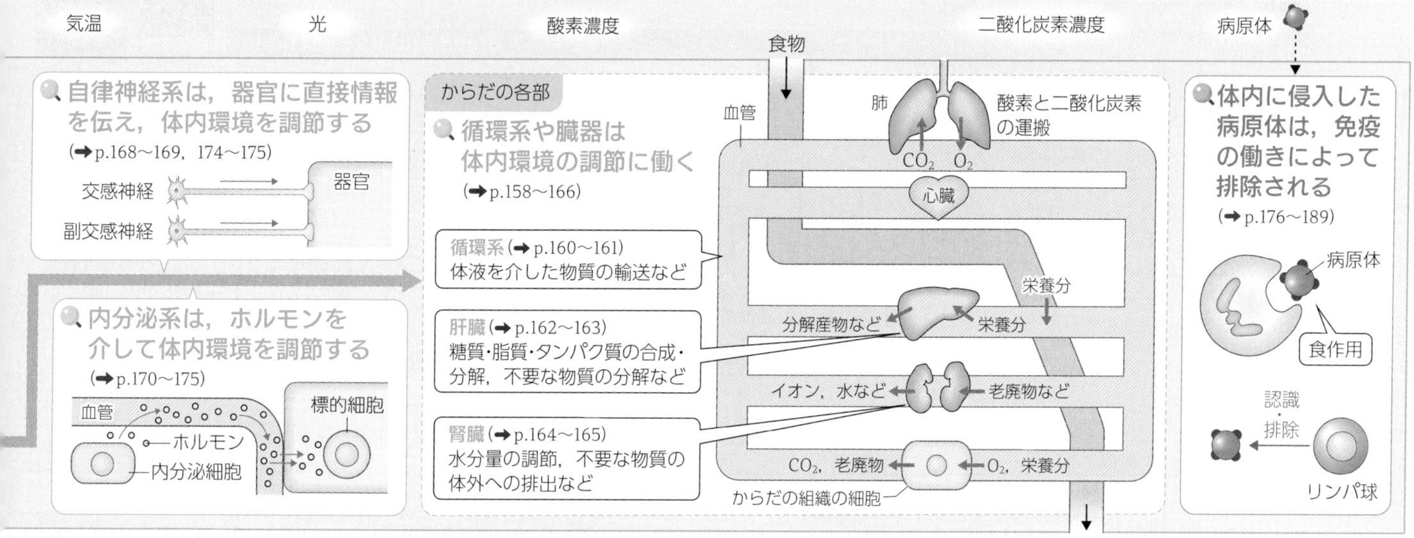

気温　　　光　　　酸素濃度　　　二酸化炭素濃度　　　病原体

自律神経系は，器官に直接情報を伝え，体内環境を調節する p.168〜169, 174〜175）

交感神経 → 器官
副交感神経

内分泌系は，ホルモンを介して体内環境を調節する（→ p.170〜175）

血管
ホルモン
内分泌細胞
標的細胞

からだの各部

循環系や臓器は体内環境の調節に働く（→ p.158〜166）

循環系（→ p.160〜161）
体液を介した物質の輸送など

肝臓（→ p.162〜163）
糖質・脂質・タンパク質の合成・分解，不要な物質の分解など

腎臓（→ p.164〜165）
水分量の調節，不要な物質の体外への排出など

食物
血管
肺　酸素と二酸化炭素の運搬
CO_2　O_2
心臓
栄養分
分解産物など　栄養分
イオン，水など ← 老廃物など
CO_2, 老廃物 ← O_2, 栄養分
からだの組織の細胞

体内に侵入した病原体は，免疫の働きによって排除される（→ p.176〜189）

病原体
食作用
認識
排除
リンパ球

血糖濃度を低下させるしくみの発見 (➡p.174)

バンティング，ベスト(1921)

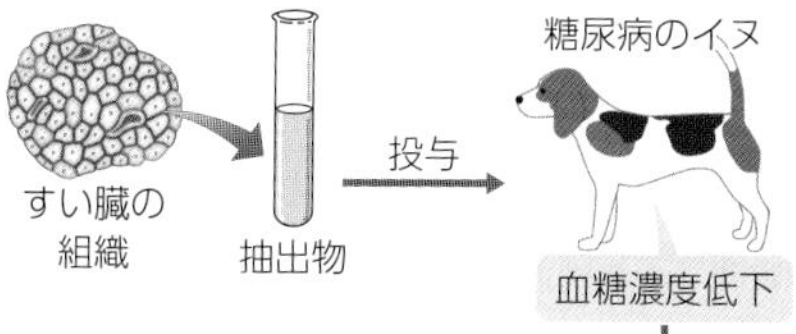

すい臓には血糖濃度を下げる物質が存在する

この物質は後にインスリンと命名され，糖尿病治療の発展に大きく貢献した

交感神経が器官の働きを調節している (➡p.168)

プチ(1727)

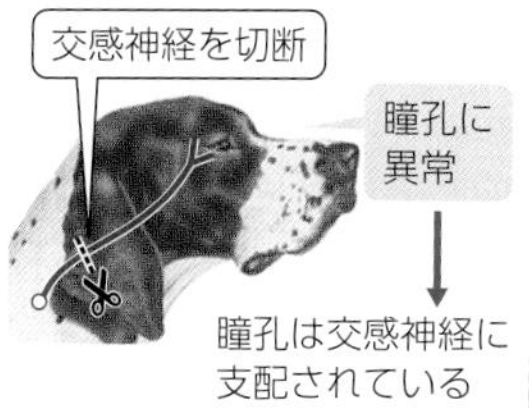

瞳孔は交感神経に支配されている

アセチルコリンが副交感神経を刺激することを解明 (➡p.168)

デール(1914)

神経伝達物質による情報伝達のしくみを発見 (➡p.169)

レーウィ(1921)

化学物質が情報を臓器に伝えることを解明した。

間脳の視床下部の働きを解明 (➡p.167)

ヘス(1936)

どの領域を刺激すると，心拍数や呼吸量が減少する？

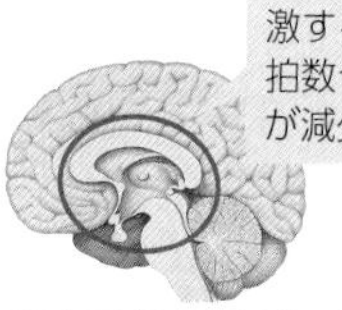

視床下部の各部位がどの反応に関与しているかを解明

恒常性の概念を提唱
キャノン

1921　1932　1936　1959　1973　1974　1975　1976　1978　1992　1994〜95

樹状細胞の発見 (➡p.178，180)

スタインマン(1973)

樹状細胞が，獲得免疫を活性化する働きをもつことも実証した。

©Kupal123
CC BY-SA 3.0

自然免疫と獲得免疫の関わり合いを解明する先駆けとなった

T細胞の抗原認識のしくみを解明 (➡p.181)

ツィンカーナーゲル，ドハーティ(1974)

ウイルスに感染したマウス
キラーT細胞　認識・破壊
ウイルスのペプチド　MHC分子　感染細胞

MHC分子が異なると病原体を認識しない
別のマウスの感染細胞

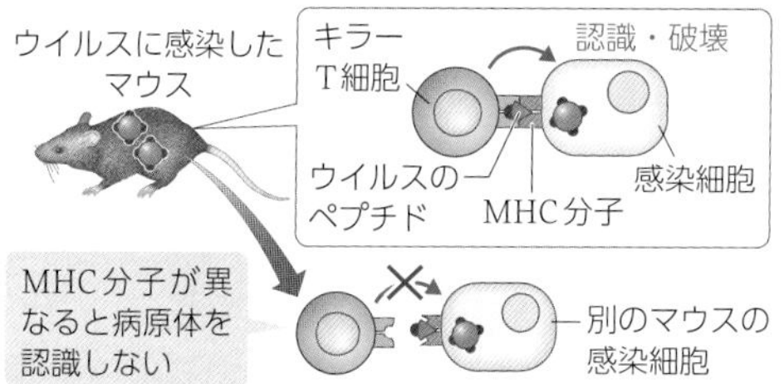

モノクローナル抗体の作製技術を開発 (➡p.189)

ケーラー，ミルスタイン(1975)

多様な抗体が生じるしくみを発見 (➡p.183)

利根川進(1976)

B細胞の成熟過程で，抗体の遺伝子が再構成されて多様な構造の抗体ができると解明したよ

さまざまな構造の抗体

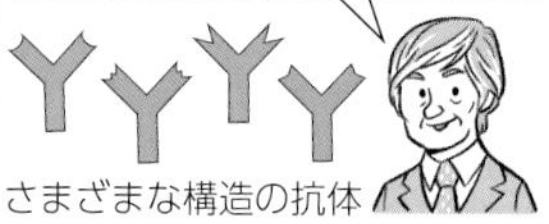

抗体のクラススイッチのしくみに関するモデルを提唱 (➡p.183)

本庶佑(1978)

免疫チェックポイント阻害剤の開発につながる免疫のしくみを発見 (➡p.189)

本庶佑(1992)，
アリソン(1994〜95)

T細胞の働きを抑制する受容体を，それぞれ発見した。

新たな情報伝達のしくみの解明

細胞の働きは，全身の細胞間の情報伝達によっても調節されていることがわかってきた。これを仲介するものとして，細胞からのタンパク質やRNAなどを含む，エクソソームという小さな小胞が注目されている。エクソソームは，細胞で不要になった排出物を含む小胞であると長い間認識されていた。しかし近年，これに内包されている核酸やタンパク質などが他の細胞の働きを調節していることが明らかになってきている。たとえば，がん細胞から放出されたエクソソーム中のmiRNA(➡p.103)が，他の細胞で働いてその細胞の働きを変化させる事例も見つかっており，病気との関連についても研究が行われている。

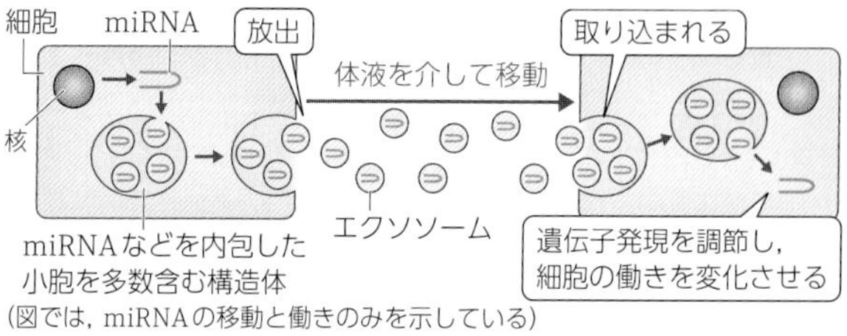

細胞　miRNA　放出　体液を介して移動　取り込まれる
核
miRNAなどを内包した小胞を多数含む構造体　エクソソーム　遺伝子発現を調節し，細胞の働きを変化させる

(図では，miRNAの移動と働きのみを示している)

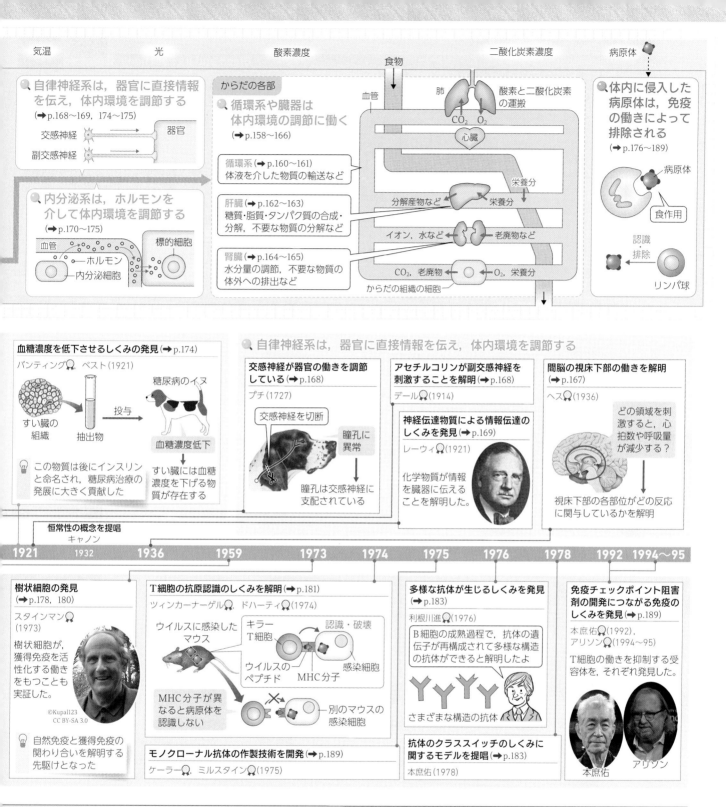

01 血液とその働き

基礎 生物

Blood and Its Functions

基本 1 体内環境と恒常性 基礎

外部環境の変化に対して，生物の体内の状態は，意思とは無関係に，常に一定の範囲内に保たれている。これによって，細胞や組織は安定して活動を営むことができる。

外部環境《がいぶかんきょう》…温度や光，酸素濃度，二酸化炭素濃度などの生物のからだを取り巻く環境。

体内《たいない》(内部《ないぶ》)環境《かんきょう》…多細胞生物においては細胞を取り囲んでいる液体である体液。体液は細胞にとっての環境である。

恒常性《こうじょうせい》(ホメオスタシス)…生物がもつ，体内環境をほぼ一定に保ち，生命を維持する性質。

外部環境は常に変化する。

体内環境(体液)
- 体温やイオン，酸素の濃度などは意思とは無関係にある一定の範囲内に保たれる。
- 傷害や寿命などによって体液や細胞が減少しても，それを食い止め，補うしくみが存在する。

恒常性の成立には，自律神経系(➡p.168)，内分泌系(➡p.170)や，生体防御(➡p.176)が重要な働きを担う。

基本 2 体液 基礎

脊椎動物の体液は，血液《けつえき》，組織液《そしきえき》，リンパ液《えき》に分けられる。体液は体内を循環し，栄養分やホルモン(➡p.170)などを全身に運搬する。

体液
- **血液**
  - 血管のなかを流れ，体内を循環する。
  - 有形成分の**血球《けっきゅう》**と液体成分の**血《けっ》しょう**からなる。
- **組織液**
  - 組織の細胞の間を流れる。
  - 毛細血管から血しょうがしみ出たものである。
- **リンパ液**
  - リンパ管のなかを流れる。
  - 組織液の一部がリンパ管に入ったものである。
  - 血球のうち，リンパ球のみを含む。

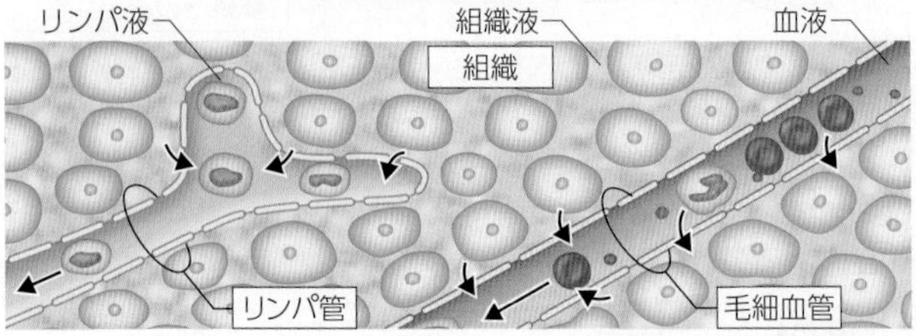

組織液の大部分は再び毛細血管に入り，一部はリンパ管に入ってリンパ液となる。リンパ液は，最終的に血液に合流する(➡p.160)。

3 血球の種類と形成過程 基礎 生物

すべての血球には寿命がある。一方，血球は，骨髄にある造血幹細胞から新たにつくられており，常にほぼ一定の数に保たれている。

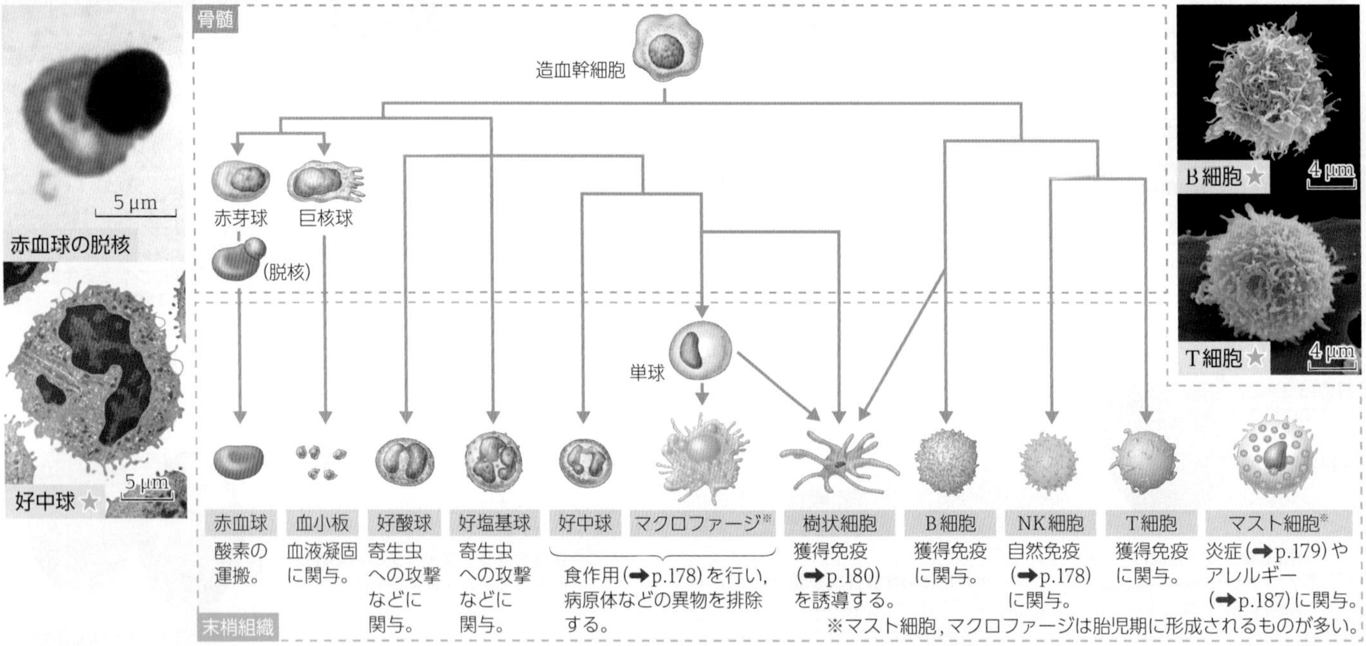

いろいろな動物の赤血球

小型の赤血球ほど体積に対する表面積の割合が大きく，酸素の取り入れと放出を効率よく行うことができる。

動物	大きさ(μm) 長径	大きさ(μm) 短径	赤血球数/mm^3	形，核の有無
ヒト(哺乳類)	7.54	ー	380万～570万	円板形，無核
ハト(鳥類)	11.32	8.84	200万	楕円形，有核
トカゲ(ハ虫類)	16.02	9.25	100万	
イモリ(両生類)	29.95	19.56	44.6万	
フナ(魚類)	14.51	8.89	90万	

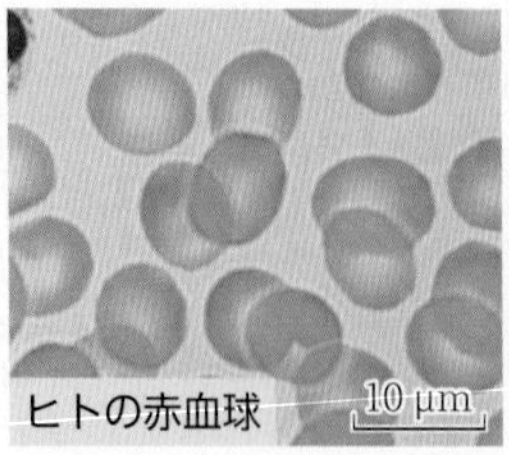

ヒトの赤血球

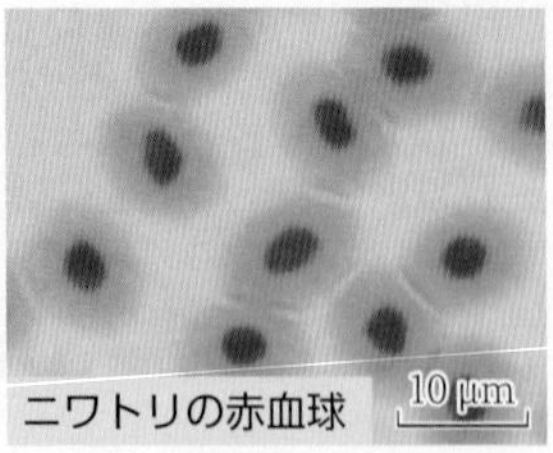

ニワトリの赤血球

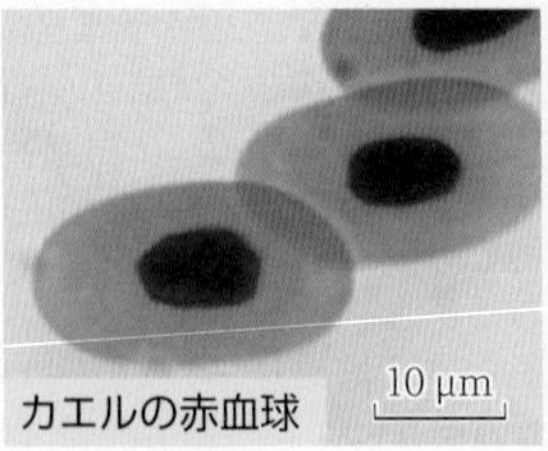

カエルの赤血球

豆知識 ヒトの赤血球は，脱核して中央部分が凹んでいるが，鳥類・ハ虫類・両生類・魚類のものは有核のままで中央部分が膨れた形になっている。

4 ヒトの血液の成分と働き 基礎

ヒトの血液は，弱アルカリ性(pH7.35～7.45)で，成人では体重の約8％の量(4.5～5.5 L)を占める。

Ⓐ液体成分

	血しょう(黄色みを帯びた液体)
成分	●水(91％) ●タンパク質（アルブミン，グロブリン，フィブリノーゲンなど。7％) ●脂質(1％) ●糖(グルコース0.1％) ●無機塩類(0.9％)
主な働き	●赤血球，白血球，血小板の運搬 ●二酸化炭素，代謝物質，栄養分，ホルモン，抗体の運搬 ●緩衝作用　●温熱の運搬 ●抗原抗体反応の場 ●浸透圧調節

Ⓑ有形成分

	大きさと血液1 mm^3当たりの数	主な働きや特徴・寿命	出生後に産生・破壊される場所
赤血球(円板形，無核，黄赤色)	直径7～8 μm 380万～570万個	酸素の運搬。寿命は100～120日。	骨髄で産生，ひ臓・肝臓で破壊。
白血球(球形，有核)	7～21 μm　4000～9000個		
リンパ球(NK細胞，T細胞，B細胞)	7～12 μm　1000～3600個	NK細胞は自然免疫，T細胞とB細胞は獲得免疫で働く(➡p.180)。	骨髄・胸腺で産生，リンパ節・ひ臓で増殖。
単球	13～21 μm　100～500個	血管内から組織へ出るとマクロファージなどに分化する。食作用を行う。	
顆粒球 好中球	8～16 μm　1600～6300個	感染部位で食作用を行う。組織中での寿命は2～3日。	骨髄で産生。
顆粒球 好酸球	12～17 μm　100～400個	寄生虫への攻撃やアレルギーに関与。	
顆粒球 好塩基球	10～15 μm　0～200個	寄生虫への攻撃やアレルギーに関与。	
血小板(不定形，無核)	2～4 μm　15万～40万個	血液凝固に関与。寿命は7～10日。	骨髄で産生，ひ臓などで破壊。

5 血液凝固 基礎 生物

血管が傷ついた場合，血球や血しょう中に含まれる物質が反応して**血液凝固**《けつえきぎょうこ》が起こり，止血される。血液凝固は，血液を試験管などに入れて静置した場合にもみられる。

Ⓐ血液凝固のしくみ 生物

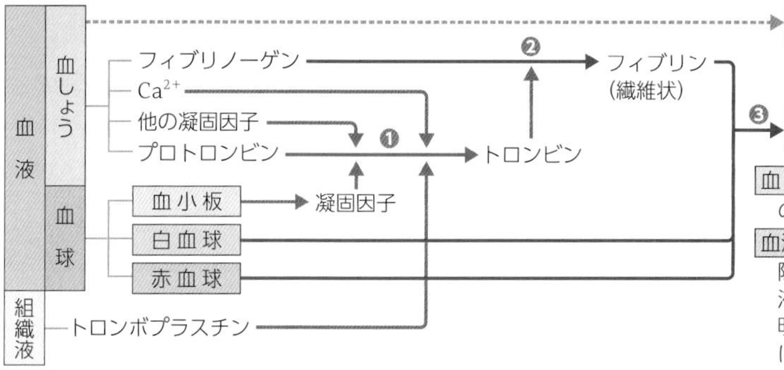

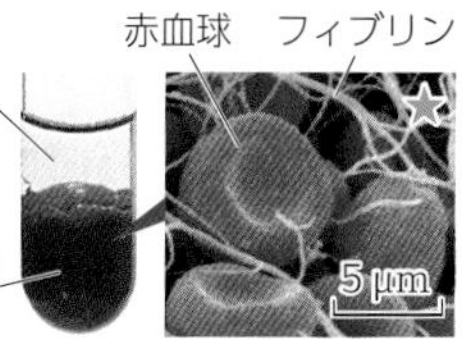

血しょう…血液から血球成分を除いたもので，各種凝固因子を含む。

血清…血しょうからフィブリノーゲンを除いたものにほぼ相当する。採取した血液を静置すると，血液凝固が起こり，透明な淡黄色の液体である血清と，血ぺいに分かれる。

❶血しょう中において，組織液に含まれるトロンボプラスチンや血小板からの凝固因子，血しょう中のCa^{2+}や凝固因子の働きによってプロトロンビンがトロンビンに変化する。
❷トロンビンは，フィブリノーゲンを繊維状の**フィブリン**(線維素，繊維素)に変える。
❸フィブリンが血球と絡みあって血ぺいをつくり，血液を凝固させる。

Ⓑ血ぺいの形成 基礎 生物

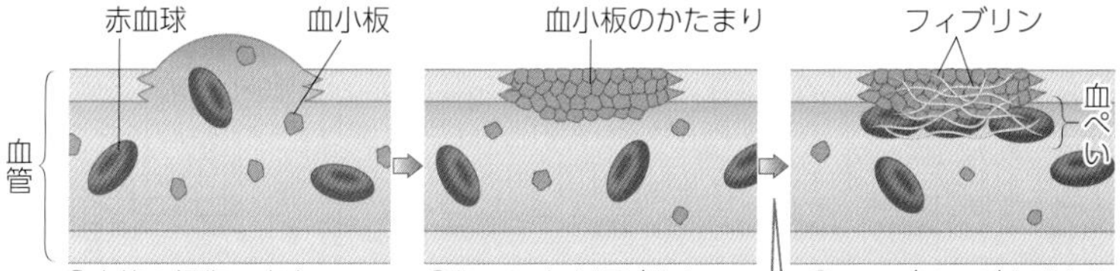

❶血管の損傷・出血
❷傷口に血小板が集まってかたまりをつくる。
❸フィブリンが血球を絡め，血ぺいが形成されて止血する。

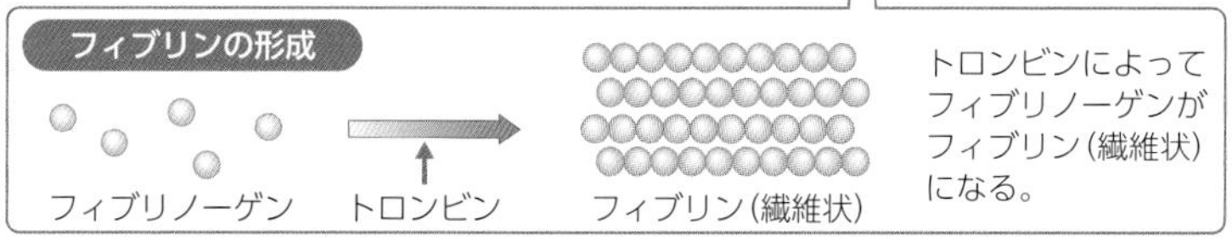

トロンビンによってフィブリノーゲンがフィブリン(繊維状)になる。

正常な血管内では，血管内皮細胞が血小板の活性化抑制因子を放出しているため，ふつう血液凝固は起こらない。一方，動脈硬化を起こした血管などでは，血管内皮細胞が傷害を受けるために活性化抑制因子が放出されず，血小板が活性化して血液凝固が起こり，血栓(血管内で凝固した血液のかたまり)が生じることがある。血栓によって血流が滞り，周辺部の組織に細胞死(ネクローシス，➡p.132)を生じた状態は**梗塞**《こうそく》と呼ばれる。

Ⓒ線溶のしくみ 基礎 生物

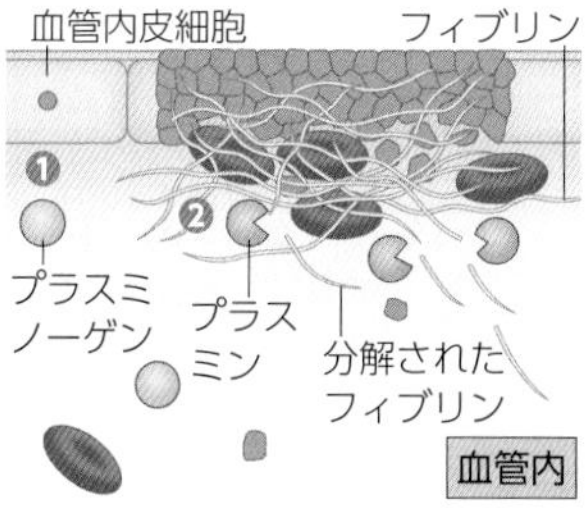

血ぺいがプラスミンという酵素によって溶解される反応を**線溶**《せんよう》(**フィブリン溶解**《ようかい》，繊溶)という。
❶プラスミンは，ふつうプラスミノーゲンという前駆体の状態で血中に存在する。
❷プラスミノーゲンが血ぺいに取り込まれると，血管内皮細胞が分泌する物質によってプラスミンとなり，線溶が進行する。

※❷の過程はゆっくりと起こり，傷口が完全に修復されるまで血ぺいは維持される。

+PLUS α 血液凝固の阻害 生物

血液凝固は，以下のような方法でそれぞれ阻害される。採血時には，①や②などの方法が用いられる。

①クエン酸ナトリウム溶液を加える。	Ca^{2+}をクエン酸カルシウムとして沈殿させて除去
②ヘパリン(肝臓で生成)を加える。	トロンビンの生成を阻害
③ヒルジン(ヒルの唾液に存在)を加える。	トロンビンの作用を阻害
④低温(5 ℃)に保つ。	トロンビンの活性を低下
⑤棒で撹拌する。	フィブリンの除去

豆知識　健康な人でも，同じ姿勢で長時間座り続けたとき，血管内に血ぺいが生じることがある。このとき，急に立ち上がって動き回ると，生じた血ぺいが血流によって血管壁からはがれて流され，肺の血管をふさいで胸の痛みや呼吸困難などを引き起こすことがある。このような疾患は，一般にエコノミークラス症候群と呼ばれる。

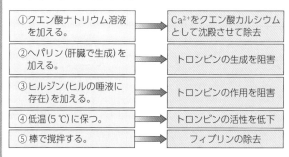

02 循環系の働き

基礎　生物　中学

Functions of the Circulatory System

関連動画をCheck!

1 ヒトの循環系 基礎 中学

血液・組織液・リンパ液などの体液は，O_2・CO_2・栄養分・老廃物の運搬のほかに，浸透圧・体温・pHなどを一定の範囲に保つ働きをする。

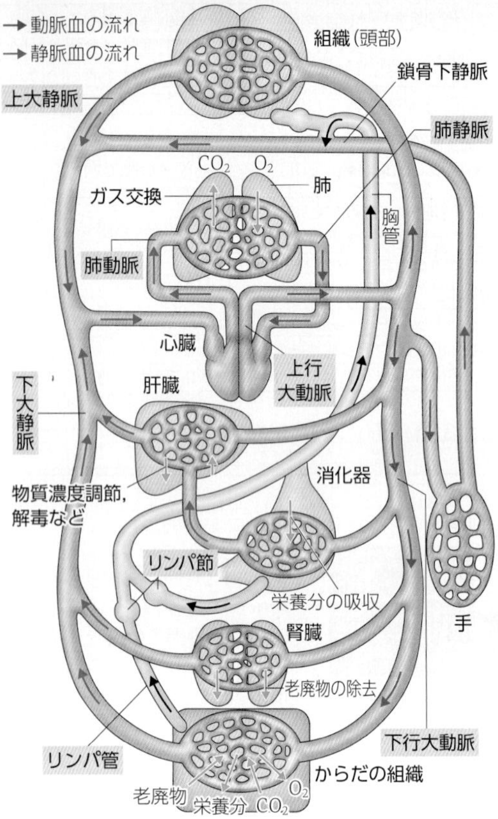

Ⓐ心臓の構造

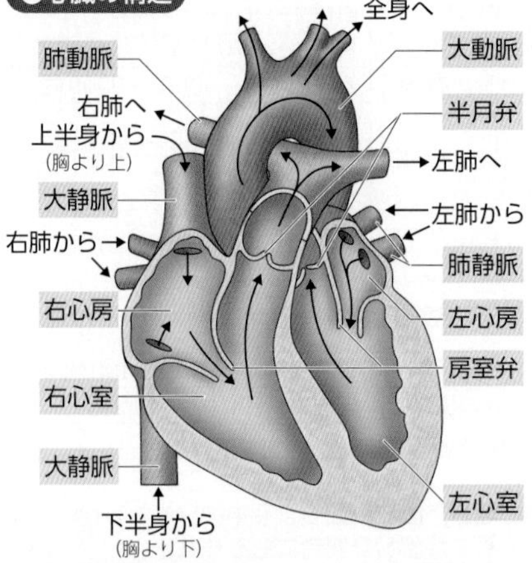

1分間当たりに送り出す血液量	(安静時)	4900 mL
	(運動時)	最大30 L
上腕動脈の血圧(一般的な血圧)		110 mmHg(収縮期)
		80 mmHg(拡張期)
静脈の血圧		0～15 mmHg

肺循環
静脈血を肺へ送り出す。(右心室→肺動脈→肺→肺静脈→左心房)
体循環
動脈血を全身へ送り出す。(左心室→大動脈→からだの各部→大静脈→右心房)

Ⓑ血管

動脈
血管壁は厚く，弾力性に富む。

静脈
血管壁は薄く，血液の逆流を防ぐ弁がある。

毛細血管
一層の細胞からなる。

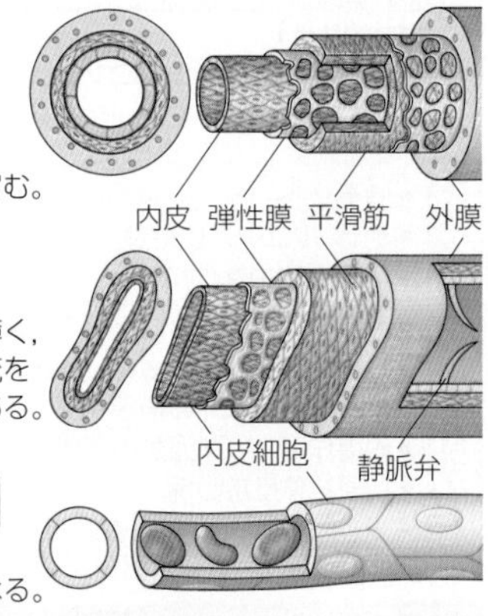

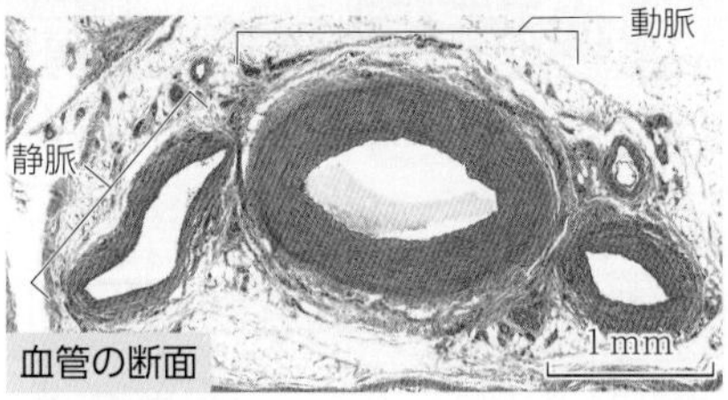

血管の断面

Ⓒリンパ管

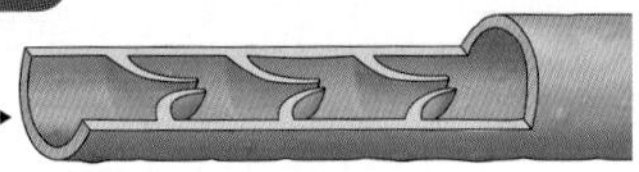

リンパ液の逆流を防ぐ弁がある。

2 動物の循環系 基礎 中学

閉鎖血管系は動脈と静脈が毛細血管でつながっている。開放血管系はつながっていない。

Ⓐ閉鎖血管系

脊椎動物，無脊椎動物(環形動物，頭足類)

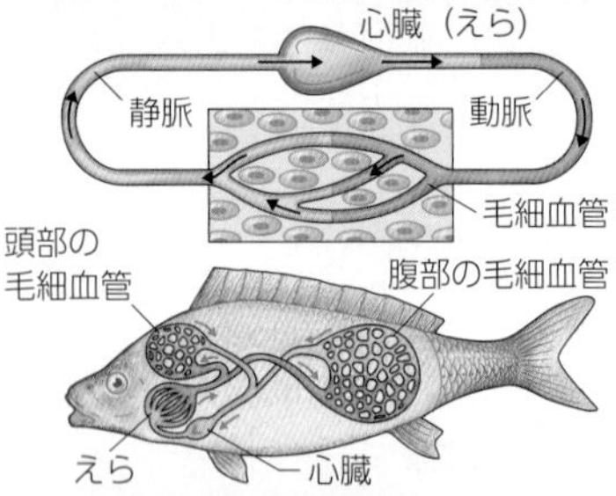

Ⓑ開放血管系

無脊椎動物(節足動物，二枚貝類，ホヤ類)

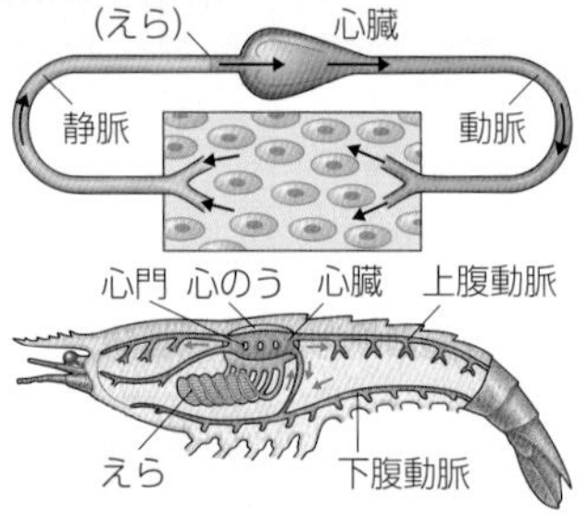

break《ぶれいく》 胎児の循環系

胎児では，肺循環がほとんどみられない。大静脈からの血液は，右心房に入ると卵円孔を通って左心房へ流れる。右心房から右心室に入った血液も肺に向かう途中で動脈管に流れる。

出生後に肺呼吸がはじまると，卵円孔と動脈管は閉じ，成人と同じ循環系になる。

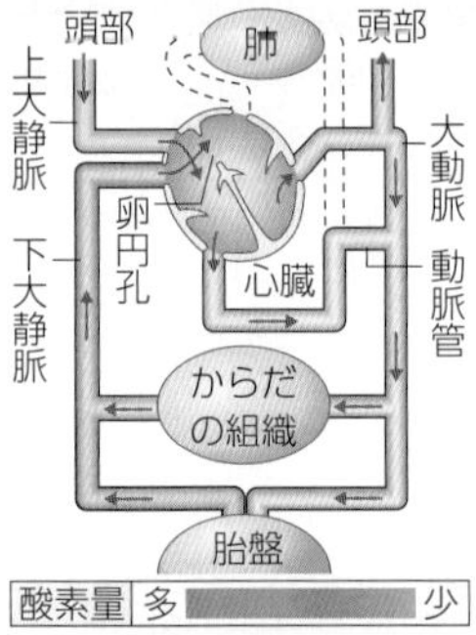

Ⓒ脊椎動物の心臓と循環 中学

魚類

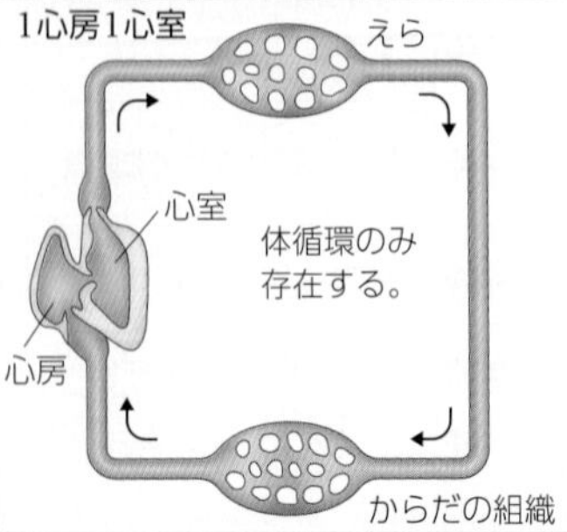

両生類

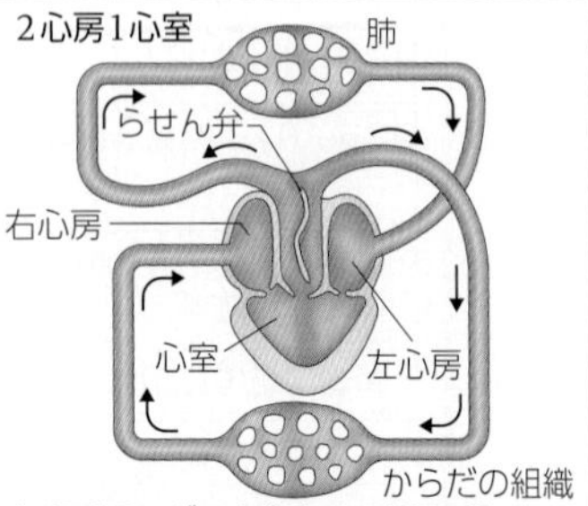

皮膚呼吸でガス交換をする循環系もある。

ハ虫類(カメ，トカゲ，ヘビ)

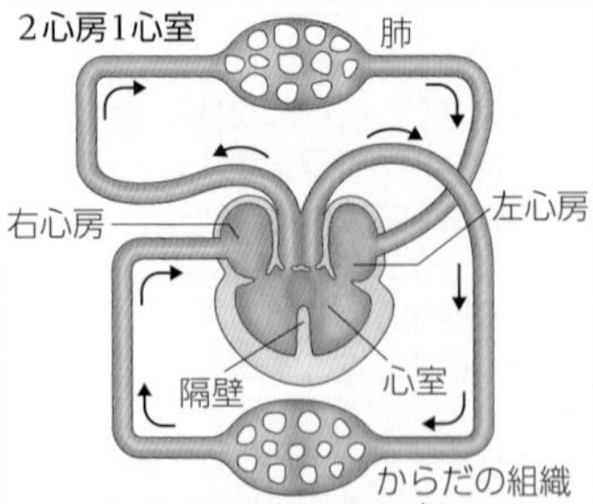

心室に不完全な隔壁がある。

鳥類・哺乳類

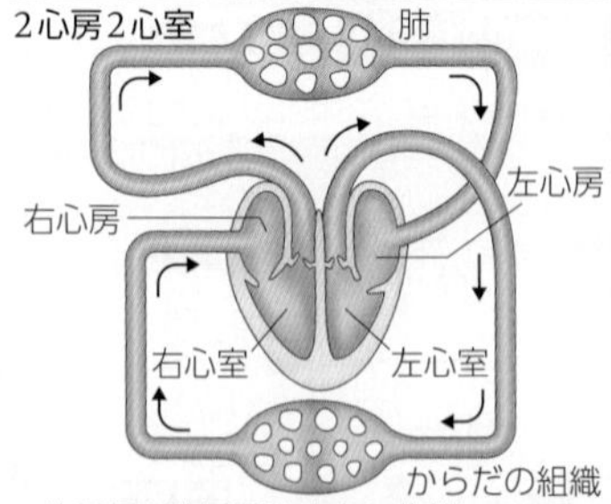

体循環と肺循環は完全に分離している。

豆知識 ゾウとネズミを比べると，ゾウの方が体重は重く，寿命が長い。しかし，一生の間に心臓が拍動する回数は，どちらも約20億回でほぼ等しい。

3 酸素と二酸化炭素の運搬 基礎 生物

O_2分圧に対するヘモグロビンの酸素飽和度（O_2と結合している割合）の変化を示す曲線を**酸素解離曲線《さんそかいりきょくせん》**という。

Ⓐヘモグロビンによる酸素の運搬 基礎

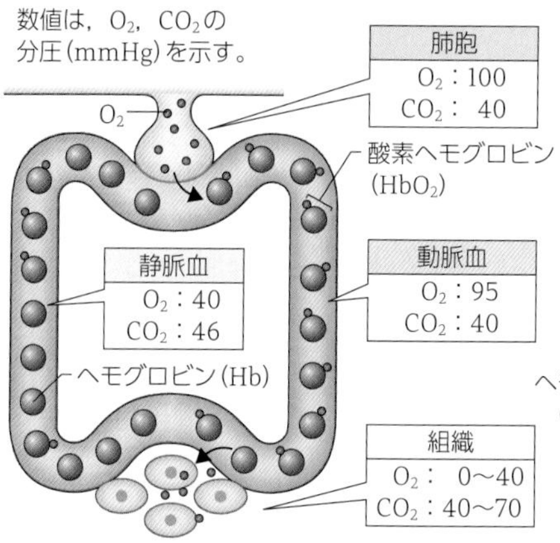

数値は，O_2，CO_2の分圧（mmHg）を示す。

赤血球に含まれる呼吸色素である**ヘモグロビン**（Hb）は，肺に取り込まれた酸素（O_2）と結合して**酸素《さんそ》ヘモグロビン**（HbO_2）となる。HbO_2は，組織へ運ばれ，酸素を解離してHbに戻る。これによって組織にO_2が供給される。

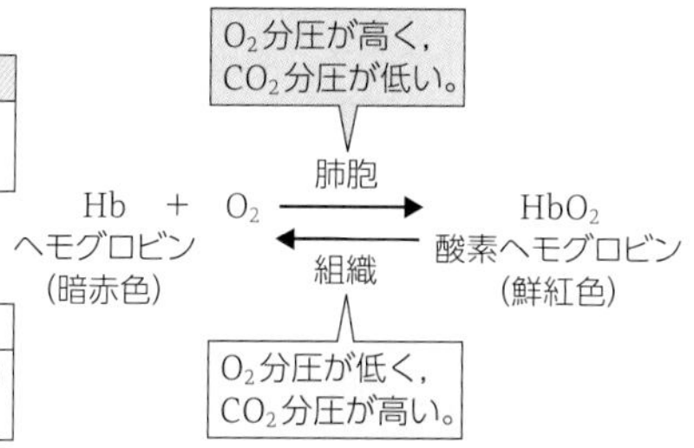

Ⓑヘモグロビン 生物

ヘモグロビン分子

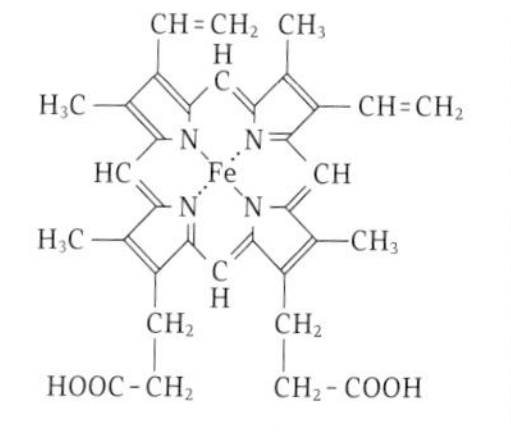
ヘムの構造

成人のヒトの主要なヘモグロビン（HbA）は，α鎖とβ鎖のポリペプチドが2個ずつ結合した球状のタンパク質である。α鎖とβ鎖は，それぞれ1個のヘム（色素）を含んでいる。ヘムの中心に含まれる鉄原子に1分子のO_2が結合する。

ヒト胎児では，成人とは異なり，α鎖とγ鎖のポリペプチド2個ずつからなるヘモグロビン（HbF）が多い（➡p.259）。

Ⓒヘモグロビンの酸素解離曲線 基礎

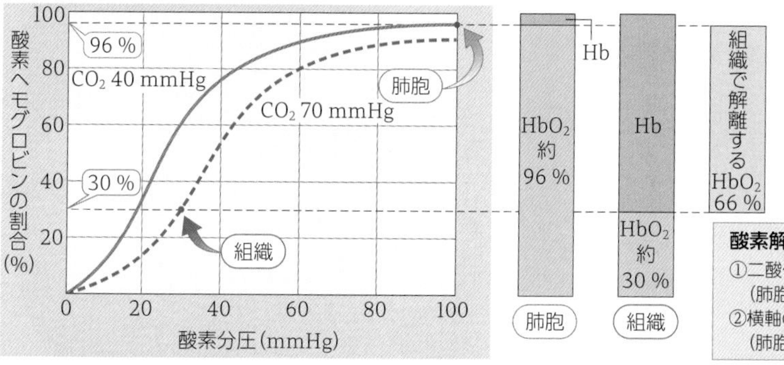

Ⓓさまざまな呼吸色素 基礎 生物

呼吸色素	色（酸化型）	色素の中心金属	所在	動物
ヘモグロビン	赤色	Fe（鉄）	赤血球	脊椎動物
ミオグロビン			筋繊維	
ヘモシアニン	青色	Cu（銅）	血しょう	軟体動物（頭足類） 節足動物（甲殻類）

酸素解離曲線の読み方　（　）は，左のグラフで肺胞での酸素Hbの割合を読み取る場合

①二酸化炭素分圧によって，どの曲線を読み取るか決める。
（肺胞の二酸化炭素分圧が40 mmHgの場合，赤い実線のグラフを選ぶ。）

②横軸の酸素分圧から縦軸の酸素ヘモグロビンの割合を読み取る。
（肺胞の酸素分圧が100 mmHgの場合，酸素ヘモグロビンの割合は96 %。）

Ⓔ酸素解離曲線と外的条件 基礎

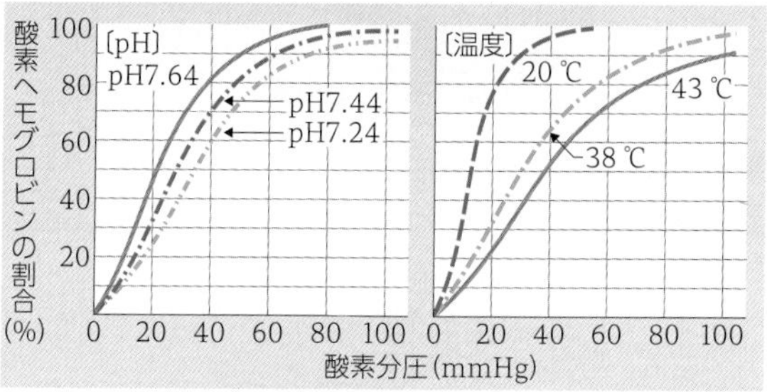

HbO_2は，
・CO_2分圧が高いほど
・pHが低いほど
・温度が高いほど
酸素を解離しやすい。

CO_2濃度の上昇やpHの低下によって，酸素分圧に変化がなくても酸素がヘモグロビンから離れやすくなる（酸素解離曲線が右側にずれる）現象は，ボーア効果と呼ばれる。

Ⓕいろいろな酸素解離曲線 基礎

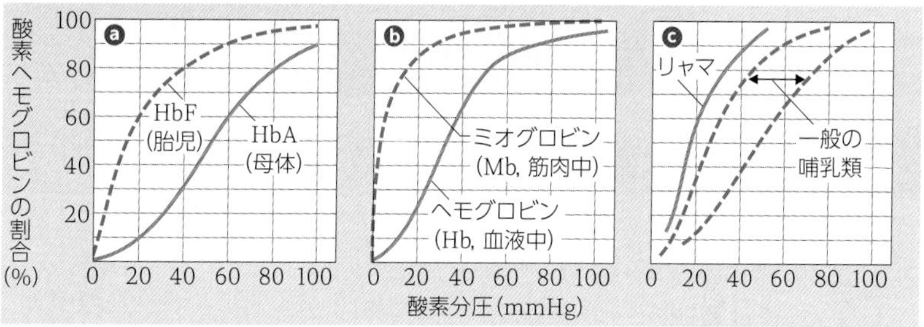

ⓐHbFは，HbAよりも酸素との親和性が高い。これによって，胎児は胎盤において母体から酸素を得ることができる。

ⓑHbは，4つあるヘムの1つに酸素が結合すると構造が変化し，残りの3つのヘムにも酸素が結合しやすくなるためS字型のグラフを描く。Mbは，ヘムを1つしかもたず（➡p.89），また，Hbよりも酸素との親和性が高いため，Hbよりも左寄りに双曲線のグラフを描く。

ⓒリャマは，アンデス山脈に生息するラクダ科の動物である。リャマのもつHbは，低地に生息する哺乳類のHbよりもO_2との親和性が高い。このため，O_2分圧が低くてもHbO_2の割合は高く，酸素濃度の小さい高地の環境に適応している。

Ⓖ二酸化炭素の運搬 基礎

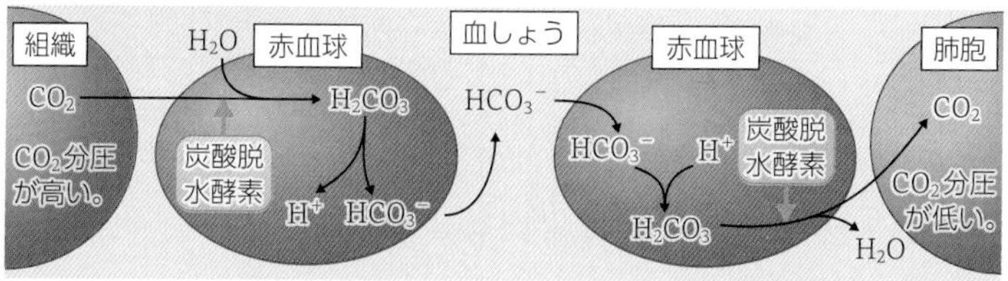

呼吸基質の分解によって細胞内に生じたCO_2は，血しょう中に溶け込み，その大部分が赤血球に入って炭酸（H_2CO_3）になる。H_2CO_3は，炭酸水素イオン（HCO_3^-）と水素イオン（H^+）に解離したのち，HCO_3^-は，赤血球から出て血しょう中へ溶け込む。

肺胞では，逆の反応が起こり，CO_2は気体となって外界へ放出される。

豆知識　グロビンタンパク質は，ヘモグロビン，ミオグロビンがよく知られているが，哺乳類ではその他に中枢神経系で発現するニューログロビンや，全身の臓器で発現するサイトグロビンなどが存在する。

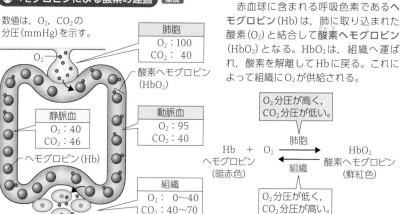

03 肝臓の働き

1 肝臓の構造 基礎

肝臓は，消化管に付属する最も大きい器官で，成人で1.2～2.0 kgの重さがある。肝臓には，心臓から送り出された血液の約1/3（1400 mL/分）が流入する。

肝臓の位置

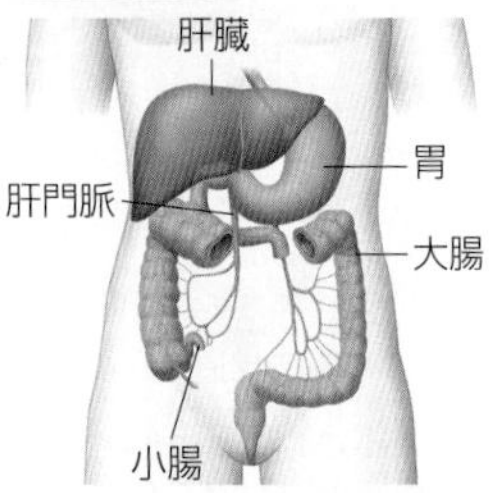

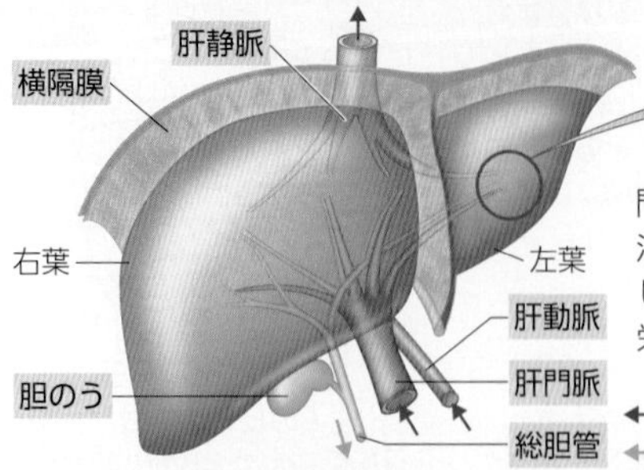

肝臓には，肝動脈，肝静脈，肝門脈がつながっている。肝門脈は，消化管やひ臓から出る静脈が合流したもので，消化管で吸収された栄養分を含む血液が運ばれてくる。

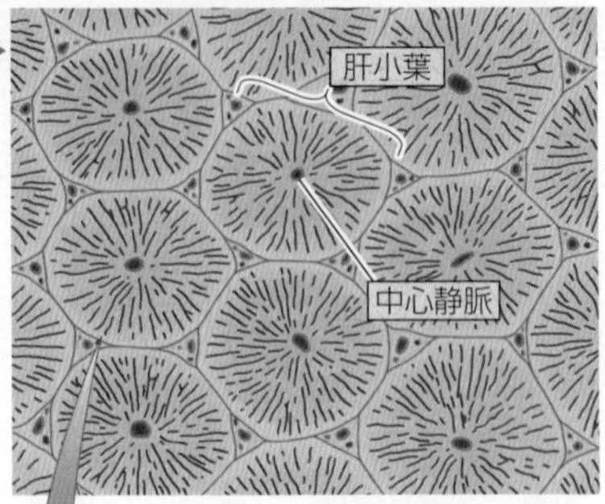

肝臓は，六角柱の形をした約50万個の肝小葉からなる。

それぞれの肝小葉は，中心静脈の周囲に約50万個の肝細胞が集まり，これを血管や胆管が取り囲んだ構造をしている。

小葉間動脈と小葉間門脈から流入した血液は，類洞《るいどう》で合流し，肝小葉の中心にある中心静脈へと流れ，最終的には肝静脈へ入る。肝細胞でつくられた胆汁は，小葉間胆管に集められる。

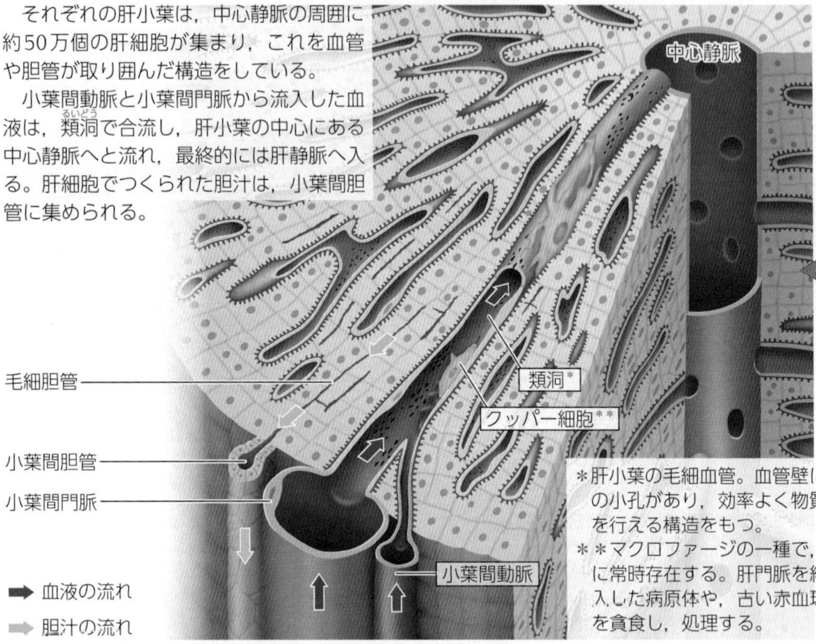

*肝小葉の毛細血管。血管壁に多数の小孔があり，効率よく物質交換を行える構造をもつ。
**マクロファージの一種で，類洞に常時存在する。肝門脈を経て侵入した病原体や，古い赤血球などを貪食し，処理する。

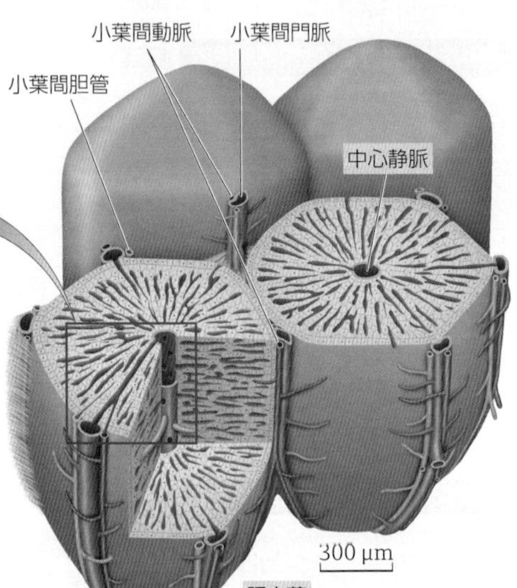

肝小葉

2 肝臓の主な働き 基礎 生物 中学

肝臓では，代謝が活発に行われ，さまざまな物質が合成・分解されたり貯蔵されたりしている。この代謝に伴って産生される熱量は大きく，体温の維持に役立っている。

Ⓐ血糖濃度の調節（➡3）	グリコーゲンの合成によって血液中のグルコースを貯蔵。グリコーゲンの分解，糖新生によって血液中にグルコースを供給。
Ⓑタンパク質の合成と分解（➡4）	各種アミノ酸や，血しょうタンパク質の合成。不要になったタンパク質やアミノ酸の分解。
Ⓒ尿素の合成（➡5）	アミノ酸の分解で生じるアンモニアを毒性の低い尿素に変換。
Ⓓ胆汁の生成（➡6）	胆汁酸，および解毒作用で生じた不要な物質やビリルビンを含む胆汁の合成。
Ⓔ解毒作用（➡7）	アルコールや薬物，毒素の分解，無毒化。
血液の保持	非常に多くの毛細血管（類洞）があり，多量の血液を含む。
体温の維持	代謝の中心であり，産生される熱量は体温の維持に役立つ。

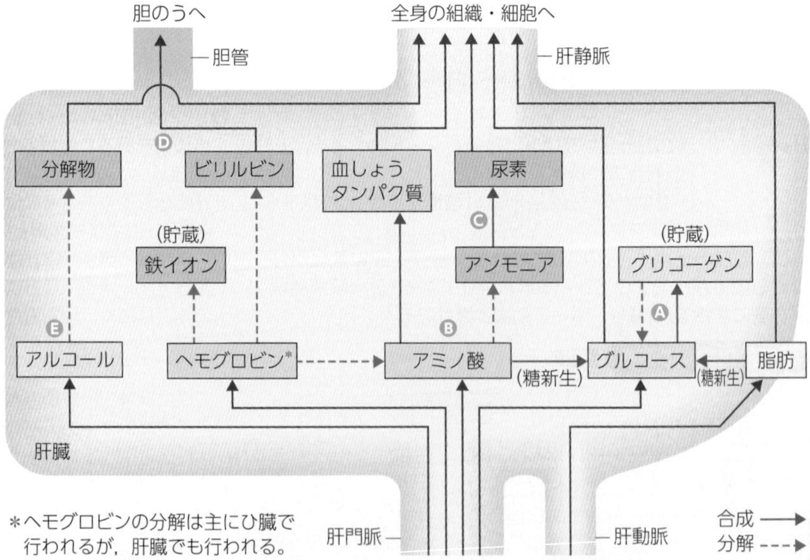

*ヘモグロビンの分解は主にひ臓で行われるが，肝臓でも行われる。

豆知識 皮膚や白眼の部分が黄色くなる症状を黄疸といい，原因は体液中の過剰なビリルビンである。黄疸の要因としては，破壊される赤血球が増加して肝臓でのビリルビンの処理が間に合わない場合や，肝臓の機能障害でビリルビンが処理できない場合，また，胆管が詰まって排出に異常がある場合などがある。

3 血糖濃度の調節 基礎

血液中のグルコースを血糖《けっとう》という。

Ⓐグリコーゲンの合成・貯蔵・分解

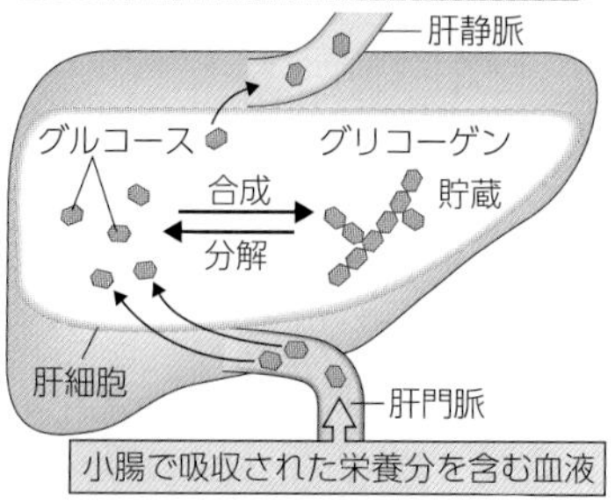

小腸で吸収された栄養分を含む血液

肝臓では，血糖濃度が高いときにはグリコーゲンの合成と貯蔵が，低下したときにはグリコーゲンの分解が行われる。

Ⓑ糖新生

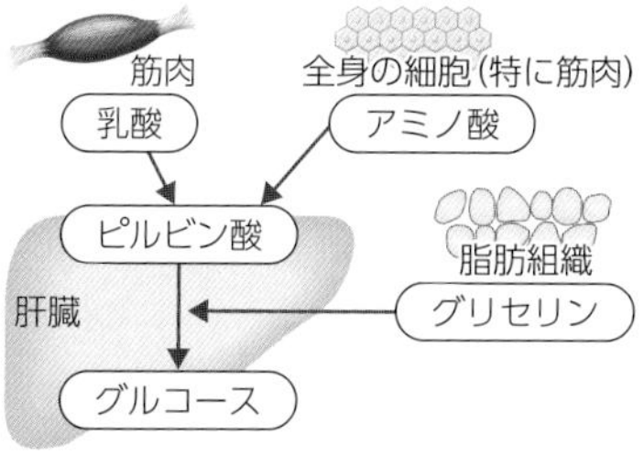

血糖が不足した場合，糖質以外の物質からもグルコースが合成される。この反応は**糖新生《とうしんせい》**と呼ばれ，ATPを消費する。糖新生は，腎臓でも行われる。

4 血しょうタンパク質の合成 基礎

肝臓では，必須アミノ酸（➡p.88）などから他のアミノ酸が合成され，全身の細胞へ供給される。また，免疫グロブリン（➡p.182）を除くほとんどの血しょうタンパク質が合成される。

肝臓で合成される血しょうタンパク質	働き
血清アルブミン	血しょうタンパク質の約60％を占め，血しょうの浸透圧の維持に大きく関与する。アミノ酸やホルモンなどの運搬に関与する。
補体成分	自然免疫に関与する（➡p.179）。
血液凝固因子	血液凝固に関与する（➡p.159）。
フィブリノーゲン	血液凝固に関与する（➡p.159）。
プラスミノーゲン	線溶に関与する（➡p.159）。

5 タンパク質の分解と尿素の合成 基礎 生物

タンパク質やアミノ酸が分解されると，アンモニアが生じる（➡p.66）。アンモニアは，生体に対する毒性が強く，特に脳に障害を与えやすい。体内で生じたアンモニアは，肝細胞の**尿素回路《にょうそかいろ》**（オルニチン回路）の反応で毒性の低い尿素につくり変えられる。

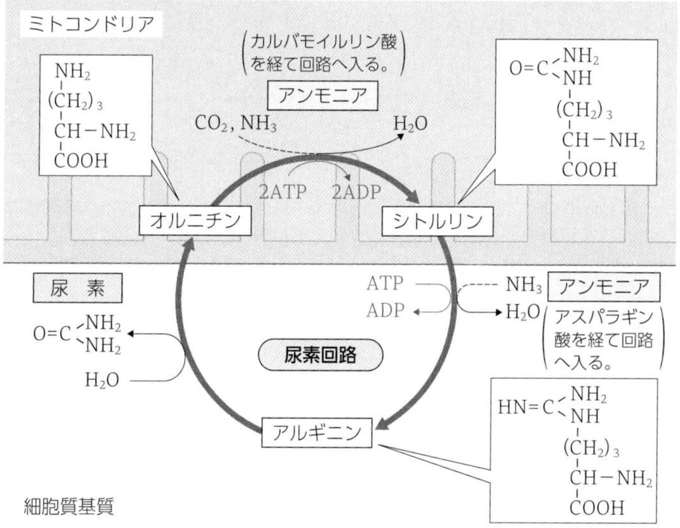

6 胆汁の生成 基礎

胆汁は肝臓でつくられ，胆のうで貯蔵・濃縮される。消化酵素は含まないが，脂質の消化・吸収を助ける（➡p.61）。

❶コレステロールから胆汁の主成分である胆汁酸がつくられる。

❷ビリルビンは，赤血球の破壊に伴って生じるヘモグロビンの分解産物である。赤血球の破壊は，主にひ臓で行われる。生じた疎水性のビリルビンは，肝門脈を経て肝臓に入り，水溶性に変えられて胆汁の成分となる。

❸胆汁は，胆のうに貯蔵され，濃縮される。

❹食物が十二指腸に到達すると，胆汁が放出される。この放出調節には，セクレチンやコレシストキニンなどのホルモンが関与している。

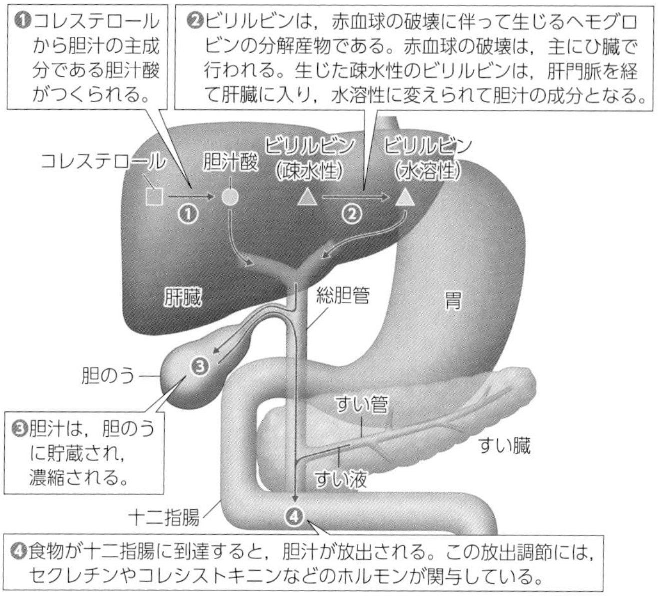

7 解毒作用 基礎

肝臓では，アルコールや薬物，毒物などが，無害な物質や排出されやすい物質に変えられる。生じた物質は，胆汁の成分となって便として排出されたり，腎臓へ運ばれて尿として排出されたりする。アルコールは肝細胞内の酵素によって酢酸に変えられ（➡p.257），酢酸はアセチルCoAに変換されてクエン酸回路に入る。薬物の分解では，小胞体に存在するシトクロムP450などの酵素群が働く。

肝細胞☆

肝細胞では，小胞体やミトコンドリアが発達している。肝臓のミトコンドリアは，ATPの合成のほか，アンモニアの処理やアルコールの分解にも関与している。

α PLUS 薬物代謝

服用した飲み薬は，食物と同様に小腸で吸収され，肝臓へ送られて解毒作用を受ける。このため，通常は，肝臓の分解能力以上の薬を摂取し，分解されずに残った分が全身に送られて作用する。全身を循環し，肝臓に入った薬は再び解毒される。解毒で生じた分解物は，腎臓で排出される。

一方，肛門へ挿入する座薬の場合，直腸（肛門に近い部分の大腸）から吸収される。このため，肝臓での解毒を受けずに全身への血液に入る。飲み薬に比べ，薬効が現れるまでの時間も短い。

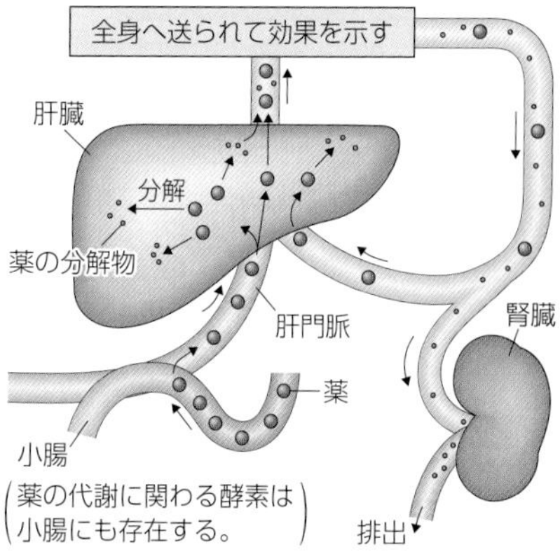

全身へ送られて効果を示す

薬の代謝に関わる酵素は小腸にも存在する。

豆知識　薬の作用や副作用の現れ方には個人差がある。これは，その薬の標的細胞や受容体などの差による場合のほか，肝臓における解毒作用の差による場合もある。

04 腎臓の働き

基本 1 腎臓の構造と働き 基礎 中学

腎小体《じんしょうたい》と細尿管《さいにょうかん》(腎細管《じんさいかん》)を合わせた腎臓の機能上の単位をネフロン(腎単位《じんたんい》)という。左右の腎臓のネフロンの総数は約200万個で，その全長は100 kmとなる。

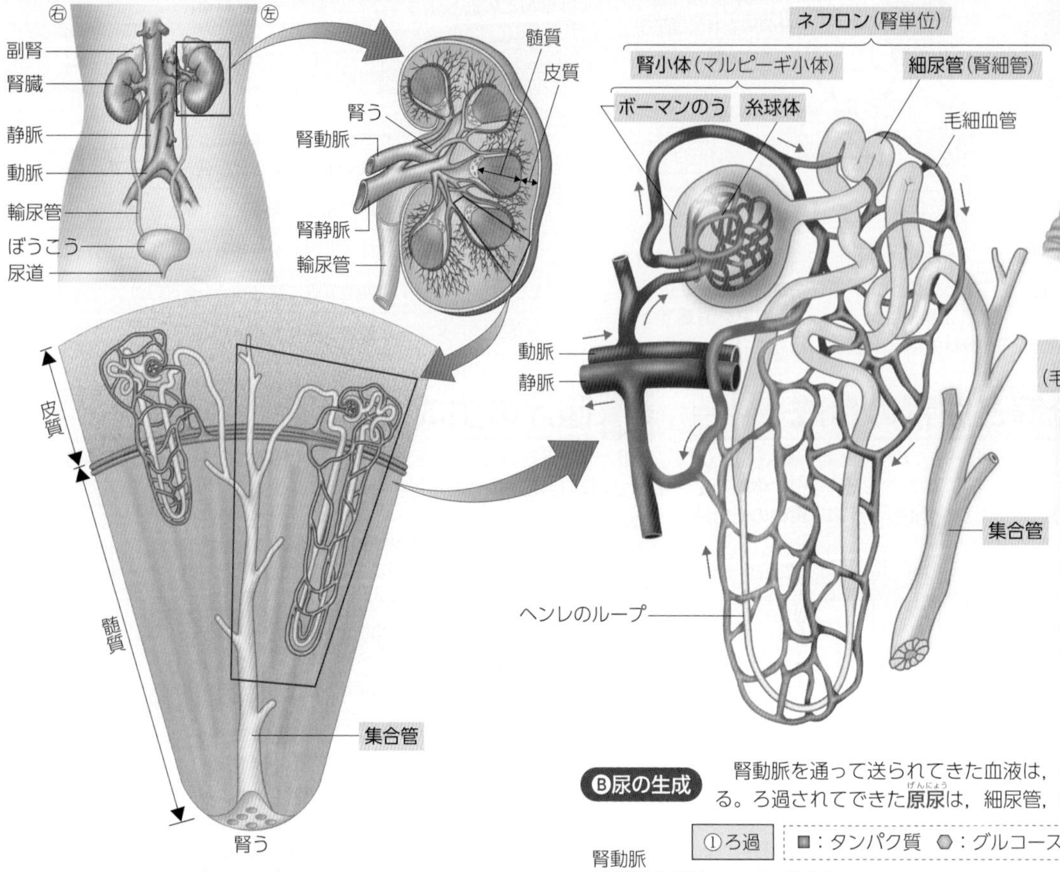

Ⓐ腎小体

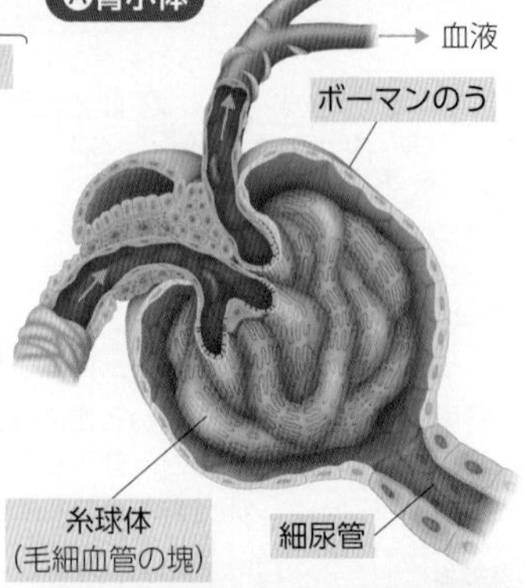

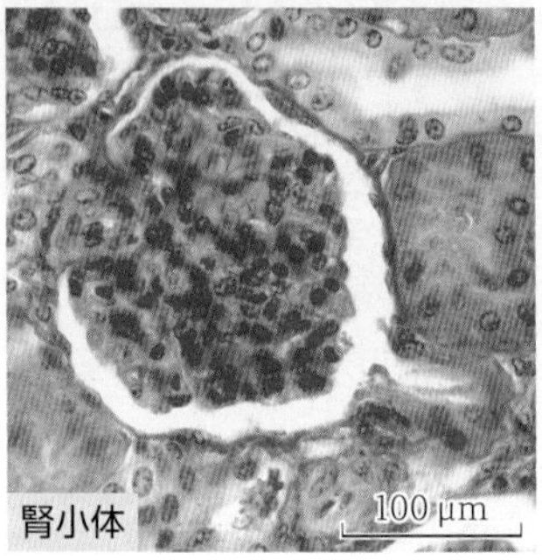

Ⓑ尿の生成

腎動脈を通って送られてきた血液は，糸球体《しきゅうたい》からボーマンのうへろ過される。ろ過されてできた**原尿**《げんにょう》は，細尿管，集合管へ送られ，尿となる。

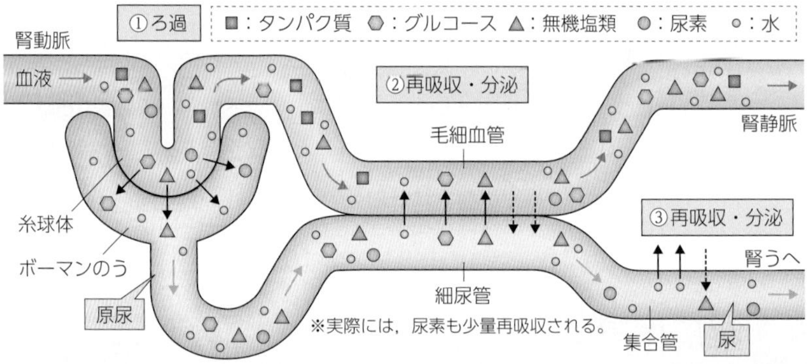

①血しょう成分のほとんどがこし出され，原尿ができる。小孔のある糸球体の毛細血管壁やその外側にある膜は負に荷電しており，高分子のタンパク質や負に荷電したタンパク質はこし出されない。

②グルコースや水，Na^+，K^+などが細尿管から周囲の毛細血管へ再吸収される。一方，アンモニアやクレアチニンなどは，毛細血管から細尿管へ分泌される。

③集合管で水が再吸収される。また，K^+が分泌され，体内のK^+濃度が調節される。尿は腎うへ送られる。

Ⓒ血しょうの成分とろ過量・再吸収量

成分	排出量/日	ろ過量/日	再吸収量/日	再吸収率
水	1.4 L	180 L	178.6 L	約99 %
Na^+	6.1 g	600 g	593.9 g	約99 %
Cl^-	9.1 g	690 g	680.9 g	約99 %
K^+	3.4 g	35 g	31.6 g	約90 %
Ca^{2+}	0.3 g	5 g	4.7 g	94 %
グルコース	0 g	200 g	200 g	100 %
尿素	30 g	60 g	30 g	50 %

Ⓓヒトの血しょうと尿成分との比較

成分	血しょう(%)〔A〕	原尿(%)	尿(%)〔B〕	濃縮率〔$\frac{B}{A}$〕
水	90～93	99	95	1
タンパク質	7～9	0	0	0
グルコース	0.1	0.1	0	0
尿　素	0.03	0.03	2	67
尿　酸	0.004	0.004	0.05	13
NH_4^+	0.001	0.001	0.04	40
Na^+	0.3	0.3	0.35	1
K^+	0.02	0.02	0.15	8
Cl^-	0.37	0.37	0.6	2
Ca^{2+}	0.008	0.008	0.015	2
クレアチニン	0.001	0.001	0.075	75

濃縮率から原尿量を求める方法

糸球体からボーマンのうへこし出されないタンパク質を除けば，血しょうと原尿の成分はほぼ同じになる。また，腎臓で再吸収も分泌もされない物質(イヌリンなど)の量は原尿中も尿中も同じであるから，

原尿量 × 再吸収・分泌されない物質の血しょう中の濃度(A)

＝尿量 × 再吸収・分泌されない物質の尿中の濃度(B)

原尿量＝尿量 × 再吸収・分泌されない物質の濃縮率$(\frac{B}{A})$ となる。

豆知識 腎臓の機能に異常が生じた患者には人工透析が週1～3回行われる。人工透析では，血液を半透性の透析膜チューブの中に流し，その周囲に血液とは成分の異なる透析液を流すことで，尿素などの老廃物を取り除くとともに栄養塩類の濃度を調整している。

2 細尿管における再吸収 基礎

細尿管は，場所によって再吸収する物質が異なっている。

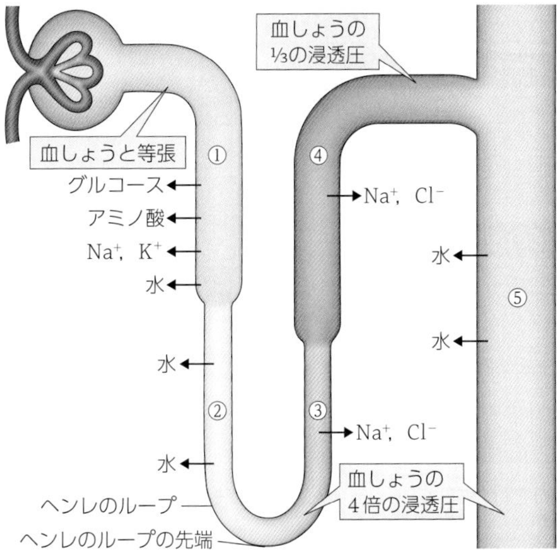

細尿管の場所	再吸収される主な物質	再吸収のしくみ
①近位《きんい》細尿管	●原尿中に含まれるすべてのグルコースやアミノ酸 ●Na^+，K^+ ●水	●グルコースは，小腸におけるグルコース吸収と同じしくみ（➡p.61）によって再吸収される。 ●水の60～70％が，物質の再吸収に伴う細尿管周囲の浸透圧（➡p.28）の上昇に従って再吸収される。
②近位細尿管～ヘンレのループの先端	●水	●この部分では，細尿管周囲の浸透圧が高いため，原尿中の水が再吸収される。
③ヘンレのループの先端～遠位《えんい》細尿管	●Na^+，Cl^-	●イオンが再吸収され，原尿の浸透圧は周囲の細胞より低くなる。
④遠位細尿管	●Na^+，Cl^-	
⑤集合管	●水	●③，④でのイオンの再吸収によって原尿の浸透圧が周囲の細胞よりも低くなっているため，水が再吸収される。

3 腎臓による体液の調節 基礎

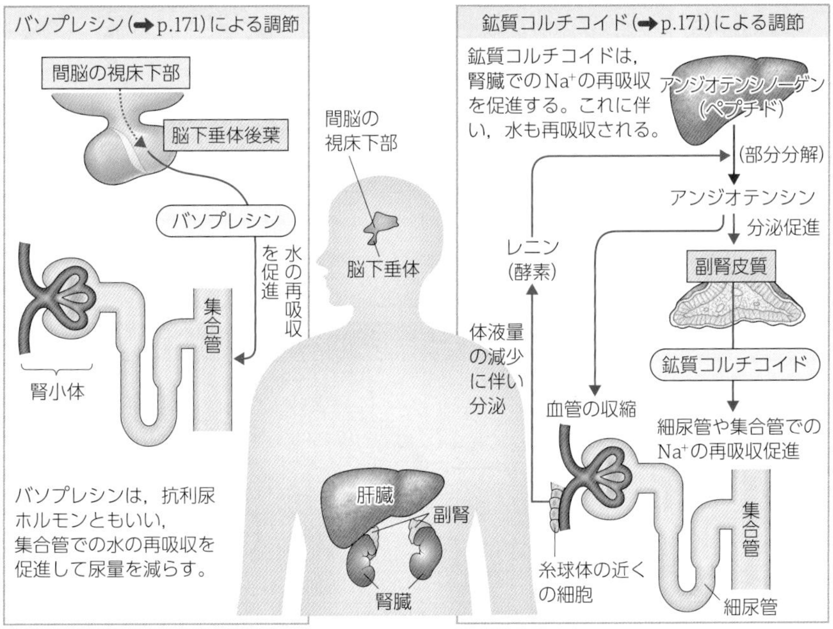

4 バソプレシンの作用のしくみ 生物

脳下垂体から分泌されたバソプレシンは，集合管を構成する細胞の血管側に存在する受容体に結合し，作用を現す。バソプレシンが受容体に結合すると，細胞内でATPからcAMP（➡p.33）がつくられ特定の酵素が活性化される。この酵素は，アクアポリン（➡p.29）を含む小胞の集合管側への移動を促進するとともに，同じ細胞の集合管側の細胞膜に存在するアクアポリンを活性化させる。このような，集合管側のアクアポリンの増加や活性化によって原尿からの水の再吸収が促進される。

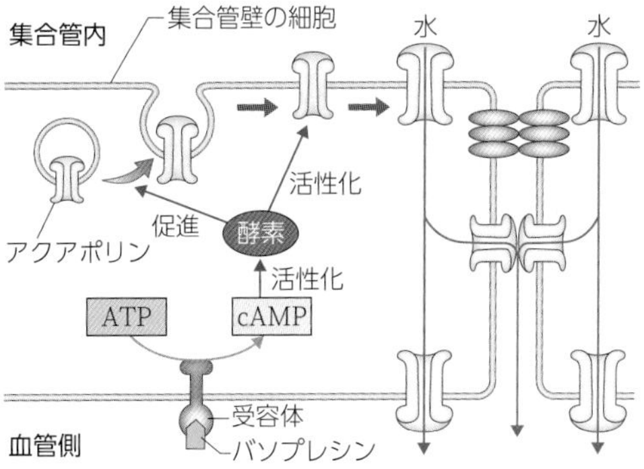

+PLUS α さまざまな動物の窒素化合物の排出

	アンモニア	尿素	尿酸
毒性	非常に高い	比較的低いが，高濃度では有毒	非常に低い
水への溶解度	非常に大きい	大きい	不溶
排出に必要な水量	多量	少量	ごく少量
アンモニアからの合成に必要なエネルギー	不要	必要	尿素の合成より大
動物	魚類，両生類の幼生	哺乳類，両生類の成体	鳥類，ハ虫類
動物の生活環境	水中	陸上	
動物の発生様式（発生時の排出）	殻のない卵（拡散によって排出）	胎生（哺乳類）（胎盤を通じて排出）	殻のある卵（ふ化まで蓄積）

代謝によって生じた老廃物には，生物にとって有害なものもあり，これらを排出しなければ，生物は生存できない。たとえば，タンパク質やアミノ酸の代謝によって生じるアンモニアは，生物にとって非常に毒性が高い。アンモニアは，生物の生息環境に応じて，いろいろな窒素化合物として排出される。水中で生活する魚類や両生類の幼生は，アンモニアのまま排出している。これに対して，哺乳類や，両生類の成体は，アンモニアを尿素に変えて排出している。また，鳥類やハ虫類では，尿酸に変えて排出している。

豆知識 鳥類やハ虫類では，ふ化するまでの間，卵の中に尿酸を蓄積する。尿酸は水に不溶であることから，拡散して胚に害を及ぼすことがなく，浸透圧に影響を与えることもない。

05 さまざまな生物における体液の調節

基礎 生物

Regulation of Body Fluids in Various Organisms

1 動物の生活環境と浸透圧 基礎

体液の浸透圧（➡p.28）は，動物の生活環境によって異なるが，排出器などの働きによって一定の範囲内に保つよう調節されている。

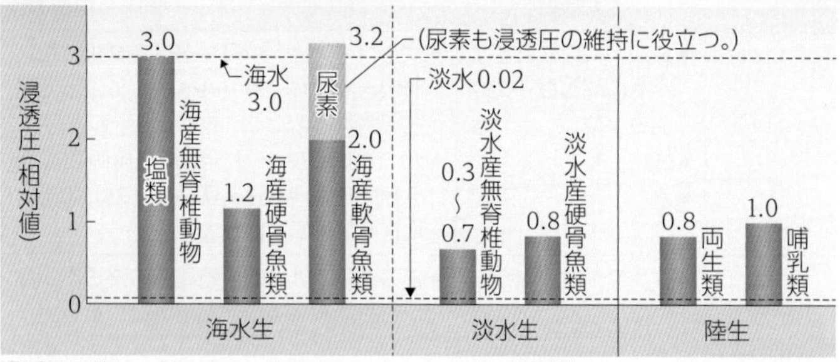

浸透圧の値は，純水を0，海水を3.0としたときの相対値

動物の体液のイオン組成（単位は mmol/L）

	Na^+	K^+	Ca^{2+}	Mg^{2+}	Cl^-	$SO_4{}^{2-}$
イガイ（海産無脊椎動物）	502	13	13	56	585	29
ドブガイ（淡水産無脊椎動物）	16	0.5	8	0.2	12	0.7
アンコウ（海産硬骨魚類）	185	5	6	5	153	—

生理的塩類溶液の組成（単位は %）

生理的塩類溶液は塩類を混合して体液の組成に近づけた等張液である。

	NaCl	KCl	$CaCl_2$	$NaHCO_3$
ショウジョウバエ用	0.75	0.035	0.02	0.002
カエル用	0.65	0.005	0.025	0.002
ヒト用	0.85	0.02	0.02	0.002

2 無脊椎動物（カニ）の浸透圧調節 基礎 生物

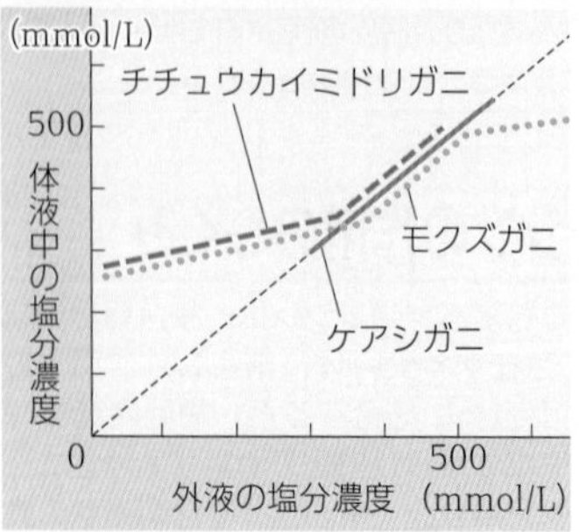

$y=x$のグラフ（-------）に近いほど浸透圧の調節能力は低く，x軸と平行になるほど浸透圧の調節能力は高い。

外液が低張のときのみ浸透圧を調節。

チチュウカイミドリガニ（河口付近にすむ）

外液が低張のときは，体内の水を排出したり，外部の塩分を取り込んだりして浸透圧の調節を行う。

浸透圧の調節を行わない。

ケアシガニ（外洋にすむ）

外液の浸透圧の変化に伴って体液の浸透圧が変化する。体液の浸透圧調節能力が発達していない。

外液が高張でも低張でも浸透圧を調節。

モクズガニ（海と川を往来する）

浸透圧調節の能力が発達しており，外液の浸透圧の変化に対して体液の浸透圧を広範囲に調節できる。

3 魚類の浸透圧調節 基礎 生物

→ 受動輸送（➡p.29）

→ 能動輸送（➡p.29）

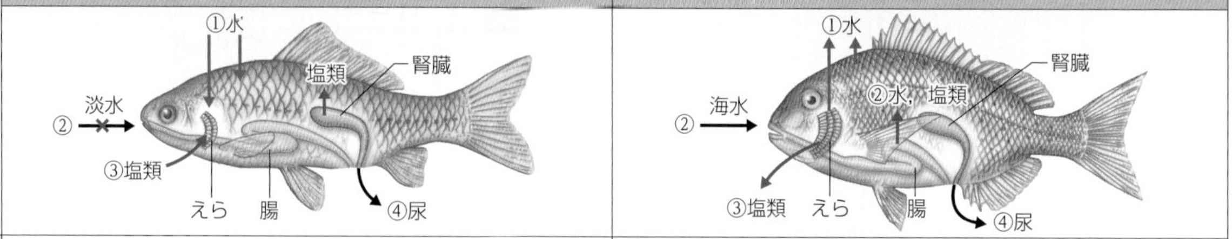

	淡水魚（淡水産硬骨魚類）	海水魚（海産硬骨魚類）
体液の浸透圧	体液＞外液	体液＜外液
体表・えら	①浸透圧の差によって体内へ水が浸透する。	①浸透圧の差によって体外へ水が浸透する。
口・腸	②口から淡水を飲まない。食物中や水中の塩類を腸から吸収する。	②海水を飲み，腸で塩類を吸収して腸の上皮細胞の浸透圧を上げ，水を体内に取り込む。
え　ら	③不足する塩類を能動輸送によって体内に取り込む。	③塩類細胞から過剰な塩類を能動輸送によって排出する。
腎　臓	④塩類の再吸収を高め，体液よりも低張な尿を多量に排出する。	④塩類を排出し，体液と等張な濃い尿を少量排出する。

淡水と海水の間の移動と浸透圧調節

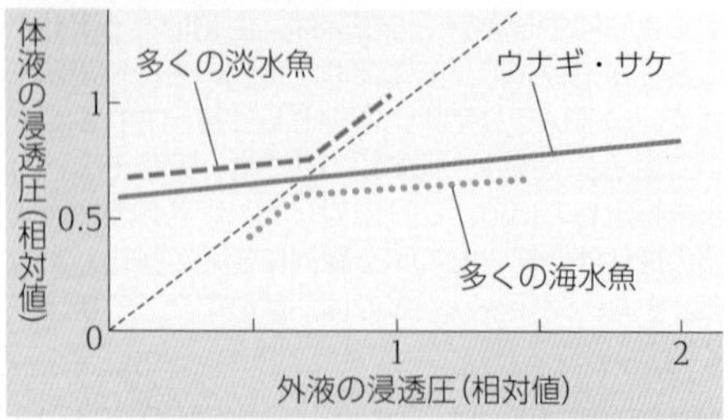

淡水から海水へ移されたウナギでは，浸透圧調節のしくみが淡水型から海水型へと切り替わる。たとえば，飲水量や細尿管からの水の吸収量が増し，尿量が減る。また，えらの塩類細胞が発達して，塩類を能動的に排出するようになる。

塩類細胞

塩類細胞《えんるいさいぼう》は，硬骨魚類のえらの上皮細胞にあり，能動的にCl^-を排出する。塩類細胞は，多くのミトコンドリアを含み，ATPアーゼの活性が高い。

ウナギなどを淡水から海水に移すと，塩類細胞は数と大きさが増し，ミトコンドリアが増加する。

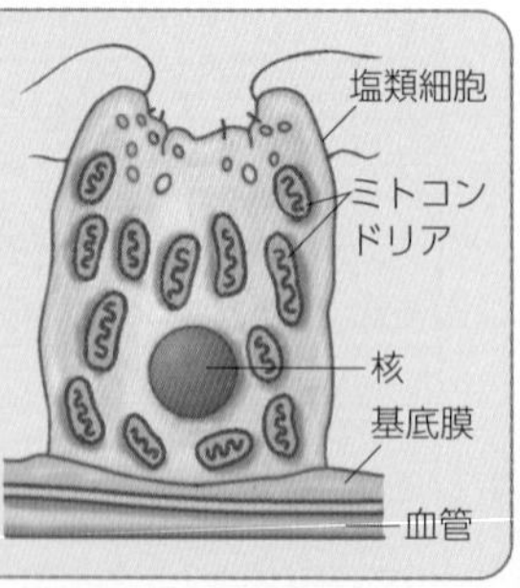

豆知識　ニホンウナギは，西マリアナ海嶺《かいれい》という限定された場所で，新月に一斉に産卵する。ふ化後，約1年で体長10 cm程度のシラスウナギと呼ばれる稚魚になり，日本各地の河口へ集まって上流へ上る。10年程度淡水で過ごした後，産卵のために再び海へ戻る。ニホンウナギの卵は，2011年に塚本らによって世界ではじめて採取された。

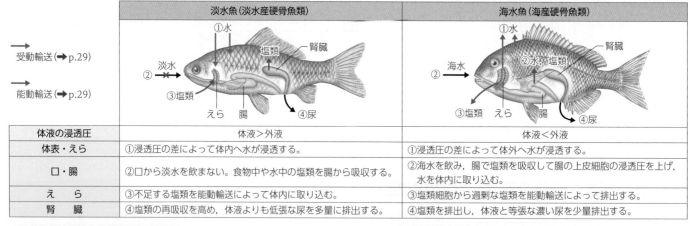

基本 1 ヒトの神経系 基礎 生物

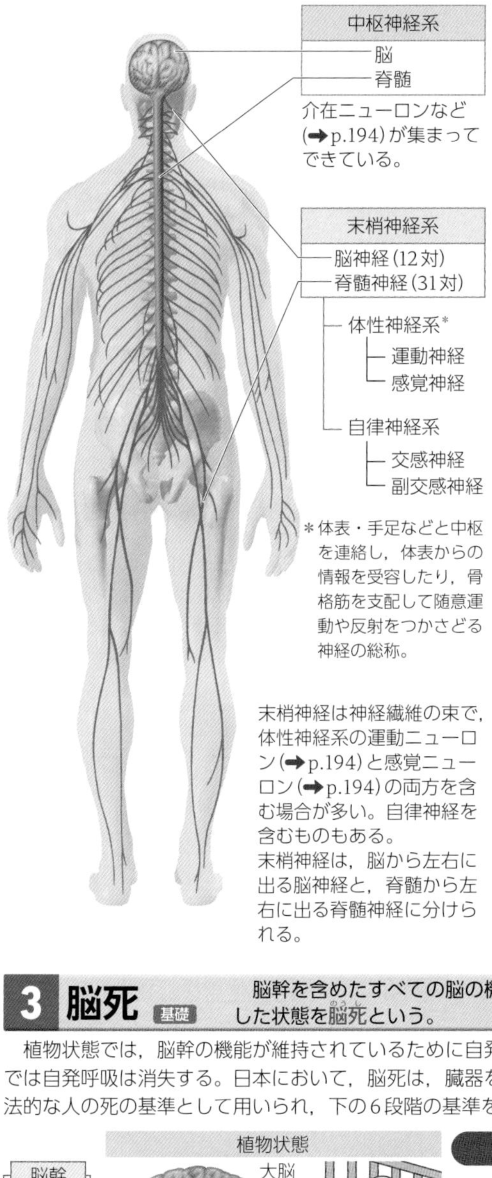

*体表・手足などと中枢を連絡し，体表からの情報を受容したり，骨格筋を支配して随意運動や反射をつかさどる神経の総称。

末梢神経は神経繊維の束で，体性神経系の運動ニューロン(➡p.194)と感覚ニューロン(➡p.194)の両方を含む場合が多い。自律神経を含むものもある。
末梢神経は，脳から左右に出る脳神経と，脊髄から左右に出る脊髄神経に分けられる。

基本 2 ヒトの脳の構造と働き 基礎 生物

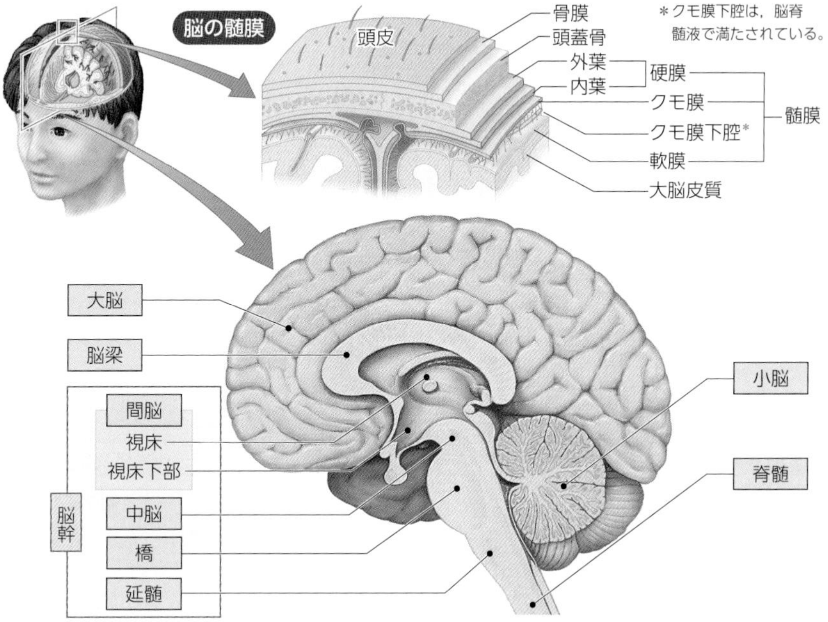

*クモ膜下腔は，脳脊髄液で満たされている。

			働き
脳幹	間脳	視床	感覚に関わる介在ニューロンの中継点(嗅覚を除く)
		視床下部	自律神経系の中枢，体温・水分・血糖濃度などの調節中枢
	中　脳		姿勢を保つ中枢，眼球の反射中枢，瞳孔を調節する中枢
	延　髄		呼吸運動・心臓の拍動を調節する中枢，消化管の運動・だ液や涙の分泌を調節する中枢
大　脳(➡p.206)			各種の感覚中枢，各種の随意運動の中枢，記憶・判断・創造などの高度な精神作用の中枢，情動・欲求などの中枢
小　脳			運動の調節中枢，平衡を保つ中枢

3 脳死 基礎

脳幹を含めたすべての脳の機能が不可逆的に停止した状態を脳死《のうし》という。

植物状態では，脳幹の機能が維持されているために自発呼吸が可能だが，脳死では自発呼吸は消失する。日本において，脳死は，臓器を提供する場合に限って法的な人の死の基準として用いられ，下の6段階の基準を経て判定される。

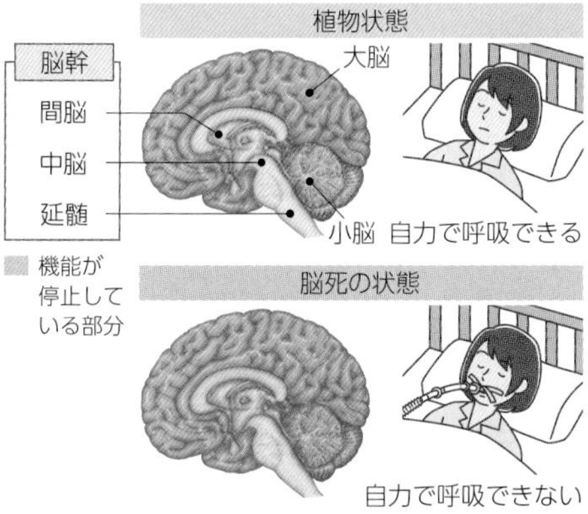

脳死判定の基準

1. 深いこん睡
2. 瞳孔の散大と固定
3. 脳幹反射の消失
4. 平たんな脳波
5. 自発呼吸の消失
6. 6時間*以上経過した後，同じ一連の検査(2回目)

*生後12週～6歳未満は12時間以上

脳死と判定

脳幹の機能停止から心臓停止までの期間が脳死の状態である。延髄が機能していなくても，心臓は自動能をもつので，人工呼吸器で呼吸を維持した場合には1週間以上拍動し続ける例もある。

小論文 ➡p.347

break ぶれいく 臓器提供意思表示カード 生活

臓器提供意思表示カードは，脳死または心停止した後の臓器提供に関する自身の意思を表示するためのカードである。15歳以上*であれば，記入し所持することによって法律上有効な意思表示となる。また，「提供する」だけでなく，「提供しない」という意思や，「親族に優先して提供する」という意思を表示することもできる。さらに，これを家族と共有しておくことで，家族が意思決定をする場合の迷いや負担を軽減することができる。

*15歳未満でも，提供しない意思の表示は有効である。

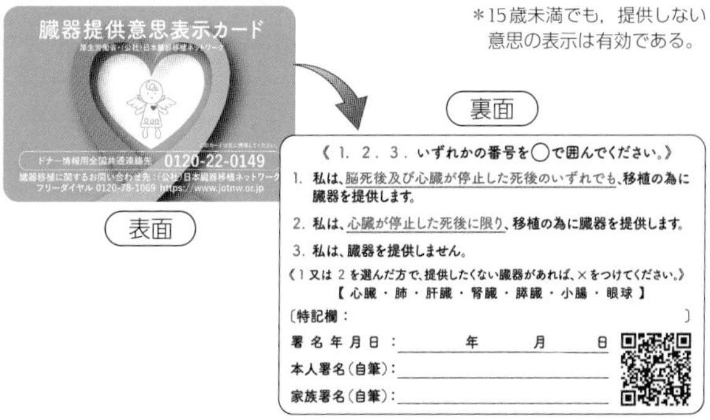

《1. 2. 3. いずれかの番号を◯で囲んでください。》
1. 私は、脳死後及び心臓が停止した死後のいずれでも、移植の為に臓器を提供します。
2. 私は、心臓が停止した死後に限り、移植の為に臓器を提供します。
3. 私は、臓器を提供しません。
《1 又は 2 を選んだ方で、提供したくない臓器があれば、×をつけてください。》
【 心臓 ・ 肺 ・ 肝臓 ・ 腎臓 ・ 膵臓 ・ 小腸 ・ 眼球 】
〔特記欄：　〕
署名年月日：　年　月　日
本人署名(自筆)：
家族署名(自筆)：

豆知識 脳は，強固な頭蓋骨やその内部にある硬膜，クモ膜，軟膜の3つに加え，クモ膜と軟膜の間にある脳脊髄液によって外部の衝撃から厳重に守られている。

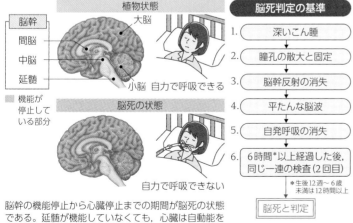

07 自律神経系による調節

基礎 生物 Autonomic Nervous System

基本 1 体内環境を維持する情報伝達のしくみ 基礎

体内における情報伝達が，体内環境の維持に深く関わっている。

体内環境の変化を脳が感知すると，その情報をもとに器官や組織の働きを調節することで体内環境は安定に保たれる。恒常性に関わる情報伝達のしくみには**自律神経系**《じりつしんけいけい》と**内分泌系**《ないぶんぴつけい》が関わっており，これらの働きは，間脳の視床下部によって意思とは無関係に調節される。

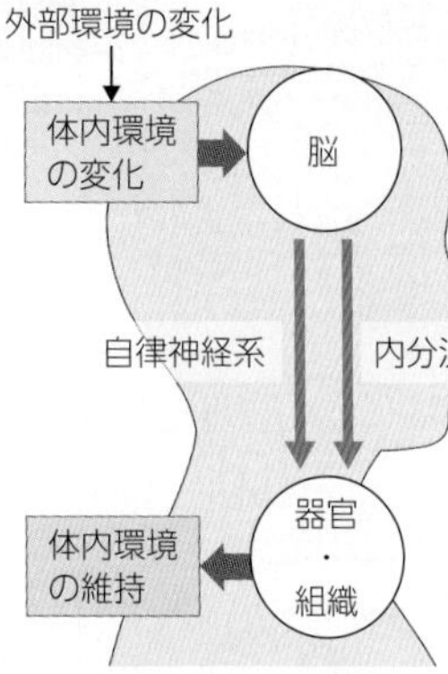

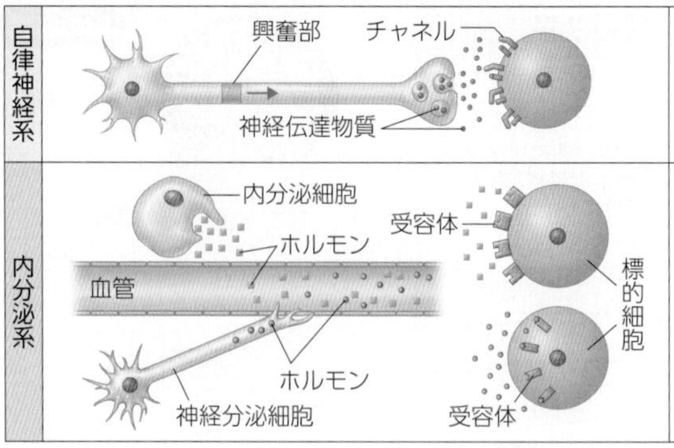

自律神経系：神経細胞が，作用する細胞まで伸び，シナプスを介して**神経**《しんけい》**伝達物質**《でんたつぶっしつ》(➡p.199) によって情報を伝達する。

内分泌系：**内分泌腺**《ないぶんぴつせん》の内分泌細胞や**神経**《しんけい》**分泌細胞**《ぶんぴつさいぼう》(➡p.172) などから体液に分泌されたホルモンが，血液によって標的器官(標的細胞)に運ばれることによって，情報を伝達する。

神経伝達物質もホルモンも，情報を細胞に伝えるシグナル分子である (➡p.32)。

基本 2 自律神経系の構造と働き 基礎

大脳の支配から比較的独立しており，意思とは無関係に自動的に働く神経系を自律神経系という。自律神経系の働きは，間脳の視床下部によって調節されている。

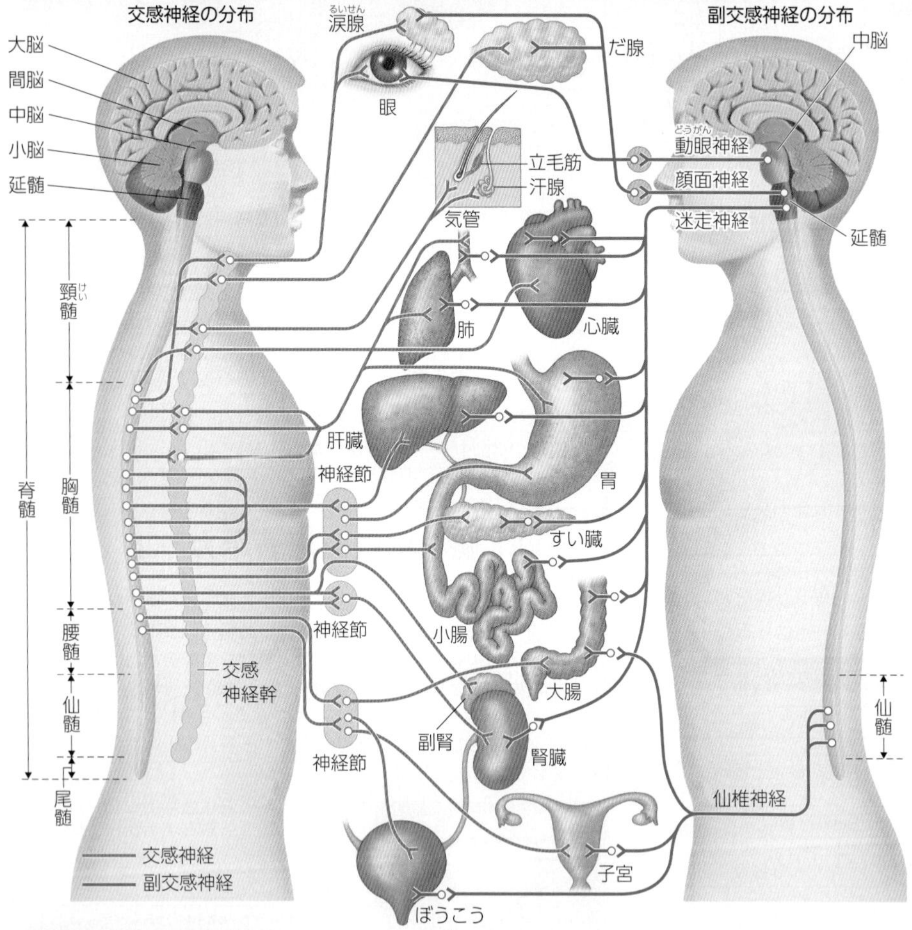

内臓などの働きは，自律神経系によって調節されている。自律神経系は，**交感神経**《こうかんしんけい》と**副交感神経**《ふくこうかんしんけい》からなり，互いに拮抗的に働く。

自律神経は，ふつう，中枢神経から各器官に達するまでに1度ニューロン (➡p.194) を交代する。最初のニューロンを節前繊維《せつぜんせんい》といい，これとシナプス (➡p.198) を形成して器官に達するニューロンを節《せつ》後繊維《ごせんい》という。

交感神経と副交感神経の比較

	交感神経	副交感神経
出る場所	脊髄(胸髄・腰髄)	中脳・延髄・脊髄(仙髄)
ニューロンが交代する場所	交感神経幹などの神経節	器官の直前
器官とのシナプスにおける神経伝達物質	ノルアドレナリン(汗腺などではアセチルコリン)	アセチルコリン
働く時	緊張時や興奮時	安静時
働く方向	異化促進，活動的方向	同化促進，疲労回復的方向

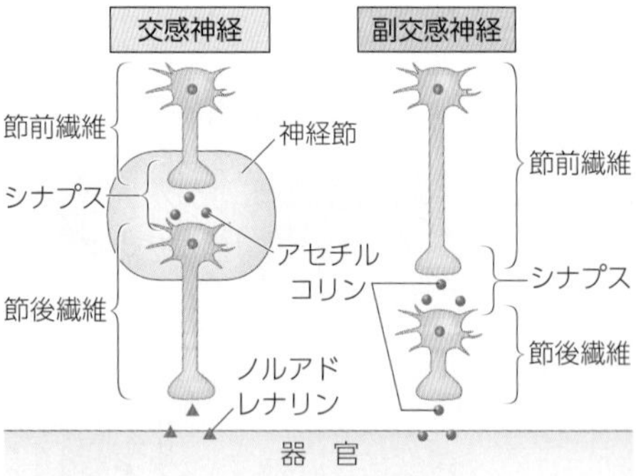

交感神経と副交感神経の働き

―は，分布していないことを示す。

器官など	瞳孔	だ腺(だ液分泌)	心臓(拍動)	血圧	皮膚の血管	消化管(ぜん動)	気管・気管支	立毛筋	汗腺(汗の分泌)	副腎(髄質)(ホルモン分泌)	ぼうこう(排尿)	子宮
交感神経	拡大	促進(粘液性)	促進	上昇	収縮	抑制	拡張	収縮	促進	促進	抑制	収縮
副交感神経	縮小	促進(しょう液性)	抑制	下降	―	促進	収縮	―	―	―	促進	弛緩

豆知識 交感神経では，中枢から神経節までのニューロン (節前繊維) は有髄神経 (➡p.194) であるが，神経節から各器官に至るまでのニューロン (節後繊維) は無髄神経 (➡p.194) である。

重要

3 レーウィの実験 生物

1921年，レーウィは，カエルの心臓を用いた実験から，心臓の拍動が自律神経から分泌される化学物質によって調節されていることを発見した。

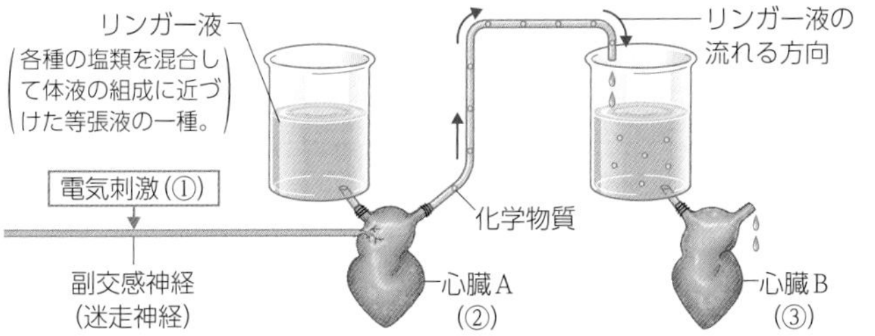

心臓Aにつながる副交感神経に電気刺激を与える(①)。

↓

心臓Aの拍動が遅くなり(②)，少し遅れて心臓Bの拍動も遅くなった(③)。

結論 心臓Aにつながる副交感神経から化学物質が分泌され，それがリンガー液を経て心臓Bに作用したと考えられる。

その後，この化学物質は，アセチルコリンであることが明らかにされた。

重要

4 刺激伝導系と自律神経系による調節 基礎 生物

心臓は外部からの刺激が無くても一定のリズムで拍動している。体内環境が変化すると，自律神経系の働きで拍動が調節される。

Ⓐ刺激伝導系 基礎 生物

鳥類や哺乳類において，心臓の周期的な収縮は，右心房上部にある自動能をもつ心筋細胞の集団である**洞房結節**《とうぼうけっせつ》**(ペースメーカー)**が起点となって起こる。ここで生じる興奮が筋繊維を伝わって最終的に左右の心室筋に達する経路は，**刺激伝導系**《しげきでんどうけい》と呼ばれる。

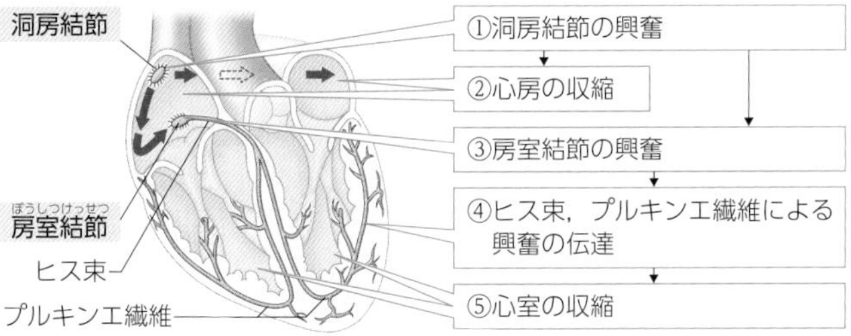

①～⑤の順で刺激が伝えられることで，心臓から血液が送り出される。

Ⓑ自律神経系による心臓の拍動調節 基礎

心臓の拍動調節の中枢は延髄にある。たとえば，運動などによって血液中の二酸化炭素濃度が変化すると，その情報が延髄へ伝えられ，自律神経系の働きによって心臓の拍動が調節される。また，心臓の拍動は，安静時には副交感神経が優位となって抑制されるが，運動などによって交感神経が優位になると抑制が弱まり，心拍数が増加する。

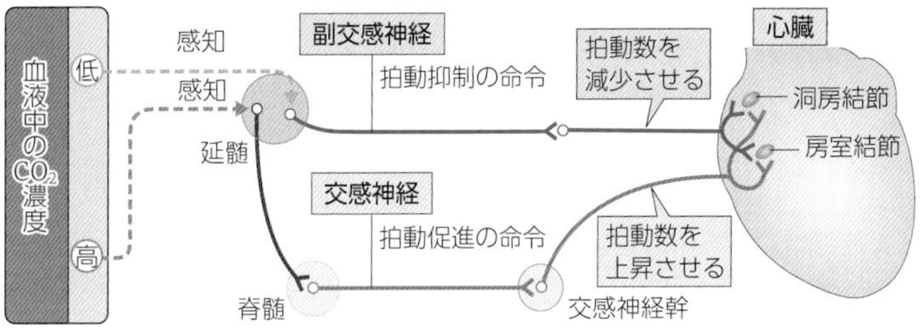

5 大脳と自律神経系 基礎 生物

大脳は，自律神経系を直接支配してはいないが，大脳で感じる恐怖・苦痛・不安などは，自律神経系の最高中枢である間脳を通してからだの各部にさまざまな影響を与える。

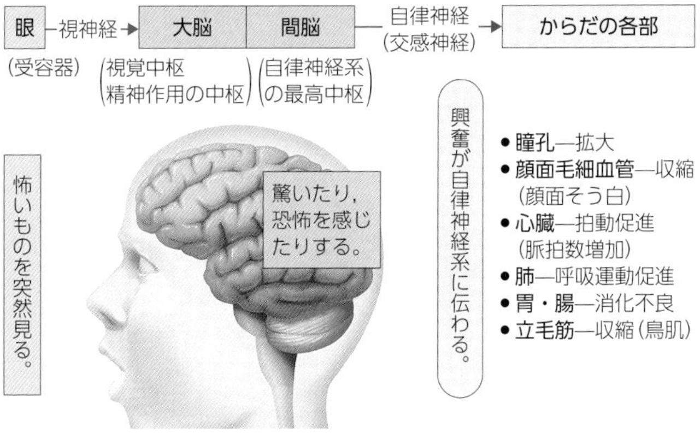

- 瞳孔―拡大
- 顔面毛細血管―収縮(顔面そう白)
- 心臓―拍動促進(脈拍数増加)
- 肺―呼吸運動促進
- 胃・腸―消化不良
- 立毛筋―収縮(鳥肌)

+α PLUS アセチルコリン受容体 生物

アセチルコリンを受容する細胞膜受容体は大きく2つに分けられる。

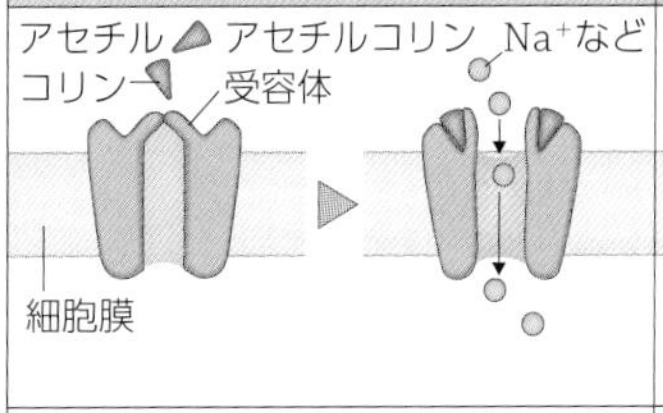

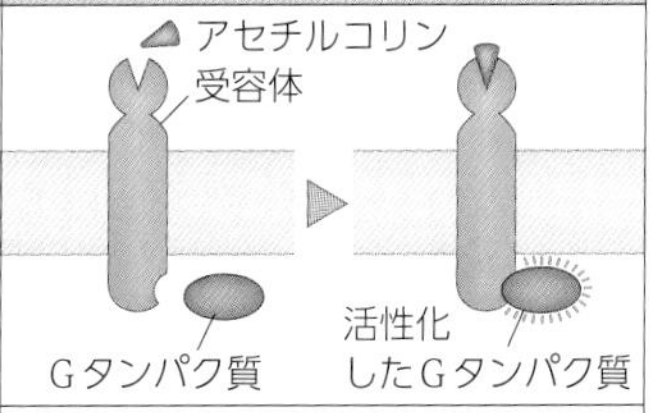

イオンチャネル型(➡p.32)	Gタンパク質共役型(➡p.32)
自律神経の節前繊維と節後繊維の間などのシナプスに存在する。受容体自身が陽イオンチャネルであり，アセチルコリンを受容すると開いて細胞内にイオンが流入することで，情報が伝達される。	副交感神経の末端と接する器官の細胞などに存在する。アセチルコリンを受容するとGタンパク質を介して細胞内に情報を伝達する。

break ぶれいく 起立性調節障害 生活

起立性調節障害(OD：Orthostatic Dysregulation)は，自律神経系の異常により循環器系の調節がうまくいかなくなる疾患である。ヒトでは，ふつう，立ち上がると重力によって血液が下半身に貯留し，静脈を経て心臓へ戻る血液量が減少することで血圧が低下するが，交感神経の働きで下半身の血管を収縮させて心臓へ戻る血液量をふやし，血圧を維持している。しかし，自律神経系の働きが低下すると，このしくみが正常に働かず，血圧が維持されなくなって脳へ運ばれる血液量が減少する。その結果，立ち上がった際の血圧の低下，心拍数の過剰な上昇，めまい，動悸《どうき》，腹痛，失神などの症状が現れる。この疾患は思春期に多くみられ，午前中に症状が強く現れるため，朝起きることができなかったり，午前中の活動が難しくなったりすることがある。

豆知識 起立性調節障害の治療では，生活リズムを整える，急に立ち上がらないようにするなどの日常生活の改善のほか，血圧を上昇させる薬剤を服用する薬剤療法などの方法がとられる。また，精神的なストレスが関わる場合には，そのストレスを軽減する必要があり，周囲の人との連携が必要となる。

08 内分泌腺とホルモン

基礎 生物　Endocrine Glands and Their Hormones

基本 1 ホルモンの特徴 基礎

内分泌系は，血液中に分泌される**ホルモン**によって細胞間の情報伝達を担うしくみである。ホルモンは，次の1～9のような特徴をもつ。

1. 内分泌腺や脳の神経分泌細胞でつくられる。*
2. 排出管を経ずに直接体液に分泌される。
3. 血液によって運ばれる。
4. それぞれのホルモンを特異的に受容する標的細胞に作用する。標的細胞をもち，ホルモン作用を受ける器官は標的器官と呼ばれる。
5. 微量で働く。
6. 効果は持続的である。
7. 情報伝達の速さは，神経系よりも遅い。
8. 構成成分はホルモンによって異なり，タンパク質やポリペプチド（➡p.88），アミノ酸，ステロイドからなるものがある。
9. 動物種が異なっても類似の物質があり，近縁種ではそれぞれ同じ働きをもつ。

＊内分泌腺や神経分泌細胞以外から分泌されるホルモンもある。

+α PLUS 内分泌腺と外分泌腺

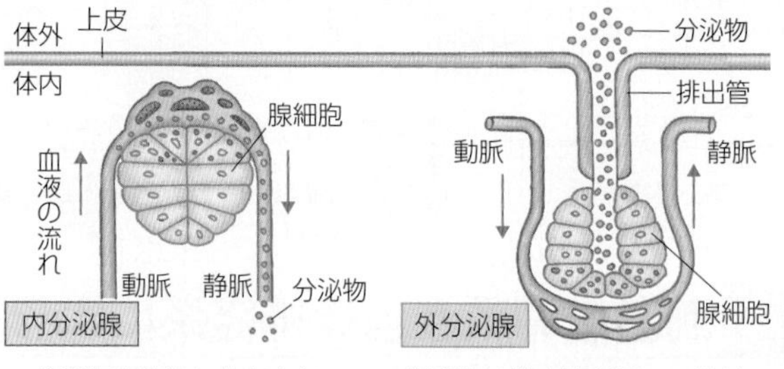

分泌物は体液に放出され，血液によって運ばれる。

分泌物は排出管を通って体外に分泌される。汗腺や消化腺，だ腺などがある。

break ぶれいく ホルモンの発見

食物が胃酸とともに十二指腸へ送られると，その信号がすい臓に送られ，すい液が分泌される。1902年，ベーリスとスターリングは，イヌの十二指腸に分布する全神経を切断しても，胃酸成分の塩酸が十二指腸に注入されると，すい液が分泌されることを発見した。すい液は，十二指腸壁の塩酸抽出物を血管へ注射しても分泌された。これらのことから，塩酸の刺激を受けた十二指腸壁の細胞がつくる物質が，血液によってすい臓に運ばれ，すい液の分泌を促すと考えられた。この物質は，最初に発見されたホルモンで，セクレチンと命名された。このように消化管から分泌され，消化器官の働きを制御するホルモンは，消化管ホルモンと呼ばれる。

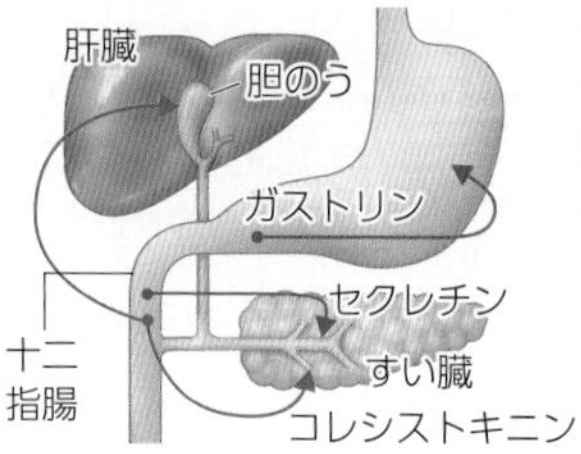

消化管ホルモン	主な作用
ガストリン	胃壁からの塩酸の分泌促進
セクレチン	HCO_3^-の多いすい液の分泌促進
コレシストキニン	胆のう収縮，消化酵素分泌促進

2 ホルモンの作用のしくみ 生物

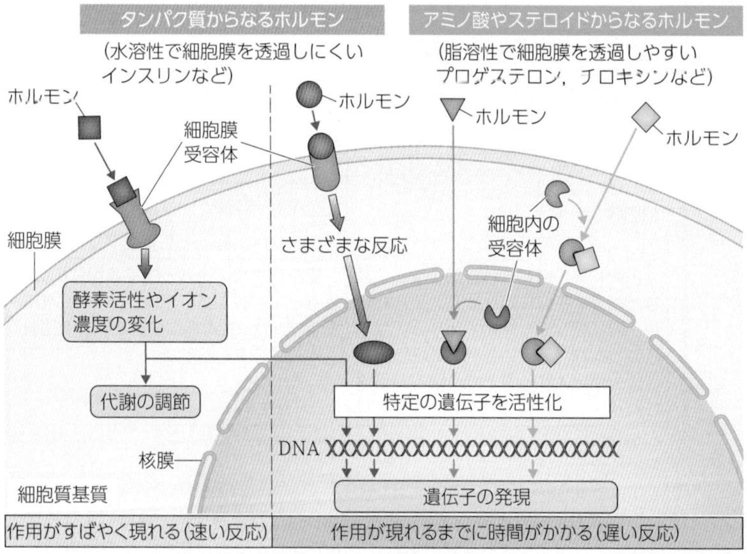

タンパク質からなるホルモンは細胞膜に存在する受容体と結合し，アミノ酸やステロイドからなるホルモンの多くは細胞内の受容体と結合する。

ホルモンが受容体に結合すると，細胞内の酵素活性やイオン濃度を変化させたり，遺伝子の発現を調節したりすることで，ホルモンの作用が現れる。遺伝子の発現調節を介さない場合は作用がすばやく現れるが，遺伝子の発現を介する場合，転写・翻訳の過程を経るため，作用が現れるまで比較的時間がかかる。

1つのホルモンに対し，複数の受容体が存在することもある。この場合，どの受容体にホルモンが受容されるかによって，現れる作用は異なる。

break ぶれいく ホルモンの代謝

ホルモンが分泌後長期間にわたって体内に残り続けると，刻々と変化するからだの状態に応じた調節を行いにくい。標的細胞に作用したホルモンは，一般に，標的細胞内で分解される。一方，受容体に結合できずに体液中に残ったホルモンは，血液中や組織液中で分解されたり，胆汁や尿の成分となって体外に排出されたりする。

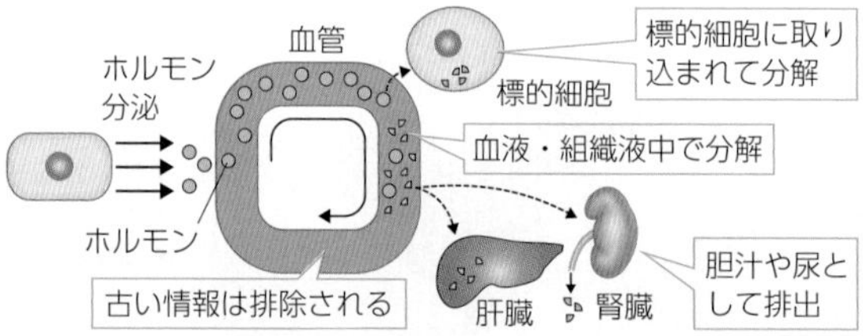

ある時期に分泌されたホルモンが，血液中から除去されて半分に減るまでの時間を半減期という。半減期は，ホルモンの種類によって異なる。血しょう中でタンパク質と結合する脂溶性ホルモンは，一般に，半減期が長い。なお，治療に用いるホルモン剤には，成分を変えて半減期を調節したものもある。

ヒトのホルモンの半減期（血しょう中）

	ホルモン名	半減期
水溶性ホルモン	成長ホルモン	約20分
	インスリン	約30分
脂溶性ホルモン	チロキシン	6～7日
	糖質コルチコイド	1～2時間

豆知識 ホルモンという語は，ギリシア語の「hormao」（刺激する，興奮させる）に由来する。

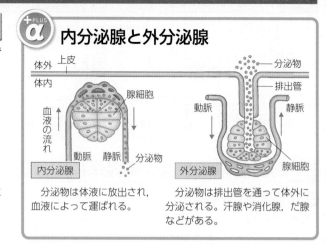

3 ヒトの主な内分泌腺とホルモンの働き 基礎

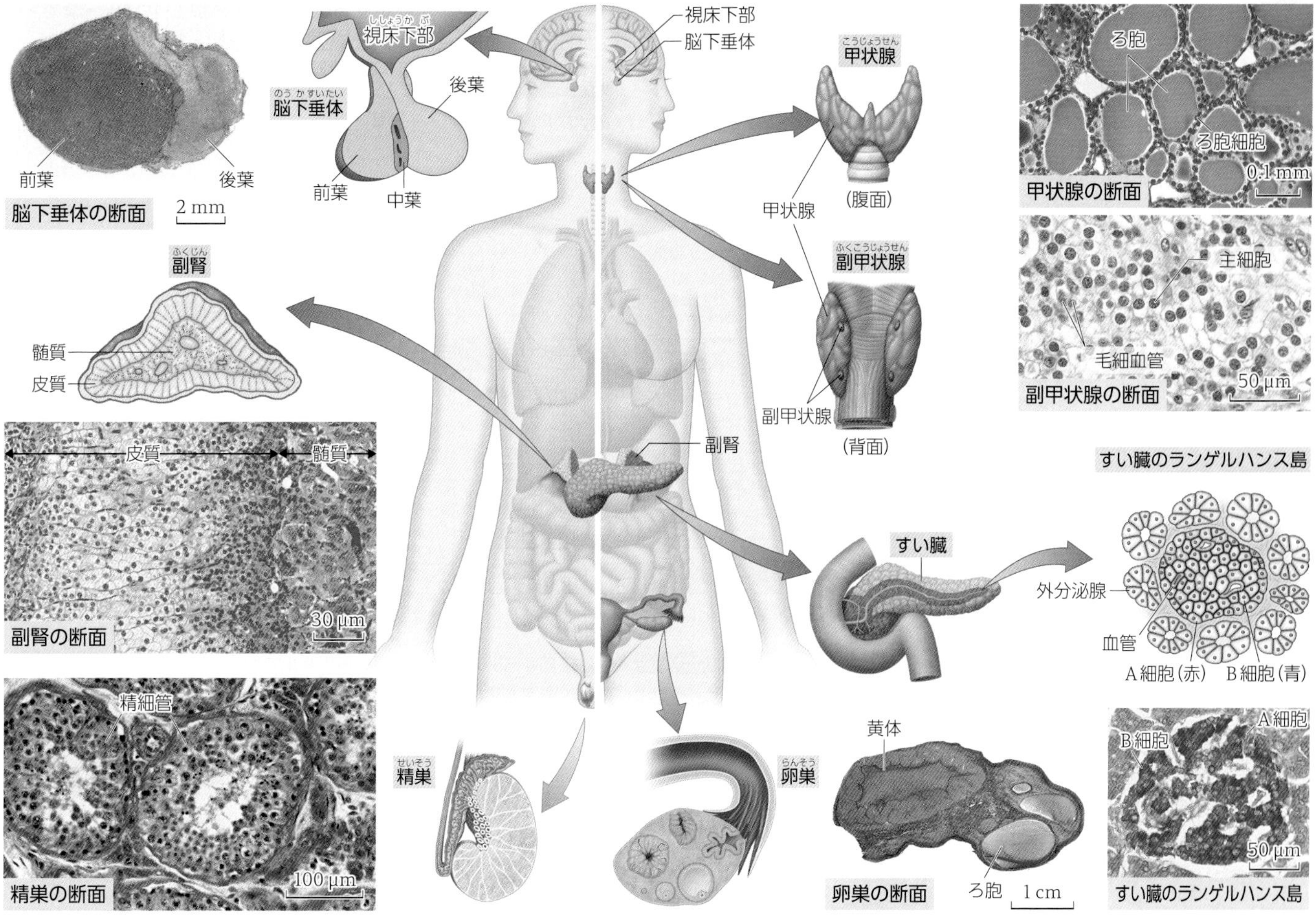

内分泌腺		ホルモン	化学成分	働き	産生・分泌異常＊1
視床下部		放出ホルモン，放出抑制ホルモン	ポリペプチド	脳下垂体のホルモン分泌の調節	
脳下垂体	前葉	成長ホルモン	タンパク質	成長促進，骨のCa代謝・タンパク質合成・糖代謝の促進	(+)末端肥大 (−)低身長
		甲状腺刺激ホルモン		チロキシンの分泌促進	
		副腎皮質刺激ホルモン		副腎皮質ホルモンの分泌促進	
		プロラクチン(黄体刺激ホルモン)		乳腺の乳汁分泌，プロゲステロンの分泌促進	(−)乳汁分泌停止
		生殖腺刺激ホルモン ろ胞刺激ホルモン		ろ胞の発育と成熟促進	
		黄体形成ホルモン		排卵促進，黄体形成の促進，アンドロゲンの分泌促進	
	中葉	メラノトロピン		色素細胞を刺激し，メラニン合成を促進	
	後葉	バソプレシン	ポリペプチド	腎臓の集合管での水分再吸収促進，小動脈を収縮させて血圧を上昇	(+)高血圧 (−)尿崩症
		オキシトシン		子宮，消化管などの平滑筋の収縮	

内分泌腺			ホルモン	化学成分	働き	産生・分泌異常＊1
甲状腺			チロキシン	アミノ酸(ヨウ素をもつ)	物質の代謝，特に異化作用の促進	(+)バセドウ病 (−)クレチン病
			カルシトニン	ポリペプチド	血液中の Ca^{2+} 濃度の低下を促進	
副甲状腺			パラトルモン		血液中の Ca^{2+} 濃度の上昇を促進	(−)テタニー
副腎	皮質		鉱質コルチコイド	ステロイド	Na^{+} の再吸収促進	(−)アジソン病
			糖質コルチコイド＊2		タンパク質の糖化を促進	
	髄質		アドレナリン	アミノ酸の誘導体	血糖濃度の上昇，心臓の拍動を促進	
すい臓(ランゲルハンス島)	B細胞		インスリン	タンパク質	肝臓：グルコースのグリコーゲン化促進 組織：グルコースの消費促進	(−)糖尿病
	A細胞		グルカゴン		肝臓：グリコーゲンの糖化促進	
腎臓			エリスロポエチン		赤血球の産生促進	
脂肪細胞			レプチン		食欲抑制	
生殖腺	精巣		アンドロゲン	ステロイド	二次性徴の発現，精子形成の促進	
	卵巣	ろ胞	エストロゲン		生殖器・子宮の発育促進，二次性徴の発現，排卵促進	
		黄体	プロゲステロン		受精卵の着床準備，排卵の制御，妊娠の維持	
胎盤			胎盤ホルモン		プロゲステロンと同じ	

＊1　(+)は産生・分泌過剰のとき，(−)は産生・分泌不足のときの症例を示す。
＊2　薬剤として多量に投与すると抗炎症作用がみられる(➡p.178豆知識)。

豆知識　アドレナリンはノルアドレナリンからつくられる。この2つの物質は構造が非常に似ており，どちらもアドレナリン受容体に受容されるが，アドレナリンはノルアドレナリンよりも心拍数の増加に強い作用を現す。

09 ホルモンの働きと分泌調節

基礎　発展　**Functions of Hormones and Their Secretory Regulation**

関連動画をCheck!

1 脳下垂体ホルモンと視床下部の働き　基礎

間脳の視床下部は，ホルモン分泌を調節する最上位の内分泌腺で，各種の放出ホルモンや放出抑制ホルモンを分泌する。

Ⓐ脳下垂体と視床下部

脳下垂体前葉でのホルモン分泌は，視床下部の神経分泌細胞が合成・分泌する放出ホルモンや放出抑制ホルモンによって調節される。また，脳下垂体後葉のホルモンは，視床下部にある神経分泌細胞の細胞体で合成されたのち，軸索を通じて脳下垂体後葉まで運ばれて分泌される。

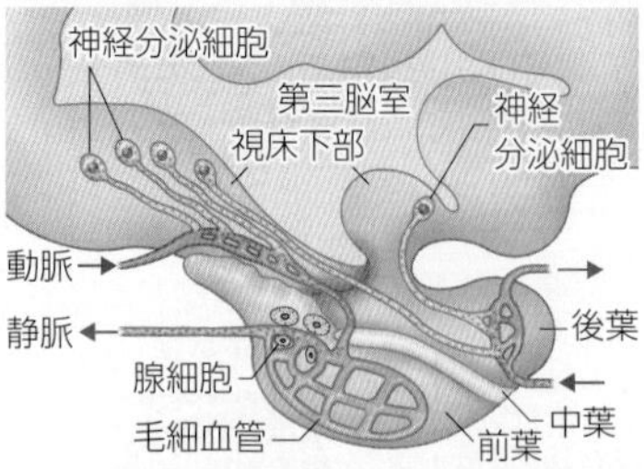

Ⓑ神経分泌細胞

脳の神経細胞がホルモンを分泌する現象を**神経分泌**《しんけいぶんぴつ》といい，その細胞を**神経分泌細胞**《しんけいぶんぴつさいぼう》という。

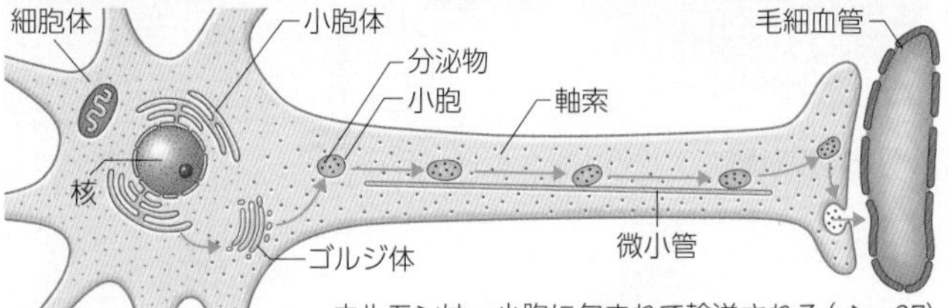

ホルモンは，小胞に包まれて輸送される(➡p.27)。

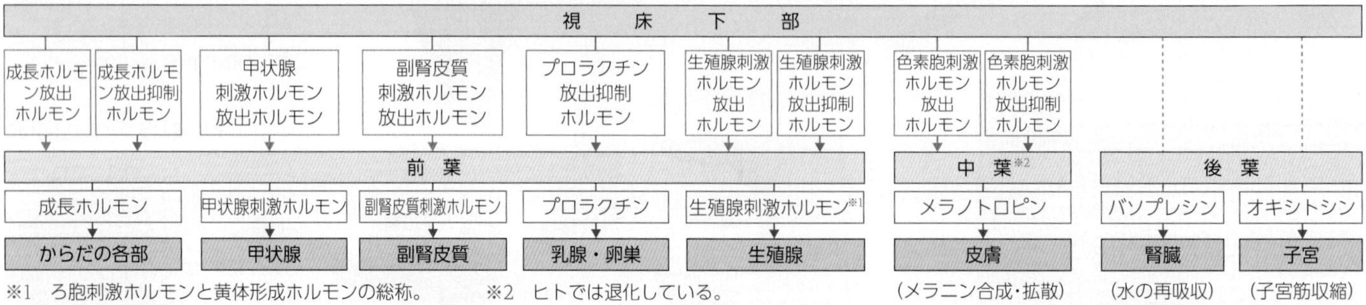

※1　ろ胞刺激ホルモンと黄体形成ホルモンの総称。　※2　ヒトでは退化している。

重要 2 ホルモンの分泌の調節　基礎

ホルモンの分泌量は，視床下部から分泌される各種の放出ホルモン，放出抑制ホルモンのほか，自律神経系やフィードバックによって調節されている。

Ⓐフィードバックによる調節　→促進　- - →抑制

■チロキシンの分泌調節

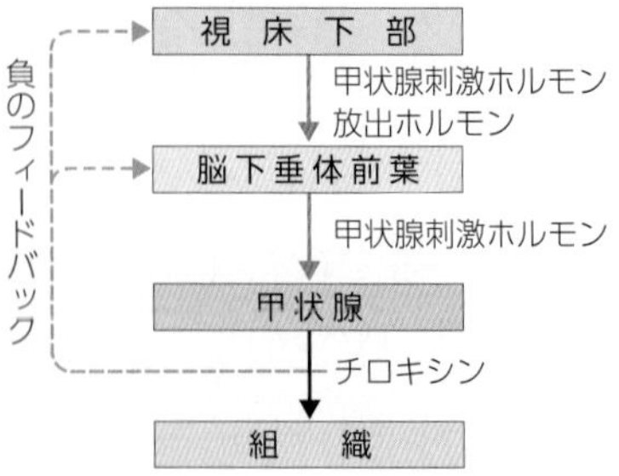

チロキシンの分泌が多すぎるときには，甲状腺刺激ホルモンの分泌量が減少してチロキシンの分泌が抑制される。

■副腎皮質ホルモンの分泌調節

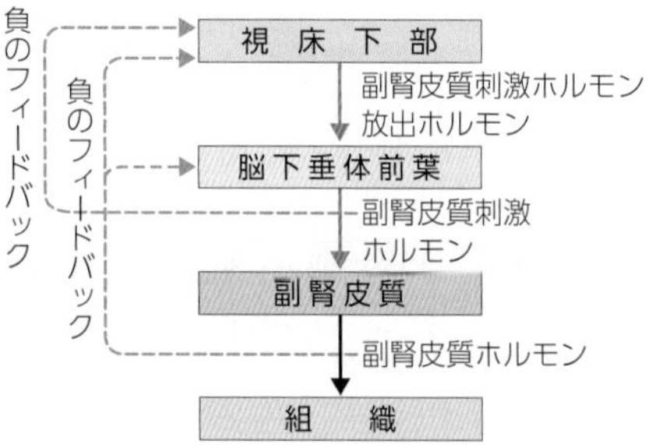

副腎皮質ホルモンが視床下部と脳下垂体前葉のホルモン分泌を抑制するだけでなく，副腎皮質刺激ホルモンの視床下部に対する抑制もみられる。

Ⓑ視床下部の神経分泌物質(ホルモン)による調節

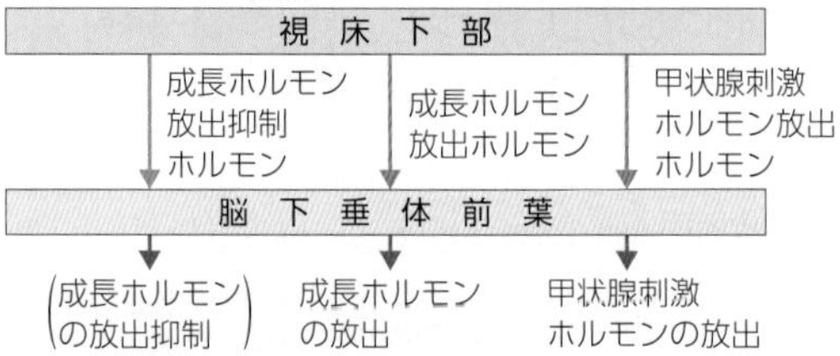

Ⓒ自律神経系による調節

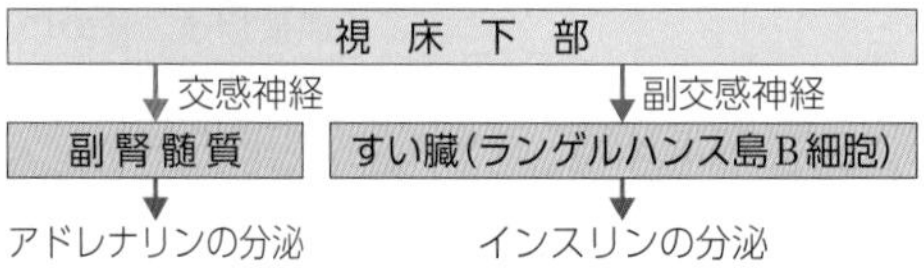

Ⓓ血液中の Ca^{2+} の調節

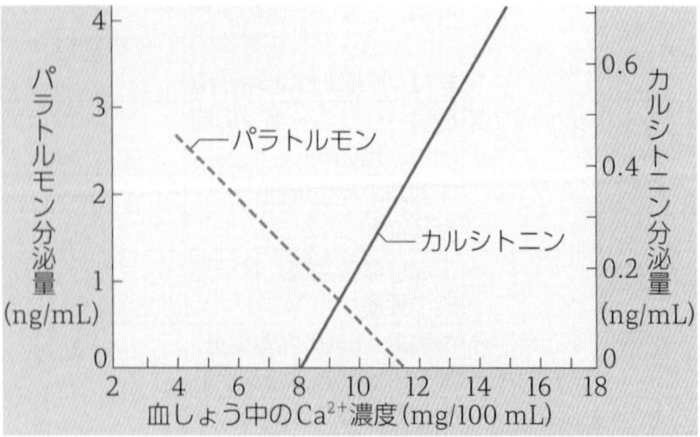

血しょう中の Ca^{2+} 濃度は，上昇した場合にはカルシトニンの分泌が，減少した場合にはパラトルモンの分泌が促進されることによって一定の範囲内に調節されている。

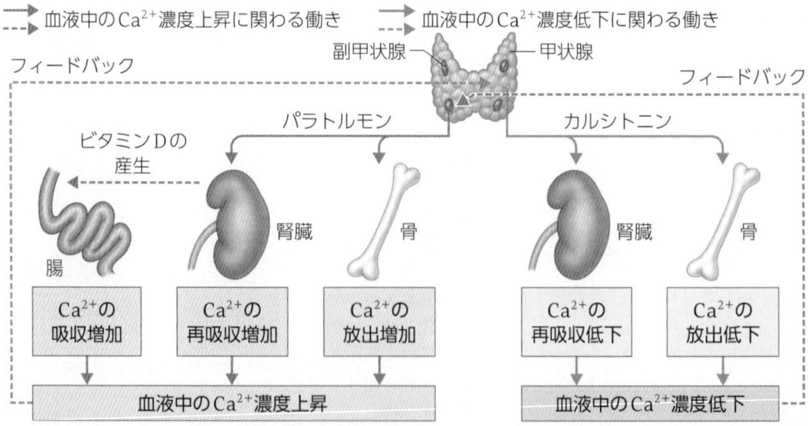

豆知識　プロラクチンは，哺乳類では黄体刺激ホルモンとして働き，黄体ホルモンの分泌を促進させたり乳汁の分泌を促進させたりするが，両生類では変態の抑制に働く。また，魚類では，淡水における浸透圧調節に関与している。

3 ホルモンによる性周期の調節 発展

女性の性周期には，卵巣から分泌されるホルモンが関与している。これらの分泌制御には，脳から放出される多くのホルモンが関係している。

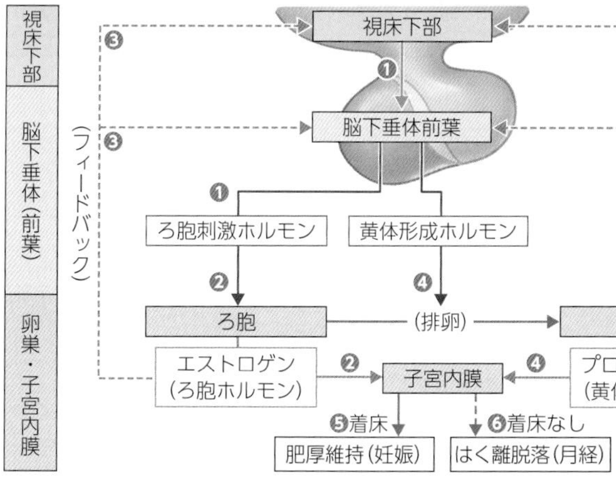

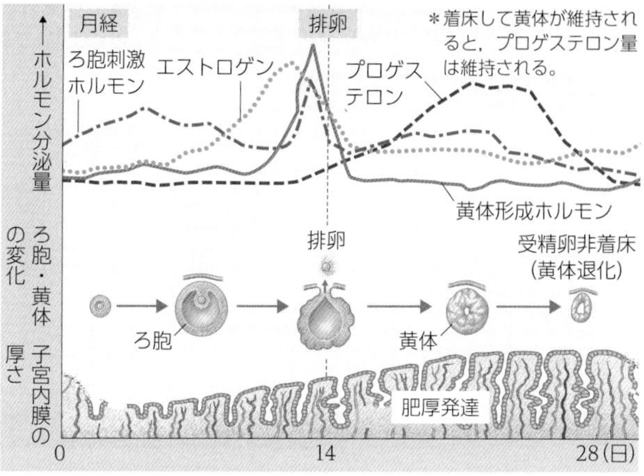

❶月経がはじまると，間脳の視床下部からの作用によって，脳下垂体前葉からろ胞刺激ホルモンの分泌が促進される。

❷ろ胞刺激ホルモンの作用によって卵巣ではろ胞が発達し，これに伴ってエストロゲン(ろ胞ホルモン)の分泌量が増加しはじめる。エストロゲンは子宮内膜の肥厚に働く。

❸エストロゲンは間脳の視床下部と脳下垂体前葉に作用してろ胞刺激ホルモンの分泌を抑制し，黄体形成ホルモンの分泌を促進する。

❹黄体形成ホルモンの著しい濃度上昇によって排卵が起こる。排卵後，ろ胞は黄体となり，エストロゲンに加えてプロゲステロン(黄体ホルモン)を分泌する。プロゲステロンは，子宮内膜を肥厚させ受精卵の着床に適した環境をつくる。

❺着床：黄体が維持される。プロゲステロンの分泌が続き，子宮内膜は肥厚が維持され，黄体形成ホルモンなどの分泌は抑制される。

❻非着床：黄体は退化する。プロゲステロンの分泌が減少し，子宮内膜がはく離する(月経)。

要

4 体温の調節 基礎

恒温動物は，気温が高くなると代謝を抑制し，低くなると促進して発熱量を調節する。体温調節にはさまざまなホルモンが働いており，その分泌には自律神経系も関わっている。また，フィードバック調節がみられる。

Ⓐ寒いときと暑いときの体温分布

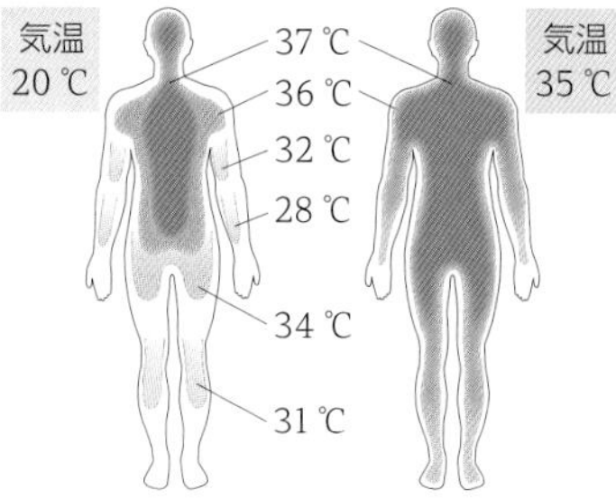

ヒトでは，気温にかかわらず，からだの深部(脳と内臓)の温度はほぼ一定に保たれている。

Up▸▸▸ To Date ふるえによる発熱

ヒトなどでは，体温が大幅に低下すると，骨格筋のふるえが起こり，発熱量を増加させる。これは，運動神経の働きによるものである。この運動神経の神経回路は，熱産生に関与する交感神経系の神経回路と近接し，並行して存在することが近年明らかとなった。通常，自律神経系と運動神経系の回路は，独立して存在しているが，ふるえ以外の熱産生では間に合わないほど体温が低下すると，この神経回路が働いてふるえが起こり，話す・歩くなどの随意運動は阻害されることがあると考えられている。

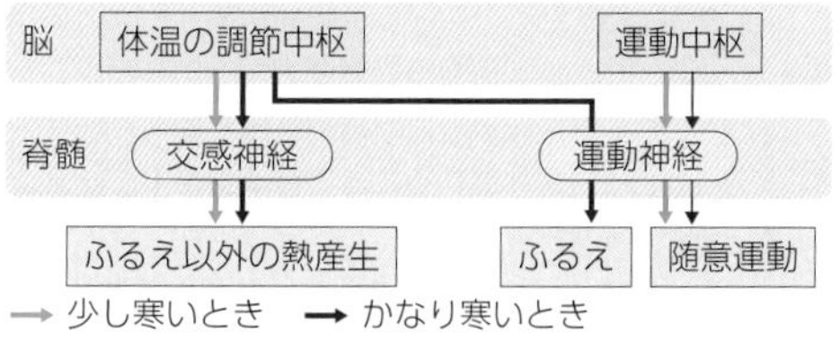

Ⓑ体温調節の流れ

暑いときは，発汗が盛んになったり，皮膚の血管が拡張したりして熱を放散する。一方，寒いときは，皮膚の血管が収縮して熱の放散を抑える。

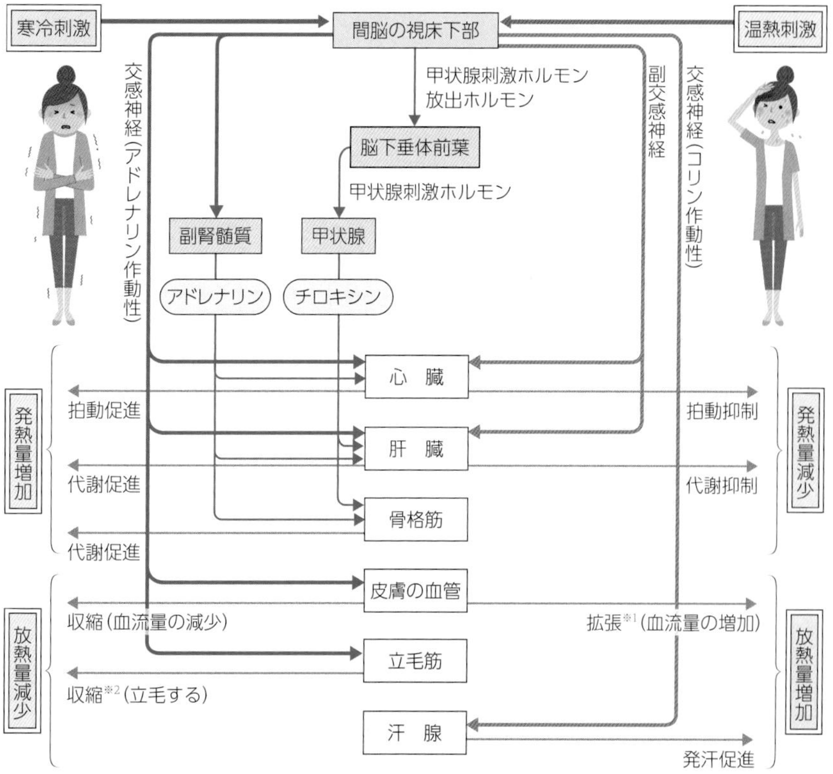

※1　皮膚の血管の拡張は，交感神経の働きが低下することによる。

※2　羽毛をもつ鳥類や毛の多い哺乳類では，立毛筋を収縮させることによって熱の放散を抑える。ヒトでは鳥肌がこれに相当するが，放熱量減少効果はほぼない。

豆知識　イヌや鳥類は汗腺がなく発汗が起こらないため体温を下げにくい。そのためイヌは浅く速い呼吸運動(パンティング)を行う際の呼気によって熱を逃がす。

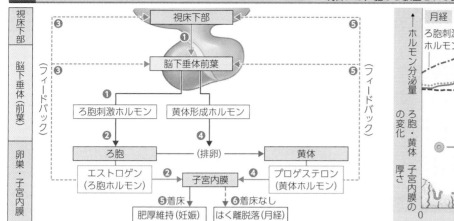

10 血糖濃度の調節

重要 1 血糖濃度の調節 基礎

血液中に含まれるグルコースを血糖といい，健康なヒトにおける空腹時の血糖濃度は，100 mL 当たり約 100 mg (0.1 %) である。血糖濃度は，血糖値《けっとうち》とも呼ばれる。

Ⓐヒトのからだと血糖濃度の調節

細胞は，生命活動のエネルギー源としてグルコースを利用することが多い。多くの細胞は，グルコース輸送体 (➡p.29) によって体液からグルコースを取り込み，利用している。血糖濃度が低下すると，細胞内にグルコースを取り込めず，さまざまな症状が現れる。ヒトのからだでは，自律神経系や内分泌系などの働きによって，血糖濃度が一定の範囲内に保たれるよう調節されている。

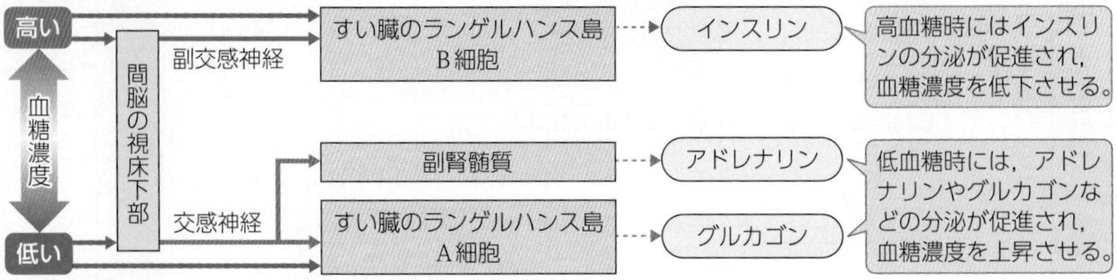

Ⓑ食事後の血糖濃度の変化とインスリン，グルカゴンの濃度変化

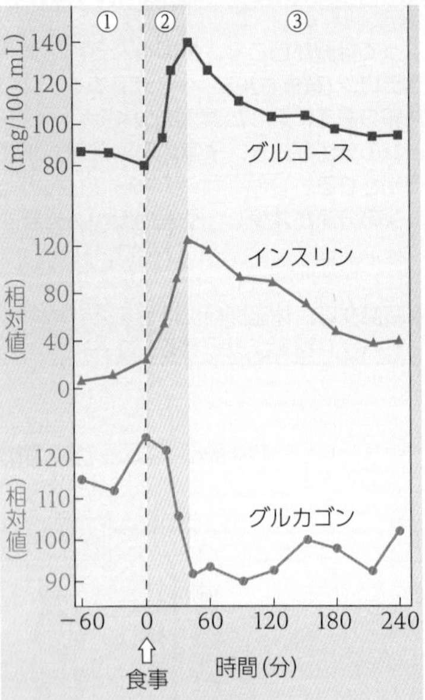

①空腹時には，血糖濃度の低下によってグルカゴンが分泌され，血糖濃度が維持される。

②食事をとると，栄養分が分解・吸収されて (➡p.61) 血糖濃度が上昇し，それに伴ってインスリンが分泌される。
一方，インスリンと拮抗的に働くグルカゴンの分泌量は減少する。

③インスリンの作用で血糖濃度が減少し，これを受けてインスリンの分泌量も減少する (フィードバック)。

低血糖症

脳のニューロン (➡p.194) は特に大量のグルコースをエネルギー源として消費しており，血糖濃度の大幅な低下は中枢神経系の機能に大きな影響を与える。日常生活が困難になるほど血糖濃度が低くなってしまう症状を低血糖症といい，糖尿病の治療で投与したインスリンが過剰になった場合に起こることで知られる。まれに，他の原因によっても起こる。

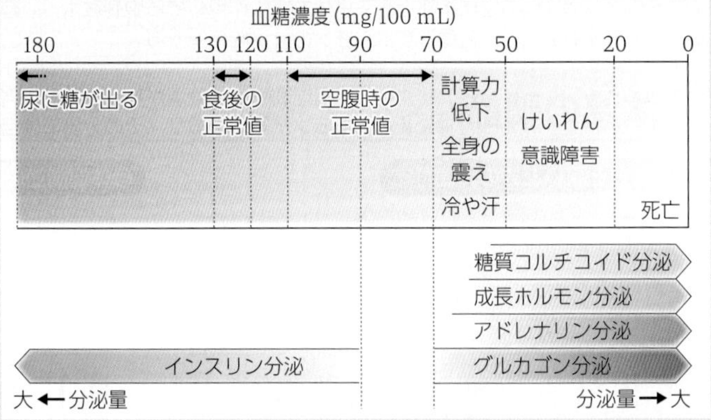

Ⓒ血糖濃度調節の流れ

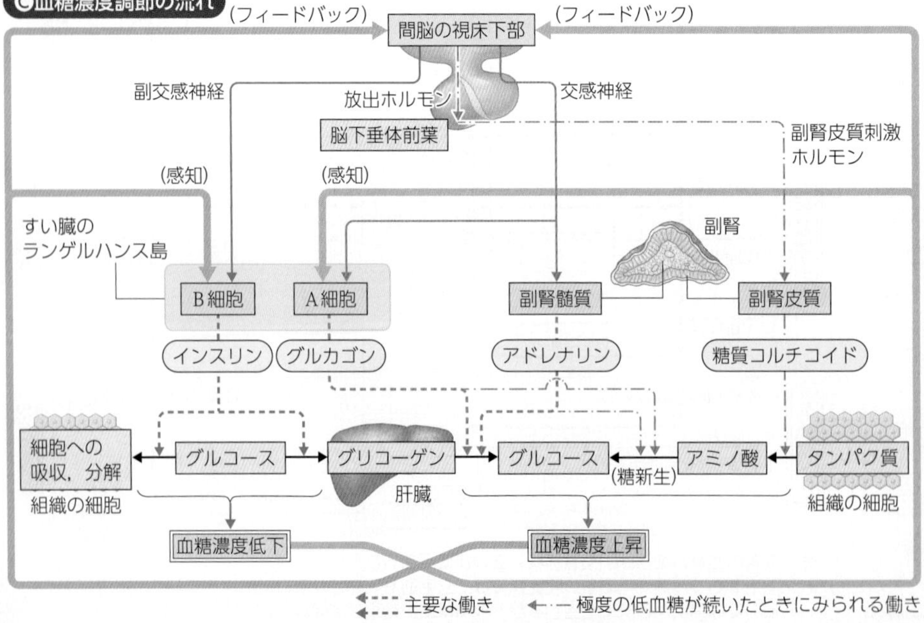

血糖濃度を下げる

ホルモン名	作用
インスリン	グルコースの細胞内への取り込みを促進 グリコーゲン・脂肪・タンパク質の合成を促進

血糖濃度を上げる

ホルモン名	作用	
グルカゴン	肝臓でのグリコーゲンの分解促進，糖新生の促進 (➡p.163)	すばやく作用する
アドレナリン	肝臓・骨格筋でのグリコーゲン分解を促進，糖新生の促進	
糖質コルチコイド	タンパク質の分解を促進することで糖新生を促進	作用に時間がかかる

※成長ホルモンやチロキシンにも血糖濃度を上昇させる働きがある。

豆知識 ヒトにおいて，血糖濃度を上昇させるホルモンは複数存在する。これは，自然界での食料の確保は不安定なことが多く，低血糖状態を回避するしくみが複数あった方が適応的であったため，進化の過程で獲得されたと考えられる。一方，血糖濃度を低下させるホルモンはインスリンだけである。

2 糖尿病 基礎

糖尿病《とうにょうびょう》は，食事などによって高くなった血糖濃度が正常に低下せず，血糖濃度の高い状態が続く病気である。糖尿病は，高血糖になる原因にもとづいて1型と2型に大別される。

Ⓐ1型糖尿病と2型糖尿病

糖尿病患者の90 %は2型で，多くは生活習慣の改善により症状が軽減する。

1型糖尿病	ウイルス感染などが引き金となり，ランゲルハンス島B細胞が自己の免疫細胞によって破壊される。自己免疫疾患（➡p.187）の1つである。
2型糖尿病	1型糖尿病以外の原因でインスリンの分泌量が減少したり，インスリンが分泌されても標的細胞が反応しにくくなったりして起こる。

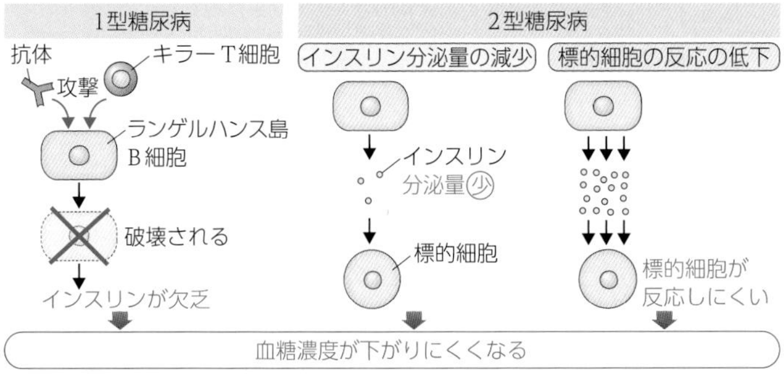

Ⓑ健康なヒトと糖尿病患者の血糖濃度とインスリン濃度の変化（食事後）

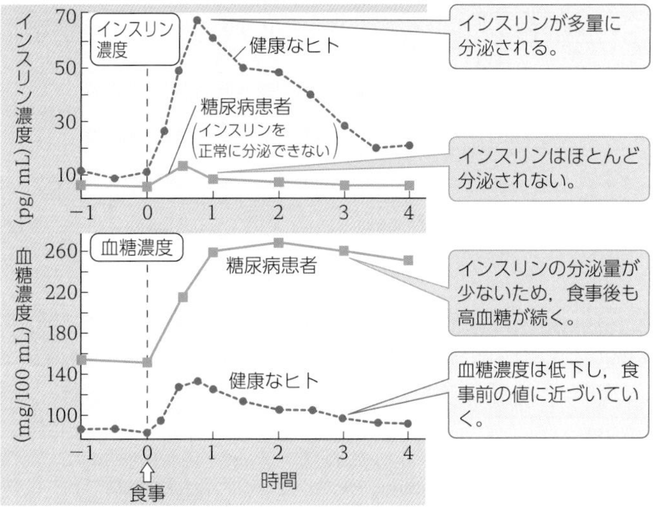

Ⓒ糖尿病の症状

血糖濃度が高い状態が続くと，体内の水が不足し，のどの渇きや多飲・多尿といった糖尿病に特徴的な症状が現れる。また，体内の水の不足や体液のpHの変化によって，意識障害のような重篤な症状が引き起こされることがある。高血糖が持続すると，血管などの組織が障害を受け，さまざまな合併症が引き起こされる。

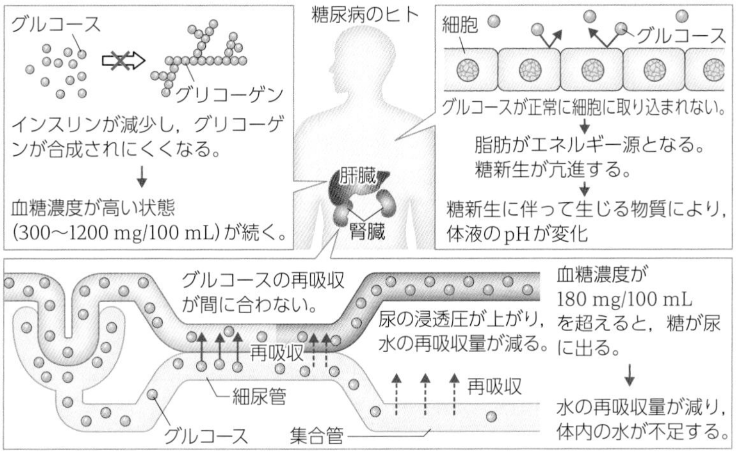

糖尿病の三大合併症

糖尿病網膜症	糖尿病性腎症	糖尿病神経障害
眼の血管の血流悪化や出血によって網膜が傷つき，視力が低下する。	糸球体の血管が傷つき，腎機能が低下する。	血管が傷ついてニューロンへの物質供給が減るなどして，手足にしびれや痛みが生じる。

細尿管を流れるグルコース量と再吸収量および排泄量

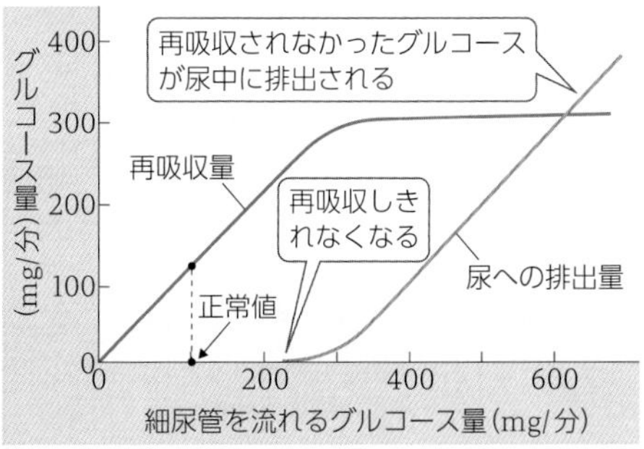

健康なヒトの場合，糸球体でろ過されたグルコースは，ほとんどすべてが細尿管で再吸収され，尿中には排出されない。一方，糖尿病のヒトでは，高血糖の状態が続くことで，糸球体でろ過されるグルコースの量に対して細尿管での再吸収が間に合わなくなる。その結果，再吸収されなかったグルコースが尿中に排出されるようになる。

Ⓓ糖尿病の治療

糖尿病の治療では，その原因や症状に応じて，インスリンの投与や食事療法などが行われる。

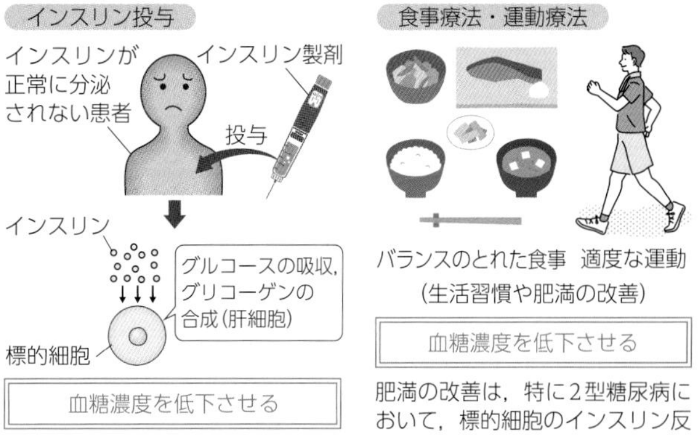

＊規定量の投与でも，体調によっては低血糖状態になることがある。

肥満の改善は，特に2型糖尿病において，標的細胞のインスリン反応性を改善し，合併症の発症を予防する。

α PLUS ヘモグロビンA1c《エーワンシー》 生活

糖尿病の診断において，血液中の「ヘモグロビンA1c（HbA1c，糖化ヘモグロビン）」の値を測定することがある。血液中で酸素などの運搬を担うヘモグロビンには，糖と結合（糖化）する性質があり，ヘモグロビンβ鎖が糖化したものがHbA1cである。血糖濃度が高いほど糖化するヘモグロビンがふえ，また，一度糖化したヘモグロビンは寿命で分解されるまで糖化したままである。ヘモグロビンの寿命は約4か月であり，血中HbA1cの値には採血時からおよそ1〜2か月前の間の血糖濃度が反映されると考えられている。HbA1cは，糖尿病治療において，血糖濃度が適切にコントロールされているかを判断する指標としても利用されている。

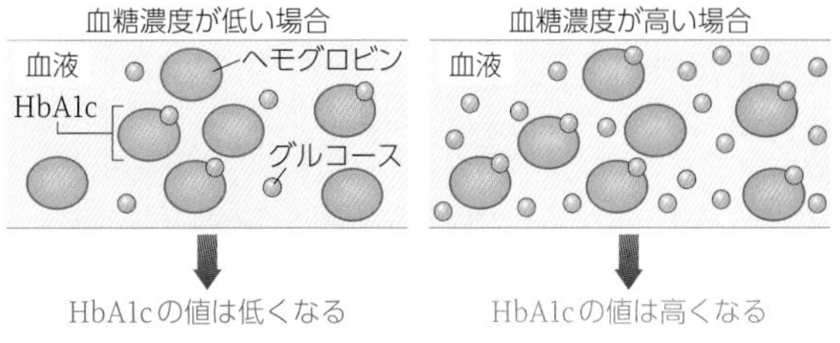

豆知識　ヘモグロビンA1cの値は，およそ1〜2か月前の間の血糖濃度が反映される。したがって，診察の直前になって食事制限を行い，診察時の血糖濃度を下げても，ヘモグロビンA1cの検査結果には影響しない。

11 生体防御

基本 1 生体防御 基礎

ヒトのからだには，物理的・化学的な方法で病原体の体内への侵入を防いだり，侵入した病原体を排除したりする生体《せいたい》防御《ぼうぎょ》のしくみが備わっている。このうち，侵入した病原体やがん細胞などを排除するしくみは，特に免疫《めんえき》と呼ばれる。

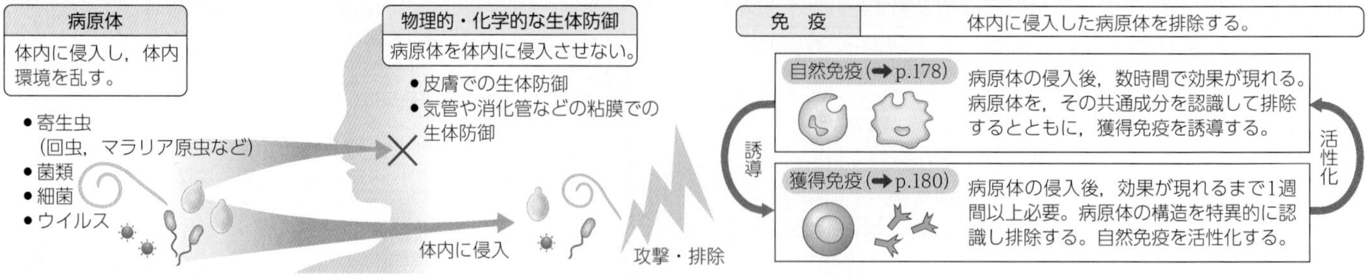

基本 2 物理的・化学的な生体防御 基礎

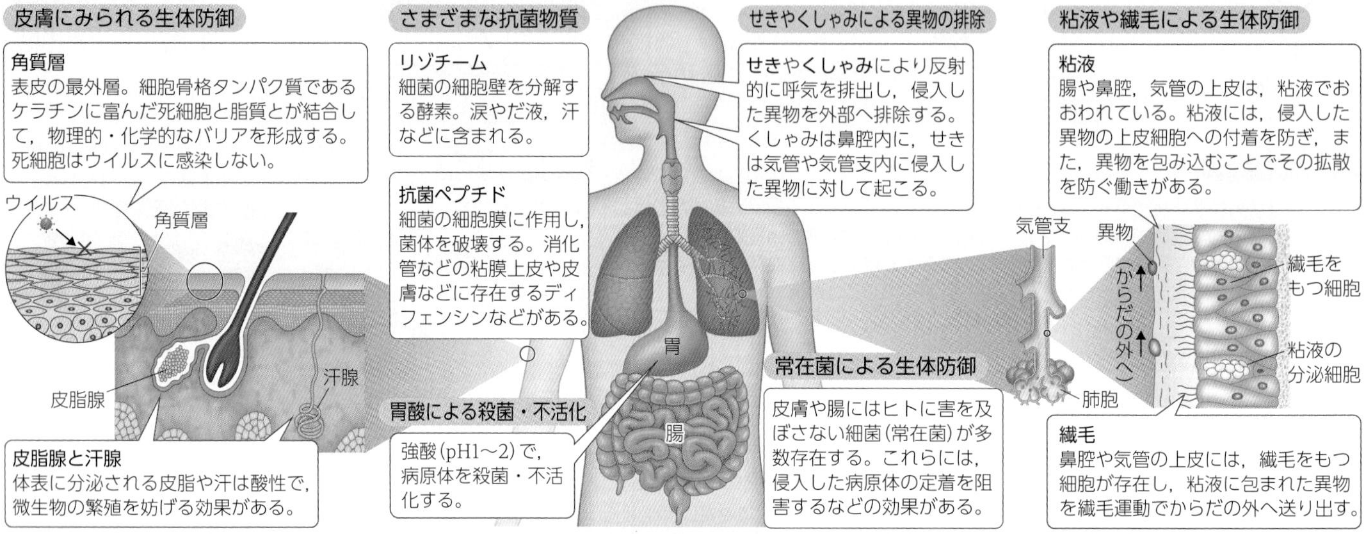

基本 3 免疫に関わる細胞 基礎

免疫に関わる主な細胞には，食細胞(➡p.178)やリンパ球，マスト細胞などがある。また，好酸球や好塩基球(➡p.158)も免疫に関与する。これらは白血球と総称される。

食細胞 食作用(➡p.178)によって病原体を排除する。			リンパ球 リンパ液中の細胞成分のほぼ100％を占める(正常時の血液中に含まれる白血球における割合は約30％)。獲得免疫で働くものが多い。				
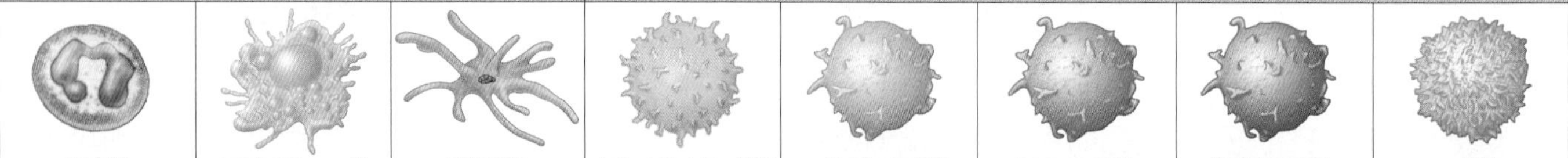							
好中球	マクロファージ	樹状細胞	ナチュラルキラー細胞	ヘルパーT細胞	キラーT細胞	制御性T細胞	B細胞
細菌などの病原体に対して活発な食作用を示し，強い殺菌作用(➡p.178)をもつ。	病原体に加え，異物や死細胞も活発に貪食し，強い殺菌作用をもつ。血液中の単球に由来するものもある。	樹状の突起をもつ。食作用は活発だが，殺菌作用は弱い。抗原提示能力が高く，獲得免疫を誘導する(➡p.181)。	NK細胞と略す。自然免疫で働く。体内を循環し，感染細胞やがん細胞を認識して傷害する(➡p.179)。	獲得免疫で中心的な役割を担う。タンパク質を特異的に認識して活性化すると，他のリンパ球や自然免疫細胞を活性化させる。	獲得免疫で働く。活性化すると，感染細胞やがん細胞がもつ細胞内タンパク質を特異的に認識して細胞を傷害する。	過剰な獲得免疫反応を抑制する。自己免疫反応やがん細胞への免疫反応の抑制に関わっていることがわかってきた。	獲得免疫で働く。種々の物質を特異的に認識して活性化すると，認識した物質に特異的に結合する抗体を産生する(➡p.182)。

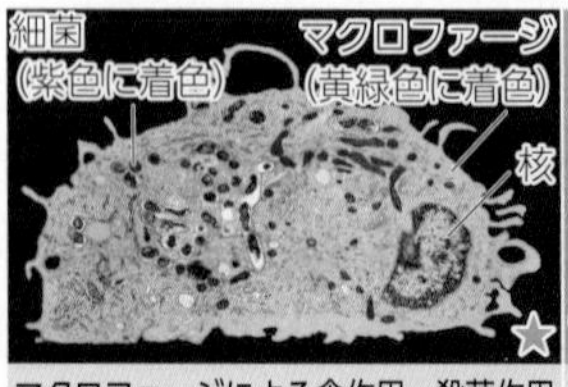

マクロファージによる食作用・殺菌作用

抗原提示を行う樹状細胞☆

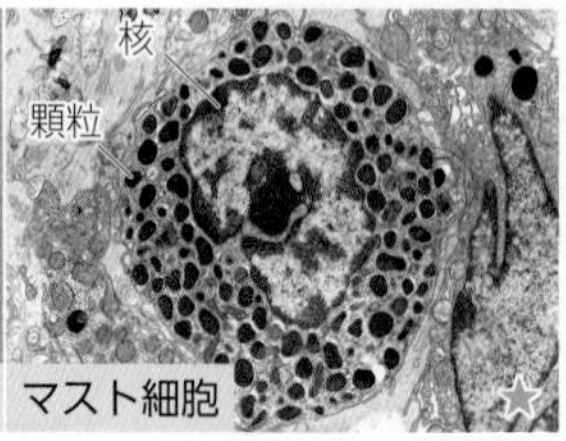

マスト細胞

マスト細胞(肥満細胞)

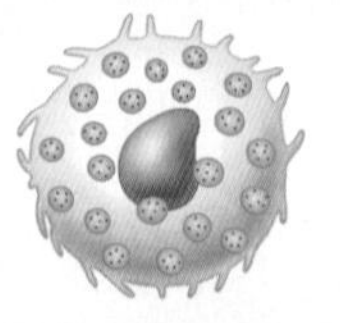

粘膜や皮膚などに分布する。感染の初期に補体などによって活性化される。また，細胞表面に結合した抗体によっても活性化する。ヒスタミンなどを放出して炎症に関わるとともに，アレルギーなどに関わる(➡p.179，187)。

豆知識 B細胞の「B」は鳥類のリンパ器官であるファブリキウス嚢(bursa of Fabricius)に由来する。ヒトのB細胞は骨髄(bone marrow)で成熟するが，由来のファブリキウス嚢と偶然頭文字が一致している。T細胞の「T」は胸腺(thymus)に由来する。

4 免疫に関わる組織・器官 基礎 発展

リンパ球が多数存在する器官(組織)を，リンパ器官(リンパ組織)という。リンパ器官は，リンパ球をつくる一次リンパ器官と，リンパ球が働く二次リンパ器官に分けられる。

一次リンパ器官 リンパ球をつくる組織や器官で，骨髄と胸腺がある。

骨髄(Bone marrow)

造血幹細胞(➡p.158)が存在し，B細胞を含む種々の白血球や赤血球ができる。

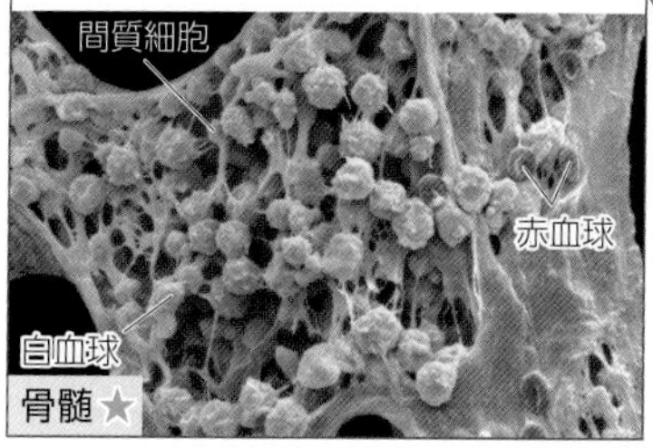

胸腺(Thymus)

骨髄でつくられた未熟な血球からT細胞が成熟する。

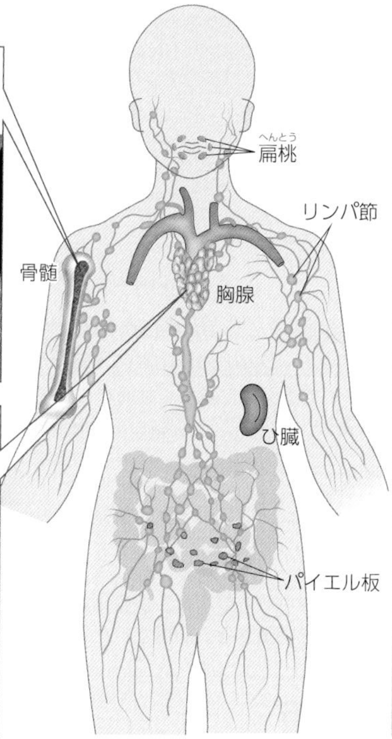

二次リンパ器官 成熟リンパ球が存在し，獲得免疫の誘導が行われる場となる。リンパ節やひ臓のほか，パイエル板や扁桃《へんとう》などからなる粘膜関連リンパ組織がある。

リンパ節

組織に侵入した病原体や，その情報(病原体を取り込んだ樹状細胞)が集められ，免疫応答が起こる場となる。通常は2〜3 mmの大きさだが，内部で免疫反応が起こると10倍程度まで肥大する。

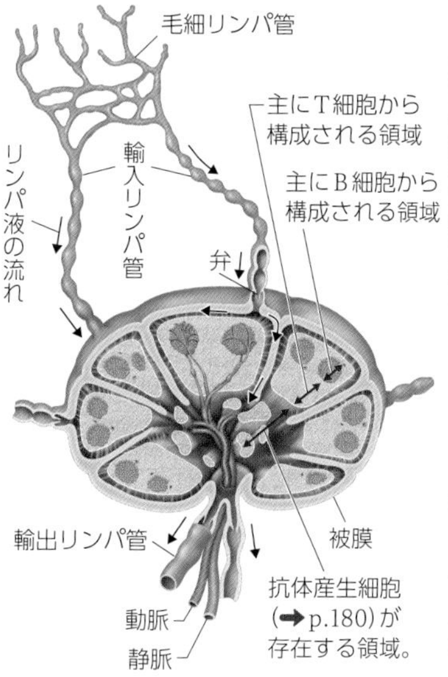

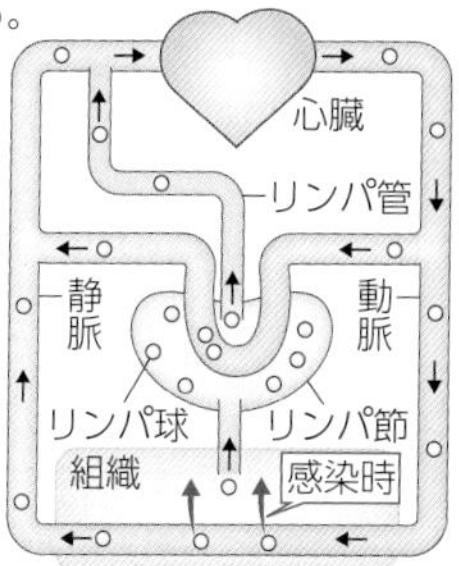

リンパ球は，非感染時にはリンパ液と血液の中を循環する。リンパ節などの二次リンパ器官には特殊な構造をもつ静脈部分があり，血液中のリンパ球はここからリンパ器官へ移動する。リンパ球は，二次リンパ器官で一定時間抗原(➡p.180)との接触を待ち，接触がない場合には出ていく。

ひ　臓

こどもの拳程度の大きさで，赤血球を多く含むために赤く見える部分のなかに，白血球を多く含む白い部分が散在している。赤い部分では，古い赤血球が破壊される。白い部分では，血液中に侵入した病原体に対する免疫応答が起こる。

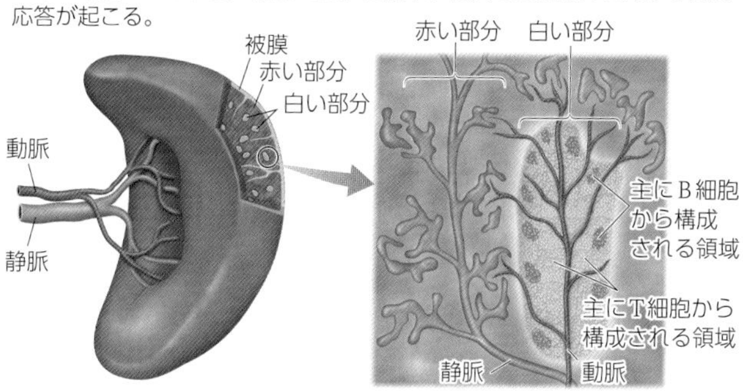

体内に侵入した病原体への応答 基礎

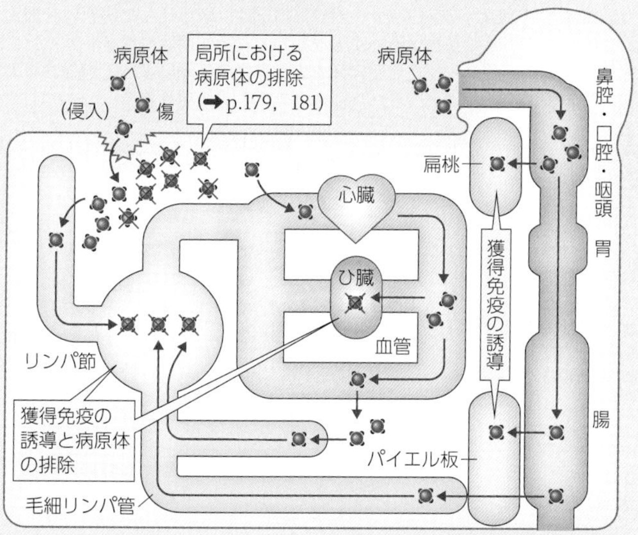

二次リンパ器官では，樹状細胞がT細胞に抗原の情報を伝え，獲得免疫が誘導される(➡p.180)。

リンパ節	組織で樹状細胞によって捕えられた病原体，およびリンパ液に入った病原体に対する免疫応答が起こる。
ひ臓	血液に入った病原体に対する免疫応答が起こる。
扁桃	鼻腔，口腔，咽頭に存在する病原体に対する免疫応答が起こる。
パイエル板	腸に存在する病原体に対する免疫応答が起こる。

粘膜関連リンパ組織

粘膜に存在するリンパ組織。粘膜に付着した病原体の情報が免疫細胞へ伝達され，病原体に対する免疫応答が起こる。粘膜に点在するものと，**扁桃《へんとう》**や**パイエル板《ばん》**などのようにかたまりとして存在するものがある。扁桃とパイエル板には，輸出リンパ管は存在するが，輸入リンパ管は存在しない。

パイエル板

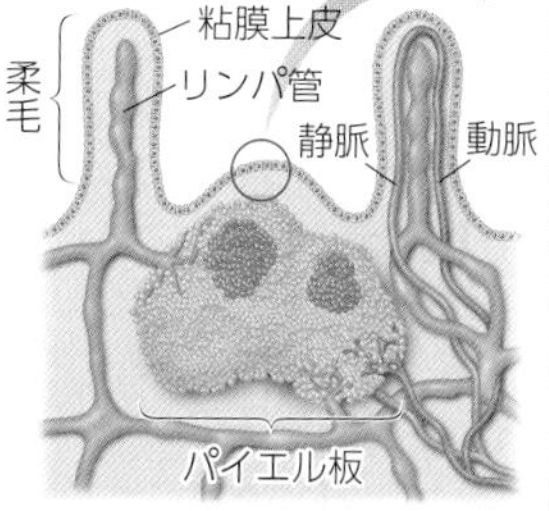

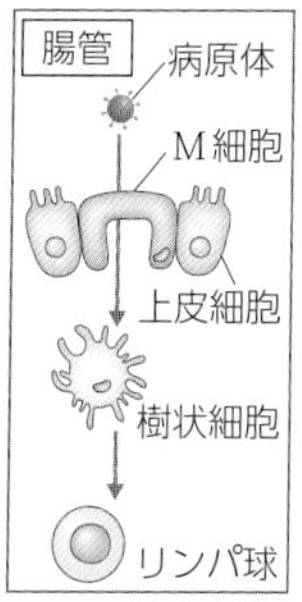

パイエル板は小腸の粘膜上皮下に存在し，その上の上皮にはM細胞という特殊な細胞がある。M細胞は，腸管から病原体などを取り込み，内側で待機している樹状細胞に受け渡す。これによって免疫反応がはじまる。

豆知識 ヒトの腸の表面積は，約400 m^2(テニスコート1.5面分程度)に相当する。ここには体内に存在するリンパ球の約60 %が存在する。ヒトの免疫において，腸は非常に重要な器官となっている。

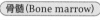

12 自然免疫

基礎 生物 発展　　Innate Immunity

関連動画をCheck!

基本 1 自然免疫の概要 基礎

免疫のうち，病原体に共通する特徴を幅広く認識し，食作用などによって病原体を排除するしくみは，自《じ》然免疫《ぜんめんえき》と呼ばれる。

❶病原体の認識と情報伝達（➡2）
食細胞が病原体を認識して活性化し，情報伝達物質を放出する。

❷炎症（➡3）
情報伝達物質の放出によって，自然免疫細胞の招集などが起こり，炎症が誘導される。

❸病原体や感染細胞の排除（➡3，4）
食細胞やNK細胞などの働きによって病原体や感染細胞が排除される。

＊獲得免疫の誘導（➡p.181）
病原体を認識した樹状細胞が，獲得免疫を誘導する。

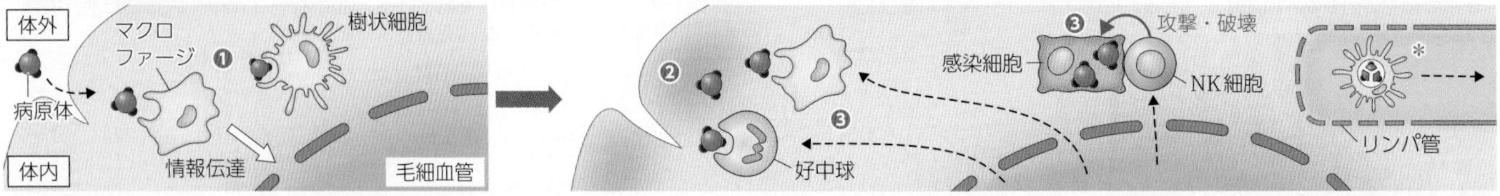

体外
マクロファージ
①
樹状細胞
病原体
情報伝達
体内
毛細血管
②
③
③
攻撃・破壊
感染細胞
NK細胞
好中球
＊
リンパ管

重要 2 病原体の認識と情報伝達 基礎 発展 生物

自然免疫細胞は，1つの細胞に病原体を認識する数十種類の受容体をもつ。病原体などを認識すると，サイトカインという物質の放出によって他の細胞へ情報を伝える。

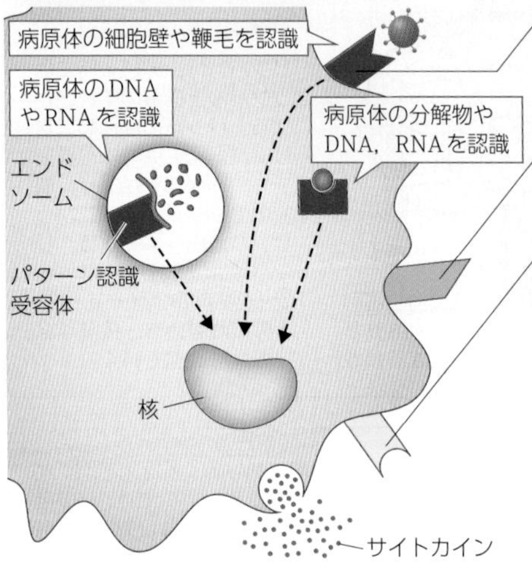

病原体の細胞壁や鞭毛を認識
病原体のDNAやRNAを認識
病原体の分解物やDNA，RNAを認識
エンドソーム
パターン認識受容体
核
サイトカイン

パターン認識受容体　多くの病原体に幅広く共通する分子（パターン）を認識して，細胞を活性化する受容体。細胞表面，細胞質基質，エンドソームなどに存在する。代表的なものにトル様受容体（TLR; Toll-like receptor）がある。

Fc受容体　抗体のFc領域（➡p.182）の受容体。抗体と結合した病原体や感染細胞を認識し，食作用などを活性化する。

貪食受容体　主に食細胞にみられる受容体。病原体などに幅広く共通する分子や，病原体に結合した補体，死細胞に特有な分子などを認識する。認識された物質は，食作用で取り込まれる。

情報伝達

サイトカインは，シグナル分子（➡p.32）の一種で，細胞間の情報伝達に働くタンパク質の総称である。標的細胞表面にある受容体に結合して作用を及ぼす。自然免疫細胞だけでなく，T細胞などの獲得免疫細胞や，種々の免疫細胞以外の細胞も産生し，免疫応答で重要な役割を果たす。

サイトカインの例

インターロイキン…細胞の増殖・分化・活性化を誘導。
ケモカイン…免疫細胞の遊走を誘導。
インターフェロン…抗ウイルス作用をもつ。一部の樹状細胞が多量に産生。

食作用と殺菌作用

食作用 基礎

細胞が，死滅・老化した自己の細胞や病原体などを細胞内に取り込む働きを食作用《しょくさよう》（➡p.30）といい，食作用を行う細胞を食細胞という。取り込まれた物質は細胞内で分解される。

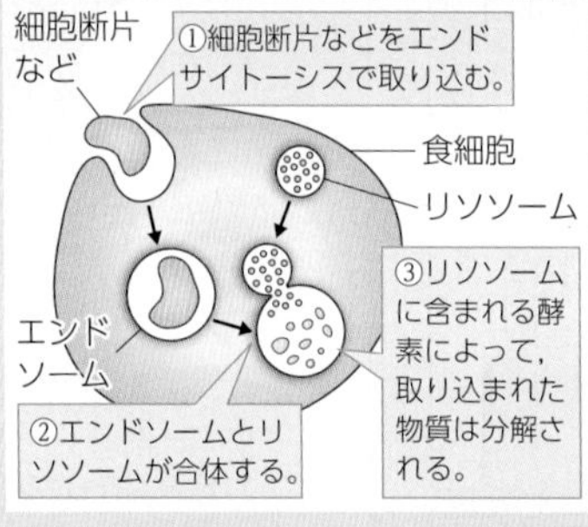

細胞断片など
①細胞断片などをエンドサイトーシスで取り込む。
食細胞
リソソーム
エンドソーム
②エンドソームとリソソームが合体する。
③リソソームに含まれる酵素によって，取り込まれた物質は分解される。

殺菌作用 発展

病原体は，通常のリソソームによる分解では死滅しにくい。マクロファージや好中球は，取り込んだ病原体を強力に死滅させるしくみをもつ。殺菌作用は，サイトカインや，パターン認識受容体での病原体の認識によって増強される。これによって，病原体は効率的に排除される。

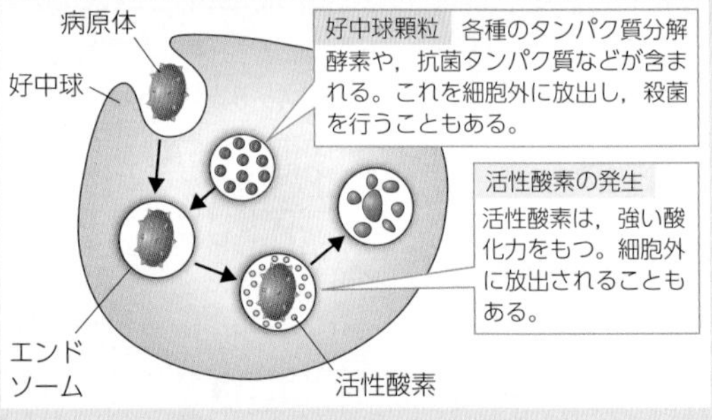

病原体
好中球
好中球顆粒　各種のタンパク質分解酵素や，抗菌タンパク質などが含まれる。これを細胞外に放出し，殺菌を行うこともある。
活性酸素の発生
活性酸素は，強い酸化力をもつ。細胞外に放出されることもある。
エンドソーム
活性酸素

break ぶれいく　自然免疫で働く細胞たち 基礎

これらの細胞以外では，補体タンパク質も自然免疫で重要な役割を担う。

マクロファージ

よく食べ，よく殺菌する。組織に存在し，サイトカイン分泌によって他の細胞を招集する。

好中球

よく食べ，よく殺菌する。抗菌物質などを放出する。食作用を行うと死んでしまう。

樹状細胞

食べた病原体の情報をリンパ球に伝える（➡p.181）。戦闘力はほとんどない。

NK細胞

細胞内に逃げ込んだ病原体に対し，細胞ごと破壊する。

マスト細胞

種々の化学物質を放出し，炎症やアレルギー反応に関わる。

豆知識　サイトカインが過剰に産生されると，過剰な免疫反応が起き，重篤な炎症を引き起こすことがある。これに対して，抗炎症作用をもつステロイド剤（糖質コルチコイド）を投与することで，症状を改善することができる。ステロイド剤による治療は，新型コロナウイルス感染症（COVID-19）などで行われている。

3 自然免疫と炎症 基礎 生物

自然免疫が活性化すると，感染部位に発赤《ほっせき》・発熱・はれ・痛みがみられるようになる。この症状は，炎症《えんしょう》と呼ばれ，ヒスタミンなどの作用によって患部での血流量の増加，血しょうの浸出が生じる。

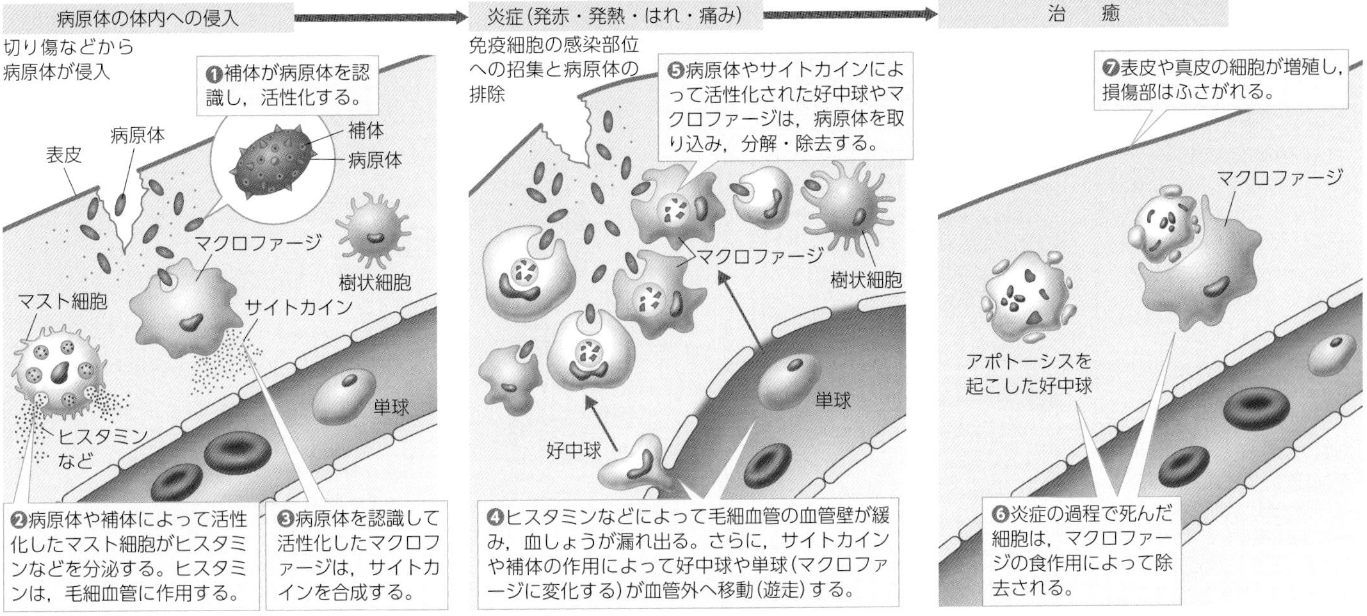

補体 生物

補体は，体液中に含まれる一群のタンパク質で，多くは通常，非活性な状態で存在する。抗体や病原体表面の物質などによって活性化し，病原体の排除に働く。

補体の主な働き	①マスト細胞を活性化させてヒスタミンなどを分泌させる(炎症の開始)。好中球などの食細胞を遊走させる。
	②病原体に結合し，食細胞の食作用を活性化させる(オプソニン化➡p.182)。
	③細菌の細胞膜に穴をあけ，破壊する(溶菌)。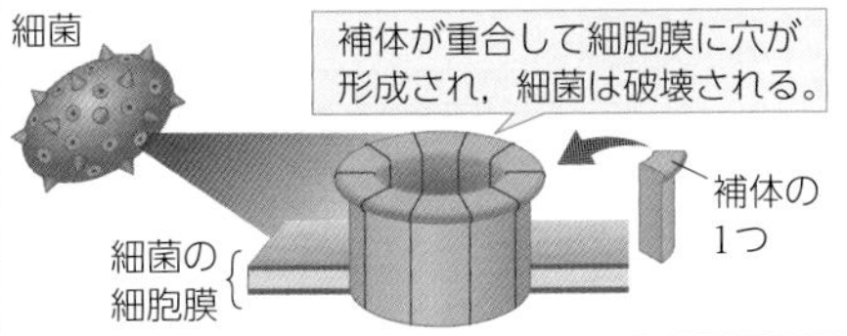

4 NK細胞(ナチュラルキラー細胞) 基礎 生物

NK細胞は，感染細胞やがん細胞で共通に発現が変化する分子などを認識して，これらの細胞を攻撃するリンパ球である。感染の際には初期段階から働く。

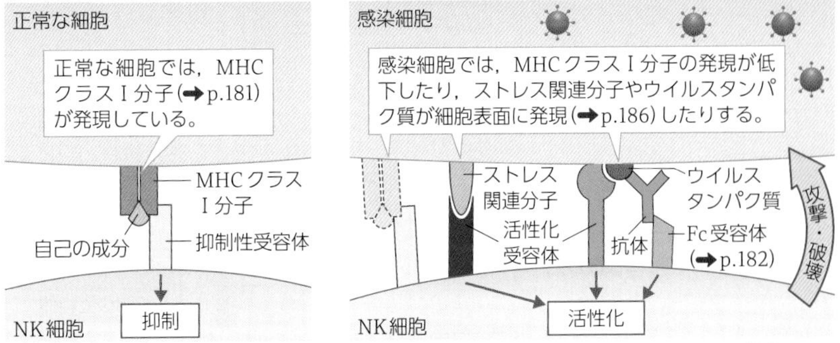

NK細胞は，抑制性のMHCクラスⅠ分子受容体をもち，正常細胞に対しては攻撃しない。

感染細胞表面に発現している分子によって活性化したNK細胞は，細胞死を誘導するタンパク質を放出し，感染細胞を破壊する。

break ぶれいく 病気のときに熱が出るしくみ 生物

ヒトの体温は，間脳の視床下部の働きによって設定されており，約37℃である。平常時，体温が設定値より高くなると熱放散が高まり，低くなると熱産生が高まる。

病気の際に放出されるサイトカインのなかには，間脳の視床下部に作用して体温の設定値を上昇させるものがある。体温が上昇すると，病原体の増殖は抑制され，免疫反応は活性化される。

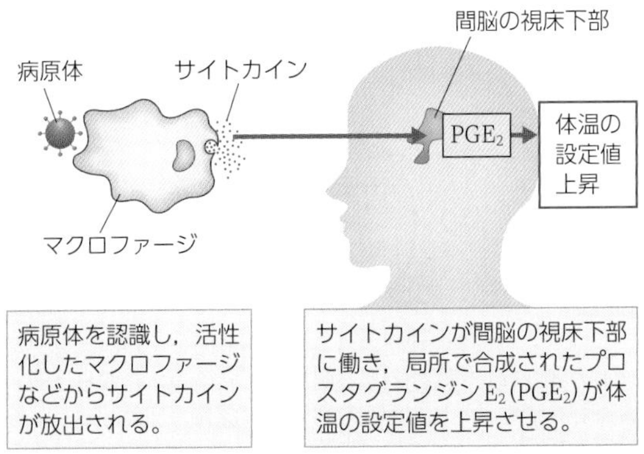

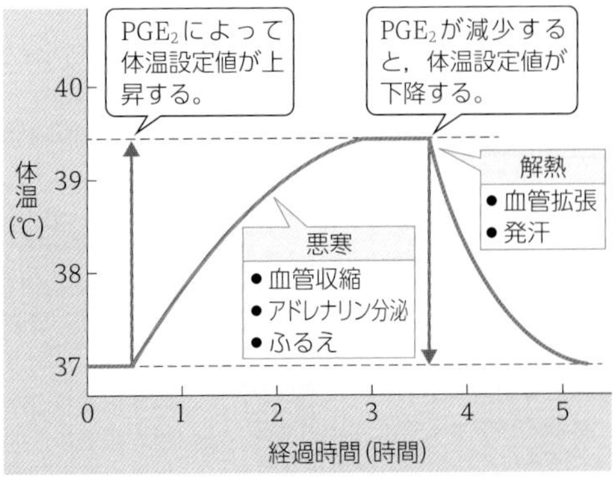

豆知識　好中球は，感染部位の第一線で盛んに食作用を行う。貪食を行った好中球は，アポトーシスを起こして死滅する。その際，好中球に含まれる酵素が放出され，その作用によって周囲の組織が溶解する。これが「膿《うみ》」となる。膿は，通常は，マクロファージによって貪食される。膿を生じる過程は，化膿《かのう》と呼ばれる。

13 獲得免疫① 獲得免疫のしくみ

1 獲得免疫 基礎 生物

獲得免疫《かくとくめんえき》(適応免疫《てきおうめんえき》)は，リンパ球が病原体を特異的に認識して排除する免疫である。このときリンパ球によって認識される物質を抗原《こうげん》という。獲得免疫は，自然免疫によって誘導され，また，自然免疫を活性化して病原体を排除する。

自然免疫による獲得免疫の誘導

❶樹状細胞による獲得免疫の誘導
(➡p.181)

樹状細胞は，病原体(抗原)を食作用で取り込むとともに，パターン認識受容体で認識すると活性化する。活性化した樹状細胞はリンパ節へ移動し，抗原の情報をT細胞へ伝える。これを**抗原提示《こうげんていじ》**という。

B細胞の働き

❸B細胞の抗原認識
(➡p.182)

B細胞は特定の抗原を認識する受容体(BCR)をもち，樹状細胞の抗原提示なしに，抗原を直接認識する。

T細胞の働き

2 T細胞の活性化(➡p.181)

樹状細胞によって提示された抗原をT細胞受容体(TCR)で認識した特定のT細胞は，活性化*されて増殖する。

＊キラーT細胞の活性化には，樹状細胞の抗原提示だけでなく，ヘルパーT細胞からの働きかけを必要とする場合がある。

❹B細胞の活性化

B細胞は，認識した抗原を細胞内に取り込み，その断片をMHC分子上に提示する。MHC分子と抗原の複合体は同じ抗原によって活性化されたヘルパーT細胞に認識され，その補助によってB細胞が活性化される。

❺B細胞の分化と抗体の産生

活性化したB細胞は，増殖し，抗体産生細胞に分化する。抗体産生細胞は，抗原に結合する抗体を多量に産生する。抗体は，体液によって感染部位へと運ばれる。

❻抗体の働き(➡p.182)

感染部位に運ばれた抗体は，病原体や感染細胞と結合する。結合によって，病原体の感染力や毒性を弱めるとともに，食細胞やNK細胞の細胞表面にあるFc受容体(➡p.178)に結合し，食作用などによる病原体の排除を促進する(オプソニン化《か》(➡p.182))。

3 感染部位での ヘルパーT細胞の働き

活性化されたヘルパーT細胞の一部は，感染部位に移動して，マクロファージや好中球などの殺菌作用や，NK細胞やキラーT細胞の働きを増強する。病原体は，活性化されたこれらの細胞の働きによって排除される。

4 キラーT細胞の働き

活性化されたキラーT細胞は，感染部位に移動する。そこで，キラーT細胞は，感染細胞がMHC分子上に提示する抗原情報を認識し，感染細胞を特異的に破壊する。

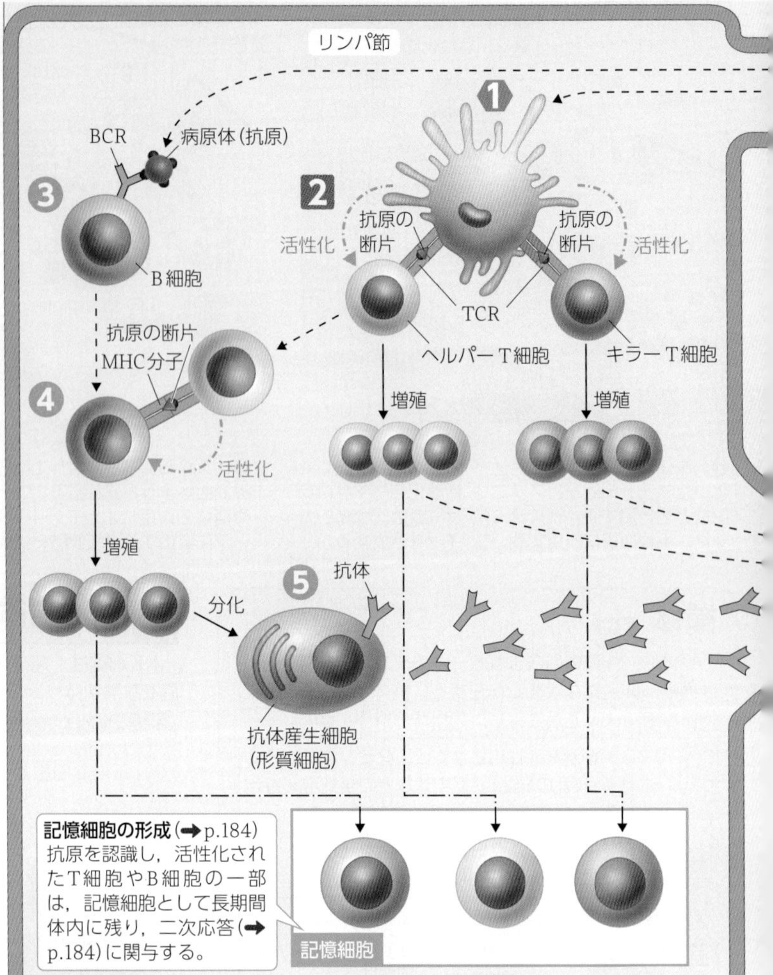

記憶細胞の形成(➡p.184)

抗原を認識し，活性化されたT細胞やB細胞の一部は，記憶細胞として長期間体内に残り，二次応答(➡p.184)に関与する。

各細胞の受容体

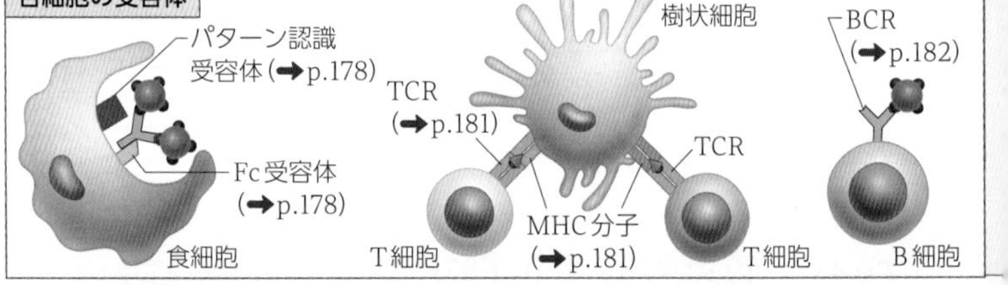

break《ぶれいく》 獲得免疫で働く細胞たち 基礎

樹状細胞(自然免疫細胞)

病原体を取り込むと，二次リンパ器官へやってきて対応可能なT細胞を探し出し，活性化する。

ヘルパーT細胞

活性化されると，サイトカインなどを産生し，他の免疫細胞を活性化させる。司令塔的役割を担う。

キラーT細胞

活性化されると，自分の専門とする病原体に感染した細胞を特異的に認識し，傷害する。

B細胞

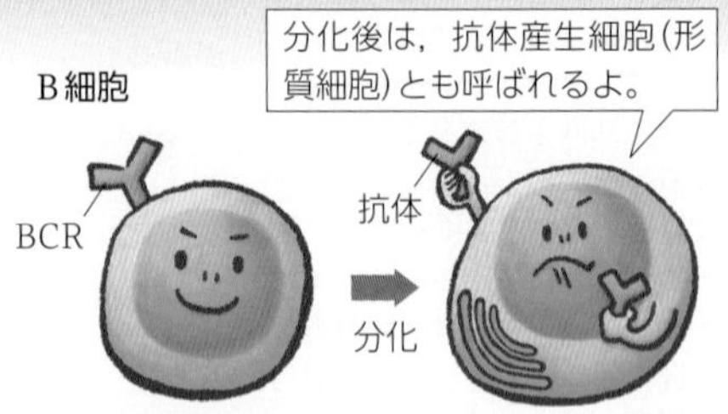

細胞表面の受容体(BCR)にくっついた病原体を取り込み，さらにヘルパーT細胞の司令を受けると，その物質に対する飛び道具(抗体)をつくるようになる。

豆知識 抗体が関与する反応経路では，最終的に自然免疫細胞の食作用やNK細胞の働きなどによって抗原が排除される。また，これらの細胞はヘルパーT細胞によって活性化される。自然免疫と獲得免疫の協調作用であるこれらの現象を，自然免疫や獲得免疫，または体液性免疫や細胞性免疫のいずれかに区分して考えることは難しい。

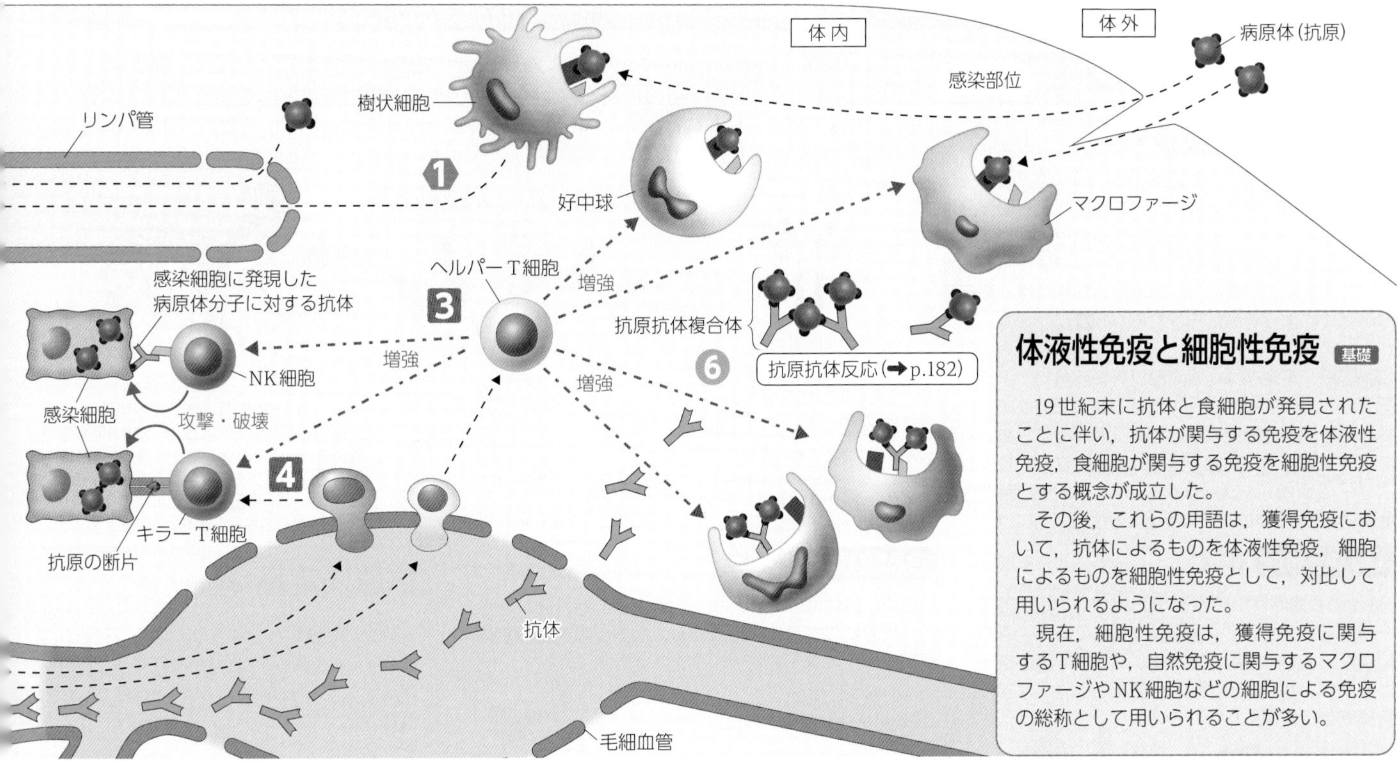

体液性免疫と細胞性免疫 基礎

19世紀末に抗体と食細胞が発見されたことに伴い，抗体が関与する免疫を体液性免疫，食細胞が関与する免疫を細胞性免疫とする概念が成立した。

その後，これらの用語は，獲得免疫において，抗体によるものを体液性免疫，細胞によるものを細胞性免疫として，対比して用いられるようになった。

現在，細胞性免疫は，獲得免疫に関与するT細胞や，自然免疫に関与するマクロファージやNK細胞などの細胞による免疫の総称として用いられることが多い。

2 抗原提示 生物

MHC (major histocompatibility complex：主要組織適合遺伝子複合体) **分子**《ぶんし》は，細胞がT細胞に対して抗原の情報を伝える際に用いるタンパク質である。T細胞は，**T細胞受容体**《さいぼうじゅようたい》(TCR：T cell receptor) によってMHC分子が提示する抗原情報を認識する。

Ⓐ MHC分子とTCRの構造

細胞内で合成されたMHC分子は，細胞内で分解されたタンパク質の断片(抗原ペプチド)と結合したのちに移動し，複合体として細胞表面へ提示される。細胞外から取り入れたものだけでなく，細胞内のタンパク質の断片も抗原ペプチドとなる。抗原ペプチドがMHC分子に結合してT細胞へ提示されることを**抗原提示**《こうげんていじ》という。

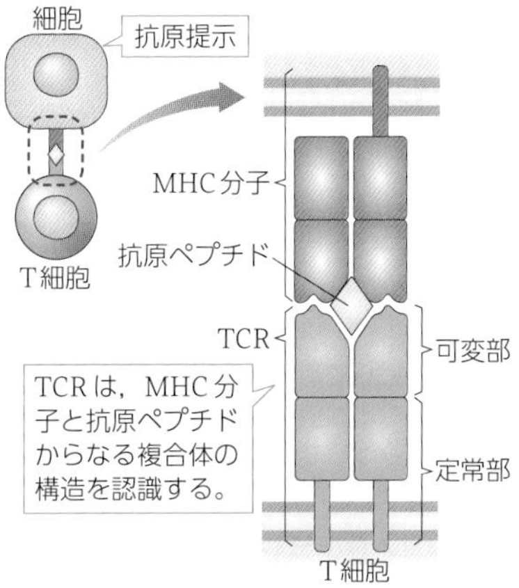

TCRは，認識する抗原の種類によって可変部の構造が異なっており，多様性がみられる(➡p.183)。MHC分子によって提示される多様な抗原ペプチドは，それぞれ別の種類のTCRによって認識される。各T細胞は1種類のTCRをもつ。

Ⓑ MHC分子の種類

MHC分子にはいくつかの異なる種類の分子があり，クラスⅠとクラスⅡに分けられる。クラスⅠとクラスⅡでは，発現細胞と提示を受けるT細胞が異なる。

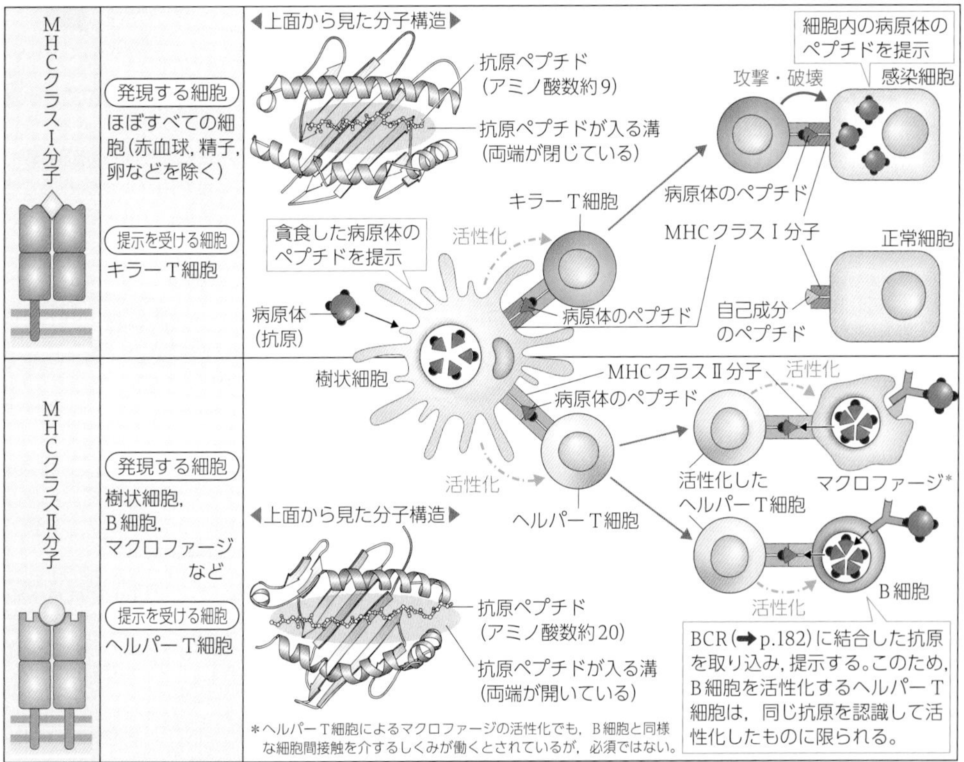

*ヘルパーT細胞によるマクロファージの活性化でも，B細胞と同様な細胞間接触を介するしくみが働くとされているが，必須ではない。

T細胞に抗原提示し，活性化させる細胞を**抗原提示細胞**《こうげんていじさいぼう》という。樹状細胞は，最も主要で強力な抗原提示細胞で，クラスⅠおよびクラスⅡのMHC分子をもち，キラーT細胞とヘルパーT細胞の両方を活性化する。

豆知識 獲得免疫は，脊椎動物のみにみられる。MHC分子や免疫グロブリン(➡p.182)，TCRなどによる獲得免疫のしくみは，顎《あご》をもつ，魚類以降の脊椎動物にみられる。一方，脊椎動物の無顎類《むがくるい》(➡p.272)は，まったく異なる分子を用いた獲得免疫をもつことが知られており，獲得免疫の成立や起源を知る手がかりとして注目されている。

14 獲得免疫② 抗体の働き

基礎　生物　発展

Acquired Immunity, Part 2 Functions of Immunoglobulin

基本 1 免疫グロブリン 基礎 生物

免疫《めんえき》グロブリン(Ig：immunoglobulin)はB細胞と抗体産生細胞が産生するタンパク質で，細胞表面に存在するものと分泌されるものがある。前者は**B細胞受容体**《さいぼうじゅようたい》(BCR：B cell receptor)，後者は**抗体**《こうたい》として働く。

Ⓐ免疫グロブリンの構造 生物

BCRと抗体の構造はほぼ同じであり，いずれもH鎖 (heavy chain; 重鎖) とL鎖 (light chain; 軽鎖) と呼ばれる2種類のポリペプチドが対になって結合したものが2つ合わさってY字型となっている。

可変部　**可変部**《かへんぶ》は，B細胞ごとに固有のアミノ酸配列をもつ。特にアミノ酸配列の多様性が大きい部分は，超可変部と呼ばれ，抗原と結合する部位に相当する。異なる抗原に結合する免疫グロブリンでは，超可変部のアミノ酸配列が異なる。可変部の多様性は，遺伝子の再構成によってもたらされる(➡3)。

定常部　**定常部**《ていじょうぶ》は，可変部以外の部分で，アミノ酸配列の多様性は小さい。可動性の高い部分があり，これはヒンジ部と呼ばれる。ヒンジ部があるため，抗体はある程度自由な角度で抗原に結合できる。ヒンジ部より下の領域(C末端側)をFc領域という。自然免疫細胞のFc受容体は，この部分と結合する。

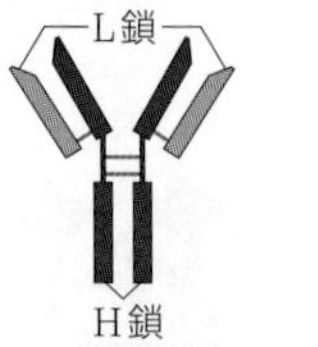

◀IgG(➡4)を構成するポリペプチド▶

それぞれ同一のH鎖とL鎖が2本ずつ，計4本のポリペプチドからなる(これを単量体という)。ポリペプチドどうしはS-S結合で結合している。

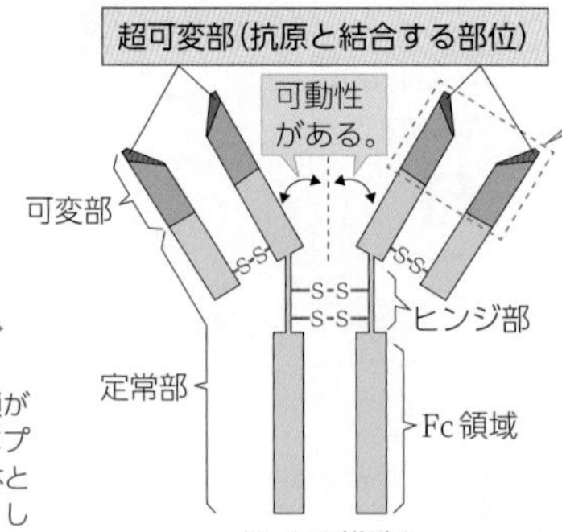

◀IgGの構造▶

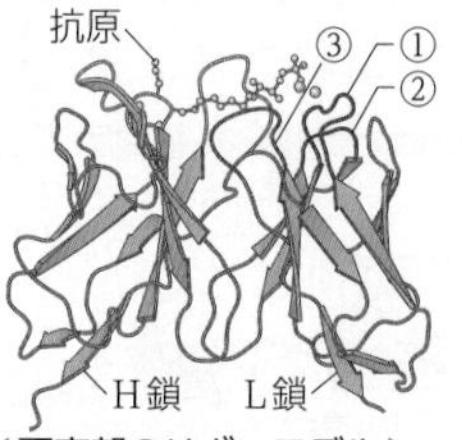

◀可変部のリボンモデル▶

L鎖の超可変部を朱色で，H鎖の超可変部を青色で示している。L鎖，H鎖ともに，一次構造では3つの領域に分かれて存在する超可変部(①~③，➡3)が，三次構造では抗体分子の先端部(抗原結合部位)を形成する。

ⒷBCRと抗体 生物

1つのB細胞がつくるBCRと抗体は，定常部の一部分を除き，アミノ酸配列が同じである。これにより，あるB細胞が活性化して抗体を産生するときには，BCRで認識した抗原にのみ反応する特異的な抗体産生が行われる。

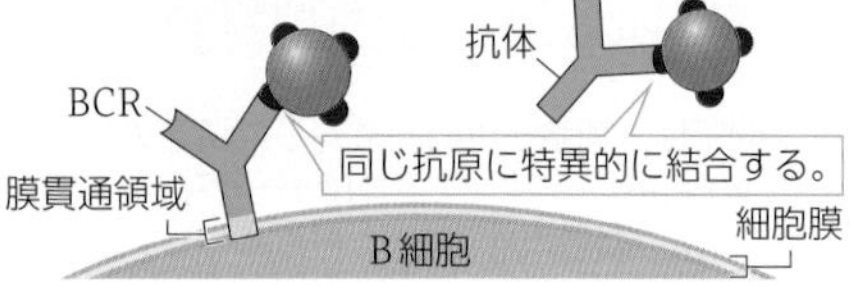

BCR…H鎖の末端(C末端)に疎水性の膜貫通領域をもち，膜タンパク質として存在する。

抗体…H鎖の末端(C末端)が親水性のため，細胞外に放出されると体液中に分散する。

Ⓒ抗原抗体反応 基礎

抗原と抗体は，かぎとかぎ穴のように特異的に結合し，抗原抗体複合体を形成する。この反応を**抗原抗体**《こうげんこうたい》**反応**《はんのう》という。

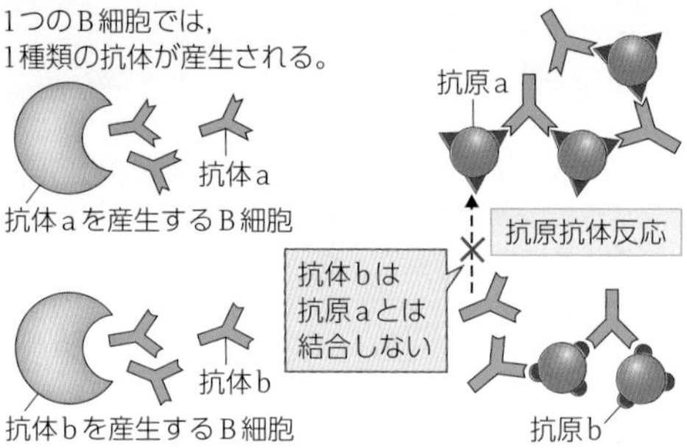

抗原決定基 生物

タンパク質などのように大きく，複雑な構造をもつ抗原には，可変部の異なる抗体が結合する部分が複数ある。それぞれの抗体が結合する部分は，**抗原決定基**《こうげんけっていき》**(エピトープ)**と呼ばれる。

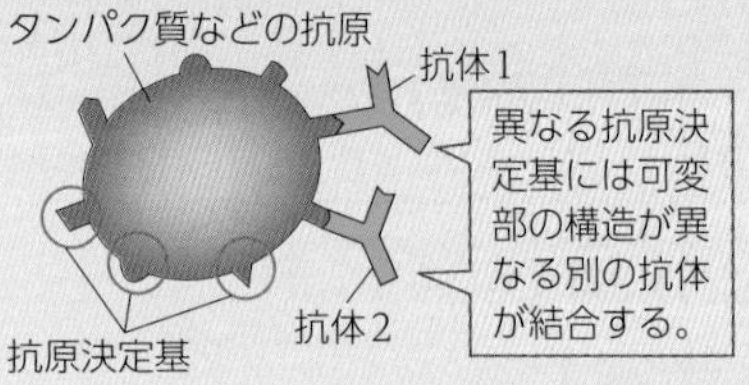

2 抗体の働き 生物

抗体は，病原体や感染細胞，毒素などに結合し，病原体の感染性や毒素の毒性を消失させる。また，種々の自然免疫の働きを増強し，病原体の排除を促す。

中和(neutralization)　抗原抗体反応によって，病原体の感染性や，毒素の毒性を消失させる。

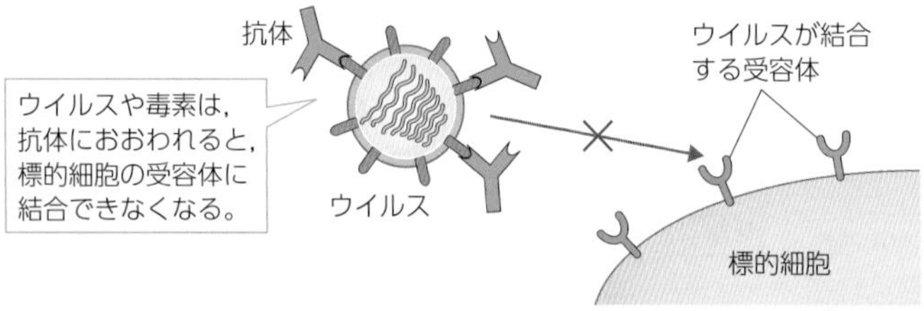

オプソニン化(opsonization)　異物に抗体や補体が結合することで，食細胞による食作用が促進されることをオプソニン化という。食細胞のFc受容体に，抗原抗体複合体を形成したIgG(➡4)のFc領域が結合すると，食作用が強く促進される。

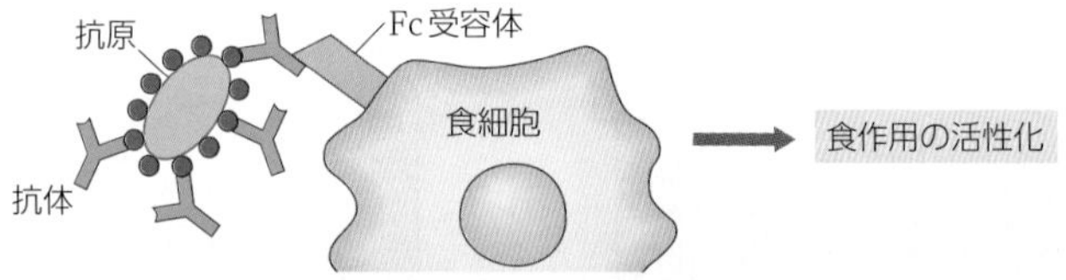

NK細胞の活性化　ウイルス感染細胞の細胞表面に現れるウイルスのタンパク質(➡p.186)に対する抗体が産生されると，NK細胞は，感染細胞に結合した抗体に結合して活性化し，感染細胞を傷害する。

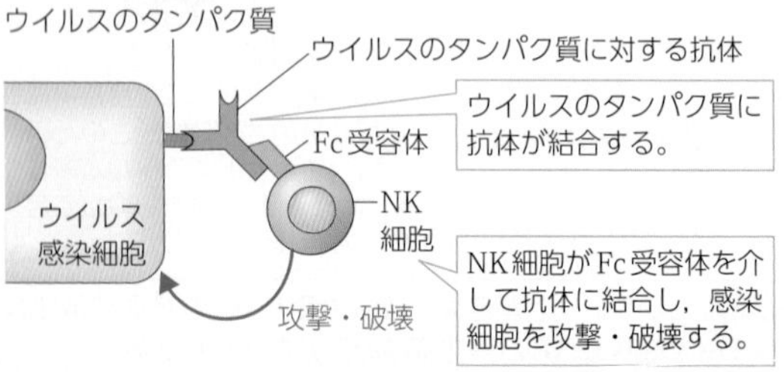

マスト細胞の活性化　IgE(➡4)は，マスト細胞の細胞表面にあるFc受容体に結合する。抗原がIgEに結合すると，マスト細胞から種々の化学物質が放出され，炎症が誘導される(➡p.179)。

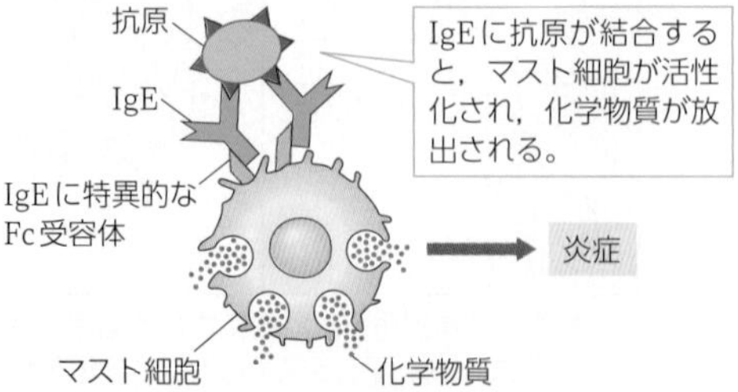

補体の活性化　補体は，病原体に反応して活性化する(➡p.179)が，それとは別の経路で抗原抗体複合体によっても活性化される。

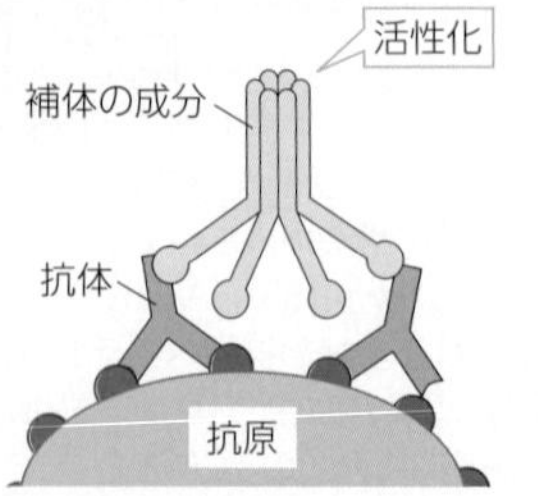

豆知識　インフルエンザウイルスの検査では，抗原抗体反応を利用したイムノクロマト法(抗原検査)が主流となっている。この検査方法は，迅速かつ簡便である一方，精度の低さが課題となっている。簡易妊娠検査薬もこの手法で行われている。

3 多様なリンパ球が生じるしくみ 生物

未熟なB細胞，T細胞では，抗原受容体の遺伝子の再構成が行われる。これによって，あらゆる抗原に対応できるリンパ球がつくり出される。

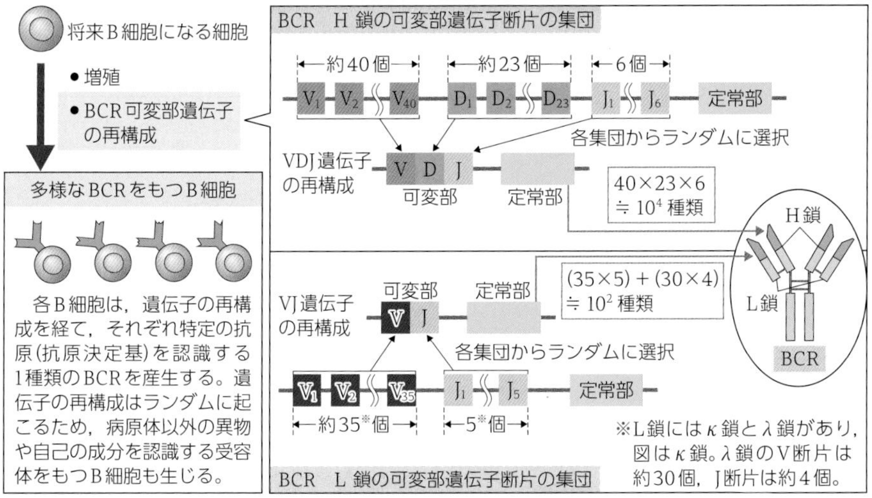

BCRや抗体の抗原特異性は，免疫グロブリンのL鎖とH鎖の組み合わせで決まり，L鎖とH鎖の塩基配列の多様さが，リンパ球の多様さにつながる。

免疫グロブリンの可変部は，2～3つの遺伝子断片が集合して形成され，L鎖可変部はVとJの遺伝子断片から，H鎖可変部はV，D，Jの遺伝子断片からつくられる。骨髄にある将来B細胞になる細胞には，免疫グロブリンの可変部の遺伝子断片が多数あり，いくつかの集団を形成している。分化の過程で，各集団から遺伝子断片がランダムに1つずつ選び出され，その細胞独自の可変部の遺伝子が再構成される。

B細胞におけるこのような遺伝子の再構成のしくみは，利根川進によって解明された。利根川は，この業績によって1987年にノーベル生理学・医学賞を受賞した。

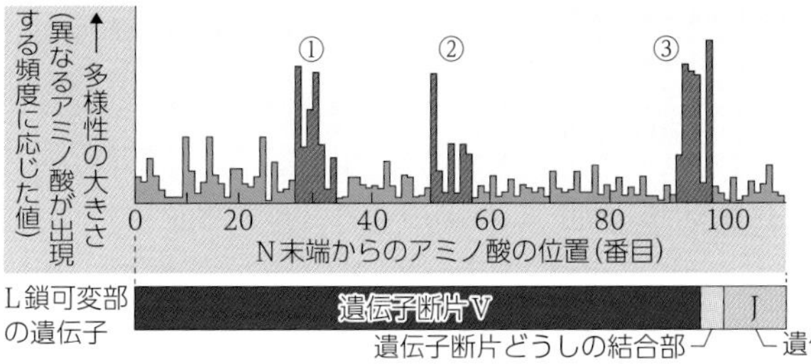

左のグラフは，異なる多数の抗体においてL鎖の可変部のアミノ酸配列を比較したものである。3か所の超可変部（①～③）を朱色で示しており，ここでは多様性が特に高くなっている。遺伝子断片の結合部では塩基配列が変化しやすく，これが③の超可変部に相当する。

H鎖の組み合わせ	～10^4
L鎖の組み合わせ	～10^2
遺伝子の再構成による多様性	～10^6
結合部における多様性	～10^5
可変部の多様性	～10^{11}

遺伝子断片どうしの結合部では，塩基の欠失・挿入などが起こり，多様性がさらに高くなる（～10^5）。

T細胞においても，同様のしくみでTCRの可変部の遺伝子の再構成が行われ，多様なTCRをもつT細胞が生じる。

4 抗体のクラス 生物 発展

免疫グロブリン（Ig）には，定常部の構造が異なるいくつかの種類（クラス）が存在する。定常部の構造は抗体の機能に密接に関わるため，クラスが異なると働きも異なる。

Ⓐ免疫グロブリンのクラスと主な分布 生物

免疫グロブリンは，H鎖の定常部の違いによっていくつかのクラスに分けられる。

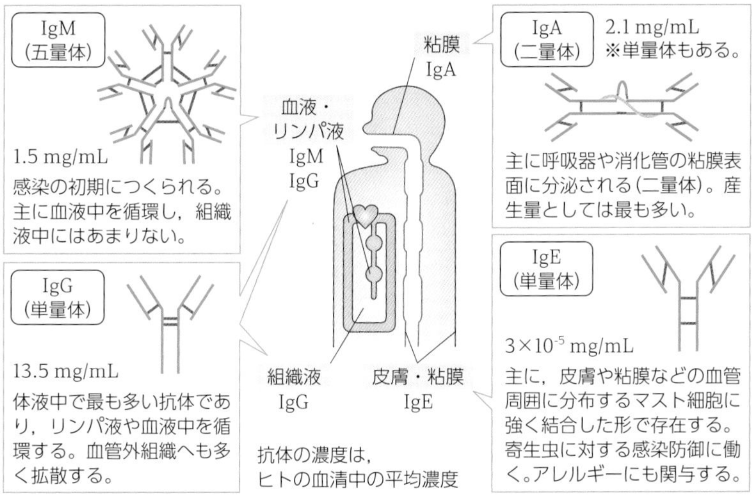

抗体の濃度は，ヒトの血清中の平均濃度

Ⓑ抗体のクラスによる働きの違い 生物

	IgM	IgG	IgA	IgE
中和	△	◎	◎	−
オプソニン化	△	◎	△	−
NK細胞の活性化	−	○	−	−
マスト細胞の活性化	−	△	−	◎
補体の活性化	◎	◎	△	−

◎ 主要機能
○ 副次機能
△ 機能あり
− 機能なし

Ⓒクラススイッチ 発展

一次応答において，感染初期に最初につくられる抗体は，IgMである。その後，B細胞ではH鎖定常部の遺伝子で組換えが起こり，定常部の構造が異なるIgG，IgA，IgEが産生されるようになる。この現象はクラススイッチと呼ばれる。クラススイッチが起こっても，B細胞がつくられる過程で決定した可変部を構成する遺伝子断片は変化しないため，抗体の抗原特異性は変化しない。一方，クラスが異なるため，抗原との結合後の抗体の働きは変化する。

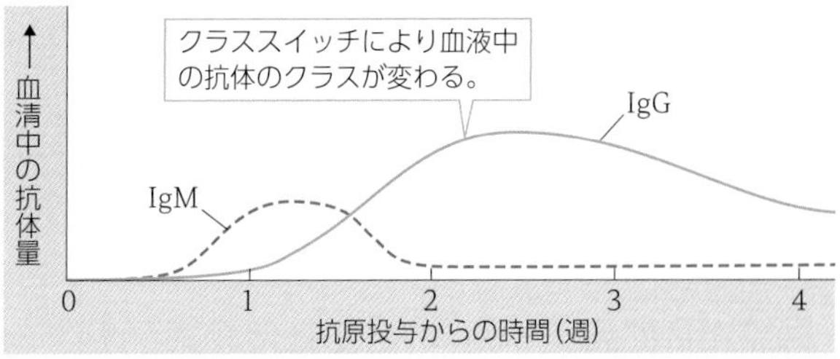

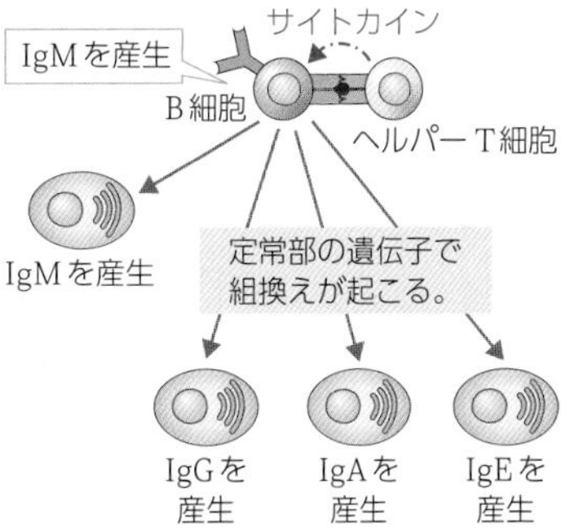

B細胞がクラススイッチによってどのクラスの免疫グロブリンを産生するようになるかは，ヘルパーT細胞の放出するサイトカインの種類によって決まる。放出されるサイトカインの種類は，組織や侵入した病原体の種類などによって異なる。

豆知識　IgEは，1966年，アレルギーの原因物質として石坂公成《きみしげ》によって発見された。アレルギーが起こるしくみは，石坂の妻で共同研究者でもある照子が中心となって解明した。

⑮ 獲得免疫③ 免疫寛容，免疫記憶

基礎 生物

Acquired Immunity, Part 3 Immune Tolerance and Immunological Memory

1 免疫寛容 基礎 生物

ある抗原に対して獲得免疫の反応がみられない状態を免疫寛容《めんえきかんよう》(immune tolerance)という。通常，自己の成分に対して免疫反応は起こらない。これは，自己の成分に反応するリンパ球が排除・抑制され，免疫寛容が成立したためである。

Ⓐ胸腺におけるT細胞の選択(中枢性寛容)

胸腺での成熟過程において，将来T細胞になる細胞ではTCRの可変部の遺伝子が再構成されて，それぞれ異なるTCRをもつ多様なT細胞が形成される。これらは自己の成分を提示するMHC分子への結合の度合いによって選択される。結合しないものと強く結合するものは排除され，弱く結合するものが残って成熟T細胞となる。自己の成分に反応する細胞が排除されることで，免疫寛容が生じる。このような選択による免疫寛容は，中枢性寛容と呼ばれる。B細胞では，形成の過程で自己抗原に反応した細胞が排除される。

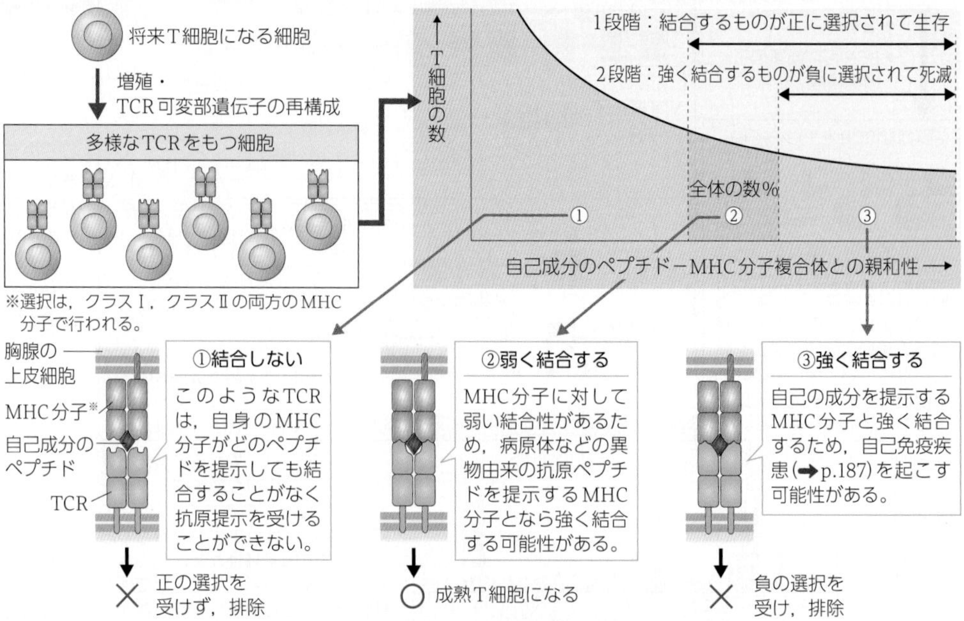

Ⓑ末梢性寛容

実際には，中枢性寛容のしくみをかいくぐって成熟する自己反応性T細胞やB細胞が一部存在する。しかし，そのようなリンパ球は，制御性T細胞(➡p.176)などの働きによって抑制される。このような免疫寛容のしくみは，末梢性寛容と呼ばれる。

重要 2 免疫記憶と二次応答 基礎

一次応答の際に誘導された記憶細胞は，再び同じ病原体の侵入を受けると，1回目の侵入時に起こる免疫反応(一次応答)と比べてきわめて短時間で強い反応(二次応答《にじおうとう》)を引き起こす。このようなしくみは免疫記憶《めんえききおく》と呼ばれ，獲得免疫の特徴の1つである。

Ⓐ二次応答の特徴

抗原と接触したことのないリンパ球(ナイーブT細胞やナイーブB細胞)に対して，記憶細胞は，一次応答で活性化・増殖した細胞が長期間残ったものである。このため，ナイーブT細胞・B細胞と比較した場合，記憶細胞の方が同一の抗原特異性をもつ細胞が体内に多く存在する。また，再び同じ抗原の侵入を受けると，より敏感に迅速に活性化する。したがって，二次応答では，一次応答よりも，きわめて短時間で強い免疫反応が起こり，体内に侵入・感染した病原体は，短時間で排除されるため，発症を予防できたり，症状が軽減されたりする。

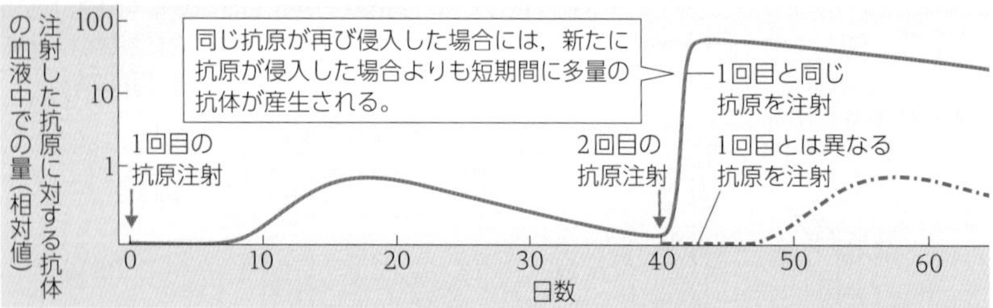

Ⓑ拒絶反応にみられる二次応答

同種の動物でも，別の個体の皮膚や臓器を移植すると，ふつう，定着しないで脱落する。これを拒絶反応といい，移植された組織の細胞に対して獲得免疫反応が起こるために生じる。

一度拒絶反応を示した個体に，同様の移植をくり返すと，移植片が初回の移植時よりも早く脱落する二次応答がみられる。二回目以降の移植時には，初回の移植時につくられたヘルパーT細胞やキラーT細胞，B細胞の記憶細胞が働くためである。

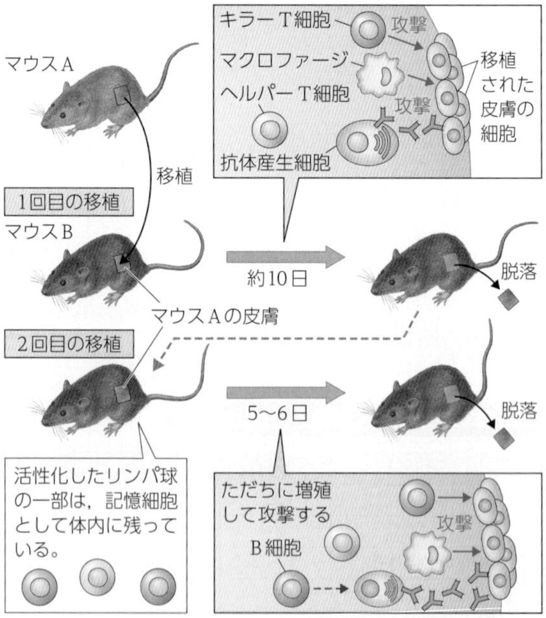

標的別にみた獲得免疫の反応の分類

獲得免疫の本来の機能は，病原体の排除である(感染免疫)。しかし，獲得免疫は，自然免疫とは異なり，病原体以外のさまざまなものに反応する。

	反応の標的となる物質	免疫系の状態	医療における対処
感染免疫	病原体(異物)	正常	増強(ワクチン)
がん免疫	がん細胞で変異した分子(がん抗原)	正常	増強(ワクチン，抗体医薬)
移植免疫	移植片，特にMHC分子(異物)	正常	抑制(免疫抑制剤)
アレルギー	病原体以外の異物	異常	抑制
自己免疫	自己の成分	異常	抑制(免疫抑制剤など)

豆知識 ツベルクリン反応は，結核菌に対する免疫記憶を調べる方法である。この方法では，結核菌由来のタンパク質を皮下に注射する。結核菌に対する免疫記憶をもつ場合，注射した場所が炎症を起こす。

3 HLAと免疫反応の個人差 生物

ヒトのMHC分子は，HLA（human leukocyte antigen；ヒト白血球抗原）と呼ばれる。HLA遺伝子には多くのアレル（➡p.248）があり，HLAのアミノ酸配列はヒトによって異なる。

Ⓐ HLA遺伝子の多重性と多様性

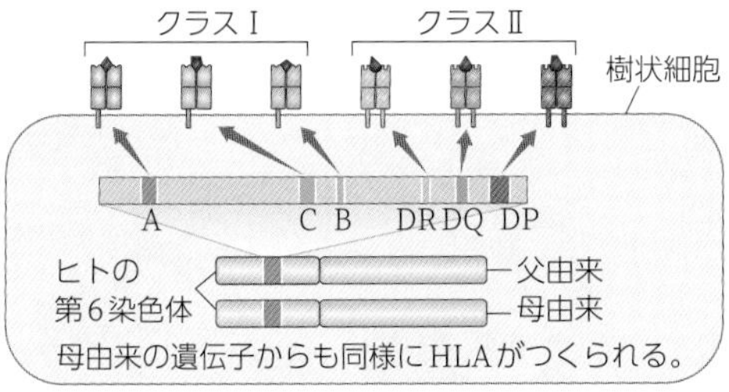

HLAは，3つのクラスⅠ分子（A，B，C）と3つのクラスⅡ分子（DR，DQ，DP）からなる。各遺伝子には，多くのアレルが存在し，その組み合わせは父由来の染色体と母由来の染色体で異なっている。

HLA遺伝子の個体間の多様性

HLA		アレル数
クラスⅠ	A	約7500
	C	約7400
	B	約8800
クラスⅡ	DR	約4100
	DQ	約2700
	DP	約2400

アレル間で抗原ペプチドが結合する部分のアミノ酸配列が異なると，提示できる抗原ペプチドも異なる。

Ⓑ 免疫応答における個人差

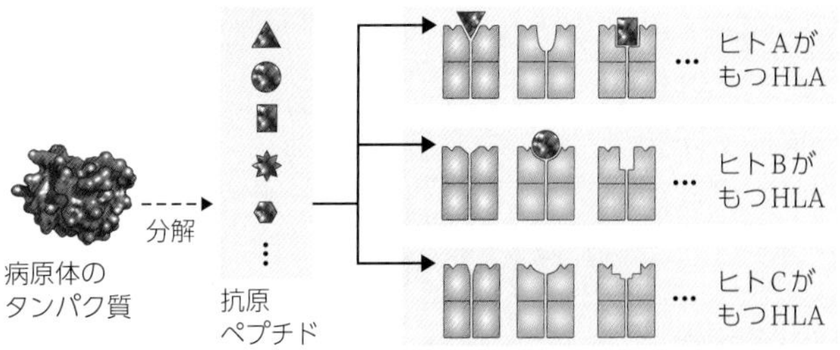

1つのHLAは，ごく限られたアミノ酸配列をもつ抗原ペプチドしか提示しない。また，ヒトによって1つの細胞で発現するHLAの組み合わせは異なり，HLAが提示する抗原ペプチドもアレルに応じて個人差がある。このため，同じ病原体であっても，免疫応答に差が現れる。

break ぶれいく 臓器移植とHLA 生物

臓器移植では，血液型が一致していても，多くの場合，拒絶反応が起こる。これは，主に臓器提供者（ドナー）と移植を受ける患者のHLAのアミノ酸配列が異なり，移植臓器のHLAが抗原として認識されるためである。このため，臓器移植では，HLAの型の一致が重視される。

HLA遺伝子は，染色体上で互いにごく近接して存在するため，遺伝子間の組換え（➡p.249）が起こりにくい。このため，両親から子への受け継がれ方は4通りとなり，兄弟姉妹間の一致率は25％である。一方，他人との一致率は，数百～数万分の1と考えられている。

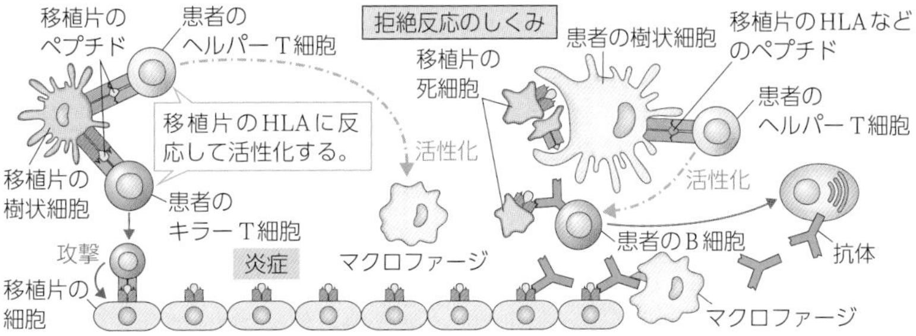

4 自然免疫と獲得免疫の特徴 基礎

自然免疫と獲得免疫は，互いに活性化し合って，一体となって病原体の排除に働いている。

Ⓐ 自然免疫と獲得免疫の抗原認識の違い

自然免疫　病原体に共通する物質を認識する受容体を複数もつ。
⇒個々の自然免疫細胞がすべての病原体を幅広く認識

獲得免疫　抗原特異的に反応する1種類の受容体をもつ。
⇒個々のリンパ球は特定の抗原を特異的に認識

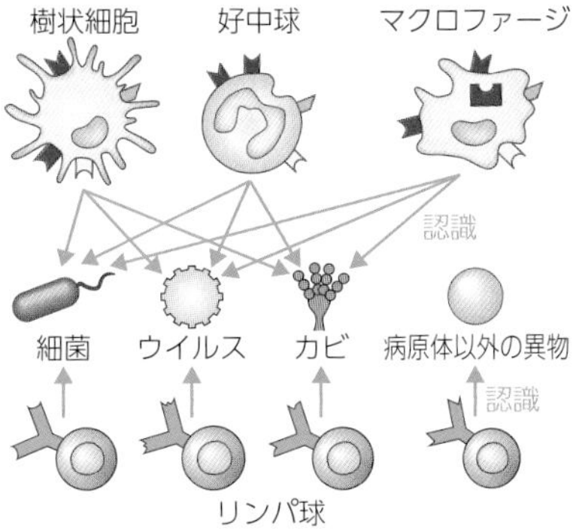

Ⓑ 自然免疫と獲得免疫の反応の違い

自然免疫	●病原体が侵入した際，ほぼすべての種類の免疫細胞がこれを認識して反応を示す。 ⇒感染後，数時間で効果が現れる。 ●一般的には免疫記憶はない。
獲得免疫	●はじめて侵入した病原体に反応するリンパ球は少ない。 ⇒感染後，特定のリンパ球が増殖して効果が現れるまでに1週間以上の時間が必要。 ●病原体に反応したリンパ球が記憶細胞として残る。 ⇒二次応答が起こる（免疫記憶）。

Ⓒ 自然免疫と獲得免疫の関係

獲得免疫は，自然免疫によって誘導され，獲得免疫は自然免疫の働きを増強する。

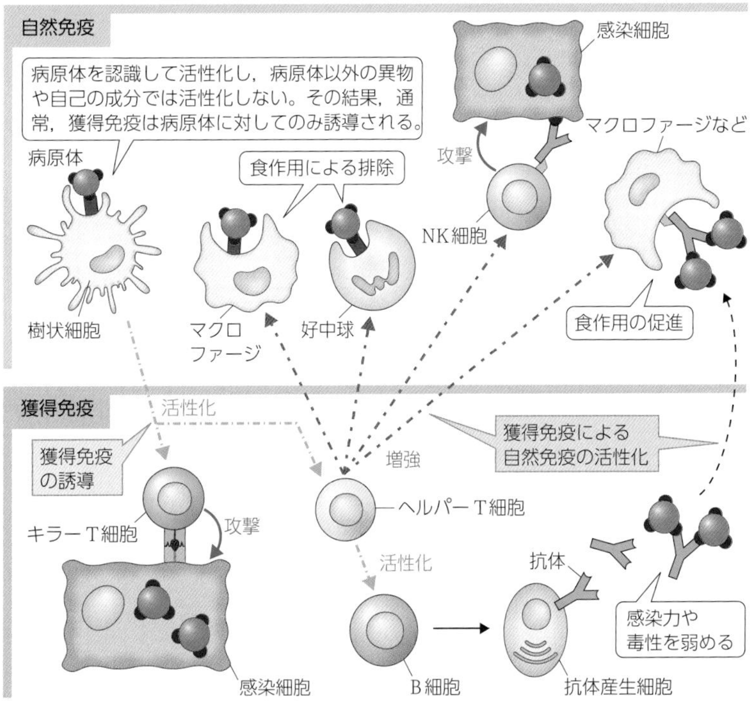

豆知識　上のHLA遺伝子の多様性の表で示したアレル数は，2022年4月現在のものである。HLAのアレル数は，解析が進むにしたがって年々ふえている。HLA遺伝子の多様性は，ヒトゲノムのなかでも突出して高い。これは，ヒトという種の集団全体では，さまざまな病原体に対応できることを示している。

16 自然免疫と獲得免疫

基礎　生物　Innate and Acquired Immunity

1 病原体への免疫応答 基礎 生物

インフルエンザウイルスなどの病原体に感染した場合，自然免疫と獲得免疫は協調的に働き，一体となって病原体を排除する。免疫細胞は，それぞれの役割に応じて異なる成分を認識する。

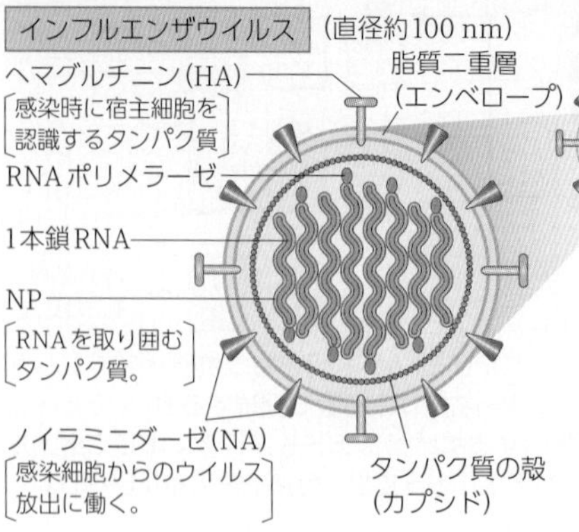

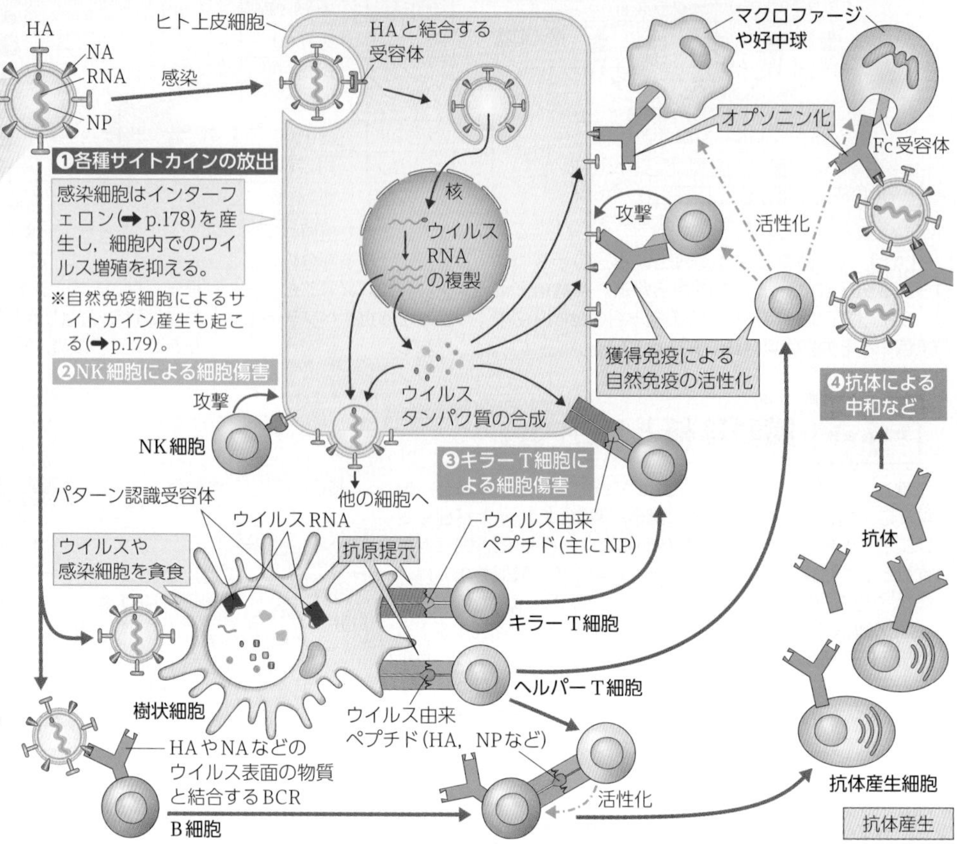

インフルエンザウイルス（A型）は，HA（H1～H16）とNA（N1～N9）の種類の組み合わせによってさらに亜型に区別される。

HAとNAは，ウイルス表面，および感染後は感染細胞表面に存在する。NPは，ウイルス内部，および感染細胞内部(核)に存在する。NPの一部は，感染細胞の細胞質で分解され，そのペプチドがMHCクラスⅠ分子に提示される。

A型ウイルスは，同じ亜型であっても，突然変異によってHAやNAの構造がしばしば微妙に変化する。自然免疫細胞がパターン認識受容体でウイルスRNAを広く認識するのに対し，獲得免疫で働く細胞は抗原の微細な構造の違いを認識する。このため，変異したウイルスに対して，記憶細胞，特に記憶B細胞が働かず，A型は毎年のように流行する。

◀インフルエンザウイルスに対する免疫細胞の認識▶

細胞	受容体	認識する主なインフルエンザウイルス分子
マクロファージや樹状細胞など	パターン認識受容体	1本鎖RNA
NK細胞	活性化NK受容体(➡p.179)	HA
B細胞(抗体)	BCR (亜型が違うと認識できない)	HA，NA
ヘルパーT細胞	TCR (インフルエンザウイルス特異的)	HA，NP　など
キラーT細胞	TCR (インフルエンザウイルス特異的)	NP

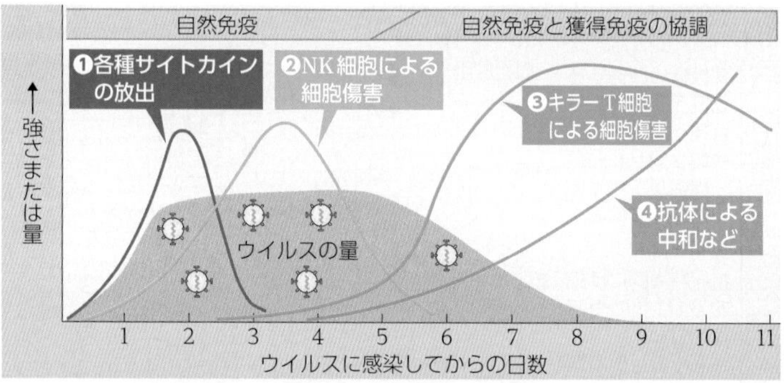

整理 自然免疫と獲得免疫 基礎 生物

各リンパ球の受容体が認識するのは特定の抗原の特定の抗原決定基だが，受容体の構造が異なる多様なリンパ球がつくられるため，リンパ球全体ではあらゆる抗原に対応できる。

	免疫反応に関わる細胞や成分の種類とその働き	各細胞がもつ受容体の種類数と受容体が認識する成分	効果が現れるまでに要する時間	免疫記憶
自然免疫	マクロファージ，好中球　→　食作用・殺菌によって病原体を排除 樹状細胞　→　食作用で取り込んだ病原体の情報をT細胞へ伝える NK細胞　→　細胞傷害によって感染細胞を排除 補体　→　細胞傷害・オプソニン化などによって病原体を排除	多種類。各受容体は，多くの病原体に共通する成分を認識。 (→ある病原体の侵入に対して，ほぼすべての細胞が反応。)	数時間 (細胞増殖が不要)	なし
獲得免疫	ヘルパーT細胞　→　免疫細胞の活性化 キラーT細胞　→　細胞傷害によって感染細胞を排除 制御性T細胞　→　免疫活性の抑制 B細胞　→　抗体の産生	1種類。受容体は，特定の抗原(特定の抗原決定基)を特異的に認識。 (→ある病原体の侵入に対して，反応する細胞はごく少数。)	1週間以上 (反応するリンパ球の増殖が必要)	あり

豆知識　インフルエンザウイルスには，A，B，Cの型がある。ヒトで流行するのはA型とB型で，A型の場合，流行する亜型はH1N1，H3N2などに限られている。治療薬であるNA阻害薬(商品名タミフル，リレンザなど)は，NAの働きを阻害して感染細胞からのウイルスの放出を防ぐもので，感染の初期に使用する必要がある。

17 免疫と生活① アレルギー・自己免疫疾患

基礎　生物

Immunity and life, Part 1 Allergy and Autoimmune Diseases

1 アレルギーや自己免疫疾患と獲得免疫 基礎

通常の反応

通常，獲得免疫は，病原体を認識し活性化した樹状細胞によって誘導される。樹状細胞は病原体以外の物質に対して活性化しない。このため，体内には病原体以外の異物を認識するリンパ球も存在するが，それらは活性化されない。

アレルギーまたは自己免疫疾患の場合の反応

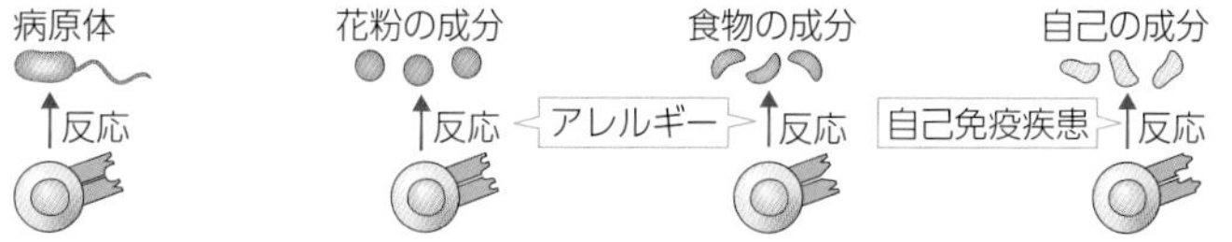

何らかの原因によって病原体以外の物質に対して獲得免疫が誘導されると，生体に不都合な症状を引き起こすことがある。

2 アレルギー 基礎 生物

くり返し接触した病原体以外の異物に対して起こる異常な獲得免疫の反応を**アレルギー**という。アレルギーは，反応の違いによって即時型と遅延型に大別される。アレルギーの原因となる抗原は，**アレルゲン**とも呼ばれる。

Ⓐ即時型アレルギー

抗原(アレルゲン)に対してIgEが産生されると，抗原の再侵入後，数時間以内に花粉症や食物アレルギー，喘息《ぜんそく》などの症状が現れる。抗原再侵入後の反応に免疫細胞間での情報伝達や細胞増殖の過程は必要ではなく，発症までの時間が短い。このしくみは，本来，寄生虫に対して働く免疫反応である。

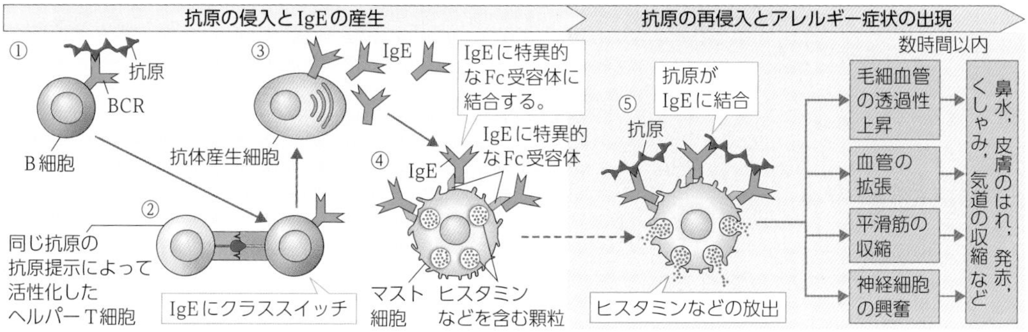

ハチ毒や注射された薬剤などの抗原の場合，血液中に入ると，広範囲にわたって組織中のマスト細胞などが活性化され，血管の透過性の増大や気管支平滑筋の収縮などの重篤な反応が起こる。このようなアレルギー反応を**アナフィラキシー**という。これによって血しょう成分が大量に血管外へ移動し，血圧が急に低下して死に至ることもある。このような全身性のアレルギー症状は**アナフィラキシーショック**と呼ばれる。

Ⓑ遅延型アレルギー

抗原(アレルゲン)との再接触から1～3日後に症状が現れる。抗原との再接触後の反応には，細胞間情報伝達や細胞増殖の過程が含まれ，即時型に比べて発症までに時間がかかる。うるしによるかぶれや，金属アレルギーなどがある。

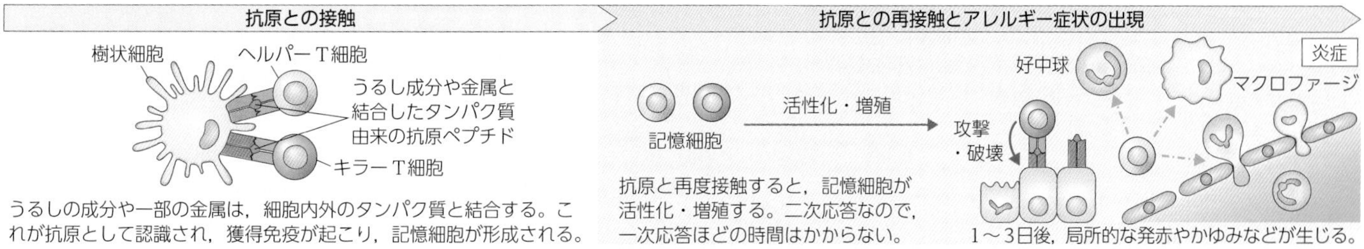

うるしの成分や一部の金属は，細胞内外のタンパク質と結合する。これが抗原として認識され，獲得免疫が起こり，記憶細胞が形成される。

抗原と再度接触すると，記憶細胞が活性化・増殖する。二次応答なので，一次応答ほどの時間はかからない。

1～3日後，局所的な発赤やかゆみなどが生じる。

3 自己免疫疾患 基礎 生物

自己の成分に対する免疫寛容(➡p.184)が破たんし，獲得免疫が自己の成分を攻撃するために生じる疾患を自《じ》己免疫疾患《こめんえきしっかん》という。病状が全身に及ぶものと，特定の臓器に限定されるものとに分けられる。

Ⓐ全身性自己免疫疾患

全身性エリテマトーデス(SLE)
DNAなどの核成分に対する抗体が生じ，その抗原抗体複合体が血管に沈着して炎症が起こる。発熱や皮膚の発赤，腎炎，関節炎，胸膜炎などが生じる。
関節リウマチ
複数の関節の炎症と変形が主な症状だが，発熱などの全身性症状や，間質性肺炎(肺の支持組織の炎症)などの関節以外の症状を伴うこともある。関節に存在するタンパク質がシトルリン化という化学修飾を受け，これに対する免疫反応が原因の1つであると考えられている。

Ⓑ臓器特異的自己免疫疾患

重症筋無力症	バセドウ病	1型糖尿病
終板(➡p.210)に存在するアセチルコリン受容体(➡p.169)に対する抗体が生じる。筋肉に興奮が伝達されなくなり，歩行障害などを生じる。	甲状腺刺激ホルモン(➡p.171)受容体に対する抗体が生じ，これが受容体に結合して甲状腺ホルモンが過剰に分泌される。甲状腺の肥大，発汗，やせなどの症状がみられる。	すい臓のランゲルハンス島B細胞(インスリン(➡p.171)を分泌)に存在する物質を標的とする抗体やT細胞によって，ランゲルハンス島B細胞が破壊される。慢性的にインスリンが不足した状態となり，血糖濃度の調節ができない(➡p.175)。

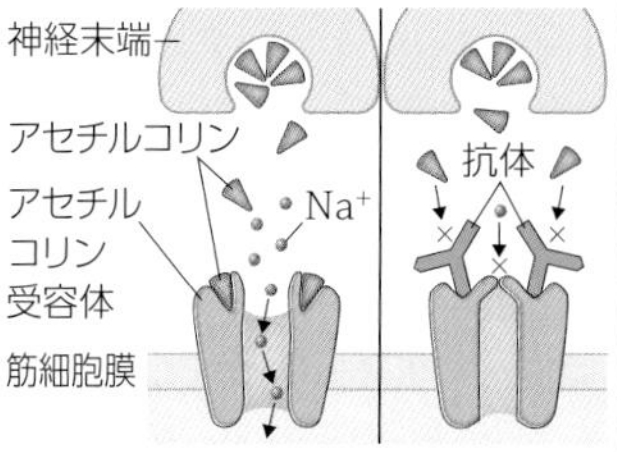

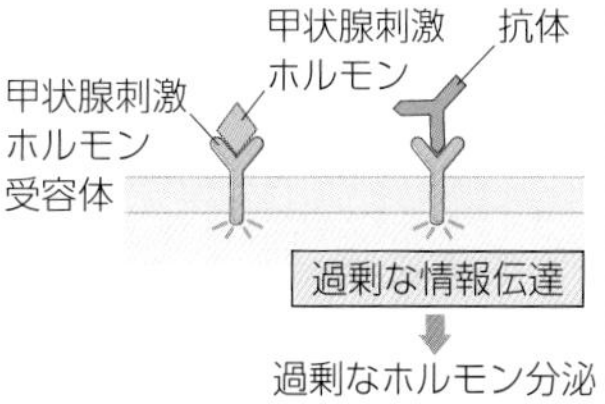

円形脱毛症
毛根にある毛の維持や再生に必要な細胞が免疫細胞によって攻撃され，毛が抜け落ちる。自然に治癒することが多い。

豆知識 アナフィラキシーショックでは，急激な血圧低下に伴い呼吸困難などの深刻な症状を示す。このような症状が現れた場合，ショックを防ぐための補助治療剤としてアドレナリン自己注射薬(商品名エピペン)を用いる。これにより，医師の治療を受けるまでの間，血圧低下などの症状の進行を一時的に緩和する。

18 免疫と生活② 免疫不全症・免疫と医療

関連動画をCheck!

基礎 生物 発展 Immunity and Life, Part 2 Immunodeficiency and Medical Aspects of Immunity

1 免疫不全症 基礎 生物 発展

免疫の防御能力が損なわれる疾患は，免疫不全症《めんえきふぜんしょう》と総称され，先天性のものと後天性のものとがある。エイズは，後天性の免疫不全症で，ヒト免疫不全ウイルス(HIV)がヘルパーT細胞などに感染してこれを破壊するために，獲得免疫の働きが低下する。エイズ患者は，健康なヒトでは発症しない感染症(日和見感染症《ひよりみかんせんしょう》)やがんを発症しやすい。

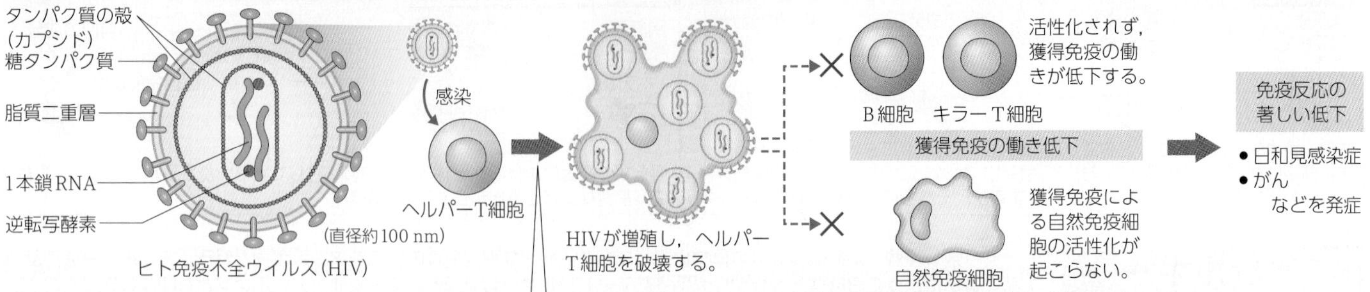

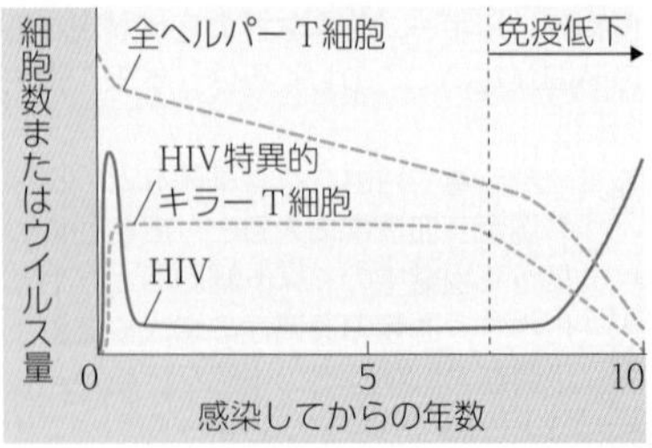

HIVは，感染直後に大増殖するが，獲得免疫が働きはじめると減少する。しかし，排除には至らない。感染でヘルパーT細胞の数が減少し，その作用が失われていくと，キラーT細胞の数も減少していく。

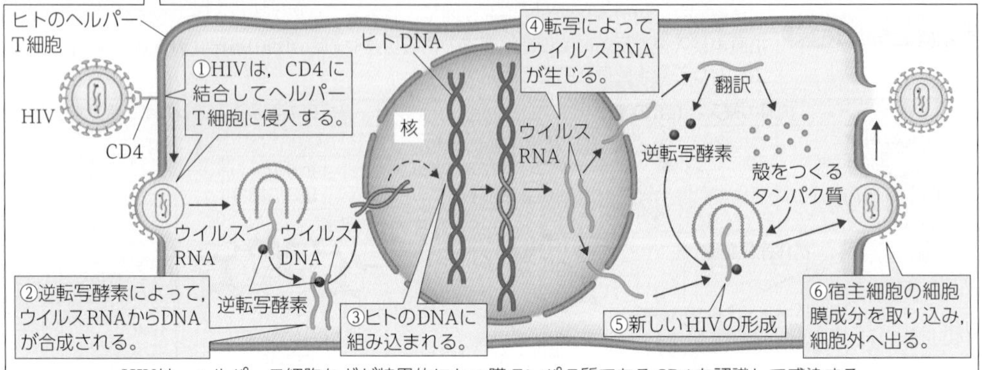

HIVは，ヘルパーT細胞などが特異的にもつ膜タンパク質であるCD4を認識して感染する。

重要 2 血液型 基礎 生物

血液を，赤血球の細胞膜表面にある分子を抗原とする抗原抗体反応の違いによって分類したものを血液型《けつえきがた》という。血液型における抗原，抗体，抗原抗体反応は，それぞれ凝集原，凝集素，凝集反応と呼ばれることがある。

Ⓐ ABO式血液型 基礎

ABO式血液型は，抗原と抗体の組み合わせによって4種類に分けられる。異なる血液型の血液を混ぜると，抗原抗体反応が起こり，赤血球が集まって塊状になることがある(凝集)。この抗体は，病原体などに対する抗体とは異なり，過去に輸血などの経験がなくても，成長の過程で自然に産生される。

血液型	A型	B型	AB型	O型
抗原(凝集原) 赤血球の表面にある。	A	B	A・B	なし
抗体(凝集素) 血しょう中に含まれる。	β	α	なし	α β
抗A血清(αを含む)に対する反応	+	−	+	−
抗B血清(βを含む)に対する反応	−	+	+	−

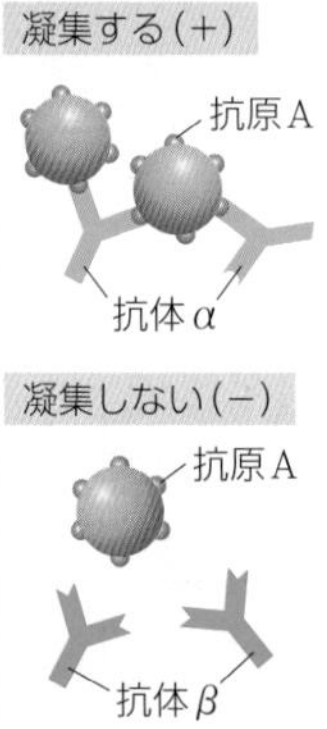

α PLUS ABO式血液型の抗原 生物

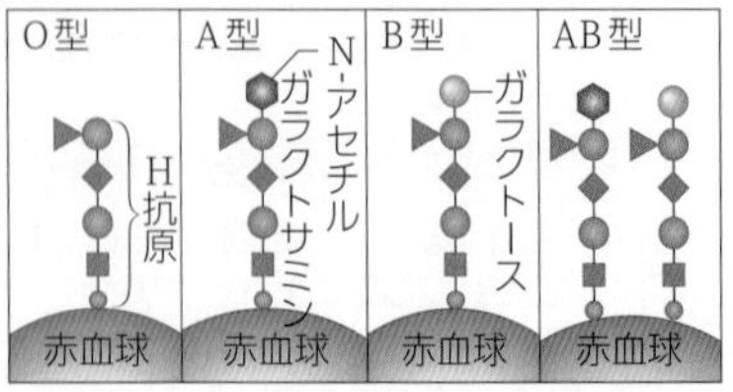

ABO式血液型の抗原の正体は，赤血球の細胞膜にある特定の糖鎖である(➡p.28)。この糖鎖は，6つの単糖からなる基本構造(H抗原)をもち，A型とB型の糖鎖では，糖転移酵素によってそれぞれ別の糖が1つ付加されている。O型のヒトはこの酵素をもたず，糖の付加はない(➡p.257)。

Ⓑ Rh式血液型 基礎 生物

Rh式血液型では，赤血球がRh抗原と呼ばれるタンパク質を産生するかどうかによってRh^+型とRh^-型に分けられる。ABO式血液型とは異なり，Rh抗原に対する抗体(抗Rh抗体)は，輸血などの経験がなければつくられない。

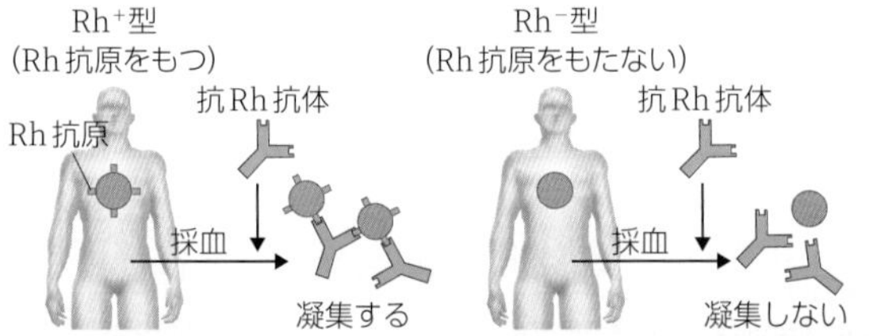

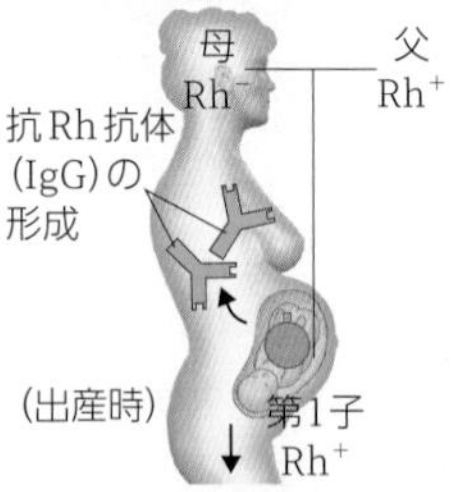

Rh^+型の父とRh^-型の母との間には，Rh^+型の子が生まれることが多い。この場合，出産時に胎児のRh抗原が母体に移行して抗Rh抗体(IgG)ができる。この女性が第2子にRh^+型の子を妊娠した場合，胎盤を通過した抗Rh抗体によって抗原抗体反応が起こり，障害が現れることがある。このような現象を血液型不適合《けつえきがたふてきごう》という。現在は，第1子出産前後に抗Rh抗体を母体に注射し，胎児由来のRh抗原を母体から除去する予防策がとられている。

一方，ABO式血液型では血液型不適合はほとんど起こらない。これは抗体αや抗体βは通常IgMで，IgMは胎盤を通過しないためである(➡p.121)。しかし，まれにABO抗原に対するIgGがつくられることがあり，この場合は血液型不適合が起こる。

豆知識 ABO式血液型は，試薬の抗A抗体と抗B抗体を用いて血球の表面の抗原の有無を調べる検査と，試薬の抗原A，Bを用いて血清中の抗体の有無を調べる検査の結果が一致することで確定される。新生児や生後6カ月程度までの乳児の血しょう中には抗体ができておらず，正確な診断が行えない。

重要

3 ワクチン 基礎 生物

弱毒化または不活化した病原体やその成分，病原体の成分をコードする核酸を接種すると，感染症を予防できる。このような接種用の病原体や核酸などを**ワクチン**という。また，感染症予防の目的でのワクチンの接種を**予防接種《よぼうせっしゅ》**という。

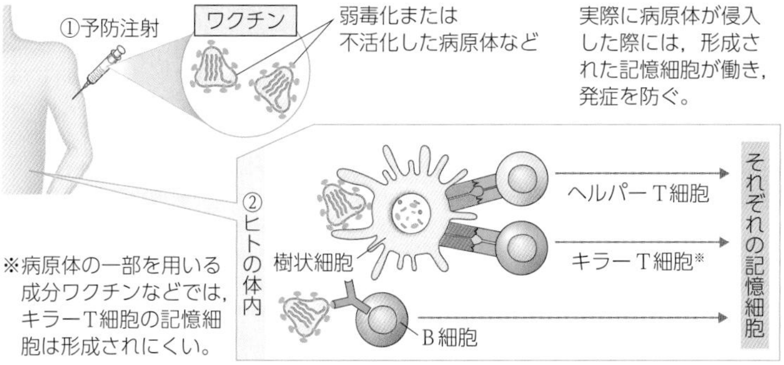

※病原体の一部を用いる成分ワクチンなどでは，キラーT細胞の記憶細胞は形成されにくい。

ワクチンの種類	予防される病気
生ワクチン(弱毒化病原体)	水痘《すいとう》(みずぼうそう)，麻疹《ましん》(はしか)，風疹《ふうしん》，流行性耳下腺炎《じかせんえん》(おたふくかぜ)
	結核(BCGとして接種)，腸チフス
不活化ワクチン(不活化病原体や病原体の成分など)	日本脳炎，インフルエンザ，子宮頸《けい》がん，B型肝炎，ポリオ
	肺炎，コレラ
変性毒素	ジフテリア，破傷風《はしょうふう》(二種混合ワクチンなどとして接種)
mRNAワクチン(➡p.152)	新型コロナウイルス感染症(COVID-19)
ウイルスベクターワクチン	新型コロナウイルス感染症(COVID-19)

(網掛け：ウイルス　白：細菌)

4 抗体を利用した医療 基礎 生物

抗体は，標的分子に対して高い特異性をもつ。この機能を利用し，現在，抗体はがんや炎症性疾患などに対する画期的な治療薬となっている。

Ⓐ血清療法 基礎

ウマなどの動物にヘビの毒素などに対する抗体をつくらせ，この血清を用いて治療する方法を**血清療法《けっせいりょうほう》**という。

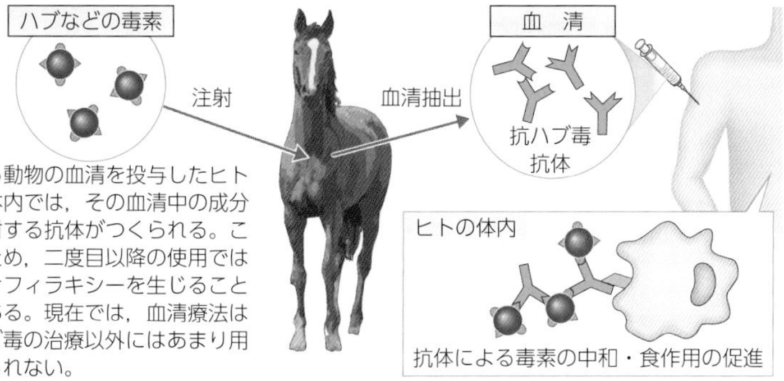

ある動物の血清を投与したヒトの体内では，その血清中の成分に対する抗体がつくられる。このため，二度目以降の使用ではアナフィラキシーを生じることがある。現在では，血清療法はヘビ毒の治療以外にはあまり用いられない。

Ⓑ抗体医薬 生物

近年では，ヒトのモノクローナル抗体が，さまざまな病気の治療薬として利用されている。

抗体の種類	主な適応疾患	作用
抗TNF α抗体	関節リウマチや炎症性腸疾患	サイトカインであるTNF αに結合し，炎症を抑える。
抗HER2抗体	一部の乳がん	一部の乳がん細胞に多く発現する膜タンパク質HER2に結合し，免疫応答によるがん細胞の排除を促す。
抗PD-1抗体	黒色腫（皮膚がんの一種），肺がんなど	T細胞などに存在し，細胞の活性化を抑制する受容体であるPD-1に結合し，がん免疫を増強する。

抗PD-1抗体の作用のしくみ

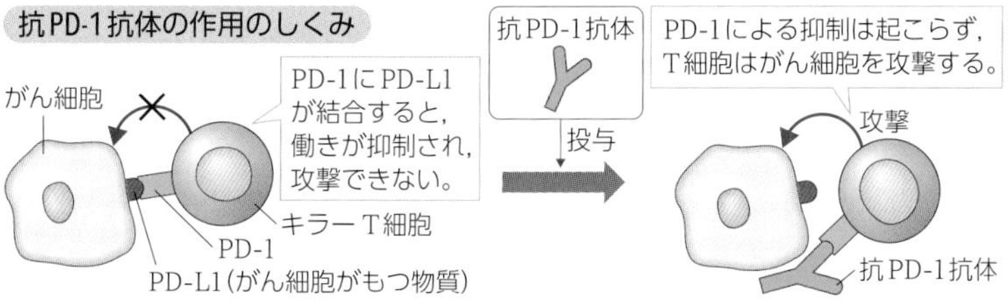

モノクローナル抗体産生技術の確立

ポリクローナル抗体 生物

ふつう，抗原には複数の抗原決定基(➡p.182)が存在する。生体内では，ある抗原がもつさまざまな抗原決定基に対する抗体が産生され，混在している。これをポリクローナル抗体という。

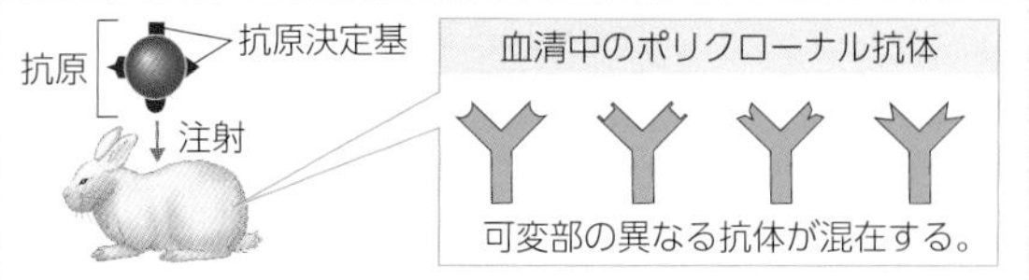

モノクローナル抗体 生物

抗体を医薬品や研究試薬として利用する場合，高い結合能で目的タンパク質の特定の抗原決定基に結合する均一な抗体（モノクローナル抗体）が有用である。1975年，B細胞をある種のがん細胞と1:1で融合させると，抗体を産生しつつ無限に増殖するハイブリドーマという細胞ができることが報告された。1つのB細胞に由来するハイブリドーマは，すべて同じアミノ酸配列をもつ抗体を産生する。これによって，単一抗体の量産が可能となり，抗体の利用範囲は一気に拡大した。

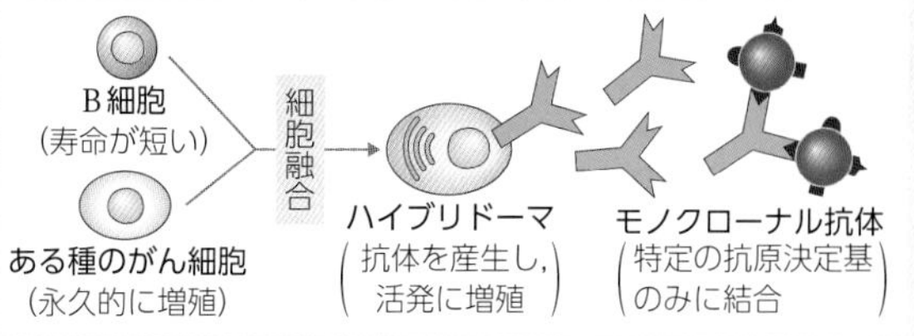

break ぶれいく　ワクチンの開発と血清療法の発見 基礎

ワクチンの開発　18世紀末のイギリスでは，天然痘《てんねんとう》が流行していた。医師であったジェンナーは，ウシの天然痘である牛痘にかかったヒトは，天然痘にかかっても軽症ですむという通説から，人為的に牛痘に感染させることで，死亡率の高いこの感染症を予防できるのではないかと考えた。そこで，牛痘のウシから取り出した膿を子どもに接種した。その後，ヒト天然痘の膿を接種し，その子どもが天然痘にかからないことを示した。

ジェンナー

血清療法の開発　19世紀後半，北里柴三郎は，破傷風菌のつくる毒素を動物に少量接種すると，その体内に毒素を無毒化する物質（抗体）がつくられることを発見した。また，これを他の動物に接種すると，接種した動物でも毒素が無毒化された。これを応用し，北里はベーリングとともに血清療法を開発した。

北里柴三郎

豆知識　日本発の抗体医薬には，主に関節リウマチで成果を挙げている抗インターロイキン(IL-)6抗体(商品名アクテムラ)や，がん治療で成果を挙げている抗PD-1抗体(商品名オプジーボ)がある。標的分子であるIL-6は岸本忠三《ただみつ》，PD-1は本庶佑《ほんじょたすく》によって発見された。本庶佑は，2018年にノーベル生理学・医学賞を受賞した。

Science Special

COVID-19 and Scientific Advances

新型コロナウイルス感染症と科学の進歩

2019年にはじまったCOVID-19（新型コロナウイルス感染症）のパンデミックは，その重症化率・致死率の高さから，1917～1919年のインフルエンザ（スペイン風邪《かぜ》）に匹敵する公衆衛生の危機となった。しかし，この間の科学の進歩により，迅速に病原体の発見や病態の解明，検査法やワクチンの開発が進んだ。その結果，多くの人命が救われ，社会不安が軽減した。ここでは，これらの科学技術について，簡単に解説していくよ。

1｜新型コロナウイルス感染症（COVID-19）

2019年末に武漢で流行がはじまったCOVID-19は世界的な流行をきたし，2020年3月にはWHO（世界保健機構）がパンデミック宣言を行った。パンデミックとは感染症が世界的に流行することで，必ずしも毒性には関係しない。しかし，重症化率や致死率が高い感染症のパンデミックは，公衆衛生上の危機を招く。たとえば，人類はこれまでに何度かペスト（ペスト菌による感染症）の流行を経験したが，その致死率は高く，多くの命が失われ，社会の不安定化を引き起こした。また，1917～1919年にパンデミックを引き起こしたインフルエンザ（スペイン風邪）では，全世界で6億人が感染し，4000万～5000万人が死亡したと推定されている。一方，このパンデミックからCOVID-19のパンデミックまでの100年の間に生命科学は大きく進歩しており，病原体の同定，検査法やワクチンの開発が極めて短期間で行われた。

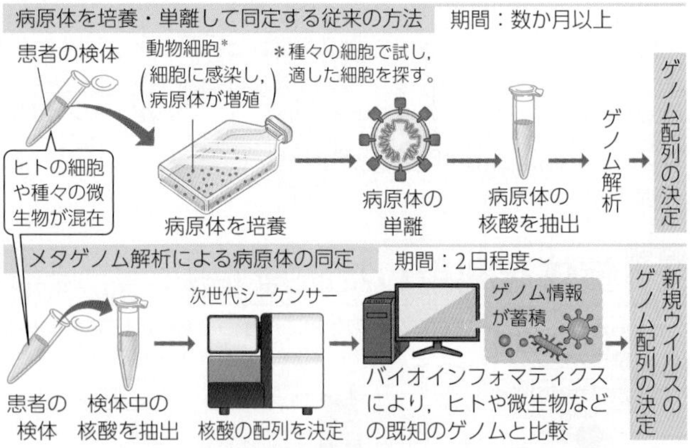

図1　病原体の同定方法の例

COVID-19の病原体は，その塩基配列がSARS-CoVと類似していたため，SARS-CoV-2と名付けられたよ。

2｜メタゲノム解析によるウイルスの同定

1917年のインフルエンザのパンデミックでは，原因となるウイルスの発見・単離に20年近くかかった。一方，2002～2003年に流行したSARSでは，患者の検体を適当な細胞と培養することでウイルスを増殖・単離し，最初の患者の確認から約半年後に，病原体であるSARSコロナウイルス（SARS-CoV）の全塩基配列が公表された。COVID-19の場合には，ウイルスを単離することなく，検体中の全DNAや全RNAを鋳型にして作成したDNAを次世代シーケンサーで直接解読し，その結果を，バイオインフォマティクスを用いて，それまでに蓄積していた種々の微生物のゲノム情報と照合するメタゲノム解析が行われた（図1）。これにより，数日間で原因となるウイルスSARS-CoV-2（➡p.21）の全塩基配列が決定された。最初の患者が確認されてからウイルスの全塩基配列が公開されるまでの期間はわずか1ヶ月であった。

このように，生命科学の進歩により，新たな感染症の病原体の同定に要する期間は著しく短縮された。ウイルスゲノム全塩基配列が短期間に決定されたことで，診断法やワクチンの開発が迅速に行えるようになった。

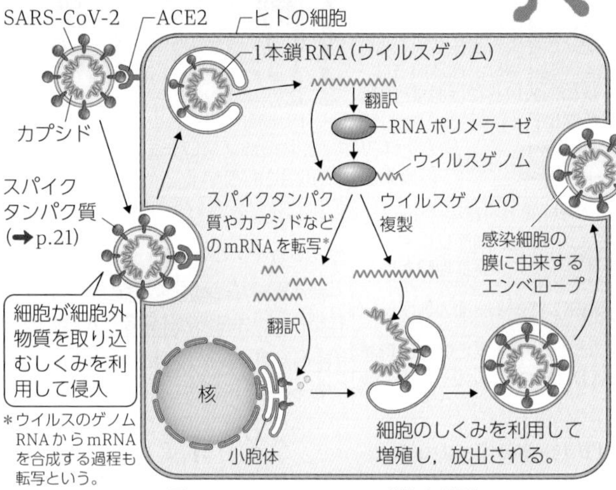

図2　SARS-CoV-2の感染と増殖

3｜COVID-19の原因ウイルスとその検査法

COVID-19の病原体のSARS-CoV-2は，ベータコロナウイルス属の1本鎖RNAウイルスである。ベータコロナウイルスは，野生のコウモリや齧歯《げっし》類などが保有するが，一部はヒトにも感染する。そのなかには風邪の原因となるものもあるが，SARSやCOVID-19のように肺炎など重篤《じゅうとく》な症状をきたすものもある。

一般に，ウイルスは宿主細胞表面の受容体に結合し，細胞内へ侵入する。SARS-CoV-2は，SARS-CoVと同じく，ヒトの細胞表面のACE2というタンパク質にウイルスのスパイクタンパク質が結合し，細胞へ侵入する。宿主細胞に侵入するとウイルスゲノムであるRNAが複製される。複製されたRNAは，ウイルスゲノム由来のタンパク質とともにウイルスを構成し，細胞外に放出されて感染が広がる（図2）。

ウイルスの検査には，PCR検査や抗原検査が用いられる（図3）。PCR検査では，SARS-CoV-2に特異的なプライマーを用いてウイルスゲノムの塩基配列を増幅する。抗原検査では，SARS-CoV-2のタンパク質に特異的に反応するモノクローナル抗体を作製し，抗原抗体反応を可視化することで，ウイルスタンパク質の存在を検出する。モノクローナル抗体の作製，PCR法は，それぞれ1970年代，1990年代に開発されたテクノロジーで，いずれもノーベル賞の受賞対象となった（➡p.140，157）。

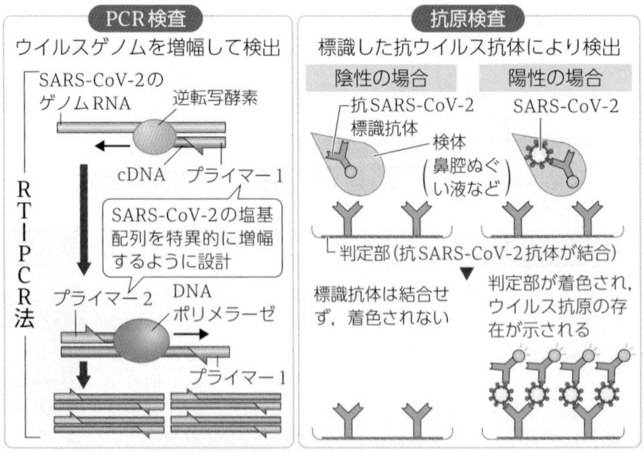

図3　SARS-CoV-2の検査法（例）

豆知識　1917年のインフルエンザは，スペイン風邪とも呼ばれる。最初の感染者は米国で生じたとされるが，当時は第一次世界大戦のさなかで，参戦国は感染を隠していた。このため，最初の感染報告は中立国だったスペインからなされ，この呼称となった。スペイン風邪は兵士からも多くの死者をだし，戦争の終結を早めたともいわれる。

4 新たな様式(モダリティー)のワクチンの開発

2002 ～ 2003年に流行したSARSに対するワクチン開発の際には，旧来型の不活化ワクチンが作製されたが，動物実験でその有効性は認められなかった。このため，COVID-19のワクチン開発も不活化ワクチンでは高い有効性が期待されず，mRNAワクチンやウイルスベクターワクチンなど，これまでのヒトでのワクチンにはなかった新たな様式のワクチンの開発が行われた(➡p.152，189)。

従来の不活化または生ワクチンは，病原体そのものに由来するため，安全性を確保して開発・製造するのに時間がかかる。一方，ウイルスのタンパク質をコードするDNAやRNAからなるワクチンは，短期間での開発が可能である。核酸ワクチンを動物に投与すると，細胞に取り込まれて転写・翻訳されたのち，産生されたタンパク質への免疫応答が起こる。ただし，DNAワクチンは免疫応答を誘導する活性が低い。また，mRNAワクチンは強い免疫応答を誘導できるが，いくつかの問題を解決する必要があった。まず，mRNAは分解されやすい。そこで，mRNAを脂質ナノパーティクルに取り込ませる技術が開発され，このことで，mRNAの分解が抑制されるとともに細胞に効率よく取り込ませることが可能になった（図4)。次に，RNAが自然免疫を過剰に活性化する問題である。自然免疫細胞はウイルスRNAを検知して活性化する(➡p.178)が，mRNAにも反応する。このためmRNAをワクチンとして投与すると，自然免疫細胞を過剰に活性化し，重篤な副反応を招くとともに獲得免疫を十分活性化できなくなる。この問題は，ウリジンを修飾塩基(化学修飾された塩基やその誘導体）のシュードウリジンに代えて作製したmRNAを用いることで解決した。このmRNAは，細胞に取り込まれると，自然免疫を過剰に活性化することなくタンパク質を産生し，強い免疫応答を誘導する(図4)。

COVID-19流行までには，実用化されたmRNAワクチンはなかったものの，必要なテクノロジーはすでに確立されており，がんワクチンや感染症ワクチンの開発が進んでいた。このためCOVID-19流行時に，短期間でmRNAワクチンが開発され，その有効性が証明され，実用化された。

5 変異株の出現と対策

COVID-19のパンデミックでは，ウイルスのゲノム配列の解析が継続的に行われたため，デルタ株やオミクロン株といった変異株の出現が検出された。変異株には感染力や毒性が変化したものがあり，それぞれの変異株に異なる感染対策が必要となった。SARS-CoV-2の変異の頻度は低いが，感染が世界的に拡大したことで，多くの変異株が出現した。一般に，生存や伝播《でんぱ》により適した変異株が出現した場合には，生物の進化と同様に(➡p.255)，その感染が拡大し，変異株への置き換わりが起こる。COVID-19の変異株では，スパイクタンパク質のACE2結合部位に変異が集積し，ACE2への結合力が増強することが感染力増強に関わっていた(図5)。

ワクチンや過去の感染による免疫では，中和抗体(病原体の感染を防ぐ抗体)が重要な役割を果たす。中和抗体の多くはスパイクタンパク質のACE2結合部位に結合し，ACE2への結合を阻害する。ACE2結合部位に変異が起こると中和抗体の結合力が損なわれ，感染予防の効果は低下する。特に，オミクロン株では，スパイクタンパク質のACE2結合部位に多数の変異があったため，感染力の増強に加えて，ワクチンや過去の感染による免疫の効果が著しく低下し，急速な感染拡大が起こった。変異株に対しては，変異したスパイクタンパク質をコードするようにワクチンのmRNAを改変することで，感染予防効果は回復すると想定される。このため，変異株の継続的な監視と，変異株に対応したワクチンの開発が必要である。

COVID-19による危機は，ワクチンや治療法の開発などによって克服されていった。今後は，今回のパンデミックの経験をもとに，さらなる研究や技術開発による次なるパンデミックへの備えが求められる。これまでのCOVID-19への対策に，日本の科学はあまり貢献できなかった。この点について，原因の分析と対策が必要であろう。(東京医科歯科大学　名誉教授，日本大学歯学部　客員教授　鍔田武志)

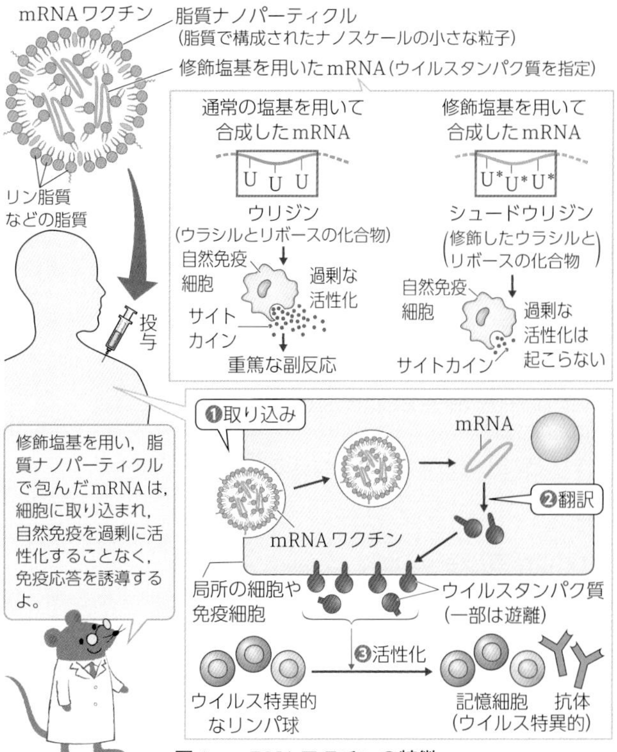

図4　mRNAワクチンの特徴

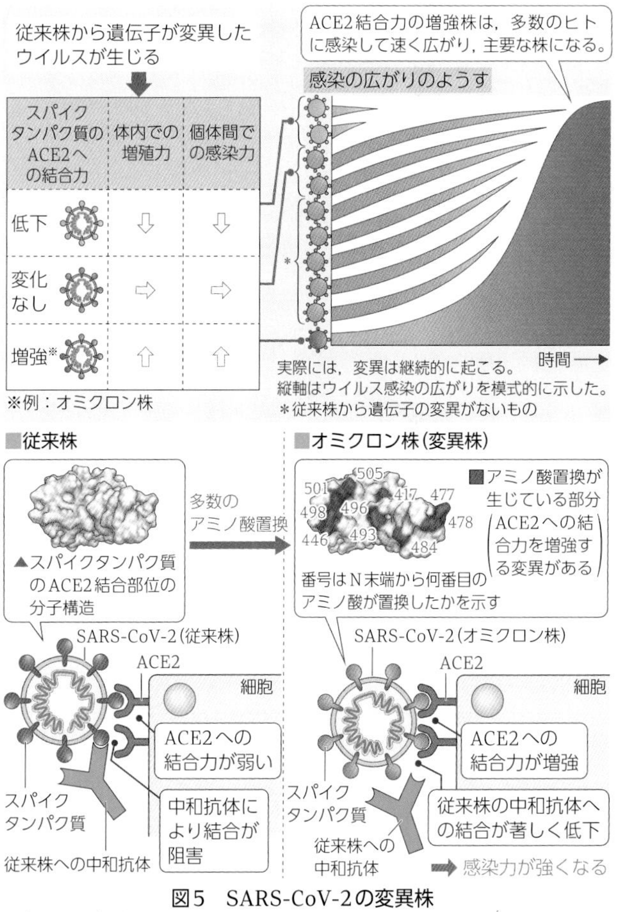

図5　SARS-CoV-2の変異株

スパイクタンパク質のACE2結合部位の分子構造：Bassani D, Ragazzi E, Lapolla A, Sartore G, Moro S (2022) Omicron Variant of SARS- CoV-2 Virus: *In Silico* Evaluation of the Possible Impact on People Affected by Diabetes Mellitus. *Front. Endocrinol*,13:847993. をもとに作製

豆知識　シュードウリジンは，自然界に存在し，tRNAやrRNAで用いられる。シュードウリジンには，わずかに自然免疫を活性化する作用があり，これがmRNAワクチンの有効性に関わっている。

第7章 動物の環境応答

Animal Environmental Responses

- 動物は，外界の刺激をどのようなしくみで受け止めているのだろうか？
- また，受容した刺激に対してどのようなしくみで反応するのだろうか？

学びマップ 第7章

生物の行動は，外界からの刺激や，生物時計などの体内の要因によって起こる。動物が外界からの刺激を受けて行動を起こすときには，まず，受容器が刺激を受け取ることからはじまる。この情報が神経系によって処理され，処理された情報にもとづいて効果器が活動して行動が現れる。このように，動物の行動は，受容器や神経系，効果器の働きが基礎になっている。

この章では，受容器や神経系，効果器のしくみや働きを学び，さらに，さまざまな行動と神経系との関係についても学んでいこう。

動物の環境応答－反応の流れ－

動物は，外界からの刺激に対して，次のような流れで反応する。これを基礎としてさまざまな行動が現れる。

受容器が外界からの刺激を受け取る
(➡p.200～205)

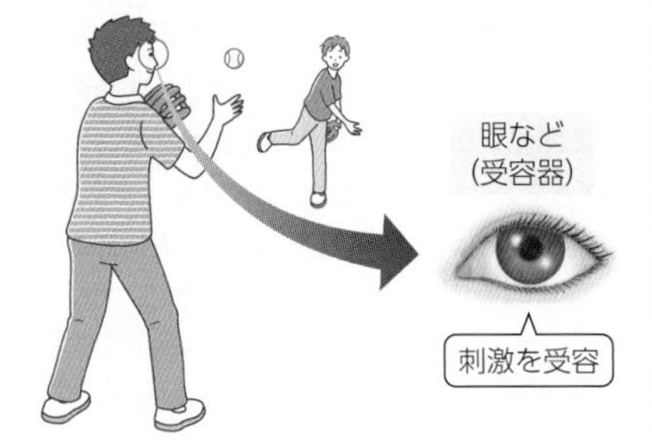

研究の歴史

ノーベル賞受賞者：生理学・医学賞

情報はニューロンを介して伝達される

神経系を情報が伝わるしくみは，ニューロンの観察や電位の測定に関する技術の向上によって解明されていった。

ニューロン全体を銀を用いて明瞭に染色する方法の開発

ゴルジ(1873)

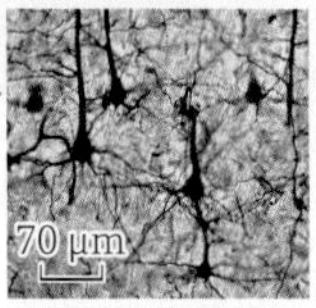

ゴルジの考案した方法で染色されたニューロン(ヒトの脳)

ニューロンを特異的に染色し，神経系が網目状になっていることを示した

ニューロンの構造と情報の流れの方向性を解明(➡p.194)

カハール(1890頃)

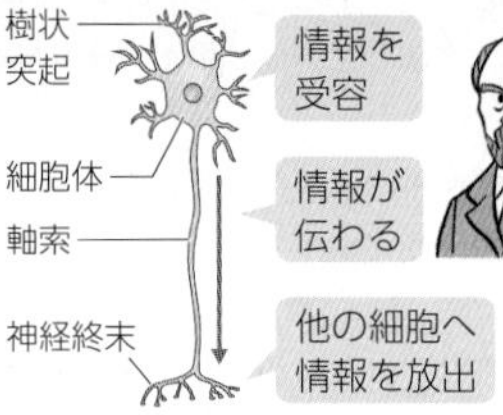

ニューロンの構造と機能に関する知見の基礎となった

活動電位が発生するしくみを解明(➡p.196)

ホジキン，アンドリュー・ハクスリー(1952)

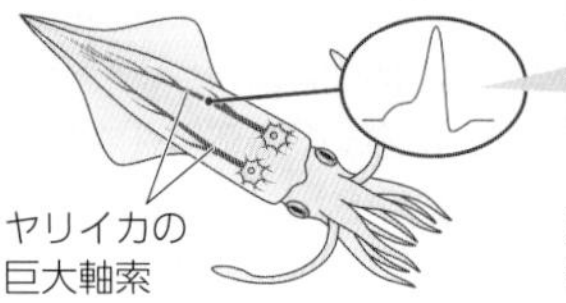

活動電位の発生時に，Na^+とK^+の流出入による電流が発生していることを発見

↓

活動電位はNa^+とK^+の移動により生じる。

跳躍伝導の機構を発見(➡p.198)

田崎一二《いちじ》(1939)

有髄神経の興奮の伝わり方がその構造と密接に関係することが明らかになった

1873　1890頃　1904　1923～　1930年代～　1930～50年代　1930～60年代　1935　1939

古典的条件づけを発見(➡p.222)

パブロフ(1904)

餌を与える際にベルの音を聞かせる。

↓くり返す

ベルの音を聞くだけでだ液が出るようになる。

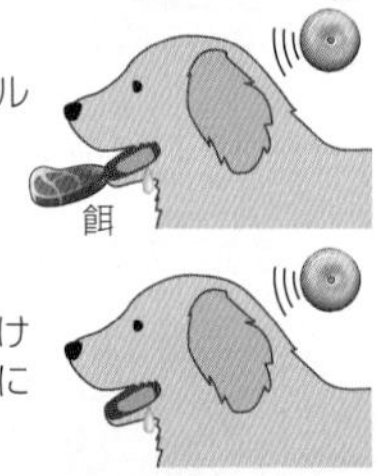

習得的な面の強い行動に関する大脳生理学の研究の端緒となった

ミツバチはダンスによってコミュニケーションを取っている(➡p.215)

フリッシュ(1923～)

働きバチの特徴的なダンスを観察し，それによって餌場の方向と距離をなかまに伝えていると考えた。

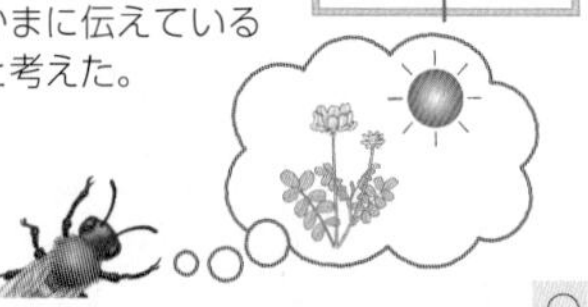

固定的動作パターンの研究(➡p.214)

ティンバーゲン(1930年代～)

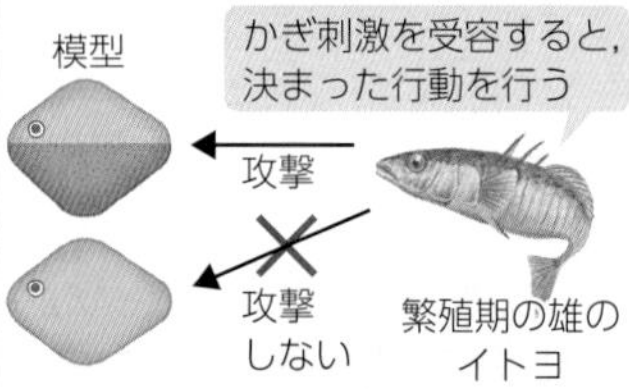

ハイイロガンの卵転がし運動や，セグロカモメの餌ねだり行動(➡p.214)も研究した。

刷込みの研究(➡p.223)

ローレンツ(1935)

鳥の雛がふ化後に見たものの姿を記憶し，追いかけるようになる現象について詳細に報告した。

動物の行動という学問分野の基礎が確立された

行動には，生得的な面と習得的な面がある

研究の今と未来の展望

病気の原因の解明と治療法の確立

スーパーコンピュータを利用して，ヒトの脳を再構築することが試みられている。個々のニューロンの働きや，非常に複雑な神経回路での情報処理のしくみを解明することで，アルツハイマー病やうつ病，自閉症などの病気の原因の解明や治療法の確立が期待されている。

脳波で操作する機械の開発

脳の血流や神経回路に流れる微弱な電流などを利用して，コンピュータなどの機械と脳との間で情報の授受を行う技術(ブレインマシンインターフェース)が開発されている。脳からの情報だけで画面のカーソルやロボットアームを操作することが可能で，この技術を用いて，脳からの情報で動く車いすや義手などの開発が行われている。

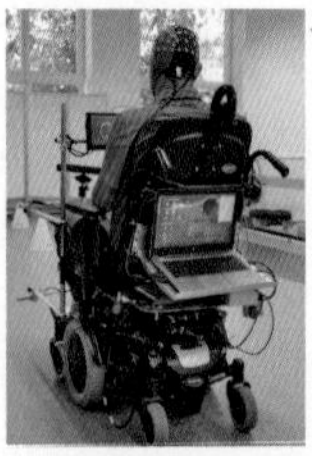

◀ブレインマシンインターフェースを利用した車いす。脳からの情報だけで方向転換などができる。

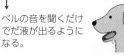

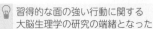

行動の例

情報はニューロンを介して伝達される(➡p.194〜199)

中枢神経系が情報を処理し，命令の信号を出す
(➡p.206〜208)

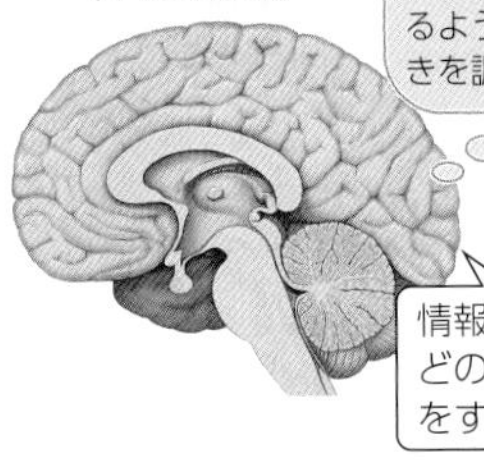

効果器が命令に応じて動く
(➡p.209〜212)

行動には，生得的な面と習得的な面がある

声を発するのは生得的な面が強い行動だが，日本語を話すのは習得的な面が強い行動である(➡p.223)。

▲ヒトの言語学習における例

受容器が外界からの刺激を受け取る

錐体細胞の種類による吸収波長の違いを解明
(➡p.202)
グラニト(1930〜50年代)

光によるロドプシンの構造変化を解明
(➡p.202)
ワルド(1930〜60年代)

音の高低を聞き分けるしくみを解明
(➡p.204)
ベケシー(1940〜60年代)
音の高さによって基底膜の振幅が最大になる部分が異なることを発見した。

視覚が生じるしくみを研究
(➡p.201)
ハートライン(1950年代)

カブトガニを用いて，視細胞からの信号が神経系で処理されるしくみなどを分析した。

効果器が命令に応じて動く

筋肉については古くから多くの研究が行われてきたが，収縮のしくみは長く明らかになっていなかった。

人工的に筋収縮を起こすことに成功(➡p.210)
セント・ジェルジ(1942)
アクチンとミオシンからなるアクトミオシンにATPを加えると，収縮が起こることを解明した。

滑り説を提唱(➡p.209)
アンドリュー・ハクスリー，ヒュー・ハクスリーら(1954)
筋収縮は，タンパク質がばねのように伸び縮みするのではなく，筋繊維の滑り込みで起こると提唱した。

アンドリュー・ハクスリー

ヒュー・ハクスリー

1940〜60年代 | 1942 | 1950年代 | 1952 | 1954 | 1960年代 | 1961〜68 | 1963 | 1965頃 | 1970頃〜 | 1993

バッタの飛翔リズムは神経回路により形成される(➡p.218)
ドナルド・ウィルソン(1960年代)

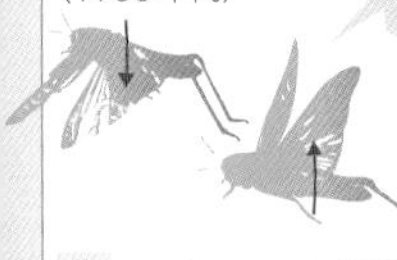

リズミカルな運動が神経回路によって自動化されていることを明らかにした

動物の行動を考える視点として，至近要因と究極要因を提唱(➡p.213)
ティンバーゲン(1963)

鳥のさえずり学習は，鋳型とそれにもとづく修正によって成立する(➡p.223)
小西正一(1965頃)
その後，フクロウの音源定位(➡p.215)のしくみも解明した。
行動の神経生理的な面を研究する学問である神経行動学の創出へとつながった

シナプスにおける記憶形成のしくみを解明
(➡p.220)
カンデル(1970頃〜)
アメフラシを用いて学習について研究し，記憶形成のしくみを分子レベルで解明した。
はじめて記憶形成の分子機構を明らかにした。その後，他の生物でも同様の機構が確認されている

ミオシン頭部の立体構造を解明(➡p.209)
レイモント(1993)

筋収縮を調節するしくみを解明(➡p.210)
江橋節郎(1961〜68)

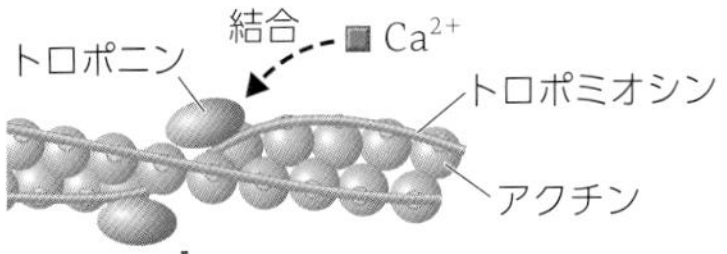

筋肉からトロポニンやトロポミオシンを単離し，これらがCa^{2+}とともに筋収縮を調節すると考えた。

脳の働きやヒトの行動の理解につながる実験系の提供

アメフラシでの記憶の分子メカニズムは，昆虫や脊椎動物にも共通であることが確認されている。また，コウモリの音源定位の研究は，ヒトの聴覚野における情報処理のしくみの理解に役立っている。動物の行動の研究は，ヒトの脳の働きを理解する上で重要な情報であり，医学への応用にも直結している。また，動物の行動パターンの研究は，ヒトの行動について，その発達や，社会や文明における影響を理解する上でも役立つ。

動物の言語についての研究

ヒト以外の動物にも，発声によってコミュニケーションを取るものがおり，それぞれの発声の意味を，観察やAIによる分析にもとづいて解明する研究が進められている。特に近年では，意味のある単語を組み合わせて文をつくる能力が，ヒトだけでなくシジュウカラにもみられることがわかってきた。

シジュウカラ

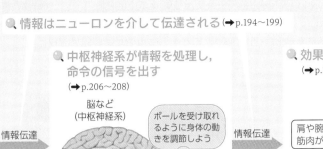

動物の環境応答と神経系

生物

Environmental Responses and Nervous System in Animals

関連動画をCheck!

基本 1 動物の刺激の受容から反応まで 生物

動物は，外界からの刺激を受容器で受容する。受容された刺激が神経系によって伝達・処理されて効果器に伝わり，その刺激に対する反応が現れる。

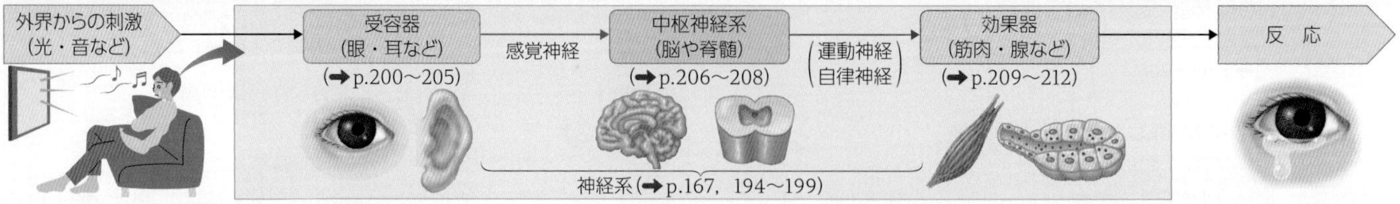

基本 2 神経系を構成する細胞 生物

神経系(➡p.167)では，受容した情報の伝達・統合・記憶などが行われる。神経系は，主に，ニューロン(神経細胞《しんけいさいぼう》)と，グリア細胞《さいぼう》(神経膠細胞《しんけいこうさいぼう》)と総称される細胞から構成される。

Ⓐニューロンとグリア細胞

ニューロンは，受容器からの情報を中枢に伝える感覚ニューロン，中枢からの指令を効果器へと伝える運動ニューロン，ニューロンどうしをつなぐ介在ニューロンの3つに大別される。グリア細胞は，ニューロンの支持や栄養分の供給に働く細胞である。

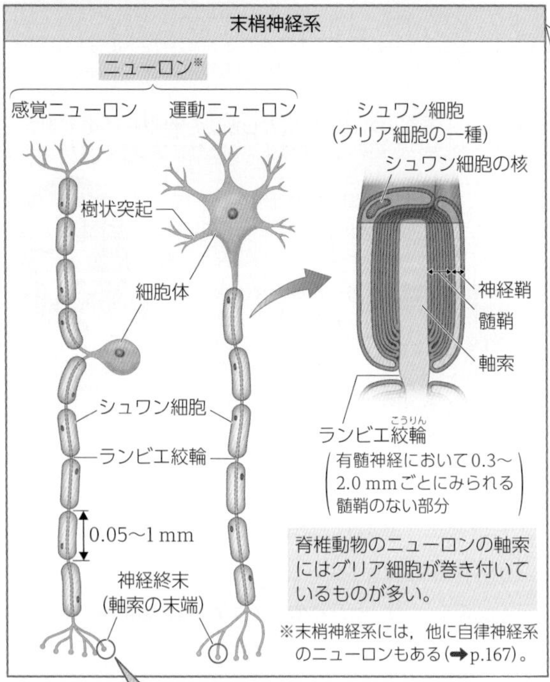

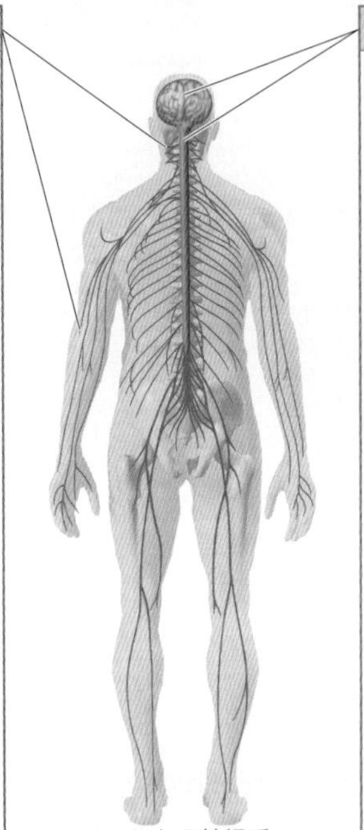

▲ヒトの神経系

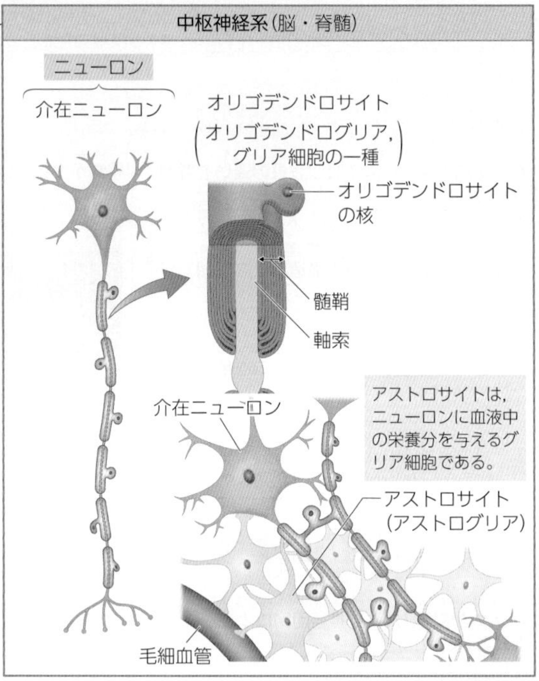

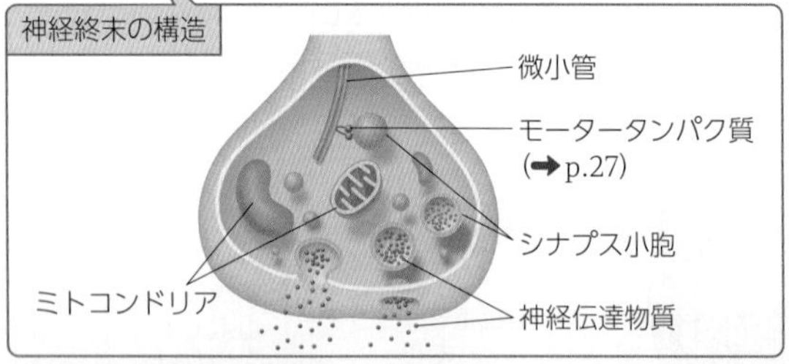

Ⓑ神経の構造

神経は，神経束が多数集まってできている。神経束は，多数の神経繊維(神経線維)からなる。

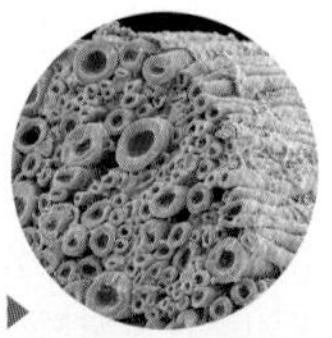

★神経束▶

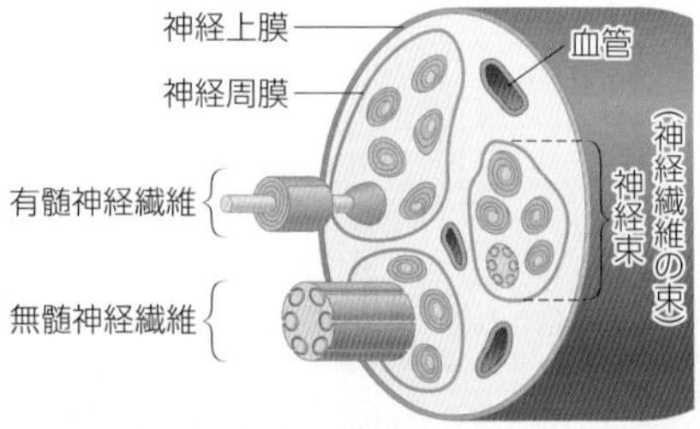

Ⓒ神経繊維の種類と構造

神経繊維は，神経鞘と髄鞘の有無によって分類される。

神経鞘《しんけいしょう》…シュワン細胞が軸索に巻きついて形成する鞘状の構造体のうちの，最外層の部分をいう。

髄鞘《ずいしょう》(ミエリン鞘《しょう》)…シュワン細胞やオリゴデンドロサイトの細胞膜が軸索に何重にも巻きつくことで形成される構造。脂質とタンパク質からなり，電気的な絶縁体である。

<table>
<tr><th>有鞘有髄神経繊維
(神経鞘と髄鞘をもつ)</th><th>無鞘有髄神経繊維
(神経鞘はなく髄鞘をもつ)</th><th>有鞘無髄神経繊維
(神経鞘をもつが髄鞘はない)</th><th>無鞘無髄神経繊維
(神経鞘と髄鞘をもたない)</th></tr>
<tr><td>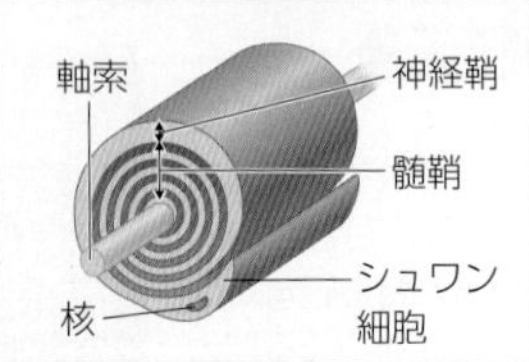</td><td>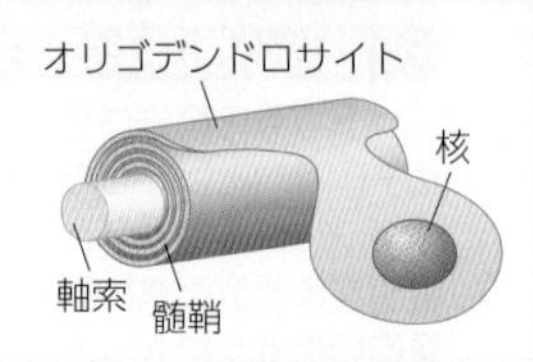</td><td>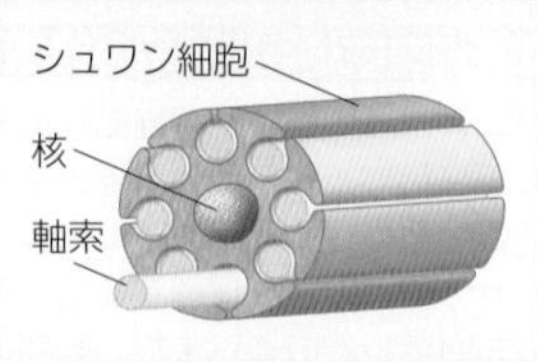</td><td>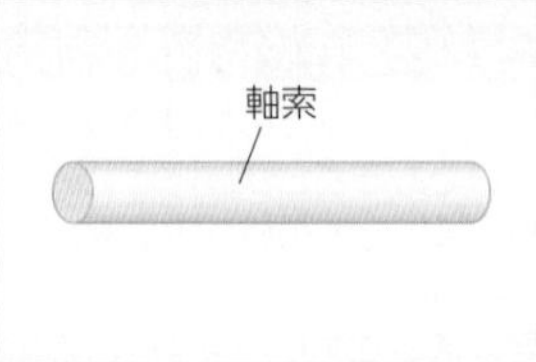</td></tr>
<tr><td>脊椎動物の多くの末梢神経</td><td>脊椎動物の中枢神経</td><td>脊椎動物の自律神経の節後繊維，
多くの無脊椎動物の神経</td><td>脊椎動物の嗅神経など</td></tr>
</table>

軸索／神経鞘／髄鞘／核／シュワン細胞	オリゴデンドロサイト／核／軸索／髄鞘	シュワン細胞／核／軸索	軸索

豆知識　ニューロンは「神経単位」とも呼ばれ，独立した神経の構造的および機能的単位を意味する。かつて，神経系を構成する神経細胞は原形質で癒着していると考えられていた。独立した個々の細胞からなると提唱されたのは1890年頃で，ニューロンという名称もその際に提案された。「neuro(neur)」は，「神経」の意味である。

02 静止電位

基本 1 情報が伝わる経路 生物

刺激を受容すると受容器で電気的な変化が生じ(➡p.200)，これが信号となって中枢神経系へ刺激の情報が伝えられる。中枢神経系からは効果器へ命令の情報が伝えられ，反応が起こる。

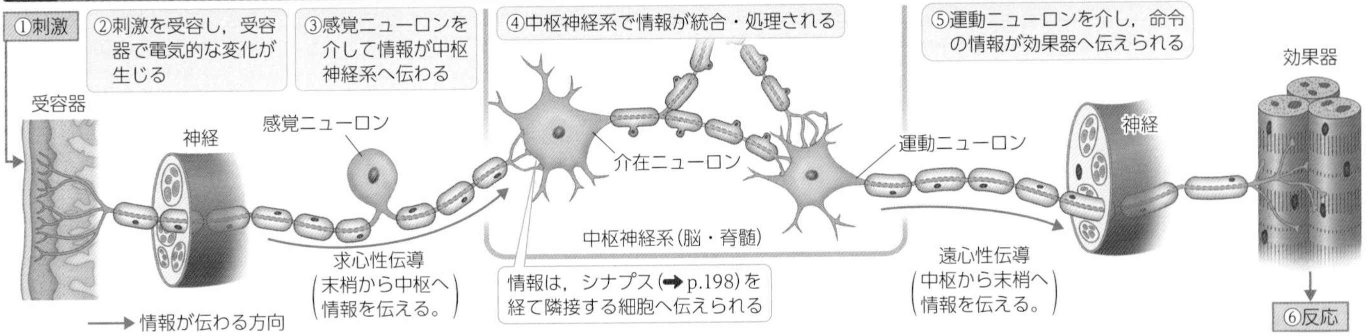
①刺激
②刺激を受容し，受容器で電気的な変化が生じる
③感覚ニューロンを介して情報が中枢神経系へ伝わる
④中枢神経系で情報が統合・処理される
⑤運動ニューロンを介し，命令の情報が効果器へ伝えられる
受容器
神経
感覚ニューロン
介在ニューロン
運動ニューロン
神経
効果器
中枢神経系(脳・脊髄)
求心性伝導
(末梢から中枢へ情報を伝える。)
情報は，シナプス(➡p.198)を経て隣接する細胞へ伝えられる
遠心性伝導
(中枢から末梢へ情報を伝える。)
⑥反応
➡情報が伝わる方向

2 静止電位 生物

細胞膜を隔てた電位差を膜電位《まくでんい》という。神経系における情報伝達は，この膜電位の変化によって行われる。細胞が刺激されていないとき(静止状態)の膜電位は静止電位《せいしでんい》と呼ばれる。

A 細胞内外の電位の測定と静止電位

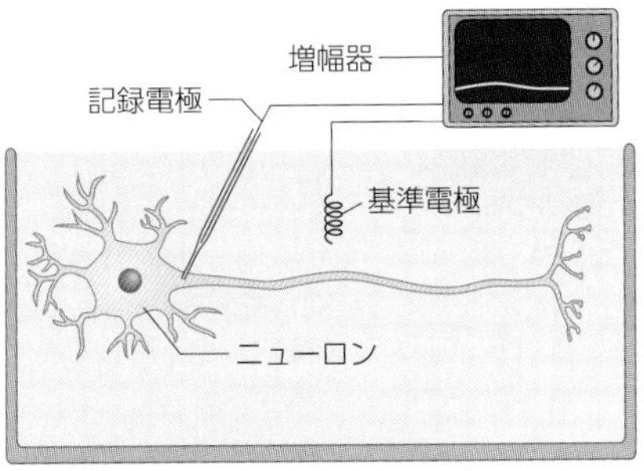
増幅器
記録電極
基準電極
ニューロン

膜電位は，細胞内に微小な電極を差し込むことで測定することができる。静止電位は，細胞外を0 mVとすると，ふつう，−70 mV程度になる。

生物にみられる電流・電位

電流：荷電粒子(電子やイオンなど)の移動に伴う正電荷の流れ。生体内で測定される電流は，イオンの動きに伴うものである。

電位：電気的なエネルギーの高さ。電流は電位の高い所から低い所へ流れる。

電位差：電流を流そうとする働きの大きさ。電圧のこと。

B 細胞内外のイオン組成の違い

細胞内液と細胞外液の溶質の濃度は等しく浸透圧も等しい。また，細胞の内液と外液の正と負の電荷は釣り合っている。しかし，細胞膜表面付近は，細胞膜を挟んで正と負の電荷に偏りが生じている。

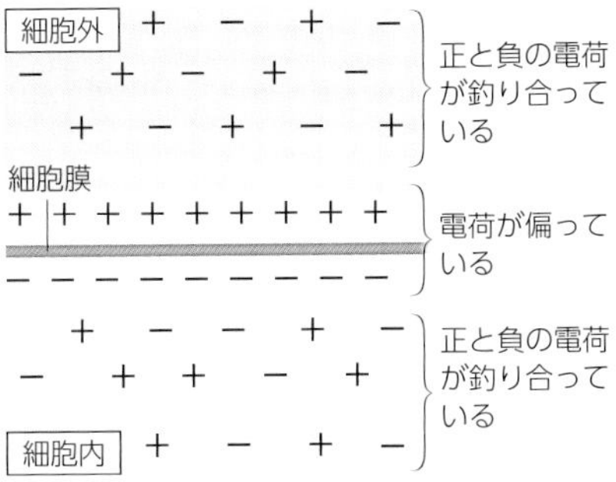
細胞外
正と負の電荷が釣り合っている
細胞膜
電荷が偏っている
正と負の電荷が釣り合っている
細胞内

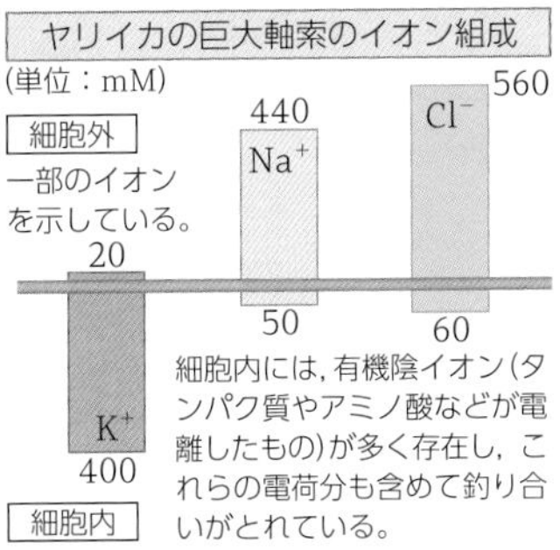
ヤリイカの巨大軸索のイオン組成
(単位：mM)
細胞外
一部のイオンを示している。
20
440
Na+
560
Cl−
50
60
K+
400
細胞内
細胞内には，有機陰イオン(タンパク質やアミノ酸などが電離したもの)が多く存在し，これらの電荷分も含めて釣り合いがとれている。

+PLUS α イカの巨大軸索

ニューロンの軸索の太さは生物によって異なる。たとえば，ウシガエルでは20 μm程度だが，ヤリイカには1 mmにもなる非常に太い軸索をもつニューロンが存在する。この巨大軸索を用いて，はじめて単一のニューロンで細胞内電極による静止電位や活動電位(➡p.196)が測定された。

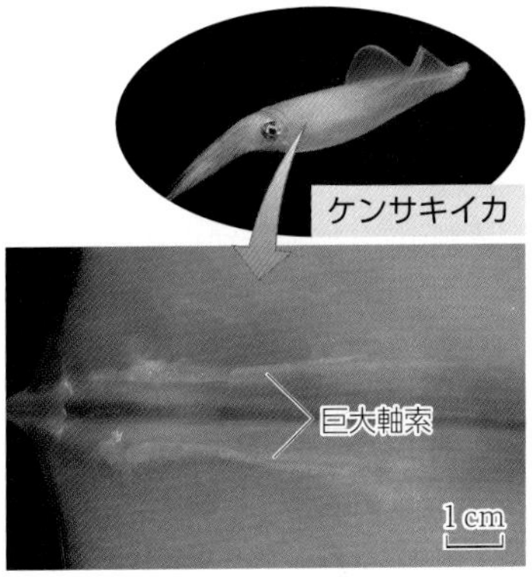
ケンサキイカ
巨大軸索
1 cm

C 静止電位が生じるしくみ

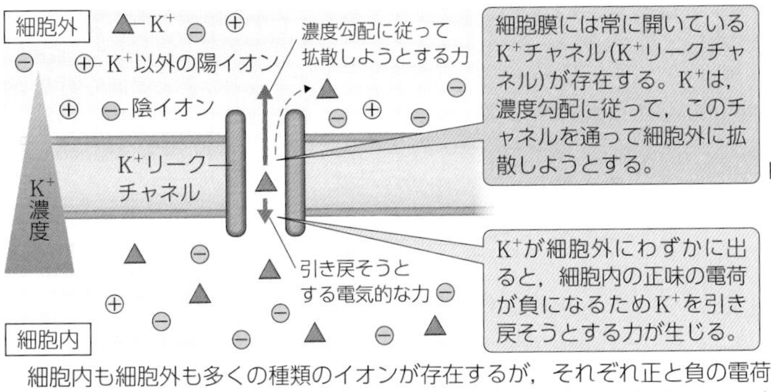
細胞外
▲K+
⊕K+以外の陽イオン
⊖陰イオン
濃度勾配に従って拡散しようとする力
K+リークチャネル
K+濃度
引き戻そうとする電気的な力
細胞内
細胞膜には常に開いているK+チャネル(K+リークチャネル)が存在する。K+は，濃度勾配に従って，このチャネルを通って細胞外に拡散しようとする。
K+が細胞外にわずかに出ると，細胞内の正味の電荷が負になるためK+を引き戻そうとする力が生じる。

細胞内も細胞外も多くの種類のイオンが存在するが，それぞれ正と負の電荷の数は等しい。一方，イオン組成は異なっており，細胞内は細胞外よりもK^+の濃度が高く，Na^+の濃度は低い。このK^+とNa^+の分布の違いには，ナトリウムポンプが関与している(➡p.29)。

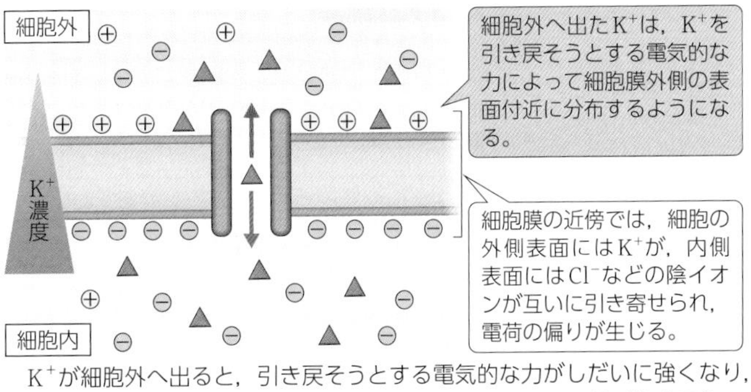
細胞外
K+濃度
細胞内
細胞外へ出たK+は，K+を引き戻そうとする電気的な力によって細胞膜外側の表面付近に分布するようになる。
細胞膜の近傍では，細胞の外側表面にはK+が，内側表面にはCl−などの陰イオンが互いに引き寄せられ，電荷の偏りが生じる。

K^+が細胞外へ出ると，引き戻そうとする電気的な力がしだいに強くなり，拡散しようとする力と釣り合うようになる。この状態の膜電位が静止電位である。静止電位が発生する過程で移動するK^+の量はごくわずかで，細胞内外のK^+の濃度に影響しない。

豆知識　ヤリイカの巨大軸索では，細胞の内容物をローラーなどを使って除いても，細胞内外それぞれに適当な濃度差の生理食塩水を入れれば静止電位が発生する。これは，静止電位が軸索の細胞膜の構造にもとづいて自ずと生じることを示している。

03 活動電位の発生

生物

Generation of Action Potential

関連動画をCheck!

基本 1 活動電位 生物

ニューロンに刺激が加えられると，細胞外のNa⁺が細胞内に流入して膜電位が変化する。さらに，ある一定の大きさ(閾値《いきち》)以上の刺激が加えられると，その部分で膜電位が大きく変化する。このような膜電位の変化は，活動電位《かつどうでんい》と呼ばれ，活動電位が発生することを興奮《こうふん》という。

活動電位の発生

細胞外液にはNa⁺が多い。この濃度を実験的に下げると，活動電位の最大値は小さくなる。このような実験などから，Na⁺の流入によって活動電位が生じることが明らかにされた。

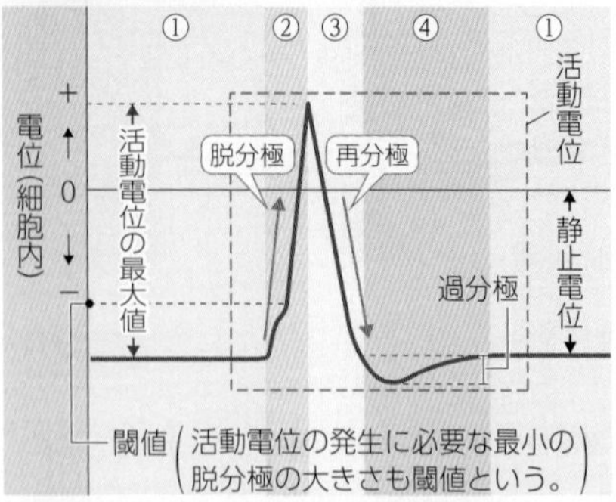

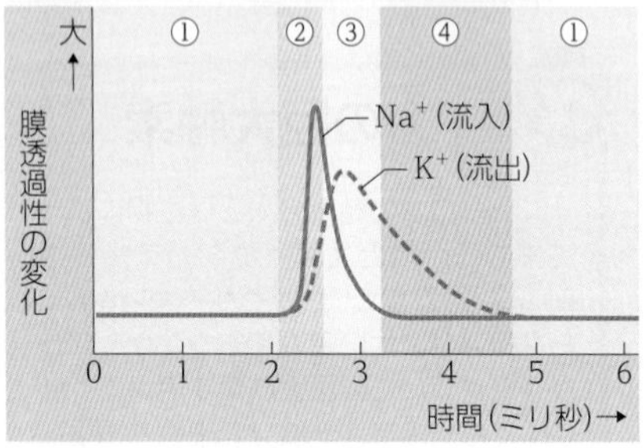

細胞内外で電位差が生じることを分極といい，静止電位から正の方向に変化することを脱分極，負の方向に変化することを過分極という。

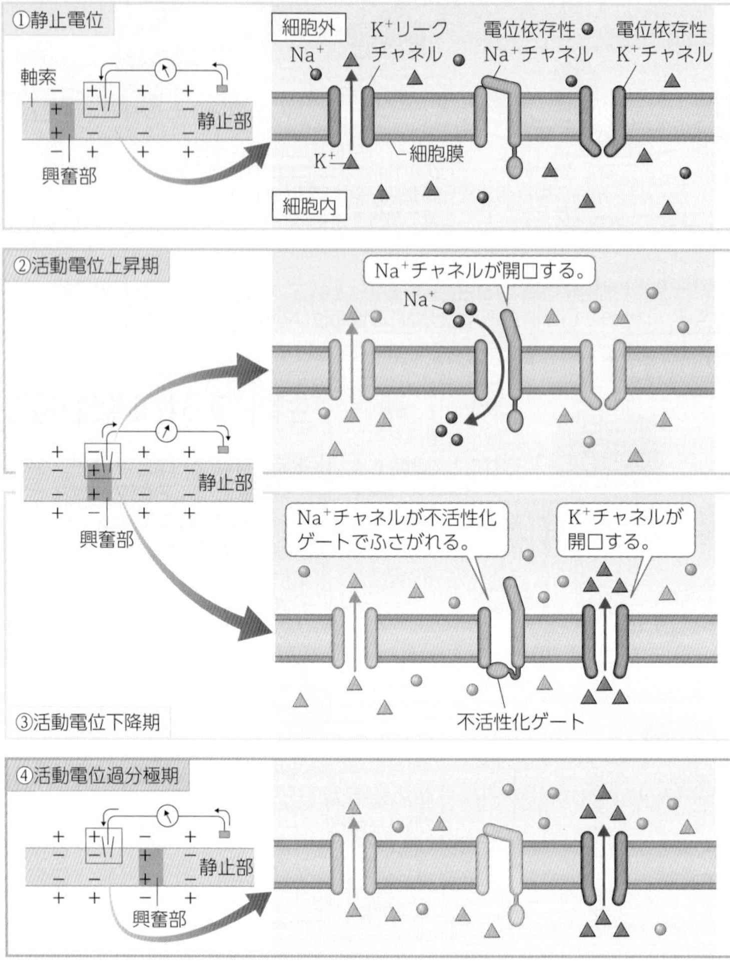

①静止部では，K⁺リークチャネルのみが開き，電位依存性チャネルは閉じている。

②膜電位が閾値以上に脱分極すると，電位依存性のNa⁺チャネルが活性化されて開口する。Na⁺が急速に細胞内へ流入し，膜電位は正の方向へ大きく変化する。

③Na⁺の流入が止まり，遅れて電位依存性K⁺チャネルが開口する。K⁺が細胞外に移動し，膜電位は急下降して再分極する。

④K⁺の流出が続き，過分極する。電位依存性K⁺チャネルが閉じると，K⁺リークチャネルの働きで静止電位に戻る。

ここでは，活動電位の発生に関係するNa⁺とK⁺の移動のみを図示している。活動電位が発生する際に移動するNa⁺やK⁺は非常に少なく，それらの濃度はほとんど変化しない。

不応期

活動電位の上昇期(②)の後，Na⁺チャネルは速やかに閉じる。その後，数ミリ秒以上にわたってNa⁺チャネルは電位変化に反応しない状態となり，新たな刺激が加えられても活動電位は発生しない。このような期間は**不応期《ふおうき》**と呼ばれる。

2 電位依存性イオンチャネル 生物

電位依存性イオンチャネルは，膜電位の変化によって立体構造が変化して開閉し，細胞膜のイオン透過性を変化させる。

Ⓐさまざまな電位依存性イオンチャネル

電位依存性ナトリウムチャネル	Na⁺を細胞内に流入させ，活動電位を発生させる。チャネルが開いた後すぐに閉じ，しばらくは開口しない。このため，活動電位の発生における不応期が生じる。
電位依存性カリウムチャネル	電位依存性Na⁺チャネルよりも遅れて開口する。K⁺を細胞外に流出させ，膜電位を急激に下降させる。
電位依存性カルシウムチャネル	Ca^{2+}を細胞内に流入させ，軸索の末端では，シナプス小胞のエキソサイトーシスを引き起こし，神経伝達物質を放出させる(➡p.198)。さらに，細胞体や樹状突起にも分布しており，通常の活動電位より持続時間がはるかに長いゆっくりした電位変化をもたらす場合がある。

Ⓑ電位依存性ナトリウムチャネル

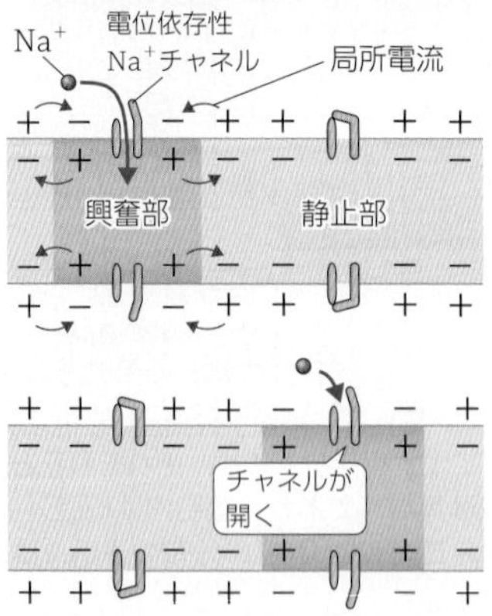

膜電位が上昇すると，隣接している静止部との間に電流(局所電流)が流れる(➡p.198)。その結果，静止部の膜電位が上昇する。

静止部の膜電位が上昇すると，電位依存性Na⁺チャネルが開き，Na⁺が細胞内に流入して活動電位が発生する。

豆知識 チャネルには，電位依存性のものやリガンド作動性のもの(➡p.32)のほか，温度を感知するものもある(➡p.76)。1997年にTRPV1という受容体が43 ℃以上で活性化することが報告されると，異なる温度を感知するものが次々と発見された。最初の発見者のジュリアスは，2021年にノーベル生理学・医学賞を受賞している。

基本 3 全か無かの法則 生物

全か無かの法則は，ニューロンだけでなく，感覚細胞や筋細胞などの興奮性の細胞全般にみられる。

Ⓐ全か無かの法則

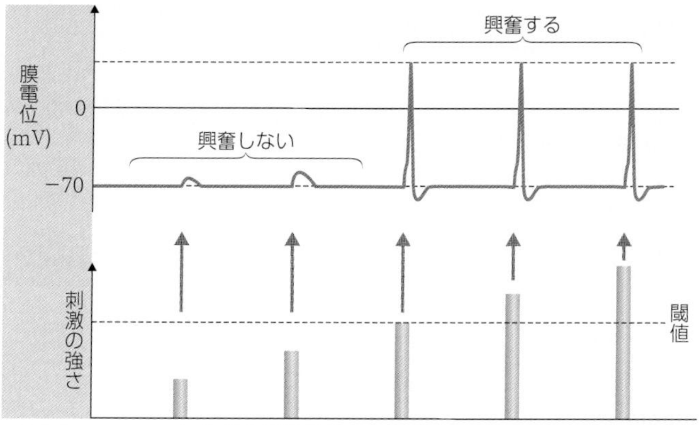

1本のニューロンに生じる活動電位の大きさは，刺激の強さが閾値以上であれば，その強さに関係なく一定である。したがって，ニューロンは刺激に対して興奮するかしないかのいずれかの反応を示す(**全《ぜん》か無《む》かの法則《ほうそく》**)。

Ⓑ刺激の強さと活動電位の発生頻度

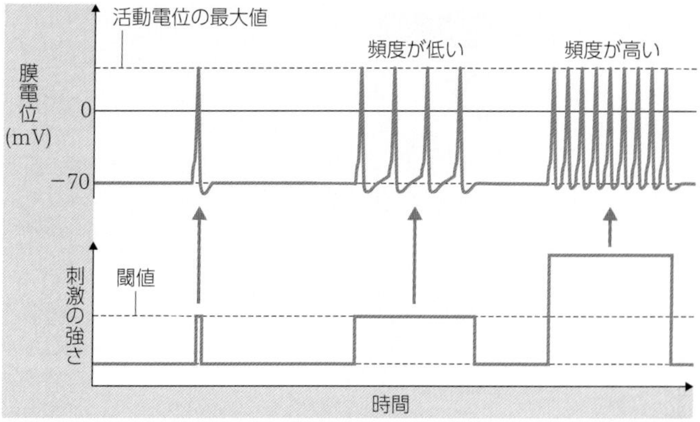

1本のニューロンに持続的に閾値以上の刺激を与えると，活動電位が連続的に発生する。強い刺激が与えられるほど，活動電位の発生頻度は高くなる。

4 神経における刺激の強さと感覚 生物

神経は，閾値の異なる多くのニューロンが束になったものである。

Ⓐ刺激の強さと興奮

刺激の強さに応じて，興奮するニューロンの数や，各ニューロンにおける活動電位の頻度は変化する。これによって，刺激の強さは，興奮するニューロンの数や活動電位の発生頻度に置き換えられて，中枢へ伝えられる。

弱い刺激の場合 少数のニューロンだけが興奮する。

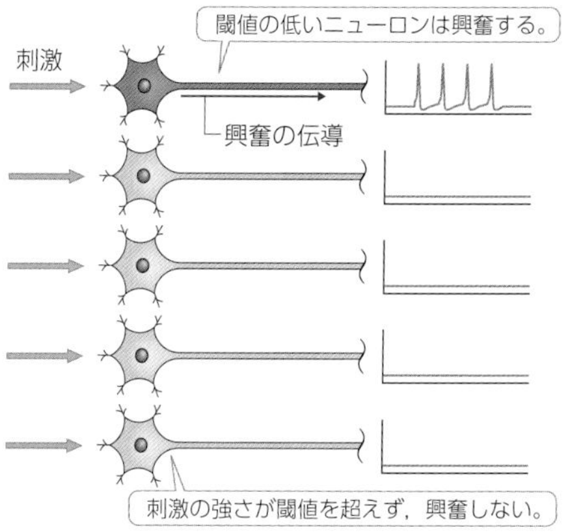

強い刺激の場合 多数のニューロンが興奮する。

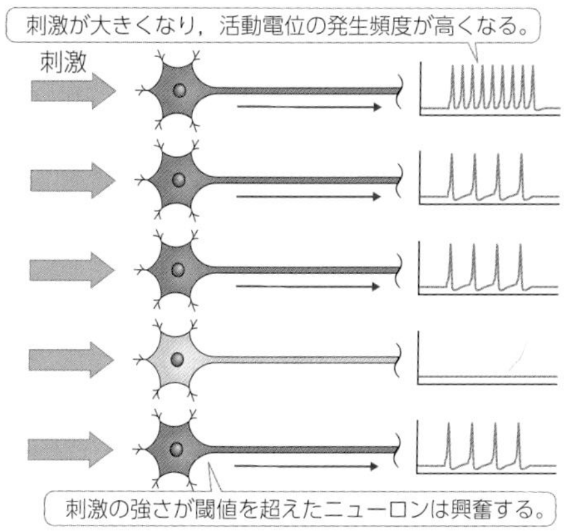

Ⓑ神経における活動電位の大きさ

神経に与える刺激を強くしていくと，興奮するニューロンの数がふえていくため，各ニューロンの活動電位が合わさったものである複合活動電位もそれに伴い大きくなる。

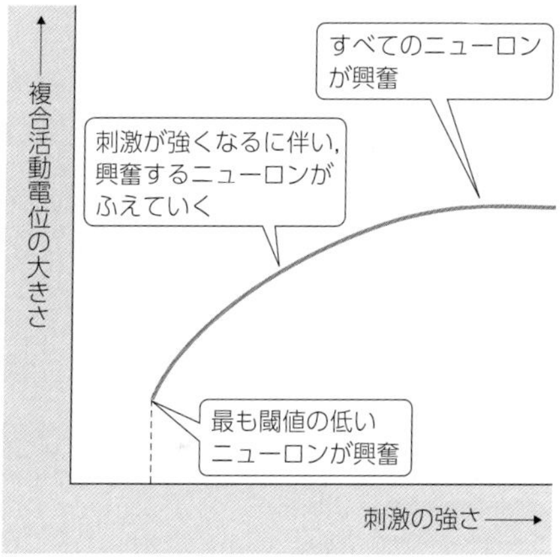

α PLUS フグの毒 生活 産業

フグのもつ毒は，テトロドトキシンと呼ばれ，活動電位を発生させるNa^+チャネルに特異的に結合して，その働きを阻害する。このため，テトロドトキシンを含むフグの内臓を食べると，活動電位の発生が妨げられ，感覚の異常や四肢のまひ，呼吸障害，意識障害などを生じ，死に至る場合もある。テトロドトキシンはフグには作用しない。これは，フグのもつNa^+チャネルの構造が他の生物のもとは異なっており，テトロドトキシンが結合できないためである。

フグのテトロドトキシンは，フグ自身ではなく，もとは海産の細菌の一種によってつくられたものである。フグは，食物連鎖を通じてこれを体内に取り込んでいる。

テトロドトキシンは，Na^+チャネルの働きを阻害してK^+チャネルの働きを調べる研究などに用いられている。

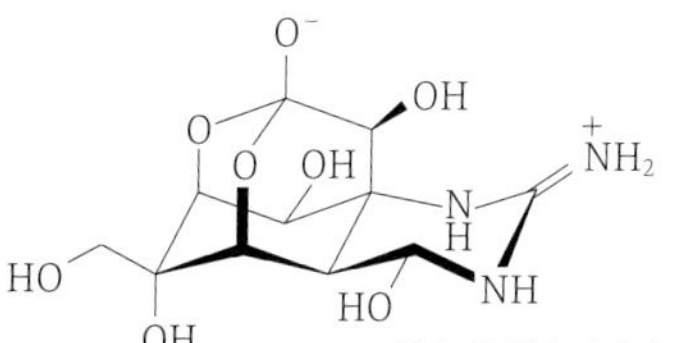

▲テトロドトキシン

コモンフグ

フグ毒をもつ生物

ヒョウモンダコ

トゲモミジガイ

フグの他にも，テトロドトキシンをもつ海産生物は複数ある。これらのテトロドトキシンも，同じ海産の細菌に由来する。

豆知識 テトロドトキシンは，日本人によって単離，命名された。テトロドトキシンの名称は，フグ科の学名「*Tetraodontidae*」と毒の「Toxin」からつくられた合成語である。

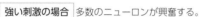

基本 1 興奮の伝導 生物

Ⓐ無髄神経における興奮の伝導

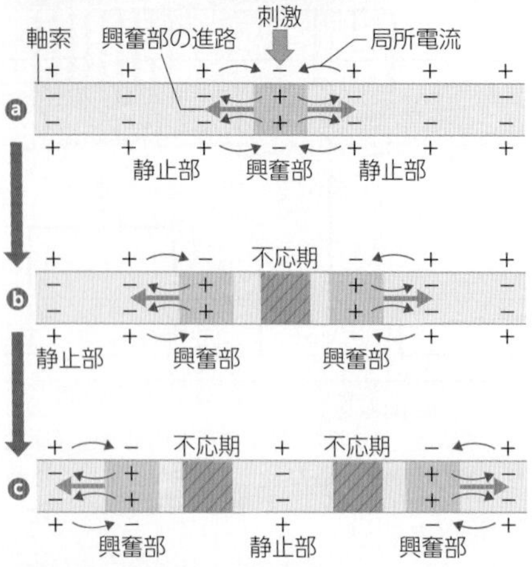

軸索の途中に人工的に刺激を与えると，その部分に活動電位を生じる。このとき，興奮部と隣接する静止部との間に微弱な電流が流れる。この電流は**局所電流**《きょくしょでんりゅう》(活動電流)と呼ばれる(ⓐ)。

局所電流は，隣接する静止部に活動電位を起こし，興奮を伝える。これを興奮の**伝導**《でんどう》という。一方，活動電位が生じた場所は不応期になるため，軸索の途中に発生させた興奮は，両方向へと伝導されていく(ⓑ，ⓒ)。

Ⓑ有髄神経における興奮の伝導

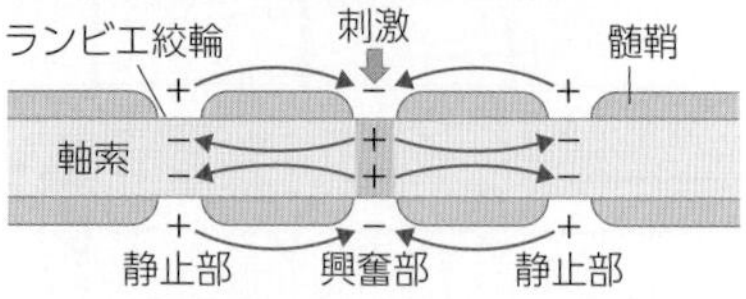

有髄神経では，髄鞘が電気を通さない(絶縁体)ため，局所電流はランビエ絞輪を次々と伝わる。このような興奮の移動は，**跳躍伝導**《ちょうやくでんどう》と呼ばれる。

	伝導速度(m/秒)	太さ(μm)	測定温度(℃)
イソギンチャク(無髄)	0.5	10	20
イカ(無髄)	25.0	600	18
カエル(有髄)	30.0	15	22
ネコ (有髄)	100.0	15	37
ネコ (無髄)	1.0	0.8	37

有髄神経は無髄神経よりも伝導速度が大きい。また，伝導速度は軸索の直径が大きいものほど大きい。伝導速度は温度の影響も受ける。

+α PLUS 電位変化の測定

細胞内電極による記録

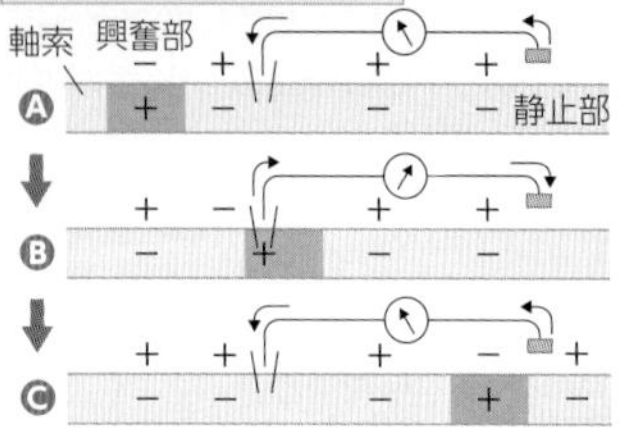

Ⓐでは細胞外に対して細胞内が負に，Ⓑでは膜電位が急激に変化して活動電位が測定される。Ⓒでは興奮部が移動し，静止時に戻る。

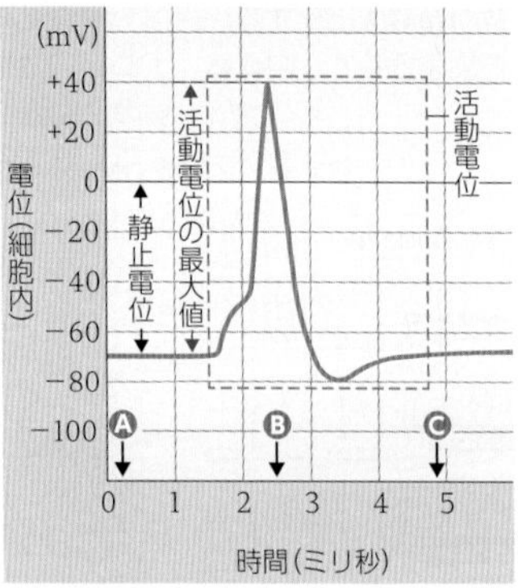

細胞外電極による記録

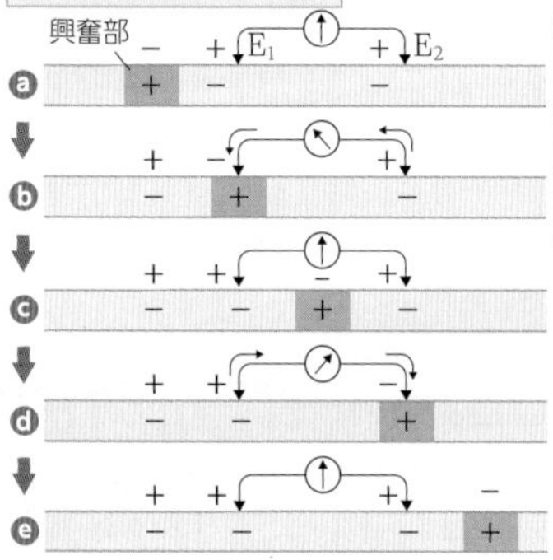

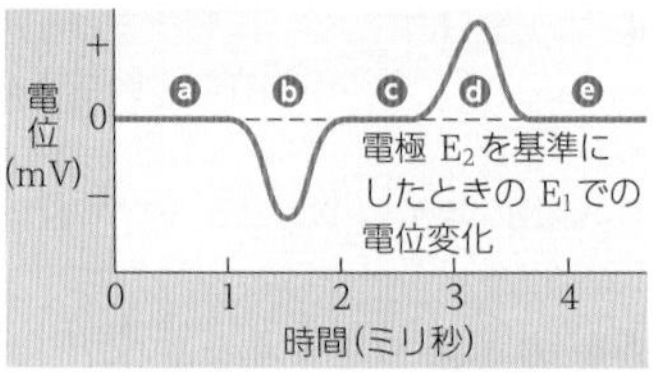

細胞外E_2に対する細胞外E_1の電位を測定した場合，ⓐ，ⓒ，ⓔの状態では，両電極間に電位差はない。一方，ⓑでは負，ⓓでは正になり，オシロスコープの波形も逆になる。

基本 2 興奮の伝達とシナプス 生物

興奮が隣接する細胞へ伝えられることを興奮の伝達《でんたつ》という。神経終末と，効果器や他のニューロンの樹状突起・細胞体との接続部をシナプスという。興奮は，シナプスを経て伝達される。

Ⓐ興奮の伝達

軸索を伝導してきた興奮は，軸索末端から隣接する細胞へと一方向に伝達される。

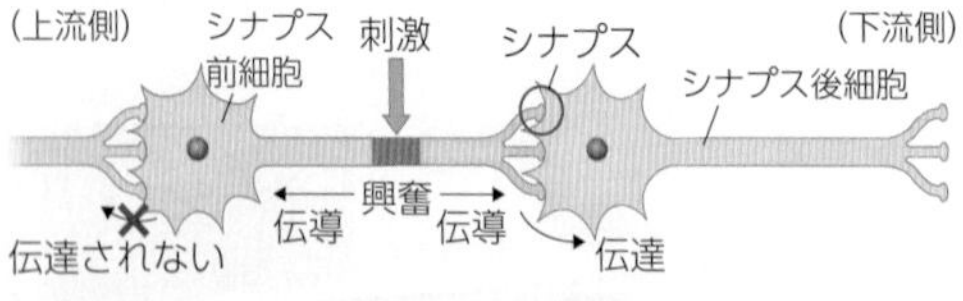

整理 興奮の伝導と伝達

	場所	媒体	方向	速さ
伝導	ニューロン内	局所電流	両方向	速い
伝達	シナプス	神経伝達物質	一方向	遅い※

※物質の拡散速度に依存するため遅い。

Ⓑシナプス

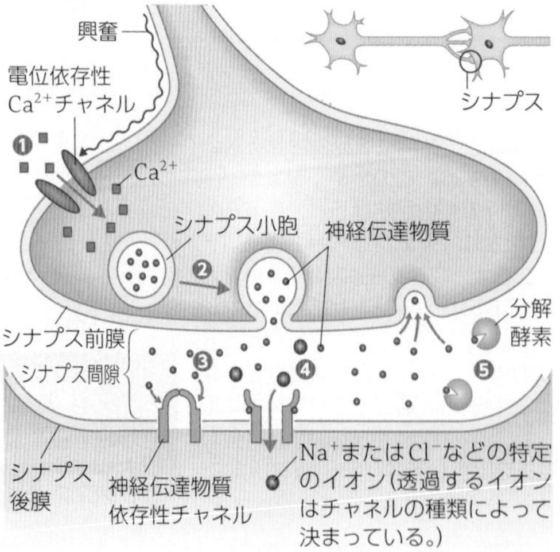

❶神経終末へ伝導された興奮によって電位依存性Ca^{2+}チャネルが開口し，Ca^{2+}が流入する。
❷Ca^{2+}濃度の上昇によってシナプス小胞がシナプス前膜と融合する。神経伝達物質(➡3)がシナプス間隙に放出され拡散する。
❸神経伝達物質がシナプス後膜の神経伝達物質依存性チャネルに結合する。
❹神経伝達物質依存性チャネルが開口し，Na^+またはCl^-などが移動する。その結果，シナプス後細胞の膜電位が変化する(興奮の伝達)。
❺神経伝達物質は，酵素に分解されたり，シナプス前細胞や近傍のグリア細胞に取り込まれたりして直ちに濃度が下がるので，ごく短時間しか作用しない。

豆知識 通常みられるシナプスは，神経伝達物質が放出される化学シナプスである。一方，ギャップ結合(➡p.31)を介したイオンの移動によってシナプス前細胞に発生した局所電流の一部がシナプス後細胞へ伝わり，興奮の伝達が起こる電気シナプスの存在も知られている。

3 神経伝達物質 生物

神経伝達物質《しんけいでんたつぶっしつ》は，隣接する細胞の受容体に結合し，細胞を興奮させたり，逆に興奮させにくくしたり（抑制）する。神経伝達物質が興奮と抑制のどちらに働くかは受容体の種類によって決まる。

作用のしかた	神経伝達物質	働く場所
興奮性	グルタミン酸	中枢神経系
抑制性	GABA（γ-アミノ酪酸）	中枢神経系
興奮性または抑制性（結合する受容体の種類によって現す効果が異なる。）	グリシン	中枢神経系
	セロトニン	中枢神経系
	ドーパミン	中枢神経系
	ノルアドレナリン（➡p.168）	交感神経（節後），中枢神経系
	アセチルコリン（➡p.168）	運動神経，交感神経（節前），副交感神経，中枢神経系

break ぶれいく 薬物中毒 保健

ドーパミンは，脳内に存在し，快感をもたらす作用をもつ神経伝達物質である。麻薬の一種であるコカインは，ドーパミン分泌直後のシナプスにおいて，ドーパミンがシナプス前細胞に取り込まれるのを阻害する。このため，シナプス間隙にはドーパミンが過剰に存在するようになり，通常よりも強い快感が引き起こされる。この状態がくり返されると，脳に異常が生じて常により強い快感を渇望するようになり，また，精神障害が生じる。

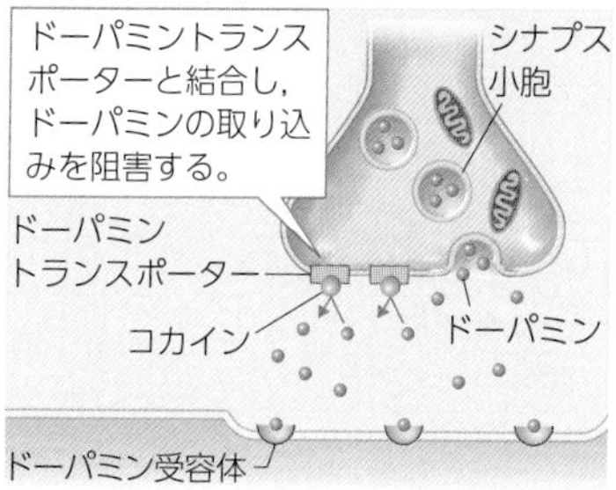

4 中枢神経でのシナプス伝達 生物

中枢神経でのシナプス伝達には，興奮性と抑制性がある。

Ⓐ興奮性シナプス

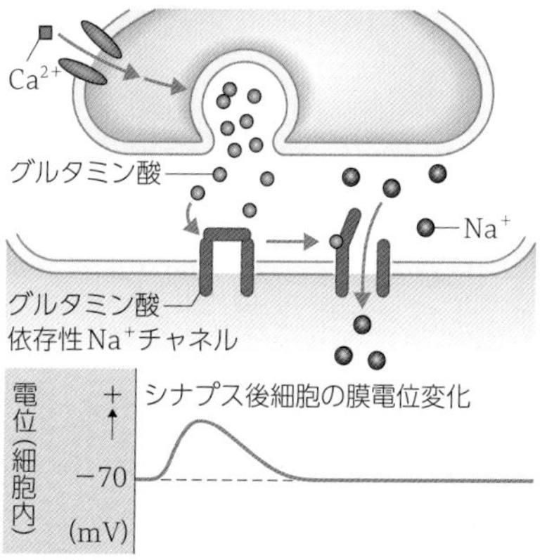

グルタミン酸は，興奮性の神経伝達物質である。シナプス前細胞から放出されたグルタミン酸によって，シナプス後細胞のグルタミン酸依存性Na^+チャネルが開くと，シナプス後細胞内にNa^+が流入し，脱分極性の電位変化を生じる。この電位変化は**興奮性《こうふんせい》シナプス後電位《こうでんい》**（EPSP; excitatory postsynaptic potential）と呼ばれ，EPSPが閾値を超えると活動電位が発生する。シナプス後細胞にEPSPを生じさせるシナプスを興奮性シナプスという。

Ⓑ抑制性シナプス

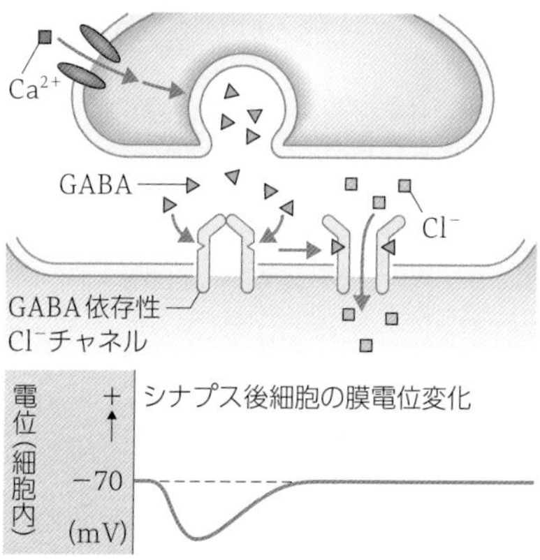

GABAは，抑制性の神経伝達物質である。GABA依存性Cl^-チャネルが開くと，シナプス後細胞内にCl^-が流入し，過分極性の電位変化を生じる。この電位変化は**抑制性《よくせいせい》シナプス後電位《こうでんい》**（IPSP; inhibitory postsynaptic potential）と呼ばれ，膜電位が閾値から遠ざかるので，活動電位が発生しにくくなる。シナプス後細胞にIPSPを生じさせるシナプスを抑制性シナプスという。

5 シナプス電位の加重 生物

中枢神経系のニューロンでは，多数のシナプスが形成されている。このようなニューロンでは，複数のシナプスによる膜電位の変化が加重（統合）され，活動電位が発生するかどうかが決まる。

Ⓐ軸索小丘

細胞体から軸索が出ていく部位を軸索小丘《じくさくしょうきゅう》という。ここには電位依存性Na^+チャネルが高密度で分布しており，脱分極が起こりやすくなっている。ふつう，単一のシナプスによる単発の膜電位の変化は，ニューロンを興奮させるのに十分ではない。複数のシナプスからの入力が加重され，軸索小丘の電位変化が閾値に達すると，活動電位が発生する。

なお，抑制性シナプスは軸索小丘の近傍に存在することが多く，興奮性シナプスからの入力を効果的に弱めることで，活動電位の発生を調節している。

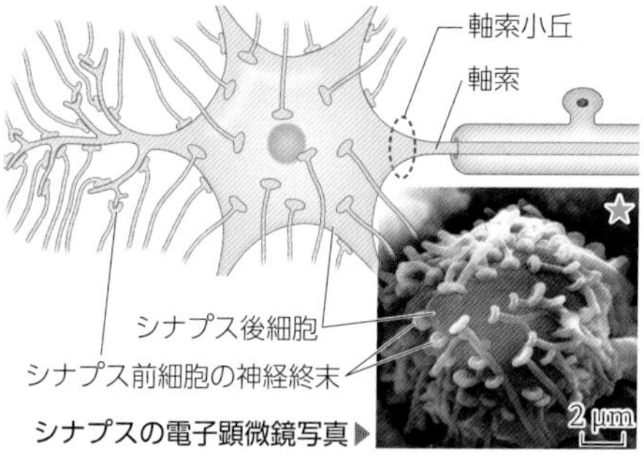

シナプスの電子顕微鏡写真▶

Ⓑ興奮性シナプスと抑制性シナプスによる加重

複数のニューロンから同時に刺激を受けた場合，それらの刺激による膜電位の変化は加算される。このような加算を**空間的加重《くうかんてきかじゅう》**という。また，単一のニューロンから短時間にくり返し刺激を受けた場合でも，その刺激による膜電位の変化は加算される。このような加算は，**時間的加重《じかんてきかじゅう》**と呼ばれる。

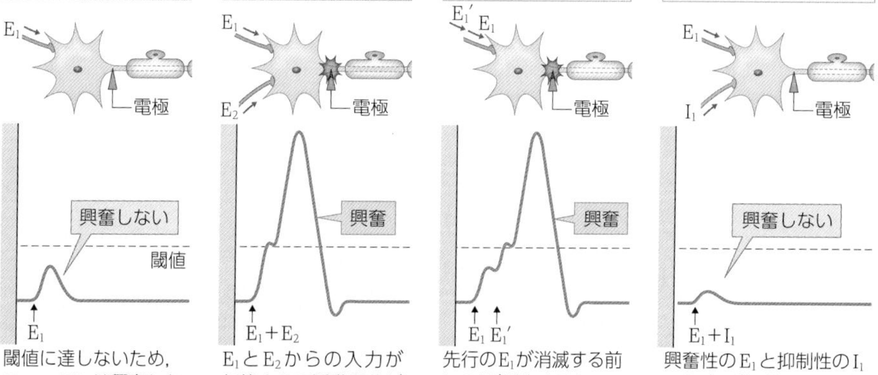

閾値に達しないため，ニューロンは興奮しない。

E_1とE_2からの入力が加算されて活動電位が生じる。

先行のE_1が消滅する前にE_1'が発生すると，これらは加算される。

興奮性のE_1と抑制性のI_1の入力が加算された場合，互いに打ち消し合う。

豆知識 セロトニンは，ドーパミンと拮抗的な作用をもつ神経伝達物質である。快感をもたらすドーパミンに対し，セロトニンは中枢神経の興奮を静め，不安や攻撃性を抑制する。セロトニンが不足すると，極度の不安感に襲われる。

05 受容器① 適刺激，視覚器の構造

生物　Receptive Organs, Part 1 Adequate Stimuli and Structure of The Visual Organs

関連動画をCheck!

基本 1 適刺激 生物

眼，耳，鼻，舌などの受容器が受容できる刺激の種類を，その受容器の適刺激《てきしげき》という。

Ⓐヒトの適刺激と受容器

＊感覚は大脳の働きによって生じる。

適刺激	受容器		感　覚＊
光（波長 400 ～ 720 nm）	眼	網　膜	視　覚
音波（20 ～ 20000 Hz）	耳	うずまき管（蝸牛《かぎゅう》）	聴　覚
からだの傾き（重力の方向）		前　庭	平衡覚
からだの回転（リンパ液の流れ）		半規管	
空気中の化学物質	鼻	嗅《きゅう》上皮	嗅　覚
液体中の化学物質	舌	味蕾《みらい》（味覚芽）	味　覚
接触による圧力	皮膚	圧点（触点）	圧覚（触覚）
圧力，熱，化学物質など		痛　点	痛　覚
高い温度		温　点	温　覚
低い温度		冷　点	冷　覚

Ⓑ動物による適刺激の違い

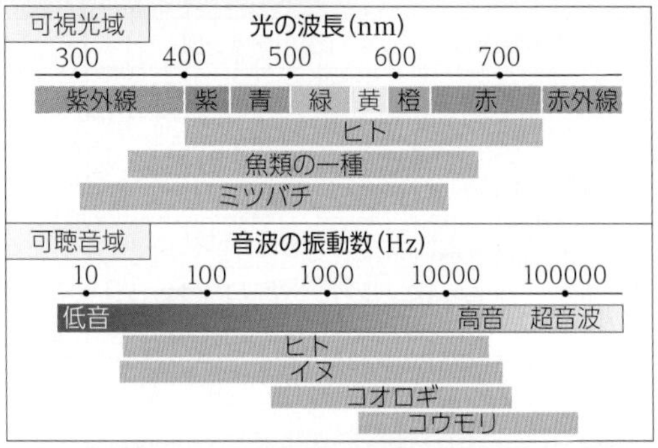

動物の種類によって適刺激の領域は異なる。たとえば光は，ヒトでもミツバチでも眼の適刺激だが，紫外線領域の光をミツバチは受容できるのに対し，ヒトはできない。

セイヨウカラシナの花の見え方

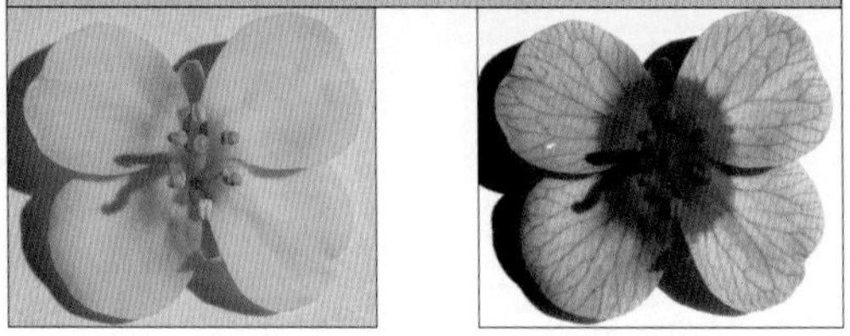

▲ふつうに撮影（ヒトの見え方）　▲ほぼ紫外線のみを通すフィルターを付けて撮影

α PLUS ウェーバーの法則

ある刺激において，生じている感覚の変化を感じるのに必要な最小の変化量⊿Rと，もとの刺激の強さRとの比Kは一定である（ウェーバーの法則）。Kの値は，感覚の種類によって異なり，小さいほど敏感とみなせる。

$\frac{\varDelta R}{R} = K$　ヒトの場合，視覚では $K = \frac{1}{100}$，聴覚は $\frac{1}{7}$ といわれる。

手のひらで感じられる重さの感覚を $K = \frac{1}{10}$ とすると，

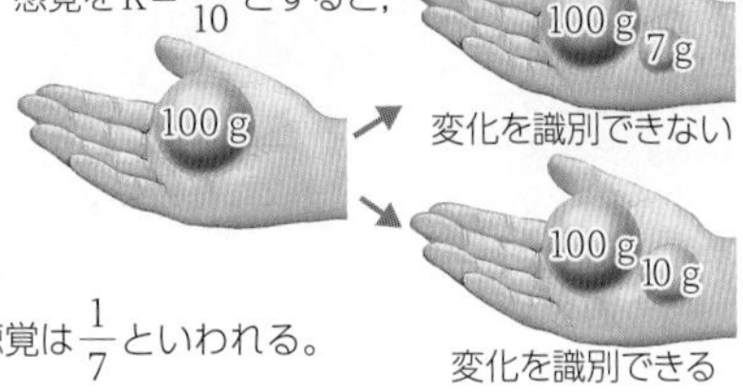

2 刺激の受容と情報伝達 生物

それぞれの受容器には，特定の刺激の受容に特化した感覚細胞が集中している。

Ⓐ刺激の受容と受容器電位

感覚細胞が刺激を受容すると，刺激の強さに応じた膜電位の変化が現れる。この膜電位の変化は，**受容器電位**《じゅようきでんい》と呼ばれる。

受容器には，刺激を特定の感覚細胞が受容するものと，感覚ニューロン自身が感覚細胞となって直接受容するものがある。感覚細胞には刺激を受け取ると開閉するイオンチャネルがあり，これを介したイオンの出入りによって膜電位が変化し，受容器電位が生じる。

刺激を特定の感覚細胞が受容する場合［聴細胞（➡p.204）の例］

❶聴細胞の外液には K^+ が多い。聴細胞が刺激を受容すると陽イオンチャネルが開き，K^+ が流入して脱分極する（受容器電位発生）。

❷受容器電位がある値を超えると，電位依存性 Ca^{2+} チャネルが開き，神経伝達物質が放出される。

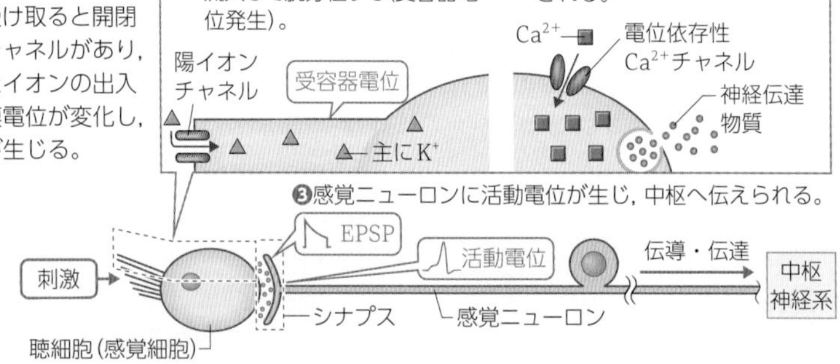

感覚ニューロンが感覚細胞である場合［嗅細胞（➡p.205）の例］

❶刺激を受容するとイオンチャネルが開き，陽イオンが流入して受容器電位が発生する。

❷受容器電位がある値を超えると，電位依存性 Cl^- チャネルが開いて Cl^- が流出し，さらに脱分極する。

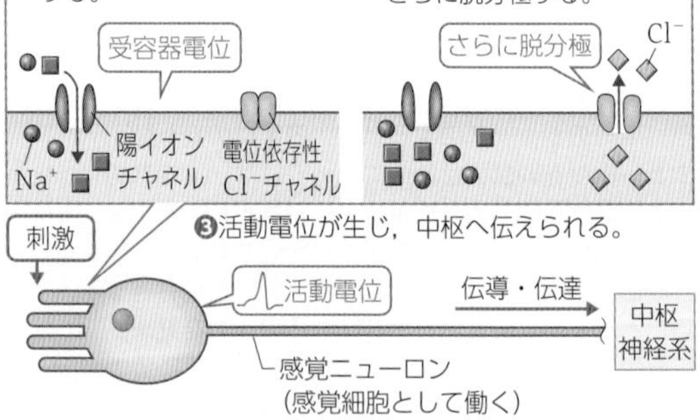

Ⓑ刺激の強さと受容器電位

刺激の強さに応じて受容器電位は大きくなるため，中枢へ伝わる感覚の強さも変化する。

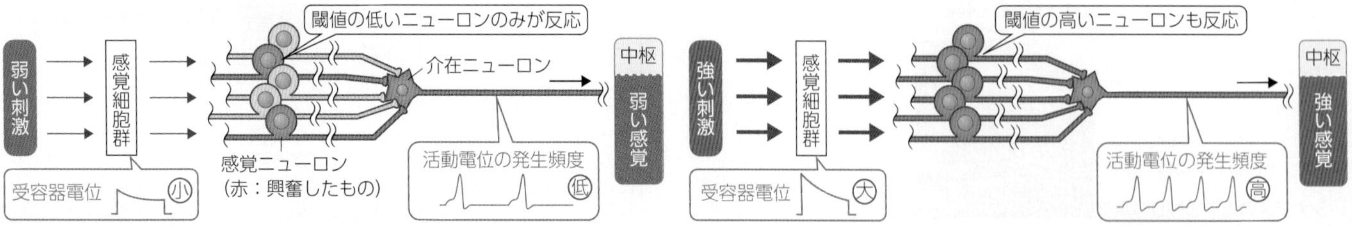

豆知識　受容器から中枢への経路のある部分を刺激すると，あたかも適刺激を受けたような感覚を生じる。これをミュラーの法則という。後頭部を強打したときに閃光を感じるのは，強打によって視覚の神経が刺激されるためである。

3 視覚器 生物

光は網膜《もうまく》にある視細胞《しさいぼう》によって受容され，その情報は大脳へと送られる（➡p.206）。視細胞には，桿体細胞と錐体細胞がある。光は，視細胞の外節《がいせつ》に含まれる視物質《しぶっしつ》(➡p.202)に吸収される。

Ⓐ眼球の構造と視細胞の分布

（右眼の水平断面を上から見たもの）

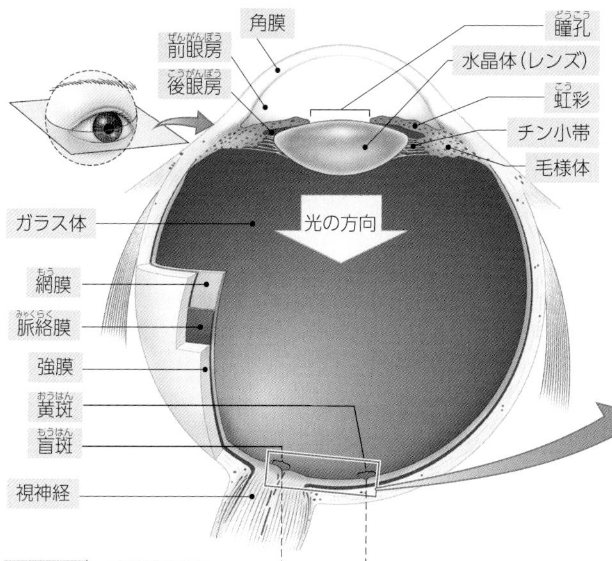

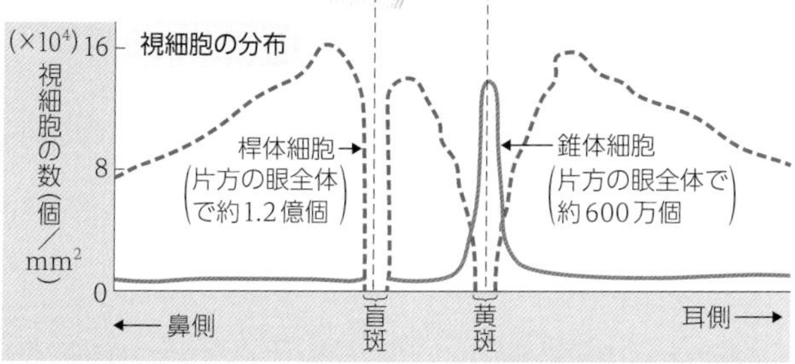

錐体細胞は黄斑の中心付近に多いので，色彩は視野中心部でよく感じる。
桿体細胞は黄斑の周辺部に多いので，暗所では周辺部で光を感じる。

サルの右眼の水平断面(盲斑付近)

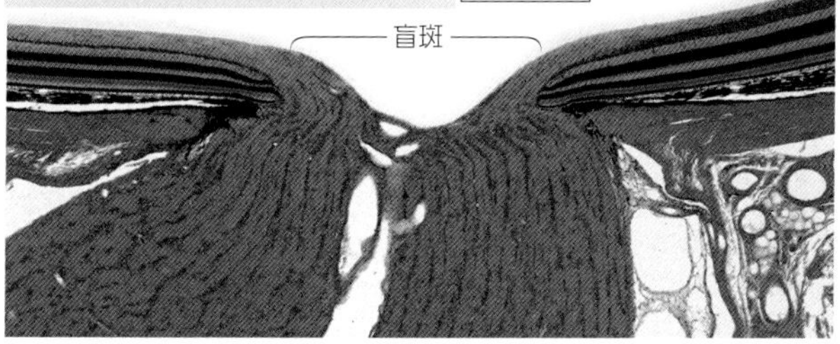

サルの右眼の水平断面(黄斑付近)

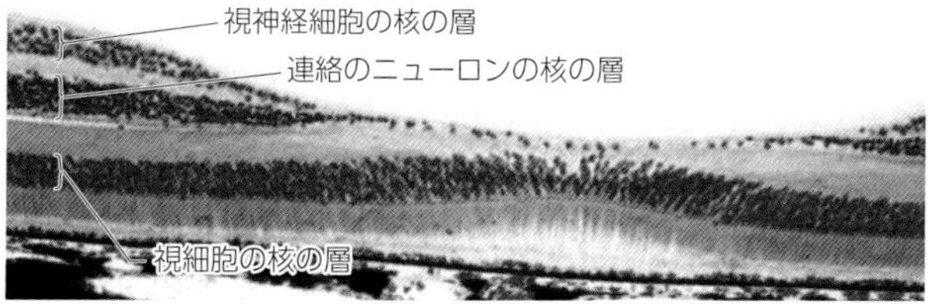

桿体細胞《かんたいさいぼう》…弱光でも働き，明暗の識別に関与する。色彩の識別には関与しない。
錐体細胞《すいたいさいぼう》…明所で働き，色彩の識別に関与する。
盲斑《もうはん》…視神経繊維が網膜を貫いている部分で，視細胞が存在しない。
黄斑《おうはん》…網膜の中央部にある，錐体細胞が多く分布する部分。

Ⓑ網膜の構造

片方の眼に視神経細胞は80万～100万個存在する。1個の視神経細胞に情報を送る視細胞は，1～多数個ある。特に網膜の周縁部では，1個の視神経細胞に対して100個以上の桿体細胞からの情報が送られる。これに対し，黄斑の中央部では1個の視神経細胞に対して1個の錐体細胞が情報を送る。このため，黄斑付近の分解能は高くなっている。

盲斑と黄斑付近の断面

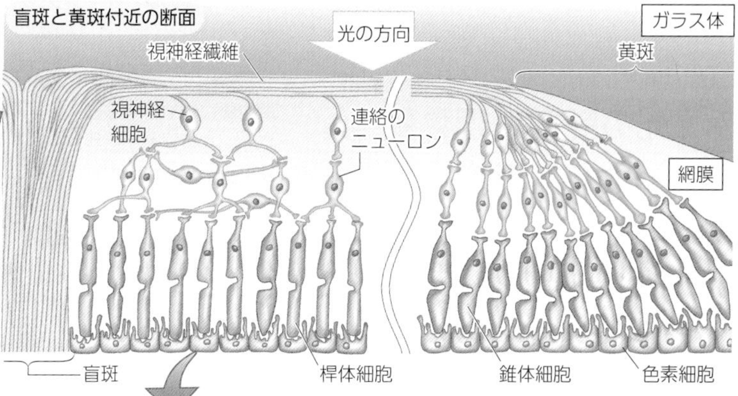

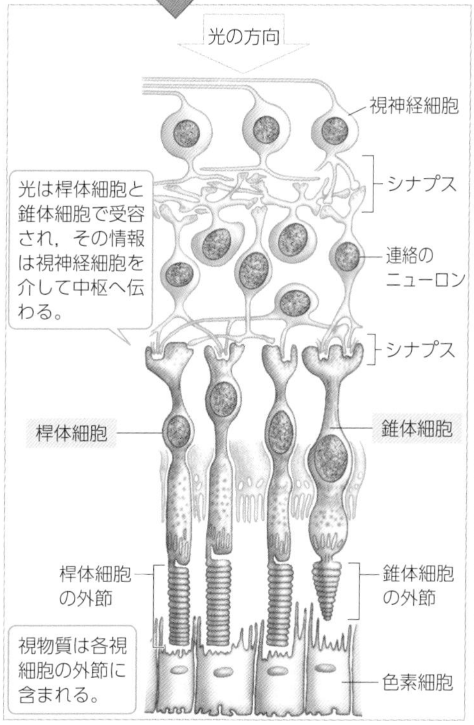

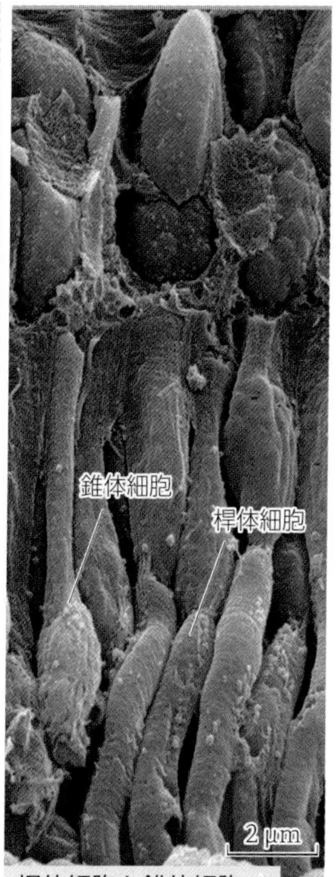

桿体細胞と錐体細胞★

Ⓒ盲斑の確認

①右図の＋印が右眼の正面にくるように本をもつ。
②左眼を閉じ，右眼で＋印を注視したまま，本を近づけたり遠ざけたりする。
③●が見えなくなる位置を探す（本との距離20 cm程度が目安）。このとき，●の像が盲斑上に結ばれている。

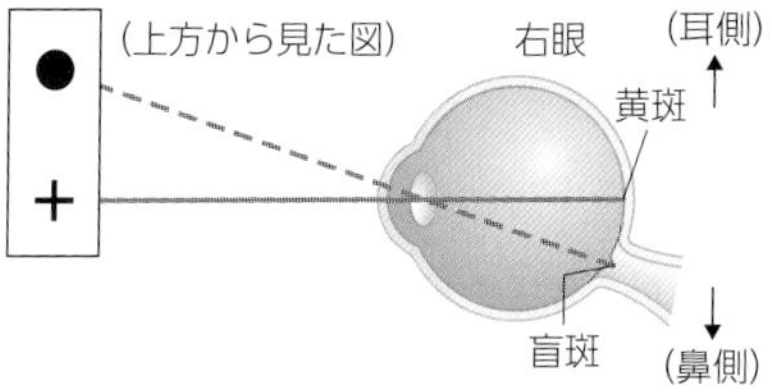

豆知識　水晶体の前部(虹彩と角膜の間の前眼房と，虹彩と水晶体，毛様体に囲まれる後眼房)は，透明な液体である房水《ぼうすい》で満たされている。房水は，血管を欠く水晶体や角膜への栄養分の供給に役立っている。

06 受容器② 視物質と視覚の調節

生物　Receptive Organs, Part 2 Visual Pigments and Accomodation of The Visual Perception

関連動画をCheck!

1 視物質 生物

視物質は，タンパク質とレチナールが結合した物質である。

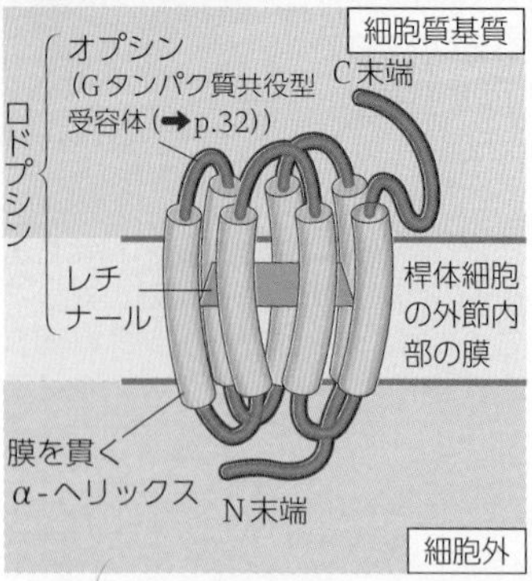

桿体細胞の視物質は，**ロドプシン**と呼ばれる。ロドプシンは，オプシンにビタミンAからつくられるレチナールが結合した物質である。錐体細胞の視物質は3種類あり，**フォトプシン**と総称される。これらはいずれもロドプシンとよく似た構造をもち，オプシンのアミノ酸配列はロドプシンのものと少しずつ異なるが，レチナールは共通している。

重要 2 色覚の生じるしくみ 生物

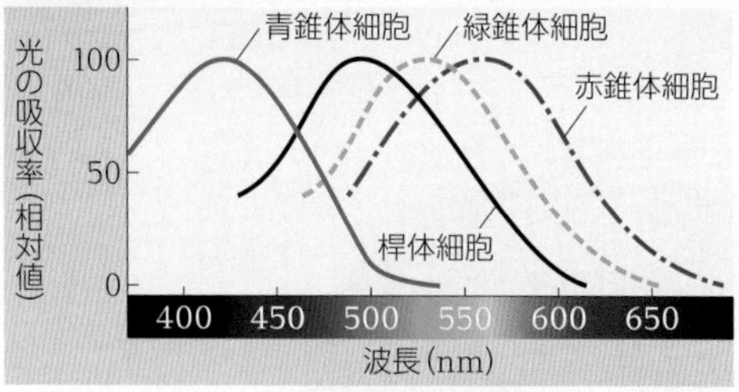

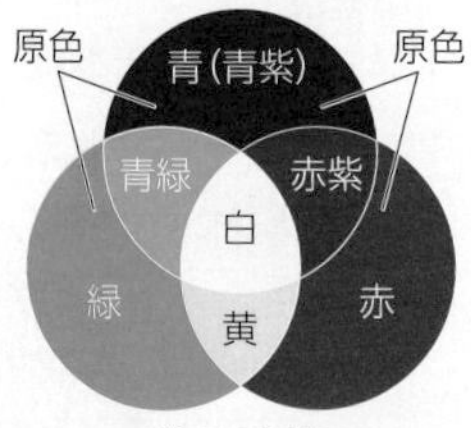

光の三原色

ヒトの網膜には青・緑・赤の3種類の錐体細胞が存在し，それぞれ特定のフォトプシンをもつ。吸収極大は，青錐体細胞が420 nm，緑錐体細胞が530 nm，赤錐体細胞が560 nm付近である。脳は，光を受容した錐体細胞の種類や割合から色彩を感知する。たとえば，青錐体細胞と赤錐体細胞が同時に反応すると紫色を感じる。

3 光の受容と視物質 生物

視物質に含まれるレチナールは，光を吸収すると構造が変化する。これに伴うオプシンの構造変化によって，受容器電位は生じる。オプシンの構造変化は，レチナールの変化から10^{-2}秒以内に起こる。

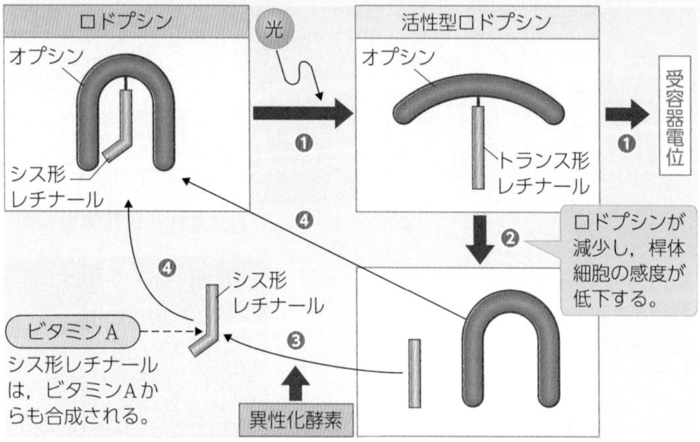

❶ロドプシンに光が当たると，レチナールが構造変化を起こし，シス形からトランス形に変化する（光による異性化）。これに伴って，タンパク質であるオプシンも構造変化を起こして活性化し，桿体細胞に受容器電位が生じる。

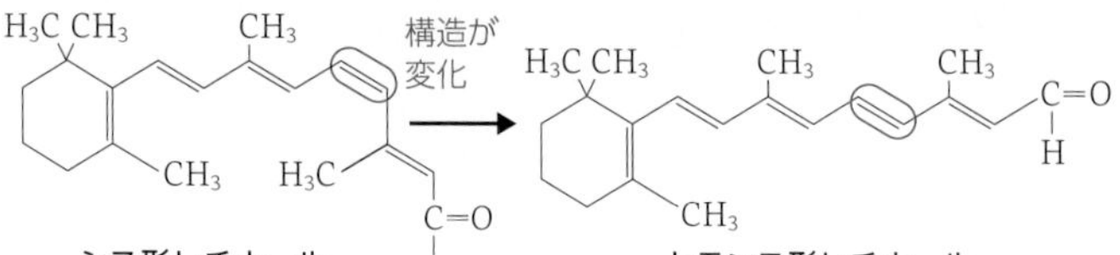

シス形レチナール　トランス形レチナール

構造変化は，光が照射されてから10^{-9}秒（1 n秒）以内に起こる。

❷レチナールがトランス形になってオプシンから離れ，ロドプシンは減少する。
❸トランス形レチナールが異性化酵素（イソメラーゼ）の働きでシス形になる。
❹シス形レチナールとオプシンが結合し，再びロドプシンとなる。

重要 4 明暗順応 生物

Ⓐ明順応

暗所から急に明所へ出ると，はじめはまぶしくて何も見えない。これは，暗所で合成された多量のロドプシンが明所で急激に分解され，桿体細胞が過度に反応するからである。ロドプシンが減少すると，桿体細胞の感度が下がり，まぶしくなくなる。また，錐体細胞が働くことで，明所でも正常に見えるようになる。この現象を**明順応**《めいじゅんのう》といい，数分で完了する。

Ⓑ暗順応

明所から急に暗所に入ると，はじめは何も見えないが，次第に見えるようになる。これは，暗所で錐体細胞と，特に桿体細胞の感度が上昇するためである。これを**暗順応**《あんじゅんのう》といい，2段階で進行する。

暗順応は約1時間で完了する。

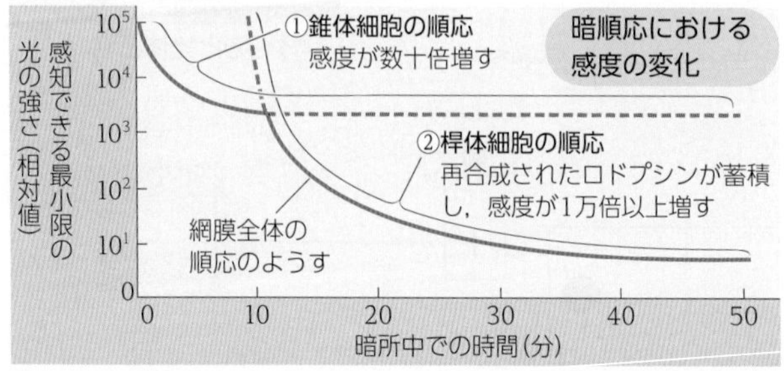

break ぶれいく 補色残像現象 生活

ある色をしばらく凝視した後に視線を白い物に移すと，その補色（混ぜると白や黒などの無彩色になる色）の像が見えてくる現象を，補色残像現象という。このしくみに関する説の1つに，同じ波長の光刺激を受け続けたことによる錐体細胞の反応の低下が要因とするものがある。

生物のからだでは，同じ刺激を受け続けると，次第にその刺激への反応が低下することがある。たとえば，赤色の光を受容し続けると，赤錐体細胞の反応は低下する。この状態で白色の紙を見た場合，通常，白色は赤・青・緑錐体細胞が等しく反応して感知されるが，赤錐体細胞の反応が弱くなっているので，色の情報を処理するニューロンからは青・緑錐体細胞が強く反応した場合の信号が大脳へと伝えられ，青緑色の像が見えると考えられる。

手術着が白色ではなく青緑色なのは，血液や臓器の色（赤色）を見続けることによる補色残像のちらつきを抑えるためである。

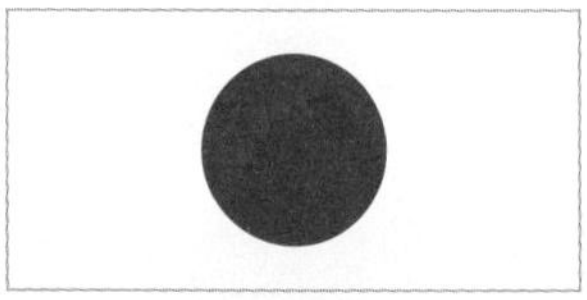

上の図形をまばたきせずに10秒以上凝視した後，白い紙を見ると，紙上に青緑色の丸がちらつく。

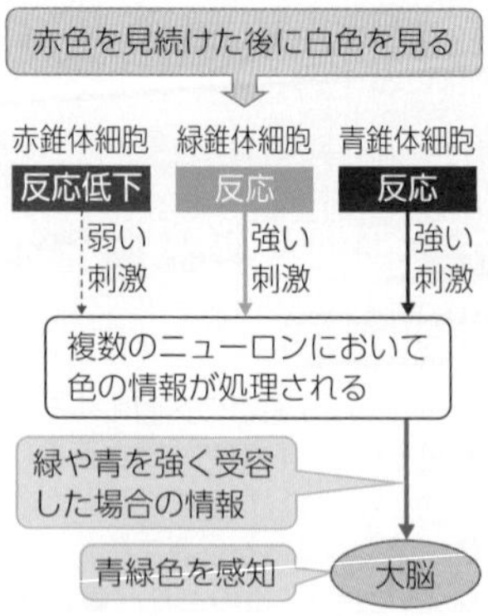

豆知識　錐体細胞は，桿体細胞に比べて感度が低い。これは，フォトプシンが活性型として存在する期間がロドプシンに比べて短く，細胞に電気的な変化が生じるには多くのフォトプシンが活性化される必要があるためである。

5 明暗調節 生物

眼に入る光の量は，瞳孔《どうこう》括約筋《かつやくきん》と瞳孔散大筋《どうこうさんだいきん》の働きあいによって瞳孔の大きさが変化して調節される。

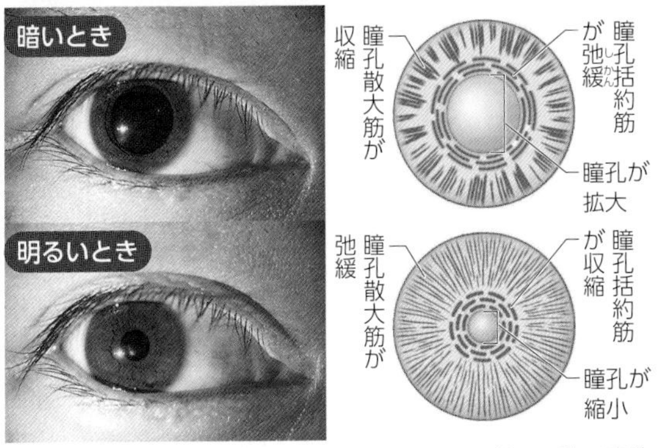

瞳孔の直径は，最大8 mm，最小1 mmで，約0.2秒で変化する。また，明るさの情報は，両側の動眼神経に伝えられる。このため，片側の眼に光を当てても，両側の瞳孔が小さくなる。

6 遠近調節 生物

遠近調節は，毛様筋の収縮・弛緩と，水晶体自身の弾性によって水晶体の厚さが変化して行われる。

近くを見るとき（約6.5 m以内）　毛様筋が収縮し，毛様体のつくる輪が小さくなる。チン小帯がゆるみ，水晶体は弾性で厚くなる。

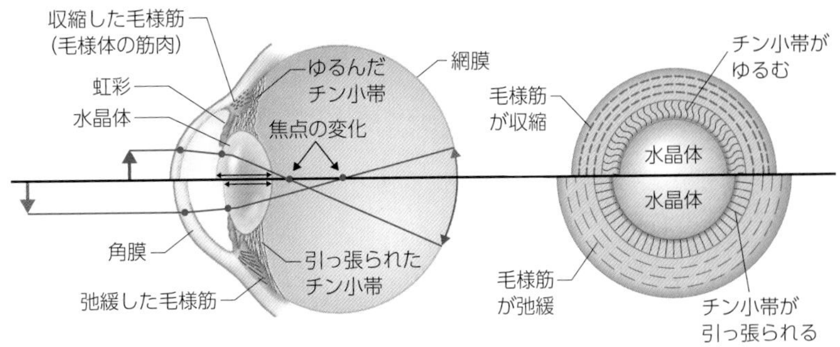

遠くを見るとき　毛様筋は弛緩し，毛様体のつくる輪は大きくなる。チン小帯に引っ張られて，水晶体は薄くなる。

7 視覚の伝導路と視交叉 生物

Ⓐ視覚の伝導路

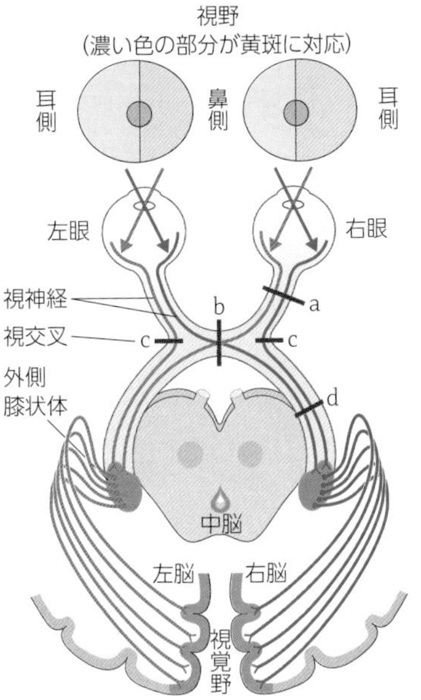

眼球から出た視神経繊維は，視交叉《しこうさ》を経て外側膝状体《がいそくしつじょうたい》に達する。ここで別の神経繊維に中継され，大脳の後部にある視覚野に情報が伝えられて視覚を生じる。

視交叉では，網膜の鼻側から出る神経繊維が交差して，それぞれ反対側に伸びる。一方，耳側から出る神経繊維は交差しない。その結果，左脳は視野の右半分，右脳は視野の左半分を担当する。ヒトなどの哺乳類の一部はこの伝導路をもつが，脊椎動物の多くは，鼻側・耳側とも交差し，左脳は右眼，右脳は左眼からの情報のみを受け取っている。

Ⓑさまざまな障害部位における視野欠損

視神経が眼球を出てから視覚野に至るまでの経路のどこかに障害が生じると，視野の一部が欠損する。たとえば，左図aで切断された場合，右眼の視野が欠損する。また，bで切断された場合は，両目の鼻側からの情報が伝わらなくなり，右眼の右側と左眼の左側の視野が欠損する。

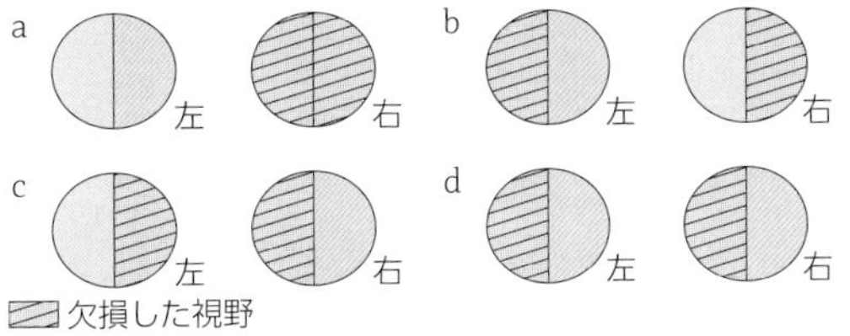

8 近視眼・遠視眼・老眼 生物

Ⓐ近視眼

物体の像が網膜の前にできる。凹レンズで矯正《きょうせい》できる。

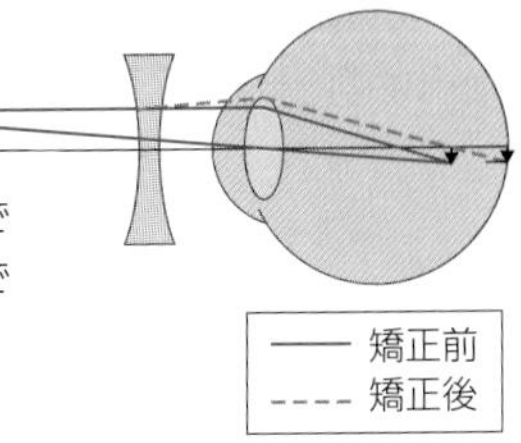

Ⓑ遠視眼

物体の像が網膜の後にできる。凸レンズで矯正できる。

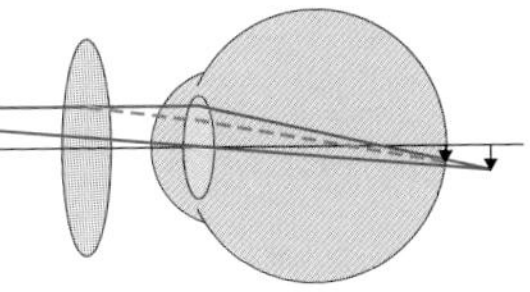

Ⓒ老眼

水晶体の弾性が失われ，十分に厚くなれず，近くを見るとき網膜より後方に像ができる。凸レンズで矯正できる。

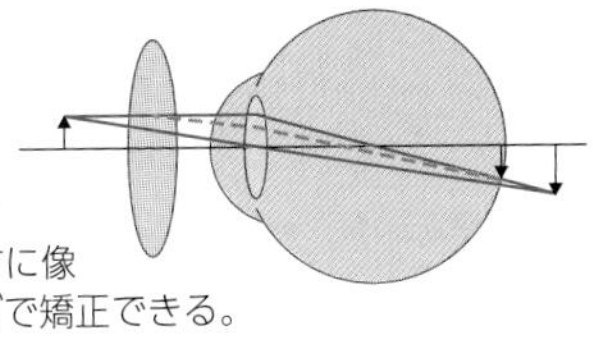

α PLUS いろいろな視覚器

眼点・感光点（ミドリムシ）	視細胞（ミミズ）	杯状眼《はいじょうがん》（プラナリア）	穴眼《けつがん》（ゴカイ）	複眼（セミ）	カメラ眼（イカ）
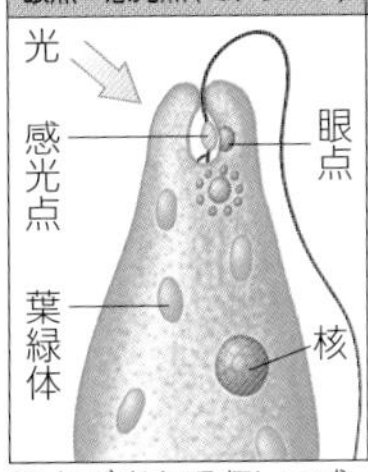	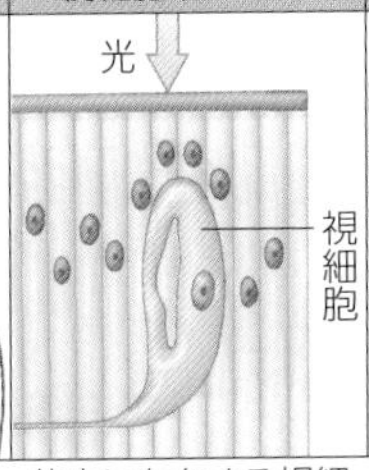	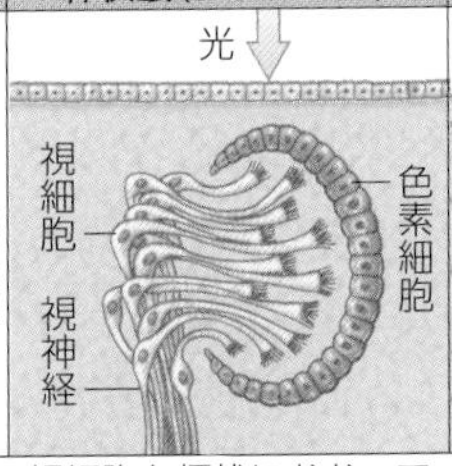	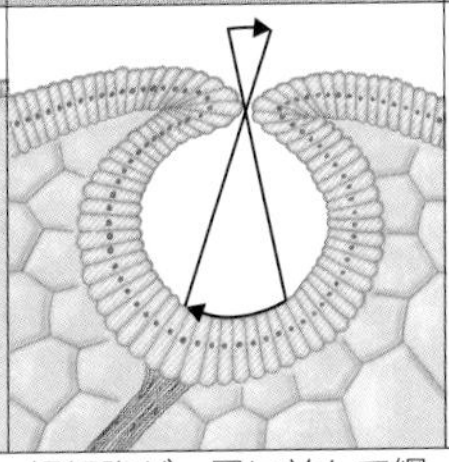	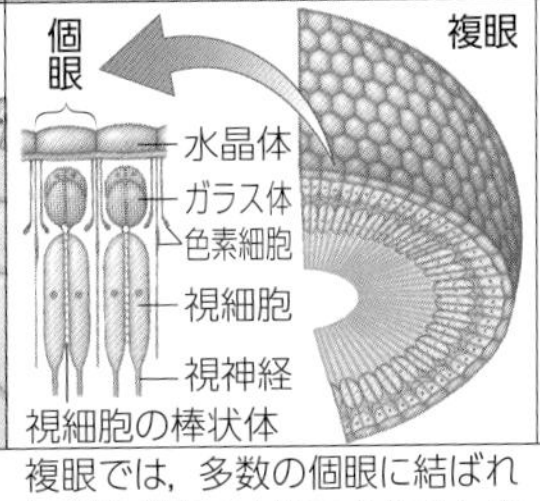	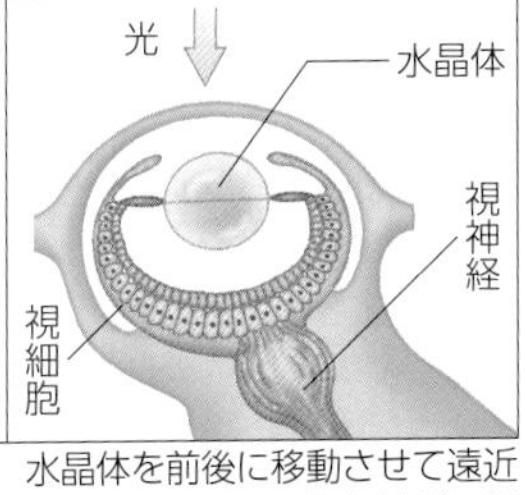
眼点が光を吸収して感光点に入る光の範囲を限定するため，光の方向をある程度感じ取る。	体表に存在する視細胞によって，からだ全体で光の方向を感じ取る。	視細胞を杯状におおっている色素細胞が光をさえぎることで，光の方向を感じ取る。	視細胞が一層に並んで網膜を形成し，ピンホールカメラの原理で物体の像を結ぶ。	複眼では，多数の個眼に結ばれた部分像をまとめて全体像と感じ取る。2つの複眼の間にある単眼は明暗や光の方向を感じ取る。	水晶体を前後に移動させて遠近調節をし，鮮明な像を結ぶ。視神経が視細胞より外側にあるため，盲斑をもたない。

豆知識　桿体細胞に障害が起こると，暗い夜などに視力が低下する夜盲《やもう》が起こる。夜盲は，ビタミンA欠乏症などでもみられることがある。ビタミンAは，ロドプシンの再生に関与する。

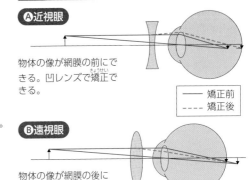

基本 1 聴覚器 生物

音波による振動が，うずまき管《かん》(蝸牛《かぎゅう》)の聴細胞《ちょうさいぼう》(有毛細胞《ゆうもうさいぼう》)で受容される。聴細胞で生じた受容器電位は，聴神経に活動電位を生じさせる。これが，大脳へと伝えられて聴覚が生じる。

Ⓐ耳の構造

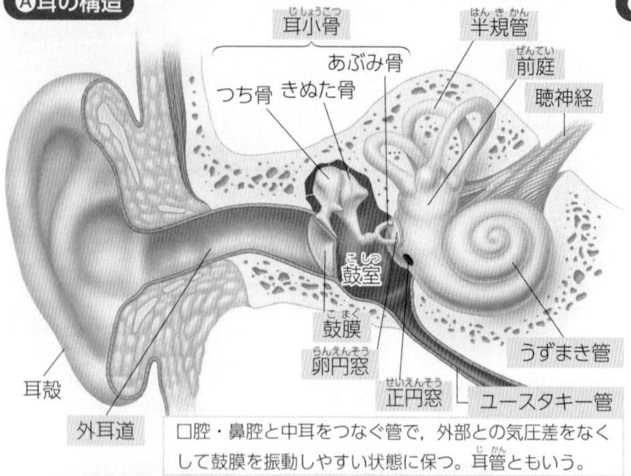

Ⓑうずまき管の構造

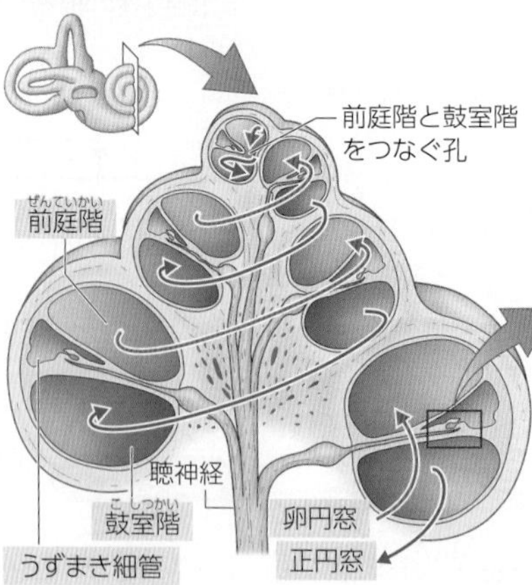

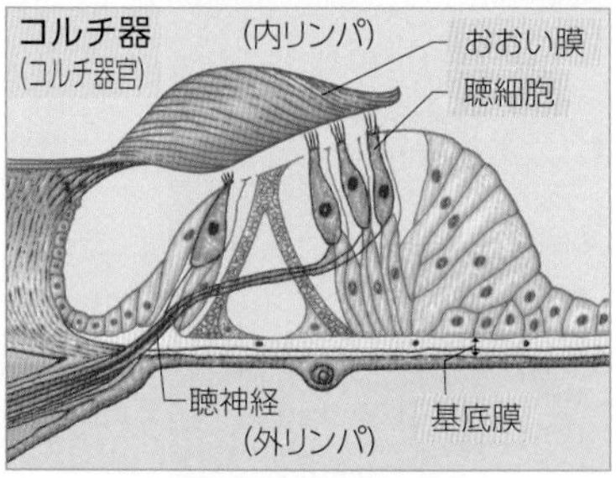

→ 卵円窓からうずまき管の頂点に向かうリンパ液の振動の方向

→ うずまき管の頂点から正円窓に向かうリンパ液の振動の方向

Ⓒ聴覚成立のしくみ

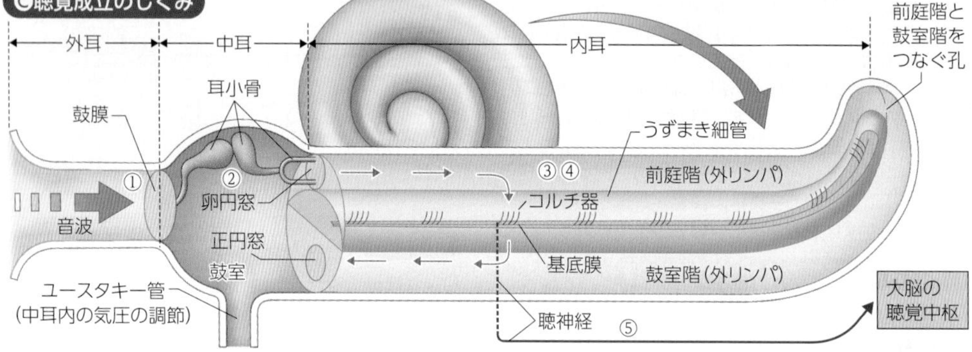

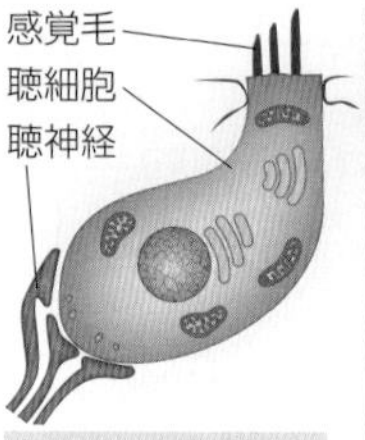

聴細胞と聴神経

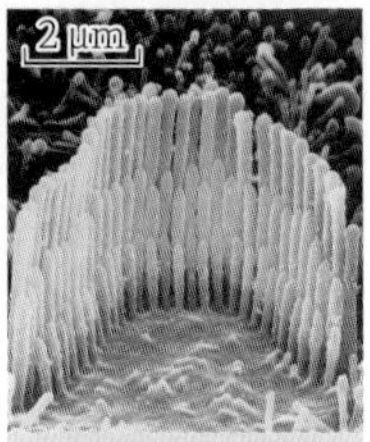

聴細胞の感覚毛

音波 → 鼓膜 → 耳小骨 → 卵円窓 → 内耳の外リンパ → コルチ器 → 聴細胞 → 聴神経 → 大脳の聴覚中枢

(音波→鼓膜：①，鼓膜→卵円窓：②，卵円窓→コルチ器：③，コルチ器→聴細胞：④，聴細胞→大脳の聴覚中枢：⑤)

①音波は耳殻で集められ，外耳道を通って中耳との境の鼓膜を振動させる。

②鼓膜の振動は，鼓膜に比べて卵円窓の面積が小さいことや，耳小骨のてこの作用によって増幅される。

③卵円窓の振動は，外リンパに伝えられる。この結果，基底膜に振動が生じ，基底膜上のコルチ器が振動する。

④コルチ器が振動すると，聴細胞の感覚毛がおおい膜によって刺激され，聴細胞に受容器電位が生じる。

⑤受容器電位が大きくなり，聴神経に活動電位が生じる。興奮は聴神経を介して大脳の聴覚中枢へ伝えられ，聴覚を生じる。

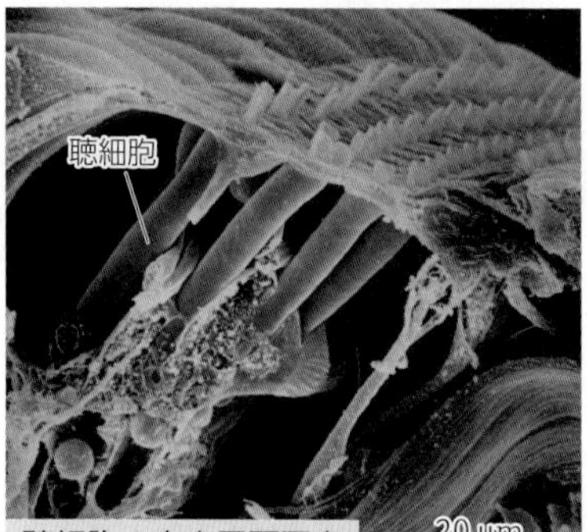

聴細胞の走査電顕写真

PLUS α 音の高低の識別

基底膜は，多数の繊維でできており，卵円窓付近のものは硬くて幅が狭く，頂上に近くなるにつれ柔らかくて広くなっている。サルのうずまき管を調べると，周波数が小さい低音では，卵円窓から離れた頂上部の基底膜が振動し，周波数の大きい高音では，卵円窓の近くの部分が振動することがわかった。このように，音の高低は，音の周波数に応じた特定の部分の基底膜が振動することによって識別されている。

年を重ねると高音から聞き取れなくなっていくヒトが多いのは，加齢とともに卵円窓側から聴細胞が減少するためである。

音の周波数に応じる基底膜

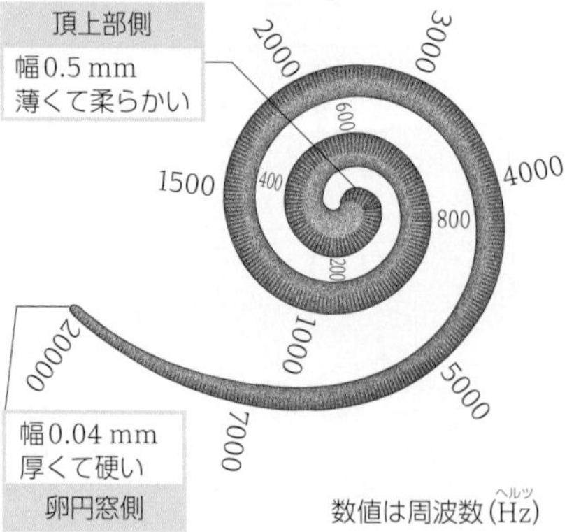

音波と基底膜の振動

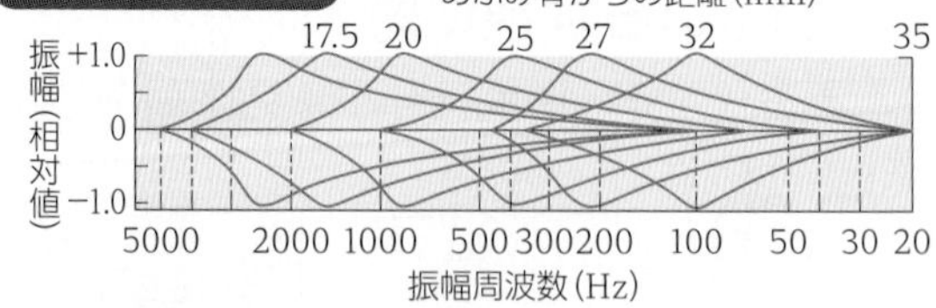

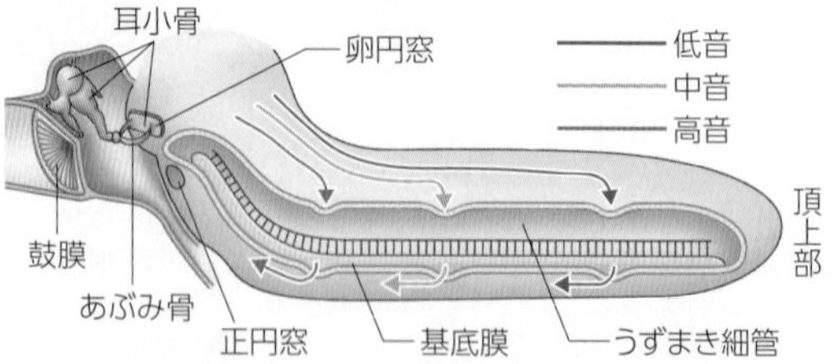

豆知識 中耳炎は，風邪などを引いたとき，鼻やのどからユースタキー管を通って中耳に細菌が侵入して炎症を起こす病気である。耳に強い痛みを生じて難聴になったり，進行すれば耳だれが生じたりすることもある。特に幼児は，ユースタキー管が短くまっすぐなので，中耳炎になりやすい。

基本

2 平衡器 生物

個体やその一部の状態を感知する受容器を自己受容器《じこじゅようき》という。自己受容器には，平衡器のほかに筋紡錘や腱紡錘がある（➡ 6）。平衡器には，からだの回転を感じる半規管《はんきかん》と，重力の方向とその変化を感じる前庭《ぜんてい》とがある。

半規管

3つの半規管は，互いに直交する平面上に存在する。それぞれの半規管で内リンパの動きを受容し，頭部の回転運動を三次元で検出する。

前 庭

感覚細胞の感覚毛は，ゼリー状の物質におおわれている。この物質上部には，平衡石（耳石）という炭酸カルシウムの結晶が多数含まれる。体が傾くと平衡石がずれ，感覚毛が屈曲する。その結果，感覚細胞に受容器電位が生じ，前庭神経が興奮して傾きを感じる。

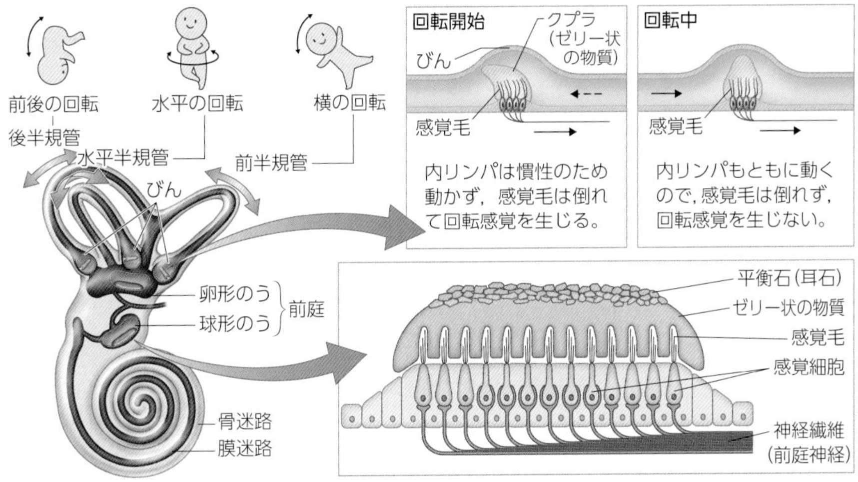

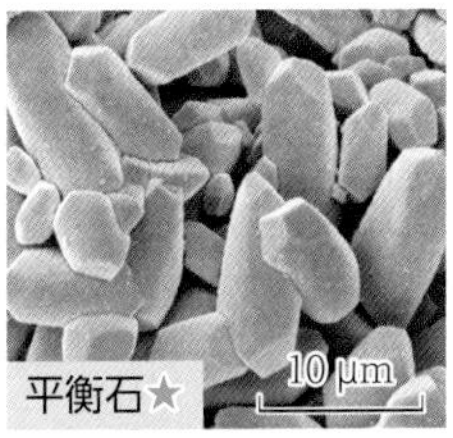

平衡石★

3 味覚器 生物

味覚器の適刺激は水溶性の化学物質で，これを味蕾《みらい》の味細胞で受容する。味蕾は，甘味，苦味，酸味，塩味，うま味を受容する。

Ⓐ舌の構造

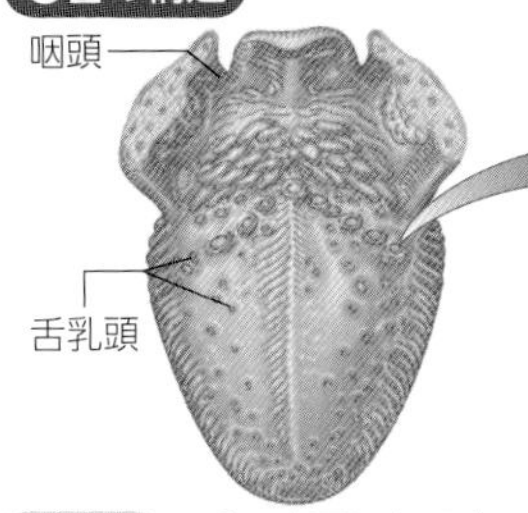

舌乳頭　舌の表面にある大小さまざまな粒で，味細胞を含む味蕾（味覚芽）がある。

味細胞　味孔から入る水に溶けた化学物質を刺激として受容する。

Ⓑ舌乳頭の断面

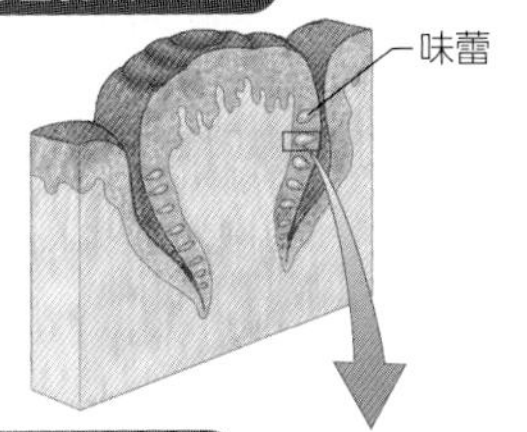

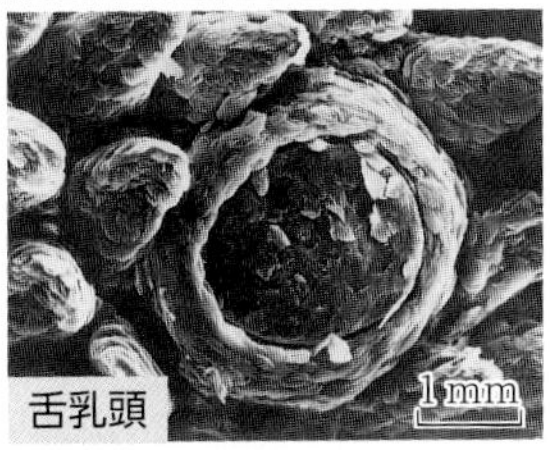

舌乳頭

Ⓒ味蕾の構造

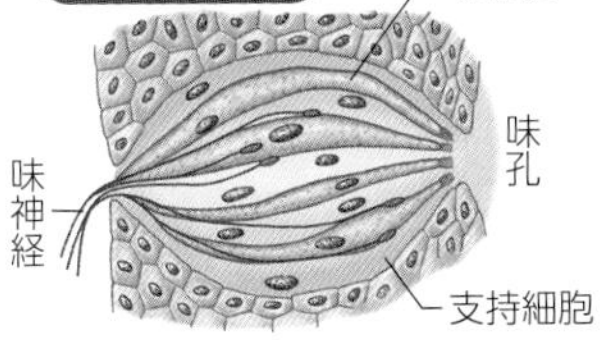

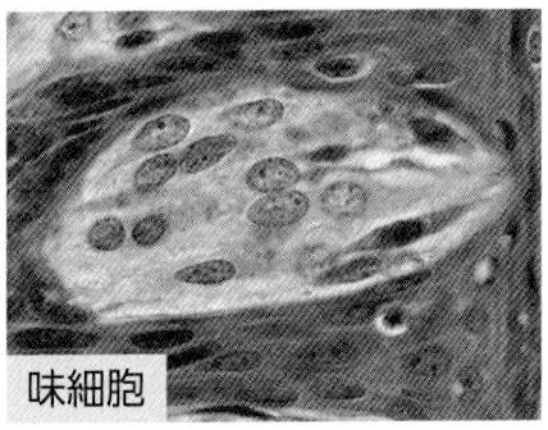
味細胞

4 嗅覚器 生物

空気中の化学物質を受容する。

ヒトの鼻の断面

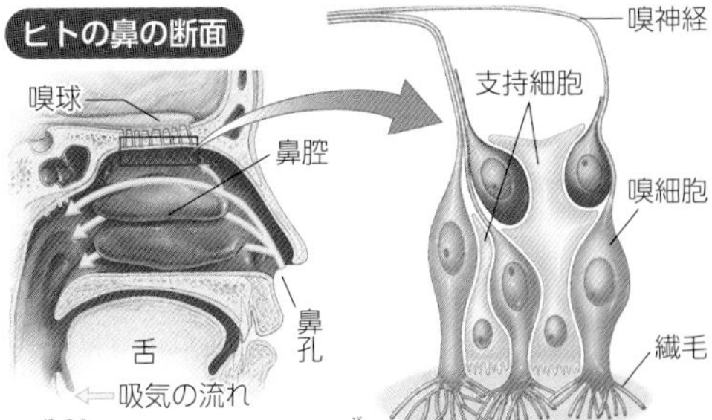

鼻孔《びこう》の奥には比較的広い鼻《び》腔《こう》がある。鼻腔の最上部に嗅上皮があり，ここに嗅細胞がある。嗅細胞は，表面の粘液中に繊毛を出し，粘液に溶け込んだ化学物質を受容する。

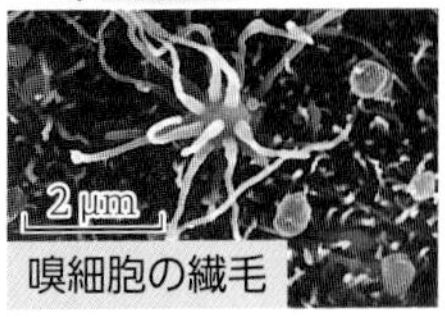

嗅細胞の繊毛

5 皮膚の感覚点 生物

皮膚の断面（感覚点の分布）

皮膚には特定の感覚を受容する感覚点がある。

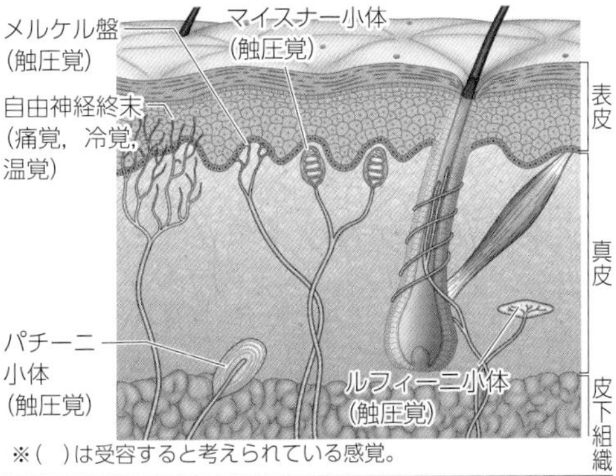

※（　）は受容すると考えられている感覚。

		痛点	冷点	温点	触点（圧点）
全身の合計		200～400万	25万	3万	50万
皮膚 $1\,cm^2$ 当たりの数	額	184	5.5～8	0.6	50
	鼻	50～100	8～13	1	100
	手の甲	100～200	6～23	0～3	25

6 筋紡錘と腱紡錘 生物

筋紡錘や腱紡錘は，筋肉や腱の伸長を受容する。

筋紡錘…横紋筋繊維の間にあり，姿勢保持に働く。筋紡錘内の筋繊維の伸長の程度を感知する。

腱紡錘…腱の中にあり，伸長・収縮の刺激を受容する。

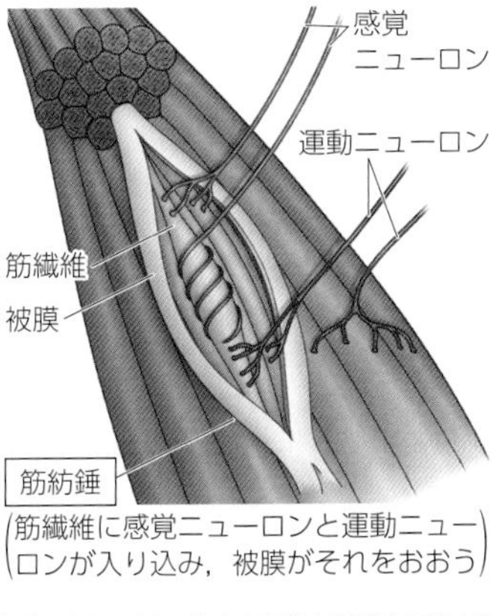

（筋繊維に感覚ニューロンと運動ニューロンが入り込み，被膜がそれをおおう）

break ぶれいく　においのかぎ分け

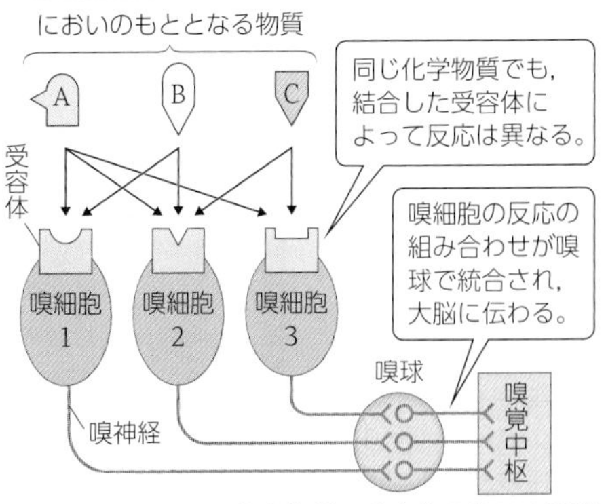

ヒトの嗅細胞には化学物質の受容体が約350種類あり，1個の嗅細胞は1種類の受容体しかもたない。一方，1種類の化学物質は，複数の受容体と結合する。受容体によって反応の程度が異なり，化学物質ごとに受容体の組み合わせが異なるため，反応の組み合わせで何千種類ものにおいを識別できる。

豆知識　味細胞の新生には亜鉛を含む酵素が必要であるが，加工食品のなかには，体内の亜鉛を吸着して体外に排出させる物質が含まれていることがある。それらの食品の摂取による亜鉛の欠乏が，味覚障害の原因の1つであると考えられている。

ヒトの大脳と記憶

1 ヒトの大脳の構造 生物

ヒトの脳は大脳・間脳・中脳・小脳・橋・延髄からなり，それぞれに中枢(特定の働きの中心となる場所)として働く部位が存在している(➡p.167)。ヒトでは，特に大脳が発達している。

Ⓐ大脳の表面

左右の大脳半球の表面は，4つの部分に大別される。

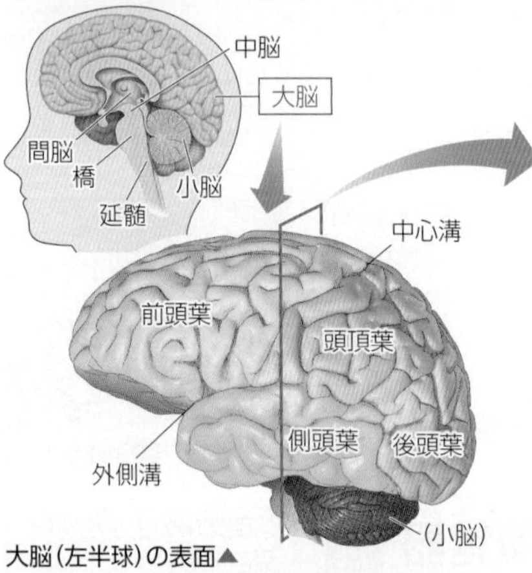
中脳
大脳
間脳
橋
小脳
延髄
中心溝
前頭葉
頭頂葉
側頭葉
後頭葉
外側溝
(小脳)

大脳(左半球)の表面▲

Ⓑ大脳皮質と大脳髄質

大脳の外層には大脳皮質が，内側には大脳髄質がある。大脳皮質は，新皮質と辺縁皮質(古皮質，原皮質)に分けられる。

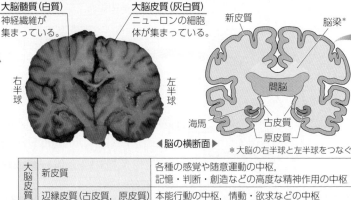

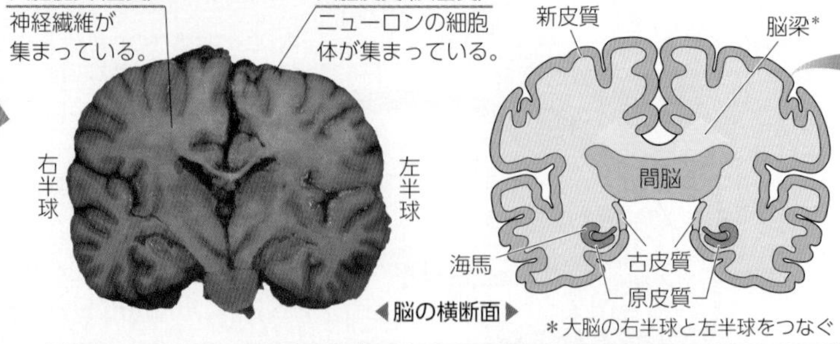
大脳髄質(白質)
神経繊維が集まっている。
大脳皮質(灰白質)
ニューロンの細胞体が集まっている。
右半球
左半球
新皮質
脳梁*
間脳
海馬
古皮質
原皮質

◀脳の横断面▶

＊大脳の右半球と左半球をつなぐ

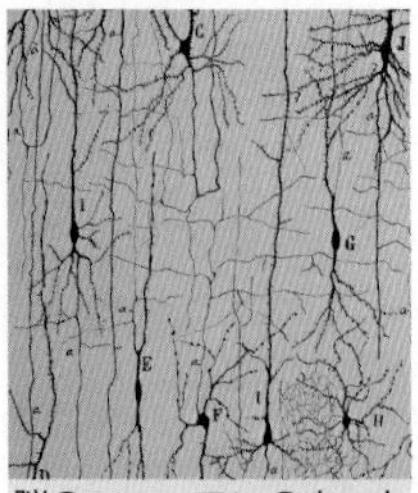

脳のニューロンのネットワーク(スケッチ)

中枢神経系では，個々のニューロンが多くのシナプスを形成した複雑なネットワーク(神経回路)がみられ，これが脳の働きのもとになっている。

大脳皮質	新皮質	各種の感覚や随意運動の中枢，記憶・判断・創造などの高度な精神作用の中枢
	辺縁皮質(古皮質，原皮質)	本能行動の中枢，情動・欲求などの中枢
大脳髄質		興奮の伝導経路

2 大脳皮質の機能分布 生物

大脳皮質は，それぞれ特定の領域が決まった機能を担っており，運動野，感覚野，連合野などに分けられる。連合野はさまざまな情報を統合する高度な機能を担い，ヒトで特に発達している。

Ⓐ機能の局在(左半球側面)

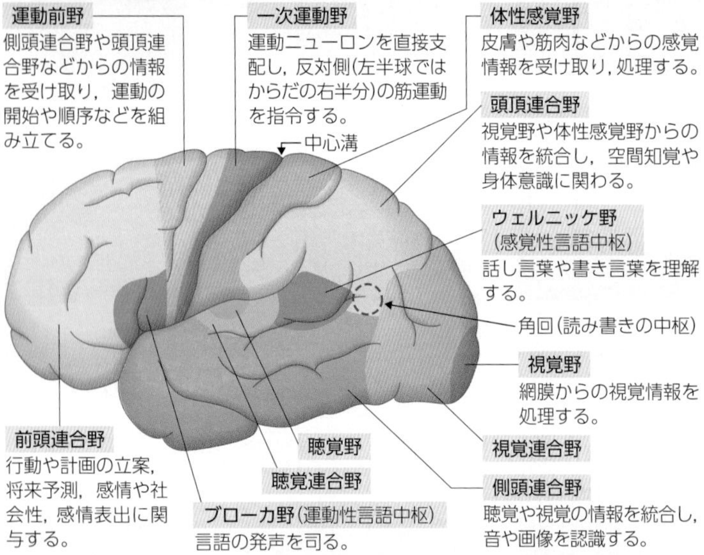
運動前野
側頭連合野や頭頂連合野などからの情報を受け取り，運動の開始や順序などを組み立てる。
一次運動野
運動ニューロンを直接支配し，反対側(左半球ではからだの右半分)の筋運動を指令する。
中心溝
体性感覚野
皮膚や筋肉などからの感覚情報を受け取り，処理する。
頭頂連合野
視覚野や体性感覚野からの情報を統合し，空間知覚や身体意識に関わる。
ウェルニッケ野
(感覚性言語中枢)
話し言葉や書き言葉を理解する。
角回(読み書きの中枢)
視覚野
網膜からの視覚情報を処理する。
視覚連合野
側頭連合野
聴覚や視覚の情報を統合し，音や画像を認識する。
聴覚野
聴覚連合野
ブローカ野(運動性言語中枢)
言語の発声を司る。
前頭連合野
行動や計画の立案，将来予測，感情や社会性，感情表出に関与する。

Ⓑ体性感覚野と一次運動野(ペンフィールドのホムンクルス)

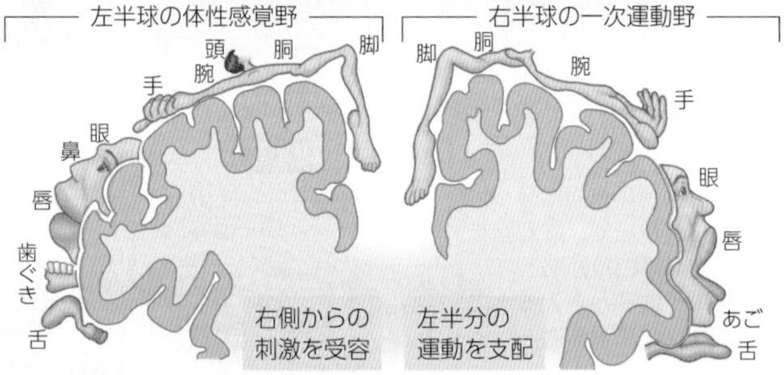
左半球の体性感覚野
右半球の一次運動野
頭
胴
脚
腕
手
眼
鼻
唇
歯ぐき
舌
右側からの刺激を受容
左半分の運動を支配
あご

からだの各部の図は，それぞれに対応する中枢の面積を表している。面積が広いほど刺激に対する識別能力が高く，精密な運動ができる。左半球と右半球は，互いに機能を調整し合って働いている。

Ⓒ大脳の左右半球の働きの違い

左半球の働き(言語的機能)	右半球の働き(非言語的機能)
話す，読む・書く・計算する，言葉の理解，論理的・分析的考え方，数理的考え方	図形の認識，音楽的・芸術的な感性，直感的・総合的な考え方，想像力・創造力

Ⓓ脳活動の画像化

PET(陽電子放射断層撮影)は，放射性同位体を含む化合物(グルコース)を体内に取り込ませ，放射される陽電子を検出して画像化する技術である。活発に活動し，糖を多く消費する部分ほど赤く見える。右の画像は，言語を見る・聞く・話す・思考して話すという4つの活動を行った際のPETの画像である。

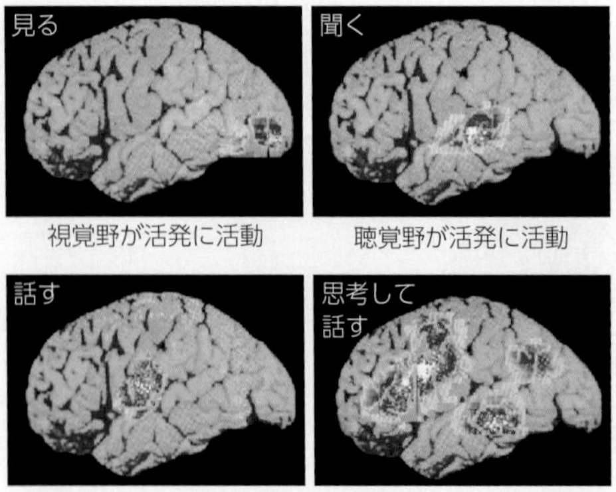
見る
聞く
話す
思考して話す

視覚野が活発に活動　聴覚野が活発に活動

ブローカ野が活発に活動　さまざまな領域が活発に活動

脳での機能順序(モデル)

言語の知覚と生成について，次のようなモデルが提唱されている。

①話し言葉は聴覚野に伝えられ，その情報はさらにウェルニッケ野に伝えられる。一方，書き言葉は視覚野に伝えられたのち角回に伝えられ，ここで文字という視覚的な情報が音の情報に変換される。変換された音の情報は，ウェルニッケ野に伝えられる。
②ウェルニッケ野に送られてきた情報は，その周囲に保存されている意味との対応づけがなされる。
③意味と結びついた音のイメージはブローカ野へ送られ，ここで音声表出のための運動パターンの信号に変換される。
④信号は，一次運動野を経て話し言葉や書き言葉に変換される。

豆知識　19世紀中頃，ブローカは，聞いたり読んだりすることはでき，声も出せるが，発語が困難な運動性失語症の患者の脳に共通の損傷領域があることを発表した。この領域はその後ブローカ野と呼ばれるようになった。同様に，ウェルニッケ野の「ウェルニッケ」もその領域機能の提唱者の名前である。

3 大脳辺縁系と大脳基底核 生物

大脳の内側には，大脳辺縁系や大脳基底核と呼ばれるまとまりがあり，本能行動や運動の制御などの役割を担っている。

大脳辺縁系

辺縁皮質とその周囲の領域を合わせた領域。本能行動や情動など，基本的な生命現象を調節する。扁桃体は，感覚の有害さなどを評価し，情動の表出に働く。また，原皮質に含まれる**海馬《かいば》**は新しい記憶の獲得の場となる(獲得された記憶の一部が，その後，大脳皮質に蓄積される)。

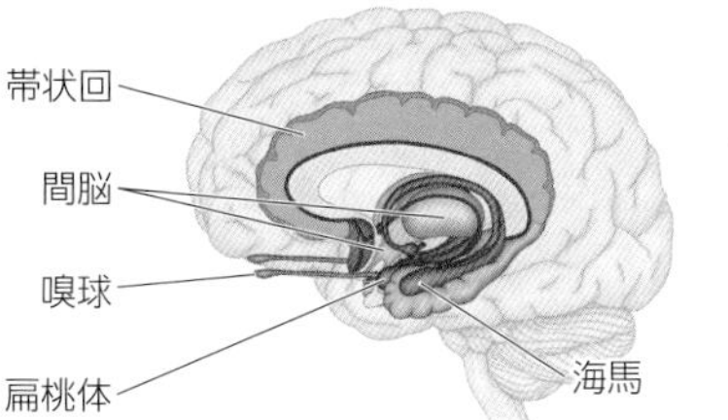

大脳基底核

大脳皮質から脳幹にかけてみられる神経核(ニューロンの細胞体の集まり)の集団。大脳皮質と脳の他の部位をつなぐとともに，大脳皮質の働きを統合・調節し，運動の制御や意思決定などに関与する。

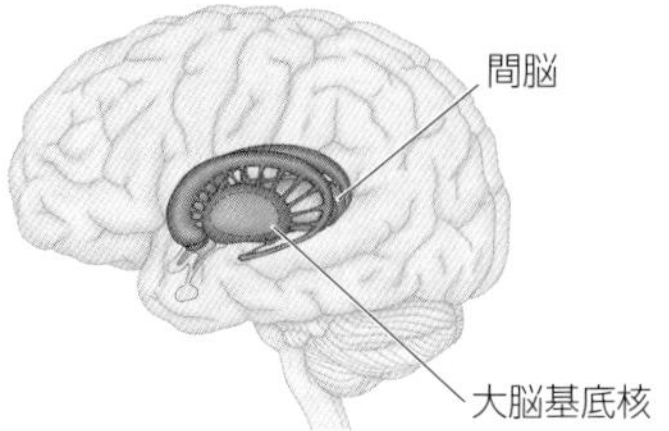

※大脳辺縁系と大脳基底核は，ともに一部を示している。間脳は大脳辺縁系・大脳基底核に含まれない。

海馬と記憶の形成(長期増強)

記憶形成のしくみの1つに，シナプスの伝達効率の変化(**シナプス可塑性《かそせい》**)による情報を伝える強さの変化がある。海馬で最初に見出された**長期増《ちょうきぞう》強《きょう》**(LTP)は，シナプス可塑性による記憶形成のしくみである。記憶形成のしくみとしては，この他に，海馬でのニューロン新生などが示唆されている。

海馬のシナプス後細胞

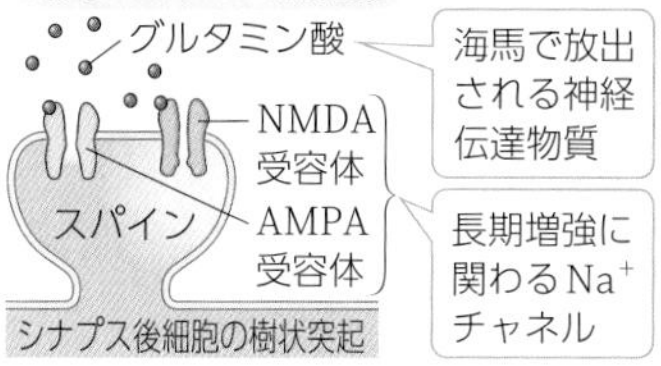

弱い刺激のとき

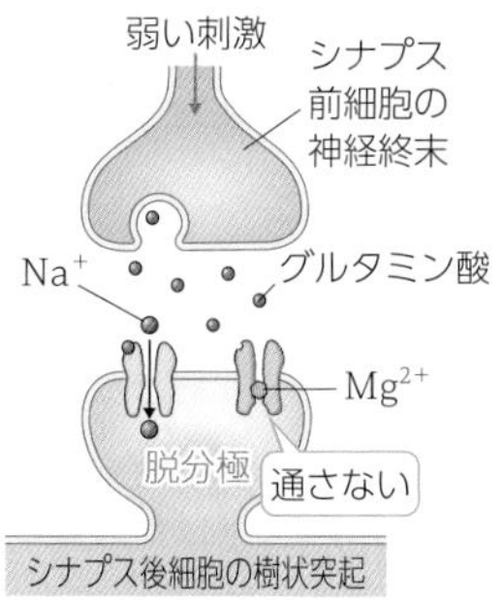

グルタミン酸がAMPA受容体に結合し，Na^+が流入して脱分極が起こる。NMDA受容体は，弱い刺激ではMg^{2+}にブロックされイオンを通さない。

強い刺激のとき (印象的な出来事)

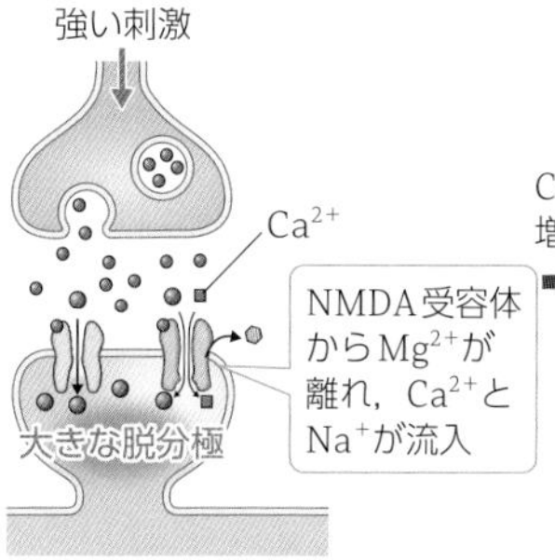

強い刺激を受けると，AMPA受容体からNa^+が流入して大きな脱分極が生じる。すると，NMDA受容体のMg^{2+}のブロックがなくなり，Ca^{2+}とNa^+が流入する。

※同じ出来事がくり返され，同じニューロンが何度も活性化する場合も同様。

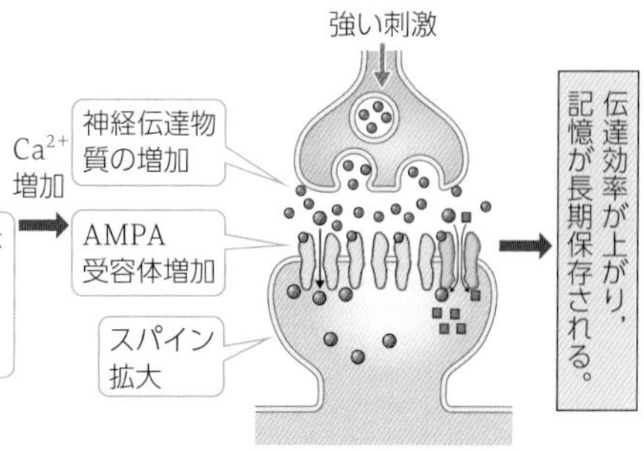

Ca^{2+}がセカンドメッセンジャーとして働き，AMPA受容体の発現量がふえたり，スパインが大きくなったりする。また，シナプス後細胞から，神経伝達物質を増加させる物質が放出される。これらにより，伝達効率が上がる。

+α PLUS 長期増強が関わることが知られている記憶の種類

新しい記憶は海馬で獲得され，一部が長期間残る記憶として大脳皮質に蓄積されると考えられている。海馬は，日々の経験や出来事についてのエピソード記憶の形成に関わっている。海馬へは，視覚や聴覚などの感覚や情動に関する情報が入力される。海馬ではそれを処理し，結果をさまざまな大脳皮質領域へと出力している。海馬へは，直接経路と間接経路と呼ばれる2つの入力経路がある。直接経路は新しい記憶を長期記憶として定着させることに関わり，間接経路は複雑な空間学習や記憶にもとづいた課題の遂行などに深く関与する。いずれの経路でも，記憶の形成に長期増強が関わっていることが確認されている。

一方，長期増強は，扁桃体における恐怖に関連する記憶の形成でも関与が確認されている。

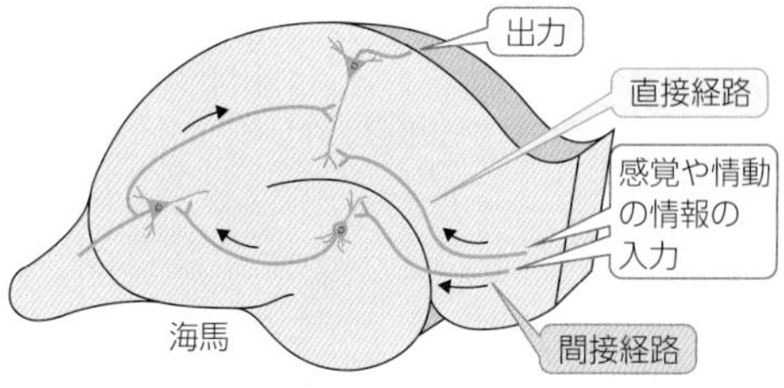

+α PLUS ニューロンの変性による病気 保健

アルツハイマー病では，ニューロンが減少して脳が委縮し，記憶障害などが起こる。患者によって，萎縮する脳の部位が異なり，それによってどの機能に障害が現れるかが異なる。たとえば，海馬のニューロンが減少すると，「食事をした」などの新しい記憶が失われる。また，頭頂葉のニューロンが減少すると，空間認識障害が起こる。この病気の原因は研究中だが，患者の脳ではアミロイドβタンパク質の蓄積による老人斑と呼ばれる構造の形成と，タウタンパク質の沈着によるニューロンの変性が確認されることから，これらが発症に関与すると考えられている。

MRI(磁気共鳴画像)※　※強い磁石と電磁波を用い，断面像を撮影

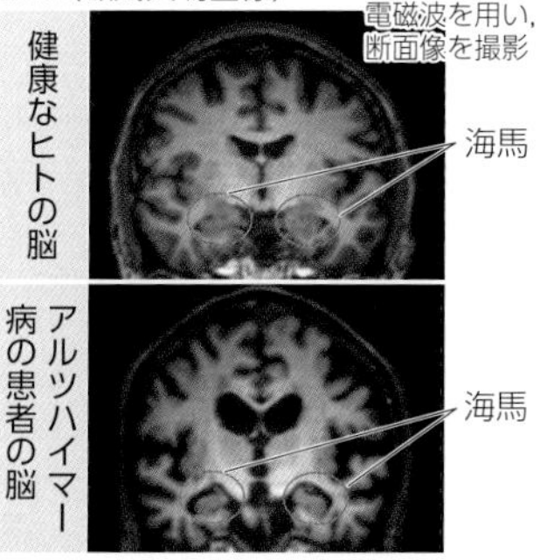

患者では，黒い部分(脳の組織がない部分)が多く，脳の委縮がみられる。

+α PLUS 脊椎動物における脳の進化

脊椎動物の脳の基本的な構造は魚類で確立され，進化の過程で保持されてきた。一方，脳の重量や，発達する部位は，生息する環境に応じてそれぞれに変化したと考えられる。

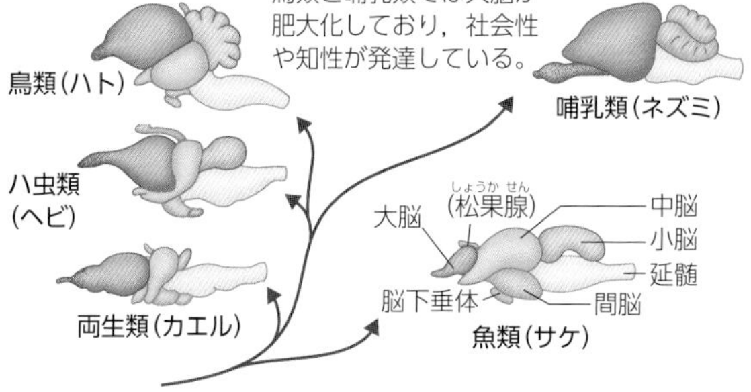

豆知識　オウムや，さえずりを行う鳥では，大脳のニューロンの密度が高く，脳が同程度の大きさの霊長類の2倍，ラットやマウスの2～4倍のニューロンをもつという研究結果もある。このことが，これらの鳥の高い認知力を支えている可能性が考えられている。

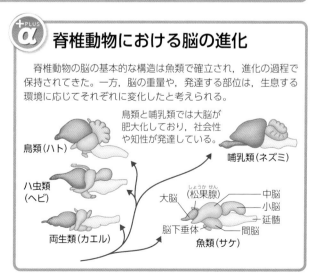

基本 1 脊髄の構造 生物

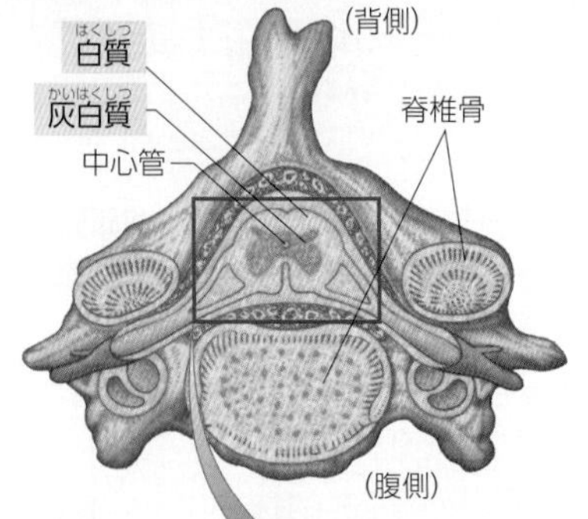

　脊髄は脊椎骨《せきついこつ》で保護されている管状の中枢神経で，脳と末梢神経を結ぶ主要な連絡路でもある。1個の脊椎骨に対して1対の脊髄神経が出ている。脊髄神経の基部は腹根と背根に分かれている。

　脊髄は中心管を囲んで，内側に細胞体が集まった灰白質があり，外側に神経繊維が束になった白質がある。これは大脳と逆の配列である。

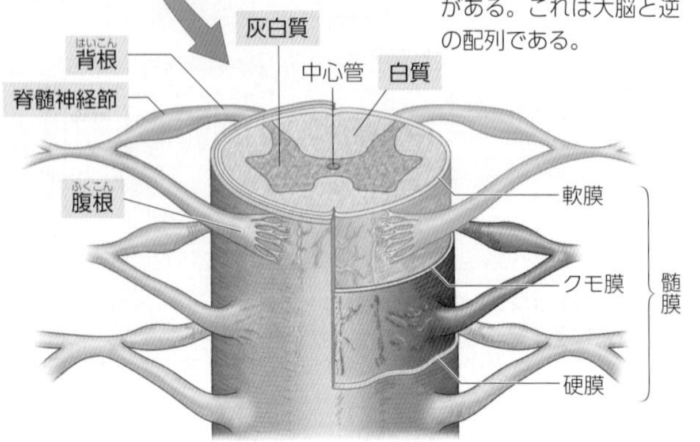

基本 2 興奮伝導の経路 生物

　脊髄は，末梢の感覚器から感覚情報を脳へ，および脳からの指令を末梢の効果器や自律神経へ伝える経路である。図のように，左右で交差しているため，大脳左半球を損傷すると，からだの右半身がまひする。

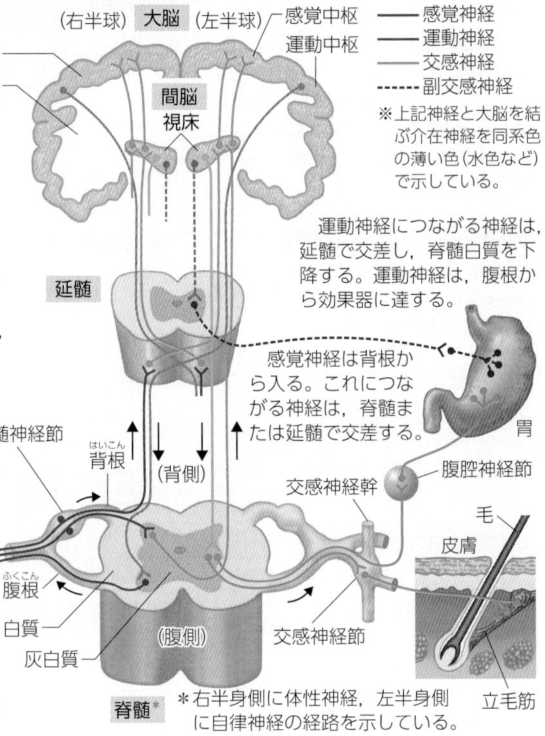

＊右半身側に体性神経，左半身側に自律神経の経路を示している。

重要 3 反射 生物

反射では，興奮が大脳を経由せず，感覚神経→反射中枢→運動神経を伝わる。この経路を反射弓《はんしゃきゅう》という。反射中枢が脊髄にある反射を脊髄反射《せきずいはんしゃ》という。また，だ液分泌やせきなどの反射では延髄に，瞳孔反射では中脳に反射中枢が存在する。

Ⓐ屈筋反射

❶刺激の受容と感覚ニューロンの興奮
❷介在ニューロン(興奮性)の興奮
❸運動ニューロンの興奮
❹屈筋の収縮による運動

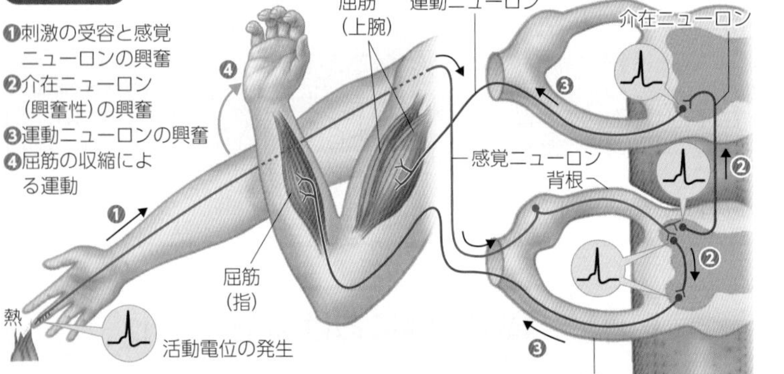

　熱いものに手を触れたとき，思わず手を引っ込めるなど，屈筋の収縮によって起こる反射を屈筋反射という。このような複数のシナプスを経由する反射は，多シナプス反射と呼ばれる。

Ⓑ膝蓋腱反射(伸筋反射)

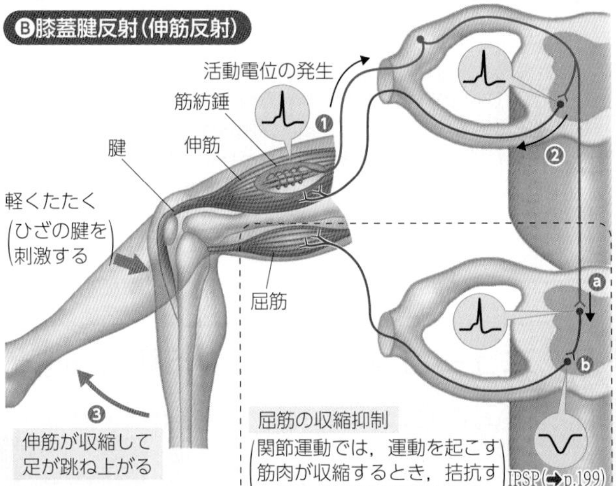

　ひざの腱をたたくと筋肉が少し伸ばされ，この刺激を筋紡錘(➡p.205)が受容して反射を生じる。この反射は経由するシナプスが1つなので，単シナプス反射と呼ばれる。

❶筋紡錘による刺激の受容と感覚ニューロンの興奮
❷運動ニューロンの興奮
❸伸筋の収縮による運動

　また，膝蓋腱反射が起こると，同時に(または少し遅れて)屈筋の収縮が抑制される。

ⓐ抑制性ニューロンの興奮
ⓑ運動ニューロンの興奮抑制

+α PLUS 多シナプス反射の意義

　多シナプス反射の経路は，複雑に枝分かれしたり，それぞれの枝でシナプスの数が異なっていたりすることが多い。興奮移動の時間はシナプスの数に比例するため，シナプスの少ない枝からの興奮が最初に運動ニューロンに伝わり，より多くのシナプスをもつ枝からの興奮は遅れて到達する。このようなしくみは，1回の刺激で運動ニューロンが長時間活動するのに役立っている。

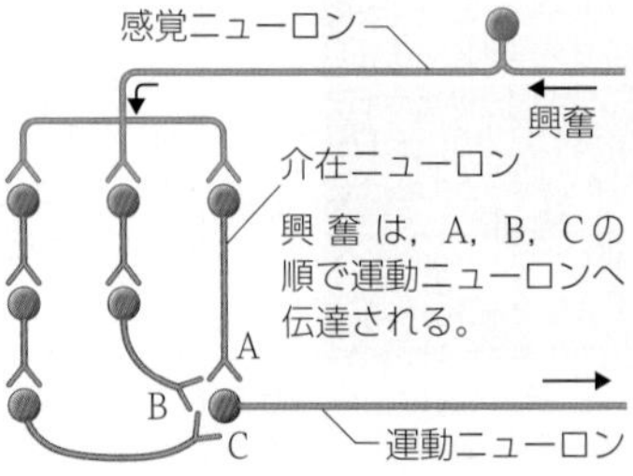

豆知識　脊髄が横に断裂すると，断裂部より下位のからだが麻痺《まひ》して下半身の感覚は認識できず，随意運動もできない。しかし，脊髄反射の反射弓は保たれているので，麻痺した筋は刺激によって収縮する。この反応は脳の制御を受けないので過剰反応になりやすい。

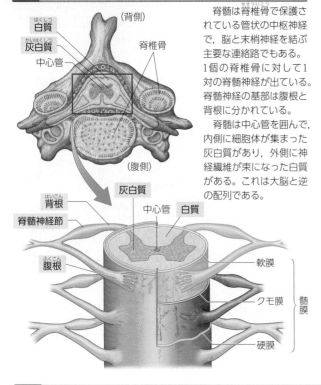

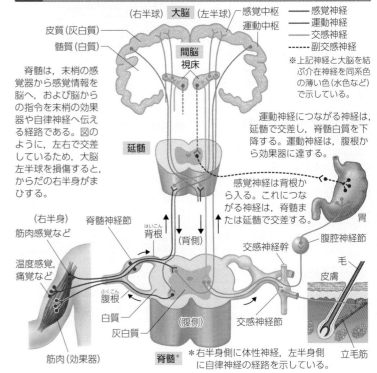

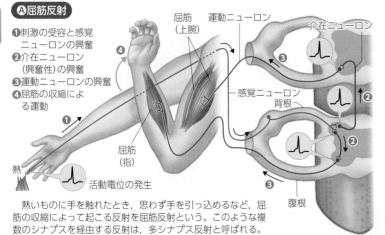

10 筋肉の構造と筋収縮

生物

Muscle Structure and Muscular Contraction

関連動画をCheck!

1 骨格筋とその構造 生物

外界から受容された刺激に対して反応する構造・装置を効果器《こうかき》といい，筋肉や鞭毛・繊毛といった機械効果器や，化学効果器(腺，➡p.170)，光効果器(発光器。ホタルなどがもつ)などがある。

骨格筋は横紋筋(➡p.38)であり，多核細胞で多くの**筋原繊維**《きんげんせんい》を含む筋繊維(筋細胞)からなる。

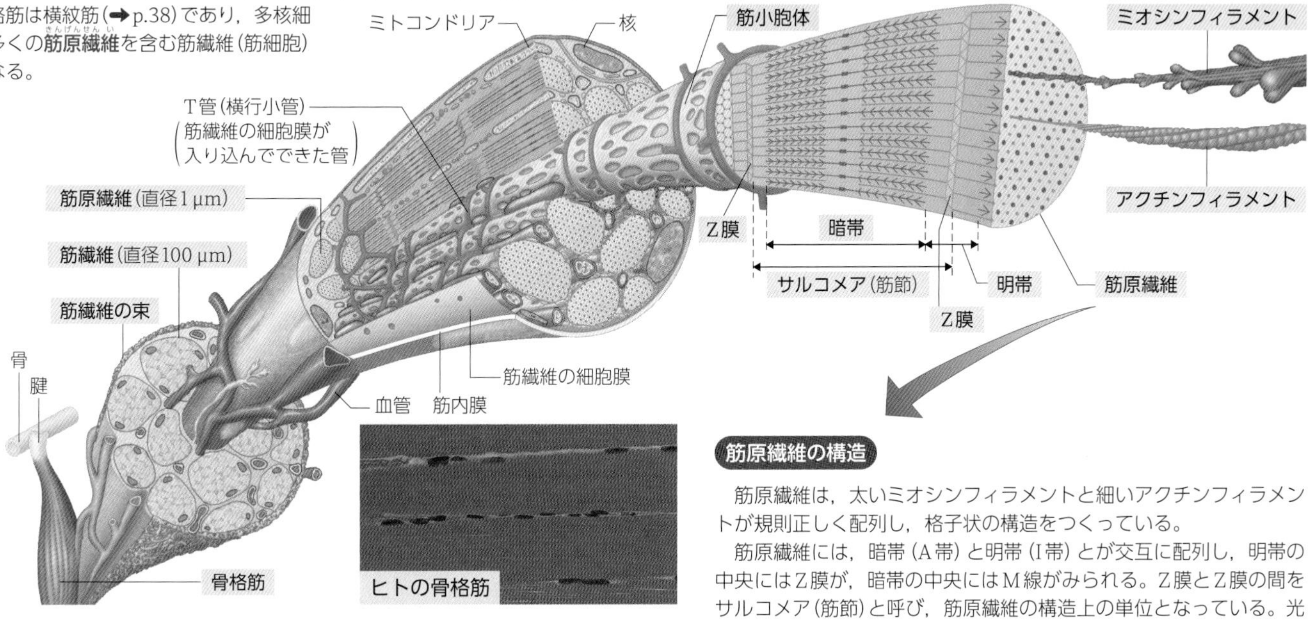

筋原繊維の構造

筋原繊維は，太いミオシンフィラメントと細いアクチンフィラメントが規則正しく配列し，格子状の構造をつくっている。

筋原繊維には，暗帯(A帯)と明帯(I帯)とが交互に配列し，明帯の中央にはZ膜が，暗帯の中央にはM線がみられる。Z膜とZ膜の間をサルコメア(筋節)と呼び，筋原繊維の構造上の単位となっている。光学顕微鏡では，暗帯の部分は暗く見え，明帯の部分は明るく見える。

ミオシンフィラメント フィラメントの長さ：1.5 μm，太さ：10～15 nm

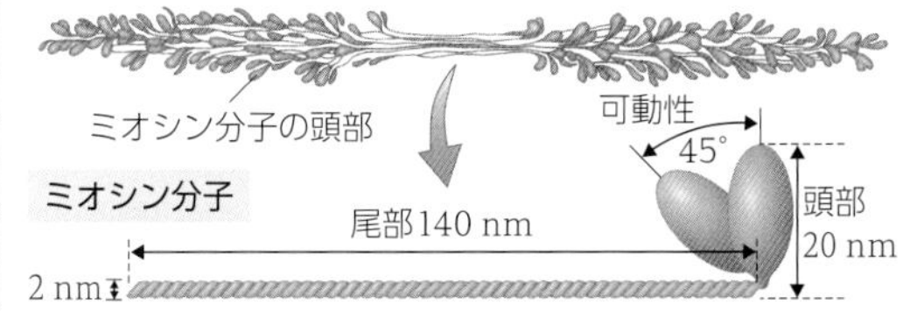

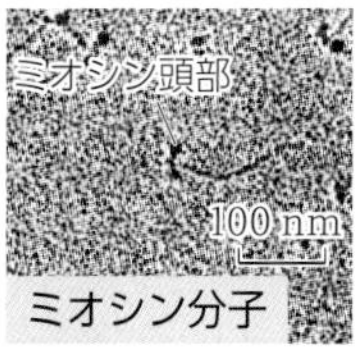

ミオシンフィラメントはミオシン分子が多数結合してできている。ミオシン分子の頭部は，ATP分解酵素活性をもち，アクチンと結合してアクチンフィラメントをたぐり寄せる。

アクチンフィラメント フィラメントの長さ：1.0 μm，太さ：5～9 nm

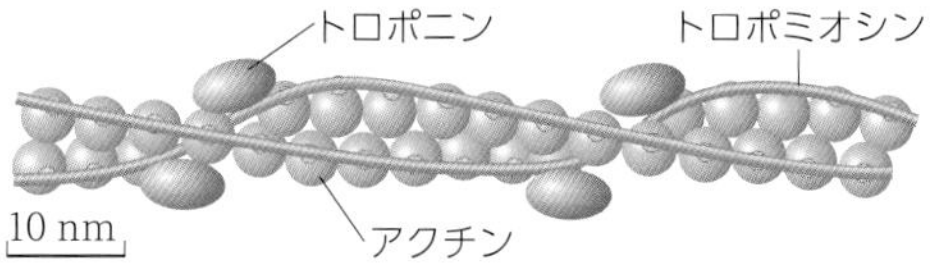

筋原繊維のアクチンフィラメントは，重合したアクチンの二重らせんに沿ってトロポミオシンが取り巻き，そのところどころにトロポニンがついている。

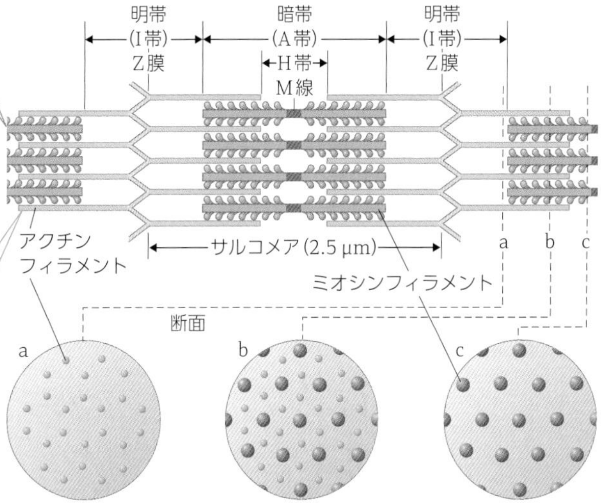

2 筋原繊維の滑りこみと筋収縮 生物

横紋筋の収縮は，ミオシンフィラメント間にアクチンフィラメントが滑り込むことで起こる。このような考え方を滑《すべ》り説《せつ》といい，現在広く認められている。

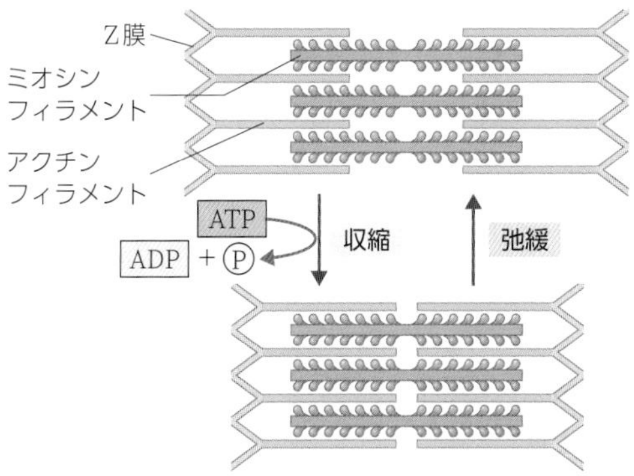

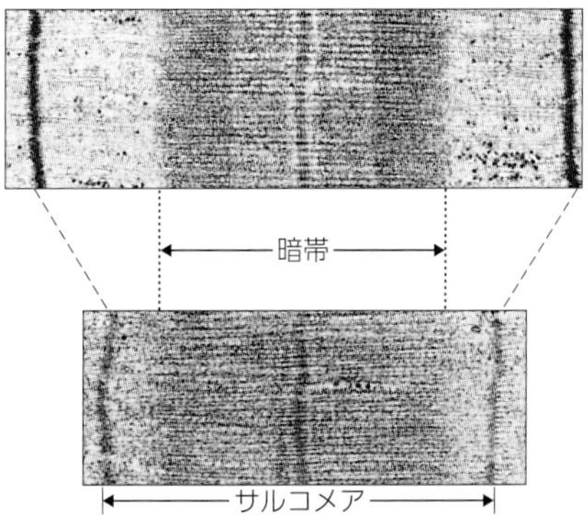

収縮

興奮が筋肉に伝わると，ミオシンとアクチンが反応する。ミオシン分子の頭部はATP分解酵素(ATPアーゼ)として働き，ATPを分解する。このとき遊離するエネルギーを利用して，ミオシン頭部がアクチンを内側へたぐり寄せる。その結果，サルコメアの長さは短くなり，筋収縮が起こる。(暗帯の長さは変化しない。)

弛緩

刺激がなくなると，ミオシンとアクチンの結合は離れる。このため，アクチンフィラメントが元の位置に戻り，筋肉が弛緩する。

豆知識 アクチン(actin)の語源は「act＝行動する」に由来する。また，ミオシン(myosin)のmyo-は「筋肉の～」に由来する。

11 筋収縮のしくみ

生物

Mechanisms of The Muscular Contraction

関連動画をCheck!

1 運動ニューロンによる興奮の伝達 生物

運動ニューロンの神経終末と筋繊維の接合部分(神経筋接合部)では，筋繊維側に終板《しゅうばん》と呼ばれる板状の構造が形成されることがある。

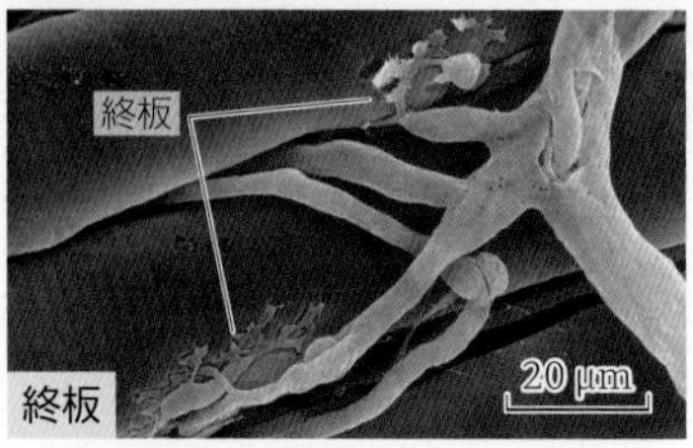

終板の筋繊維表面は円板状に肥厚し，接合部がひだ状になっている。ここにはアセチルコリン受容体(伝達物質依存性Na^+チャネル)や，アセチルコリン分解酵素であるコリンエステラーゼがある。

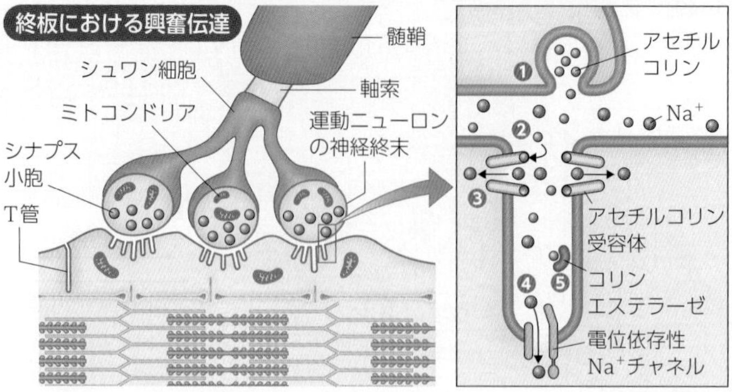

❶運動ニューロンの末端からアセチルコリンが放出される。
❷アセチルコリン受容体がこれを受容し，チャネルが開く。
❸Na^+が細胞内に流入し，脱分極する。
❹周辺の静止部との間に局所電流が生じ，電位依存性Na^+チャネルが開いて，筋繊維に活動電位(興奮)が生じる。
❺放出されたアセチルコリンは，コリンエステラーゼによってすみやかに分解される。

2 筋収縮のしくみ 生物

筋収縮は，Ca^{2+}によって調節されている。また，そのエネルギー源はATPである。

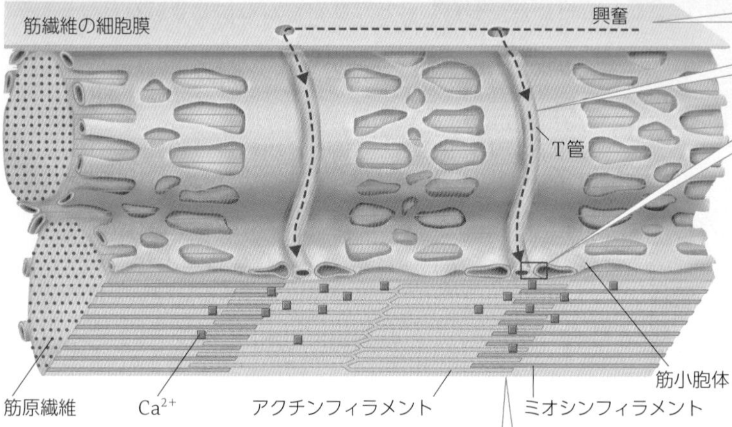

❶運動ニューロンからの刺激によって筋繊維に活動電位(興奮)が生じる。

❷興奮がT管を伝わる。

❸興奮が筋小胞体に達すると，筋小胞体の膜に存在するCa^{2+}チャネルが開いて細胞質基質にCa^{2+}が放出される。Ca^{2+}はアクチンフィラメントを構成するトロポニンというタンパク質に結合し，アクチンのミオシン結合部位を露出させる。

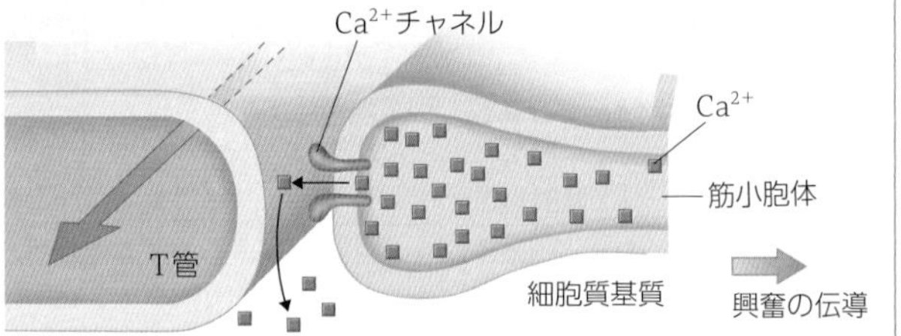

＊筋小胞体への刺激がなくなると，Ca^{2+}は，筋小胞体膜に存在するCa^{2+}ポンプの働きで筋小胞体内へ能動輸送され，回収される。

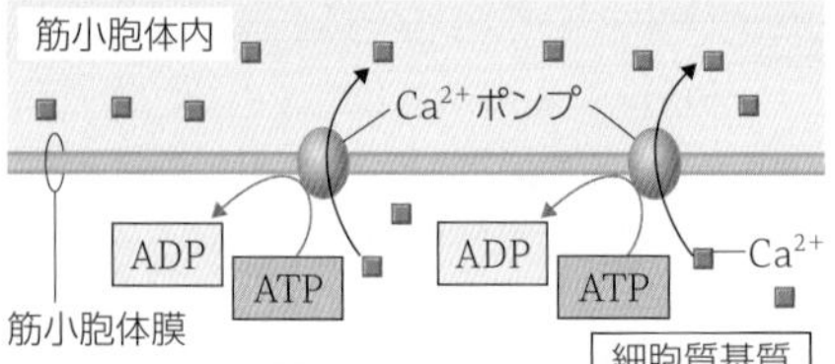

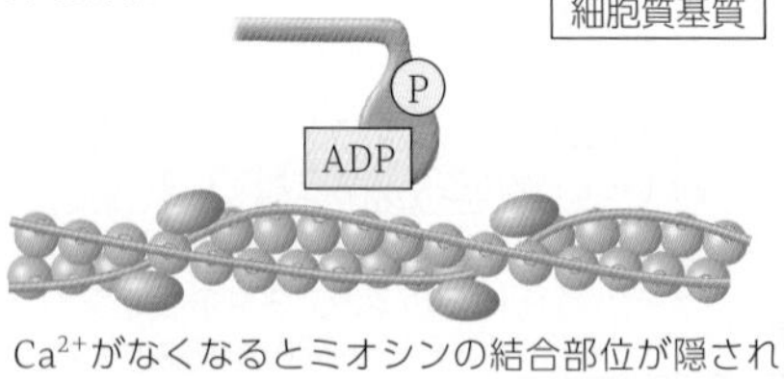

Ca^{2+}がなくなるとミオシンの結合部位が隠されるため，筋肉は収縮できない。Ca^{2+}の回収は非常に速く，持続的な興奮伝達がなければ，すぐに回収されて滑り込みが最大になる前に筋肉は弛緩する。

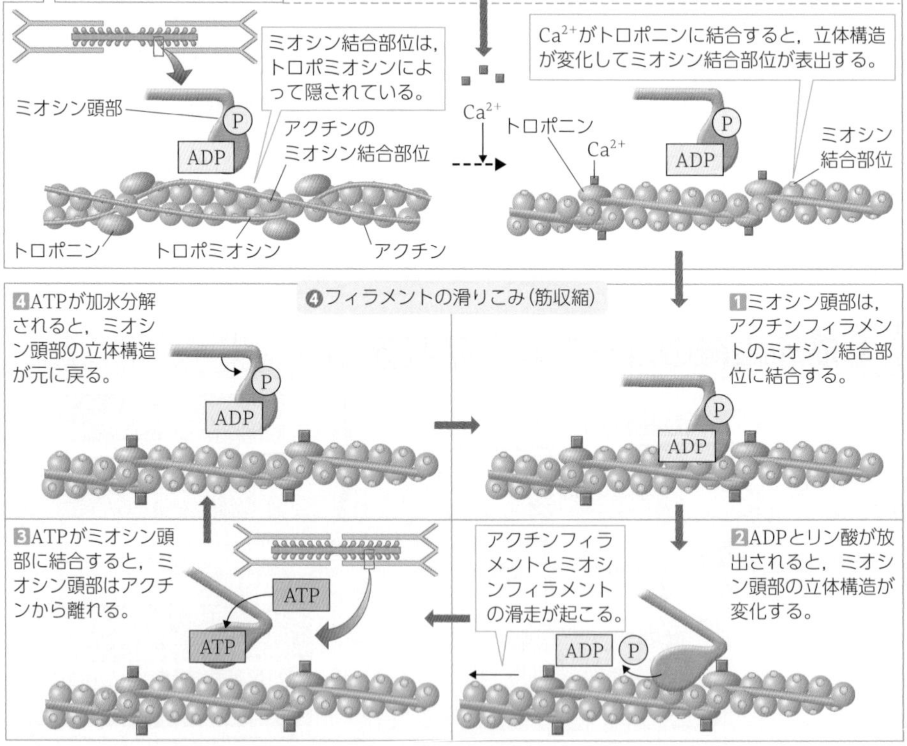

死後硬直

死後の筋繊維では，ATPが合成されない。このため，ミオシン頭部はアクチンと結合した状態で安定する。これが死後硬直《しごこうちょく》である。

豆知識 筋肉は，死後，ATPの合成が起こらないために硬直して収縮した状態(死後硬直)を保つが，アクチン分子とミオシン分子が破壊されると再び弛緩する。

3 横紋筋の収縮 生物

神経筋標本(神経がつながったままの状態で取り出した筋肉の標本)に刺激を与えると，運動ニューロンが興奮して筋肉は収縮する。記録装置を用いてその強さを記録することができる。

Ⓐ記録装置と神経筋標本

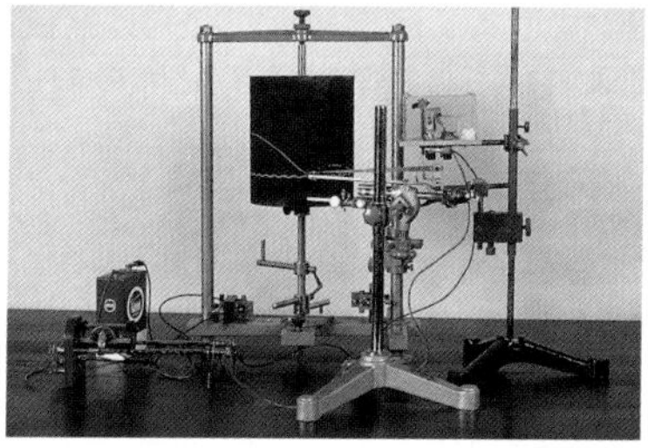

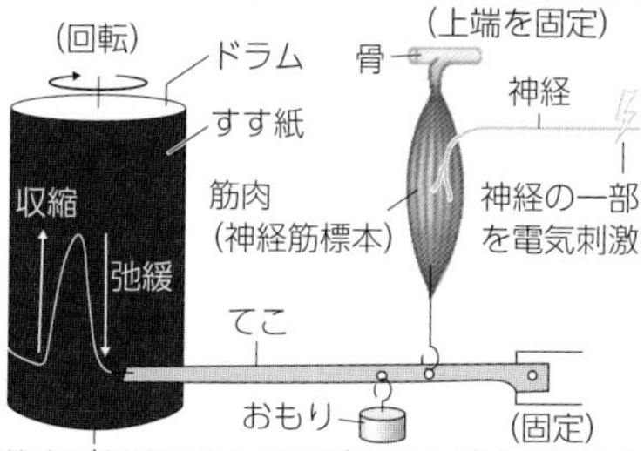

筋肉が収縮するとてこが持ち上がり，弛緩すると下がる。この動きがドラムのすす紙に記録される。

Ⓑ刺激の頻度と筋収縮　筋収縮の強さは，興奮の頻度によって異なる。

単収縮と強縮(キモグラフによる記録／ドラムの回転が遅い)

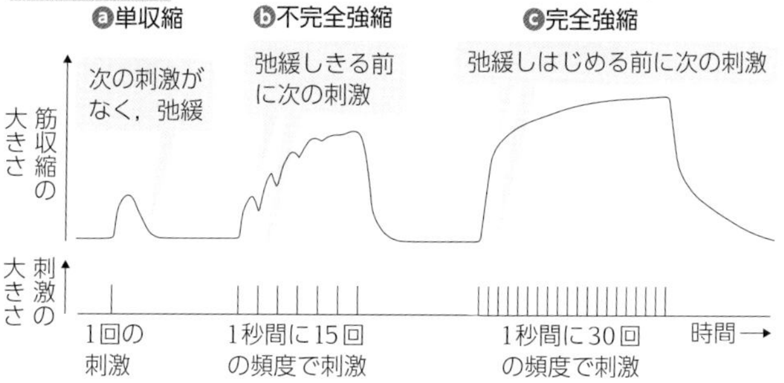

ⓐ単収縮
1回の刺激で生じる収縮。

ⓑ不完全強縮
高頻度で連続的に刺激を与え，単収縮が重なった持続的な強い収縮を強縮という。鋸歯状の曲線が得られる強縮は不完全強縮という。

ⓒ完全強縮
より高頻度での刺激により，滑らかな曲線が得られる強縮。

動物の運動は，ふつう骨格筋の強縮と弛緩の組み合わせで行われる。

1回の刺激への反応(単収縮)(ミオグラフによる記録)

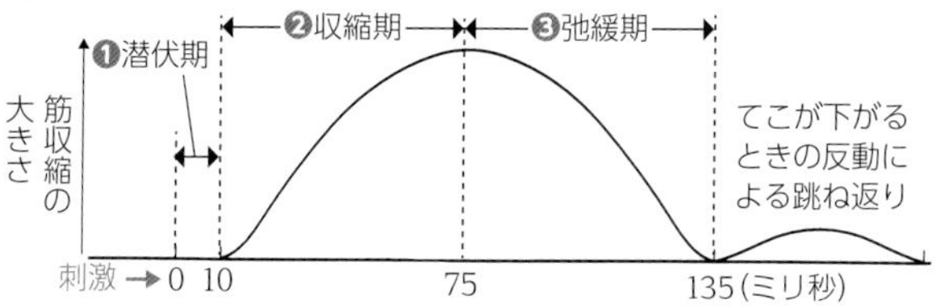

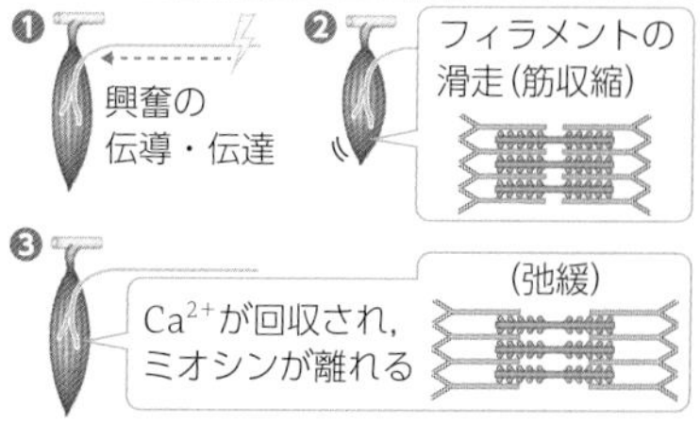

興奮の伝導速度

神経筋標本を用いて，興奮が伝わる速度を測定することができる。

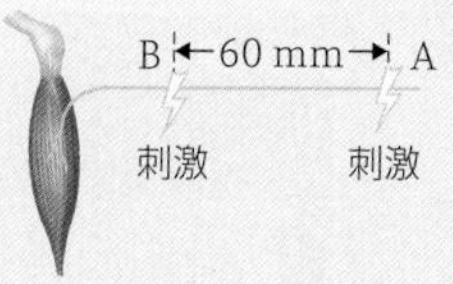

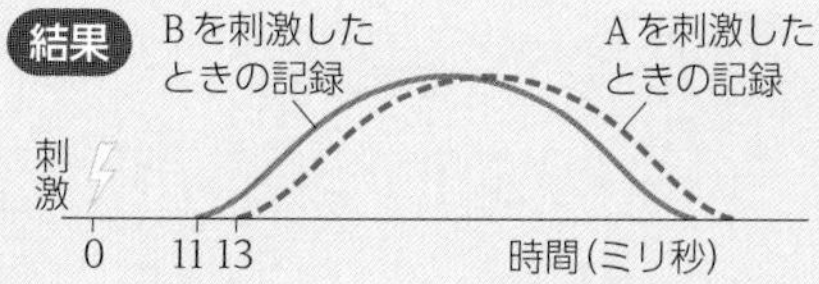

収縮がはじまるまでの時間差 ＝ AB間を興奮が伝わる時間

$$興奮伝導速度=\frac{60}{13-11}=30\,(\mathrm{mm/ミリ秒})=30\,(\mathrm{m/秒})となる。$$

4 筋節の長さと張力の関係 生物

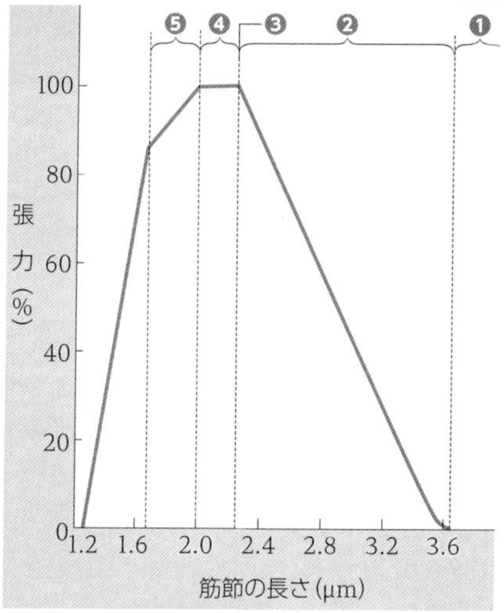

カエルの骨格筋繊維1本を分離し，筋節の長さを固定して十分な強さの刺激を与えると，固定されているために筋節の長さは変わらないが筋は収縮しようとして張力を生じる。さまざまな長さで筋節を固定し，生じる張力の大きさを調べると，筋の張力の大きさはアクチンフィラメントとミオシンフィラメントの重なり合う部分の長さに比例する(図の❷)。

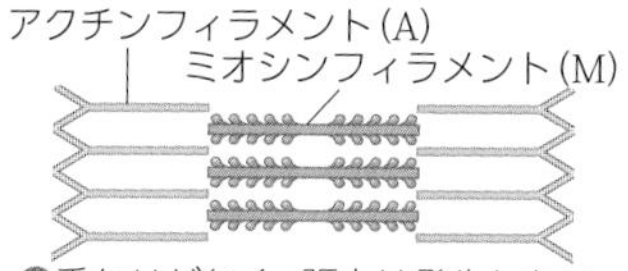

❶重なりがなく，張力は発生しない。

❷重なりに比例して張力は増大する。

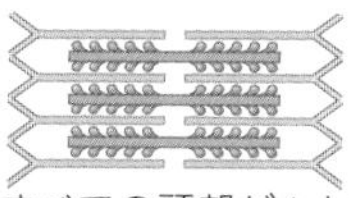

❸Mのすべての頭部がAと重なり張力は最大となる。

❹Mの頭部のない部分がAと重なるため，張力は変化しない。

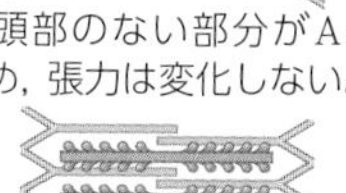

❺Aどうしが重なり，抵抗が増して張力が下がる。筋節がこれ以上短くなると張力は急減する。

+α 運動単位

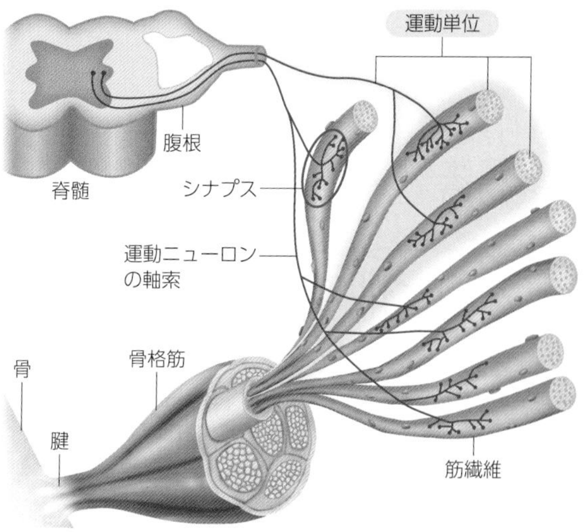

1本の運動ニューロンと，それが支配する全筋繊維を**運動単位**《うんどうたんい》という。1本の運動ニューロンは，ふつう，数個から数百個の筋繊維を支配し，1本の筋繊維は1本の運動ニューロンによって支配される。

筋収縮は，いつ，どの，そしていくつの運動単位を興奮させるかによって調節されている。

豆知識　ヒトの筋肉は，全体重の48％を占めている。筋肉には，安静時でも血液の21％が循環しており，運動時になると急激に循環量がふえる。

⑫ 筋収縮とエネルギー

生物　Energy Conversion by The Muscular Contraction

1 筋収縮に伴うATPの再合成 生物

筋収縮の直接のエネルギー源は，ATPである。ATPは，分解されてもすぐに再合成され，筋肉中にほぼ一定量が含まれている。筋肉中には，グリコーゲンやクレアチンリン酸の形でエネルギーが貯えられている。

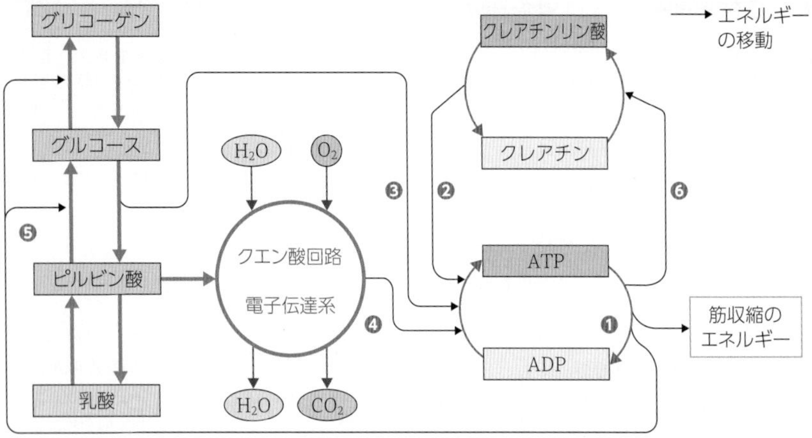

クレアチンリン酸は，ATPと同様に高エネルギーリン酸結合をもち，エネルギー貯蔵物質として利用される。

運動時	❶	筋繊維内には，数秒間の収縮で枯渇する程度のATP量しか存在しない。
	❷	筋収縮時に消費されたATPは，直ちにクレアチンリン酸からのリン酸の転移によってADPから再合成される。筋繊維内には筋が約15秒間最大収縮するためのエネルギーがクレアチンリン酸として貯えられている。
	❸	クレアチンリン酸が枯渇すると，解糖によってATPが合成される。これによって，約30〜40秒間筋が最大収縮するためのエネルギーが供給される。
	❹	これ以上の時間，筋運動が続く場合，呼吸によってATPが合成される。
安静時	❺	解糖によって生じた乳酸は，肝臓に運ばれ，その1/5がクエン酸回路を経て完全に分解される。このときに生成されるATPを用いて残り4/5がグリコーゲンに再合成される。
	❻	呼吸によって合成されたATPの一部は，クレアチンリン酸の合成に利用され，高エネルギーリン酸結合として貯えられる。

2 探究—グリセリン筋の収縮 生物

新鮮な筋繊維をグリセリン溶液に浸しておくと，膜構造が壊れる。細胞質中の水溶性物質の多くは溶出するが，アクチンやミオシンは生筋と同じような配置と構造を保っている。このようにして作成されるものは，グリセリン筋と呼ばれる。

Ⓐ方　法

①ニワトリの胸筋を50％グリセリン溶液に浸し，0℃で数日間以上置く。

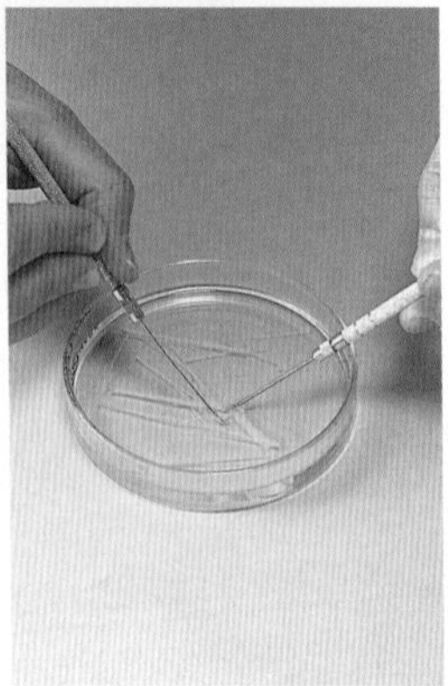

②グリセリン筋を柄付き針で糸状にほぐし，筋繊維の束をつくる。

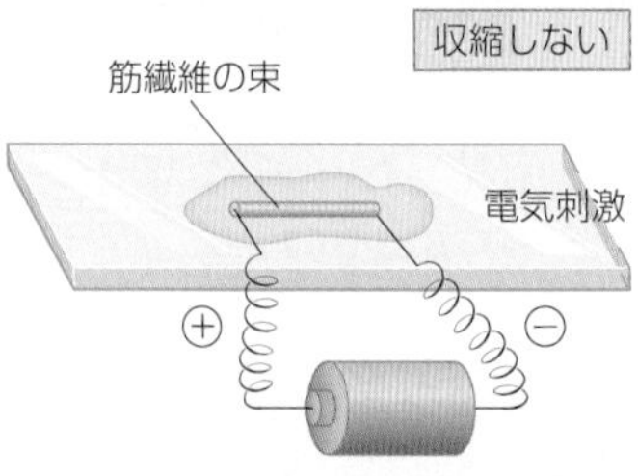

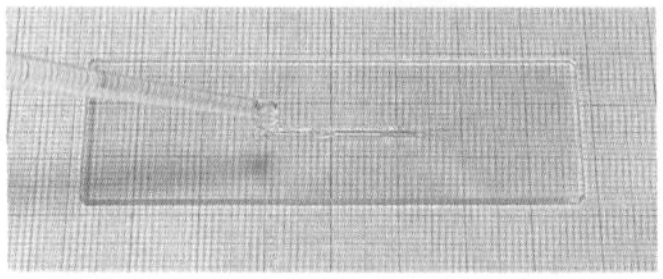

③電気刺激を加えても収縮しないが，ATP溶液を注ぐと，ATPのエネルギーを利用して収縮する。

Ⓑ結　果

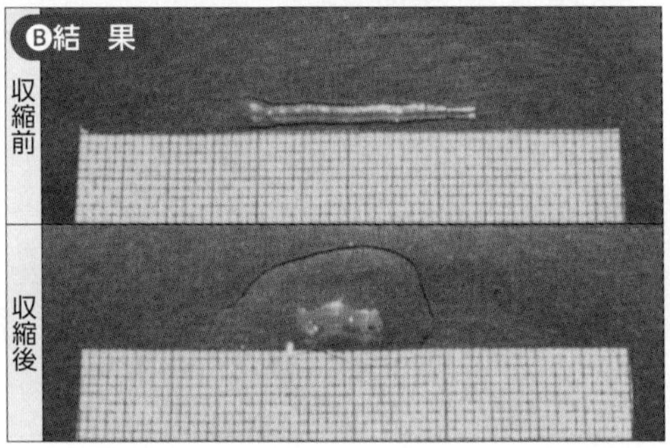

筋収縮に必要なCa^{2+}濃度は非常に低く，通常，グリセリン溶液に含まれる微量のCa^{2+}が作用してATPで筋収縮が起こる。一方，グリセリン筋の調整方法によってはトロポニンなどのタンパク質も失われ，この場合は，Ca^{2+}の有無に関わらずATPで筋収縮が起こる。

+α PLUS 分子レベルでのATPによる滑り運動

アクチンフィラメントの滑走は，蛍光色素を用いて観察することができる。

ミオシン頭部をスライドガラス面上に吸着させ，蛍光色素で標識したアクチンフィラメントを加える。これにATP溶液を加えると，ATPのエネルギーを利用してひとつひとつのアクチンフィラメントが，スライドガラス面上を滑るようすが蛍光顕微鏡下で観察される。

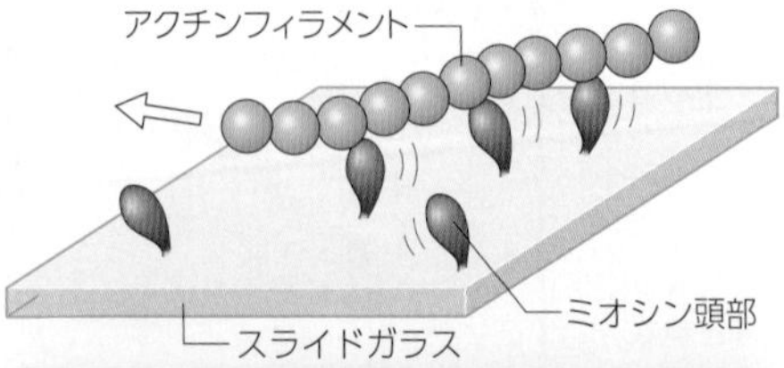

break《ぶれいく》 赤筋《せっきん》と白筋《はっきん》 生活

骨格筋には，酸素を貯えるタンパク質であるミオグロビン（➡p.161）を多く含む赤筋と，極端に少ない白筋とがある。赤筋は，主なエネルギーを呼吸によって得る傾向があり，長時間収縮を持続することができる。一方，白筋は，解糖系によって主なエネルギーを得る傾向があり，すばやく強く収縮することができる。生まれつき赤筋の多い人はマラソンなど持続力を必要とするスポーツに向いており，白筋の多い人は短距離走など瞬発力を必要とするスポーツに向いているといわれている。

各競技選手の大腿四頭筋に含まれる白筋の比率(%)

マラソン	18	競泳	26
ウェイトリフティング	55	短距離走	63

平均的な男性の大腿四頭筋に含まれる白筋の比率は約55％。

豆知識　筋繊維への酸素の供給源には，血液から筋繊維に拡散する酸素のほか，ミオグロビン（➡p.161）からの補給がある。ミオグロビンは，筋繊維にのみ存在する酸素結合タンパク質である。

13 動物の行動／生得的行動① 走性

生物

Animal Behaviors / Innate Behaviors, Part 1 Taxis

1 動物の行動 生物

神経系をもつ動物では，高度に複雑化した行動がみられる。

動物は，受容器で受容した刺激を神経回路で処理し，その情報を効果器に伝えて行動を起こす。行動には，**生得的行動**《せいとくてきこうどう》と**習得的行動**《しゅうとくてきこうどう》がある。

生得的行動

生化学反応や固定的な神経回路にもとづいて起こり，特定の刺激に対して決まった反応を生じる。未経験であったり，反応の誤りや遅れが大きな危険となったりする刺激に対して有効な行動である。

習得的行動

形成される神経回路に可塑性があるため，予測困難な環境の変化に対し，より柔軟で複雑な反応ができる。

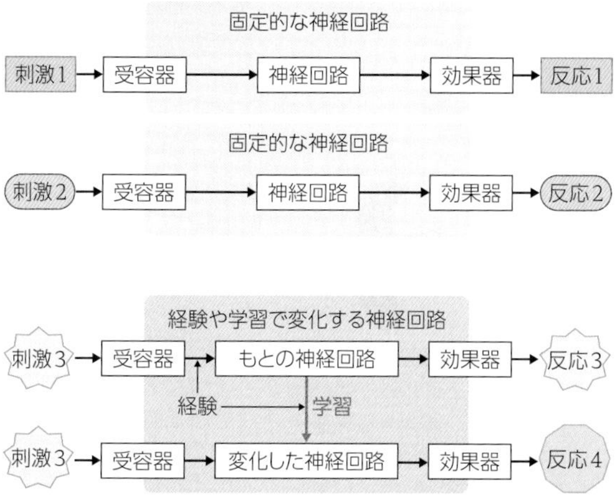

α PLUS 生得的行動と習得的行動

行動を制御する神経系は，DNAの遺伝情報にもとづいて形成されるが，その形成過程で受ける外界からの刺激によって，可塑的に変化する。このため，同じ遺伝情報をもっていても，現れる行動が異なってくる。変化の程度が小さければ生得的に，強ければ習得的になる。多くの行動はこの中間にあって，完全に生得的な行動や習得だけに依存する行動は存在しない。

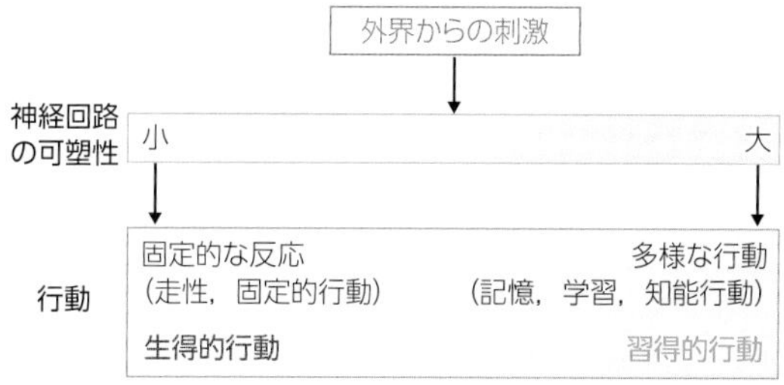

2 行動の4つの「なぜ」 生物

ティンバーゲンは，生物の行動研究では，メカニズム，発達，機能，系統進化の4つの「なぜ Question」を問うべきだと唱えた。これらは，生物の行動が生じた具体的（生理的）なしくみである至近要因と，その行動が進化した適応的な理由である究極要因に分けられる。

4つのなぜ（例：鳥のさえずり）

至近要因：その行動が生じた具体的（生理的）なしくみ		究極要因：その行動が進化した適応的な理由	
発達	メカニズム	系統進化	機能
成長過程でどのように発達するのか。	神経系や内分泌系がどのようなしくみで制御されているのか。	どのような進化の過程を経て生じたか。	その行動をとることで，どのような適応がみられるか。

発達

幼鳥期に他個体の歌を聞かせて育てる。

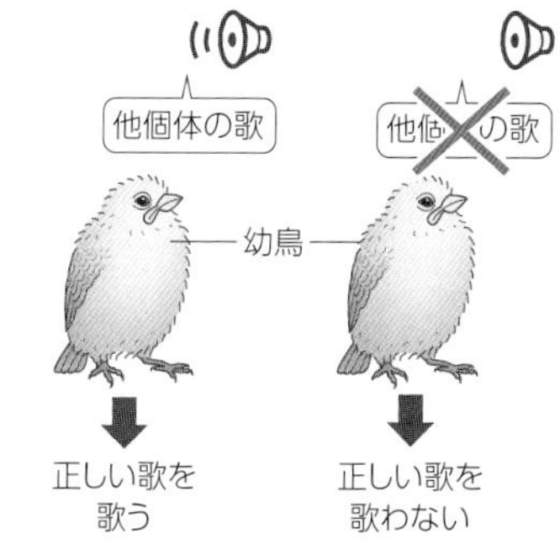

正しい歌の記憶は幼鳥期に獲得される。

メカニズム

幼鳥は，父親などの雄の歌を大脳に鋳型として保存する。

成鳥になると，聞き覚えた鋳型に，発声を近づけていく。

歌は，大脳の特定領域に保存された鋳型を元にさえずられる。

系統進化

歌の学習を行う鳥類では，関与する脳の領域の配置が非常によく似ている。一方，歌の学習を行うのは，限られた分類群の鳥類のみである。

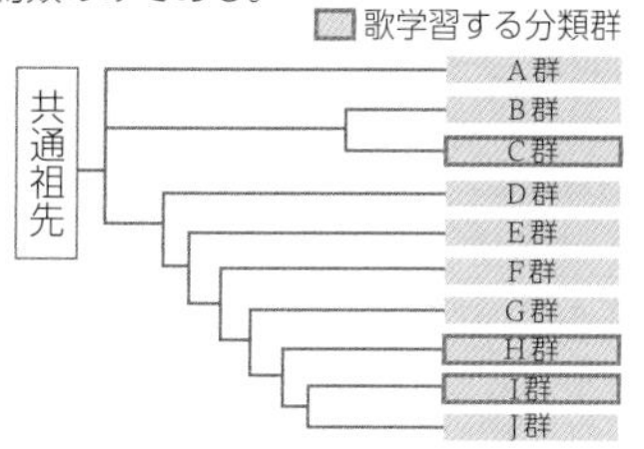

歌学習は，系統的に異なる分類群で独立に獲得した？

機能

複数の幼鳥雄に同じ歌を覚えさせても，正確に覚えられるかには個体差がある。成熟した雌は，より正確な歌を歌う雄に，より多く交尾ディスプレーを示した。

歌の能力の高さは，パートナーの獲得しやすさにつながる。

3 定位と走性 生物

生物が自身の体軸を特定の方向に向けることを定位《ていい》といい，定位した動物が目標や目的地に向かって移動する行動を定位行動《ていいこうどう》という。定位行動のうち，刺激の方向と一定の関係をもつものは走性《そうせい》と呼ばれる。走性は，生得的行動の一種であり，刺激源に近づく場合を正の走性，遠ざかる場合を負の走性という。

Ⓐ走性の種類

走性	刺激源	正の走性を示す生物	負の走性を示す生物
光走性	光	ガ，魚類，ミドリムシ	ミミズ，ゴキブリ，プラナリア
重力走性	重力	ミミズ，ハマグリ	ゾウリムシ，マイマイ
電気走性	電気	ミミズ（＋極へ向かう）	ゾウリムシ（－極へ向かう）
流れ走性	水流	メダカ，アメンボ	サケの稚魚《ちぎょ》
化学走性	化学物質	ゾウリムシ（薄い酸）	ゾウリムシ（濃い酸）
湿度走性	湿度	ミミズ，ダンゴムシ	

Ⓑ電気走性（ゾウリムシ）

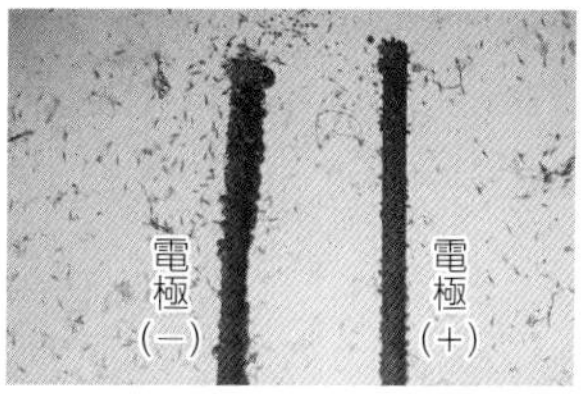

ゾウリムシのいる水中に弱い電流を流すと，負の電気走性を示す。

Ⓒ流れ走性（メダカ）

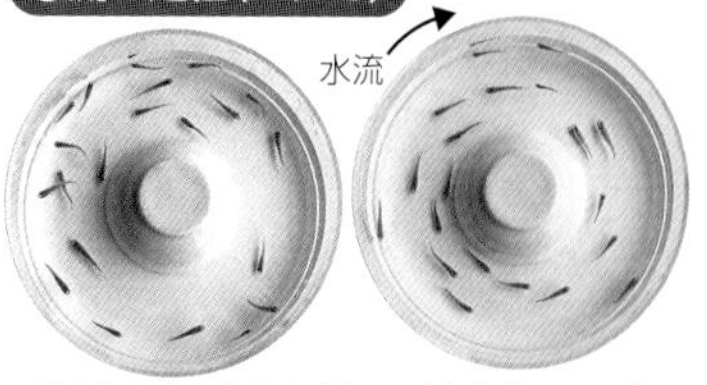

▲静止した水の中のメダカ　▲流水中のメダカ

メダカは，水流があれば正の流れ走性を示す。

豆知識　走性がからだ全体の運動であるのに対し，反射は，からだの一部が示す比較的単純で定型的，かつ無意識の反応である。

14 生得的行動② 固定的動作パターンや定位

生物

Innate Behaviors, Part 2 Fixed Action Patterns and Orienting

関連動画をCheck!

1 かぎ刺激と固定的動作パターン 生物

ある生得的行動を引き起こす特定の刺激をかぎ刺激《しげき》(信号刺激《しんごうしげき》)といい，これによって引き起こされる決まった行動は固定的動作《こていてきどうさ》パターンと呼ばれる。固定的動作パターンは，中断されずに一連の過程を終了するまで続く。

Ⓐハイイロガンの卵転がし運動

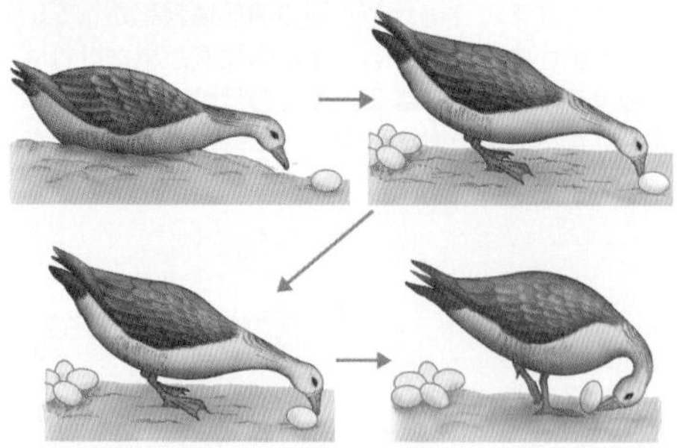

ハイイロガンの母鳥には，巣の外にある卵を巣に戻すという生得的行動がある。この行動のかぎ刺激は，巣の外にある卵である。行為の途中で卵を排除しても，母鳥はくちばしを地面につけて巣まで後退し続け，中断はしない。

Ⓑひなの逃避行動

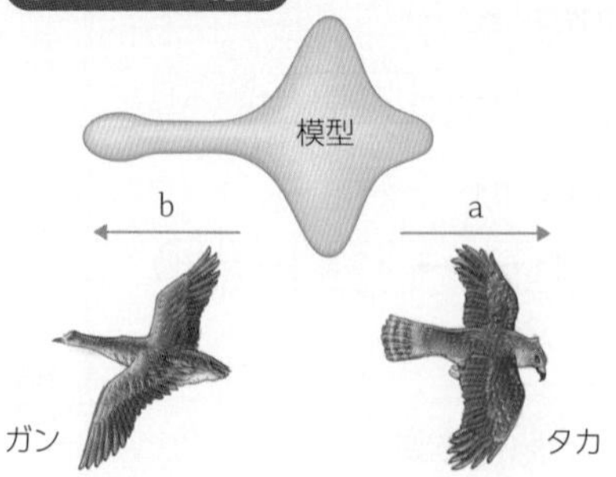

ガンのひなは，図のような模型をa方向へ動かすと巣へ逃げるが，b方向に動かすと反応しない。これは，a方向へ動かした模型はタカに，b方向へ動かした模型は親鳥のように見えるためと考えられている。また，この行動は，人工ふ化させたひなでもみられる。

Ⓒセグロカモメの餌ねだり行動

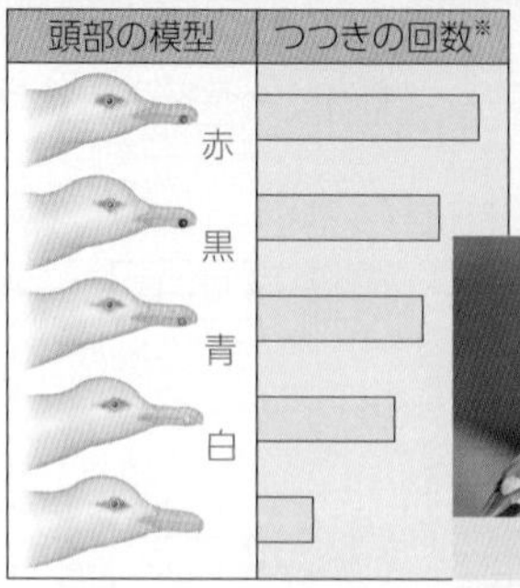

※つつきの回数は，餌ねだり行動の回数を示す。

セグロカモメ

セグロカモメのひなは，カモメの頭部の模型を差し出すと餌をねだる。この行動の回数は，くちばしなどの形によらず，先端に点があることやそれが赤いことがかぎ刺激となる。棒の先を赤く塗ったものを見せても，同じように餌ねだり行動が起こる。

Ⓓ超正常刺激

自然界には存在しないが，自然界に存在するものよりも大きな反応を引き起こすかぎ刺激を超正常刺激という。

ミヤコドリは，ふつう，1回の産卵で3個の卵を産むが，現実的にはありえない5個の卵塊を実験的に与えると，5個の方を抱卵しようとする。また，小さい本物の卵よりも，大きな模型の卵を抱卵しようとする。

卵塊に含まれる卵の個数で比較…実験的に与えた5個の卵塊を選ぶ。

卵の大きさの比較…大きな模型の卵を選ぶ。

2 イトヨの固定的動作パターン 生物

Ⓐイトヨの縄張り防衛行動

イトヨ(トゲウオの一種)の雄は，繁殖期になると腹部に赤い婚姻色を呈す。この時期，雄は縄張り(➡p.312)をもっており，自分の縄張りに入ってきた他の雄を攻撃する。雄は，姿形の類似に関係なく，腹部(下側)が赤い模型を攻撃し，赤くない模型には攻撃しない。すなわち，攻撃を引き起こすかぎ刺激は，腹部の赤い色であることがわかる。

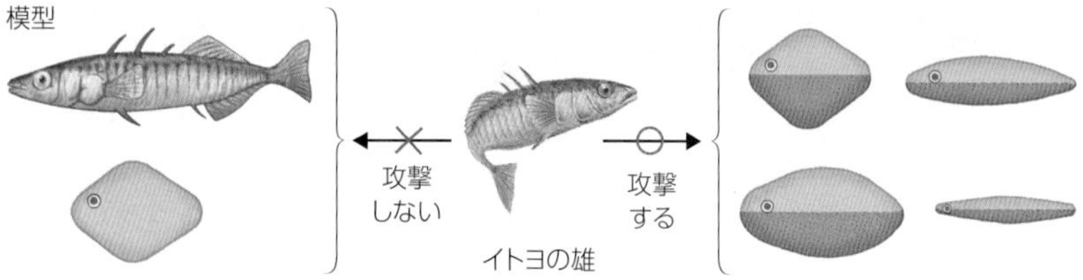

Ⓑイトヨの生殖行動

イトヨの生殖行動は一連の固定的動作パターンからなる。まず，卵でふくらんだ雌の腹部が雄に対する最初のかぎ刺激となり，雄はそれに対しジグザグダンスを行う。これをかぎ刺激として雌も求愛反応をとり，以降は連鎖的に別の行動が起こっていく。

雄と雌の反応の連鎖

	雄(腹部が赤くなる)	雌(腹部が卵でふくらむ)
		姿を現す。
❶	ジグザグダンスをする。	求愛反応をする。
❷	巣へ誘導する。	雄についていく。
❸	巣の入り口を示す。	巣の中に入る。
❹	雌の尾部をつつく。	産卵し，巣から出る。
❺	巣に入って精子を放出する。	

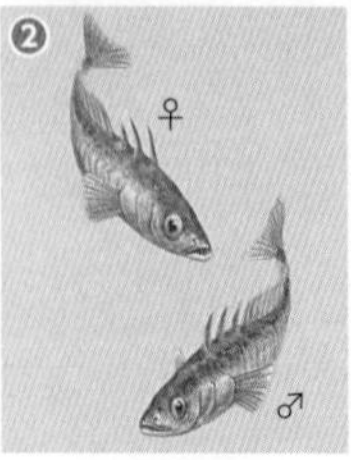

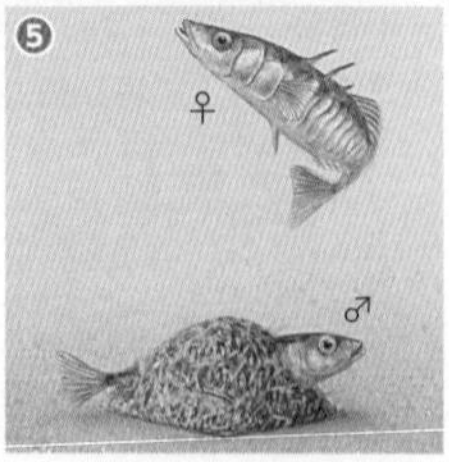

豆知識 ティンバーゲンは動物行動学において非常に多くの功績を残しており，ハイイロガンの卵転がし運動，ガンのひなの逃避行動，セグロカモメの餌ねだり行動，ミヤコドリの超正常刺激，イトヨの縄張り防衛行動・生殖行動は，すべて，彼の研究によって明らかになったものである。

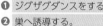

3 メンフクロウの音源定位 生物

メンフクロウは，日が暮れると聴覚を使って獲物を捕まえる。この行動は，特定の神経回路にもとづき，聴覚情報から獲物の位置を把握して移動する音源定位によって実現される。

Ⓐメンフクロウの聴覚器

メンフクロウは，音源の方位角(左右方向)の定位には両耳に入る音(音波)の時間差を利用し，仰俯角《ぎょうふかく》(上下方向)の定位には両耳に入る音の強さの差を利用する。

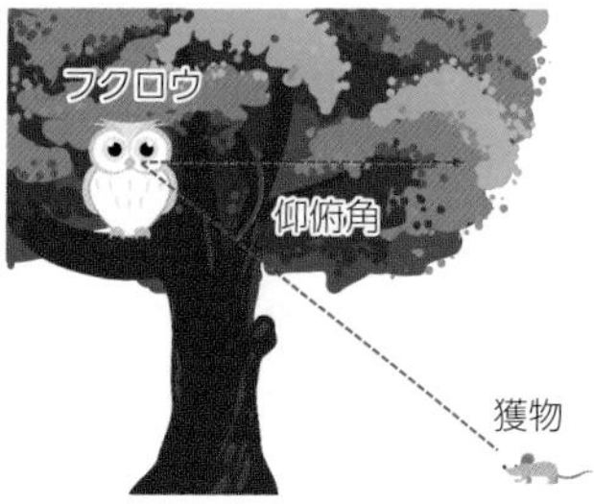

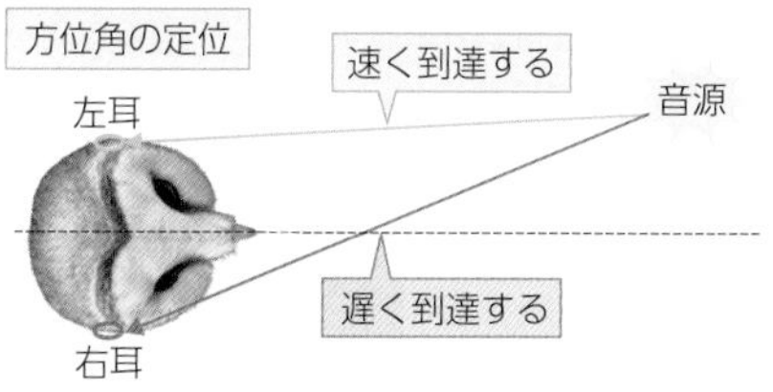

音が到達する時間が左右の耳で異なることを利用して，音源の方位角を判断する。

左耳と右耳で位置がずれており，集音方向が異なることから，音源の仰俯角を判断できる。

Ⓑ音源定位の神経機構

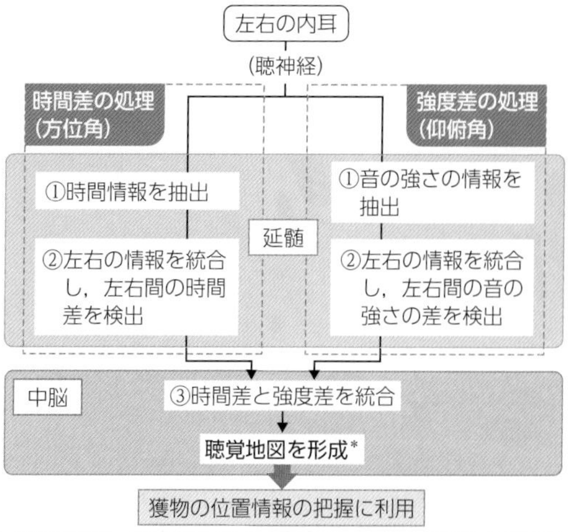

＊この回路は，幼鳥からの成長過程で，視覚情報にもとづいてより正確な定位ができるよう修正されていくことがわかっており，聴覚地図は最終的に視覚情報と統合される。

4 コウモリの反響定位とヤガの捕食回避 生物

音波の反響を利用した定位行動は，反響定位《はんきょうていい》(エコーロケーション)と呼ばれる。

Ⓐコウモリの反響定位

視覚情報に頼れない夜間に活動するコウモリは，聴覚を使って獲物を捕える。コウモリは，ヒトの可聴域を超える波長の短い音波(超音波)を発し，その反響を受容することで，超音波が反響した先の状況(獲物との距離，獲物の移動速度など)を把握する。

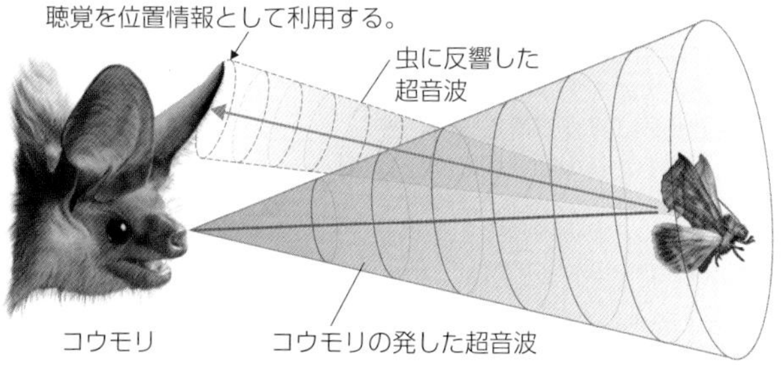

Ⓑヤガの音波の受容と捕食回避行動

ヤガ(ガの一種)は，コウモリの超音波を逆に利用することでコウモリの捕食に対抗することが知られている。ヤガの聴覚器は，多くのコウモリが用いる音波の周波数に最も感度が高い。また，その聴覚器には感度の異なる2種類の聴細胞が存在する。ヤガは，この2種類の聴細胞の興奮のしかたによってコウモリとの距離を判断する。

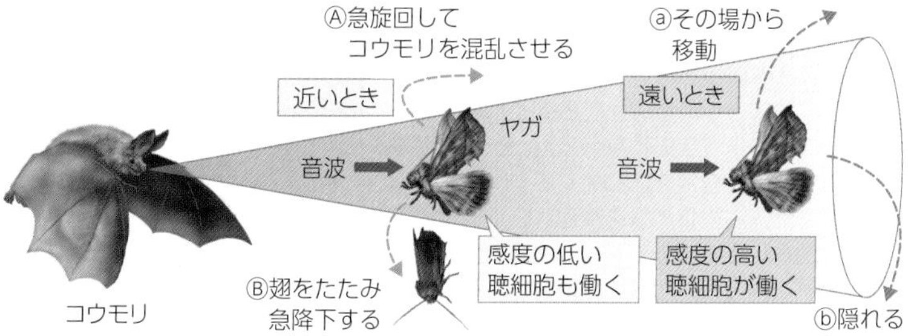

5 ミツバチのダンスによるコミュニケーション 生物

ミツバチの働きバチは，自身が発見した餌場の方向や距離などを特徴的なダンスでなかまに伝える。

円形ダンス
餌場が近い
(80 m以内)

8の字ダンス
餌場が遠い(80 m以上)

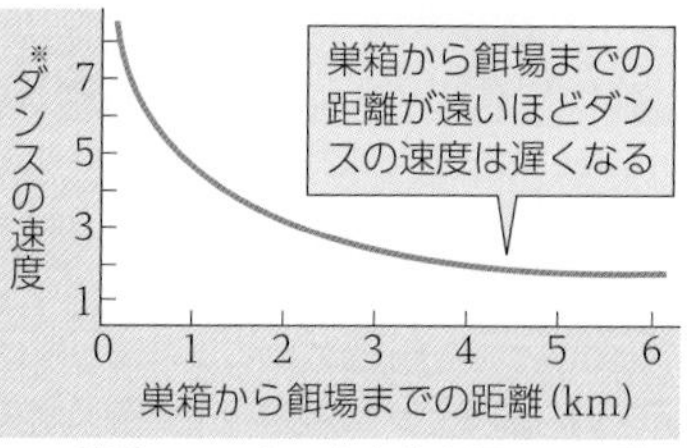

※15秒間に8の字の中央線を通った回数

8の字ダンスと餌場の方向

8の字ダンスでは，鉛直上向き(重力と反対の方向)と8の字の中央直進の方向がなす角度が，太陽と餌場の相対的な方向を表す。

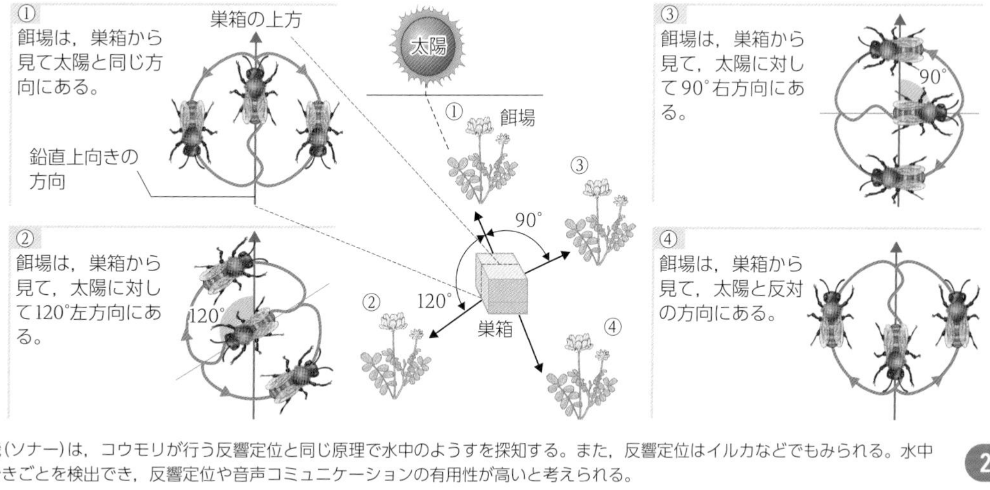

豆知識 釣り船や漁船などで用いる魚群探知機(ソナー)は，コウモリが行う反響定位と同じ原理で水中のようすを探知する。また，反響定位はイルカなどでもみられる。水中では，視覚よりも聴覚の方が遠くのできごとを検出でき，反響定位や音声コミュニケーションの有用性が高いと考えられる。

15 生得的行動③ 定位と情報伝達

関連動画をCheck!

生物　Innate Behaviors, Part 3 Orienting and Signal Transduction

1 太陽コンパスによる定位 生物

動物が太陽の方向を基準として定位方向を決めるしくみを太陽《たいよう》コンパスという。ホシムクドリは渡りの時期になると太陽コンパスによって越冬地の方向に定位する。

Ⓐ太陽コンパスによる定位の確認

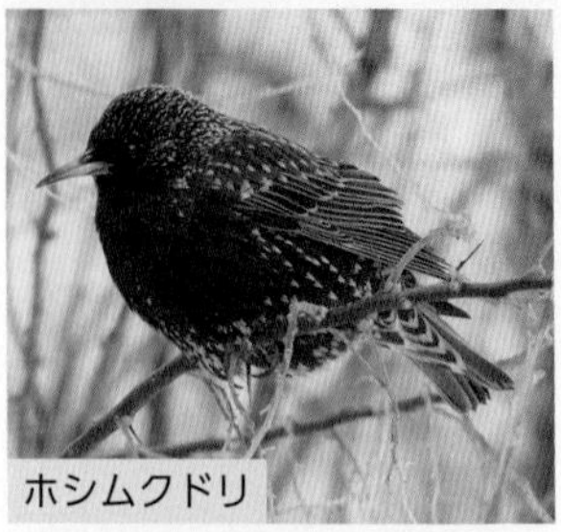

ホシムクドリ

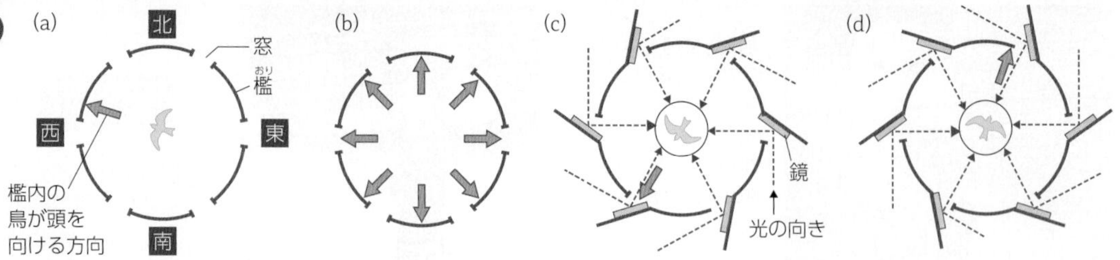

(a) 窓から太陽が直接見える場合，ホシムクドリ（鳥）は越冬地のある西から北西の方向を向く。

(b) 曇り空で太陽が見えない場合，鳥の向く方向はランダムになる。

(c) 鏡で入射光を反時計回りに90°ずらすと，鳥の向く方向も反時計回りに90°ずれる。

(d) 鏡で入射光を時計回りに90°ずらすと，鳥の向く方向も時計回りに90°ずれる。

Ⓑ太陽コンパスと時間補正

ホシムクドリは，日周運動によって位置が変化する太陽に対し，生物時計（体内時計）（➡p.219）によって時間補正を行うことで，正確な方角を判断している。

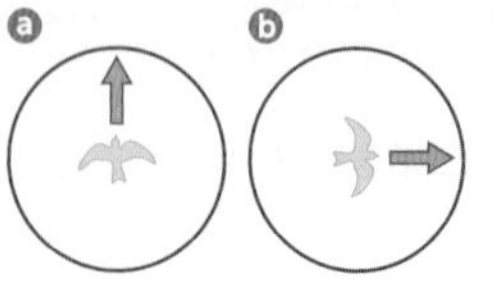

ホシムクドリを人工的な光条件下で数日間飼い，体内時計を自然状態（ⓐ）から6時間（1/4日）ずらすと（ⓑ），定位の方角に90°（360°/4）のずれを示すようになる。

+α PLUS 星座コンパス

夜行性の鳥も，渡りを行う季節になると定位を行う。夜行性のルリノジコは，定位に夜空の星の位置を利用する。この現象は，プラネタリウムを利用する実験によって確かめられた。その結果，ルリノジコは，夜空の星のうち回転の一番少ない部分（北半球の場合には北極星付近）を見ていること，また，星の位置自体は幼少期の決まった期間に学習（➡p.223）していることがわかった。

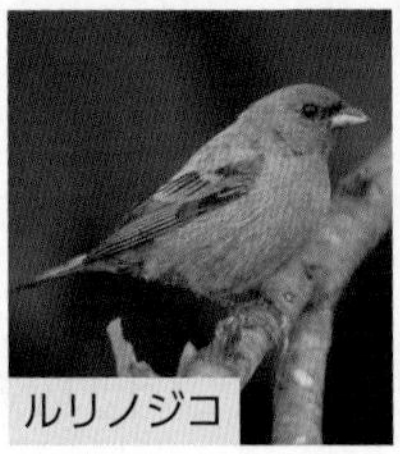

ルリノジコ

+α PLUS 渡りの定位方向と遺伝

同じ種でも渡りの方向は異なることがある。たとえば，ズグロムシクイという渡り鳥は，ドイツで繁殖した個体の多くがスペインへ，一部がイギリスへ渡って越冬する。この定位方向が遺伝的に決まっているのかを調べるため，ペーターらは次のような実験を行った。まず，イギリスで越冬中の個体を捕らえてドイツの研究室で繁殖させ，生まれた子を管理された環境で若鳥まで飼育した。また，ドイツの研究室付近の巣から子を捕らえ，同様に飼育した。秋に，これらの若鳥とイギリスで捕らえた親個体を用いて右の装置によって渡りの定位方向を調べた。

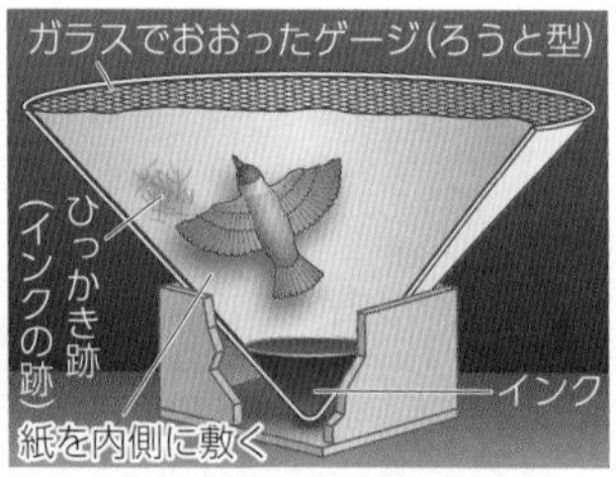

渡りを行う夜間に装置内へ入れると，鳥は渡りの定位方向に向かって動く。鳥の足についたインクが紙に付くことで，その方向がわかるようにした。

実験の結果，イギリスで捕らえた成鳥とその子は西（イギリスの方向）へ，ドイツで巣から集めた若鳥は南西（スペインの方向）へ渡ろうとした。2グループの若鳥は，ひなから同じ条件で育てられており，生まれた後の経験が定位方向を決めたとは考えにくい。したがって，定位方向の違いは遺伝情報の違いによると考えられ，定位を行うという行動だけでなく，その方向も遺伝的に決まっている可能性が示された。

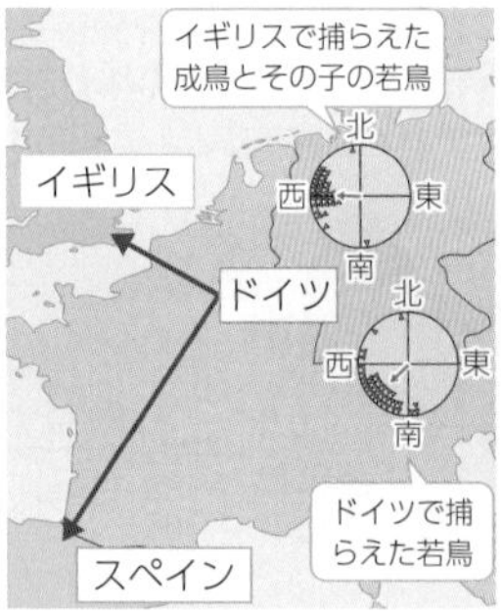

円内のプロットは，各個体の定位方向を示している。

2 フェロモンによる情報伝達 生物

生物が同種間でのコミュニケーションに用いる化学物質をフェロモンという。体外に分泌されたフェロモンは受容者に特定の反応を引き起こす。

さまざまなフェロモン

種　類	機　能	例（分泌する生物）
性フェロモン	同種の異性を誘引したり，生殖行動を誘導したりする	ガ，チョウ，ハエ，イモリ，イヌ，サル
集合フェロモン	集団を形成したり，形成された集団を維持したりする	ゴキブリ，カメムシ，ガの幼虫
道標《みちしるべ》フェロモン	他個体に経路を伝える	アリ，シロアリ
警報フェロモン	敵の存在を知らせる	ハチ，アリ，アブラムシ
階級分化フェロモン	階級の分化を促す	ハチ，アリ，シロアリ
性周期に関するフェロモン	雌の性成熟を促進，雌の発情を誘起	ネズミ（雄）
	同性間での性周期の同調をもたらす	ヒト，ネズミ，ラット（すべて雌）

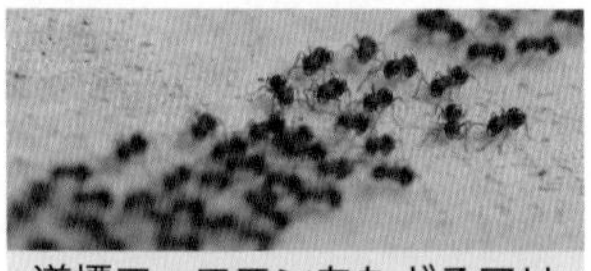

道標フェロモンをたどるアリ

道標フェロモンは，食物の位置情報を他個体へ伝えるために利用される。食物を見つけたアリは，腹部から揮発性のフェロモンを分泌しながら帰巣する。他の個体は，そのフェロモンを道標としてたどり，食物に到達する。

女王バチと働きバチ

ミツバチの女王バチは，口から女王物質（女王フェロモン）と呼ばれる階級分化フェロモンを分泌している。このフェロモンは，働きバチの卵巣の発達を抑制する働きがある。

豆知識　ある種の鳥類では，定位に地磁気を利用しているとも考えられている。しかし，その受容のしくみには不明な点が多く，動物における感覚生物学の中で最大の謎ともされており，現在もさまざまな研究が行われている。

3 カイコガの性フェロモン 生物

カイコガの雄は，雌の放出する性フェロモンを触角で受容する。雄は，激しく羽ばたきながらフェロモンがより多く存在する方向へ移動し，雌に近づく。

Ⓐカイコガの性フェロモンと触角の構造

カイコガの雌は，腹部末端の外分泌腺から性フェロモンを分泌する。カイコガの触角は，くし形で，雄の方が大きい。

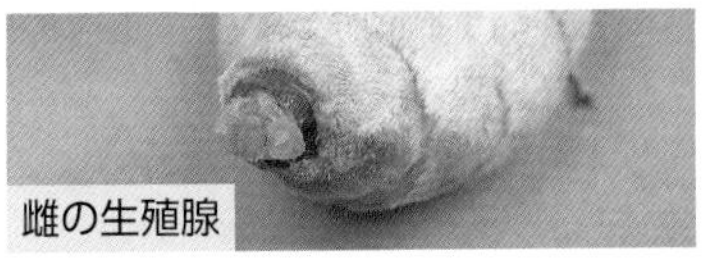
雌の生殖腺

雄の触角

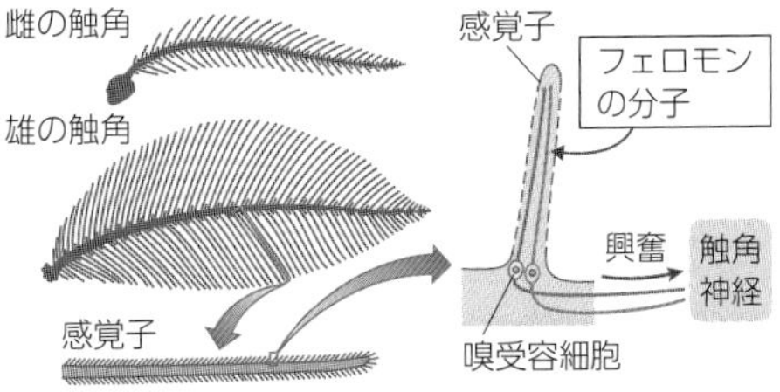

触角のくしの歯には，感覚子という毛状の器官が多数あり，雄ではフェロモンの受容によって興奮する神経細胞（嗅受容細胞）が存在する。

ボンビコールの化学式

$CH_3-(CH_2)_2-CH=CH-CH=CH-(CH_2)_9-OH$

カイコガの雌が分泌する性フェロモンは，ボンビコールという物質が主成分である。

Ⓑカイコガの定位行動

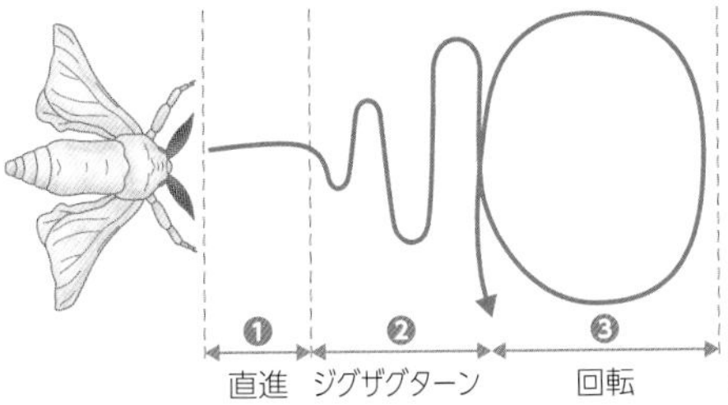

雄は，❶～❸の組み合わせにより，フェロモンの分泌源に近づいていく。

❶フェロモンを受容している間は，刺激の方向に直進する。
❷フェロモンが受容できなくなると，左右に移動するジグザグターンを行う。
❸フェロモンが受容できないと，ジグザグターンの幅を徐々に拡大していき，やがて回転行動を行う。

Ⓒカイコガの雄の中枢神経のつくりと情報伝達

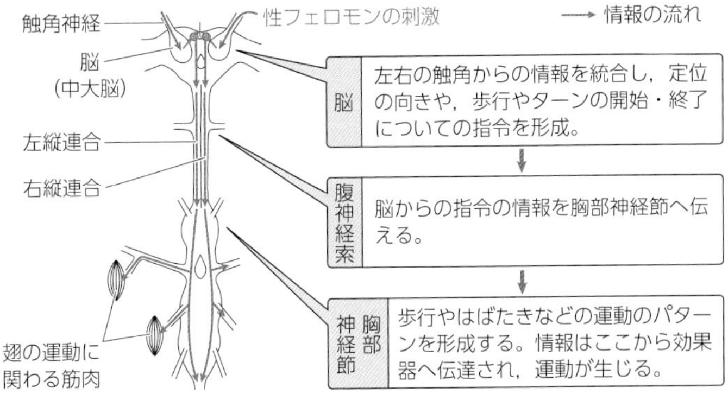

実験 8 カイコガの性フェロモンの受容 生物

目的 カイコガのフェロモンの受容について調べ，情報伝達のしくみを確認する。

方法

ⓐ正常な雄の定位行動の観察

雌から少し離して雄を置き，定位行動を観察する。

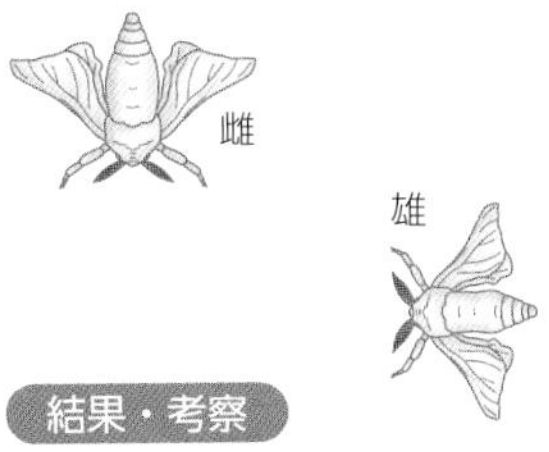

ⓑ雄の定位行動には，視覚情報と空気中の分子の情報のどちらが必要か

透明なケースをかぶせた雌のそばに雄を置き，その行動を観察する。その後，ケースを除いて雄の行動の変化を観察する。

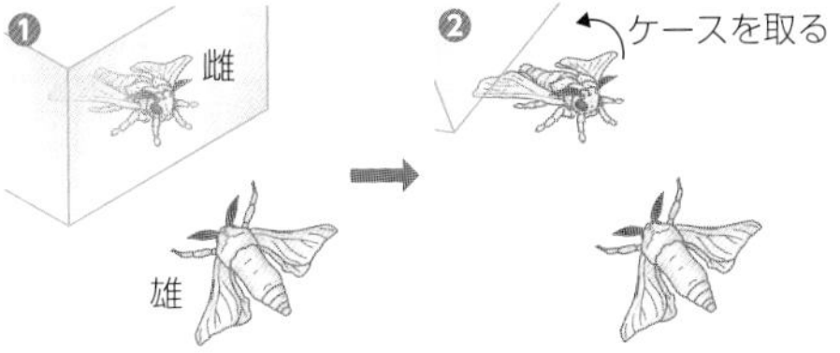

ⓒフェロモンの受容において，雄の触角はどのような役割をもつか

3匹の雄を用意し，それぞれ触角を，両方・左だけ・右だけはさみで切断する。それぞれの行動を観察する。

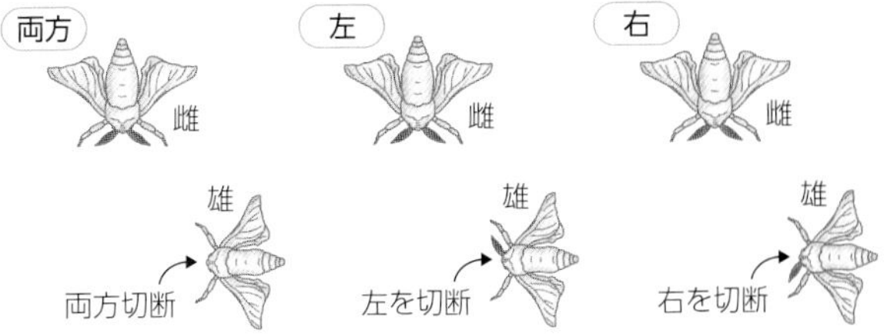

結果・考察

ⓐ定位行動が観察された。

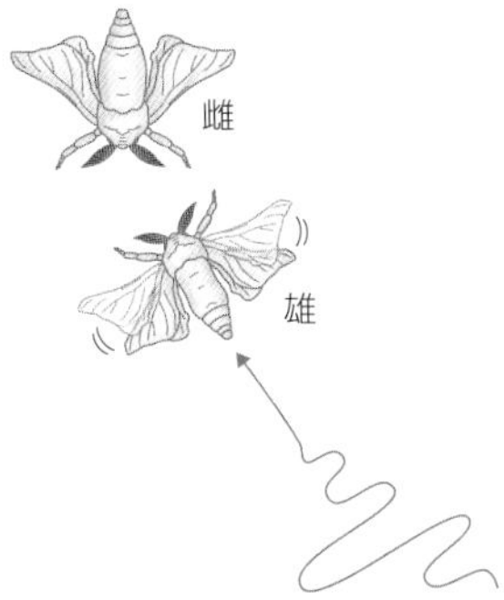

ⓑケース中の雌には近づこうとしなかったが，ケースをとると羽ばたきながら雌に近づいた。

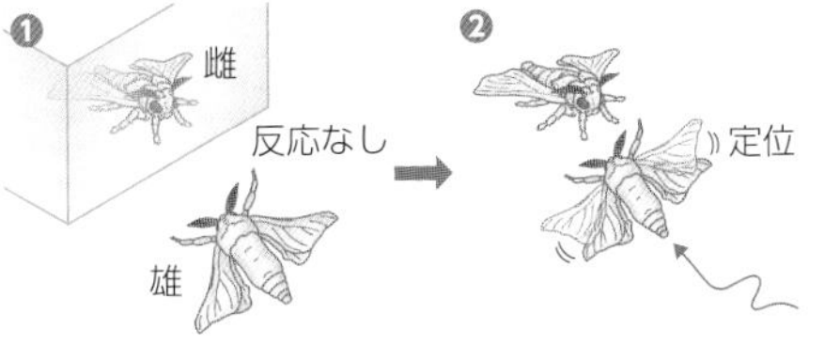

雄は，ケース内の雌を視認するだけでは反応しないが，フェロモンを受容すると反応した。これにより，視覚情報ではなく空気中のフェロモンの情報によって，定位行動が起こると考えられる。

ⓒ触角を両方切った個体は雌に反応しなかった。また，左だけ切った個体は右回り，右だけ切った個体は左回りに移動した。

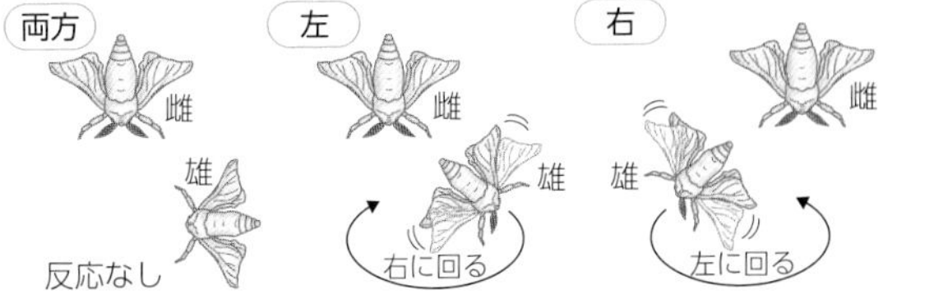

触角でフェロモンを受容していることがわかる。また，一方の触角を切断した雄は，触角が残っている方向に円を描くように移動した。このことから，左右の触角で刺激が等しくなるように定位していると考えられる。

豆知識 イモリの雄が雌を誘引するのに分泌する性フェロモンはソデフリンと呼ばれ，これは万葉集の額田王《ぬかたのおおきみ》の「あかねさす紫野《むらさきの》行き標野《しめの》行き　野守《のもり》は見ずや君が袖振る」という和歌にちなんで名付けられた。

⑯ 生得的行動④ 中枢パターン発生器

1 リズミカルな運動 生物

特定のリズミカルな運動パターンを生じさせる神経回路を，中枢《ちゅうすう》パターン発生器《はっせいき》(central pattern generator：CPG)という。CPGは，バッタの飛翔や，ヒトやネコの歩行などに関与している。

バッタの飛翔などにみられるリズミカルな運動パターンは，「翅を上げた」といった動作による刺激が次の動作への刺激となる「反射の連鎖」で起こるのではなく，CPGによって形成されている。CPGは脳以外の中枢に存在する。CPGが関与する運動では，上位中枢が行動を起こすかどうかを決定し，その指令がCPGに伝えられて運動パターンが形成される。したがって，脳などの上位中枢を切除した場合でも，CPGを含む中枢に人為的に刺激を与えれば，リズミカルな運動が発生する。

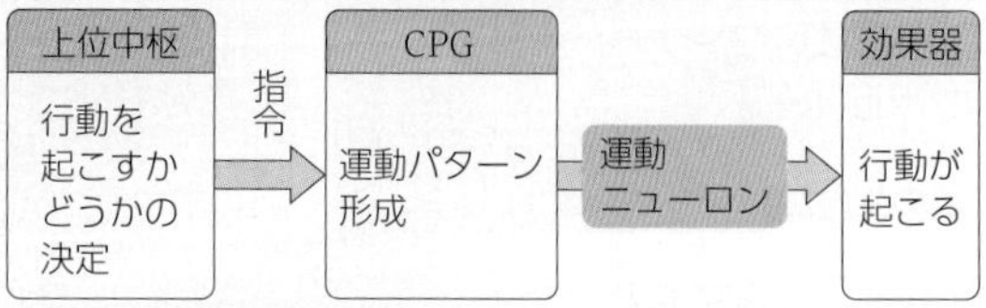

Ⓐバッタの飛翔（羽ばたき）のしくみ

バッタでは，胸部の打ち上げ筋と打ち下げ筋が交互に収縮・弛緩をくり返すことによって，リズミカルな羽ばたきが形成される。

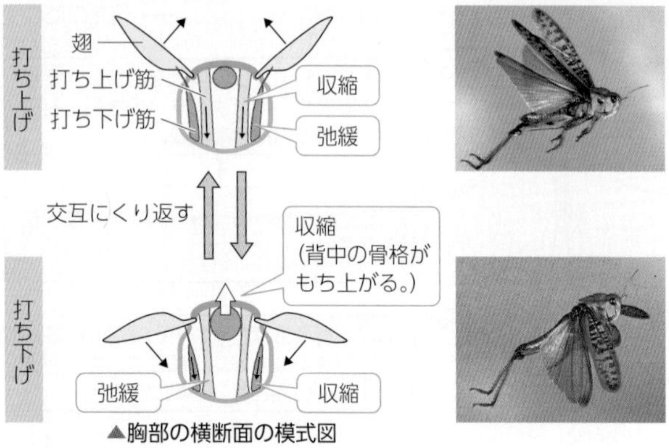

▲胸部の横断面の模式図

Ⓑバッタの飛翔に関わる神経回路（CPG）のモデル

バッタのCPGは，胸部神経節に存在し，興奮性または抑制性のシナプスをもつ複数の介在ニューロンからなる。下図では，ニューロンとシナプスの一部を抜粋している。

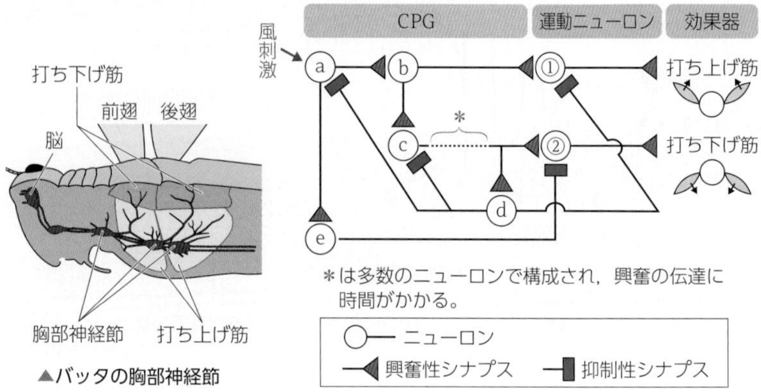

＊は多数のニューロンで構成され，興奮の伝達に時間がかかる。
◀ 興奮性シナプス
■ 抑制性シナプス

▲バッタの胸部神経節

Ⓒバッタの飛翔リズム形成のしくみ

バッタの頭部にある感覚毛に風刺激を継続して与えると，次のようにして打ち上げ筋と打ち下げ筋の収縮・弛緩が交互に起こり，飛翔リズムが形成される。

(1) 打ち上げ筋の収縮時（矢印は興奮の伝達経路）

- ⓐ→ⓑ→①へと興奮が伝わり，打ち上げ筋が収縮する(→)。
- ⓐ→ⓔへ興奮が伝わり，ⓔからの抑制のため②が興奮できず，打ち下げ筋は弛緩する(⇢)。
- ⓐ→ⓑ→ⓒへと興奮が伝わるが，＊での興奮の伝達には時間がかかる(⇢)。このため，①と②は同時には興奮しない。

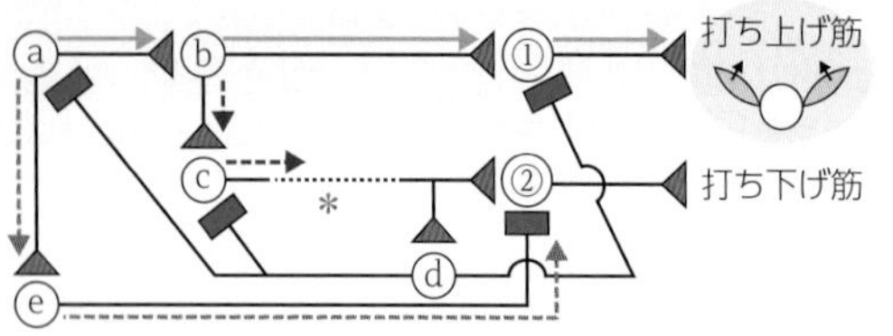

(2) 打ち下げ筋の収縮時

- ⓒからの興奮が遅れてⓓに伝わり，ⓐ，ⓒ，①の興奮が抑制される(→)。ⓐと①の興奮が抑制されると，打ち上げ筋は弛緩する。
- ⓐが抑制されるとⓔの興奮が停止し，②の抑制が解除される。
- ⓒからの興奮が②にも伝わり，打ち下げ筋は収縮する(⇢)。

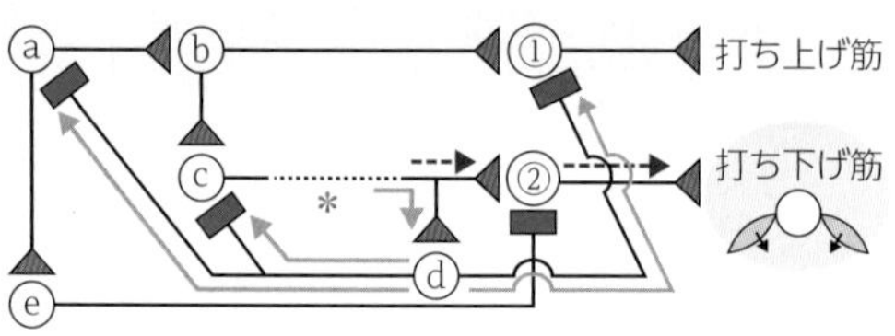

(3)

(2)でのⓐの抑制は，ⓑとⓒの興奮停止を引き起こし，＊での遅延を経てⓓと②も興奮しなくなる。ⓓの興奮停止によってⓐ，ⓒ，①の抑制が解除され(1)へ戻る。

風による刺激を継続して受けているので，同じサイクルがくり返される。

ⒹCPGの上位中枢［ヒトの歩行（随意運動）］

ヒトの歩行では，足を動かす順序やタイミングに関する指令は，脊髄に存在するCPGで生成されている。一方，歩行の意思や計画は大脳で形成され，CPGを駆動させる指令として脳からCPGへ送られる。

ヒトの歩行は，右のような流れで起こると考えられている。

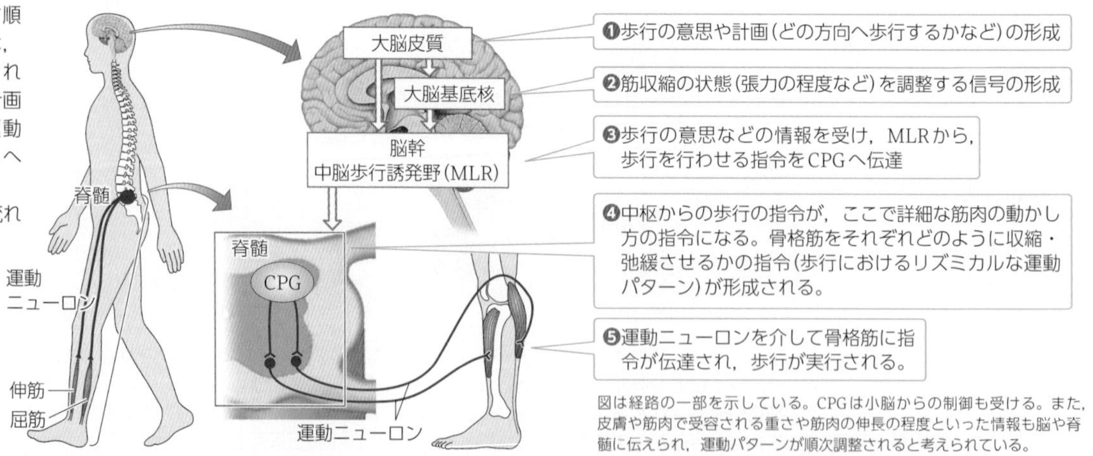

❶歩行の意思や計画（どの方向へ歩行するかなど）の形成

❷筋収縮の状態（張力の程度など）を調整する信号の形成

❸歩行の意思などの情報を受け，MLRから，歩行を行わせる指令をCPGへ伝達

❹中枢からの歩行の指令が，ここで詳細な筋肉の動かし方の指令になる。骨格筋をそれぞれどのように収縮・弛緩させるかの指令（歩行におけるリズミカルな運動パターン）が形成される。

❺運動ニューロンを介して骨格筋に指令が伝達され，歩行が実行される。

図は経路の一部を示している。CPGは小脳からの制御も受ける。また，皮膚や筋肉で受容される重さや筋肉の伸長の程度といった情報も脳や脊髄に伝えられ，運動パターンが順次調整されると考えられている。

豆知識　ヒトにCPGが存在するかは長く議論の対象であった。1998年，Dimitrijevicらは，脊髄損傷患者に対し，損傷部よりも下位の脊髄に一定の電気刺激を与えると，患者の麻痺した下肢で屈筋と伸筋が交互に興奮するリズミカルな反応がみられることを発見した。これにより，ヒトの脊髄にCPGが存在することが明らかになった。

17 生得的行動と遺伝子

生物 発展

Innate Behaviors and Contributions of Genetic Backgrounds

1 概日リズムと時計遺伝子 発展

およそ1日 (24時間) の周期で変動する生命現象を**概日《がいじつ》リズム** (**サーカディアンリズム**) という。概日リズムは，生物のもつ生物時計 (体内時計) によってつくり出される。生物時計には多数の遺伝子が関与しており，これらは**時計遺伝子《とけいいでんし》**と総称される。

Ⓐハツカネズミの活動周期(概日リズム)

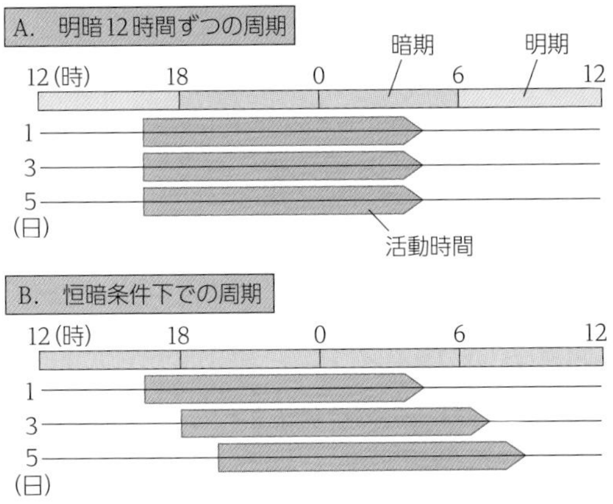

A：明暗12時間ずつの周期で飼育すると，ネズミは午後から翌日の未明にかけて活発に活動する。また，この周期は一定している。

B：恒暗条件で飼育した場合，活動時間の長さはほぼ一定に保たれるが，活動時刻は少しずつずれていく。これは，ネズミの体内時計がつくる1日の周期が24時間よりも少し長いために生じる。暗期(夜)と明期(日中)が交互に訪れる通常の条件下では，日光に当たることによってこのずれは修正されている。

Ⓑ時計遺伝子がリズムを生み出すしくみ(モデル)

時計遺伝子には，調節遺伝子(➡p.98)が多く含まれる。

時計遺伝子Aの産物であるタンパク質Aは，特定の塩基配列(転写調節領域B)をもつ別の時計遺伝子Cの発現を促進する(❶)。

時計遺伝子Cの産物であるタンパク質Cは，タンパク質Aに結合して働きを阻害する(❷)。

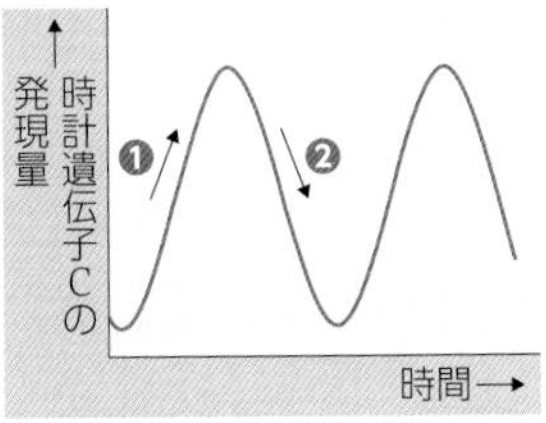

転写調節領域Bをもつ遺伝子は時計遺伝子以外にも複数存在する。それらもタンパク質Aによる転写促進と，タンパク質Cによる転写促進阻害を受けるため，時計遺伝子Cと同調した転写が起こる。

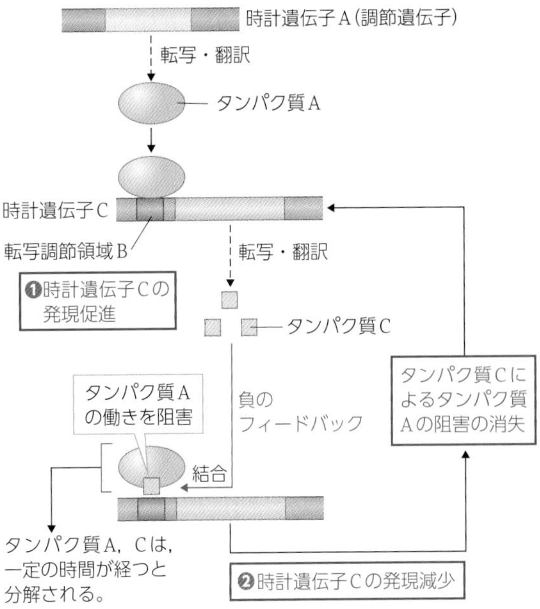

時計遺伝子Cの発現量は，一定の周期で増減することとなる。

2 遺伝子に支配される性行動 生物

多くの生得的行動は，複数の遺伝子と環境要因が複雑に関わりあって発現する。行動と遺伝子の関係は，ショウジョウバエを用いて盛んに研究が行われている。

Ⓐショウジョウバエの求愛行動

ⓐ雄は，雌に対して定位・追尾し，前脚で雌の腹部をたたく。
ⓑ雌の左右を行き来し，片方の翅を震わせて羽音(求愛歌)を出す。
ⓒ雌の動きが止まると，後ろに回り込み，雌の尾部をなめる。
ⓓ雄は腹部を曲げながら雌の背に乗ろうとする。これを受け入れる場合に雌は翅を立て，交尾を行う。

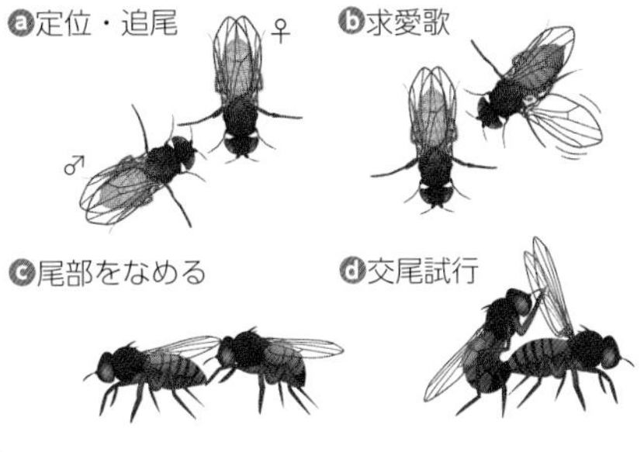

Ⓑ性行動に関わる遺伝子

ショウジョウバエの性行動に関する突然変異体の1つであるフルートレス(fruitless)遺伝子の突然変異体では，雄個体が同性の雄に対して求愛行動を行う。この遺伝子からつくられるmRNA前駆体は，スプライシングのされ方が雌雄で異なり，フルートレスタンパク質は雄でのみ合成される。

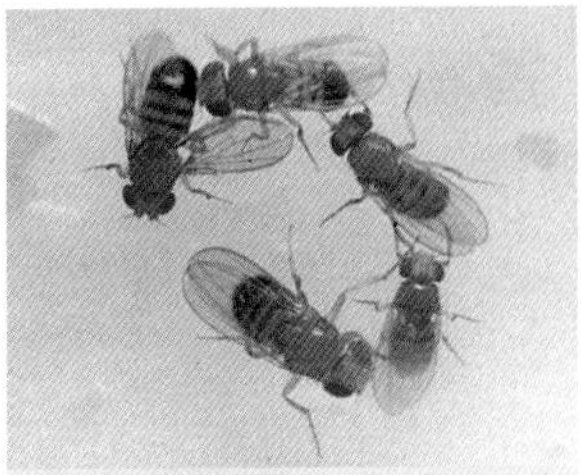

互いに求愛行動をとるフルートレス遺伝子突然変異体の雄

Ⓒ雌雄における脳の性差と性行動

ショウジョウバエの脳の構造は，雌雄で微妙に異なっている。フルートレス遺伝子は，雄に特異的な神経回路の形成に重要な役割を担うことが明らかにされている。

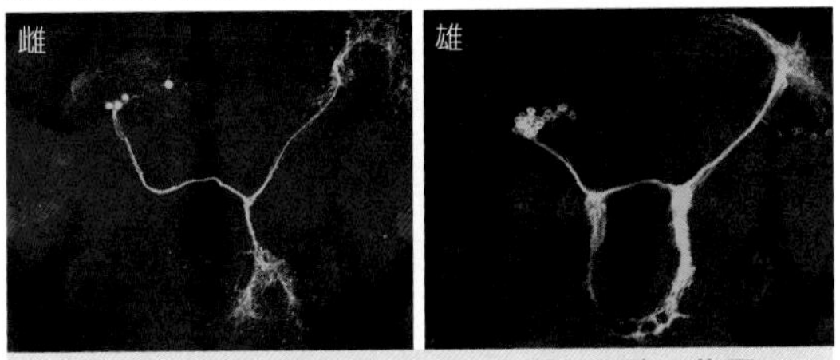

ショウジョウバエの脳における神経細胞の集団

mALと呼ばれる神経細胞の集団は，構成する細胞数や形状に雌と雄で違いがみられる。これには，発生過程におけるフルートレスタンパク質の有無が関与している。

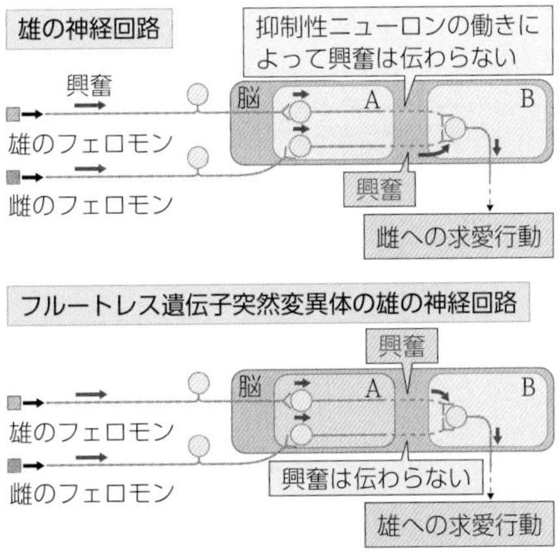

ショウジョウバエでは，相手の体表の化学物質(フェロモン)を肢にある感覚毛で受容する。受容した情報は，感覚神経によって脳へ伝えられる。

雄の脳には，感覚神経からの情報を処理する中枢(A)と，行動発現を指令する中枢(B)とがある。野生型の雄では，抑制性ニューロンの働きによって，雄フェロモンの情報はAからBへ伝わらない。一方，雌フェロモンの情報はBへ伝わり求愛行動が起こる。フルートレス突然変異体の雄では，抑制性ニューロンが働かず，雄フェロモンの情報がAからBへ伝わって求愛行動が起こる。一方，雌フェロモンの情報はAからBへ伝わらなくなっている。

豆知識 概日リズムはヒトにも存在し，その1日の周期は24時間より少し長い。ヒトの活動時間はハツカネズミとは違い日中であり，朝に日光を浴びることで，周期のずれが外界の24時間のリズムと合うように調節されている。

関連動画をCheck!

基本 1 慣れ 生物

習得的行動は，後天的に獲得される。経験によって行動が変化し，その変化がすぐに消失せずに持続的であるとき，この行動の変化を学習《がくしゅう》という。慣れは学習の1つである。

Ⓐアメフラシの反射

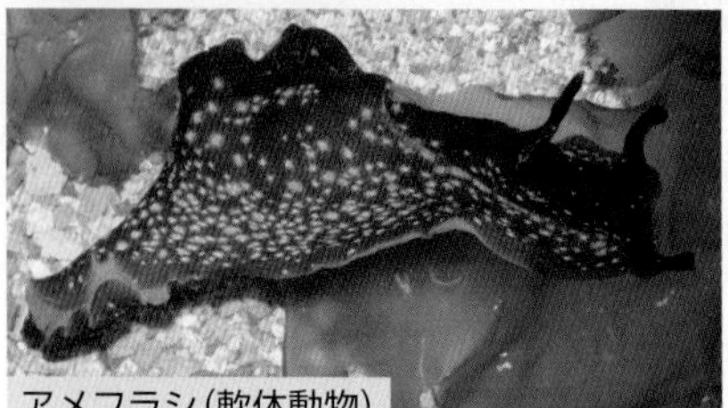
アメフラシ(軟体動物)

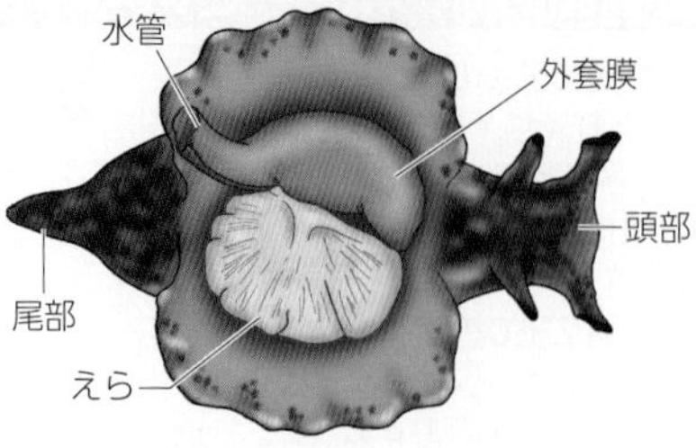

アメフラシは背中にえらをもち，通常は図のようにえらを伸ばしている。しかし，その周囲の水管に接触刺激を与えると，えらを外套膜《がいとうまく》の中にたたみ込むえら引っ込め反射を示す。

アメフラシは，えら引っ込め反射のような，学習によって変化する単純な行動を複数もつ。また，中枢神経系を構成するニューロンの数が脊椎動物に比べて非常に少なく，ニューロンが大きい(直径10～200 μm)など，学習の研究に都合のよい特徴をもつため，モデル生物として利用されている。記憶の分子メカニズムは，アメフラシを用いて最初に発見された。アメフラシと同じ分子メカニズムは，記憶のしくみの1つとして，広く動物に存在していると考えられている。

Ⓑ慣れ(馴化)

ある反応を引き起こす刺激を成体にくり返し与えたとき，生じる反応の強さや頻度が次第に減少していく現象を**慣《な》れ**という。

たとえば，アメフラシの水管に接触刺激を与え続けると，徐々にえらの引っ込め方が小さくなり，やがて見られなくなる。慣れが生じた後しばらく放置すると，再びえら引っ込め反射がみられるようになる。慣れの状態は，短期間で消失する場合と，長期間持続する場合とがある。

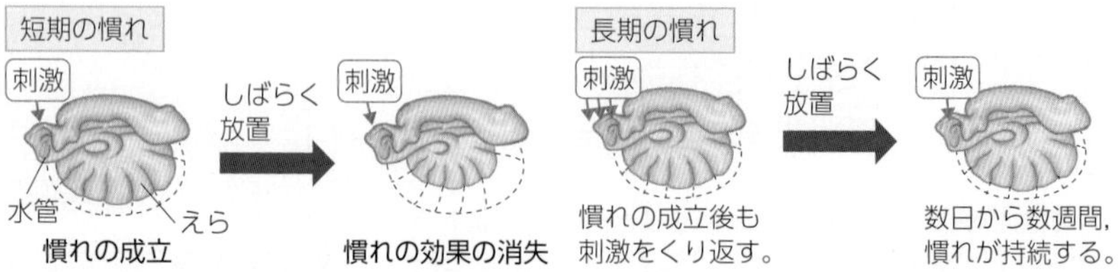

Ⓒえら引っ込め反射に関わる神経回路とニューロンの興奮

反射に関わる神経回路

実際には，24個の感覚ニューロンと6個の運動ニューロンが含まれる。ここでは，それぞれ1個のニューロンで表している。

えら引っ込め反射に関わる神経回路の感覚ニューロンの1つをくり返し直接刺激し，感覚ニューロンで生じる活動電位と，運動ニューロンのEPSPを測定した(実験1)。また，これとは別に，えらが引き込まれる程度を，水管に水流を当てて測定した(実験2)。

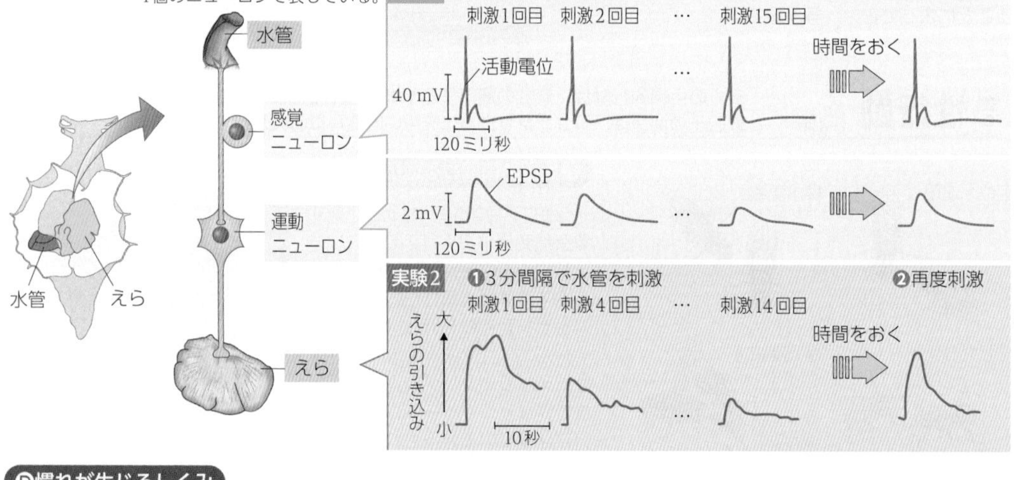

実験1の結果

刺激をくり返しても，感覚ニューロンで発生する活動電位の大きさに変化はない。

一方，運動ニューロンのEPSPの大きさは，刺激がくり返されるにつれて小さくなった。しかし，時間をおくと回復するので，一時的なものである。

実験2の結果

えらの引き込みの程度は，運動ニューロンのEPSPと同様に変化した。

結論 慣れは，感覚ニューロンと運動ニューロンのシナプスにおいて興奮の伝達効率が低下することで起こる。

Ⓓ慣れが生じるしくみ

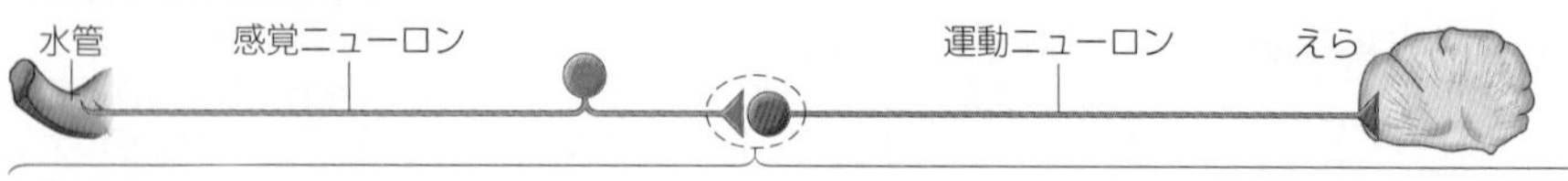

短期の慣れと長期の慣れのどちらも，感覚ニューロンから運動ニューロンへの興奮の伝達効率が低下することによって起こる。

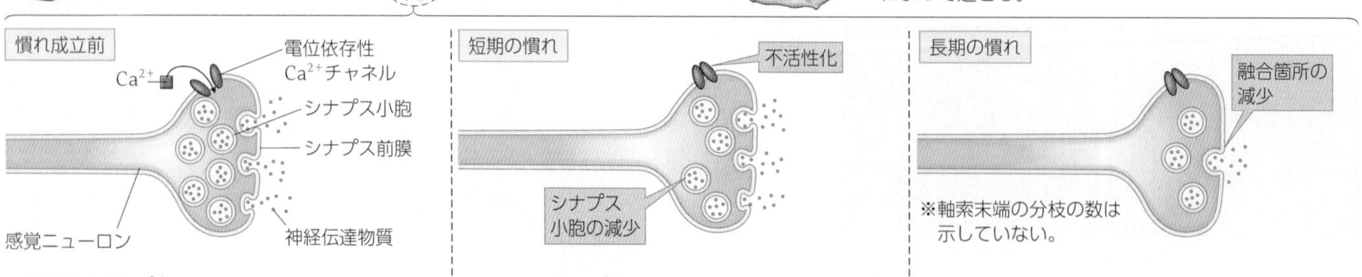

電位依存性Ca^{2+}チャネルの開口によって細胞内にCa^{2+}が流入し，シナプス小胞はシナプス前膜と融合する(➡p.198)。

電位依存性Ca^{2+}チャネルの不活性化とシナプス小胞の減少によって放出される神経伝達物質の量が減少する。

感覚ニューロンの軸索末端の分枝数が減ったり，シナプス小胞とシナプス前膜の融合箇所が減少したりする。

豆知識 カンデルは，ヒトの記憶について研究していたが，神経回路が複雑すぎるためアメフラシを用いることにした。無脊椎動物の研究からヒトの記憶のしくみは解明できないと言われていたが，彼は動物間でしくみは共通していると考えて研究を続けた。結局，カンデルの予想通り，記憶のしくみは共通していることがわかった。

基本

2 鋭敏化 生物

最初の刺激とは異なる刺激によって，最初の刺激に対する反応がより強くなる現象を鋭敏化《えいびんか》という。鋭敏化も学習の1つである。

Ⓐ鋭敏化

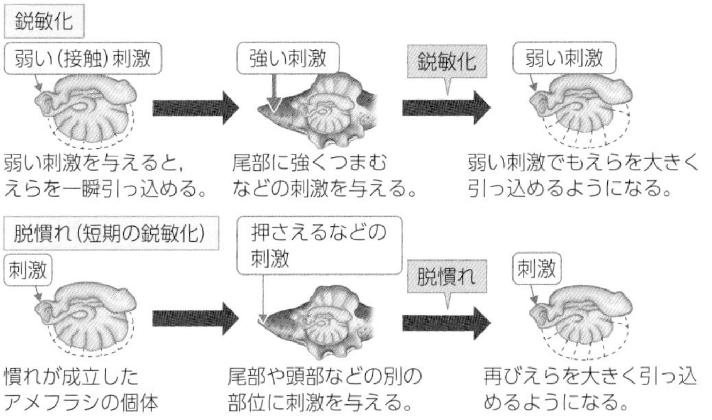

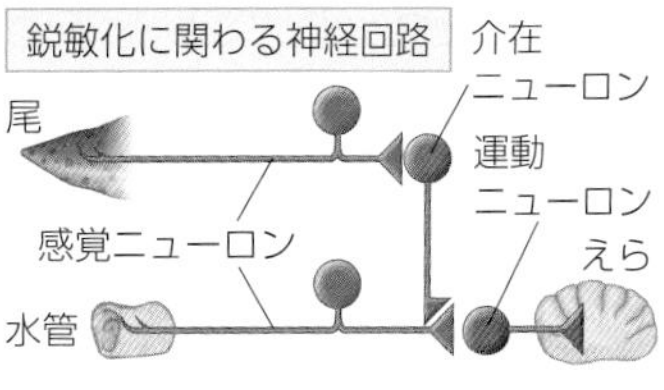

アメフラシでは，尾の刺激を伝える感覚ニューロンと水管の刺激を伝える感覚ニューロンが，介在ニューロンによってつながっている。

尾部を強く刺激すると，水管の刺激を伝える感覚ニューロンの伝達効率が上昇する。

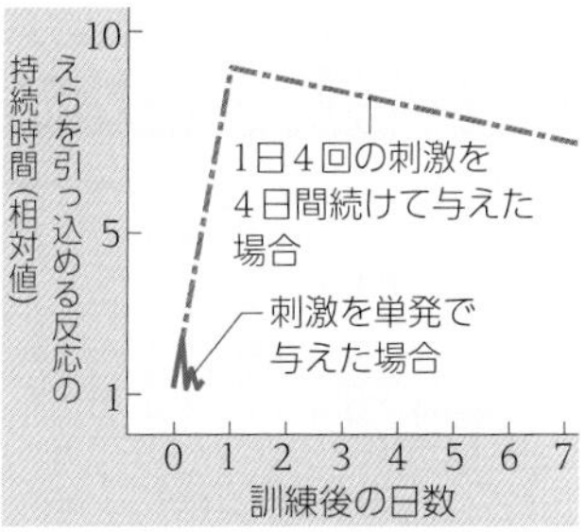

鋭敏化の記憶は，尾に強い刺激を単発で与えた場合には約1時間で消失するが，刺激を1日に4回，4日間続けて与えると，数週間持続する。

Ⓑ鋭敏化が生じるしくみ

短期の鋭敏化

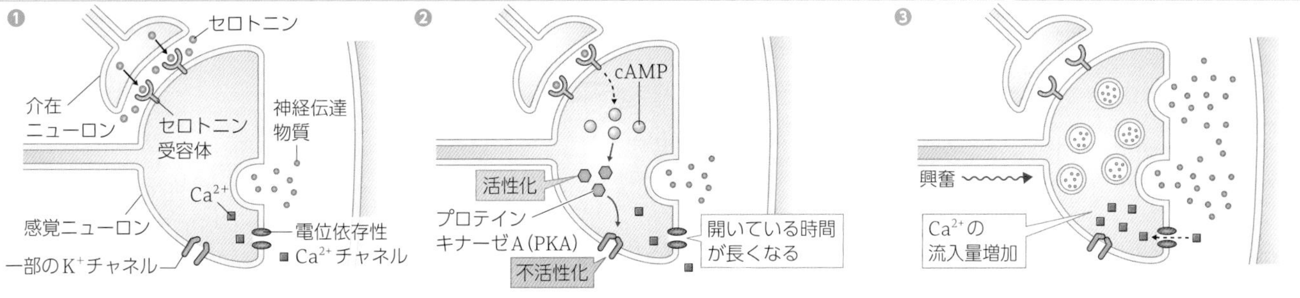

❶介在ニューロンから，神経伝達物質であるセロトニン(➡p.199)が分泌される。セロトニンの作用で感覚ニューロン内にcAMP(➡p.33)が合成される。

❷cAMPは，プロテインキナーゼA(PKA)を活性化する。PKAは，ある種のK^+チャネルをリン酸化して閉じさせる。細胞外に出るK^+が減少し，活動電位の発生時間が長くなることで，電位依存性Ca^{2+}チャネルの開く時間が長くなる。

❸Ca^{2+}が神経終末内に流入する量が増加する。これに伴ってシナプス小胞から放出される神経伝達物質の量が増加し，伝達効率が高まる。この変化は，PKAが一時的に活性化されることによるもので，時間がたてば元に戻る。

長期の鋭敏化

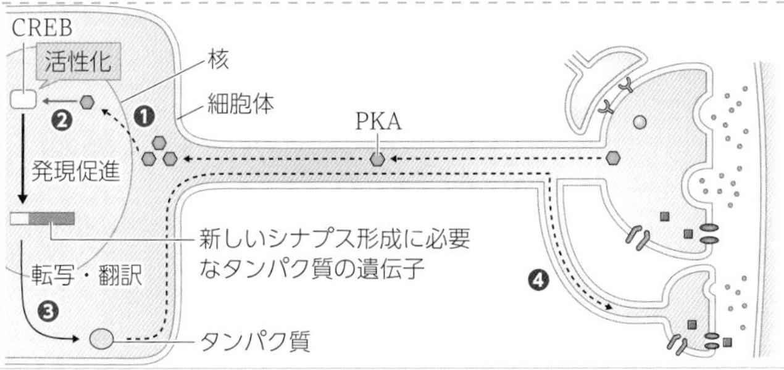

❶くり返し与えられた刺激によってcAMPが長期間つくられることで，PKAが長期的に活性化され，核内に移動する。

❷PKAは，核内でCREB(cAMP応答配列結合タンパク質)と呼ばれる調節タンパク質をリン酸化し，活性化させる。

❸CREBは，新しいシナプスの形成に必要な一群の遺伝子の発現を促進する。

❹シナプスの数が増加することによって反応が起こりやすくなり，長期の鋭敏化が起こる。

α PLUS 1回の刺激で成立する習得的行動

オオカバマダラ

習得的行動では，ふつう，くり返し刺激を受けることによって行動が変化する。しかし，たった1回の刺激によって成立する習得的行動もある。

たとえば，ある種の鳥は，チョウを捕食する。チョウの一種であるオオカバマダラは，体内に毒をもっている。鳥がオオカバマダラを捕食した場合，その毒によって即座に嘔吐《おうと》を引き起こす。たった1回でもこの経験をした鳥は，以後，オオカバマダラやそれに似た模様のチョウを捕食しなくなる。

このように，環境中の1つの特徴(オオカバマダラの色彩など)をもう1つの特徴(苦しみ)と関連づけて学習することを連合学習という。古典的条件づけやオペラント条件づけ(➡p.222)も連合学習である。

豆知識 オオカバマダラがもつ毒は，幼虫の食物に由来する。オオカバマダラの幼虫は，トウワタの葉を食物としており，そこに含まれている特定の成分を用いて，体内で毒をつくる。さなぎや成虫になっても，この毒をもち続けているため，鳥がオオカバマダラを捕食すると苦しんで吐き出すという行動がみられる。

19 習得的行動② 条件づけ・学習

生物

Acquired Behaviors, Part 2 Conditioned Responses and Learning

関連動画をCheck!

1 古典的条件づけ 生物

動物の反応を，ある刺激（条件刺激）と結びつける手法や結びつけるまでの過程を**条件《じょうけん》づけ**といい，条件づけによって起こる反応を**条件反応《じょうけんはんのう》**という。また，引き起こされる反応とは本来無関係なものが条件刺激となる場合，これを特に**古典的条件《こてんてきじょうけん》づけ**という。

Ⓐパブロフの実験（イヌの古典的条件づけ）

パブロフは，イヌに餌（肉片）を与えるとき，同時にベルの音を聞かせ，それをくり返し経験させた。

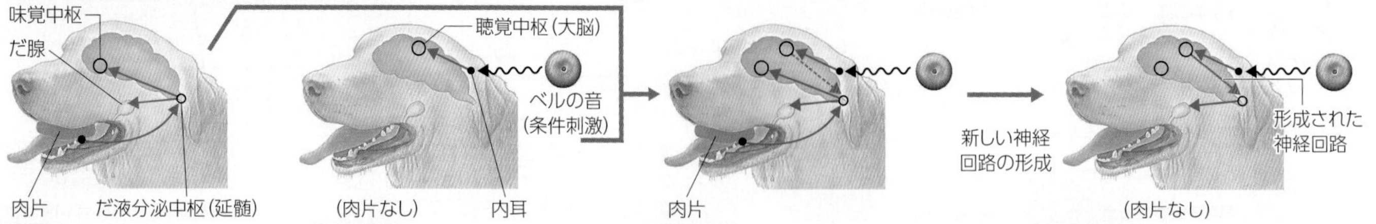

反　射
イヌに肉片を与えると（無条件刺激），だ液を分泌する（反射）。大脳は関与しない。

条件刺激
ベルの音を聞かせると，大脳の聴覚中枢で聴覚を生じるが，だ液の分泌は起こらない。

条件づけ
肉片を与えるとき，同時にあるいは少し前にベルの音（条件刺激）を聞かせる。これを一定期間くり返す。

条件反応の成立
ベルの音を聞かせただけでだ液を分泌するようになる。これは，条件づけの新しい神経回路ができたためである。

Ⓑミツバチの吻伸展反射

古典的条件づけは，昆虫であるミツバチでも行うことができる。

ミツバチでは，砂糖水を与えるときに特定のにおいを嗅がせる経験をくり返すと，やがて，条件反応がみられるようになる。

ミツバチは，触角や前脚の先端に砂糖水が触れると口吻《こうふん》を伸ばす（吻伸展《ふんしんてん》反射）。

あるにおい（においA）を嗅がせても，ミツバチは口吻を伸ばさない。

古典的条件づけの実験

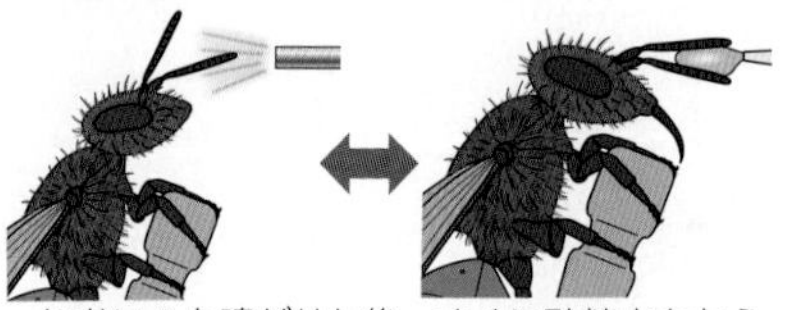

においAを嗅がせた後，すぐに砂糖水を与え，吻伸展反射を起こさせる。これをくり返す。

神経回路が変化し，においA（条件刺激）と口吻伸展（条件反応）が関連づけられ，匂いAを嗅がせただけで口吻が伸展するようになる。

2 オペラント条件づけ 生物

箱に閉じ込められた空腹なハトが偶然キーに触れると，餌が出てきた。この経験をくり返すと，ハトは，自発的にキーを押して餌を得るようになる。このように，動物の自発的な行動が，その行動の結果生じる刺激と結びついて，行動の頻度などが変化することを**オペラント条件《じょうけん》づけ**という。

3 試行錯誤 生物

試行と失敗をくり返すことによって，ある一定の行動がとれるようになる学習のしかたを**試行錯誤《しこうさくご》**という。

ネズミの迷路実験

迷路に入れたネズミが出口へたどり着けるかを観察すると，実験を重ねるごとに，袋小路に入って失敗する回数が低下する。

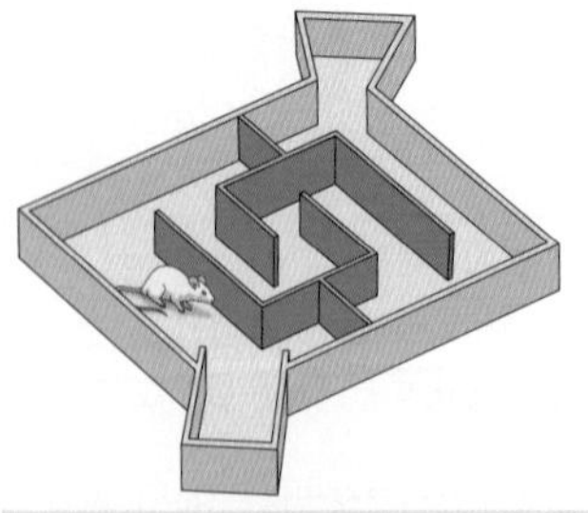

迷路実験

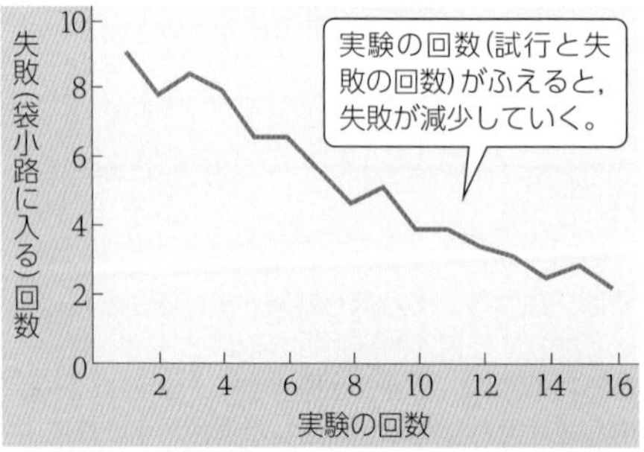

実験では，ネズミは，試行と失敗をくり返すごとに学習して正確な道を選ぶようになり，失敗が減っていったと考えられる。このような学習のようすを表したグラフは，**学習曲線《がくしゅうきょくせん》**と呼ばれる。

試行錯誤には，脳の海馬（➡p.207）が関わっており，海馬を損傷したネズミでは試行錯誤による学習が成立しないことが知られている。

break《ぶれいく》 ミツバチのにおい学習

ミツバチは，花の色やにおいなどを記憶して訪花を行うといわれており，においの学習は効率的な訪花に役立つと考えられている。たとえば，イチゴのにおい成分が入った砂糖水を餌として与えたミツバチでは，ただの砂糖水を与えたものと比べて，イチゴの花へ向かうまでの日数が短くなる。これは「イチゴのにおい」と「砂糖水を得る」ことが結びついて，オペラント条件づけが成立したためと考えられる。近年，訪花して欲しい花のにおいをミツバチに覚えさせて，ミツバチのにおい学習を農業に利用する研究も行われている。

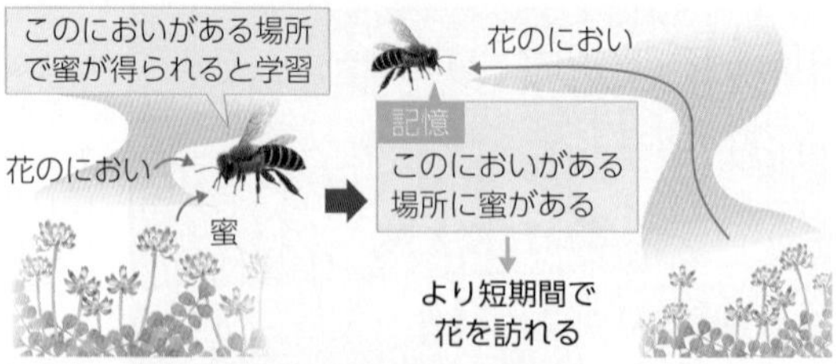

採蜜から帰ってきたなかまのにおいを覚えるものもいる。

豆知識　オペラント条件づけのオペラント（operant）とは，「（環境に対する）操作」という意味である。

4 刷込み 生物

発育初期の限られた時期に行動の対象を生涯にわたって記憶する学習は，刷込み《すりこ》み(インプリンティング)と呼ばれる。刷込みは，試行錯誤を伴わずに成立する。

カルガモの親子

研究者(ローレンツ)の後を追うひな

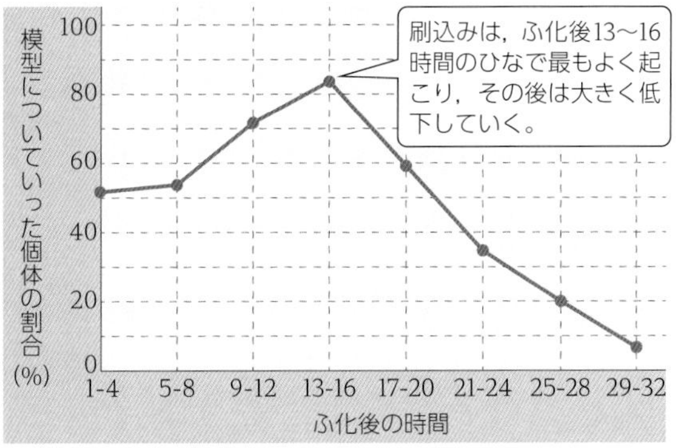

アヒルやカモなどのひなは，ふ化後間もない時期に見た一定の大きさをもつ動く物体を追従の対象として記憶し(刷込み)，後追い行動をとるようになる。後追い行動は生得的行動であるが，刷込みは習得的行動である。

ふ化後のいろいろな時期のマガモのひなを，動くマガモの模型と1時間一緒にしておく実験では，ふ化後13～16時間を境に，刷込みが成立した個体の割合は大きく減少した。ある現象や反応が起こるかどうかが決まる時期を**臨界期**《りんかいき》という。この実験から，マガモの刷込みの臨界期が，ふ化後の限られた時期にあることがわかる。

刷込みはウシなどの有蹄類《ゆうているい》でもみられる。

5 小鳥のさえずりの学習 生物

鳥の地鳴きは生得的な行動である一方で，さえずりは成長過程で試行錯誤によって発達していく(➡p.213)ものであり，習得的な要素が多い。

Ⓐ鳥の発声信号

ズアオアトリ
(スズメ目スズメ亜目)

スズメ目スズメ亜目(鳴禽類《めいきんるい》)は，豊かな発声信号をもつ。これらの発声信号には次の2種類がある。

地鳴《じな》き…生得的なもので，ひなが食物をねだるときや敵が来たときなどに用いる。単音節からなり，状況によって用いる種類は異なる。

さえずり…幼鳥期に試行錯誤によって獲得される。多くの種で雄が縄張りの防衛と雌への求愛に用いる。歌とも呼ばれ，複数の音節から構成される。

Ⓑさえずりの学習

さえずりを行う鳥では，さえずりの発声と学習のそれぞれに特化した領域(大脳の聴覚野や大脳基底核など)が存在する。さえずり学習は主に次の過程で行われる。どの種でもⒶ→Ⓑの順を経るが，時期は重複するものもある。

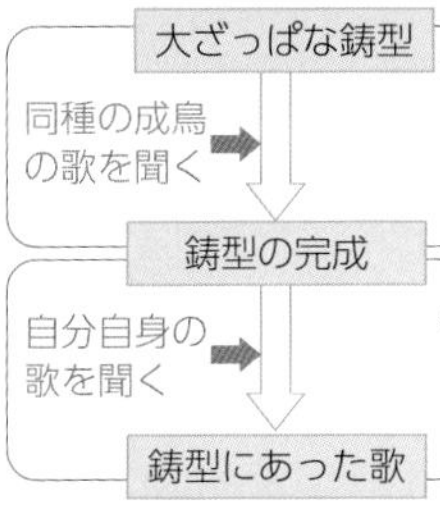

Ⓐ感覚学習期：同種の成鳥(通常は父親)が歌うさえずりを聞き，その音声パターンを学習の手本(鋳型)として大脳に記憶する。感覚学習の臨界期は幼鳥期で，これを過ぎると記憶形成が難しくなる。

Ⓑ感覚運動学習期：発声練習を経て，記憶したさえずりと同じ音声パターンをつくる。幼鳥は，記憶したさえずりを鋳型に，自らの音声との誤差を修正していくと考えられている。

6 認知と知能行動 生物

習得的行動には，それまで経験したことのない事柄について，過去の経験の記憶と関連づけたり，それを元に推測したりすることによって成立するものがある。

Ⓐミツバチの迷路実験

ミツバチは，「同じ」・「違う」といった事象のパターンを認知し，未経験の事柄に当てはめて行動できると考えらえている。

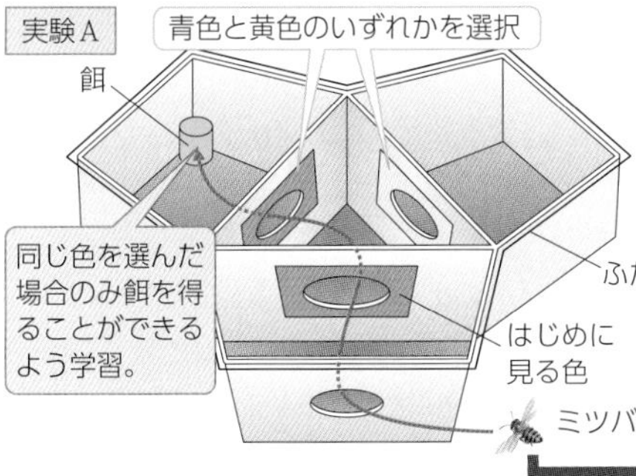

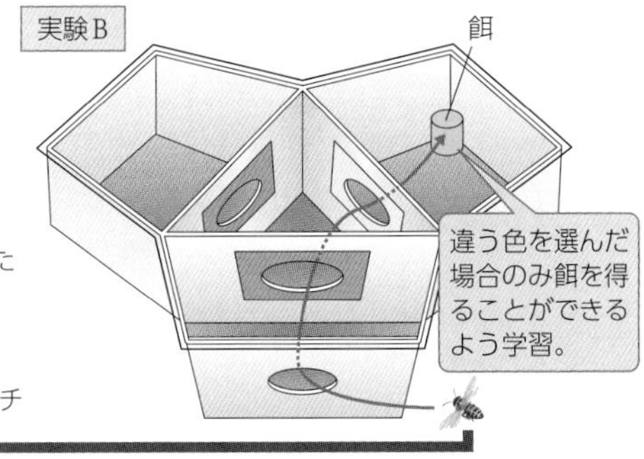

実験C　実験A，Bで学習したミツバチを縞模様のY字迷路に入れる。

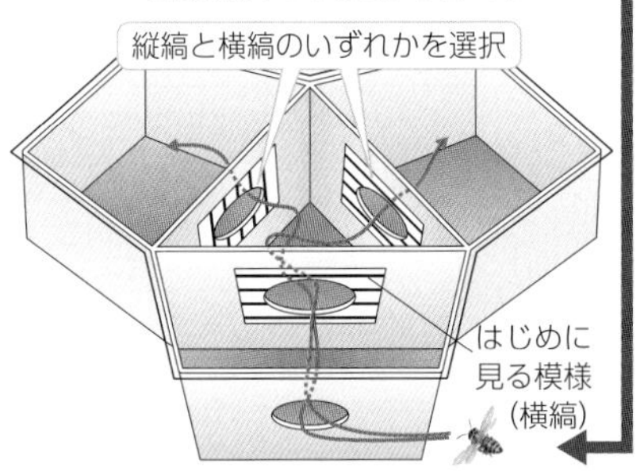

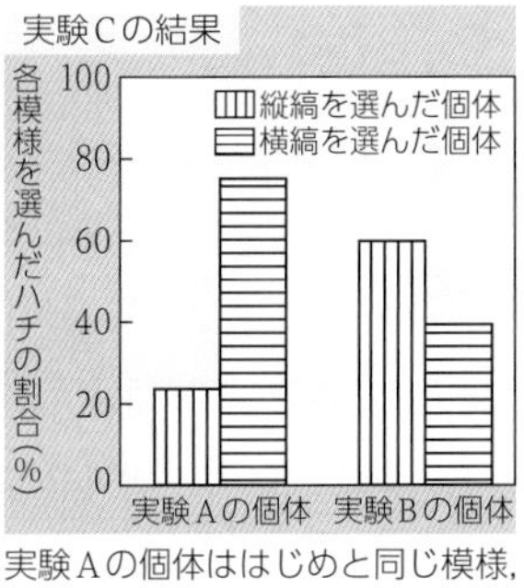

実験Aの個体ははじめと同じ模様，実験Bの個体ははじめと違う模様を選ぶ個体が多い。

結論 ミツバチは，色や模様そのものだけではなく，「2つが同じか違うか」を認知する。さらに，未経験の事柄に対する行動を，試行錯誤を経ることなく経験を元に決定できることが示唆された。

Ⓑチンパンジーの知能行動

生物には，ヒトやチンパンジーのように，未経験の事態に対して，蓄積した過去の経験にもとづいて脳内で試行錯誤を行い，適切と考えられる行動を取ることができるものがいる。このような行動を，**知《ち》能行動《のうこうどう》**という。

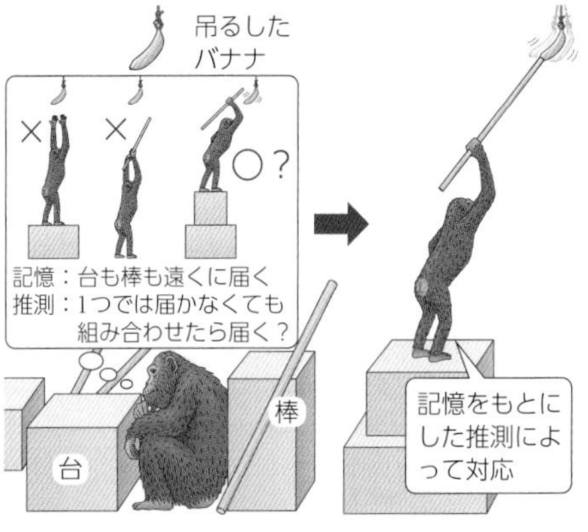

台や棒をそれぞれ使うことを学習したチンパンジーに，吊るしたバナナを見せると，台や棒を使用してバナナを得ようと試みる行動をとり，やがて成功した。これは，「吊《つ》るしたバナナを取る」という目的に対し，過去の記憶を用いて脳内で適切な行動を推測した結果であり，知能行動の例の1つである。

豆知識　感覚学習期と感覚運動学習期はヒトにも存在する。ヒトは，生後しばらくはどんな言語の音も区別できるが，成長するにつれてこの万能性を失い，母語特有の音韻を習得していく。日本人は英語のRとLの音の違いを聞き取るのが苦手だが，これはその違いを無視するように学習した結果であるといえる。

第**8**章

植物の成長と環境応答

Plant Growth and Environmental Responses

- 被子植物は，どのように成長し，また，どのように次世代を形成するのだろうか？
- 被子植物は，環境からの刺激を受容し，成長や開花などをどのように調節するのだろうか？

学びマップ　第8章

植物は，動物と異なり，根から水や栄養分を吸収し，光合成によって有機物を合成しながら移動することなく一生を同じ場所で過ごす。このため，生育場所の光や温度などの環境に応答し，光合成などを効率よく行えるように成長を調節する。

植物は，どのように成長して次世代を形成し，また，その過程で周囲の環境にどのように応答しているのだろうか。この章では，特に被子植物における，発生と成長，および環境応答や情報伝達などについて学習していこう。

被子植物の受精と胚発生

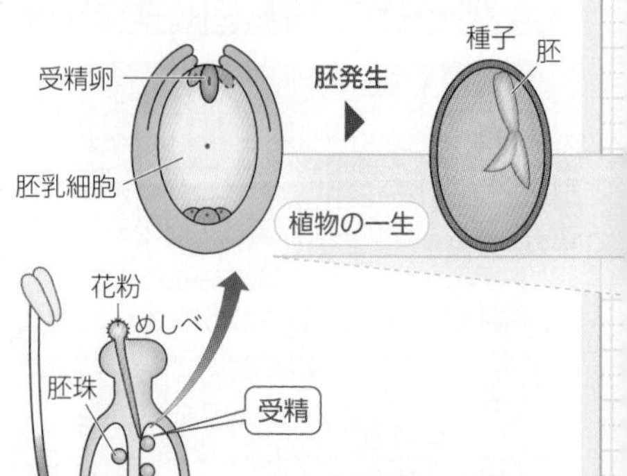

卵細胞が受精すると，胚発生を経て，胚珠から種子ができる(➡p.230～233)

研究の歴史

被子植物の受精と胚発生

15～16世紀頃は，植物には性がないという考えが主流であった。17世紀に植物が有性生殖を行うことが認められると，顕微鏡の発達などにも伴い，その受精と発生のしくみが明らかにされていった。

被子植物では，葯とめしべが生殖に関与する(➡p.230)

カメラリウス(1694)

花粉管を観察・記録(➡p.230)

アミーキ(1824)

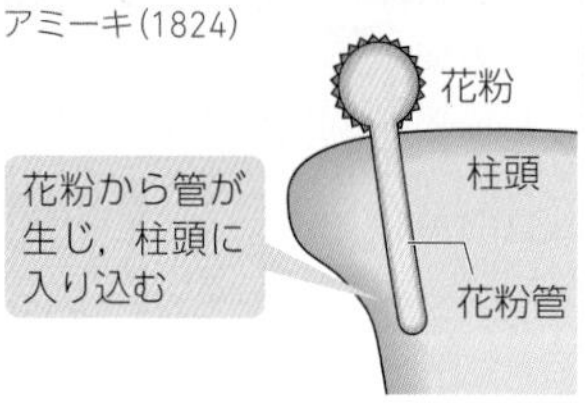

胚形成には，花粉管だけでなく胚のうが必要であることを証明(➡p.230)

ホフマイスター(1849)

被子植物では，2個の精細胞が，それぞれ卵細胞と中央細胞と合体する(➡p.230)

シュトラスブルガー(1884)，ナワシン(1898)

被子植物に特有の重複受精が明らかになった

裸子植物の精子の発見(➡p.231)

平瀬作五郎(イチョウ)
池野成一郎(ソテツ)
(1896)

花粉管を胚珠に誘導する物質の解明(➡p.231)

東山哲也(2009)

年表

1665 細胞の発見　フック
1694
1790
1824
1838 細胞説を提唱(植物)　シュライデン
1849
1880
1884
1896
1898
1910～13
1919
1920
1926
1928

被子植物の環境応答と植物ホルモン

植物が光に向かって曲がる現象は，成長促進物質のオーキシンによって生じる(➡p.236，237)

フランシス・ダーウィン，チャールズ・ダーウィン(1880)，
ボイセン・イェンセン(1910～13)，アルパード・パール(1919)，
ウェント(1928)

幼葉鞘が光に向かって曲がるのはなぜ？

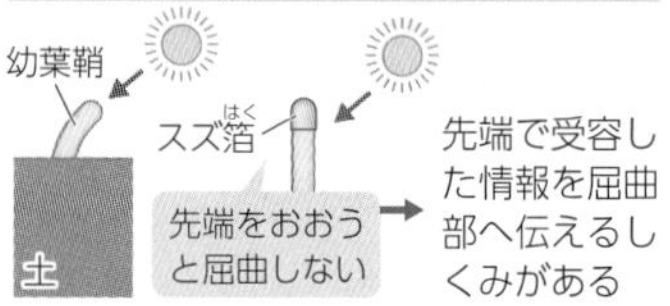

植物の情報伝達に働く物質の存在が決定的となった

花は葉が変形したものである

ゲーテ(1790)

光周性の発見(➡p.238)

ガーナー，アラード(1920)

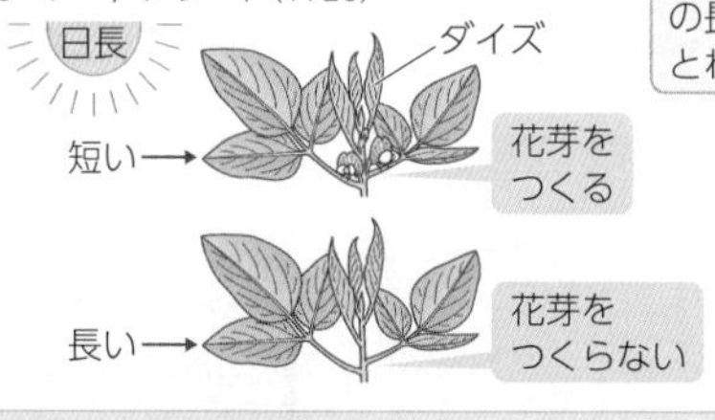

被子植物の環境応答と花芽形成

研究の今と未来の展望

人工的に制御された施設での植物の栽培

環境を人工的に管理した施設内で植物を生産する，植物工場の技術が研究されている。植物工場では，光や温度などの環境条件を安定に保つことで，気候や土壌の条件に左右されずに低農薬で作物を生産できる。さらに，遺伝子組換え植物を拡散させず栽培することもできる。また，宇宙において植物が育つ環境を整備して農業を行う宇宙農業の研究も行われており，人口の増加に伴う食物不足への対策としても注目されている。

人工光を用いた野菜の栽培

植物がよく育つ環境の管理にAIを用いる方法も研究されている。

発生や成長のしくみにもとづく植物の改変

発生や成長のしくみについて分子レベルでの解析が進み，解析結果にもとづいて遺伝子を改変するなどして，優れた機能をもつ植物や見た目のよい植物がつくられている。

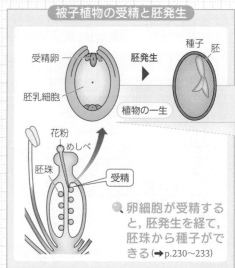

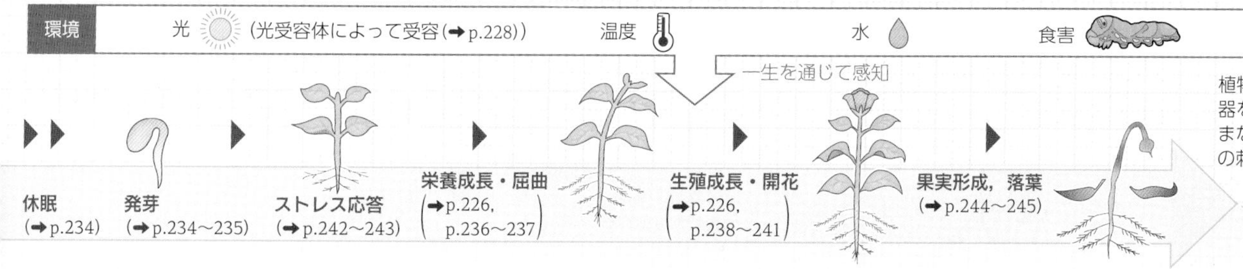

植物は，特定の受容器をもたず，さまざまな細胞で環境からの刺激を受容する。

被子植物の環境応答とそのしくみ
（➡p.228～229 p.234～245）

環境の情報は植物ホルモンなどによって各器官へ伝わる

発生や成長，開花などが環境に応じて調節されている

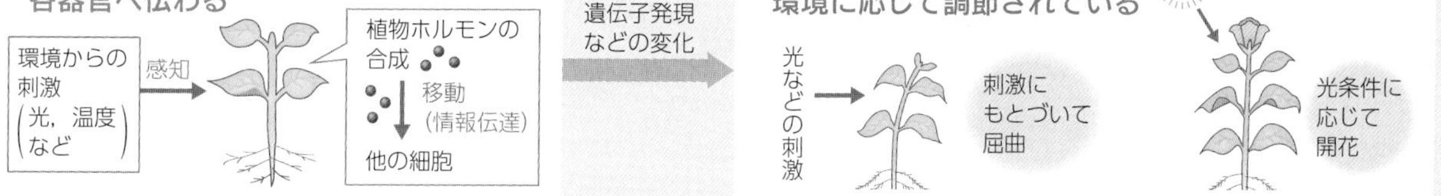

植物のからだや反応に関する研究は，農業に関する栄養学や光合成の分野で進み，やがて，成長のしくみの解明へと広がっていった。環境の刺激を受容して成長を促進する物質の存在が示唆されたことを皮切りに，化学的な手法の向上も伴って，さまざまな植物ホルモンが同定されていった。

ボイセン・イェンセン

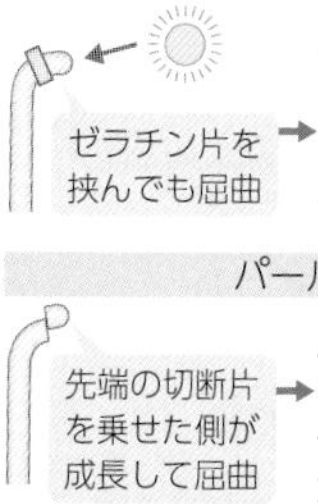

情報は，ゼラチン片を透過できる物質によって伝わる

パール

成長を促進させる情報が偏って伝わると，屈曲が起こる

ウェント

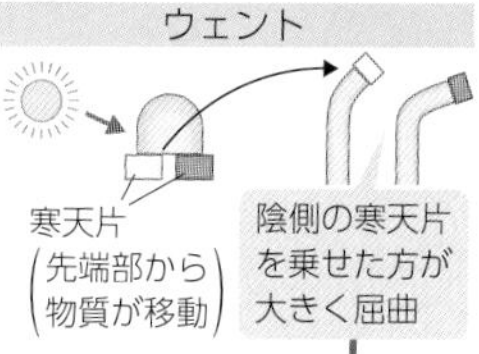

陰側に成長促進物質が集まる

1934年に，ケーグルによって，オーキシンが単離された

ジベレリンの存在を示唆（➡p.234）

黒沢英一（1926）

イネの馬鹿苗病（カビが寄生して徒長する病気）は，カビ培養液でも引き起こされる

↓

藪田貞治郎，住木諭介によって，徒長の原因物質としてジベレリンが単離・結晶化された（1938年）

オーキシン以外の植物ホルモンがはじめて認められた

エチレンは植物で合成され，成長の調節に関わる（➡p.244）

ゲイン（1934）

植物の成長に影響を与えることが知られていたエチレンが，植物で合成されることを発見した。

リンゴはエチレンを合成している

カイネチンの単離（➡p.237）

スクーグ（1955）

アブシシン酸の単離（➡p.234）

アディコット，大熊和彦（1963）

1934　1936　1952　1955　1959　1963　1991　1993　1997　2000　2007　2009

シロイヌナズナの全ゲノムの塩基配列の決定

花器官の分化は3つの遺伝子群に調節される（➡p.240）

マイエロビッツら，エンリコ・コーエンら（1991）

花の形態形成を遺伝子レベルで解明した

花芽形成を誘導する物質が存在する（➡p.239）

チャイラヒャン（1936），クープランドら（2007），島本功ら（2007）

チャイラヒャンによる説 ⟶ クープランドら（シロイヌナズナ）島本功ら（イネ）の研究

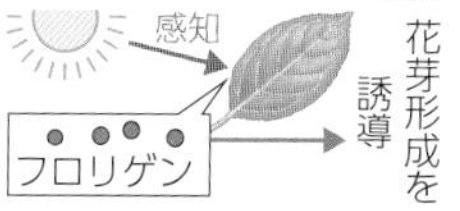

日長に応じて葉で合成され，花芽形成を誘導する物質（フロリゲン）がある

花芽が形成されない突然変異体の研究結果にもとづき，フロリゲンの実体を解明

クリプトクロムの発見（➡p.228）

キャッシュモアら（1993）

フォトトロピンの発見（➡p.228）

ブリッグス ら（1997）

光への応答には，光の波長に応じて可逆的に変化する色素が関与する（➡p.228，235）

ボースウィックら（1952），バトラーら（1959）

ボースウィックらの実験

赤色光と遠赤色光を交互に照射

最後に赤色光を照射した場合のみ発芽

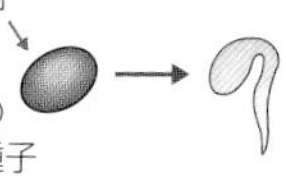

最後に照射した光の波長が発芽に影響する

被子植物の環境応答と光の受容

▲雄しべと雌しべの形成に関わる遺伝子（➡p.240）を抑制して作出した八重咲のシクラメン

▲一重咲のシクラメン

接ぎ木の組み合わせの拡大

農業や園芸では，2つ以上の植物をつないで1つにする接ぎ木が伝統的に行われている。病気などに強い植物を台木に用いてつなぐことで，その性質を受け継ぐ植物を多量につくることができるが，接ぎ木ができる組み合わせは近縁種に限られていた。近年，タバコ属の植物を挟むことによって，多様な種間で接ぎ木ができることが明らかになり，接ぎ木のより広範な利用につながると期待されている。

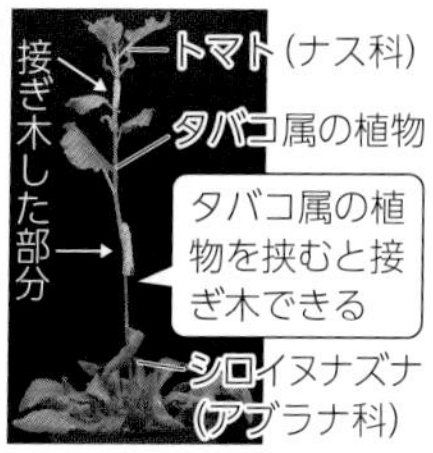

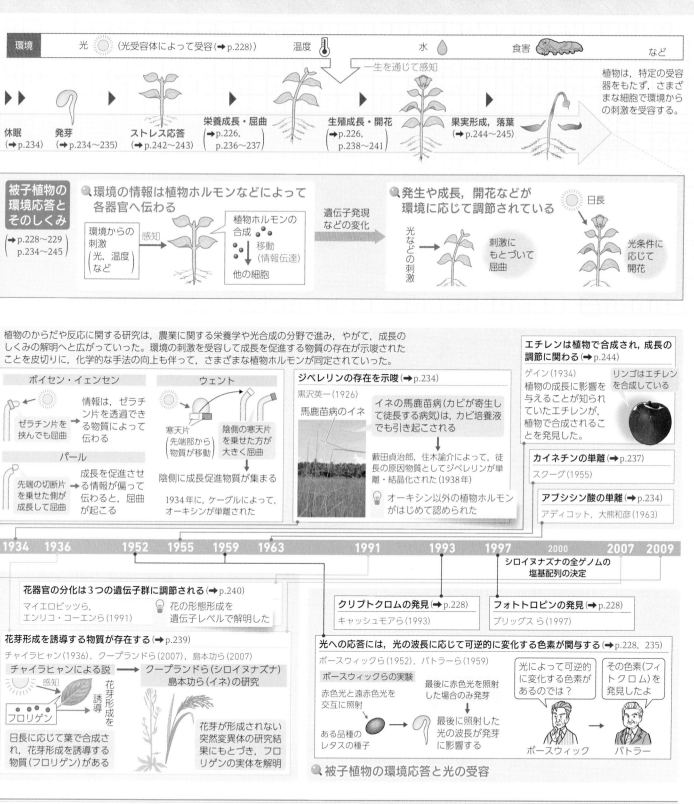

01 植物の一生と体制

生物　　Plant Life and Body Plan

基本 1 被子植物の生活環 生物

被子植物は，発芽後，一生を通じて新たな器官をつくり続ける。このような成長は栄養成長《えいようせいちょう》と呼ばれる。特定の時期になると，生殖器官である花や生殖細胞を形成する生殖成長《せいしょくせいちょう》に切り替わる。

シロイヌナズナ

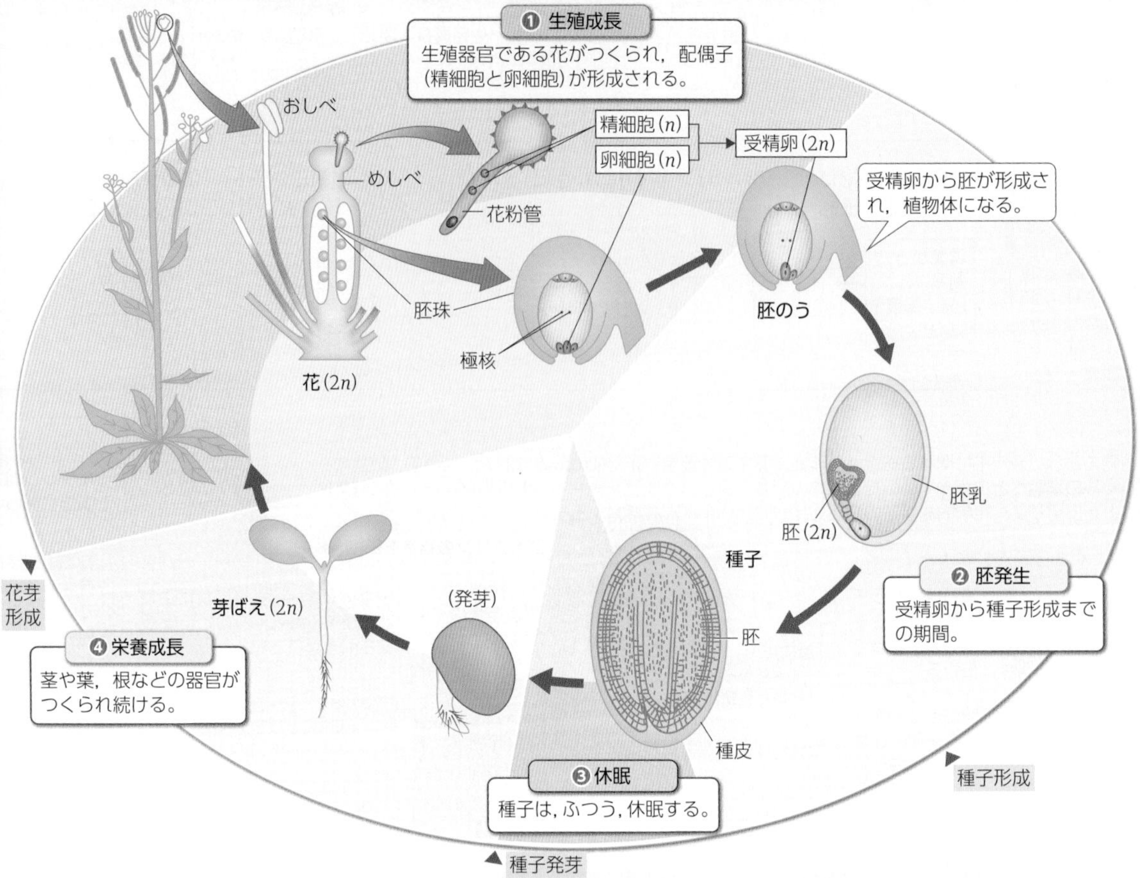

基本 2 栄養成長と体軸 生物

栄養成長では，側芽，葉，茎からなる植物体の単位であるファイトマー(➡p.42)がつくられ続け，また，根が伸長し続ける。

被子植物では，茎頂と根端に分裂組織があり，そこでの細胞の増殖・成長に伴って,頂端-基部軸に沿った縦方向の成長が起こる。これを**伸長成長**《しんちょうせいちょう》という。また，茎や根の形成層での細胞の増殖・成長によって，頂端-基部軸に直行する横方向に放射状に成長する**肥大成長**《ひだいせいちょう》がみられる。

➡ 成長の方向

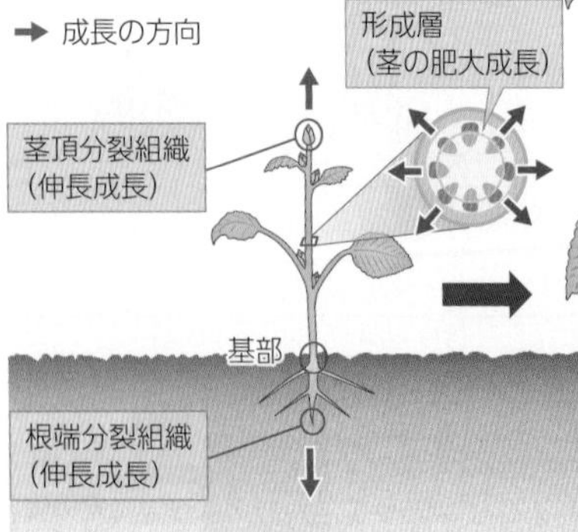

植物の体軸には，頂端-基部軸，放射軸，向背軸がある。

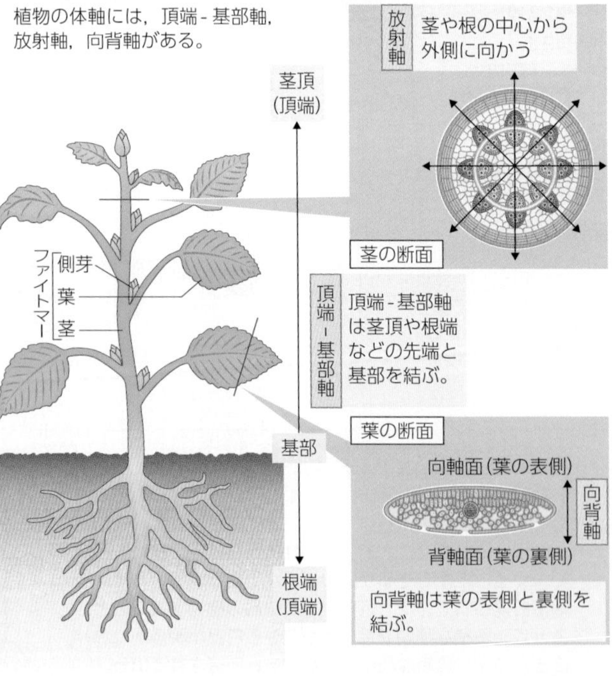

3 生殖成長 生物

植物は，ふつう，発芽からしばらくは栄養成長を行う。ある特定の時期になると，茎頂では栄養成長が生殖成長に切り替わり，花芽に分化する。やがて花芽から生殖器官である花がつくられ，生殖細胞が分化する。

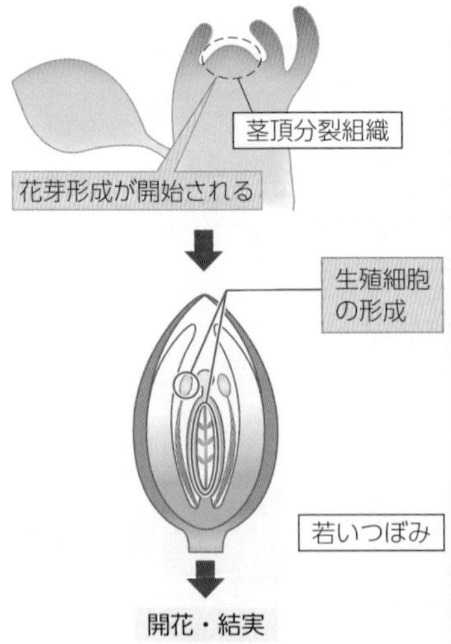

豆知識　タンポポやシロイヌナズナなどでは，栄養成長期につくられるファイトマーの側芽と隣の側芽の間の茎(節間)がほとんど伸長成長しないため，地表近くで短い茎の周りに葉が多数密集した形状のロゼット(根出葉)となる。生殖成長期に入ると，花茎が伸長成長する。

02 植物における物質輸送

生物 Transport in Plants

1 遠距離の物質輸送 生物

基本

植物体には細胞間で物質を輸送するしくみが複数存在し，輸送距離や輸送方向，輸送する物質に応じてそれらのしくみが使い分けられている。植物体内での長距離の物質輸送は，主に維管束を介して行われる。

Ⓐ道管と師管

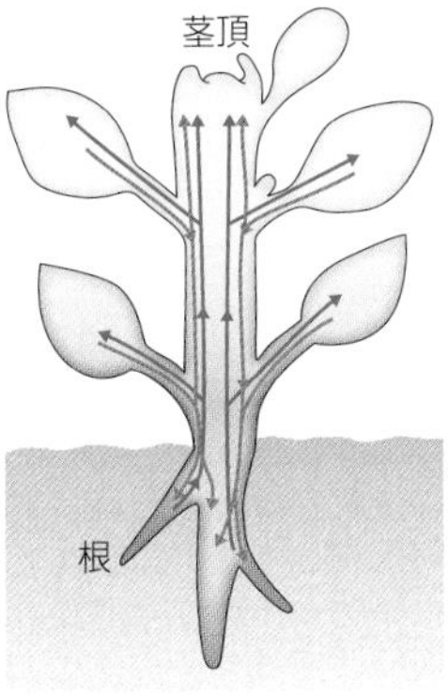

道管
根で吸収した水や無機塩類などを全身に輸送する(➡p.43)。

師管
葉で合成した同化産物などを根や茎頂などに輸送する(➡p.43)。

水分子の凝集力

水分子には水素結合により互いに引き合う力(**凝集力**《ぎょうしゅうりょく》)があり，これによって道管内の水はとぎれることなくひと続きになって移動する。そのため蒸散で水が失われると，凝集力によって道管内の水が上昇する。

Ⓑ道管を介した水と溶質の輸送

根から吸収された物質は，水に溶けた状態で輸送される。水の移動には，蒸散，根圧，凝集力の3つの力が関与している。

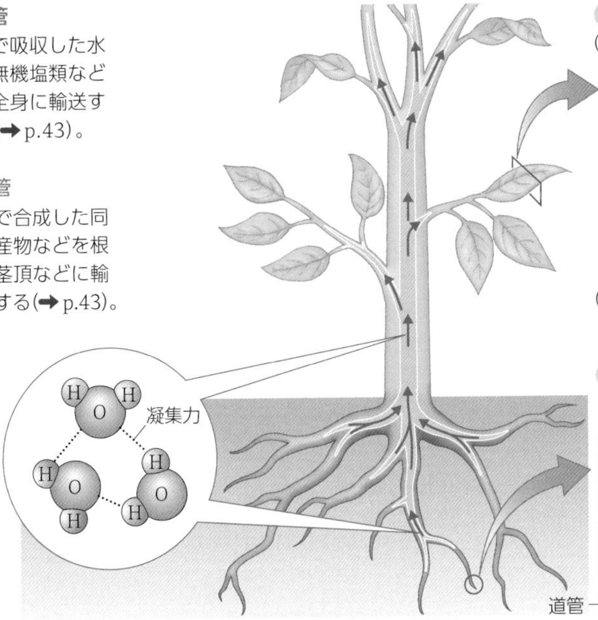

蒸散

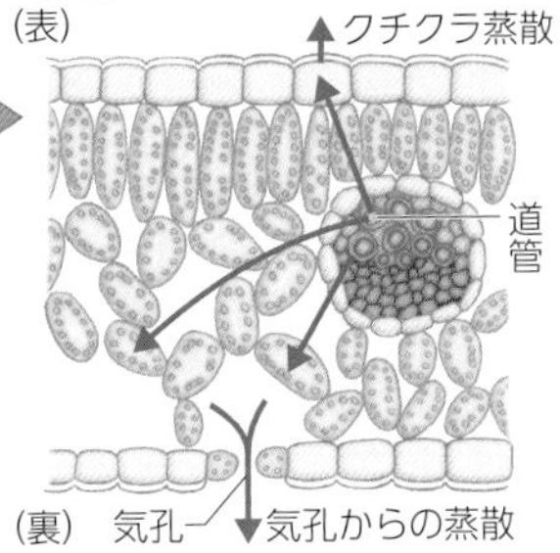

植物体内の水が，水蒸気として空気中に排出される現象を**蒸散**《じょうさん》という。主に気孔を通して行われるが，クチクラを通しての蒸散(クチクラ蒸散)もある。

根圧

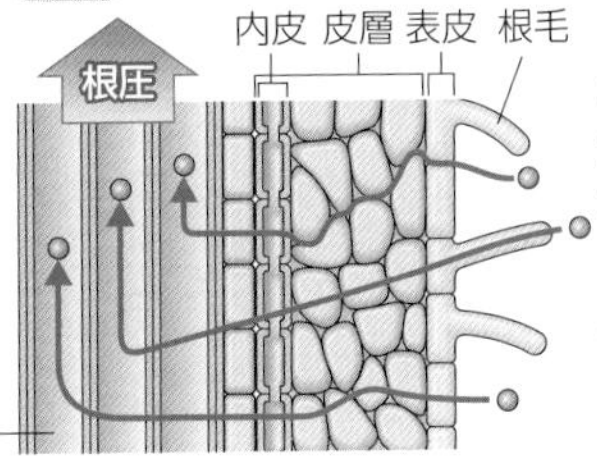

表皮細胞から浸透した水は中心部へ移動し，道管に入ってその中の水を押し上げる。このとき，水を押し上げる圧力は，根圧と呼ばれる。根圧は，蒸散がなくても生じる。

Ⓒ師管を介した物質輸送

同化産物や植物ホルモンは師管を通じて輸送される。なかでも同化産物は，**転流**《てんりゅう》というしくみによって，葉などの同化組織から他の組織へ輸送される。ふつう，炭水化物はスクロース(糖)に，タンパク質はアミノ酸に分解された形で転流する。

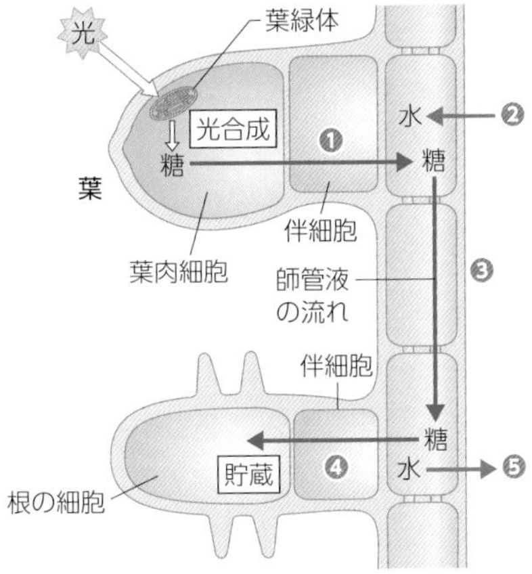

■転流の過程(圧流説)

❶同化産物に由来する糖は，葉から伴細胞を経て，師管へ輸送される。
❷糖濃度の上昇による浸透圧の上昇によって，師管が吸水する。
❸吸水による圧力の上昇により，圧力が低い他の部分に向けて師管液の流れが生じる。
❹師管内の糖は，転流先で糖を必要とする細胞に能動輸送され，別の物質へ変換されて貯蔵される。
❺糖濃度の低下による浸透圧の低下によって，師管外へ水が排出される。

PLUS α 植物の必須元素

植物は必要な元素を根や気孔から取り入れる。

元素	植物体内での主な働き
C H O	炭水化物・タンパク質・脂質などの有機物の主要構成成分
N	タンパク質・核酸・クロロフィルなどの成分
S	タンパク質の成分
P	核酸・リン脂質・ATPなどの成分

元素	植物体内での主な働き
K	タンパク質の生成促進，酵素の活性化
Ca	細胞膜の構造と機能の維持
Mg	クロロフィルの成分，酵素の活性化
微量元素	Fe…シトクロムの成分，クロロフィルの生成に関与 B(ホウ素)，Mo(モリブデン)，Cu，Mn，Zn(亜鉛)，Clなど。

2 近距離の物質輸送 生物

植物体内での物質の近距離輸送は，原形質連絡(➡p.26)や細胞壁などを介して行われる。

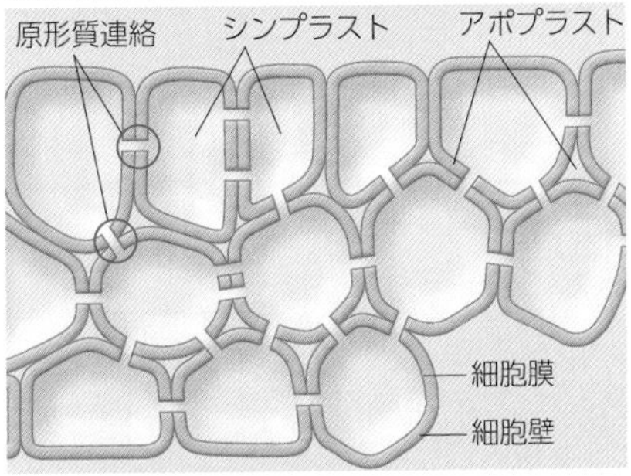

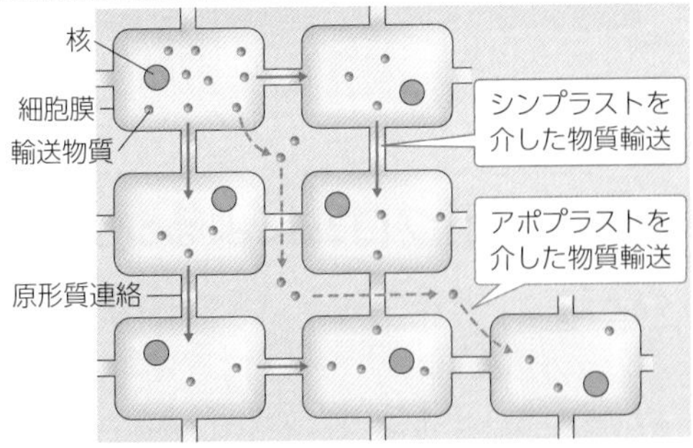

植物体を構成する各細胞は原形質連絡(➡p.26)によって互いにつながっており，植物体はひとつの巨大な多核細胞と考えることができる。このひとつながりの構造を**シンプラスト**と呼ぶ。これに対して，それ以外の細胞壁や細胞間隙の連続した構造は**アポプラスト**と呼ばれる。原形質連絡には，通過する物質を制御するしくみがみられる。近距離の細胞間での栄養分や植物ホルモンなどの輸送は，シンプラストやアポプラストを通じて行われる。

豆知識 スクロースやアミノ酸などの比較的小さな物質だけでなく，タンパク質やRNAのような高分子物質も，師管や道管を介して輸送されることが明らかになっている。

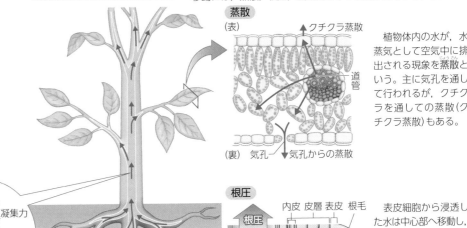

植物における環境変化の受容と伝達

生物

Reception and Transduction of Environmental Signals in Plants

基本 1 植物の一生と環境応答 生物

植物を取り巻く環境は，季節や時刻によって変動し，植物の生育に影響を与えている。

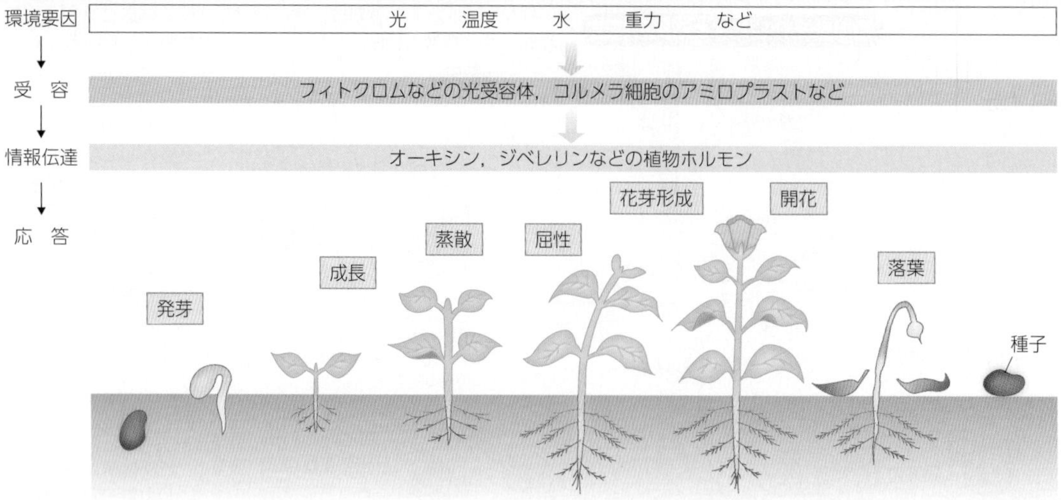

植物は，ふつう，一生を通じて発芽した場所で生活する。そのため，光の強度・波長・方向，日長，温度，水分，重力などの環境の変化を感知し，それに合わせて発芽，成長の方向，花芽形成などの生命活動を調節している。また，病原体や捕食者に対しても，移動することなく対応するしくみを発達させている。

動物は環境からの刺激を眼や耳などの特定の受容器で受容し，神経系やホルモンによって伝達し反応する。一方，植物には動物のような特定の受容器はなく，からだのいろいろな部分で環境からの刺激を受容し，主に植物ホルモンによって情報を伝達している。

重要 2 光情報の受容 生物

光は，光合成に必要なだけではなく，発芽，花芽形成，成長方向の決定など，植物の環境応答にとって重要な情報となっている。植物は，光受容体《ひかりじゅようたい》によって光を敏感に受容している。植物の光受容体には**フィトクロム**，**フォトトロピン**，**クリプトクロム**などの色素タンパク質が知られている。

光受容体	吸収する光	細胞内の存在場所	特徴	関与する現象
フィトクロム	Pr型…赤色光 Pfr型…遠赤色光	Pr型は細胞質基質に存在し，Pfr型になると核内に移行する。	赤色光を吸収するとPfr型へ，遠赤色光を吸収するとPr型へ可逆的に構造が変化する。Pfr型は，核内で遺伝子発現を調節する。	・光発芽(➡p.235) ・芽ばえの緑化 ・花芽形成(➡p.238)　など
フォトトロピン	青色光	主に細胞膜に存在し，青色光を受容すると一部が細胞質基質に放出される。	青色光を吸収して活性化されるタンパク質リン酸化酵素である。	・光屈性(➡p.236) ・気孔の開口(➡p.242) ・葉緑体の定位運動　など
クリプトクロム	青色光	主に核内に存在する。	光依存的なリン酸化がシグナル伝達に関わると考えられている。	・茎の伸長抑制 ・花芽形成　など

Ⓐ光受容体の吸収スペクトル

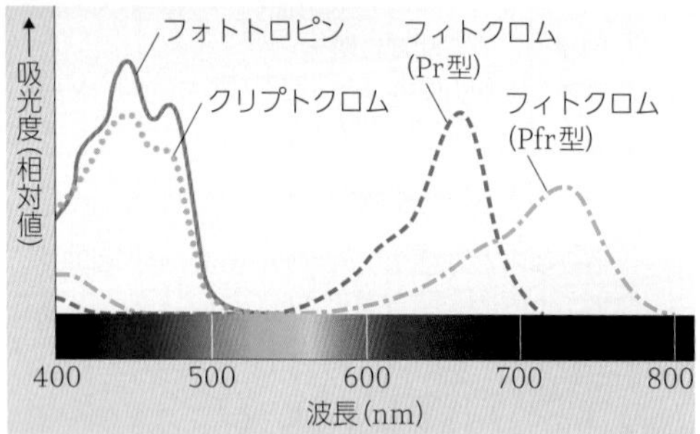

Ⓑフィトクロムの可逆変化

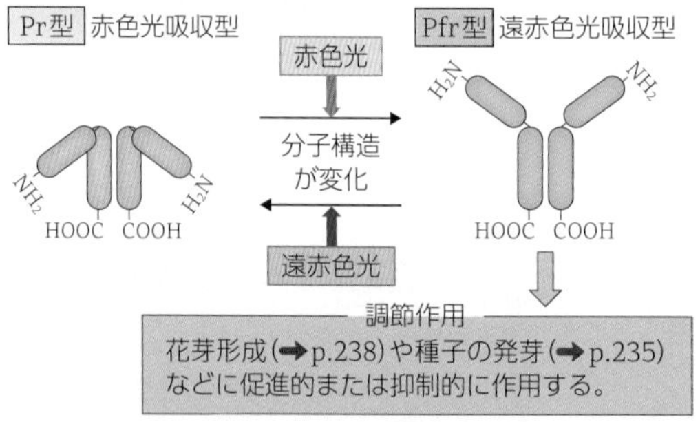

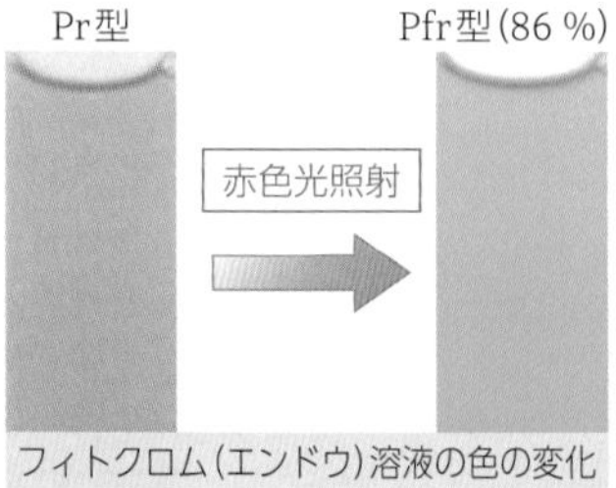

フィトクロム(エンドウ)溶液の色の変化

赤色光(660 nm)を照射すると，86 %がPfr型に，14 %がPr型になる。

+PLUS α フィトクロムによるシグナル伝達

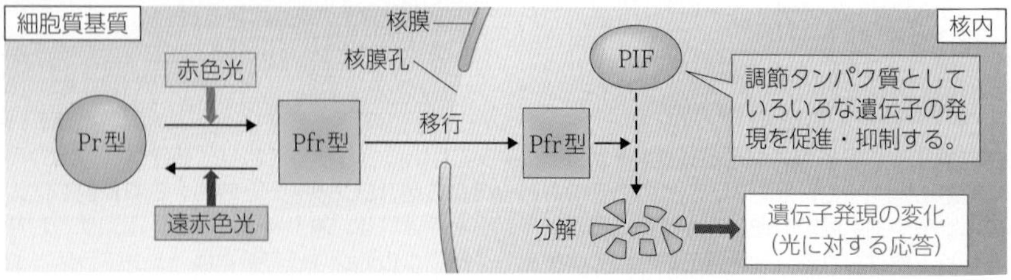

フィトクロムは，Pr型として合成され，細胞質基質に存在する。赤色光を吸収してPfr型に変化すると，核内に移行する。核内に入ったPfr型のフィトクロムは，PIF (phytochrome-interacting factor) と呼ばれる調節タンパク質の分解を引き起こす。PIFは，光に対する植物の応答に関与するさまざまな遺伝子の発現を，促進または抑制している。このため，PIFが分解されることによって，光に対するさまざまな反応が起こる。

豆知識　フィトクロムのPr型とPfr型のPはフィトクロム (phytochrome)，rは赤色光 (red)，frは遠赤色光 (far red) を示す。phyto (フィト，ファイトとも読む) は植物，chromeは色素を意味する。

3 植物ホルモンによる情報伝達 生物

植物が合成し，自身の成長・分化や生理的状態の調節を行う物質を**植物《しょくぶつ》ホルモン**という。植物ホルモンにはさまざまな種類があり，植物の種類が異なっても同一の植物ホルモンは同じような作用を示す。

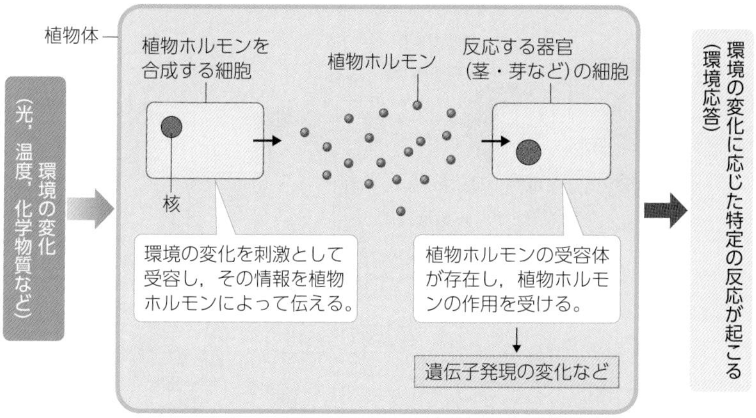

PLUS α 植物ホルモンと動物のホルモンの違い

動物のホルモンは，特定の内分泌腺で合成・分泌されるが，植物ホルモンでは，合成する細胞は明確に決まっておらず，さまざまな細胞で合成される。また，植物ホルモンの作用や標的とする細胞も非常に多様である。

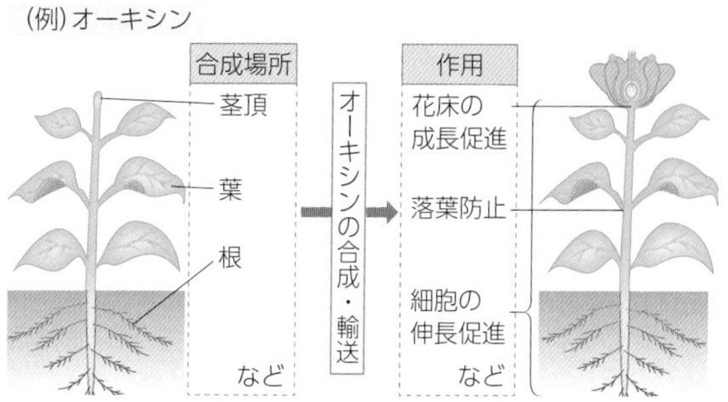

4 さまざまな植物ホルモン 生物

植物ホルモンは，植物体内におけるシグナル分子として働く。

植物ホルモン	発見の歴史	（代表的な物質名と）化学構造	主な作用（すべての植物について見出されているわけではない。）
オーキシン	ダーウィンの光屈性の実験が端緒（1880年）。IAAは1934年に単離された。	インドール酢酸（IAA） 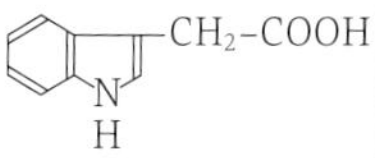	・細胞の伸長（細胞壁のセルロース繊維を緩め，吸水を促進） ・細胞分裂の促進　・花床の成長　・落葉，落果の防止 ・頂芽優勢
ジベレリン	1926年，イネに徒長（馬鹿苗病）を起こさせる物質として，日本人によって発見された。	ジベレリンA_3 (GA_3) 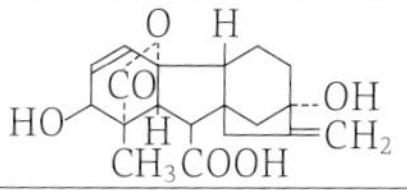	・細胞の縦方向への伸長　・種子の休眠の打破 ・花粉・胚珠の形成阻害，受粉なしの果実肥大（種子なしブドウ） ・開花に対する効果（長日植物の開花促進，低温処理の代用）
サイトカイニン	1955年，ニシンの精子からカイネチンが取り出され，植物体からも発見された。	カイネチン（合成サイトカイニン） 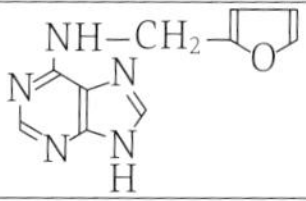	・細胞分裂の促進（オーキシンとの相互作用で，細胞分化を調節） ・側芽の成長促進　・葉の老化抑制（タンパク質や核酸合成の維持，物質や水分の誘引とその保持）
アブシシン酸	1963年，ワタの果実から落果を促進する物質として取り出された。	アブシシン酸（ABA） 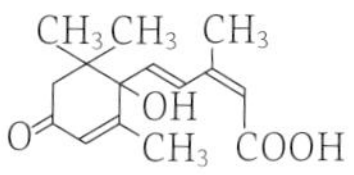	・発芽抑制 ・気孔の閉鎖 ・芽や種子の休眠の維持
エチレン	19世紀後半，ガス灯に含まれる成分から，落葉を促進する物質として認められた。	エチレン 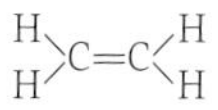	・果実の成熟　・落葉，落果の促進（離層形成の促進） ・開花の調節　・重力屈性の消失 ・細胞の横方向への伸長
ブラシノステロイド	1979年，アブラナの花粉から単離された。	ブラシノライド 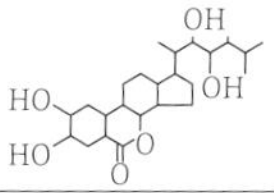	・細胞の伸長 ・細胞分裂の促進 ・花粉管の伸長促進
ジャスモン酸	1971年，植物病原体の培養液から単離された。	イソジャスモン酸 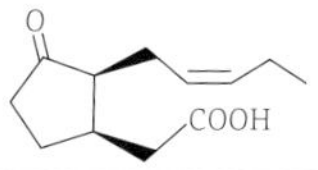	・傷害応答（➡p.243）
システミン	1991年，トマトの傷害葉抽出物から単離された。	アミノ酸18個からなるポリペプチド ペプチドホルモンの一種	・ジャスモン酸の合成を誘導
サリチル酸	1828年，ヤナギの樹液からサリチル酸の化合物が得られた。	サリチル酸 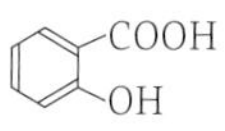	・植物免疫の活性化（➡p.243）
ストリゴラクトン	1966年，寄生植物の発芽を促進する物質として，ワタの根から単離された。	5-デオキシストリゴール 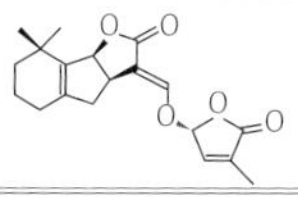	・種子の発芽の促進 ・側芽の成長抑制 ・アーバスキュラー菌根菌との共生シグナル（➡p.323）
フロリゲン※	2007年，シロイヌナズナとイネで実体が突き止められた。	シロイヌナズナ…FTタンパク質 イネ…Hd3aタンパク質	・花芽の形成促進

※フロリゲンは花成ホルモンとして扱われてきたが，低分子の物質ではなく，また，種特異的なタンパク質であることがわかった。植物ホルモンに含めるかどうかについては議論がある。

豆知識　植物の根から放出され菌根菌をよびよせる作用をもつストリゴラクトンは，ストライガと呼ばれる寄生植物の発芽も誘導してしまうことから名付けられた。ストライガの寄生は，アフリカなどで深刻な農業被害を与えている（➡p.314）。

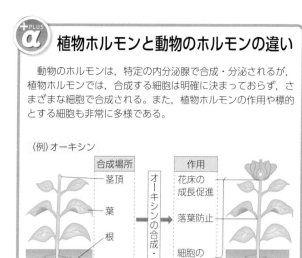

04 被子植物の配偶子形成と受精

生物

Gametogenesis and Fertilization of Angiosperms

関連動画をCheck!

基本 1 配偶子形成と受精の過程 生物

被子植物の花では，おしべの葯《やく》の中で花粉がつくられ，めしべの胚珠内の胚《はい》のうに卵細胞《らんさいぼう》が形成される。卵細胞は，花粉管内に生じた精細胞《せいさいぼう》と受精する。

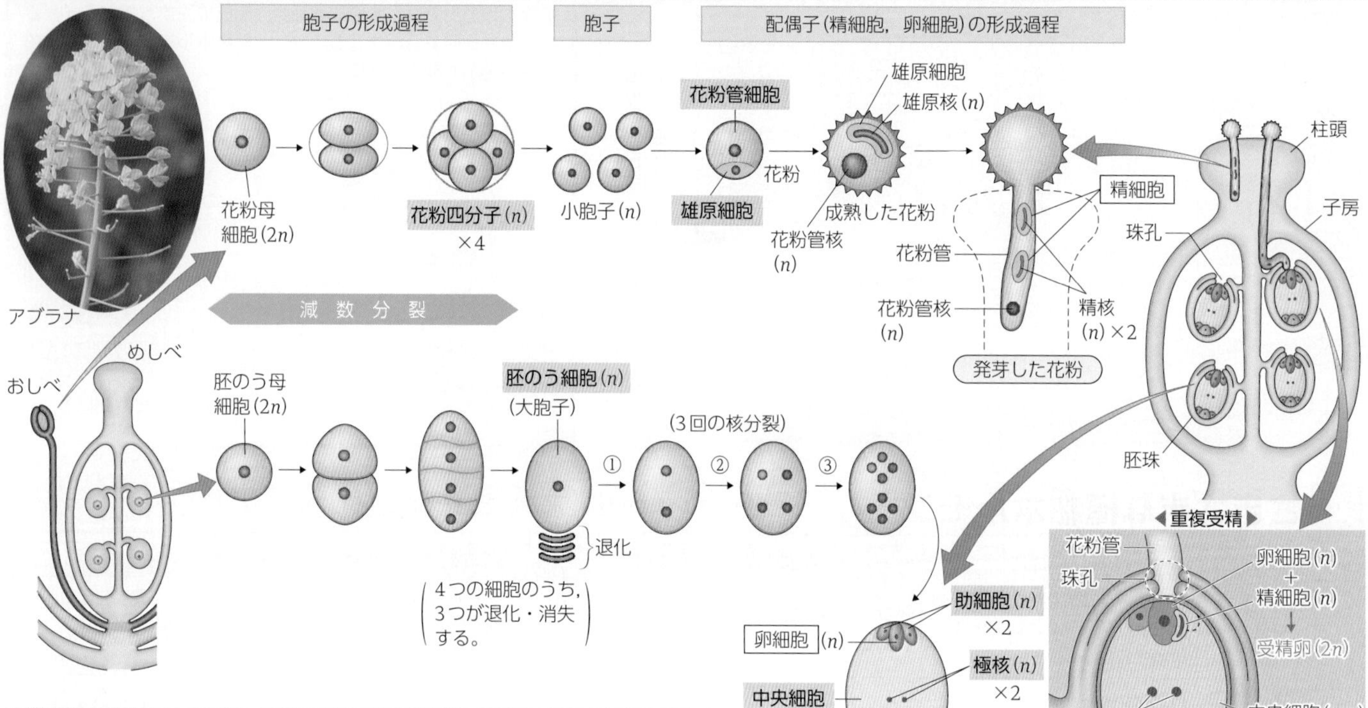

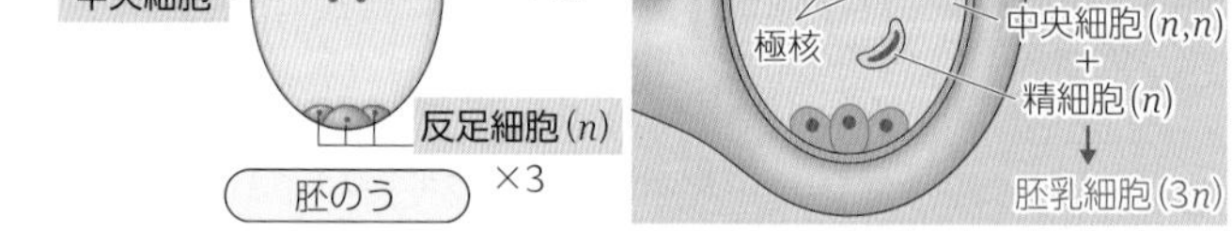

精細胞の形成	花粉四分子は，雄原細胞をもつ花粉を形成する。これが柱頭で発芽すると，花粉管内で雄原細胞が分裂して2個の精細胞を生じる。
卵細胞の形成	胚のう細胞は，3回の核分裂ののち，卵細胞を含む胚のうになる。

2 胚珠の形成過程(シロイヌナズナ) 生物

被子植物の胚珠は，胚のうと，それを包む珠心，さらにそれを包む珠皮，およびそれらを子房内につなぎとめる珠柄で構成される。

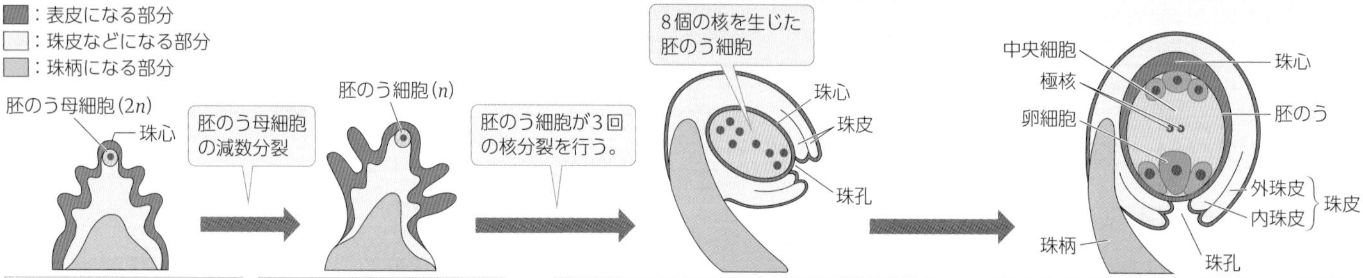

若いめしべ内部にある胚珠の原基から最初に生じる突起は珠心となる。

胚のう母細胞の減数分裂によって胚のう細胞が生じる。

被子植物の多くは，2層の珠皮をもつ。2層の珠皮は珠心をおおうように成長する。珠皮に包まれなかった部分が珠孔となる。

シロイヌナズナの胚珠の形成過程には，オーキシン，サイトカイニン，ブラシノステロイドが関与すると考えられている。

3 花粉の発芽と精細胞形成(ハナニラ) 生物

花粉が発芽すると，花粉管核と雄原細胞が花粉管内を移動する。雄原細胞は，花粉管内で体細胞分裂を行い，2個の精細胞になる。

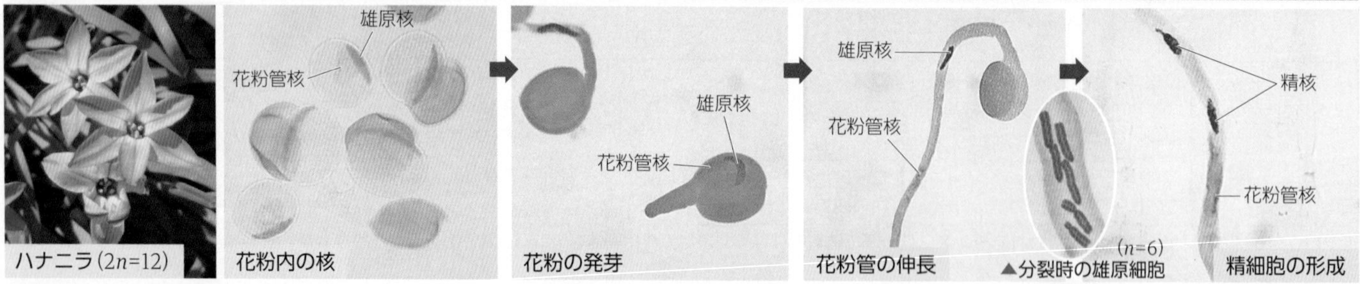

ハナニラ(2n=12)　花粉内の核　花粉の発芽　花粉管の伸長　▲分裂時の雄原細胞　精細胞の形成

豆知識　反足細胞は胚乳への栄養分の供給などに関与している可能性があると考えられているが，生殖での役割については未だ明らかにされていない。シロイヌナズナなどでは，受精前に反足細胞が退化するが，イネ科の植物では反足細胞が増殖することが知られている。

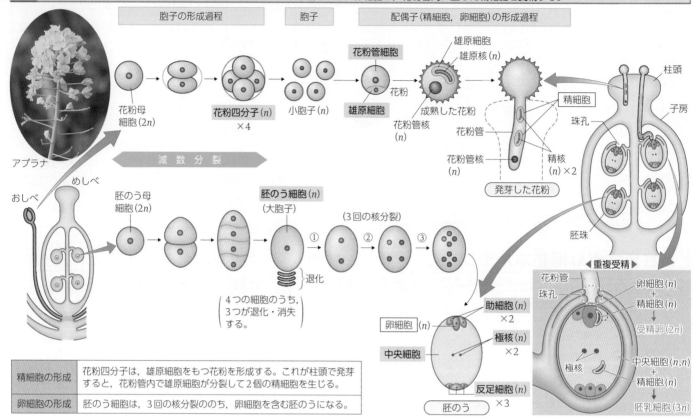

4 助細胞による花粉管の誘引(トレニア) 生物

柱頭で発芽した花粉は，花粉管を伸長させ，やがて胚珠へ到達する。これには，助細胞による花粉管の誘引が必要である。

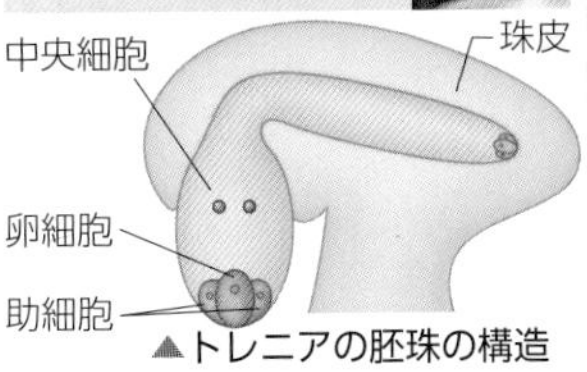

▲トレニアの胚珠の構造

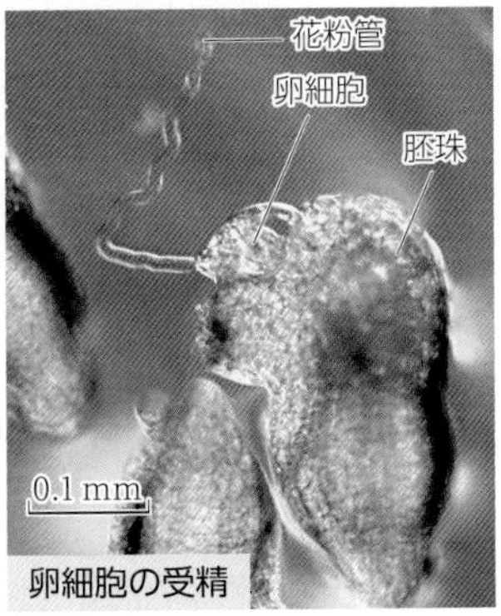

卵細胞の受精

トレニアの胚珠は，卵細胞と助細胞が珠皮の外に裸出しており，受精に至るまでの過程を顕微鏡下で観察することができる。

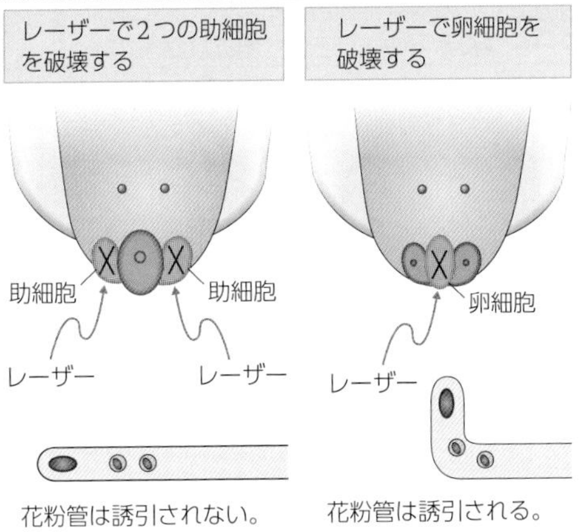

黒岩常祥・東山哲也は，トレニアの胚のうの各細胞にレーザーを当てて破壊し，どの細胞が花粉管を誘引するのかを調べた。その結果，花粉管は，助細胞から放出される物質によって誘引されることが明らかとなった。

2009年，東山は，助細胞から放出される花粉管誘引物質であるタンパク質を同定し，ルアー(LURE)と名づけた。ルアーは植物種によって少しずつ異なっており，同種の花粉管を誘引して同種どうしの正常な受精の成立に関わっていると考えられている。

5 重複受精 生物

被子植物の受精では精細胞と卵細胞の合体と，精細胞と中央細胞の合体がほぼ同時に起こる。このような現象を重複受精《じゅうふくじゅせい》という。これは被子植物に特有の受精形式である。

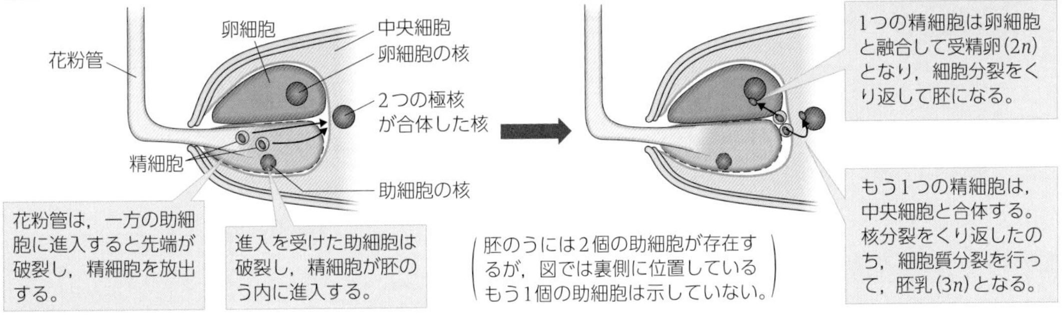

植物における多精拒否

通常，1つの胚珠は1本の花粉管のみを誘引・受容する。花粉管の進入を受けずに残った助細胞は不活性化し，花粉管誘導を停止する。花粉管誘導の停止には，重複受精の成立も関わっており，いずれか一方のみの受精では花粉管誘導が停止しないこともわかっている。

α PLUS 自家不和合性

植物には，他の個体と交配するために，自家受精を避けるしくみをもつものがある。そのしくみの1つに，自身の花粉と受粉しても受精に至らないしくみがあり，これを**自家不和合性**《じかふわごうせい》という。自家不和合性に関わる遺伝子(S遺伝子)には，花粉で発現する遺伝子(雄性因子)とめしべで発現する遺伝子(雌性因子)とがあり，これらは同一染色体上に隣接して存在する。この遺伝子座には多くのアレルがあり，自家受精で雄性因子と雌性因子の型が一致する場合には拒絶反応が起こり，花粉の発芽や花粉管の伸長が抑制される。

アブラナ科では，雄性因子は花粉表面から分泌されるタンパク質(SP11/SCR)であり，雌性因子はこれらのタンパク質と結合する受容体(SRK)として柱頭の細胞膜に存在する。図中の花粉Bの場合，雄性因子が同じS遺伝子座に由来する雌性因子によって認識され，花粉の発芽が抑制される。

アブラナ科の植物

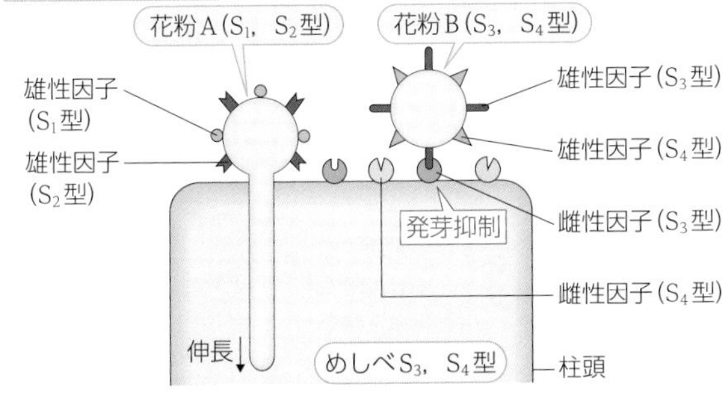

α PLUS 裸子植物(イチョウ)の受精

裸子植物のうち，マツやスギでは卵細胞と精細胞が受精し，イチョウやソテツでは卵細胞と精子が受精する。

イチョウでは，受粉後，花粉は胚珠内へ引き込まれたのち，成熟して花粉管を生じる。花粉管の内部では，繊毛をもった2個の精子が形成される。受粉から精子の放出までは5～6か月を要する。放出された2個の精子のうち1個が胚のう内の卵細胞と合体し，生じた受精卵が発生して胚を形成する。重複受精はみられず，胚乳は胚のう内の核(n)が核分裂をくり返した後に細胞膜が形成されてつくられる。イチョウの精子は，1896年，当時東京帝大の技工であった平瀬作五郎によって発見された。

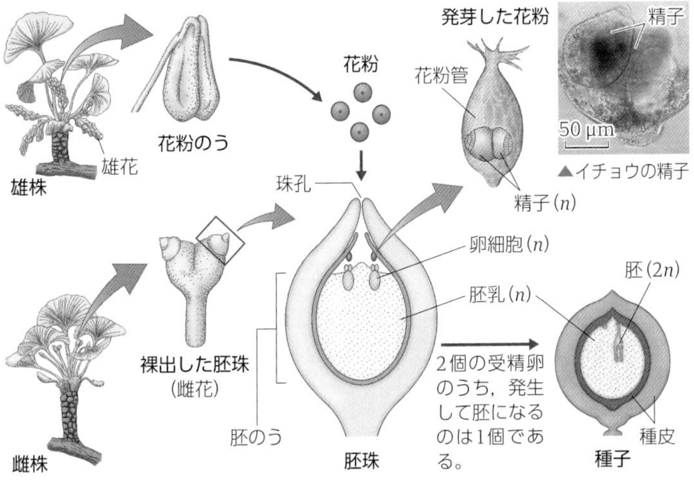

▲イチョウの精子

豆知識 花粉管誘導物質であるルアーは，釣りで魚をおびき寄せるのに使用する疑似餌《ぎじえ》(ルアー)にちなんで命名された。また，多くの植物は助細胞を2つもち，一方の細胞の誘導で受精が失敗したときにもう一方がバックアップ機能を果たすことが2012年に明らかにされた。これも東山らによる研究成果である。

05 被子植物の胚発生と種子形成

生物 発展

Embryogenesis and Seed Formation of Angiosperms

関連動画をCheck!

基本 1 被子植物の胚発生 生物

植物の発生過程では，動物のように細胞が移動しながら組織を形成することはなく，分裂した細胞が積み上げられて組織ができていく。

シロイヌナズナの胚発生

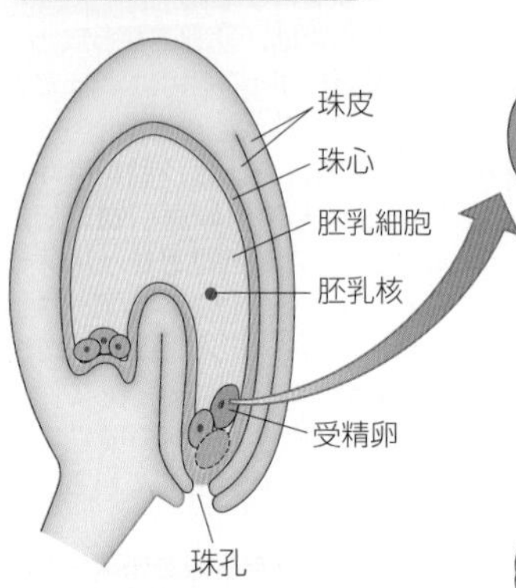

▲受精後の胚珠

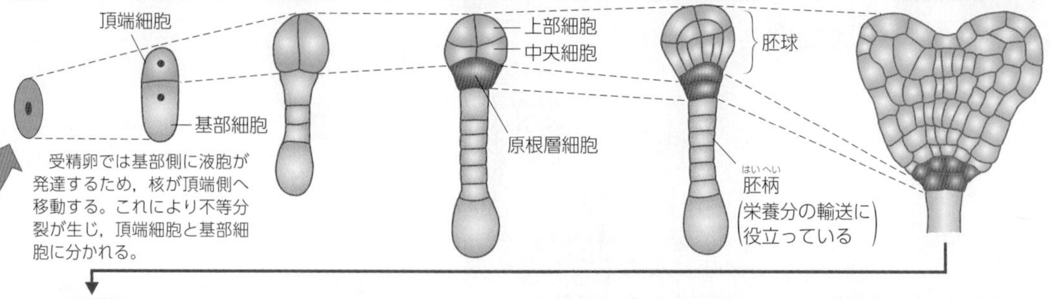

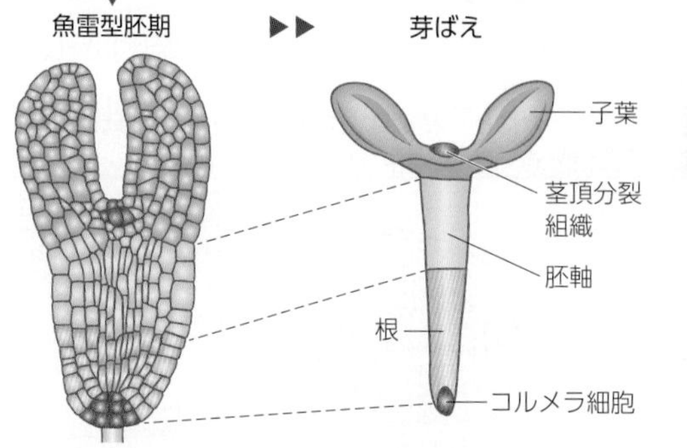

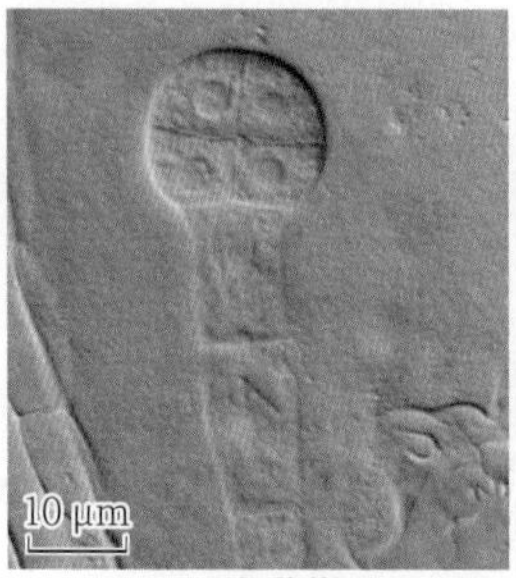

▲8細胞期

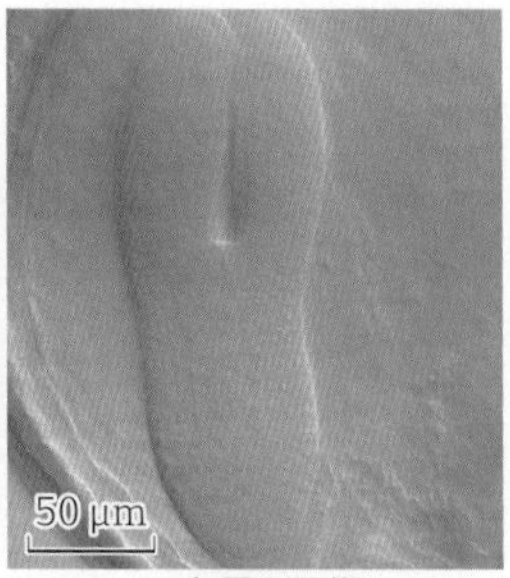

▲魚雷型胚期

発生の段階は，頂端細胞に由来する細胞の数やそれらがつくる形にもとづいて呼ばれる。図では一方向からみたようすを示しており，頂端細胞由来の細胞は，裏側にも同数存在する。

縦断面

(1細胞期)	8細胞期		成熟した胚
頂端細胞	胚球	上部細胞	子葉・茎頂分裂組織
		中央細胞	胚軸・幼根の上部
基部細胞	胚柄	原根層細胞	根冠細胞の幹細胞
		その他の胚柄の細胞	(退化・消失)

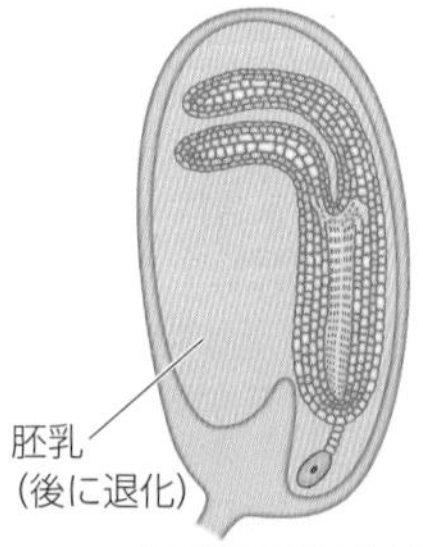

▲魚雷型胚期の胚珠

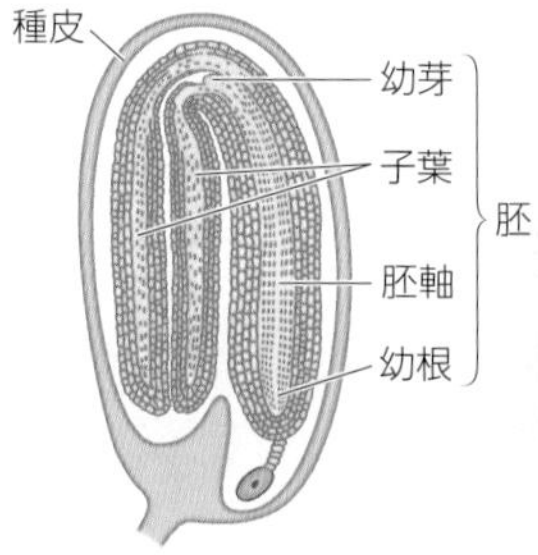

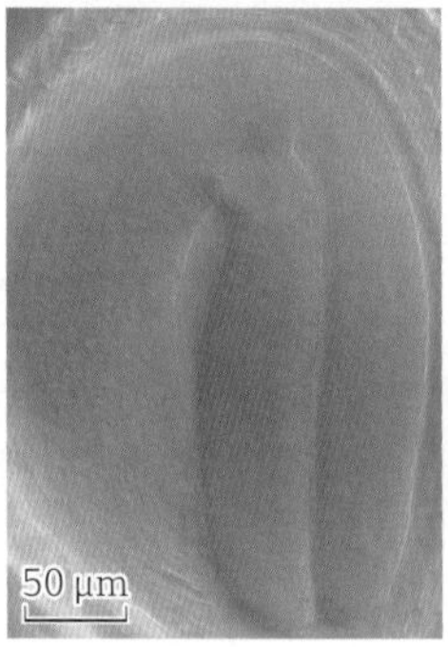

▲▶成熟した胚(種子)

2 初期胚における頂端-基部軸の形成 生物 発展

シロイヌナズナの頂端-基部軸の形成

シロイヌナズナでは，胚の頂端-基部軸の形成にオーキシンが関与している。

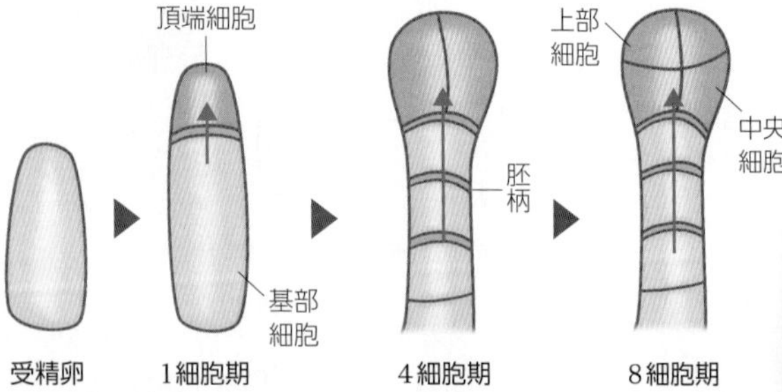

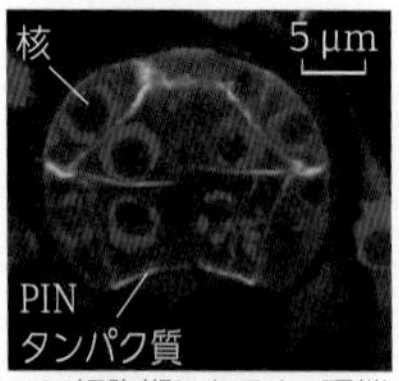

▲16細胞期になると，頂端細胞由来の細胞でもPINタンパク質が局在する。これによって，球状胚期には，原根層細胞のオーキシン濃度が高くなる(➡1)。

胚発生に伴い，基部細胞や胚柄の細胞ではオーキシンを一方向に輸送する輸送体であるPINタンパク質(➡p.236)が頂端側に局在するようになり，オーキシンは頂端側で高濃度となる。これによって特定の遺伝子の発現が促進されることで，胚の頂端-基部軸が形成される。同様の過程はトウモロコシやマツでもみられる。

シロイヌナズナでは，オーキシンの輸送方向の決定に，*WOX*遺伝子と呼ばれる調節遺伝子が関与すると考えられている。

α PLUS 根の放射軸の形成とその構造

シロイヌナズナの幼根になる領域では，16細胞期に表皮が分化し，その後，維管束と内鞘が，最後に内皮と皮層が分化して放射軸が形成される。

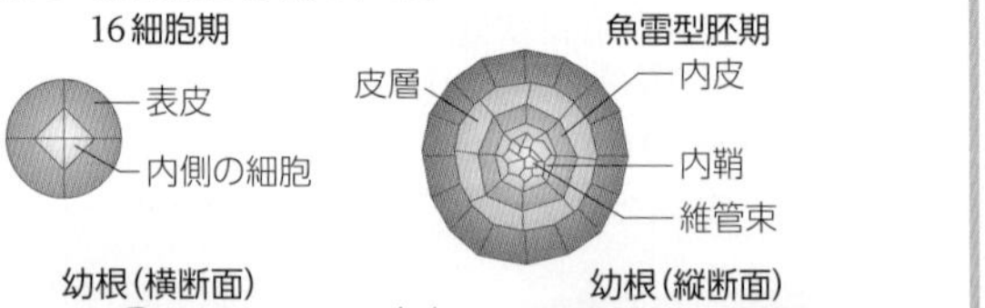

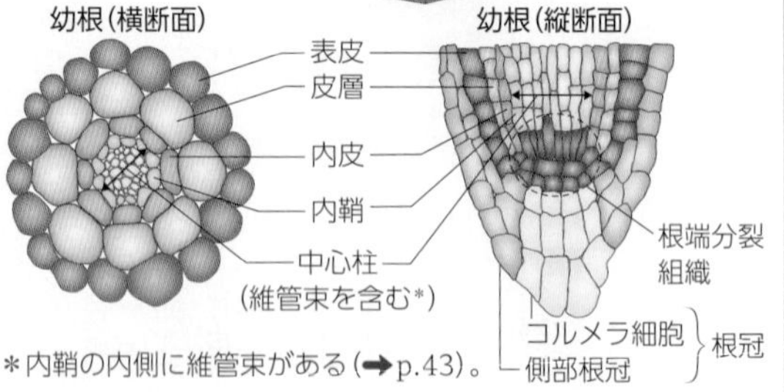

＊内鞘の内側に維管束がある(➡p.43)。

豆知識 世界で一番大きい種子はオオミヤシの種子で，その重さは約10 kg，果実の重さは約20 kgにもなる。

3 頂端分裂組織の形成 生物 発展

茎頂分裂組織や根端分裂組織は，球状胚や心臓型胚期につくられるオーキシンの濃度勾配によって誘導される。

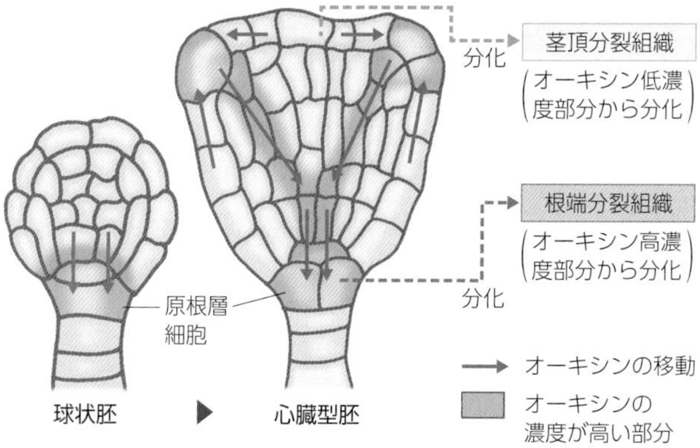

胚形成が進むと，胚球の細胞でオーキシンがつくられるようになる。球状胚期以降では，オーキシンがPINタンパク質の働きによって，頂端細胞から原根層細胞に向かって輸送される。これによって，胚の先端側の中央部のオーキシン濃度が低下する。これがシグナルとなって茎頂分裂組織の分化がはじまる。一方，原根層細胞周辺ではオーキシン濃度が高まり，これがシグナルとなって根端分裂組織の分化がはじまる。

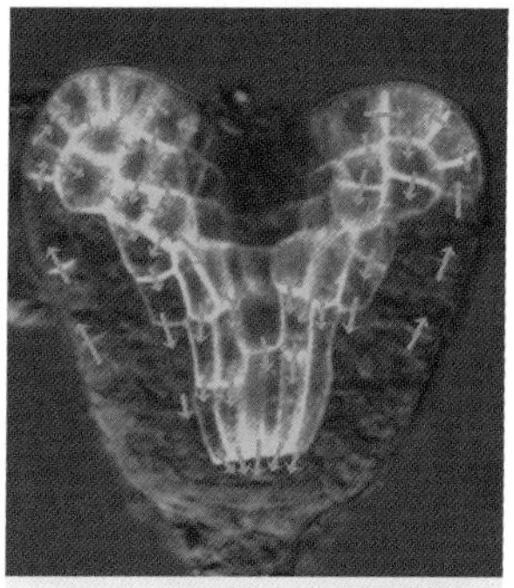

シロイヌナズナの心臓型胚におけるPINタンパク質の分布

PINタンパク質が存在すると，緑色の蛍光を発するように処理してある。矢印は，オーキシンの輸送方向を示す。

4 被子植物の種子と発芽

Ⓐ有胚乳種子と無胚乳種子

有胚乳種子	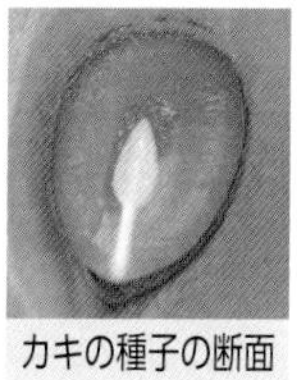 カキの種子の断面	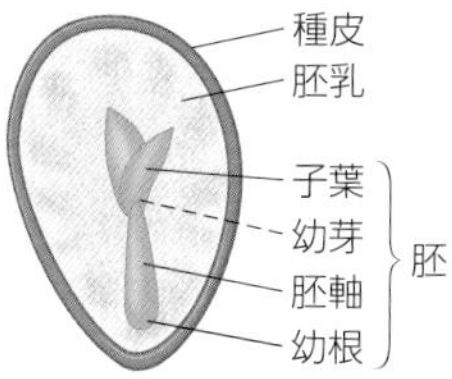	・発芽時の栄養分は胚乳に貯えられている。 ・カキ，イネ，トウモロコシなど
無胚乳種子	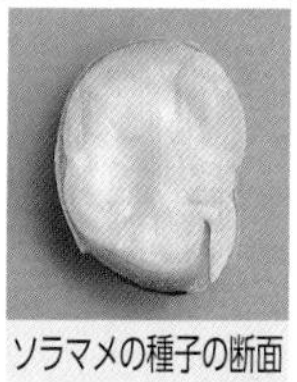 ソラマメの種子の断面	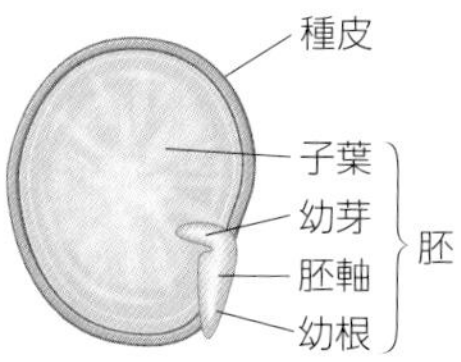	・発芽時の栄養分は子葉に貯えられている。胚乳は発達せず胚の周辺に薄い層として残る。 ・ソラマメ，エンドウ，ナズナ，クリ，アサガオ，アブラナなど

Ⓑ種子の発芽（インゲンマメ）

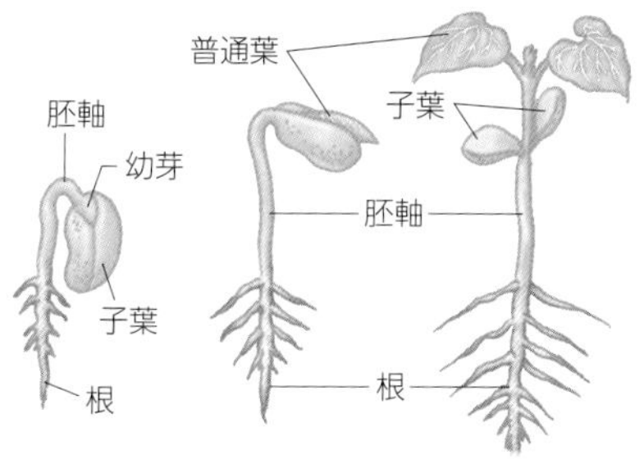

種子は発芽の前に水を吸収する。種子の休眠や発芽には，植物ホルモンが関係している（➡p.234）。

インゲンマメでは，種子が発芽すると，胚軸が伸びて，子葉が種皮をつけたまま地上に出る。子葉に貯えられていた栄養分は植物体の成長に使われる。

整理 被子植物の重複受精から種子形成まで

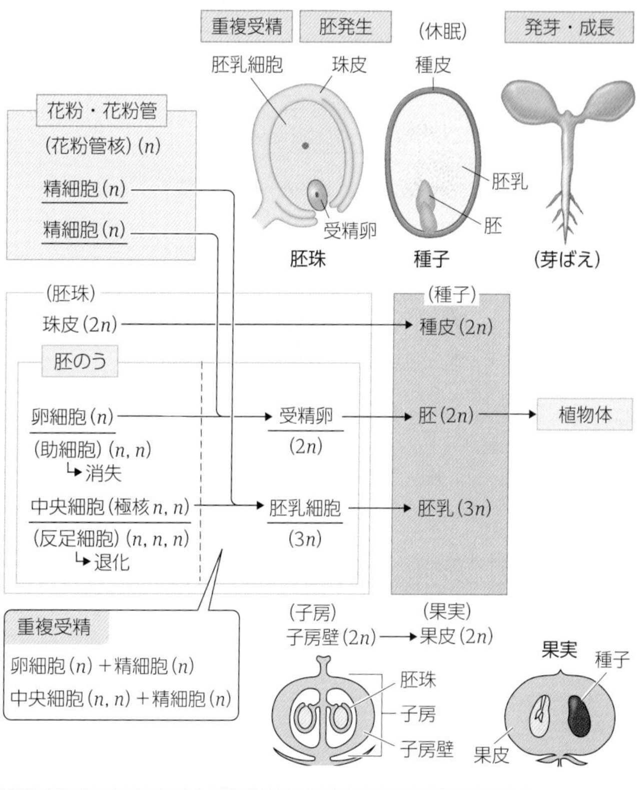

α PLUS 胚乳の核相と雌雄のゲノム比

シロイヌナズナなどでは，胚乳核のゲノムの比が雌ゲノム（胚珠由来）：雄ゲノム（花粉由来）＝約2：1でなければ胚乳が正常に発達しない。この比よりも雄ゲノムが多いと胚乳は肥大化し，雌ゲノムが多いと縮小する。この現象を適応度（➡p.313）の面から考えると，花粉では，自身が受精して生じた胚のみが自身と同じ遺伝子をもつため，その胚珠の胚乳をより大きくする方が適応度は大きくなる。一方，胚珠では，どの胚も自身と同じ遺伝子をもち，すべての胚珠で胚乳を平等に発達させて多くの胚を発生させる方が適応度は大きくなる。

このように，それぞれのゲノムは適応度を増大させるように胚乳の大きさに影響を与えていると考えられている。このとき，雌雄の適応度のバランスがとれるゲノム比は決まっており，胚乳の核相が$3n$の植物では，雌：雄＝約2：1となる。

交配	♀$2n$×♂$2n$	♀$4n$×♂$2n$	♀$2n$×♂$4n$
ゲノム比（雌：雄）	2：1	4：1	2：2
胚乳の大きさ	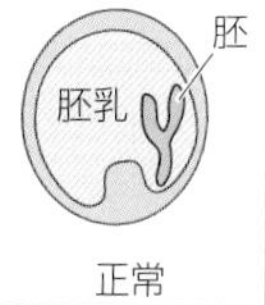 正常	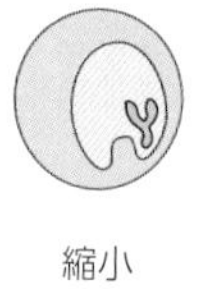 縮小	 肥大

二倍体（$2n$）と四倍体（$4n$）のシロイヌナズナを用いて交配を行った。♀：雌ゲノムの核相，♂：雄ゲノムの核相を示している。

豆知識　進化の過程では，有胚乳種子の後に無胚乳種子が生じたと考えられている。子葉に直接栄養分を貯える無胚乳種子には，胚が胚乳から独立して成長できるという利点があると考えられている。

06 種子の発芽と細胞の成長

生物

Germination and Cell Growth

関連動画をCheck!

1 栄養物質の貯蔵と休眠 生物

多くの種子は，形成後のある期間は発芽に適した条件下でも発芽しない。この状態は休眠《きゅうみん》と呼ばれる。休眠状態では，生育に適さない乾燥などの環境にも耐えることができる。

Ⓐ栄養分の貯蔵

種子は，発芽や発芽直後の成長に使う栄養分を貯えて休眠する。栄養分は，タンパク質，脂質，多糖などで，胚発生と種子形成の過程で胚乳や子葉に貯蔵される。

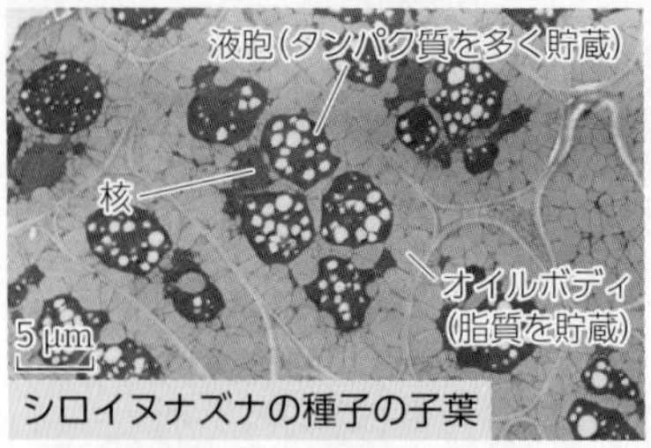

シロイヌナズナの種子の子葉

Ⓑ種子の脱水と休眠

種子形成の後期から，トレハロースなどのオリゴ糖や，LEAタンパク質が多量に蓄積されはじめる。これらの物質は，細胞が脱水（乾燥）する際に，細胞膜やタンパク質の損傷を防ぐと考えられている。乾燥耐性を獲得した種子は，休眠状態に入る。

LEAタンパク質は，胚発生の後期に多量に発現するタンパク質の総称である。乾燥耐性に関与するものとしては，デハイドリンなどが知られている。

Ⓒアブシシン酸と休眠

アブシシン酸は，種子形成を促進し，休眠を維持する。アブシシン酸は，胚の発生期には親植物から供給され，胚が成熟すると種子内でも合成されるようになる。

種子の形成過程におけるアブシシン酸の合成は，FUS3と呼ばれる調節タンパク質によって促進される。FUS3タンパク質は，休眠を抑制するジベレリンの合成を抑制する。

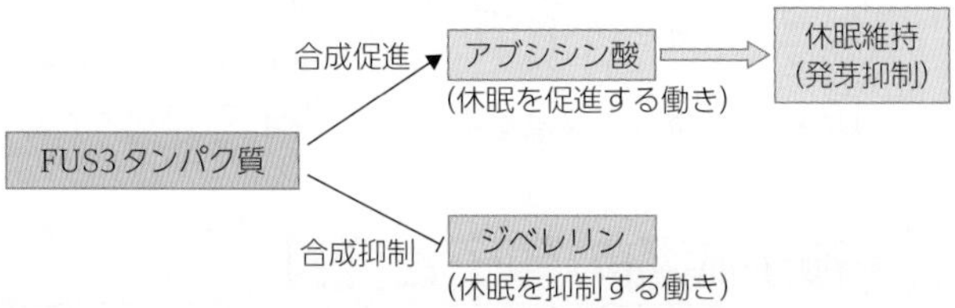

2 種子の発芽 生物

Ⓐ種子の発芽

オオムギやイネなどの種子では，水や酸素，温度などの条件が発芽に適するようになると，胚でジベレリンの合成がはじまる（❶）。ジベレリンは胚乳の外側を囲む糊粉層の細胞に作用し，アミラーゼの合成を促進する（❷）。アミラーゼは胚乳に分泌され，胚乳中のデンプンを分子量の小さい糖に分解する（❸）。生じた糖は，胚に吸収される（❹）。胚では，代謝が活発になるとともに，浸透圧が上昇して吸水が促進される（❺）。

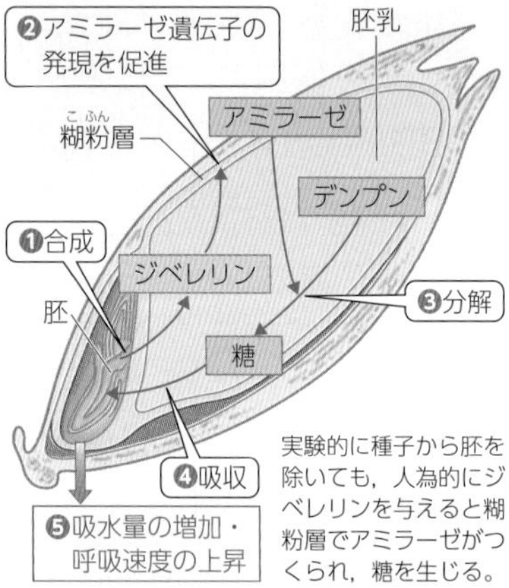

break ぶれいく 緑の革命とジベレリン 地歴

1940～60年代に，人口増加による食糧危機を回避するため，収量の多い品種の開発や化学肥料の大量使用などによって，穀物生産が著しく増加した。これを緑の革命という。このときの品種改良で作出された植物に，草丈は低いが穂の成長には影響しない半矮性《はんわいせい》という性質をもつものがある。従来の品種では，化学肥料を多く与えると草丈が高くなり，風雨で倒れやすく収穫前に枯れることも多かった。半矮性の品種は高くならないため，化学肥料を多量に与えて収量を大きくできた。

緑の革命で用いられた半矮性のコムギは，DELLA《デラ》タンパク質に異常が生じた品種であった。ジベレリンには伸長成長を促進する働きがあるが，このコムギはジベレリンが存在しても反応できず，植物体の高さが低いままになったのである。

Ⓑジベレリンが作用するしくみ

GID1…核内に存在するジベレリンの受容体タンパク質。

DELLA《デラ》タンパク質…DELLAというモチーフ（➡p.90）をもつタンパク質の総称。イネのSLR1などがある。

ジベレリンが存在する場合

ジベレリンは，GID1と結合すると，DELLAタンパク質に結合する。これによって，ユビキチン・プロテアソーム系（➡p.97）が活性化され，DELLAタンパク質が分解される。その結果，調節タンパク質Aが調節遺伝子Bの転写調節領域に結合し，調節タンパク質Bがつくられる。さらに，調節タンパク質Bによってアミラーゼ遺伝子の発現も促進され，アミラーゼが合成される。

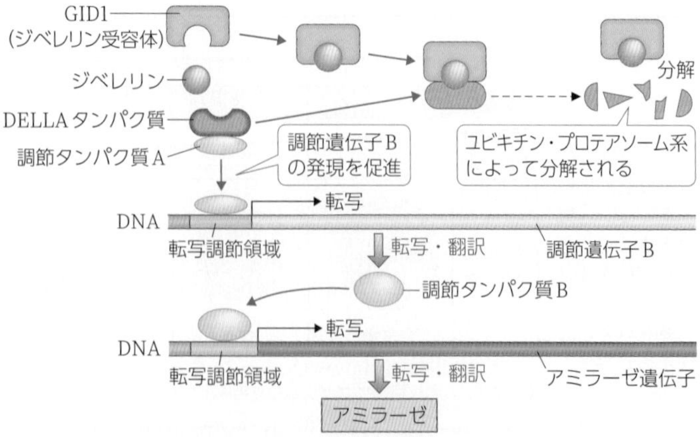

ジベレリンが存在しない場合

ジベレリンが存在しないと，GID1は，DELLAタンパク質に結合できない。DELLAタンパク質は，調節遺伝子Bの発現を制御する調節タンパク質Aに結合して，調節遺伝子Bの発現を抑制している。その結果，アミラーゼ遺伝子の調節タンパク質である調節タンパク質Bはつくられず，アミラーゼは合成されない。

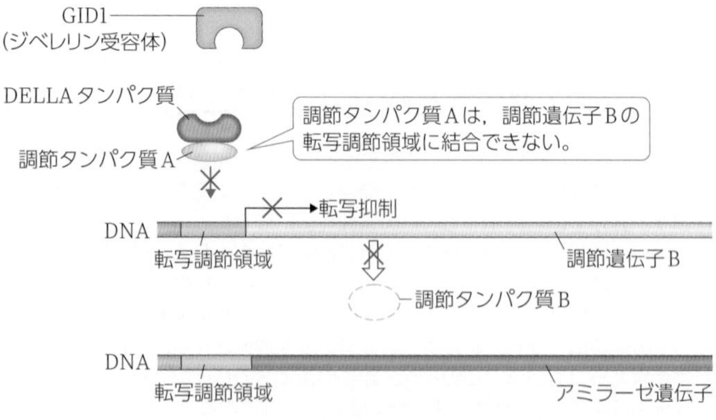

豆知識 穀物類の品種改良などによって農業の生産性向上を目指した「緑の革命」において，新品種の作出に用いられたコムギは，日本で戦前に稲塚権次郎によってつくられた農林10号という半矮性の品種であった。緑の革命を推進したアメリカの科学者ボーローグは，1970年，ノーベル平和賞を受賞した。

重要

3 種子の発芽における光の影響 生物

発芽条件に光を必要とする種子を光発芽種子《ひかりはつがしゅし》といい，光が発芽に影響しない種子や光が発芽を抑制する種子を暗発芽種子《あんはつがしゅし》という。

Ⓐ光発芽種子と暗発芽種子

光発芽種子 (暗所で発芽しにくく明所で発芽する種子)	発芽が赤色光で促進，遠赤色光で抑制される。	オオバコ，レタス，タバコ
暗発芽種子 (明所で発芽しにくく暗所で発芽する種子)	発芽に光を必要としない。または，発芽が光によって抑制される。	トマト，カボチャ，ケイトウ

Ⓑ光発芽種子とフィトクロム

Pr と Pfr は，フィトクロムの型を示している。

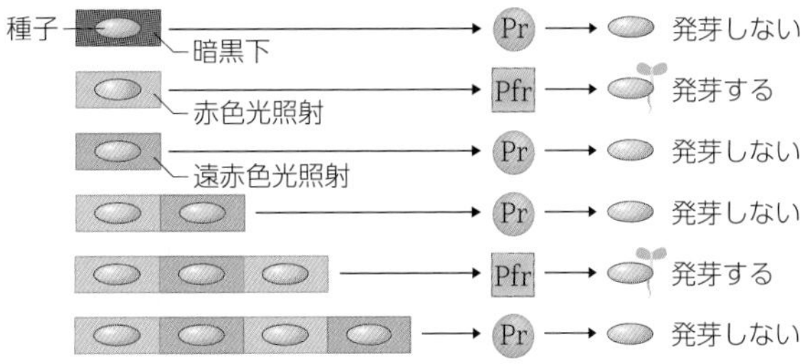

レタスの種子の発芽にはフィトクロムが関係しており，赤色光と遠赤色光を交互に照射すると，可逆的な反応がみられる(➡p.228)。

Ⓒ光発芽種子の発芽のしくみ

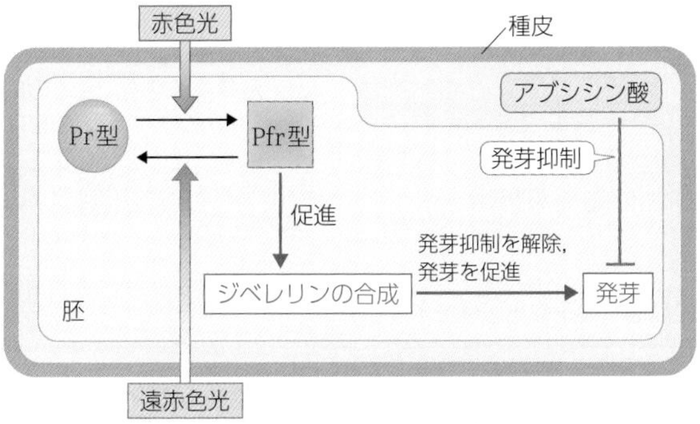

赤色光を吸収したPfr型のフィトクロムがジベレリンの合成を促進し，ジベレリンがアブシシン酸の発芽抑制作用を解除する。

光発芽種子にジベレリンを与えると，暗所でも発芽する。

Ⓓ葉を透過する光とフィトクロムの吸収スペクトル

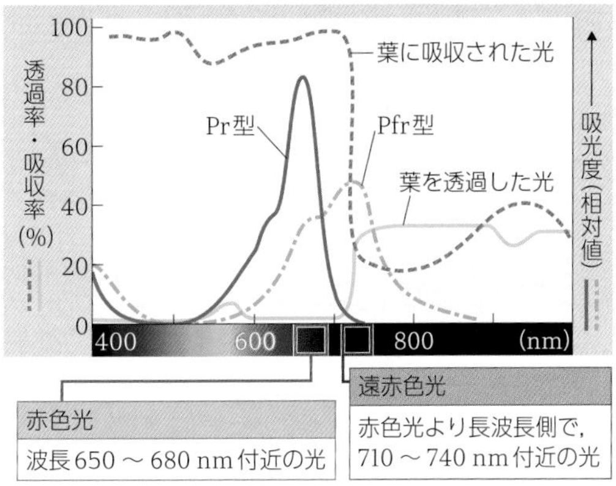

他の植物体に光をさえぎられるような環境に置かれた光発芽種子は，葉を透過した光に反応して発芽が調整される。植物の葉を透過した光は遠赤色光の割合が相対的に高いので，フィトクロムはPr型の割合が高くなって発芽が抑制される。

一方，上方の植物が取り除かれて直射日光が照射されるようになると，赤色光の割合が大きくなってPfr型が増加し，発芽が促進される。

4 植物ホルモンと細胞の伸長 生物

植物細胞が伸長する方向は，細胞壁のセルロース繊維の合成方向によって決まる。セルロース繊維の合成方向の決定には，植物ホルモンが関与している。

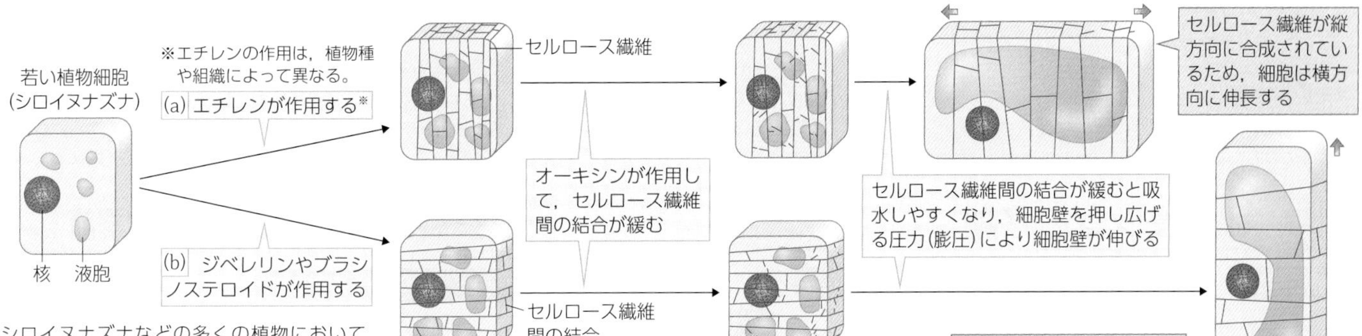

シロイヌナズナなどの多くの植物において，セルロース繊維は，細胞壁表面でエチレンが存在すると縦方向に，ジベレリンやブラシノステロイドが存在すると横方向に合成される。

Up To Date オーキシンが細胞壁に作用するしくみ

オーキシンが作用すると，細胞膜に存在するH^+をくみ出す膜輸送タンパク質が活性化し，細胞壁中にH^+が放出される。これによって細胞壁のpHが低下すると，多糖に作用するタンパク質が活性化し，セルロース繊維どうしを結合させている多糖を分解したりつなぎかえたりして，セルロース繊維間の結合が緩む。植物の伸長成長に関するこのような考え方は，酸成長説と呼ばれる。

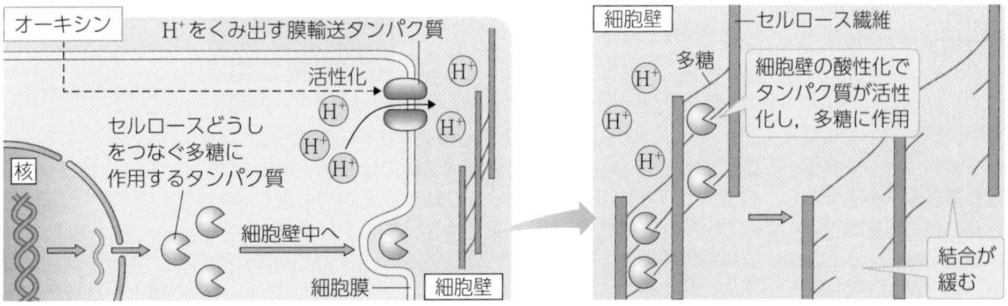

豆知識 光発芽種子には，発芽直後から十分な光を得ることができるという利点がある。一方，暗発芽種子には，乾燥地などで，地上よりも乾燥が厳しくない暗い土の中で発芽できるという利点がある。

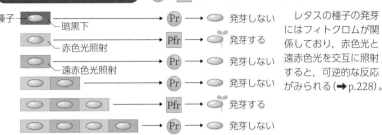

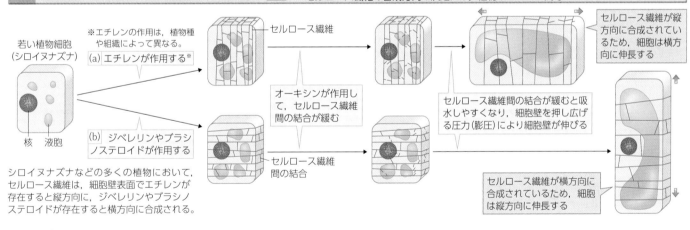

07 植物の伸長成長

生物

Elongation Growth of Plants

関連動画をCheck!

1 植物のさまざまな運動 生物

植物は，自ら移動しないが，細胞の成長や変形によって運動する。刺激源に対して一定の方向に屈曲する植物の運動を屈性《くっせい》といい，刺激の方向に関係なく刺激の強さの変化によって生じる植物の運動を傾性《けいせい》という。

Ⓐ屈性

刺激源の方向に屈曲する屈性を**正の屈性**，刺激源とは反対の方向に屈曲する屈性を**負の屈性**という。

刺激源	屈　性	屈曲部位
光	光屈性	茎(正) 根(負)
重　力	重力屈性	茎(負) 根(正)
接　触	接触屈性	巻きひげ(正)
化学物質	化学屈性	花粉管(正)
湿　度	水分屈性	根(正)

植物において，細胞の不均等な成長によって起こる運動を**成長運動**《せいちょううんどう》という。屈性は成長運動によって起こる。

Ⓑ傾性

刺激の種類によって，温度傾性，光傾性，接触傾性などがある。傾性には成長運動によるもののほかに，オジギソウのように膨圧運動によるものがある。

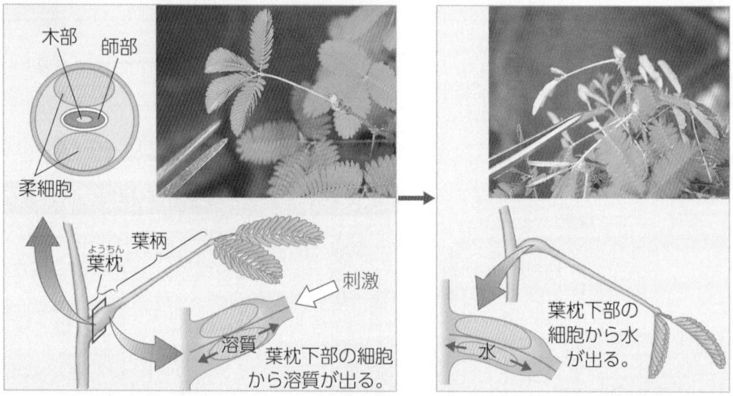

オジギソウは，接触刺激を受けると急速に葉を閉じ，葉柄を下げる(接触傾性)。これは，刺激によって葉枕の下部の細胞からK^+などの溶質が細胞外に出て浸透圧が下がり，細胞外へ水が出ることで膨圧が低下して細胞の形が変化するためである。しばらくすると，溶質が細胞内に入るのに伴って水が入り，細胞の形は元に戻る。このような膨圧の変化による植物の運動を**膨圧**《ぼうあつ》**運動**《うんどう》という。

重要 2 光屈性とオーキシン 生物

植物の茎は，光の当たる側に向かって屈曲する正の光屈性を示す。

Ⓐ光屈性

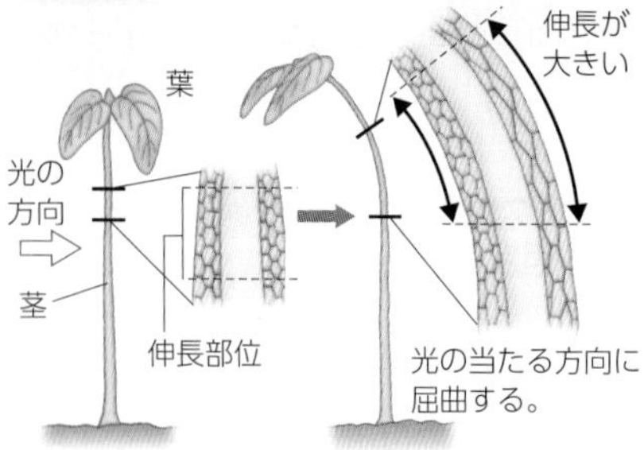

光の当たらない側の細胞の成長が促進され，光の当たる方へ屈曲する。

Ⓑオーキシンによる光屈性のしくみ

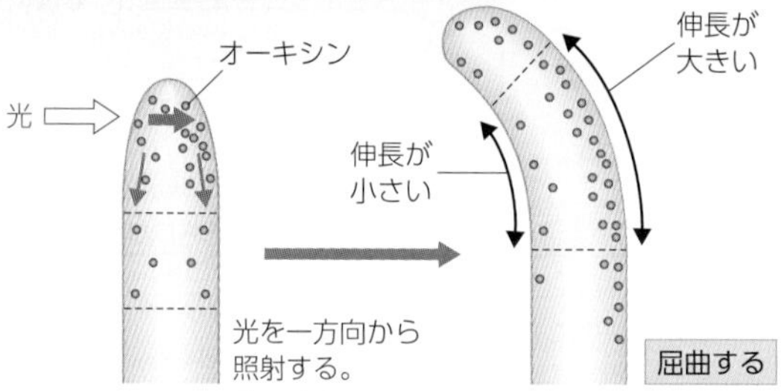

オーキシンは，茎の先端部でつくられ，光の当たらない側へ移動して下降する。このため，光の当たらない側の伸長帯の成長が促進され，正の光屈性を示すと考えられている。

Ⓒフォトトロピンと光屈性

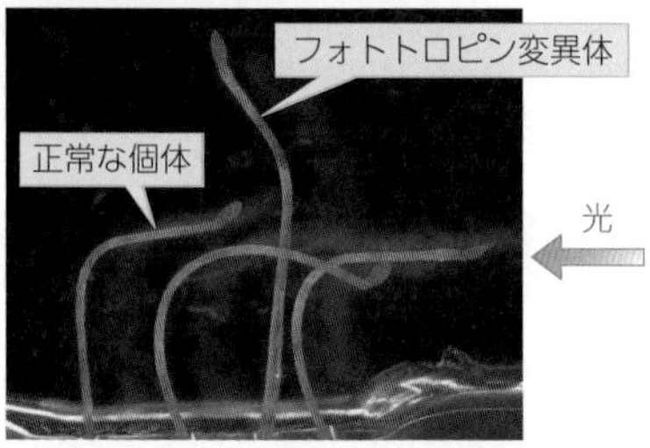

光屈性における光受容体はフォトトロピンである。フォトトロピンが存在しない突然変異体では，光屈性が起こらない。

重要 3 オーキシンの移動 生物

Ⓐ極性移動

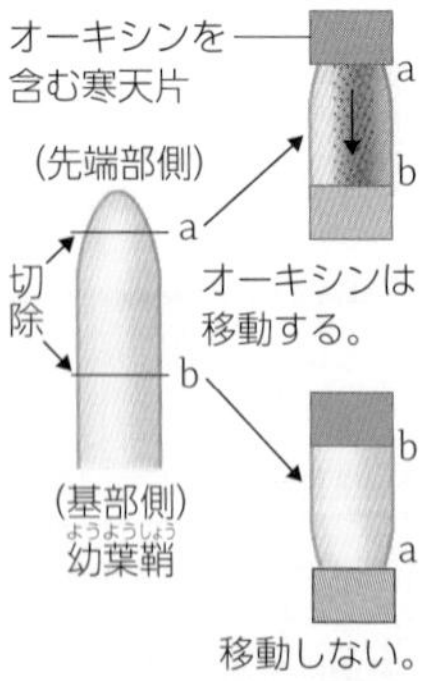

茎の先端部でつくられるオーキシンは，先端部側から基部側へ移動するが，基部側から先端部側へは移動しない。この現象を，オーキシンの**極性**《きょくせい》**移動**《いどう》という。

Ⓑオーキシンの極性移動のしくみ

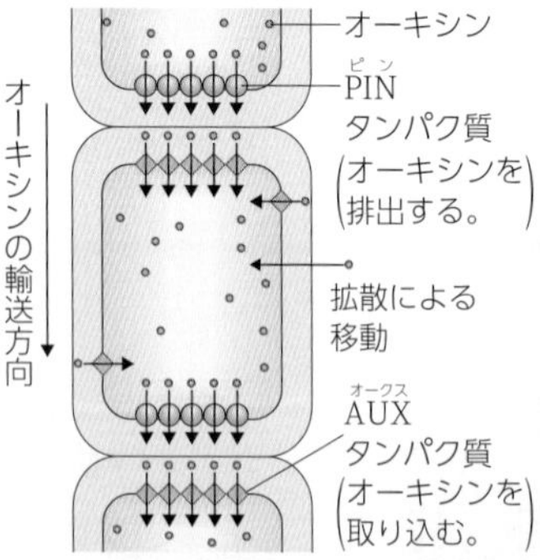

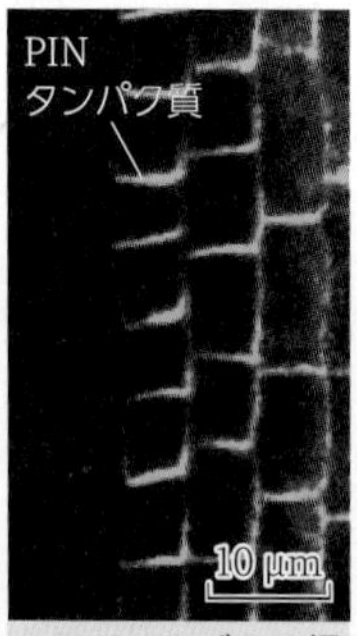

シロイヌナズナの根

オーキシンの移動は，主に細胞膜に存在する輸送タンパク質によって行われる。輸送タンパク質には，オーキシンを細胞内から排出するPINタンパク質や，細胞内に取り込むAUXタンパク質がある。幼葉鞘や茎，根におけるオーキシンの極性移動は，PINタンパク質が細胞膜上で局在しているために起こる。

4 オーキシンによる遺伝子発現調節 生物

Ⓐオーキシンが存在しない場合

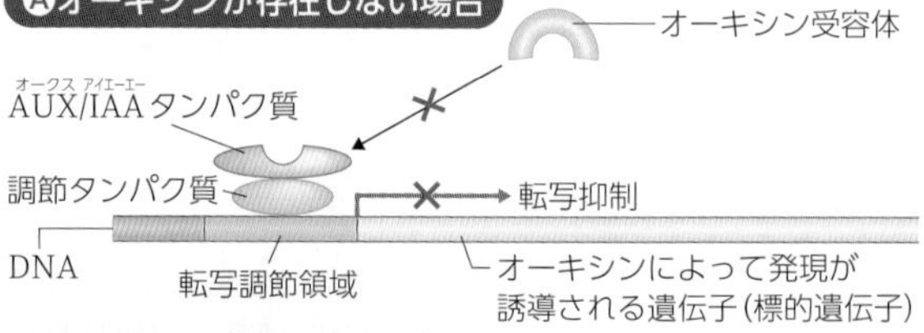

Ⓑオーキシンが存在する場合

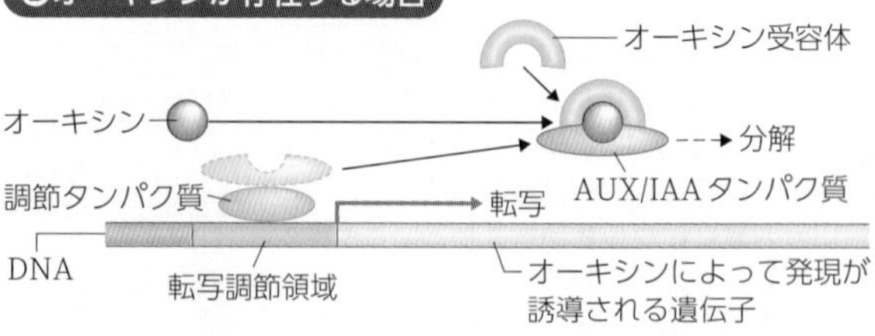

オーキシン受容体は，オーキシンを介してAUX/IAAタンパク質と結合し，これをユビキチン・プロテアソーム系で分解させる(➡p.97)。これによって，調節タンパク質が転写を促進する。

豆知識　植物がつくるオーキシンは主にインドール酢酸(IAA)である。IAAと同じ働きをもつ物質はいくつか存在し，現在ではこれらも含めてオーキシンと呼ぶ。人工的に合成されたオーキシンには，ナフタレン酢酸(NAA)や2,4-Dがある。

重要

5 重力屈性 生物

重力屈性は，重力刺激に反応して起こる。重力刺激が茎の内皮細胞や根の根冠にあるコルメラ細胞（平衡細胞）内のアミロプラストによって感知されると，オーキシンの分布が変化して屈曲がはじまる。

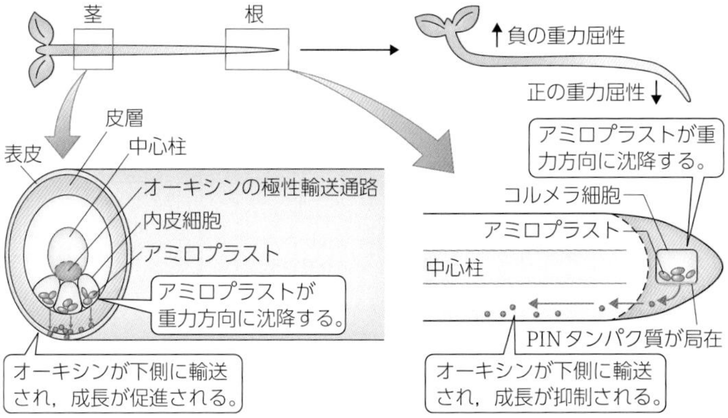

茎では，アミロプラストが重力方向へ沈降すると，オーキシンが下側の表皮や皮層に輸送されて成長が促進され，負の重力屈性が起こる。

根では，コルメラ細胞（➡p.232）のアミロプラストが重力方向へ沈降すると，PINタンパク質が下側の細胞膜に再配置され，下側にオーキシンが輸送されて成長を抑制し，正の重力屈性が起こる。

オーキシンの濃度と各部の成長

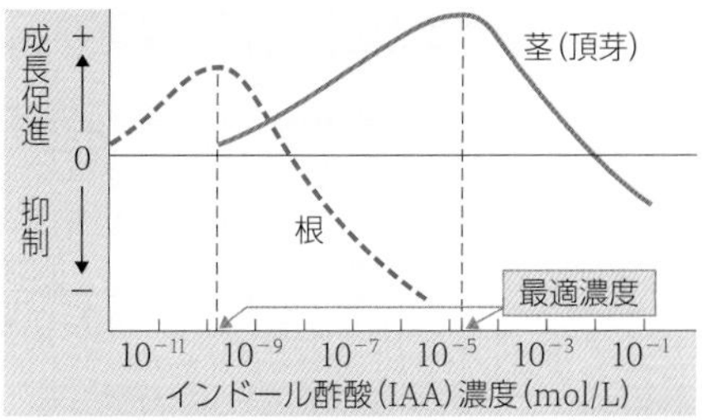

根では，IAAの濃度が低いときには伸長が促進され，高くなると伸長が抑制される。一方，茎では，比較的高いIAAの濃度で伸長が促進される。

PLUS α 根におけるオーキシンの輸送

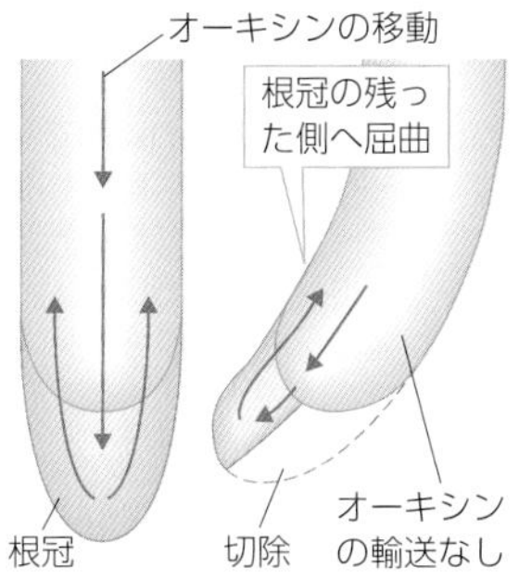

根では，オーキシンは中心柱を下降して根冠まで輸送された後，表皮と皮層を上向きに輸送される。このオーキシン輸送の方向性は，PINタンパク質が中心柱では細胞の底面に，皮層や表皮では細胞の上面に存在することによって生じている。

6 頂芽優勢 生物

頂芽が成長しているとき，側芽の成長が抑制される現象を頂《ちょう》芽《が》優勢《ゆうせい》という。

頂芽優勢には，オーキシンとサイトカイニンが関係している。頂芽で合成されたオーキシンは頂芽の成長を促進する。さらにオーキシンは，側芽のついている茎の部分（節）に下降して側芽の成長を促進するサイトカイニンの合成を抑制していると考えられる。

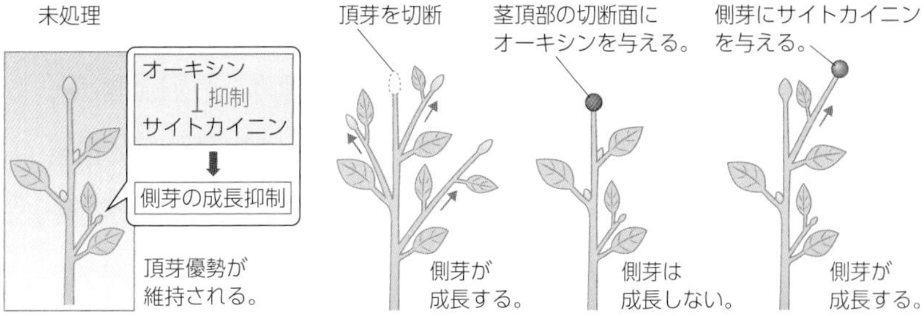

PLUS α 光屈性の研究

マカラスムギの幼葉鞘

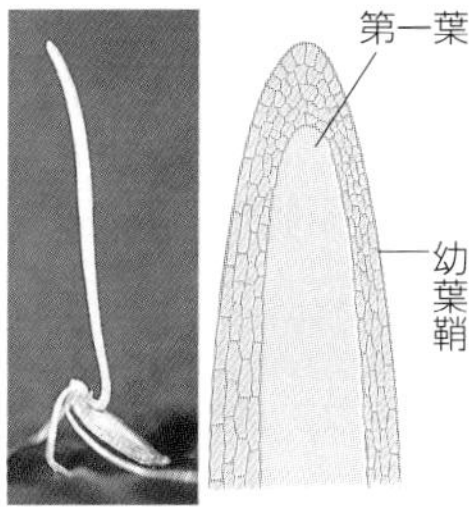

ダーウィンの研究（1880年）

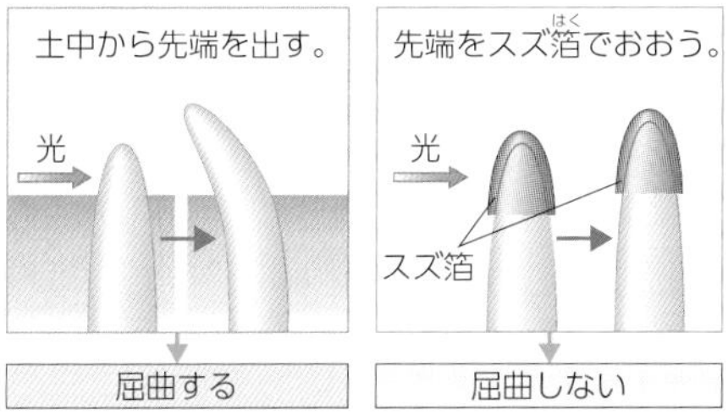

光は幼葉鞘の先端部で受容され，下方が屈曲する。

ボイセン・イェンセンの研究（1910～13年）

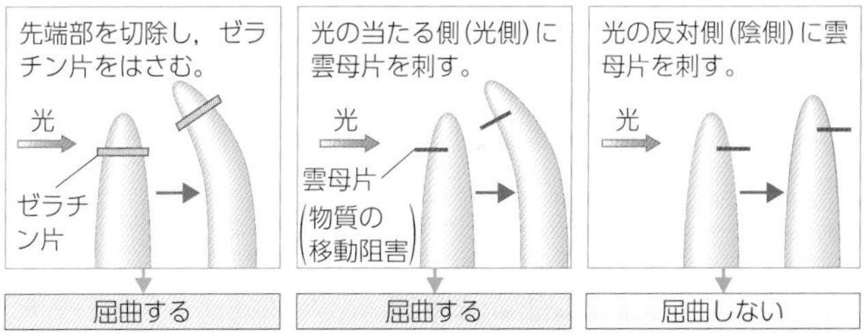

ゼラチンを透過する物質が，陰側を下降して作用する。

ウェントの研究（1928年）

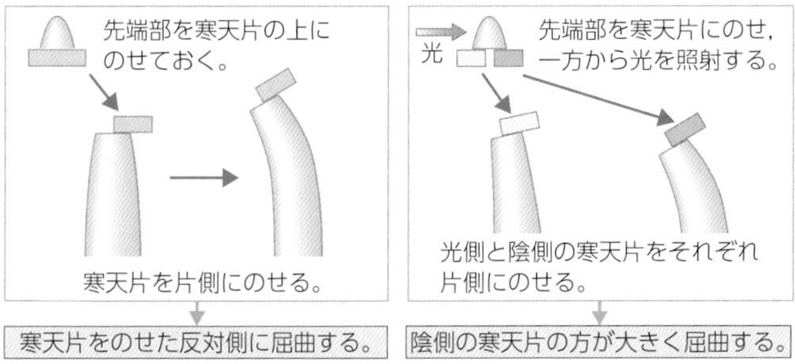

茎の成長を促進する物質が陰側に移動し，陰側の成長を促進する。

アベナ試験法

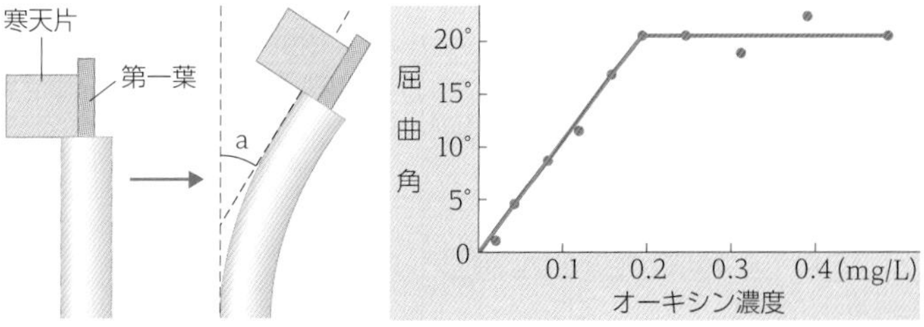

第一葉を残して先端部を切除したマカラスムギ（アベナ）の幼葉鞘の片側に，オーキシンを含む寒天片をのせ，その屈曲角からオーキシンの濃度を推定する方法をアベナ試験法という。

豆知識 成長を促進するオーキシンの最適濃度は，植物種によって異なっている。双子葉植物とイネ科植物では，双子葉植物の方が低濃度の2,4-D（合成オーキシンの一種）で成長が阻害される。この性質を利用して，2,4-Dは水田で双子葉植物の雑草を除く除草剤として用いられている。

08 花芽形成

基本 1 花芽形成と光周性 生物

植物は，栄養成長から生殖成長へ切り替わることで花芽形成を行う。生物の反応が明期や暗期の長さによって影響を受ける性質を光周性《こうしゅうせい》という。花芽形成には光周性がみられる植物が多い。

Ⓐ長日植物・短日植物

花芽形成に影響を与える一定時間の連続した暗期を**限界暗期**《げんかいあんき》という。

長日植物	中性植物	短日植物
限界暗期よりも短い連続暗期が与えられる長日条件で，花芽形成が促進される植物。秋まき，春咲き，越年生植物に多い。	花芽形成に日長が関与しない植物。四季咲きの植物に多い。	限界暗期よりも長い連続暗期が与えられる短日条件で，花芽形成が促進される植物。春まき，秋咲き，一年生の植物に多い。
ダイコン，アブラナ，シロイヌナズナ，コムギ，アヤメ，ホウレンソウ，カーネーションなど	トウモロコシ，エンドウ，トマト，キュウリなど	ダイズ，アサガオ，サツマイモ，晩生イネ，オナモミ，コスモス，秋ギクなど

アブラナ

アヤメ

トマト

ダイズ

サツマイモ

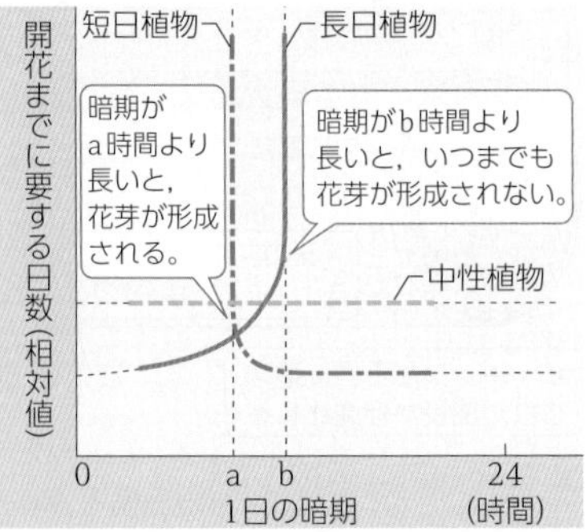

グラフから，短日植物の限界暗期はa時間，長日植物ではb時間であるとわかる。

Ⓑダイズの播種日と開花日

播種日	開花までの日数	開花日
4/26	132	9/4
4/30	128	9/4
5/3	125	9/4
5/6	120	9/2

春から夏にかけて，短日植物であるダイズを日にちをずらして播種《はしゅ》しても，開花の時期はほぼ同じになる。これは，ダイズの花芽形成を行うタイミングが日長の変化によって決定されるためである。

Ⓒ花芽形成と明暗周期

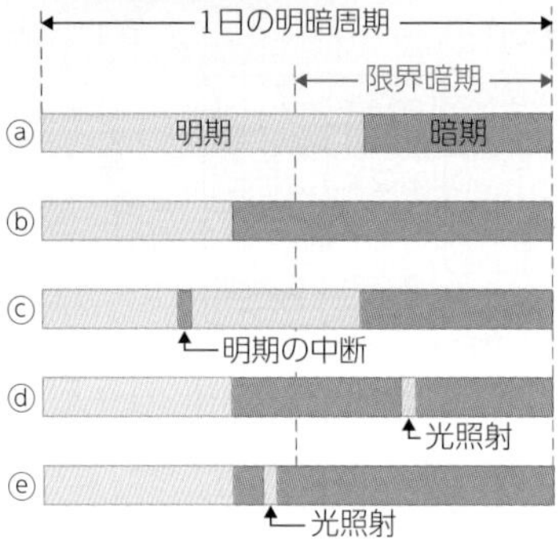

	花芽形成 長日植物	花芽形成 短日植物
ⓐ	する	しない
ⓑ	しない	する
ⓒ	する	しない
ⓓ	する	しない
ⓔ	しない	する

・ⓐとⓒの結果から，短時間の暗期で明期を中断しても，花芽形成には影響しない。
・ⓑとⓓ，ⓔの結果から，短時間の光照射で連続した暗期の長さが限界暗期よりも短くなると，花芽形成に影響を及ぼす。

花芽形成に影響を及ぼすのは，連続した暗期の長さである。

暗期中に行う短時間の光照射で，照射しない場合と逆の光周性反応を引き起こす処理を**光中断**《ひかりちゅうだん》という。（ⓓの光照射）

PLUS α 短日植物における光中断とフィトクロム

花芽形成の調節では，光情報の受容体としてフィトクロムが関与している。光中断には赤色光が特に有効だが，赤色光照射後，続けて遠赤色光を当てると光中断の効果は打ち消される。これは，最終的に形成されるフィトクロムがPfr型の場合のみ核へ移行し（➡p.228），短日植物の花芽形成を抑制するためである。

フィトクロム以外では，いくつかの長日植物で，青色光受容体であるクリプトクロム（➡p.228）も花芽形成に関わることが知られている。

光条件	暗期におけるフィトクロムの変化	花芽形成
限界暗期		する
赤色光	赤色光 → Pfr	しない
遠赤色光	赤色光 → Pfr 遠赤色光 → Pr	する
	赤色光 → Pfr 遠赤色光 → Pr 赤色光 → Pfr	しない
	赤色光 → Pfr 遠赤色光 → Pr 赤色光 → Pfr 遠赤色光 → Pr	する

Ⓓ短日処理

人為的に日照時間を短くする処理

短日処理したアサガオ

アサガオの芽ばえに短日処理をすると，頂芽が花芽へ分化して，丈が低い状態で開花させることができる。

Ⓔ長日処理

人為的に日照時間を長くする処理

電照ギクの栽培

日没後も光を照射して秋ギクを栽培し，開花時期を数か月遅らせる。

豆知識　高緯度地方では，長日植物の割合が高く，短日植物が少ない。これは，秋から冬の期間が短い高緯度地方は，秋に開花・結実する短日植物の生育に適さないためと考えられている。

2 花芽形成とフロリゲン 生物

適当な日長条件になると葉で合成され，茎頂で花芽形成の促進に働く物質をフロリゲンという。

Ⓐ花芽形成の実験

オナモミの研究などから，1930年代頃からロシアのチャイラヒャン，ドイツのメルヒャース，オランダのクイパーそれぞれによってフロリゲンの存在は示唆されていた。しかし，その実体は2005年頃まで長らく不明であった。

オナモミの花と果実

オナモミは，限界暗期が9時間の短日植物である。
(実験は，長日条件下で行う)

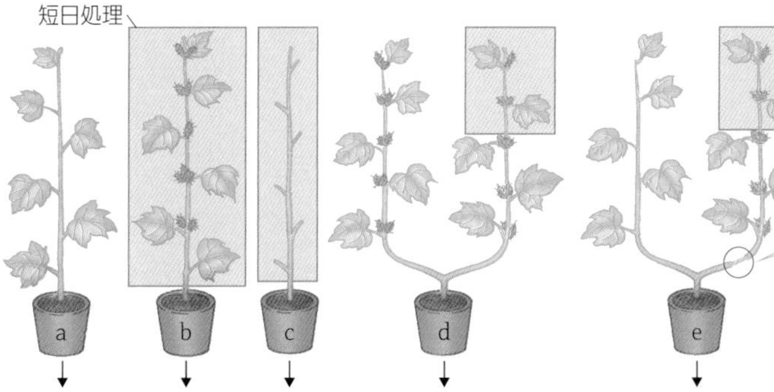

	a	b	c	d	e
花芽形成の結果	しない	する	しない	する	右側のみする。
考察	オナモミは短日植物である。		日長は葉で感知される。	花芽形成促進物質(フロリゲン)は，葉で合成され，師管を通って植物全体に移動する。	

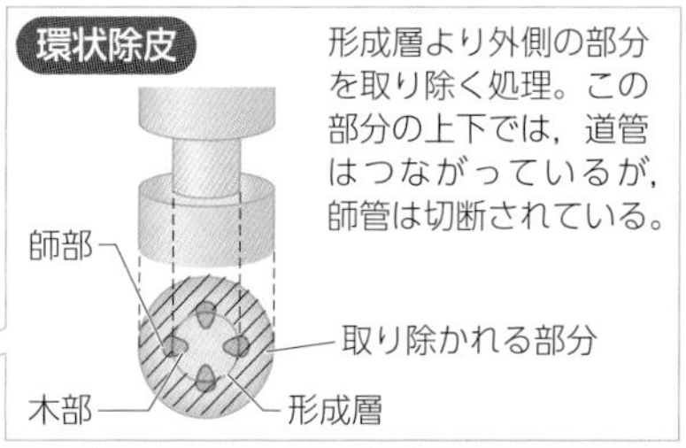

フロリゲンの特徴

①適当な日長にさらされた葉で合成される。
②師管を通って植物体内を移動する。
③茎頂で花芽形成に働く。
④異なる植物種にも作用することがある。
⑤接ぎ木などを介して伝達が可能である。

Ⓑフロリゲンの実体

シロイヌナズナではFT《エフティー》(FLOWERING LOCUS T)タンパク質が，イネではHd3a《エイチディースリーエー》タンパク質がそれぞれフロリゲンとして働くことが解明されている。

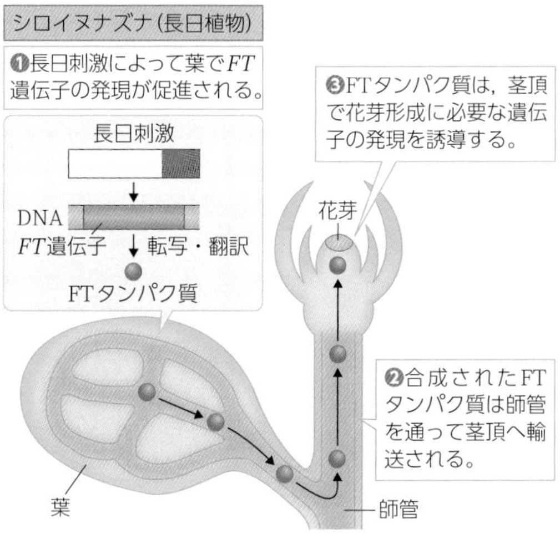

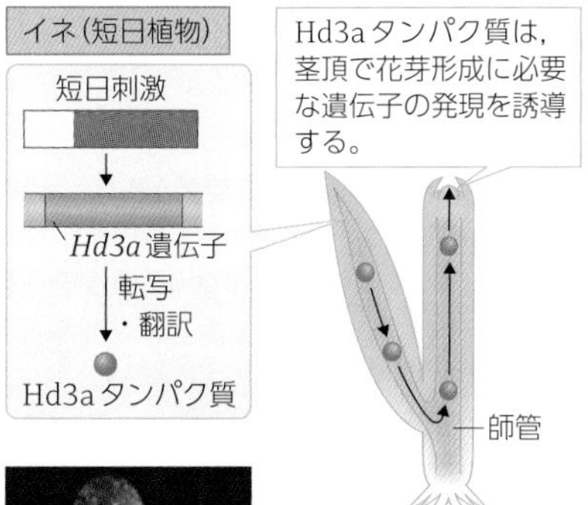

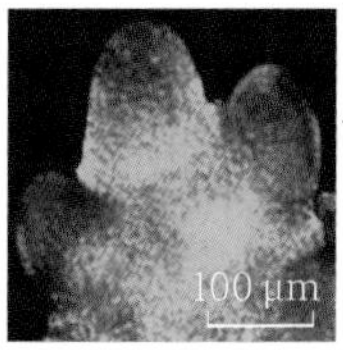

◀イネの葉から茎頂に輸送されたHd3aタンパク質
*Hd3a*遺伝子にGFPの遺伝子をつなげたものを発現させている。

ジベレリンも花芽形成を促進するが，上記とは異なる経路で働く。

Ⓒフロリゲンによる遺伝子発現の調節

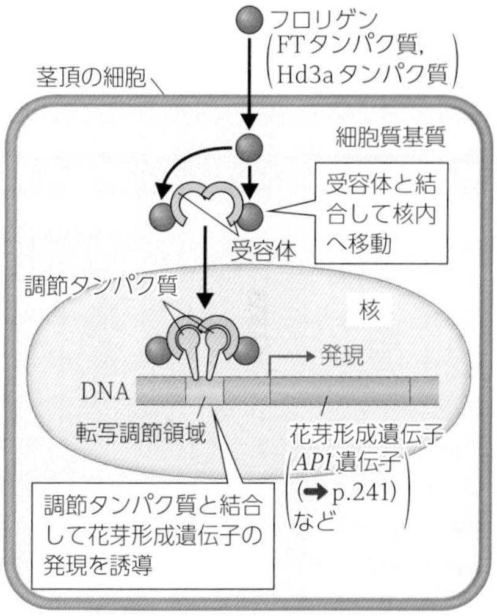

3 春化 生物

長日植物のなかには，長日条件に応答して花芽を形成する際，あらかじめ一定期間にわたる低温状態の経験を必要とするものがある。花芽の形成が低温によって誘導される現象は春化《しゅんか》(バーナリゼーション)と呼ばれる。

Ⓐ秋まきコムギの春化処理

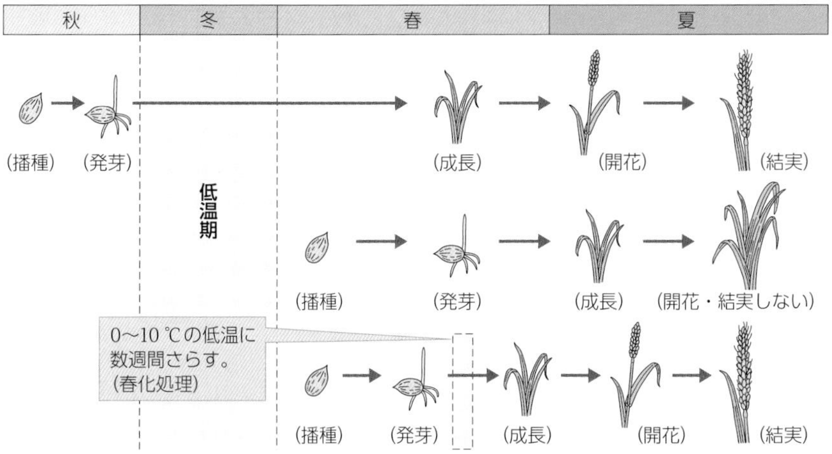

低温処理は，ジベレリン処理で置き換えが可能であることが知られている。

Ⓑ春化のしくみ

秋まきコムギの春化には，シロイヌナズナの*FT*遺伝子に相当する*VRN3*《バーナリゼーション》(*VERNALIZATION3*)遺伝子と，その遺伝子の発現を抑制する*VRN2*遺伝子が関与する。

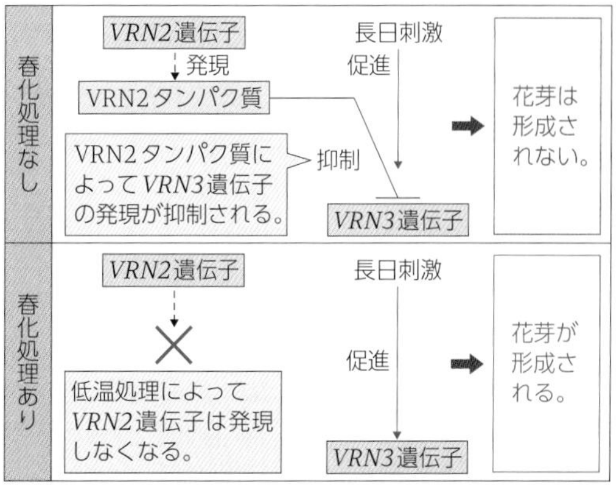

豆知識 植物も生物時計をもっており，概日リズムがみられる(➡p.219)。FTタンパク質などの合成には，日長だけではなく概日リズムも関わっている。日長を感知するしくみと遺伝子発現の調節の関係や，そのしくみを解明する研究も進んでいる。

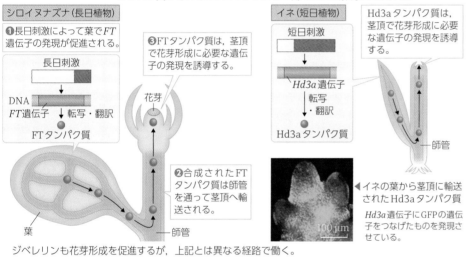

09 花の形成

基本 1 花の形成と調節遺伝子－シロイヌナズナ 生物

シロイヌナズナの花形成は，ABCモデルで説明される。

Ⓐ花の構造

シロイヌナズナ

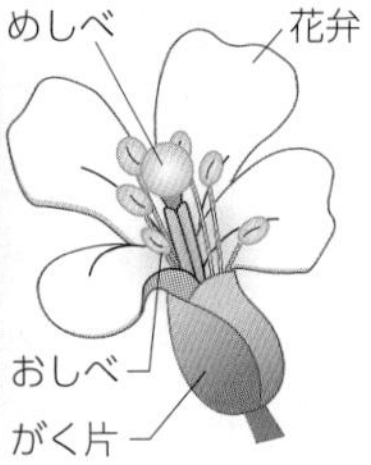

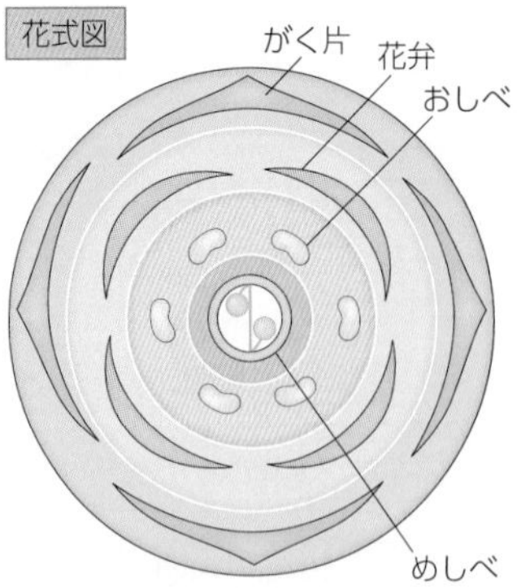

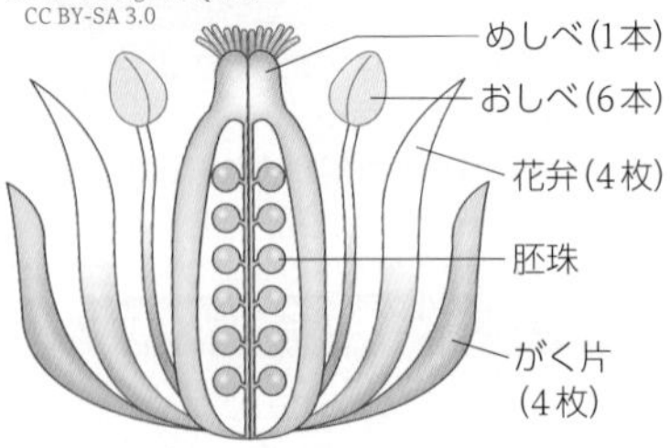

(　)はアブラナ科の花における数

被子植物の花を上から見ると，同心円状に，外側からがく片，花弁，おしべ，めしべの花器官が配置している。アブラナ科のめしべ1本は，2つの心皮(めしべの元となる構造)が合体してできている。

ⒷABCモデル

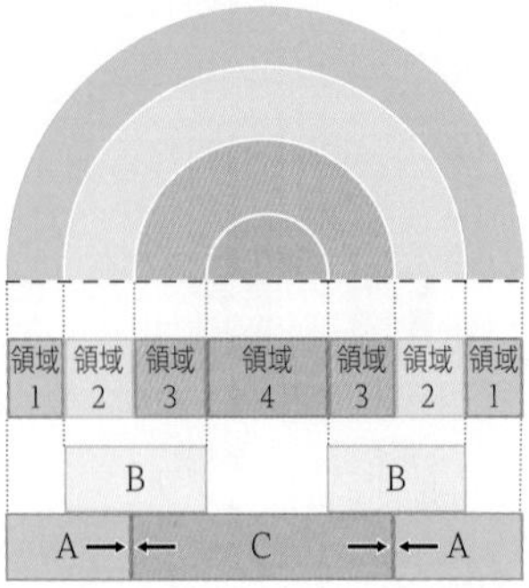

調節遺伝子		花器官
A	→	がく片
A+B	→	花弁
B+C	→	おしべ
C	→	めしべ

	各クラスの遺伝子名
A	アペタラ1(*AP1*)，アペタラ2(*AP2*)
B	アペタラ3(*AP3*)，ピスティラータ(*PI*)
C	アガモス(*AG*)

AクラスとCクラスの遺伝子は，通常，互いの働きを抑制し合っている。

ABCモデルは，A～Cの3つのクラスに分類される遺伝子が花の原基の決まった領域でそれぞれ働き，その組み合わせで形成される花器官が決まるとするものである。シロイヌナズナの突然変異体の研究などを元に提唱され，その後，分子生物学的に正しいことが証明された。現在では，被子植物に広く共通するものと考えられている。シロイヌナズナでは，3つのクラスの遺伝子として，計5つの調節遺伝子が同定されている。

ⒸABCモデルとホメオティック突然変異

A，B，C各クラスの遺伝子の突然変異は，本来とは異なる位置に花器官が形成されるホメオティック突然変異(➡p.129)をもたらす。

	Aクラス遺伝子の異常	Bクラス遺伝子の異常	Cクラス遺伝子の異常
変異体の花	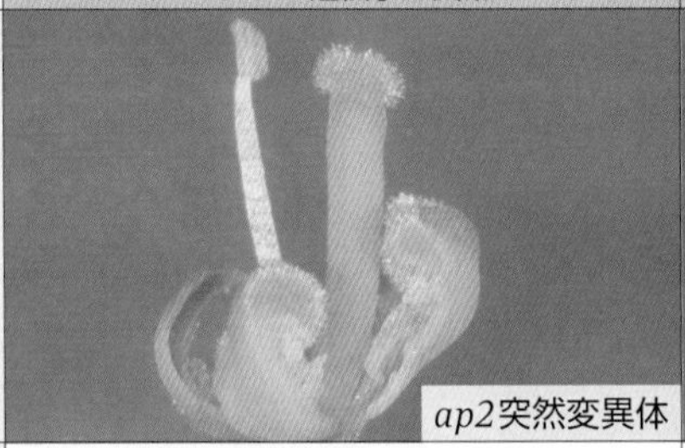 *ap2*突然変異体	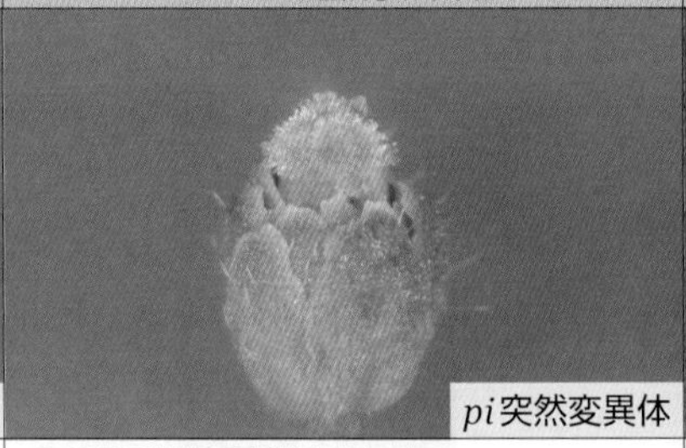 *pi*突然変異体	 *ag*突然変異体
遺伝子の発現領域	Aクラス遺伝子が働かないと， Cクラス遺伝子が領域1，2でも働く。 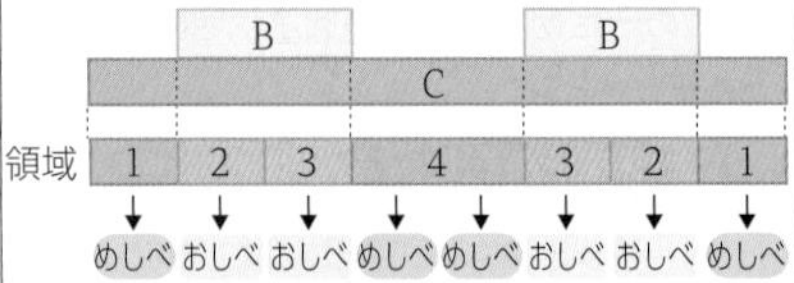 	Bクラス遺伝子が働かないと， 領域1，2ではAクラス遺伝子のみが， 領域3，4ではCクラス遺伝子のみが働く。 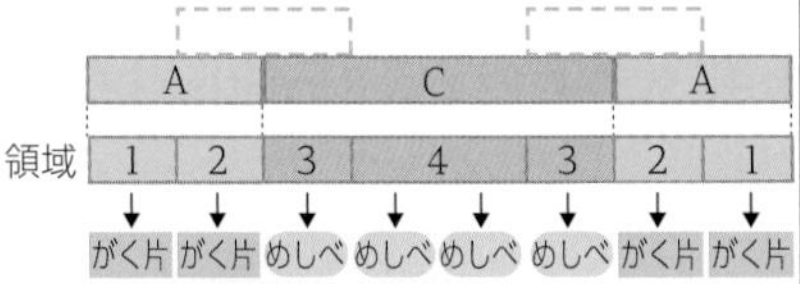 	Cクラス遺伝子が働かないと， Aクラス遺伝子が領域3，4でも働く。 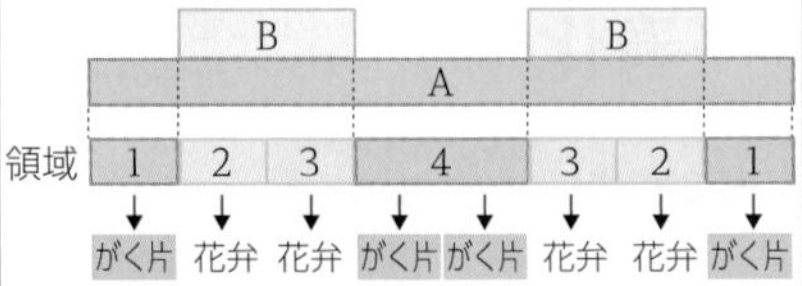
花式図	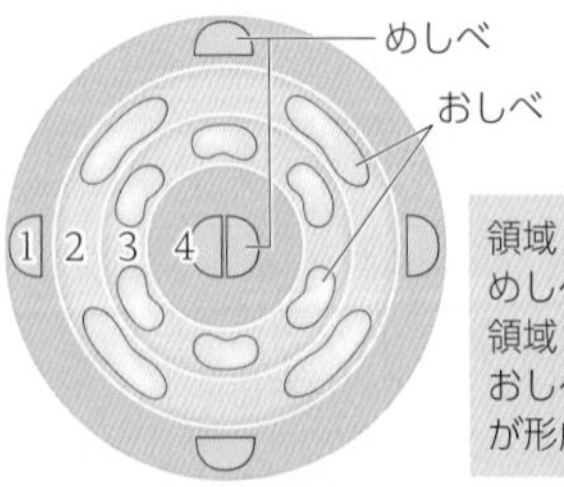 領域1，4でめしべ，領域2，3でおしべが形成される。	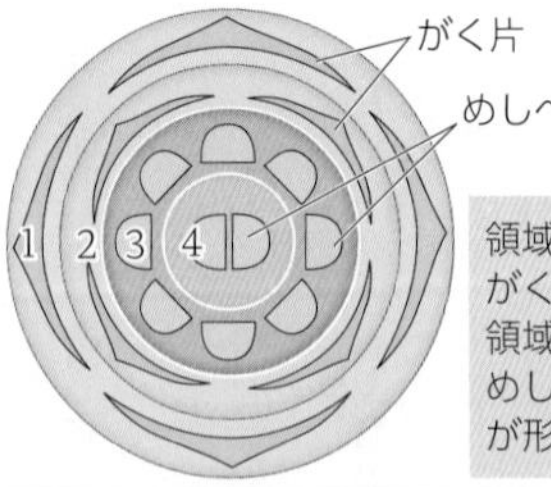 領域1，2でがく片，領域3，4でめしべが形成される。	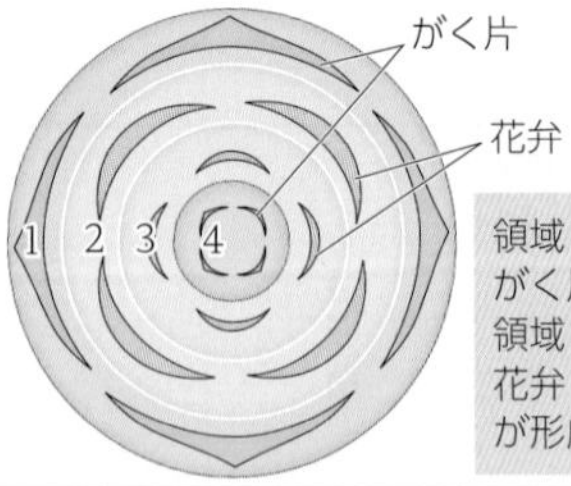 領域1，4でがく片，領域2，3で花弁が形成される。
花の縦断面の模式図	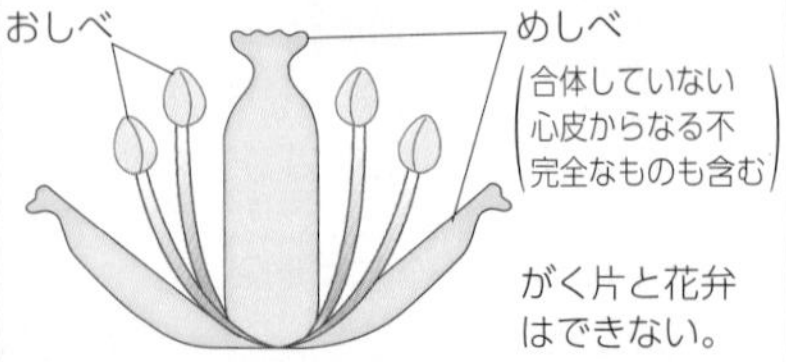 がく片と花弁はできない。	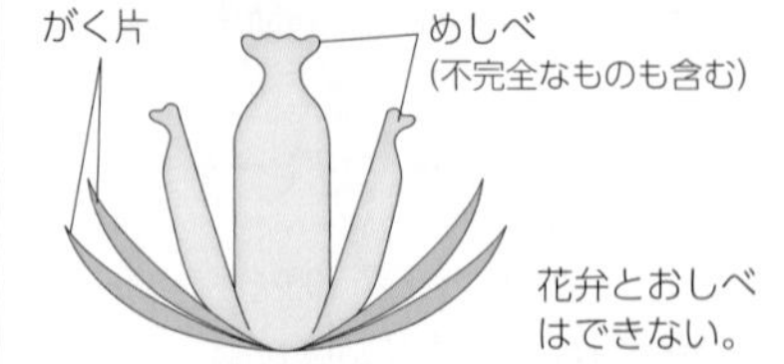 花弁とおしべはできない。	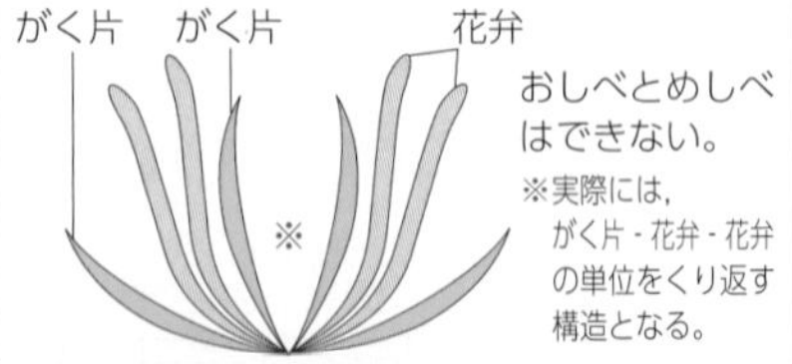 おしべとめしべはできない。 ※実際には，がく片-花弁-花弁の単位をくり返す構造となる。

豆知識　Cクラス遺伝子には，茎頂分裂組織での新たな細胞の形成を抑制する働きもあるため，Cクラス遺伝子の突然変異体ではがく片-花弁-花弁の単位がくり返される。八重咲きの花には，このようなCクラス遺伝子の突然変異で説明できるものもある。

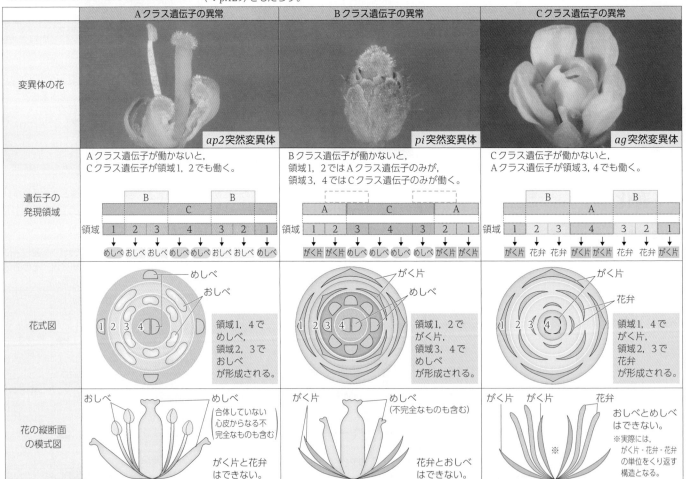

重要

2 A,B,Cクラス遺伝子の働き 生物

現在では，A，B，Cクラス遺伝子のほかに，Eクラスの遺伝子に分類される遺伝子も花形成に必須であることがわかっている。

Ⓐ A,B,Cクラス遺伝子とEクラス遺伝子のタンパク質の相互作用

Eクラス遺伝子は，A，B，Cクラス遺伝子が同定された後に発見された4つの遺伝子で，その遺伝子産物は，A，B，Cクラス遺伝子の遺伝子産物それぞれと複合体を形成して働く。

4つのEクラス遺伝子の四重突然変異体は，A，B，Cクラスのいずれも働かない突然変異体と同様，すべての領域に葉が形成される。

Eクラス遺伝子の発見から，ABCモデルを改訂したABCEモデル（または四つ組モデル）が提唱されている。

左：Eクラス遺伝子の突然変異体
右：A，B，Cクラス遺伝子の突然変異体
これらの変異体から，花器官は進化の過程で葉が変化して生じたことがわかる。

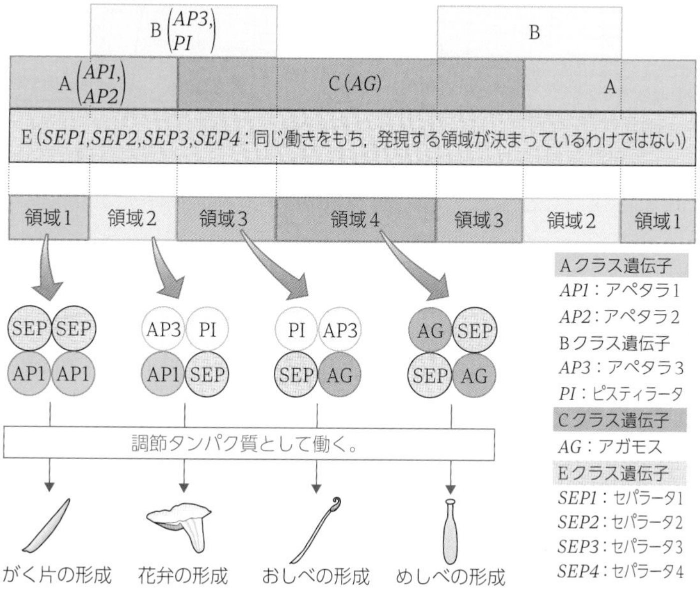

Ⓑ A,B,C,Eクラス遺伝子とMADSボックス

*AP2*を除くA，B，C，Eクラス遺伝子は，**MADS《マッズ》ボックス**と呼ばれる同一性の高い塩基配列をもつ**MADS《マッズ》ボックス遺伝子**である。MADSボックスが転写・翻訳されてできる特徴的な構造は**MADS《マッズ》ドメイン**と呼ばれる。MADSドメインを含む調節タンパク質は，標的遺伝子の転写調節領域に存在するCArGボックスと呼ばれる塩基配列に結合して，発現調節を行うと考えられている。

MADSボックス遺伝子は，真核生物に広く存在する。植物の場合，多くのホメオティック突然変異の原因遺伝子は，MADSボックス遺伝子である。

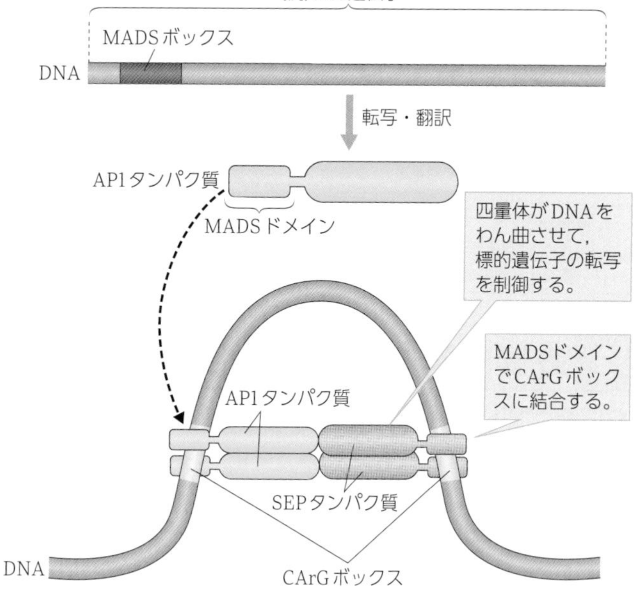

A,B,C,EクラスのMADSボックス遺伝子のタンパク質は，いずれも四量体を形成し，同様のしくみで働く。

break ぶれいく チューリップとABCモデル

おしべやめしべを取り囲む花弁やがく片などを花被片という。多くの花では内側の花被片である花弁と，外側の花被片であるがく片の区別があるが，ユリやチューリップなどではそれらの区別はみられない。このような花の構造も，改変したABC(E)モデルで説明することができる。

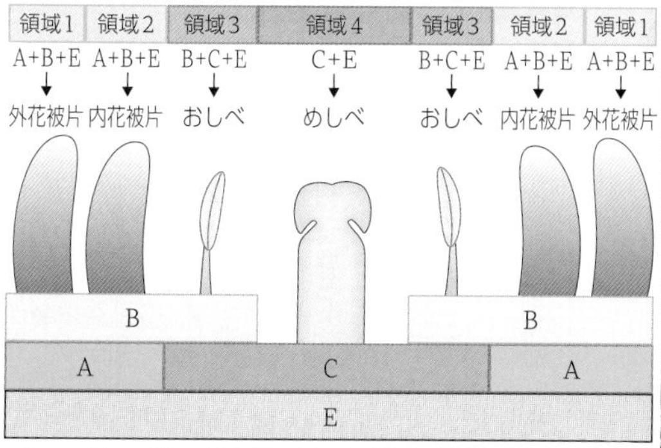

チューリップやユリの花では，最外層の領域1でもBクラス遺伝子が発現しているため，領域1にも領域2と同様な花弁様の花被片が生じる（改変ABCモデル）。

Up to Date 形態形成における植物と動物の共通性と違い

ホメオティック突然変異体（➡p.129）は，動物ではホメオボックス遺伝子が，植物ではMADSボックス遺伝子が突然変異を起こすことによって生じることが多い。ホメオボックス遺伝子とMADSボックス遺伝子は，発生過程において，決まった時期に決まった場所で発現し，その遺伝子産物が，調節タンパク質として下流の一連の遺伝子の発現を調節することで，発生や形態形成を支配している。似た働きを担ってはいるが，ホメオボックスとMADSボックスのアミノ酸配列には相同性がみられない。これは，動物と植物では，使う分子は異なるが，各器官を決められた位置に形成するという形態形成を同じしくみで行っていることを意味している。

MADSボックス遺伝子は動物にも存在し，ホメオボックス遺伝子は植物にも存在する。このことから，どちらの遺伝子も動物と植物が共通祖先から分かれる前から存在していたと考えられている。動物と植物が分かれた後，動物ではホメオボックス遺伝子を，植物ではMADSボックス遺伝子を発生における重要なマスター遺伝子として使うよう独自に進化していったと考えられている。

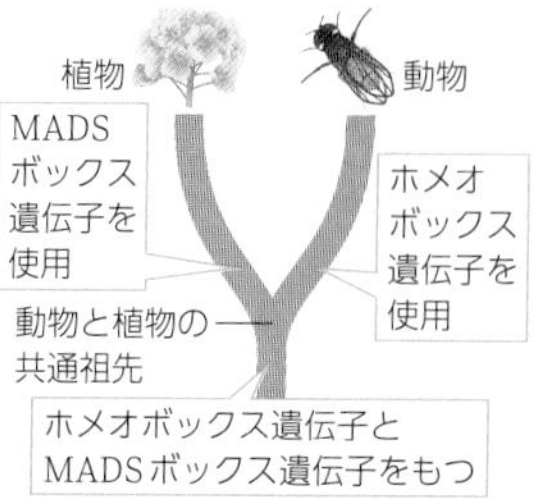

豆知識 めしべの形成には，クラスC，E遺伝子の働きが必要だが，胚珠の形成にはクラスD遺伝子に分類されるMADSボックス遺伝子の働きが必要であることが知られている。胚珠は花器官であるめしべの内部構造であるため，厳密にはクラスD遺伝子は花器官を決定する遺伝子には当てはまらず，モデルでも省略されている。

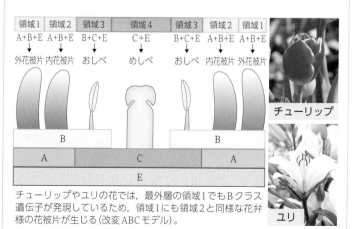

10 ストレスへの応答

関連動画をCheck!

1 ストレスとそれに対する植物の応答 生物

植物の生育が制限される状態はストレスと呼ばれる。植物は通常，何らかのストレスにさらされて生育している。

ストレスの原因となる環境要因とそれに対する植物の応答

環境要因		応答
水	乾燥	・気孔の閉鎖(➡2)…水分が失われるのを防ぐ。 ・細胞内の浸透圧上昇…吸水力を上げて土壌から水を吸収する。
	湿潤	・代謝の転換…冠水による酸素不足から，呼吸を抑制し，発酵を促進する。 ・通気組織の形成…水に浸った部位への酸素供給を促進する。
イオン(高塩環境など)		・適合溶質(➡3)の合成…細胞の浸透圧を上げて脱水を防ぎ，細胞内に水を取り込めるようにする。 ・細胞からの排出，および液胞への輸送…細胞質基質中のイオン濃度を低下させる。
温度	高温	・熱ショックタンパク質の合成(➡p.97)…熱によるタンパク質の立体構造の変化を防ぐ。
	低温	・不凍性タンパク質の合成…細胞内の水が凍って細胞が破壊されるのを防ぐ。 ・細胞膜の組成変化…脂質の組成を変えて膜の流動性を保つ。
紫外線		・表皮細胞のフラボノイドの蓄積…フラボノイドによって紫外線を吸収する。
病原体		・感染防御(➡4)…病原体の感染を防ぐからだの構造やしくみをもつ。 ・免疫(➡4)…感染した病原体を排除する。
害虫		・摂食防御物質の合成(➡4)…消化酵素の阻害物質などを合成する。

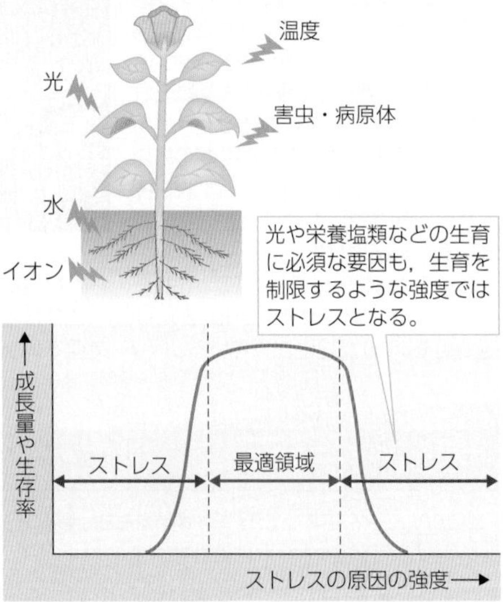

基本 2 乾燥に対する植物の応答ー蒸散量の調節 生物

Ⓐ気孔の開閉

乾燥状態に置かれた植物では，気孔が閉じて蒸散量を減らし，体内の水分減少を防ぐ。

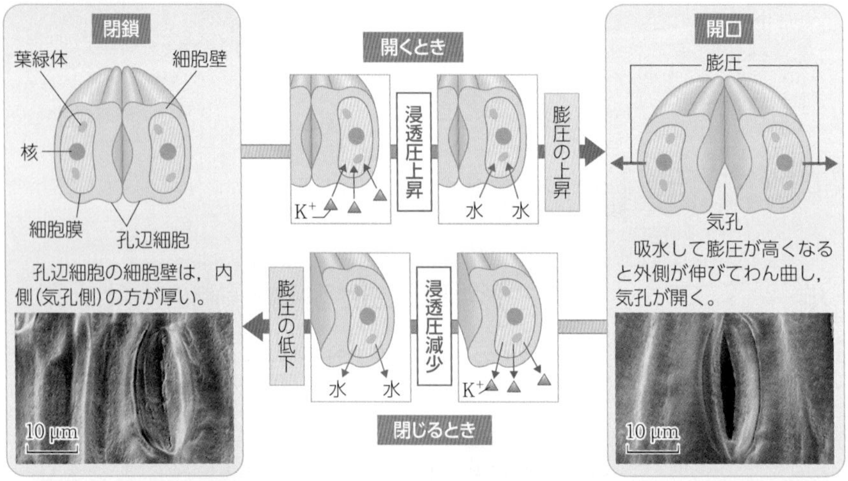

Ⓑ気孔の開閉といろいろな要因

実際の気孔の開閉は，1つの要因だけでなく，さまざまな要因が複雑に作用して決まる。

要因 ＼ 気孔		開口	閉鎖
体内の物質	葉内水分量(多)	○	
	葉内水分量(少)		○
光	なし(暗黒)		○
	青色光	○	
外界の気体の濃度	CO_2(高)		○
	CO_2(低)	○	
	SO_2(高)		○
植物ホルモン	アブシシン酸		○

Ⓒソラマメの気孔開度に及ぼす温度の影響

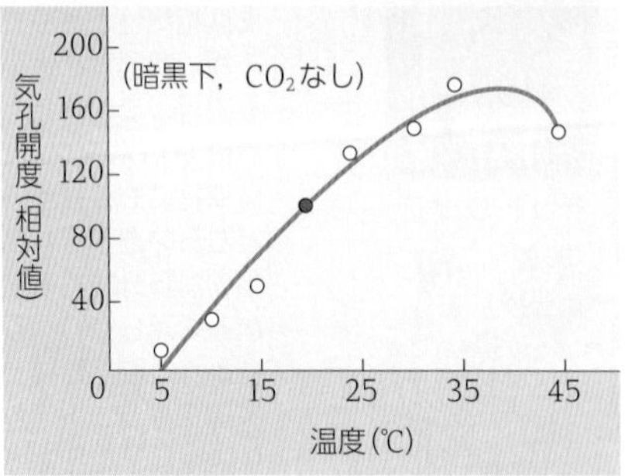

20 ℃のときの開度を100としたときの相対値を示している。温度がある程度高いときに開口しやすいことがわかる。

Up to Date 気孔開閉のしくみ

青色光による気孔の開口

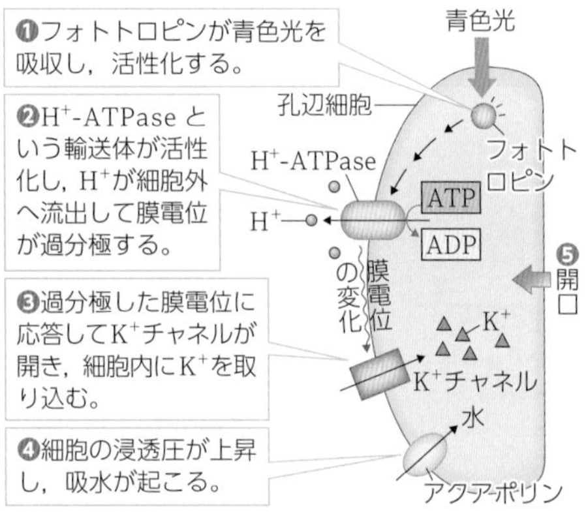

アブシシン酸による気孔の閉鎖

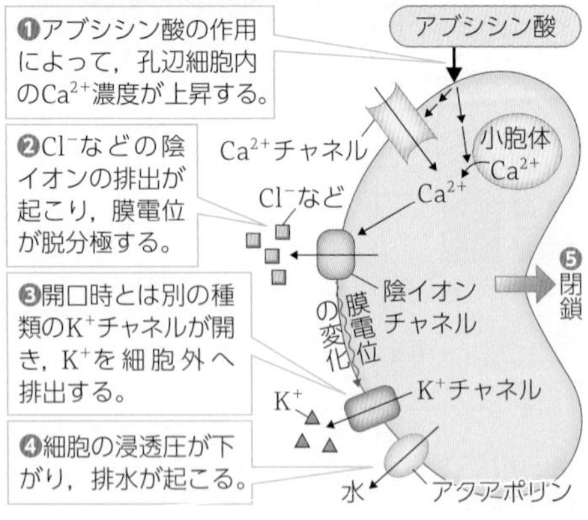

豆知識　種子成熟の乾燥過程でつくられるLEAタンパク質(➡p.234)は，乾燥にさらされた植物の細胞でも合成され，細胞質の水分環境の維持や細胞内の重要なタンパク質の保護に働く。

3 高塩環境に対する植物の応答 生物

多くの陸上植物は，塩（NaCl）濃度の高い環境では吸水が阻害されるなどして生育できないが，なかには耐塩性のしくみを発達させて生育するものがある。

Ⓐ耐塩性を示す植物のしくみ

高塩環境下では，植物は外部環境の方が浸透圧が高く，吸水ができない。また，植物細胞は，活動にNa^+やCl^-をあまり必要とせず，これらが細胞外に高濃度に存在するとK^+やCa^{2+}などの必須イオンの吸収が妨げられる（イオン毒性）。

耐塩性を示す植物では，このような吸水阻害やイオン毒性を防ぐしくみがみられる。

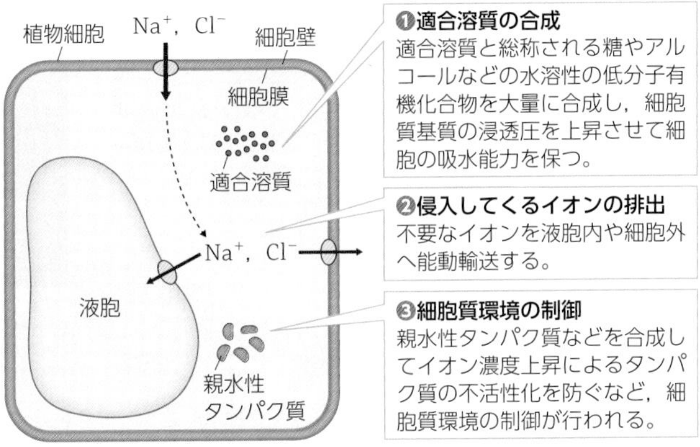

植物細胞
Na⁺，Cl⁻
細胞壁
細胞膜
適合溶質
Na⁺，Cl⁻
液胞
親水性
タンパク質
❶適合溶質の合成
適合溶質と総称される糖やアルコールなどの水溶性の低分子有機化合物を大量に合成し，細胞質基質の浸透圧を上昇させて細胞の吸水能力を保つ。
❷侵入してくるイオンの排出
不要なイオンを液胞内や細胞外へ能動輸送する。
❸細胞質環境の制御
親水性タンパク質などを合成してイオン濃度上昇によるタンパク質の不活性化を防ぐなど，細胞質環境の制御が行われる。

Ⓑ塩を特定の細胞に蓄積する植物

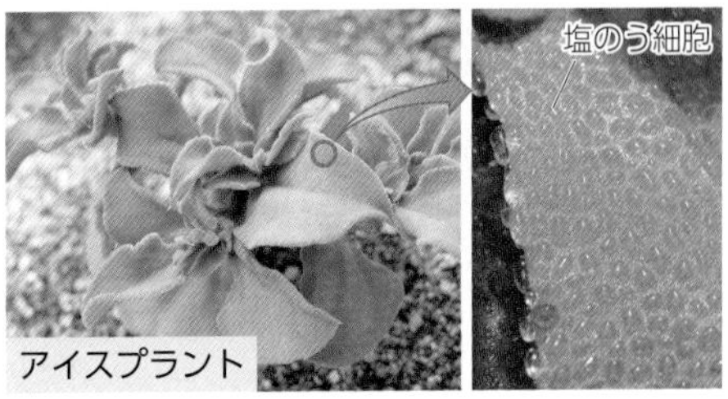

塩のう細胞
アイスプラント

アイスプラントは，葉の表皮に余分な塩を蓄積する特殊な細胞（塩のう細胞）をもち，海水と同程度のNaClを含む土壌でも生育するくらい耐塩能力が高い。アイスプラントの名前は，塩を蓄積した塩のう細胞が氷粒のように見えることに由来する。

break ぶれいく ファイトレメディエーション ✿産業

カドミウムや鉛など，多くの重金属は，植物の生育に阻害的に働く。また，銅や亜鉛のように，植物の生育に必須だが過剰になると有害な重金属もある。一部の植物は，細胞壁に重金属を蓄積したり，重金属に結合して毒性を緩和するファイトケラチンと呼ばれるタンパク質を合成したり，液胞に重金属を隔離したりして，重金属による生育阻害をまぬがれている。このような植物の性質を利用し，重金属汚染が進んでいる土壌を改良する手法はファイトレメディエーションと呼ばれ，現在，実用化を目指した研究が進められている。

ヘビノネゴザ

リョウブ

シダ植物のヘビノネゴザや，木本のリョウブは，代表的な重金属耐性をもつ植物である。ヘビノネゴザは，別名カナヤマシダといい，重金属を多量に含む土壌に群生し，古くは探鉱の指標植物として使われていた。

4 病原体や食害に対する植物の応答 生物

固着生活を営む植物は，植食者や病原体（細菌やウイルスなど）から逃げることはできないが，これらの害から身を守るしくみを発達させている。

Ⓐ病原体に対する防御

植物の病原体への防御のしくみは，静的抵抗性と動的抵抗性に大別される。

静的抵抗性（予防的な防御のしくみ）

クチクラ	疎水的な環境をつくり，病原体の増殖や侵入を防ぐ。
細胞壁	病原体の侵入を阻む物理的障害となる。
抗菌物質	植物の組織には抗菌作用をもつさまざまな化学物質が含まれる。

動的抵抗性（感染後に働く能動的な防御のしくみ。植物免疫と呼ばれる。）

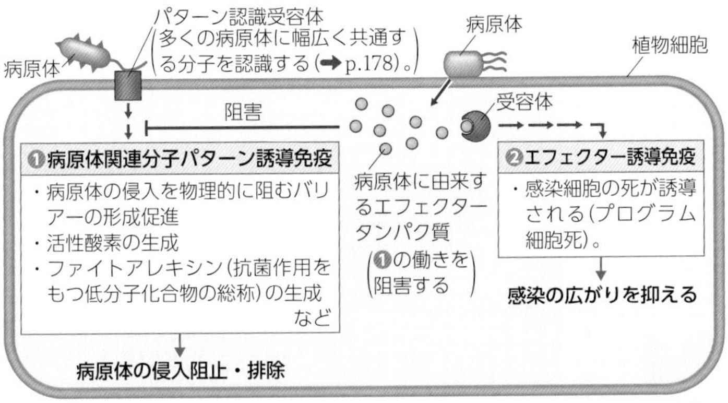

パターン認識受容体
（多くの病原体に幅広く共通する分子を認識する（➡p.178）。）
病原体
病原体
植物細胞
阻害
受容体
❶病原体関連分子パターン誘導免疫
・病原体の侵入を物理的に阻むバリアーの形成促進
・活性酸素の生成
・ファイトアレキシン（抗菌作用をもつ低分子化合物の総称）の生成
など
病原体に由来するエフェクタータンパク質
（❶の働きを阻害する）
❷エフェクター誘導免疫
・感染細胞の死が誘導される（プログラム細胞死）。
感染の広がりを抑える
病原体の侵入阻止・排除

植物は，ヒトなどの自然免疫と同じしくみで病原体を感知する病原体関連分子パターン誘導免疫をもつ。また，病原体には，これをかいくぐって感染するものもあるが，植物はこれにエフェクター誘導免疫で対応する。その際，植物ホルモンのサリチル酸などが合成され，全身に病原体への抵抗性が誘導される。さらに，植物ではsiRNA（➡p.103）も病原体の排除に関わることが知られている。

Ⓑ食害に対する応答

昆虫の食害を受けたトマトの葉では，タンパク質分解酵素阻害物質が合成される。この反応には，植物ホルモンのシステミンやジャスモン酸が関与している。

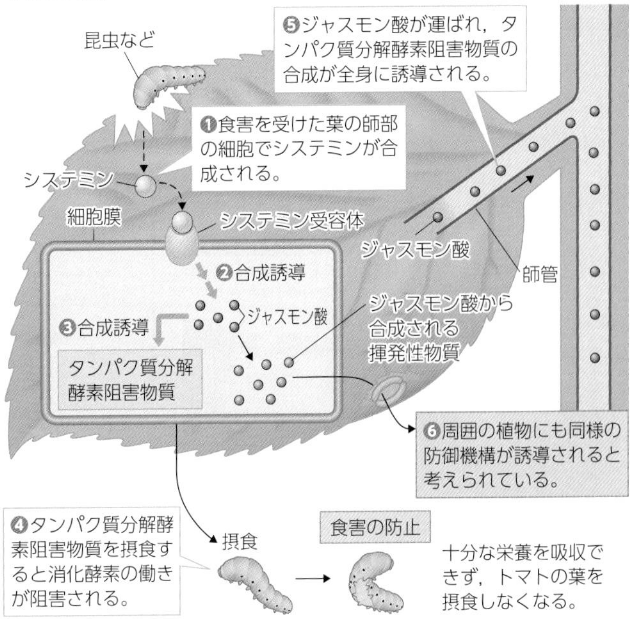

昆虫など
❺ジャスモン酸が運ばれ，タンパク質分解酵素阻害物質の合成が全身に誘導される。
❶食害を受けた葉の師部の細胞でシステミンが合成される。
システミン
細胞膜
システミン受容体
ジャスモン酸
師管
❷合成誘導
ジャスモン酸
❸合成誘導
タンパク質分解酵素阻害物質
ジャスモン酸から合成される揮発性物質
❻周囲の植物にも同様の防御機構が誘導されると考えられている。
❹タンパク質分解酵素阻害物質を摂食すると消化酵素の働きが阻害される。
摂食
食害の防止
十分な栄養を吸収できず，トマトの葉を摂食しなくなる。

豆知識 ファイトアレキシンは，健全な植物には存在せず，病原体の感染などのストレスにより合成が誘導される。細菌の細胞壁を破壊するものや，代謝や増殖を阻害するものなど，さまざまな種類が存在し，それぞれの植物は決まった複数種類のファイトアレキシンを合成する。

11 果実の形成と落葉

生物

Fruit Development and Leaf Abscission

基本 1 果実の形成 生物

果実(狭義には子房が発達したものを指すが，一般には，花床などの子房以外の部分がともに発達したものも含める)の形成と成長には，種子でつくられるオーキシンやジベレリンが関与する。果実の成熟にはエチレンが関与する。

Ⓐイチゴの花床の成長

食用イチゴの赤い可食部は，花床《かしょう》(花托《かたく》)が成長したものである。表面に多数ある粒が果実で，その内部に種子がある。

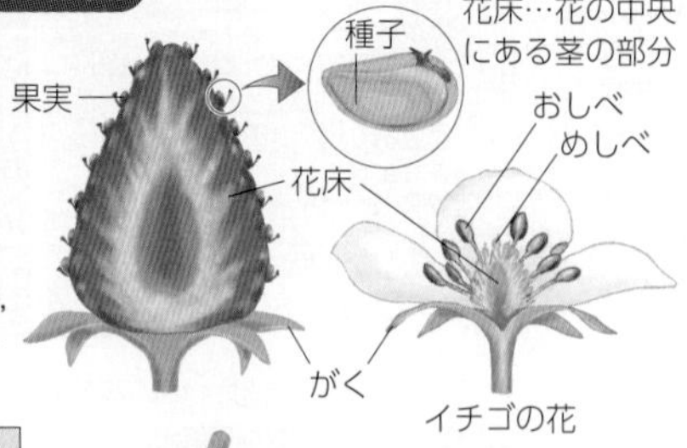

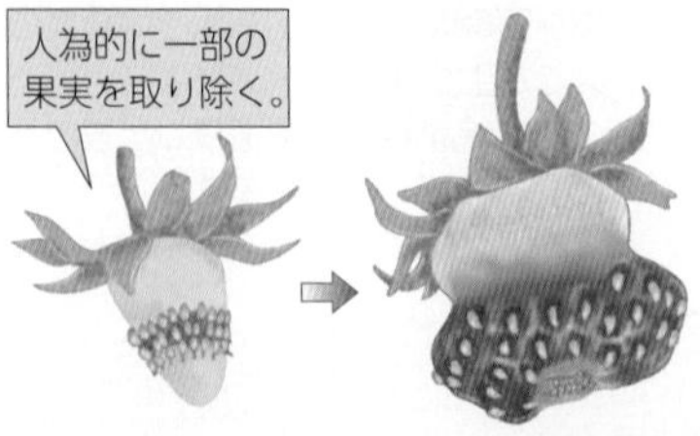

花床が成長する前に人為的に果実を取り除くと，種子でつくられるオーキシンの供給が断たれるため，除かれた部分の花床は成長しない。

Ⓑ種子なしブドウ(デラウェア)の作成

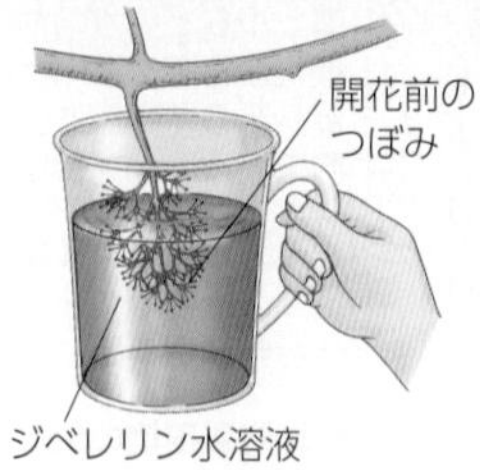

①開花前のつぼみをジベレリン処理すると正常な受精が阻害される。

②開花後，再びジベレリン処理を行う。これによって受精しなくても子房が成長し，種子なしブドウができる。

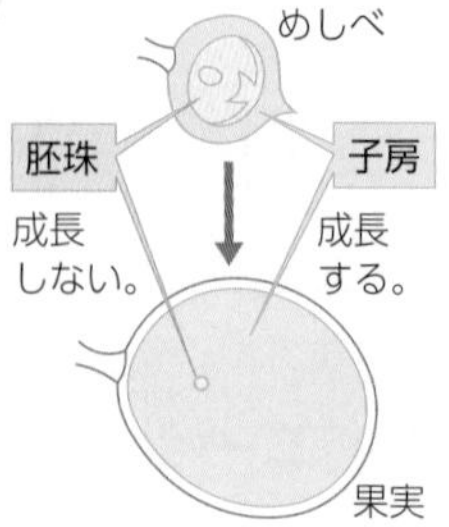

Ⓒ果実の成熟

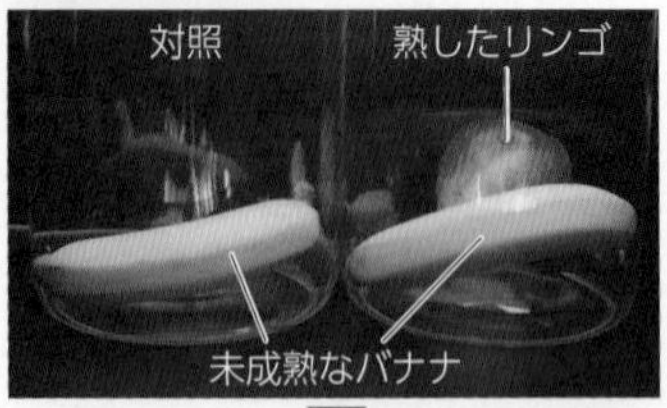

基本 2 落葉 生物

葉が老化すると，オーキシンの合成量は減少し，エチレンは増加する。これによって葉柄《ようへい》の基部に離層《りそう》が形成・発達し，落葉が起こる。

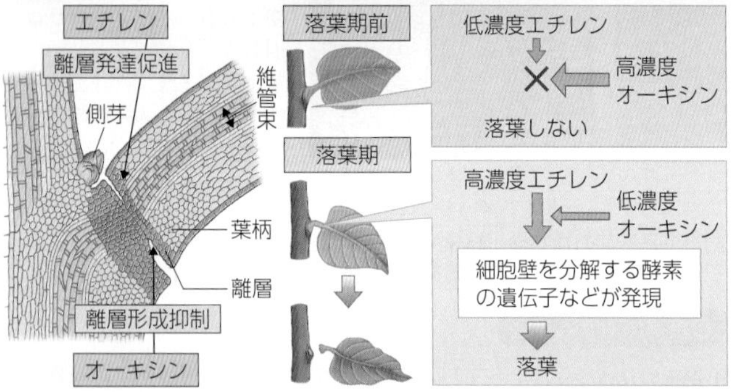

Up to Date エチレンが作用するメカニズム

細胞内においてエチレン受容体は小胞体膜にある。エチレンが受容体に結合していない状態では，調節タンパク質であるEIN3《アインスリー》タンパク質は核内で分解される。一方，エチレンが受容体に結合すると，EIN3タンパク質が安定化し，標的遺伝子の発現が誘導される。

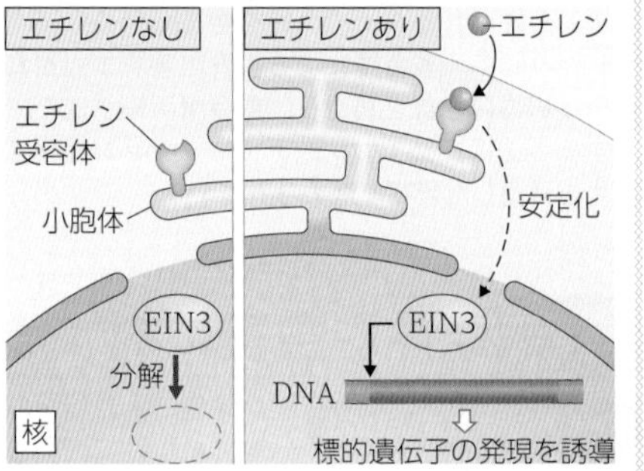

+α PLUS 組織培養

ニンジンの根などを材料とし，植物ホルモンを利用して，さまざまな器官や新しい個体を形成することができる。

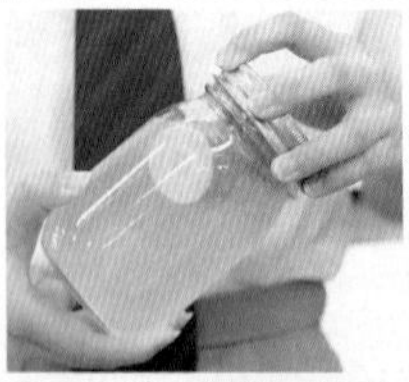

①ニンジンの根をサラシ粉液で滅菌する。

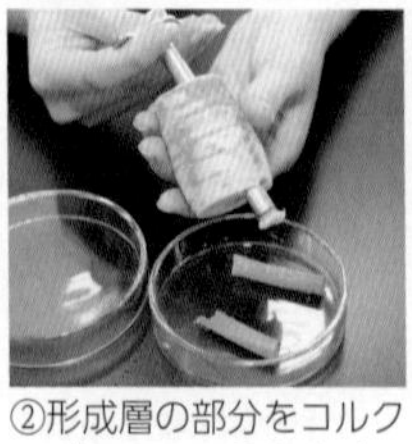

②形成層の部分をコルクボーラーでうちぬく。

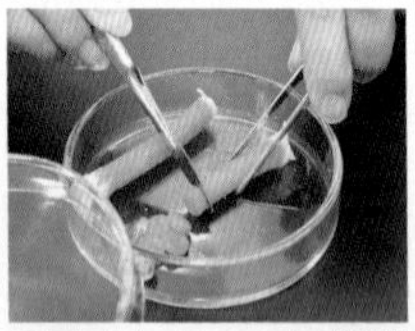

③厚さ1〜3 mmに切断して，小片をつくる。

④小片をNAA(合成オーキシンの一種)を含むカルス形成用の培地(M-S培地)で培養する(20〜25 ℃)。

脱分化

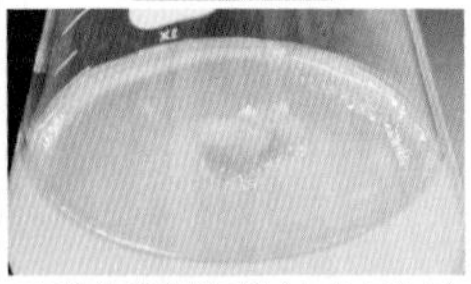

未分化の細胞塊(カルス)ができる。

(NAAを含まない培地へカルスを移す。)

再分化

新しい個体ができる。

オーキシンとサイトカイニンの濃度比とカルスから分化する組織(シロイヌナズナ)

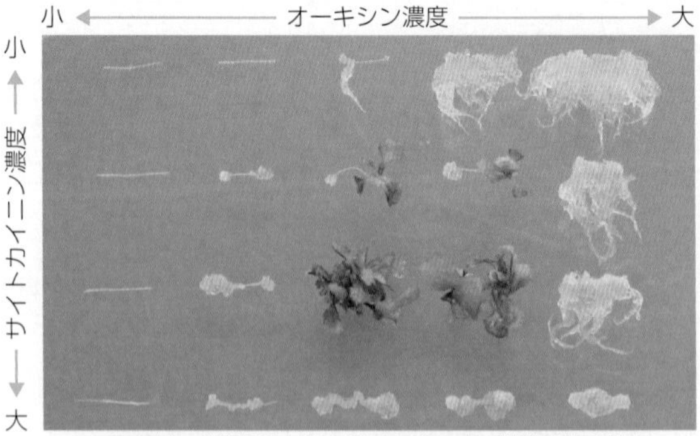

写真出典：岩瀬哲 池内桃子 杉本慶子(2015)，「植物科学最前線」6, p.3

オーキシンとサイトカイニンのバランスによって，植物の形態形成は制御されている。オーキシン濃度比が高いと根が，サイトカイニン濃度比がある程度高いと茎や葉が再分化する傾向がみられる。

豆知識 落果も落葉と同様に，果柄の基部における離層の形成・発達によって起こる。

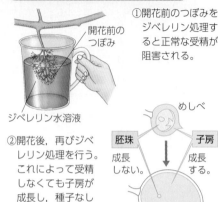

実験 9 エチレンの働き

生物

目的 エチレンがダイコンの芽ばえの成長に影響を及ぼすことを確認する。

方法

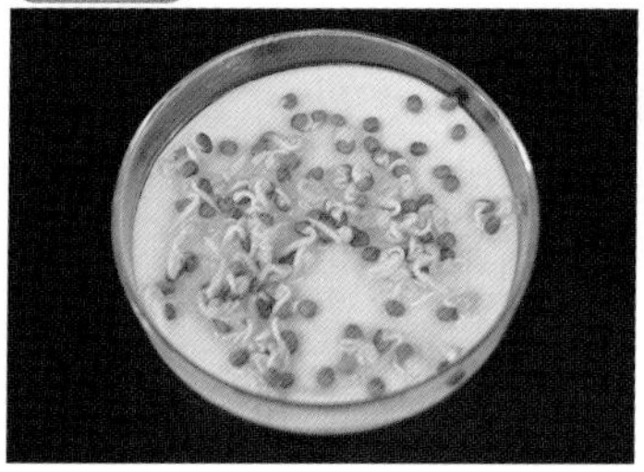

①ペトリ皿を2枚用意し，それぞれにろ紙を敷いてダイコンの種を数十粒まく。水を与えて暗所で発芽させる。

②発芽した2枚のペトリ皿を別々の水槽に入れ，一方にはリンゴの果実を一緒に入れる。水槽の上部をラップフィルムでおおって密閉し，水槽を暗所に置く。

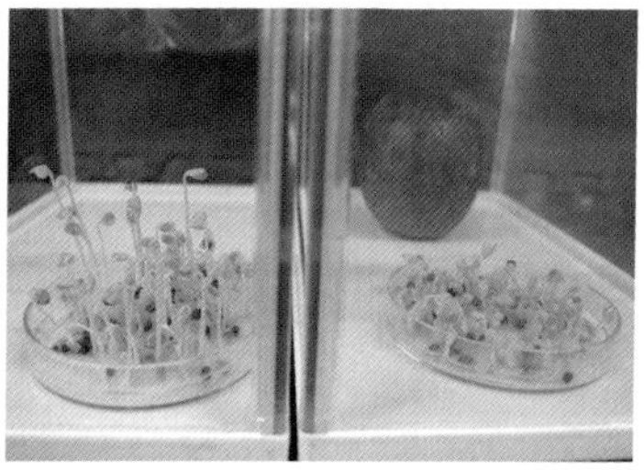

③3日後，それぞれの水槽の芽ばえを観察する。胚軸の長さや太さを測定し，曲がり方などを比較する。

リンゴは十分に熟したものを使おう。熟したリンゴからは，気体の植物ホルモンであるエチレンが放出されるよ。

結果

リンゴなし　リンゴあり

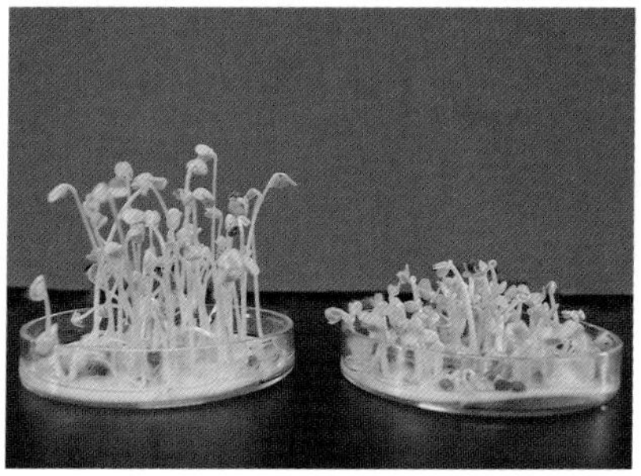

リンゴを一緒に入れなかった方のダイコンの芽ばえは細長く伸びたのに対し，入れた方の芽ばえは短かかった。

リンゴなし

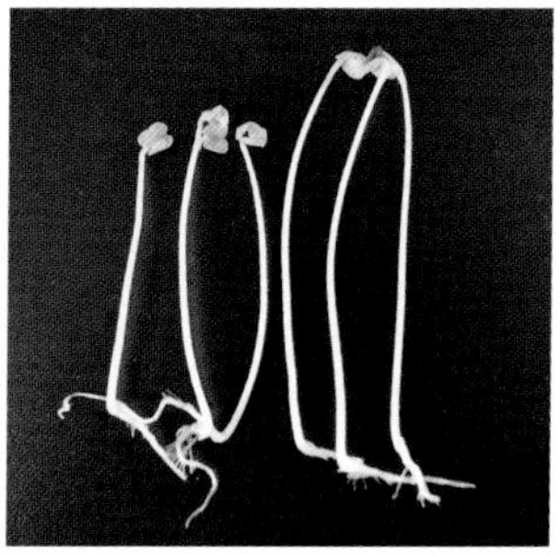

リンゴあり

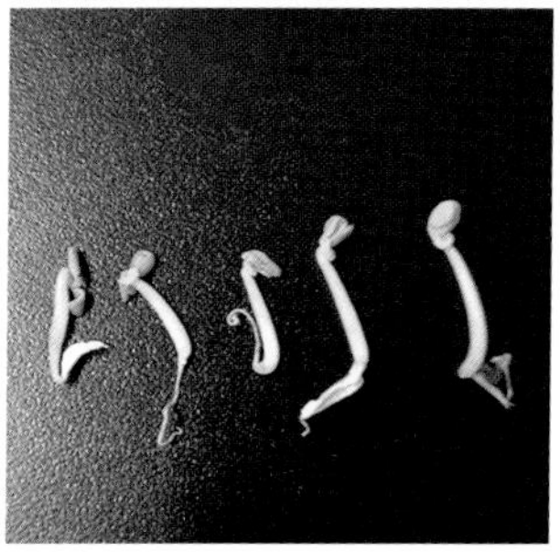

リンゴを一緒に入れなかった方に比べ，入れた方は胚軸が短くなるとともに太くなっていた。また，子葉の付け根部分で胚軸が屈曲し，輪のようになっているものもあった。

芽ばえの胚軸の長さと太さ

	リンゴなし	リンゴあり
長さ (mm)	68.7	19.6
太さ (mm)	1.5	2.2

リンゴを一緒に入れた方は，入れなかった方に比べて，胚軸の長さが約1/3，太さが約1.5倍であった。

考察 エチレンは，ダイコンの胚軸の成長に影響を及ぼし，胚軸の伸長成長を抑制し，肥大成長を促進すると考えられる。

PLUS α エチレンの三重反応 生活

エチレンは，果実の成熟や，葉や花弁の老化，ストレス応答などに作用するが，芽ばえの成長にも影響を及ぼす。暗所において芽ばえにエチレンを作用させると，

①胚軸の肥大成長
②胚軸・根の伸長成長の抑制
③子葉の付け根の過剰な屈曲

といった形態形成上の反応がみられ，これらは三重反応と呼ばれる。

ダイコンやシロイヌナズナの芽ばえでは，③子葉の付け根の過剰な屈曲によって芽ばえの先端が輪のようになるが，エンドウでは茎が重力方向に対して直角に曲がるなど，植物によって反応には多少の差がみられる。

青果物として売られている「もやし」は三重反応を利用しており，ブラック・マッペ(黒緑豆)などの芽ばえをエチレン処理で太く短くしている。

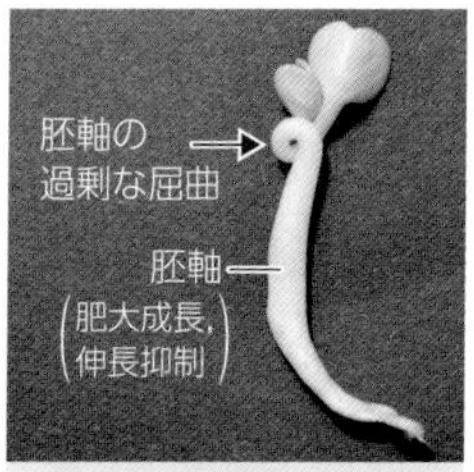
胚軸の
過剰な屈曲
胚軸
(肥大成長，
伸長抑制)

ダイコンの芽ばえの三重反応

エンドウの芽ばえの三重反応

整理 植物の環境応答

光の方向に対する応答
青色光
↓
フォトトロピンによる受容
↓
オーキシンの濃度差
↓
光屈性

乾燥に対する応答
乾燥状態
↓
アブシシン酸の合成
↓
孔辺細胞の浸透圧低下
↓
気孔の閉鎖

温度・湿度に対する応答
十分な温度と湿度
↓
ジベレリン合成
↓
発芽

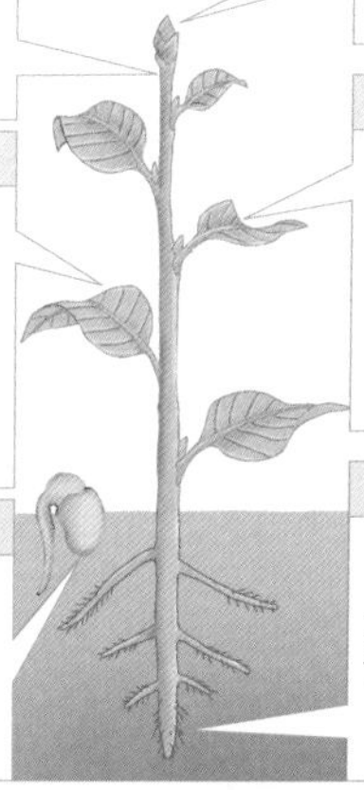

日長に対する応答
葉で日長の変化を感知
↓
フロリゲンの合成・移動
↓
花芽の形成

動物の食害に対する応答
動物の食害
↓
システミンの合成
↓
ジャスモン酸の合成
⋮
食害の防止

重力に対する応答
重力刺激
↓
コルメラ細胞内のアミロプラストの移動によって感知
↓
重力屈性

豆知識 エチレンによる果実の成熟作用は，農作物に多く利用されている。たとえば，バナナは緑色の未熟な段階で収穫され，海外へ輸送される。目的地に到着後，エチレン処理によって成熟を促す。一方，エチレンを吸着して減少させることで果実の鮮度を維持することもあり，リンゴやナシ，カキなどで利用されている。

第9章

生物の進化と系統

Evolution and Phylogeny of Organisms

- 生物の進化はどのようなしくみで起こるのだろうか？
- 生物はどのような道筋で進化してきたのだろうか？
- 生物が進化してきた道筋にもとづくと，生物はどのように分類されるのだろうか？

学びマップ 第9章

始原生物は，約40億年前頃に誕生したと考えられている。生物は，その後さまざまに進化し，現在みられる多様な形態や特徴をもつようになった。

生物の進化は，DNAが変化して起こる。生殖細胞に生じたDNAの変化は，子へと伝わる。そして，やがて集団内に広がったり，消滅したりして，ときには新たな種の出現につながる。

生物はどのようにして進化し，現在の多様な種が生じたのだろうか。この章では，進化のしくみと道筋，および進化の道筋にもとづいて生物を分類する系統分類について学ぼう。

進化の道筋

現生の生物は進化を経て生じた
(➡p.266～277)

進化の道筋は，DNAなどの解析から推定できる。

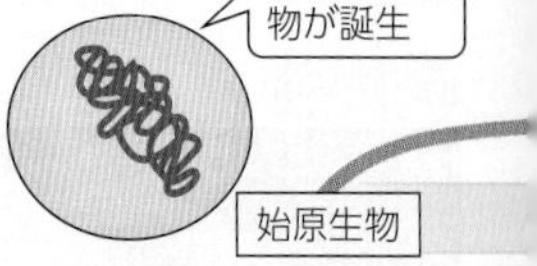

原始地球の環境下で生物が誕生
始原生物

進化のしくみ

有性生殖では，遺伝子が多様な組み合わせで伝わる
(➡p.248～254)

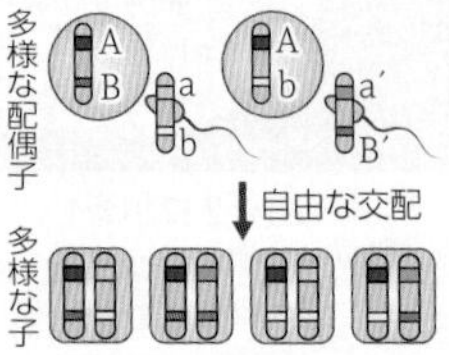

多様な配偶子
A
B
a
b
A
b
a′
B′
自由な交配
多様な子

研究の歴史

ノーベル賞受賞者：生理学・医学賞

進化にはさまざまな要因が作用する

進化のしくみが提唱されはじめたとき，遺伝子の概念はまだ誕生していなかった。遺伝現象が解明されるにつれ，これを進化に当てはめることによって，進化論は発展していった。

よく使用する器官は，世代を重ねるごとに発達していく (➡p.265)

ラマルク(1809)

高い位置に届くよう首を伸ばしたキリンの首は長くなる。この形質は子へ伝わり，世代を重ねるごとにキリンの首が長くなる。

※この考えは現在では否定されている。

進化に関する科学的な理論をはじめて提唱した

自然選択によって進化が起こる (➡p.260，265)

チャールズ・ダーウィン，ウォレス(1858)

1859年に，ダーウィンは「種の起源」を出版し，この考えを広めた。

ガラパゴス諸島では，さまざまな生物で，島ごとに固有の近縁種がみられる。

↓

同じ祖先生物がいたが，それぞれの島で形質が変化し，各島の環境に適したものが生き残ったためと考えたよ
ダーウィン

ガラパゴスマネシツグミ
サンクリストバルマネシツグミ

▲2種は近縁で，異なる島に生息する

現在の進化に関する考え方の基礎となる理論を示した

突然変異によって進化が起こる (➡p.256，265)

ド・フリース(1901)

新しい形質は突然変異によって生じ，突然変異は遺伝することを発見した。

遺伝子と進化の関係を提唱

1735 1809 1858 1865 1901 1905 1908 1926

形質は，「因子」が子に伝わって遺伝する (➡p.250，第3章)

メンデル(1865)

遺伝の法則を発見。「因子」はのちに「遺伝子」と命名された。

一緒に遺伝する遺伝子がある (➡p.252)

ベーツソン，パネット(1905)

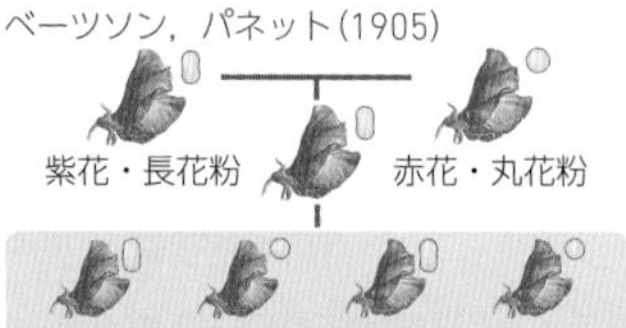

紫花・長花粉
赤花・丸花粉

F_2では紫花・長花粉と赤花・丸花粉が独立の法則にもとづく想定値よりも多い

独立の法則に従わない遺伝のしかたから，連鎖の現象を見つけたよ
ベーツソン
パネット

遺伝子は染色体に決まった並びで存在する (➡p.253)

モーガン(1926)

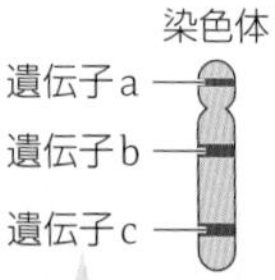

染色体
遺伝子a
遺伝子b
遺伝子c

決まった並びで存在

染色体の乗換えによる遺伝子の組換えを実験によって証明 (➡p.249)

マクリントック，クレイトン(1931)

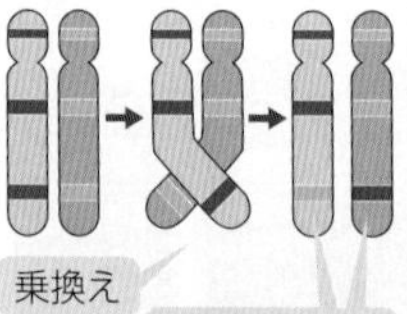

乗換え
遺伝子が別の染色体へ

有性生殖では，遺伝子が多様な組み合わせで伝わる

生物はどのようにして誕生したのだろう (➡p.266)

オパーリン(1936)，ミラーら(1953)

原始地球を構成する無機物から有機物ができて，やがて生物が生じたのでは
オパーリン

↓

当時考えられていた原始大気の成分から，有機物の合成に成功

ミラー

進化の道筋

研究の今と未来の展望

生物の起源の解明

生物の起源については未解明なことが多い。原始生命体の誕生の場として注目される深海の研究を通じて，生物が誕生した当時の環境や，始原生物の栄養の摂り方などが推測されている。また，細胞と似た挙動をする，膜からなる単純な構造体を人工的に作製する試みもある。このような試みを通じ，生物の本質を理解するとともに，細胞がもつ自己複製系などの特徴が獲得されていった過程を推定するなど，生物の起源に迫る研究が行われている。

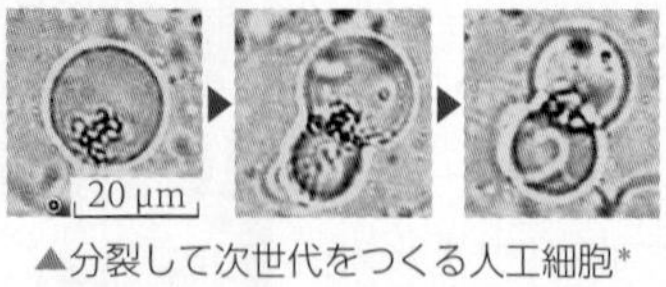

20 µm

▲分裂して次世代をつくる人工細胞*

外部から膜やDNAの合成材料を取り込み，膜構造とDNAを自ら合成して細胞分裂のように分裂を行うことができる。

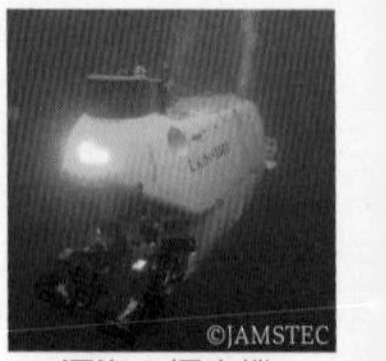

©JAMSTEC

▲深海の探査機(しんかい6500)

*菅原正研究室(東京大学・神奈川大学)許可済み　撮影者(松尾宗征　現在広島大学助教)　Nature communications , 6, 8352 (2015), Figure 2 b

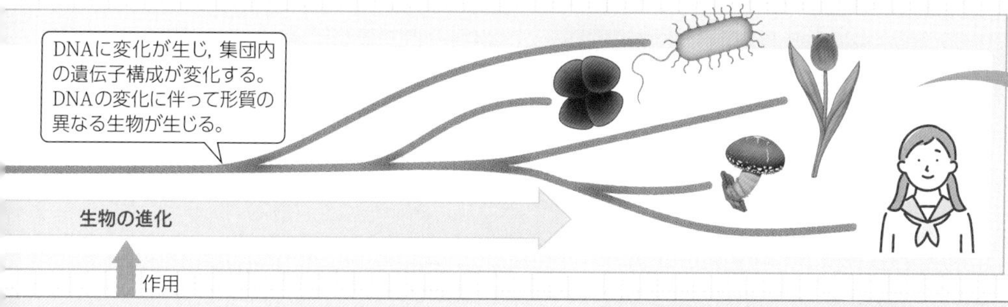
DNAに変化が生じ，集団内の遺伝子構成が変化する。DNAの変化に伴って形質の異なる生物が生じる。
生物の進化
作用
分類

生物の系統と分類

生物は進化の道筋（系統）にもとづいて分類できる
（➡p.278～289）

細菌
アーキア
菌類
植物
動物

進化にはさまざまな要因が作用する
（➡p.255～265）

突然変異

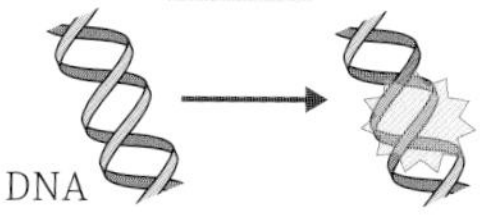
DNA

集団の分断

環境
気候
捕食や寄生

交雑
偶然性

集団間での移柱　など

進化が生じない集団の条件を提唱（➡p.255）
ハーディー，ワインベルグ（1908）

進化の総合説の確立
（1930～70頃）
ダーウィンの進化論に遺伝学などの研究成果を取り入れて総合的に進化のしくみを考える総合説が，ジュリアン・ハクスレーやドブジャンスキー，マイアらによって構築されていった。

自然選択と遺伝現象の融合
ロナルド・フィッシャー（1930），ホールデン（1932）

自然選択を受けた集団で遺伝子頻度が変化し，進化が起こる可能性があることを理論的に説明したよ
ホールデン
フィッシャー

➡のちに，ドブジャンスキーがショウジョウバエを用いて実証

進化の現象を遺伝子頻度の変化として定量的に扱うようになった

遺伝的浮動の重要性を提唱（➡p.262）
ライト（1931）

遺伝子頻度の偶然の変化も進化には重要だと考えたよ

地理的障壁のある集団間で生殖的隔離が生じると，種分化が成立する（➡p.264）
マイア（1942）

生殖的隔離を用いた種の定義を提唱した。

分子の変化は，生存に有利でも不利でもない中立なものがほとんどである（➡p.263，265）
木村資生（1968）
DNAの進化速度や，タンパク質の多型の多さは，自然選択だけでは説明できなかった。
↓

DNAの突然変異の多くは，自然選択に有利でも不利でもないことを提唱したよ

中立進化の重要性が認識される

1930～70頃　1930　1931　1932　1936　1942　1953　1962～65　1968　1969　1977　1990　2010

熱水噴出孔とその周辺の化学合成生態系の発見（➡p.266）
バラード（1977）
熱水噴出孔は，原始生命体が誕生した可能性が高い場所として注目されている。

熱水噴出孔

▲熱水噴出孔周辺の生物（カニ，エビ，貝のなかま）

現生人類の祖先と化石人類は交雑していた（➡p.277）
ペーボ（2010）

化石人類の骨からDNA断片を取り出し，ゲノム解析に成功。

古代のDNAを解析する古遺伝学という学術分野が確立されていった

分類学の体系化（➡p.278）
リンネ（1735）

分類法をまとめ，学名の付け方として二名法を採用（➡p.279）。

分子レベルの進化速度は一定（➡p.280）
ツッカーカンドル，ポーリング（1962～65）
一定期間に一定数の塩基が変化

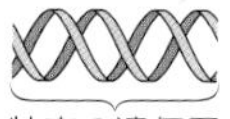
特定の遺伝子

分子時計の考え方が生まれる

五界説の提唱（➡p.278）
ホイッタカー（1969）
形態や生活様式などにもとづいて生物を5つに分類。後に，マーグリスらにより改訂。

3ドメイン説の提唱（➡p.278）
ウーズ（1990）
rRNAの塩基配列にもとづいて生物を3つに分類。

進化の道筋は，形態の比較やDNAの解析などから推定される。20世紀には，生物の起源を科学的に追求する研究も行われるようになった。

生物の系統と分類
生物の分類は古くから行われてきたが，遺伝子や進化の理解が進み，分類も変化している。

宇宙で生物に関する痕跡を求める研究

火星や小惑星などで生物や生物につながる痕跡を探し，生物の誕生のしくみやそのしくみの普遍性などが考察されている。2022年には日本の探査機はやぶさ2が持ち帰った小惑星の砂から20種類以上のアミノ酸が見つかり，生物の誕生に必要な物質の供給源を考える上で重要な知見になると考えられている。

▲火星探査のようす（探査機が撮影した画像）

コンピュータを用いた進化や系統の解析

進化生物学では，ゲノムの膨大な情報や，複雑な計算式がしばしば利用される。情報処理技術の進展と活用によって，現在では，膨大なデータや煩雑な計算の，素早く正確な処理が可能となっている。生物のゲノムにもとづく系統解析や，進化のシミュレーションなどが行われ，進化のしくみや系統についてさまざまな知見が得られている。

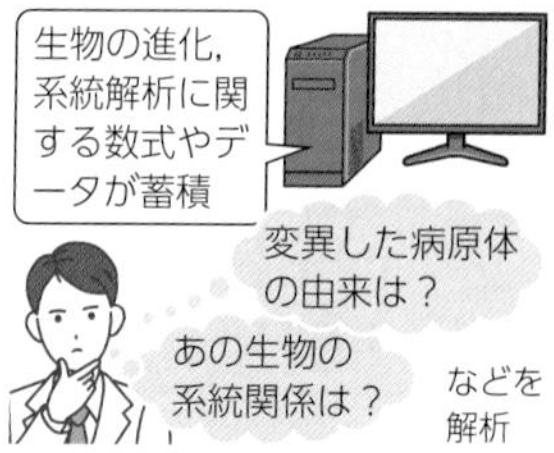
生物の進化，系統解析に関する数式やデータが蓄積
変異した病原体の由来は？
あの生物の系統関係は？
などを解析

01 有性生殖における遺伝的多様性

生物　Sexual Reproduction and Genetic Diversity

基本 1 染色体と遺伝子 生物

各遺伝子の染色体における位置は，生物の種によって決まっている。

遺伝子座　染色体において，それぞれの遺伝子が占める位置。

アレル(対立遺伝子)　相同染色体の同じ遺伝子座にある遺伝子。同じ形質に関与する。

ホモ接合　AAやaa，BBやbbのように，相同染色体で同じアレルが対になっている状態。ある遺伝子座に注目した場合，このようなアレルをもつ個体はホモ接合体と呼ばれる。

ヘテロ接合　AaやBbのように，相同染色体でアレルが異なる状態。ある遺伝子座に注目した場合，このようなアレルをもつ個体はヘテロ接合体と呼ばれる。

純　系　すべての遺伝子座の遺伝子がホモ接合になっている系統。

交　雑　遺伝的に異なる2個体間の交配。(受精や受粉を行うことを交配という。)

雑　種　交雑により得られた個体。

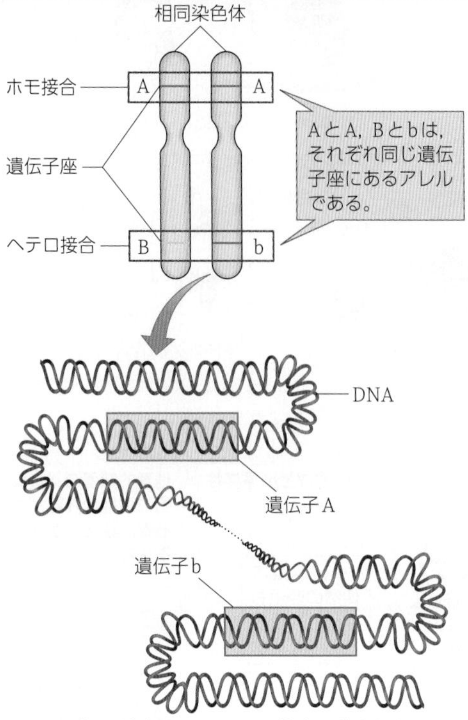

それぞれの遺伝子は，DNAの特定の位置を占める。DNAが折りたたまれて染色体を構成するため，遺伝子は染色体の特定の位置を占める。

遺伝子型と表現型

特定の遺伝子座の遺伝子について，どのようなアレルが対になっているかを表したもの(各個体のアレルの組み合わせ)を**遺伝子型《いでんしがた》**という。また，遺伝子型にもとづいて現れる形質を**表現型《ひょうげんがた》**という。表現型は，遺伝子記号を[　]で囲んで表されることもある。自然界の集団中で最も頻繁に観察される表現型，およびそのような表現型をもつ系統や個体は野生型と呼ばれる。

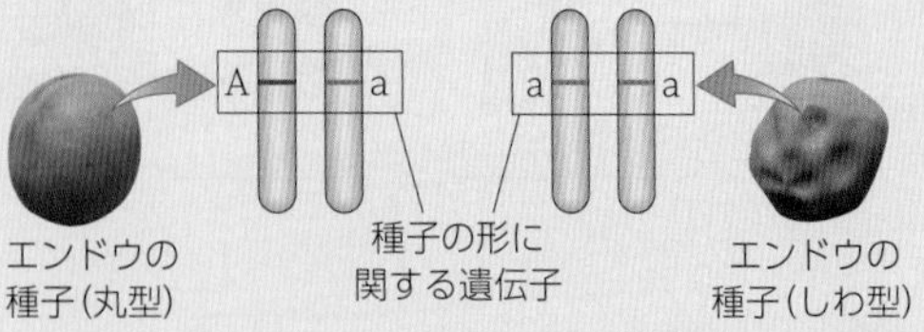

遺伝子型	Aa	aa
表現型	丸型または[A]	しわ型または[a]

遺伝子には，それぞれ固有の名称が付けられているが，遺伝現象を考える際には，着目する遺伝子を簡便にアルファベットなどの遺伝子記号を用いて表すことがある。このとき，ヘテロ接合体において表現型として現れる遺伝子は**顕性《けんせい》**(優性)遺伝子と呼ばれ，現れない遺伝子は**潜《せん》性《せい》**(劣性)遺伝子と呼ばれる。顕性遺伝子は大文字で，潜性遺伝子は小文字で表されることが多い。

2 染色体の組み合わせによる多様性 生物

有性生殖では，減数分裂と配偶子の合体によって多様な染色体の組み合わせをもつ子が生じる。

Ⓐ減数分裂による染色体と遺伝子の分配

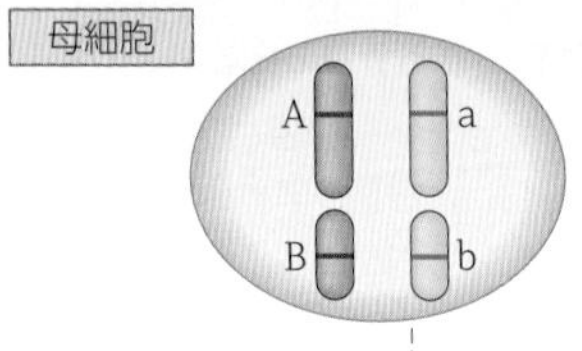

$2n=4$の生物を例に考えた場合，組換え(➡3)が起こらないと仮定すると，減数分裂の第一分裂中期にはパターンⅠとⅡの2通りの細胞が生じる可能性がある。それらから生じる配偶子の染色体の組み合わせとしては，①～④の4種類($2^n=2^2=4$種類)が考えられる。

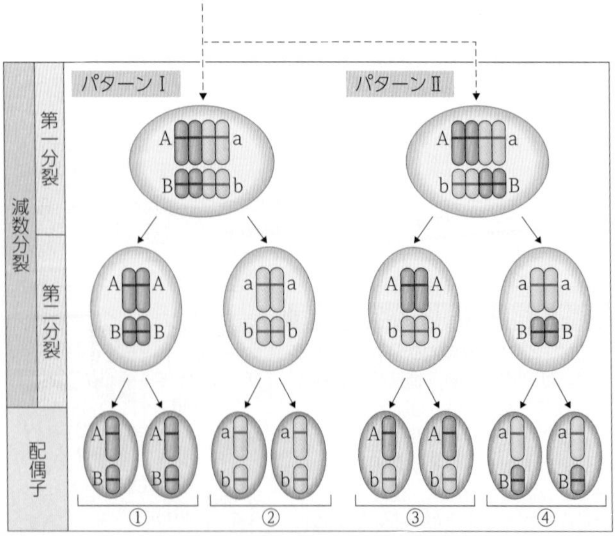

Ⓑ配偶子の合体と染色体の組み合わせ

Ⓐのように，$2n=4$の生物の場合，両親それぞれから4種類の配偶子がつくられる。したがって，これらの合体によって生じる子の染色体の組み合わせとしては，

4(親(♀)の配偶子の種類) × 4(親(♂)の配偶子の種類) ＝ 16　通り(生じる子の染色体の組み合わせ)

が考えられる。

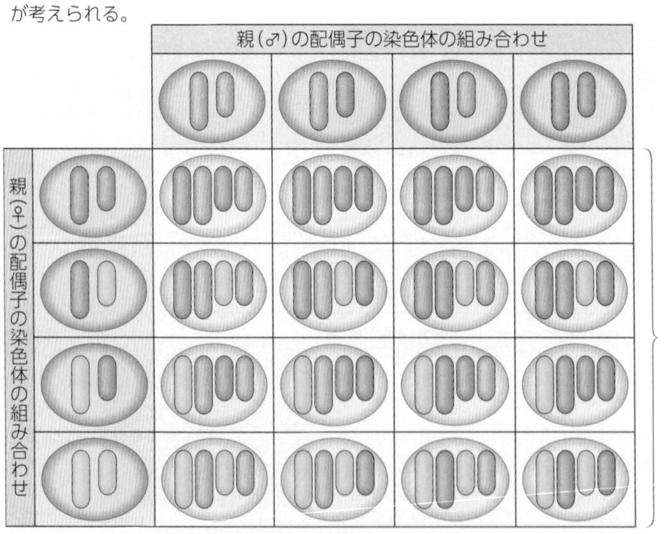

親(♂)と親(♀)の配偶子が合体し，子を生じる。

豆知識　ヒトは$2n=46$である。組換えが起こらないと仮定しても，配偶子の染色体の組み合わせだけで2^{23}種類が考えられる。両親の配偶子の受精によって生じる子がもつ染色体の組み合わせは，$2^{23}\times2^{23}$となり，70兆種類を超える。

重要

3 連鎖と組換え 生物

減数分裂の第一分裂前期に相同染色体どうしは対合し，二価染色体を形成する(➡p.110)。このとき，染色体の乗換えが起こり，遺伝子の組換えが生じることがある。

Ⓐ連鎖

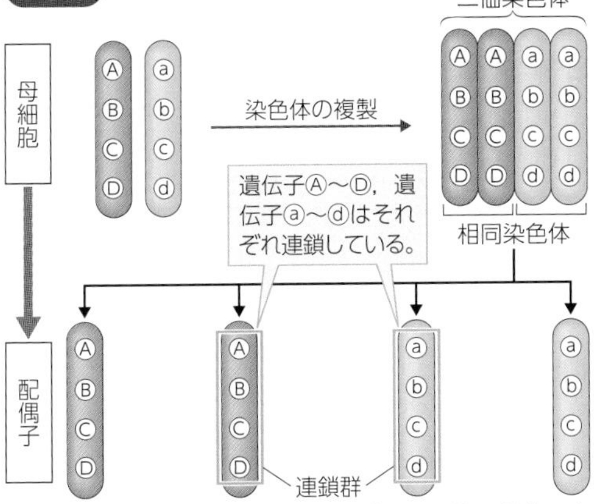

同じ染色体にある複数の遺伝子が，染色体の挙動に合わせて一緒に遺伝することを**連鎖《れんさ》**という。相互に連鎖を示す遺伝子の一群を**連鎖群《れんさぐん》**といい，その数は相同染色体の対の数 (n) に等しい。連鎖に対し，遺伝子が異なる染色体にある場合は**独立《どくりつ》**しているという。

Ⓑ組換え

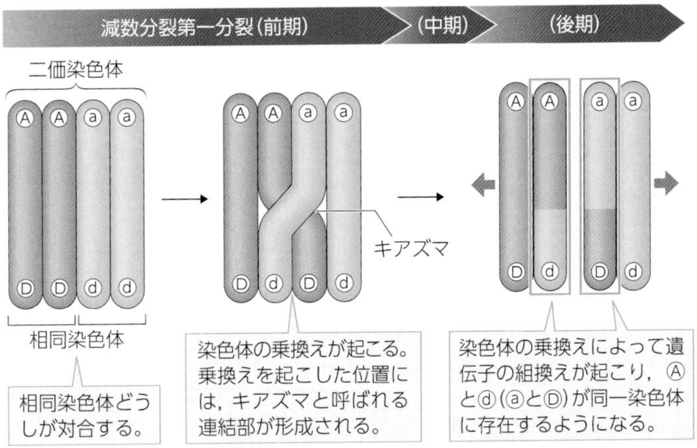

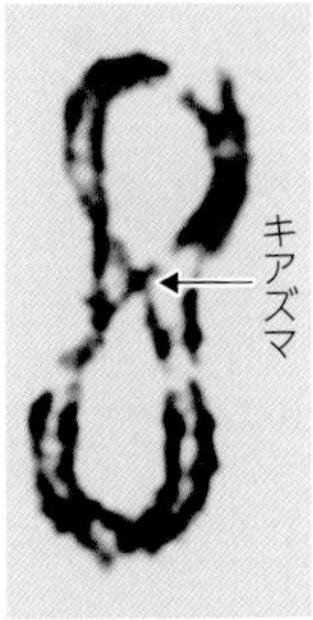

▲キアズマが形成された染色体

多くの生物において，減数分裂の第一分裂前期には，相同染色体の間で染色体の一部が交換される**乗換《のりか》え**(交さ)という現象がみられる。乗換えは，二価染色体の安定性や，第一分裂後期での相同染色体の正常な分配に関与する。乗換えの結果，染色体の遺伝子構成が変化することを**組換《くみか》え**という。乗換えに異常が生じると，遺伝子の重複や欠失が生じる(➡p.258)。

4 組換えと配偶子の多様性 生物

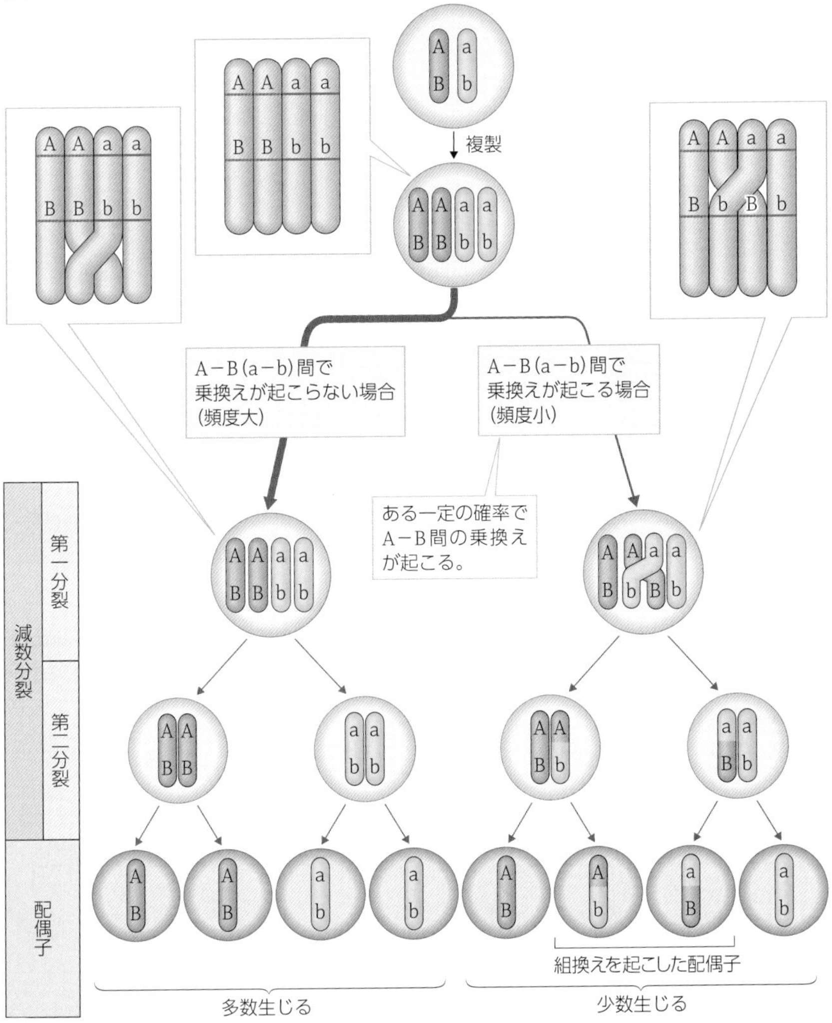

整理 減数分裂と有性生殖

染色体の乗換えに伴う遺伝子の組換えによって，配偶子の遺伝子構成の多様性はより大きくなり，受精で生じる子の遺伝的多様性を増大させる。

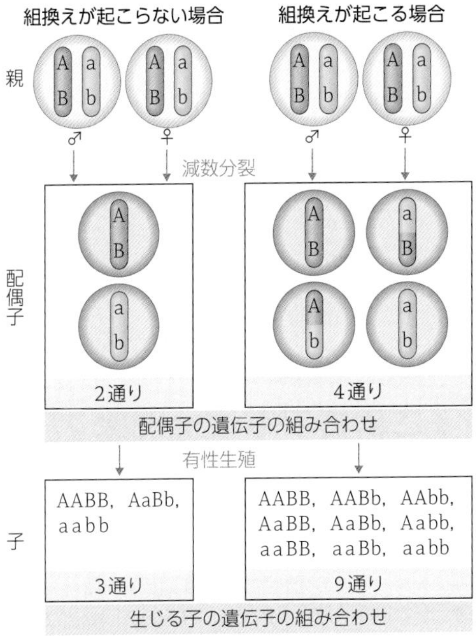

$2n=2$の生物において，減数分裂で生じる配偶子の染色体の組み合わせには2種類が考えられる(➡2)。しかし実際には，染色体の乗換えとそれに伴う遺伝子の組換えが起こる。これにより，生じる配偶子の遺伝子構成は多様になる。また，染色体の乗換えは起こる位置も一定でないことから，遺伝的多様性は非常に大きくなる。

乗換えは，1対の相同染色体上において複数か所で起こることもある(➡p.253)。

豆知識 キアズマは，相同染色体間で起こる交さの結果生じる構造であるという考えをキアズマ型説という。これは，減数分裂の詳細な観察にもとづいて，1909年にヤンセンスによって提唱された。

02 メンデルの遺伝の法則とさまざまな遺伝現象

生物 中学 発展

Mendel's Laws and Various Phenomena of Heredity

関連動画をCheck!

基本 1 メンデルの遺伝の法則 生物 中学

メンデル(1822 ～ 1884)は，8年にわたるエンドウの交雑実験によって，遺伝の規則性と遺伝的特徴を伝える因子(後に遺伝子と呼ばれる)の存在を示唆した。

Ⓐ一遺伝子雑種

ある1対のアレルにおいて異なるホモ接合体を交雑し，得られる雑種を**一遺伝子雑種**《いちいでんしざっしゅ》という。

※エンドウの種子を丸くする遺伝子をA，しわにする遺伝子をaとする。

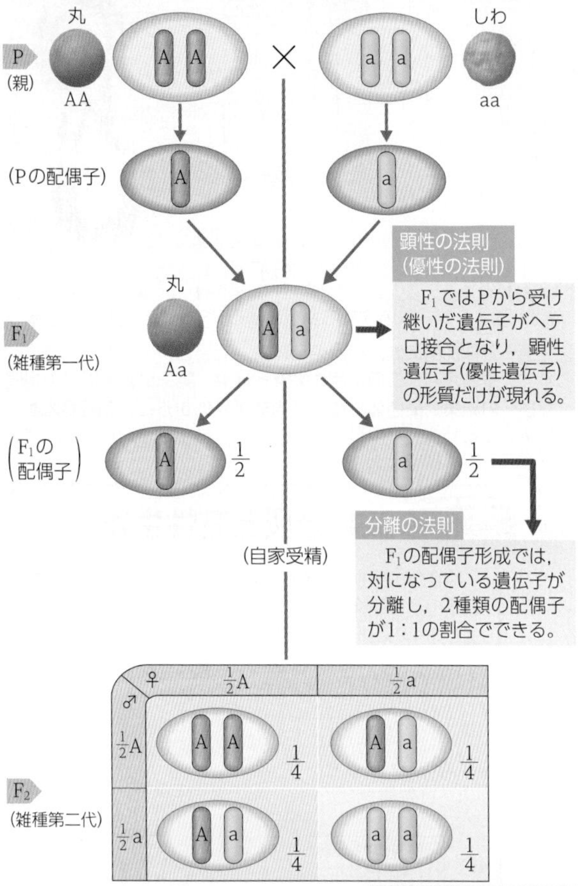

顕性の法則(優性の法則)

F_1ではPから受け継いだ遺伝子がヘテロ接合となり，顕性遺伝子(優性遺伝子)の形質だけが現れる。

分離の法則

F_1の配偶子形成では，対になっている遺伝子が分離し，2種類の配偶子が1:1の割合でできる。

遺伝子型	1AA	2Aa	1aa
表現型	丸(顕性)		しわ(潜性)
分離比	3	:	1

2種類の配偶子が組み合わさってできるF_2は，3種類の遺伝子型が1:2:1，表現型は3:1になる。

Ⓑ二遺伝子雑種

ある2対のアレルにおいて異なるホモ接合体を交雑し，得られる雑種を**二遺伝子雑種**《にいでんしざっしゅ》という。

1. 種子の形－丸[A]，しわ[a]
2. 子葉の色－黄[B]，緑[b]

2対の遺伝子がともにホモ接合(純系)の場合，交雑の結果は次のようになる。

独立の法則

配偶子形成(減数分裂)のとき，A(a)とB(b)の2対の遺伝子はそれぞれ独立して配偶子に入る。これはこれらの遺伝子が別々の染色体に存在するからである。F_1の配偶子形成では，A(a)とB(b)は任意に組み合わさるので，4種類の配偶子が同じ比でできる。

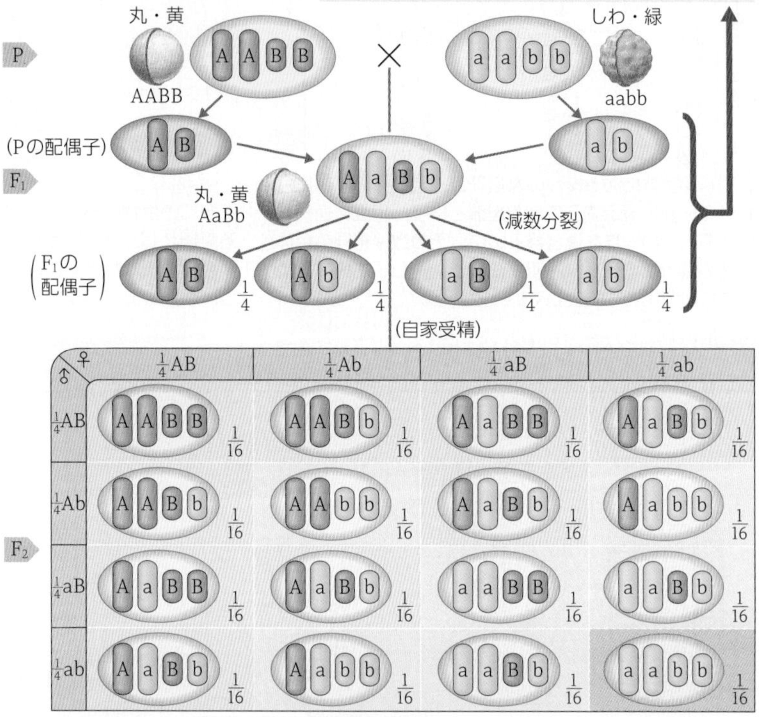

遺伝子型	1AABB 2AABb 2AaBB 4AaBb (A－B－)	1AAbb 2Aabb (A－bb)	1aaBB 2aaBb (aaB－)	1aabb (aabb)
表現型	丸・黄	丸・緑	しわ・黄	しわ・緑
分離比	9	3	3	1

F_1の4種類の配偶子の自由な組み合わせによってF_2が生じる。F_1の配偶子の組み合わせには，4×4=16通りがある。F_2の遺伝子型を整理すると9種類となる。さらに表現型は4種類となり，その分離比は9：3：3：1となる。

2 さまざまな遺伝現象 生物 発展

遺伝現象は，基本的にはメンデルの遺伝の法則に従って起こるが，それぞれの遺伝子の働きなどによって形質の現れ方や表現型の分離比が異なる。

Ⓐ致死遺伝子

黄色の遺伝子Yは，灰色の遺伝子yに対して顕性であるが，Yのホモ接合体(YY)は，発生初期に死ぬ。個体の死を引き起こす遺伝子を**致**《ち》**死遺伝子**《しいでんし》という。致死遺伝子は，発生過程に必要な遺伝子に突然変異が起こったものであることが多い。

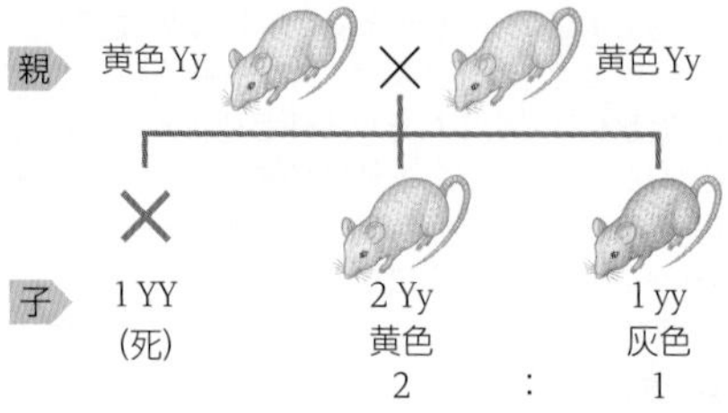

Ⓑ補足遺伝子

CとPが共存すると色素が形成されて紫色花となるが，いずれかが欠けると白色花となる。Cは色素原をつくる遺伝子，Pは色素原を色素に変える酵素をつくる遺伝子で，互いに**補足遺伝子**《ほそくいでんし》である。

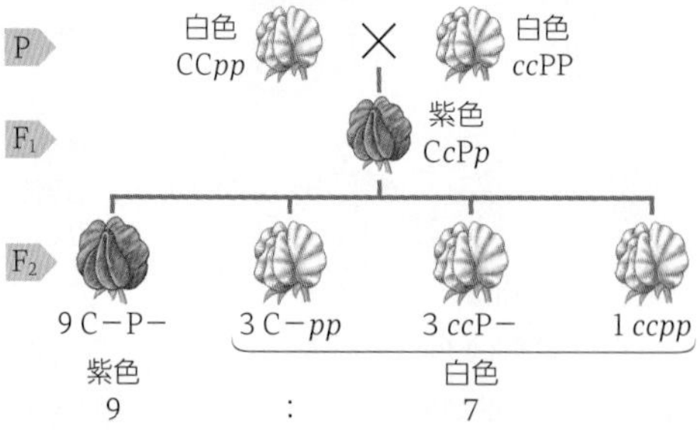

Ⓒ抑制遺伝子

Yはまゆを黄色にする遺伝子であるが，遺伝子Iがあると，働きが抑えられて白色のまゆになる。このときのIを**抑制遺伝子**《よくせいいでんし》という。

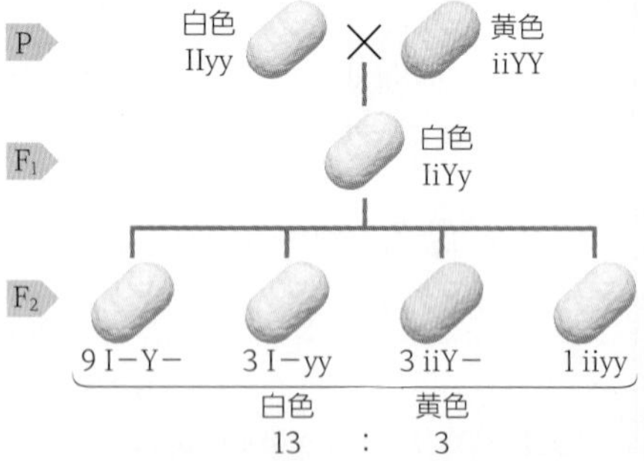

豆知識 メンデルは，遺伝に関する因子は粒子のようなもので混ざらず，それが親から子へ伝わると考えれば遺伝の規則性を説明できるとして『雑種植物の研究』を発表した。しかし，発表当時この論文の価値は認められなかった。メンデルの死後，ド・フリースらがメンデルの発表した法則性を再発見したことで，広く認められるようになった。

3 ヒトの血液型の遺伝 生物

ヒトの血液は，赤血球表面の糖鎖やタンパク質の違いにより，凝集反応が異なるいろいろな血液型に分けられる(➡p.188)。これらの合成に関わる遺伝子は，常染色体上に存在する。

Ⓐ ABO式血液型

表現型	A型	B型	AB型	O型
遺伝子型	AA AO	BB BO	AB	OO

遺伝子の関係
A=B>O

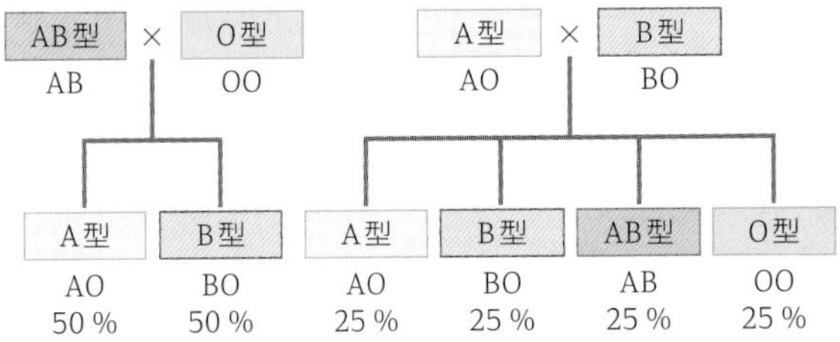

ABO式血液型の遺伝子では，A遺伝子，B遺伝子，O遺伝子の3つのアレルがある。A遺伝子とB遺伝子は互いに顕性，潜性の関係がなく，ヘテロ接合体はAB型となって，顕性の法則が成立しない(**不《ふ》完全顕性《かんぜんけんせい》**)。一方，両遺伝子はO遺伝子に対してともに顕性である。このように，3つ以上の遺伝子が対立形質の発現に関与するとき，これらは複対立遺伝子と呼ばれることがある。

Ⓑ Rh式血液型

Rh式血液型の決定には，Rh因子をつくる遺伝子(R)の有無が関わる。

表現型	Rh^+型	Rh^-型
遺伝子型	RR Rr	rr

遺伝子の関係
R > r

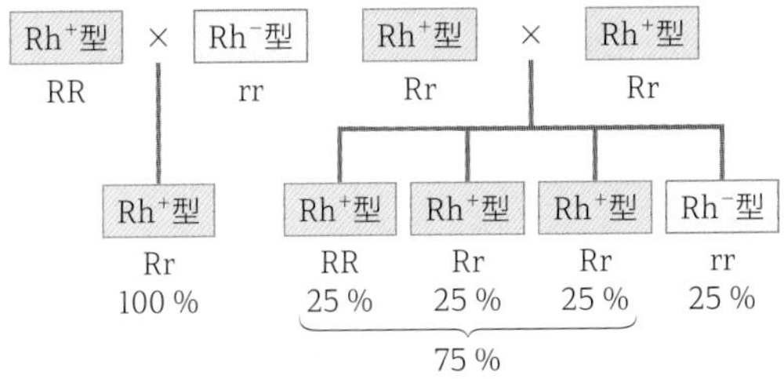

4 伴性遺伝 生物

性の決定様式(➡p.76)がXY型のX染色体や，ZW型のZ染色体には，性決定に関与しない遺伝子も存在する(➡p.77)。これらの遺伝子が関わる形質は，遺伝のしかたが性によって異なる。このような現象は伴性遺伝《はんせいいでん》と呼ばれる。

Ⓐ 赤緑色覚多様性

ヒトのX染色体には，緑と赤の色の認識に関わる視物質(➡p.202)の遺伝子が存在する(➡p.77)。これらの遺伝子に突然変異がある人では，緑から赤にかけての色が識別しにくい形質をもつことがある(➡p.258，赤緑色覚多様性，赤緑色覚異常)。

赤緑色覚多様性をもたらす突然変異遺伝子をaで表したとき，これをヘテロ接合でもつ女性(保因者)では，影響がみられないことが多い。このため，aは潜性遺伝子とみなすことができる。男性はX染色体を1本しかもたないため，a遺伝子を受け継ぐと必ず影響が出る。

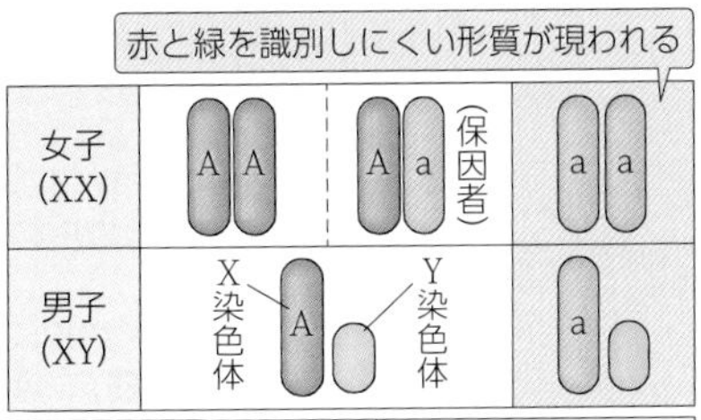

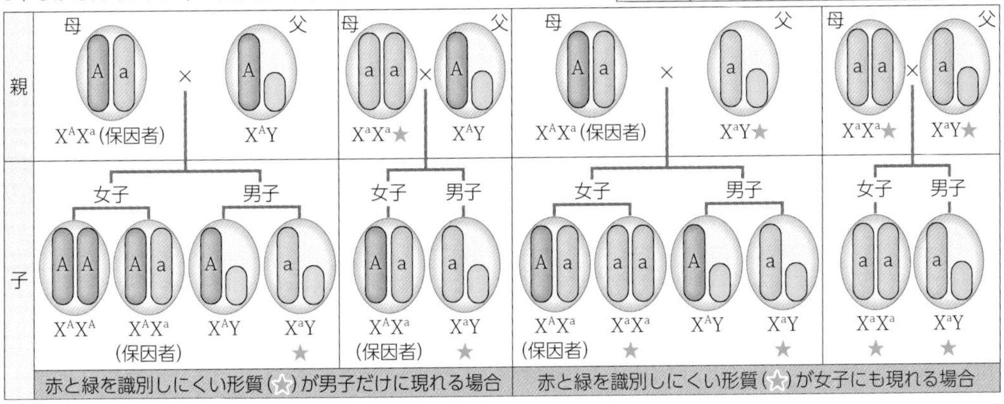

Ⓑ 血友病

血友病は，血管外において血液凝固(➡p.159)が起こりにくくなる病気である。X染色体に存在する2種類の血液凝固因子の遺伝子(➡p.77)のうち，少なくとも片方の働きが先天的に欠けているために起こる。血友病も男性に現れやすく，女性にはほとんどみられない。

血友病の発症	あり	なし
女性	X^aX^a	X^AX^A，X^AX^a
男性	X^aY	X^AY

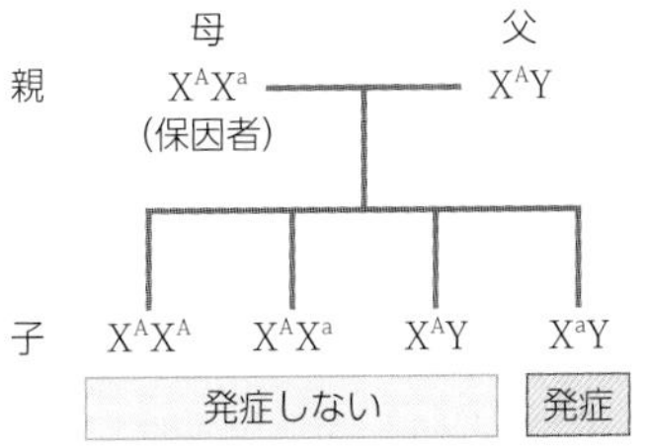

母親が保因者の場合，男の子では2分の1の確率で発症する。

α PLUS ヒトの遺伝形質 生物

遺伝形質	顕性形質	潜性形質
虹彩の色	褐色	青色
まぶた	二重	一重
耳あか	湿型	乾型
舌の動かし方	巻ける	巻けない
PTC※に対する味覚	苦みを感じる	感じない
指紋	渦状，弓状，蹄状	無指紋
額の形	富士額	丸い額
耳たぶの形	福耳	まっすぐ
毛髪	直毛，波状毛，巻き毛などがある。顕性，潜性の関係は不明。	
つむじ	右巻きと左巻きとがある。両親が右巻きの場合，子の80 %が右巻きになる。	

※PTC…フェニルチオカルバミド。人工の苦味物質。

α PLUS 細胞質遺伝 発展

形質の決定に関わる主な遺伝子は核内のDNAに存在するが，ミトコンドリアや葉緑体にもDNAは存在する。これら細胞質中のDNAに存在する遺伝子に支配される遺伝を，**細胞質遺伝《さいぼうしついでん》**という。

ヒトの精子と卵はどちらもミトコンドリアを含むが，精子のミトコンドリアは，受精の際に卵に進入すると分解されてしまう。このため，受精卵(子)がもつミトコンドリアは必ず母方由来となる。このような母系遺伝の性質は，人類の共通祖先解明の研究などにおいて応用されている(➡p.277)。

小論文 ➡p.353

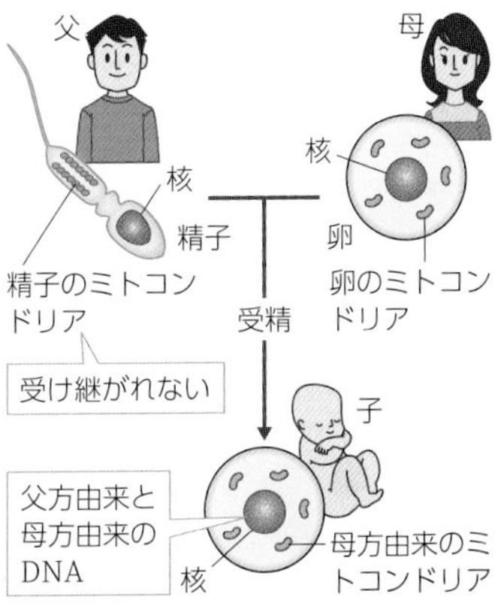

豆知識 赤から緑にかけての色を先天的に識別しにくい人は，日本では男性に約5 %，女性で約0.2 %いるとされる。

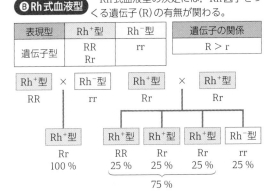

03 連鎖と染色体地図

生物　　Linkage and Chromosome Map

1 スイートピーにみられる連鎖と組換え 生物

ベーツソンとパネットは，スイートピーの花色と花粉の形についての交雑実験から，連鎖の現象を見いだした。

交雑実験

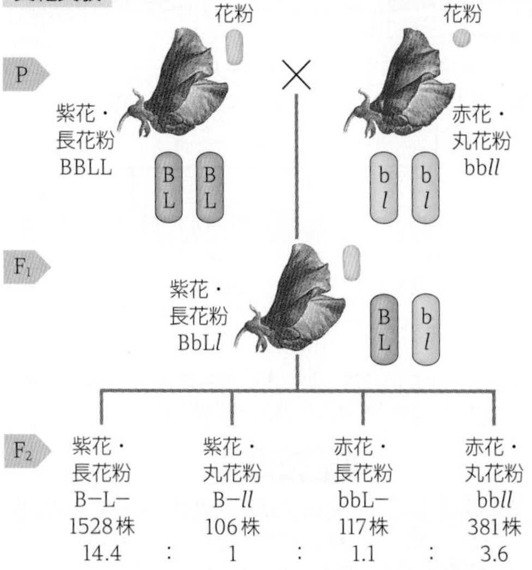

F_2における表現型の分離比は，紫花・長花粉(B−L−)：紫花・丸花粉(B−ll)：赤花・長花粉(bbL−)：赤花・丸花粉(bbll)がおよそ14：1：1：4となった。これは，メンデルの独立の法則から期待される，9：3：3：1と大きく異なっていた。

考察

交雑実験の結果から，F_1の配偶子は，BL：Bl：bL：bl＝1：1：1：1の比でつくられたのではなく，BとL，bとlがそれぞれ連鎖しており，BLとblをもつ配偶子が，Blとblをもつ配偶子よりも多くつくられたと考えられる。このときBL：Bl：bL：bl＝8：1：1：8の比でつくられたと考えると，理論的に下表のような結果が得られ，実験結果をうまく説明できると考えられた。

♀＼♂	8BL	1Bl	1bL	8bl
8BL	64BBLL	8BBLl	8BbLL	64BbLl
1Bl	8BBLl	1BBll	1BbLl	8Bbll
1bL	8BbLL	1BbLl	1bbLL	8bbLl
8bl	64BbLl	8Bbll	8bbLl	64bbll

上の表を整理すると，B−L−：B−ll：bbL−：bbll＝226：17：17：64＝13.3：1：1：3.8となり，交雑実験のF_2のでき方に近い数値となる。

ベーツソンは，連鎖の現象をはじめて報告したが，染色体説（➡3）には懐疑的であったため，遺伝子の組換えには気づかなかった。

F_1の配偶子の多様性

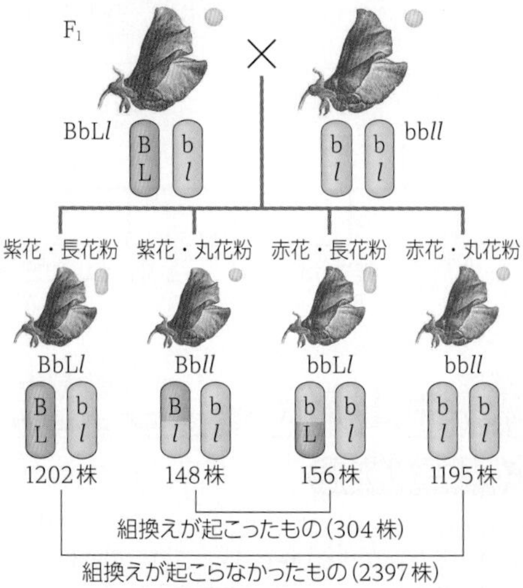

F_1と潜性遺伝子のホモ接合体を交配すると，BとL，bとlが連鎖しているが，F_1の配偶子が形成されるとき，一部で遺伝子の組換えが起こり，少数ではあるが，Bとl，bとLの遺伝子をもつ配偶子ができることがわかる。

基本 2 組換え価 生物

Ⓐ組換え価　組換えが起こる頻度は**組《くみ》換《か》え価《か》**と呼ばれ，以下の式で求めることができる。

$$\text{組換え価} = \frac{\text{組換えを起こした配偶子数}}{\text{全配偶子数}} \times 100$$

たとえば，ベーツソンの実験結果で予測された配偶子の比（BL：Bl：bL：bl＝8：1：1：8）の場合，組換え価は以下のようになる。

$$\text{組換え価} = \frac{1+1}{8+1+1+8} \times 100 = 11.1(\%)$$

実際には，形成されたすべての配偶子の遺伝子の組み合わせとその数を調べるのは不可能である。このため，一般には検定交雑（➡Ⓑ）によって得られた子の各表現型の個体数や，表現型の分離比から組換え価を求める。個体数を用いる場合は，以下の式で求める。（検定交雑によって得られた子の表現型は，検定される親の配偶子の遺伝子の組み合わせと一致する。）

$$\text{組換え価} = \frac{\text{組換えを起こした個体数}}{\text{全個体数}} \times 100$$

対象とする遺伝子間で偶数回の乗換えが起こると，相殺されて組換えは起こらないので，組換え価は最大でも50％を越えることはない。

たとえば，1のF_1と潜性遺伝子のホモ接合体の交配の場合，組換え価は以下のようになる。

$$\text{組換え価} = \frac{148+156}{1202+148+156+1195} \times 100 = 11.3(\%)$$

Ⓑ検定交雑　遺伝子型が不明の個体を，潜性遺伝子をホモ接合でもつ個体と交配することを**検定交雑《けんていこうざつ》**という。潜性形質の親がもつ遺伝子は，子の表現型に影響しない。このため検定交雑では，遺伝子型不明の親がつくる配偶子の分離比が，次世代の表現型の分離比に反映される。これによって，遺伝子型不明の親の遺伝子型を知ることができる。

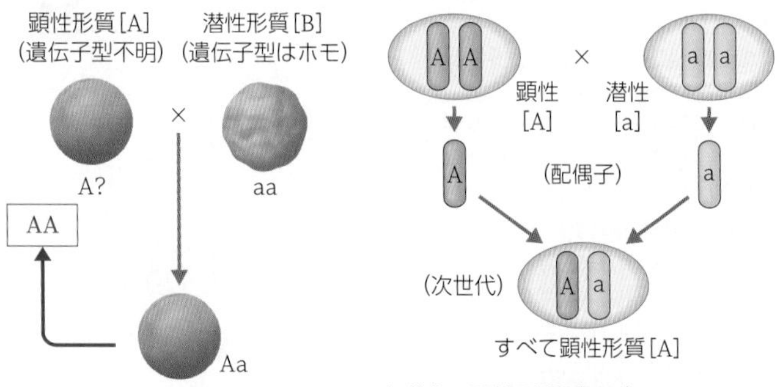

次世代に顕性形質だけができるときは，顕性の親の遺伝子型はホモ接合である。

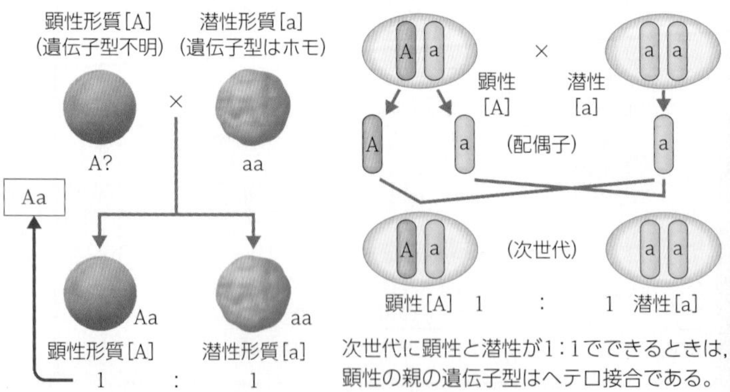

次世代に顕性と潜性が1：1でできるときは，顕性の親の遺伝子型はヘテロ接合である。

豆知識　ベーツソンは，1900年にオランダのド・フリースとメンデルの論文を読み，その重要性を悟った。その後，1902年頃までにメンデルの論文を英語に翻訳している。さらに，遺伝学（genetics）や，接合子（zygote），ヘテロ接合体（heterozygote），ホモ接合体（homozygote）といった語をつくったことでも知られている。

3 染色体地図 生物

サットンは，減数分裂のとき，相同染色体が分離して配偶子に入る現象がメンデルの考えた遺伝の現象と一致することに気づき，「遺伝子が染色体に存在する」という**染色体説**《せんしょくたいせつ》を提唱した(1903年)。

Ⓐ遺伝子間の距離と乗換え

モーガンは，キイロショウジョウバエの突然変異体の研究によって染色体説を確認し，これを発展させて「遺伝子は染色体に一定の並びで存在する」という**遺伝子説**《いでんしせつ》を確立した(1926年)。

モーガン

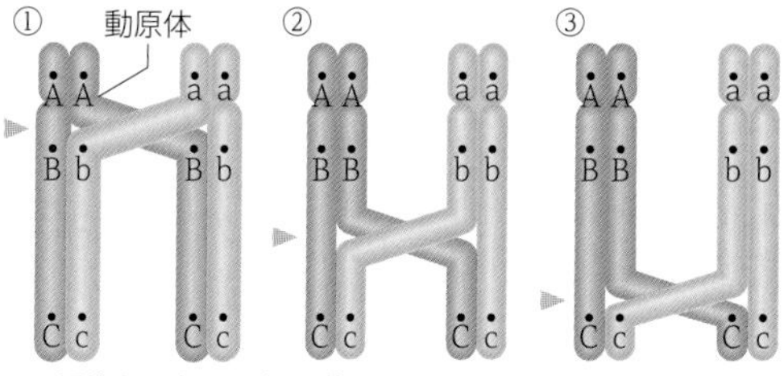

►：組換えの起こり得る位置

モーガンらは，キイロショウジョウバエで多くの連鎖する遺伝子を見つけた。また，これらの遺伝子の突然変異体を用いた交雑実験などから，同一の染色体にある遺伝子が連鎖群を形成し，染色体の乗換えによって遺伝子の組換えが生じると考えた。さらに，左図に示すように，AとCの遺伝子は①～③のどの乗換えでも組換えられるが，近い距離にあるAとBの遺伝子は①のときのみ組換えを起こす。したがって，同一染色体に存在する遺伝子では，遺伝子間の距離が大きいほど組換え価が大きくなると考えた。モーガンらは，さまざまな遺伝子間の組換え価を求め，遺伝子の相対的な位置を調べた。

Ⓑ三点交雑

モーガンらは，同一連鎖群に属する3種類の遺伝子を対象にして各遺伝子間の組換え価を求め，遺伝子の相対的な位置を調べた。このようなことを目的に行われる交雑は，**三点交雑**《さんてんこうざつ》と呼ばれる。モーガンは，これによって，遺伝子の配置と距離を示す**染色体地図**《せんしょくたいちず》を作製した。

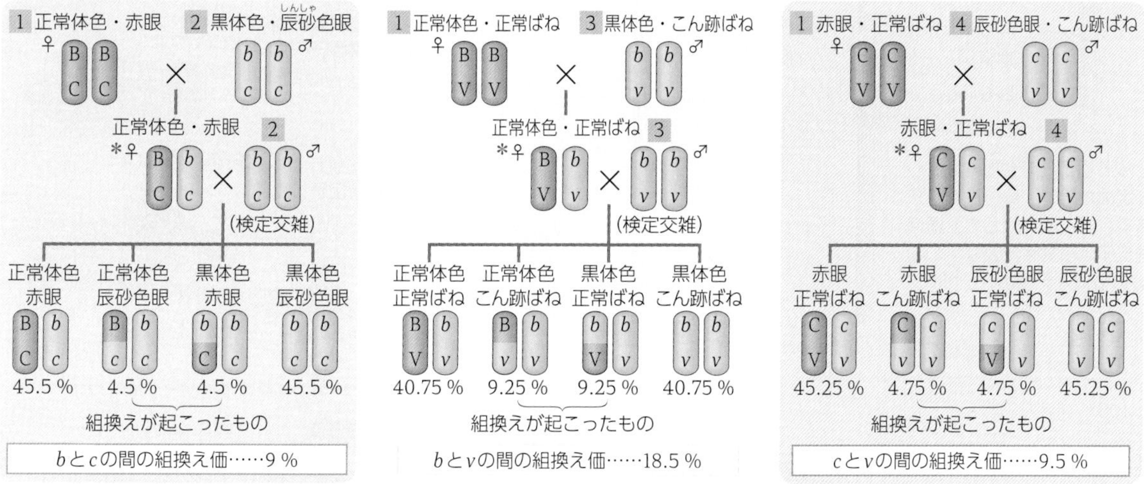

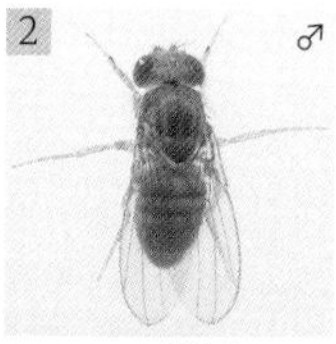

黒体色・辰砂《しんしゃ》色眼
(遺伝子型：bbcc)

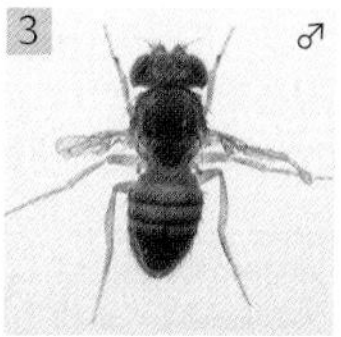

黒体色・こん跡ばね
(遺伝子型：bbvv)

＊雄では乗換えが起こらないので，顕性形質の雌の個体を用いて検定交雑を行う。

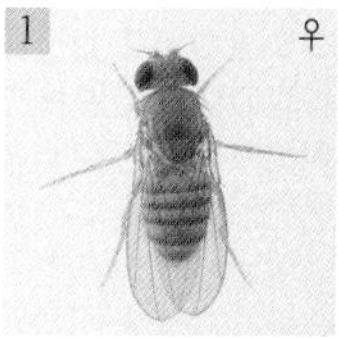

正常体色・赤眼・正常ばね
(遺伝子型：BBCCVV)

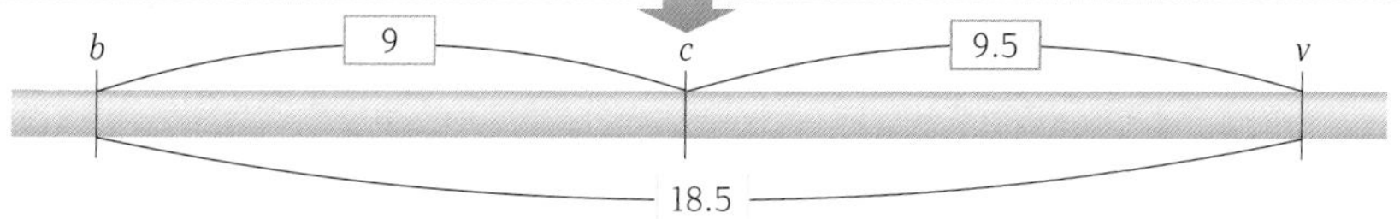

三点交雑の結果から，上図のような遺伝子の配置がわかる。bとvの組換え価が最も大きいことから，bとvが3つの遺伝子座b，c，vの両端にあり，その中間にcの遺伝子座があると判断する。

染色体地図における遺伝子間距離は，組換え価1％を1センチモルガン(cM)とした単位(モルガン単位)で示される。

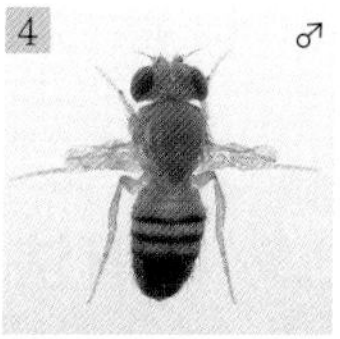

辰砂色眼・こん跡ばね
(遺伝子型：ccvv)

4 三遺伝子雑種を用いた染色体地図の作成法 生物

①検定交雑を行う

ある遺伝子X，Y，Zについて，その位置を確認するためにヘテロ接合体を用いて検定交雑を行ったところ，下の表のような結果が得られた。

結果

表現型	個体数
[XYZ]	1455
[XYz]	148
[XyZ]	1
[xYZ]	163
[Xyz]	130
[xYz]	1
[xyZ]	192
[xyz]	1158
合計	3248

②組換え価を求める

まずx−y間の組換え価を求める。検定交雑の結果から，XとY，xとyが連鎖しているので，

$$\frac{163+130+1+1}{3248}\times 100 \fallingdotseq 9.1\,\% \quad \cdots(1)$$

同様にx−z間，y−z間の組換え価を求める。

x−z間

$$\frac{163+130+192+148}{3248}\times 100 \fallingdotseq 19.5\,\% \quad \cdots(2)$$

y−z間

$$\frac{192+148+1+1}{3248}\times 100 \fallingdotseq 10.5\,\% \quad \cdots(3)$$

③組換え価をもとに染色体地図を作成する

(1)～(3)の組換え価をもとに染色体上の遺伝子の位置を決めていくと次の図になる。

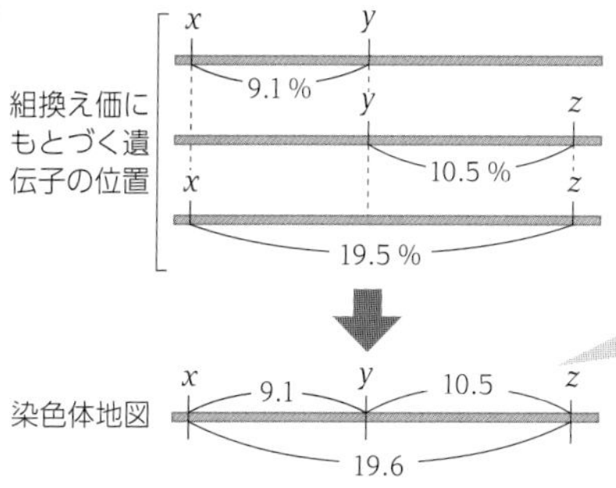

x−z間の組換え価がx−y間とy−z間の組換え価の合計と一致しないのは，x−z間で2回乗換えが起こった場合があるためである。2対の遺伝子間で2回乗換えが起こることを二重乗換えという。

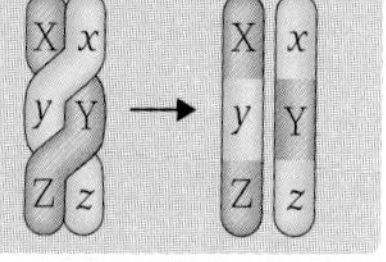

豆知識 モーガンは，当初は発生学の研究をしたが，のちにショウジョウバエの遺伝学的研究に打ち込んで染色体地図をつくり，メンデルの研究にはじまった遺伝学を大成させた。

04 遺伝学的地図

1 遺伝学的地図 生物

遺伝子相互間の組換え価にもとづいて作成した染色体地図は，特に遺伝学的地図《いでんがくてきちず》と呼ばれる。乗換えは染色体のどの位置でも等しく起こるのではなく，いくつかの起こりやすい部分(ホットスポット)や起こりにくい部分が存在する。このため，遺伝学的地図と実際の遺伝子間の距離や配置には差異がある。

キイロショウジョウバエは，3対の常染色体(II, III, IV)と1対の性染色体(X, YまたはX, X)をもつ。

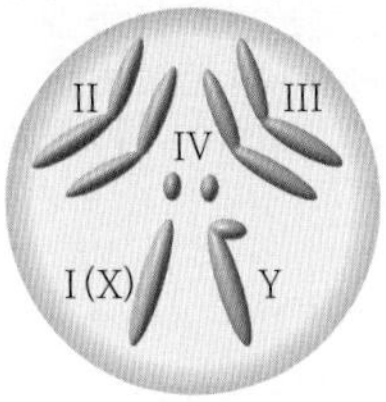

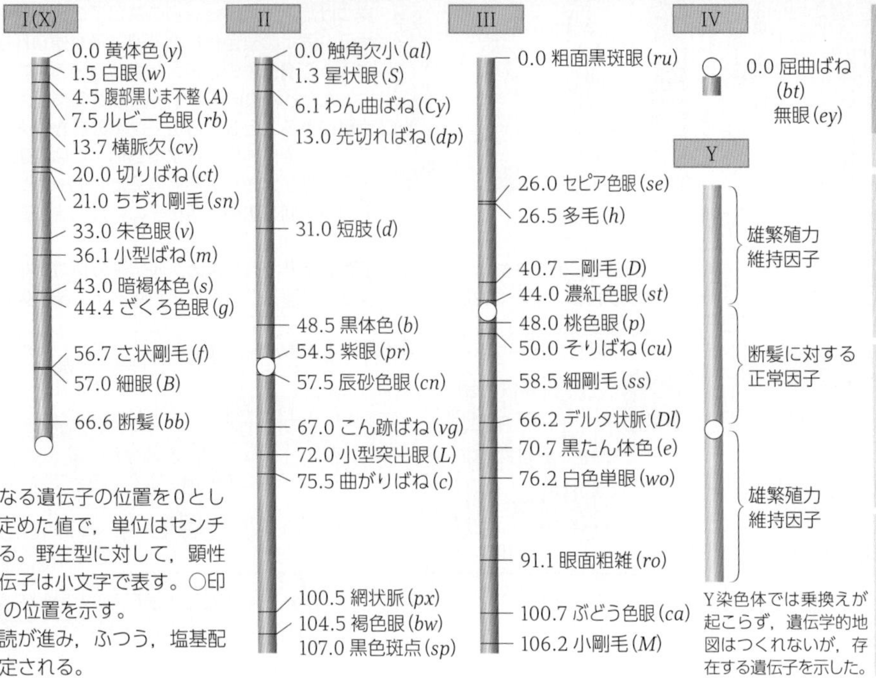

Y染色体では乗換えが起こらず，遺伝学的地図はつくれないが，存在する遺伝子を示した。

図中の数字は，基準となる遺伝子の位置を0として組換え価にもとづいて定めた値で，単位はセンチモルガン(➡p.253)である。野生型に対して，顕性遺伝子は大文字，潜性遺伝子は小文字で表す。○印はセントロメア(➡p.74)の位置を示す。

現在では，ゲノムの解読が進み，ふつう，塩基配列から遺伝子の位置が決定される。

細胞学的地図 (➡p.105)

だ腺染色体にみられる横じまの幅や間隔は，染色体ごとに特徴があり，これをもとに作成した染色体地図を**細胞学的地図《さいぼうがくてきちず》**という。遺伝子の位置を示すものとして，遺伝学的地図と対応させて調べられる。

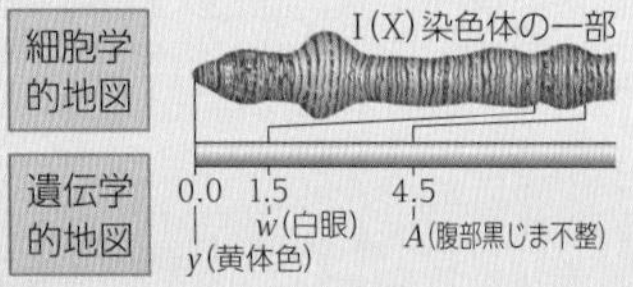

FISH法 生物

FISH《フィッシュ》法(蛍光*in*《イン》 *situ*《サイチュー》 ハイブリダイゼーション法，fluorescent *in situ* hybridization)では，標的遺伝子と相補的な合成DNA断片(プローブ)を蛍光物質で標識し，染色体中の標的遺伝子と結合させる。標的遺伝子を蛍光により可視化することで，染色体上の位置を決定する。

ゲノム解析では，遺伝子の塩基配列上の位置しかわからない。染色体は細胞内で多様な配置をとることが近年明らかになっており(➡p.74)，FISH法は細胞内における遺伝子の二次元，三次元的位置の解析に用いられている。そのほか，染色体異常の検査や，トランスジェニック生物での遺伝子の挿入位置の確認などにも利用されている。

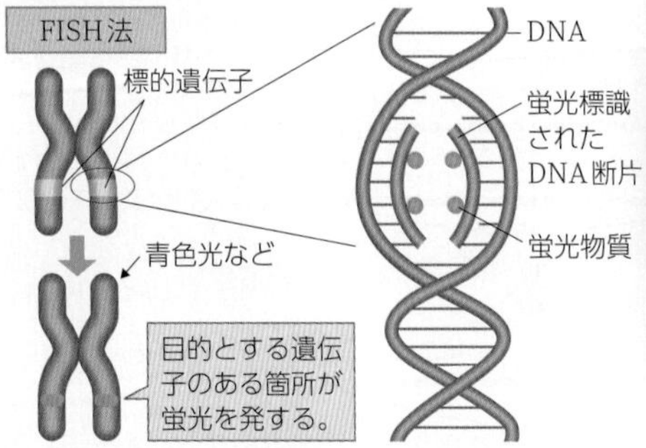

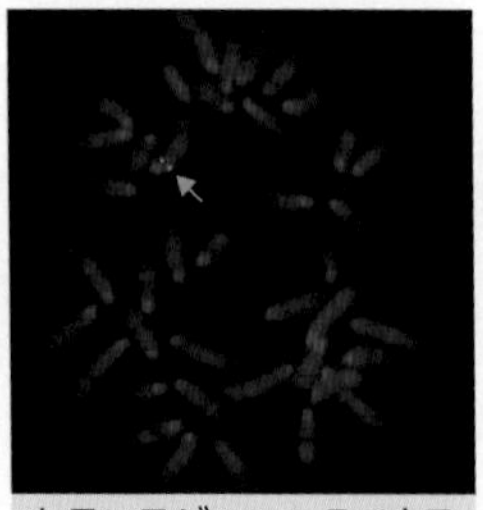
トランスジェニックマウスでの遺伝子挿入位置の確認

逆遺伝学 生物

従来の遺伝学では，表現型において変異のある個体を単離し，変異の原因遺伝子を同定してその機能を解析した。この方法を**順《じゅん》遺伝学《いでんがく》**という。順遺伝学では，たとえばショウジョウバエで行われてきたように(➡p.128，129)，多様な表現型の突然変異体の解析から，発生に関わる遺伝子の機能や，変異の種類などが明らかにされてきた。しかし，この方法は，多個体の飼育が可能で世代交代の速い生物では効率的だが，そうでない生物に用いることは難しい。

遺伝子操作が容易なモデル生物では，人為的に特定の遺伝子を改変し，その遺伝子の機能の変化を調べる手法も一般的になっている。このような手法を**逆遺伝学《ぎゃくいでんがく》**という。

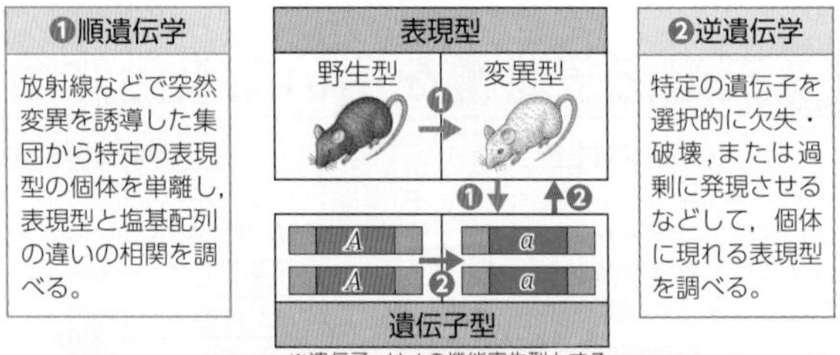

※遺伝子*a*は*A*の機能喪失型とする

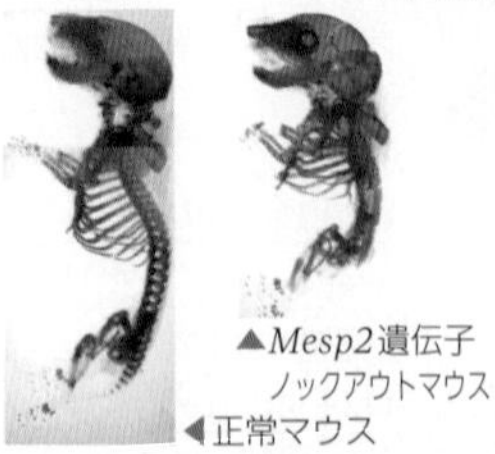
▲*Mesp2*遺伝子ノックアウトマウス
◀正常マウス

ノックアウトマウス(➡p.135)は逆遺伝学の典型的な例である。

*Mesp2*遺伝子をノックアウトしたマウス(右)では，正常なマウス(左)と比べて，脊柱骨の形成に異常がみられた。このことから，*Mesp2*遺伝子が体節形成に重要な役割を果たすことが明らかになった。

豆知識 *in situ*とは，「その位置において」という意味のラテン語である。FISH法では，染色体上の遺伝子などを本来の位置で観察することからこの言葉が使われている。

05 進化のしくみ

生物　The Mechanisms of Evolution

関連動画をCheck!

1 進化のしくみの概要 生物

生物の進化とは，祖先とは異なる形質をもつ子孫からなる集団が形成されることをいう。集団内に偶然生じた突然変異(➡p.256)をもとに，集団内の遺伝子頻度が変化し，多様な生物が生じる。

生物は，以下のような要因によって進化する。

- 突然変異(➡p.256)
- 遺伝子流動(➡p.262)
- 遺伝的浮動(➡p.262)
- 自然選択(➡p.260)
- 隔離(➡p.264)

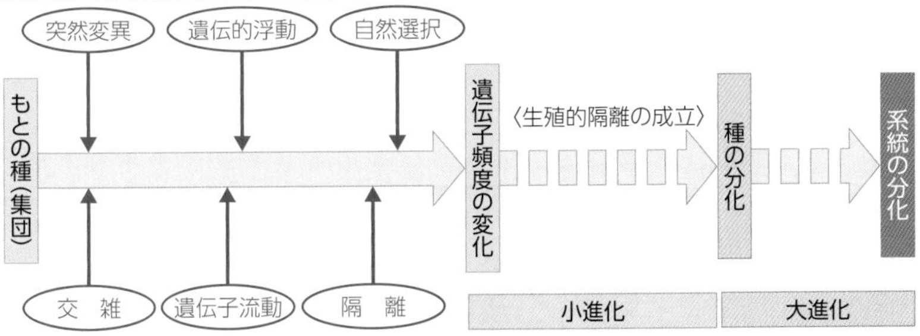

進化は，小進化と大進化に分けて考えることができる。

小進化《しょうしんか》…集団の遺伝子頻度の変化。種分化にまでは至らない遺伝的変化や形質の小さな変化を伴う。

大進化《だいしんか》…新たな種や，新たな系統が生じるような大きな変化を伴う進化。ツールキット遺伝子(➡p.130)の変化やゲノム重複(➡p.259)が関わっていることがわかってきた。

2 遺伝子プールと遺伝子頻度 生物

遺伝情報を担うDNAは突然変異(➡p.256)によって変化するため，生物の集団にはさまざまなアレルをもつ個体が存在する。

Ⓐ遺伝子プール

ある生物種の集団がもつ遺伝子全体を**遺伝子《いでんし》プール**という。ある遺伝子座の遺伝子プールは，集団内のすべての個体がもつその遺伝子座の全アレルで構成される。

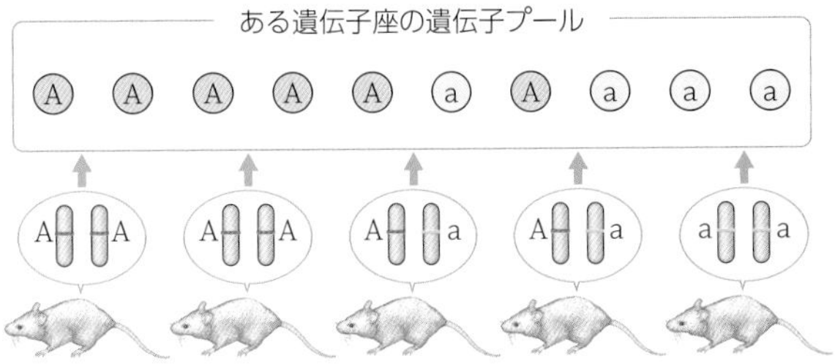

Ⓑ遺伝子頻度

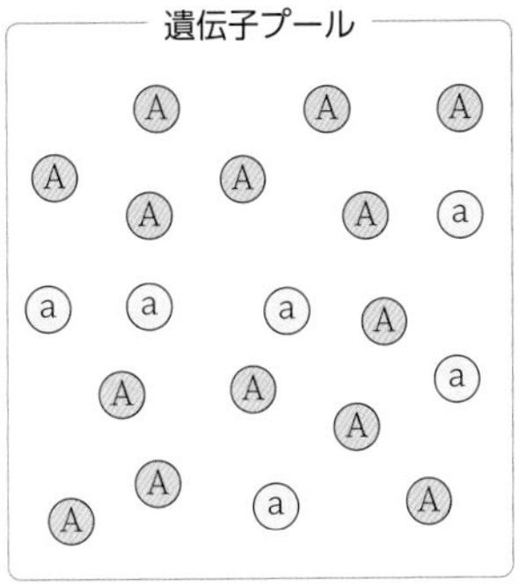

Aの遺伝子頻度

$$= \frac{\text{Aの遺伝子の数}}{\text{Aとaの遺伝子の総数}} = \frac{14}{20} = 0.7$$

aの遺伝子頻度

$$= \frac{\text{aの遺伝子の数}}{\text{Aとaの遺伝子の総数}} = \frac{6}{20} = 0.3$$

遺伝子プール内において，あるアレルが占める頻度(割合)を**遺伝子頻度《いでんしひんど》**という。遺伝子頻度は，突然変異や遺伝的浮動(➡p.262)，隔離(➡p.264)などの要因によって変化する。現在では，集団の遺伝子頻度が変化して別の状態になることも進化の一部とされている。

3 ハーディー・ワインベルグの法則 生物

ハーディー・ワインベルグの法則は，イギリスの数学者であるハーディーと，ドイツの医師であるワインベルグによって独立に発見された。

Ⓐハーディー・ワインベルグの法則

ある集団が次のような条件を備えていたと仮定する。

①極めて多数の同種の個体からなる。
②集団内では突然変異が生じない。
③他の集団との間で，個体の移入や移出が起こらない。
④すべての個体は自由に交配して子孫を残す。
⑤個体間の生存力や繁殖力に差がない。

任意交配を複数世代重ねる

遺伝子頻度は変化しない。
॥
進化は起こらない。

①～⑤の条件がすべて成立する場合，世代を重ねても遺伝子頻度は変化しない。これを**ハーディー・ワインベルグの法則《ほうそく》**という。しかし，現実の集団で，これらの条件すべてが成立することはない。したがって，集団の遺伝子頻度は変化し，生物は進化する。

Ⓑハーディー・ワインベルグの法則の証明

Aの遺伝子頻度をp，aの遺伝子頻度をqとする。

①母集団の遺伝子頻度の比

$A : a = p : q \quad (p + q = 1)$

②母集団における任意交配によって子集団が生じる。

		配偶子	
		pA	qa
配偶子	pA	p^2AA	pqAa
	qa	pqAa	q^2aa

子集団における各遺伝子型とその割合(遺伝子型頻度)
AA…p^2　Aa…$2pq$　aa…q^2

③子集団におけるAとaの割合

A…$2p^2 + 2pq$　a…$2q^2 + 2pq$

全体…$2p^2 + 2pq + 2q^2 + 2pq = 2p^2 + 4pq + 2q^2$

④子集団におけるAとaの遺伝子頻度

$$A\cdots \frac{2p^2+2pq}{2p^2+4pq+2q^2} = \frac{2p(p+q)}{2(p+q)^2} = \frac{p}{p+q}$$

$$a\cdots \frac{2q^2+2pq}{2p^2+4pq+2q^2} = \frac{2q(p+q)}{2(p+q)^2} = \frac{q}{p+q}$$

$p + q = 1$　なので，$A : a = p : q$

子集団(次世代)においても遺伝子頻度は変化していない。

Ⓒ具体的な数値を用いたハーディー・ワインベルグの法則の証明

親の世代

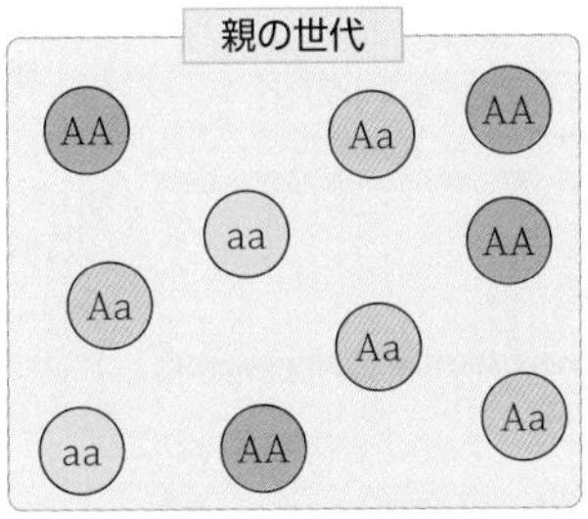

遺伝子頻度

$$A\cdots \frac{12}{20} = 0.6 \qquad a\cdots \frac{8}{20} = 0.4$$

自由交雑の結果

雌性配偶子＼雄性配偶子	0.6A	0.4a
0.6A	0.36AA	0.24Aa
0.4a	0.24Aa	0.16aa

AA : Aa : aa = 0.36 : 0.48 : 0.16
= 9 : 12 : 4

次の世代

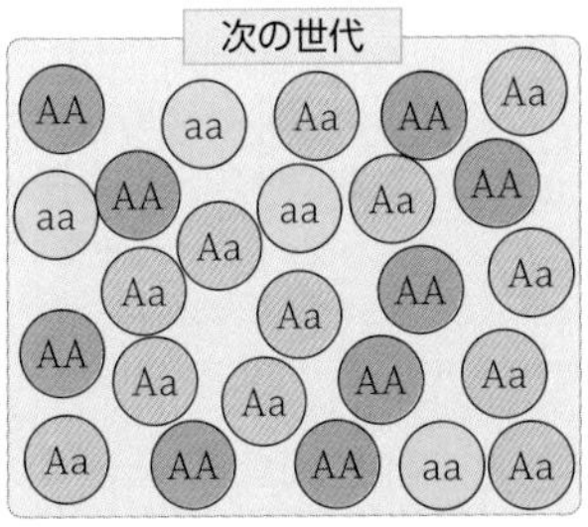

遺伝子頻度　変化なし

$$A\cdots \frac{30}{50} = 0.6 \quad a\cdots \frac{20}{50} = 0.4$$

豆知識　進化のしくみには，突然変異や遺伝子流動などのほか，非任意交配もある。非任意交配とは，交配相手の選択がランダムに行われるのではなく，たとえば，地理的に近い個体どうしで交配する傾向があるといったものである。

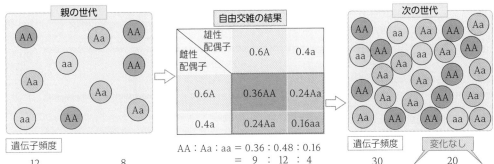

06 進化の要因① 突然変異
生物 The Cause of Evolution, Part 1 Mutation

基本 1 変異 生物

形や色のような外形的な形質や，酵素の活性の高さのような生理的な形質は，同種であっても個体ごとに少しずつ異なる。このような同種内の個体間の形質の違いを変異《へんい》という。変異には，遺伝するものとしないものがある。

変異
- **遺伝的変異**《いでんてきへんい》…遺伝する変異。DNAの塩基配列や，染色体の構造・数が変化する**突然変異**《とつぜんへんい》(➡ 2)によって生じる。
- **環境変異**《かんきょうへんい》……遺伝しない変異。生育の過程で環境の影響を受けることによって生じ，進化には関係しない。

遺伝的変異の例

アルビノ(白化個体)

動物のアルビノは，メラニン色素合成に関する遺伝子が突然変異で働きを失ったものである。クロロフィルの合成能力が失われている植物もアルビノと呼ばれるが，このような個体は枯死する。

枝変わり

植物の枝の成長点に存在する体細胞に突然変異が起こり，その枝全体に変異が現れたもの。果物や花などでは，枝変わりを利用して育種されたものが多い。

アルビノ
枝変わり

PLUS α 環境変異 発展

同一の遺伝子型をもつ個体間にも生育条件の違いなどによって形質に差異が生じることがある。このような差異は，環境変異と呼ばれ，次世代に受け継がれないため進化には関与しない。

Ⓐインゲンマメの重量にみられる環境変異

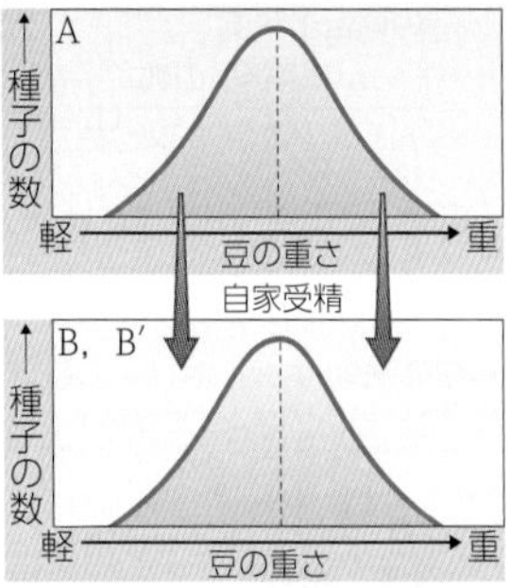

遺伝的に同一である純系のインゲンマメの種子の集団でも，栄養条件や一鞘の中の種子数などの環境条件によって，栽培して得られる次世代の種子(A)の重量は一様ではない。(A)のなかから重いものと軽いものを選んで育て，自家受精によって種子(B)と(B′)を得ても，どちらの場合も(A)と同様の変異の幅を示す。

Ⓑ不連続な環境変異

サクラマスは，サケ科の魚類で，一般に海で生育後，川を遡上して産卵する。しかし，なかには海に下らずに川で成熟するものがおり，特にヤマメと呼ばれる。両者の大きさや形態の違いは，環境の違いによって生じるものである。

重要 2 突然変異 生物

塩基配列が変化する突然変異は，DNAの複製の際のミスなどによって生じる。しかし，細胞にはDNA修復のしくみがあるため(➡p.83)，その頻度は非常に低い。

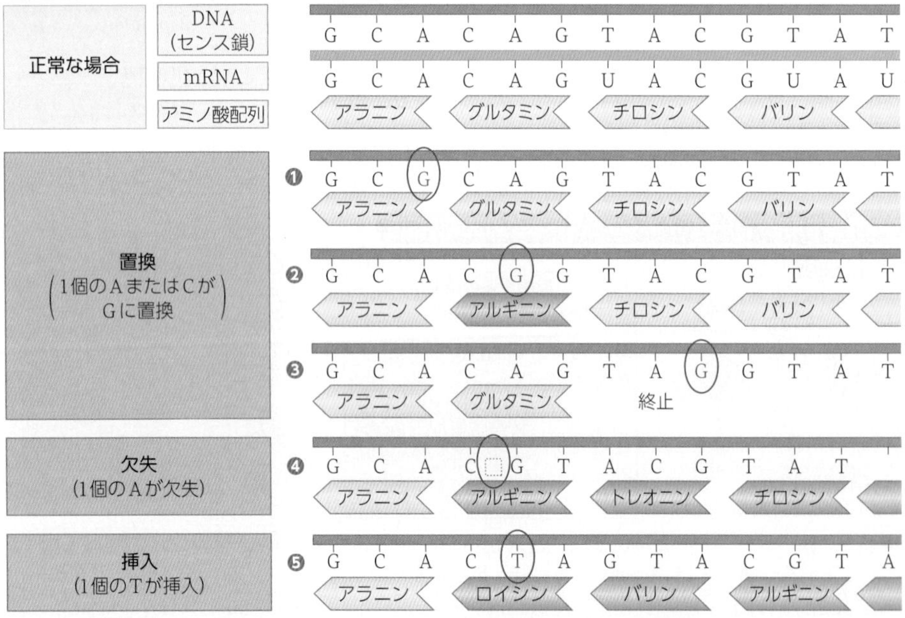

塩基配列の変化には，塩基が置き換わる**置換**《ちかん》，塩基が失われる**欠失**《けっしつ》，新たに塩基が入る**挿入**《そうにゅう》がある。

塩基の置換が起きると，アミノ酸配列が変化する場合と変化しない場合がある。タンパク質の機能や構造に重要な部分(酵素の活性部位など)のアミノ酸に変化が生じると，そのタンパク質の働きは失われることが多い。タンパク質の遺伝情報を担う部分のDNAに塩基の欠失や挿入が起こると，トリプレットの読みわくがずれて(**フレームシフト**)，タンパク質のアミノ酸配列が大きく変化することがある。また，終止コドンが生じると，それ以降の塩基配列は翻訳されなくなる。

❶1塩基が置換するが，アミノ酸配列は変化しない(**同義置換**《どうぎちかん》)。
❷1塩基の置換によって，アミノ酸が1つ変化した(**非同義置換**《ひどうぎちかん》)。
❸1塩基の置換によって終止コドンが生じ，以降のアミノ酸配列が失われた(ナンセンス突然変異と呼ばれる。非同義置換でもある。)。
❹，❺1塩基の欠失または挿入によって，フレームシフトが起こった。欠失や挿入は，数塩基～長大な範囲にわたって起こることもある。

豆知識 アゲハなどのチョウ類には，春型と夏型とがあり，同じ種であるにも関わらずからだの大きさやはねの模様が異なっている。これも不連続な環境変異の一例であり，主に幼虫のときの日長の違いによって現れるが，さなぎのときの温度が影響するものもある。

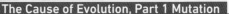

3 塩基の配列と鎌状赤血球症 生物

ヒトの鎌状赤血球症は，遺伝子の突然変異によって起こる。

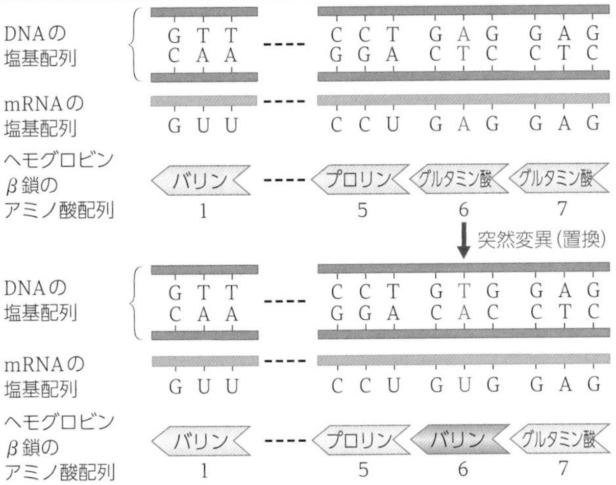

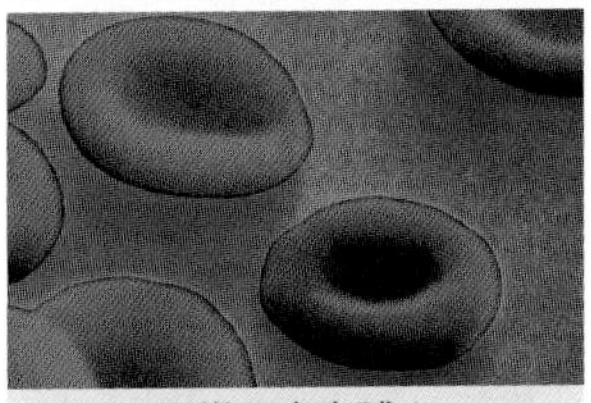

正常な赤血球★

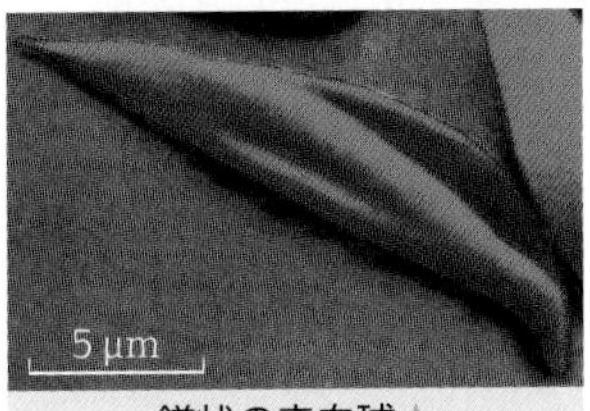

鎌状の赤血球★

鎌状赤血球症は，アフリカなどに多くみられる遺伝病である。赤血球が鎌状（三日月状）に変形し，これが毛細血管内でつまって血行障害を起こしたり，溶血して貧血を起こしたりする。その結果，死に至ることもある。

鎌状赤血球症にみられる赤血球の変化は，ヘモグロビン分子を構成するβ鎖の6番目のアミノ酸が，グルタミン酸からバリンに置き換わることで起こる。これは，このグルタミン酸を指定するDNAの塩基配列が変化する突然変異（置換）による。

鎌状赤血球症の遺伝子をヘテロ接合でもつヒトは，低酸素状態のときに発症するが，それ以外の条件では，ふつうに生活できる。また，この遺伝子をもつヒトはマラリアにかかりにくい。これは，赤血球が鎌状になると，赤血球に感染したマラリア原虫の増殖が抑えられるためである（➡p.260）。

4 ABO式血液型を決める遺伝子 生物

ABO式血液型遺伝子（➡p.188）によって合成される2種類の糖転移酵素が，ヒトのABO式血液型を決めている。

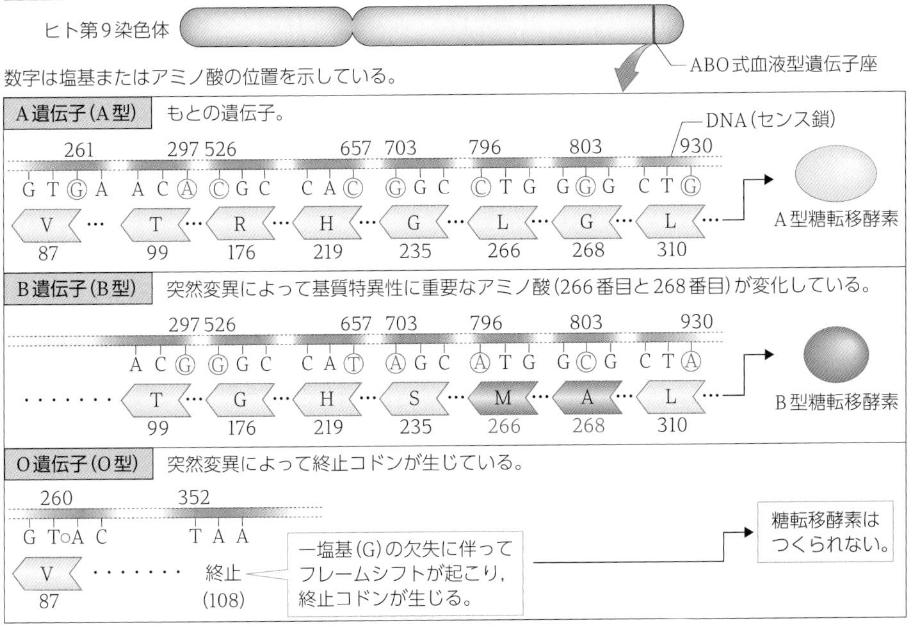

A遺伝子に突然変異が生じて，B遺伝子やO遺伝子が生じた。図に示した突然変異は一例で，すべてのO型やB型がこの変異をもつわけではない。

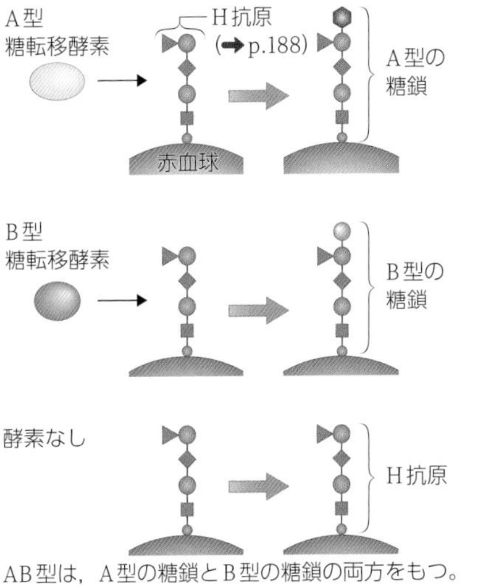

AB型は，A型の糖鎖とB型の糖鎖の両方をもつ。

5 アルコール代謝に関わる遺伝子 生物

アルコールの代謝速度は，アルコール分解に関わる酵素遺伝子の違いによって決まる。

Ⓐアルコールの代謝

体内に入ったエチルアルコール（エタノール）は，肝細胞において無害な酢酸に変換される（➡p.163）。分解の中間過程で生じるアセトアルデヒドには強い毒性があり，この濃度が血中で高くなると，頭痛や吐き気などの症状が起こる。ALDH2（アセトアルデヒド脱水素酵素）は，アセトアルデヒドの分解で特に重要な役割を担う。

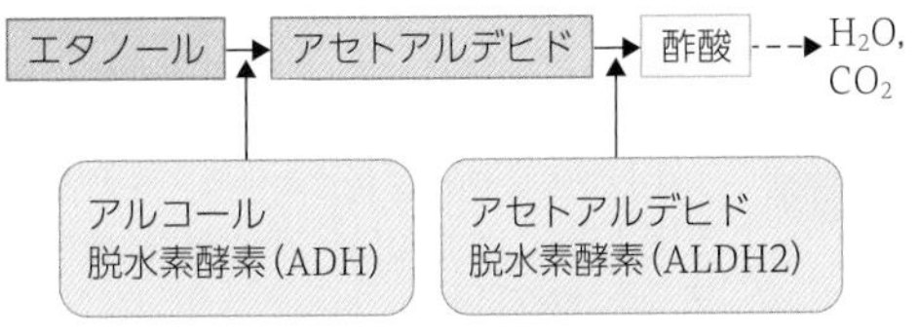

Ⓑアルコールの代謝と遺伝子

ALDH2の504番目のアミノ酸がグルタミン酸からリシンに置き換わった変異型（n）のALDH2は，脱水素酵素としての働きが極めて弱く，野生型（N）のALDH2の働きを阻害する。ALDH2は四量体として働き，変異型のALDH2を1つでも含むと，酵素活性が著しく低下する。野生型遺伝子と変異型遺伝子をヘテロ接合（Nn）でもつヒトでは，四量体が活性型である確率は1/16に減少する。

このように，変異型遺伝子産物（非活性型）が野生型遺伝子産物（活性型）に対して顕性（優性）に働く現象はドミナントネガティブ効果と呼ばれ，薬物代謝に関わる酵素などでもみられる。

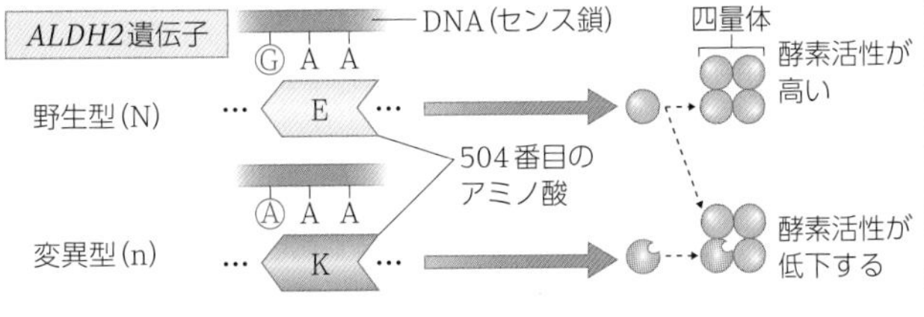

遺伝子型	酒に対する体質
NN	強い
Nn	弱い
nn	きわめて弱い

豆知識 マラリアの病原体は，原生生物であるマラリア原虫で，ハマダラカ（カの一種）によって媒介される。マラリア原虫は，カのだ液とともにヒトの血液に注入されると，まずヒトの肝細胞内で増殖し，次に赤血球内で増殖する。再びハマダラカに吸血されると，カの体内で有性生殖を行う。

07 進化の要因② 染色体レベルの突然変異と遺伝子重複

生物 発展　The Cause of Evolution, Part 2 Mutation at The Chromosomal Level and Gene Duplication

1 染色体レベルの突然変異 生物

細胞分裂の過程では，染色体の構造や数が変化するような突然変異が起こることがある。

Ⓐ染色体の構造変化

欠失・重複・逆位・転座などが知られている。

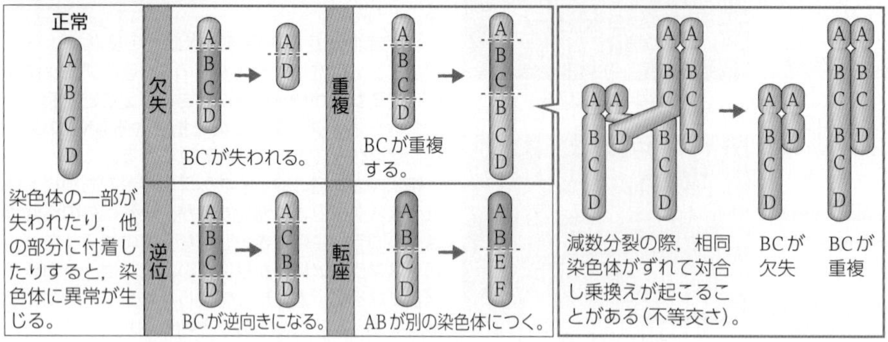

Ⓑ倍数性

1組のゲノムを含む染色体の数を基本数（x）という。倍数体は基本数の倍数の染色体をもつ。

▲イチゴの野生種（2倍体）

▲イチゴの栽培種（8倍体）

植物では進化と関連が深い（➡p.264）。

PLUS α 異数性 発展

減数分裂（➡p.110）によって配偶子が形成されるとき，染色体が正常に分配されないことがある。これによって生じた配偶子が受精すると，通常より1～数本染色体数が多いか少ない**異数体**《いすうたい》を生じる。ヒトの場合，21番常染色体を3本もつダウン症候群のほか，性染色体を3本もつトリプルX症候群，Y染色体と2本以上のX染色体をもつクラインフェルター症候群（たとえばXXY）などが知られている。異数体となった場合，妊娠初期に自然流産となることが多い。

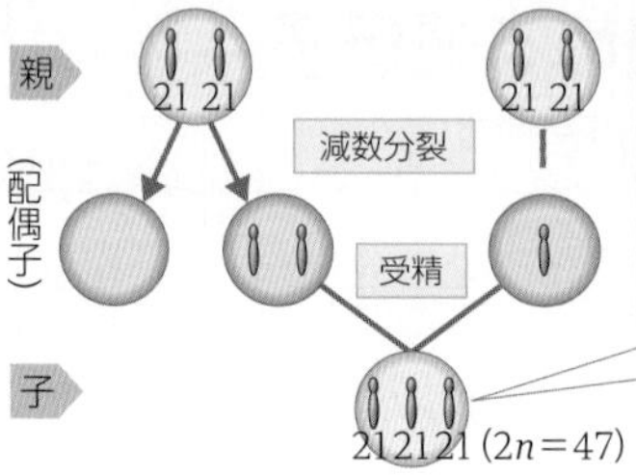

ダウン症候群
（出生頻度1/150～1/1900）

- 21番目の常染色体を3本もつ異数体（2n＝47）である。21番目の染色体が15番目の染色体に転座している場合もある。
- 心身の発育不全が起こる。
- ダウンによって1866年に発見された。

重要 2 遺伝子重複 生物

同じ遺伝子がゲノム内に複数存在する現象を遺伝子重複《いでんしちょうふく》という。

Ⓐ遺伝子重複による進化のしくみ

遺伝子重複は，ゲノムの倍数化や不等交さなどによって起こる。

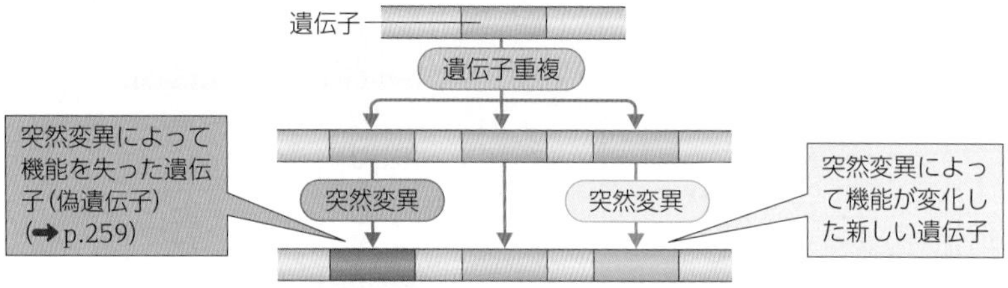

遺伝子の働きを失わせるような突然変異は，多くの場合，生物の生存にとって不利になるため，集団内に残らない。しかし，重複した遺伝子の場合，本来の働きをもつ遺伝子がほかに存在しているため，突然変異が起こっても生存に不利にはならない。重複した遺伝子は機能を失うことが多いが，まれに新しい機能をもつ場合がある。

Ⓑクリスタリン遺伝子

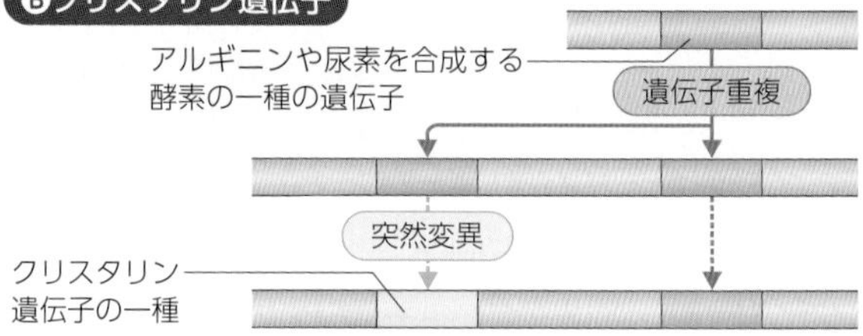

クリスタリンは脊椎動物の眼の水晶体に含まれる。ハ虫類や鳥類がもつクリスタリン遺伝子の一種は，アルギニンや尿素を合成する酵素の一種とアミノ酸配列の64％が一致している。これは，両生類からハ虫類や鳥類が進化する過程でこの酵素の遺伝子に重複が起こり，さらにその一方に突然変異が蓄積することでクリスタリン遺伝子の機能をもつようになったことを示唆している。

Ⓒオプシン遺伝子の重複と多様化

動物の色覚は，錐体細胞のフォトプシンに含まれるオプシン（➡p.202）の種類数に依存している。脊椎動物の共通祖先には，すでに遺伝子重複によって，赤，緑，青，紫の光と明暗に反応する5種類のオプシンが生じていたことがわかっている。一方，現生の脊椎動物では，オプシンのうちのいずれかが失われていたり，遺伝子重複によってさらに種類がふえていたりしている。多くの哺乳類は，赤，紫の光と明暗に反応するオプシンだけをもつ。これは，哺乳類の共通祖先で緑と青に反応するオプシンが消失するとともに，紫オプシンが青オプシンの機能をもつようになったためと考えられている。一方，ヒトでは，赤オプシンから新たに生じた緑オプシンが存在する。

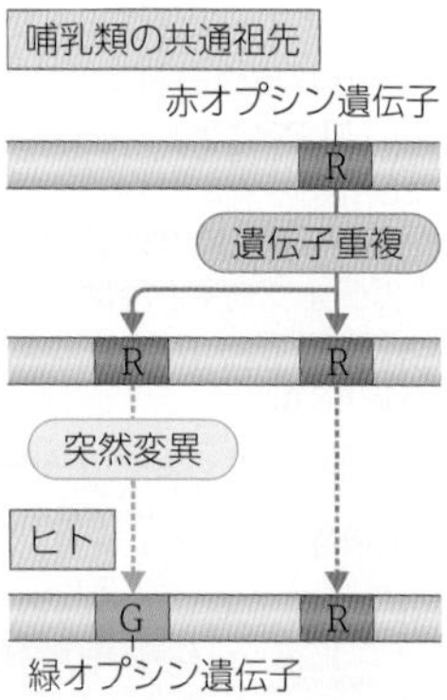

オプシン遺伝子と不等交さ

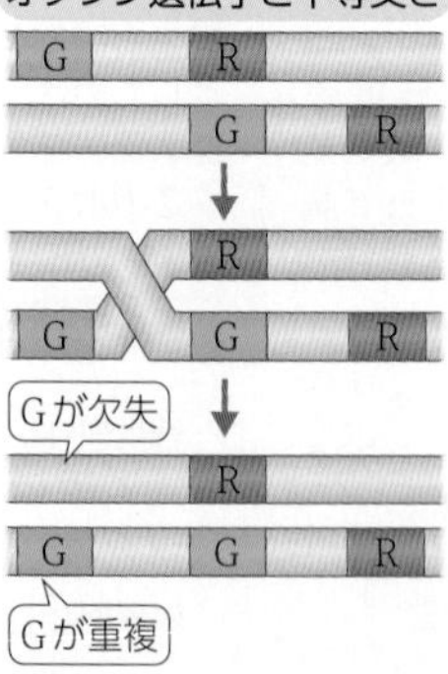

ヒトの赤オプシン遺伝子と緑オプシン遺伝子は，X染色体の隣接した位置に存在している。また，ヒトの緑オプシン遺伝子は赤オプシン遺伝子が重複して生じたため，互いの塩基配列はよく似ている。このため，赤オプシン遺伝子と緑オプシン遺伝子の間で不等交さが起こることがある。

X染色体で不等交さが起こると，これらの遺伝子の重複や欠失，突然変異を生じることがある。たとえば緑オプシン遺伝子が欠失したX染色体をもつ男性や，それをホモ接合でもつ女性では，赤緑色覚多様性が生じる（➡p.251）。

豆知識　三倍体の植物では，正常な配偶子が形成されないため，受精して種子をつくることができない（不稔性 ➡p.264）。一方，三倍体の植物でも，受粉すると，子房が刺激されて果実を形成する。このことを利用してたねなしスイカがつくられている。

3 遺伝子重複と遺伝子ファミリー 生物

遺伝子重複によって同じ遺伝子から生じた遺伝子の集まりを**遺伝子《いでんし》ファミリー**という。

ψが付いている遺伝子は偽遺伝子である。

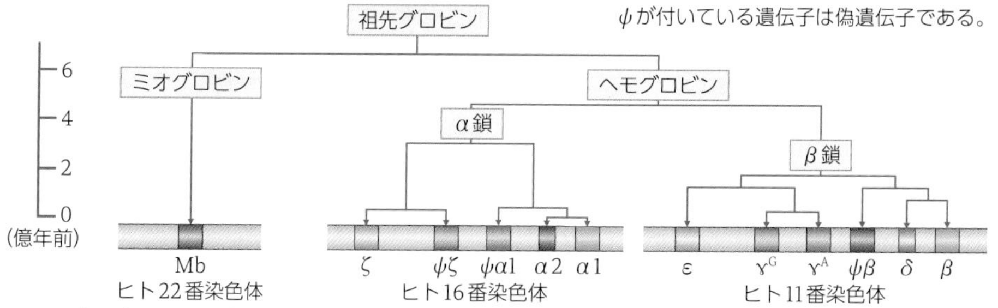

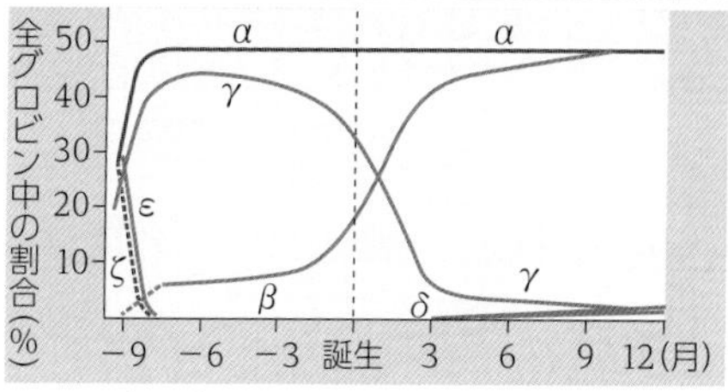

ヘモグロビンβ鎖の遺伝子は，染色体上にε，γ，偽遺伝子，δ，βの順に並んで遺伝子群（クラスター）を形成している。これらの遺伝子は，胚，胎児，成人の各段階でクラスター内での順番にほぼ沿って発現していく。

ミオグロビンとヘモグロビンの遺伝子は，祖先グロビン遺伝子の重複によって生じた。2つの遺伝子は，やがて別々の組織で発現するようになった。その後，ヘモグロビンの遺伝子ではα鎖とβ鎖の遺伝子が生じた。哺乳類では，それぞれさらに染色体上で重複と突然変異をくり返し，遺伝子ファミリーを形成した。成体型は肺，胎児型は胎盤に適したものに進化して，酸素と二酸化炭素のガス交換を効率よく行っている。

4 ゲノム重複と*Hox*遺伝子群 生物 発展

ゲノム全体が重複すると，ゲノムに含まれるすべての遺伝子が複数存在することになる。

遺伝子重複によって形成された遺伝子としては，*Hox*遺伝子群(➡p.129)も知られている。

*Hox*遺伝子群を構成する遺伝子は，それぞれの塩基配列が互いによく似ていることから，祖先型の遺伝子が重複することによって形成されたと考えられている。また，脊椎動物では，ゲノム全体の重複が起こった結果，複数の*Hox*遺伝子群をもつようになったと考えられている。

*Hox*遺伝子群は，原索動物では1つ，軟骨魚類やチョウザメのなかま，肉鰭類（シーラカンスや肺魚のなかま），四肢動物（両生類，ハ虫類，鳥類，哺乳類）では4つ存在する。このことから，有顎類と無顎類が分岐するまでにゲノム全体の重複は2回起こったと考えられている。また，肉鰭類とチョウザメのなかまを除く多くの硬骨魚類では，*Hox*遺伝子群が7つ存在する。これは，ゲノム全体の重複がさらに生じて*Hox*遺伝子群が8つになったのちに，そのうちの1つが失われたものと考えられている。

ゲノムの重複とそれに伴う*Hox*遺伝子群の増加は，進化の過程において，より複雑な形態や機能の出現を可能にしたと考えられる。

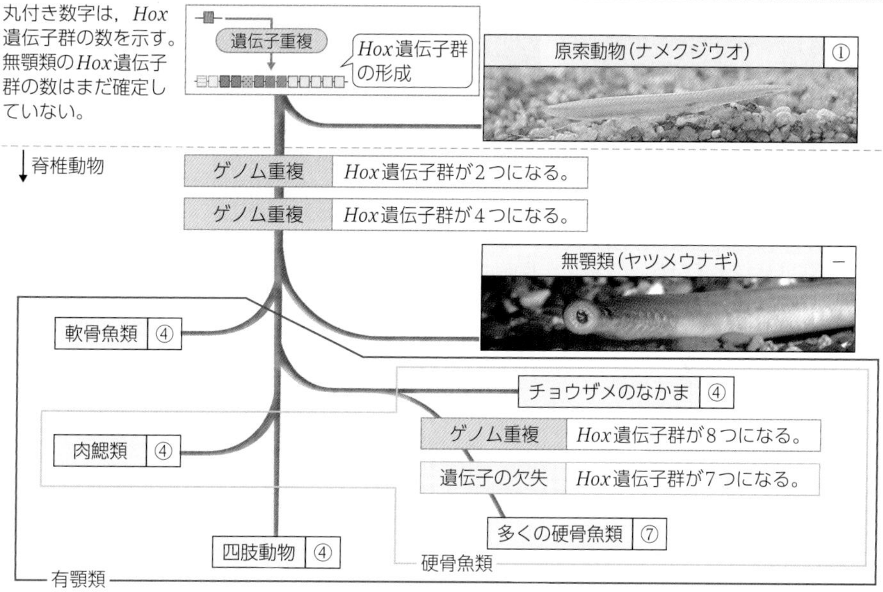

丸付き数字は，Hox遺伝子群の数を示す。無顎類のHox遺伝子群の数はまだ確定していない。

α PLUS 偽遺伝子 発展

既知の遺伝子と非常によく似た塩基配列をもつが，遺伝子としての機能を失っているDNA領域を**偽遺伝子《ぎいでんし》**という。

一般に，遺伝子重複でふえた遺伝子では，その多くが偽遺伝子となる(➡ 2)。哺乳類の嗅覚受容体遺伝子は，遺伝子重複によって生じた数百から数千個もの遺伝子からなる巨大な遺伝子ファミリーで，そのなかには機能を失った偽遺伝子が多く存在する。機能遺伝子と偽遺伝子の数や割合は種によって異なり，偽遺伝子の割合が多いほど，その生物の嗅覚に対する依存度は低い傾向がある。たとえば，霊長類では，視覚の発達や食性の変化などによって嗅覚への依存度が低下するのに伴い，偽遺伝子化が進み機能遺伝子の数が減少したと考えられている。

一方，重複していない遺伝子が偽遺伝子化した場合，生存に不利になることが多く，集団には残りにくい。しかし，環境の変化などによって，その遺伝子の機能消失が生存に不利にならなかった場合には，その偽遺伝子が集団に広まることがある。

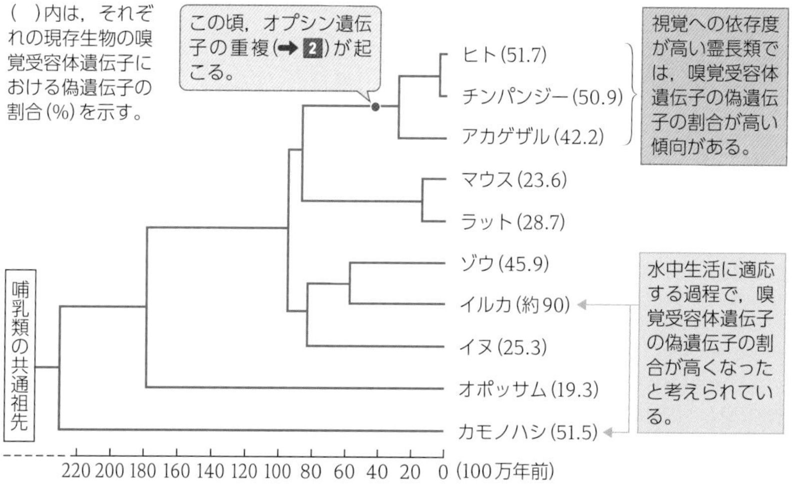

( )内は，それぞれの現存生物の嗅覚受容体遺伝子における偽遺伝子の割合(%)を示す。

豆知識 重複していない遺伝子が偽遺伝子化し，集団に広まった例としては，直鼻猿類におけるビタミンCの合成に関わる酵素の遺伝子がある。ビタミンCは哺乳類の生存に必須だが，直鼻猿類は果物などの食物から摂取することで，この酵素遺伝子が偽遺伝子化しても生存に影響しなかったと考えられている。

08 進化の要因③ 自然選択

The Cause of Evolution, Part 3 Natural Selection

基本 1 自然選択 生物

集団内の個体のうち，生存や生殖に有利な遺伝的形質をもつものが次世代の個体を多く残しやすく，不利な形質をもつものは子を残しにくい。これを自然選択《しぜんせんたく》(自然淘汰《しぜんとうた》)という。自然選択は適応進化《てきおうしんか》の主な要因である。

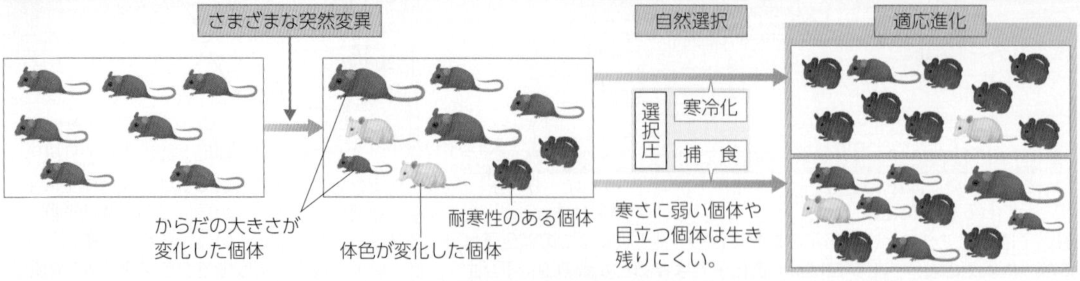

適応進化　ある集団が，環境に対してより適応的な形質をもつ集団になること。

選択圧　個体にかかる自然選択の種類や強さ。温度，降水量，光などの非生物的環境要因だけでなく，食物や捕食者となる生物，種内競争 (➡p.310)，異性による選好性などの生物間相互作用も選択圧となる。

2 自然選択の実例 生物

自然選択は，現在までにさまざまな実例によって裏付けられている。自然選択は分子レベルでも観察できる(➡p.263)。また短期間のうちに観察される自然選択の例もある。

Ⓐオオシモフリエダシャクの工業暗化

イギリスの工業地帯では，19世紀後半からの工業の発展に伴って暗色型（突然変異体）のオオシモフリエダシャク(ガの一種)が増加した。

樹皮は白っぽい地衣類でおおわれており，明るい色をしている。

大気汚染のために地衣類がなくなり，樹皮は暗い色をしている。

■検証実験

田園地帯と工業地帯で明色型と暗色型のガにマークをつけて放した。数日後に再捕獲してそれぞれの割合を調べると，下表のような結果が得られた。これは，工業地帯では暗色型が小鳥に捕食されにくく，自然選択の結果生き残ったためであると考えられる。この現象は**工業暗化《こうぎょうあんか》**と呼ばれる。

	マークをつけた個体数		再捕獲した個体数(再捕獲率)	
	明色型	暗色型	明色型	暗色型
田園地帯の森	496	473	62(12.5 %)	30(6.34 %)
工業地帯の森	64	154	16(25 %)	82(53 %)

Ⓑ鎌状赤血球症の遺伝子

鎌状赤血球症 (➡p.257) の遺伝子は，ホモ接合でもつと深刻な貧血症になり，死亡率が高くなる。一方，ヘテロ接合の場合，軽度の貧血症となるが，赤血球内でのマラリア原虫の増殖に対して耐性を示す。そのため，マラリアが多発するアフリカ西部では，鎌状赤血球症の遺伝子をもつヒトが多い。これは，突然変異によって生じた遺伝子が，環境によって選択された例である。

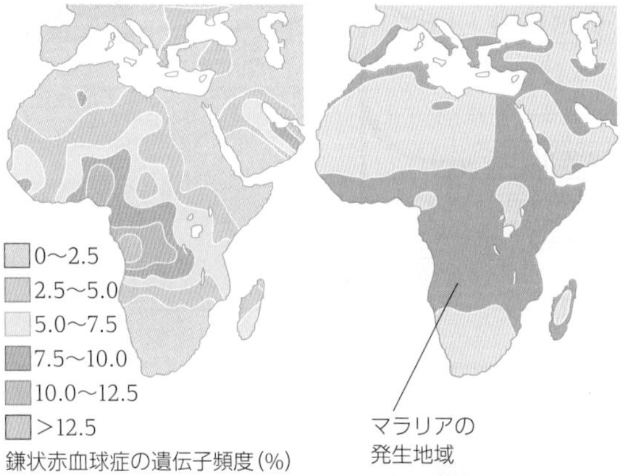

Ⓒ捕食圧とグッピーの体色

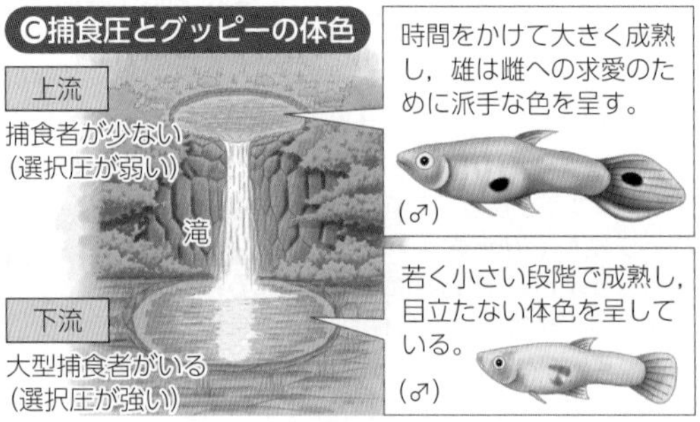

グッピーでは，選択圧の強さによって集団の体色が変化する。大型捕食者のいる環境に生息する地味な体色の集団を人為的に捕食者が少ない環境へ移すと，十数年で派手な体色の集団に変わることが野外実験により示された。

Ⓓフィンチの分化

中米のガラパゴス諸島 (➡p.265) およびココ島には，ダーウィンフィンチ類と総称されるスズメ目アトリ科の小型鳥類が生息する。ダーウィンフィンチ類は，200万〜300万年前に南米大陸から移住してきた祖先種が，島ごとに異なる選択圧を受け，それぞれ違った形態をもつ種に適応進化したと考えられている。

ダーウィンフィンチ類は，種間で，くちばしの大きさや形が少しずつ異なっており，それぞれ異なる食物を食べている。また，同じ種子を食べるものでも，主に大きい種子を食べる種や小さい種子を食べる種があり，くちばしの大きさはそれぞれが主食とする種子の大きさに対応している。これは，さまざまな生活環境や食料が選択圧として強く作用した結果であると考えられている(➡p.315)。

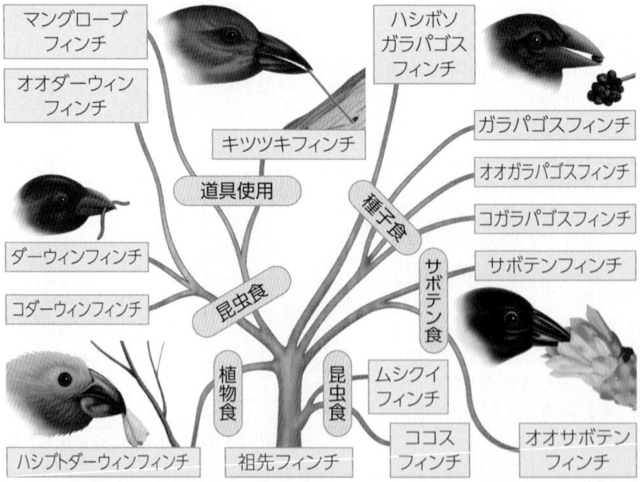

キツツキフィンチ

サボテンフィンチ

豆知識　グラント夫妻は，1970年代から継続してガラパゴスフィンチの研究を続け，厳しい干ばつの後には大型種子を食べることのできる大きめのくちばしをもつフィンチの生存率が高いことを発見し，干ばつがくり返されることによって集団内のくちばしの大きさの平均値が急速に変化することを明らかにした。

3 性選択 生物

配偶行動において，同性間，または異性間にみられる相互作用が選択圧となる自然選択を，性選択《せいせんたく》(配偶者選択《はいぐうしゃせんたく》)という。

Ⓐコクホウジャクの尾羽の進化

コクホウジャクの雄の長い尾は，敵から逃れたり餌をとったりするとき不便なため，生存に不利な形質であると考えられる。このような形質が進化したのは，雌が尾の短い雄よりも長い雄を好んで選択したためであると考えられる。

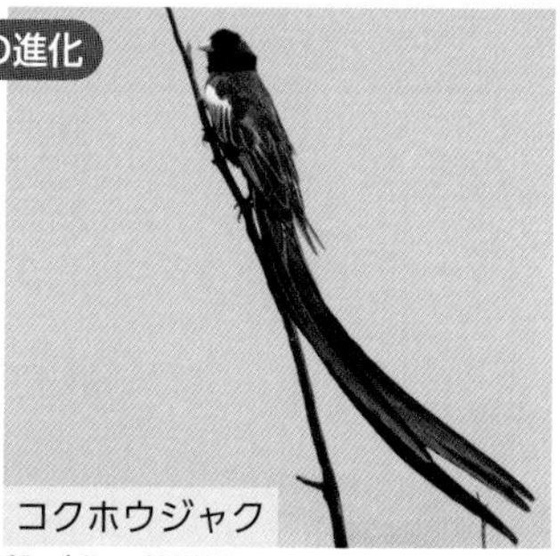
コクホウジャク

Ⓑアオアズマヤドリの性選択

性選択の基準は種によって異なり，同種個体群のなかでも個体によって基準が異なる。たとえば，オーストラリアに生息するアオアズマヤドリの雄は，飾り付けのある「あずまや」をつくり，そこを訪れる雌にダンスをして求愛する。雌は，その飾り付けとダンスを見て雄を選ぶ。どの雄を選ぶかは，雌の年齢によって異なっている。若い雌は飾り付けの派手さを重視し，経験を積んだ雌は踊りの活発さを重視する傾向にあるという。

アオアズマヤドリ

4 擬態 生物

生物がほかのものと見分けのつかない色や形になることを擬態《ぎたい》という。擬態によって，捕食者や獲物に見つかりにくくなったり，有害な生物に似せて捕食を逃れたりすることで，生存上有利となる。視覚以外の擬態もある。

Ⓐ周囲の景色に同化する擬態

コノハチョウ

コノハチョウは，日本では沖縄諸島や奄美諸島などに生息する。翅の裏側が木の葉に似ていることからその名が付けられた。擬態によって鳥類などの捕食者から逃れていると考えられる。

Ⓑ有毒な生物などに似せる擬態

沖縄諸島に生息する無毒のシロオビアゲハの雌の一部では，有毒のベニモンアゲハに似せた擬態型がみられる。擬態型の個体がふえすぎると，捕食者の学習機会が減少して擬態化の効果が弱まるため，擬態型と非擬態型の個体数の比には最適値が存在すると考えられている。

ベニモンアゲハ

シロオビアゲハ(擬態型)

シロオビアゲハ(非擬態型)

5 共進化 生物

異なる種の生物どうしが，生存や繁殖に影響を及ぼしあいながら進化する現象を共進化《きょうしんか》という。

Ⓐランとガの共進化

Ⓐアングレカム・セスキペダレ

マダガスカル島に生息するラン。30 cmほどの長い距《きょ》をもち，Ⓑのガが蜜を吸うとそのからだに花粉が付く構造になっている。

Ⓑキサントパンスズメガ

Ⓐの距に対応する長い口器をもつ唯一の昆虫で，Ⓐの蜜のみを吸う。

ランの利点

ガによって花粉が確実に同種の花に運ばれる。

ガの利点

ランの蜜を他の昆虫と競争することなく得られる。

両者の特徴的な形質は，ガは蜜を吸いやすいよう口器が伸長する方向に，花は蜜を吸われるときにガのからだに花粉が付着するよう距が伸びる方向に共進化して形成されたと考えられる。

Ⓑツバキシギゾウムシとヤブツバキの共進化

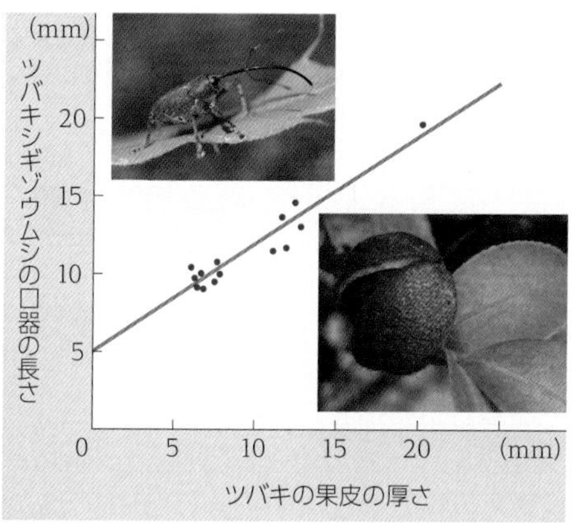

ツバキシギゾウムシの幼虫はヤブツバキの種子だけを食べて育つ。成虫の雌は，長い口器をドリルのように使ってツバキの果実に穴を開け，果実内部にある種子に産卵する。この攻撃に対し，ツバキは種子をおおう皮(果皮)の厚みを増すように進化することで対抗してきたと考えられている。実際に，このゾウムシの口器の長さとツバキの果皮の厚みを日本各地で比較すると，地域によって差がみられ，両者は正の相関を示すことがわかっている。

6 適応放散と収れん 生物

適応放散《てきおうほうさん》…共通祖先をもつ生物群が，異なる環境に適応した結果，特有の形態や生理的特性をもつ多くの種類に分かれていく現象。

収《しゅう》れん…個別に進化した異なる生物が，よく似た形質をもつこと。

原始的な哺乳類である有袋類(雌が腹部に子を育てる育児のうをもつ)は，オーストラリア大陸と南米大陸の一部にのみ生息する。オーストラリア大陸には適応放散の結果，さまざまな種類の有袋類が存在する。そのほかの大陸では，真獣類（有胎盤類；現生では，単孔類と有袋類を除くすべての哺乳類）が適応放散した。これらを生息環境ごとに比較すると，同じ環境に適応したものどうしはそれぞれ類似した方向に収れんしていることがわかる。

豆知識 共進化の現象に最初に注目したのは，進化生物学の祖，ダーウィン(➡p.265)である。ダーウィンは，アングレカム・セスキペダレの花の形に着目し，その蜜を吸うことができる長い口器をもった生物の存在を示唆している。ダーウィンの死後，キサントパンスズメガが発見され，その予言は的中した。

09 進化の要因④ 遺伝子流動，遺伝的浮動，中立進化

生物

The Cause of Evolution, Part 4 Gene Flow, Genetic Drift and Neutral Evolution

1 遺伝子流動 生物

ある生物集団から別の集団へ個体や配偶体などが移入し，集団の遺伝子頻度が変化することを遺伝子流動《いでんしりゅうどう》という。

遺伝子流動による集団の遺伝子頻度の変化は，ある地域の動物や植物などの生物集団に，別の地域の集団から個体や種子，あるいは花粉などの配偶体が移入することで起こる。花粉や種子は，風や水，動物などによって運搬される。

遺伝子流動が起こると，集団間の遺伝子頻度の差異は小さくなる。ある集団間での遺伝子流動が十分に大きい場合には，これらの集団中の遺伝子全体をまとめて1つの遺伝子プールとみなすことができる。

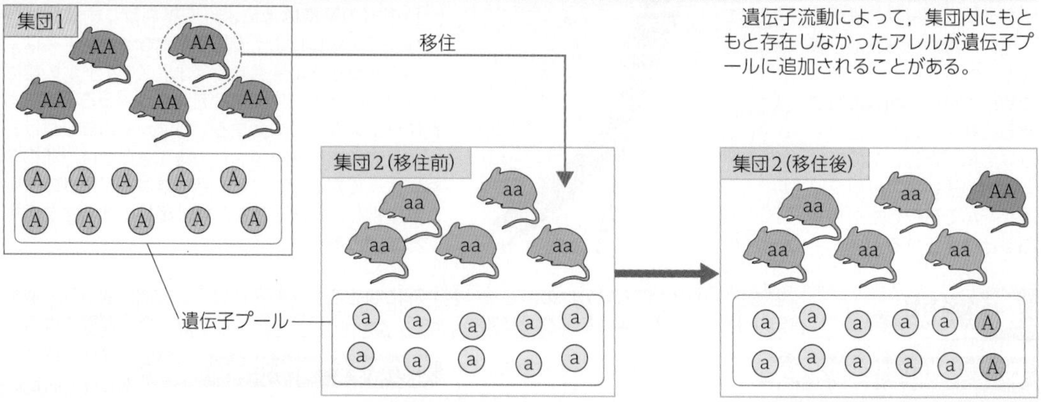

遺伝子流動によって，集団内にもともと存在しなかったアレルが遺伝子プールに追加されることがある。

2 遺伝的浮動 生物

基本

次世代に伝えられる遺伝子頻度が，偶然によって変動することを遺伝的浮動《いでんてきふどう》という。その結果，生存に中立またはわずかに有害なアレルが集団に広まることもある。

Ⓐ配偶子の形成と接合による遺伝的浮動

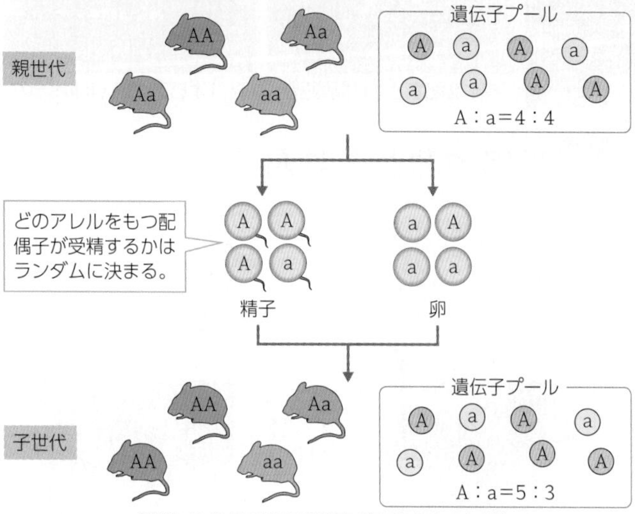

偶然に次世代の遺伝子頻度が変動することがある。

Ⓑ集団の個体数と遺伝的浮動の影響

有性生殖を行うある生物集団において，2つのアレルをもつある遺伝子座に着目し，それぞれの遺伝子頻度を50％と想定する。この集団では，任意交配によって各つがいは2個体の子を残し，世代を重ねても個体数は変化しないとする。この条件で，開始時の個体数が18の集団と，100の集団についてコンピューター・シミュレーションを複数回行う。下図はその結果を示したもので，個体数の少ない集団のほうが，遺伝的浮動の影響を大きく受けることがわかる。

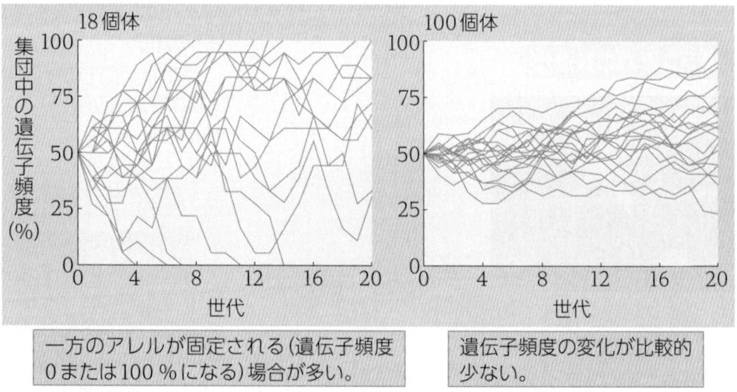

一方のアレルが固定される(遺伝子頻度0または100％になる)場合が多い。
遺伝子頻度の変化が比較的少ない。

3 びん首効果による遺伝的浮動 生物

遺伝的浮動の影響は小さな集団ほど大きくなり，小集団化によって遺伝子頻度が短期間に大きく変化することがある。

Ⓐびん首効果

環境の急変(山火事など)によって個体数が減少し，集団が著しく小さくなった場合や，大きな集団から少数の個体が別の地域に移動し，新集団を形成した場合など，生じた少数個体の集団では，遺伝子頻度がもとの集団とは大きく変化する場合がある。このような小集団化による遺伝子頻度の変化をびん首効果《くびこうか》(ボトルネック効果)という。

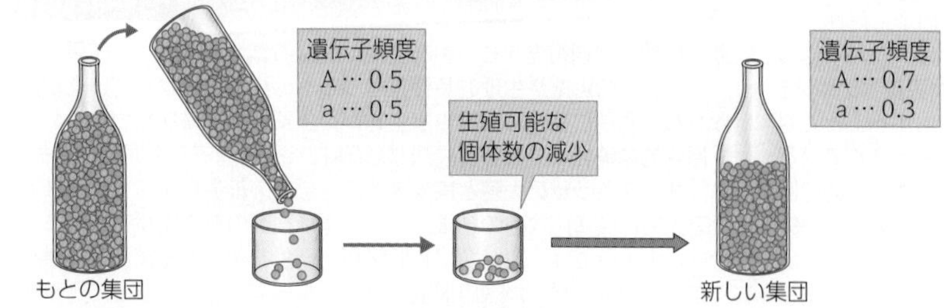

●はAA, ●はAa, ●はaaの遺伝子をもつ個体を表す。
Aとaは生存に有利・不利の関係がないアレルであるとする。

ⒷABO式血液型の遺伝子頻度

アメリカ先住民のABO式血液型の頻度を調べると，B型の頻度が極端に低い。これは，新集団となった際のびん首効果によってB型の遺伝子頻度が小さくなったり，遺伝的浮動が強く働いたりしたことなどが原因であると考えられている。

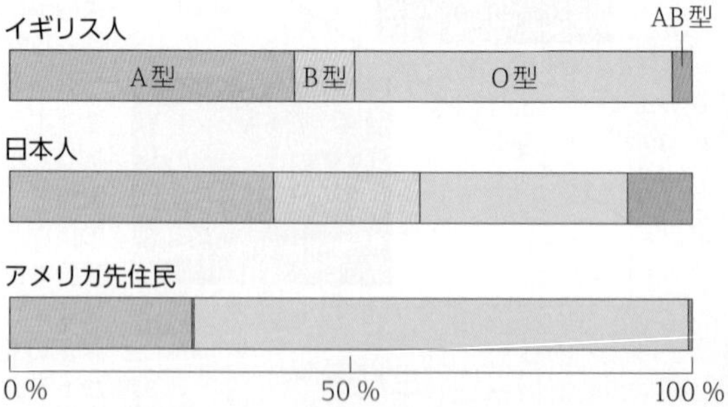

豆知識 キタゾウアザラシは，19世紀に狩猟によって約20頭まで減少した。現在では保護により30万頭以上に回復した。しかし個体数がそれほど減少しなかったミナミゾウアザラシはミトコンドリアDNAに23の変異をもつのに対し，キタゾウアザラシでは2つしかない。びん首効果によって遺伝的多様性は失われたままとなっている。

4 分子進化と中立進化 生物

DNAの塩基配列の変化やタンパク質のアミノ酸配列の変化など，分子に生じる変化を分子進化《ぶんししんか》という。分子進化では，生存や繁殖に不利でも有利でもない中立的な変化が多い。

Ⓐ脊椎動物のヘモグロビンα鎖の比較

脊椎動物のヘモグロビン(➡p.161)のα鎖1本は，141個のアミノ酸からなる。アミノ酸の配列は動物種によって多少異なるが，いずれも同様の機能をもつ。

α鎖を構成するアミノ酸の種類をいくつかの脊椎動物間でそれぞれ比較すると，サメとその他の生物との間には79～92個の違いがある。一方，哺乳類の間では23～34個と比較的少ない。アミノ酸の置換数は，共通祖先から分岐してからの時間を反映している(➡p.280)。

ヘモグロビンのα鎖を構成するアミノ酸の比較

	サメ	コイ	イモリ	ニワトリ	カンガルー	イヌ
サメ						
コイ	85					
イモリ	92	74				
ニワトリ	82	71	60			
カンガルー	84	71	67	39		
イヌ	80	70	65	48	34	
ヒト	79	71	62	42	27	23

数字は，種類が異なるアミノ酸の数を示す。

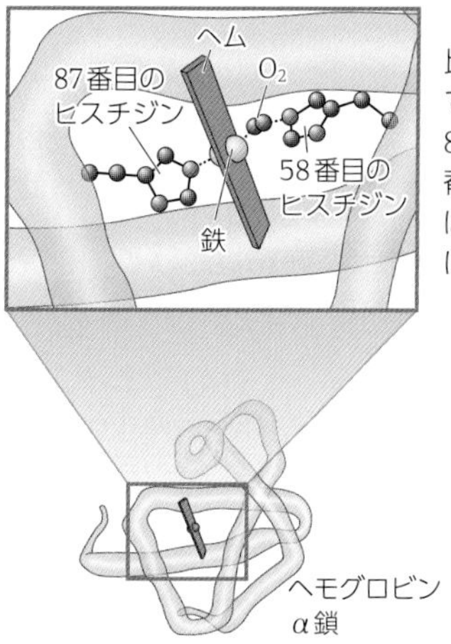

ヘモグロビンα鎖のアミノ酸配列を脊椎動物間で比較すると，広く共有・保存されている部分とそうでない部分がある。たとえば，ヒトでは58番目と87番目のアミノ酸に相当するヒスチジンはすべての脊椎動物で保存されている。この2つのヒスチジンは，酸素の安定な結合に必要であり，このアミノ酸に置換が起こると，ヘモグロビンの働きが失われる。

ヘムとO_2に結合するヒスチジン

ヒト	…QVKGHGKKV…LSDLHAHK…
ネズミ	…QVKGHGKKV…LSDLHAHK…
トリ	…QIKGHGKKV…LSDLHAHK…
カメ	…QIRTHGKKV…LSDLHAQT…
カエル	…QISAHGKKV…LSDLHAYD…
マグロ	…PVKAHGKKV…LSELHAFK…
サメ	…SIKAHGAKV…LATFHGSE…

Ⓑ中立進化

ヘモグロビンα鎖の例からもわかるように，突然変異は，タンパク質の働きや形質に影響を及ぼすとは限らない。また，影響を及ぼしても自然選択を受けないこともある。そのような突然変異でも，遺伝的浮動によって集団内に広まることがある。このような進化は，**中立《ちゅうりつ》進化《しんか》**と呼ばれる。

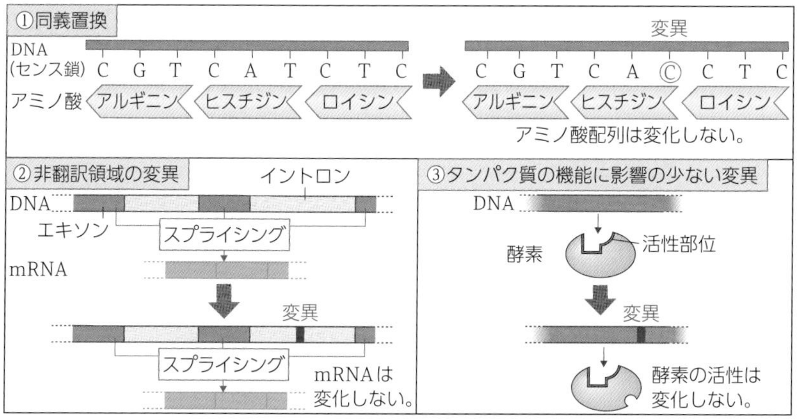

Ⓒ中立的な突然変異とその蓄積

中立的な突然変異は，その性質から，エキソンのうちのタンパク質の働きに影響を及ぼさない部分や，イントロン，偽遺伝子(➡p.259)，コドンの3番目の塩基などに蓄積されやすい。

インスリンの前駆体であるプロインスリンは，A鎖とB鎖，およびC鎖の3つの部分からなる(➡p.97)。インスリン形成時に除去されるC鎖の分子進化の速度は，最終的にインスリンを構成するA鎖とB鎖の約6倍となっている。

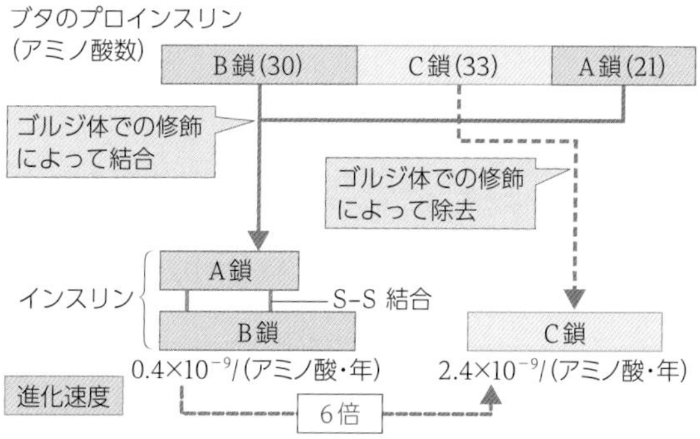

Up▸▸▸ To Date 雄駆動進化説

ヒトなどの有性生殖を行う生物では，配偶子の大きさや形が雌雄で著しく異なることが多い。つくられる数も異なっており，精子は卵よりも圧倒的に多くつくられることから，形成時の細胞分裂回数やそれに伴うDNA複製の回数も多い。ヒトの場合，雌性生殖細胞系列では，ある卵ができるまでに約33回の細胞分裂を経るのに対し，雄性生殖細胞系列では，約160回の細胞分裂を経て精子ができるとの推定もある。

生殖細胞形成時のDNAの複製エラーは，突然変異の主な原因である。精子形成では卵形成よりも多くの細胞分裂が起こるため，突然変異の発生率も精子で高くなる。進化は，生殖細胞に生じた突然変異が次世代へ伝わることで起こる。これらのことから進化は雄が先導したとする考えは，雄駆動進化説と呼ばれ，宮田らによって1987年に提唱された。

生殖細胞の細胞分裂回数に性差がある場合，突然変異の発生率は染色体間で異なり，雄のみに由来するY染色体で高く，雌に由来する割合の大きいX染色体で低くなることが予測される。これについて，複数の脊椎動物でゲノム配列の比較が行われた。その結果，突然変異の発生率はY染色体の方が高くなることが確認され，雄駆動進化説は，現在，広く支持されている。

子のもつ染色体が父親(雄)または母親(雌)に由来する確率

	常染色体	X染色体	Y染色体
雄	1/2	1/3	1
雌	1/2	2/3	0

***ZFX*遺伝子と*ZFY*遺伝子**　哺乳類の共通祖先での，遺伝子重複で生じた遺伝子。それぞれX染色体とY染色体に存在し，造血幹細胞の増殖に関わる。

※数値は塩基置換数の割合(相対値)

4種類の霊長類で遺伝子配列の一部を比較すると，X染色体にある*ZFX*遺伝子に比べて，Y染色体にある*ZFY*遺伝子では高頻度で突然変異が生じている。

豆知識　染色体間で組換えが起こると，ふつう，DNA修復も行われるが，X染色体とY染色体では相同な部分がほとんどなく，組換えとそれに伴うDNA修復が起こらない。これはY染色体で突然変異が多い理由の1つである。しかしながら，雄駆動進化説は，ZW型の性決定様式(➡p.76)をもつツチガエルの研究でも証明されている。

10 隔離と種分化

1 異所的種分化 生物

地理的隔離に伴う種分化を異所的種分化《いしょてきしゅぶんか》という。

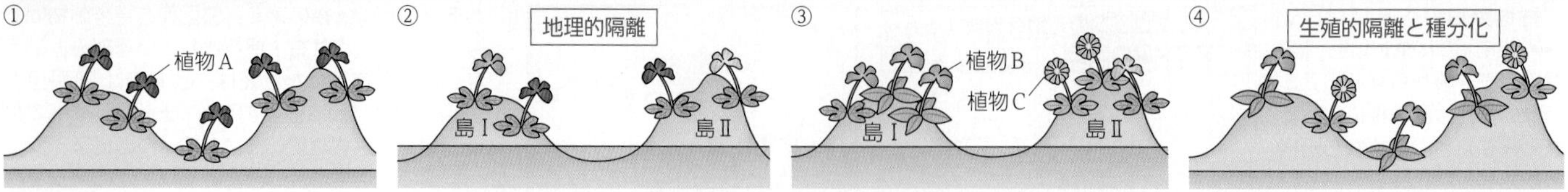

① ある植物Aが広い範囲に生育していた。

② 生息地域が分断され，両島の植物Aの間で交配が起こらず，別々の突然変異体が生じた。

③ 島Ⅰと島Ⅱの植物Aに，さらに別々の突然変異が起こって植物B，植物Cが生じ，それぞれの環境に適応して増殖した。

④ 島Ⅰと島Ⅱが再び陸続きになっても，植物Bと植物Cは交配できなくなっており，異なる種となっている(種分化)。

地理的隔離《ちりてきかくり》…土地の隆起や海面の上昇などによって生物集団が地理的に分断され，互いに交配できなくなること。
生殖的隔離《せいしょくてきかくり》…集団間の遺伝的な違いによって，交配できないか，交配しても生殖能力のある子を生じないなど，その間の遺伝子流動が制限されていること。
種分化《しゅぶんか》…生殖的隔離が成立し，異なる種に分化すること。

テッポウエビの異所的種分化

パナマ地峡は，今からおよそ300万～350万年前に海底が隆起して生じた地峡で，北米大陸と南米大陸をつないでいる。

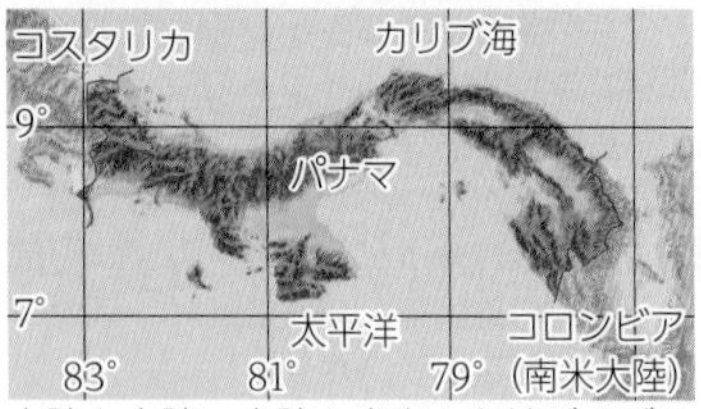

大陸と大陸，大陸と半島とを結ぶくびれた狭い陸地を地峡という。

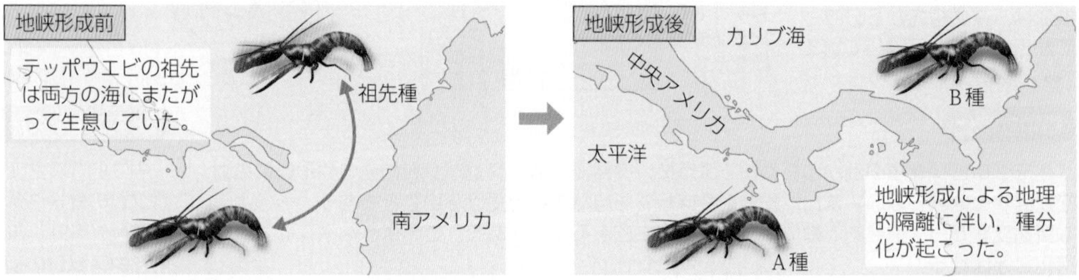

パナマ地峡付近の太平洋には，テッポウエビ(A種)が生息している。地峡をはさんだ反対側のカリブ海には，これと遺伝的に最も近縁な種（B種）が生息している。ミトコンドリアDNAの解析などから，これら2種は共通の祖先をもち，パナマ地峡が隆起したあたりの年代に分岐したことが示唆されている。すなわち，パナマ地峡の隆起による地理的隔離によって，種分化が起こったと考えられる。これら2種を人為的に交配させると，交尾自体は行われるが，幼生はほとんど生じないことから，生殖的隔離が成立していることも確かめられている。

2 同所的種分化 生物

地理的隔離のような遺伝的な交流の物理的な妨げが起こらない場合でも，遺伝的な交流のある集団内に，微妙な形態や行動の違いをもつ小集団がつくられ，やがてそれらの間で生殖的隔離が生じて種分化が起きることがある。これを**同所的種分化**《どうしょてきしゅぶんか》という。

シクリッドの同所的種分化

東アフリカのヴィクトリア湖では，500種以上ものシクリッドという魚類が生息している。これらは，すべての共通の祖先から多様化し，その種分化のしくみには，視覚が関係すると考えられる例がある。

▶**婚姻色を呈す2種類のシクリッド(雄)**
左は比較的浅いところ，右は深いところに生息する種である。

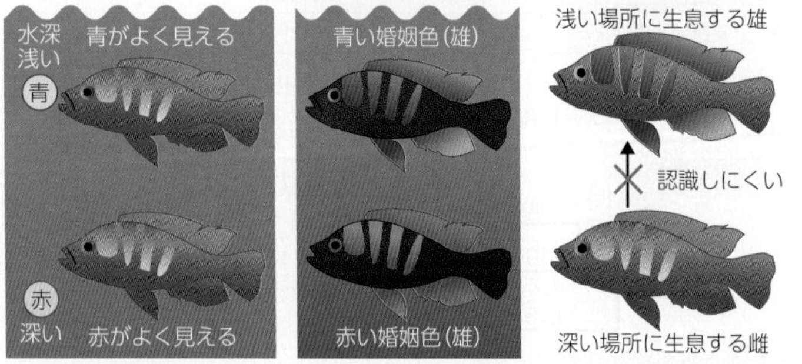

①水の濁りや水深によって，届く光の波長(色)は異なる。この光環境に適応した視覚が発達した。

②雄の婚姻色が，適応した視覚に認識されやすい色に変化した。

③雌が他の色の雄の婚姻色を認識しにくくなり，交配が起こりにくくなって種分化が起きた。

PLUS α 倍数化によるコムギの進化

植物では，ゲノムの倍数化(➡p.258)によって新しい種が短期間に生じたことが知られている。たとえば，六倍体であるパンコムギは，次のような過程で生じたと考えられている。

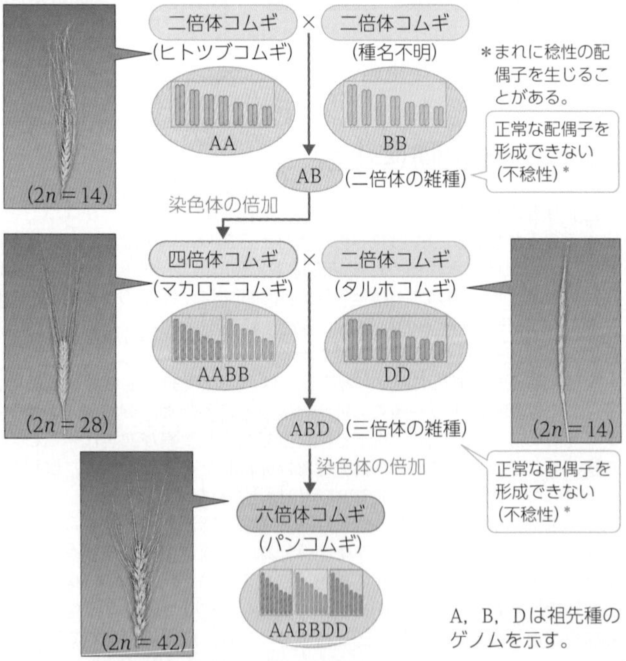

A，B，Dは祖先種のゲノムを示す。

豆知識　現在のヴィクトリア湖は，約1万2000年前に形成された。したがって，ヴィクトリア湖に固有のシクリッドは，1万2000年の間に，かたちや大きさ，体色などの形態のほか，魚食や鱗食い，貝食といった食性など，さまざまな点において多様化し，500種以上に分化したと考えられる。

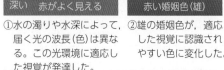

11 進化の研究の歴史

生物

History of Evolutionary Studies

1 ダーウィン以前の進化論 生物

1809年，ラマルクは，『動物哲学』を著し，進化に関するはじめての科学的な理論を唱えた。ラマルクは，「よく使われる器官は発達し，そうでない器官は退化していく。また，それによって獲得した形質は，遺伝によって子孫に伝えられる。」と考えた。このような説を用不用の説という。用不用の説は，獲得形質の遺伝を認めている。しかし，現在では，獲得形質の遺伝は否定されている。

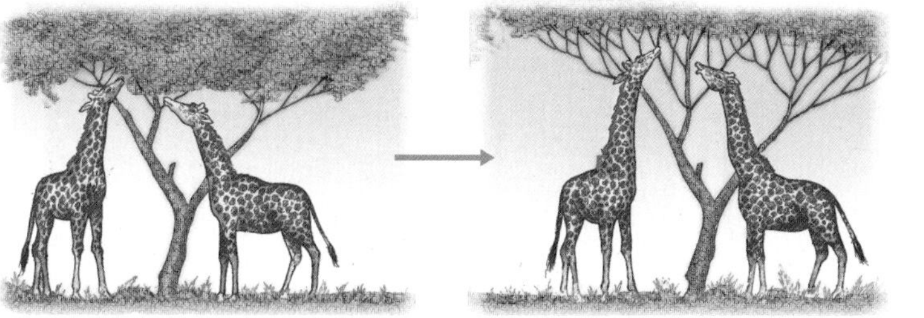

ラマルク

ラマルクは，たとえばキリンが葉を食べるために一生懸命首を伸ばせば一生の間にいくらか首が長くなり，この変化は子に受け継がれると考えた。また，これが進化の原動力であると考えた。

2 自然選択説 生物

生活上有利な変異を示すものは，環境に適応して，生存競争に勝ち残り，子孫を残す。このような自然選択によって生物は進化するという説を自然選択説《しぜんせんたくせつ》という。

イギリスのダーウィンは，学生時代から博物学に興味をもち，22歳の時に海軍の測量船ビーグル号に乗船した。1831年からおよそ5年間にわたる世界一周の航海で，多くの博物学的データを得た。特に，ガラパゴス諸島の動植物を調査し，近縁な種に少しずつ違いがあることに関心をもった。

帰港後，ダーウィンは比較的早い段階で自然選択説を考え出したが，すぐに発表することはせず，その説の裏付けに長い時間を費やしたとされている。しかし，1858年，同じイギリスの博物学者であるウォレスがマレー群島などにおける動植物の観察から，自然選択説と同様の考えをもつに至り，それに関する論文をダーウィンに送付した。そこでダーウィンは，同年，ウォレスの論文と自分の考えをまとめて発表した。さらにダーウィンは，翌年，『種の起源』を著した。

ダーウィン

右：『種の起源』初版本表紙▶

当時は遺伝のしくみが不明であったため，ダーウィンは獲得形質の遺伝をある程度認めていた。また，変異が起こるしくみについては説明されていない。

右下：ダーウィンのスケッチ▶

異なる種が共通の祖先生物からどのように進化していくかを考察した際に描いたものであるといわれている（1837年）。

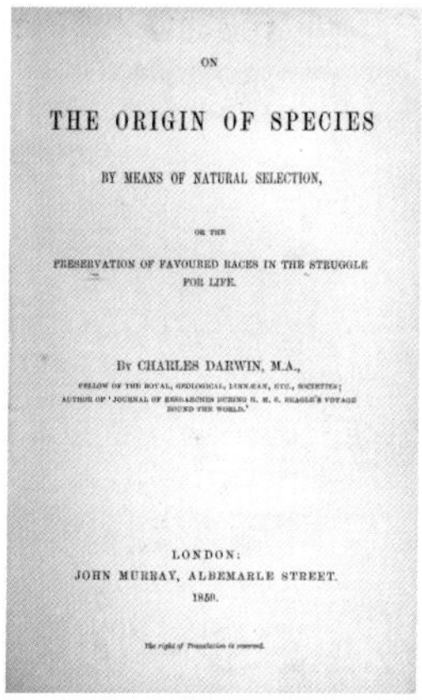

ON

THE ORIGIN OF SPECIES

BY MEANS OF NATURAL SELECTION,

OR THE

PRESERVATION OF FAVOURED RACES IN THE STRUGGLE FOR LIFE.

BY CHARLES DARWIN, M.A.,

FELLOW OF THE ROYAL, GEOLOGICAL, LINNÆAN, ETC., SOCIETIES;
AUTHOR OF 'JOURNAL OF RESEARCHES DURING H. M. S. BEAGLE'S VOYAGE ROUND THE WORLD.'

LONDON:
JOHN MURRAY, ALBEMARLE STREET.
1859.

The right of Translation is reserved.

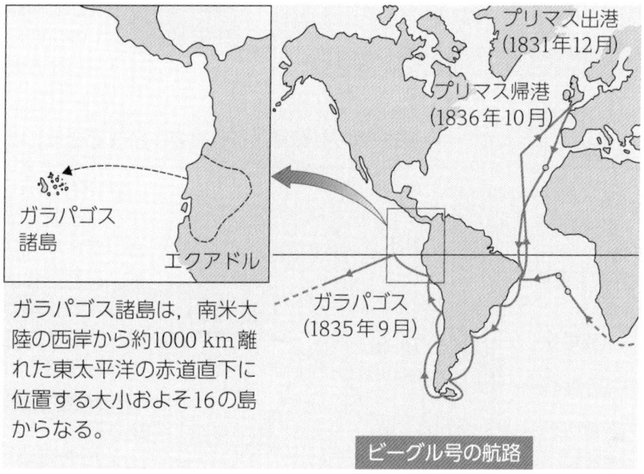

ガラパゴス諸島は，南米大陸の西岸から約1000 km離れた東太平洋の赤道直下に位置する大小およそ16の島からなる。

ビーグル号の航路

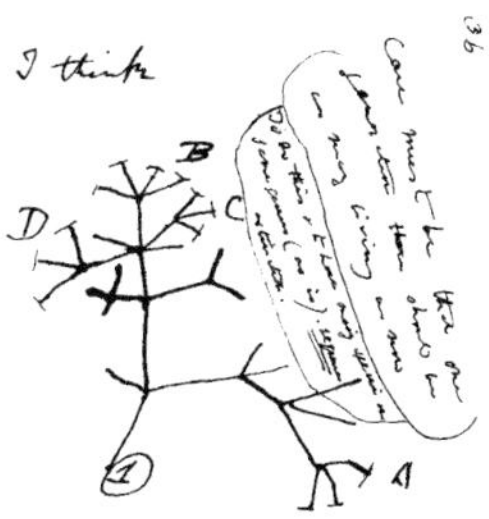

ガラパゴスリクイグアナ

ガラパゴスウミイグアナ

ガラパゴス諸島の独特な生物相はダーウィンを魅了した。

3 突然変異説 生物

ド・フリースは，1901年，「生物の進化は突然変異によって起こる。」という突然変異説《とつぜんへんいせつ》を唱えた。

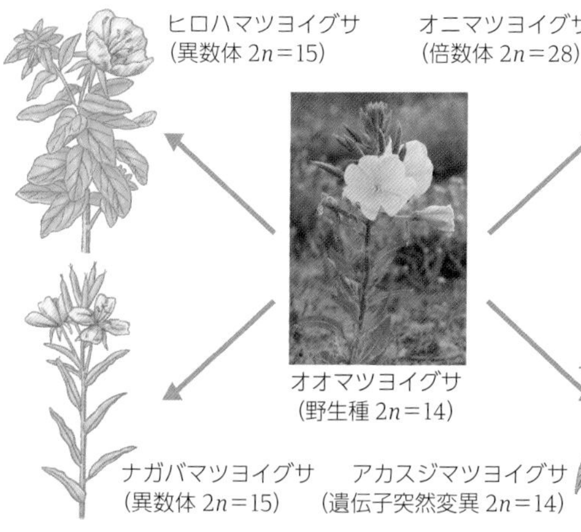

ド・フリース

ド・フリース（➡p.250）は，13年間にわたるオオマツヨイグサの栽培から，同じ環境下で中間形を経ることなく，多くの突然変異体が生じることに気が付いた。さらに，交雑実験を行って突然変異体の形質が次世代に遺伝することを発見した。

4 中立説 生物

木村資生

20世紀中頃，DNAの塩基配列やタンパク質のアミノ酸配列が多く解析され，形質に現れず，自然選択を受けない遺伝的変異が多く存在することや，分子進化の速度は一定であることなどが明らかにされた。

1968年，木村資生は，DNAの塩基配列の変化やタンパク質のアミノ酸配列の変化は，生存にとって有利でも不利でもない中立的なものがほとんどであるという中立説《ちゅうりつせつ》を提唱した。

豆知識 ダーウィンの母親と妻は，陶器製造で有名なウェッジウッド家の出身だった。その支援もあり，ダーウィンは，大学などに勤務することなく研究に没頭することができた。

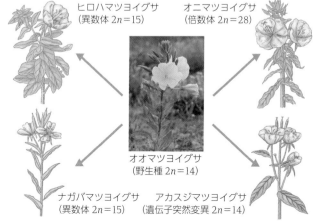

12 生命の起源と細胞の進化① 始原生物の誕生

関連動画をCheck!

生物 The Origin of Life and The Evolution of Cells, Part 1 The Birth of Primordial Organisms

重要 1 原始地球と化学進化 生物

原始地球は，約46億年前に誕生したと考えられている。原始地球では，生命誕生に先立って，無機物から有機物が合成される過程が進行していたと考えられている。

Ⓐ原始地球のようす

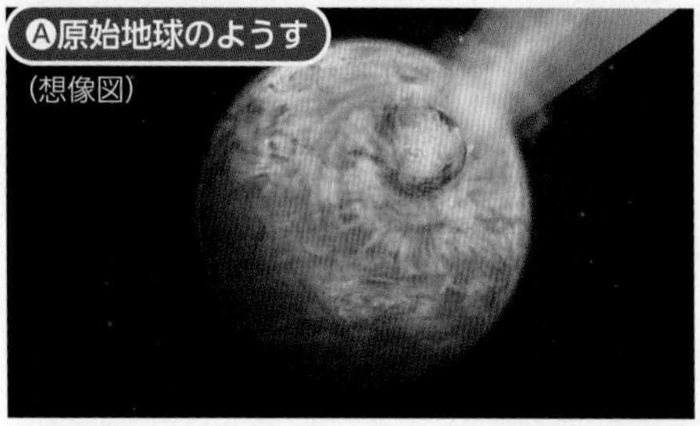

(想像図)

約46億年前に誕生した地球は，微惑星の衝突などによって地表面が1500～2000℃に達し，マグマの海でおおわれていた。原始地球の大気は，微惑星の衝突によって放出された窒素，二酸化炭素，水蒸気などからなる酸化型大気であったと考えられている。

Ⓑ海洋の形成と初期の化学進化

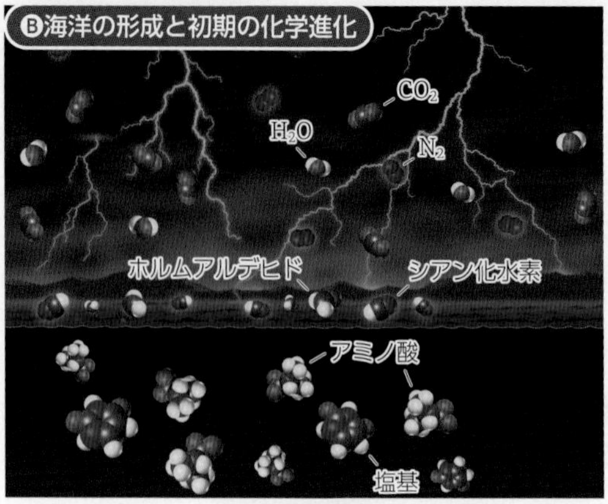

海洋・陸地の形成

微惑星の衝突が減少すると，地球の温度は徐々に低下し，大気中の水蒸気が雨となって陸上に降り注いで海洋を形成した。また，地表面のマグマが固まり陸地を形成した。

分子量の小さな有機物の合成

大気中では，二酸化炭素，窒素，水蒸気などが雷の放電エネルギーや宇宙からの放射線によってアミノ酸や塩基などに変わり，海洋に溶け込んだと考えられる。低分子の有機物には，隕石《いんせき》によって宇宙から飛来したものもあると考えられている。

Ⓒ化学進化の概要

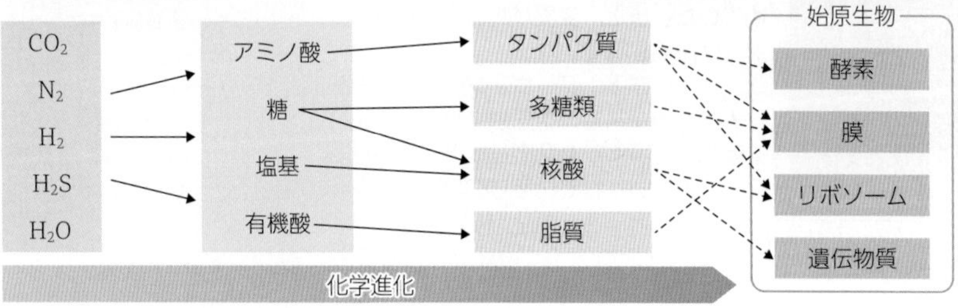

原始地球の環境では，無機物からアミノ酸や糖，塩基などの比較的分子量の小さな有機物が合成された。さらにこれらの有機物から，タンパク質や核酸などの分子量が大きな有機物が合成され，生物を構成する主な有機物が生じたと考えられている。原始地球におけるこのような過程を**化学進化《かがくしんか》**という。

現在の深海底にみられる**熱水噴出孔《ねっすいふんしゅつこう》**は，高温・高圧で，NH_3，CH_4，H_2Sなどの強い還元作用をもつ物質の濃度が高く，有機物の合成に適した場所である。このような環境で化学進化が進んだとする考え方がある。

2 ミラーの実験 生物

ミラーは，数種類の無機物から有機物が合成できることを実験的に示した。

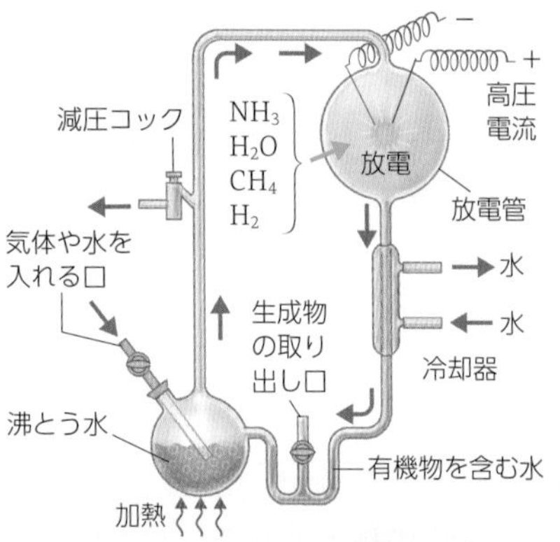

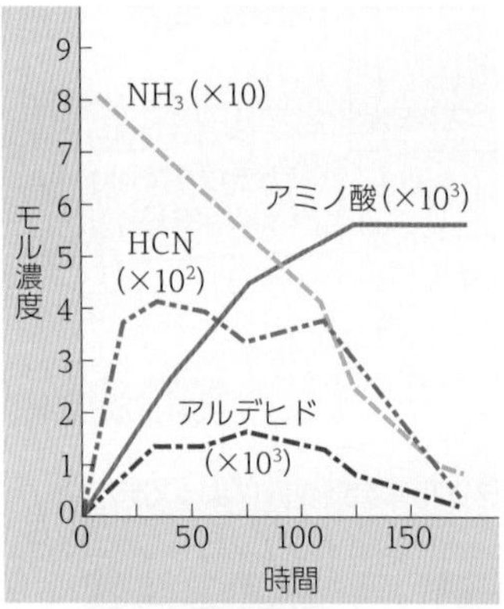

1953年，ミラーらは，原始地球の大気はH_2やCH_4，H_2O，NH_3などからなる還元型であるという当時の考えにもとづき，これらの気体を混合して6万ボルトの放電を続けながら循環させる実験を行った。その結果，シアン化水素(HCN)やアルデヒドを経て，グリシンやアラニンなどのアミノ酸が合成されることを示した。現在では，原始大気はN_2やCO_2，H_2Oを主成分とする酸化型大気であると考えられているが，このような環境でも有機物が合成されることが報告されている。

アミノ酸(グリシン)の合成過程

グリシン以外のアミノ酸や有機酸も，シアン化水素やホルムアルデヒドを経て合成されることが明らかになっている。

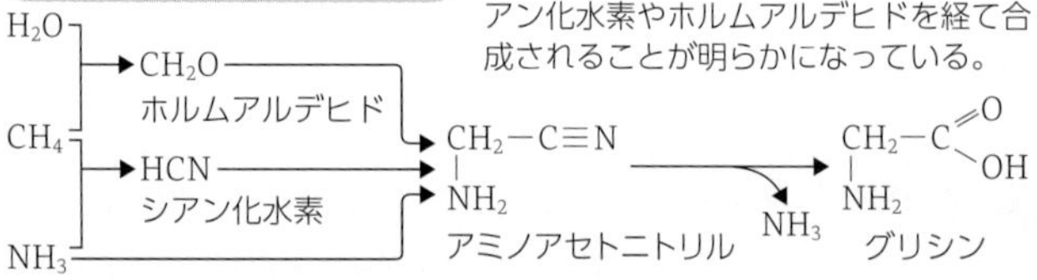

重要 3 化学進化から始原生物の誕生 生物

Ⓐ始原生物の誕生

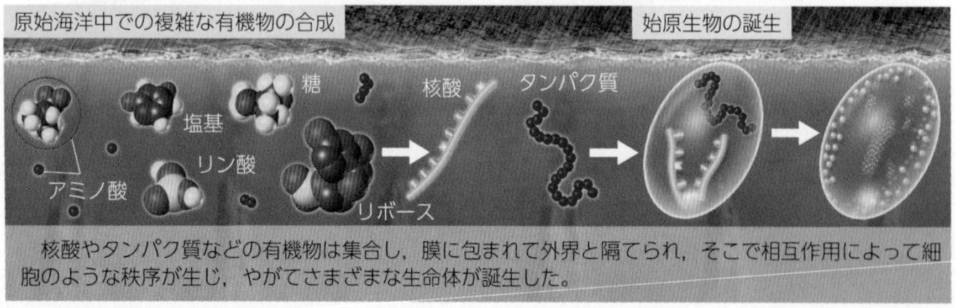

核酸やタンパク質などの有機物は集合し，膜に包まれて外界と隔てられ，そこで相互作用によって細胞のような秩序が生じ，やがてさまざまな生命体が誕生した。

Ⓑ始原生物の特徴

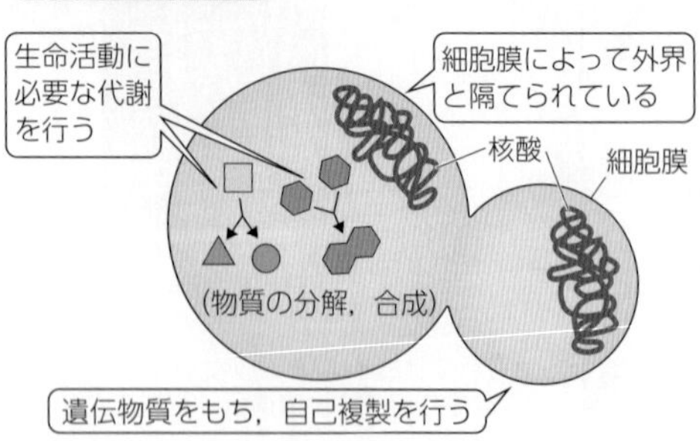

豆知識 マリグラヌールは，マリン(marine，海)とグラニュール(granule，小粒)を合わせた造語である。

PLUS α 始原生物に関わる研究 生物

親水性のコロイドが集まってできた液滴を**コアセルベート**という。オパーリンは，コアセルベートのような液滴が細胞の起源となったと考えた。

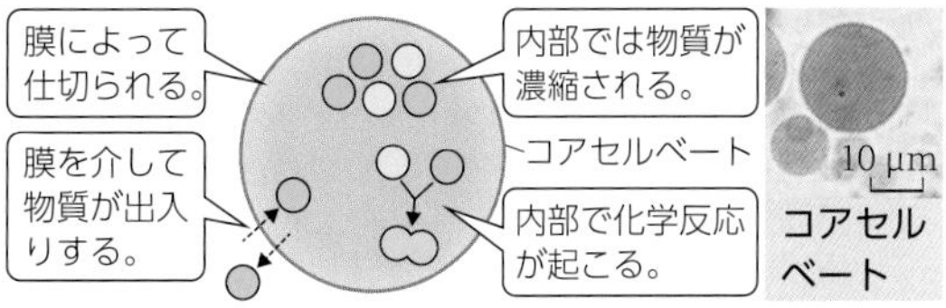

コアセルベートに基質と酵素を加えると，活発な化学反応がみられる。これは，細胞内での代謝の原型と考えられた。

柳川弘志と江上不二夫は，化学進化では金属元素が触媒として重要な働きをしたと考えた。彼らは，熱水噴出孔を模した条件下で，ポリペプチドの膜からなる小粒を形成させた。この小粒は，**マリグラヌール**と呼ばれる。

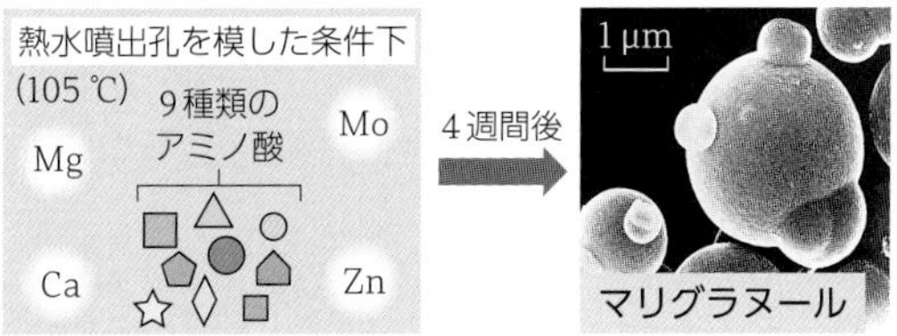

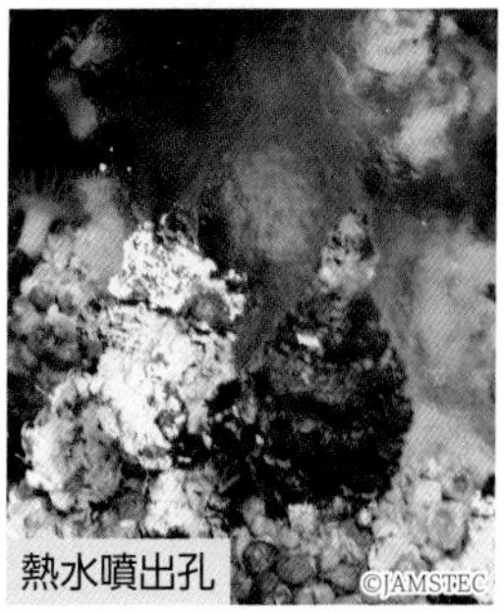

4 始原生物への進化のモデル（RNAワールドからDNAワールドへ） 生物

RNAワールド

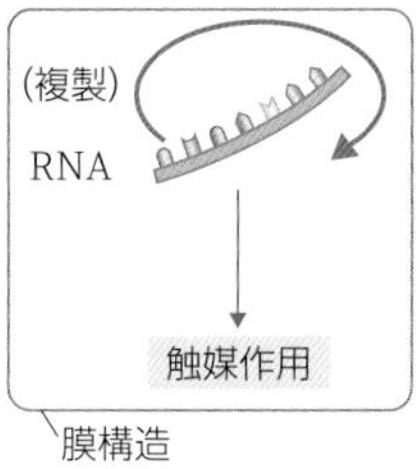

RNAが遺伝情報を担うとともに，一部のRNAは酵素の働きも担っていた（リボザイム）。この頃の細胞膜は，金属が触媒となって合成されたアミノ酸からなると考えられる。

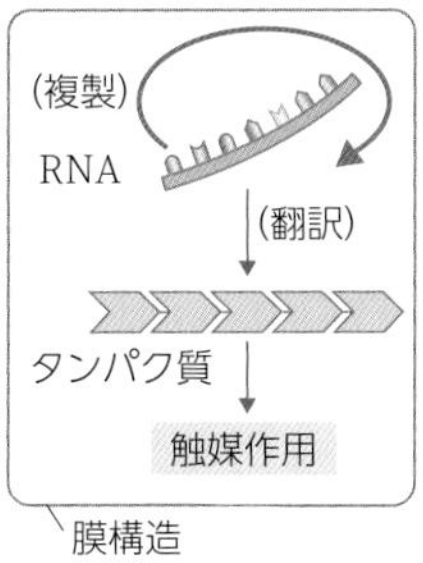

RNAは酵素作用をもつタンパク質を合成するようになった。タンパク質からなる酵素はリボザイムよりも効果的に触媒として作用するため，触媒作用はタンパク質が担うようになった。

DNAワールド

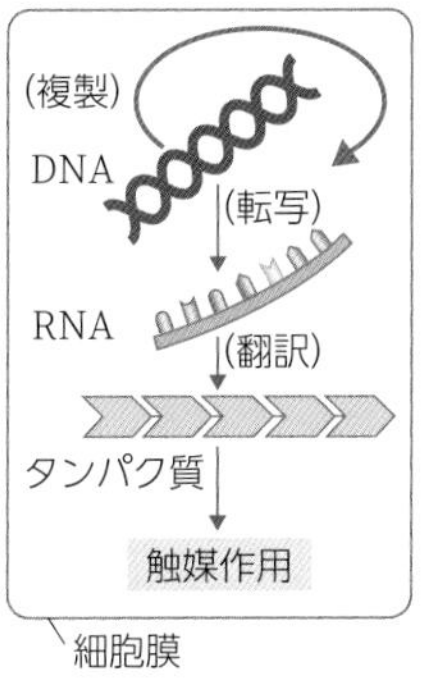

RNAよりも安定な物質であるDNAが逆転写によってRNAから合成され，DNAが遺伝情報を担うようになった。酵素によってリン脂質が合成され，膜構造はリン脂質からなる細胞膜になった。

遺伝子の本体がDNAであり，リン脂質からなる細胞膜をもつ生物が，現存するすべての生物の祖先となった。

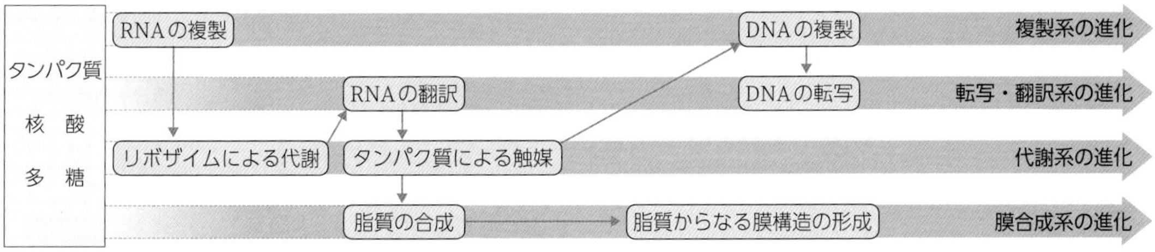

現生のすべての生物は，DNAを中心とするセントラルドグマによって生命活動を行っている。一方，このような生物が出現する前には，RNAを中心として活動する生命体が存在していたという考えがある。原始地球において，生物の基本的な活動がRNAによって支配されていたとされる時代は**RNAワールド**と呼ばれる。これに対し，現在のようにDNAによって支配されている時代は**DNAワールド**と呼ばれる。

リボザイム

1本鎖のRNAには，同じ鎖の離れた塩基どうしが相補的に結合して，特有の立体構造を形成するものがある。このようなRNAのなかからは，酵素のような触媒作用をもつものがいくつか発見されており，**リボザイム**と呼ばれている。

5 細胞の進化 生物

現生生物の祖先は，原核生物であったと考えられるが，従属栄養生物（➡p.46）であったか独立栄養生物であったかについてはわかっていない。

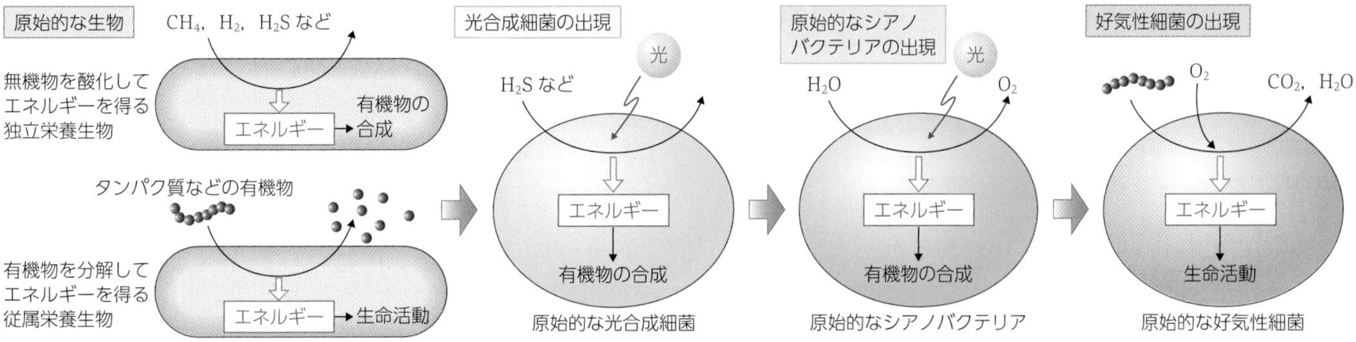

原始地球は，酸素（O_2）がほとんど存在しない嫌気的な環境であった。また，原始海洋中には化学進化によってつくられた有機物が多く蓄積していた。

原始的な独立栄養生物から太陽の光を利用して光合成を行う原始的な光合成細菌が現れた。

原始的な光合成細菌のなかから，酸素発生型の光合成を行う原始的なシアノバクテリアが現れた（➡p.268）。

環境中に酸素が蓄積すると，これを利用して呼吸を行う好気性細菌が現れた。

豆知識　通常，スプライシング（➡p.93）の反応には，RNA とタンパク質からなるスプライソソームと呼ばれる複合体が必要である。チェックは，テトラヒメナ（繊毛虫類）の rRNA がタンパク質がなくてもスプライシングを行うことを見い出し，このことがリボザイムの発見につながった。

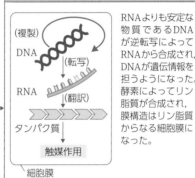

13 生命の起源と細胞の進化② 好気性生物の誕生・細胞内共生

生物 The Origin of Life and The Evolution of Cells, Part 2 Birth of Aerobic Organisms and Endosymbiosis

基本 1 大気組成と生物の進化 生物

地球の大気組成は，生物の変遷などによって変化していった。

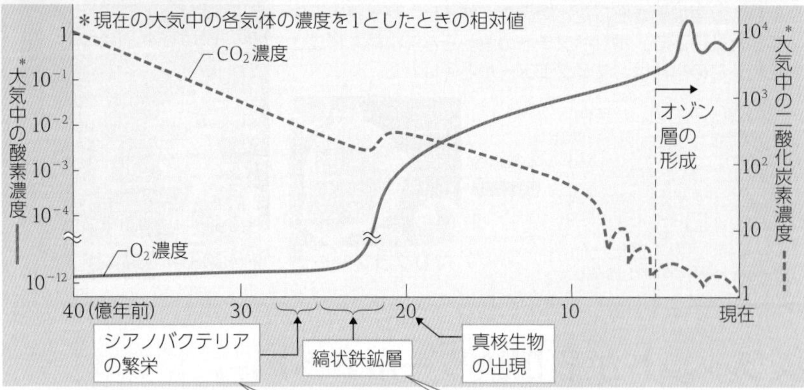

Ⓐシアノバクテリアの繁栄

初期の地球には，酸素はわずかしか存在しなかったが，約27億年前頃，酸素発生型の光合成を行うシアノバクテリアが繁栄して盛んに光合成を行うようになると，多量の酸素が放出されるようになった。

ストロマトライト

約27億～25億年前の地層から，**ストロマトライト**と呼ばれる岩石が世界各地で発見されている。ストロマトライトは，シアノバクテリアの働きで形成される。シアノバクテリアが浅海で粘液を分泌して成長し，マットを形成すると，砂泥や石灰質の粒子がそこに付着・堆積する。シアノバクテリアは，この堆積物上に糸状体を伸ばし，新たなマットを形成する。このくり返しによって，ストロマトライトがつくられる。この時代のストロマトライトの存在は，シアノバクテリアが，地球上に無尽蔵に存在する水を光合成における電子供与体として利用し(➡p.54)，繁栄したことを示唆している。

ストロマトライトの断面

ストロマトライトは，現在も，オーストラリアのシャーク湾などの限られた海域で，形成途中のものを見ることができる。

ストロマトライト

Ⓑ縞状鉄鉱層

シアノバクテリアの光合成によって海洋中に放出された酸素は，まず，海洋中に多量に溶け込んでいた鉄イオン(Fe^{2+})と結合して酸化鉄となり，海底に沈殿・堆積した。これが現在，**縞状鉄鉱層**《しまじょうてっこうそう》と呼ばれる大規模な鉄鉱床となっている。縞状鉄鉱層では，鉄鉱物を主に含む黒色や赤褐色の層と，石英を主に含む白色の層が交互に積み重なっており，縞状に見える。

縞状鉄鉱層

やがて，海洋中の鉄イオンが減少すると，酸素は海水や大気中へ放出されるようになっていった。

PLUS α 酸素の細胞への毒性

酸素は，活性酸素と呼ばれる非常に強い酸化力をもつ物質に変換されると，細胞内でタンパク質や核酸などに傷害を与える。好気性細菌や真核生物など，多くの現生生物の細胞には，SOD (superoxide dismutase; スーパーオキシドディスムターゼ)やカタラーゼなどの活性酸素を除去する酵素が存在する。

酸素存在下では，DNAが酸化傷害を受け，細胞の突然変異率が上昇する。これは，実験的にも示されている。大腸菌は，好気条件下では呼吸を行い，嫌気条件下では発酵を行う。大腸菌の野生株と，SODが合成されない変異株を，嫌気条件下と好気条件下でそれぞれ培養したところ，嫌気条件下では野生株と変異株で突然変異率に差はみられなかったが，好気条件下では変異株の突然変異率が野生株と比較して大きくなった。このことは，酸素存在下では活性酸素が生じて突然変異が誘発されやすくなること，および活性酸素を除去できない変異体ではその影響が大きいことを示している。

	特定の遺伝子に突然変異を生じた細胞の数(細胞10^7個当たり)	
	嫌気条件下	好気条件下
野生株	15	21
変異株	13	121

Ⓒ酸素に耐性をもつ生物の繁栄

酸素は，本来，細胞にとって毒性の高い物質である。海水中の酸素濃度が上昇すると，酸素から細胞を守るしくみをもつ生物が残り，また，そのような生物のなかから，酸素を利用して多量のエネルギーを産生する呼吸を行う生物が出現した。

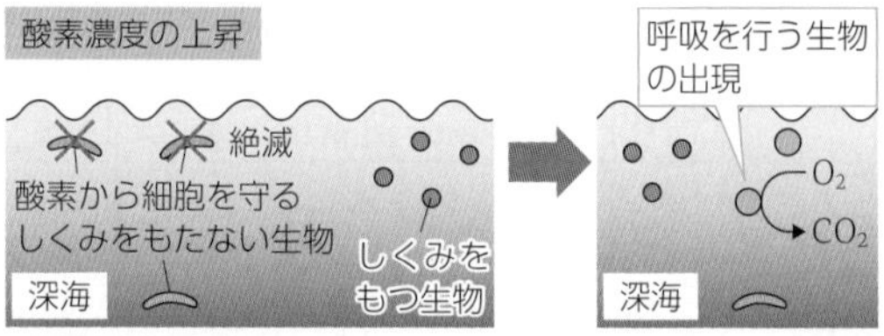

2 真核生物の出現 生物

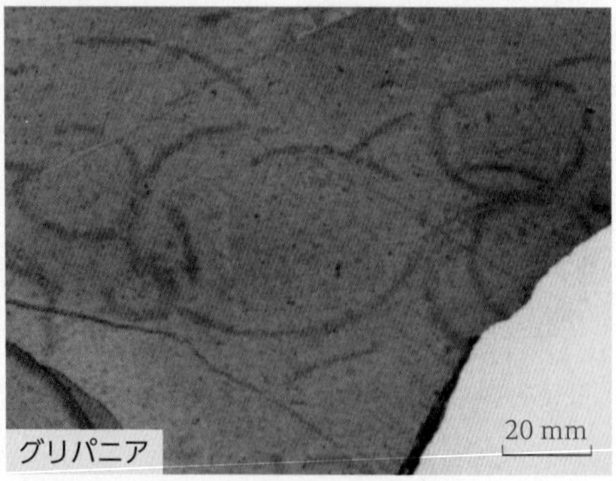

グリパニア

真核生物は20億年前頃に出現したと考えられている。また，現生生物のミトコンドリアは，酸素濃度が現在の大気の100分の1程度に達すると働きが活発になることから，過去の地球においても，酸素濃度がその程度に上昇した頃から，ミトコンドリアをもつ真核生物(➡3)が繁栄したと考えられている。

真核生物最古の化石の1つとして，アメリカのミシガン州にある約19億年前の縞状鉄鉱層から発見されたグリパニアがある。幅0.5～1 mm，長さは数cm～9 cmに及ぶものもある。現生の原核生物にはこのような巨大なものがみられないことから真核生物の化石と考えられている。

豆知識 酸素濃度が現在の大気のおよそ100分の1となる濃度は，パスツール点と呼ばれる。これは，大腸菌などの好気条件下でも嫌気条件下でも生存できる生物が，この酸素濃度を境に発酵から呼吸へと代謝経路を切り替えるおおよその閾値である。

重要

3 細胞内共生と細胞小器官の誕生 生物

真核細胞にみられるミトコンドリアや葉緑体は，細胞内に細菌が共生して生じたと考えられている。

Ⓐ細胞内共生とその根拠

原始的な好気性細菌やシアノバクテリアが宿主の細胞に共生し，細胞内でそれぞれミトコンドリアや葉緑体となって，真核細胞が進化したと考えられている。このように，ある生物の細胞内に別の生物が共生する現象は，**細胞内共生**《さいぼうないきょうせい》と呼ばれる。

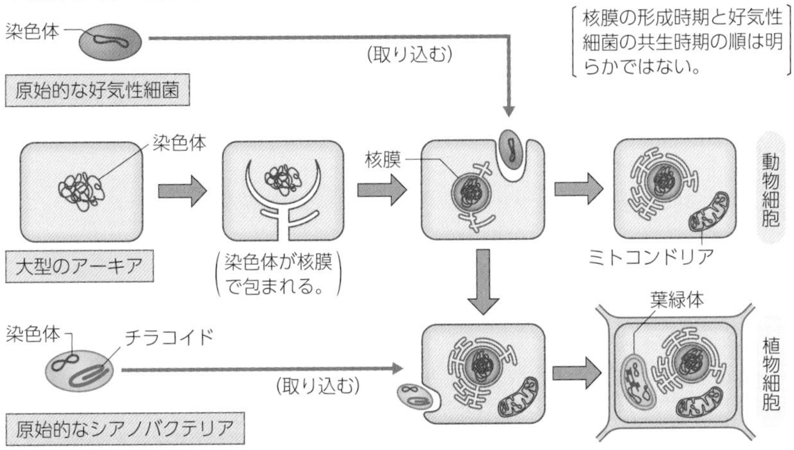

細胞内共生の根拠

- ミトコンドリアや葉緑体は，独自の環状DNAをもつ。ミトコンドリアのゲノムはαプロテオバクテリアと，葉緑体のゲノムはシアノバクテリアとの相同性が高い。また，これらの細菌と類似した代謝経路をそれぞれもっている。
- ミトコンドリアや葉緑体は，細胞分裂時以外も独自に分裂して増殖する。
- ミトコンドリアや葉緑体の内部に含まれるリボソームは，原核生物と同様の70 Sであり，真核細胞の細胞質基質に存在する80 Sのものとは異なる(➡p.20)。

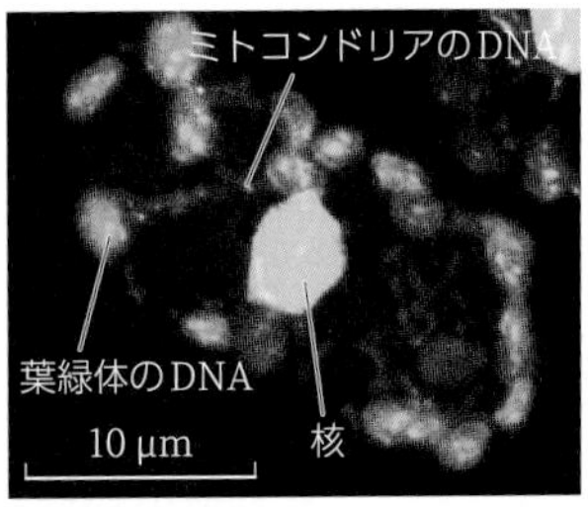

◀シロイヌナズナの細胞の蛍光顕微鏡写真。ミトコンドリアは赤色，葉緑体は緑色，DNAは青色に見えるように処理されている。葉緑体やミトコンドリアの内部にDNAが存在することがわかる。

ⒷミトコンドリアやDNAと核のDNA

ミトコンドリアや葉緑体のもととなった好気性細菌やシアノバクテリアが宿主の細胞内に共生した後，それらの遺伝子の多くは，宿主細胞の核に移行したことが明らかとなっている。そのため，ミトコンドリアや葉緑体の形成・維持には核に移行したDNAにコードされている多くのタンパク質が必要である。また，それぞれの細胞小器官でのDNAの複製や転写に関わる酵素も核のDNAにコードされているため，これらの細胞小器官が細胞外で増殖することはできない。

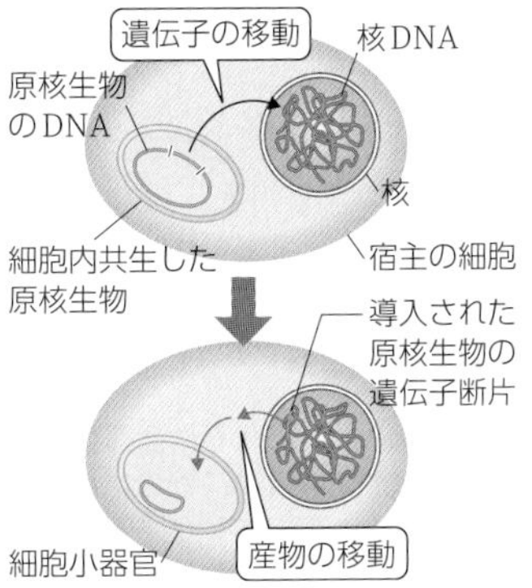

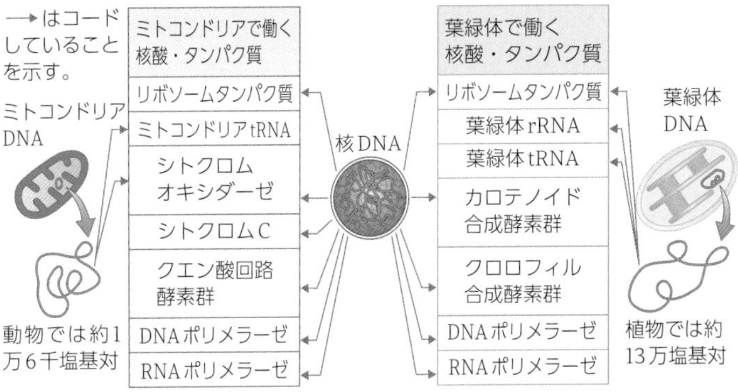

4 生物の多細胞化 生物

現生の多細胞生物は，動物，菌類，植物などのグループに分けることができる。これらのグループの生物の多細胞化は，それぞれ独立して起こったと考えられている。まず，共通の祖先である単細胞の真核生物が各生物群に分かれ，それぞれの分類群のなかで多細胞化が生じた。動物では襟鞭毛虫《えりべんもうちゅう》と動物の祖先が分かれたのち，一度だけ多細胞化が起こったと考えられる。多細胞化によって細胞の機能分化が起こり，それぞれの細胞の働きで1つの個体が維持されるようになった。また，細胞間の情報伝達も発達し，それに関わるさまざまな遺伝子が現れた。

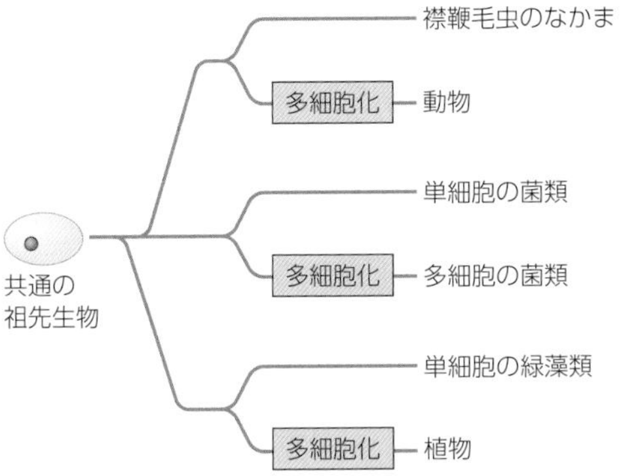

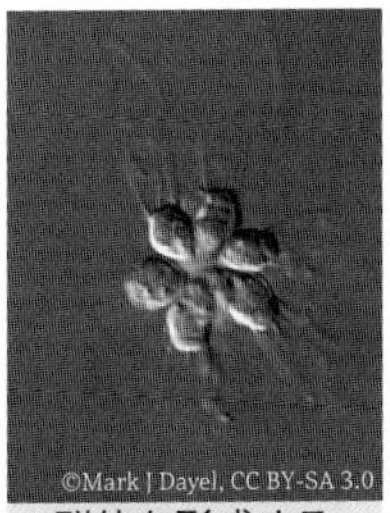

群体を形成する襟鞭毛虫

α PLUS 多細胞化と細胞接着

動物の多細胞化に関連して，動物と動物に近縁な単細胞生物である襟鞭毛虫や他の単細胞生物についてゲノムの比較研究が行われている。動物細胞の細胞間の接着分子であるカドヘリンは，数種類のドメイン(➡p.90)が連なった構造をもつ。これによく似たタンパク質は，襟鞭毛虫のみにみられ，それ以外の単細胞生物にはみられない。しかし，動物のカドヘリンにみられるCCDというドメインが，襟鞭毛虫のカドヘリン様タンパク質には存在しなかった。CCDは，βカテニンとの結合に関与する(➡p.124)。このことから，動物のカドヘリンは，襟鞭毛虫のもつ遺伝子に突然変異が生じて新たにCCDを獲得することで，動物の多細胞化に関与したと考えられる。

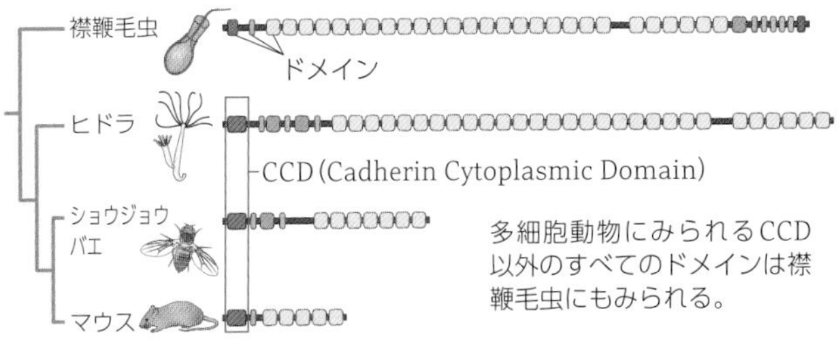

豆知識　動物のミトコンドリアDNAのサイズは大腸菌DNAの約200～300分の1，植物の葉緑体DNAのサイズは大腸菌DNAの20～30分の1程度の大きさである。

14 地質時代と生物界の変遷① 水生生物の繁栄と植物の進化

生物 Geological Age and The Transition of Organisms, Part 1 The Evolution of Aquatic Life and Plants

1 地質時代 生物

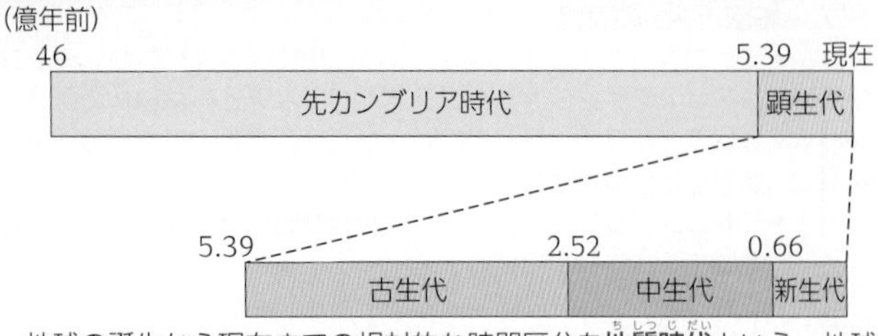

地球の誕生から現在までの相対的な時間区分を**地質時代《ちしつじだい》**という。地球の誕生から5億3900万年前までを先カンブリア時代，それ以降を顕生《けんせい》代《だい》という。顕生代は，古生代，中生代，新生代からなり，生物相の変化によってそれぞれさらに紀に細分化される(➡p.273)。

地質時代46億年を1年に換算したとき，古生代は11月19日から，中生代は12月12日から，新生代は12月26日からとなる。また，人類の出現(➡p.276)は12月31日の午前10時30分頃に相当する。

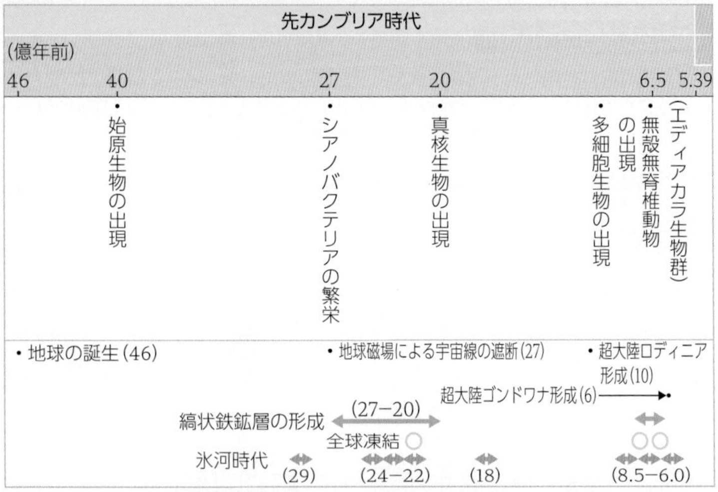

2 エディアカラ生物群 生物

エディアカラ生物群《せいぶつぐん》は，先カンブリア時代末期に繁栄した多細胞生物群で，オーストラリアのエディアカラ丘陵やアフリカのナミビア，ロシアの白海沿岸などで化石が発掘されている。

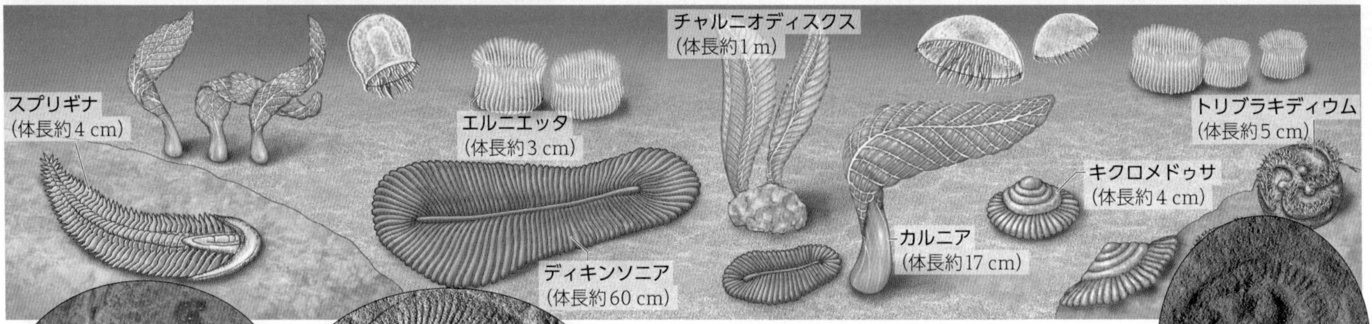

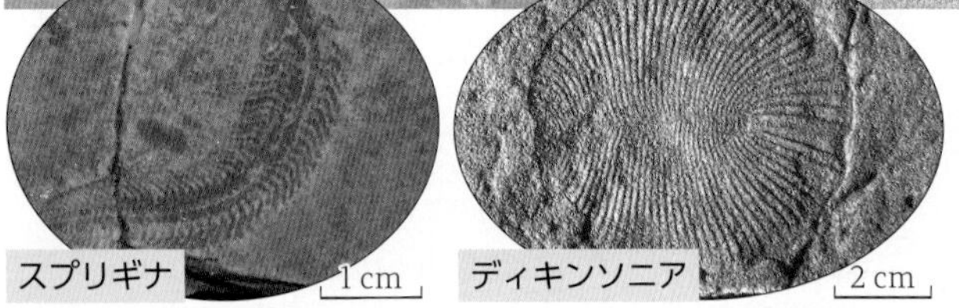

約6億年前以降の生物の化石は多細胞化が顕著になる。エディアカラ生物群の多くは，からだが柔らかく，硬い組織をもたない。また，著しく扁平で消化管ももたないものが多い。現生生物との直接の類縁関係は不明なものが多く，後代の生物にはみられない回転対称の体制をもつもの(トリブラキディウムなど)もいた。

3 バージェス動物群 生物

ロッキー山脈(カナダ)のカンブリア紀の地層(バージェス頁岩《けつがん》)から化石が発掘されている動物群をバージェス動物群《どうぶつぐん》という。類似した化石は，中国の澄江《チェンジャン》でも発見されている(澄江動物群)。

バージェス動物群には，発達した触手や口器，硬い組織，眼をもつものがあり，捕食−被食の関係があったと考えられる。カンブリア紀には，現生の動物の門のほとんどが現われた。これは，動物の多様化が爆発的に生じた(カンブリア大爆発)ためと考えられたが，現在では，多様化は連続的だったが化石に残りやすい動物が多く現われたためそのようにみえると考えられている。

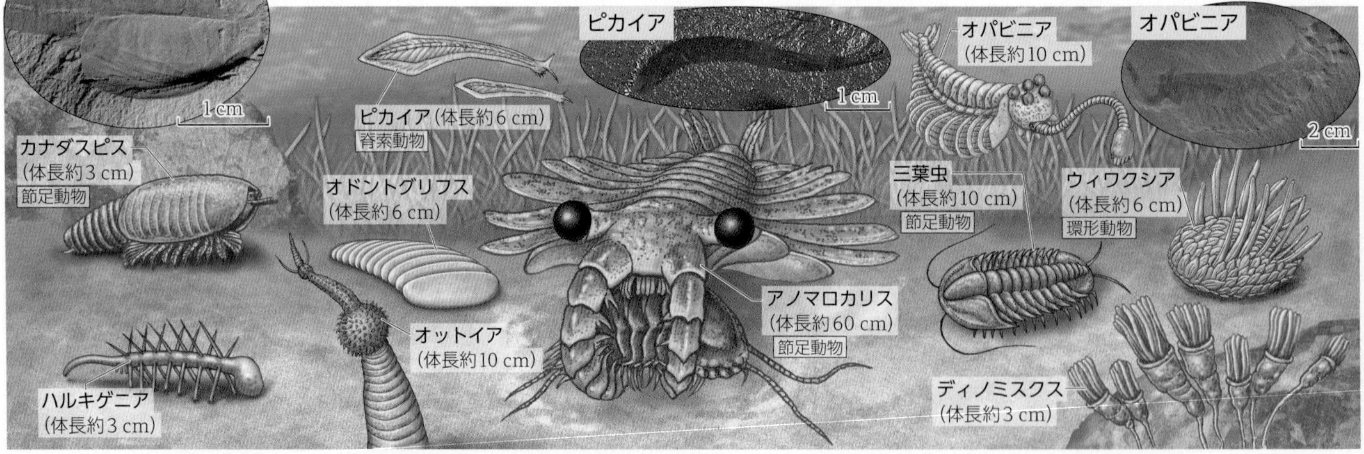

豆知識 カンブリア紀は，この時代の岩石が出土し研究された最初の地がイギリスのウェールズ地方であったことから，ウェールズのラテン語名「カンブリア」から名付けられた。オルドビス紀の「オルドビス」は，ウェールズに住んでいた古代ケルト人の「オルドウィケス族」に由来する。

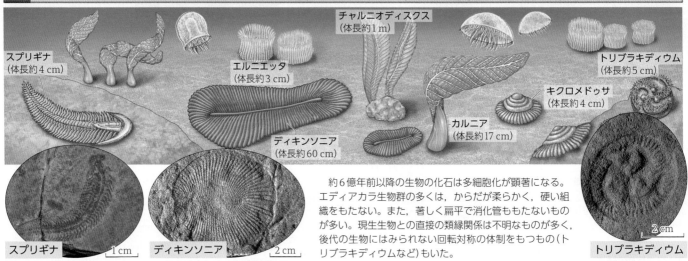

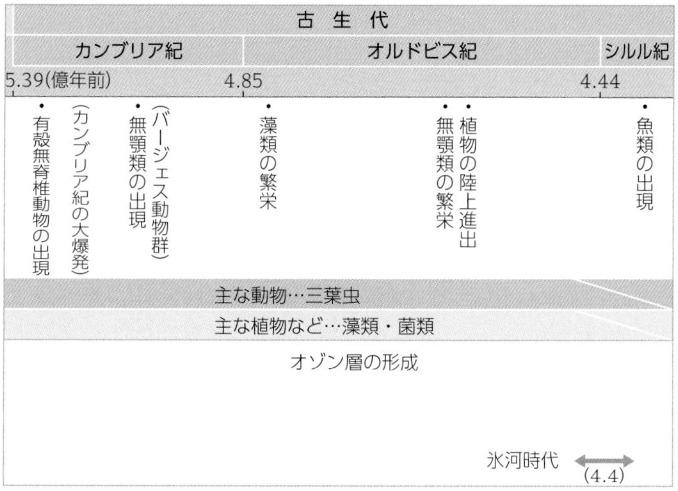

α PLUS オゾン層の形成と生物の陸上進出

約5億年前に繁栄した藻類などの光合成の働きによって大気中の酸素が増加した結果，オゾン層(➡p.329)が形成された。オゾン層は生物にとって有害な紫外線を吸収する。オゾン層の形成によって，地上に届く紫外線の量は減少し，生物の陸上進出が可能となった。

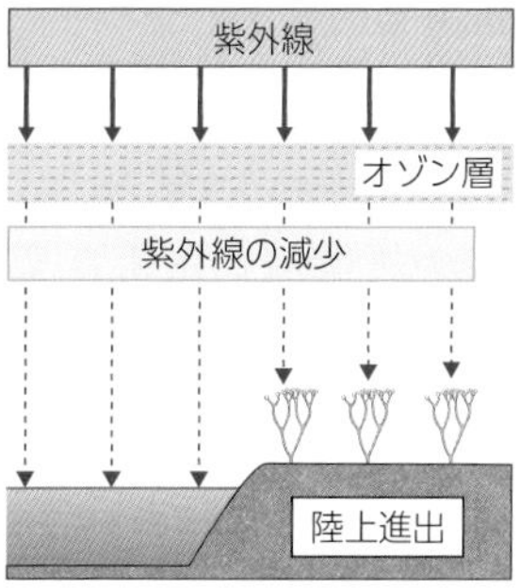

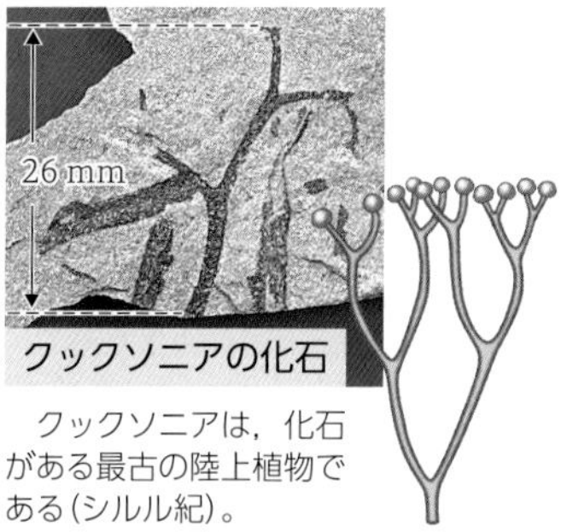

クックソニアの化石

クックソニアは，化石がある最古の陸上植物である(シルル紀)。

4 植物の陸生化 生物

胞子の化石などから，植物はオルドビス紀中期には陸上へ進出していたと考えられている。陸上へ進出した植物は，厚い胞子壁やクチクラ層，さらには維管束を発達させて乾燥に適応した形態へと進化した。

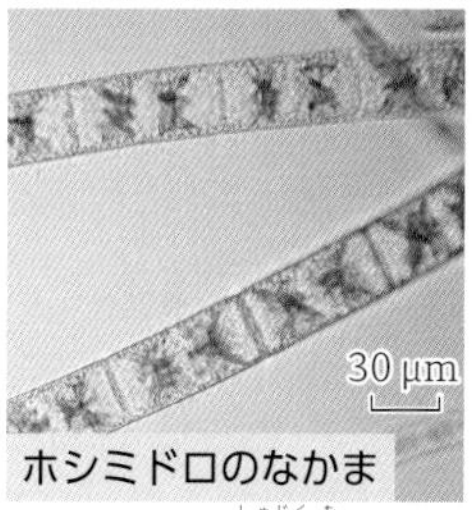

ホシミドロのなかま

陸上植物は車軸藻類《しゃじくも》から進化し，現生のもののなかではホシミドロのなかまが陸上植物の祖先に最も近縁であると考えられている。

光	陸上 > 水中
水	陸上は不足しやすい
温度変化	水中…緩やか 陸上…激しい

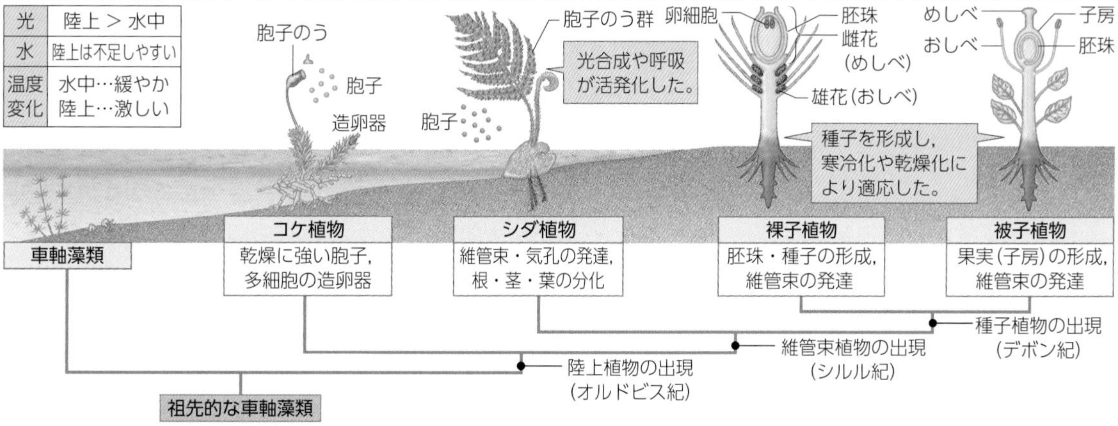

植物の配偶体

植物では，配偶体で卵細胞や精子(精細胞)がつくられて，受精が起こる。コケ植物やシダ植物では，受精に直接水を必要とする。被子植物は，精細胞が花粉(花粉管)によって卵細胞に運ばれるため受精に水を必要とせず，乾燥した陸上での生活により適応している。

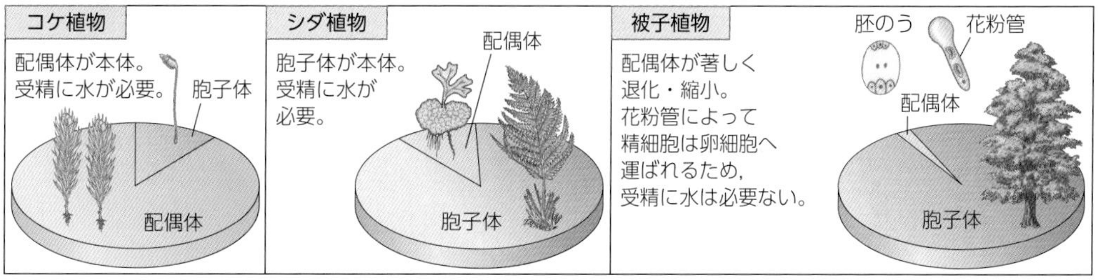

α PLUS 菌類の進化

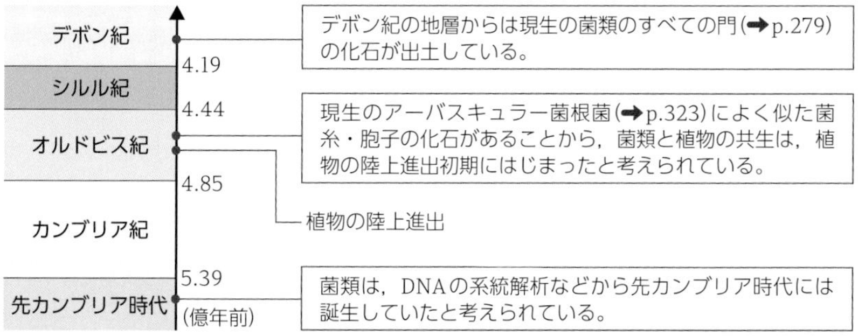

プロトタキシーテス(デボン紀頃)

プロトタキシーテスは，直径1 m，高さ2〜9 mの巨大生物の化石で，形態や化学組成などから菌類であると考えられている。周囲にあるものを手当たりしだいに体外消化・吸収していたと考えられており，維管束植物が繁栄した頃には絶滅していたと推測されている。

豆知識 コケ植物のなかには維管束植物の道管に似た通道組織をもつものもみられるが，維管束植物の道管や仮道管に含まれるリグニンはこの通道組織には含まれない。そのため，コケ植物は維管束をもたないものとされている。

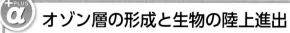

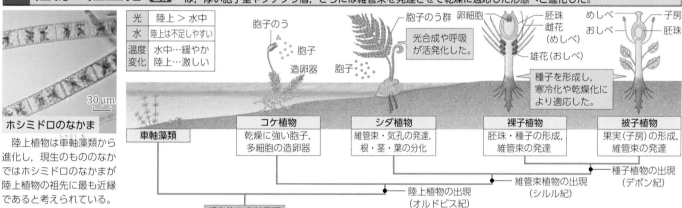

15 地質時代と生物界の変遷② 脊椎動物の進化

生物　Geological Age and The Transition of Organisms, Part 2 The Evolution of Vertebrates

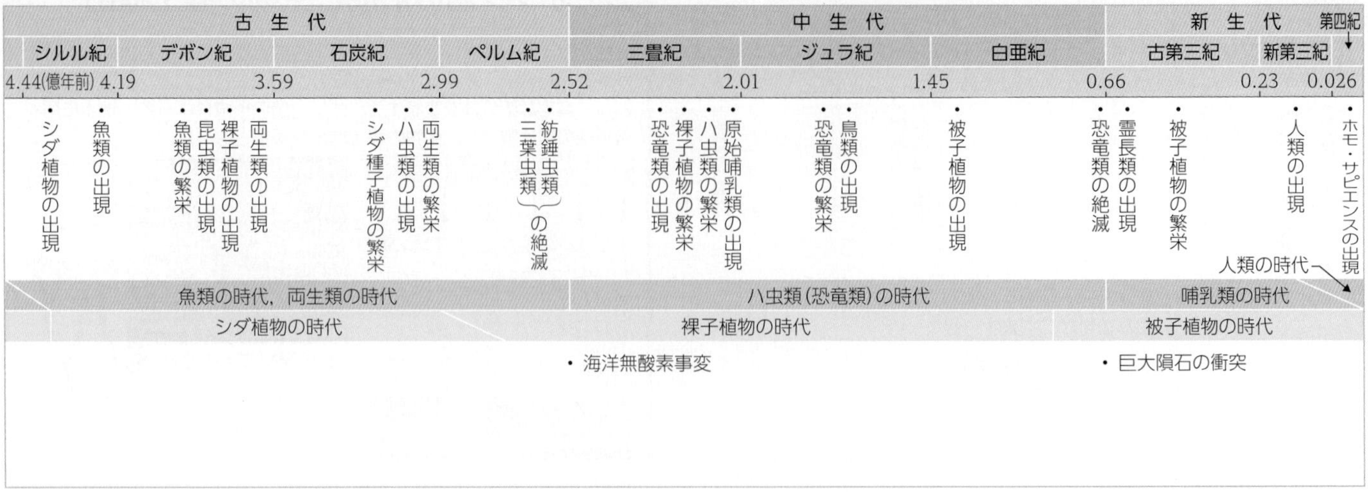

1 脊椎動物の起源と進化 生物

脊椎動物の祖先は，カンブリア紀に原索動物から生じたと考えられている。実際にカンブリア紀の化石から，脊椎動物の祖先やそのなかまと考えられるものが多数見つかっている。

Ⓐ脊椎動物の起源

脊椎動物の祖先は，以前は成体の形態から頭索類と考えられたが，ゲノム解析の結果，尾索類であることが示された。

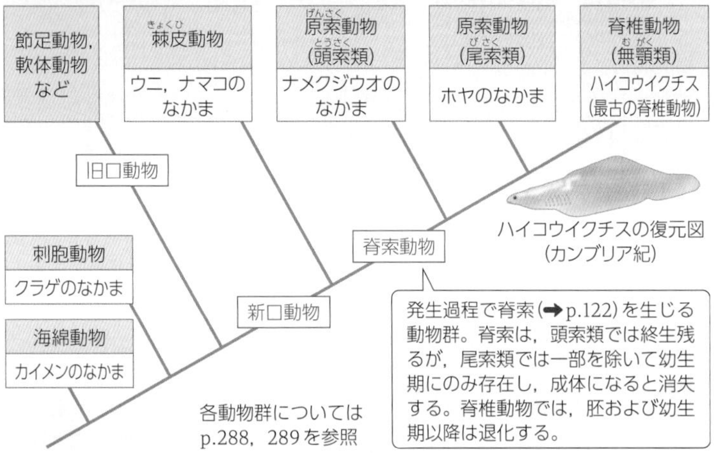

ハイコウイクチスの復元図（カンブリア紀）

Ⓑ魚類の進化

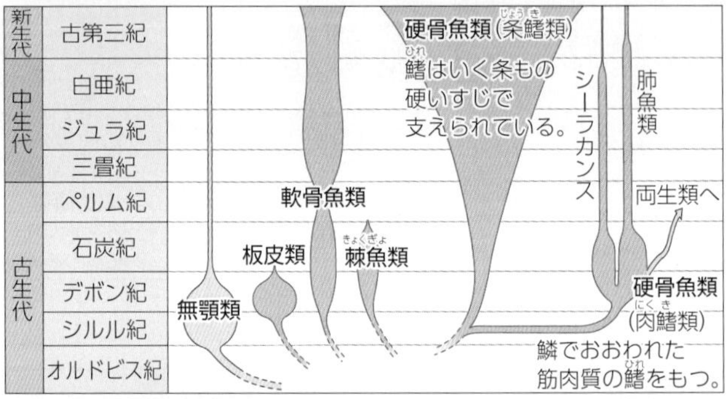

魚類は，シルル紀に無顎類から生じたと考えられている。デボン紀には板皮類や軟骨魚類などさまざまな魚類が存在し，繁栄したが，その後絶滅・衰退したものも多い。現在最も繁栄しているのは硬骨魚類の条鰭類である。また，硬骨魚類の肉鰭類から両生類がデボン紀に出現した。

2 脊椎動物の陸生化 生物

デボン紀には，肉鰭類のなかに肺呼吸を行うものが現れた。その後，四肢を発達させた両生類が現れ，脊椎動物は陸上へと進出していった。また，両生類のなかからハ虫類が現れた。

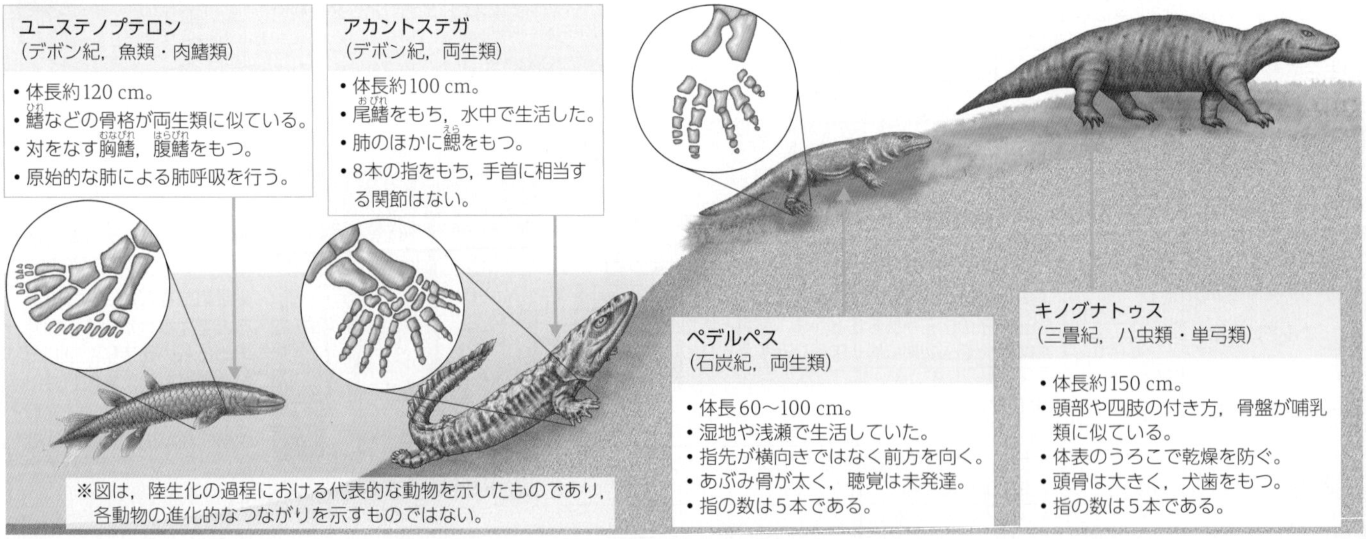

※図は，陸生化の過程における代表的な動物を示したものであり，各動物の進化的なつながりを示すものではない。

豆知識　原索動物の尾索類はからだの外側にセルロースを主成分とする被のうをもつ。動物でセルロース合成遺伝子をもつのは，尾索類のみである。尾索類は，細菌のセルロース合成遺伝子を水平伝播（➡p.283）によって取り込んだと考えられている。

3 有羊膜類(ハ虫類・鳥類，哺乳類)の進化 生物

石炭紀に現れた原始的なハ虫類は2つに分かれ，一方からは現生ハ虫類と鳥類が，他方からは哺乳類が出現した。

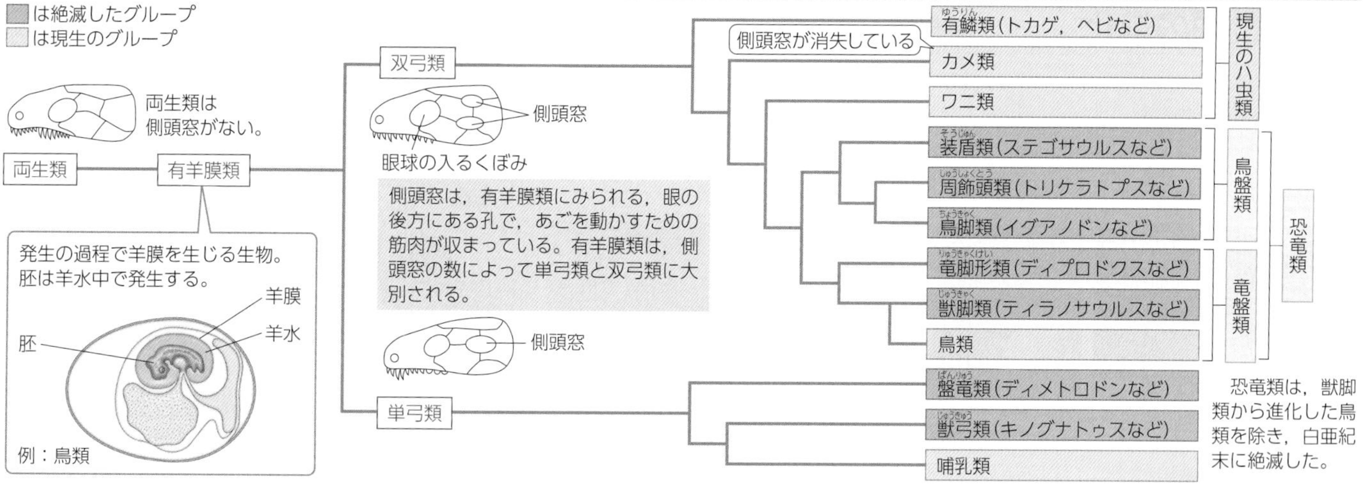

恐竜類は，獣脚類から進化した鳥類を除き，白亜紀末に絶滅した。

4 大量絶滅 生物

短期間にきわめて多くの分類群の生物が絶滅する現象は，大量絶滅《たいりょうぜつめつ》と呼ばれる。地質時代は主に動物相の変遷によって区分されており，各境界では大量絶滅が起こったと考えられている。

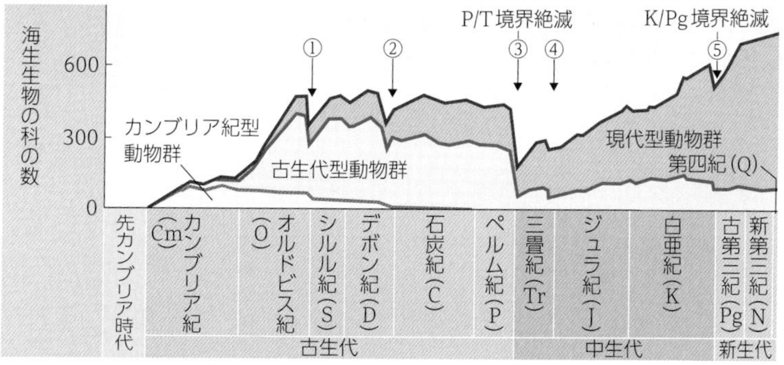

カンブリア紀以降，全生物の7割以上が絶滅した大量絶滅は5回あった(①～⑤)。

大量絶滅の要因

大量絶滅は，激しい火山活動や地殻変動などによる地球環境の大規模な変化によって引き起こされる。たとえば，③P/T境界絶滅は，海洋の酸素の極端な欠乏状態によって起こったとする説がある。また，⑤K/Pg境界絶滅は，直径10 km程度の巨大隕石の衝突がきっかけとなったと考えられている。

大量絶滅後には，それまで栄えていた生物群が占めていた多くのニッチ(➡p.314)が空く。そこに新たなタイプの生物群が進出・適応していくことで，生物相の大きな変遷が起こる。

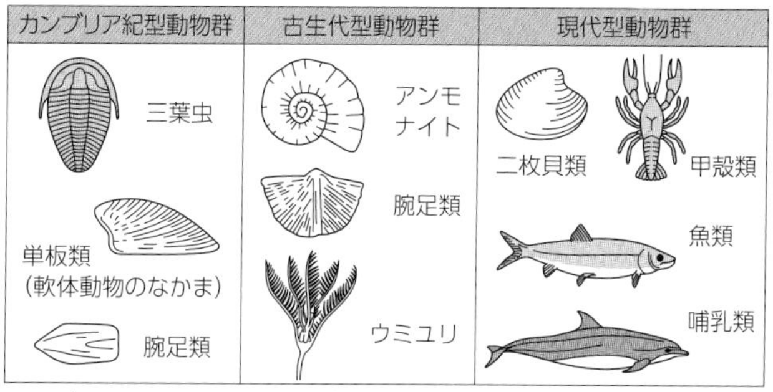

カンブリア紀型動物群…カンブリア紀に多様化し，その後徐々に衰退。
古生代型動物群…オルドビス紀に適応放散し，古生代に繁栄したが，古生代末の大量絶滅によって多様性が減少した。
現代型動物群…中生代以降に多様性が増大した。

5 哺乳類の進化 生物

三畳紀に出現した原始哺乳類は，その後多様化し，白亜紀までには現生のほぼすべての目《もく》が出現した。白亜紀末の大量絶滅を生き延びた哺乳類は，新生代の新しい環境に適応して繁栄していったと考えられている。

単孔類は，オーストラリア区(➡p.307)にのみ生息する。母乳で子を育てるが，卵を産む。

❶はアフリカ大陸，❷は南アメリカ大陸，❸と❹はローラシア大陸(現在のユーラシア大陸と北アメリカ大陸)でそれぞれ進化した。

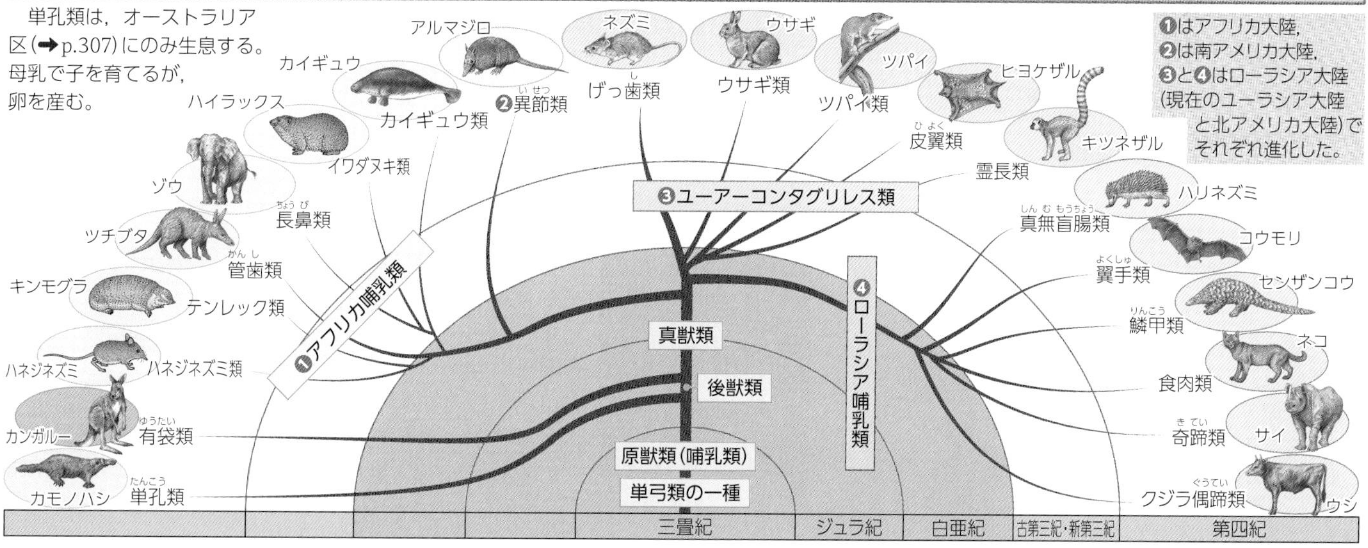

豆知識 白亜紀末期に地球に衝突した巨大隕石(直径約10 km)の衝撃はすさまじく，現在のメキシコ，ユカタン半島付近に直径100 km，深さ12 kmの穴をあけたと考えられている。隕石は，秒速30 kmで地球に衝突し，その衝撃は，マグニチュード10の地震と大規模な津波を引き起こしたとの推定もある。

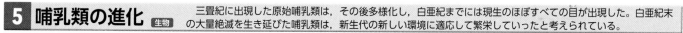

16 霊長類の進化

生物

The Evolution of Primates

1 霊長類の進化 生物

霊長類は，現生のツパイに似た哺乳類から進化したと考えられている。

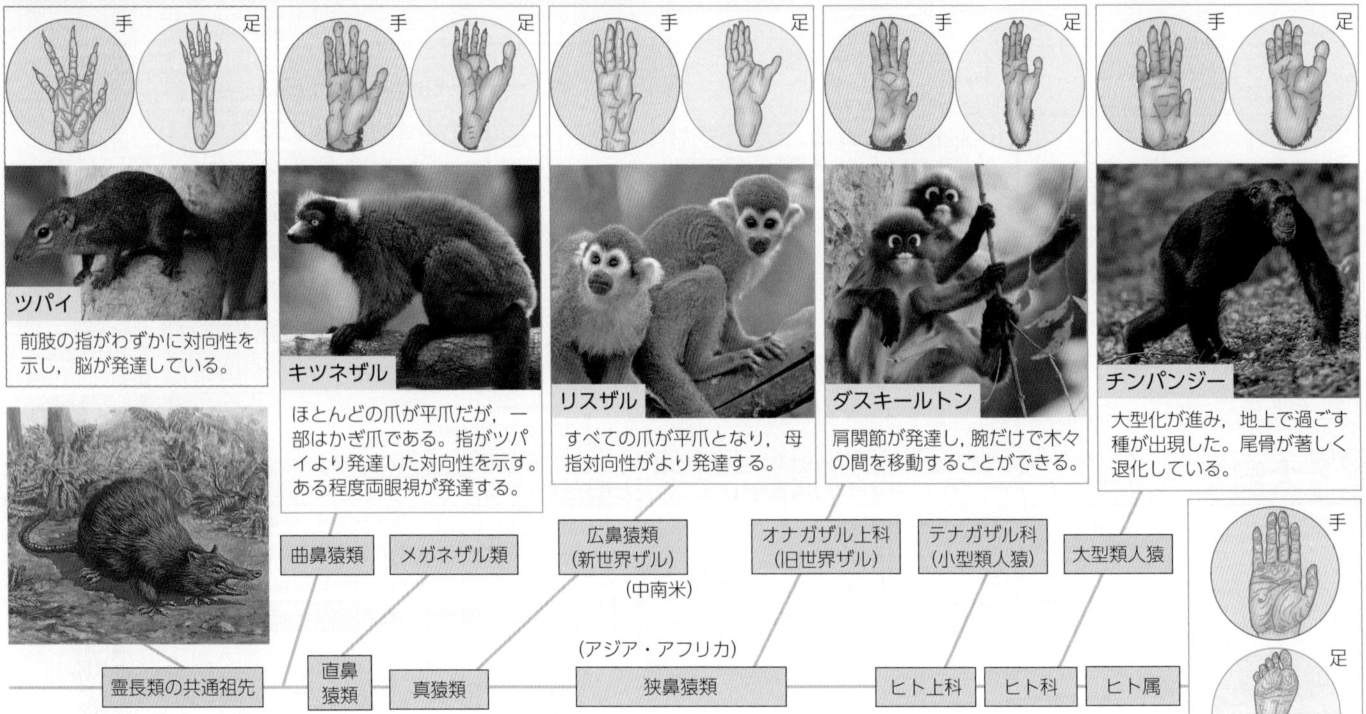

手
足
ツパイ
前肢の指がわずかに対向性を示し，脳が発達している。
キツネザル
ほとんどの爪が平爪だが，一部はかぎ爪である。指がツパイより発達した対向性を示す。ある程度両眼視が発達する。
リスザル
すべての爪が平爪となり，母指対向性がより発達する。
ダスキールトン
肩関節が発達し，腕だけで木々の間を移動することができる。
チンパンジー
大型化が進み，地上で過ごす種が出現した。尾骨が著しく退化している。
曲鼻猿類
メガネザル類
広鼻猿類（新世界ザル）
（中南米）
オナガザル上科（旧世界ザル）
テナガザル科（小型類人猿）
大型類人猿
（アジア・アフリカ）
霊長類の共通祖先
直鼻猿類
真猿類
狭鼻猿類
ヒト上科
ヒト科
ヒト属
ヒト 直立二足歩行で移動する。

中生代	新生代					
白亜紀	古第三紀			新第三紀		
	暁新世	始新世	漸新世	中新世		
（100万年前） 66	56	33.9		23	5.3	

2 樹上生活と霊長類の特徴 生物

霊長類は，生活場所を樹上に移しながら，樹上生活に適応したさまざまな特徴をもつようになった。

Ⓐ母指対向性

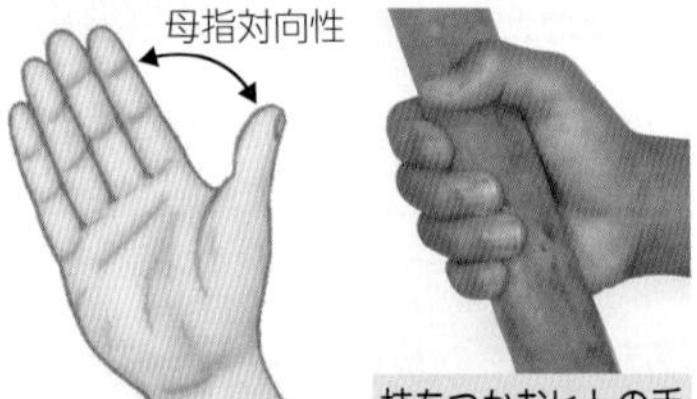

母指対向性

枝をつかむヒトの手

第一指（親指）が短くなり，他の指と向き合って，枝や幹などをしっかり握ることが可能になった。

Ⓑ平爪

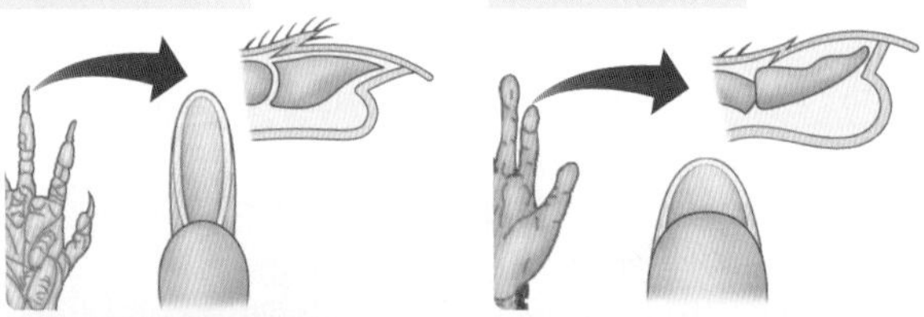

ツパイのかぎ爪
キツネザルの平爪

平爪は，かぎ爪が平たく広がってできたもので，広くなった指先を支えている。霊長類で進化し，ものをつかんだり，樹上で生活したりするのに適している。

Ⓒ眼の前方化と両眼視の範囲拡大

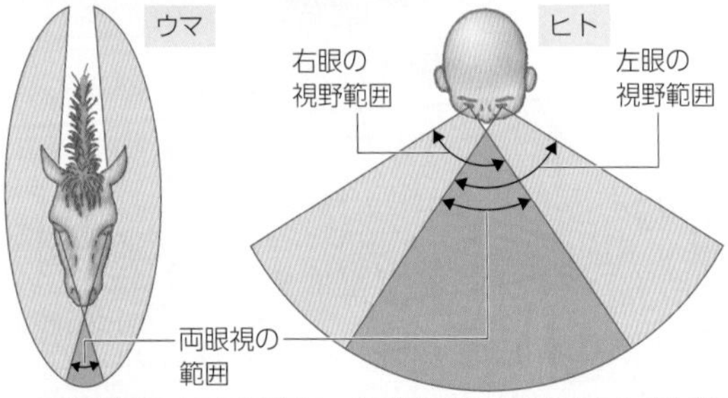

ウマ
ヒト
右眼の視野範囲
左眼の視野範囲
両眼視の範囲

樹上生活をする霊長類は，鼻が小型化するとともに眼が顔の前方に位置し，両眼視の範囲が拡大した。両眼視の範囲では奥行きを把握できるため，距離感覚が発達した。

Ⓓ肩関節の自由度の発達

枝から枝へと移動するチンパンジー

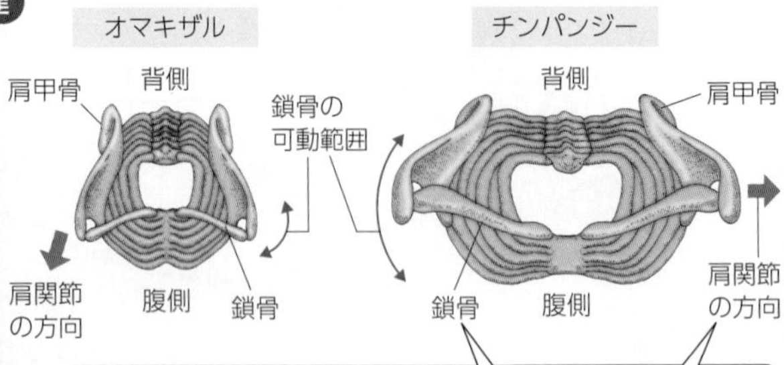

オマキザル
チンパンジー
肩甲骨
背側
鎖骨の可動範囲
肩関節の方向
腹側
鎖骨

鎖骨が長くなり，肩関節が側方に向いて肩甲骨は側方に広がる

チンパンジーなどの類人猿では，鎖骨が長く，肩甲骨が側方に広がっており，腕の可動域が広くなっている。これによって，樹上で枝から枝へと移動しやすくなった。

豆知識 直鼻猿類の一部は，3000万～4000万年前にアフリカから中南米へ移住した。地理的隔離によってこれが種分化し，さまざまに進化したのが広鼻猿類である。アメリカ大陸は，その発見の歴史から，アフリカ大陸（旧世界）などに対して「新世界」と呼ばれていたことから，そこに分布する広鼻猿類は「新世界ザル」とも呼ばれる。

3 類人猿と人類の比較 生物

人類は，類人猿とは異なるさまざまな形質をもつ。直立二足歩行に適した形質は，アウストラロピテクス(➡p.276)のような初期人類からの進化の過程でさらに発達した。

Ⓐ骨格

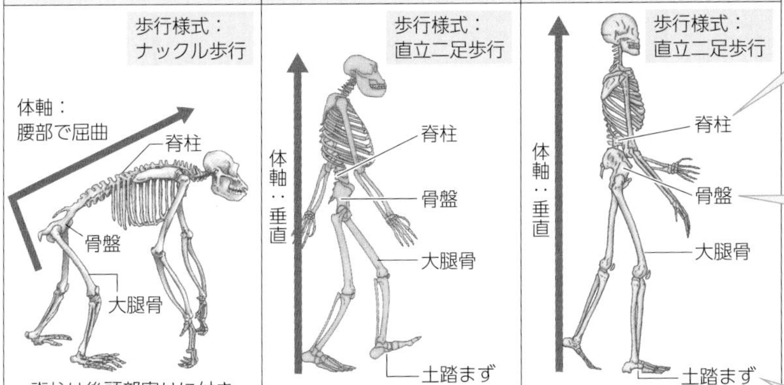

類人猿(チンパンジー)	アウストラロピテクス	ヒト
・脊柱は後頭部寄りに付き，頭骨を斜めに保つ。 ・胸部は円錐形。 ・骨盤は細長い。 ・大腿骨は比較的小さく，下肢が短い。上肢は長い。	・脊柱は頭骨を垂直に支えるまでになっていない。 ・骨盤は横に広い。 ・大腿骨は比較的小さく，下肢が短い。	・脊柱は頭骨を垂直に支える。 ・胸部は扁平。 ・骨盤は横に広がって大きい。 ・大腿骨は大きく，下肢が長い。上肢は短い。

●脊柱

ヒトの脊柱は，首と腰のあたりで大きく湾曲したS字状である。この特徴は，直立二足歩行における重心の維持に役立っている。

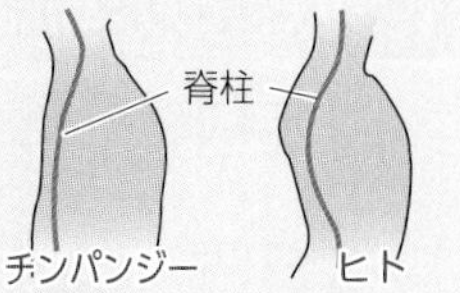

●骨盤・大腿骨《だいたいこつ》

ヒトの骨盤は，縦に短くて横に広い。この特徴は，直立二足歩行を行う際，臓器を支持し，からだのバランスを維持するのに役立っている。また，大腿骨は大きくて関節の表面積が広く，上体の重みを十分に支えることができる。

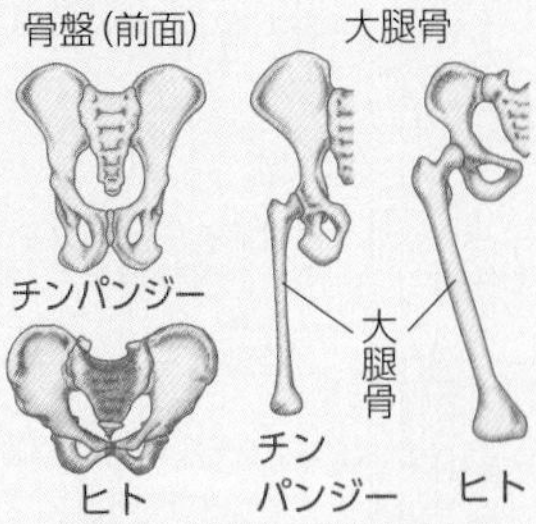

●足

ヒトの足には土踏まずがあり，かかとが幅広い。これにより，直立二足歩行による荷重を吸収して和らげることができる。

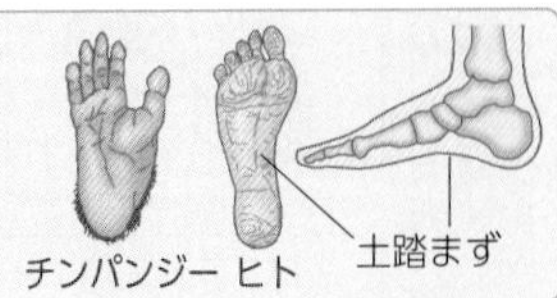

Ⓑ頭骨

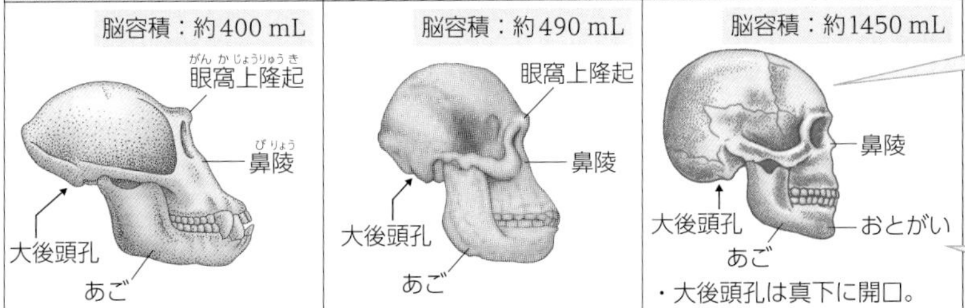

類人猿(チンパンジー)	アウストラロピテクス	ヒト
・大後頭孔(頭骨から脊髄が出る孔)は，斜め下に開口。 ・眼窩上隆起，あごが発達。	・大後頭孔は真下に近い向きに開口。 ・おとがいはない。	・大後頭孔は真下に開口。 ・眼窩上隆起は未発達。 ・あごが小型化。 ・おとがいが目立つ。

●大後頭孔《だいこうとうこう》

ヒトでは，大後頭孔がチンパンジーよりも前方に位置し，真下に開口しており，脊柱が頭骨を垂直に支えられるようになっている。これにより，脳が発達した大きな頭を支持できる。

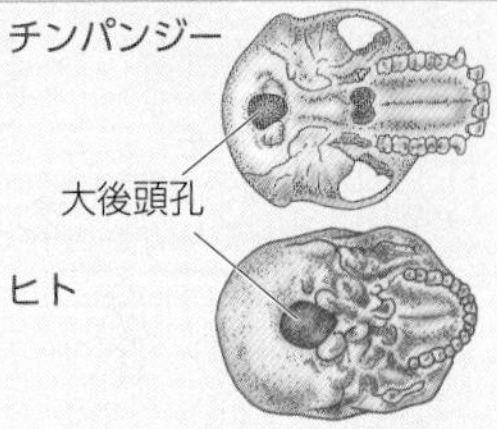

●歯・あご

ヒトは歯とあごが小型化している。これには，火や道具を使用して柔らかい食物を食べるようになったことが関係すると考えられている。

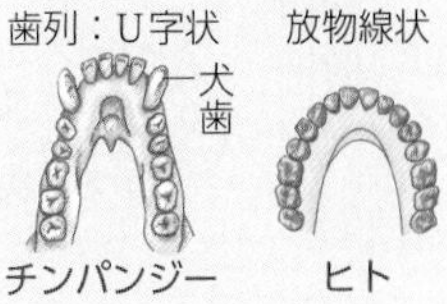

Ⓒ発声器官

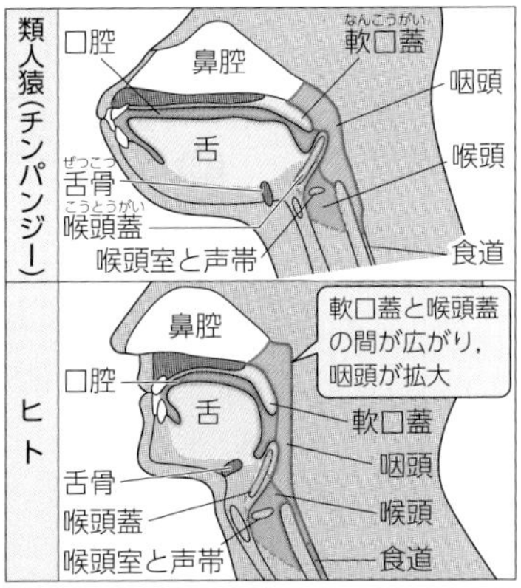

ヒトは，声帯からの音を十分に共鳴させることのできる広さの咽頭《いんとう》をもち，母音と子音を使い分けるとともに，音を緻《ち》密《みつ》に調整する。ヒトで咽頭が拡大したのは，直立に伴って咽頭が口腔に対して直角になったり，喉頭が肺や気管とともに下がったりしたためと考えられている。

break ぶれいく 直立二足歩行がもたらしたもの

直立二足歩行を行うようになったヒトの祖先は，自由になった両手で道具を作製し，使用できるようになった。また，これに伴い，脳は発達していった。脳の発達と発声器官の変化は，複雑な言語の誕生を可能にし，言語が多様化する過程で脳はさらに発達したと考えられている。また，骨格の変化によって，肥大化した脳を支えることができた。知能や言語は，ヒトの文化・社会の基盤である。このように，直立二足歩行に伴う変化は，ヒトの文化や社会の形成にも影響を及ぼしたと考えられている。

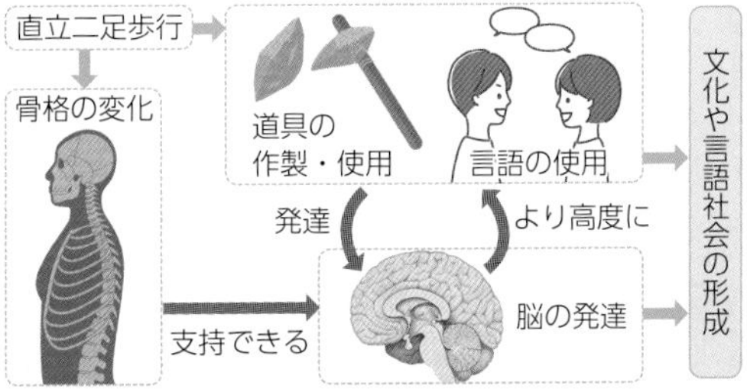

PLUS α ヒトと近縁な類人猿

ヒトとさまざまな類人猿の分岐の順序は，分子系統解析(➡p.280)の結果などにもとづいて推定されている。現生する類人猿のなかでヒトと最も近縁な種はチンパンジーと考えられている。ヒトとチンパンジーのゲノムの差は，DNAの解析から，約1.2 %とされる。

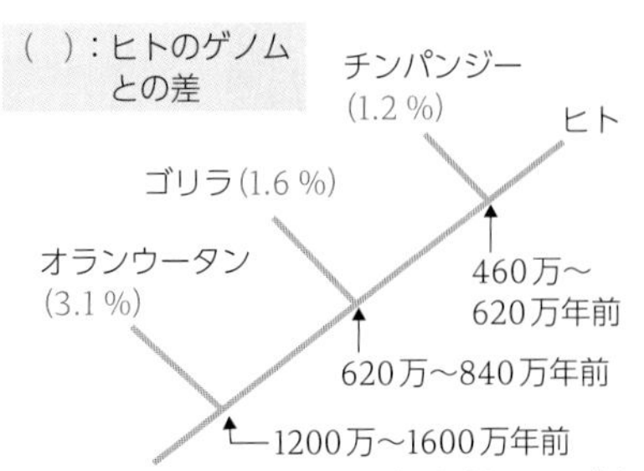

53個のDNA断片(非コード領域)の解析にもとづくゲノムの差と分岐年代を示す。各分岐年代は，オランウータンの分岐年代を基準に算出されている。

豆知識 おとがい(頤)は下あご先端の少し前方に突き出た部分のことで，ここに下唇の微妙な動きを可能にする筋肉群が付着している。おとがいには，別に「へらずぐち」，「悪口」の意味もある。人類は進化するにつれて，へらずぐちも発達していったことになる。

17 人類の進化

生物　The Evolution of Humans

1 人類の起源と進化 生物

化石の研究では，人類は，約700万年前にアフリカで出現したと考えられている。その後，多くの種が現れたが，ホモ・サピエンス以外はすべて絶滅した。

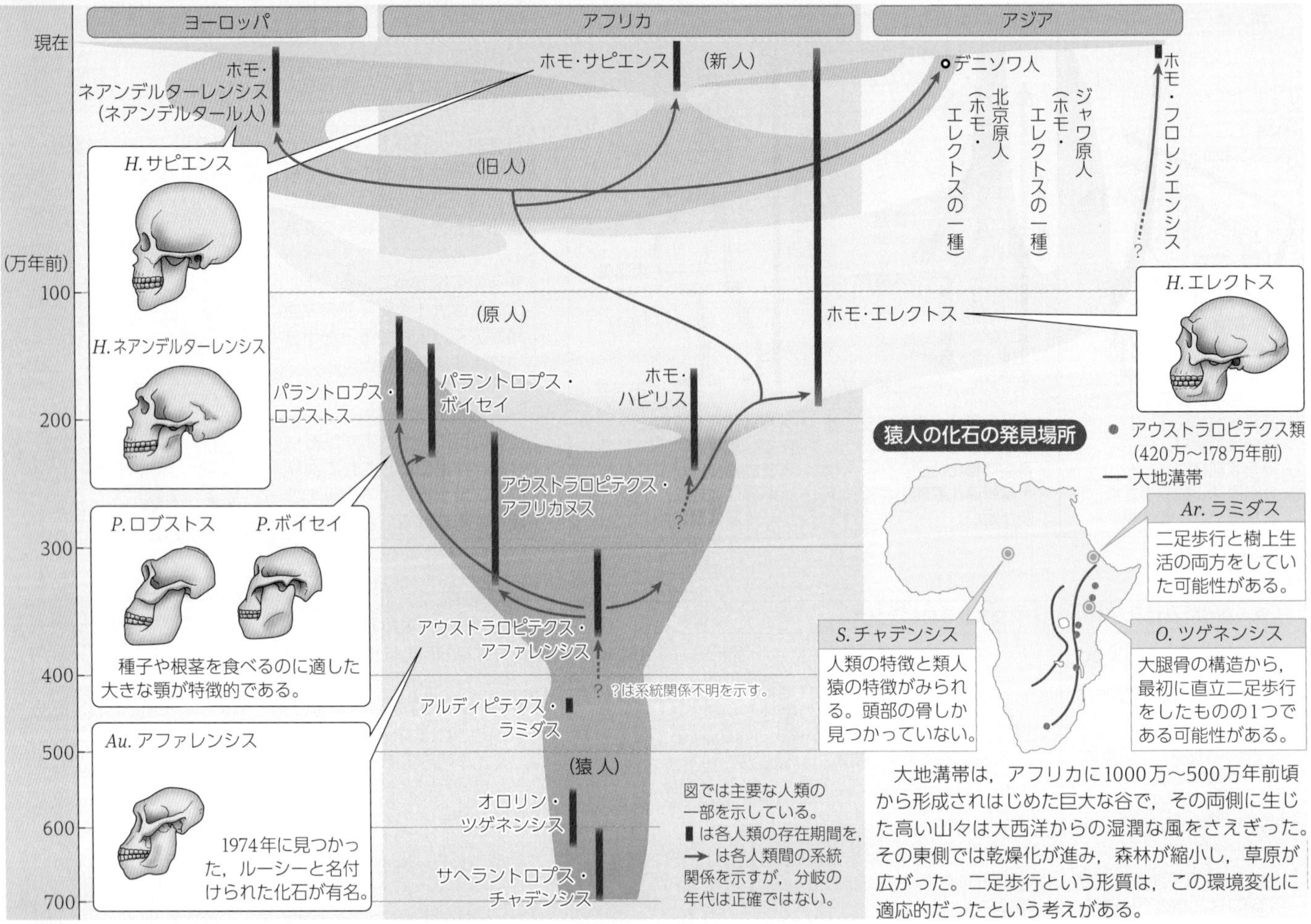

大地溝帯は，アフリカに1000万～500万年前頃から形成されはじめた巨大な谷で，その両側に生じた高い山々は大西洋からの湿潤な風をさえぎった。その東側では乾燥化が進み，森林が縮小し，草原が広がった。二足歩行という形質は，この環境変化に適応的だったという考えがある。

2 化石人類の比較 生物

人類進化の過程で現れる化石人類と現生人類を4段階に分けたとき，ホモ属以前の最古のグループを猿人，初期のホモ属を原人，原人と新人の間のホモ属を旧人，ホモ・サピエンスを新人と呼ぶことがある。

名称	アルディピテクス・ラミダス	アウストラロピテクス・アファレンシス	ホモ・エレクトス	ホモ・ネアンデルターレンシス	ホモ・サピエンス
	猿人		原人	旧人	新人
特徴	身長約120 cm，体重約40 kg  骨盤の形などから二足歩行をしていたと考えられる。	身長100～150 cm，体重25～55 kg  足や骨盤の形から完全な直立二足歩行をしていたと考えられる。	身長140～180cm，体重40～70kg  身体的には現代人と同様の姿で，積極的に狩りを行っていた。	身長150～170cm，体重55～85kg  ずんぐりとした体形をもつ。火を起こし，石器を使い，宗教儀礼を行った。	身長150～180cm，体重50～80kg  現生のヒト。高度な石器文化をもち，彫刻，絵画を残す。農耕や牧畜を行う。
生息年代	450万～430万年前	370万～300万年前	180万～3万年前	35万～2.8万年前	20万年前～
化石発見場所	アフリカ	アフリカ	アフリカ，ヨーロッパ，アジア	ヨーロッパ，アジア	アフリカ，アジア，ヨーロッパ，アメリカ，オーストラリア

豆知識　ピテクスはサルを意味し，猿人の属名に付される。アウストラロピテクスは南のサルという意味である。また，エレクトスは直立するの意味で，ホモ・エレクトスは，直立するヒトを意味する。

3 人類のアフリカからの拡散 生物

人類の祖先は，それぞれアフリカで誕生し，その一部がアフリカを離れてアジアやヨーロッパなどに拡散した。しかし，現生人類以外はやがて絶滅した。

Ⓐホモ・エレクトスの拡散

アフリカで誕生したホモ・エレクトスは，人類ではじめてアフリカを出て，東アジアや南ヨーロッパに進出したが，アフリカ以外の地域のものはその後絶滅した。

Ⓑ10万～30万年前の旧人と新人の分布

アフリカにとどまった原人のなかから旧人が出現し，その一部はユーラシアへと拡散していった。また，アフリカではホモ・サピエンスが誕生した。

Ⓒ現生人類の拡散

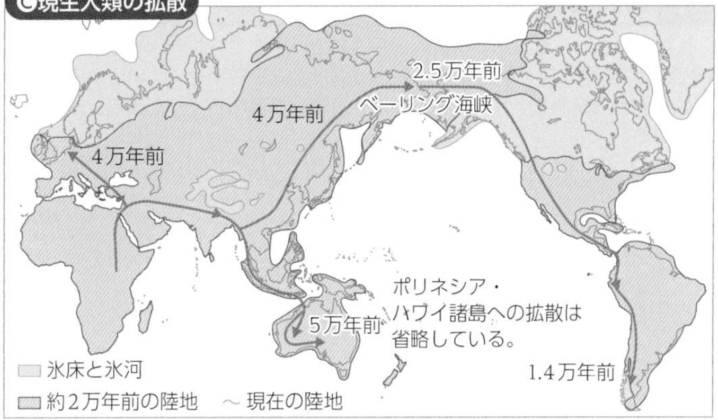

約20万年前にアフリカに現れた現生人類は，世界各地に進出し，高度な文化と文明を発達させていった。それまで各地に生息していたその他の人類はすべて絶滅した。図中の数値は，その地に到着した年代を示している。

4 ヒトの進化と脳容積の増大 生物

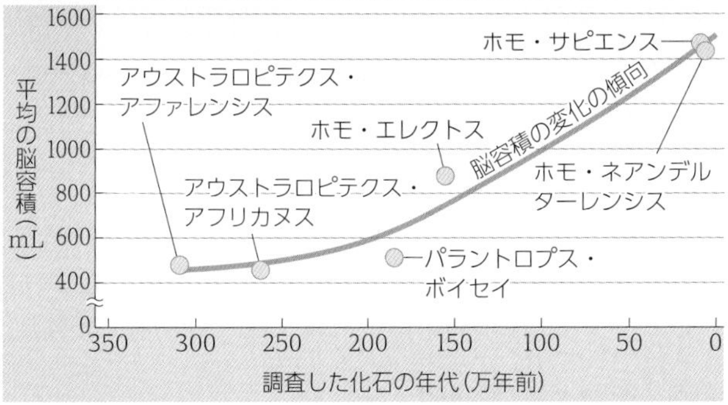

脳容積は，直立二足歩行を行うようになってしばらく経ったのちに，急激に増大した。

break ぶれいく 現生人類と化石人類の交雑

ネアンデルタール人は，ヨーロッパや中東に分布していたが，約3万年前に絶滅した。しかし，非アフリカ系現生人類のゲノムには，ネアンデルタール人由来のDNAが1～4％含まれている。これは，現生人類がアフリカを出た後に，ネアンデルタール人と交雑したためであると考えられている。

また，2010年に新たに発見されたデニソワ人との交雑も確認されている。デニソワ人はネアンデルタール人や現生人類に近縁な人類で，このことはシベリアのデニソワ洞窟から出土した骨のゲノム解析から明らかになった。オセアニアなどの現生人類のゲノムには，数％のデニソワ人由来のDNAが確認されている。

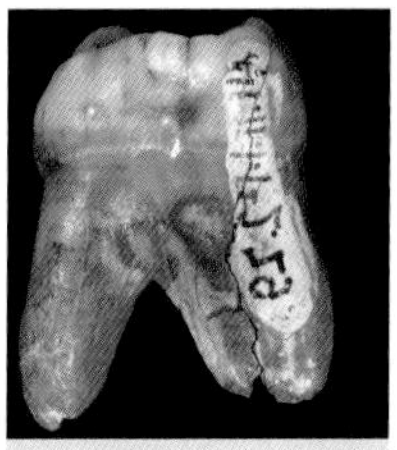

出土したデニソワ人の歯

デニソワ人は，化石が少なく，正式な種名はまだない。

5 ミトコンドリアDNAにもとづく現生人類の系統 生物

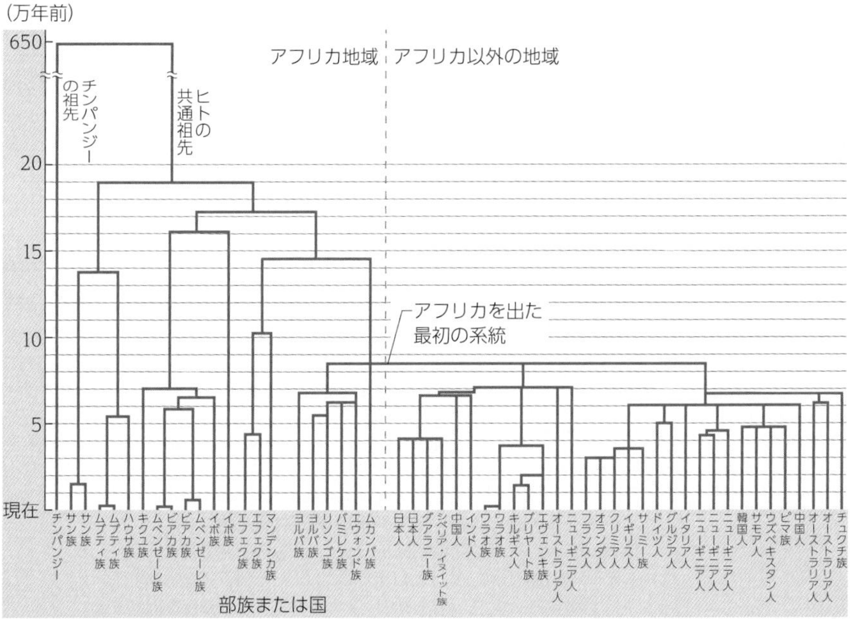

現生人類の祖先をめぐる論争

1987年，キャンらは，世界のさまざまな人類集団のミトコンドリアDNA（mtDNA）を分析し，分子系統樹を作成した。その結果，アフリカ人の集団が最も変異の程度が大きく，他地域の集団よりも早い時期に分岐していたことがわかった。このことから，現生人類のmtDNAの起源は，約20万年前にアフリカに生存していた小集団の中の女性（ミトコンドリア イヴ）にあるとした。この結果は，それまで有力視されていた多地域進化説（現生人類の祖先は世界各地のさまざまな地域で出現し，それらが混血して現生人類となったとする説）を否定するもので，多くの批判を集めた。しかし，その後，Y染色体や核ゲノムを用いた検討でも同様の結論が導かれ，現生人類の祖先はアフリカを起源とするという考え方は広く認められるようになった。

mtDNAが現生人類の系統解析に用いられた理由

ⓐ多量にあり，分析しやすい。
ⓑ分子進化の速度が速く（核DNAの約5～10倍），近縁種《きんえんしゅ》間や同種の個体間の比較で用いるのに都合がよい。
ⓒ母親由来のもののみ遺伝する（➡p.251）。
ⓓ組換えが起こらない。

豆知識　現在の地球には約80億人のヒトが存在するが，その遺伝的多様性は，地球上に50万頭以下しか存在しないチンパンジーやゴリラよりも低い。これは，約20万年前に現れたホモ・サピエンスが，誕生後すぐ（約19.5万～12.3万年前）に厳しい氷期に襲われ，人口が急減したためであると考えられている。

18 系統と分類

基礎 生物

Phylogenetic Relationships and Classification

基本 1 系統 基礎 生物

生物が進化してきた道筋は系統《けいとう》と呼ばれる。現在では，DNAの塩基配列などを比較することによって，生物間の類縁関係を推測し，系統を明らかにする試みが進められている。

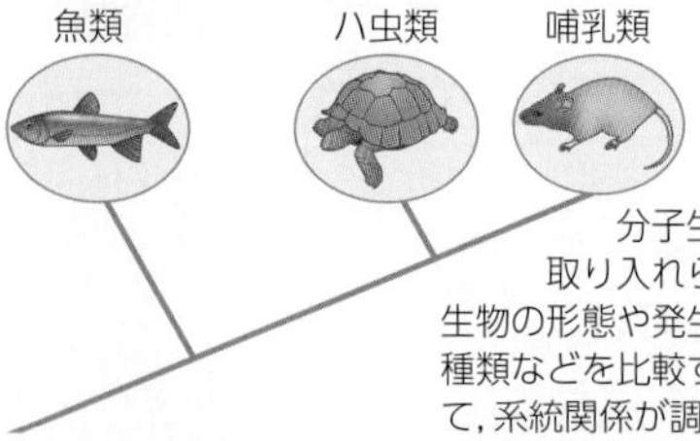

分子生物学的手法が取り入れられる以前は，生物の形態や発生過程，色素の種類などを比較することによって，系統関係が調べられていた。

基本 2 分類 生物

生物をその共通性にもとづいてグループ分けすることは分類《ぶんるい》と呼ばれる。

生物を分類する基準はさまざまで，いろいろな分類体系がつくられている。

人為分類《じんいぶんるい》…識別しやすい形質や，日常生活との関係を基準にした分類。
例 食用植物，薬用植物，有毒植物など

系統分類《けいとうぶんるい》…系統に沿った，類縁関係による分類。系統樹（➡p.280）などにもとづいており，さまざまな分野に利用される。
例 脊椎動物，節足動物など

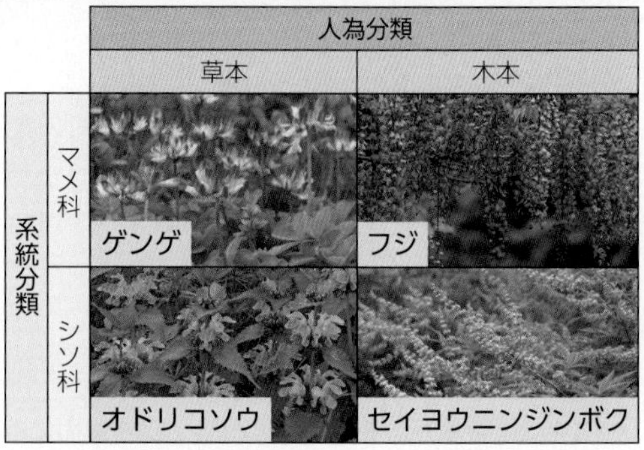

3 生物の分け方の変遷 生物

古くはリンネが生物（界）を動物界と植物界に分け（二界説，1735年），その後，三界説，五界説などの分け方が提唱された。近年では，DNAやRNAの塩基配列の解析などによって，ドメインやスーパーグループなどの分け方が提唱され，分類群の見直しが進められている。

五界説（1982年，マーグリスら）　生物を形態や栄養摂取の様式，組織の発達の程度などに応じて分けた分類体系。

真核生物	動物界	多細胞の従属栄養生物。卵と精子が合体した受精卵から発生する。
真核生物	植物界	胚を形成し，光合成を行う独立栄養生物。組織の分化がみられる。
真核生物	菌　界	従属栄養生物。胞子を形成し，鞭毛を欠く。
真核生物	原生生物界（プロトクティスタ界）	単細胞の真核生物，または，胚を形成せず，組織が未分化な生物。
原核生物	モネラ界	独立栄養生物も従属栄養生物も含む。核をもたない。

ドメイン（➡4）（1990年，ウーズら）
全生物が共通にもつrRNAの塩基配列の解析などにもとづく分類。

- 真核生物（ユーカリア）（← 動物界・植物界・菌界・原生生物界）
- アーキア（古細菌）（← モネラ界）
- 細菌（バクテリア）（← モネラ界）

スーパーグループ（➡p.284）
複数の遺伝子の塩基配列の解析などにもとづく真核生物のグループ分け。
- オピストコンタ
- アメーボゾア
- SAR
- アーケプラスチダ

など

基本 4 ドメイン 生物

ウーズは，全生物がもっているrRNAの分子系統解析によって，生物を細菌《さいきん》（バクテリア），アーキア（古細菌《こさいきん》），真核《しんかく》生物《せいぶつ》（ユーカリア）の3つに分け，それらをドメインと名付けた。このような考え方は3ドメイン説と呼ばれる。

原核生物は，かつては1つの分類群で扱われたが，rRNAの塩基配列の解析から，細菌とアーキアに分けられることが示された（1977年）。さらに，翻訳に関与する遺伝子の解析から，アーキアの方が真核生物に近縁であることがわかり，1990年に3ドメイン説が提唱された。

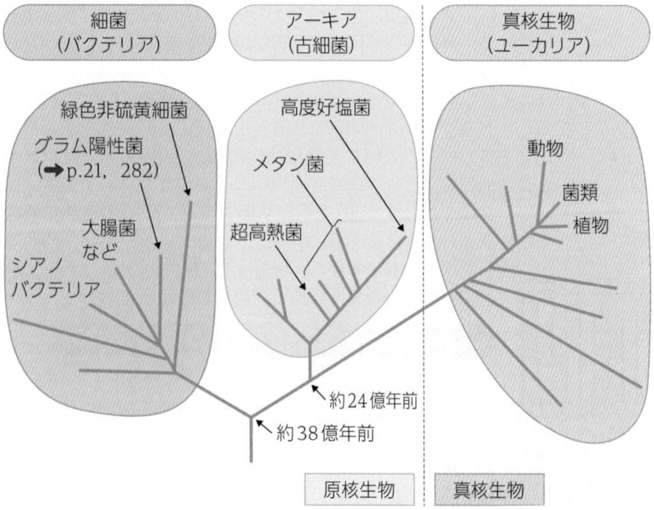

3つのドメインのおもな特徴の比較

		細菌	アーキア	真核生物
細菌とアーキアで共通	核膜	なし	なし	あり
	染色体	環状	環状	線状
	細胞小器官	なし	なし	あり
	リボソーム（➡p.20）	70 S	70 S	80 S
アーキアと真核生物で共通	tRNAのイントロン	なし	あり	あり
	翻訳開始メチオニンのホルミル化*	あり	なし	なし
	プロモーター**	プリブナウ配列	TATA《タタ》ボックス	TATA《タタ》ボックス
	ストレプトマイシン***感受性	あり	なし	なし

＊開始メチオニンのアミノ基のHが（—CHO）に置き換わっている。
＊＊プリブナウ配列…転写開始部位の約10塩基上流に存在する，5′－TATA（またはG）AT－3′という6塩基の配列。
TATAボックス…転写開始部位の25～30塩基上流に存在する，5′－TATAA（またはT）AA（またはT）－3′という7塩基の配列。
＊＊＊抗生物質の一種で，翻訳におけるポリペプチドの伸長を阻害する。

豆知識　アーキアの一群は，その一種であるメタン菌が原始地球の大気に多く含まれていたとされる二酸化炭素と水素を利用して生育することから，ギリシャ語で太古を意味する「Archae」と「Bacteria」から古細菌と命名された。しかし，その後の研究で，細菌よりもアーキアの方が真核生物に近縁であることが明らかになった。

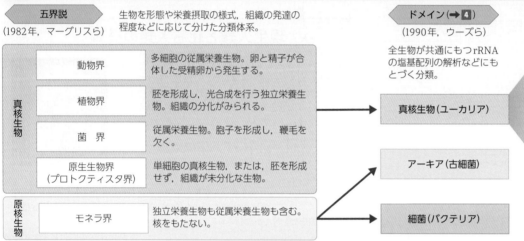

5 分類の段階 生物

生物は，種《しゅ》を基本単位とし，類縁関係にもとづいて，属《ぞく》・科《か》・目《もく》・綱《こう》・門《もん》の各段階に分類される。必要に応じて，亜目・亜綱・亜門など中間段階が設けられる。また，門の上位には，界，またはスーパーグループやドメインなどが分類群として設けられる。下記は，動物における門以下の分類階級の例である。

門(Phylum)

- 脊索動物門

- 棘皮《きょくひ》動物門
- 節足動物門
- 線形《せんけい》動物門
- 環形動物門
- 軟体動物門
- 輪形《りんけい》動物門
- 扁形《へんけい》動物門
- 刺胞《しほう》動物門
- 海綿動物門

綱(Class)

- ナメクジウオ綱
- ホヤ綱

- 軟骨魚綱
- 硬骨魚綱
- 両生綱
- ハ虫綱
- 鳥綱

- 哺乳綱

目(Order)

- ダチョウ目
- カモ目
- ハト目
- カイツブリ目
- ペンギン目
- フクロウ目
- キツツキ目

- スズメ目

科(Family)

- ミツスイ科
- モズ科
- カラス科
- ウグイス科
- メジロ科

- ムクドリ科
- ヒタキ科

- スズメ科

属(Genus)

- サメビタキ属
- コマドリ属

- ルリビタキ属

- キビタキ属

種(Species)

- コマドリ

- アカヒゲ

- コルリ
- シマゴマ

〔注〕各分類段階は，すべてを記載しておらず，代表例を示している。

6 種 基礎 生物

種は，生物を分類する際の基本単位である。同じ種の個体は，形態などの特徴が共通しており，交配によって生殖能力をもつ子を残すことができる。また，他の種から生殖的に隔離され(➡p.264)，遺伝子プールを共有する(➡p.255)。

Ⓐ種のとらえ方

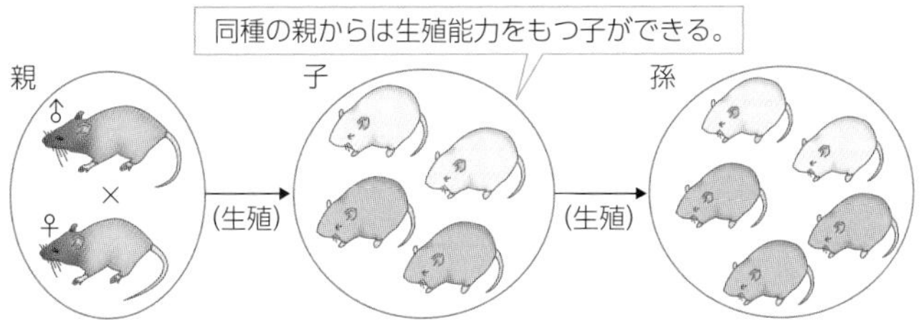

種の定義にはこのほかにも，地理的に隔離されているものを別種とする考え方など，さまざまなものがある。異なる種の生物間でも，生殖能力をもつ子が生じることはまれにある。

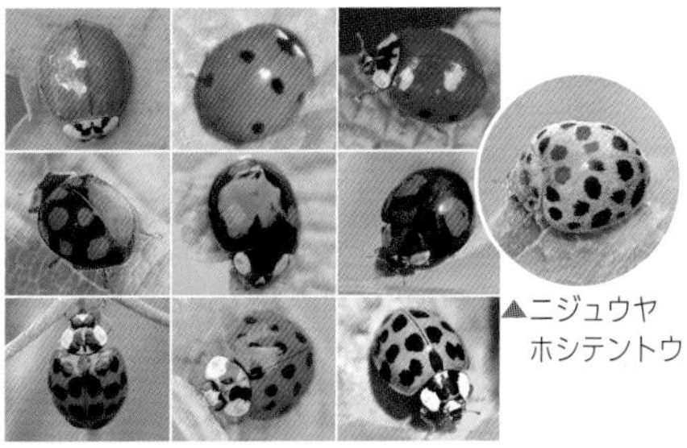
▲ニジュウヤホシテントウ

▲さまざまな斑紋をもつナミテントウ

ナミテントウは，前翅にさまざまな斑紋があり，異なる斑紋をもつものどうしは一見別種にみえる。しかし，異なる斑紋をもつ個体どうしでも交配し，生殖能力をもつ子を生じる。

一方，似た形態をもつが別種であるニジュウヤホシテントウとは交配せず，子を生じない。

Ⓑ種の命名法

種を表す学名《がくめい》は，国際命名規約に従っている。国際命名規約は，リンネの著した『自然の体系』(第10版)にもとづいている。学名は，属名と種小名を併記する二名法が用いられ，ラテン語やギリシャ語が用いられることが多い。種小名の後に命名者名を付記することもある。

和名	学名		
	属名	種小名	命名者名
ヒト	*Homo* (ヒト)	*sapiens* (賢明な)	Linné
ホッキョクグマ	*Ursus* (クマ)	*maritimus* (海の)	Phipps
ブドウ	*Vitis* (生命)	*Vinifera* (ブドウ酒を造る)	Linné
イネ	*Oryza* (イネ)	*sativa* (栽培された)	Linné

Ⓒ生物の種数

現在，学名がつけられている生物は，約190万種になる。しかし，実際には，それをはるかに上回る生物種が地球上に生息していると考えられている。

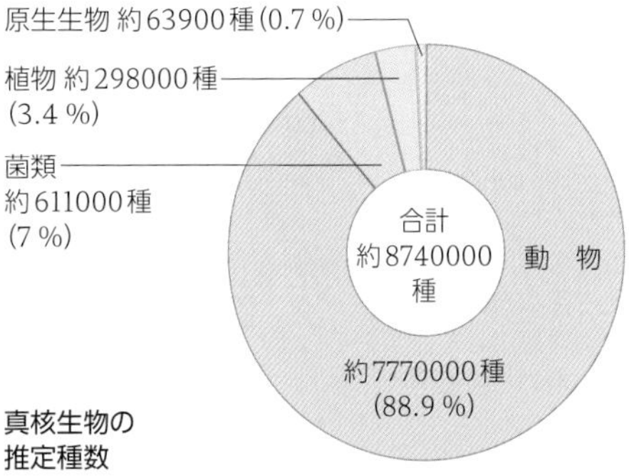

真核生物の推定種数

2011年に全真核生物の推定種数が発表された。これによると，陸上で約650万種，海中で約220万種，合計約870万種の真核生物が生息すると推定される。

豆知識 コマドリ(*Larvivora akahige*)とアカヒゲ(*Larvivora komadori*)の種小名は，お互いの和名になっている。これは，種小名を取り違えて命名されたためである。最初に命名された学名は，原則として変更や訂正をすることはできないため，そのままになっている。

19 生物の系統関係の推定

生物　Estimation of The Phylogenetic Relationships Between Organisms

1 分子時計 生物

系統関係は，従来，形質の共通点や違いをもとに推定されてきた。近年では，DNAやRNAの塩基配列や，アミノ酸配列の違いといった分子の配列データも系統関係の推定に広く利用され，より正確な推定ができるようになった。

Ⓐ分子時計

複数の種において，共通の祖先から受け継いだ遺伝子は**相同遺伝子《そうどういでんし》**と呼ばれる。相同遺伝子の間でDNAやRNAの塩基配列や，その遺伝子産物のアミノ酸配列を比較すると，違いがみられる（➡p.263）。

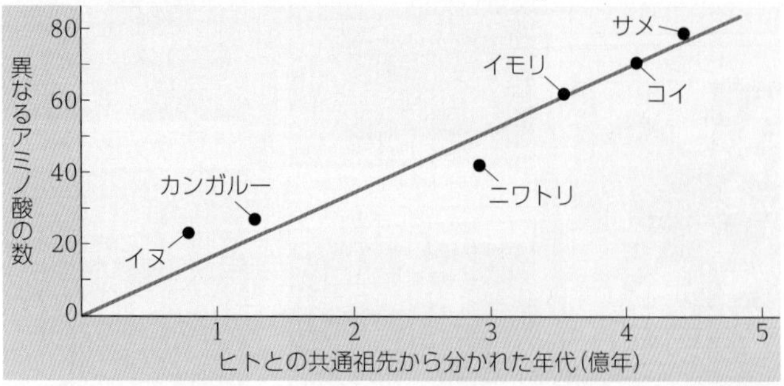

さまざまな脊椎動物のヘモグロビンα鎖のアミノ酸配列をヒトと比較したとき，異なるアミノ酸数を縦軸に，化石による分岐推定年代を横軸にとると，これらの間には直線的な関係がみられる。これは，ヘモグロビンα鎖においてアミノ酸の置換が一定の速度で起きたことを示している。

DNAやタンパク質などの分子に蓄積される変化の速度の一定性は，**分《ぶん》子時計《しどけい》**と呼ばれる。分子時計の性質から，分子の配列データの違いは，分岐年代の推定に利用されている。

Ⓑ分子の種類と進化速度

分子時計は，分子の種類によって進化速度（アミノ酸や塩基の置換速度）が異なる。これには，分子の機能に重要な部位の配列は進化の過程で保存される傾向があり，一方で，そうでない部位には変異が蓄積されやすいことが関係している（➡p.263）。

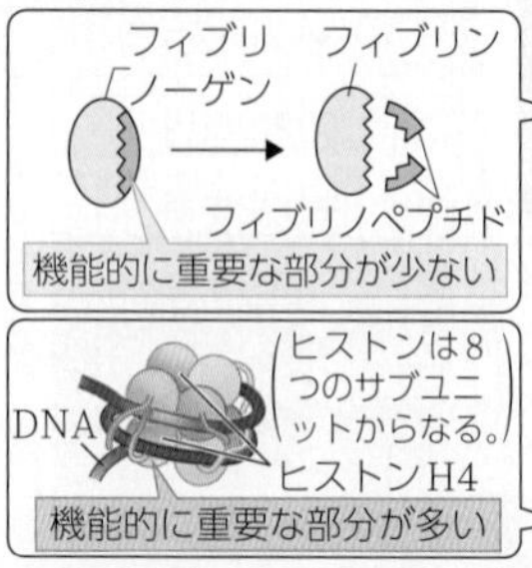

タンパク質	置換速度（$\times 10^{-9}$/年）
フィブリノペプチド	8.3
すい臓リボヌクレアーゼ	2.1
リゾチーム	2.0
ヘモグロビンα鎖	1.2
ミオグロビン	0.89
インスリン	0.44
シトクロムc	0.3
ヒストンH4	0.01

たとえば，フィブリノペプチドは，血液凝固において，フィブリノーゲンからフィブリンが形成される際に切り離されるペプチド断片で，切り離された後は不要となる。機能的に重要な部分が少ないため，大きな進化速度（表の場合，アミノ酸座位ごとの年当たりの置換速度）を示す。一方，ヒストンH4は，DNAに密着し，どの部分のアミノ酸も重要である。このため，アミノ酸の置換が生じると分子の機能に支障が生じ，そのような置換の生じた個体は自然選択によって排除される。したがって，進化速度は非常に小さい。

2 分子系統樹 生物

DNAやRNAの塩基配列や，タンパク質のアミノ酸配列といった分子の配列データをもとに推定してつくられる系統樹を分子系統樹《ぶんしけいとうじゅ》という。

ヘモグロビンα鎖のアミノ酸配列から推定される系統樹

ヘモグロビンα鎖におけるアミノ酸配列の置換数（➡p.263）をもとに，平均距離法（➡3）を用いて分子系統樹を作成すると，右の図のようになる。このとき，枝の長さは，分岐の間の時間の長さに比例する。ただし，分子時計では相対的な分岐年代しかわからないので，分岐の絶対年代を知るには化石記録などをもとに換算する必要がある。

通常，分子系統樹を推定する際には，複数の遺伝子やタンパク質の情報を扱う。分子系統樹は，現生生物の遺伝情報をもとに数学的に類縁関係を推定したもので，実際の系統進化の過程と完全には一致しない場合もある。その原因には，塩基やアミノ酸の多重置換（➡3）や，遺伝子重複，遺伝子の水平伝播（➡p.283）などがある。

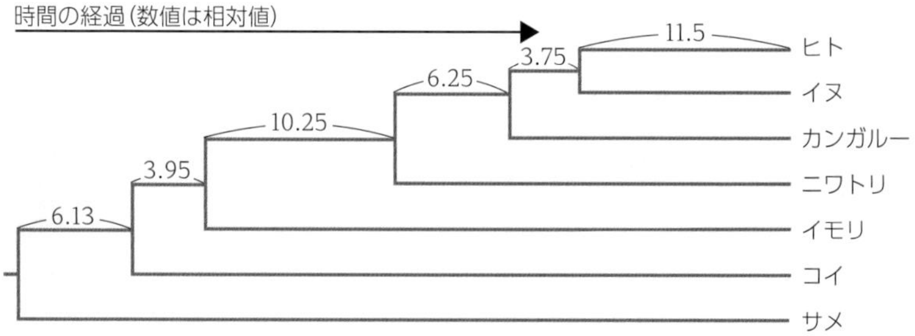

+α PLUS 系統樹の種類

多くの系統樹推定法では，系統樹の「根」に相当する共通の祖先からの分岐が示されない無根系統樹しか推定できない。

無根系統樹では，生物間の関係性はわかるが，分岐順序はわからない。しかし，対象とする生物群（内群）全体に対して近縁な生物（外群）を加えて無根系統樹を作成し，この外群の分岐点を根として位置づけることによって，内群の分岐順序を決定することができる。

外群には，内群より遠い時期に分岐したものを選択する。

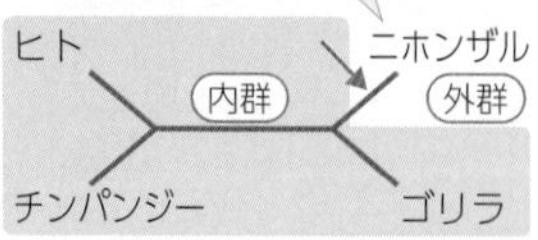

➡の位置で折ると①が得られる。

+α PLUS 単系統群，側系統群，多系統群

系統樹においてすべての構成メンバーが共通の祖先に由来する分類群は単系統群と呼ばれる。これに対して，単系統群から1つの系統を除いたものは側系統群と呼ばれ（下図の魚類とハ虫類），共通祖先で獲得された特定の形質を共通にもつグループを考えるときに用いられる。一方，鳥類と哺乳類を恒温動物とするように，系統樹上では連続していない系統を含むグループは多系統群と呼ばれ，通常は分類群としては用いない。

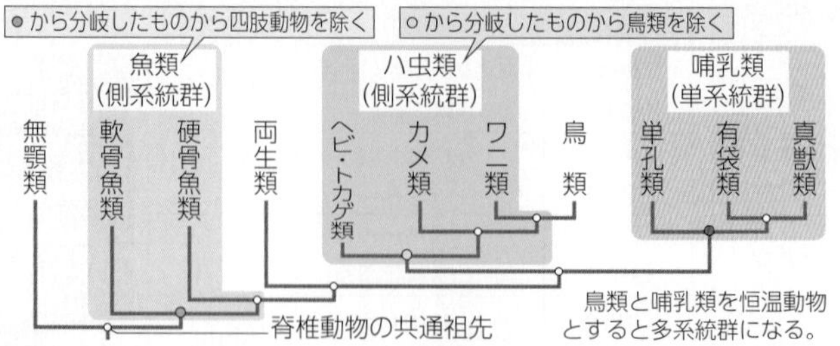

豆知識　分子系統解析では，分子情報のデータベースも重要である。ゲノム配列などのデータは，成果発表とともにデータベースに登録，公開され，随時更新されている。代表的なものに，アメリカのGenBank，ヨーロッパのEMBL，日本のDDBJがある。

3 分子系統樹の推定方法 生物

分子系統樹を推定する方法は数多く存在する。ここでは，そのなかから「平均距離法」と「最節約法」を扱う。実際の系統樹の推定では，計算量が膨大であるため，コンピュータが利用される。

Ⓐ平均距離法(UPGMA)

平均距離法では，進化速度は一定であると仮定し，有根系統樹を推定する。進化の過程で蓄積された突然変異の量を比較して少ないものを近縁とし，これらの種と他種の平均値を計算し比較していくことで，系統樹を推定する。

例：シトクロムcにおけるアミノ酸配列の置換数を用いた系統樹作成

	ヒト	ウマ	マグロ
ウマ	12	−	−
マグロ	21	19	−
酵母	45	46	47

マグロと酵母では，47個のアミノ酸の置換があることを示す。

シトクロムcは，いずれの種でも104個のアミノ酸からなる。

❶ アミノ酸の置換数の値が最も小さい2種の組を探す。

上表でアミノ酸の置換数の値が最も小さいのは，ヒトとウマの12である。表中の4種間でこの2種が最も近縁な関係にあると判断する。

平均距離法では進化速度を一定とするので，ウマとヒトでは，共通祖先から分岐した後にそれぞれ等しくアミノ酸の置換が生じたと考える。その数(6)を分岐からの距離として表す。

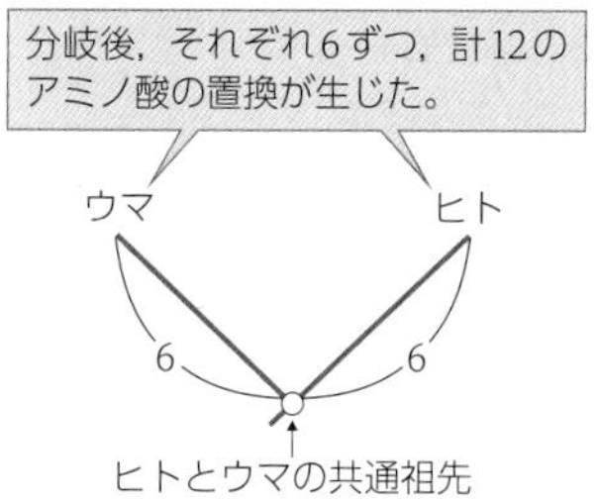

❷ ヒトとウマを1つのグループとして値を再計算し，値が最も小さい組を探す。

ヒトとウマを1つのグループ(❶)として値を再計算する。その際，❶との置換数は，❶の2種との平均とする。たとえばマグロの場合，マグロとヒトの21と，マグロとウマの19の平均で20となる(右表)。

	❶(ヒト，ウマ)	マグロ
マグロ	20	−
酵母	45.5	47

右表で値が最も小さいのは❶とマグロである。❶と同様，共通祖先から分岐したのち，それぞれ等しく置換が生じると考えるので，マグロが共通祖先から分岐したのちに生じるアミノ酸の置換数は　20 ÷ 2 = 10　となる。

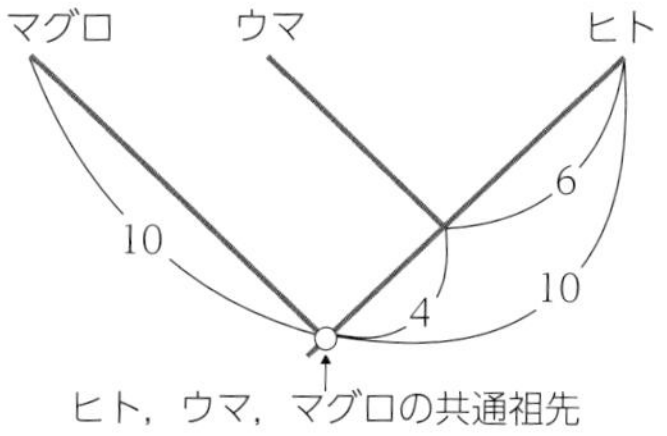

❸ 同様に，❷の3種を1グループとし，4種の共通祖先から分岐した後の酵母のアミノ酸置換数を推定する。

この場合，❷と酵母のみなので，酵母と❷の3種それぞれでの置換数の平均を求める。

(45 + 46 + 47) ÷ 3 = 46

さらに，酵母が共通祖先から分岐したのちに生じるアミノ酸の置換数は，　46 ÷ 2 = 23　となる。

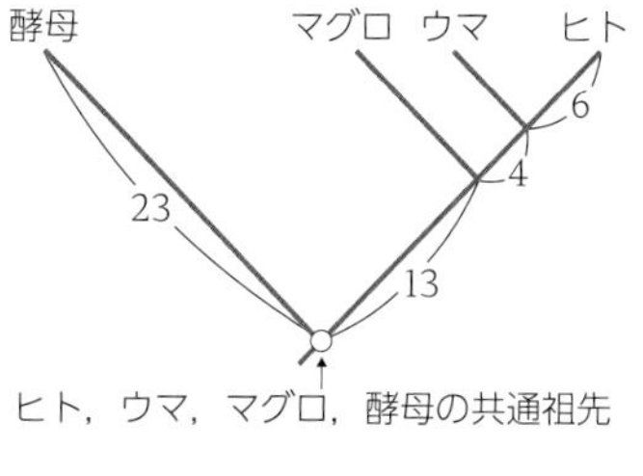

各分子系統樹の推定法の特徴

平均距離法は，計算が容易で簡便だが，進化速度が常に一定であることを前提としている。しかし，進化速度は系統によって異なることがある。一方，最節約法は，同じ配列の同じ部位に2回以上の置換が起こる(多重置換)と推定を誤ることがある。各方法にはメリットとデメリットがあり，それらを踏まえ，推定した系統樹の信頼性の検討や，複数の推定結果をまとめる方法などが考えられている。また，現在も推定方法の改善・開発が進んでいる。

Ⓑ最節約法(MP法)

考えられる系統樹のなかから，樹形にもとづいて推定される塩基配列やアミノ酸配列に生じる突然変異の回数が最小となるものを選択する方法を最節約法という。最節約法では，無根系統樹が推定される。

例：塩基配列を用いた3種(種a,b,c)の系統樹の作成

右表は，種a,b,cと，これら3種とは系統的に離れていることがわかっている種Xについて，ある相同な部分のDNAの塩基配列を示したものである。

座位	1	2	3	4	5
種a	A	T	G	T	A
種b	A	A	T	A	A
種c	A	A	G	A	A
種X	C	A	G	T	A

❶ 考えられるすべての系統樹を設定する。

種Xは，種a,b,cとは系統的に離れていることから，これらの系統樹としては次の3通りの樹形が考えられる。

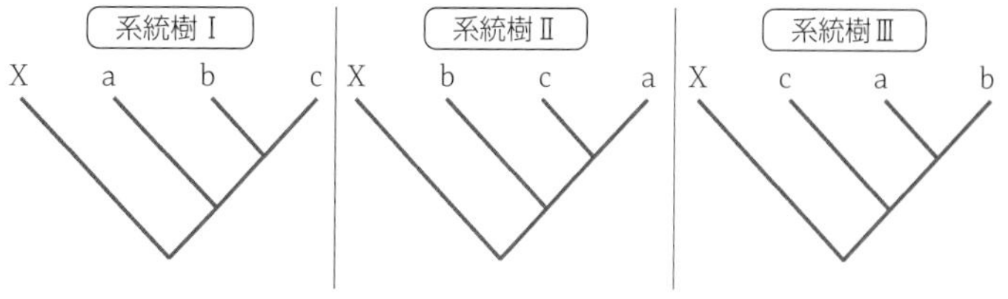

❷ 各系統樹で，生じる回数が最小となる突然変異の発生位置を考える。

系統樹Ⅰにおいて，1番の塩基に突然変異が生じた枝を考えた場合，1番の塩基は種XではCだが，種a～cではAとなっているので，種a～cが分岐する前にC→Aという突然変異が生じたとするのが，最も突然変異の回数が少ない合理的な考えである。また，2番の塩基の場合，種aのみTであることから，種aの分岐後，突然変異が生じたとするのが最も合理的である。3番から5番の塩基についても同様に考える。また，系統樹Ⅱ，Ⅲについても同様に考えると，下図のようになる。

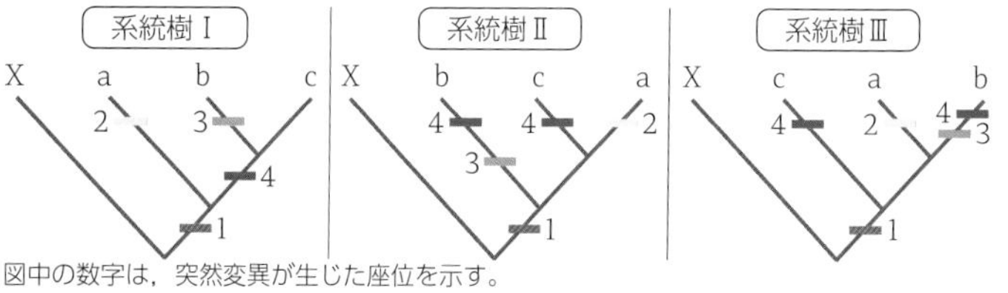

図中の数字は，突然変異が生じた座位を示す。

❸ 系統樹のなかから，最も突然変異の回数が少ない最節約的なものを選ぶ。

この場合，系統樹Ⅰが4回で，最節約的となる。

+α PLUS 形質による解析と分子系統解析

形質による解析では，重視する形質によって結果が変わることがある。また，比較できる形質がない場合には解析できない。近年，分子系統解析が進み，形質にもとづいた従来の系統関係が見直されることがある。

たとえば，クジラのなかまは一生を水中で生活し，その生活に適応した形態をもつことから，クジラ目としてまとめられていた。しかし，分子系統解析の結果，偶蹄目(ウシ，カバなどが含まれる)のカバと近縁であることがわかった。すなわち，クジラのなかまを含まない従来の偶蹄目は，側系統群になる。そこで，現在では，偶蹄目とクジラ目をまとめて，クジラ偶蹄目としている(➡p.273)。

クジラ偶蹄目の分子系統樹

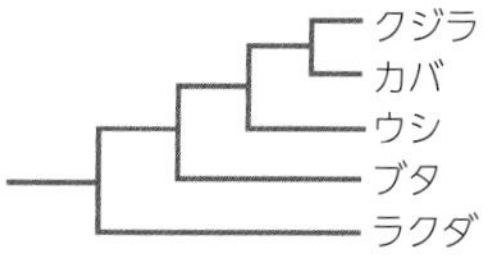

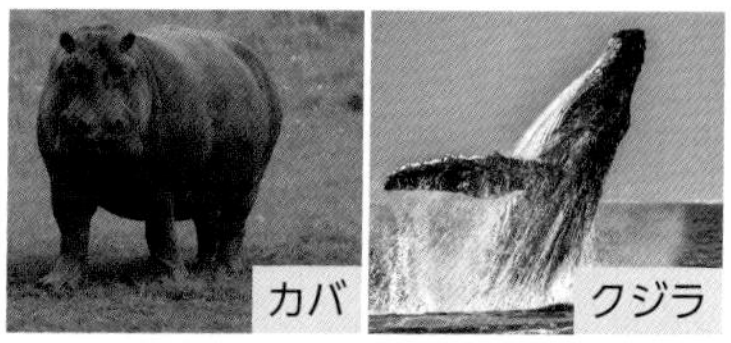

豆知識　系統樹の推定方法には，平均距離法と同様に距離を算出する近隣結合法や，統計学で開発された方法を応用した最尤《さいゆう》系統樹推定法(最尤法)などもある。最尤法は信頼性が高く，近年よく使われるが，膨大な計算量が必要となる。1990年代後半になってコンピュータやソフトウェアなどの環境が整ったことで普及した。

20 細菌とアーキア

生物 Bacteria and Archaea

1 細菌 生物

細菌は，かつては形態や代謝などの特徴によって分類されてきたが，現在では，rRNAの塩基配列にもとづく系統分類が行われている。

細菌の分類の一覧表(➡p.356)

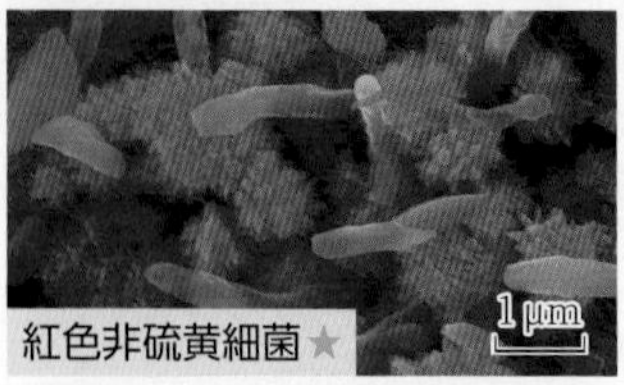

紅色非硫黄細菌★

バクテリオクロロフィルをもち，酸素非発生型の光合成を行う光合成細菌(➡p.59)である。

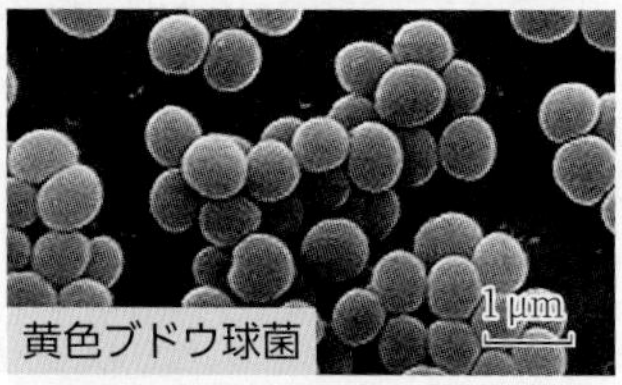

黄色ブドウ球菌

動物の皮膚や消化管などに常在する。黄色ブドウ球菌は，食中毒の原因となる。

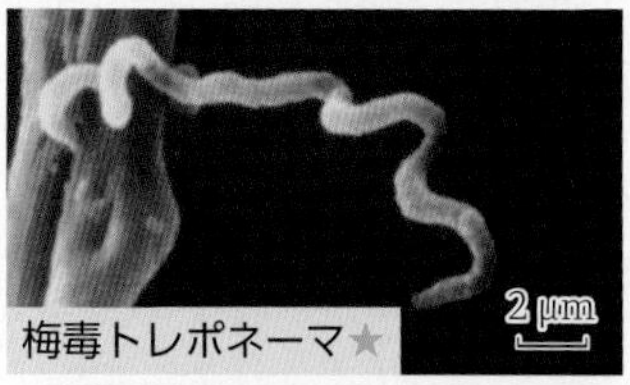

梅毒トレポネーマ★

動物に寄生するものもいる。梅毒トレポネーマは，ヒトの性感染症である梅毒の原因となる。

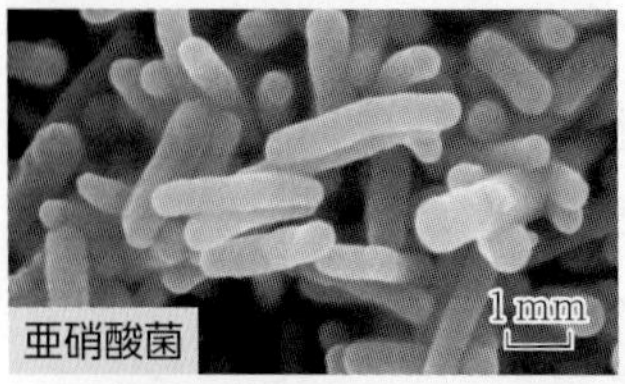

亜硝酸菌

土壌に生息し，アンモニアを亜硝酸に分解してエネルギーを得る化学合成細菌(➡p.59)である。

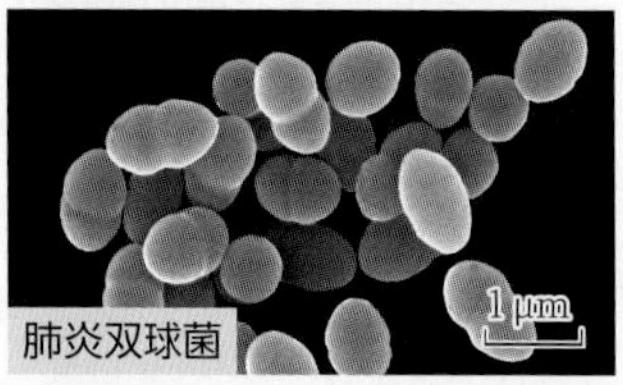

肺炎双球菌

肺炎の原因として，特によく知られている。ほかにも，中耳炎などの感染症の原因にもなる。

ストレプトマイセス★

放線菌のなかまで，産生する物質がストレプトマイシン(➡p.95)などの抗生物質として利用されている。

シアノバクテリア

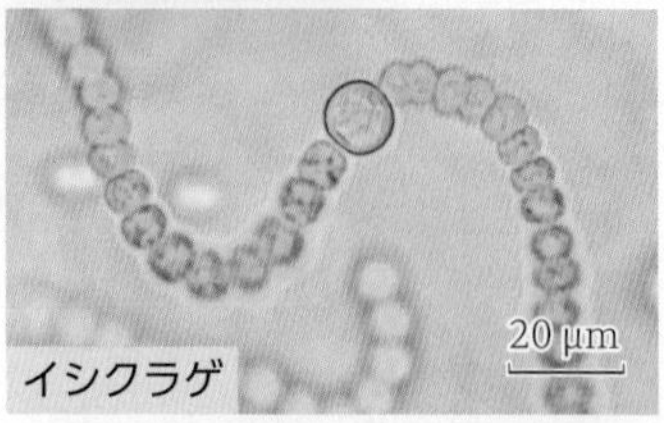

イシクラゲ

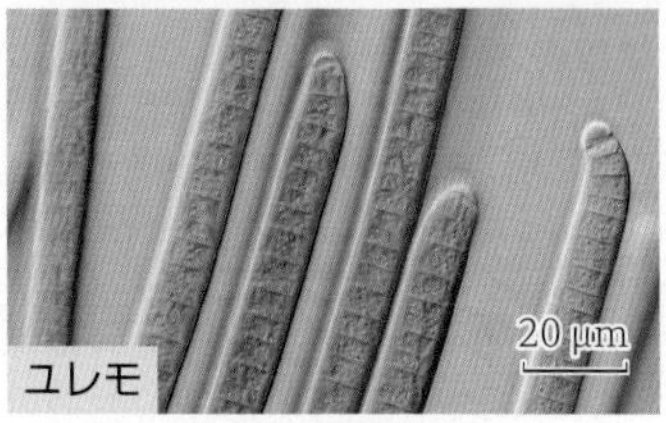

ユレモ

シアノバクテリアは，クロロフィルaをもち，植物と同様に酸素発生型の光合成を行う光合成細菌である。

細菌の細胞壁の構造

細菌の細胞壁は，植物とは異なり，ペプチドグリカンなどの成分が含まれる。細菌は，グラム染色と呼ばれる染色法によってグラム陽性菌とグラム陰性菌の2つに大きく分けられる(➡p.21)。これには細胞壁の構造の違いが関与している。

グラム陽性菌	グラム陰性菌
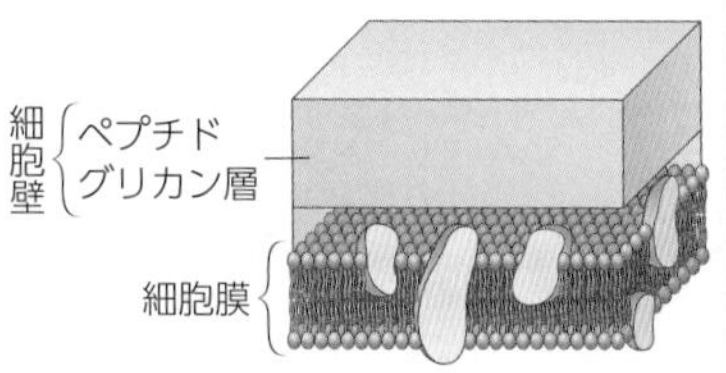 細胞壁は厚いペプチドグリカン層からなる。	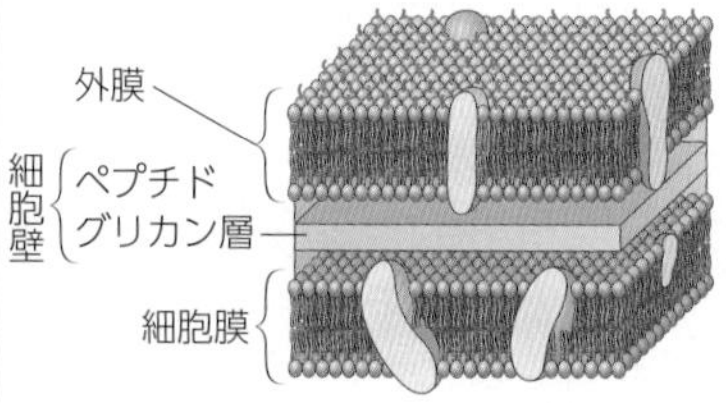 細胞壁は薄いペプチドグリカン層からなり，その外側に外膜をもつ。
グラム染色によって紫色に染まる。 放線菌，ブドウ球菌，肺炎双球菌 など	グラム染色によって赤色に染まる。 シアノバクテリア，トレポネーマ など

+PLUS α 鞭毛の構造

細菌と真核生物では，鞭毛の構造にも違いがみられる。細菌の鞭毛は，フラジェリンと呼ばれるタンパク質からなるらせん状の繊維構造をもつ。一方，真核生物の鞭毛は，9本の周辺微小管と2本の中心微小管からなる円筒状の構造をしている。

細菌の鞭毛(繊維)

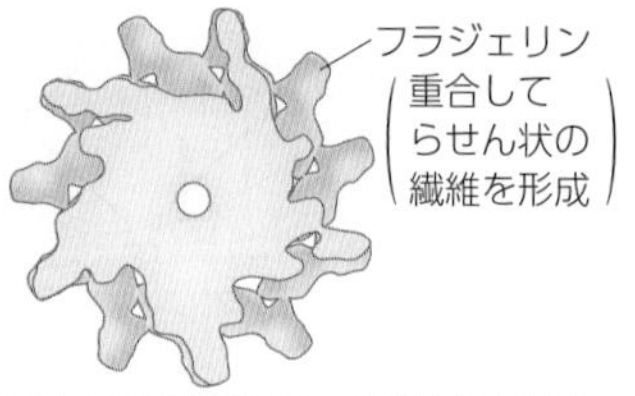

根本には膜輸送タンパク質を含む構造体があり，イオンの濃度勾配のエネルギーを利用して鞭毛を動かす。

真核生物の鞭毛

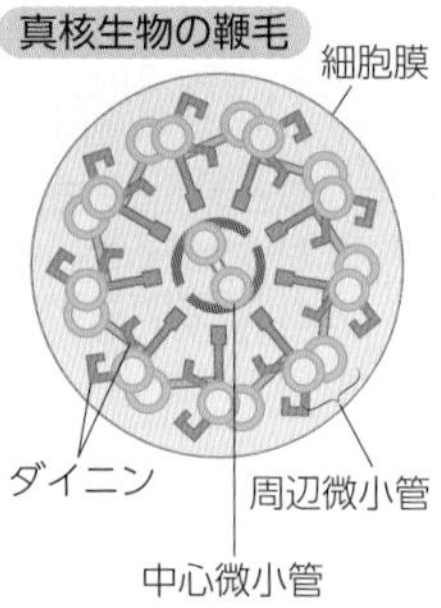

break ぶれいく ヒトのからだと細菌

ヒトの皮膚や口腔，消化管などには，さまざまな細菌が存在する。特に腸内には1000種類にも及ぶ細菌が生息すると推定されており，腸内細菌の集まりは腸内フローラと呼ばれる。腸内フローラの構成は，基本的に個人に固有のものが維持されるが，加齢や食生活の変化，抗生物質の大量投与などの影響で変化する。腸内細菌は，ヒトのからだにおいて，食物の消化を補助したり，病原体の増殖を防いだりしている。さらに近年では，生活習慣病への関与や，腸内細菌の代謝産物が免疫細胞の働きに影響を与える可能性も報告されている。このように，腸内細菌はヒトのからだに大きな影響を与えていると考えられている。

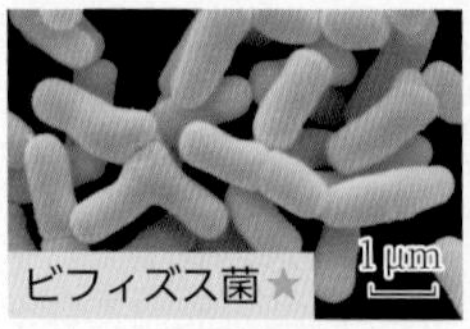

ビフィズス菌★

ヒトの主要な腸内細菌の1つで，生後間もない時期に腸内でふえる。その代謝産物は，腸内フローラの構成に影響を及ぼすと考えられている。

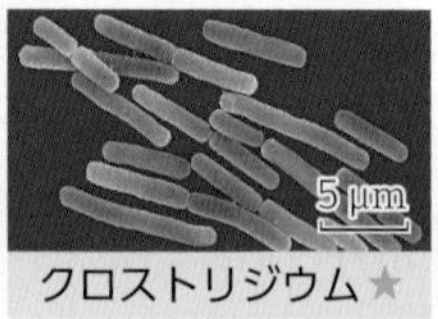

クロストリジウム★

クロストリジウム目の細菌には，マウスにおいて，酪酸を産生して制御性T細胞(➡p.176)を誘導するものがいる。ヒトの腸内にも存在する。

一方，ヒトのからだには病気の原因となる細菌もみられる。たとえば，ピロリ菌は，ヒトの胃の細胞に感染し，胃炎や胃がんの原因となる。また，腸内細菌の代謝産物からがんの原因物質が見つかっており，がんへの関与について研究が行われている。

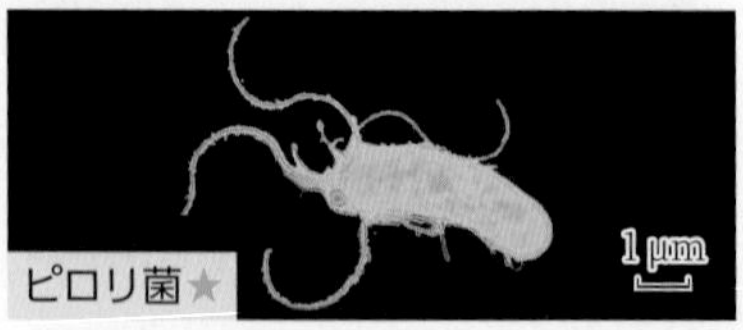

ピロリ菌★

豆知識　シアノバクテリアの「シアノ(cyano)」は，青(cyan)を意味する接頭語である。シアノバクテリアは，緑藻類とは異なり，青みがかった緑色をしている。湖の水面が青緑色になるアオコ(➡p.328)は，シアノバクテリアの過度な増殖によって起こることが多い。

2 アーキア 生物

アーキアには，土壌などの身近な環境のほか，他の生物が生息できないような過酷な環境に生息するものもいる。アーキアは，細胞膜のリン脂質の構造が細菌や真核生物とは異なっている。

アーキアの分類の一覧表(➡p.356)

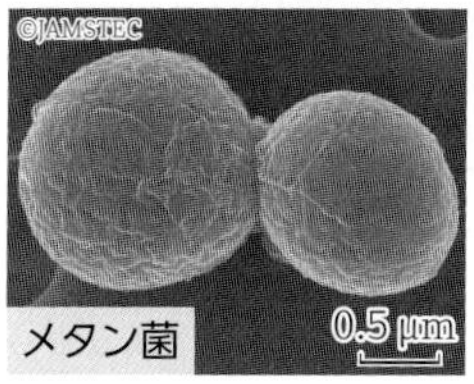

メタン菌

水素を酸化してエネルギーを得る過程でメタンを生成する。嫌気性で，泥湿地やウシの消化管内などに生息している。

高度好塩菌★

塩分濃度が高い環境に生育する。塩分濃度9％以上の高濃度環境でしか機能しないタンパク質をもつものもある。

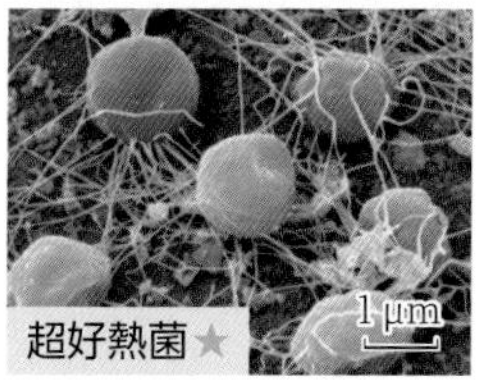

超好熱菌★

高温環境で生育でき，90℃を超える環境でみられるものもいる。超好熱菌のポリメラーゼはPCR法で使われることもある。

細胞膜のリン脂質の構造

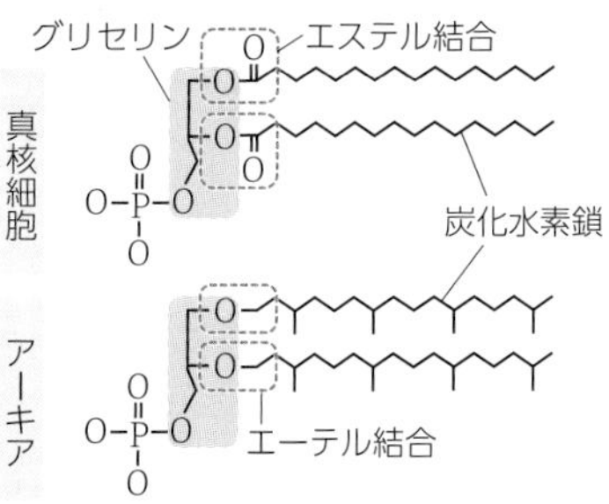

真核生物や多くの細菌のリン脂質では，グリセリンと炭化水素鎖はエステル結合によって結合している。一方，アーキアでは，エーテル結合によって結合している。エーテル結合の方が耐熱性があり，高温環境に生息する種のアーキアには適していると考えられる。

3 遺伝子の水平伝播 生物

自分の子ではない同種の個体や異なる種へ遺伝子が伝えられることを遺伝子の水平伝播《すいへいでんぱ》という。水平伝播は，細菌やアーキアでは比較的頻繁にみられ，多様性の原動力になっている。

Ⓐウイルスによる水平伝播

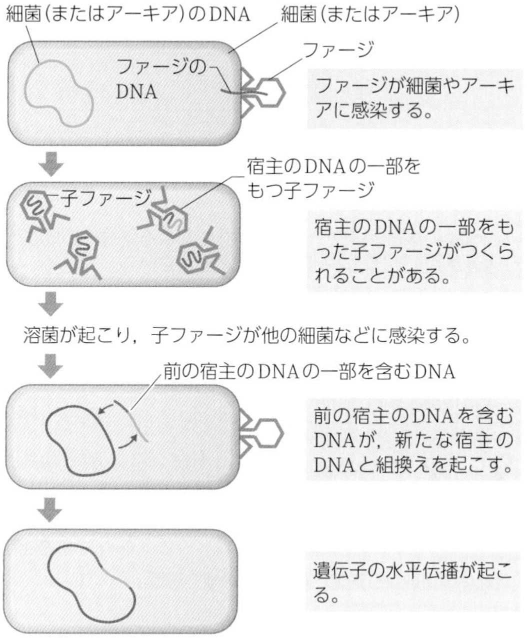

水平伝播には，上記以外に，接合によるものもある。

Ⓑ水平伝播を考慮した系統樹

図で横方向に他のグループと合流している帯が「遺伝子の水平伝播」を示す。

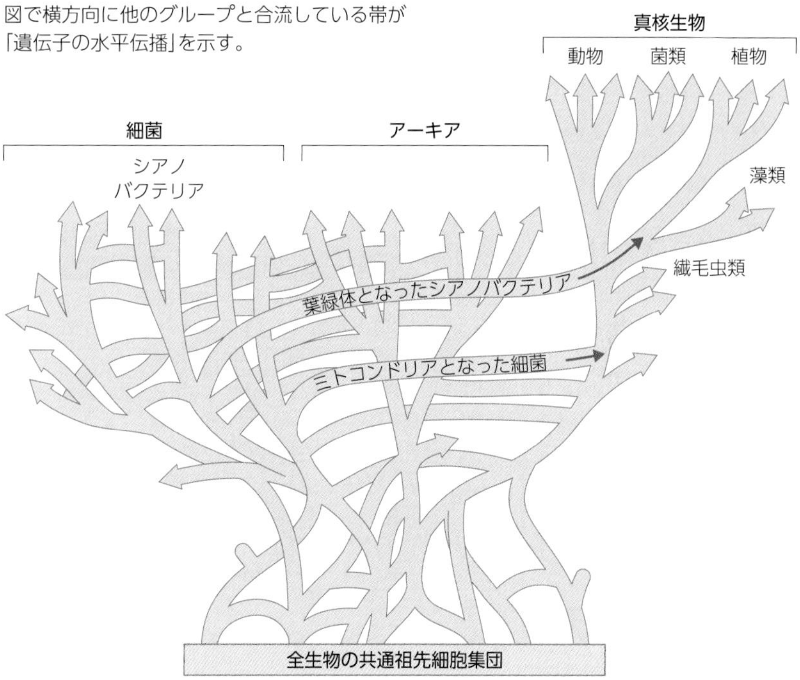

Ⓒ水平伝播の例

薬剤耐性菌

突然変異によって生じた抗生物質への耐性が，接合やウイルスを介して他の細菌へ伝わり，拡大することがある。

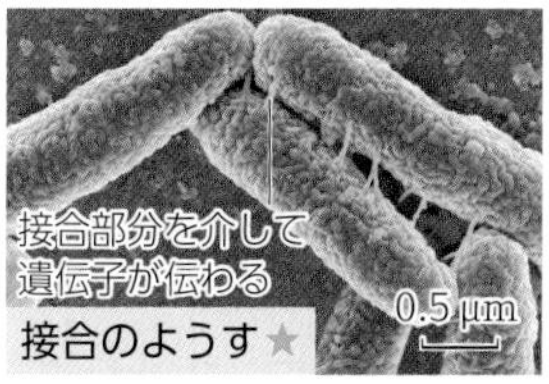

接合のようす★

病原性の大腸菌

病原性大腸菌O157は，毒素など，非病原性の大腸菌にはない病原性の遺伝子をもつ。そのなかには，ファージを介した水平伝播で獲得されたと考えられているものがある。

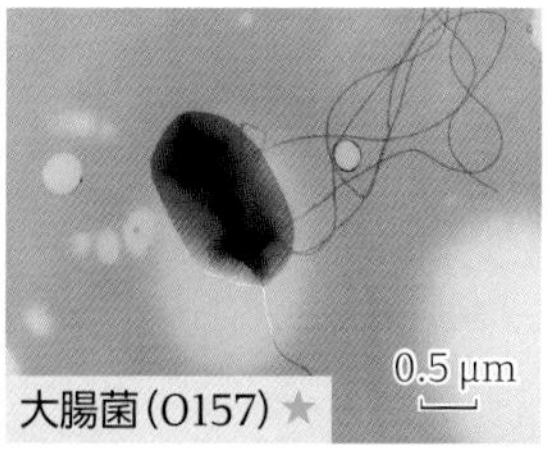

大腸菌(O157)★

α PLUS ウイルスの起源

ウイルスは，生物の進化に深く関わっている。一方，ウイルスの起源は明らかになっていないが，以下の例を含むいくつかの説が考えられており，研究が進められている。

RNAワールドの生命体から誕生

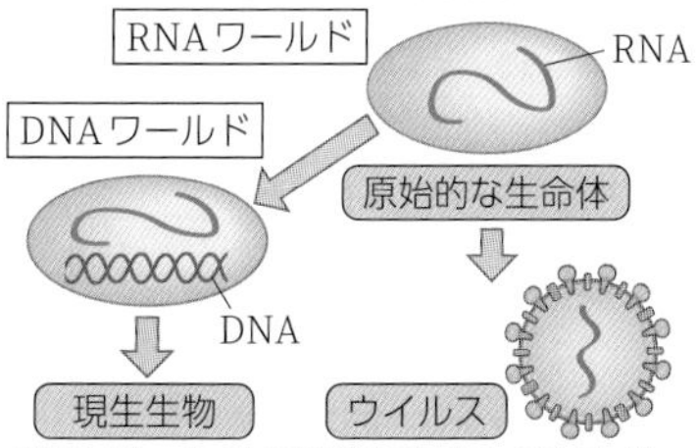

RNAワールドの時代に存在していた生命体が，現在のRNAウイルスの起源となったとする説。

レトロトランスポゾンが細胞から抜け出して誕生

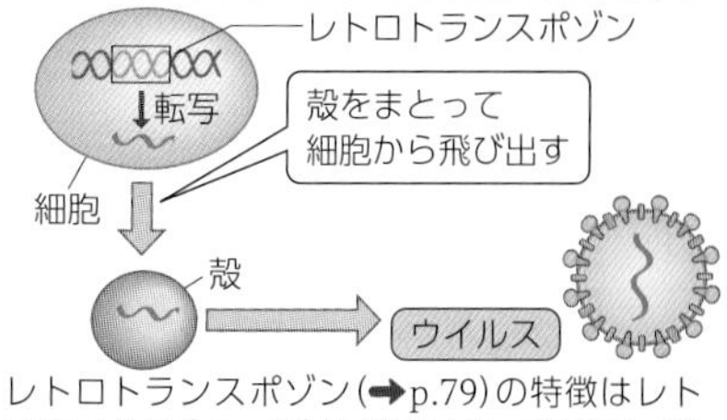

レトロトランスポゾン(➡p.79)の特徴はレトロウイルス(➡p.21)に似ている。細胞の一部分だったレトロトランスポゾンがタンパク質の殻を獲得し，ウイルスが誕生したとする説。

豆知識 高温や高塩分濃度のような極限環境に生息する微生物は，その環境でも失活しない酵素をもつ。これを極限酵素といい，人間生活に利用されているものもある。たとえば超好熱菌のポリメラーゼのほか，洗濯用洗剤(アルカリ性)に含まれるタンパク質分解酵素には，アルカリ性環境に生息する細菌の極限酵素が利用されている。

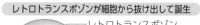

21 真核生物① スーパーグループ

生物　Eukarya, Part 1 Supergroups

1 スーパーグループ 生物

近年，複数の遺伝子の塩基配列の解析や形態の比較などによって，真核生物は，いくつかのスーパーグループと呼ばれる大きな分類群に分けられることが明らかになってきた。

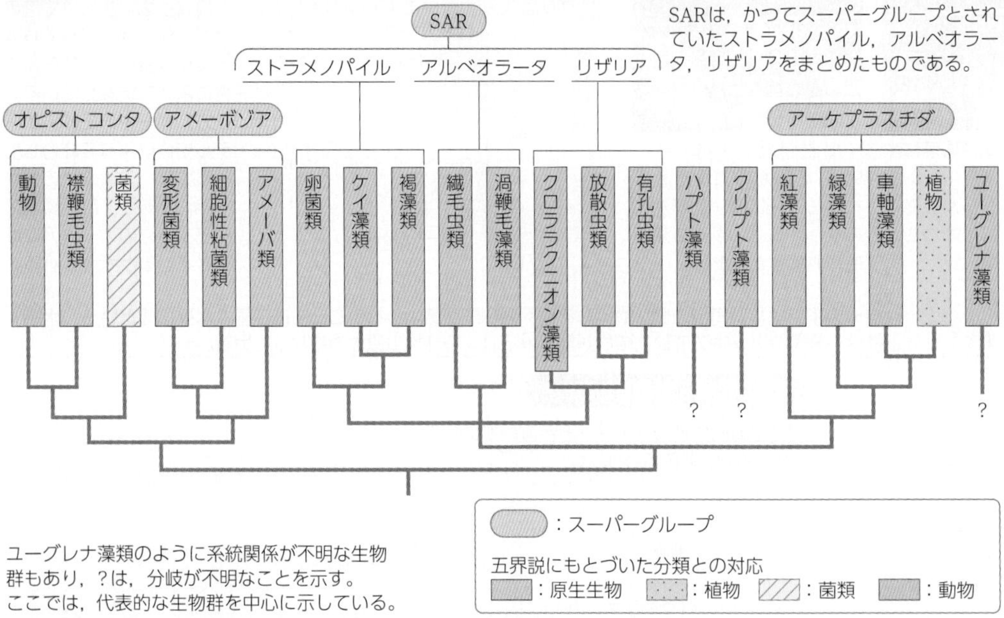

SARは，かつてスーパーグループとされていたストラメノパイル，アルベオラータ，リザリアをまとめたものである。

ユーグレナ藻類のように系統関係が不明な生物群もあり，?は，分岐が不明なことを示す。ここでは，代表的な生物群を中心に示している。

スーパーグループの分け方は，いくつかの説が提唱され，現在でも見直しが行われているが，ここでは，オピストコンタ，アメーボゾア，SAR，アーケプラスチダの4つに分ける考え方を示す。

系統関係が確定していない生物群もあり，今後，より正確な系統関係が明らかになると考えられる。

スーパーグループと五界説の関係

スーパーグループ	五界説の界
オピストコンタ	動物界，菌界，原生生物界
アメーボゾア	原生生物界
SAR	原生生物界
アーケプラスチダ	植物界，原生生物界

原生生物は，すべてのグループにまたがっており，真核生物の系統的多様性の大部分を占めている。

2 葉緑体の成立と系統 生物

光合成生物は複数の系統に散在している。これは，シアノバクテリアとの共生による葉緑体の成立後，複数の系統で，葉緑体をもつ生物の取り込みが独立して起きた結果と考えられている。

葉緑体の成立過程には一次共生と二次共生がある。アーケプラスチダの祖先で一次共生が生じた後，他の生物群で二次共生が生じたと考えられている。

一次共生	二次共生
従属栄養生物に取り込まれたシアノバクテリアが，細胞内共生によって葉緑体となる。	葉緑体をもつ真核生物が従属栄養生物に取り込まれ，これが葉緑体となる。緑藻類や紅藻類が取り込まれたと考えられている。

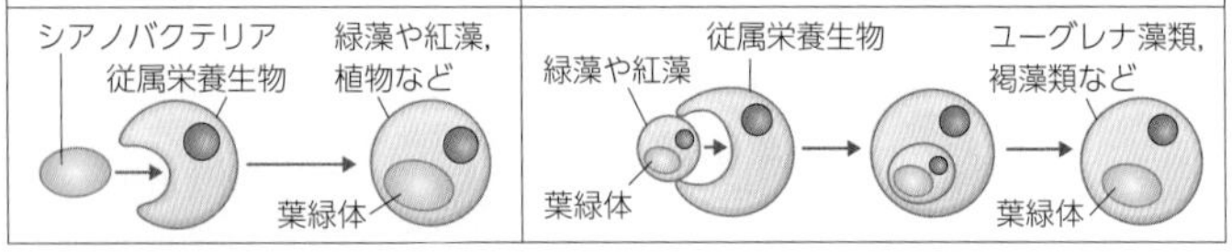

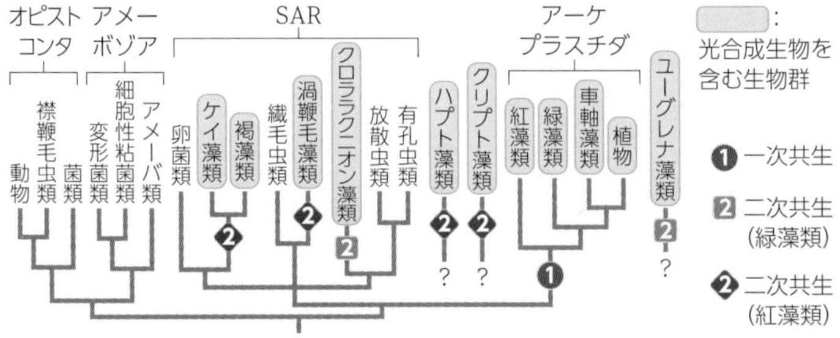

▲葉緑体の特徴から推定される共生の成立過程

共生による葉緑体の成立過程

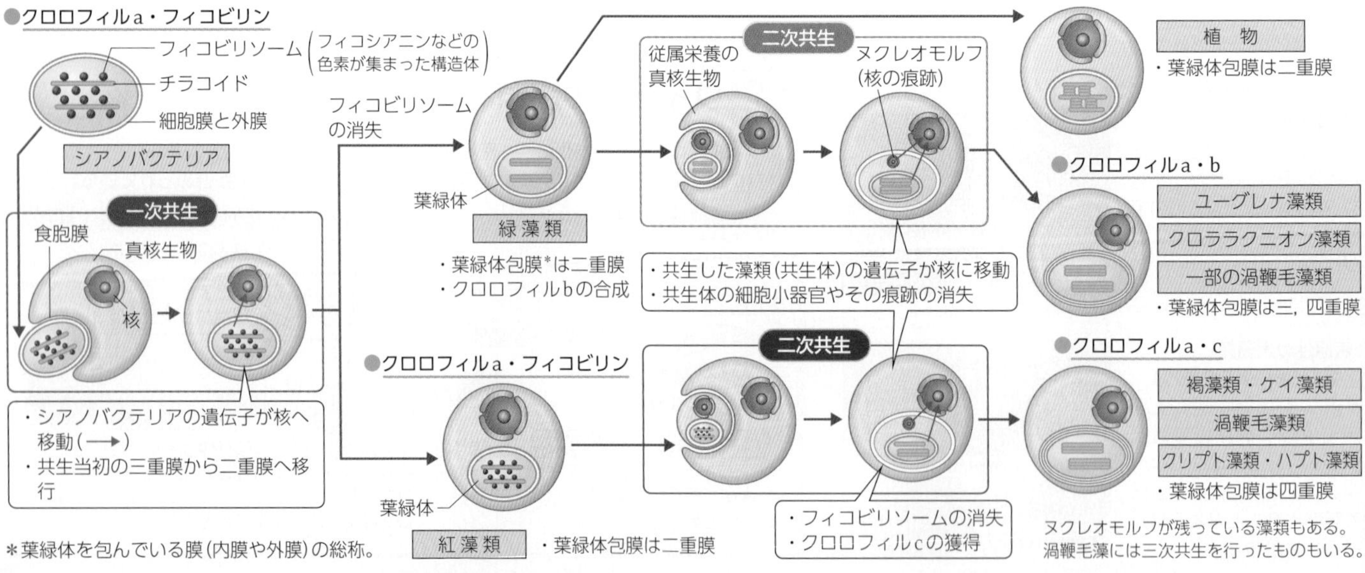

ヌクレオモルフが残っている藻類もある。渦鞭毛藻には三次共生を行ったものもいる。

＊葉緑体を包んでいる膜（内膜や外膜）の総称。

豆知識　ミドリムシ（ユーグレナ藻類）は，その核の遺伝子解析から，最初は紅藻類が二次共生した葉緑体をもち光合成を行っていたが，その葉緑体は後に退化・消失した。その後，緑藻類が二次共生して現在の葉緑体をもつようになったと考えられている。

原生生物の分類の一覧表(➡p.356)

3 スーパーグループによる真核生物の分類 生物

Ⓐオピストコンタ

遊泳細胞(動物の精子など，遊走する細胞)は，後方に1本の鞭毛をもち，鞭毛と反対方向に進む。

襟鞭毛虫類などの原生生物，動物，菌類が含まれる。

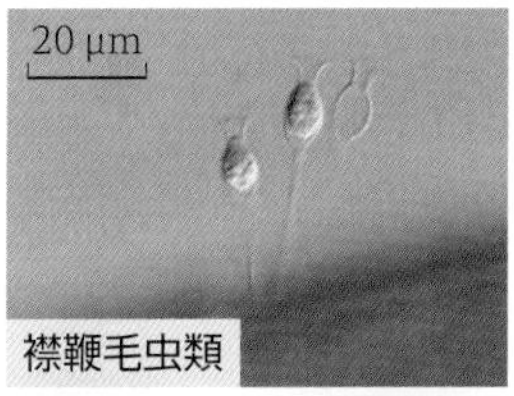

襟鞭毛虫類

オイカワ(硬骨魚類)

シロオニタケ(担子菌類)

Ⓑアメーボゾア

葉状の仮足をもちアメーバ運動を行う。鞭毛をもつ種の多くは，1本の鞭毛をもつ。オピストコンタとは近縁であるとされる。

アメーバ類，細胞性粘菌類，変形菌類などの原生生物が含まれる。

キイロタマホコリカビ(細胞性粘菌類)

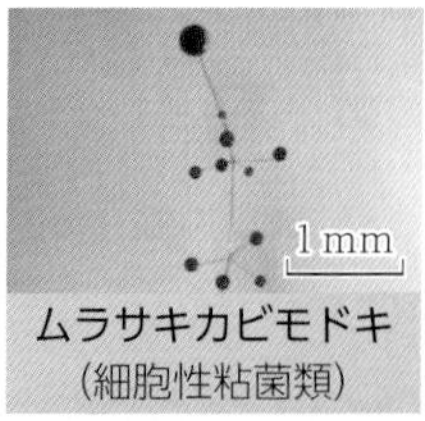

ムラサキカビモドキ(細胞性粘菌類)

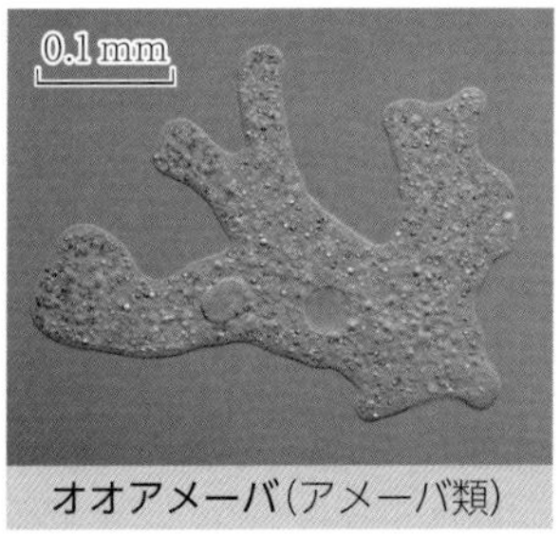

オオアメーバ(アメーバ類)

ムラサキホコリ(変形菌類)

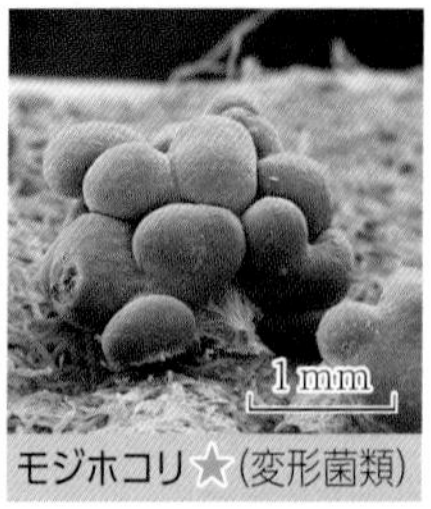

モジホコリ☆(変形菌類)

Ⓒアーケプラスチダ

シアノバクテリアの一次共生によって生じた葉緑体をもつグループである。

車軸藻類，緑藻類，紅藻類などの原生生物や，植物が含まれる。

イワタバコ(被子植物)

オオミズゴケ(コケ植物)

シャジクモ(車軸藻類)

アナアオサ(緑藻類)

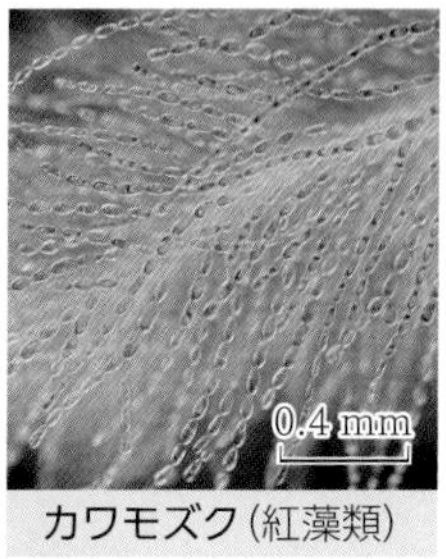

カワモズク(紅藻類)

ⒹSAR

ストラメノパイル

このグループの独立栄養生物は，葉緑体が紅藻類の二次共生に由来し，光合成色素としてクロロフィルaとcを含む。

褐藻類，ケイ藻類などの原生生物が含まれる。

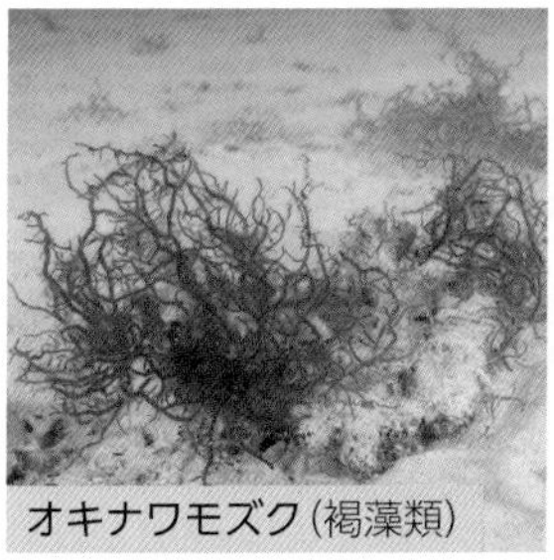
オキナワモズク(褐藻類)

ヒジキ(褐藻類)

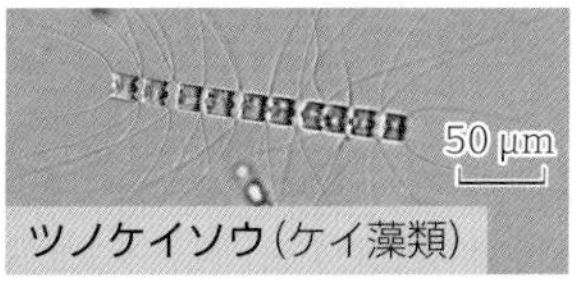

ツノケイソウ(ケイ藻類)

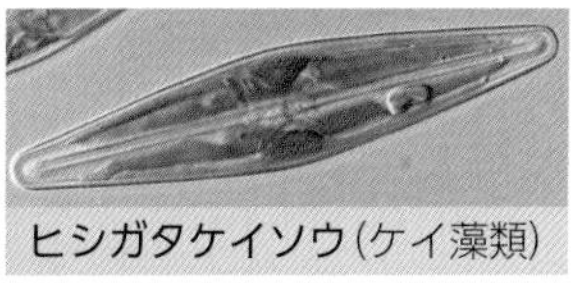
ヒシガタケイソウ(ケイ藻類)

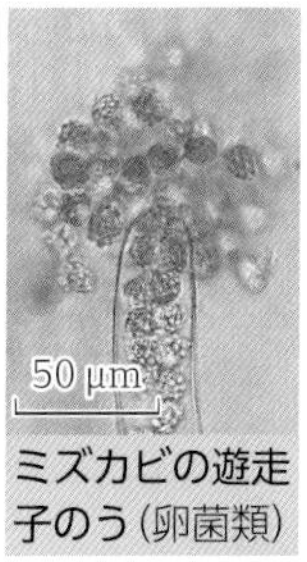

ミズカビの遊走子のう(卵菌類)

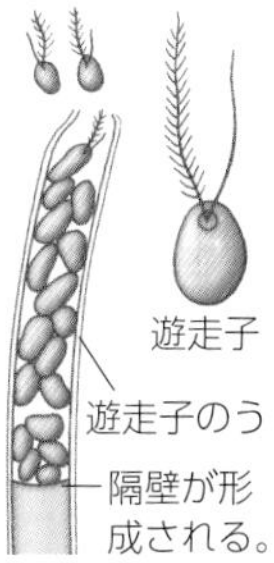

アルベオラータ

細胞膜の直下にアルベオール小胞と呼ばれる袋状構造が並んでいる。

繊毛虫類，渦鞭毛藻類などの原生生物が含まれる。

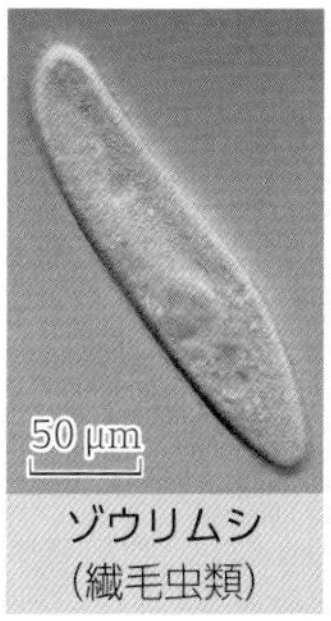

ゾウリムシ(繊毛虫類)

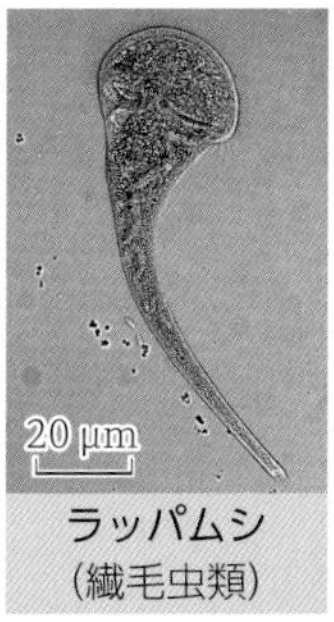

ラッパムシ(繊毛虫類)

スジメヨロイオビムシ(渦鞭毛藻類)

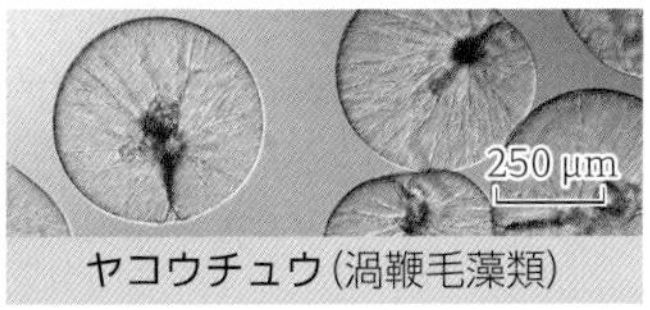

ヤコウチュウ(渦鞭毛藻類)

リザリア

糸状，網状または針状の仮足を形成する生物のグループである。

有孔虫類，放散虫類，クロララクニオン藻類などの原生生物が含まれる。

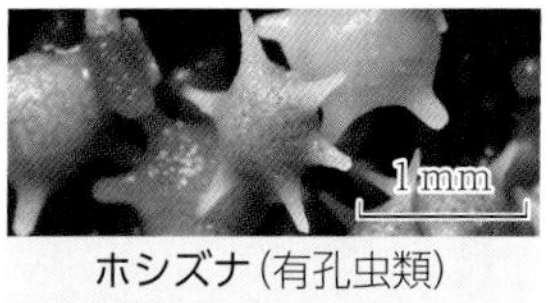

ホシズナ(有孔虫類)

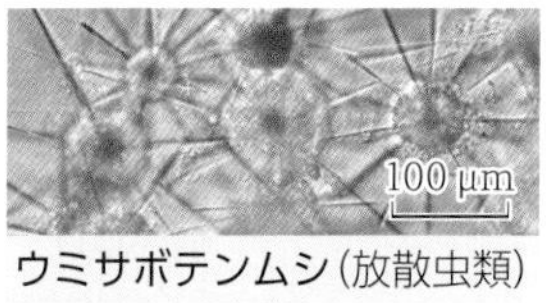

ウミサボテンムシ(放散虫類)

Ⓔその他

ハプト藻類，クリプト藻類，ユーグレナ藻類などは，どのスーパーグループに所属するか解明されていない。

ヨツゲオウゴンモ(ハプト藻類)

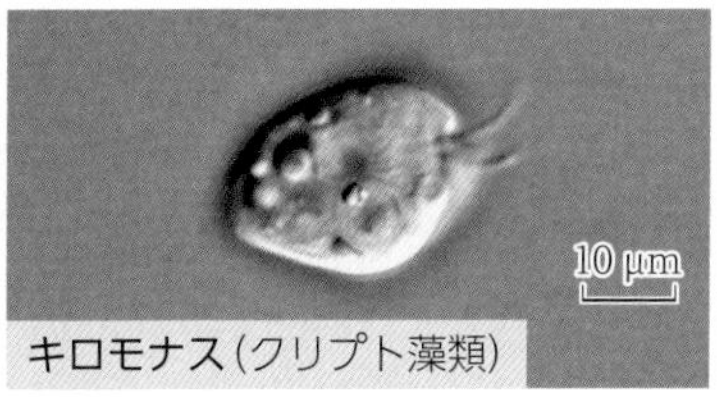

キロモナス(クリプト藻類)

ミドリムシ(ユーグレナ藻類)

豆知識 変形菌類の変形体は朽木や土壌中に潜り込んでいることが多く，大きいものでは長さが1 mに達するものもある。内部では原形質流動が起こっている。この原形質流動は，非常に流れが速く，秒速1 mm程度で，シャジクモの原形質流動の約10倍の速さである。

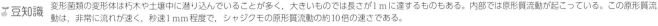

22 真核生物② 植物と菌類

生物

Eukarya, Part 2 Land Plants and Fungi

1 植物の生活環 生物

生物が生まれてから死ぬまでの過程を**生活史**《せいかつし》といい，これを生殖細胞で次の世代につなげたものを**生活環**《せいかつかん》という。

植物の生活環では，核相(➡p.75)が単相(n)の時期である単相世代と複相($2n$)の時期である複相世代を交互にくり返す。これを**核相交代**《かくそうこうたい》という。

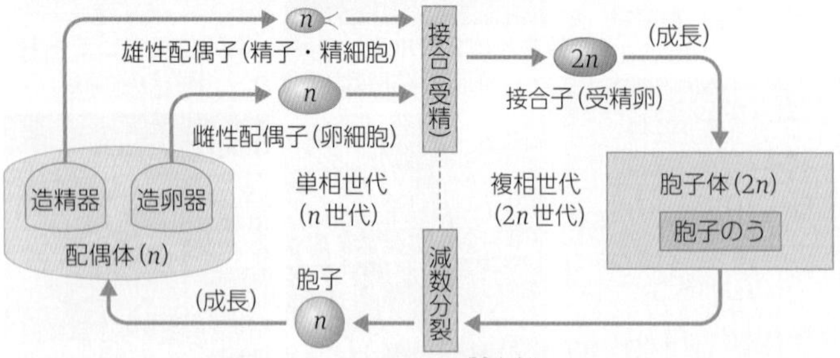

減数分裂によって胞子をつくる植物体を**胞子体**《ほうしたい》，配偶子をつくる植物体を**配偶体**《はいぐうたい》という。

植物における単相世代と複相世代の生活環に占める割合

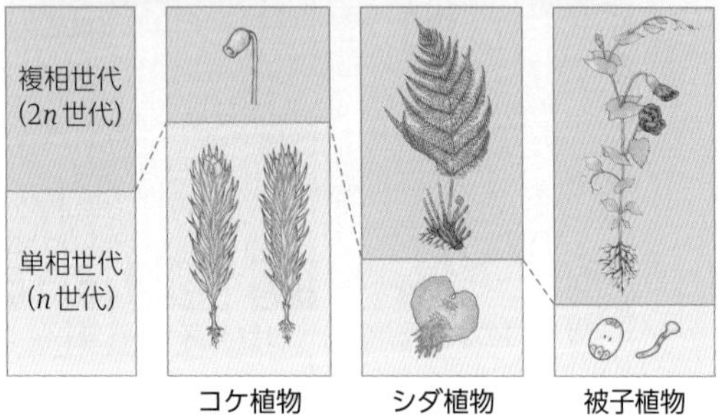

陸上植物では，乾燥により適応した生物群ほど単相世代の占める割合が小さく，複相世代の占める割合が大きい。

2 植物の系統 生物

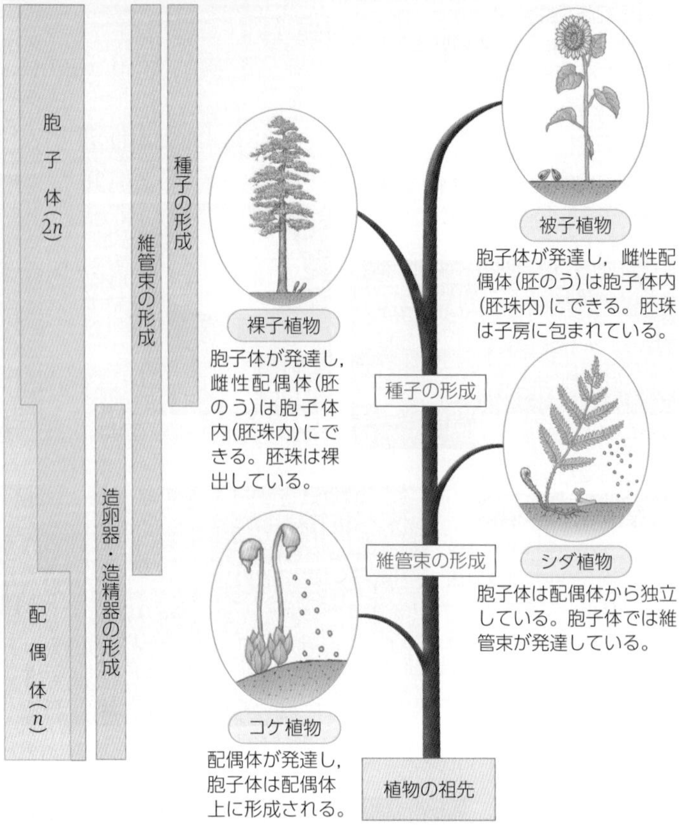

3 植物の分類① 生物

植物は，維管束をもたないコケ植物と，根・茎・葉の区別があり維管束が分化している維管束植物に分けられる。維管束植物は，さらに胞子でふえるシダ植物と種子でふえる種子植物に分けられる。

Ⓐコケ植物

ふつうにみられる植物体は配偶体で，胞子体は配偶体上に形成される。スギゴケ，ゼニゴケ，ツノゴケなどがある。

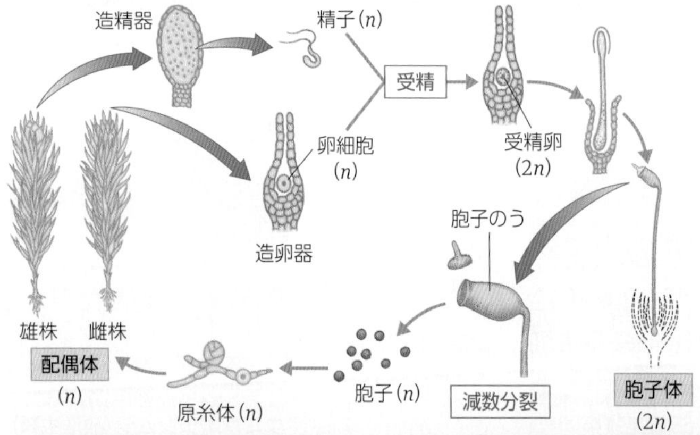

Ⓑシダ植物

胞子体は，根・茎・葉の分化がみられ維管束をもつ。配偶体は小さく，前葉体と呼ばれる。ワラビ，トクサ，クラマゴケなどがある。

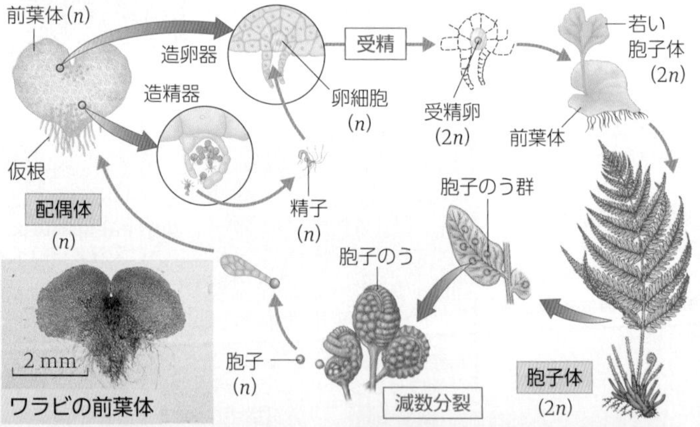

スギゴケ

ツノゴケ

トクサ

クラマゴケ(シダ植物)

豆知識 トクサは，古生代石炭紀に繁栄したシダ植物カラミテス科の子孫で，当時の形態が保持されていることから生きている化石といえる。和名は，表面にあるケイ酸によって茎がざらついているため，研磨に用いていたことから「砥草《とくさ》」と名づけられた。

植物，菌類の分類の一覧表（➡p.356～357）

4 植物の分類② 生物

種子植物は，植物界のなかで最も陸上生活に適応したグループで，胞子体の一部に生殖器官として花をつける。種子植物は，胚珠が裸出している裸子植物と胚珠が子房の内部にある被子植物に分けられる。

Ⓐ裸子植物

被子植物に比べて種数が少なく，多くは木本である。胚乳の核相はnである。イチョウ，ソテツ，マツなどがある。

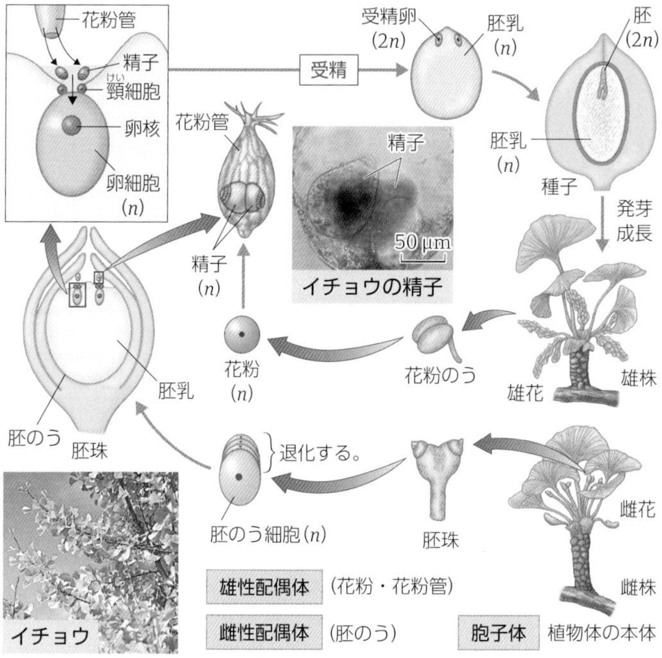

イチョウ

Ⓑ被子植物

重複受精（➡p.231）を行うため，胚乳の核相は$3n$である。ススキ，エンドウ，クリなどが含まれる。

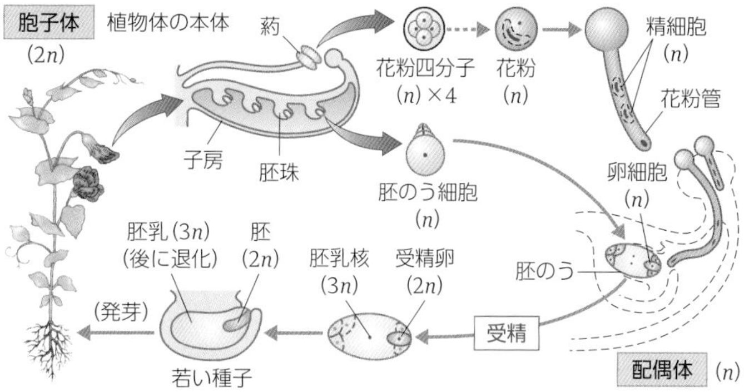

エンドウ

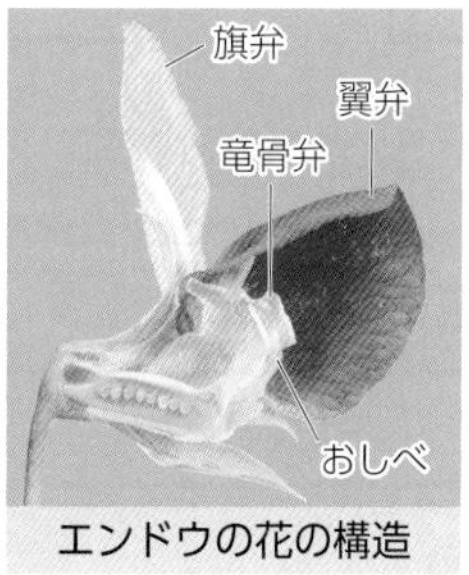

エンドウの花の構造

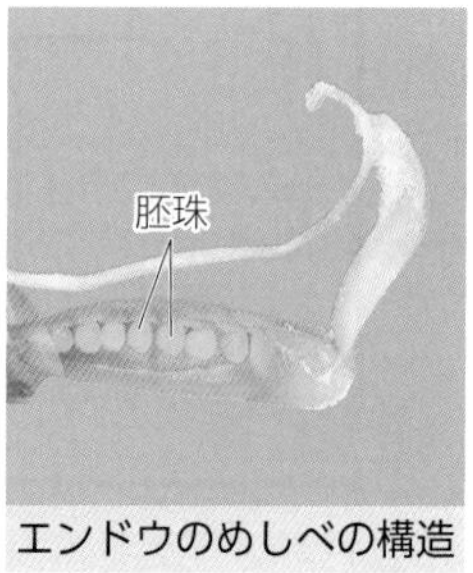

エンドウのめしべの構造

5 菌類の分類 生物

菌類の多くは，糸状に連なった細胞からなる菌糸でできている。

Ⓐ子のう菌類

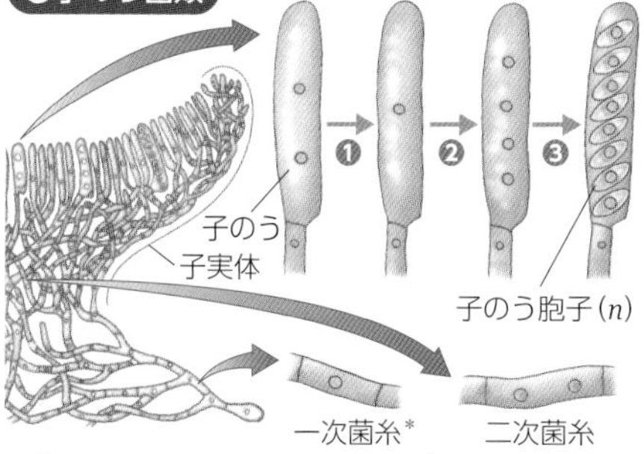

＊菌糸には，一次菌糸と二次菌糸がある。二次菌糸は異なる株の一次菌糸どうしの接合によって生じる2核性の菌糸である。

ヒイロチャワンタケ

有性生殖を行う場合，二次菌糸からなる子実体の子のう内で核が合体する（❶）。その後，減数分裂（❷），核分裂を経て子のう胞子が形成される（❸）。

Ⓑ担子菌類

一般に「きのこ」と呼ばれる大型の子実体をつくるものが多い。

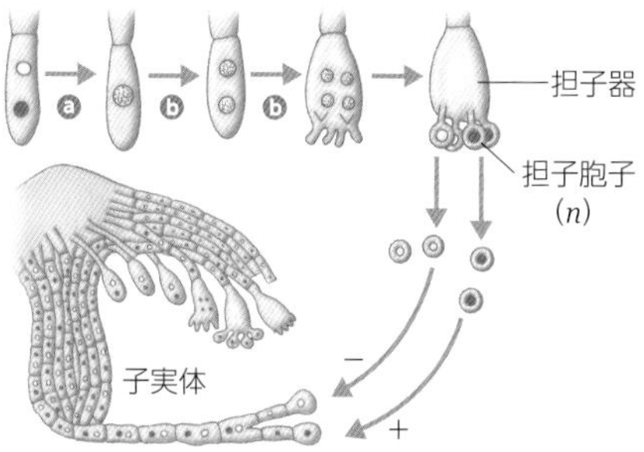

子実体は二次菌糸からなる。菌糸の先端で核が合体し（ⓐ），やがて，減数分裂が起こる（ⓑ）。その後，担子器上に4個の担子胞子が形成される。

マツタケ

アンズタケ

＋α PLUS 地衣類

地衣類は，子のう菌類や担子菌類が，緑藻類またはシアノバクテリアと共生した生物群である。菌類は，緑藻類などから同化産物を得る一方，水や安定した生活環境をそれらに供給している。

サルオガセ

ハナゴケ

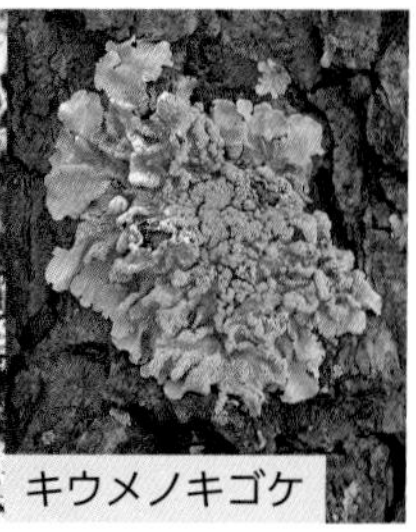

キウメノキゴケ

Ⓒその他の菌類（ケカビのなかま）

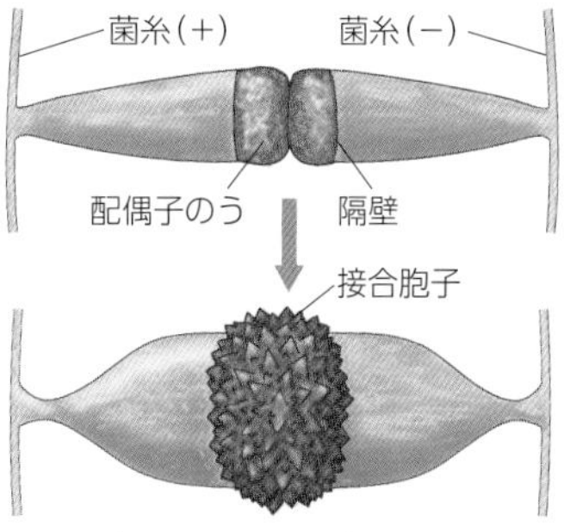

ケカビやクモノスカビは，隔壁のない菌糸でからだが構成されている。有性生殖の際には，菌糸の一部に配偶子のうが形成され，これが接合する。

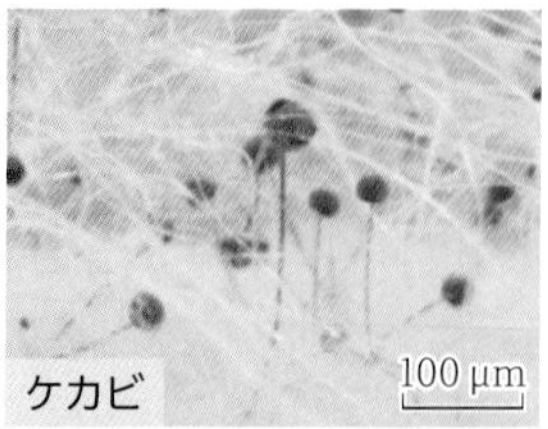

ケカビ

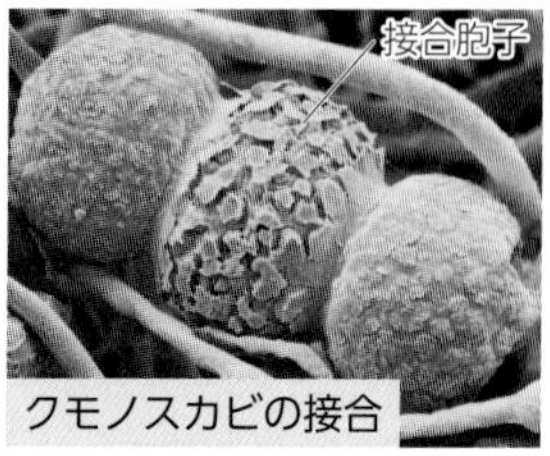

クモノスカビの接合

豆知識 被子植物は英語でAngiospermといい，裸子植物はGymnospermという。Angioはギリシャ語のangeios（包む）に由来し，Gymnoはギリシャ語のgymn-（裸の）に由来する。

23 真核生物③ 動物

1 動物の系統 生物

動物の系統は，発生や形態，および分子系統解析の結果にもとづいて，以下のように考えられている。

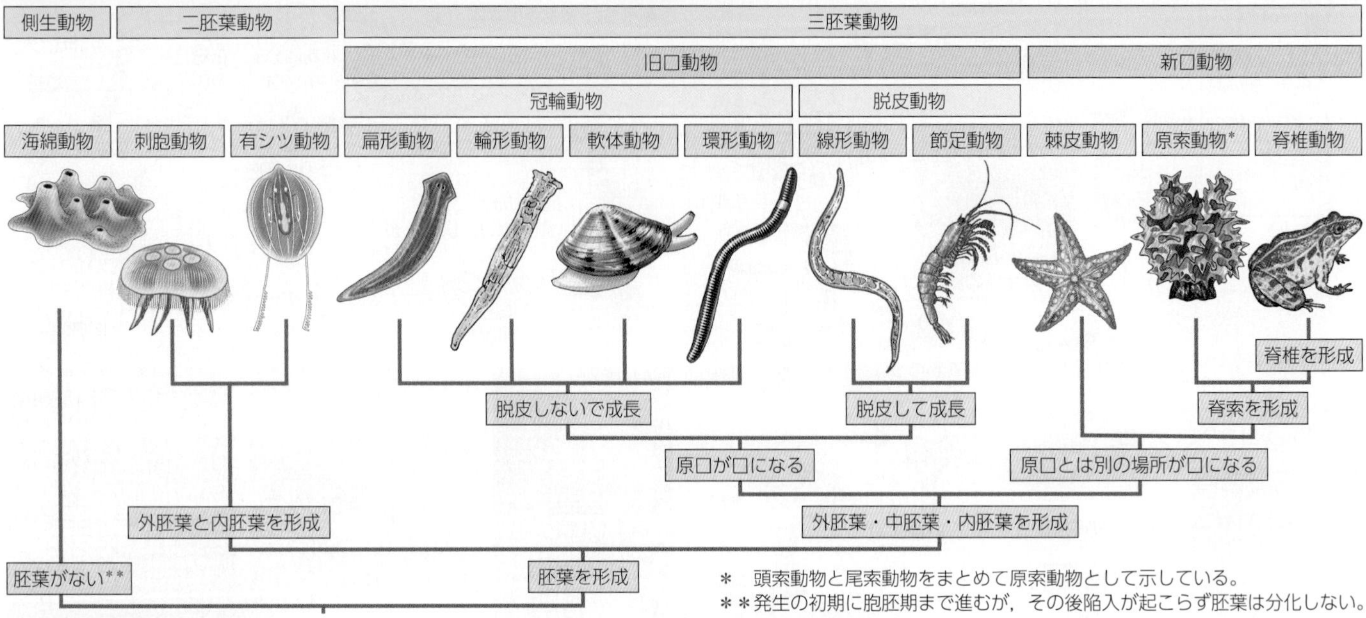

＊　頭索動物と尾索動物をまとめて原索動物として示している。
＊＊発生の初期に胞胚期まで進むが，その後陥入が起こらず胚葉は分化しない。

Ⓐ二胚葉動物と三胚葉動物

からだの構造が，外胚葉と内胚葉だけに由来する動物を**二胚葉動物**《にはいようどうぶつ》，外胚葉，内胚葉，中胚葉に由来する動物を**三胚葉動物**《さんはいようどうぶつ》という。

二胚葉動物（刺胞動物・有シツ動物）

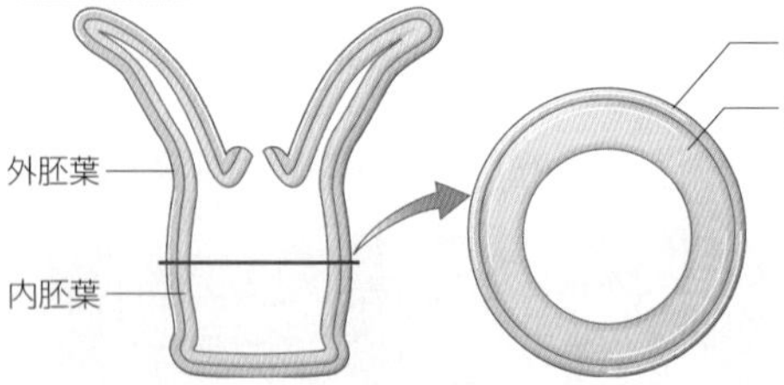

からだは放射相称で，中胚葉を欠く。外胚葉と内胚葉に由来する組織をもつ。

三胚葉動物（側生動物と二胚葉動物を除くすべての動物）

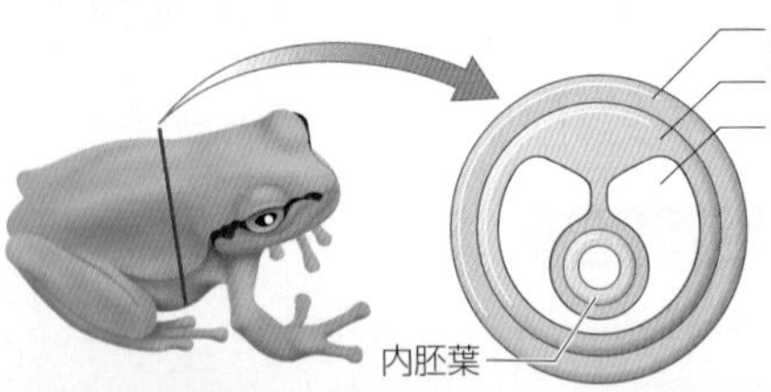

からだは左右相称であり，外胚葉・中胚葉・内胚葉の三胚葉由来の組織をもつ。

幼生の形態

軟体動物や環形動物のなかには，トロコフォアと呼ばれる幼生の時期を経るものがある。これは，両動物群の近縁性を示すものであると考えられた。この近縁性は，分子系統解析からも支持されている。

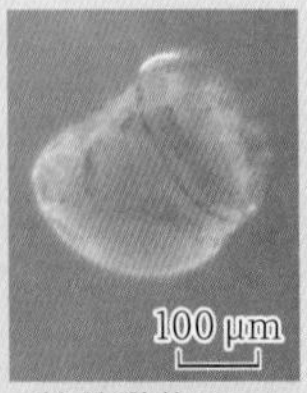

軟体動物のトロコフォア

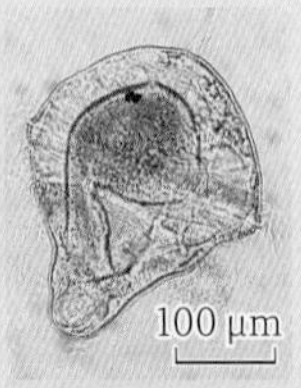

環形動物のトロコフォア

Ⓑ旧口動物と新口動物

三胚葉動物では，胚葉の発生過程で生じる原口が成体の口になる**旧口動物**《きゅうこうどうぶつ》と，原口とは別の部分に新しく口ができる**新口動物**《しんこうどうぶつ》に分けられる。

旧口動物（扁形動物，軟体動物，環形動物，線形動物，節足動物）

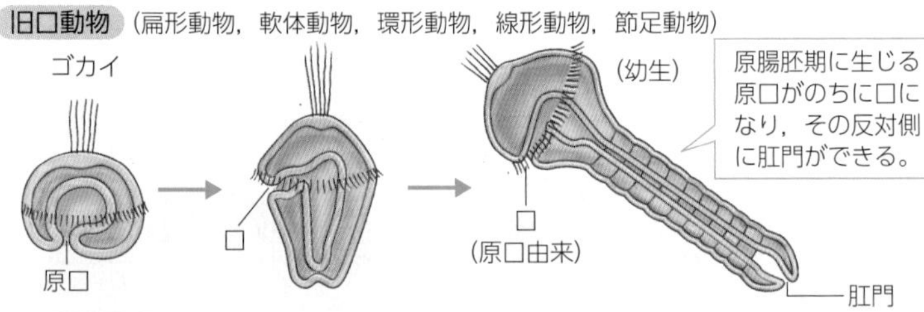

原腸胚期に生じる原口がのちに口になり，その反対側に肛門ができる。

らせん卵割

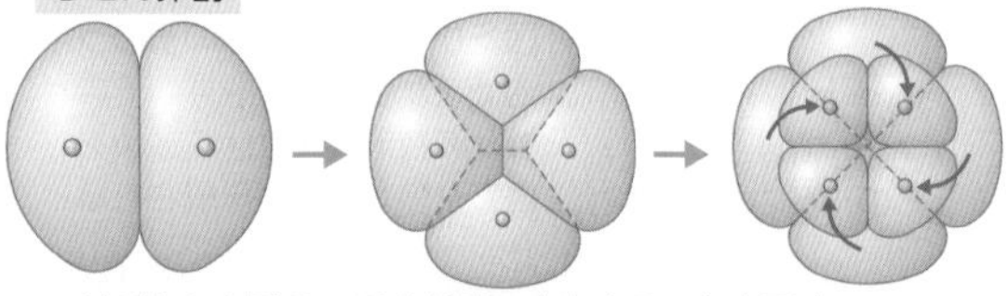

→で結ばれた割球は，同じ割球に由来することを示す。

旧口動物のうち，冠輪動物の多くは全割（らせん卵割）を行う。これに対して脱皮動物は表割（➡p.114）を行う。

新口動物（棘皮動物，原索動物，脊椎動物）

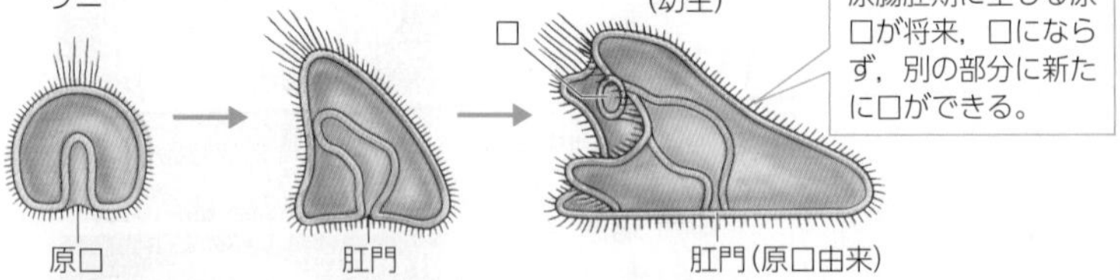

原腸胚期に生じる原口が将来，口にならず，別の部分に新たに口ができる。

放射卵割

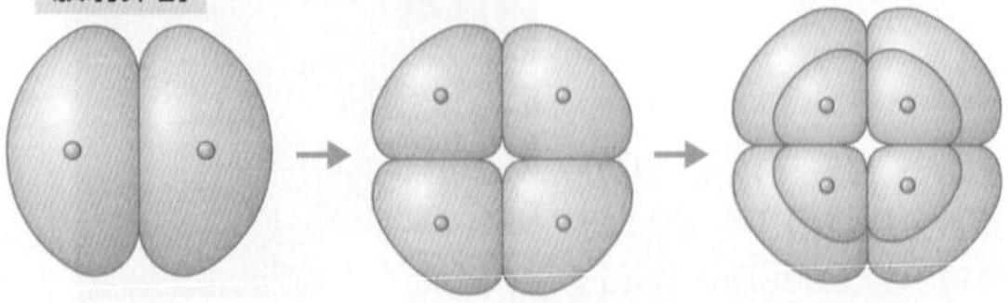

新口動物のうち，棘皮動物や両生類などは，全割（放射卵割）を行う。多くの魚類やハ虫類・鳥類は盤割（➡p.114）である。

豆知識　冠輪動物には，繊毛のある触手が口の周囲を取り巻く触手冠と呼ばれる構造をもつ生物や，トロコフォア幼生（担輪子）を経て成体になる生物が含まれる。このことから冠輪動物と名付けられた。

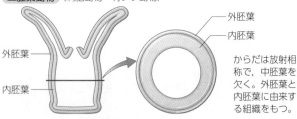

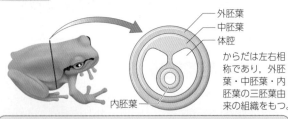

2 動物界の生物 生物

海綿動物

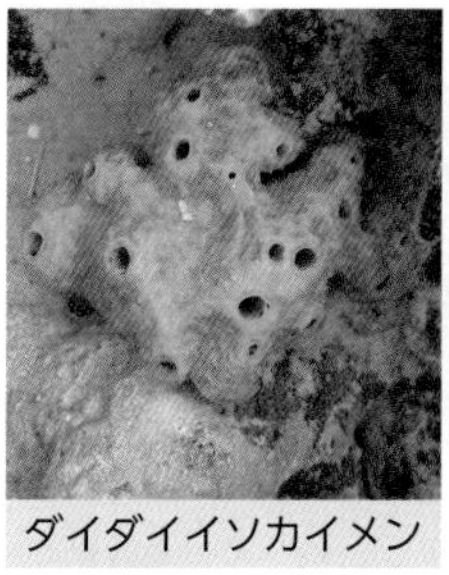
ダイダイイソカイメン

刺胞動物

直径約5 cm
ミドリイソギンチャク

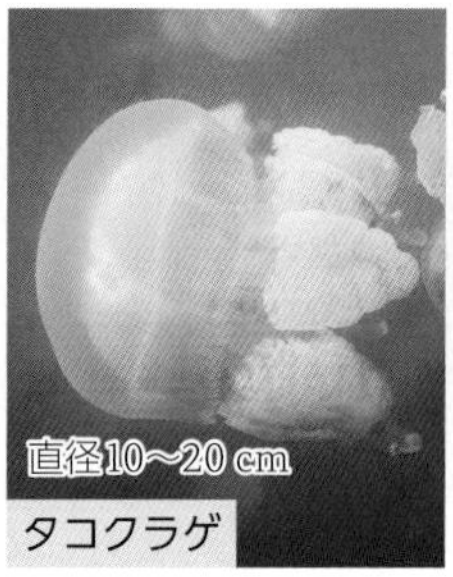
直径10～20 cm
タコクラゲ

有シツ動物

体長約15 cm
ウリクラゲ

扁形動物

ヒラムシ 体長約4 cm

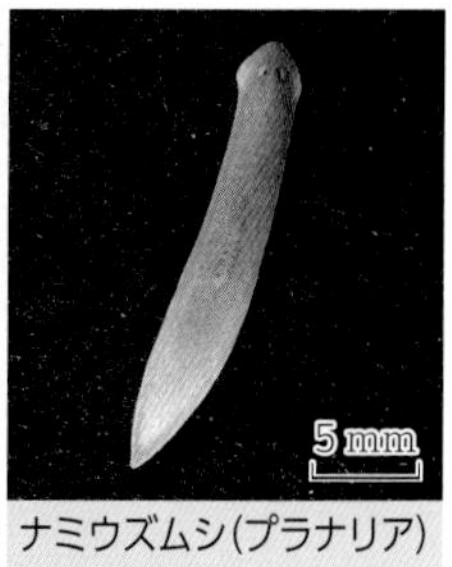
5 mm
ナミウズムシ(プラナリア)

輪形動物

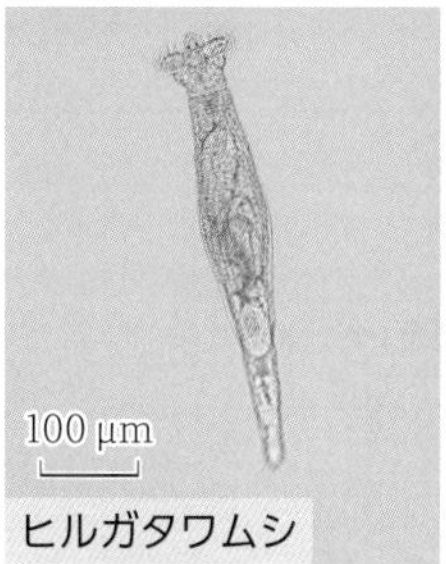
100 μm
ヒルガタワムシ

軟体動物

20 cm
アオリイカ

体長1 m
オオシャコガイ

環形動物

ケヤリムシ

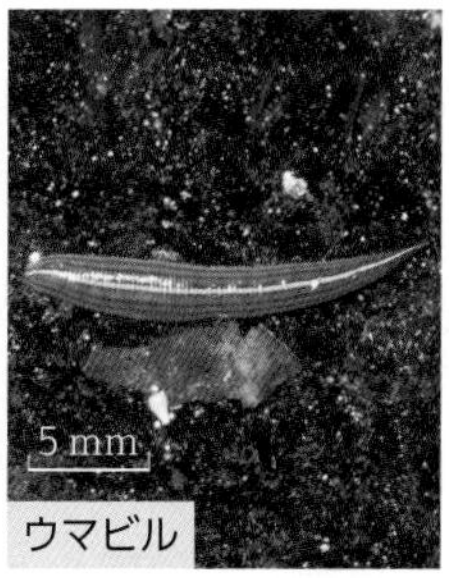
5 mm
ウマビル

線形動物

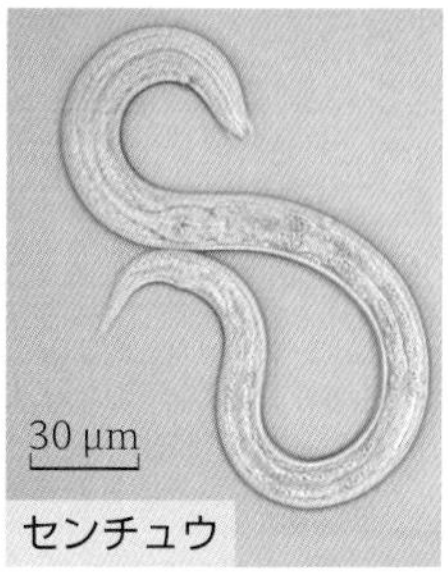
30 μm
センチュウ

節足動物

1 cm
セアカゴケグモ

1 cm
キシャヤスデ

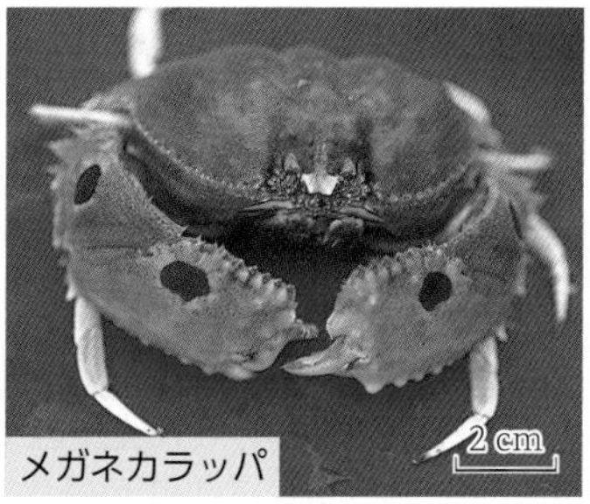
2 cm
メガネカラッパ

1 cm
アサギマダラ

棘皮動物

5 cm
サンショウウニ

マナマコ 体長5～10 cm

3 cm
ニチリンヒトデ

原索動物

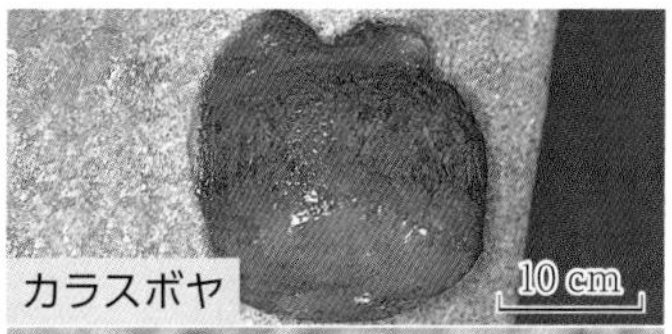
10 cm
カラスボヤ

ナメクジウオ 体長35 mm

脊椎動物

無顎類

スナヤツメ 体長14 cm

軟骨魚類

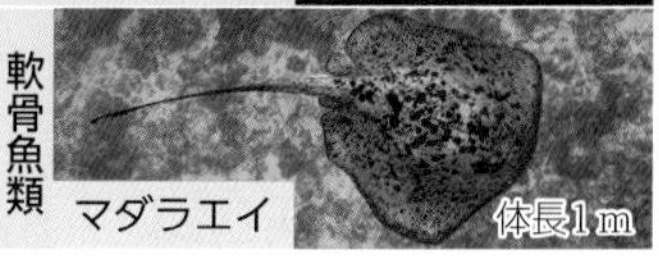
マダラエイ 体長1 m

脊椎動物

硬骨魚類

テッポウウオ 体長約20 cm

両生類

体長8～15 cm
ニホンヒキガエル

ハ虫類

甲長10～20 cm
ニホンイシガメ

鳥　類

体長約27 cm
アカショウビン

哺乳類

体長約1 m
ニホンカモシカ

豆知識 ヒキガエルのなかま(Bufo属)は，耳腺やからだの表面にあるいぼ状の突起から白色の毒(ブフォトキシン)を分泌する。ブフォトキシンは神経系の毒素で，誤って皮膚や目についた場合にはしみたり炎症を生じたりする。ブフォトキシンの「ブフォ」はヒキガエルの属名，「トキシン」は毒を意味する。

第10章

生物の集団

Population of Organisms

- 地球上に多様な生物が生息できるのはなぜだろうか？
- 生物は環境とどのように関わり合っており，生態系はどのようなしくみで維持されているのだろうか？
- 生物多様性を保全する理由や意義とは何だろうか？

学びマップ 第10章

地球上には，砂漠や森林などに多様な生態系が存在し，その環境に適応したさまざまな生物が多様な関係性をもって生活している。

生態系では，物質が循環し，エネルギーが移動する。生態系を非生物的環境や，生物間の関係性に着目してとらえることで，生態系のしくみを理解することができる。さらに，環境の変化や人間生活が生態系に及ぼす影響について考えることができる。この章では，生態系の構造と機能，生態系内での生物間の相互作用を学ぶとともに，生物多様性を保全する意義を学ぼう。

遷移とバイオーム

長い年月をかけて，環境に応じた生物の集団が形成される(➡p.292～307)

砂漠
草原
森林

生態系での物質とエネルギーの移動

生態系では，物質やエネルギーの移動が起こる

(➡p.318～325)

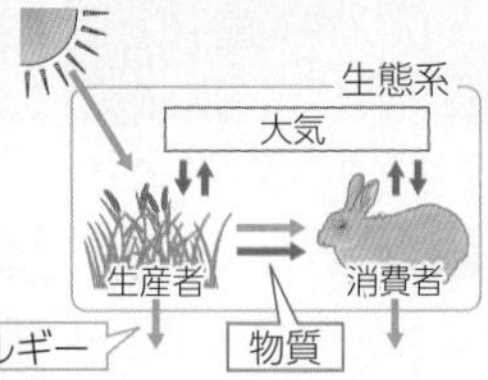
生態系
大気
生産者
消費者
エネルギー
物質

研究の歴史

遷移とバイオーム

植物の分布は気候などの環境と関連する

フンボルト(1805～08)

相観の概念を提唱した。

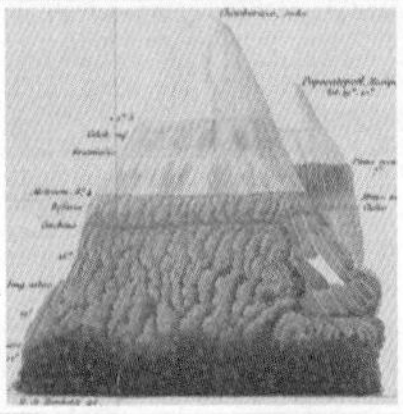

山の標高による相観の違いを表した図(フンボルト，1865年)

調査にもとづき，生物の分布の地理的な規則性を提唱した

動物地理区の基礎を提唱(➡p.307)

ウォレス(1876)

植生の遷移を体系化(➡p.296)

クレメンツ(1916)

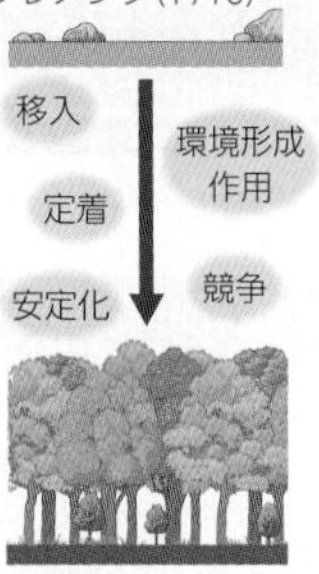
移入
定着
安定化
環境形成作用
競争

植生は環境形成作用や競争によって変化し，極相に達すると変化を止めると考えたよ

気候とバイオームの分布の関係性を調査(➡p.301)

ホイッタカー(1970頃)

気温と降水量にもとづいてバイオームを整理したよ

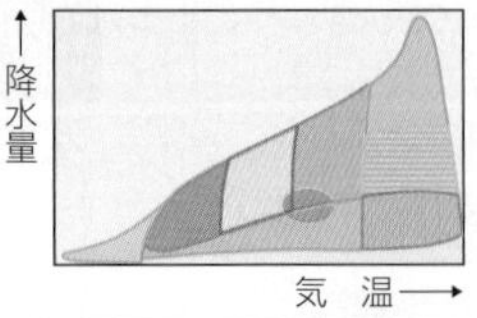
降水量
気温

ある地域のすべての生物と非生物的環境は相互作用でつながっている(➡p.318)

タンズリー(1935)

「生態系」の語を提唱した。

暖かさの指数の考案(➡p.301)

吉良竜夫(1949)

1805～08　1876　1913　1916　1920年代　1925～26　1927　1932～35　1935　1942　1947　1949

ニワトリのつつきの順位を発見(➡p.312)

エッペ(1913)

順位制をはじめて報告した

個体群密度の増加に伴う個体群の成長抑制を観察(➡p.310)

レイモンド・パール(1920年代)

捕食者と被食者の個体数変化の数理モデルを提唱(➡p.314)

ロトカ，ヴォルテラ(1925～26)

種間競争による個体数の変化を観察(➡p.315)

ガウゼ(1932～35)

利用資源が重複する種間では競争が生じ，資源の重なりが大きいと一方が絶滅することもある

ニッチの重なり具合と競争の関係を実験的に示した

形質置換の例を発見(➡p.315)

ラック(1947)

島A　競争種なし

小さい
種a

島B　競争種と共存

大きい
種a

異なる島に生息する同じ種どうしで，食物をめぐって競争する他種の有無によって，くちばしの大きさに違いがみられた

その後，島Bでは競争種と異なる食物の摂食にも適したくちばしをもつ個体の生存率が高かったため，こうした違いが生じたと解釈された。

生物の生活場所や食物などは，他種の影響を受けて変化する(➡p.315)

ハッチンソン(1957)，コンネル(1961)

基本ニッチと実現ニッチを提唱したよ
フジツボを用いて野外実験で実証したよ
ハッチンソン
コンネル

ニッチの分割などに関する研究が発展するきっかけになった

生物集団内の相互作用

研究の今と未来の展望

資源管理への応用

多種多様な生物の個体群やメタ個体群(➡p.308)の動態調査が進められている。解析した情報をもとに，農業や漁業における適切な資源管理が行われている。また，環境アセスメント(➡p.331)の一環として個体群の動態調査が行われ，開発などの人間活動を原因とした生物種の絶滅を防ぐことにも応用されている。

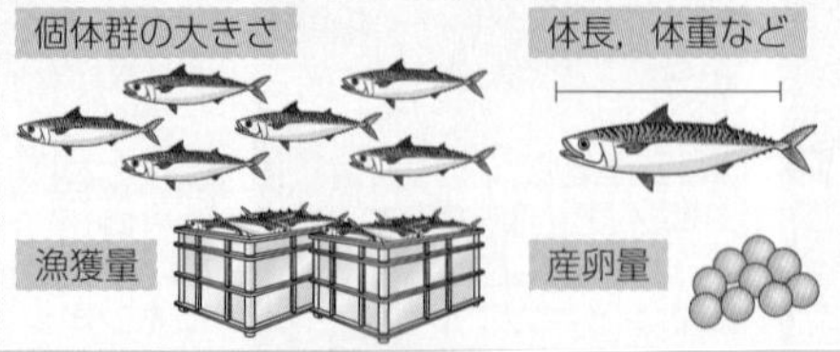
個体群の動態調査
個体群の大きさ
体長，体重など
漁獲量
産卵量
翌年の許容漁獲量の算出

持続可能な漁業の実現

生物集団内の相互作用

生物の集団は変動しつつ，一定の大きさに維持されている（➡p.308～311）

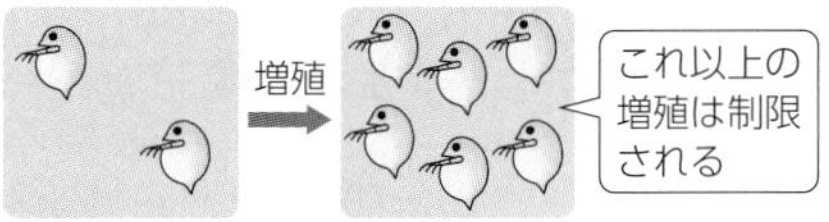

生物間にはさまざまな相互作用がみられる（➡p.312～317）

生物多様性・地球環境保全の取り組み

生態系は生物多様性にもとづいて成り立っている（➡p.326）

人間活動は生態系にさまざまな影響を及ぼす（➡p.327～335）

生態系での物質とエネルギーの移動

食物連鎖について研究（➡p.318）

エルトン（1927）

食物の大きさには上限（捕獲できる大きさ）と下限（捕獲に要したエネルギーを補える大きさ）があることなどを提唱した。また，個体数ピラミッドを命名した。

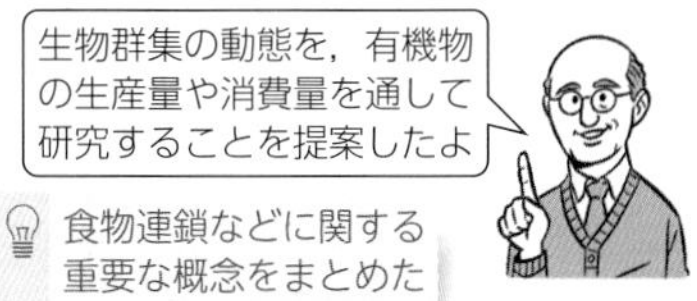

食物連鎖などに関する重要な概念をまとめた

栄養段階ごとのエネルギーの利用効率を算出（➡p.323）

リンデマン（1942）

生態系を移動するエネルギーをはじめて量的に示した

層別刈取法と生産構造図の発案（➡p.295）

門司正三，佐伯敏郎（1953）

国際生物学事業計画（IBP）の実施

（1965～74）

世界のさまざまな生態系において，その構造や生物量，物質生産などを調査。

生物多様性・地球環境保全への取り組み

大気中の二酸化炭素濃度の観測を開始（➡p.333）

キーリング（1958～）

ハワイのマウナロア観測所で観測をはじめた。

地球温暖化研究の重要な知見となっている

生物濃縮の問題提起（➡p.329）

カーソン（1962）

「沈黙の春」を出版し，農薬（DDT）の大量使用による生物への影響を訴えた。

汚染物質の影響を広く訴え，環境保護活動を広める契機になった

1953　1957　1958～　1961　1962　1965～74　1966～　1967　1969　1970頃　1978　1988　1991～　1992　2015

キーストーン種の考え方を提唱（➡p.316）

ペイン（1969）

上位捕食者が生態系全体に大きな影響を及ぼすことがあるという新しい考え方を提唱した

r-K戦略説を提唱（➡p.309）

エドワード・ウィルソン，マッカーサー（1967）

種の多様性は中規模の撹乱によってもたらされることがある（➡p.317）

コンネル（1978）

撹乱の程度によるサンゴの種数の違いなどから，中規模撹乱説を提唱した。

レッドデータブックの作成（➡p.334）

世界／IUCN（1966～），日本／環境省（1991～）

生物多様性の提唱（➡p.326）

エドワード・ウィルソン（1988）

国連環境開発会議（地球サミット）の開催（➡p.327）

（1992）

気候変動枠組条約や生物多様性条約などが採択された。

生態系サービスの持続的な享受のために，私たちには何ができるだろう（➡p.333）

（2015）

持続可能な社会を構築するための「持続可能な開発目標（SDGs）」が採択された。

生態系の復元

科学的な知見にもとづき，自然や人間活動によって失われた生態系を復元する取り組みがある。生態系の復元によって，生物の生活空間が再生され，そこで築かれた生態系によって生態系サービスが再びもたらされる。

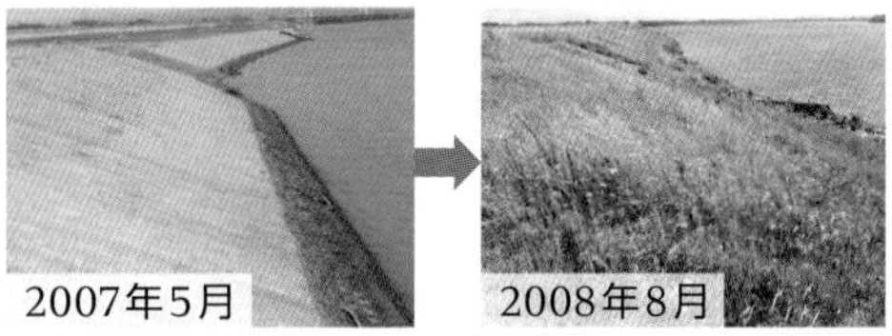

自生種の種子が付着したシートを敷設することによって，生態系が復元された。

自然と共生した社会の構築

人間活動は地球環境に影響を与え，近年さまざまな環境問題を引き起こしている。人間活動を続けながら，多様な生物と共存するための行動が必要である。ヒトが生態系の一部であることを理解し，生態系のバランスを大きく崩さずにその恩恵を将来も受けられる社会の構築に向けた努力がなされている。たとえば，外来生物や農薬が生物多様性や人間社会に与える影響の解析や，生態系の機能の評価にもとづく都市計画の検討が行われている。

01 植生の種類と生活形

基礎　生物

Types of Vegetation and Life Form

基本 1 生物と非生物的環境との関係 基礎

生物は，周囲の環境と互いに影響を及ぼしあいながら生活している。生物の生活様式は環境の影響を受け，環境も生物の影響を受けて変化する。

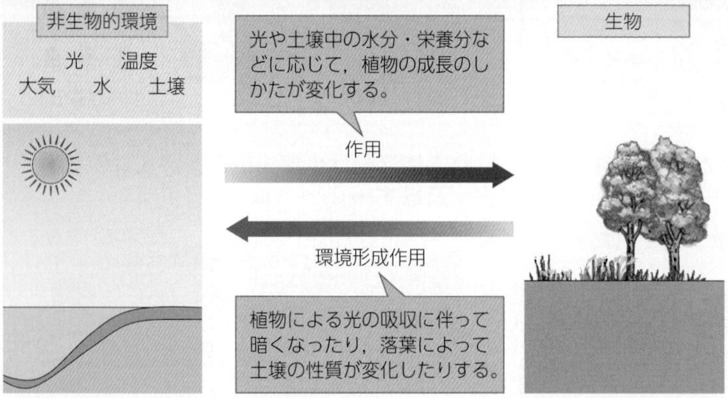

非生物的環境《ひせいぶつてきかんきょう》…環境を構成するさまざまな要素のうち，光，水，大気，土壌などの物理的・化学的要素。

生物的環境《せいぶつてきかんきょう》……環境を構成するさまざまな要素のうち，生きている同種・異種の生物。

環境要因《かんきょうよういん》………環境を構成するさまざまな要素のうち，生物の生活に影響を及ぼすもの。

作用《さよう》…非生物的環境から生物への働きかけ。

(例) 光が減少し，植物の光合成速度が低下する(➡p.294)。
　湖水中の栄養塩類がふえ，植物プランクトンが増加する(➡p.319)。

環境形成作用《かんきょうけいせいさよう》…生物から非生物的環境への働きかけ。

(例) 森の樹木が成長し，森の中が暗くなる。
　落葉が土壌中の生物に分解されて土壌が発達する(➡p.295)。

重要 2 さまざまな植生 基礎

ある地域に生育する植物の集まり全体を**植生**《しょくせい》といい，植生の外観上の様相を**相観**《そうかん》という。相観は，植生のなかで占有する空間が特に大きい**優占種**《ゆうせんしゅ》によって決定づけられる。

Ⓐ植生の種類

植生は，荒原，草原，森林に大別される。

荒原(アメリカ)

荒原は，非常に乾燥した地域や寒冷な地域に形成される植生である。草本や低木がまばらに存在することもある。

草原(モンゴル)

草原は，草本が優占し，一般に，地表面の50％以上が草本におおわれている植生である。低木がまばらに存在することもある。

森林(カナダ)

森林は，樹木が優占する植生で，降水量の多い地域に形成される。

似た相観をもつ植生は，**標徴種**《ひょうちょうしゅ》(特定の植生のみに存在するような種)にもとづいて細かく区別される。

Ⓑ森林の構造

森林の構成樹種は，形成される地域によって異なる。森林の構造は，荒原や草原よりも複雑なものになる。

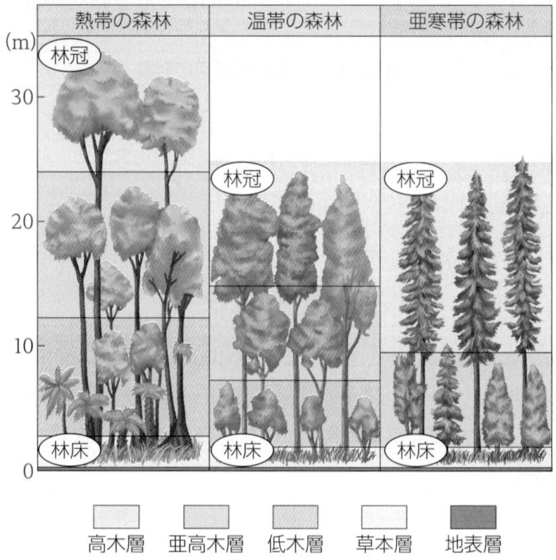

▼冷温帯(夏緑樹林)の森林内の光の強さ

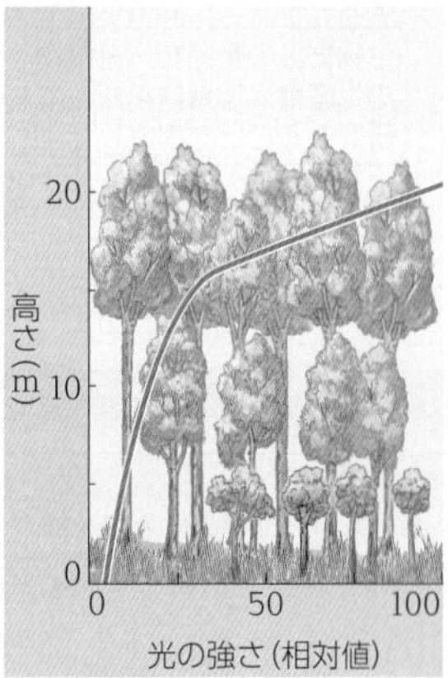

多くの森林では構成する植物の高さによって，**高木層**《こうぼくそう》，**亜高木層**《あこうぼくそう》，**低木層**《ていぼくそう》，**草本層**《そうほんそう》(および場合によってはコケが密生する**地表層**《ちひょうそう》)の**階層構造**《かいそうこうぞう》が認められる。

高木層の樹木の繁っている部分がつながりあって森林の外表面をおおっている場合，これを**林冠**《りんかん》と呼ぶ。一方，地面に近い部分を**林床**《りんしょう》と呼ぶ。

3 植生図 基礎 生物

植生(優占種や標徴種など)の分布を地図上に示したものを植生図と呼ぶ。

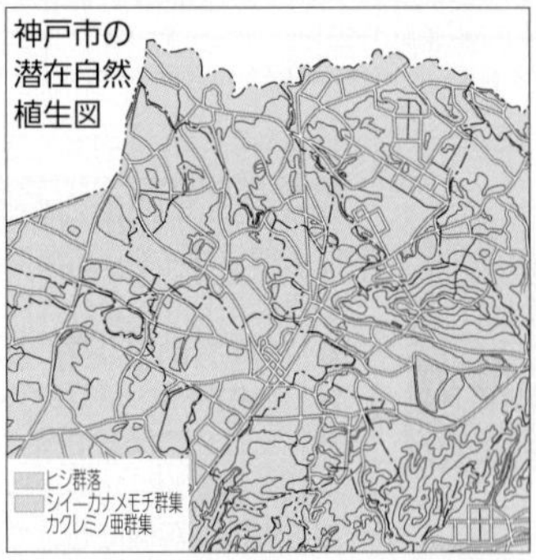

植生図のうち，現存する植生の分布を示したものは現存植生図，人為的な要因を除いた場合に生じると推定される植生の分布を示したものは潜在自然植生図と呼ばれる。

群落《ぐんらく》…ある程度集まって生育している植物の一群を指す便宜的な植生の単位。その大きさについては特に規定はない。図では優占種か，または優占種-標徴種の組み合わせで示している。

群集《ぐんしゅう》…種の構成にもとづく群落分類の基本単位。特徴的な種によって群落を区分し，代表的な1～2の標徴種によって命名される。下位単位に亜群集がある。

豆知識　草本は，一般的に「草」を指し，木本は「樹木」を指す。木本は，茎と根が肥大成長し，その細胞壁の多くが木化して強固になっている植物である。

4 生活形 基礎

生育環境に適応した結果発達した生物の生活様式を，その形態や習性などから類型化したものは，生活形《せいかつけい》と呼ばれる。

Ⓐ乾燥地の植物にみられる生活形

アメリカの砂漠に生育するサボテンのなかまと，アフリカの砂漠に生育するトウダイグサのなかまは，系統は離れているが外観がよく似ており，どちらも多肉植物で同じ生活形をもつ。水を貯えることができる組織が発達しており，乾燥した地域に適応している。

サボテンのなかま

トウダイグサのなかま

Ⓑ常緑樹と落葉樹

広い扁平な葉をつける広葉樹には，一年中葉をつけている常緑樹と冬季や乾季に葉を落とす落葉樹がある。常緑樹や落葉樹といった落葉の有無にもとづく分け方も，生活形による分類の1つである。針葉樹は多くが常緑樹であるが，なかにはカラマツのように，秋に落葉し，春に新葉をつける落葉樹もみられる。

常緑樹

常緑広葉樹（クスノキ）

常緑針葉樹（ウラジロモミ）

落葉樹

落葉広葉樹（ハウチワカエデ）

落葉針葉樹（カラマツ）

Ⓒラウンケルの生活形

ラウンケルの生活形《せいかつけい》は，低温や乾燥に耐える休眠芽の位置を基準として植物の生活形を分類したものである。デンマークのラウンケルが考案した(1907年)。

地中植物は地上植物よりも冬の低温に適応しており，地上植物では休眠芽の位置が低いものほど低温に適応している。

各バイオーム(➡p.300)の植物をラウンケルの生活形で分類し，その割合を示した生活形スペクトルは，気温や降水量などのその地域の環境を反映したものになる。

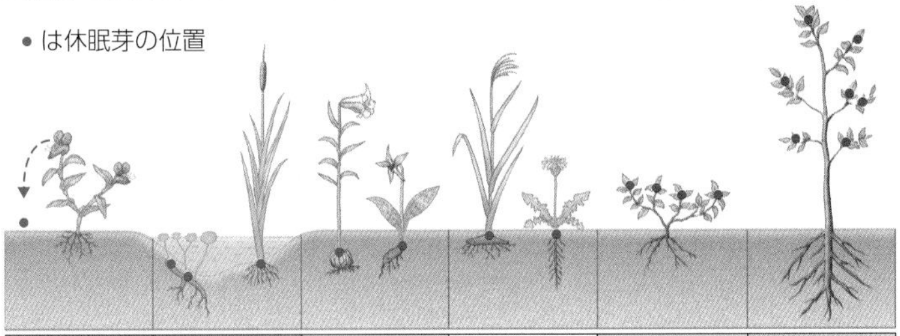

一年生植物	水生植物	地中植物	半地中植物	地表植物	地上植物
冬季や乾季を種子で過ごす。	休眠芽が水中や水で飽和した地中にある。	休眠芽が地表面から離れた地中にある。	休眠芽が地表に接している。	休眠芽が地表から30 cm以下にある。	休眠芽が地表から30 cm以上の高さにある。
ツユクサ メヒシバ	ガマ ジュンサイ	カタクリ ヤマユリ	タンポポ ススキ	コケモモ ヤブコウジ	ふつうの 高木・低木

生活形スペクトル

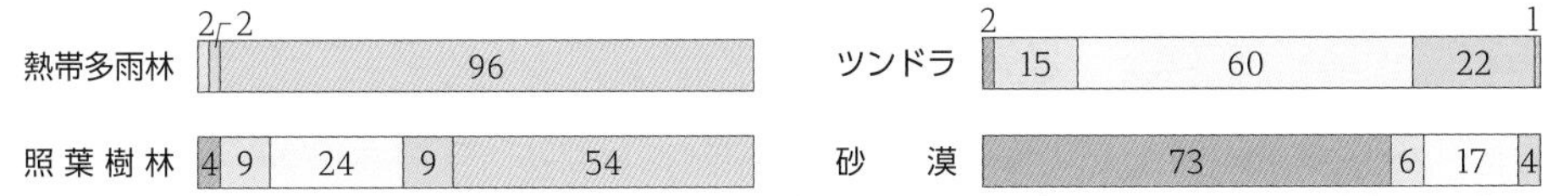

熱帯多雨林では，高温多雨のため木本の生育に十分な水があり，地上植物が圧倒的に多くなる。砂漠では，厳しい乾季を種子で過ごす一年生植物が圧倒的に多くなる。

break ぶれいく 常緑樹と落葉樹の環境適応

常緑広葉樹は，冬でも比較的気温の高い地域にみられる。そうした気候では，冬でも光合成を行って成長できる。一年中葉をつけているという常緑広葉樹の特徴は，温暖な気候に適応したものと考えられる。

一方，落葉広葉樹が生育する緯度や標高の高い地域では，気温や日照が大きく低下する時期が長い。この時期は光合成の活性が下がり，また，葉をつけておくと呼吸などによって有機物が消費されてしまう。落葉広葉樹は，夏の間に，光合成能力の高い葉で盛んに光合成を行い，冬に葉を落とす。これは，寒冷な気候に適応した特徴と考えられる。

冬季のブナ

+α PLUS アレンの規則・ベルクマンの規則

Ⓐアレンの規則

恒温動物では，ふつう，寒冷地に生活するものほど，耳・尾などの突出部が短くなる。これをアレンの規則という。突出部が短いほど放熱量が少なく，寒冷地への適応と考えられる。

ホッキョクギツネ

ホンドギツネ

フェネックギツネ

寒冷地 ⟷ 温暖地

Ⓑベルクマンの規則

恒温動物では，同種であっても寒冷地に生活する個体ほど体重が重く，近縁種では寒冷地に生息するものほど大型化する傾向がある。これをベルクマンの規則という。からだが大きくなるにつれて，体積に対する表面積の割合が減少し，体積当たりの放熱量が減少することから，寒冷地への適応と考えられる。

ホッキョクグマ
(体長220 ～ 250 cm)

ツキノワグマ
(体長120 ～ 180 cm)

マレーグマ
(体長110 ～ 140 cm)

寒冷地 ⟷ 温暖地

豆知識　変温動物では，近縁な種間で寒冷地に生活するものほど小型で，温暖な地域に生活するものほど大型になる傾向がある。これを，逆ベルクマンの規則と呼ぶことがある。

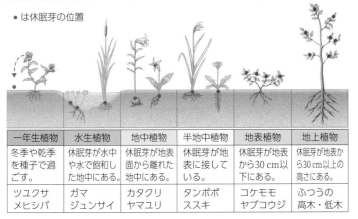

02 植生と環境

1 陽生植物と陰生植物 基礎

日当たりのよい場所で生育する植物を陽生植物《ようせいしょくぶつ》，届く光が弱い場所に生育する植物を陰生植物《いんせいしょくぶつ》という。

Ⓐ光の強さと光合成速度

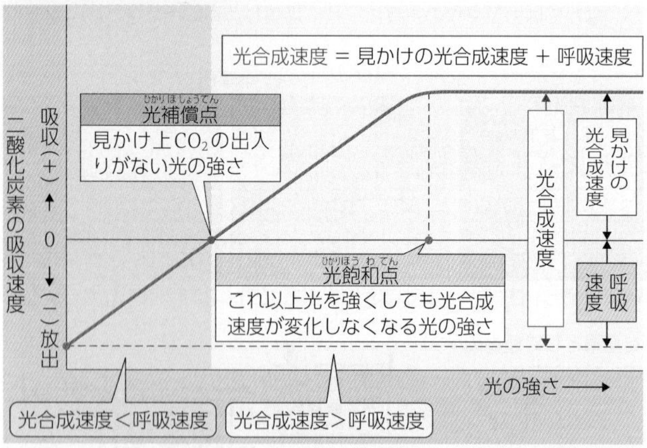

植物は常に呼吸を行ってCO_2を放出しており，光が当たると光合成を行ってCO_2を吸収する。照射される光が強くなるに従って，光合成速度は大きくなる。(呼吸速度は，ふつう，光の強さが増すにつれて低下するが，グラフでは一定であると仮定している。)

Ⓑ陽生植物と陰生植物の特徴

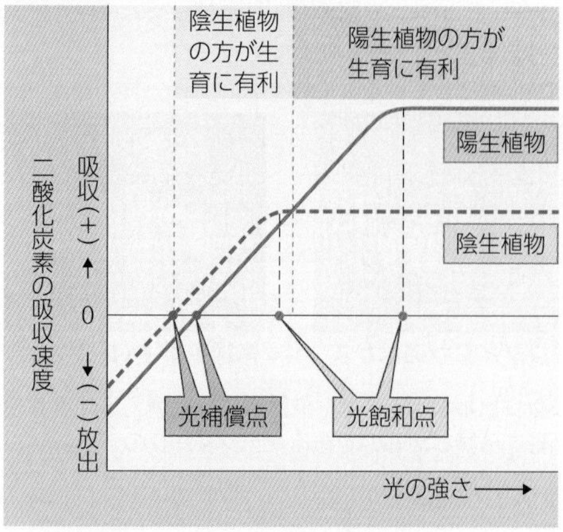

陽生植物
(例)クロマツ，ススキ
陰生植物
(例)コミヤマカタバミ

	陽生植物	陰生植物
最大光合成速度	大きい	小さい
呼吸速度	大きい	小さい
光補償点	高い	低い
光飽和点	高い	低い

陽生植物は，弱光条件下で成長・生存できる能力(耐陰性)が低く，主に日がよく当たる明るい場所で生育する。一方，陰生植物は，耐陰性が高く，日当たりの悪い日陰になる場所でも生育できる。強光条件下では正常な生育ができないものもある。

Ⓒ陽樹と陰樹

陽樹(クロマツ)

陰樹(ブナ)

陽樹《ようじゅ》…陽生植物の特徴を示す樹木。光補償点や光飽和点が高く，弱光下では生育しにくい。クロマツやアカマツ，カラマツ，シラカンバなどがある。

陰樹《いんじゅ》…芽ばえや幼木の時期に陰生植物の特徴を示す樹木。成長すると陽生植物のような性質の葉をつけるものが多い。ブナやトドマツ，シイ，クスノキなどがある。

Ⓓ陽葉と陰葉

1つの植物体の葉でも，日当たりの違いによって光合成の特徴に違いがみられることがある。

ヤマモモの葉の切片

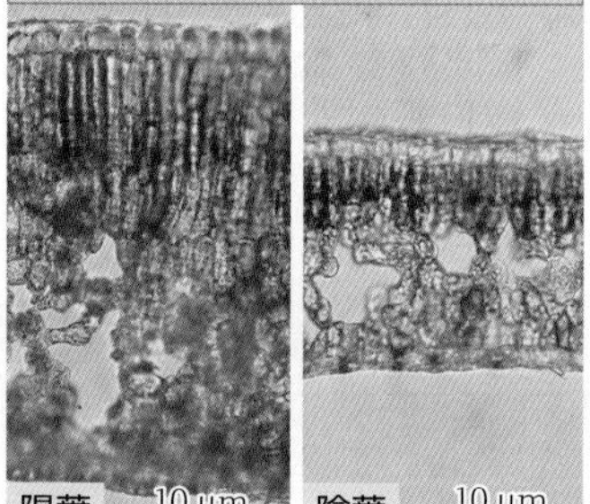

陽葉　陰葉

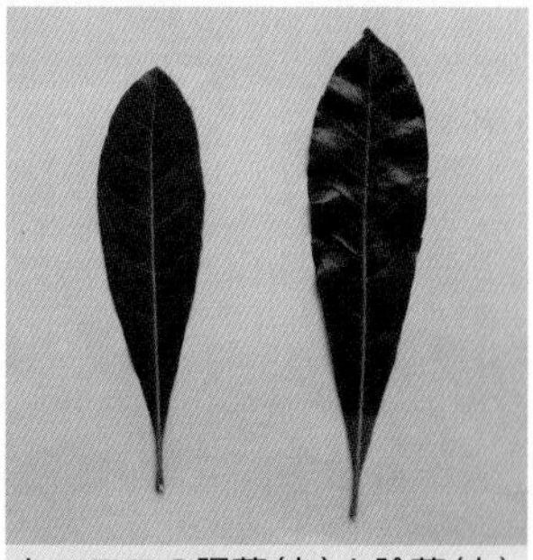
ヤマモモの陽葉(左)と陰葉(右)

陽葉《ようよう》…日当たりのよい場所の葉。陽生植物型の光合成の特徴を示す。葉が厚く，面積が小さいのが特徴である。

陰葉《いんよう》…日当たりの悪い場所の葉。陰生植物型の光合成の特徴を示す。葉が薄く，面積が大きいのが特徴である。

2 林床の環境条件と林床植物 基礎

落葉樹林の林床は，季節によって光環境や温度が著しく変化する。このため，林床にはその時々の環境に適応した生活形をもつさまざまな草本の林床植物がみられる。

カタクリ(早春型)

カタクリは，上層に葉がなく強い光が差し込む早春の落葉樹林の林床で芽を出し，葉を展開する。1年間の生育に必要な光合成産物を，2か月くらいの間に地下部に貯え，5月末には葉が枯れて休眠に入る。

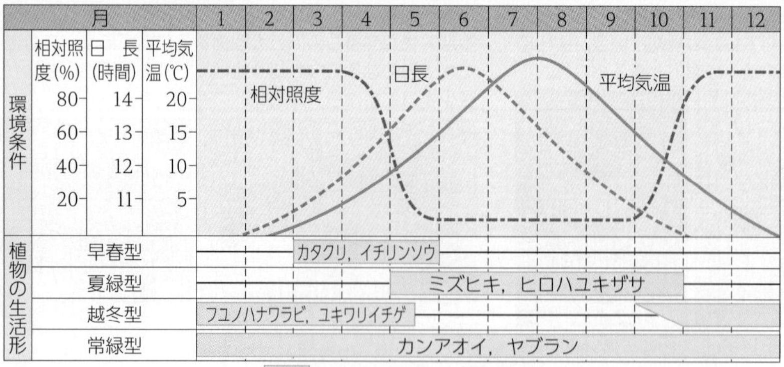

は葉をつけている時期を表す。

ユキワリイチゲ(越冬型)

ユキワリイチゲは，林床の光環境がよくなる秋に地下茎から芽を出して葉を展開し，秋から春の間に光合成を行う。3月頃に花をつけ，樹冠が閉じて林床が暗くなる5月には地上部が枯れる。

豆知識　カタクリのように夏緑樹林の林床で生育し生育期間の短い落葉性多年生草本は，春植物と呼ばれる。英語では「Spring ephemeral」と呼ばれ，「春のはかないもの」という意味である。

観察 6 植生と光・土壌の関係

基礎

目的 植生の異なる場所で光の強さと土壌のようす(色と硬さ)を比較し，その違いを調べる。

準備 照度計(ある面を照らす光の明るさを照度といい，これを計測する機器)，発泡スチロール，割りばし，釘(長さ15 cm程度)，500 mLペットボトル，定規

調査場所 グラウンドの隅の草地，学校近くの森林

方法
1. 照度計を用いて，調査場所の地表付近の照度をそれぞれ測定する。
2. 調査場所の土壌を少量採り，色を比較する。
3. 調査場所の土の硬さを次の方法で測定する。
①発泡スチロールと割りばしを使って，釘を地面に立てた状態で支える(右図)。このとき，釘の地上に出ている部分の長さを測る。
②500 mLペットボトルを水で満たし，地上50 cmの高さから1回落下させる。
③刺さった釘の地上に出ている部分の長さを測る。その長さを①で測った長さから引いて，釘が刺さった深さを求める。

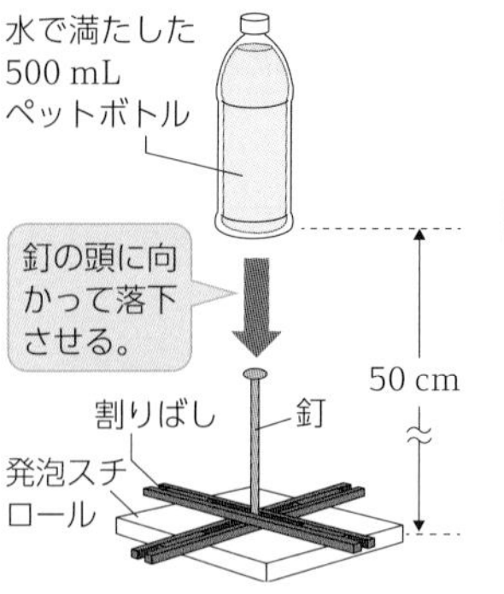

結果

	グラウンドの隅の草地	学校近くの森林
照度(ルクス※1)	56000	1400
土の色	明るい薄茶色	暗く濃い茶色
釘の刺さる深さ※2 (cm)	2.7	9.8

※1　照度の単位　　※2　5か所で測定した結果の平均

考察
1. 森林は草地に比べて暗かった。
2. 土壌は，草地では硬く，明るい薄茶色であった。森林では柔らかく，暗く濃い茶色であった。
3. 植生が異なると，光・土壌の環境も異なり，植生と光・土壌の環境は密接に関係している。

3 土壌 基礎

土壌は，岩石が風化して細かい粒状になったものに，有機物が混ざってできる。

Ⓐ森林の土壌

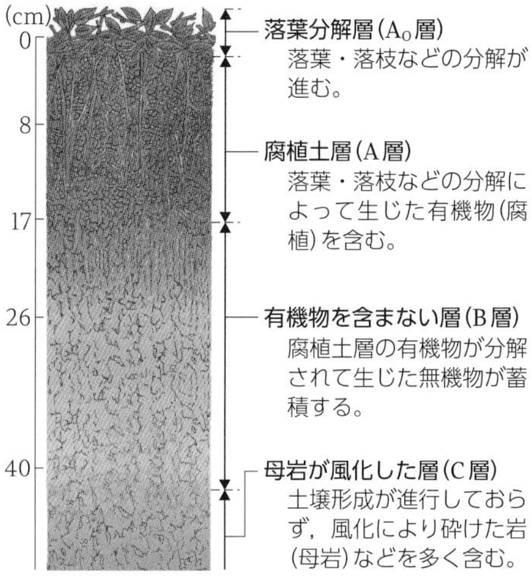

森林は落葉・落枝の供給量が多く土壌が特に発達する。落葉分解層と腐植土層の厚さは，落葉などの供給速度と分解速度によって決まる。一般に，熱帯多雨林では分解速度が大きいため針葉樹林に比べてこれらの層が薄い。

Ⓑ団粒構造

土壌中の砂や腐植は，ミミズや菌類などの働きで粒状のかたまりである団粒となる。団粒内部の隙間には水分が保持され，団粒間の隙間は土壌の通気性を高める。

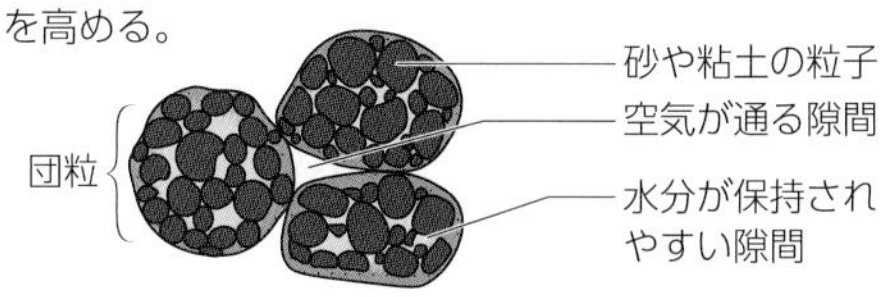

4 層別刈取法と生産構造図 生物

ある植生を，光合成器官(葉など)と非光合成器官(茎や花など)の垂直分布の状態からとらえた構造を，**生産構造**《せいさんこうぞう》と呼ぶ。

層別刈取法《そうべつかりとりほう》と生産構造図は，1953年に門司正三《もんしまさみ》と佐伯敏郎《さえきとしろう》によって提唱された。これによって，それまでは定性的にしかとらえられなかった植生の構造が，定量的に数値で表せるようになり，物質生産と環境の関係に注目した生態学を発展させる基礎となった。

Ⓐ層別刈取法

一定の区画（ふつう50×50 cm）で，一定の高さ（ふつう10 cm）ごとに植物体を刈り取り，光合成器官と非光合成器官に分けて乾燥重量を測定する。刈り取る前に，区画外および区画内の高さごとの照度を測定して，記録する。

Ⓑ生産構造図　層別刈取法で調査した結果をグラフ化したもので，光合成器官(葉)と非光合成器官(茎・枝・花など)の垂直的な分布を，区画内の相対照度とともに示したものである。

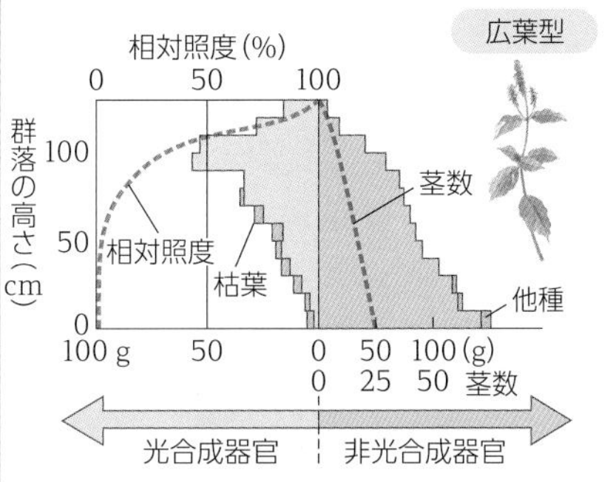

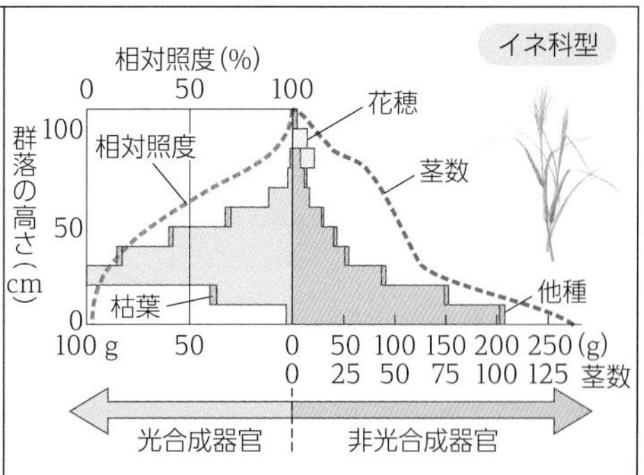

ヒナタイノコヅチ

水平で広い葉が上部に集まり，光が下部まで届きにくい。光合成器官は上部に集まる。アカザ，ミゾソバ，オナモミ，ダイズなど。

チガヤ

細長い葉が斜めについているので，光が区画の下部まで入る。光合成器官は比較的下部まで分布する。ススキ，チガヤ，アシなど。

豆知識　熱帯多雨林では，微生物による有機物の分解が速いため，土壌は薄い。このため，森林が伐採されるなどすると，雨などで土壌が消失しやすく，元のような森林には回復しにくい。

基本 1 一次遷移（乾性遷移） 基礎

火山活動などで生じた裸地には生物がほとんどみられない。こうした裸地ではじまる遷移を**一次遷移**《いちじせんい》という。一次遷移は陸上や湖沼など（➡p.298）ではじまり，陸上ではじまるものを**乾性遷移**《かんせいせんい》という。

Ⓐ遷移の過程（モデル）

裸　地 ＞ 草　原 ＞ 低木林 ＞ 陽樹林 ＞ 混交林 ＞ 陰樹林（極相林）

（写真は，鹿児島県の桜島のもの）

裸地では保水力や栄養塩類が乏しいが，乾燥に強い地衣類・コケ植物が進入する。裸地の状態によっては，草本や陽樹の低木が定着する場合もある。

植物がふえると，腐植土が堆積して土壌の保水力が増し，栄養塩類がふえるので，ススキ，イタドリ，チガヤなどの草本が生育する。

草本が分解してできた有機物が蓄積して土壌が発達し，アカマツ，ヤマツツジなどの陽樹の低木林が形成される。

強光下での生育に適したアカマツやコナラなどの樹高の高い陽樹が成長して陽樹林が形成される。

陽樹林の林床では光が不足するため，陽樹の幼木は育ちにくい。弱い光でも育つシイ，カシなどの陰樹の幼木が生育する。

シイ，カシ，タブノキ，クスノキなどの陰樹の幼木が成長して陰樹林を形成すると，植生が安定する。このような状態を**極相**《きょくそう》（**クライマックス**）という。

Ⓑ遷移の過程にみられる植物

亜寒帯でみられる種　暖温帯でみられる種

Ⓒ遷移の初期・中期・後期にみられる植物における光の強さと光合成速度の関係の概念図

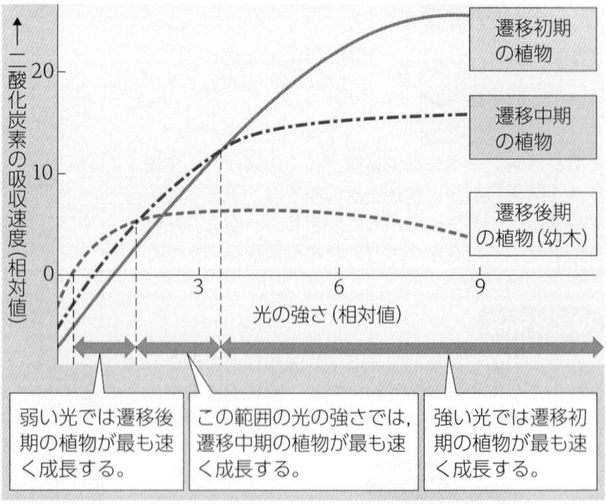

遷移の初期にみられる植物は，光飽和点での光合成速度が大きく，強光下での生育に適している。遷移の後期にみられる植物は，光補償点・呼吸速度が小さく，弱光下でも生育しやすい。

豆知識　乾性遷移によって，裸地から極相林の特徴をもつようになるまでの時間は，桜島では約1000年，草津白根山では約900年という調査結果がある。

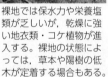

2 先駆種 基礎 生物

裸地に最初に進入する種は，先駆種《せんくしゅ》(パイオニア種《しゅ》)と呼ばれる。火山灰や火山れきの堆積した裸地では，ススキやイタドリなどが先駆種となることが多い。また，オオバヤシャブシやミヤマハンノキが先駆種となることもある。

ススキ　果実

イタドリ　果実

オオバヤシャブシ

ミヤマハンノキ

実際の遷移では，地衣類やコケ植物が最初に裸地に進入するとは限らず，状況によっては種子植物も先駆種となる。

多くの先駆種は，果実や種子が軽く，移動しやすいため，周囲から風によって運ばれて進入する。また，オオバヤシャブシやミヤマハンノキなどは，乾燥に強く，根に窒素固定細菌(➡p.325)を共生させている。これらの植物は，窒素源がない土壌でも生育できる。

種子の性質	先駆種	極相種
種子や果実の分散能力	よく分散する	分散性が悪い
光による発芽の影響	促進される	促進されない
温度上昇による発芽	促進される	促進されない

3 伊豆大島にみられる植生の遷移 基礎

1961年に手塚《てづか》が伊豆大島の植生を調査した結果から，伊豆大島での乾性遷移の過程を考えることができる。

Ⓐ伊豆大島の植生図

遷移は，裸地から森林に至るまで1000年もの年月を要することもあるため，すべての過程を同じ地点で観測することは難しい。

伊豆大島は火山活動が活発な島であり，噴火で噴出した溶岩におおわれた場所では裸地が形成される。過去に何度も起きた噴火での溶岩堆積範囲が噴火のたびに異なっていることから，島には裸地になった時期(遷移開始時期)の異なる地点が複数存在する。そのため，溶岩の堆積年代が異なる場所の植生や環境を調べることで，遷移の過程やその要因を推定できる。

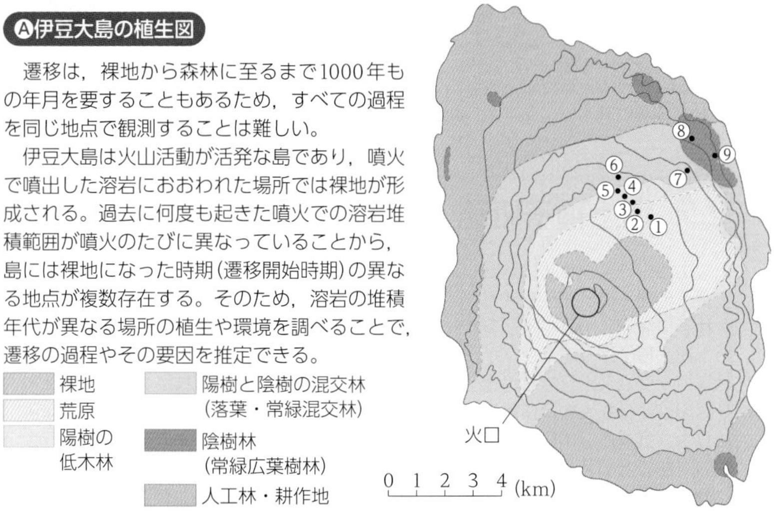

Ⓑ植生を構成する植物

(手塚(1961))

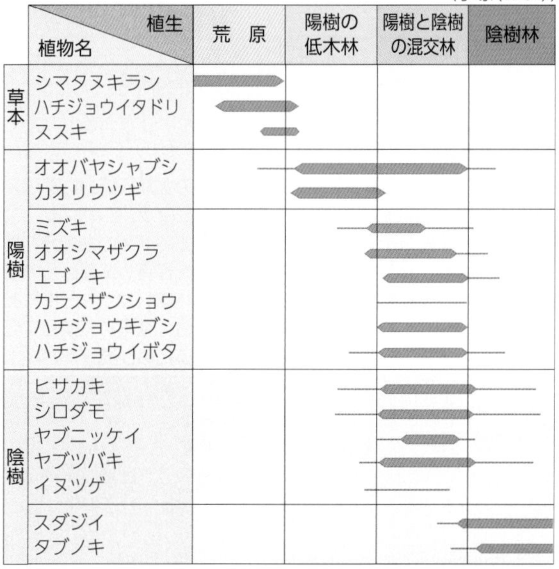

Ⓒ植生の高さ・種数の変化および土壌の変化

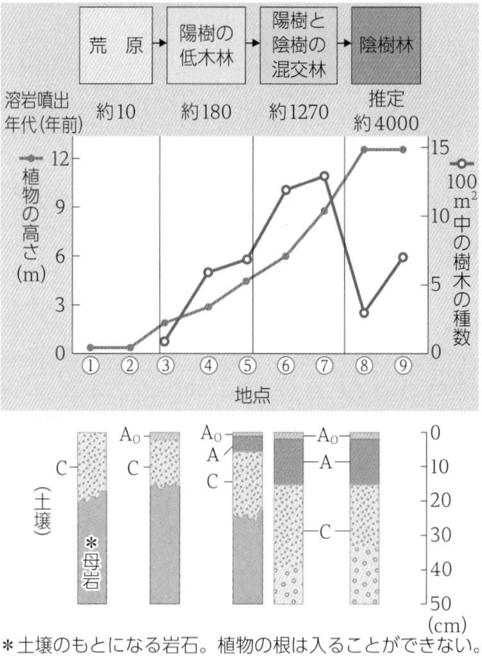

*土壌のもとになる岩石。植物の根は入ることができない。

A_0層(落葉分解層)　A層(腐植土層)

C層(母岩が風化した層)

地点①(荒原)：土壌の発達はなく，進入する植物も少ない。地表に光は十分届いている。

地点③(草原→低木林)：植物の枯死体が蓄積し，土壌が形成されはじめている。植物の高さが高くなりはじめ，地表はやや暗くなる。

地点⑤(低木林→陽樹林)：腐植を多く含むA層が発達しはじめ，土壌中の栄養分が増加する。これにより，進入する樹木の種数が増加し，地表に届く光は減少する。

地点⑥(混交林)：A層の発達に伴い，樹高の高い樹木が進入し，成長する。林床はより一層暗くなる。

地点⑧(極相林)：土壌は十分に発達するが，高木が林冠をおおうことで林床が暗くなるため，陰生植物しか生育できず，種数は減少する。

陽樹であるミズキやオオシマザクラは極相林になると消失する。極相林の優占種は高木のスダジイとタブノキであり，亜高木・低木層を構成するヒサカキ・シロダモ・ヤブツバキも極相林内にみられる。

シマタヌキラン

ハチジョウイタドリ

ハチジョウキブシ

オオシマザクラ

ヒサカキ

豆知識　伊豆大島の現在の植生は，1986年11月の中規模噴火(全島避難が行われた)によって1961年の植生とは若干異なったものとなっている。

04 植生と遷移② さまざまな遷移

Vegetation and Succession, Part 2 Various Types of Succession

関連動画をCheck!

基本 1 極相林におけるギャップ更新 基礎

高木が枯れたり台風などで倒れたりすると林冠が途切れることがある。このときできる空間は**ギャップ**と呼ばれる。

Ⓐギャップ更新

ギャップにおける樹木の入れ替わりを**ギャップ更新《こうしん》**という。

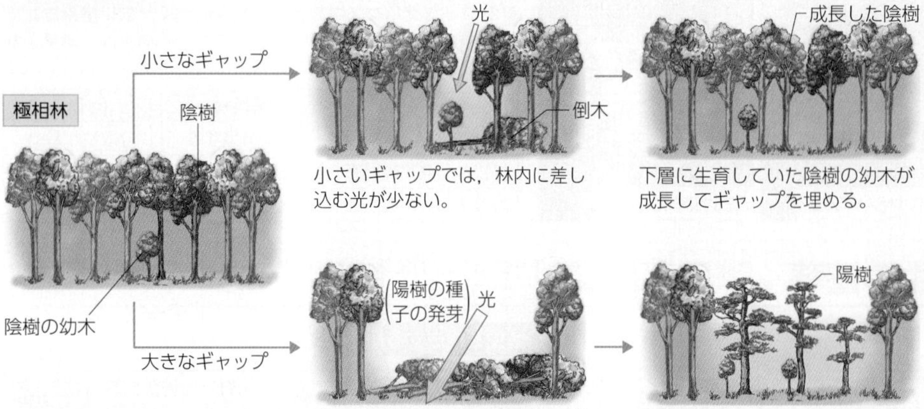

小さいギャップでは，林内に差し込む光が少ない。

下層に生育していた陰樹の幼木が成長してギャップを埋める。

大きいギャップでは，林床まで強い光が差し込む。

陽樹が急速に成長してギャップを埋める。

ギャップが形成されると，その場所の光条件が大きく変化する。そのため，土中に埋没していた種子(埋土種子《まいどしゅし》)や外から飛来してきた種子が発芽して，生育するようになる。

森林では，いろいろな大きさのギャップがさまざまな場所に生じる。ギャップが林冠に占める割合は，温帯林では5～31％，熱帯林では3～23％と推定されている。このため，極相林は優占種の樹木のみではなく，いろいろな遷移段階の樹種によって構成されている。

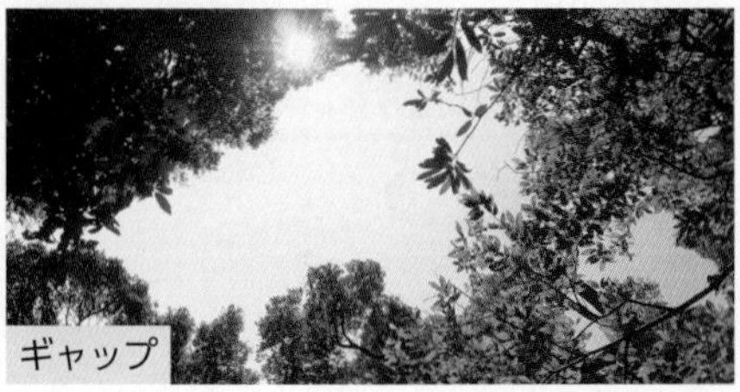

ギャップ

Ⓑ倒木更新

寿命や台風などによって倒れた樹木の幹の上から新しい芽ばえが育つことを**倒木更新《とうぼくこうしん》**という。倒木更新は，エゾマツ，トドマツ，スギなどの針葉樹で多くみられる。倒木は，朽ちて芽ばえの栄養分となるほか，その表面に生じるコケ植物などが水分を保持し，芽ばえの成長を助ける。また，倒木上の種子や芽ばえは，林床のササなどにおおわれにくい。さらに，エゾマツやトドマツの場合，種子に感染して発芽を阻害する土壌中の細菌や菌類からも守られるため，発芽率が向上する。

針葉樹の倒木更新

α PLUS 埋土種子戦略

土壌中で発芽せずに休眠している種子を埋土種子と呼ぶ。森林内の土壌には，多くの埋土種子が存在する。アカメガシワやヌルデなどの先駆種の種子は，埋土種子になっていることが多く，数十年以上発芽する能力を維持している。

埋土種子は，ギャップが形成されたときに発芽するしくみをもっている。アカメガシワやヌルデなどの種子は，高温によって発芽が促進され，タラノキの種子は温度変化が大きい環境で発芽率が高くなる。これらは，林冠が存在する林床よりも，気温が日中に高く夜間に低下しやすいギャップの林床での発芽に適した性質であるといえる。

アカメガシワ

ヌルデ

重要 2 一次遷移(湿性遷移) 基礎

新しく生じた湖沼などからはじまり，陸上の植生へ変化する一次遷移を，乾性遷移に対して**湿性遷移**という。

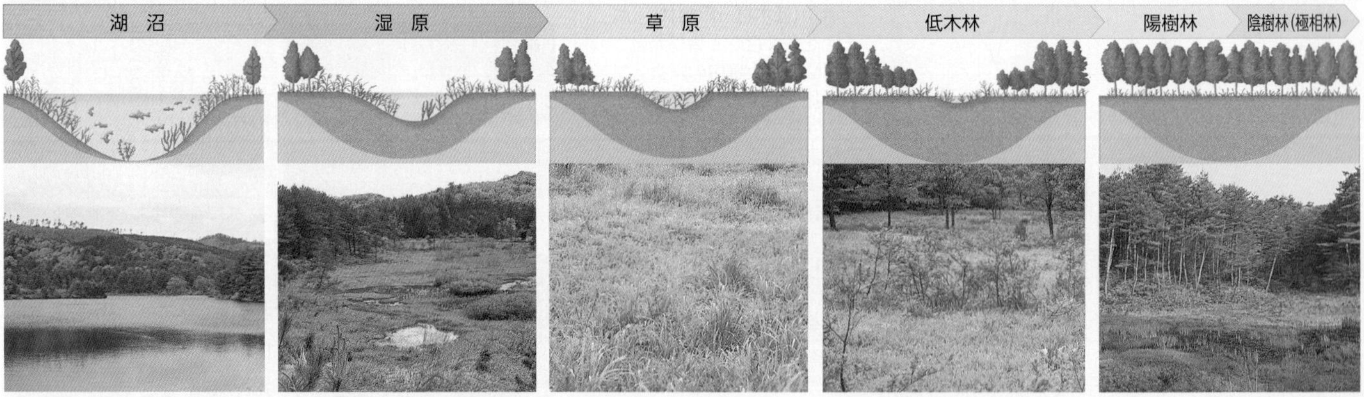

湖や沼などは，長い年月の間に，しだいに土砂が堆積する。

土砂が堆積して湖や沼は浅くなり，湿原に変わってゆく。

植物の遺骸や土砂が堆積して陸地化が進み，草原ができる。

草原の周囲から低木が生えはじめる。

低木林から陽樹林を経て陰樹林に変わり，極相林ができる。

豆知識　倒木更新において，新たに生育する樹木の根は倒木を包み込むように生育することがある。一方，倒木は長い年月の間に朽ちて失われる。倒木を包み込むように生育した樹木の根の形は，倒木が失われた後もそのまま残り，浮き上がったようになる。この状態は根上がりと呼ばれる。

3 二次遷移 基礎 生物

山火事，洪水，がけ崩れ，森林の伐採などで植生が破壊された後に起こる遷移を二次遷移《にじせんい》という。

Ⓐ桜島にみられる遷移の系列 （田川(1964)のデータをもとに作成）

一次遷移

地衣類・コケ植物(20年)：キゴケ，ハナゴケ，スナゴケ → 草原(50年)：タマシダ，ススキ，イタドリ → 低木林(100年)：ヤシャブシ，ノリウツギ，クロマツ → クロマツ林(？年)：クロマツ，ネズミモチ，シャリンバイ → アラカシ林(150～200年)：アラカシ，ネズミモチ，ヒサカキ → タブノキ林(500～700年)：タブノキ，アラカシ，テイカカズラ

（野火）（低木林から）

野火による遷移の逆行

ヤシャブシ低木林：ヤシャブシ，ノリウツギ，ススキ →（野火）→ 草原：ノリウツギ，コアカソ，ススキ →（野火）→ 草原：ススキ，アブラシバ

（伐採）（クロマツ林から）

伐採による二次遷移

クロマツ林断片(10年)：ネズミモチ，ウツギ，タマシダ → 二次低木林(20年)：ネズミモチ，ヒサカキ，クロマツ → シイ・タブノキ林(150年～)：ツブラジイ，タブノキ，クスノキ

二次遷移では，すでに土壌が形成されているため植物が進入しやすい。また，土壌中には地下茎や種子が，伐採跡地では切り株が存在しており，これらから芽ばえが生じる。このようなことから，極相に達するまでに約1000年かかる一次遷移と比べて，二次遷移では短期間で元のような植生に回復する。二次遷移によって生じた森林は二次林と呼ばれ，陽樹で構成されることが多いが，遷移が進むと陰樹が優占するようになる。

植生の破壊がくり返されると，遷移の逆行が起こることがある。

Ⓑロッジポールパイン林の二次遷移

北アメリカのイエローストーン国立公園では，1988年に発生した森林火災で3000 km^{2}以上の範囲が焼失した。この火災によって，優占種であったロッジポールパイン(マツのなかま)の多くが失われた。ロッジポールパインは，通常の球果(松かさ)以外に，高熱によって開いて種子を放出する球果をつける。火災時にこの球果から放出された種子は，焼け跡で発芽し，森林の一斉更新をもたらした。

この森林が火災前のような状態に戻るには，200～300年かかるとされている。

イエローストーン国立公園の火災

火災によって開いたロッジポールパインの球果

写真：NPS photo
火災から10年後のロッジポールパイン林

火災時に放出されたロッジポールパインの種子が発芽し，幼木に成長している。

4 人為的に維持されている植生 基礎 生物

Ⓐ雑木林

管理されている雑木林

放棄された雑木林

人里の周辺には，クヌギやコナラ，アカマツなどの陽樹からなる雑木林が存在する。雑木林は，伐採されて薪炭材《しんたんざい》になったり，集められた落葉から堆肥がつくられたりなど，人間によって管理・利用され，遷移が途中で止められている。近年では，このような雑木林は，人手不足などで放棄されて減少しており，森林の荒廃が問題となっている(➡p.331)。

Ⓑ二次草原

野焼き(阿蘇)

放牧(阿蘇)

高山帯以外の場所にある日本の草原は，野焼きなどによって遷移の進行を防ぎ，人為的に維持されている。

熊本県の阿蘇《あそ》の草原は，毎年，早春に野焼きを行うことによって維持されており，ウシの放牧などに利用されている。

整理 遷移に伴うさまざまな変化

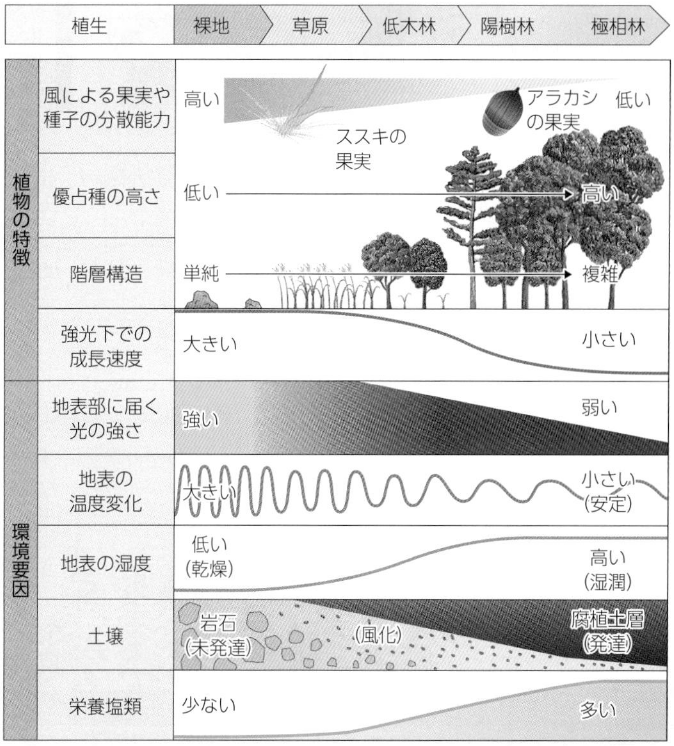

豆知識 牧草地などでは，オキナグサやクララなど明るい草地に生育する植物がみられる。これらの植物には毒があり，ウシは食べない。しかし，絶滅危惧種のオオルリシジミの幼虫は，クララだけを食草として食べるため，草地はオオルリシジミの希少な生息地となっている。

05 バイオームの種類と分布

基本 1 バイオームと気候 基礎

特定の地域の環境に適応した植物や動物，菌類，細菌などが形成する特徴的な生物集団は，バイオーム(生物群系《せいぶつぐんけい》)と呼ばれる。

世界のバイオームの分布

陸上において，植物は，動物や菌類などの多くの生物の食物や生息場所となってそれらの生活を支えている。そのため，陸上のバイオームは植生の違いによって分類することができる。陸上の植生は主に気温と降水量の違いによって区分され，バイオームもこの区分によって分類される。

氷床
ツンドラ・高山植生
針葉樹林
夏緑樹林
照葉樹林
熱帯・亜熱帯多雨林
雨緑樹林
ステップ
サバンナ
硬葉樹林
砂漠

あるバイオームから隣り合うバイオームへは緩やかに変化しており，その境界は明瞭でない。

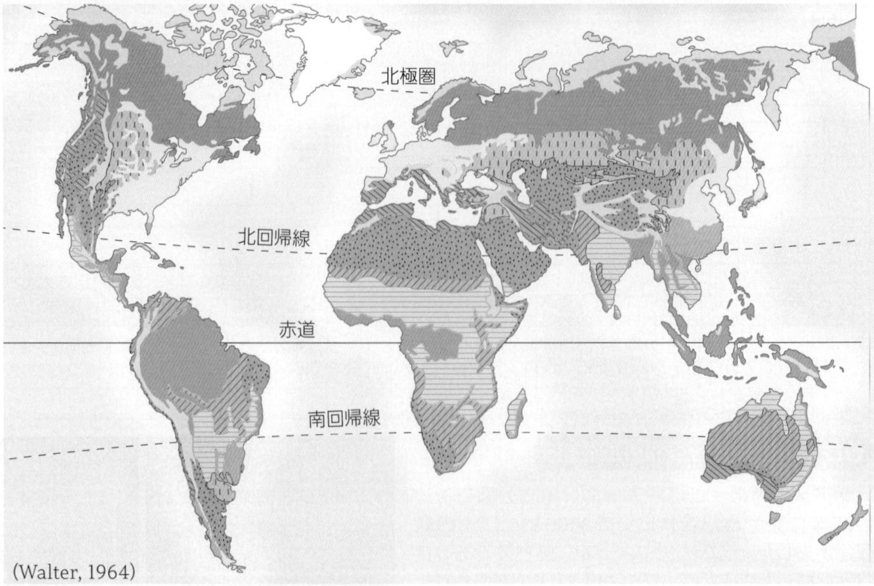

(Walter, 1964)

世界の年平均気温

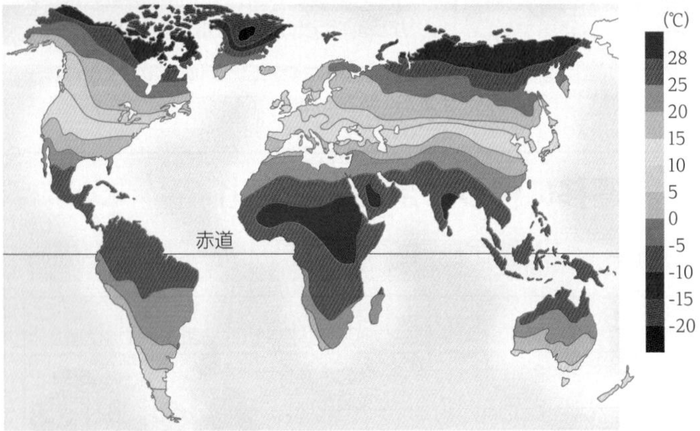

世界の年降水量

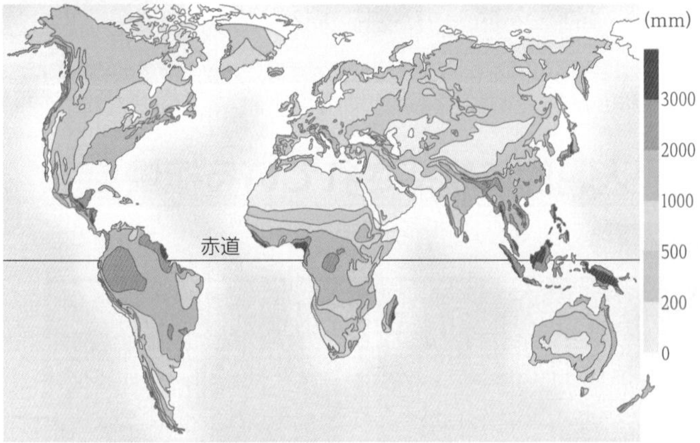

高緯度地域における年平均気温とバイオームの変化

植物は，自ら移動できないため，生育する地域の気温や降水量といった気候の影響を強く受ける。

たとえば，北極圏などでは，草原や森林まで遷移が進まず，ツンドラという荒原が極相となっている。これは，低温のため，多くの植物が生育できないことによる。

低緯度地域における年降水量とバイオームの変化

植物の生育に必要とされる十分な気温がある場合には，降水量が遷移を制限する要因となる。

砂漠には，しばしばオアシスがみられるが，これは，地下水などの水源があれば，砂漠でも草本や木本が生育することを示している。

豆知識 オーム(-ome)は，全体を意味する接尾語である。バイオームは，ある地域に生息する生物(bio)全体(-ome)を指す。一方，マイクロバイオームという語もあり，ふつう，環境中に生息する微生物全体(微生物叢《そう》)を指す。ヒトの腸内のマイクロバイオームは個人差が大きく，身体や心の健康に影響を及ぼすと考えられている。

2 世界のバイオーム 基礎

バイオームの種類 (ホイッタカーによる)

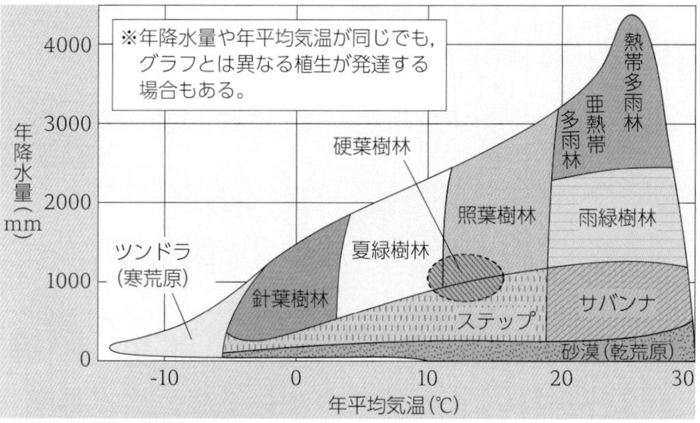

北半球の気候帯とバイオーム

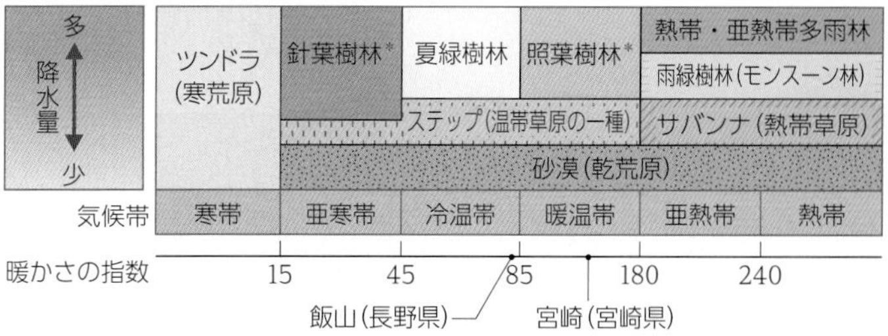

＊亜寒帯の降水量が少ない地域には落葉性の針葉樹林が，暖温帯の降水量が少ない地域には落葉広葉樹林が成立することがある。

暖かさの指数(WI；Warmth Index)

暖かさの指数は，植物の生育に必要な最低温度を5℃とし，平均気温が5℃を超える月の月平均気温から5℃を差し引いた値を1年を通じて積算したものである。日本のように，降水量が多く温暖な地域では，年平均気温を指標とするよりも暖かさの指数の方が実際のバイオームに対応している場合がある。1949年，吉良竜夫によって考案された。

〈1981年の飯山(長野県)と宮崎(宮崎県)の月平均気温〉　[　]は5℃を引いた数値

月	1	2	3	4	5	6	7	8	9	10	11	12	WI
飯山	-3.9 [−]	-3.2 [−]	1.2 [−]	7.5 [2.5]	13.7 [8.7]	18.7 [13.7]	24.2 [19.2]	23.3 [18.3]	18.0 [13.0]	11.6 [6.6]	4.4 [−]	-1.0 [−]	82
宮崎	5.4 [0.4]	8.3 [3.3]	11.6 [6.6]	16.5 [11.5]	19.0 [14.0]	23.8 [18.8]	28.2 [23.2]	27.4 [22.4]	23.4 [18.4]	18.7 [13.7]	12.7 [7.7]	8.5 [3.5]	143.5

ウォルターの気候ダイアグラム

月平均気温(t)が1℃上昇すると，蒸発や蒸散によって約2mmの月降水量(p)相当の水が土壌から失われると考えられている。この考えにもとづくと，たとえば，tが30℃の場合，pが60mm以上であれば，植物にとって水が充足することになり(縦線部)，下回る場合には水不足(細点部)となる。

t：月平均気温　　p：月降水量
T：年平均気温　　P：年降水量

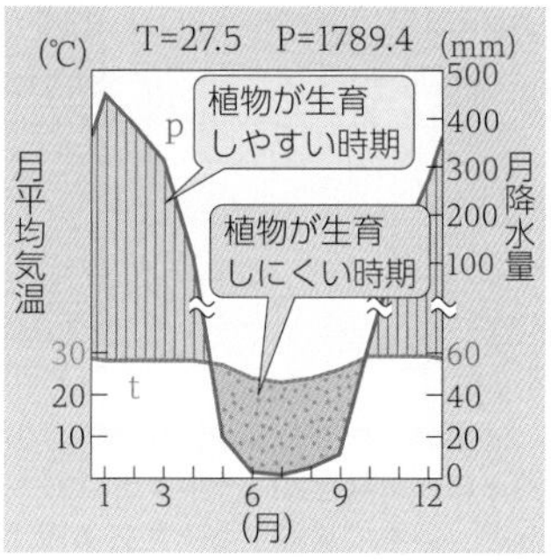

熱帯・亜熱帯多雨林

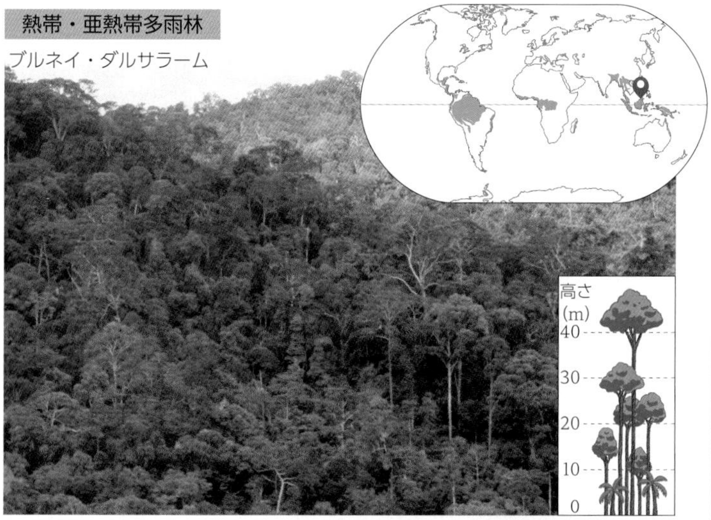

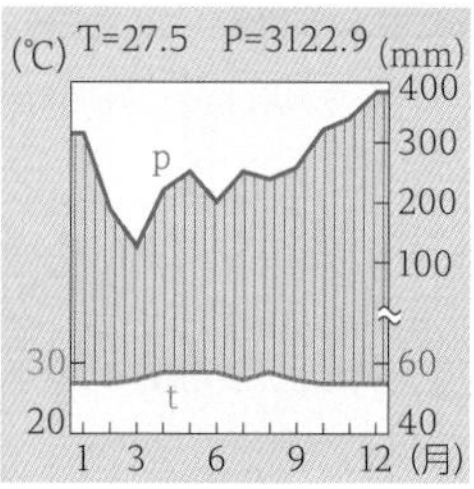

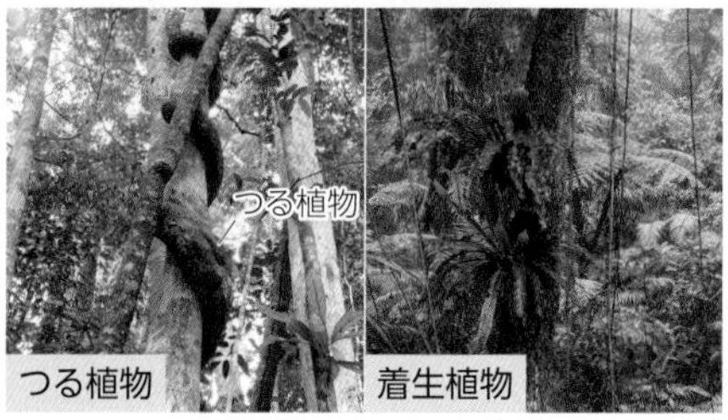

赤道付近の高温・多湿の地域に分布し，発達した階層構造がみられる。高木の常緑広葉樹のほか，つる植物や着生植物もみられ，生物の種類が非常に多い。

熱帯よりやや気温が低くなる時期のある亜熱帯には，亜熱帯多雨林が分布し，アコウやガジュマル，ヘゴ(木生シダ類)がみられる。

雨緑樹林(モンスーン林)

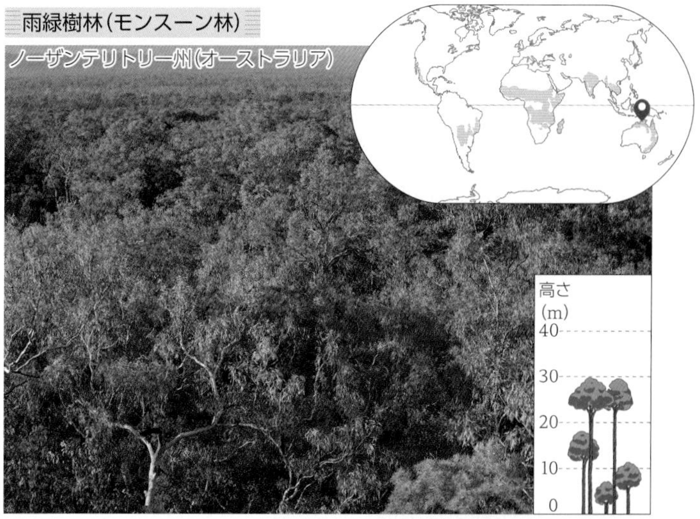

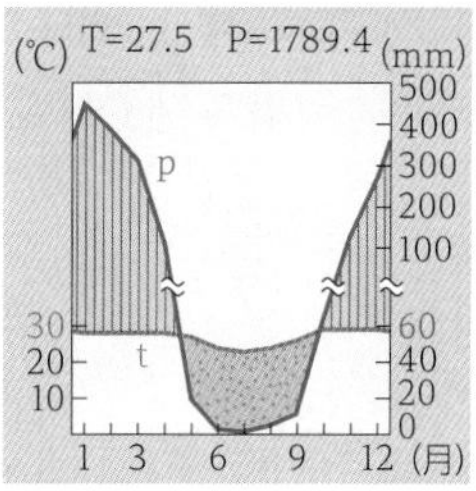

熱帯・亜熱帯で，季節によって降水量が大きく変動し，雨季と乾季のある地域に分布する。モンスーン林とも呼ばれる。多くの樹種は乾季に落葉する。熱帯多雨林に比べ構成樹種は少ない。主な樹種には，チークやサラソウジュ(南アジア)がある。

豆知識　ヘゴは大型の木生シダ類で，大きいものでは4m以上にもなる。樹木のようにみえるが草本であり，直立した部分は茎で肥大成長は起こらない。

照葉樹林

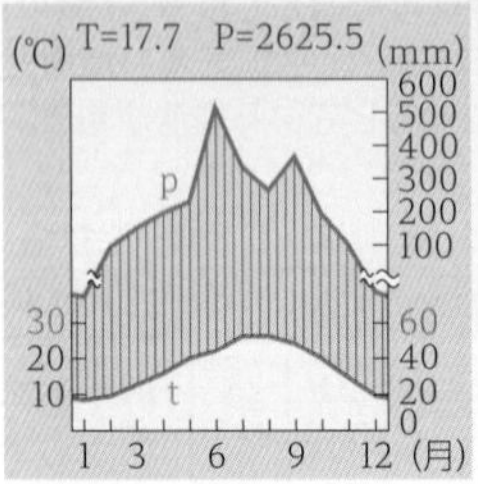

ヤブツバキ

サカキ

温帯のなかでも暖かい地域に分布する。クチクラ層（➡p.42）の発達した硬くて光沢のある葉をもつ常緑広葉樹が優占する。シイ類やカシ類のほか，タブノキ，クスノキ，ヤブツバキ，サカキなどがみられる（➡p.304，305）。

夏緑樹林

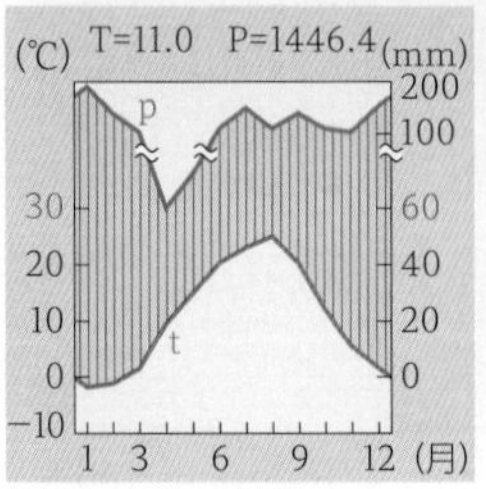

ハウチワカエデ

サトウカエデ

温帯のなかでも寒い地域（日本の東北部を含む東アジア，北アメリカ東部，ヨーロッパなど）に分布する。ブナやミズナラ（➡p.304，305），カエデ類など，冬季に落葉する落葉広葉樹が優占している。

硬葉樹林

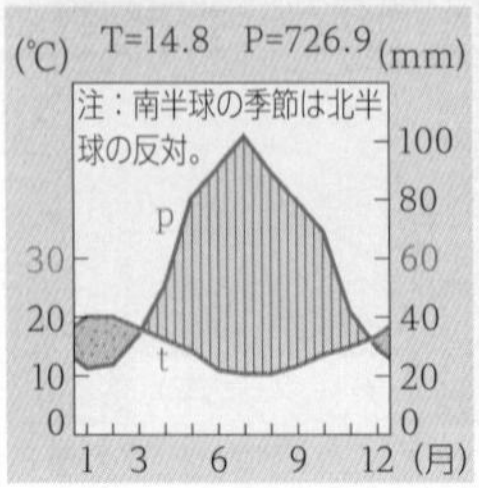

オリーブ

ユーカリ

温帯のうち，夏季に乾燥し，冬季に雨が多い地域に分布する。乾燥に適応した硬く小さな葉をもつ常緑広葉樹が優占する。地中海沿岸ではオリーブやゲッケイジュ，コルクガシが，オーストラリア南部ではユーカリがみられる。

針葉樹林

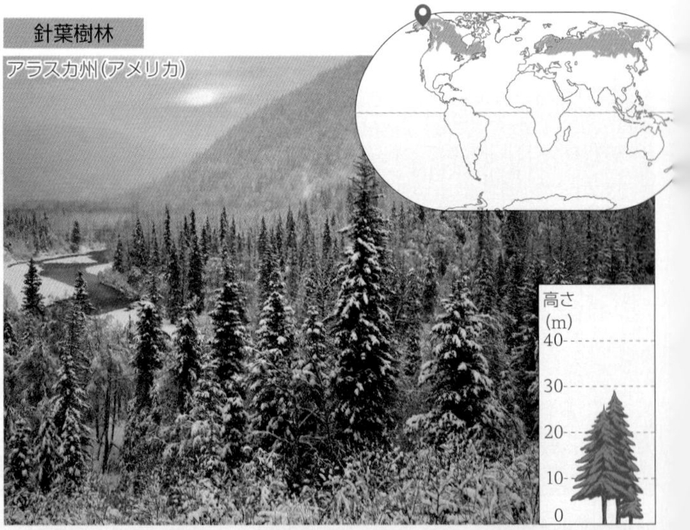

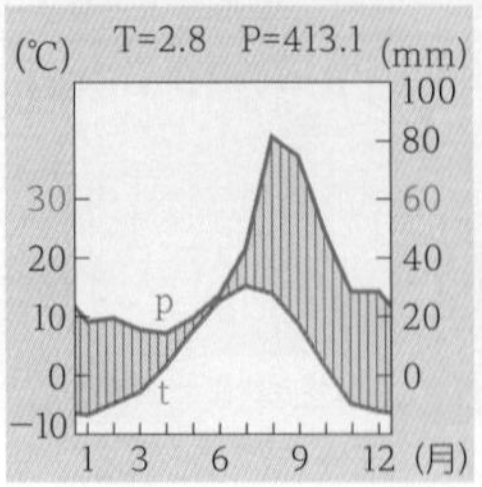

シベリア東部のカラマツ林

冬が長く，寒さの厳しい亜寒帯地域に帯状に分布する（シベリアや北アメリカ北部など）。常緑針葉樹のモミ類やトウヒ類（➡p.304，305）などが優占するが，シベリア東部では落葉針葉樹のカラマツ類が優占種となっている。

豆知識 針葉樹林は暖温帯にも分布する。海洋性気候の地域で発達し，ツガ類，セコイアなどが主体となっている。

サバンナ(熱帯草原)

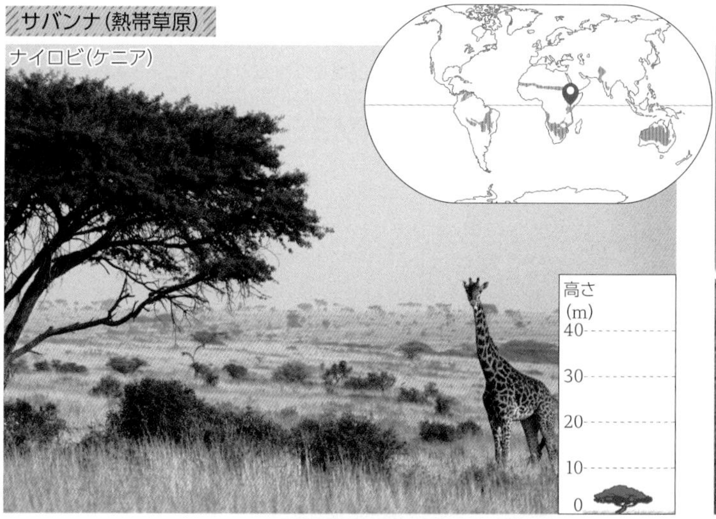

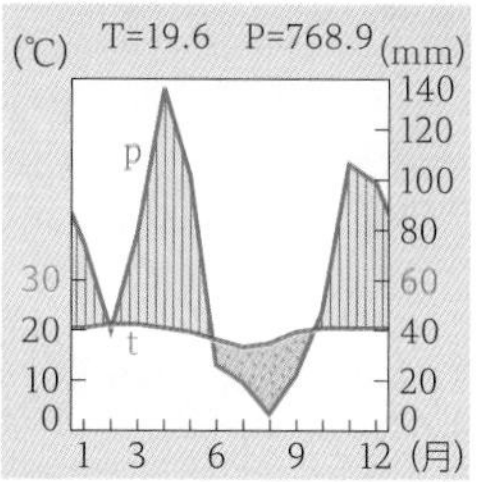

イネ科植物

アカシア

熱帯のうち雨季と乾季があり，降水量が少ない地域（アフリカや南アメリカなど）に分布する。イネ科の植物が優占し，アカシアなどの落葉樹がまばらに生育している。

ステップ(温帯草原の一種)

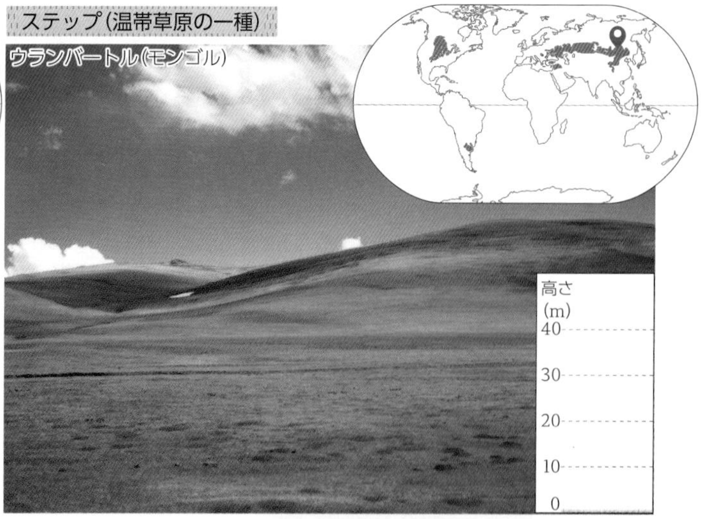

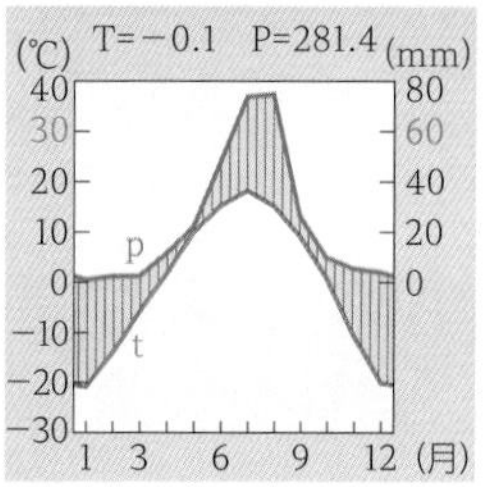

イネ科植物

広葉の草本

温帯と亜寒帯のうち，年降水量の少ない地域（ユーラシア大陸中央部や北アメリカ中央部など）に分布する。イネ科植物や広葉の草本が混ざる植生で，乾燥や火災に強い植物が多くみられる。

砂漠

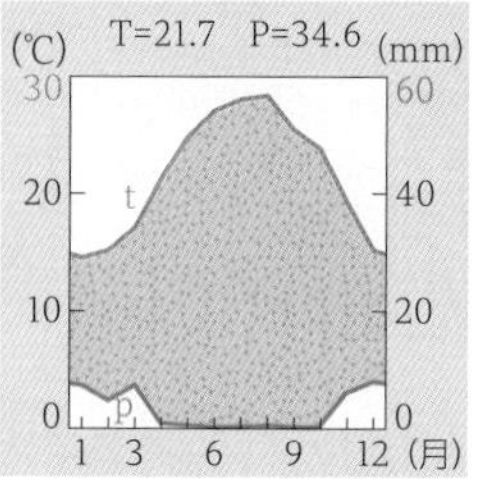

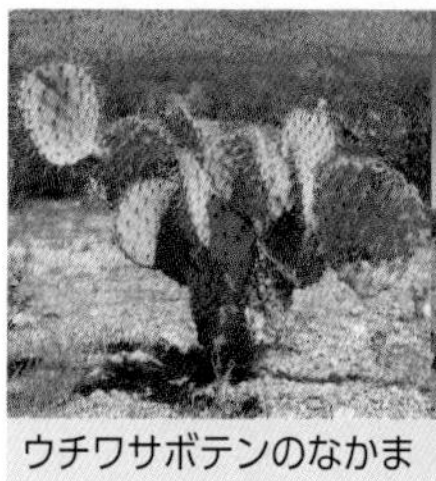
ウチワサボテンのなかま

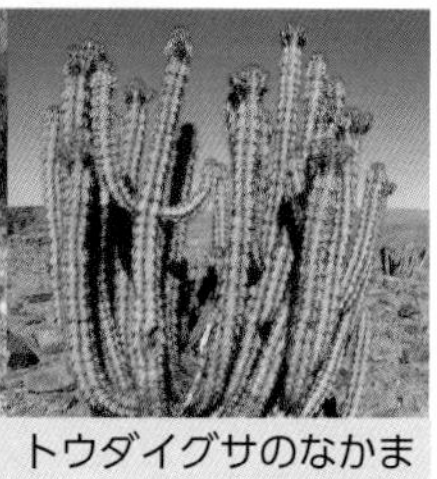
トウダイグサのなかま

年降水量が200 mmに達しない乾燥地域（アフリカ北部やアラビア半島，中央アジア，北アメリカ西部など）に分布する。植物はまばらで，サボテン科やトウダイグサ科の多肉植物がみられる。

ツンドラ

（地図では高山植生の分布も含めて示している）

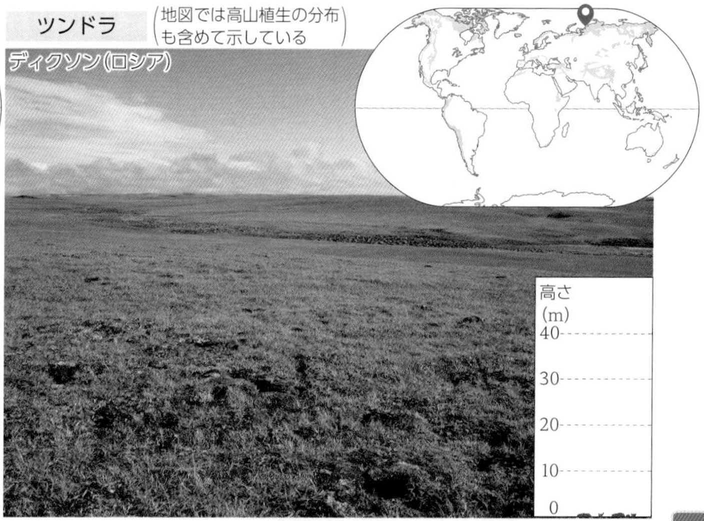

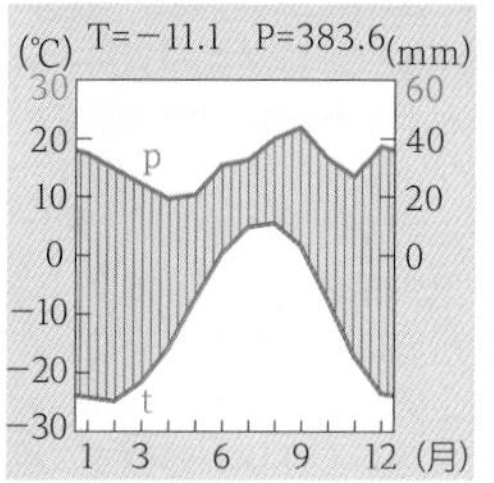

ハナゴケ(地衣類)

コケモモ

年平均気温が−5℃以下になる寒冷な地域（北極圏）に分布する。低温で土壌が発達しないため，地衣類やコケ植物などが主体となるが，樹高のきわめて低いコケモモなどの木本もみられる。植物の生育期間は数か月である。

豆知識 ツンドラは，フィンランド語で「木のない丘」を意味する言葉である。また，サバンナは，元来はアメリカの先住民（ネイティブアメリカン）が，丈の高い草本からなる樹木の生えない草原を指す言葉として用いていた。

06 バイオームの水平・垂直分布

基礎

Horizontal and Vertical Distribution of Biomes

関連動画をCheck!

基本 1 日本のバイオームの水平分布と垂直分布 基礎

日本列島は，年降水量が十分あるのでバイオームは森林が中心となる。また，降水量の地域差が少ないのでバイオームの分布は主に気温によって決まる。

主として緯度によるバイオームの移り変わりは**水《すい》平分布《へいぶんぷ》**と呼ばれる。暖かさの指数（➡p.301）は南から北にかけて減少するので，日本には南から亜熱帯多雨林，照葉樹林，夏緑樹林，針葉樹林が分布する。

一方，標高の違いに応じたバイオームの変化は**垂《すい》直分布《ちょくぶんぷ》**と呼ばれる。地上の気温は，標高が100 m高くなるにつれておよそ0.5～0.6℃の割合で低下する。本州中部では，低い方から照葉樹林，夏緑樹林，針葉樹林，高山植生という分布がみられる。

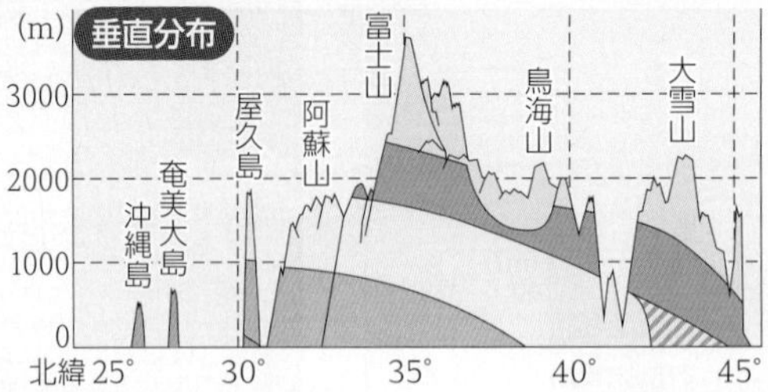

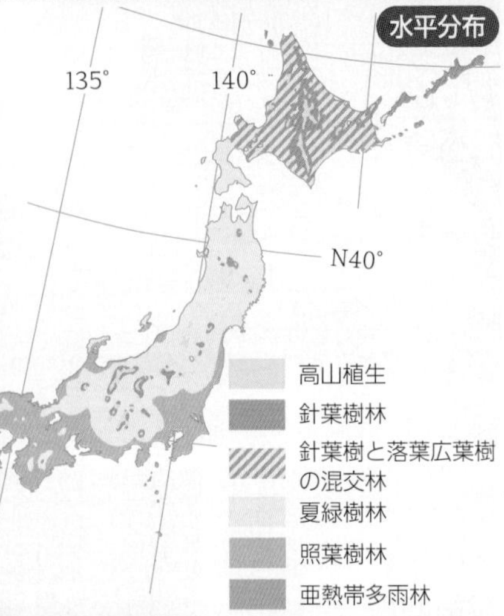

暖かさの指数とバイオーム（降水量が十分なとき）

暖かさの指数	バイオーム	水平分布	垂直分布※
0～15	低木林・草原	寒　帯	高山帯
15～45	針葉樹林	亜寒帯	亜高山帯
45～85	夏緑樹林	冷温帯	山地帯
85～180	照葉樹林	暖温帯	丘陵帯

※本州中部における垂直分布

アダン（亜熱帯多雨林）

スダジイ（照葉樹林）

ブナ（夏緑樹林）

トドマツ（針葉樹林）

サキシマスオウノキ（亜熱帯多雨林）

タブノキ（照葉樹林）

ミズナラ（夏緑樹林）

エゾマツ（針葉樹林）

break ぶれいく マングローブ

世界の熱帯・亜熱帯の潮間帯《ちょうかんたい》には，陸上植物と比べて特別な形態・生態をもつ植物からなる植生がみられる。主にヒルギ科の植物で構成されるこの植生は，マングローブと呼ばれる。

マングローブを構成する植物は，高い浸透圧に対する耐性をもち，タコ足状の支柱根や地中からタケノコ形に突き出す呼吸根など，特徴的な形の根をもつものがある。このような根の形態は，根が水に長時間浸かる環境でからだを支え，酸素を吸収する上で都合がよい。ヒルギ科の植物の種子は胎生種子と呼ばれ，樹上で発芽して胚軸を伸ばす。脱落後に発根してこの胚軸を鉛直に立ち上げることで，水に浸かる環境でも，芽ばえは水面からからだを出して呼吸などを行うことができる。

マングローブ（沖縄県）

ハマザクロ（マヤプシキ）の呼吸根

オヒルギの胎生種子

第10章 生物の集団

生物基礎

豆知識　バイオームのように広い範囲の植生の分布には気温や降水量が主に影響しているが，狭い範囲での森林の分布や種の構成に着目した場合には，風や積雪などの環境要因が大きく影響していることが多いと考えられている。

2 本州中部におけるバイオームの垂直分布 基礎

森林が成立する限界となる高度を**森林限界**《しんりんげんかい》といい，それ以上の高度ではハイマツなどの低木は育つが高木は育たない。

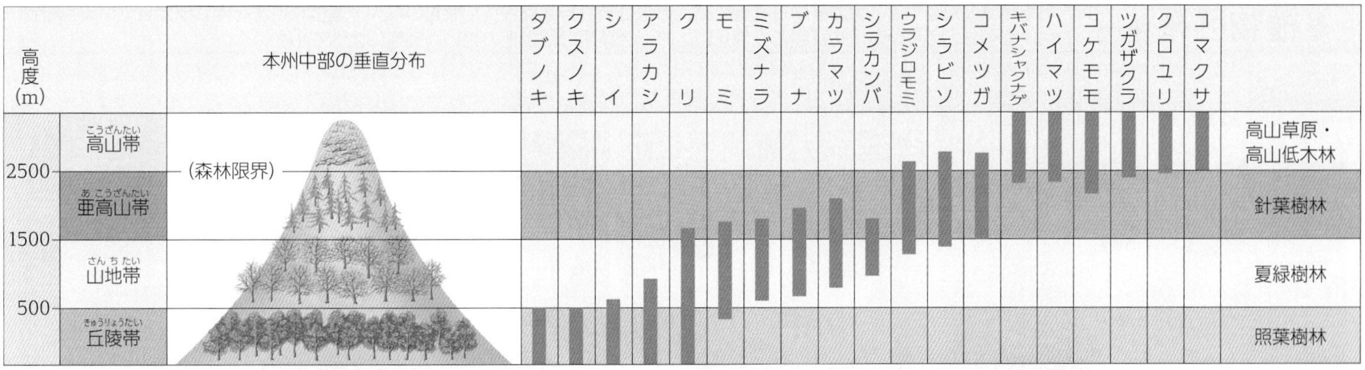

本州中部の高山帯(金峰山)

ウラジロモミ(亜高山帯)

ハイマツ(高山帯)

高山帯は，積雪や低温，乾燥，強い季節風などにさらされる。このため，高木は育たず，そのような環境に適応したハイマツや，限られた生育可能期間に成長・開花・結実する草本の高山植物などがみられる。

クスノキ(丘陵帯)

モミ(山地帯)

シラビソ(亜高山帯)

ツガザクラ(高山帯)

キバナシャクナゲ(高山帯)

アラカシ(丘陵帯)

ブナ(山地帯)

コメツガ(亜高山帯)

コケモモ(高山帯)

コマクサ(高山帯)

3 水辺の植生の垂直分布 基礎

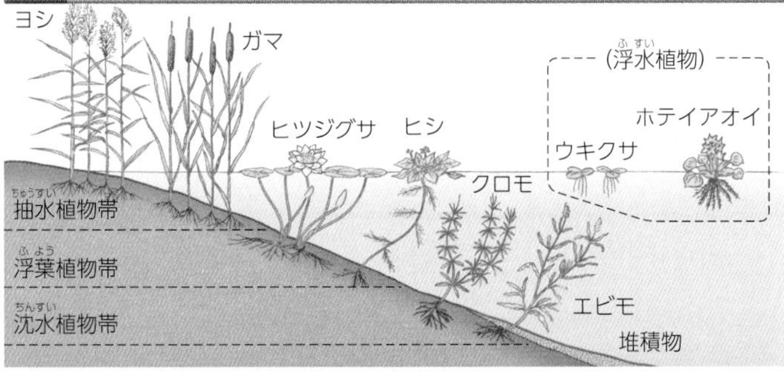

ガマ(抽水植物)

ホテイアオイ(浮水植物)

クロモ(沈水植物)

光合成を行うのに必要最小限の光量が届く，植物などの光合成を行う生物が生育できる下限の水深は，**補償深度**《ほしょうしんど》と呼ばれる。補償深度より深い場所では，光合成生物は生育できない。

PLUS α 氷期遺存種

第四紀(➡p.272)には，寒冷な氷期と温暖な間氷期がくり返され，それに伴って植生の分布も大きく変化してきた。現在は，約1万年前にはじまった間氷期にあたる。

直近の氷期において，最も寒冷な時期の日本の気温は現在よりも5～8℃低く，海面が低下して日本列島は大陸と陸続きになっていた。そのため，寒冷地に適応した大陸起源の生物が，日本列島まで南下して分布を広げていたことが化石記録などから明らかになっている。その後，温暖な間氷期になると，それらの生物は寒冷な高緯度地域に生息域を移したが，一部の生物は高山の山頂付近などの寒冷地に取り残された。このようにして取り残された種は，氷期遺存種と呼ばれる。氷期遺存種は地球温暖化(➡p.333)が進む現在，絶滅が懸念されている。

チョウノスケソウ

ライチョウ

豆知識 アレキサンダー・フォン・フンボルトは，南アフリカの熱帯地域を旅行し，相観によって植生を森林・草原・荒原に分類した。また，彼は，アンデスの頂上には氷河，ふもとには熱帯林があるという垂直分布についての記載も残している。

07 生物地理区

1 植物区系 基礎

ある地域の植物相は，大陸移動と気候変動，およびそれらを反映した植物の移入・進化・絶滅を経て成立している。植物では，種子などの長距離散布が起こりやすいため，大陸間の植物相の違いは動物に比べて小さい。

旧熱帯区　ココヤシ，サトイモ，ショウガ，コショウ，バナナ，タコノキ，フタバガキなど

バナナ

ココヤシ

全北区　マツ，モミ，アラカシ，サクラ，カエデ，クルミ，アザミ，ユリ，カラマツなど

サクラ（ヤマザクラ）

ユリ（ヤマユリ）

カラマツ

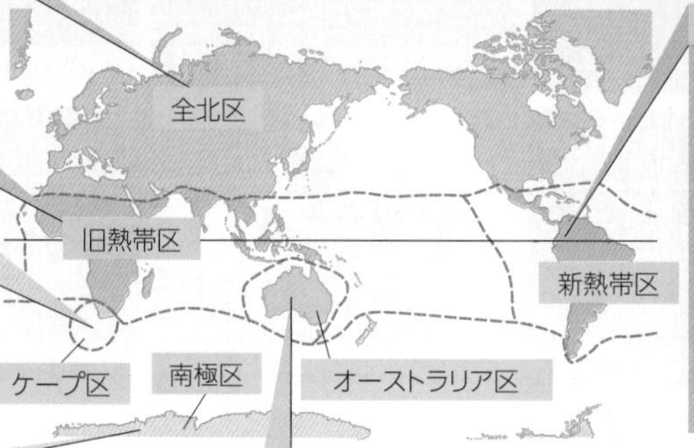

新熱帯区　オオオニバス，パイナップル，カンナ，サボテン，リュウゼツランなど

オオオニバス

△リュウゼツランの花
リュウゼツラン

ケープ区　エリカ，テンジクアオイ，トウダイグサ，キダチアロエ，マツバギクなど

マツバギク

キダチアロエ

南極区　ナンキョクブナ，アゾレラなど

ナンキョクブナ

オーストラリア区　ユーカリ，ナンヨウスギ，アカシアなど

ユーカリ

アカシア

α PLUS 大陸移動

地球表面をおおう地殻は，その内部にあるマントルの対流に伴って1年間に数cmの速さで動いている。

古生代ペルム紀末（約2.55億年前）には，地球上の大陸はすべて集まってパンゲアと呼ばれる巨大な超大陸を形成しており，これがジュラ紀初期～中期（約2億～1.8億年前）にローラシアとゴンドワナに分裂した。ローラシアは，現在の北米とユーラシアに相当する。この2つの大陸間には，くり返し陸橋が形成されて生物が相互に往来した。一方，ゴンドワナは，現在の南米・アフリカ・インド・オーストラリア・南極の大陸をそのまま含んでいた。

大陸移動の歴史は現在に強く影響を残しており，ローラシア由来とゴンドワナ由来の大陸では生物相が大きく異なっている。

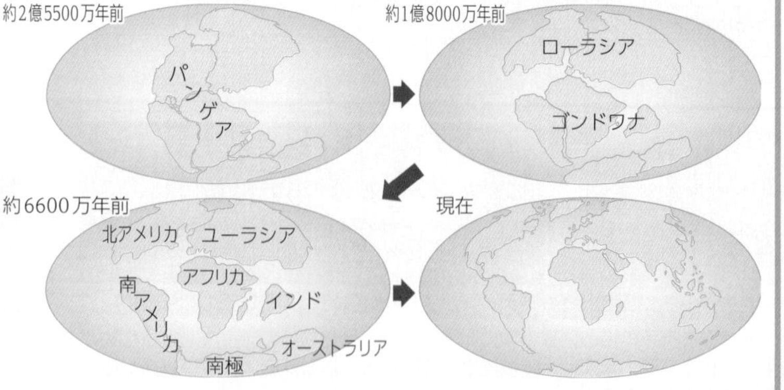

豆知識　1915年，ドイツのウェゲナーは，現在の6大陸は古代に超大陸パンゲアが分裂して形成されたとする大陸移動説を提唱した。その根拠として，アフリカ大陸と南アメリカ大陸の海岸線の形が似ていることやグロッソプテリスと呼ばれる植物などの化石が大西洋を隔てた両大陸に分布することなどが挙げられた。

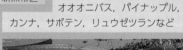

生物の分布区は，地球表面の陸海の分布や，地史的な成立過程などによって大別することができる。このような分布を地理的分布《ちりてきぶんぷ》といい，その分布区域は生《せい》物地理区《ぶつちりく》と呼ばれる。生物地理区のうち，植物については植物区系《しょくぶつくけい》，動物については動物地理区《どうぶつちりく》と呼ばれる。

2 動物地理区 基礎

動物地理区も植物区系と同様に，大陸移動や動物の移入・進化・絶滅を経て成立している。動物では，海を越えた移動が起こりにくいため，大陸間の違いは植物よりも顕著である。動物地理区の区切りについては諸説存在する。

エチオピア区

カメレオン，ダチョウ，アフリカゾウ，シマウマ，ライオン，キリン，チンパンジーなど

ライオン

キリン

旧北区《きゅうほっく》

ノガン，キジ，ヒグマ，タヌキ，イノシシ，トナカイ，アムールトラなど

タヌキ

キジ

新北区《しんほっく》

シチメンチョウ，アメリカヤギュウ，スカンク，アライグマ，ピューマ，ビーバーなど

ピューマ

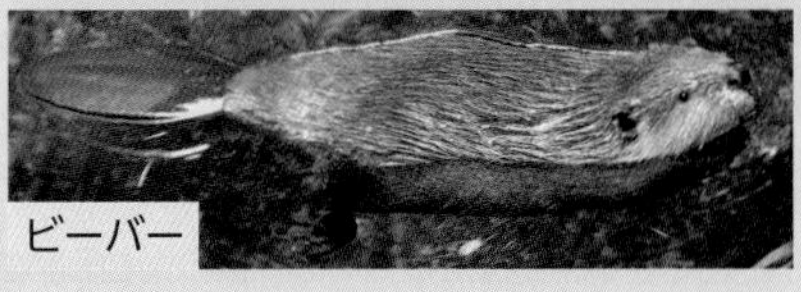
ビーバー

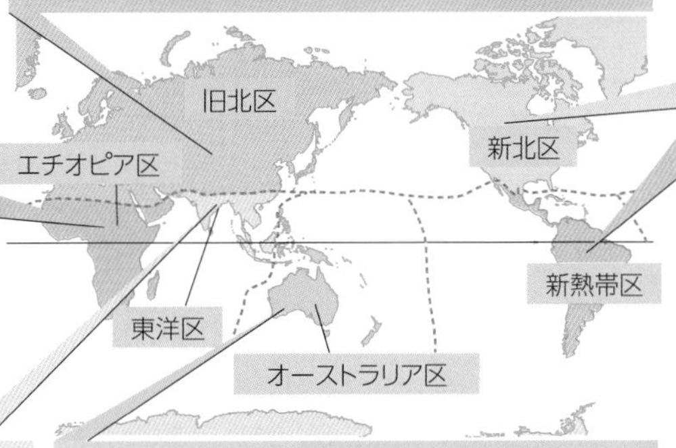

新熱帯区

コンドル，アルマジロ，ジャガー，ナマケモノ，アリクイ，クモザルなど

コンドル

ジャガー

オオアリクイ

東洋区

ニシキヘビ，クジャク，ベンガルトラ，アジアゾウ，テナガザル，オランウータンなど

ベンガルトラ

アジアゾウ

オーストラリア区

キウイ，ヒクイドリ，カモノハシ，ハリモグラ，カンガルーなど

キウイ

ハリモグラ

3 分布境界線 基礎

生物の分布は，多数の生物種の分布境界が共通し，生物相に大きな変化がみられるような境界線によって区切られている。

Ⓐ東洋区とオーストラリア区の境界

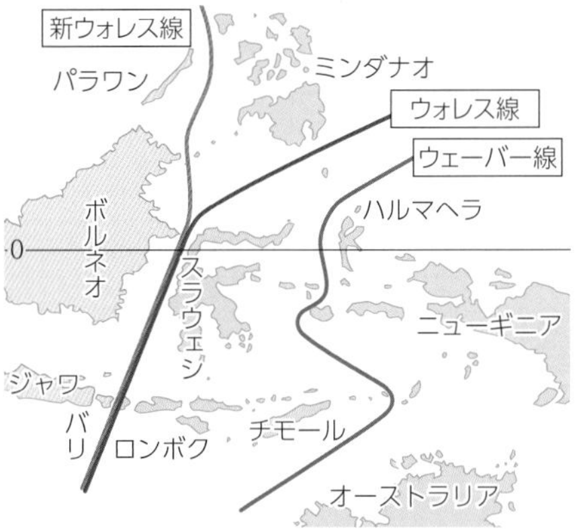

ウォレス（➡p.265）がマレー群島の生物調査にもとづいて，1868年に提唱した境界線を**ウォレス線**という。ウォレス線はその後，各地の植物の調査などから新ウォレス線に改められた。

さらに，ウェーバーは1888年に主に淡水魚の分布にもとづいて両区の境界を定めた。この境界は**ウェーバー線《せん》**と呼ばれる。

Ⓑ日本付近の分布境界線

日本列島は，動物地理区において，旧北区と東洋区に二分されており，その境界線としては，三宅《みやけ》線（昆虫），渡瀬《わたせ》線（哺乳類，ハ虫類，両生類），蜂須賀《はちすか》線（鳥類），八田《はった》線（ハ虫類，両生類），宮部《みやべ》線（植物）などがある。

豆知識　ウォレスは，イギリスの博物学者で，マレー群島滞在中，1858年，進化に関する自然選択説を考えつき，それをまとめた論文をダーウィンに送った。このことが，ダーウィンの自然選択説発表の契機となり，両者の論文はリンネ学会に発表された（➡p.265）。

08 個体群の特徴

1 個体群 生物

ある一定地域に生活する同種個体の集まりは，個体群《こたいぐん》と呼ばれる。個体群を構成する個体どうしは，交配や競争(➡p.310)などを通じて互いに関わりあっている。同種や異種の生物間にみられる働き合いは相互作用《そうごさよう》と呼ばれる。

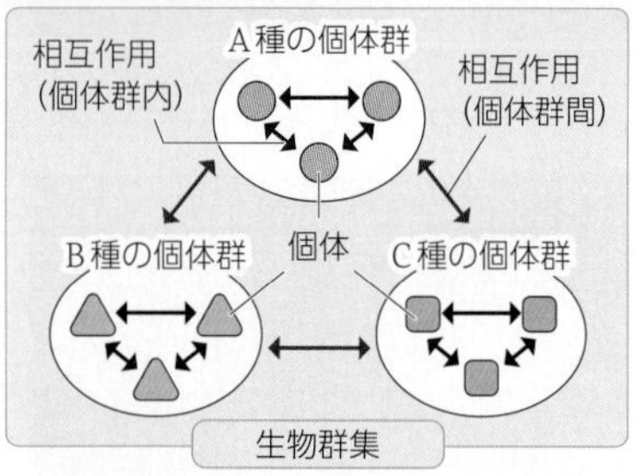

ある一定の場所に存在する個体群の集まりを**生物群集《せいぶつぐんしゅう》**という。生物群集では，個体群内や個体群間で，競争や捕食-被食などのさまざまな相互作用がみられる。

Ⓐ個体群内での個体の分布様式

個体群における個体の分布には，資源(➡p.310)の分布やその生物の特徴が反映され，以下の3つの様式がある。

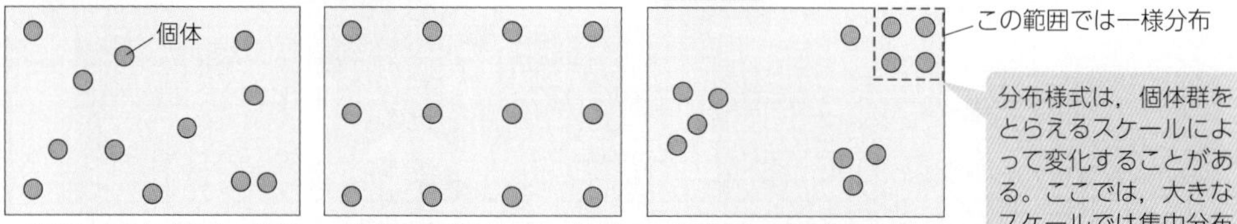

ランダム分布
- 資源に偏りがなく，各個体が他個体の位置に関係なく存在する場合
- 風散布型種子の植物などでみられる。

一様分布
- 他個体を避けたり，他個体に近づきすぎると争いが起こったりする場合
- 縄張りをもつ生物などでみられる。

集中分布
- 資源が一部に集中したり，他個体を誘導する個体がいたりする場合
- 巣や群れをつくる生物などでみられる。

分布様式は，個体群をとらえるスケールによって変化することがある。ここでは，大きなスケールでは集中分布を示しているが，一部をとらえると一様分布を示している。

Ⓑメタ個体群

互いにある程度独立している複数の同種個体群間で，個体の移入・移出がみられる場合，これらをまとめて**メタ個《こ》体群《たいぐん》**としてとらえることがある。移動する生物で，1つの地域に生息地がモザイク状に分布する場合などにみられる。

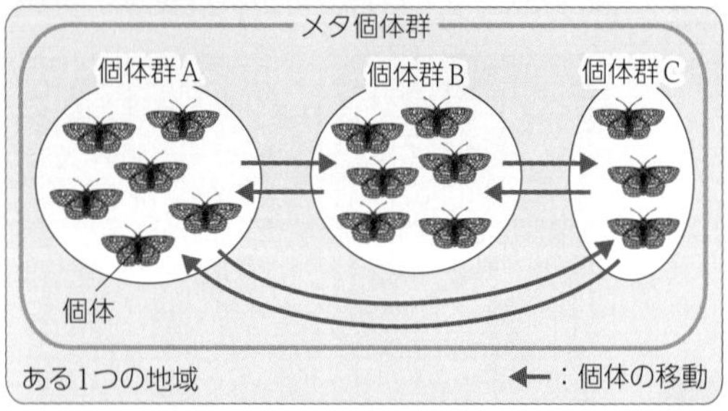

各個体群の個体数は大きく変動するが，メタ個体群としては比較的安定していることが多い。また，ある場所の個体群が消滅しても，他の個体群からの移入によってその場所に再び個体群が形成されることがある。

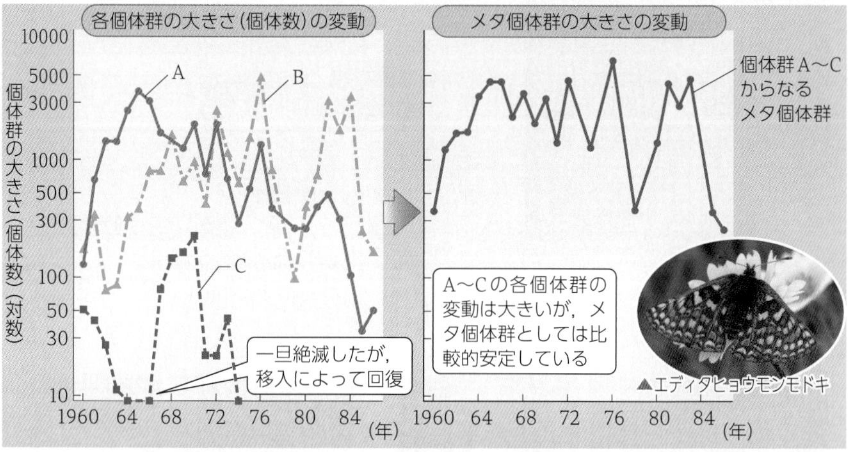

左のグラフのA～Cを合わせて1つのメタ個体群としてみたものが右のグラフである。

エディタヒョウモンモドキの個体群の大きさとメタ個体群

重要 2 個体群の大きさの推定 生物

個体群の大きさは，一般に，個体数で表される。個体群を構成する個体をすべて数えることはふつう困難であり，個体群中の個体数は区画法《くかくほう》や標識再捕法《ひょうしきさいほほう》などによって推定される。

Ⓐ区画法

植物や固着性動物など，移動しない生物の個体数の測定に用いられ，以下の手順で行われる。

①生息地に一定面積の区画を複数設け，1区画当たりの平均個体数を出す。
②生息地全体との面積の比率を求め，全個体数を計算する。

正方形のわくを区画に用いることが多いことから，方形《ほうけい》わく法(コドラート法)ともいう。区画の配置には，等間隔に並べる規則的な配置と，ランダムに並べる配置とがある。

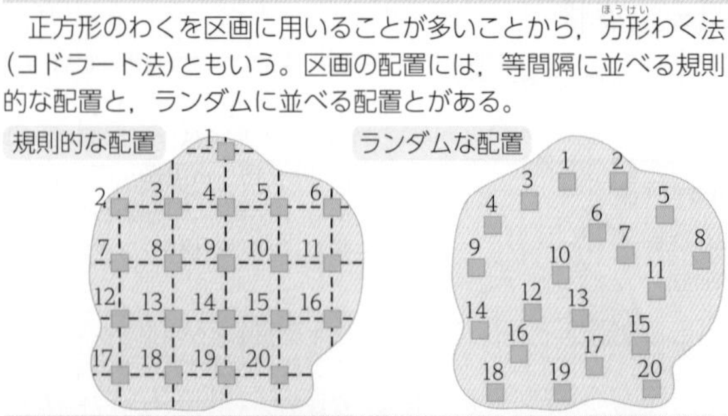

$$全個体数 = \frac{区画内の個体数の平均値}{} \times \frac{生息地の面積}{1区画の面積}$$

上図において，1区画の面積を全体の1/100に設定した場合，全個体数は20個の区画で得られた個体数の平均の100倍となる。

Ⓑ標識再捕法

移動する生物の個体数の測定に用いられる。以下に示すような制約があり，野外調査での厳密な実行は難しいことも多い。

- 付けた標識が簡単に失われず，また，標識の有無で捕獲されやすさが変わらない。
- 1回目と2回目の捕獲は同じ条件で行う。
- 生息地での個体の移出入がなく，個体の死亡率が低い。

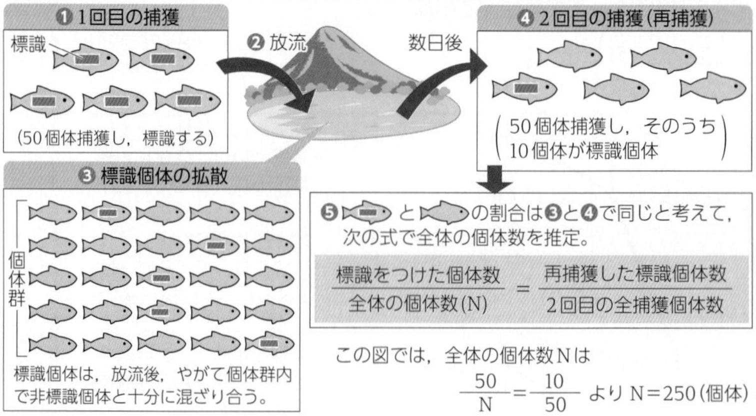

❺標識個体と非標識個体の割合は❸と❹で同じと考えて，次の式で全体の個体数を推定。

$$\frac{標識をつけた個体数}{全体の個体数(N)} = \frac{再捕獲した標識個体数}{2回目の全捕獲個体数}$$

この図では，全体の個体数Nは

$\frac{50}{N} = \frac{10}{50}$ より N＝250(個体)

豆知識 メタ個体群(metapopulation)の「メタ」は，「高次の」という意味をもつ接頭語である。1つの個体群が絶滅しても，移入によって再生される可能性もあることから，メタ個体群は，生物種の保全を考える上でも重要である。

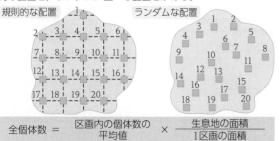

3 年齢ピラミッド 生物

1つの個体群における年齢別の個体数（齢構成）を図示したものを，年齢《ねんれい》ピラミッド（齢構成のピラミッド）という。年齢ピラミッドは，個体群の今後の成長や衰退を予測できるため，種の管理や保全に利用できる。

個体群は，年齢の異なる個体の集団であることが多い。幼若層（生殖期前）の個体が多い幼若型の個体群は，将来大きくなると考えられるのに対し，老齢層（生殖期後）の個体が多い老齢型の個体群は，将来衰退すると考えられる。

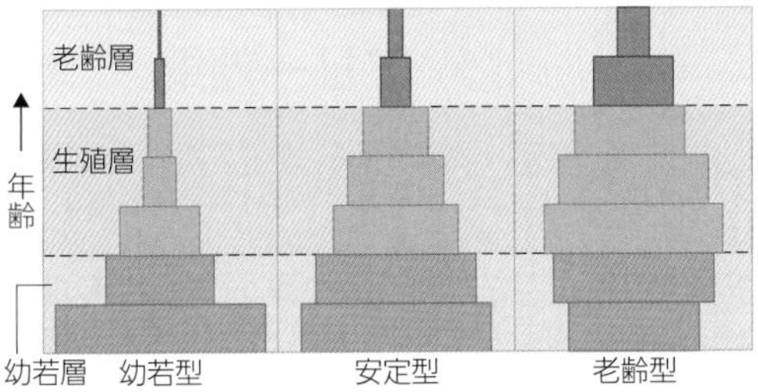

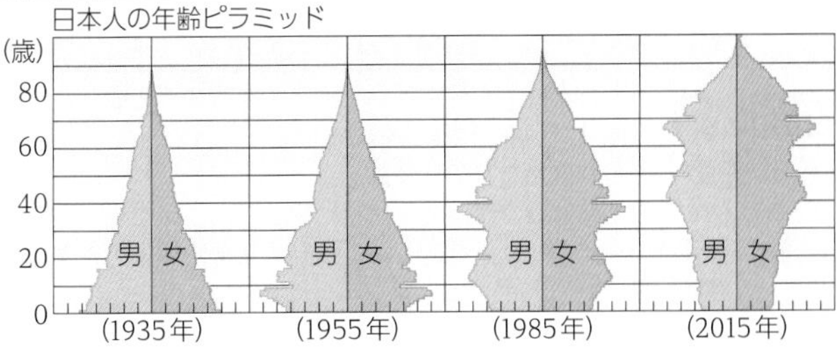

4 生命表と生存曲線 生物

成長過程での同世代の生存個体数の変化を示した表を生命表《せいめいひょう》という。生命表における個体数の推移をグラフで示したものは生存曲線《せいぞんきょくせん》といい，ふつう，同時期の出生個体数を1000とした相対値で示す。

Ⓐアメリカシロヒトリの生命表と生存曲線

表中の＊は，産卵された卵の数である。

アメリカシロヒトリ（夏世代）の生命表と死亡要因

発育段階	生存数	死亡数	死亡率	主な死亡要因
卵	4287*	134	3.1％	ふ化せず
ふ化幼虫	4153	746	18.0％	捕食（クモなど）
1齢	3407	1197	35.1％	捕食（クモなど）・生理死
2齢	2210	333	15.1％	捕食（クモなど）・生理死
3齢	1877	463	24.7％	捕食（クモなど）
4齢	1414	1373	97.1％	捕食（小鳥など）
7齢	41	29	70.7％	捕食（ハチなど）
前蛹《ぜんよう》	12	3	25.0％	寄生（ハエ）
蛹《さなぎ》	9	2	22.2％	寄生（ハエ）・病気
羽化成虫	7			
合　計		4280	99.8％	

生存数…各発育段階開始時の個体数（1齢は巣網に定着した数）
死亡数…各発育段階のうちに死亡した個体数
アメリカシロヒトリの幼虫は巣網で生活する。3齢頃までは巣網で守られ，他の昆虫よりも初期死亡率が低い。

アメリカシロヒトリの幼虫　成虫

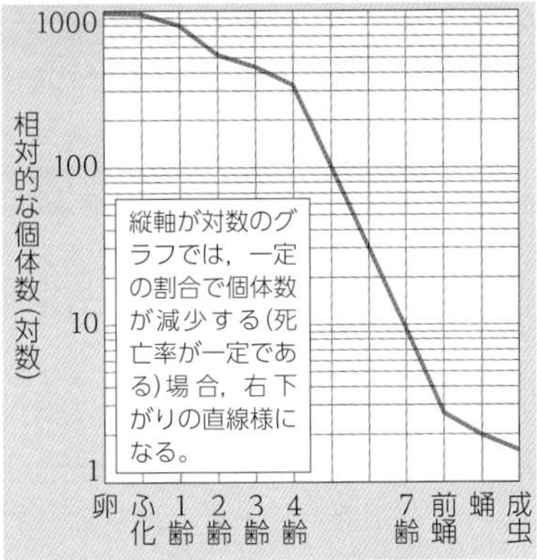

左の生命表にもとづく生存曲線

Ⓑ生存曲線の3つの型

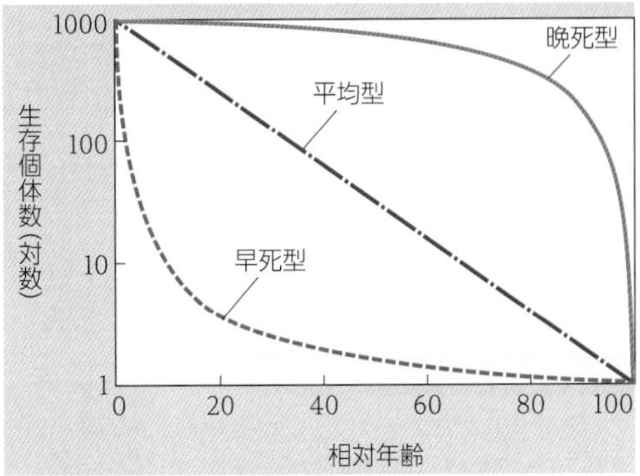

グラフは，典型的な生存曲線を示している。

晩死型　発育初期の死亡率が低い。大型哺乳類のように親が子を保護する動物や，社会性昆虫に多い。

平均型　死亡率は生涯にわたってほぼ一定である。ハ虫類や小型の鳥類・哺乳類に多い。

早死型　発育初期における死亡率が高い。多くの無脊椎動物や魚類にみられる。

α 個体群をとりまく多様な環境と生物の特徴（*r*-戦略と*K*-戦略）

生物は，多様な環境にそれぞれ適応してきた。生物の進化の方向性には，生息環境に応じた特徴がみられ，次のように類型化されることがある。

変動が大きい不安定な環境では，食料などの資源（➡p.310）を獲得できる期間が限定される。また，自然災害などによってしばしば個体数が大きく減少し，他個体と資源を取り合う種内競争（➡p.310）が緩和される。このことから，競争に強い形質よりも，速い成長や多産のような，短い期間で大きく増殖する能力が有利になると考えられる。生物がこのような方向に形質を進化させることは，*r*-戦略と表現される。

一方，比較的安定した環境では，その環境で維持できる数（環境収容力，➡p.310）付近で個体数が安定する。このような環境では，災害などが個体数の減少に及ぼす影響よりも他個体との競争が及ぼす影響の方が大きくなる。このことから，大きなからだの子を少数生むような，競争に強い形質が有利になると考えられる。また，生まれた子を手厚く保護する傾向がある。このような方向に形質を進化させることは*K*-戦略と表現される。

r-戦略の生物（ノコギリダイ）

K-戦略の生物（トラ）

r-戦略と*K*-戦略の比較

成長曲線（➡p.310）を描く際に用いる式では，資源に制限のない理想的な環境でのある生物種の増加率（内的自然増加率）を*r*，環境収容力を*K*で表す。*r*-戦略と*K*-戦略の*r*と*K*は，その特性に合致するこれらの係数に由来する。

	r-戦略	*K*-戦略
環境	不安定で不規則に変化	安定，または規則的に変化
死亡率	個体群密度に依存せず，ときに壊滅的な死亡が起こる	個体群密度に依存する
生存曲線	初期死亡率大（早死型）	初期死亡率小（平均型，晩死型）
個体群密度	環境収容力よりも低く，大発生や大規模な減少がみられる	環境収容力付近で安定する
種内競争	穏やか	厳しい
個体がもつ形質の特徴	①増殖速度が大きい ②成長が速い ③生殖可能となる時期が早い ④からだが小さい ⑤生殖回数は1回 ⑥からだの小さい子を多数つくる（小卵多産型） ⑦寿命が短い	①競争に強い ②成長が遅い ③生殖可能となる時期が遅い ④からだが大きい ⑤複数回の生殖が可能 ⑥からだの大きな子を少数つくる（大卵少産型） ⑦寿命が長い

豆知識　*r*-戦略と*K*-戦略は，生物種によってどちらか一方に決まっているのではない。同一種であっても，生息環境に応じて*r*-戦略的な形質を示す場合と*K*-戦略的な形質を示す場合とがある。

09 個体群の変動と維持

生物

Population Dynamics

関連動画をCheck!

基本 1 種内競争と密度効果 生物

Ⓐ成長曲線 個体群内で個体数がふえることを個体群の成長といい，そのようすを表すグラフを**成長曲線**《せいちょうきょくせん》という。

個体群密度 単位空間当たりの個体数。

資源 生物の生活に必要な栄養分や食物，生活空間，交配相手などの要素。

競争 資源をめぐる争い。同種間で起こるものを**種内競争**《しゅないきょうそう》，異種間で起こるものを**種間競争**《しゅかんきょうそう》という。

密度効果 個体群密度が個体や個体群の成長，あるいは個体の生理的・形態的な性質に影響を及ぼすこと。

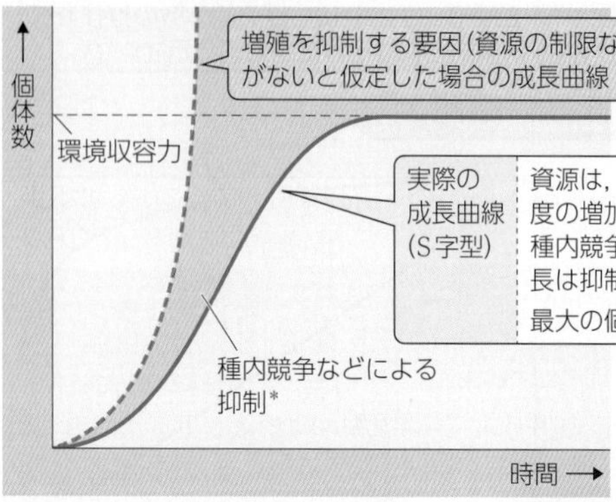

＊個体群の成長を抑制する密度効果は，種内競争に加え，遺骸・排出物の増加による環境の悪化などによって引き起こされる。

PLUS α アリー効果

密度効果は，多くの場合で個体群の成長に対して抑制的に働くが，成長途中の個体群では個体群密度の上昇が個体群の成長に促進的に働く場合がある。これは**アリー効果**《こうか》と呼ばれる。

アリー効果がみられる個体群では，個体群密度が低下すると，個体群の絶滅につながることがある（➡p.327）。このため，アリー効果は，希少種の保全などの分野で注目されている。

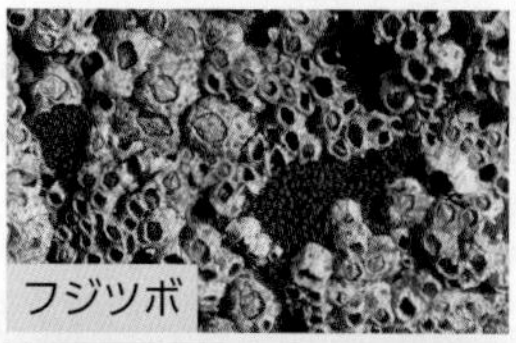
フジツボ

ハトの群れ

固着性動物のフジツボは，交尾の際に，殻の口から生殖器を伸ばして近くの他個体に配偶子を送る。このため，交配相手が近くにいなければ繁殖ができない。

また，虫媒植物では，ある程度の個体群密度がある方が，送粉昆虫の誘引力が強く，受粉しやすい。

他にも，ハトでは，群れ（➡p.312）の個体群密度がある程度高いほど，捕食者であるタカを発見しやすく，生存率が上がることが報告されている。

Ⓑ動物個体群の成長と密度効果

一定の容器でアズキゾウムシを飼育すると，1～2世代では個体数が増加する。しかし，3世代以降では個体群密度が大きくなり，密度効果が強くなって個体数の増加が抑制される。アズキゾウムシでは，生活空間であるアズキの表面に産卵された卵が踏みつけられて破損することが，成長抑制の一因だと考えられている。

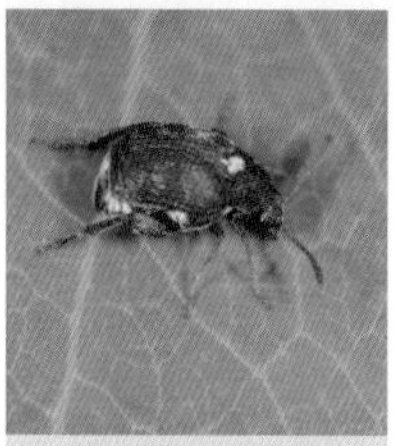
アズキゾウムシ

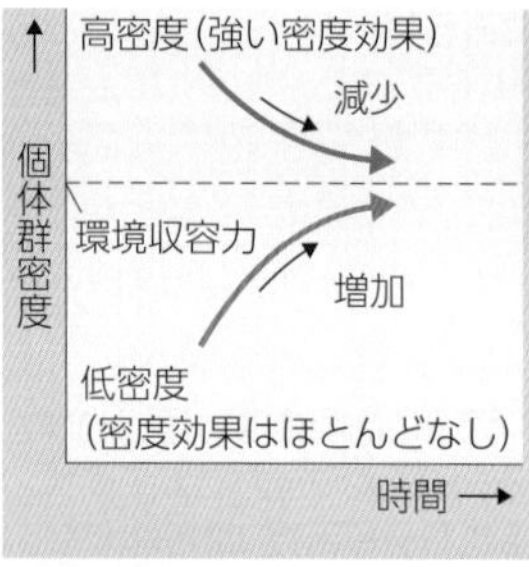

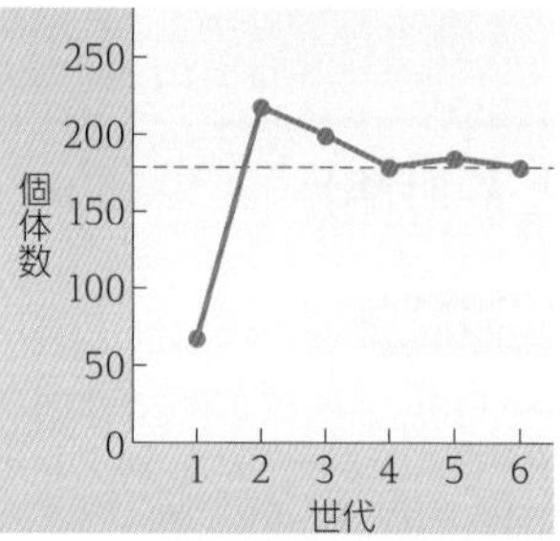

Ⓒ植物個体群における密度効果（ダイズ）

※グラフは対数目盛である。

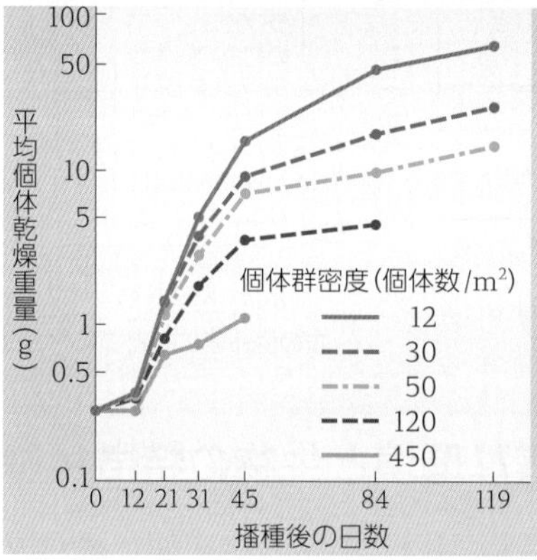

高密度で栽培された植物では，各個体が利用できる資源が制限されて成長が抑制され，低密度で栽培されたものよりも平均重量が小さくなるという密度効果が生じる。

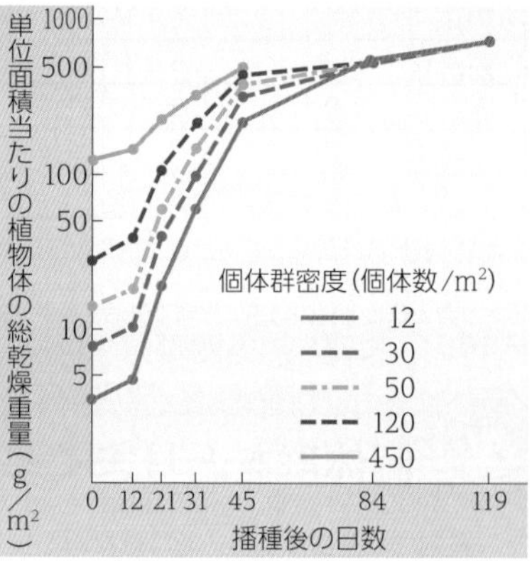

密度効果が生じるため，個体群密度に関わらず単位面積当たりの植物体の総重量(収量)はほぼ一定になる。これは，**最終収**《さいしゅうしゅう》**量一定**《りょういってい》**の法則**《ほうそく》と呼ばれる。

2 相変異 生物

個体群密度に応じて，同一種の形態や行動に著しい変化が生じる現象を相変異《そうへんい》という。

バッタには，しばしば大発生して相変異を起こすものがある。幼虫時に低密度で生育したものは，定住に適した形質をもち，**孤独相**《こどくそう》と呼ばれる。一方，高密度では，幼虫の内分泌活動が変化して形質変化が起こり，集団生活や飛翔移動に適した形質をもつものが生じる。このような特徴をもつものを**群生相**《ぐんせいそう》といい，個体群密度の上昇で資源が不足すると，新たな生息地を求めて群れをなして移動する。

ワタリバッタの群飛《ぐんぴ》

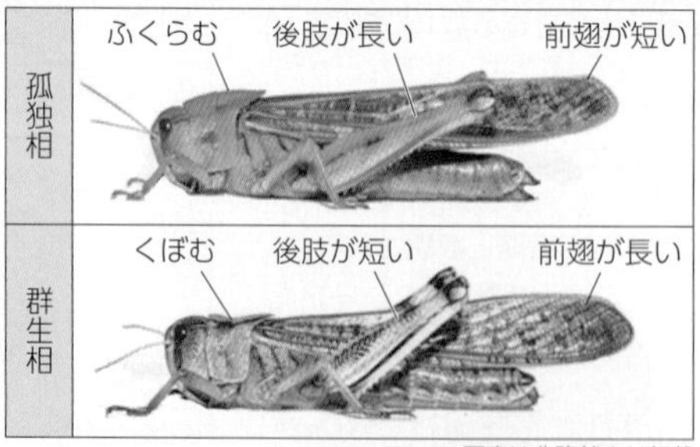

写真は北隆館より転載

孤独相は，発達した後肢をもち，草地を飛び跳ねるのに適している。群生相は，からだがやや小さく，長い翅をもち，長距離を飛翔するのに適している。

特　徴	孤独相	群生相
産　卵　数	多い	少ない
卵の大きさ	小さい	大きい
幼虫の活動	不活発	活発
集　合　性	ない	強い
呼　吸　量	少ない	多い
脂肪含有量	少ない	多い
体　色	緑・褐色	黒・褐色
前　翅*	短い	長い
後　肢*	長い	短い
前胸背板《ぜんきょうはいばん》	ふくらむ	くぼむ

＊相対的な長さ

豆知識 群生相のバッタが，空が黒く見えるほどの群れをなして移動する現象を飛蝗(ひこう)という。飛蝗を行うバッタは移動する先々で植物を食べ尽くしてしまい，深刻な食糧被害を引き起こす。これを蝗害(こうがい)という。21世紀になった現在でも，いったん飛蝗が発生すると蝗害を防ぐことはできないとされる。

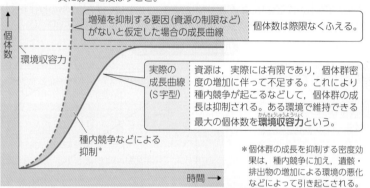

観察 7 個体群の成長

生物

目的 ウキクサを用いて，個体群の成長のようすを観察する。

準備
材　料…ウキクサ(ウキクサ，アオウキクサなど)*，培養液(液体肥料を水で2000倍希釈)
＊ウキクサの葉状体は厳密には個体ではないが，この観察では葉状体1枚を1個体として考察する。
器　具…ペトリ皿(直径4.5 cm，9 cm)，恒温器，蛍光灯，デジタルカメラ

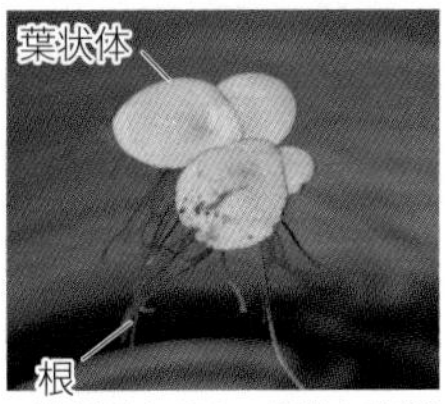

(葉状体から1～複数本発根)

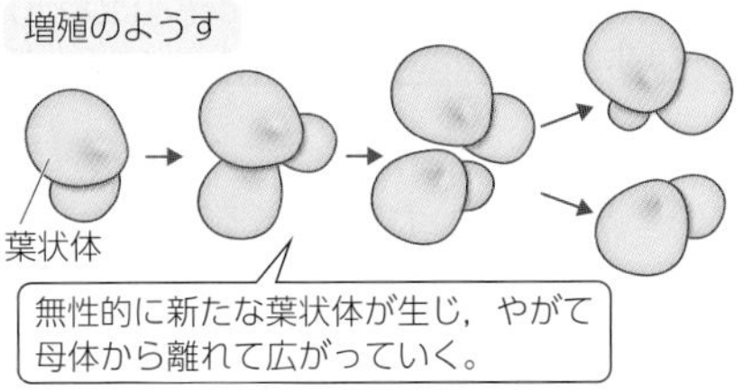

ウキクサは葉状体からなり，水面に浮遊して生活する。葉状体で光を受けて光合成を行うとともに，糸状の根で水中の栄養分を吸収している。

水田で繁茂するウキクサ

観察A　成長のようすの観察

方法
1. 直径4.5 cmのペトリ皿に培養液10 mLを入れる。これに葉状体が50枚程度になるようにウキクサを入れ，ふたをする。
2. 1を25 ℃の恒温器に入れ，蛍光灯の光を当てる。培養液の減少に合わせ，数日おきに培養液1～2 mLを補充し，2週間程度培養する。

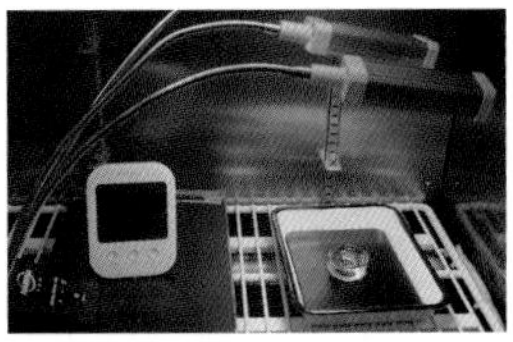

3. 1週間に数回，デジタルカメラを用いてペトリ皿のようすを上から撮影する。写真をもとに葉状体を数え，成長曲線を作成する。

結果
葉状体は，1週間程度は大幅に増加していった。その後，増加は緩やかになり，やがて葉状体数はあまり変化しなくなった。10日目には葉状体が水面をほとんどおおいつくしていた。

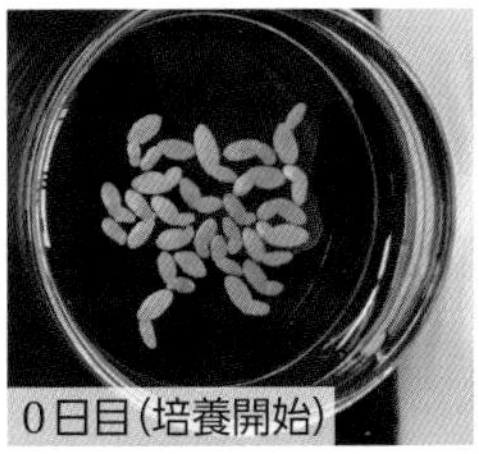
0日目(培養開始)

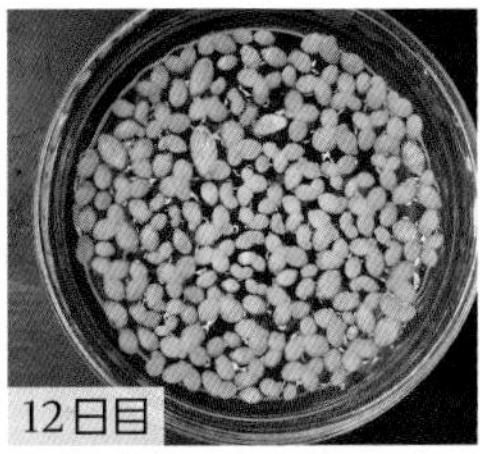
12日目

培養日数(日)	0	1	2	3	5	6	7	8	9	10	12
葉状体数(枚)	50	55	65	87	130	160	189	237	261	280	280

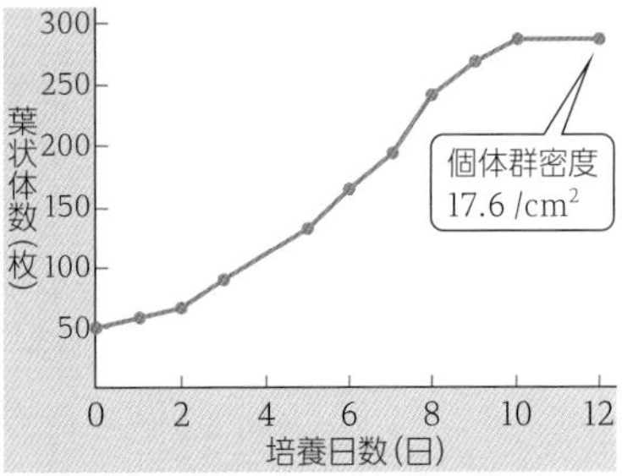

葉状体の成長曲線(直径4.5 cmペトリ皿)

考察
葉状体数の増加速度は，8～9日頃から鈍化した。培養液は随時追加していたため，栄養分の不足が原因ではないと考えられる。一方，その頃になると，葉状体は水面を広くおおうようになっていた。このことから，光合成を行うのに必要な生活空間が不足し，環境収容力に達した可能性があると考えられた。

観察B　ウキクサの個体群の成長が抑制された原因の検証

仮説 ウキクサ個体群は，生活空間の不足によって成長が抑制された。

方法 観察Aの培養12日目の個体群を直径9 cmのペトリ皿に移し，さらに2週間程度同様の実験を行う。

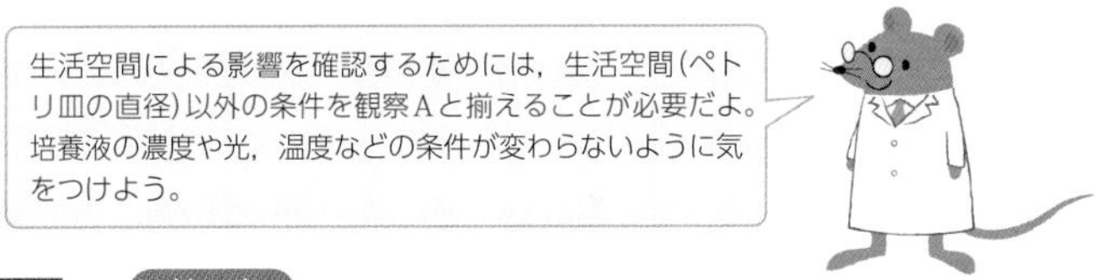

結果 個体数は再び大幅に増加した。20日目頃には，葉状体は数があまり変化しなくなり，水面をほとんどおおいつくしていた。

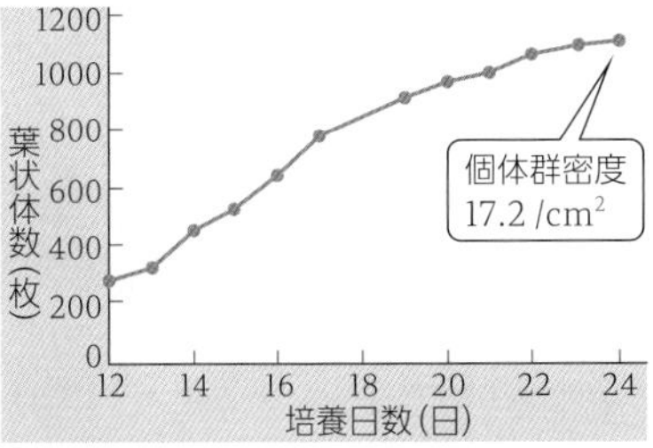

葉状体の成長曲線(直径9 cmペトリ皿)

培養日数(日)	12	13	14	15	16	17
葉状体数(枚)	280	326	455	529	637	777
培養日数(日)	19	20	21	22	23	24
葉状体数(枚)	914	961	995	1054	1089	1091

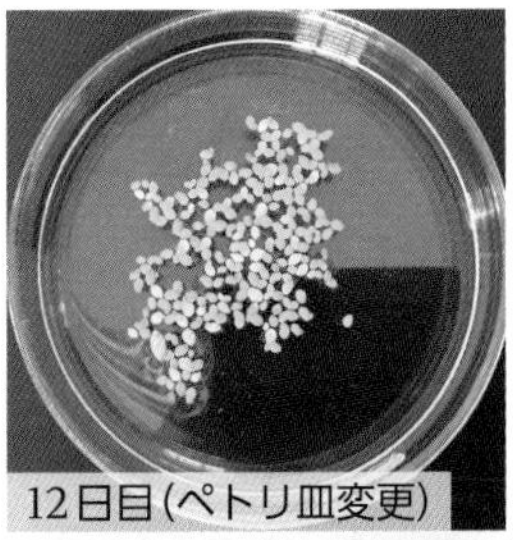
12日目(ペトリ皿変更)

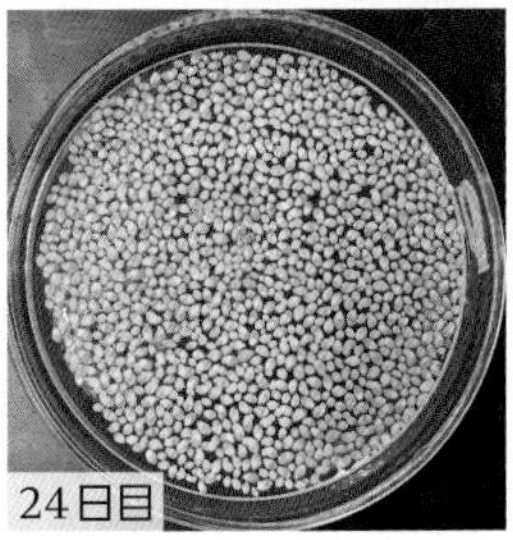
24日目

考察
ペトリ皿を大きくすると，葉状体数が大幅に増加した。観察Aにおける生活空間の不足が，ペトリ皿を大きくしたことで解消し，種内競争が緩和されて個体群の成長速度が回復したと考えられる。その後，個体群密度が観察Aと同程度になると，成長速度は再び鈍化した。これらのことから，ウキクサの個体群では，生活空間という資源の不足によって成長が抑制されていたことがわかった。

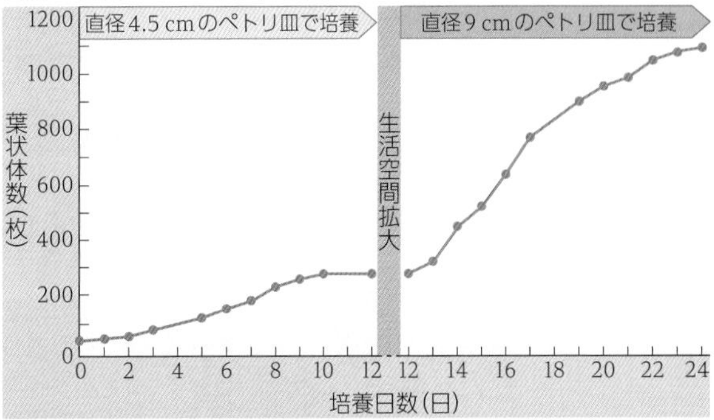

豆知識　ウキクサのほか，ヒシやボタンウキクサなども水面をおおうようにふえる植物である。水流が停滞した場所などでこれらが増殖して水面をおおってしまうと，水中の植物や植物プランクトンの光合成を阻害して生態系に影響を及ぼすことがある。

10 個体群内の相互作用

生物

Interactions within Population

1 群れ 生物

動物では，個体どうしが集まって相互に関わり合いながら行動することがある。このような集団は，群《む》れと呼ばれる。群れには，移動の際に他個体の先頭に立って移動の方向を先導する特定の個体(リーダー)が存在することもある。

Ⓐ群れの利点と欠点

利点 群れをつくると，自身が捕食者に捕食される危険性が下がったり，他個体が捕食者を警戒している間に採餌ができたりする。

欠点 群れが大きくなると捕食者に見つかりやすくなったり，種内競争が生じたりする。

Ⓑ最適な群れの大きさ(ウミネコの例)

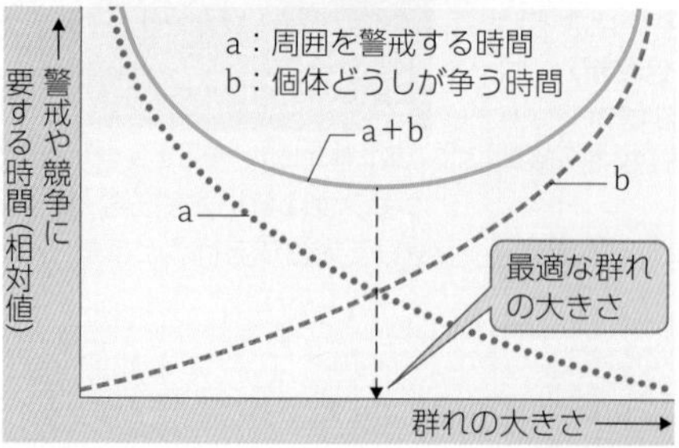

群れが小さいとき 採餌の際に各個体が周囲を警戒する時間(a)が長くなる。

群れが大きいとき 個体どうしが争う時間(b)が長くなる。

最適な群れの大きさ a＋bが最も短くなる群れの大きさのとき，採餌に専念できる時間が最も長くなり，群れの大きさは最適といえる。

2 縄張り 生物

単独または複数の個体が，同種または異種の他個体を攻撃してそれらの侵入を防ぐことによって占有している空間は縄張《なわば》り(テリトリー)と呼ばれる。同種の個体どうしで縄張りを占有しあって生活するとき，この動物は縄張《なわば》り制《せい》をもつという。

Ⓐ縄張りと行動圏(ホオジロの例)

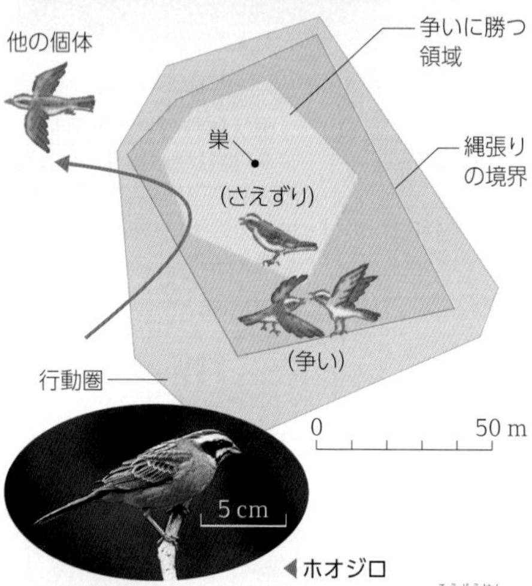

◀ホオジロ

定住性の動物が日常的に動き回る範囲を**行動圏《こうどうけん》**という。ホオジロは，一定の行動圏の内側に他の個体の侵入を許さない縄張りをもつ。縄張りの周辺では，しばしば他の個体と激しい争いが起こる。

Ⓑ最適な縄張りの大きさ

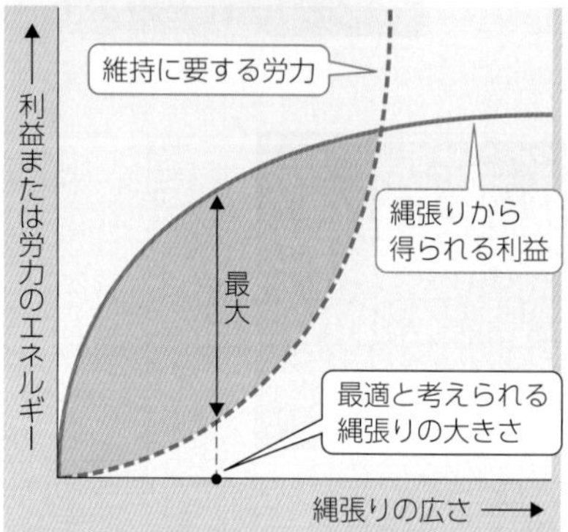

生物は，縄張りから，食物や交配相手を独占できるという利益を得ている。一方，縄張りの維持には，他個体を追い払う労力がかかる。利益と労力は，縄張りの大きさに応じて大きくなる。

最適な縄張りの大きさ 利益と労力の差が最大になるときの縄張りの大きさが，最適と考えられる。

Ⓒアユの縄張り制

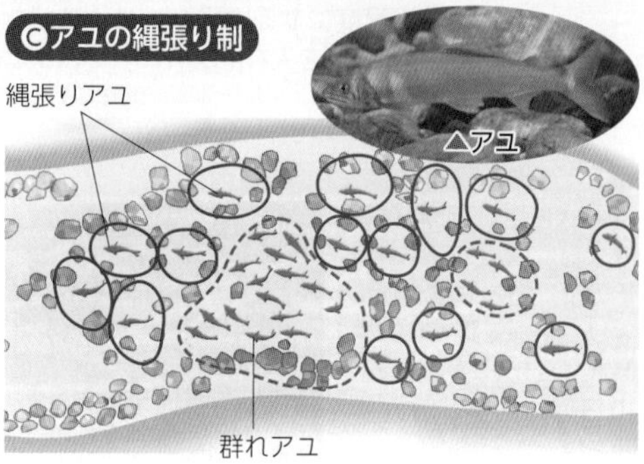

成長したアユは，川の石に付着する藻類を食べ，食物確保のために縄張りをつくる。個体群密度が大きくなると，縄張りを守る時間が長くなって食物がとれなくなるので，縄張りを放棄して群れを形成するようになる。縄張りアユの割合は，個体群密度が約1(個体数/m^2)のときに最大となる。

個体群密度(1 m^2当たりの個体数)		0.3	0.9	5.5
個体数の割合(%)	縄張りアユ	38	45	5
	群れアユ	62	55	95

3 順位制 生物

動物の個体群内で個体間にみられる序列は順位《じゅんい》と呼ばれる。順位が生じると，個体群内での資源をめぐる争いは減少し，一定の秩序ができる。このような個体群は，順位制《じゅんいせい》をもつという。

Ⓐニワトリにみられる順位制

(上位)↑ つつきの順位 ↓(下位)

個体	つつく相手
A	J I H G F E D C B
B	J I H G F E D C
C	J I H G F E D
D	J I H G F E
E	J I H F
F	J I H G
G	J I H E
H	J I
I	J
J	なし

AはBをつつくが，BはAをつつかない。

E，F，Gは三すくみの関係にある。(E→F→G→E)

Ⓑオオカミにみられる順位制

オオカミでは，劣位な個体が寝そべって腹を見せる服従のポーズをとり，相手に従う意思を示すと考えられている。オオカミの群れでは，優位な個体が生殖を行う。

4 つがい関係 生物

Ⓐ一夫一妻制

雄と雌が1：1でつがい関係となり，子育てを行う配偶の様式を一夫一妻制《いっぷいっさいせい》という。

フロリダヤブカケス(一夫一妻制)

Ⓑ一夫多妻制

雄が多数の雌とつがい関係をつくる様式を一夫多妻制《いっぷたさいせい》という。特に，優位な1個体の雄が複数の雌を独占し，その雌を守る群れをハレムという。

アカシカのハレム

豆知識 ニホンザルの個体群では，順位制がみられ，優位な個体が劣位な個体に後ろからまたがるマウンティングによって順位を確認していると考えられている。なお，劣位な個体が優位な個体にまたがることもあり，マウンティングには緊張を緩和する意義もあると考えられている。

基本

5 血縁度 生物

共通の祖先に由来する特定の遺伝子を個体間でともにもつ確率を血縁度《けつえんど》という。血縁度は，社会性昆虫（➡ 6）やヘルパー（➡ 7）などの説明に用いられる。

Ⓐある二倍体生物における兄弟姉妹間の血縁度

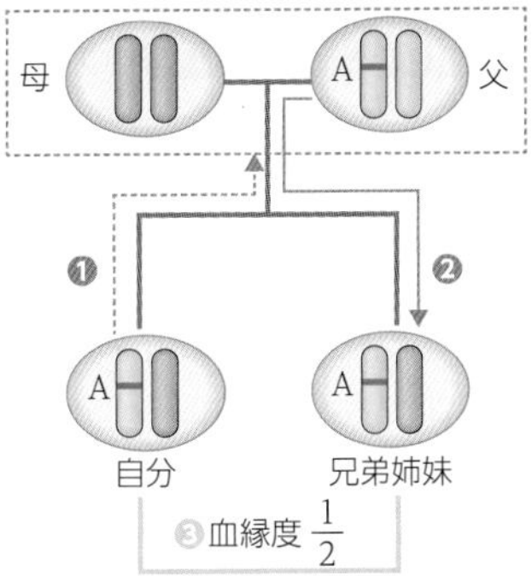

❶自分のもつ遺伝子Aが両親のどちらに由来するかは二択で，父由来である確率は1/2。
❷同じ遺伝子Aが父から兄弟姉妹に受け継がれる確率は1/2。
❸❶と❷から，遺伝子Aが父由来で，兄弟姉妹がこれをともにもつ確率は1/2×1/2＝1/4。
母由来の場合も同様に1/4。

兄弟姉妹間の血縁度は父由来の場合と母由来の場合の和で，1/4+1/4＝1/2

Ⓑ兄弟姉妹間の血縁度と自分の子との血縁度の比較

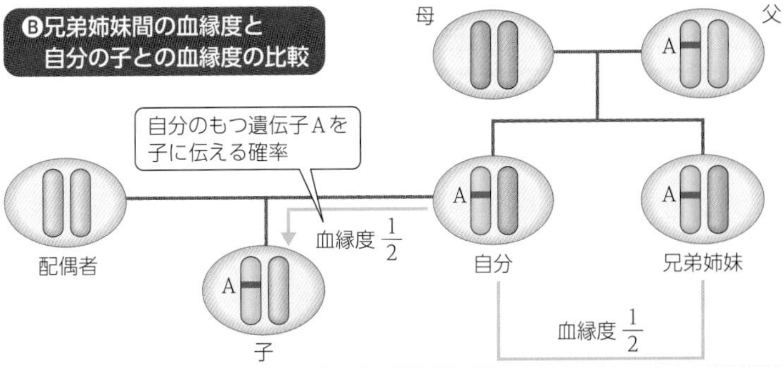

自分のもつ特定の遺伝子をふやすという点では，自分の子をふやすことと，両親の繁殖を助けて兄弟姉妹の数をふやすことは同等の価値をもつ。

基本

6 社会性昆虫 生物

シロアリやミツバチなどのように，集団生活に生殖・労働・防衛などの明確な分業（カースト）がみられる昆虫を，社《しゃ》会性昆虫《かいせいこんちゅう》という。

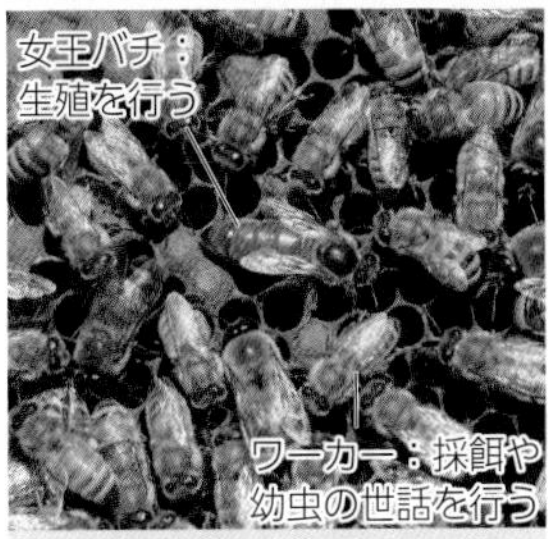

ミツバチの女王バチとワーカー

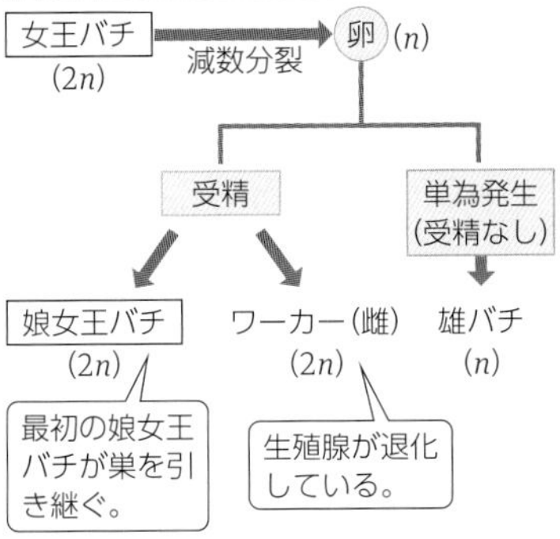

ミツバチのコロニーは，女王バチと，その子である働きバチ（ワーカー），少数の雄バチで構成される。ワーカーは，生殖を行わず，また，外敵から巣を守るために命を落とすこともある。このように自己の利益を犠《ぎ》牲《せい》にして，他個体を助けるような行動は**利他行動**《りたこうどう》と呼ばれる。

適応度

ある個体が一生の間に残す繁殖可能な年齢にまで達した子の数は，**適応度**《てきおうど》と呼ばれる。適応度は，ある個体が環境に対してどの程度適応しているかを表す指標となる。

適応度の概念を拡大し，自らの子だけでなく，間接的に関わることで自分と共通の遺伝子をもつ個体を一生のうちにどれだけ残せるかを考えることがある。これは，**包括適応度**《ほうかつてきおうど》と呼ばれる。

ミツバチ（雄が一倍体）における姉妹間の血縁度

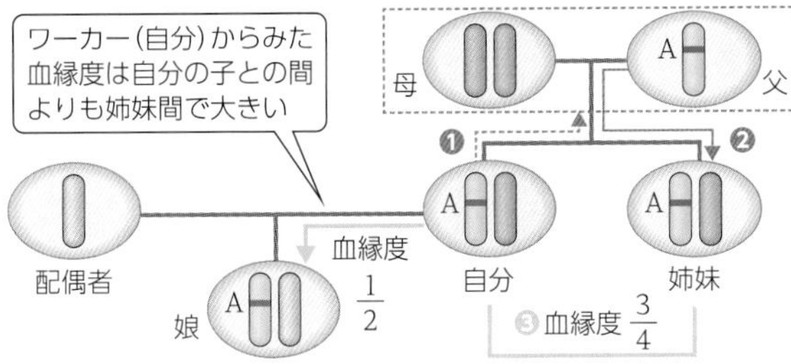

❶自分のもつ遺伝子Aが父由来である確率は1/2。
❷父は相同染色体の一方しかもたず，遺伝子Aが父から姉妹に受け継がれる確率は1。
❸遺伝子Aが父由来で，姉妹がともにもつ確率は1/2×1＝1/2。母由来の場合は二倍体と同様で1/4。

姉妹間の血縁度は1/2＋1/4＝3/4

ワーカーは，一生生殖を行わずに親である女王バチや弟妹の世話をするため，その適応度はゼロである。ワーカーが利他行動を行う理由は，包括適応度で説明できると考えられている。

雄が一倍体であるミツバチでは，ワーカーからみて，血縁度は自分の子（1/2）よりも姉妹との間（3/4）の方が大きい。すなわちワーカーは，自分の子を残すよりも，同数の妹を育てた方が，包括適応度が大きくなる。

7 共同繁殖 生物

哺乳類や鳥類では，親以外の個体が子の世話を行うことがあり，このような繁殖様式を共同繁殖《きょうどうはんしょく》という。

セグロジャッカル

オナガ

共同繁殖において，自らは生殖を行わず，他個体の繁殖を手伝う個体は**ヘルパー**と呼ばれる。ヘルパーは血縁関係にある個体の世話をし，次の繁殖期になると自らが生殖を行うことが多い。

セグロジャッカルは，一夫一妻とその子で生活する。年長の子は，生殖を行わず，両親と狩りをし，ヘルパーとして幼い弟妹や授乳中の母親に食物を与える。子は誕生後，10～11か月で成熟するが，約1/4は親元で半年程度ヘルパーとなる。ヘルパーが多いほど，生き残る弟妹の数は多くなる。ヘルパーは，オナガなど，さまざまな鳥類でも確認されている。

ヘルパーと包括適応度

哺乳類などの二倍体生物では，親子間と兄弟姉妹間の血縁度が等しい。包括適応度を考慮すると，自分の子をふやすことと両親の繁殖を助けて兄弟姉妹の数をふやすことはほぼ同等の価値をもつと考えられる。

break ぶれいく ハダカデバネズミ

哺乳類のなかにも，社会性昆虫のようにカーストをもち，集団で生活するものがある。

アフリカ東部に生息するハダカデバネズミは，1匹の女王ネズミと1～3匹の王ネズミを中心に，雌雄両方の働きネズミがいる。生殖は女王と王ネズミのみが行い，働きネズミは巣の掘削や，食物の確保，女王が産んだ子の世話などをして集団のために働く。また，働きネズミとは別に，捕食者から巣を守る兵隊ネズミもいる。

ハダカデバネズミ

ハダカデバネズミは，通常のネズミよりも寿命が長い（約10倍）ことでも知られている。この点についても現在盛んに研究が行われている。

豆知識 自然選択説を提唱したダーウィンを悩ませたのが社会性昆虫の存在だった。当時，彼の自然選択の考え方では，利他行動をとるワーカーは説明がつかなかったためである。ダーウィンの死後80年以上経って，次世代の個体の血縁度に着目することでこの問題に論理的な説明を与えたのがハミルトンである。

11 異種個体群間の相互作用① 種間関係・ニッチ

基本 1 捕食者と被食者の個体数変動 基礎 生物

生物群集内に捕食《ほしょく》－被食《ひしょく》の関係《かんけい》(被食者《ひしょくしゃ》－捕食者相互関係《ほしょくしゃそうごかんけい》)がある場合，両者の個体数は周期的に変動する場合がある。

Ⓐカブリダニとハダニの個体数変動実験

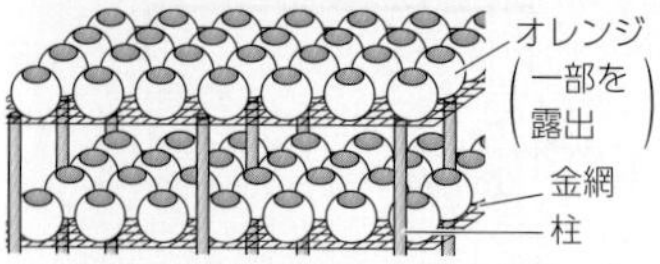

1つのオレンジ(ハダニの食物)上では，ハダニ(被食者)は食べつくされて，カブリダニ(捕食者)も死滅する。一方，複数のオレンジを縦横に離して配置した実験装置では，ハダニは粘着性の糸を用いてカブリダニより速く別のオレンジに移動してふえる。これにより，両者の個体数は，装置全体として周期的に変動した。

捕食者のカブリダニと被食者のハダニを同じ実験装置に入れると，個体数の周期的な変動がみられた。

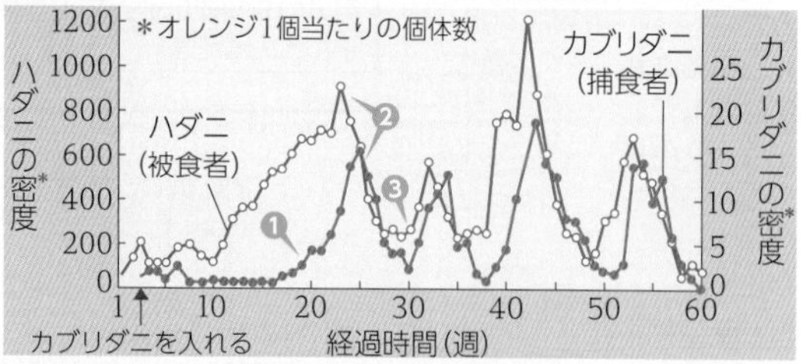

❶カブリダニがハダニのいるオレンジに到達してふえる。
❷捕食されてハダニが減り，食物が減少してカブリダニも減る。
❸先に別のオレンジに移動していたハダニがふえる。

Ⓑ捕食者と被食者の個体数変動のモデル

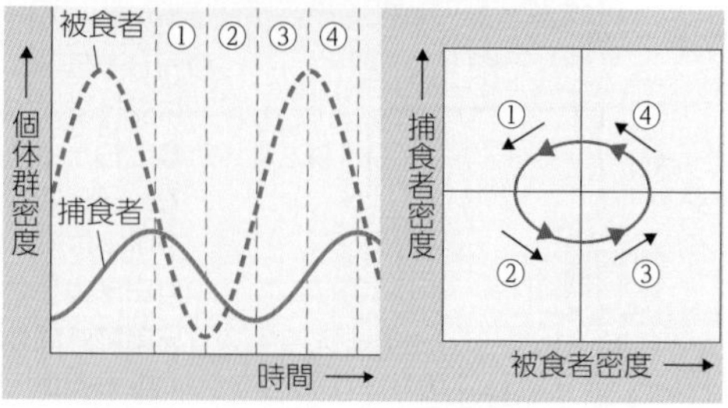

①被食者減少・捕食者減少，②被食者増加・捕食者減少
③被食者増加・捕食者増加，④被食者減少・捕食者増加

2 共生と寄生 生物

異種の生物間には，定常的に利益や不利益を与える，共生《きょうせい》や寄生《きせい》の関係がみられることがある。

相利共生

クマノミとイソギンチャク

クマノミはイソギンチャクを隠れ家とする一方，イソギンチャクを捕食する魚を攻撃する。

アリとアブラムシ

アリは，アブラムシの分泌物を摂食する。一方，アブラムシをテントウムシなどから守る。

片利共生

サメとコバンザメ

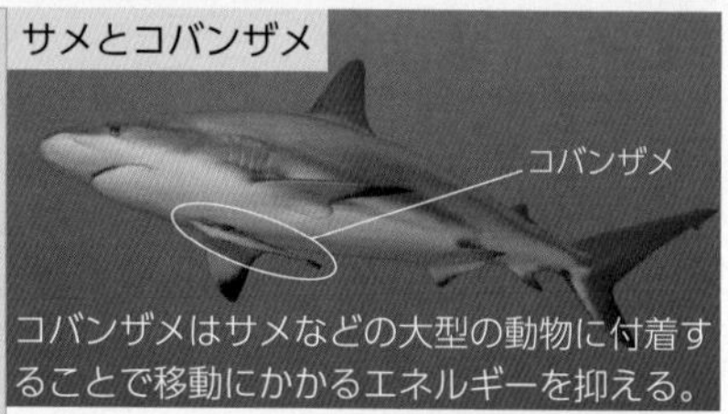

コバンザメはサメなどの大型の動物に付着することで移動にかかるエネルギーを抑える。

ナマコとカクレウオ

カクレウオはナマコの消化管を隠れ家にする。

寄生

スズメガの幼虫とコマユバチ

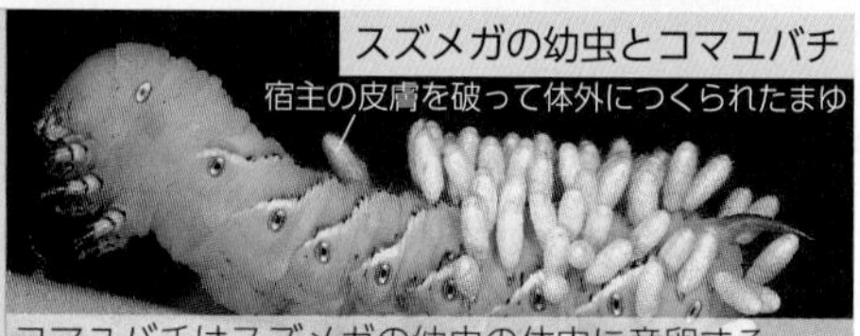

コマユバチはスズメガの幼虫の体内に産卵する。

共生
相利共生…双方の種が利益を得る関係。
片利共生…一方の種が利益を得る関係。

寄生 一方の生物種(寄生者)が一方的に栄養分などを奪って，他方の生物種(宿主)に不利益を与える関係。

break ぶれいく 他者との共生のしくみを利用する植物

多くの植物は菌根菌(➡p.323)と共生しており，これは相利共生の例である。菌根菌を呼び集める際，植物はストリゴラクトン(➡p.229)を放出する。ストライガという寄生植物は，このしくみを逆手にとり，ストリゴラクトンが存在すると発芽して，近くに生育する植物の根に寄生し，栄養分を一方的に奪う。ストライガは駆除が難しく，アフリカでは農作物に甚大な被害を引き起こし，問題になっている。

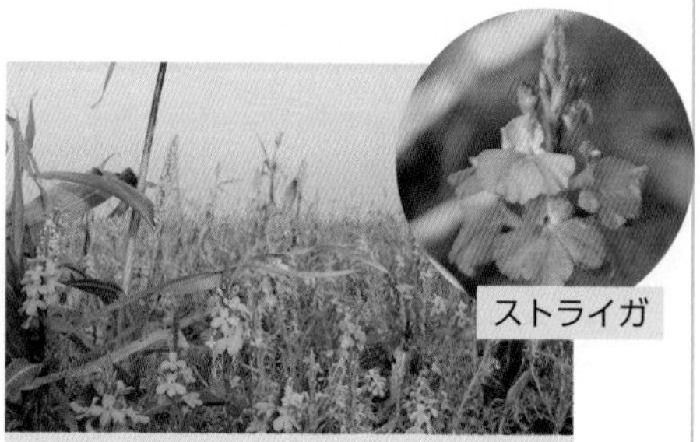

ストライガの被害を受けたアフリカの畑

基本 3 ニッチ 生物

資源をどのように利用するかなど，各生物種が生態系内で占めている位置をニッチ(生態的地位《せいたいてきちい》)という。

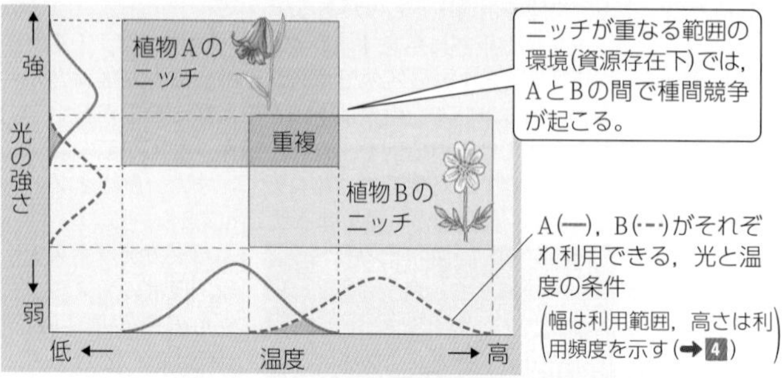

ニッチは，生態系内において，その生物がどのような環境条件で生活でき，どのような資源を必要とするかなどをまとめた考え方である。

ニッチの重なりが小さい種ほど共存しやすい。一方，ニッチの重なりが大きいほど激しい種間競争(➡p.310)が起こりやすい(➡4)。

PLUS α 生態的同位種

異なる地域に生息し，同じニッチを占める生物を生態的同位種という。たとえば，ライオン，トラ，ジャガー，ピューマは，それぞれ異なる地域で食物連鎖の最上位を占める大型肉食動物で，生態的同位種である。

ライオン(アフリカ)

トラ(アジア)

ジャガー(南アメリカ)

ピューマ(北アメリカ)

豆知識 アブラムシでは，ブフネラという細菌との相利共生もみられる。ブフネラは，リン脂質の合成に関わる遺伝子などの生命活動に重要な遺伝子を失っており，アブラムシの体内でしか生活できない。一方で，アブラムシにアミノ酸やビタミンを供給している。

4 種間競争 生物

種間競争は，ニッチの重なりが大きい種間ほど激しくなる。種間競争の結果，一方の種が大きく減少して2種が同じ場所に共存できなくなる現象を競争的排除《きょうそうてきはいじょ》という。

ゾウリムシとヒメゾウリムシ

【主な食物】ゾウリムシ：細菌
ヒメゾウリムシ：細菌

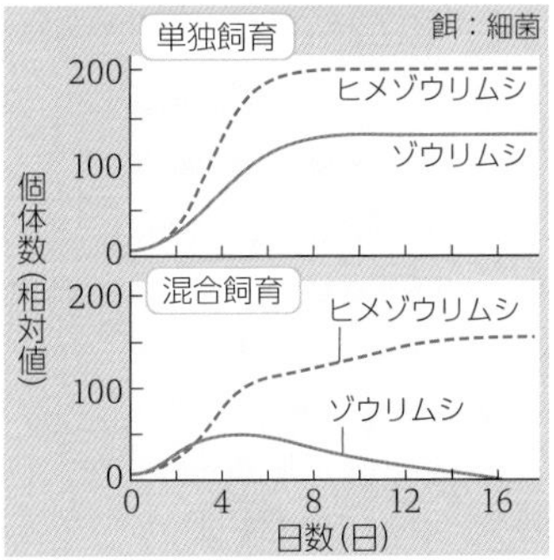

単独飼育では個体数はともに安定した。混合飼育では，ニッチの重なりが大きく，強い種間競争が起きた結果，競争に強い形質をもつヒメゾウリムシが残ってゾウリムシは排除された。

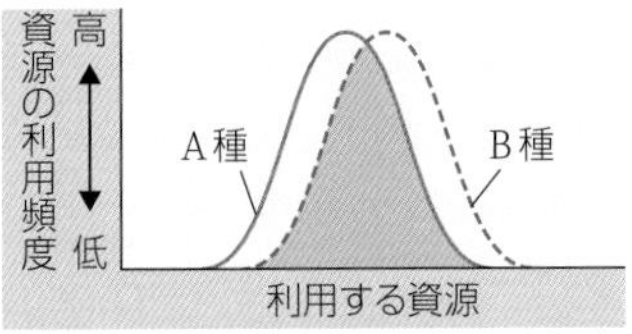

▲ある2種の利用資源の重なりの程度

ゾウリムシとミドリゾウリムシ

【主な食物】ゾウリムシ：細菌
ミドリゾウリムシ：酵母

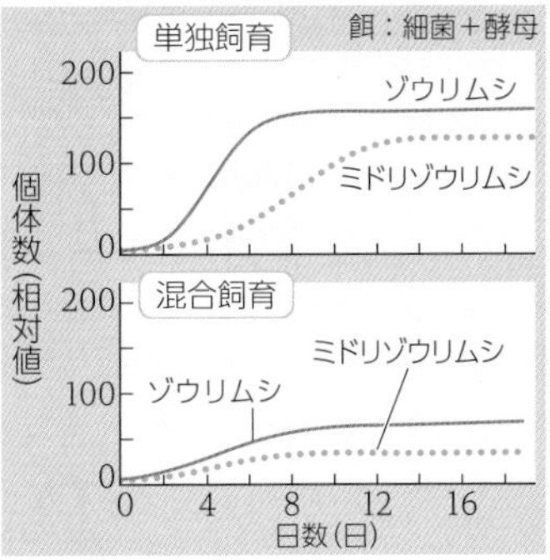

混合飼育では，単独飼育よりも個体数は少なくなった。しかし，ゾウリムシは上層の細菌を主に食べ，ミドリゾウリムシは下層の酵母を主に食べることにより2種は共存した。

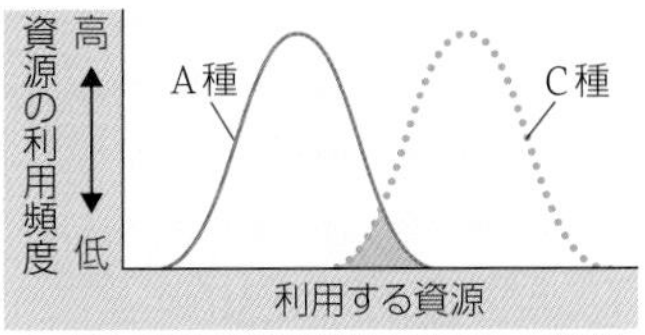

▲ある2種の利用資源の重なりの程度

5 ニッチの分割と共存 生物

生物群集では，種間競争の結果，ニッチが変化して似通ったニッチの生物が共存することがある。ニッチの似た種間で生活空間を分けることをすみわけ，食物を分けることを食いわけという。

Ⓐ基本ニッチと実現ニッチ

基本ニッチ 競争種や捕食者がいない場合に，ある種が生活できる最大のニッチ

実現ニッチ 種間競争などによって変化したニッチ

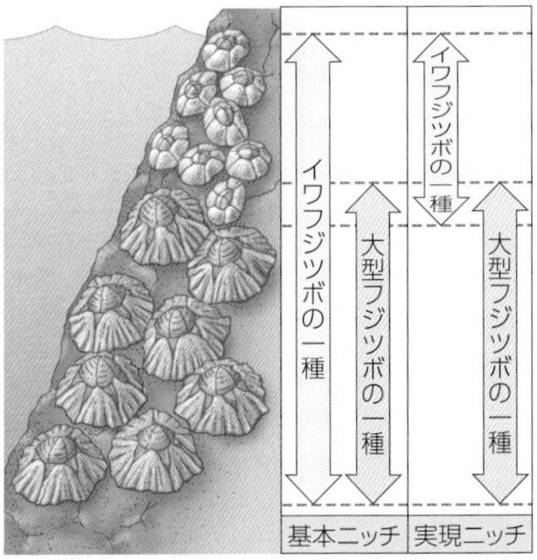

イワフジツボの一種と大型フジツボの一種の幼生は，いずれも潮間帯の広い範囲に定着するが，大型フジツボはイワフジツボを上からおおう。このため，イワフジツボの実現ニッチは，潮間帯上部の限られた範囲に抑制される。

Ⓑ川にすむ魚のすみわけと食いわけ（食物は主なもの）

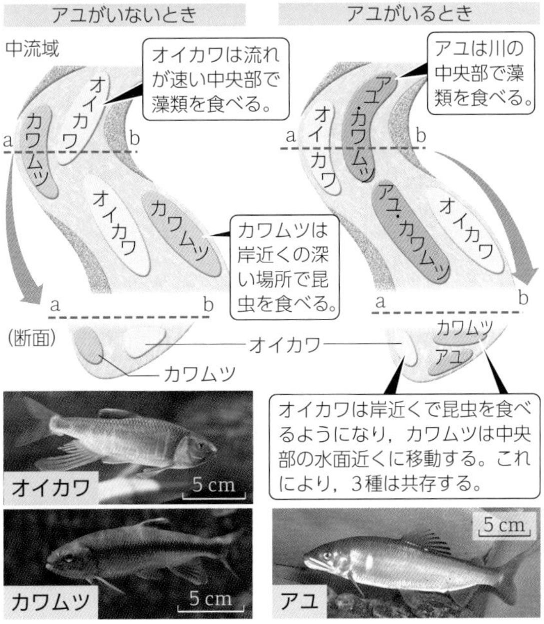

オイカワとカワムツは，アユが川の中央部にすむようになると，生活場所や食物を変化させ，同じ川で共存する。

Ⓒヒメウとカワウの食いわけ

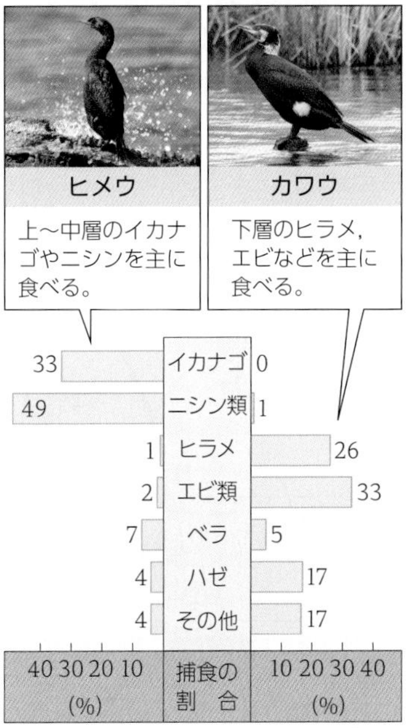

同所で生活するヒメウとカワウ（ヒメウより大型）では，食いわけがみられる。

6 形質置換 生物

種間競争の結果，同じ地域に生息している生物の形質が自然選択によって変化する現象を形質置換《けいしつちかん》といい，ニッチの分割による共存のしくみの1つである。形質置換は共進化（➡p.261）の例である。

フィンチの形質置換

ダーウィンフィンチ類（➡p.260）には種子食の種が複数おり，くちばしの大きさによって摂食できる種子が異なる。大きいものは乾燥した硬い種子を摂食できる。

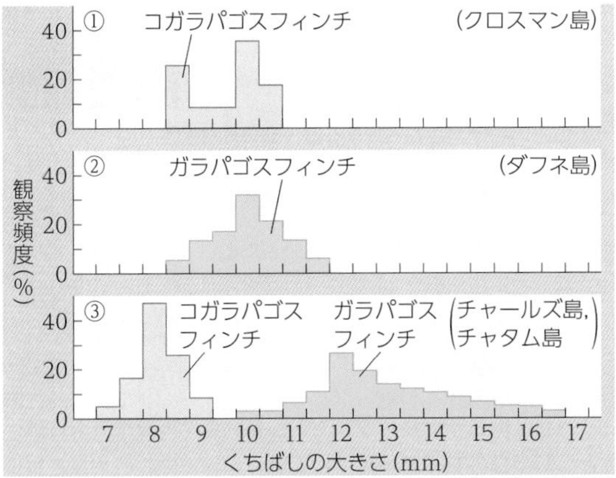

①，②別々の島（クロスマン島とダフネ島）で離れて生息するコガラパゴスフィンチとガラパゴスフィンチは，ほぼ同じ大きさのくちばしをもつ。

③チャールズ島とチャタム島には，コガラパゴスフィンチとガラパゴスフィンチの両方が生息する。両者は，食物をめぐる種間競争の結果，くちばしの大きさが変化する形質置換を生じた。これによって，摂食する種子の大きさというニッチが変化し，両種は共存できるようになったと考えられる。

豆知識 ヒメゾウリムシ，ゾウリムシ，ミドリゾウリムシを用いたゾウリムシの培養実験は，1930年代にロシアの生態学者ガウゼによって行われたものである。ガウゼが実験に用いたゾウリムシの系統は，現在では入手することができず，この実験の再現は不可能であるとされている。

12 異種個体群間の相互作用② 共存・攪乱

基礎 生物

Interactions between Xenogeneic Populations, Part 2 Coexistence and Disturbance

関連動画をCheck!

1 間接効果 基礎 生物

2種間の相互作用が，その2種以外の生物の影響によって変化することがある。このとき，その影響は間接効果《かんせつこうか》と呼ばれる。自然界では，2種のみで完全に独立して成立する種間関係はまれで，多くは複数種が関係する複雑なものである。

A 捕食者が植物に及ぼす間接効果

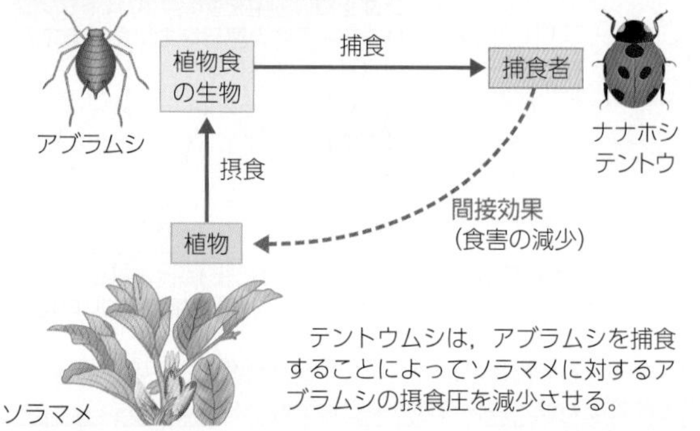

テントウムシは，アブラムシを捕食することによってソラマメに対するアブラムシの摂食圧を減少させる。

B 捕食者が被食者の競合者に及ぼす間接効果

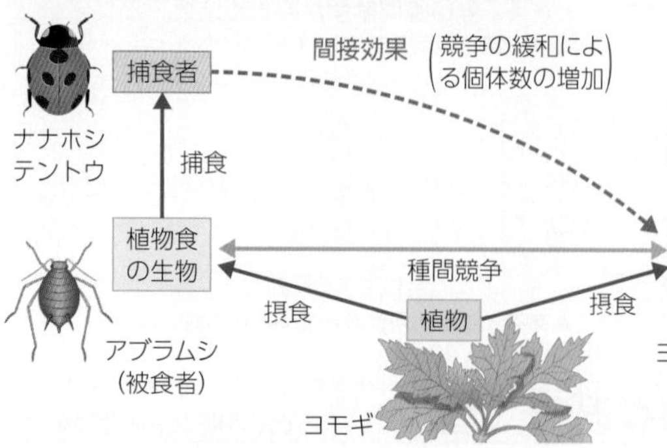

テントウムシによるアブラムシの捕食は，ヨモギをめぐるアブラムシ－ヨモギハムシ間の種間競争を緩和させ，ヨモギハムシの個体数を増加させる。

2 キーストーン種と多種の共存 基礎 生物

生態系内で食物連鎖の上位に位置し，他の生物の生活に大きな影響を与える種をキーストーン種《しゅ》という。キーストーン種がもたらす間接効果によって，多種の共存が可能になることがある。

A キーストーン種による競争の緩和

ペインは，アメリカの太平洋沿岸のある岩場において，上位の捕食者であるヒトデを数年間除去し続け，種構成の変化を調べた。

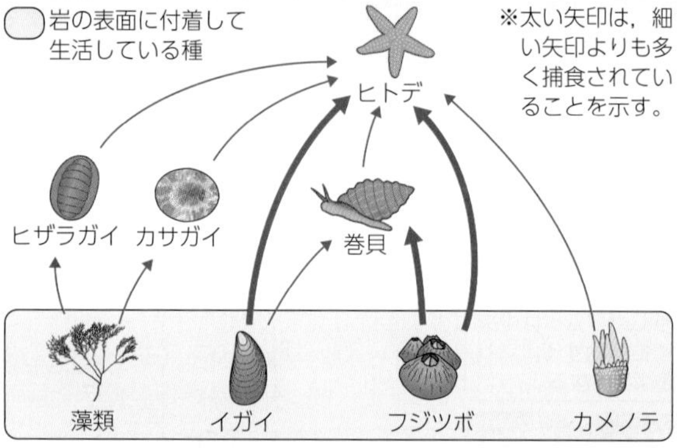

生物名はこの岩場でみられたそのなかまをまとめて示している。

▲実験を行った岩礁にみられる食物網

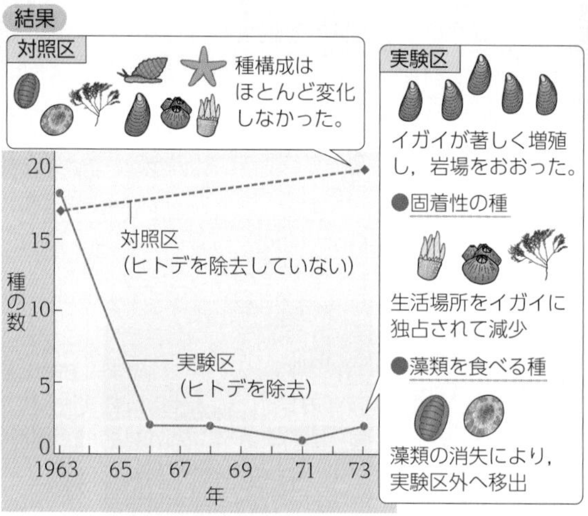

岩場をおおうイガイ

ヒトデはこの生態系で，競争に強いイガイを捕食し，生活空間の独占を防ぐ間接効果を他の種に与えていた。すなわち，ヒトデは，多くの種の共存を可能にするキーストーン種であると考えられる。

B キーストーン種による食害の緩和

西アラスカのアリューシャン列島近海では，1990年頃から，シャチがラッコを捕食するようになり，ラッコの数が減少した。これは，ラッコ以外の種にも大きな影響を及ぼした。

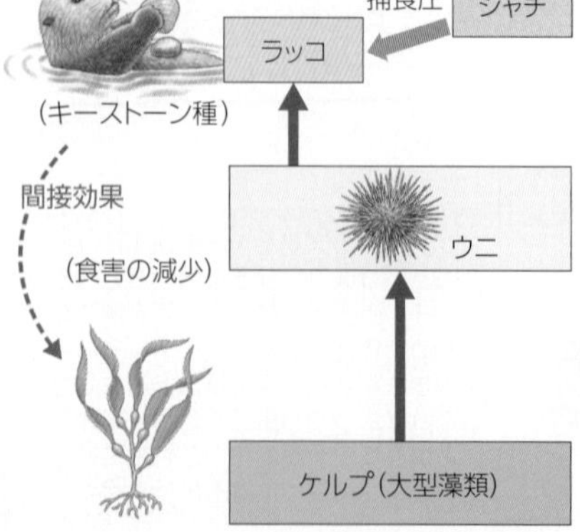

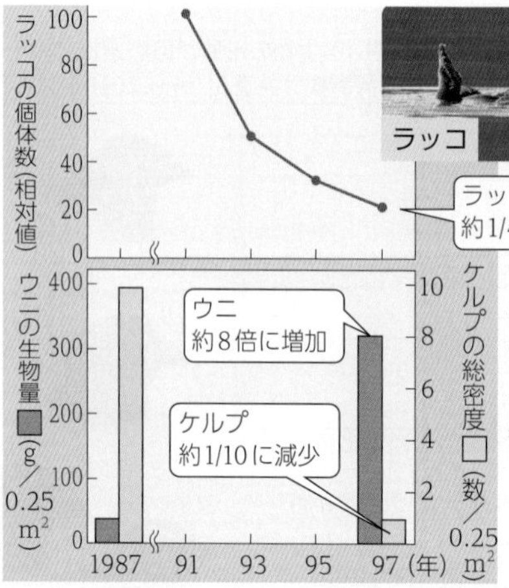

ラッコ

ラッコの減少により，ウニがふえてケルプを多く摂食し，ケルプも減少したと考えられる。

この海域で，ラッコは，ウニを捕食してケルプへの食害を減少させ，キーストーン種として多種の共存を可能にしている。

ケルプの森にくらすアザラシ(左)と魚類(右)

(アメリカ，チャンネル諸島)

ウニがふえ，ケルプがみられなくなった場所

ケルプは，さまざまな生物の生活場所や隠れ場所，狩り場になっている。ケルプの減少は，こうした多様な生物の減少につながる。

豆知識 「キーストーン」とは本来，建物の天井や門などにみられるアーチ部分で周囲の建材が崩れないよう締める役割をもつ要石《かなめいし》を指す語である。

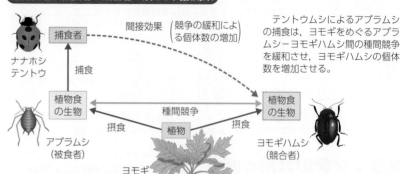

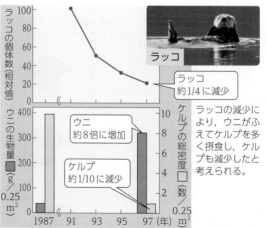

3 ニッチの創出と種の多様性 基礎 生物

生物には，環境を物理的に改変してニッチを創出し，他の生物に影響を与える生態系《せいたいけい》エンジニアと総称されるものがいる。ニッチが多様なほど，種の多様性は高くなる。

Ⓐ生態系エンジニアとしてのビーバー

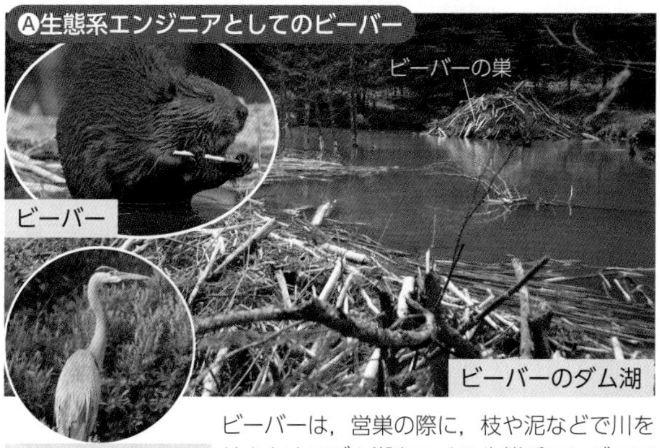

アオサギ(ダム湖で魚類などを捕食)

ビーバーは，営巣の際に，枝や泥などで川をせきとめてダム湖をつくる生態系エンジニアである。ダム湖は，水草や水生昆虫，魚，水鳥などの多様な生物の生活場所になる。

ビーバーの導入試験（イギリス デヴォン，2009年〜）

保護区内にビーバーを導入
→2年後には，
- 水生無脊椎動物（ゲンゴロウのなかまなど）の種数が14種から41種に増加。
- それを食物とするノレンコウモリなどが確認されるようになった。

ノレンコウモリ

Ⓑ生態系エンジニアとしてのキツツキ

サボテンに穴をあけるサバクシマセゲラ(キツツキのなかま)

サボテンにあいた穴を利用するイエスズメ

キツツキのなかまは，営巣などのために植物に穴をあける生態系エンジニアで，この穴は，やがて放棄されて他の生物の生活場所や隠れ家となる。

4 撹乱 基礎 生物

既存の生態系全体または一部を破壊するような外部から加わる要因は，撹乱《かくらん》と呼ばれる。

自然撹乱 台風や洪水，噴火などの人の手によらない撹乱
人為撹乱 森林伐採や過放牧，乱獲などの人間によってもたらされる撹乱

撹乱は，生態系の維持や多様性の創出に重要な働きをもつこともある。

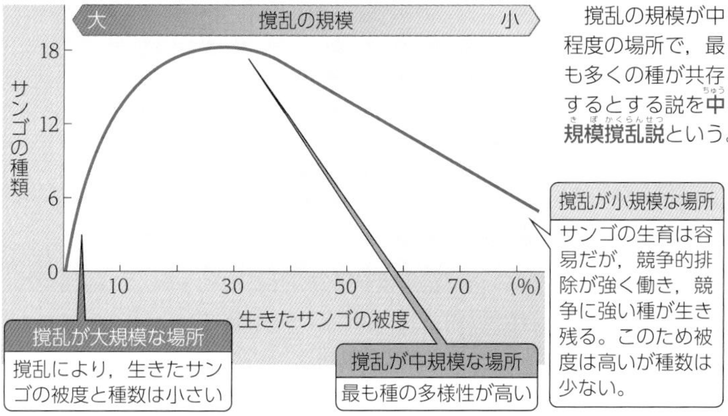

▲台風(撹乱)の影響を受けるある岩礁における，撹乱の規模とサンゴの関係

撹乱の規模が中程度の場所で，最も多くの種が共存するとする説を**中《ちゅう》規模撹乱説《きぼかくらんせつ》**という。

整理 異種個体群間にみられる関係性

相互関係	AとBの関係	A種	B種	例
中　立	AとBは独立して生活し，互いにほぼ影響を与えない。	±	±	バッタとチョウ
種間競争	AとBは互いに損害を受ける。	−	−	ヤマメとイワナ
捕食-被食	捕食者Aは被食者Bを殺して消費する。	＋	−	ライオン(A)とシマウマ(B)
寄　生*	寄生者Aは宿主Bのからだにすむなどして，Bに不利益を与えながら繁殖や生活を行う。	＋	−	コマユバチ(A)とスズメガ(B)
相利共生	共生によってAもBもともに利益を得る。	＋	＋	アリとアブラムシ，マメ科植物と根粒菌
片利共生	共生によってAは利益を得るが，Bは利益を得ることも損害を受けることもない。	＋	±	カクレウオ(A)とナマコ(B)

＊寄生を捕食の一種とする考え方もある。
＋：利益を得る，−：不利益を受ける，±：利益も不利益もない

PLUS α サンゴ礁における多種の共存 生物

浅海域にサンゴがつくる地形をサンゴ礁《しょう》という。サンゴ礁は地球表面の1％にも満たないが，9万種以上の生物の生活場所となり，ここに浅海でみられる種の35％以上が生息するといわれている。

サンゴは海中のカルシウムを固着させて石灰化し，サンゴ礁をつくって，多くの生物に生活空間や隠れ場所を提供している。さらに，サンゴが放出する粘液は，細菌の食物となる。細菌は動物プランクトンの食物となり，動物プランクトンは魚類の食物となる。このようにして，サンゴ礁では，種の多様性が非常に高い生態系が成立している。

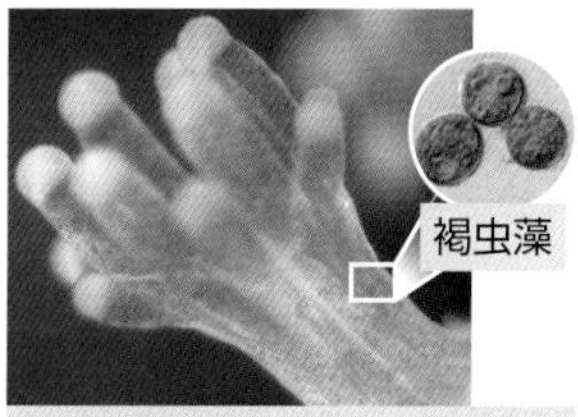

褐虫藻と共生したサンゴの幼生

サンゴ礁を構成するサンゴは，褐虫藻と共生し，褐虫藻が産生した有機物を利用して生活する。

サンゴ礁とサンゴ礁にみられる多様な生物

豆知識 土壌生態系において，モグラやミミズ，シロアリなどは生態系エンジニアとしての働きをもつという報告がある。これらの生物の移動に伴って土のなかにできた穴が他の生物の生活場所になったり，ミミズの団粒状の糞が土壌団粒(➡p.295)の形成と蓄積に機能するといった事例が知られている。

13 生態系と食物連鎖

基本 1 生態系 基礎 生物

生態系《せいたいけい》は，ある地域に生息する生物の集団とそれを取り巻く非生物的環境を，物質循環やエネルギーの流れに着目して1つの機能的なまとまりとしてとらえたものである。

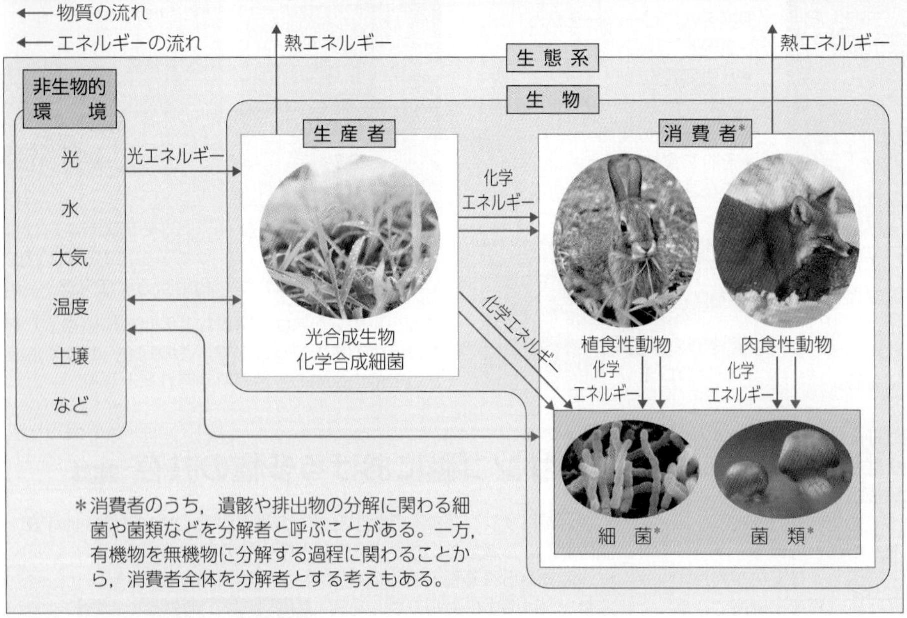

＊消費者のうち，遺骸や排出物の分解に関わる細菌や菌類などを分解者と呼ぶことがある。一方，有機物を無機物に分解する過程に関わることから，消費者全体を分解者とする考えもある。

生産者《せいさんしゃ》…炭酸同化(光合成・化学合成)を行い，無機物から有機物を合成する。
消費者《しょうひしゃ》…外界から有機物を取り入れ，それをエネルギー源として利用する。
食物連鎖《しょくもつれんさ》…生物の集団でみられる捕食－被食の連続的なつながり。実際の食物連鎖は複雑な網目状の関係になっており，**食物網《しょくもつもう》**と呼ばれる。
栄養段階《えいようだんかい》…食物連鎖における捕食－被食の各段階のこと(生産者，一次消費者，二次消費者　など)。

PLUS α 熱水噴出孔周辺の生態系

深海の熱水噴出孔(➡p.266)周辺には，熱水に含まれる硫化水素やメタンを利用して有機物を合成する化学合成細菌を生産者とした独特な生態系が存在する。化学合成細菌は，ハオリムシやシロウリガイと共生してこれらの生物に有機物を供給する。また，岩上などに層状の群集を形成し，カニやヒトデの食物となる。

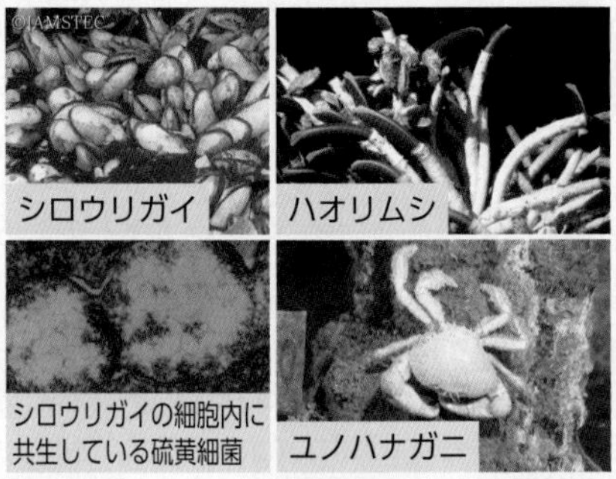

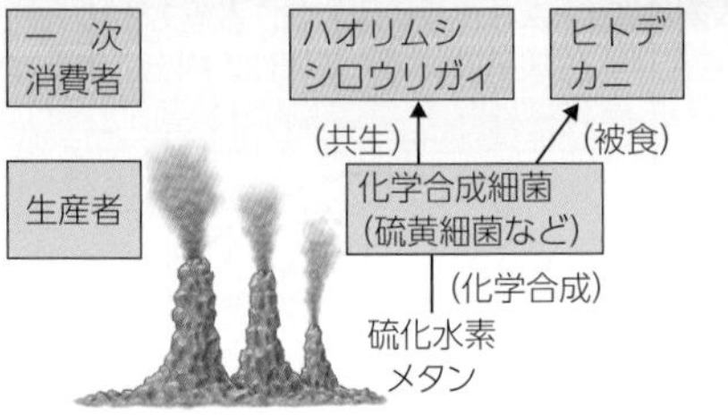

2 森林生態系の食物連鎖 基礎 中学

→は有機物が移動する方向を示す。

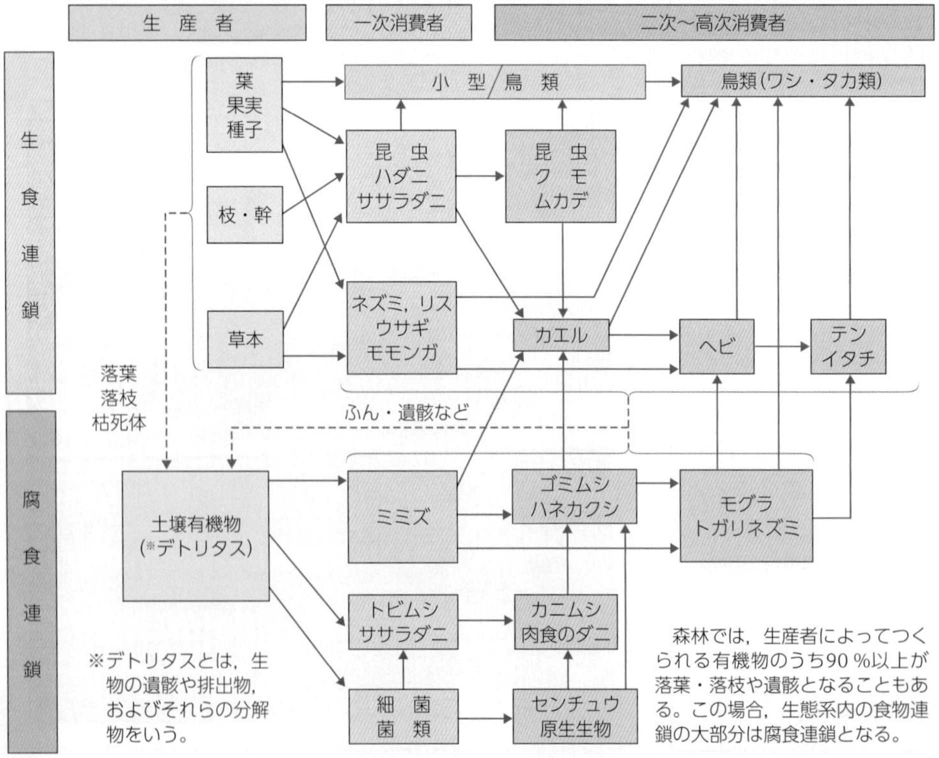

※デトリタスとは，生物の遺骸や排出物，およびそれらの分解物をいう。

森林では，生産者によってつくられる有機物のうち90 %以上が落葉・落枝や遺骸となることもある。この場合，生態系内の食物連鎖の大部分は腐食連鎖となる。

食物連鎖
- **生食連鎖《せいしょくれんさ》**…生きた生物からはじまる食物連鎖
- **腐食連鎖《ふしょくれんさ》**…デトリタスからはじまる食物連鎖

豆知識　海で生じ，海底に沈んでいくデトリタスに光が当たると，まるで雪が降っているかのように見える。これはマリンスノーと呼ばれ，海底に生息する生物の重要な栄養源となっている。

3 水界生態系の食物連鎖 基礎 中学

図は，琵琶湖における食物連鎖の例である。
――→は在来種間の食物連鎖，- - - →は在来種と外来生物(➡p.332)の間の食物連鎖を示す。

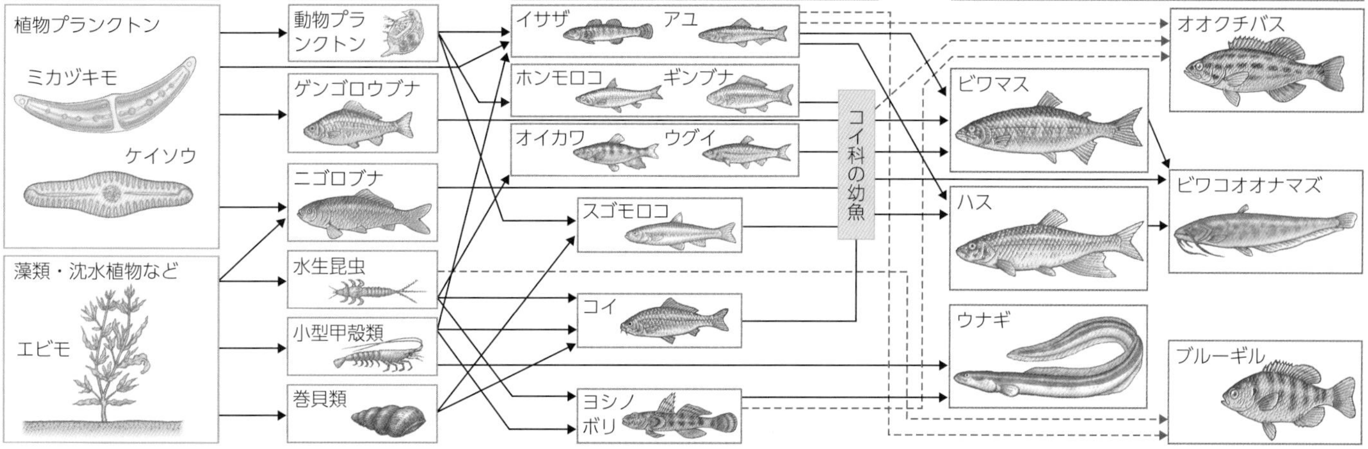

貧栄養湖と富栄養湖　川や海などにおいて，窒素やリンなどが蓄積して，これらの栄養塩類の濃度が高くなる現象を**富栄養化**《ふえいようか》という。貧栄養湖《ひんえいようこ》が富栄養化すると，富栄養湖《ふえいようこ》に移行する。

	特徴	生産量(g/m³・日)	生物相		
			植物プランクトン	動物プランクトン	魚類
貧栄養湖	栄養塩類が少なく，物質生産量が少ない湖。最大透明度8 m以上。	本栖湖《もとすこ》(山梨)　0.04 (富士五湖の1つ)	主に緑藻類で，種類も量も少ない。	主にケンミジンコ類で，量は少ない。	ヒメマス，ニジマス，ウグイなど。
富栄養湖	藻類の成長に必要な栄養塩類を豊富に含み，物質生産量が多い湖。最大透明度4 m以下。	湯《ゆ》ノ湖《こ》(栃木)　0.27～0.83 霞ヶ浦(茨城)　0.72 諏訪湖(長野)　0.26～4.9	シアノバクテリア，緑藻類などで，種類も量も多い。	ミジンコ類，ケンミジンコ類，ワムシ類などで，種類も量も多い。	コイ，フナ，ワカサギ，ナマズ，ウナギなどで，種類も量も多い。

観察8 生態系を構成する生物の観察

基礎

目　的　身近な土壌の生態系を構成する生物の種数を調べる。

調査地

	森林	草地	植え込み
調査地の明るさ	やや暗い	非常に明るい	明るい
地面のようす	やわらかく湿っている	固くて乾燥している	やや固く，やや湿っている

方　法

①調査地の土壌に土壌採取器具を打ち込む。器具内の土壌を採取し，ビニル袋へ入れる。調査地に落葉・落枝がある場合，その表面に菌糸がないかルーペを用いて観察する。
②採取した土壌を明所でバットに広げ，大型の土壌動物を採取する。小石などを大まかに取り除く。
③ツルグレン装置のざるに②の土壌を入れる。ろうとの下にエタノール水溶液の入ったビーカーを置き，白熱電球の光を半日～1日程度照射する。
④採取した土壌動物をペトリ皿に移し，ルーペや実体顕微鏡などを使って観察する。

ツルグレン装置

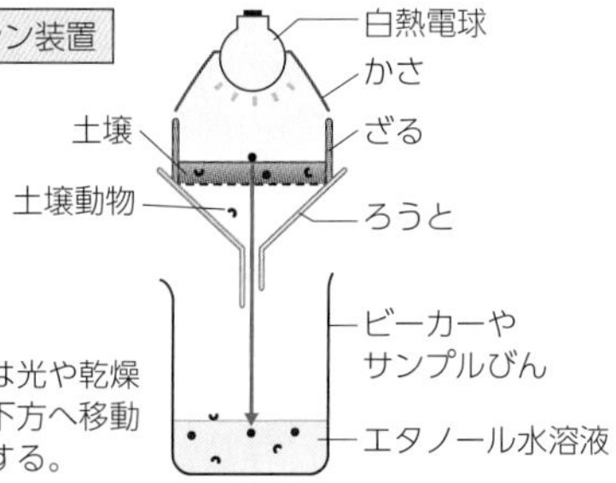

土壌動物は光や乾燥を避けて下方へ移動し，落下する。

結　果

数値は個体数

	森林	草地	植え込み
トビムシのなかま	23	1	11
ダニのなかま	18	1	4
センチュウのなかま	3	0	0
ワラジムシ	2	0	0
甲虫の幼虫	1	0	0
ガの幼虫	1	0	0
クモのなかま	1	0	0
イシムカデ	1	0	0
ヒメミミズ	1	0	0
菌糸の有無	あり	なし	なし
採取した生物の種数	10種	2種	2種

センチュウのなかま　甲虫の幼虫　クモのなかま　ヒメミミズ

豆知識　海底では，鯨《くじら》の遺骸を食物やすみかとする生物の集団が発見されており，これを鯨骨《げいこつ》生物群集という。2013年までに8カ所で発見されおり，ブラジルのサンパウロ沖で発見された鯨骨生物群集からは少なくとも41種の生物の存在が確認された。

14 生態系の物質生産① さまざまな生態系の物質生産

生物　Productivity of Ecosystems, Part 1 Matter Production in Various Ecosystems

基本 1 生態系における物質生産とエネルギー量 生物

生態系で生産者が光エネルギーを利用して無機物から有機物を生産する過程は物質生産《ぶっしつせいさん》と呼ばれる。

Ⓐ生産者における物質収支

物質収支は，各栄養段階への物質の出入り(収支)のこと。

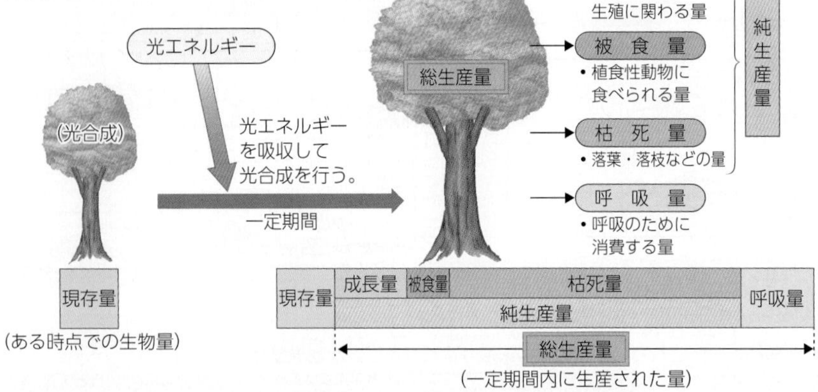

物質生産は，生産された有機物量，またはその生産に利用されたエネルギー量としてとらえることができる。光合成で取り込まれた光エネルギー(総生産量)は，一部が呼吸で消費され，残りが純生産量となる。純生産量のうち，被食量はふつう10 %以下で，多くは枯死量が占める。

Ⓑ消費者における物質収支

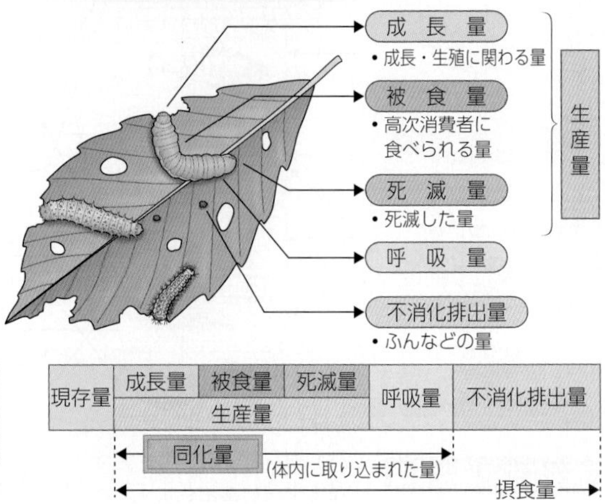

摂食で得たエネルギー(摂食量)の多くは，排出物として体外へ排出される。一方，体内に取り込まれたエネルギー(同化量)は，呼吸によって消費され，残りが生産量となる。

基本 2 さまざまな生態系の物質生産 生物

純生産量や現存量は，生態系ごとに異なる。

Ⓐ世界の主な生態系における純生産量と現存量

ホイッタカー(1975)による。2つのグラフ中の純生産量，および現存量は，乾燥重量の値である。

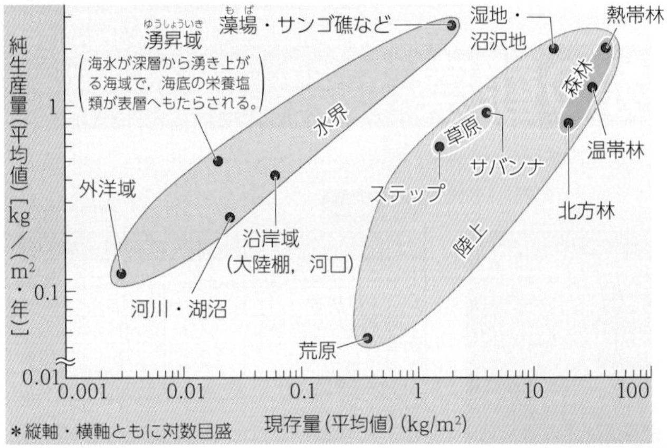

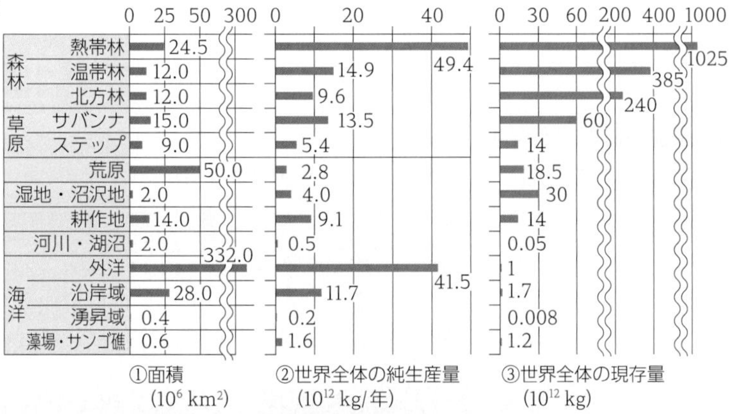

純生産量が多い生態系

海洋では藻類の茂みやサンゴ礁，陸上では熱帯多雨林，淡水では湿地・沼沢地で，単位面積当たりの純生産量が大きい。これらの生態系では，生物種が豊富で生物量が大きく，豊かな環境がみられる。

森林の純生産量の割合

地球表面の約9 %を占める森林の純生産量は，地球全体の純生産量の約半分に相当する。単位面積当たりの純生産量は，低緯度の森林ほど大きい。これは，低緯度ほど，光や温度などの条件が光合成を行うのに適しているためである。

海洋の純生産量の特徴

海洋は，地球表面の約70 %を占める。外洋は，単位面積当たりの純生産量は小さいが，面積が大きい。その純生産量は地球全体にとってきわめて重要である。

Ⓑ陸上と海洋の生態系の物質生産

地球観測衛星などを用いた近年の研究成果によると，陸域と海洋の純生産量は同程度であると見積もられている。

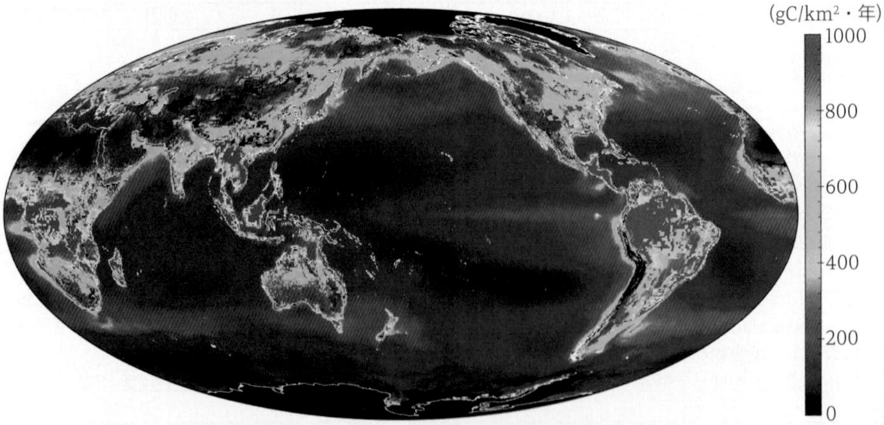

豆知識　海洋生態系の物質生産量には，河川水の流入による栄養塩類の供給や，深層水が表層へと上昇するような湧昇流による栄養塩類の供給が大きく関わっている。そのため外洋よりも沿岸域で物質生産量が大きくなりやすい。

3 森林の物質生産 生物

Ⓐ森林の年齢と物質生産(温帯林)

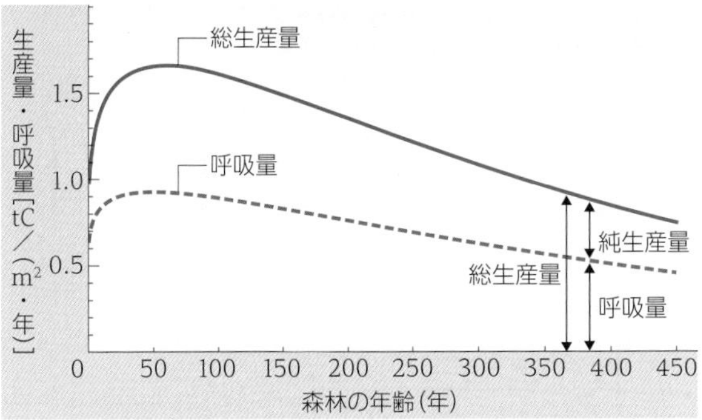

森林の物質生産量は林齢に伴って変化する。近年の研究によると，森林の総生産量と呼吸量および純生産量は，初期には林齢に伴って増加するが，30～50年頃から少しずつ減少すると推定されている。純生産量の減少は，総生産量と呼吸量のバランスの変化，栄養塩類や水分の制限などにより生じると考えられている。

Ⓑ森林の純生産量の比較

熱帯多雨林(マレーシア・パソ)　（　　）内の単位はt/(ha・年)

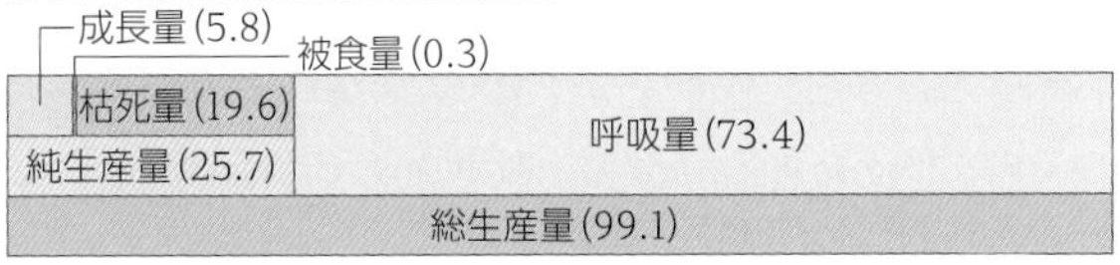

熱帯多雨林では，1年を通して光合成が盛んに行われるため，総生産量が大きい。しかし，呼吸量も大きいので，純生産量の割合は比較的小さい。

照葉樹林

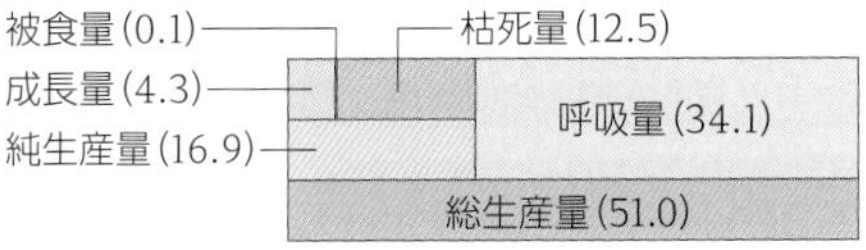

照葉樹林では，呼吸量が比較的小さいため，純生産量の割合が大きくなる。

4 植物プランクトンによる物質生産(淡水湖) 生物

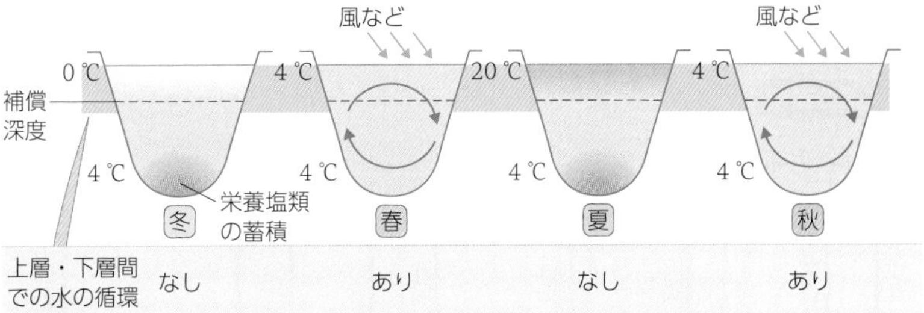

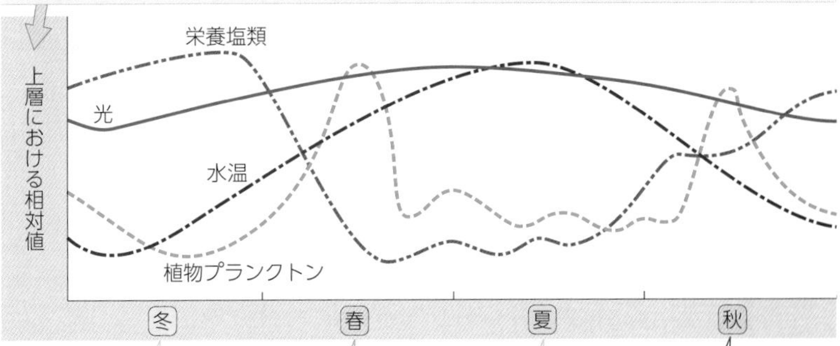

冬	春	夏	秋
水は，4 ℃で密度が最も大きくなる(重くなる)。上層の水温が4 ℃よりも下がると，大きな水の循環が起こらなくなる。水温が低く，日照時間が短いため，植物プランクトンの増殖が抑えられ，上層に栄養塩類が蓄積する。	上層の水温が上昇して下層と同じ温度(4 ℃)になると，湖水全体の循環が起こって栄養塩類の多い下層の水が上昇する。上昇した栄養塩類は，水温の上昇に伴って急激に増殖する植物プランクトンによって消費される。	水の上層と下層で温度差があるため，大きな水の循環は起こらない。上層の栄養塩類は増殖したプランクトンによって消費され，植物プランクトンの生育は抑えられる。	上層の水温が下がり下層と同じ温度(4 ℃)になると，湖水全体の循環が起こって，栄養塩類の多い下層の水が上昇する。これによって植物プランクトンが増殖するが，温度や光が不足し，生育はやがて抑えられる。

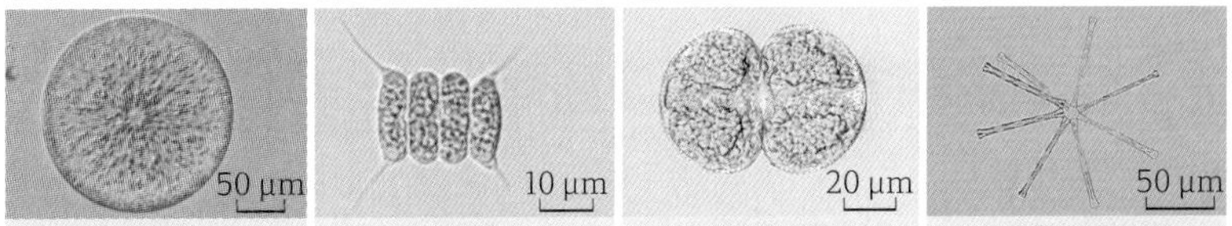

タイコケイソウ　イカダモ　ツヅミモ　ホシガタケイソウ

◀植物プランクトンの例▶

α PLUS ブルーカーボン生態系

ブルーカーボンとは，海洋生物によって吸収・固定された炭素を指し，2009年に国連環境計画(UNEP)によって定義された。海草や海藻の藻場，湿地・干潟，マングローブなど，ブルーカーボンを隔離・貯留する生態系はブルーカーボン生態系と呼ばれる。

ブルーカーボン生態系では，陸上生態系に匹敵する炭素量の貯留が見込まれている。また，取り込まれた炭素が，海底泥に堆積し，数千年という長期間にわたって分解されずに保たれるという特徴がある。一方，ブルーカーボン生態系の消失率は熱帯多雨林の約4倍とも推定されており，これらの生態系の保護や拡大への取り組みが必要であると考えられている。

海草の藻場

アマモの群落　海草は被子植物で，アマモが代表種である。

湿地・干潟

有明海の干潟　干潟では藻類などが生産者となる。生物の遺骸の一部は海底に堆積していく。

海藻の藻場

カジメとホンダワラの群落　海藻は藻類で，他にもアラメやコンブなどがある。

マングローブ

マングローブの海底の泥には，枯枝や根を含む有機物が堆積する。

豆知識　ブルーカーボンに対して，陸上生物に取り込まれた炭素はグリーンカーボンと呼ばれる。

15 生態系の物質生産② 物質循環とエネルギーの流れ

Productivity of Ecosystems, Part 2 Matter Cycles and Energy Flow

関連動画をCheck!

基本 1 地球規模での炭素の循環 生物 中学

地球規模の炭素の循環には，呼吸や光合成が大きく関わっている。また，人間活動の影響も大きい。海水中の炭素の存在量は，大気中の炭素の存在量の約50倍である。

Ⓐ炭素の循環

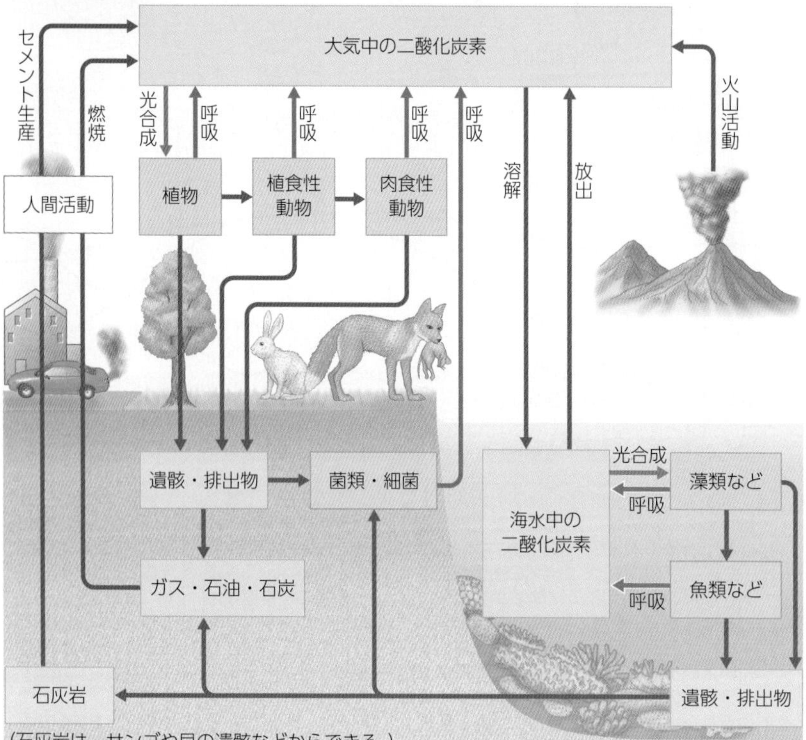

(石灰岩は，サンゴや貝の遺骸などからできる。)

Ⓑ地球上の炭素の存在量と移動量

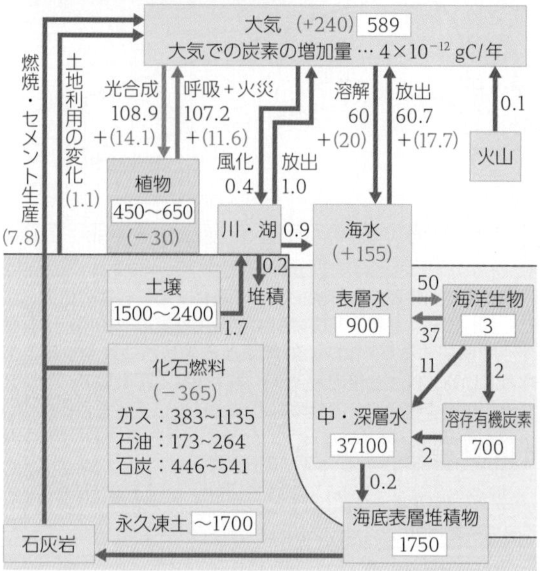

□内の数値は産業革命(1750年頃)以前の存在量で，( )の赤字は1750〜2011年までの人間活動による変化量を示す。単位はいずれも10^{15} gC。(gCは，それぞれの物質中に含まれる炭素の重量を示す単位。)矢印横の数値は，黒字が1750年以前の移動量を，( )の赤字が2000〜2009年の人間活動によって変化した移動量(年平均)を示す。単位はいずれも10^{15} gC/年。

基本 2 地球規模での窒素の循環 生物

大気中には窒素ガス(N_2)が約80％含まれている。しかし，多くの生物はこれを利用できず，窒素固定細菌や工業的手法によって固定された窒素を間接的に利用している。

Ⓐ窒素の循環

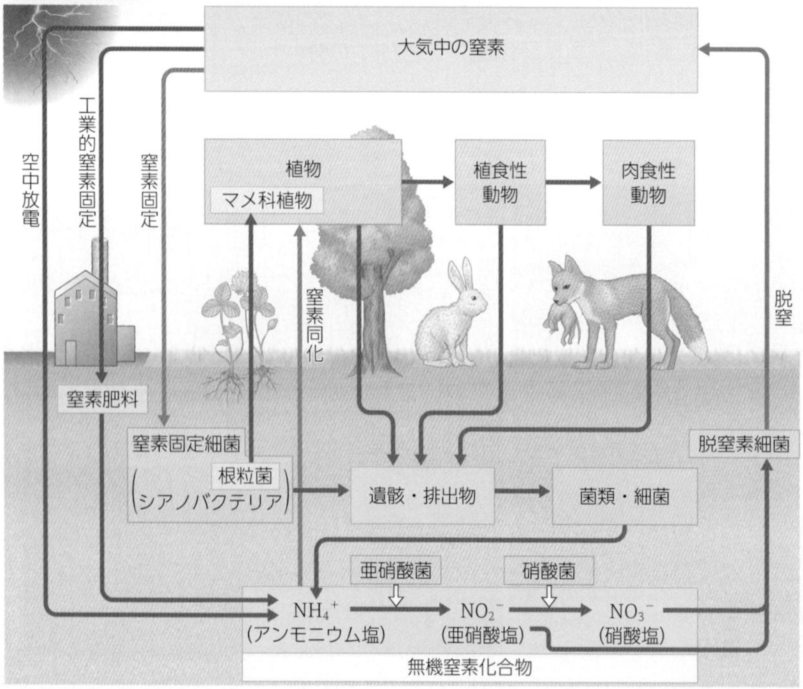

Ⓑ地球上(陸上)の窒素の存在量と移動量

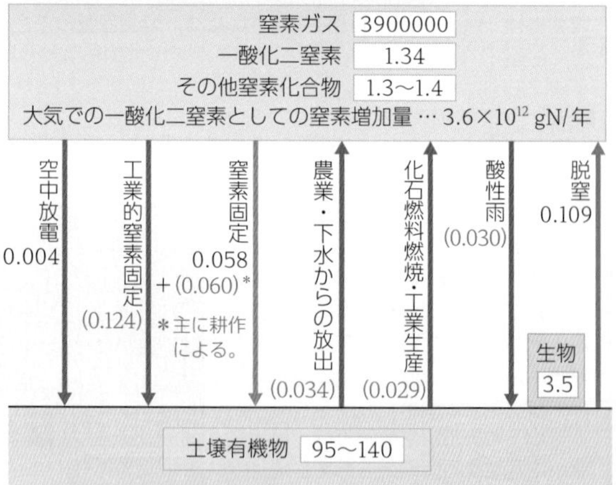

□内の数値は存在量で，単位は10^{15} gN。(gNは，それぞれの物質中に含まれる窒素の重量を示す単位。)その他の数値は2005年における推定移動量で，単位は10^{15} gN/年。黒字は自然界，( )の赤字は人間活動によるものを示す。

20世紀初頭にハーバー・ボッシュ法が発明されて以降，工業的に固定される窒素量はふえ，これに伴い，農業生産量は飛躍的に上昇した。一方，窒素循環における窒素の分布は大きく変化し，生態系に影響がでているとの報告がある(➡p.328)。

豆知識 地球上の炭素の存在量は，石灰岩や土壌中の有機物(化石燃料など)に含まれるものが圧倒的に多いが，窒素は，大気中に莫大な量が存在する。

基本 3 生態系でのエネルギーの流れ 生物

光エネルギーは光合成で化学エネルギーに変えられ，食物連鎖を通じて生物間を移動する。最終的には，熱エネルギーとなって生態系外へ放出される。

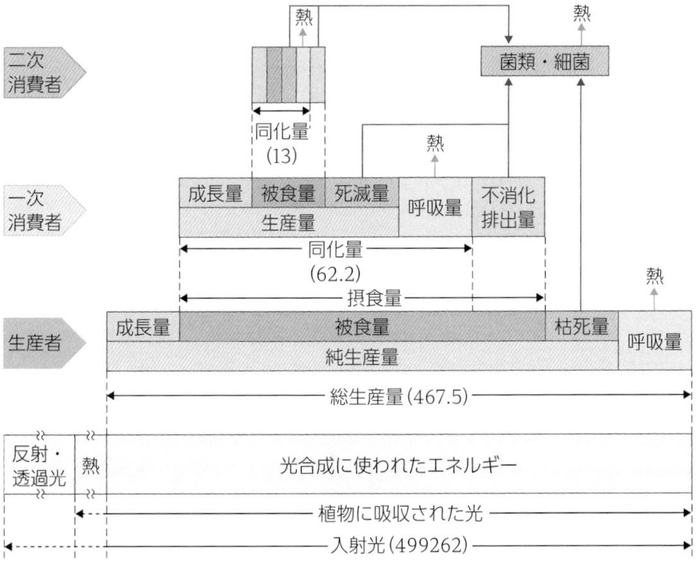

数値は，北アメリカのセダーボック湖で調べられたエネルギー量(J/(cm²・年))

Ⓐエネルギーの流れの特徴

消費者の同化量は，前の栄養段階の被食量から自身の不消化排出量を除いたエネルギー量である。高次消費者ほど利用できるエネルギー量は少なくなるため，自然界では，高次消費者はふつう，五～六次までしか存在しない。

Ⓑエネルギー効率(リンデマン比)

生産者のエネルギー効率(%) = $\dfrac{\text{総生産量}}{\text{太陽の入射エネルギー量}} \times 100$

消費者のエネルギー効率(%) = $\dfrac{\text{その栄養段階の同化量}}{\text{前の栄養段階の同化量(または総生産量)}} \times 100$

セダーボック湖の場合

生産者のエネルギー効率 $\dfrac{467.5}{499262} \times 100 \fallingdotseq 0.09$ (%)

一次消費者のエネルギー効率 $\dfrac{62.2}{467.5} \times 100 \fallingdotseq 13.3$ (%)

二次消費者のエネルギー効率 $\dfrac{13}{62.2} \times 100 \fallingdotseq 20.9$ (%)

一般的に，生産者のエネルギー効率は低く，草原で約1.0～2.0 %，発達した森林で約2.0～3.5 %，地球全体の平均では約0.2～0.3 %となっている。また，栄養段階が高次の消費者になるほど，エネルギー効率は上がる。

基本 4 生態ピラミッド 基礎 生物 中学

栄養段階ごとの個体数や生物量，生産速度などを，それぞれ生産者を底辺として積み重ねた図を生態《せいたい》ピラミッドという。ふつう，栄養段階が高次になるほどそれらの値は小さくなり，図はピラミッド状になる。特に生産速度ピラミッド(生産力ピラミッドともいう)は逆転することはない。

Ⓐ個体数ピラミッド 基礎 中学

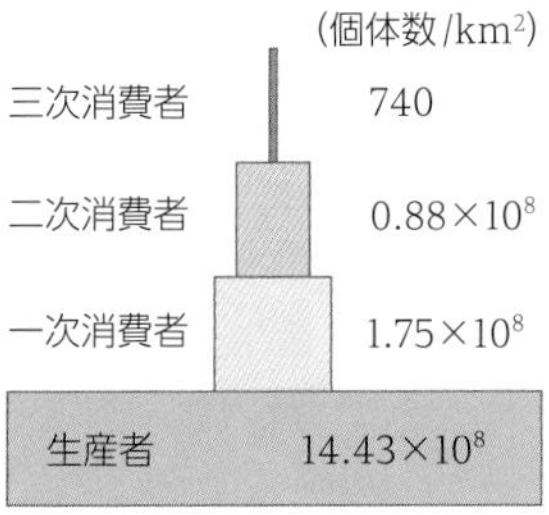

草原における個体数ピラミッド

Ⓑ生物量ピラミッド 基礎 中学

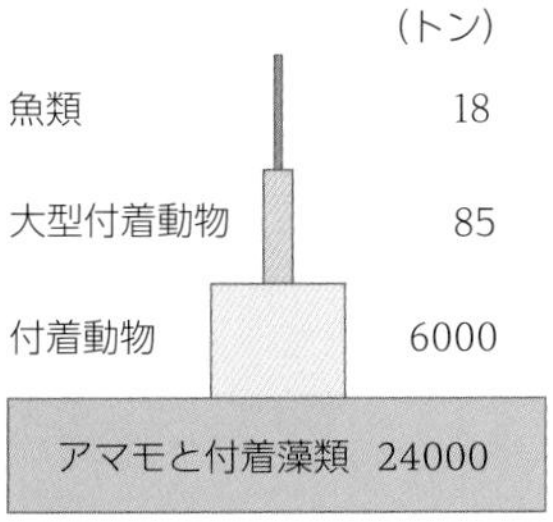

藻場における生物量ピラミッド

Ⓒ生産速度ピラミッド 生物

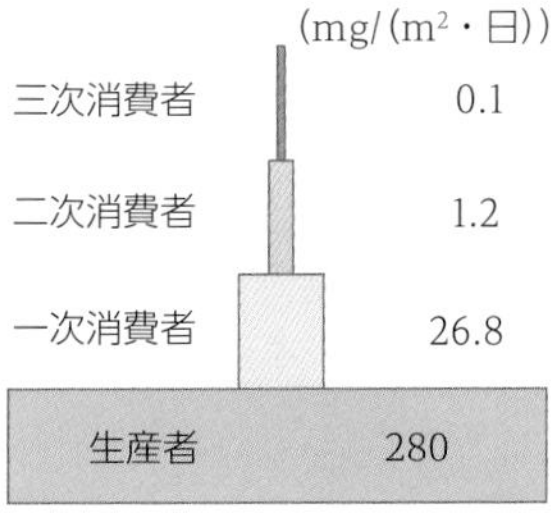

α PLUS 生物量ピラミッドの逆転現象

水界生態系では，一次消費者の生物量が生産者を上回ることがある。これは，短時間で成長・増殖する植物プランクトン(生産者)を動物プランクトン(一次消費者)が多量に捕食した場合にみられる。この場合でも，一定期間に獲得したエネルギー量は，生産者の方が大きい。

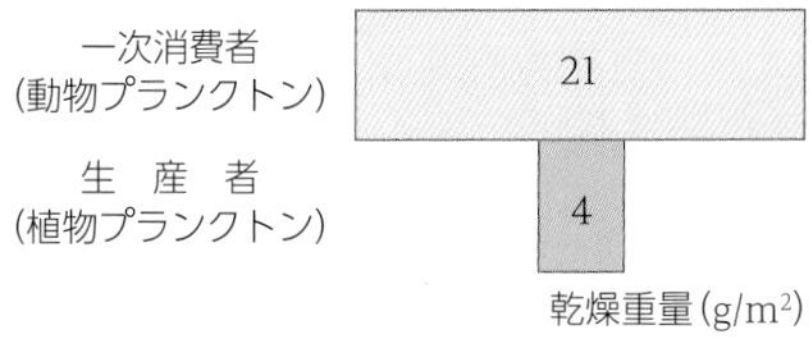

イギリス海峡における生物量ピラミッド

α PLUS 菌根菌と物質の吸収

陸上植物の約9割は，菌根菌という菌類と根で共生しており，菌根菌が共生した根は菌根と呼ばれる。植物は光合成で合成した有機物を菌根菌に供給し，菌根菌は土壌中の栄養分(主にリン酸塩)を植物に供給する。菌根菌は，植物の効率的な栄養分の吸収に重要な役割を担っている。

菌根の種類	菌根菌の例	特徴
外生菌根	マツタケ，ヤマドリタケ，セイヨウショウロ	・菌糸が根の表面に付着して厚い菌糸層が形成される。 ・担子菌類が多く，子実体(➡p.287)としてキノコをつくる。 ・マツ科やブナ科などの樹木の根に多くみられる。
内生菌根	アーバスキュラー菌根菌，ラン菌根菌など	・菌糸が根の皮層組織まで侵入する。 ・アーバスキュラー菌根菌は，陸上植物の約8割を超える種に共生するといわれている。

菌根菌と物質吸収

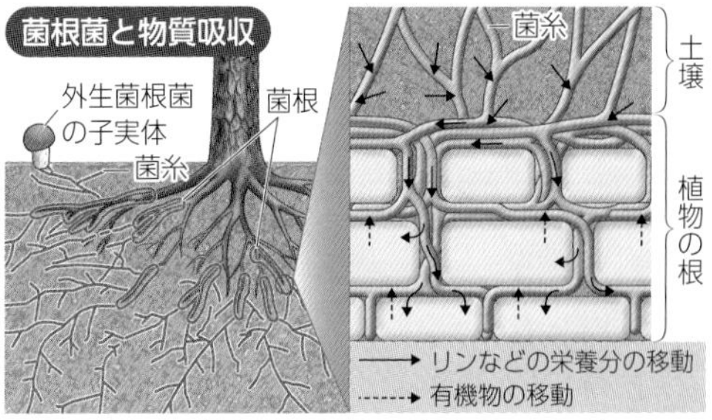

ヤマドリタケ(ポルチーニ)

セイヨウショウロ(トリュフ)

アーバスキュラー菌根菌

アーバスキュラー菌根菌は，植物の根から分泌されるストリゴラクトン(➡p.229)によって宿主を認識し，共生に至る。根の皮層細胞の細胞膜外に，樹枝状体(arbuscule)という栄養交換器官を形成する。

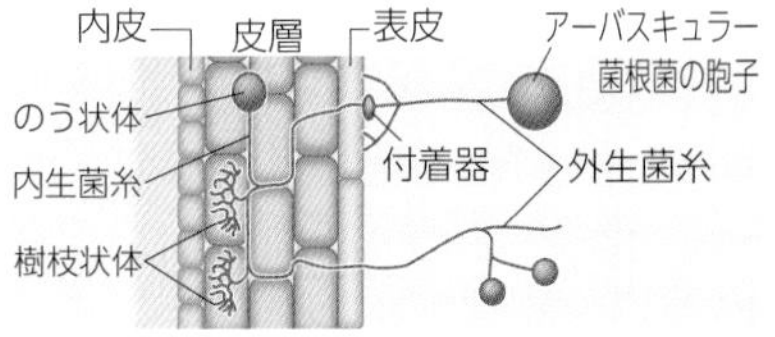

豆知識 リンデマンはセダーボック湖で行った研究によって，生態系におけるエネルギーの流れについて明らかにした。しかし，1942年，彼はその論文が出版される4か月前に27歳という若さで亡くなった。病弱であった彼の代わりに，妻のエレノアが顕微鏡観察や野外調査を受け持っていたといわれている。

16 生態系の物質生産③ 生物の窒素利用

生物

Productivity of Ecosystems, Part 3 Nitrogen Utilization by Organisms

重要 1 窒素の代謝 生物

比較的単純な窒素化合物を取り入れ，生物体を構成するタンパク質や核酸などの有機窒素化合物を合成する働きを窒素同化《ちっそどうか》という。植物は根から吸収した化合物を，動物は他の生物を食べて得た化合物を用いて窒素同化を行う。

❶**窒素固定**　空気中のN_2は，根粒菌などの窒素固定細菌の働きでNH_4^+に固定され，窒素源として利用される。

❷**有機窒素化合物の分解**　動植物の遺骸や排出物中の有機窒素化合物は，土壌中の腐敗細菌やカビなどの働きによって分解され，NH_4^+を生じる。

❸**硝化**　NH_4^+は，硝化菌（亜硝酸菌と硝酸菌）の働きで酸化され，NO_3^-に変換される。この働きは，**硝化**《しょうか》と呼ばれ，エネルギー放出反応である。

❹**硝酸還元**　根から吸収されたNO_3^-は，葉へ運ばれてNO_2^-に，さらに葉緑体の中でNH_4^+に還元される。これを硝酸還元という。

❺**NH_4^+からのグルタミンの合成**　NH_4^+は，葉緑体のストロマで，グルタミン合成酵素の働きでグルタミン酸と結合し，グルタミンを生じる。

❻**グルタミンからのグルタミン酸の合成**　グルタミンのアミノ基はα-ケトグルタル酸へ転移され，2分子のグルタミン酸を生じる。

❼**種々のアミノ酸の合成**　グルタミン酸とケト酸との間でアミノ基の転移が行われ，種々のアミノ酸が合成される。アミノ酸は，タンパク質・核酸・ATPなどの有機窒素化合物の合成に利用される。

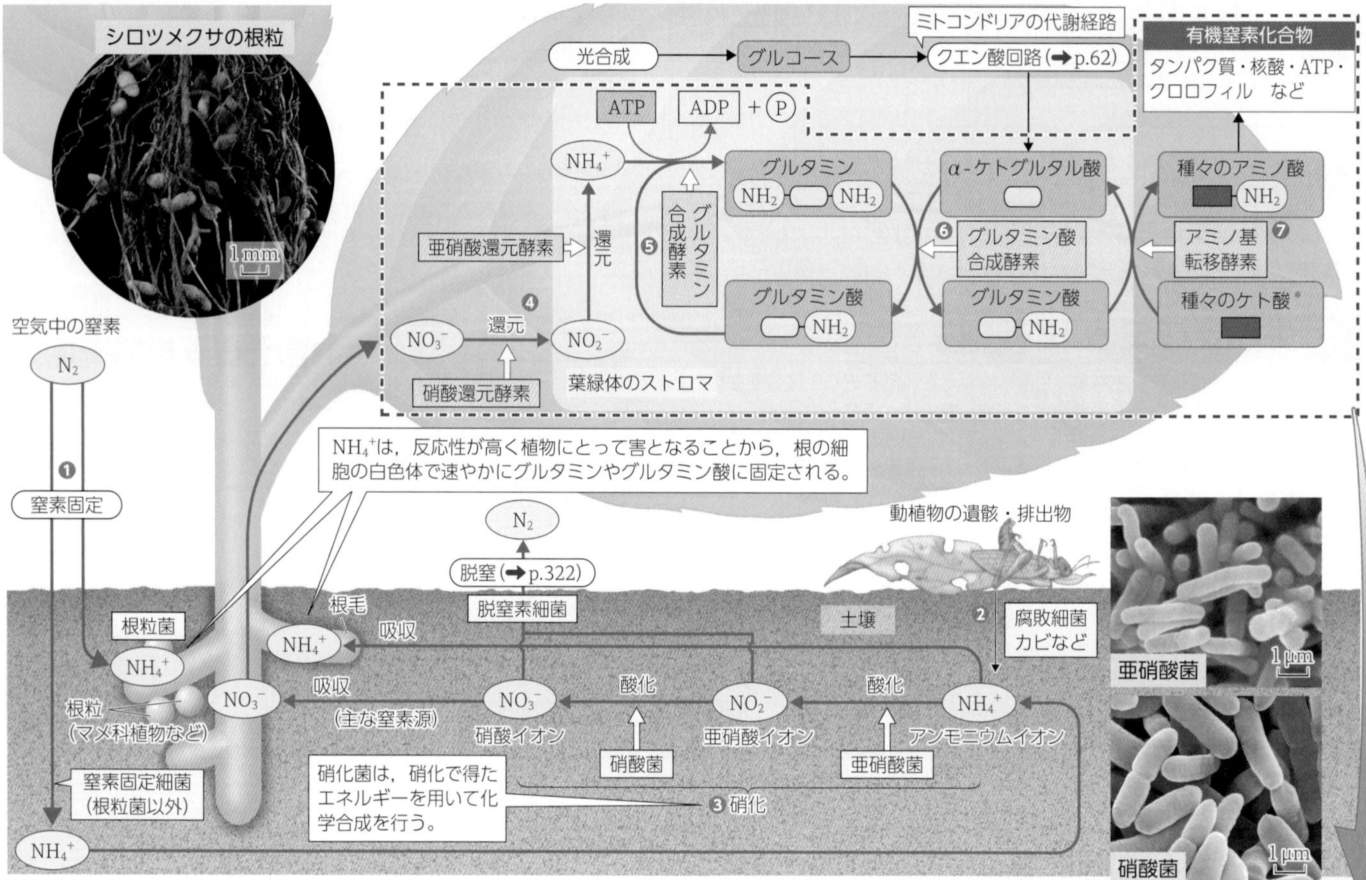

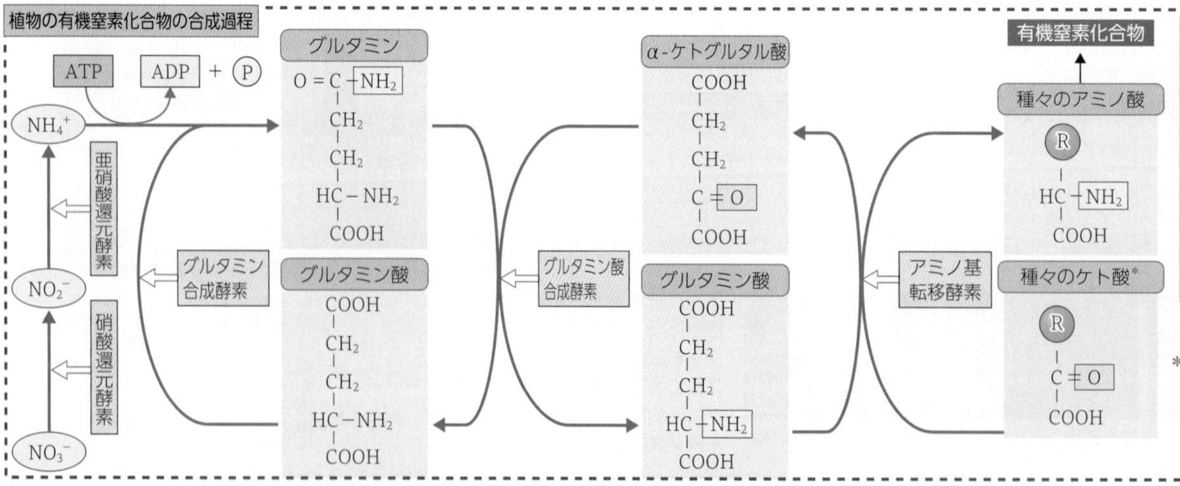

Ⓡの構造は，ケト酸やアミノ酸の種類によって異なる。
　グルタミンに固定されたアミノ基は，やがてケト酸に転移され，そのケト酸に対応した種々のアミノ酸がつくられる。

*カルボニル基（－CO－）とカルボキシ基（－COOH）を同一分子中にもつ有機化合物。

豆知識　四つ葉のシロツメクサ（クローバー）を見つけた人には幸福が訪れるという伝承は，ヨーロッパに古くからある。三つ葉のクローバーはキリスト教でいう三位一体（神，キリスト，聖霊）を，四つ葉は十字架を表し，幸運をもたらすといわれる。

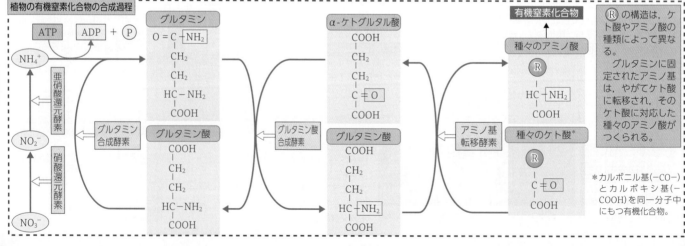

基本

2 窒素固定 生物

空気中のN_2をNH_4^+に変える働きは窒素固定《ちっそこてい》と呼ばれる。窒素固定は，一部の原核生物(窒素固定細菌《ちっそこていさいきん》)が行う。

Ⓐ空気中の窒素の固定

多くの植物は，空気中のN_2を窒素源として利用できない。しかし，窒素固定細菌は，N_2を還元してNH_4^+に変え，これを利用して窒素同化を行う。窒素固定の反応は，ニトロゲナーゼという酵素によって触媒される。この酵素は酸素によって失活するので，好気《こうき》性《せい》の窒素固定細菌には，細胞内の酸素濃度を低下させるしくみが備わっている。

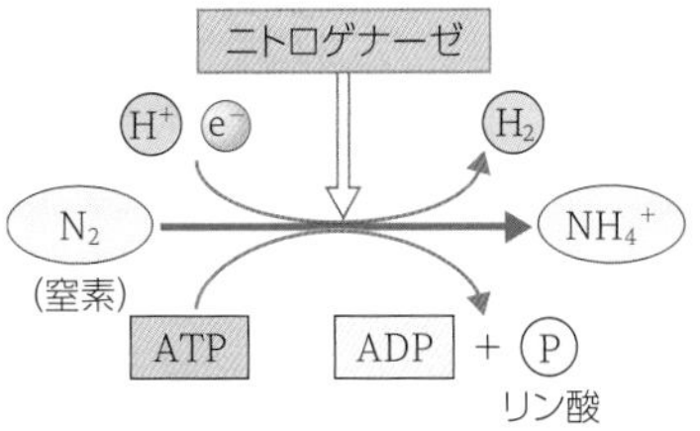

異質細胞(ヘテロシスト)

異質細胞は，一部のシアノバクテリアにみられる，他の細胞(栄養細胞)よりも大きい細胞で，窒素固定を行う。異質細胞には，外部から酸素が入ってくるのを防ぐ外膜が形成され，光合成の反応において酸素を発生させる光化学系Ⅱが消失しているなど，酸素の侵入・発生を防ぐしくみがみられる。

異質細胞は，合成した窒素化合物を栄養細胞に供給する一方，栄養細胞が光合成で合成した糖の供給を受ける。

Ⓑ窒素固定細菌

窒素固定細菌には，単独で生活するものと，他の生物と共生するものがある。

	生物名	生活場所・生活様式	栄養
独立生活	アゾトバクター	土壌中・水中に広く分布。酸性の場所では生育が悪い。好気条件下で生活する。	従属栄養
	クロストリジウム	酸素の乏しい酸性の土壌中にすむ。嫌気条件下で生活する。	
	一部の紅色細菌	腐植質の多い沼土・沼水中にすみ，嫌気条件下で光合成によって得たエネルギーを利用して窒素固定を行う。このとき，硫化水素などの硫黄化合物が用いられる。	独立栄養
	緑色硫黄細菌(クロロビウム)		
	アナベナ*(シアノバクテリア)	水中・湿地にすみ，好気条件下で光を利用して窒素固定を行う。窒素固定は，異質細胞で行われる。	
	ネンジュモ**(シアノバクテリア)		
共生生活	リゾビウム(根粒菌)	各種のマメ科植物の根に進入し，根粒をつくって共生する。好気性細菌。	従属栄養
	フランキア	ヤマモモ・ハンノキ・ドクウツギなどの根に根粒をつくって共生する好気性の放線菌。	

＊アカウキクサ(水生シダ類)の葉に共生する種類もある。
＊＊ソテツの根に共生する種類や，菌類とともに地衣類(➡p.287)を形成する種類もある。

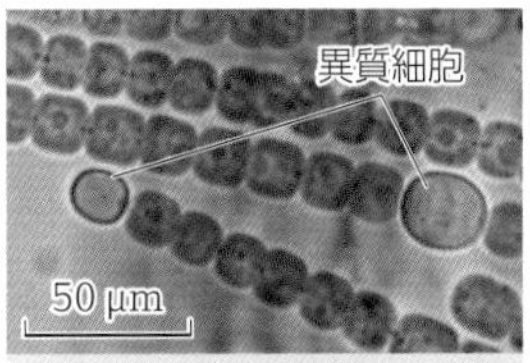

アナベナ(シアノバクテリア)

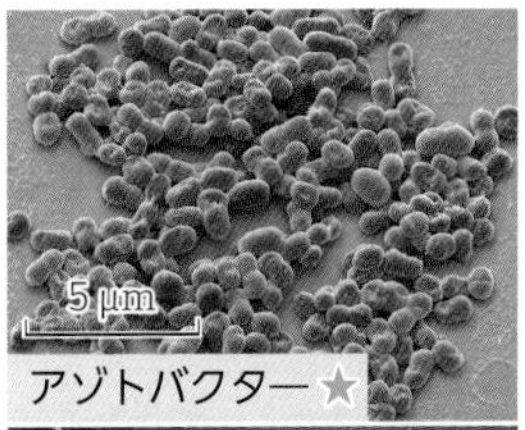

アゾトバクター☆

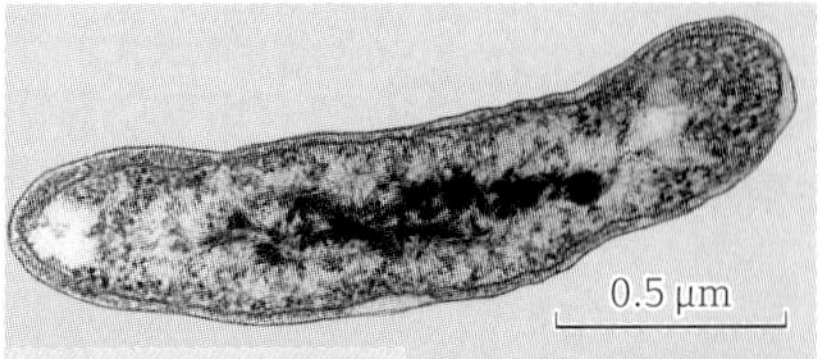

リゾビウム(根粒菌)

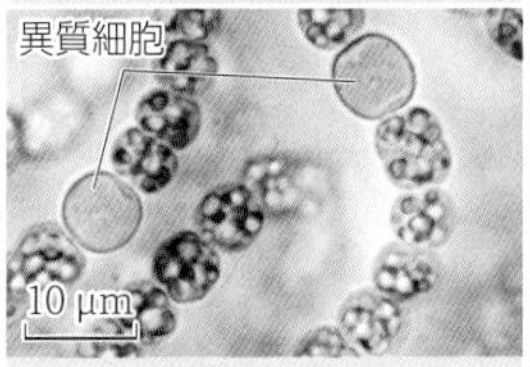

ネンジュモ(シアノバクテリア)

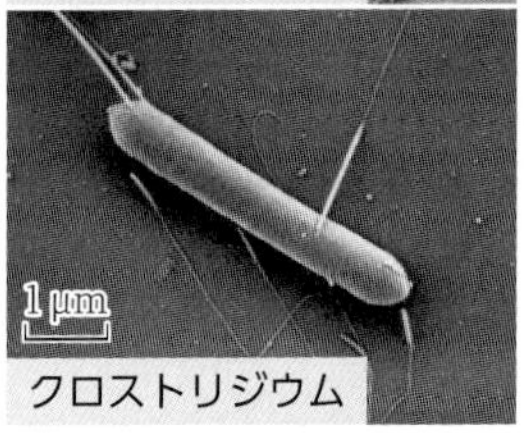

クロストリジウム

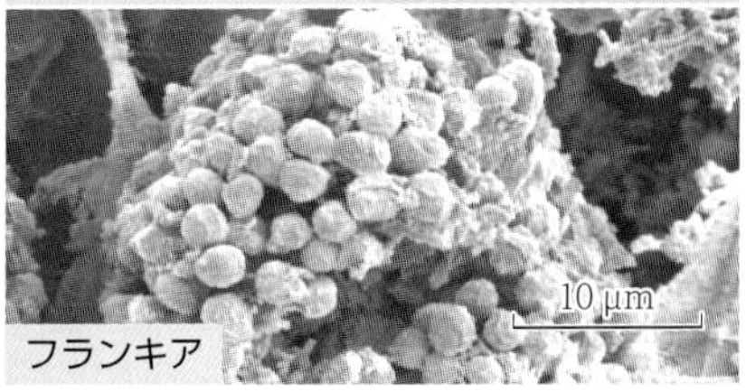

フランキア

3 根粒菌 生物

根粒菌のリゾビウムは，土壌中では運動性の桿菌として単独生活しており，窒素固定を行わない。植物の根に共生すると窒素固定を行うようになる。共生したリゾビウムは，宿主から有機物の供給を受け，固定したNH_4^+を宿主に供給する。

根粒の形成

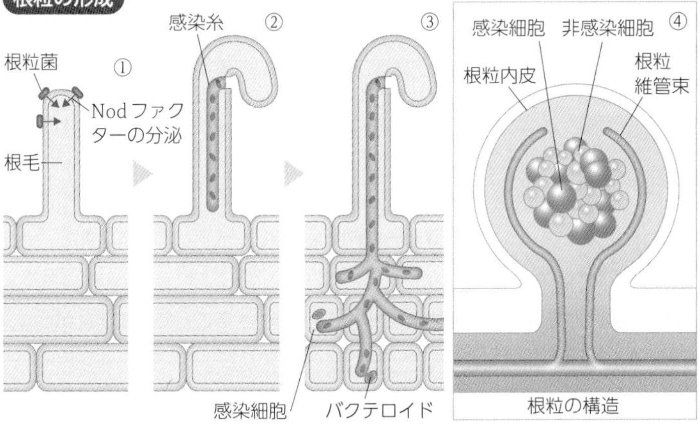

①根粒菌(リゾビウム)は，宿主細胞から分泌されるフラボノイド(➡p.25)を受容すると，Nodファクターと呼ばれる物質を分泌する。
②Nodファクターは，根毛先端の屈曲を誘導する。屈曲部に取り囲まれた根粒菌から感染糸が形成され，根粒菌は感染糸中で増殖しながらさらに進入する。
③感染糸が皮層内部に達すると，エンドサイトーシスによって根粒菌が植物細胞に取り込まれ，バクテロイド(窒素固定を行う共生状態の根粒菌)となる。
④感染細胞で窒素固定された窒素は，非感染細胞を介して維管束へ送られ，植物全体へ輸送される。

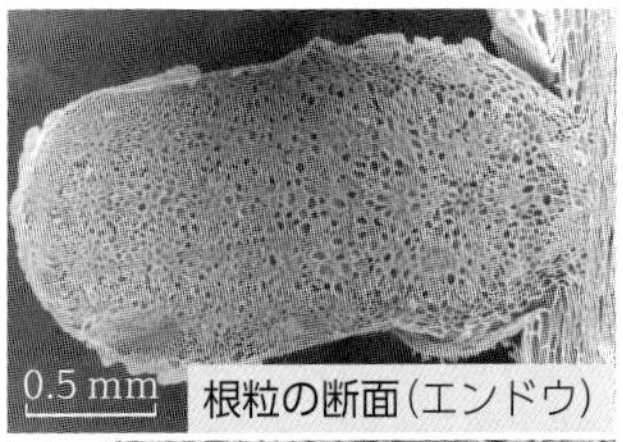

根粒の断面(エンドウ)

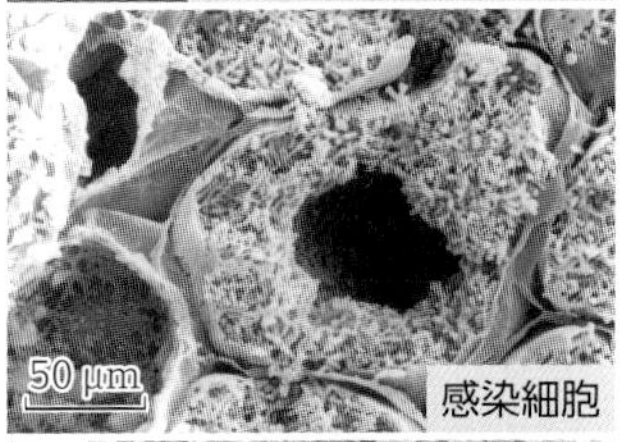

感染細胞

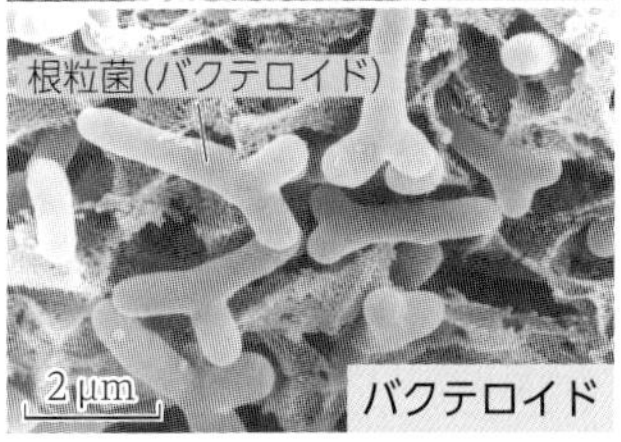

バクテロイド

break ぶれいく 緑の肥料

生活

農作物の栽培では，必須元素を肥料として与える。このとき，田畑に根粒をつくるゲンゲ(レンゲソウ)やシロツメクサを栽培し，土壌にすき込んで肥料にすることがある。これを緑肥《りょくひ》といい，根粒菌によって窒素化合物として固定された空気中の窒素が肥料として利用される。

ゲンゲ

豆知識 根粒の内部は赤色をしている。これは，感染細胞にヘモグロビンに似たレグヘモグロビンが含まれるためである。レグヘモグロビンは酸素との結合能が高く，細胞内の遊離酸素濃度は低く保たれる。これは，ニトロゲナーゼの失活を防ぐしくみの1つと考えられている。

17 生物多様性とその損失

基礎 生物　Biodiversity and Its Loss

基本 1 生物多様性 基礎 生物

地球上には多種多様な生物が相互に関わりあって生息しており，生物多様性《せいぶつたようせい》がみられる。生物多様性は，生態系・種・遺伝子という3つの側面からとらえることができ，これらはそれぞれに関連しあっている。

Ⓐ生物多様性の3つの見方

1992年に採択された「生物多様性条約」において，生物多様性は，「生態系の多様性」，「種の多様性」，「遺伝子の多様性」の3つのレベルでとらえられた。この考え方は，現在広く受け入れられている。

生態系の多様性　生態系の多様さをいう。地球上にはさまざまな環境があり，それぞれの環境に対応した生態系が存在する。

種の多様性　種の多様さをいう。1つの生態系には，さまざまな生物種が互いに関わりあいながら共存している。これらの関係性は，長い進化の過程で生じた種分化(➡p.264)や絶滅の影響を強く受けて成立している。

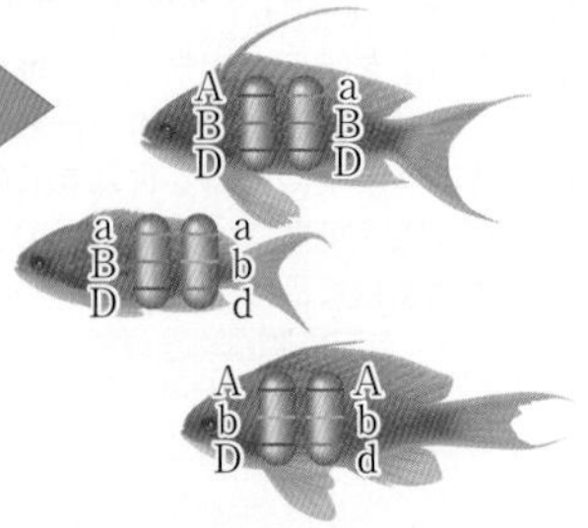

遺伝子の多様性　種内での遺伝子の多様さをいう。同種でも個体間には遺伝的な違いが存在し，形質も異なる。これは，種の多様性をもたらす原動力となる(➡p.255)。

Ⓑ種の多様性と生態系

近年では，種の多様性と生態系の関係性を実験的に解明しようとする試みも行われている。

種の多様性と撹乱に対する耐性

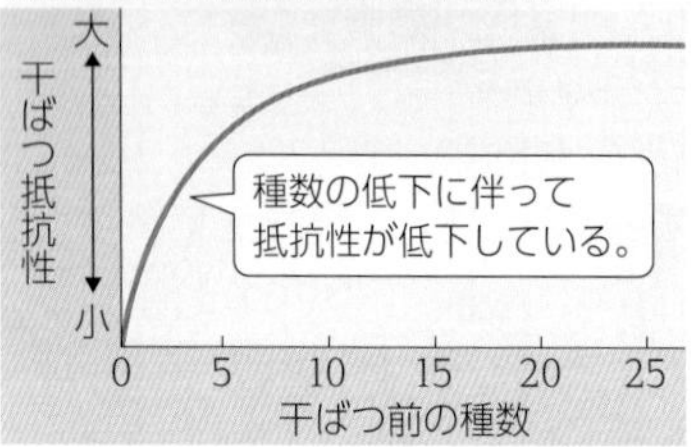

一般に，干ばつ後は植物の現存量が減少する。干ばつ抵抗性は，干ばつ前後での現存量の変化率で算出している。変化率が小さいほど抵抗性は大きくなる。

草原生態系の研究を行っていたアメリカのティルマンらは，約200の草原実験区を設け，10年以上にわたって種多様性や地上部の現存量のデータを取り続けていた。その途中，大規模な干ばつが起こった。そこで，その前後のデータを比較・解析したところ，種の多様性が低い実験区では，種数の減少に伴って干ばつ抵抗性が低下する傾向がみられた。これは，種数が少なくなると，乾燥に抵抗性のある種が含まれない確率が高くなるためであると考えられた。

種の多様性と生産力

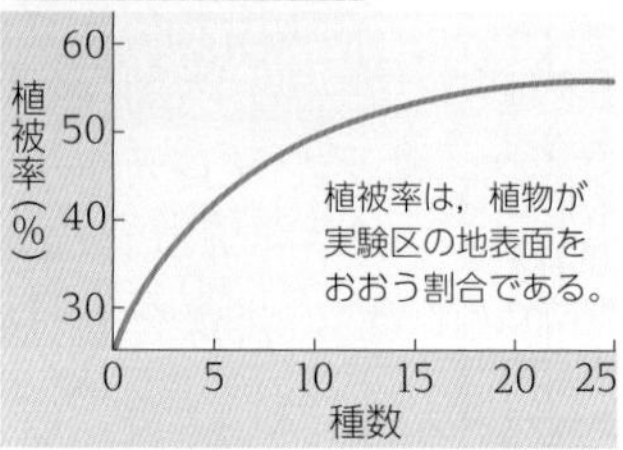

実験区の土壌はいずれも同等の栄養塩類を含み，1つの実験区にまく種子の量はそろえている。

ティルマンらは，同条件の実験区を複数用意し，実験区ごとにまく種子の種類数を変えて育て，種の多様性と区画の植被率の関係を調べる研究も行っている。その結果，実験期間においては，種数の多い区画の方が少ない区画よりも植被率が高くなる傾向がみられた。これは，種数がふえることで，窒素などの資源の利用のしかたが多様となり，余すことなく利用できるようになるためであると考えられた。

Ⓒ遺伝子の多様性と個体群の安定性

遺伝子の多様性と撹乱《かくらん》に対する耐性

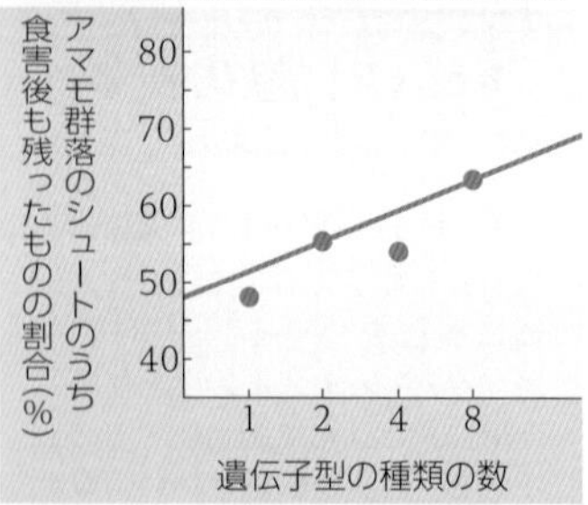

種内の遺伝子の多様性は，病原体や食害などの撹乱に対する集団の耐性を高める。

海草のアマモを対象にした研究では，さまざまな遺伝子型のアマモを用いて実験を行った結果，遺伝子型の種類数が多いほど，渡り鳥(コクガン)の食害による撹乱に対する耐性が高いことがわかった。

アマモ

コクガン

近交弱勢　集団の個体数が少なくなると，近親個体間での交配の確率が上がり，遺伝子の多様性が小さくなる。このような状態が続くと，通常は表現型として現れにくい潜性の有害な遺伝子が，ホモ接合となって表現型として現れる確率が高くなる。その結果，各種の耐性などが低下した弱い個体がふえる。このような現象を近交弱勢《きんこうじゃくせい》という。近交弱勢の影響が強まると，一般に個体の死亡率は上がり，個体群の絶滅につながることもある。

オーストラリア南東部には，保全のために他地域から人為的に導入されたコアラの集団がある。この集団では，導入個体数が少なかったため遺伝子の多様性が著しく低下している。また，高確率で睾丸《こうがん》形成不全がみられ，近交弱勢の影響が現れている。

2 生態系サービス 基礎 生物

私たちのくらしは，生物多様性を基盤とする生態系からさまざまな恩恵を享受することで，成り立っている。これらの恩恵は生態系《せいたいけい》サービスと呼ばれる。

生態系サービスは，機能の異なる4つのサービスに分けて考えられる。

生態系サービスは，私たちの生活に欠かせないものであり，これらの恩恵を持続的に受けるためには生態系および生物多様性を保全する必要がある。

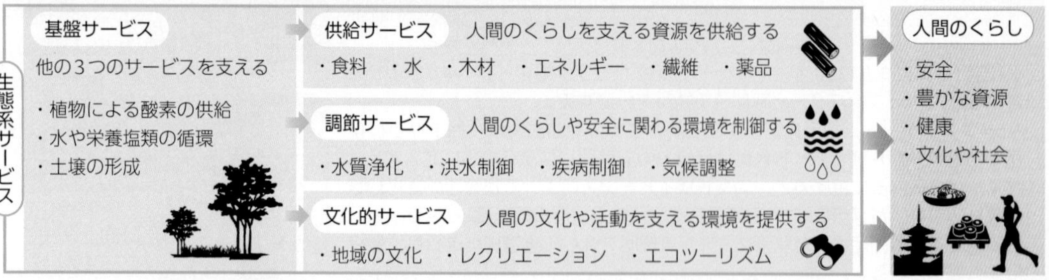

豆知識　サンゴ礁は，豊かな漁場で，天然の防波堤であり，観光資源にもなるなど，4つの生態系サービスのすべてに関わっている。サンゴ礁は，世界の大陸棚の1.2％を占めるにすぎないが，それがもたらす経済的価値は，年間約300億ドルにもなると見積もられている。

3 生物多様性の損失 基礎生物

Ⓐ生態系のバランス

生態系の構成種やその個体数などは，通常，ある範囲内で変動しながらもバランスが保たれている(➡p.314)。そのバランスは，台風や火災，人間活動などの撹乱を受けても，程度が小さい場合にはやがて元の状態に戻る(➡p.298)。これを生態系の**復元力**《ふくげんりょく》という。しかし，撹乱の程度が大きい場合には，別の状態に移行して元に戻らないことがある。

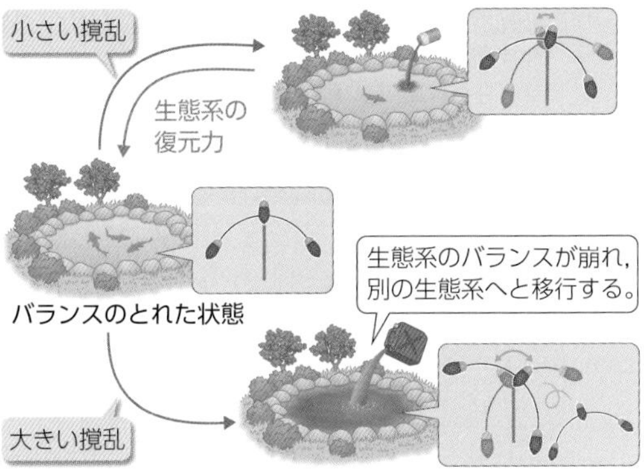

Ⓑ人間活動による生物の絶滅

近年，さまざまな生態系において，人間活動による撹乱の程度が生態系の復元力を大きく上回り，バランスが崩れて元の状態に戻らなくなっている。これに伴い，多くの生物が絶滅の危機に瀕している。

特定の生息地域，あるいは地球上からある生物種が子孫を残さずに消滅することを**絶滅**《ぜつめつ》という。また，絶滅の危険性が高いと認められた種は，**絶滅危惧種**《ぜつめつきぐしゅ》と呼ばれる。

個体群の絶滅では，複数の要因・過程が複合的に連動して作用することで，個体群の衰退が加速していく。このような現象は，**絶滅**《ぜつめつ》**の渦**《うず》と呼ばれる。

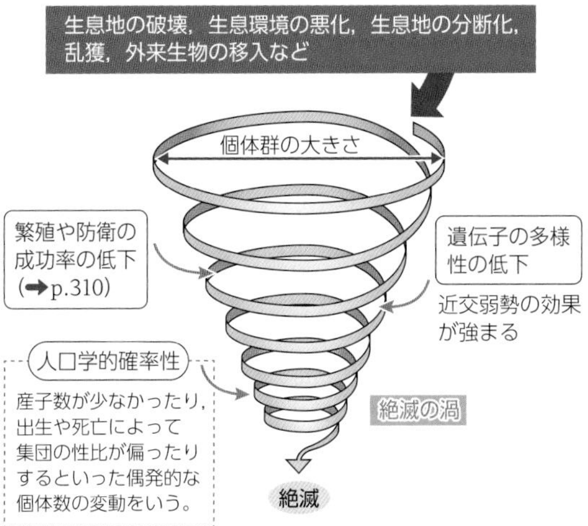

※必ずしもこの順に絶滅の過程をたどるわけではなく，近交弱勢などは継続して影響を与える。

Ⓒ生物多様性の損失につながる人間活動

現在，地球上の生物は，過去の大量絶滅の規模を大きく上回る速度で絶滅しており，その速度は将来的にさらに加速するとの予測もある。

生物多様性や生態系サービスの評価に関する国際委員会であるIPBES《イプベス》(➡p.336)は，生物多様性損失の主な原因として次の5つの人間活動を挙げている。また，日本においては，「生物多様性国家戦略」において，これを4つの危機として整理している。

生物多様性損失の主な原因となる人間活動

IPBESによる整理	生物多様性国家戦略
❶汚染(➡p.328，329)	第1の危機 土地開発や乱獲
❷生物の直接採取(➡p.330)	第2の危機 自然に対する働きかけの縮小(➡p.331)
❸土地利用の変化(➡p.330，331)	
❹外来生物(➡p.332)	第3の危機 生物や物質の持ち込み
❺気候変動(➡p.333)	第4の危機 地球環境の変化

＋α PLUS 生物多様性ホットスポット

生物多様性《せいぶつたようせい》**ホットスポット**は，イギリスの生態学者メイヤーが1988年に提唱したもので，維管束植物の固有種が1500種以上生育している一方，原生の植生の70％以上が失われている地域を指す。2017年時点で世界の36の地域が指定されており，日本も含まれる。生物多様性ホットスポットは，生物多様性が非常に高いにも関わらず，人間活動の影響によって生物多様性が危機に瀕している地域といえる。生物多様性の保全を考える際には，優先的に対策をとる必要があると考えられている。

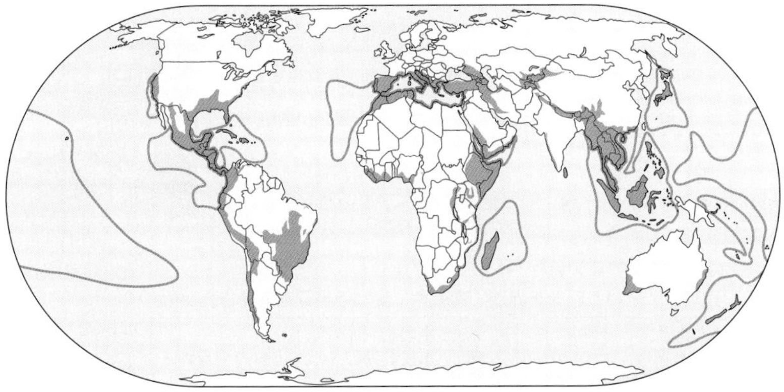

■ 生物多様性ホットスポット(2017年時点)
○ 生物多様性ホットスポットに指定されている小さな島が存在する海域

指定地域は，地球の陸地面積の2.4％に過ぎないが，固有種のうち，植物の50％，両生類の60％，ハ虫類の40％，鳥類・哺乳類の30％の生息地域が含まれている。

＋α PLUS 生物多様性条約

1992年にブラジルで開催された地球サミットにおいて採択された条約で，①生物多様性の保全，②生物多様性の構成要素の持続可能な利用，③遺伝資源の利用から生ずる利益の公正な配分を目的としている。1，2年ごとに締約国会議（COP）が開かれており，第10回の会議(COP10)は愛知県で開催され，「愛知目標」が採択された。この条約を受け，日本では，「生物多様性国家戦略」が定められ，また，「生物多様性基本法」が施行されている。

遺伝資源

研究開発に用いられ，現実に，あるいは潜在的に価値をもつ生物由来の資源。具体的には，生物の個体やその一部（凍結や乾燥させたもの，および抽出された核酸なども含む）を指す。また，これらの利用に関する伝統的な知識も対象とされている。以前は，これらを人類の共通財産とする考え方もあったが，この条約によって遺伝資源に対する各国の主権的権利が認められた。

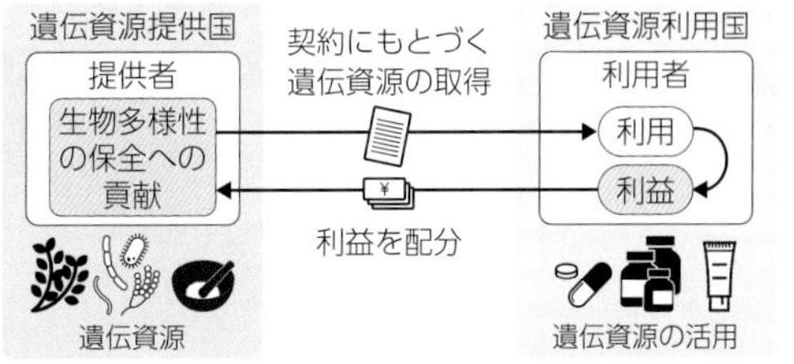

豆知識 2012年8月，ニホンカワウソは，1979年に高知県で目撃されて以来生息が確認されていないことから，日本のレッドリスト(➡p.334)において絶滅種に指定された。昭和まで生息が確認されている哺乳類が絶滅種に指定されたのは，ニホンカワウソがはじめてである。

重要 1 地球の限界 生物

「地球の限界(プラネタリー・バウンダリー)」は，人間活動が気候や生物，生態系などを含む地球環境全体に与える影響を評価した研究である。地球環境の維持に重要な項目を挙げ，地球のもつ復元力とその限界値をそれぞれ定め，現状を評価している。限界値を超えると，地球環境の大規模で不可逆的な変化が突然生じるリスクがある。2023年には，全9項目の評価が示され，また，このうち6項目で限界値を超えていることが示された。

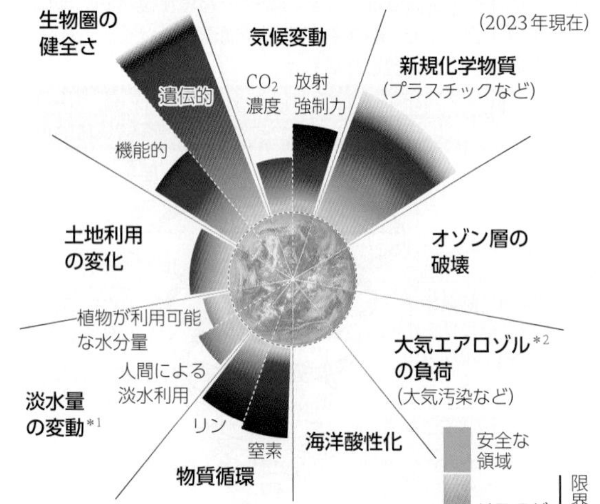

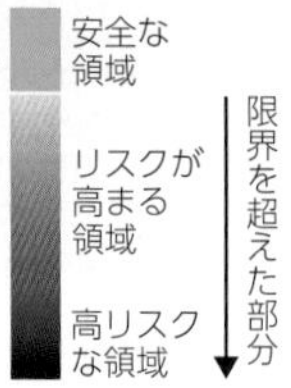

*1 土壌中の水分のような植物が利用する淡水と，河川水のような人間が利用する淡水の量や循環の変化。前者は気候変動や生態系機能にとっても重要である。
*2 空気中にちりなどの固体や液体の粒子が浮遊している状態のこと。

重要 2 反応性窒素による汚染 生物

化学肥料の使用や，燃料の燃焼などによって，環境中に放出される大量の窒素化合物には，生物にとって利用しやすい状態の窒素が含まれている。このような窒素は，反応性窒素と呼ばれ，近年，過剰な反応性窒素が生態系に与える負の影響が指摘されている。

Ⓐ人間活動に伴う反応性窒素の産生量

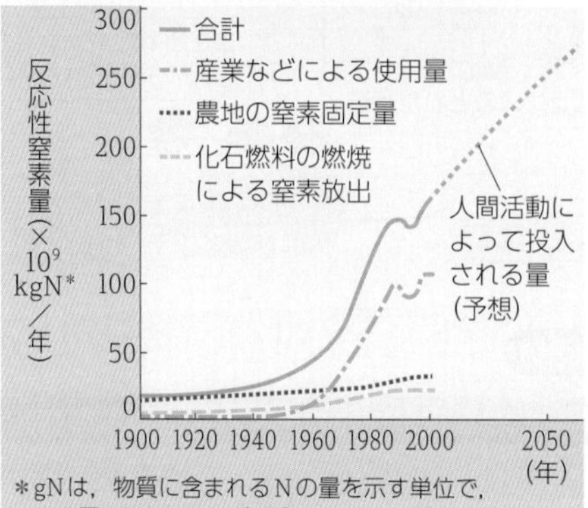

*gNは，物質に含まれるNの量を示す単位で，この図ではNO_3^-などに含まれるNの量を示す。

人為的に環境へもたらされる反応性窒素の多くは，化学肥料によるものである。現在の世界人口の約半分が化学肥料の使用によって支えられているとの試算もあるが，施肥された反応性窒素のうちの多くは農作物に取り込まれずに環境中へ流出しているという問題がある。

現在，地球全体での窒素固定量が，脱窒量を大きく上回る状態が続いている(➡p.322)。こうして過剰に供給された反応性窒素が生態系にさまざまな弊害を引き起こしている。

Ⓑ反応性窒素による弊害

NO，NO_2 (NO_Xと総称)	大気汚染
N_2O	温室効果(CO_2の約300倍の温室効果)，オゾン層破壊
NO_3^-	水質汚染，土壌酸性化
NH_3	水質汚染

過剰な反応性窒素は，貧栄養環境に適応していた生物種を消失させるなど，生物多様性の低下にも関与するとの報告がある。また，反応性窒素になったNは，脱窒によってN_2に戻るまで，左表のようなさまざまな化合物となって循環し，生態系に影響を及ぼす。

重要 3 水質汚染 基礎 生物

湖沼や海などでは，生態系の復元力を超えるような人間活動による撹乱によって，水質の悪化やそれに伴う生態系の破壊が問題となっている。

Ⓐ自然浄化

河川などに流入した汚濁物質が，生物の働きや，泥や岩などへの吸着，沈殿，多量の水による希釈などによって減少していく作用は，**自然浄化**《しぜんじょうか》と呼ばれる。これは，生態系の復元力の一例である。

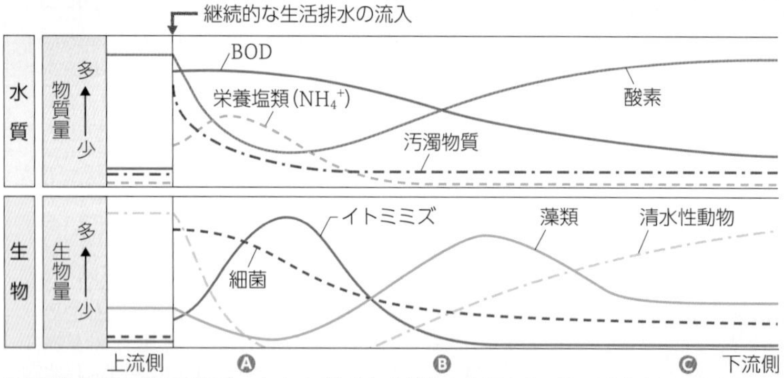

BOD(生物学的酸素要求量)：水中の微生物に有機物を分解させる際に消費される酸素量。有機物の多い，汚染された水では値が大きくなる。
biological oxygen demand

河川の水は上流から下流へ移動する。左の河川生態系における模式的な概念図において，生活排水の流入地点から下流にかけての各要素の変化は，ある一定範囲の水での経時的な変化として考えることができる。

Ⓐ
- 細菌が酸素を用いて汚濁物質(有機物)を分解
- ➡高いBOD，分解産物である栄養塩類の増加，イトミミズ(貧酸素環境に耐性)の増加，清水性動物の消失

Ⓑ
- 栄養塩類を利用して藻類が増加
- ➡酸素量の増加

Ⓒ
- 栄養塩類や汚濁物質が減少し，水質が排水流入前に近い状態に戻る
- ➡清水性動物の復活

イトミミズ

サワガニ(清水性動物)

Ⓑ赤潮とアオコ

湖沼や沿岸海域などにおいて，生活排水や工業廃液などの流入で富栄養化(➡p.319)が進むと，植物プランクトンが栄養塩類を取り込んで異常増殖することがある。これによって水面が広く赤褐色に変わる現象を**赤潮**《あかしお》，青緑色に変わる現象を**アオコ**という。

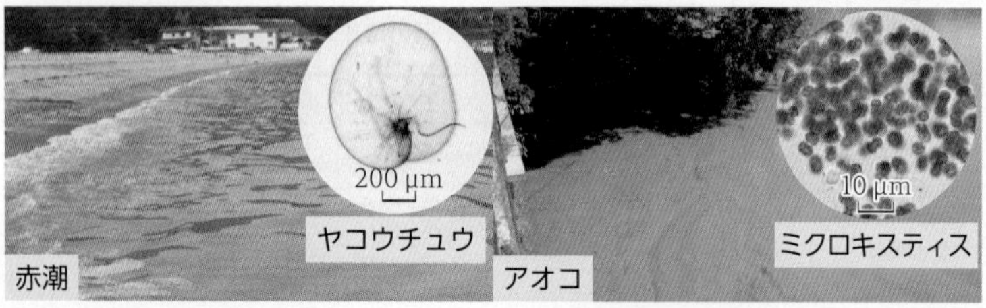

ヤコウチュウ
ミクロキスティス
赤潮
アオコ

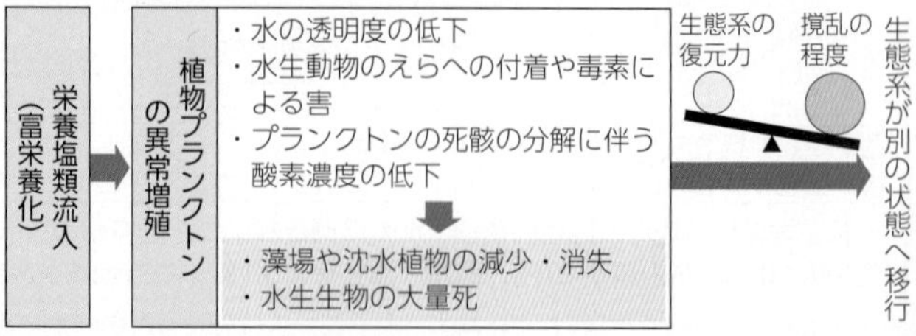

豆知識 強い自然浄化作用をもつ生態系に，干潟がある。干潟は，干満の差が大きい場所にできる，泥や砂が堆積した地形で，ここには細菌，藻類，植物，貝類などの底生生物，魚類，鳥類などからなる複雑な食物網がみられる。水中の有機物は，食物網に取り込まれ，上位消費者が干潟外に移動することで，干潟から取り除かれる。

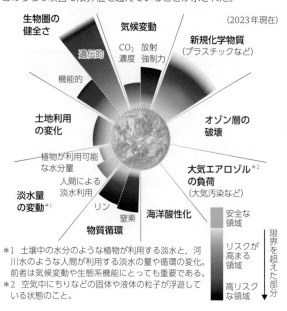

重要

4 生物濃縮 基礎 生物

生物に取り込まれた物質が，体内で高濃度に蓄積される現象を生物濃縮《せいぶつのうしゅく》という。

DDTの生物濃縮 (数値はppm。1 ppmは，1 mg/Lを示す。)

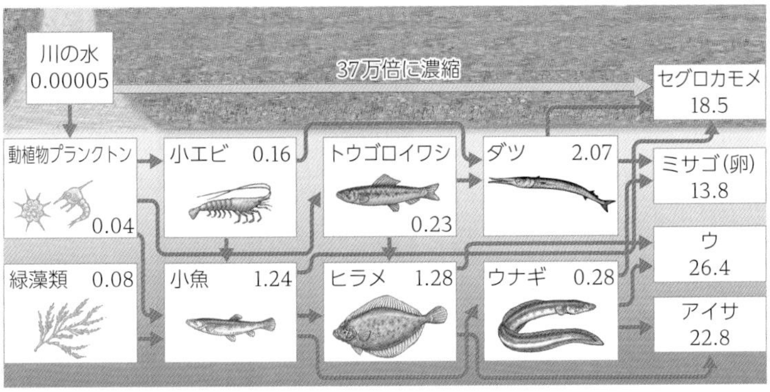

生物濃縮では，生体に悪影響を及ぼす物質が生態系内の食物連鎖を通じて移動し，高次の消費者に高濃度に濃縮される場合がある。アメリカのロングアイランドにおけるDDTの生物濃縮の調査では，高次の消費者であるセグロカモメでDDTが川の水の37万倍に濃縮されていた。DDTは，かつて殺虫剤として使われた有機塩素化合物だが，残留性が強く，現在は使用が禁止されている。DDT以外に生物濃縮で問題となった物質には，水銀(水俣《みなまた》病の原因物質)，カドミウム(イタイイタイ病の原因物質)，PCB(ポリ塩化ビフェニル)，BHC(ヘキサクロロシクロヘキサン)などがある。これらには，体内で分解されにくく，排出されにくいといった特徴がある。

PLUS α 海洋プラスチック汚染 基礎 生物

現在，海洋に流出したプラスチックごみが世界的な問題となっている。世界の海には，既に合計1億5千万トン以上のプラスチックごみが存在し，そこへ毎年少なくとも約8百万トンが新たに流入していると推定されている。このようなプラスチックごみは，生物に大きな影響を与えている。たとえばプラスチック製の漁網に絡まったり，ポリ袋やプラスチック片を誤食したりしてウミガメや魚類，鳥類などのさまざまな生物が死傷している。

現在世界で製造されているプラスチックのうち，リサイクルされる量は全体の9％に過ぎず，多くは廃棄処分されている。廃棄処分されているものの多くは，レジ袋などの使い捨てプラスチックである。このため，世界各国で使い捨てプラスチックの削減への取り組みがはじまっている。

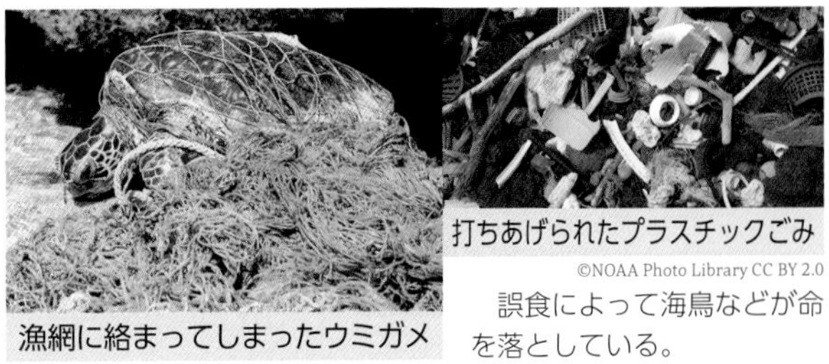

漁網に絡まってしまったウミガメ

打ちあげられたプラスチックごみ

誤食によって海鳥などが命を落としている。

5 大気汚染 基礎 生物

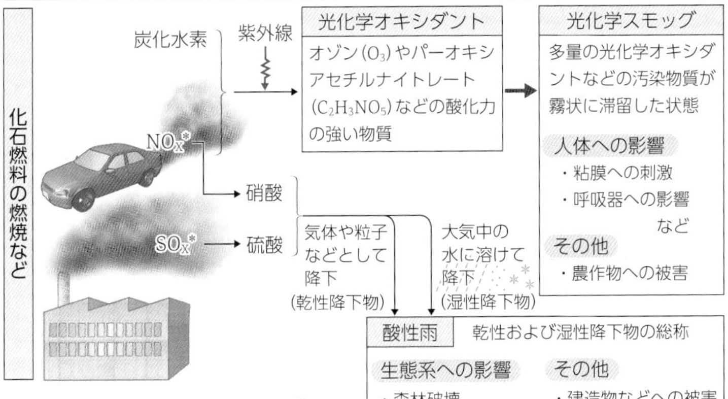

＊NO_X：窒素酸化物(NO，NO_2など)
　SO_X：硫黄酸化物(SO，SO_2など)

工場や自動車から排出される窒素酸化物(NO_X)や炭化水素などは，紫外線によって，O_3や$C_2H_3NO_5$などの酸化力の強い物質に変化する。これらの物質は**光化学《こうかがく》オキシダント**と総称され，光化学スモッグの原因となる。また，NO_Xと硫黄酸化物(SO_X)は，硝酸や硫酸などに変化して大気中の水に溶解したり，そのまま乾性の粒子の状態で降り注いだりして，**酸性雨《さんせいう》**の原因となる。これらは，生態系へ影響を及ぼすとともに，ヒトの健康にも悪影響を及ぼす。

酸性雨が湖沼生態系へ与える影響

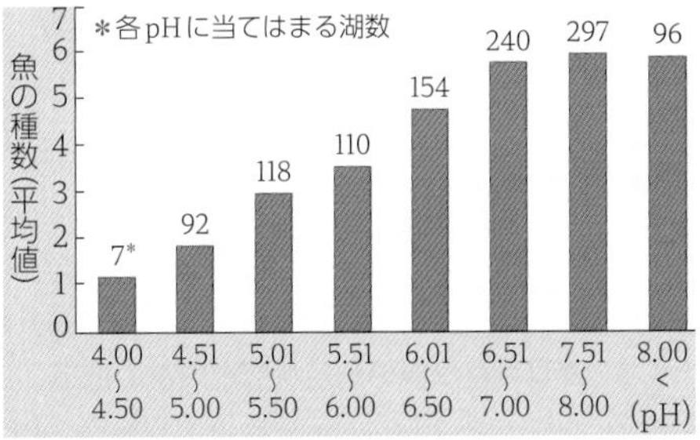

ニューヨーク州(アメリカ)北東部の山岳地帯の湖で，pHと生息する魚類の平均種数の関係が調べられた(1984〜1987年)。その結果，酸性化した湖沼ほど，種数が少ない傾向がみられた。これは，酸性化した湖沼では，酸性化に耐性のない魚種が絶滅したためであると考えられている。

6 オゾン層の破壊とその対策 生物

オゾン層《そう》は，地上25 km付近にあり，有害な紫外線を吸収して地球上の生物を保護している。1980年代を中心にオゾン層のオゾン量が減少し，問題となった。オゾン量が極端に少ない部分を**オゾンホール**という。オゾン層の破壊は，**フロン**という物質が主な原因となって起こる。

フロンは，かつて冷蔵庫の冷媒などとして使用されていた。オゾン層の保護のため，1987年から段階的にフロン類の使用は制限されていった。これによって，現在，オゾンホールの拡大は抑制されている。

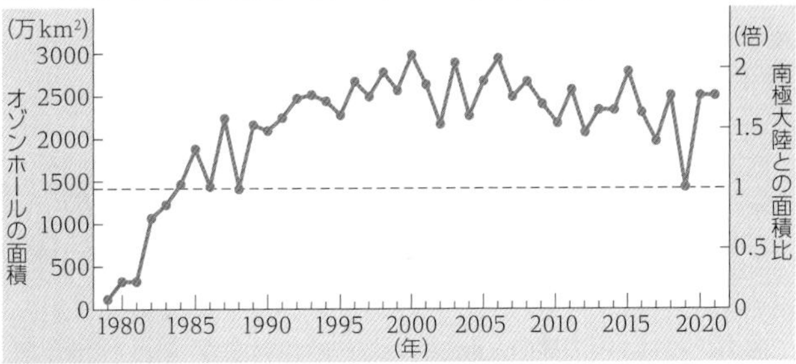

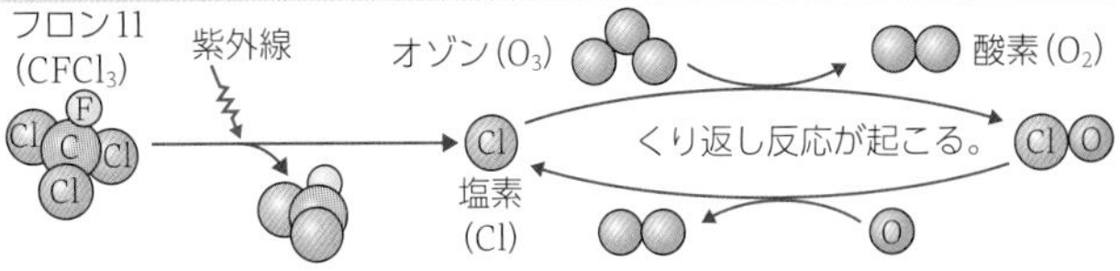

オゾンホールの大きさの変化

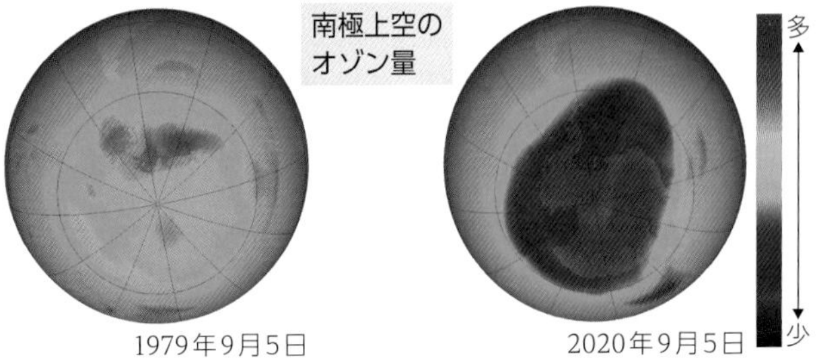

豆知識 大気中に浮遊する小さな粒子のうち，2.5 μm以下のものはPM2.5と呼ばれる。物質の燃焼によって生じたり，SO_XやNO_X，揮発性の有機化合物などが大気中で光やオゾンと反応したりすることで生じる。PM2.5は，大きさが非常に小さく肺の奥深くまで侵入しやすいため，呼吸器系や循環器系への影響が懸念されている。

1 森林破壊 基礎 生物

Ⓐ気候帯別の森林面積の割合と分布(2020年)

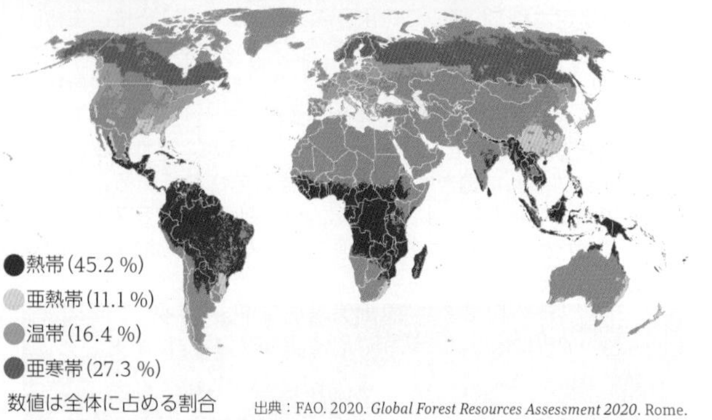

出典：FAO. 2020. *Global Forest Resources Assessment 2020*. Rome.

Ⓑ森林面積の年変化

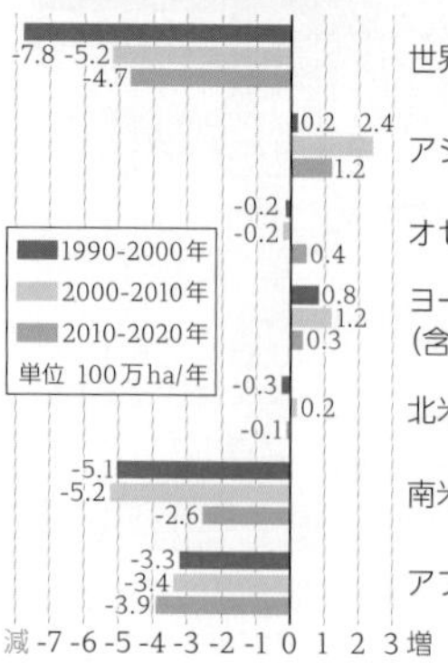

Ⓒブラジルの航空写真

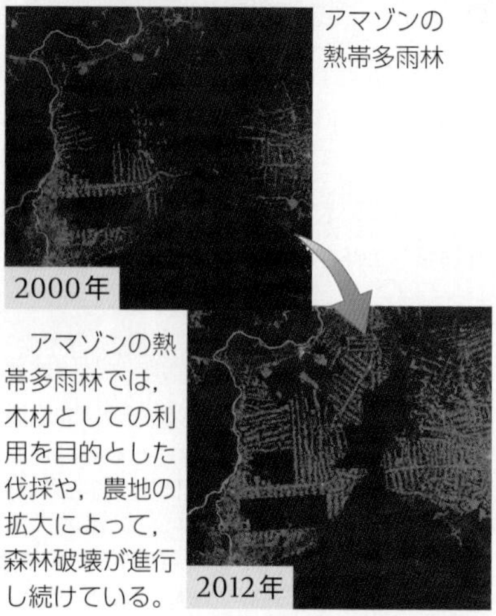

アマゾンの熱帯多雨林では，木材としての利用を目的とした伐採や，農地の拡大によって，森林破壊が進行し続けている。

世界の森林面積は約40.6億 ha(2020年)で，全陸地面積の約31 %に相当する。このうちの約3分の1は原生林である。世界全体における森林面積は減少を続けており，1990年以降，約1億7800万 haの森林が失われた。森林の純減少速度は，過去数十年の間に大幅に低下しているが，2010年～2020年でも未だ年平均約470万 haの森林が減少している。森林面積の変化は地域による差が大きく，南米やアフリカでの減少が大きい。

2 砂漠化 基礎 生物

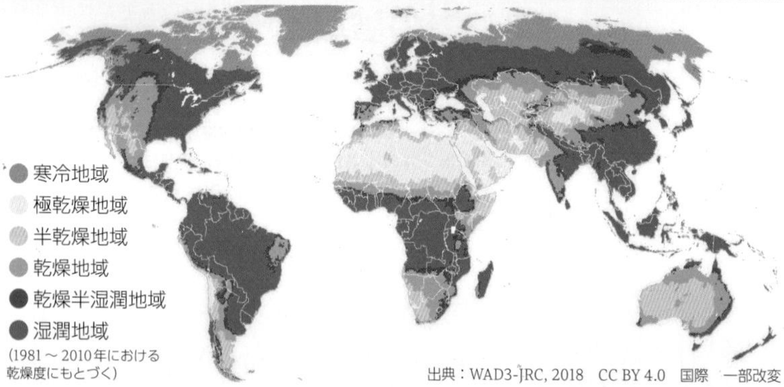

出典：WAD3-JRC, 2018　CC BY 4.0　国際　一部改変

乾燥半湿潤～極乾燥地域において，気候変動や人間活動などのさまざまな原因によって起こる土地の劣化を**砂漠化《さばくか》**という。砂漠化の原因には，干ばつなどの気候的要因のほか，過度の放牧や耕作，森林の伐採などの人為的要因がある。

砂漠化に対する国際的な取り組みとして1994年6月に砂漠化対処条約(UNCCD)が採択され，さまざまな対策や支援策が実行されている。

アフリカでの植林

α PLUS バイオ燃料

小論文 ➔p.349

バイオ燃料とは，植物などの生物資源(バイオマス)を原料としてつくられる燃料のことである。大気中の二酸化炭素を固定する植物からつくられるため，燃焼しても大気中の二酸化炭素量を増加させないカーボンニュートラルに貢献する燃料として注目されている。一方，バイオ燃料の原料の増産のために天然林が破壊されて畑に転換されるなど，森林破壊の要因となっていることがある。また，バイオ燃料の原料の生産・加工・輸送などの過程において二酸化炭素が排出されるため，厳密にはカーボンニュートラルな状態ではない。このような問題を解決するため，世界各国で，農業廃棄物などを原料としたバイオ燃料の開発や生産過程の改善について研究が行われている。

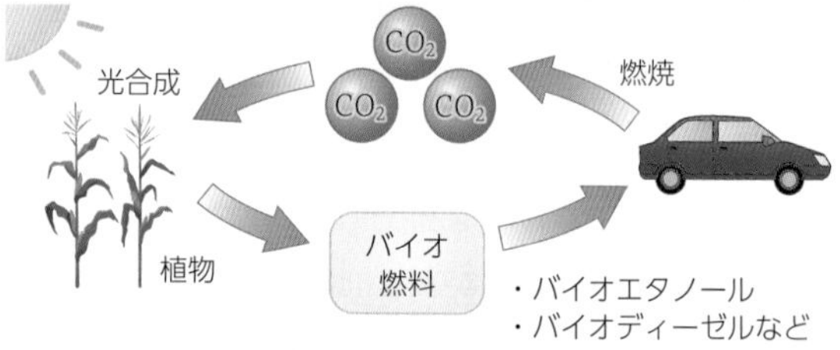

α PLUS 資源の違法な採取と過剰利用

かつては野生生物の捕獲や狩猟などに関する規制が不十分で，過剰な捕獲・狩猟によって多くの生物が絶滅，または絶滅の危機に追いやられた。現在では，条約(➔p.335)や各国の法律が整備されたが，ルールを無視した密猟や密輸はなくならず，生息地の破壊・消失などで個体数を減らしている野生生物に追い打ちをかけている。また，ルールを守った採取であっても，過剰利用と試算されているものもある。漁業資源の例では，資源として持続可能でないと判断される魚種(海域別)の割合は，ここ数十年の間に大きくふえ，一方で持続可能と判断できるものの割合は減少している。このような，資源の違法な採取や過剰利用は，生物多様性の損失における大きな原因となっている。

密猟者から押収された象牙(ケニア)

象牙は国際取引が禁じられているが，需要が高く，密猟が絶えない。

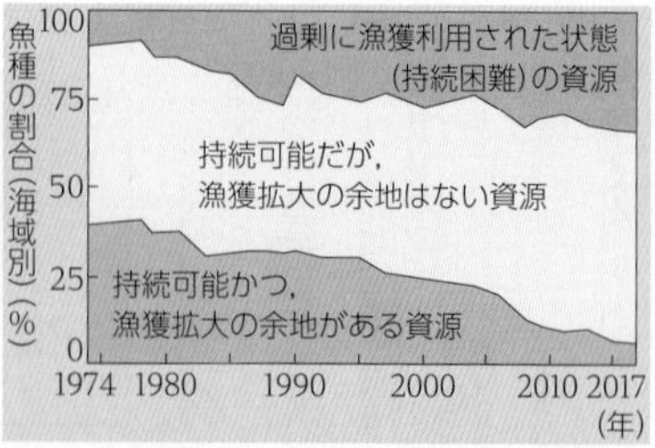

海洋水産資源の利用状態別割合の推移

豆知識　バイオエタノールは，トウモロコシなどの作物や，稲わらなどの農業廃棄物に含まれる多糖を単糖まで分解した後，アルコール発酵によってつくられる。バイオディーゼルは，菜種油や牛脂，使用済みのてんぷら油などの油脂を原料として，粘度を下げるなどの処理を経てつくられる。

3 開発による生息地の変化 基礎 生物

開発などによる生息地の分断化は，生物多様性損失の主要な原因の1つとなっている。このため，開発による影響を最小限にする対策が検討されている。

Ⓐ生息地の分断とその影響

生息に適した面積の減少(エッジ効果)

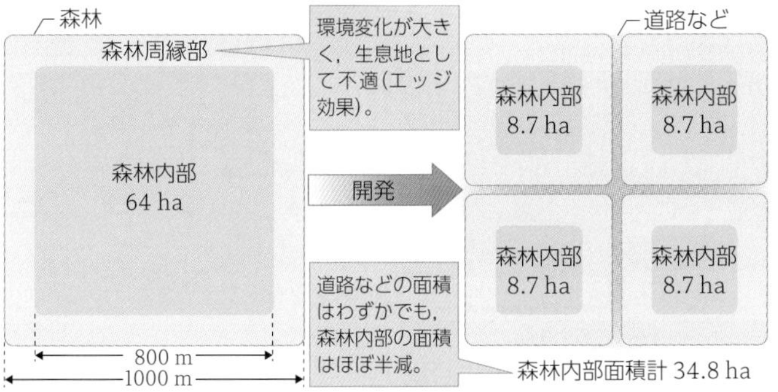

道路や鉄道，水路などの建設によって，生息地が分断されると，面積当たりの周縁部の割合が増大する。たとえば森林の場合，日射量や気温，湿度，および生息する生物種など，周縁部と森林内部とではさまざまな違いがある(エッジ効果)。分断化が起こると，森林内部の環境に適応した生物種が急速に消え，生物種の構成が変化してしまうことがある。

生物の往来の阻害

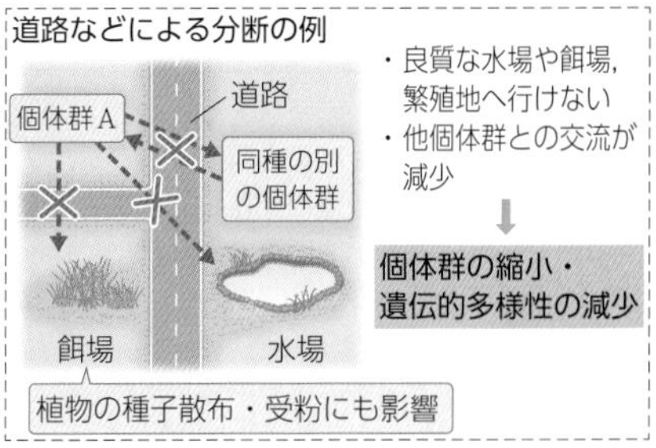

病原体伝播のリスクの増加

分断化した生息地では，環境が悪化し，感染症が流行しやすくなる。また，野生生物と家畜の接触機会がふえ，互いに病原体を伝播する危険性が増す。

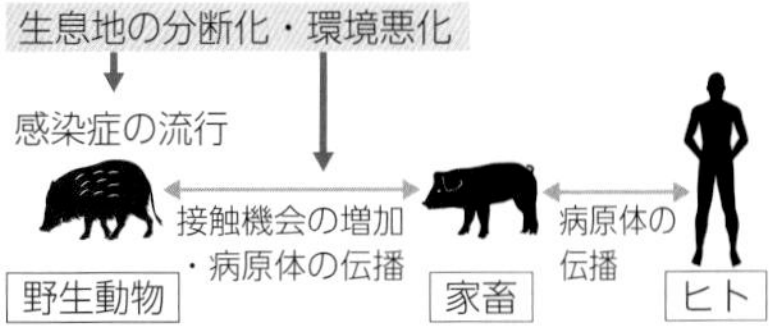

Ⓑ生息地の分断への対策

生物多様性の保全では，なるべく広いまとまった生息地を確保することが望ましい。しかし，それが難しい場合，分断された生息地を生物が安全に往来できるような通路を設けると，分断による悪影響を軽減できることがある。このような取り組みには，分断された生息地を森林や緑地でつないだ緑の回《かい》廊《ろう》(コリドー，生態的回廊《せいたいてきかいろう》)や，野生生物用の道路横断施設，魚道などがある。

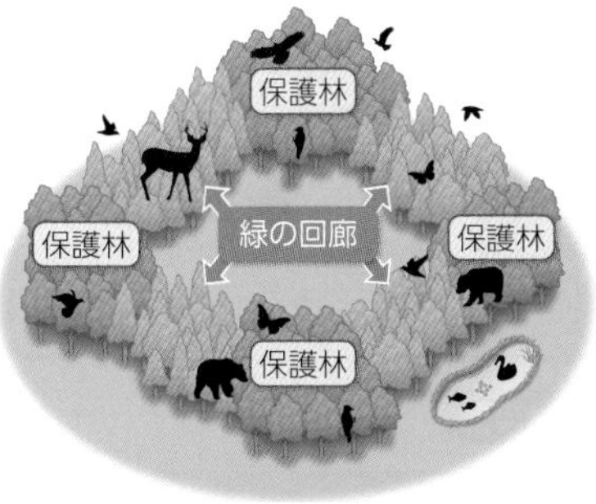

野生生物用の道路横断施設の例

魚道

Ⓒ環境アセスメント(環境影響評価：environmental impact assessment)

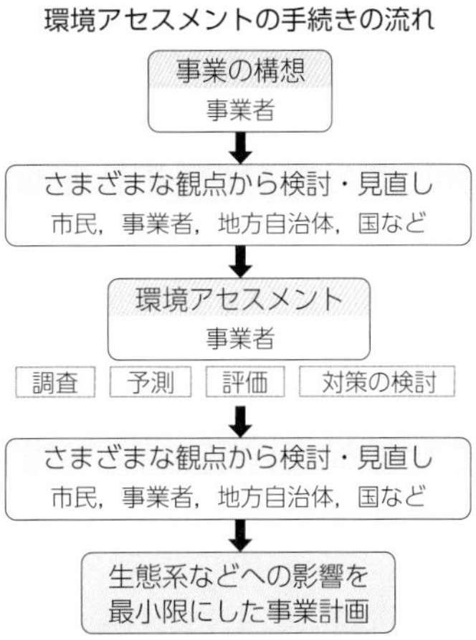

人間が行うさまざまな開発事業は，生態系に悪影響を与えてきた。現在，日本では，道路や空港，発電所，ダム建設などの開発事業を行う際，環境に及ぼす影響を事前に調査・予測・評価し，必要な保全対策の検討を行う**環境《かんきょう》アセスメント**の実施が，環境影響評価法によって義務付けられている。環境アセスメントは，事業者によって実施され，事業実施に伴う環境負荷や住民への影響を最小化することを目的としている。実施プロセスには，専門家のほか，一般市民からの意見聴取も含まれており，十分な対策の実行には，一般市民の制度の理解と積極的な活用が必要となる。

4 自然に対する働きかけの減少 基礎

ヒトの働きかけによって維持されてきた環境では，人間活動の変化に伴う手入れの減少によって，その地域の生態系にも変化が生じている。

Ⓐ里山とその重要性 小論文 ➡p.350

里山にみられる希少種

人里に隣接する農地やため池，雑木林，山などを含めた一帯は，里山と呼ばれる。里山には，耕作や間伐などの人間の適度な働きかけによって，田んぼのような水場や，陽生植物・陽樹が多くみられる雑木林をはじめとした多様な環境が維持され，さまざまな生物が生息している。そのなかには，絶滅のおそれのある希少種も多い。

Ⓑ里山の現状と問題点

- 社会経済の変化により，雑木林をはじめとする里山の経済的価値が低下した。
- 管理の担い手が減少，また，高齢化が進んでいる。

➡

- 休耕地や管理不足の雑木林などで遷移が進み，それまでの生息環境が失われつつある。
- 狩猟頻度の低下によってイノシシやシカなどの分布域が拡大するなど，生物集団の構成に変化が起きている。

国内の耕作面積と耕作放棄地の推移

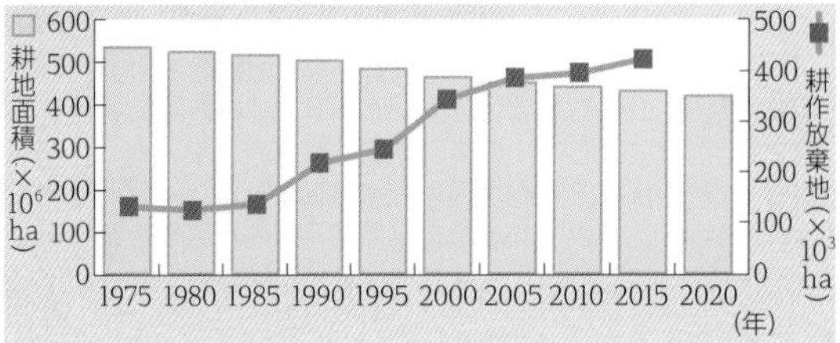

豆知識　メダカは日本では身近な生物であったが，現在，水質の悪化や外来生物(➡p.332)の影響などによって絶滅の危機にさらされている。また，日本のメダカは，遺伝的に大きく北日本の集団(青森～京都の日本海側に生息)と南日本の集団(それ以外に生息)とに分けられる。しかし，不適切な放流によって遺伝的な撹乱が生じている。

20 人間活動と生態系③ 外来生物，気候変動

基礎 生物 中学 Human Activities and Ecosystems, Part 3 Invasive Alien Species and Climate Change

関連動画をCheck!

1 外来生物 基礎 生物

人間の活動によって本来の生息場所から別の場所へ持ち込まれ，その場所にすみ着くようになった生物を**外来生物《がいらいせいぶつ》**という。外来生物のなかには，移入先に天敵となる捕食者がおらず，増殖してその地域の生態系のバランスを崩すものがある。移入先の生態系や人間生活に大きな影響を及ぼす，またはそのおそれがある外来生物は，特に**侵略的外来生物《しんりゃくてきがいらいせいぶつ》**と呼ばれる。

Ⓐ外来生物による影響と対策

外来生物は，捕食や競争などによって在来種を減少させ，生態系のバランスを崩したり，在来の近縁種と交雑して在来種がもつ特有な遺伝子構成を消失させたり（遺伝的撹乱）する可能性がある。

対 策

日本では，外来生物による問題を解決するため，2004年に外来生物法が制定された。この法律では，国内の生態系に大きな影響を与える国外由来の外来生物を**特定外来生物《とくていがいらいせいぶつ》**に指定し，その扱いを規制している。特定外来生物では，生きた個体以外に卵や種子，器官なども規制の対象とされ，飼育や栽培，保管，運搬などが原則として禁止されている。

小論文 ➜p.348，p.351

侵略的外来生物のうち，日本の外来生物法で特定外来生物に指定されている生物の例

タイワンザル 影響：在来種との交雑・競争

オオクチバス 影響：在来種の捕食

ボタンウキクサ 影響：競争による光合成阻害

ソウシチョウ 影響：騒音，在来種との競争

ウチダザリガニ 影響：在来種の捕食

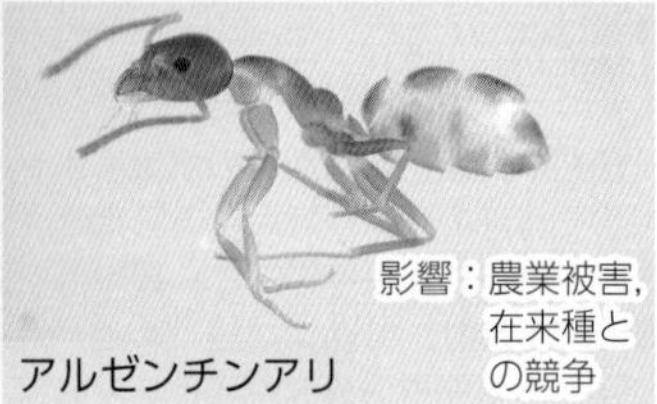
アルゼンチンアリ 影響：農業被害，在来種との競争

Ⓑ海洋生物の移動

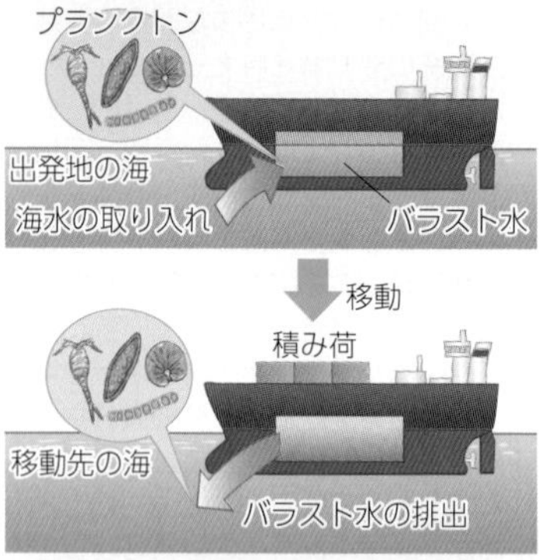

物資を輸送する大型貨物船では，空荷《からに》のときに海水を積んでバランスをとっており，これをバラスト水という。バラスト水は，到着地で荷物を積む際に捨てられる。バラスト水にはプランクトンなどのさまざまな生物が含まれており，なかには移動した先の生態系で盛んに増殖して問題となっているものがある。

対 策 近年では，バラスト水を排出する前にフィルターや紫外線などによる処理を行い，バラスト水に混入した生物の拡散を防いでいる。

PLUS α 海外に侵入した日本の生物

ワカメは，日本が原産の海藻で，日本や韓国では食用として重宝されるが，多くの国ではワカメを食べる文化はない。

近年，ワカメは，バラスト水の運搬によって世界各地に生息域を広げ，移入先で増殖し，在来種の生育を阻害するなどして大きな問題となっている。ワカメは，国際自然保護連合（IUCN）による「世界の侵略的外来種ワースト100」に選出されている。

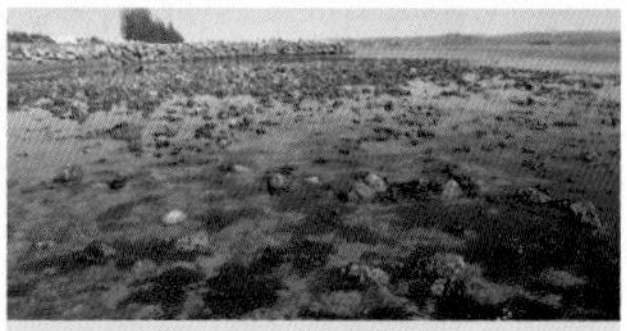
ニュージーランドで繁殖するワカメ

Ⓒ農業資材として持ち込まれた外来生物

セイヨウオオマルハナバチ

クロマルハナバチ

移入背景 ヨーロッパが原産のセイヨウオオマルハナバチは，農作物の花粉媒介者としての利用法が確立され，世界中で利用されている。日本でも，ハウス栽培トマトの受粉に利用するため，1992年から輸入されはじめた。これによって，従来の植物ホルモンの処理に比べて低労力で効率よく高品質のトマトを生産することが可能となった。

影 響 ハウスから逃げ出した個体が野生化し，北海道では定着が確認されている。在来のマルハナバチ（エゾオオマルハナバチやクロマルハナバチ）との交雑や，食物や営巣場所をめぐる競争，および頻繁な盗蜜（受粉をさせずに花の蜜のみを奪うこと）による植物への影響が懸念されている。

対 策 セイヨウオオマルハナバチは2006年に特定外来生物に指定された。これによって，飼育や運搬に許可が必要となり，野外に放つことも禁止されたため，ハウスからハチが逃げないよう厳重な対策がとられるようになった。また，在来のマルハナバチへの利用転換が進められるとともに，セイヨウオオマルハナバチの新規の利用は禁止されるようになった。

Ⓓ成功しつつある特定外来生物の駆除の例

フイリマングース

アマミノクロウサギ

移入背景 フイリマングースは，過去にハブの駆除を目的として沖縄県や鹿児島県の奄美大島《あまみおおしま》に導入された。

影 響 マングースは昼行性であり，夜行性であるハブをほとんど捕食しなかった。一方，アマミノクロウサギなどの希少な在来種を捕食していた。フイリマングースは雑食性で，繁殖力が強く，生息域を拡大させて家畜や農作物などにも被害を及ぼすようになった。

対 策 フイリマングースは，特定外来生物に指定されている。奄美大島では，2000年から本格的にフイリマングースの駆除がはじまった。罠《わな》などを用いた駆除の結果，奄美大島におけるフイリマングースの推定個体数は，1999年には5000頭以上だったが，2019年には10頭以下に減少した。これに伴い，アマミノクロウサギなどの在来種の増加も確認されている。

マングース捕獲用わな

豆知識 黒海では，バラスト水によって侵入したクシクラゲが動物プランクトンを食べ，動物プランクトンの本来の捕食者であるカタクチイワシが減少して漁業被害が出た。また，北米の五大湖周辺では，同じくバラスト水によって侵入したゼブラ貝の異常繁殖によって発電所の冷却水の取水口が詰まり，発電所が停止したことがある。

2 地球温暖化 基礎 生物 中学

重要

地球温暖化は，平均気温が全地球的に長期間にわたって上昇していく現象である。主な原因には，人間活動によって温室効果ガスの濃度が大気中で増加していることが挙げられる。温室効果ガスには，二酸化炭素，水蒸気，メタン，フロンなどがある。温暖化防止のために，世界各国で温室効果ガスの排出削減などの取り組みが行われている。

Ⓐ温室効果

小論文 ➡p.348，p.349

大気中に温室効果ガスがない。	大気中に温室効果ガスがある。

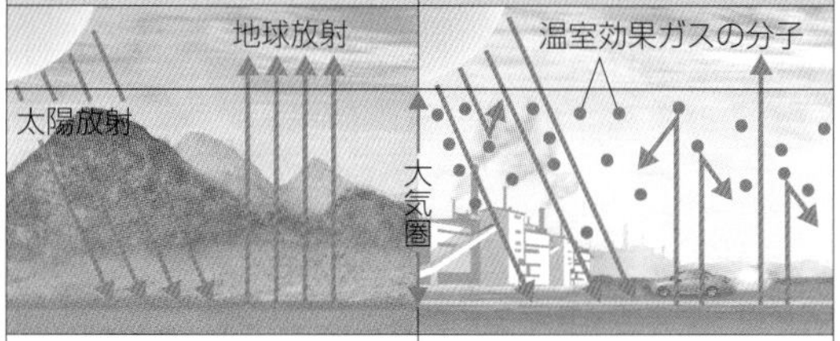

地表から放出された熱(地球放射)は，大気圏外へ逃げる。	地球放射は，温室効果ガスに吸収され，再び放出される。

大気中の二酸化炭素や水蒸気などには，地表面から放出される熱のエネルギーを吸収し，地表の熱が大気圏外へ逃げるのを防ぐ保温効果がある。この効果を**温室効果《おんしつこうか》**という。

Ⓑ二酸化炭素濃度の変化

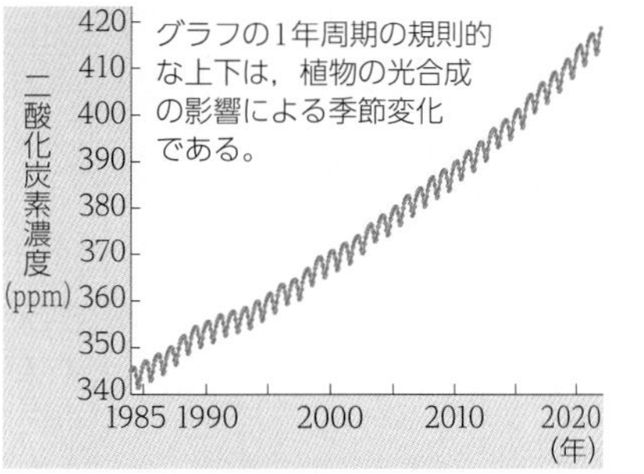

Ⓒ世界の地上平均気温の変化

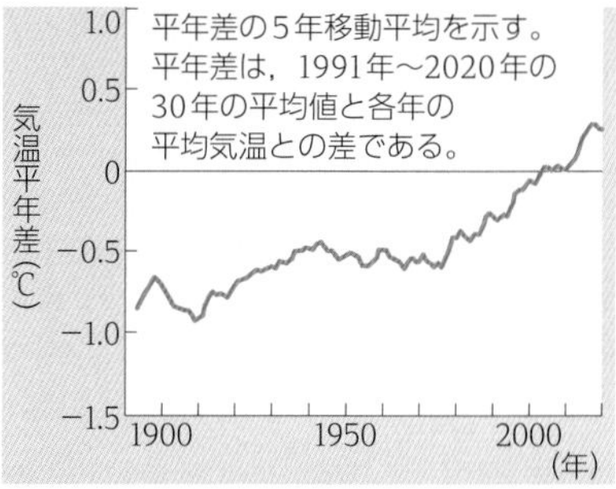

地球温暖化の進行にともなって，山岳氷河の融解や海水面の上昇などが観測されている。また，植物の開葉や開花時期が大きく変動したり，標高や緯度の高い地域の生物の分布が変化したりするなど，生態系にも影響が及びはじめている。

Ⓓ極域の氷の融解

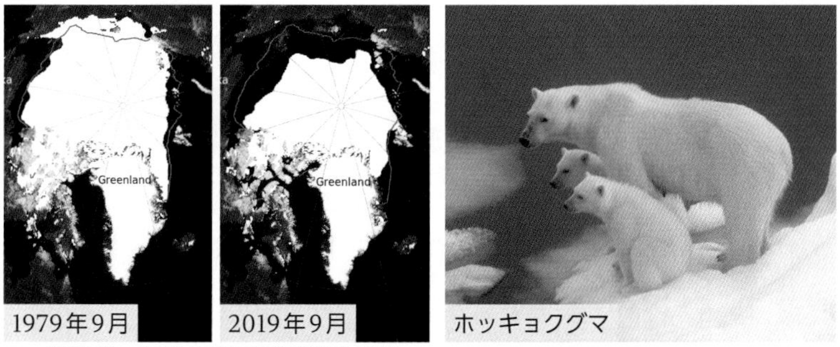

1979年9月　2019年9月　ホッキョクグマ

──1981年～2010年の平均的な海氷境界

北極海の海氷域面積は，季節変動を示す。通常，海氷は9月中旬まで融解がみられる。海氷域面積は長期的に減少しており，特に年最小面積は減少が顕著である。北極に生息するホッキョクグマは，海氷の融解に伴って生息地が減少し，絶滅の危機にさらされている。また，海氷の消失は，海洋循環へ影響を及ぼしたり，氷河の海洋への流出量を増加させたりすると考えられており，これに伴う海水面の上昇も懸念されている。

+PLUS α 海洋の酸性化

大気中のCO_2の一部は海水に溶け込み，炭酸水素イオン(HCO_3^-)や炭酸イオン(CO_3^{2-})となる。この反応には水素イオン(H^+)の放出が伴い，溶け込むCO_2の量がふえると放出されるH$^+$の量もふえ，海洋のH$^+$濃度が上昇する。これを**海洋《かいよう》の酸性化《さんせいか》**という。海洋の酸性化が進むと，炭酸カルシウム($CaCO_3$)の殻や骨格をもつプランクトンや貝類，サンゴなどの殻や骨格形成が阻害される。

生態ピラミッドの下位を担うプランクトンのような生物の成長や繁殖が抑制されると，その海洋生態系全体に影響が及ぶ可能性がある。

海洋の酸性化によって薄く透明になった貝殻

3 持続可能な開発目標(SDGs) 基礎 生物

要

SDGs《エスディージーズ》(Sustainable Development Goalsの略称)は，2015年の国連サミットで採択された「持続可能な開発のための2030アジェンダ」において示された2016年～2030年の15年間の長期的な国際目標である。

SDGsは，発展途上国のみならず，先進国も含めて取り組む普遍的な目標である。SDGsでは，貧困や格差の撲滅など，地球上の「誰一人取り残さない(leave no one behind)」ことを誓っている。持続可能な世界を実現するために21世紀の世界が抱える課題を包括的に挙げており，17の大きなゴール(目標)と，それらを達成するための169のターゲット(大きな目標を達成するのに必要な具体的な小目標)，およびターゲットの達成評価指標が設定されている。各国は，進捗状況を報告し，その評価が毎年7月頃に行われている。

生物の学習と関連の深いものには，
「13.　気候変動に具体的な対策を」
「14.　海の豊かさを守ろう」
「15.　陸の豊かさも守ろう」
がある。これに，
「6.　安全な水とトイレを世界中に」
を加えた4つの目標は，生態系サービスに深く関連するもので，他の目標の根幹を支える非常に重大な目標であるといえる(➡p.337)。

豆知識　気温の上昇に伴って海水温が上昇すると，サンゴに共生する褐虫藻(➡p.317)がサンゴから離脱する。これにより，サンゴが白くなる現象を白化現象という。褐虫藻を失ったサンゴは生息に必要な栄養分を得られなくなるため，この状態が長期間続くとやがて死滅する。

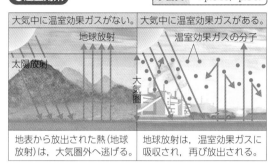

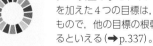

特集③ 絶滅危惧種 基礎 生物

Endangered Species

関連動画をCheck!

●レッドリストとレッドデータブック

絶滅のおそれのある生物種について，その危険性の高さを判定して分類したものを**レッドリスト**といい，このリストをもとに分布や生息状況，絶滅の危険度などをより具体的に記載したものは，**レッドデータブック**と呼ばれる。レッドリストやレッドデータブックは，世界規模のものから，国レベル，県や市レベルなど，さまざまな規模で作成されている。世界規模のものは，IUCN（国際自然保護連合）によって作成されるものが有名で，絶滅危惧種を，個体数の減少速度や生息地面積の広さ，絶滅確率などの基準によって，大きく3つに分類している。日本でも，同様の分類（右図）を用いたレッドリストが環境省によって作成されている。

情報あり	絶滅種	絶滅（EX）	既に絶滅した（extinct）と考えられる種
		野生絶滅（EW）	飼育・栽培下でのみ生存している種
	絶滅危惧種	絶滅危惧IA類（CR）	ごく近い将来，絶滅の危険性が極めて高い種
		絶滅危惧IB類（EN）	近い将来，絶滅の危険性が高い種
		絶滅危惧II類（VU）	絶滅の危険性が増大しており，将来絶滅危惧I類になることが確実視されている種
		準絶滅危惧（NT）	現時点では絶滅の危険性は少ないが，環境の変化によっては絶滅危惧種になる可能性のある種
		軽度懸念（LC）	評価を行ったが，上記には該当しない種
情報不足（既に絶滅寸前で個体数が少なく，情報が集まらないものも含める）			

●世界の絶滅種と絶滅危惧種

2024年のIUCNのレッドリストでは，約千種が絶滅種に，4.5万以上の種が絶滅危惧種に選定されている。

絶滅（EX）と野生絶滅（EW）

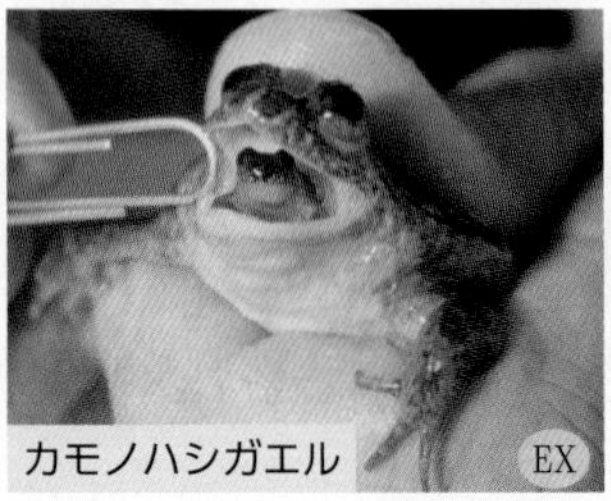
カモノハシガエル EX
分布 オーストラリア
原因 カエルツボカビ病の疑い

フクロオオカミ EX
分布 オーストラリア
原因 狩猟，外来生物，生息地減少

フランクリン・ツリー EW
分布 アメリカのジョージア州
原因 乱獲

シフゾウ EW
分布 中国
原因 狩猟，生息地減少

深刻な危機（CR）

ブラジルマツ
分布 ブラジル，アルゼンチンなど
原因 木材や果実，種子の乱獲

オオチョウザメ
分布 黒海，カスピ海
原因 卵（キャビア）のための乱獲

アデヤカフキヤヒキガエル
分布 コスタリカ，パナマ西部
原因 カエルツボカビ病など

クロサイ
分布 アフリカのサハラ砂漠以南
原因 角を目的とした密猟

危機（EN）

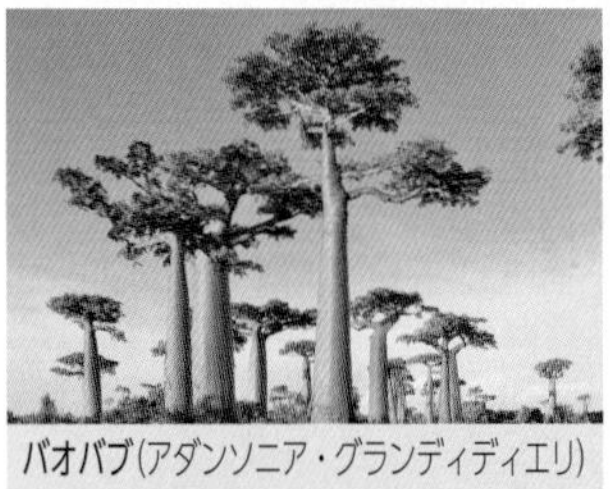
バオバブ（アダンソニア・グランディディエリ）
分布 マダガスカル
原因 環境が変わり若木が育たない

ヒロオビフィジーイグアナ
分布 フィジー，トンガ
原因 生息地の森林減少，外来生物

ケープペンギン
分布 アフリカ南部沿岸
原因 食物不足，石油流出事故など

グレビーシマウマ
分布 エチオピア，ケニア
原因 密猟，生息地や水資源の減少

危急（VU）

タイセイヨウダラ
分布 北大西洋およびその周辺
原因 過剰な漁獲

ワニガメ
分布 アメリカ
原因 乱獲，生息地減少，農薬汚染

アンデスフラミンゴ
分布 南米（南西部）
原因 卵の乱獲，生息地の変化

コツメカワウソ
分布 東南アジア，南アジアなど
原因 生息地の悪化，狩猟

豆知識 レッドリストに法的拘束力はない。日本では，種の保存法によって，絶滅危惧種に選定された生物種の一部を国内希少野生動植物種に指定し，ワシントン条約などで指定されている海外の希少種とともに，その保護を義務付けている。しかし，国内希少野生動植物種に指定されている生物種は，約450種にとどまっている。

ワシントン条約

（正式名称：絶滅のおそれのある野生動植物の種の国際取引に関する条約，
CITES（サイテス）：Convention on International Trade in Endangered Species of Wild Fauna and Flora）

乱獲など，人間の商業活動によって絶滅の危機に追いやられる生物種が少なくないことから，1973年，絶滅のおそれのある動植物の保護を目的とするワシントン条約《じょうやく》が採択された。この条約では，保護が必要な生物を附属書によって3段階に分け，それぞれの必要性に応じて国際取引の規制が設けられている。また，生きた生物以外に，はく製や毛皮，漢方薬など，対象生物を加工した製品も規制の対象とされる。

	附属書Ⅰ	附属書Ⅱ	附属書Ⅲ
記載基準	絶滅のおそれのある種で，取引による影響を受けている，または受けるおそれのあるもの	現在は必ずしも絶滅のおそれはないが，取引を規制しなければ将来絶滅のおそれのあるもの	締約《ていやく》国が自国内での保護のため，他の締約国・地域の協力を必要とするもの
規制内容	商業目的の取引は原則禁止（学術研究を目的とした取引などは可能）。輸出国・輸入国双方の許可書が必要	商業目的の取引は可能だが，輸出国政府の発行する輸出許可書などが必要	商業目的の取引は可能だが，輸出国政府発行の輸出許可書，または原産地証明書などが必要
対象種の例	オランウータン，トラ，ゴリラ，ジャイアントパンダ，タンチョウ，モッコウ（キクのなかま），ウミガメ科全種　など　約1000種	クマ科※，タカ目※，オウム目※，ネコ科※，サボテン科※，ラン科※など　約37300種（※全種。ただし例外あり。）	セイウチ（カナダ），ワニガメ（アメリカ），ハクビシン（インド），アカサンゴ（中国）　など　約200種

日本の絶滅種と絶滅危惧種

分類は，環境省の第4次レッドリスト（2020年改訂）にもとづく。約130種が絶滅種または野生絶滅種として，また，約3700種が絶滅危惧種として選定されている。

絶滅(EX)と野生絶滅(EW)

ニホンカワウソ　EX
分布　（かつては日本各地）
原因　河川環境の悪化，乱獲

ツクシカイドウ　EW
分布　大分県，熊本県
原因　自生地の消失，乱獲

クニマス　EW
分布　（秋田県田沢湖），山梨県西湖《さいこ》
原因　開発に伴う水質変化

コシガヤホシクサ　EW
分布　埼玉県，茨城県
原因　生息地の変化

絶滅危惧IA類(CR)

ヒルギモドキ
分布　沖縄県の潮間帯《ちょうかんたい》
原因　自生地の減少，環境悪化

ベッコウトンボ
分布　本州中部以南
原因　開発，農薬による水質汚染

コウノトリ
分布　国内での繁殖個体群は消失
原因　乱獲や生息地の消失

ジュゴン
分布　沖縄島周囲
原因　餌場となる藻場の環境変化

絶滅危惧IB類(EN)

ジンリョウユリ
分布　徳島県や静岡県の山地
原因　乱獲，自生地減少，自然遷移

ヒメシロチョウ
分布　北海道から九州の草地や農耕地
原因　生息地の減少

ニホンウナギ
分布　海（東アジア）や河川，湖沼
原因　河川改修などに伴う環境変化

イヌワシ
分布　北海道から九州の山地帯
原因　スキー場やダムの建設

絶滅危惧II類(VU)

ユキモチソウ
分布　近畿や四国の山地など
原因　生息地の減少，乱獲

メダカ（キタノメダカとミナミメダカ）
分布　本州以南の湖沼や水田など
原因　生息地の変化，外来生物

アオウミガメ
分布　（産卵期）屋久島や小笠原諸島
原因　産卵場の環境悪化

アホウドリ
分布　伊豆諸島の鳥島，尖閣《せんかく》諸島
原因　羽毛を目的とした乱獲

豆知識　ワシントン条約は，海外へ渡航した一般人が土産品を国内に持ち込む場合にも適用される。ランやサボテン，ジャコウや虎骨の成分を含む漢方薬など，条約で指定されているものが，渡航先でふつうに土産物として売られていることも多い。しかし，所定の手続きを経ていなければ，これらは税関で差し止められ，没収される。

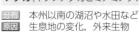

Science Special

Biodiversity Crisis and Human Activity

生物多様性の危機と人間活動

私たち人類が暮らす地球の環境は，地域ごとの気候，生態系に含まれる多様な生物どうしの繋がりや環境形成作用によって維持されている。しかし人類は自身の生存基盤である生態系を改変し，生物多様性を脅かしている。地球温暖化を含む気候変動も生物多様性に影響を及ぼしはじめている。生物多様性や生態系サービスの危機に対処するために，『生物多様性および生態系サービスに関する政府間科学－政策プラットフォーム(IPBES《イプベス》)』は，世界中の生物多様性の状態や危機に関する科学的な情報を集めて分析し，世界に発信している。

1 IPBESの役割

2010年に愛知県名古屋市で開催された生物多様性条約第10回締約国会議(COP10)では，生物多様性のさらなる損失を防ぐための具体的な行動目標である「愛知目標」が採択された(➡p.327)。愛知目標を達成するためには，地球全体そして地域ごとの生物多様性や生態系サービスの状態と変化を科学的に分析・評価し，さらに国際社会や各国の政策に反映させる必要がある。そこで，自然・経済・社会・文化が大きく異なる地域ごとの研究成果を取りまとめて政策提言を行う政府間機関として2012年4月にIPBESが設立された。IPBESには2021年現在130ヶ国以上が加盟している。

IPBESはこれまでにいくつもの報告書を公表している(図1)。これらの報告書では，世界および各地域での生物多様性や生態系サービスの現状と変化，変化の要因，人類や気候変動の影響について分析した結果にもとづいて，自然と共生する社会を地球規模で実現するための知見を提供している。

図1　IPBESによる最近の報告書の例

左から，「生物多様性と生態系サービスに関する地球規模評価報告書」(2019年公開)，「生物多様性と生態系サービスに関する地域評価報告書　アジア・オセアニア地域」(2018年公開)，「花粉媒介者，花粉媒介および食料生産に関するアセスメントレポート」(2016年公開)

(出典：IPBESウェブサイト www.ipbes.net)

2 地球規模での生物多様性の危機

「生物多様性と生態系サービスに関する地球規模評価報告書」では，地球全体の生物多様性と生態系サービス，およびこれらに対する人為活動や気候変動の影響が評価された。人類と社会に対する主要なメッセージは次の4つである。

Ⓐ 自然と自然による人類への重要な寄与(生物多様性と生態系の機能やサービス)は，世界的に悪化している

世界的な人口増加に伴い，人間は大量の資源を自然から得ている。その一方で人間は生態系を改変し，大気や水，土壌を汚染することによって，陸域，淡水域，海洋の自然生態系の減少や劣化を招いている。世界の森林面積は産業革命以前の約68％まで減少し，サンゴ礁の面積は過去150年間でほぼ半減した。世界中のさまざまな生物種群で絶滅リスクが増加している(図2)。IPBESが推定の対象とした800万種の植物と動物(うち75％は昆虫類)のうち100万種が既に絶滅の危機に瀕《ひん》していることが示された。

Ⓑ 直接的，間接的な変化要因が過去50年で増大している

農地や都市の拡大に伴う森林伐採やダム建設などの土地利用変化は陸域と淡水域の生態系に大きな影響を与えている。温室効果ガスの排出による気候変動，海洋プラスチック汚染，工業廃水や肥料の過剰使用による土壌や水の汚染，侵略的外来種の増加，海洋での魚介類の大量採取が生物多様性に危機をもたらしている。

Ⓒ 自然の保全と持続可能な利用，持続可能な社会の実現への目標達成には，経済，社会，政治，技術すべてにおける変革(transformative change)が必要

過去から現在にかけて生物多様性，生態系機能，および自然の寄与が急速に減少している。持続可能な社会を実現するためには，エネルギー，食料，水の生産と消費の変革，気候変動の適応策や緩和策の導入が必要である。

Ⓓ 自然の保全，再生，持続可能な利用と世界的な社会目標は，社会変革に向けた緊急で協調した努力によって達成できる

食料，水，エネルギー，人間の健康と福利，気候変動の緩和と適応，自然の保全と持続可能な利用を実現するには，政治，社会，個人の協力と社会変革が必要である。

(a)国際自然保護連合(IUCN)作成のレッドリストに記載されている絶滅危惧種の割合

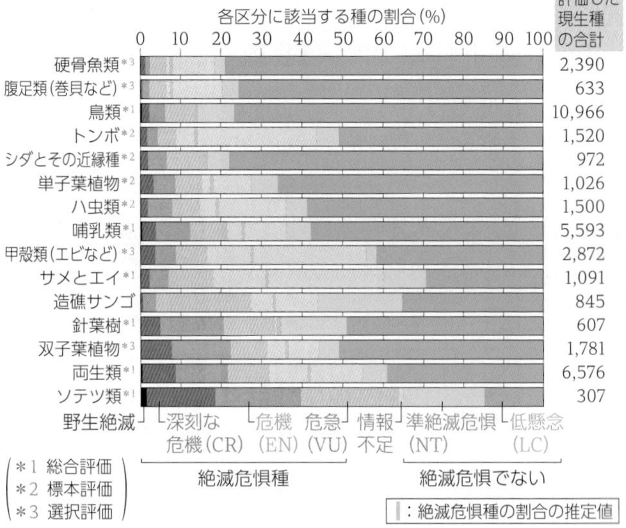

(b)1500年以降の脊椎動物の絶滅種の割合

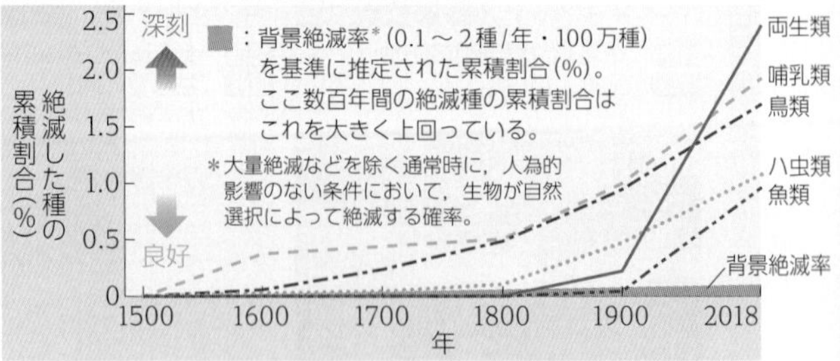

ハ虫類と魚類の割合は全種評価にもとづくものではない。

図2　さまざまな生物種群の世界的な絶滅リスクの状況

(出典：IPBES生物多様性と生態系サービスに関する地球規模評価報告書　政策決定者向け要約　環境省訳　www.biodic.go.jpをもとに改変)

豆知識　人類が生物多様性を含む自然環境から受ける恩恵は「生態系サービス」と呼ばれる。IPBESでは，これらのサービスを含む人類が自然から得ているあらゆる便益に加えて，害虫や病原体のように人々にとって害(不利益)になることも含めた「自然の寄与」という新たな概念を提案している。

3 | アジア・オセアニア地域での生物多様性の危機

「生物多様性と生態系サービスに関する地域評価報告書」では，世界の各地域の気候や人間社会，文化，地理的環境とともに生物多様性の変化要因が分析された。アジア・オセアニア地域はさまざまな気候や地形によって構成されており，それらが陸域，沿岸域，海洋に豊かな生物多様性をもたらしている(図3)。大小多くの島々と多様なサンゴ礁域，多くのマングローブによって，世界で最も豊かな海洋の生物多様性を擁《よう》しているという特徴がある。世界の総人口の約60 %に当たる約45億人がこの地域に住み，その多様な生活，社会，文化は，豊かな生物多様性に大きく依存している。1960年代からの急速な経済成長と人口増加は都市化と農地拡大を急速に進めて環境に大きな負荷をもたらし，生物多様性の劣化と消失，生物種の絶滅リスク(図4)を招いている。

アジア・オセアニア地域では森林，山岳生態系，内陸の淡水や湿地，および沿岸生態系が深刻な危機に瀕している。生息地の縮小に伴う遺伝的多様性の低下も生じている。日本の私たちを含む多くの人々の日常的な食料や物資を調達するために，東南アジアではパーム油，パルプ，ゴムおよび木材製品の需要拡大などによって1990年から2015年までの間に森林面積が12.9 %減少した(図5)。また草原の60 %，砂漠地帯の20 %以上が過放牧，外来種の侵入または農地への転換によって劣化した。北東アジアや南アジアでは森林減少対策や植林などにより森林面積が増加傾向にある(➡p.330)。それでもアジア・オセアニア地域の固有種の約25 %が絶滅の危機に瀕している。森林の劣化と分断化は野生哺乳類と鳥類を減少させる。スンダランド(東南アジアにある一帯)の低地林では，今後数十年間に鳥類の29 %，哺乳類の24 %が森林減少によって絶滅すると予測されている。広範囲にわたる大型脊椎動物の消失によって，種子散布や食物連鎖など多くの森林機能やサービスに影響が生じている。また太平洋島嶼国《とうしょこく》やハワイでは鳥類の絶滅が進行している。侵略的外来種は生態系の変化と生物多様性の消失をもたらす重大要因の1つであり，特に島嶼《とうしょ》で深刻である。この地域の人々の食料を支える漁業は，乱獲，侵略的外来種，汚染，気候変動の影響を受けている。淡水生態系には世界全体の28 %以上の水生または半水生の種が生息し，このうち約37 %が気候変動や，ダム建設や産業などの人為に脅かされている。気候変動，海面上昇，海洋の酸性化(➡p.333)，異常気象は沿岸生態系に多大な影響を及ぼす。2050年までに最大で90 %のサンゴ礁が著しく劣化すると推定されている。

生物多様性の保護区の面積を拡大する努力が続けられている。多くの国々では，生物多様性保全に有効な，先住民や地域住民の知識や文化的慣習が保護区管理に活用されている。しかし集約的農業と多収性品種への転換によって，伝統的な農業とそれに伴う生物多様性は先住民や地域住民の知識とともに失われつつある。

4 | 地球環境，生物多様性と私たちの未来

私たちの社会や経済，日々の安全な暮らしはさまざまな形で生物多様性や生態系の機能からなる生物圏に支えられている(図6)。しかし人類の繁栄は地球環境を大きく改変してしまい，人類自身の危機を招いている(「地球の限界」➡p.328)。私たちはどのようにこの大きな問題に対処できるだろうか。

最新の科学技術を駆使することに加えて，生態系を活用した解決策の重要性が国際的に拡大している。生態系の保全による環境調節機能(「調節サービス」)の強化により，気候変動の進行を弱める「緩和」や気候変動への「適応」の推進，および極端気象や台風による洪水や土砂崩壊，海面上昇や海岸浸食などの災害リスクの抑制・防止などが期待される。日本に住む私たちが生態系の危機を実感する機会は多くはないが，私たちが日々利用している食料や物資は東南アジアをはじめとする他地域の生態系や生物多様性に大きく依存している。複雑な生物多様性や気候変動の問題を人間の生活と関連づけて学び，自分のこととして捉え理解することが重要である。　　(岐阜大学流域圏科学研究センター　教授　村岡裕由)

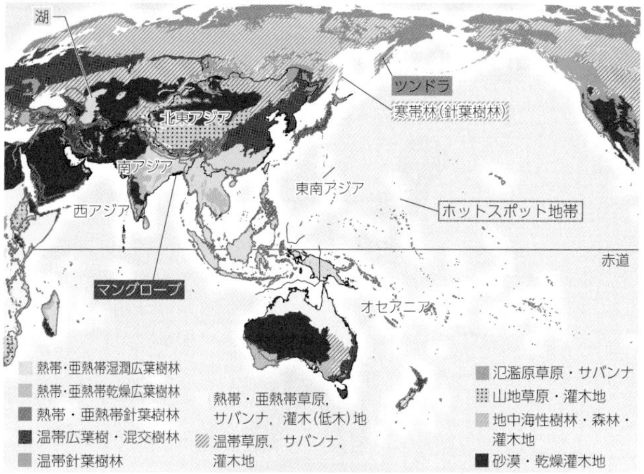

図3　IPBESが評価対象とするアジア・オセアニア地域の主な生物地理学的地域とホットスポット地帯

(出典：IPBES生物多様性と生態系サービスに関する地域評価報告書　アジア・オセアニア地域　政策決定者向け要約　環境省訳　www.biodic.go.jpをもとに改変)

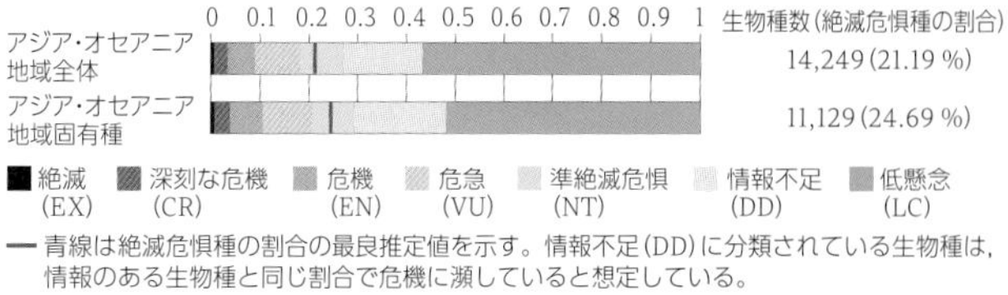

図4　アジア・オセアニア地域における生物種の絶滅リスク

(出典：IPBES生物多様性と生態系サービスに関する地域評価報告書　アジア・オセアニア地域　政策決定者向け要約　環境省訳　www.biodic.go.jpをもとに改変)

アブラヤシからとれるパーム油は，食品や日用品に広く利用されている。プランテーションは主に熱帯多雨林を伐採，または焼き払うことでつくられてきた。

▲パーム油の利用例

図5　広大なアブラヤシのプランテーション(ボルネオ島)

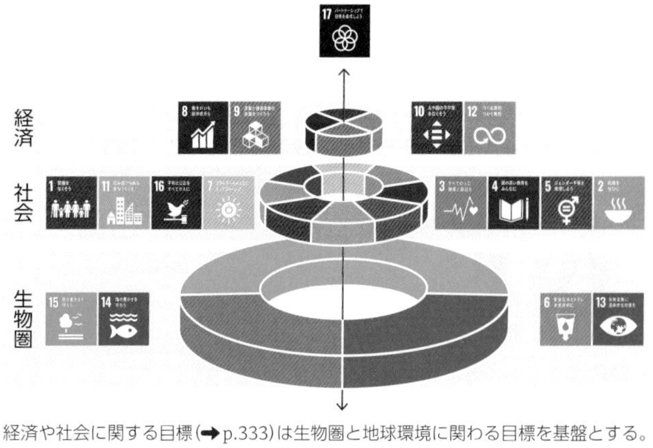

経済や社会に関する目標(➡p.333)は生物圏と地球環境に関わる目標を基盤とする。

図6　持続可能な開発目標(SDGs)の経済的，社会的，生物圏の各要素の関係

(出典：Azote Images for Stockholm Resilience Centre, Stockholm Universityをもとに改変)

豆知識　アジア・オセアニア地域には，世界で最も高い山々と最も深い海底，広大な沖積平野，沿岸などの景観や，無数の島々があり，独特の生態系と豊かな生物多様性をもたらしている。全世界に36カ所ある生物多様性ホットスポットのうち17カ所はこの地域にある。

付録1　生物学の研究方法

1　光学顕微鏡の構造

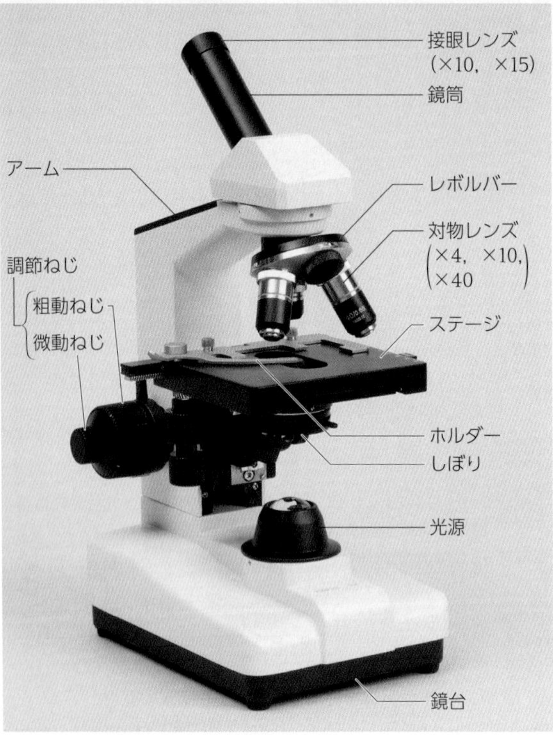

接眼レンズ：眼に接する側のレンズ。倍率の低いものほど長い。
レボルバー：異なる倍率の対物レンズに変えるときに回転させる。
対物レンズ：観察する物体の側のレンズ。倍率の高いものほど長い。解像度は対物レンズの解像度で決まる。
ステージ：プレパラートを置く台。
ホルダー：プレパラートを押さえるためのクリップ。
しぼり：光の量を調節する。
光源：試料に光を照射する。鏡で光を反射させて光を当てるものもある。
調節ねじ：ステージ(または鏡筒)を上下させてピントを合わせる。

倍率 ＝ 接眼レンズの倍率 × 対物レンズの倍率

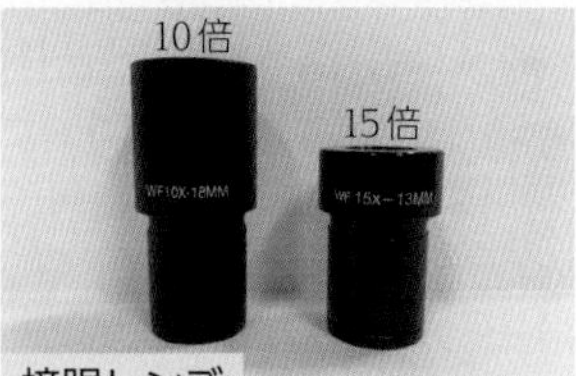

接眼レンズ

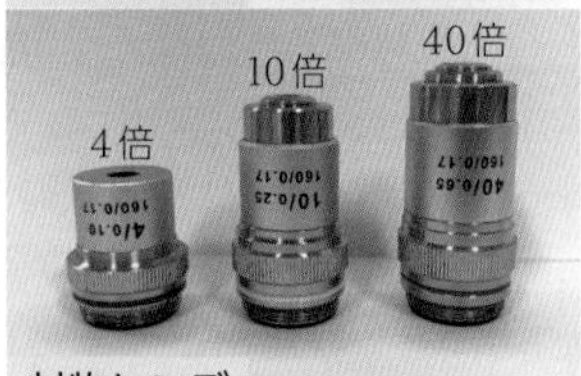

対物レンズ

実体顕微鏡の扱い方
①両目の間隔に合うように鏡筒を調節し，左右の視野が重なるようにする。
②両目でのぞき，粗動ねじを少し緩めておよそのピントを合わせる。
③視度調節リングがない側の目だけでのぞき，微動ねじでピントを合わせる。
④③の反対側の目でのぞき視度調節リングでピントを合わせる。

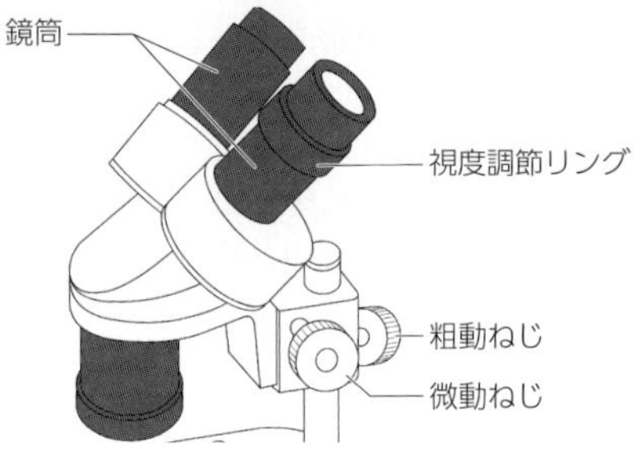

2　顕微鏡の使い方

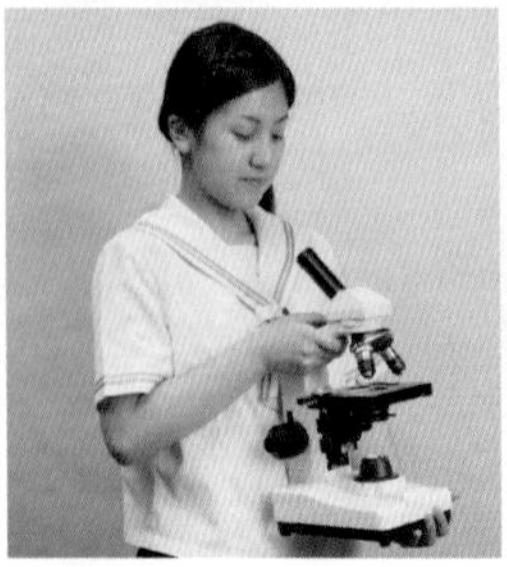
①**運び方**　一方の手でアームを持ち，他方の手を鏡台の下に添えて持ち運ぶ。

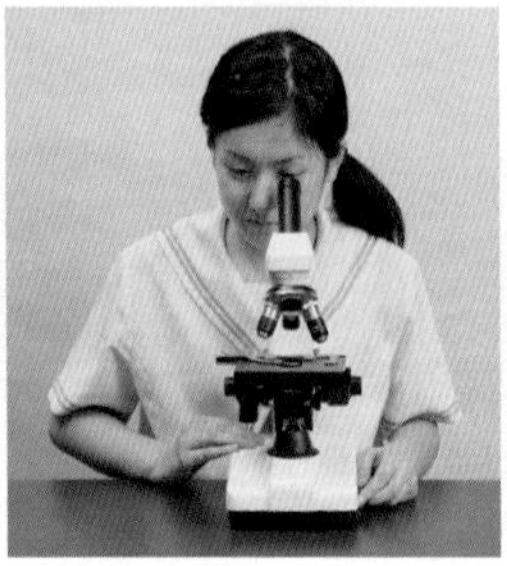
②**光量の調節**　視野が均一な明るさになるように光量を調節する。

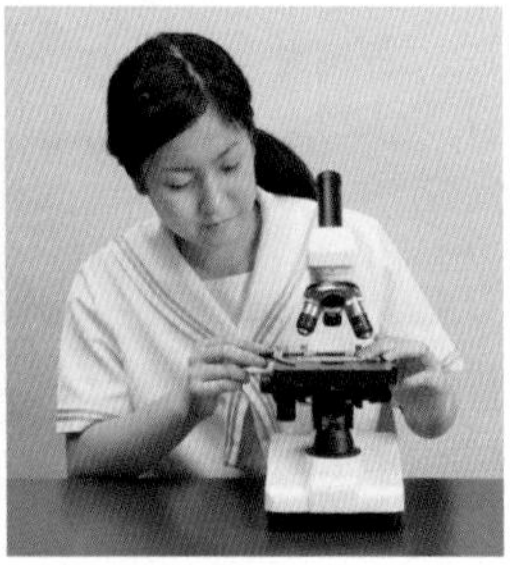
③**プレパラートのセット**　試料が対物レンズの真下になるようにプレパラートをステージに置き，ホルダーで止める。

④**ピントの合わせ方**　横から見ながらプレパラートと対物レンズを近づける。プレパラートを対物レンズから遠ざけながらピントを合わせる。

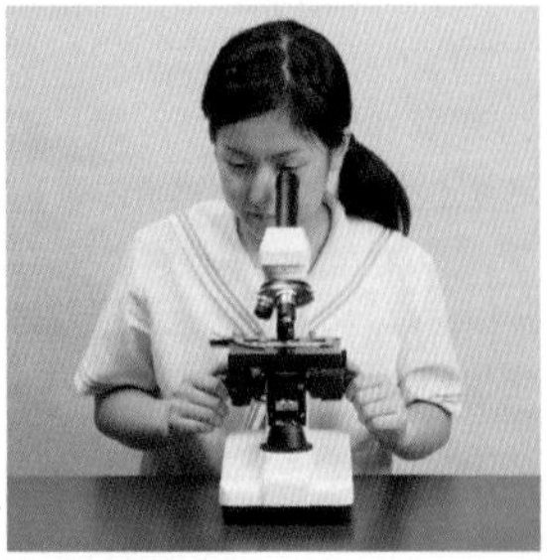
⑤**倍率の変更**　より高い倍率で見るときは，横から見ながらレボルバーを回し，高倍率のレンズに変更する。変更後は微動ねじを操作してピントを合わせる。

肉眼での見え方

顕微鏡での見え方

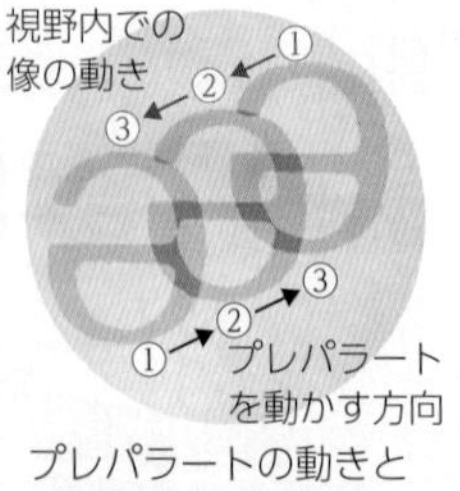

プレパラートの動きと視野内での像の動き

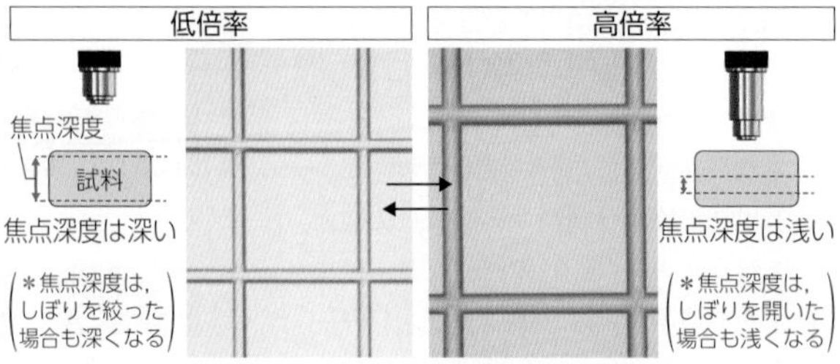

視野は広く明るい　視野は狭く暗い

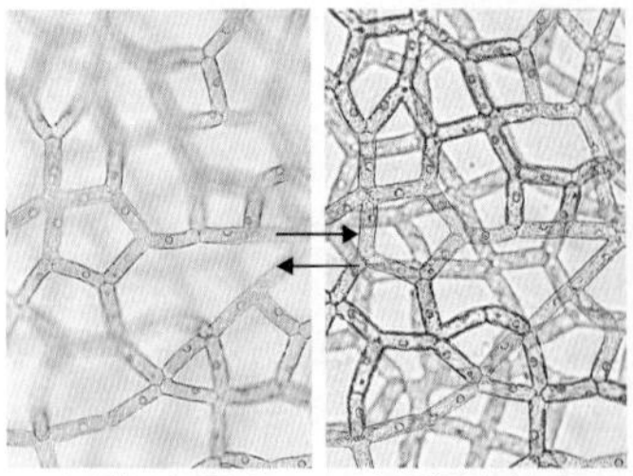
しぼりを開く　しぼりを絞る

⑥**観察する像を探す**　観察しやすい像を探し，視野の中央に移動させる。倒立像をつくる顕微鏡では，実際の移動方向と視野内での移動方向が異なるので，プレパラートの動かし方には注意する。

⑦**倍率と視野の範囲**　必要に応じて倍率を変える。高倍率では視野の範囲が狭くなり，視野の明るさは低下する。また，高倍率では焦点深度(ピントを合わせたとき，同時にピントが合って見える範囲)が浅くなるため，ピントを合わせるのが低倍率より難しい。

⑧**しぼりの調節**　しぼりを絞ると視野は暗くなるが輪郭《りんかく》は明瞭になる。その都度，最も観察しやすい光量になるように調節する。

豆知識　レンズの語源は，レンズマメという植物の名前である。凸レンズの形状がレンズマメの種子の形状と似ていることから名付けられた。

3 染色液

目的とする細胞小器官などを特定の色素で染色することによって観察対象を明確にできる。

染色部	色素・染色液	染色
核	酢酸カーミン溶液	赤色
	酢酸オルセイン溶液	赤色
	メチレンブルー溶液	青色
	ピロニン・メチルグリーン染色液*1	赤色・青緑色
ミトコンドリア	ヤヌスグリーン	青緑色
	TTC*2溶液	赤色
中心体・紡錘体	鉄ヘマトキシリン	黒色
液胞など	ニュートラルレッド	赤色
細胞壁	サフラニン*3	赤色

＊1ピロニンがRNAを赤色に，メチルグリーンがDNAを青緑色に染色する。P-M液ともいう。

＊2TTCは，ミトコンドリアに局在するコハク酸脱水素酵素で還元されて赤色になる。

＊3サフラニンは，リグニンが蓄積して木化した部分を染める。

4 プレパラートのつくり方

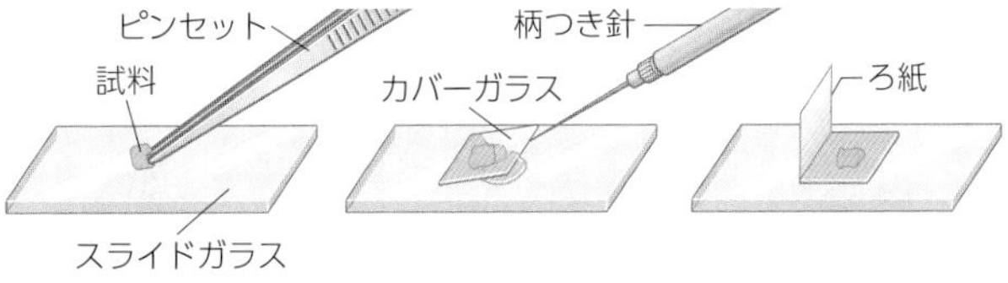

①透過光で観察するため，できるだけ薄くした試料をスライドガラスの上に置き，水または染色液を1～2滴かける。

②カバーガラスは，気泡が入らないように注意してかぶせる。

③余分な水または染色液をろ紙で吸い取って，プレパラートをつくる。

5 ミクロメーターの使い方

Ⓐ接眼ミクロメーターと対物ミクロメーターのセット

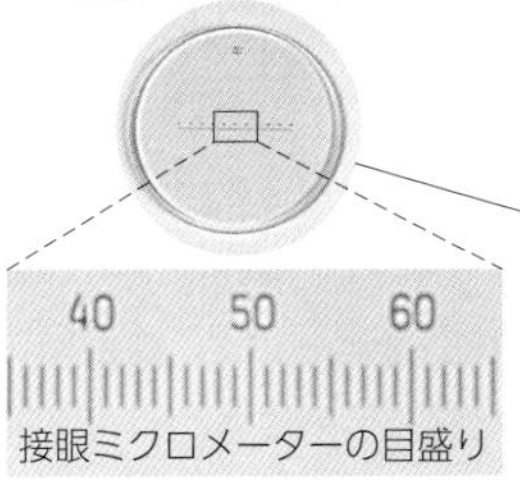

接眼ミクロメーターには，等間隔の目盛りが刻まれている。

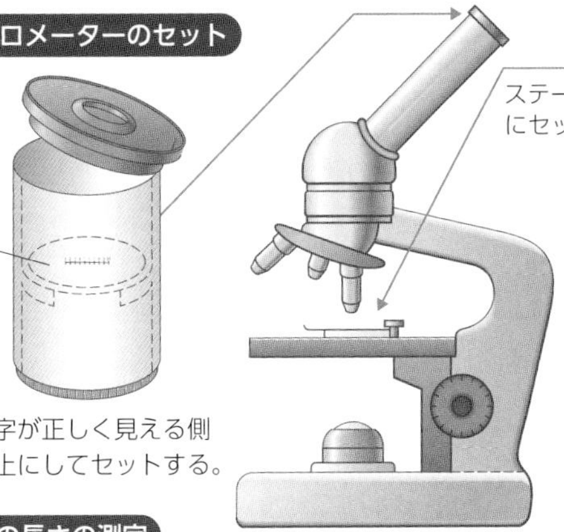

数字が正しく見える側を上にしてセットする。

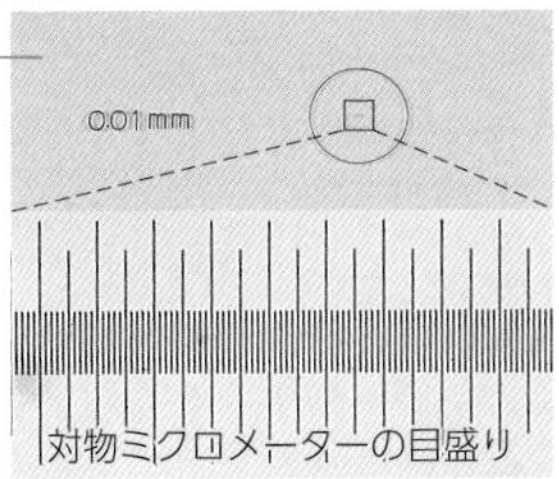

対物ミクロメーターは，接眼ミクロメーターの1目盛りの長さを測定するために用いられる。目盛りは，1 mmを100等分した間隔で刻まれている。

1目盛り＝0.01 mm＝10 µm

(1 mm＝1000 µm)

Ⓑ接眼ミクロメーターの1目盛りの長さの測定

両方の目盛りが並行に重なるようにし，目盛りの一致点を2か所探す。

2か所の目盛り数をそれぞれ読み取り，接眼ミクロメーターの1目盛りの長さを求める。

$$\text{接眼ミクロメーター1目盛りの長さ(µm)}=\frac{10\times\text{対物ミクロメーターの目盛り数}}{\text{接眼ミクロメーターの目盛り数}}$$

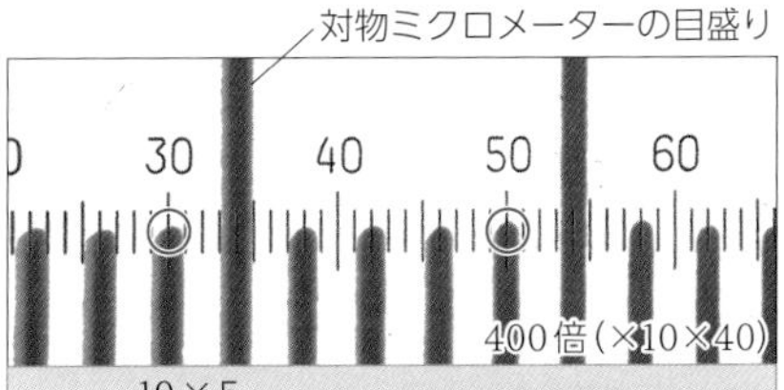

$\frac{10\times5}{20}=2.5$　1目盛り2.5 µm

Ⓒ試料の大きさの測定

測定は接眼ミクロメーターを用いて行う。適当な倍率で試料にピントを合わせ，測定する部分の目盛り数を読み取る。

$$\text{試料の大きさ(µm)}=\text{その倍率での接眼ミクロメーターの1目盛りの長さ}\times\text{読み取った目盛り数}$$

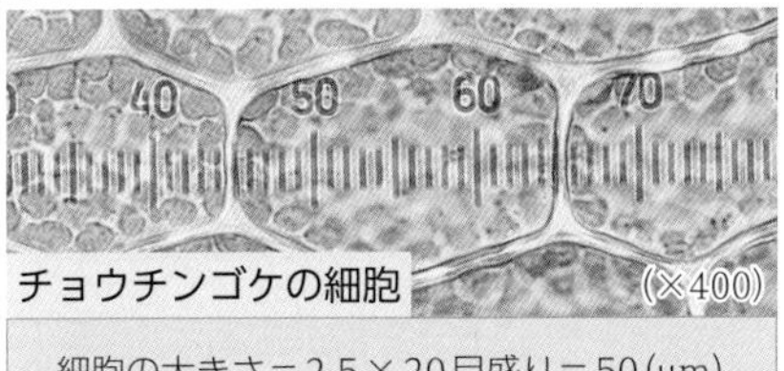

チョウチンゴケの細胞　(×400)

細胞の大きさ＝2.5×20目盛り＝50 (µm)

対物ミクロメーターで試料の大きさを測れない理由

①対物ミクロメーターの目盛りと試料との両方に同時にピントを合わせることができない。

②対物ミクロメーターの1目盛り(10 µm)より小さい観察物の大きさを正確に測定できない。

③観察物に合わせて目盛りの方向を変えることができない。

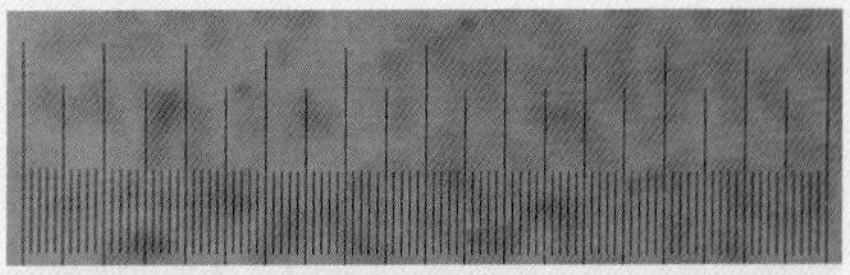

対物ミクロメーターの目盛りにピントを合わせた場合

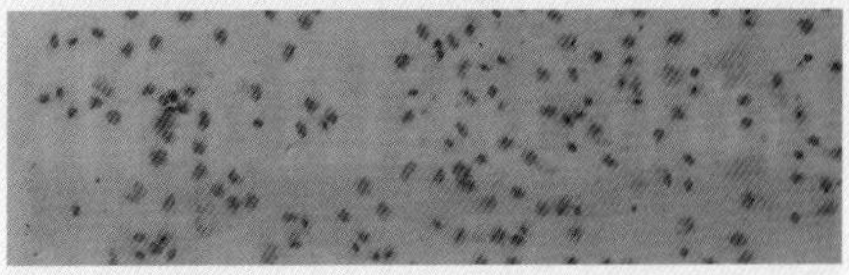

試料にピントを合わせた場合

6 スケッチの仕方

スケッチをすることによって，対象物をより詳細に観察して記録できる。

①多くの対象物を見て，全体を代表するものを選んでスケッチする。

②対象物はできるだけ大きく描く。

③輪郭は線で，陰影は点の疎密で描く。

④見えるものをすべて描く必要はない。観察対象のみを描く。

⑤実際の大きさがわかるようにスケールを入れてもよい。

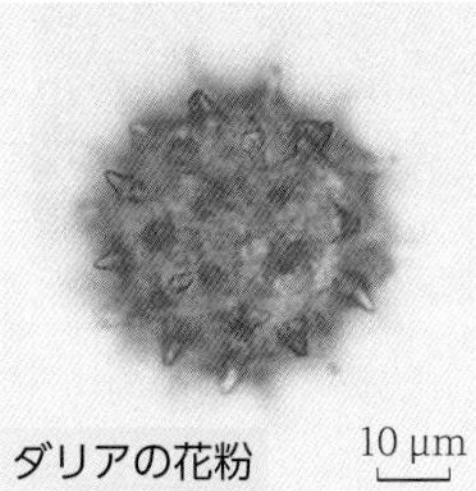

ダリアの花粉

よいスケッチの例

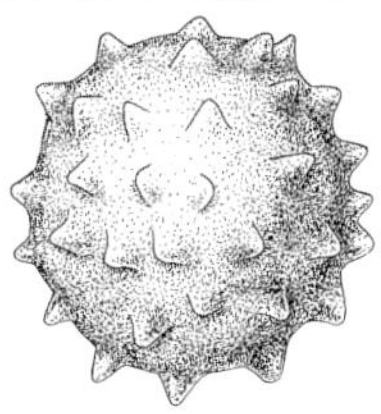

陰影を点描で表現しており，点の疎密もバランスがよい。

悪いスケッチの例

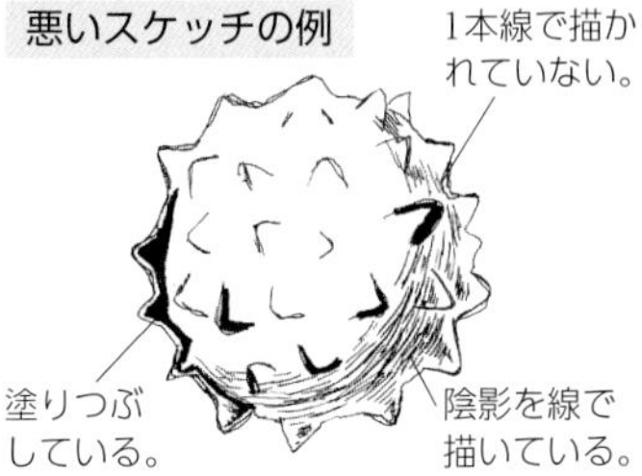

付録1

豆知識　染色液は古いものは染色力が弱くなっていることがあるので，新しいものを使用することが望ましい。

7 顕微鏡による研究

16世紀末に光学顕微鏡が発明され，細胞の研究がはじまった。さらに，1930年代以降，電子顕微鏡の発達に伴って，細胞の微細構造に関する知識が著しく拡大した。

光学顕微鏡 分解能《ぶんかいのう》(➡p.35)…0.2 μm

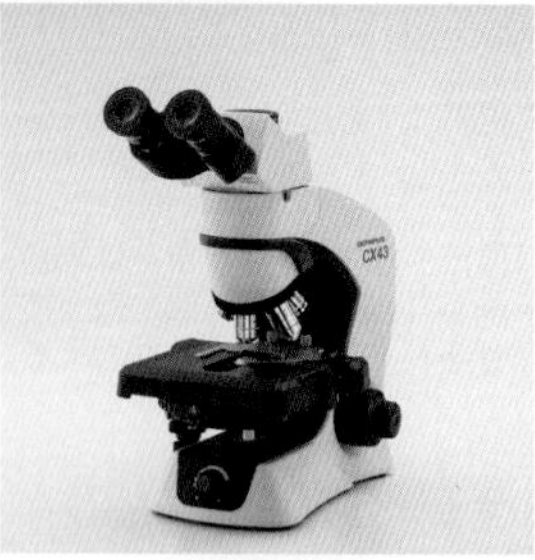

2000倍程度まで拡大できる。解像の限界は光の波長に依存するため，0.2 μm程度の物体の識別が限度となる。細胞の構造物は無色のものが多いので，ふつう，染色して観察する。

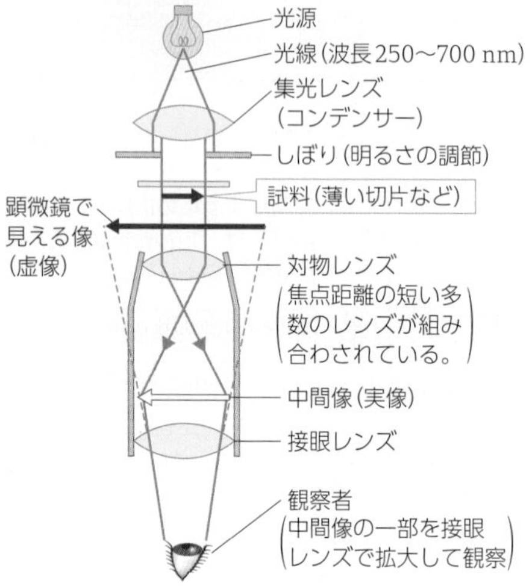

透過型電子顕微鏡 分解能…0.1 ～ 0.2 nm*

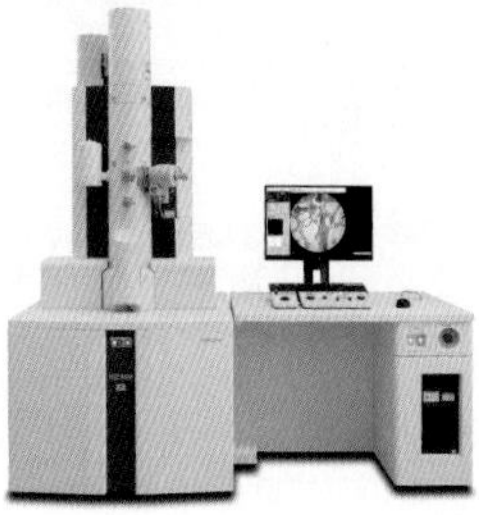

厚さ50 ～ 100 nmの試料切片を，電子線を吸収・散乱させる鉛などの重金属塩で染色して観察する。試料を透過するときに電子線に強弱が生じるため，細胞内の微細構造が明暗の差として観察される。色の識別はできない。
(1 μm ＝ 1000 nm)

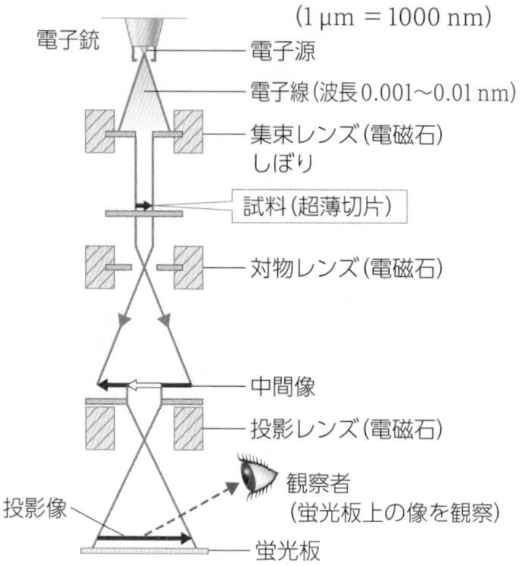

＊分解能がより小さいものもある。

走査型電子顕微鏡 分解能…3 ～ 20 nm

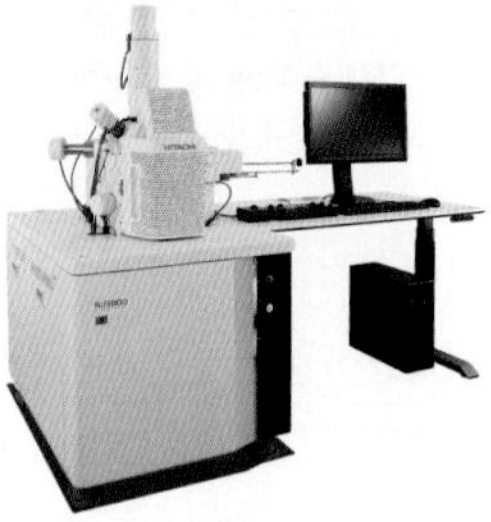

重金属の薄層でおおった試料に電子線を当ててスキャンする。各点から散乱・放射される電子の量が測定され，その強度は，焦点深度の大きい立体的な画像としてディスプレイ上に映し出される。色の識別はできない。

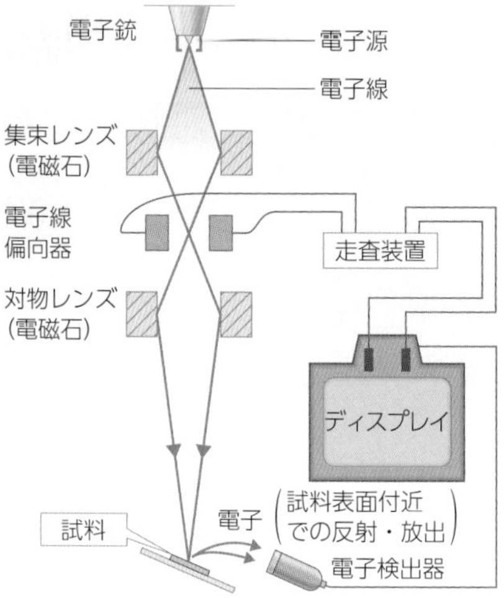

8 さまざまな顕微鏡の観察像

Ⓐ光学顕微鏡 (写真はすべてシロイヌナズナの側根根端)

明視野顕微鏡

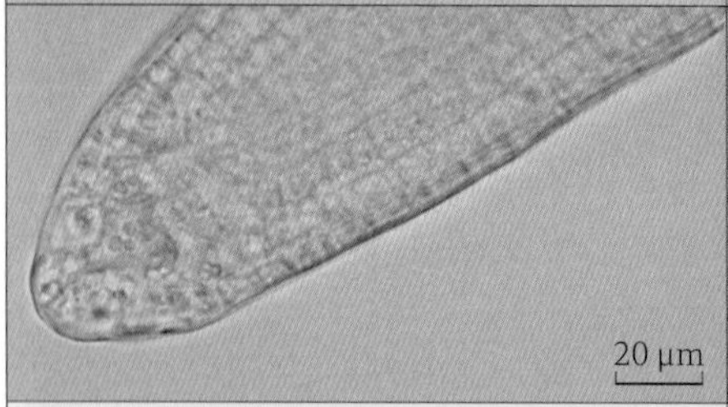

最も一般的な光学顕微鏡。コントラストが弱く，詳細な構造は見づらい。

位相差顕微鏡

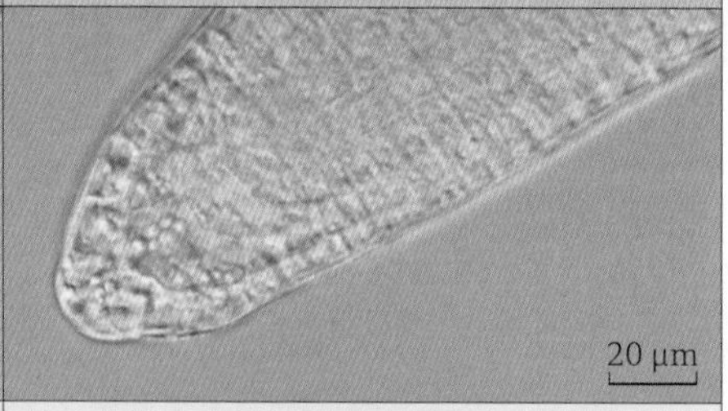

光の屈折率の差を強調することによって，明るい部分と暗い部分の差が強調された像が見られる。

微分干渉顕微鏡

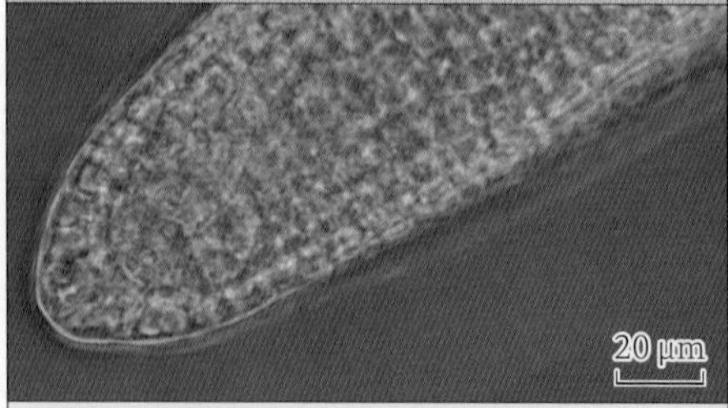

特定の一方向にのみ振動する光を偏光という。2種類の偏光を用いることで，陰のある立体的な像が見られる。

蛍光顕微鏡

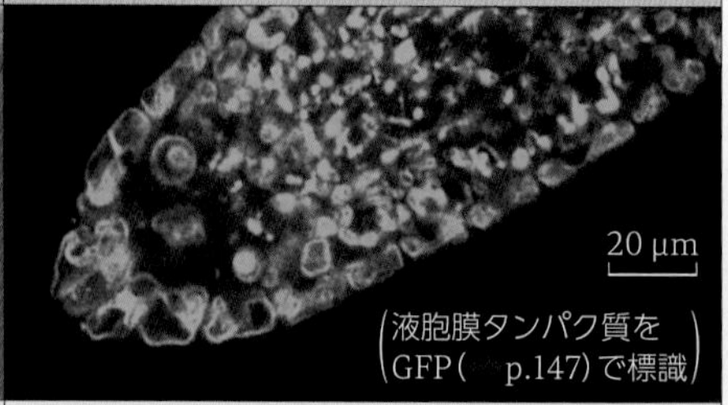

目的の物質を蛍光物質で標識したり，染色したりして観察する。蛍光物質は，特定の波長の光を吸収し，蛍光を発する。

Ⓑ電子顕微鏡

透過型電子顕微鏡
(Transmission Electron Microscope; TEM)

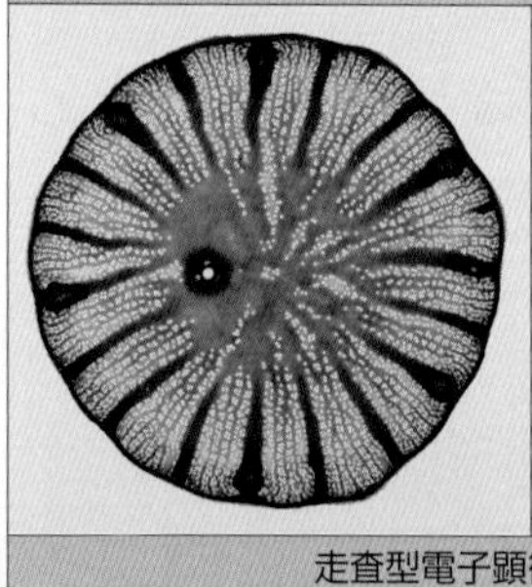

電子が透過した部分は白っぽく，透過しなかった部分は黒っぽく見える。観察される像は，平面的である。
(写真はケイソウの一種)

走査型電子顕微鏡
(Scanning Electron Microscope; SEM)

試料表面付近で放出されたり，反射したりした電子などが測定される。
観察される像は立体的である。
(写真は上の透過型電子顕微鏡と同じ種類のケイソウ)

豆知識 近年では顕微鏡もデジタル化が進んでおり，スマートフォンと連動させて使用するものも多い。

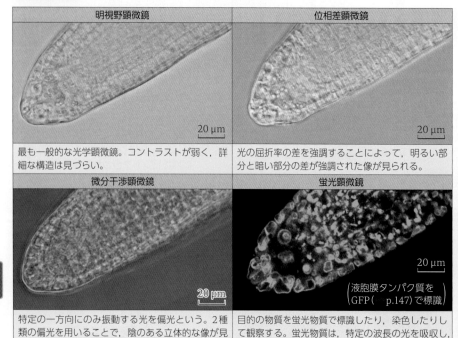

9 細胞分画法による研究

細胞を破壊して核・ミトコンドリアなどの細胞小器官や，構成要素を遠心力の作用で分離する方法を細胞分画法《さいぼうぶんかくほう》という。

Ⓐ分画遠心法 (植物の組織を用いた場合)

①組織片をスクロース溶液の中ですりつぶし，細胞破砕液をつくる。

②細胞破砕液を超遠心機にかけ，遠心力を段階的に作用させると，主に構造物の大きさによって分画される。

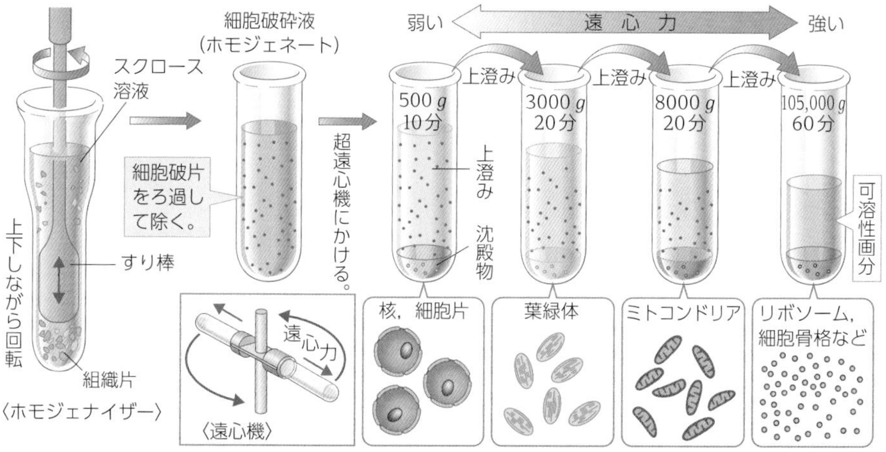

分画遠心法の操作は，等張なスクロース溶液を用いて低温で行う。これは，細胞小器官が浸透現象によって変形・破壊されたり，破砕液中の酵素の働きによって分解されたりするのを防ぐためである。

Ⓑ密度勾配遠心法

あらかじめ密度勾配《こうばい》をつくったスクロースなどの溶液の上に試料をおいて超遠心機にかける。遠心後，個々の細胞成分は，それぞれの密度と一致する場所に移動して静止する。この方法では，分画遠心法で分離困難なものでも分別することができる。

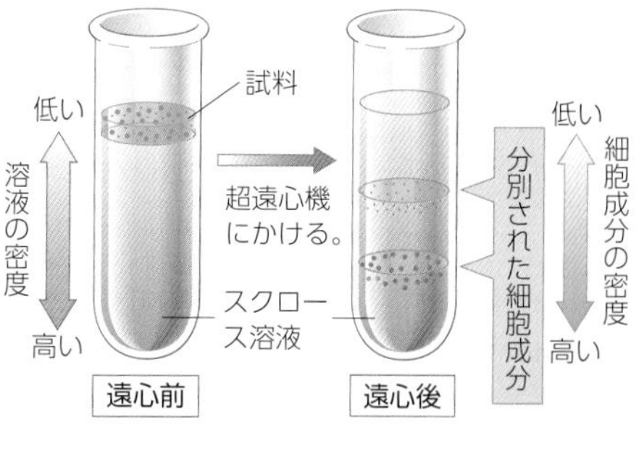

遠心機において試料にかかる力の大きさは，重力の大きさ(g)を基準にして表され，遠心機の回転速度が大きくなるほど強くなる。

10 細胞培養

多細胞生物から細胞を分離し，体外で増殖させることを細胞培養《さいぼうばいよう》という。

組織細胞を切り出し，適当な培地の中で無菌的に培養すると，突然変異を起こして増殖を続ける細胞群が現れることがある。これを細胞株という。

細胞株は，一定の間隔をおいて新しい培地に植え継ぐことによって増殖を続け(継代《けいだい》培養)，研究に用いられる。

動物細胞の培養の方法(単層培養法)

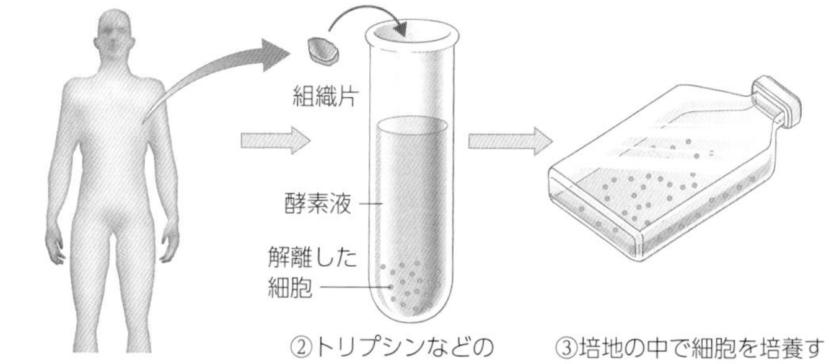

①生物体から組織片を取り出す。

②トリプシンなどの酵素の働きで細胞をばらばらにする。

③培地の中で細胞を培養する。細胞は容器の底にはりつくように増殖する。

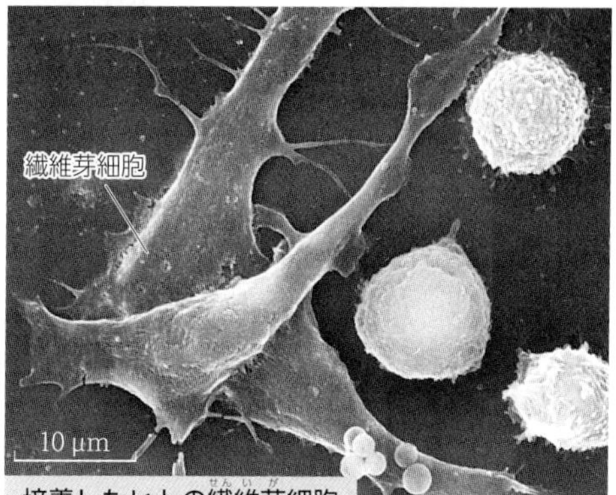

培養したヒトの繊維芽《せんいが》細胞

11 フローサイトメトリー

細胞浮遊液を細長くして細胞にレーザー光を当てることによって，個々の細胞を光学的に分析する測定法をフローサイトメトリーという。

Ⓐフローサイトメトリーの原理

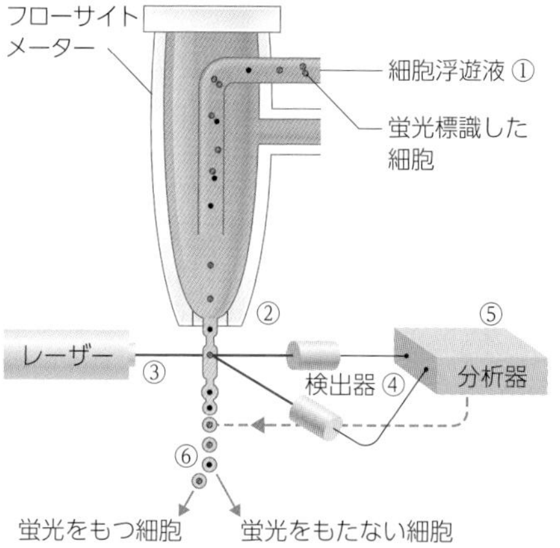

フローサイトメトリーは，フローサイトメーターという機器を用いて行う。これによって，細胞の大きさや内部構造を調べたり，細胞を定量・分別したりすることができる。

①細胞浮遊液は，蛍光色素などで特定の物質を標識したものを用いることが多い。

②細胞は細い管に1個ずつ通される。

③細胞にレーザー光を当てる。

④散乱光や蛍光を検出器で検出する。

⑤検出した情報を分析器で分析する。

⑥分析結果にもとづいて，たとえば蛍光をもつ細胞ともたない細胞とを分別することもできる。

Ⓑフローサイトメトリーを用いた細胞周期の分析

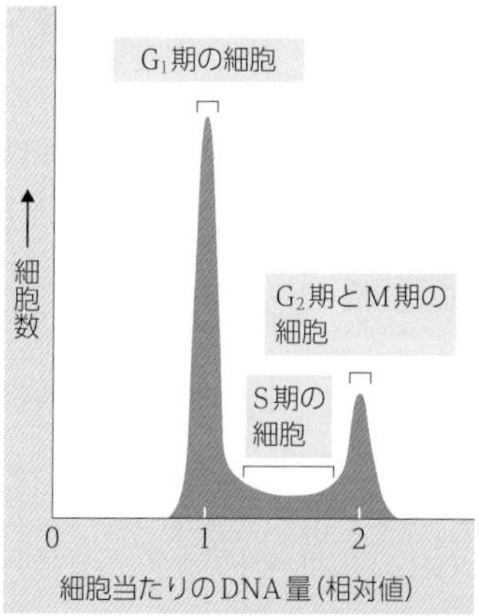

DNAに結合する蛍光色素で細胞を染色し，フローサイトメーターで各細胞の蛍光強度を測定する。DNA量が多い細胞ほど強い蛍光を発するため，蛍光を測定することでDNA量の相対値を求めることができる。

細胞数を縦軸，細胞当たりのDNA量(相対値)を横軸にとってグラフで表すと，細胞周期のそれぞれの段階の細胞数を示すことができる(➡p.84)。

豆知識　細胞培養は，ワクチン製造にも利用されている。細胞培養をしながらウイルスを感染・増殖させ，培養液中に出てきたウイルスを不活化・精製してワクチンとする。この方法を用いると，短期間に大量のワクチンを製造できる。

12 マイクロピペット

マイクロピペットは，さまざまなメーカーから各種販売されている。ここでは，比較的安価で，高等学校でもよく用いられるクリアピペットを取り上げる。

各部の名称

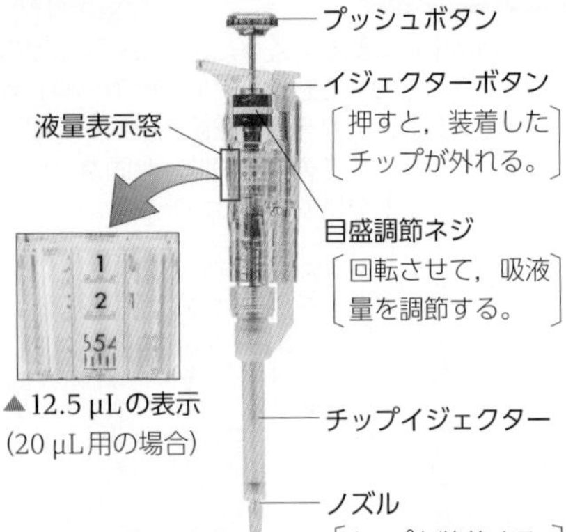

▲12.5 μLの表示
(20 μL用の場合)

20 μL用のものは，2～20 μLの計量に適している。

持ち方

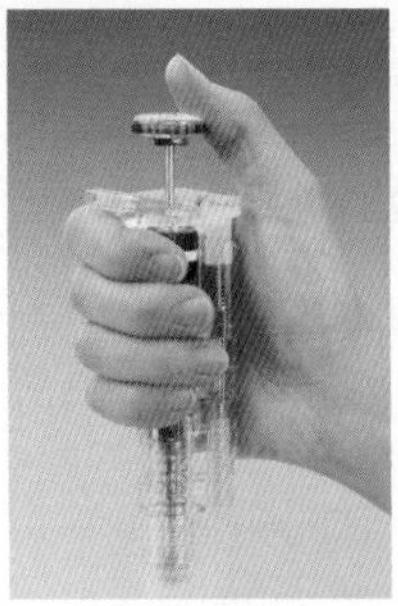

ピペットは，手のひら全体で包み込むように軽く握り，プッシュボタンを親指の腹で押すようにもつ。

チップの装着

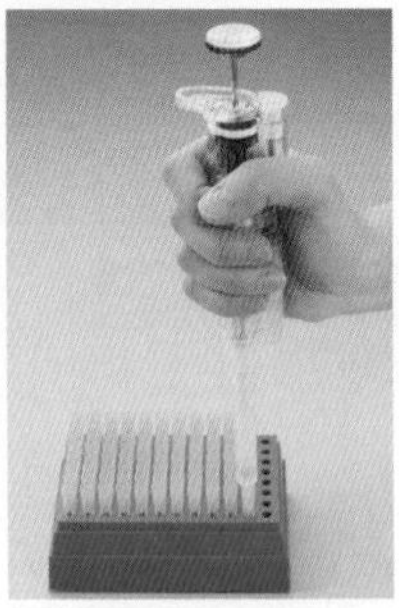

チップをノズルに装着する際，チップの先端には触れないようにする。チップラックを利用するとよい。

吸液と出液の操作

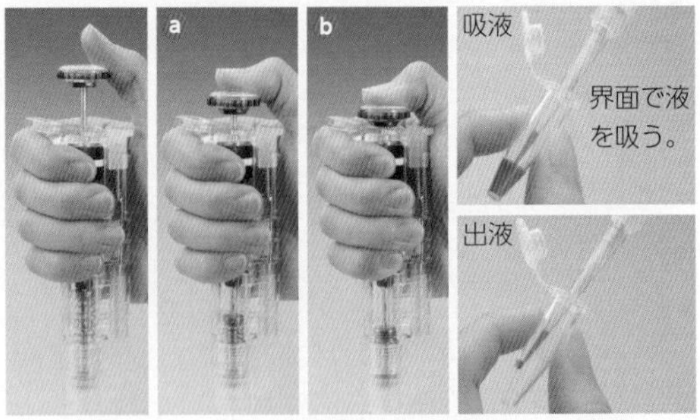

プッシュボタンには2段階の停止位置(ⓐとⓑ)がある。吸液時には，ⓐまで押し下げた状態でチップ先端を溶液界面付近に浸し，ゆっくりボタンを戻して吸い上げる。出液時には，チップ先端を容器の壁面に近づけ，まずⓐまでゆっくり押し下げ，さらにⓑまで押し下げて液を出し切る。

13 小型遠心機

マイクロチューブ内で分散した試料を底の部分に集めるには，遠心機を使用する。

各部の名称

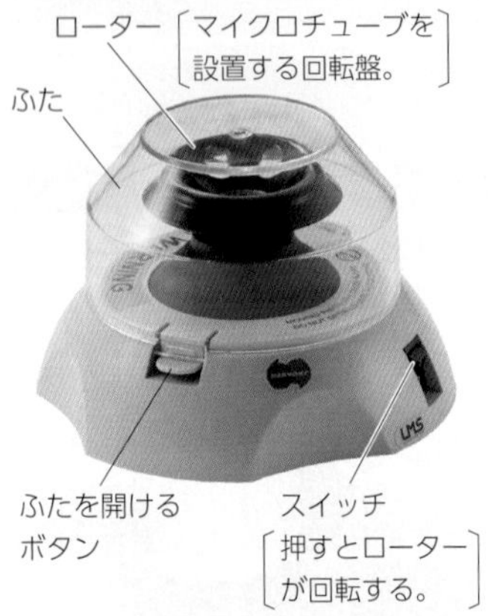

マイクロチューブの配置のしかた

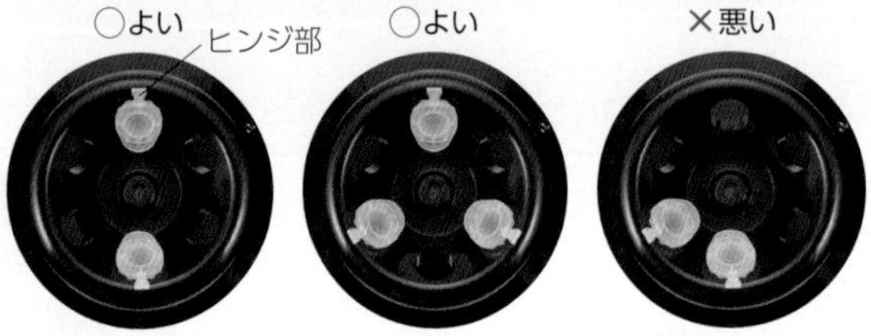

2本を対角線上に配置

3本をバランスよく配置

片側に偏って配置

マイクロチューブは，回転軸にかかる荷重が偏らないようにローターに配置する。試料が1本のみの場合，同じ重量になるように水などを入れた重さ調節用のマイクロチューブを用意し，バランスを取る。上図のように，マイクロチューブをヒンジ部を外側に向けて置くと取り出しやすい。

14 電子天秤

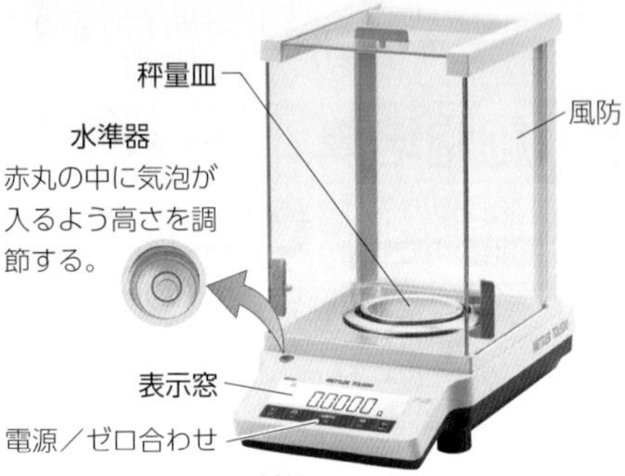

スイッチを入れ，風袋《ふうたい》(薬包紙など)を秤量皿に置き，ゼロ合わせスイッチを押して表示をゼロにしてから試料を計量する。風は計量の妨げになるので，エアコンなどは消し，風防を用いる。

15 電気泳動装置

電気泳動装置もさまざまなものが販売されているが，ここでは高等学校の実験でよく用いられるミューピッド社の装置を取り上げる。

器具の名称とゲルの作成

泳動槽

ふたを開けた状態では通電しない。

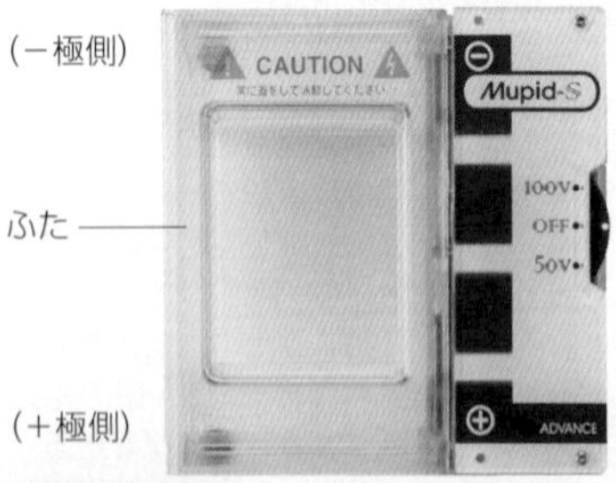

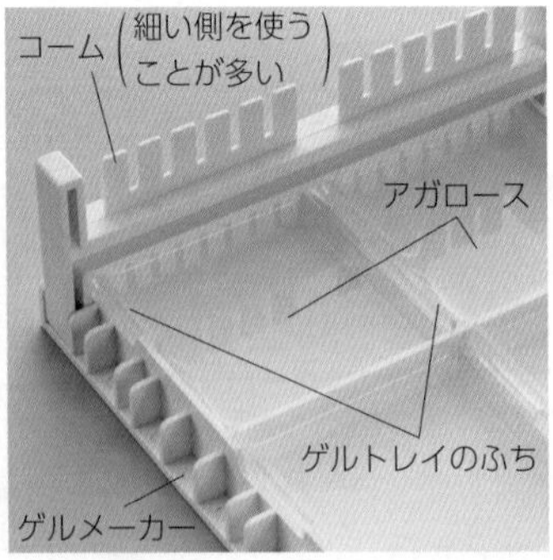

ゲルトレイ

コーム

ウェルをつくるための器具

ゲルメーカーにゲルトレイをセットする。電子レンジなどで加熱して溶かしたアガロース(寒天)をこれに流し込み，ゲルを作成する。アガロースを流し込んだらすぐにコームをセットする。

アプライと泳動

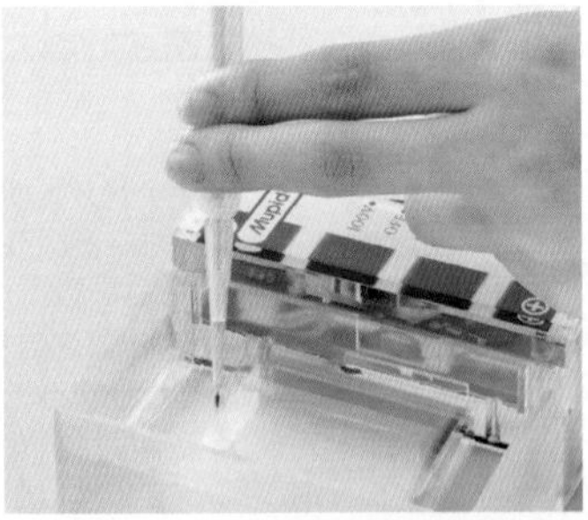

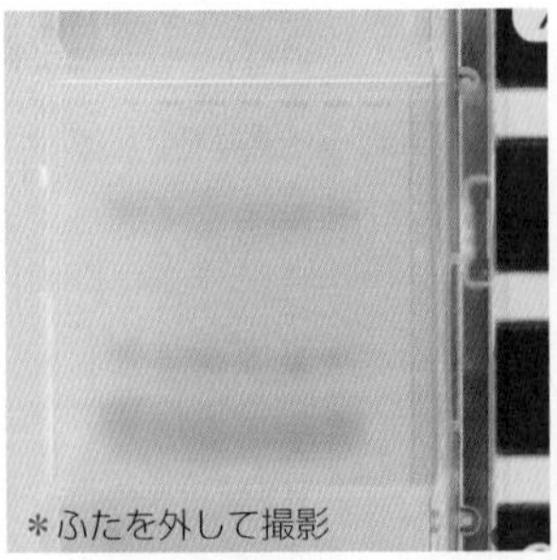

＊ふたを外して撮影

固まったゲルはゲルトレイのまま泳動槽に設置し，泳動用の緩衝液をゲルが隠れるまで注ぐ。試料をウェルに流し込む操作を**アプライ**という。その際，ひじをつき，マイクロピペットを操作する手とは反対側の手を添えるなどして手振れを防ぐと操作しやすい。

一番左側にはDNAマーカー(➡p.145)を，その右側に試料をアプライしていくことが多い。

ふたをして100 Vで通電する。泳動の進行を確認する色素が8割程度泳動されたら泳動を終了する。

豆知識　緩衝液(バッファー)とは，多少の酸や塩基を加えたり希釈したりしても，その影響を緩和してpHをほぼ一定に保つ作用のある水溶液である。生物や化学物質には，pHに敏感なものが多いため，その制御を行うために利用される。

16 探究―DNAの電気泳動

DNA断片を電気泳動法で分離すると，その断片の大きさを推定することができる(➡p.145)。

Ⓐ方法

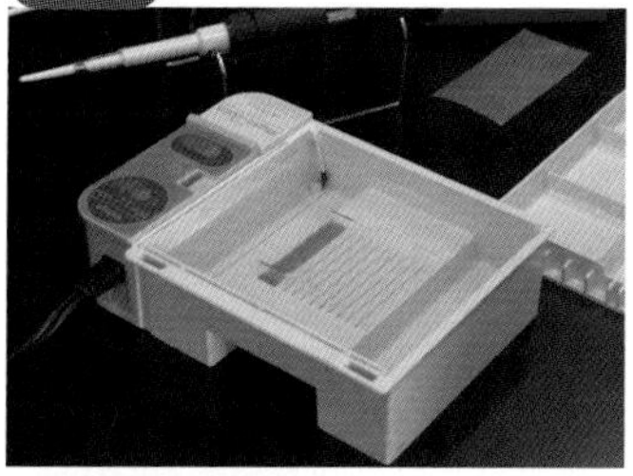

①泳動槽に0.7％アガロースゲルを，－の電極側にウェルがくるようにセットし，電気泳動用緩衝液をゲルが浸るまで注ぐ。

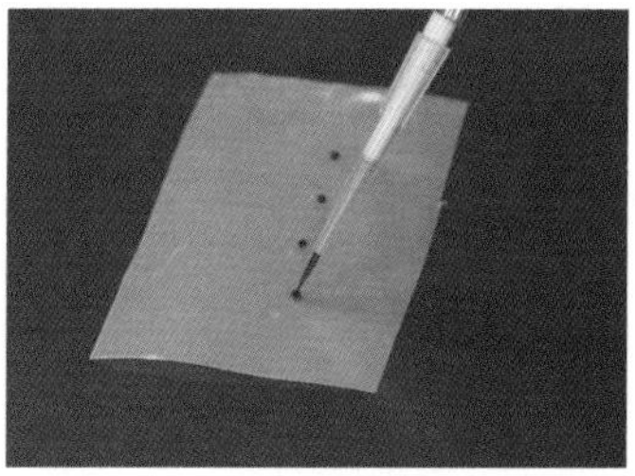

②DNAマーカーとDNAサンプルを，ローディングバッファー(試料の比重を増してウェルに沈めるための液。ふつう，泳動の進行を確認する色素が含まれている)と混ぜる。

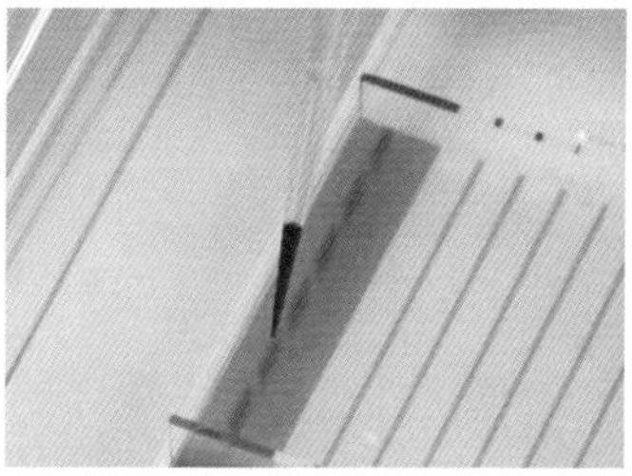

③DNAマーカーと各サンプルを，5～10 µLずつウェルに入れ，泳動する。色素がゲルの長さの8割程度泳動されたら，泳動を終了する。

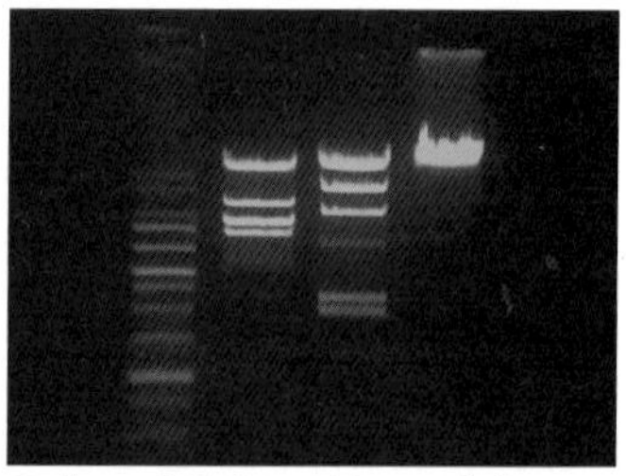

④ゲルに紫外線を照射し，デジタルカメラで撮影する。ウェルから各バンドまでの距離を測る。

Ⓑ結果・考察

電気泳動を行うと，DNA断片はウェルに近い所から塩基対数が大きい順に並ぶ。下図レーン1のDNAマーカーには，既知の大きさのDNA断片が複数含まれている。DNAマーカーの泳動結果から，塩基対数を縦軸に，泳動距離を横軸にとって，縦軸のみを対数目盛にした片対数グラフを作成する。このグラフに，一緒に泳動した未知の大きさのDNA断片を含むサンプルに現れた各バンドの泳動距離を当てはめ，分離したDNA断片のおよその大きさを推定する。

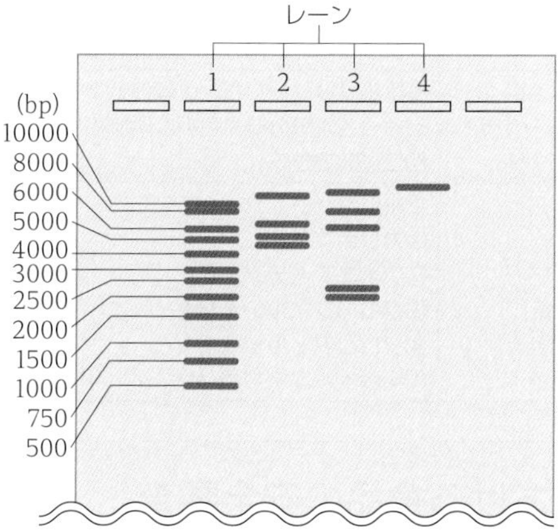

ゲルの両端のレーンを用いて泳動すると，バンドが曲がることがある。このためゲルの両端のレーンは使用しないことが多い。

	レーン1		レーン2		レーン3		レーン4	
	距離	塩基対数	距離	塩基対数	距離	塩基対数	距離	塩基対数
バンド1	9.8	10000	8.8	11000	8.4	12000	7.8	13000
バンド2	10.5	8000	11.8	7000	10.5	8000		
バンド3	12.5	6000	13.1	5200	12	6400		
バンド4	13.5	5000	14	4800	18.5	2300		
バンド5	15	4000			19.5	2000		
バンド6	16.7	3000						
バンド7	17.8	2500						
バンド8	19.5	2000						
バンド9	21.5	1500						
バンド10	24.4	1000						
バンド11	26.2	750						
バンド12	28.9	500						

距離(mm)　塩基対数(bp)　赤字は実測値または既知の値，青字は片対数グラフから推定した値

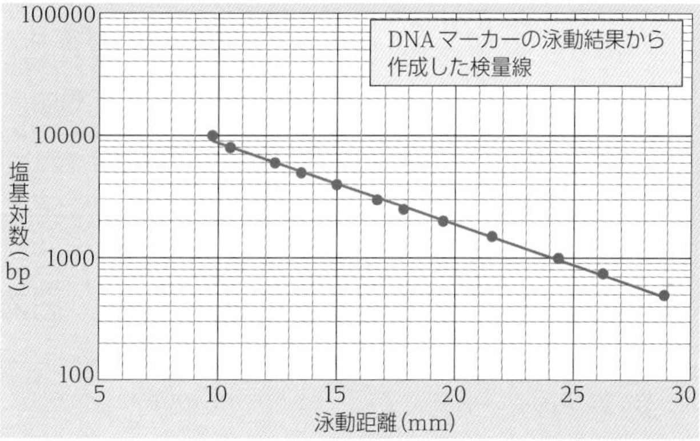

α PLUS タンパク質の電気泳動

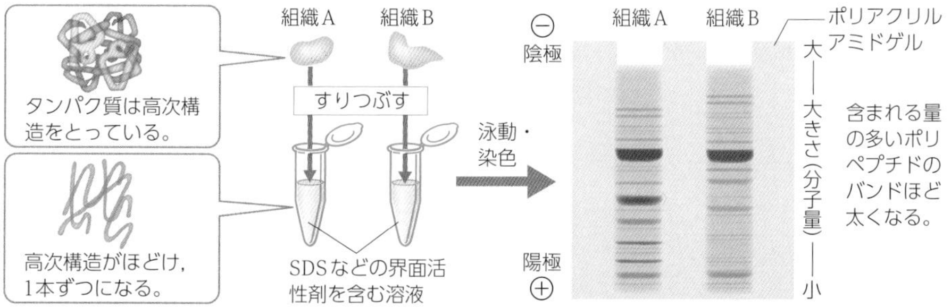

タンパク質は，複雑な高次構造をもち，複数のポリペプチドからなるものも多い。このため，タンパク質を電気泳動する際には，ふつう，界面活性剤であるSDS(ドデシル硫酸ナトリウム)などを用いて，1本ずつのポリペプチドに分離させる。ポリペプチドは，SDSを含む緩衝液中で負に帯電している。電気泳動を行うと，陽極へと移動し，分子量の小さいものほど速く移動する。

泳動後のゲルと抗体を利用し，特定のポリペプチドの有無を検出する方法はウェスタン・ブロッティングと呼ばれる(➡p.146)。

豆知識　電気泳動は，DNAだけでなくRNAやタンパク質を分離する際にも用いられる。また，ゲルには，アガロースゲルのほかにポリアクリルアミドゲルなどもあり，分離する物質の種類や分子量によって使い分ける。

17 オートクレーブ(高圧滅菌器)

内部を高温高圧にして液体や器具を滅菌する装置のことをオートクレーブという。滅菌作業は，細胞培養などを行う研究において非常に大切な行程である。

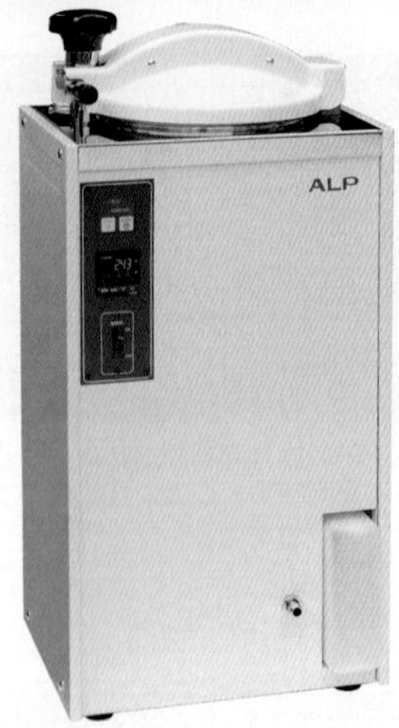

通常，細菌などの微生物は煮沸によって滅菌できるが，100 ℃では死滅しない芽胞と呼ばれる細胞構造を形成する種類の細菌が存在する。水は大気圧のもとでは100 ℃で沸騰するが，オートクレーブでは加圧によって水の沸点を上げ，このような細菌も滅菌できる。多くの場合，2気圧で約121 ℃まで沸点を上昇させ，20 ～ 30分滅菌を行う。

使い方

①電源を入れ，蒸留水を補給する。

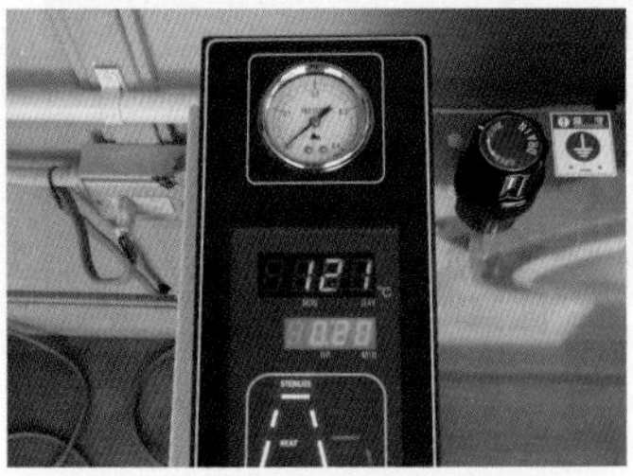

②温度と滅菌時間を設定する。滅菌する対象によって，温度や時間を変える。

③滅菌する器具や薬品を入れて滅菌を開始する。終了後は，蒸気が排出され常圧に戻り温度が下がっていることを確認して取り出す。

18 ペーパークロマトグラフィーと薄層クロマトグラフィー

Ⓐペーパークロマトグラフィーの原理

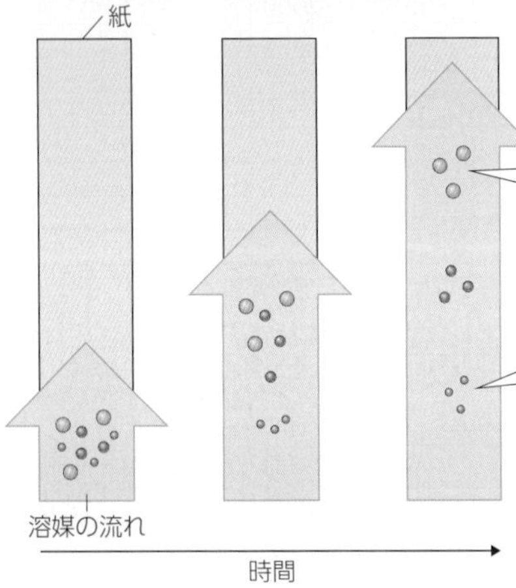

Ⓑ比較

	ペーパークロマトグラフィー	薄層クロマトグラフィー
原理	ろ紙を使用する。ろ紙への吸着力が弱い成分は移動が速く上まで上昇するが，ろ紙への吸着力が強い成分は移動が遅く，下にとどまる。	アルミシートなどの上にシリカゲルやポリアミド樹脂などの吸着剤を薄く張ったTLCシートを使用する。吸着剤への吸着力の違いを利用して，ペーパークロマトグラフィーと同じ原理で分離する。
特徴	簡単で低コストだが，色素の分離や色調が不明確になりやすい。また，展開に時間がかかる。	ろ紙よりは高価だが，比較的低コストである。色素の分離や色調が明確で，短時間で展開できる。
結果 (植物の光合成色素の分離，➡p.53)	溶媒前線から ①カロテン(橙) ②フェオフィチン(灰) ③キサントフィル類(黄) ④クロロフィルa(青緑) ⑤クロロフィルb(黄緑)	溶媒前線から ①カロテン(橙) ②フェオフィチン(灰) ③クロロフィルa(青緑) ④クロロフィルb(黄緑) ⑤キサントフィル類(黄)

19 遺伝子組換え実験を行う際の注意点

高等学校で遺伝子組換え実験を行う際も，カルタヘナ法(➡p.153)で定められたルールに従う必要がある。文部科学省は，「高等学校などで遺伝子組換え実験を行う皆様へ」というリーフレットに注意点をまとめ，HPで公開している。そこでは，下記のルールの順守が求められている。

①遺伝子組換え実験中は，下記のような遺伝子組換え生物の拡散防止措置をとる。
- 遺伝子組換え生物を含む廃棄物は，オートクレーブや70 %エタノールによる殺菌などを行ってから廃棄する。
- 遺伝子組換え生物が付着した実験器具や機器は，滅菌などを行ってから再使用・廃棄を行う。
- 実験台は遺伝子組換え生物が付着した場合や実験終了後に，直ちに70 %エタノールなどで殺菌を行う。
- 実験室の扉は，出入りの時以外は閉めておく。
- 実験前後には必ず手洗いをする。
- 実験内容を知らない人物が実験室に立ち入らないようにしておく。

など

②保管中の遺伝子組換え生物は，拡散防止措置をしっかりとる。
③遺伝子組換え実験の経験者を配置したり，事故時の連絡体制を整備したりする。

日本における食品の安全審査

遺伝子組換え食品は，生物多様性への影響評価に加え，食品としての安全性評価を行い，共に承認されたものしか一般に流通させることができない(➡p.151，153)。

生物多様性への影響評価

食品の安全性評価　導入前の作物や導入する遺伝子，組換え作物の安全性を評価

・毒性はないか。
・アレルギー誘発性はないか。
・組換え作物に予想外の変化が現れないか(遺伝子や組換え作物の性質は明らかか)。

など

承認　承認

問題のないもののみが流通

遺伝子組換え食品には表示義務がある

●名称：マーガリン ●原材料名：コーン油(遺伝子組換え不分別)、食用精製加工油脂、ホエイパウダー(乳成分

▲遺伝子組換えと組換えでない食品とを，生産などの過程で分別管理していないことを示す

豆知識　クロマトグラフィーはギリシャ語に由来しており，「クロマト」は「色」，「グラフィー」は「記録」という意味である。クロマトグラフィーは，1903年，ロシア人の植物学者ツヴェットが，クロロフィルの研究に用いるために発明した。ちなみに，ツヴェットはロシア語で「色」をいう意味である。

付録2　生物に関する小論文出題例と模範例文

「学校推薦型選抜」，「総合型選抜」では，評価のポイントとして“学力の3要素”（①何を知っているか，何ができるか（知識・技能），②知っていること・できることをどう使うか（思考力・判断力・表現力），③どのように社会・世界と関わり，よりよい人生を送るか（主体性・多様性・協働性）が重視される。

小論文は，この3要素の力を測るのに適した評価方法の1つであり，学校推薦型選抜や総合型選抜で必須化された学力検査の1つに挙げられている。

1　出題形式

出題形式は，次の3つに大別される。

①**テーマ型**　「～について述べよ」というタイプの，最も基本的な出題形式である。受験生の独創性や論理構成力など，総合的な学力が試される。

②**課題文型**　「次の文章を読み，筆者の主張を要約し，それに対するあなたの考えを述べよ」というタイプ。入試小論文の半数以上がこの出題形式であり，課題文が英文の場合もある。課題文を的確に読み取れるか，また，それに対する自分の意見を論理的に組み立てられるかが問われる。理数系の各専門科目に特化した出題も多い。

③**データ型**　「与えられたデータ（表やグラフ）をもとに考察せよ」というタイプ。図表からわかることを明らかにし，それについて自分の考えを述べる，図表を参考に自分の考えを述べる，などのパターンがある。データを読み取る能力や，分析力が問われる。

2　小論文の構成

一般的には，「序論・本論・結論」の構成で書くとよい。他にも書き方はあるが，まずは一番基本となるこの構成をマスターしよう。全体の構成を考えるとき，あれもこれも盛り込むことは避ける。浅く広く書くのではなく，1つのテーマに絞り込み，深く書くことを心がけたい。

①**序論**　全体の5～30％を目安に，「問題の所在」や「論じることの意義」を示す。課題文型小論文の場合は，「筆者は課題文の中で……と主張している」などと，簡潔に要約する。問題の所在を疑問形で提示し，これを受ける形で以降を展開するようにしても書きやすくなる。

②**本論**　自説を展開し，それが正しいと考える根拠を述べる。根拠は，第一に…，第二に…，などと，わかりやすく示す。できれば3つに限定したい。これをたたみかけることで説得力が増す。小論文では，結論よりも，論拠の方が重要となる場合も多い。自説を補強するための具体例を盛り込むことも大切である。全体の60～80％を目安にしたい。

③**結論**　結論は，書き手が訴えたいメッセージである。「以上の理由から，私は……と考える」のように，わかりやすく，ストレートに述べたい。このとき，結論は，序論の答えになっていることが必要である。全体の約10％を目安にしよう。

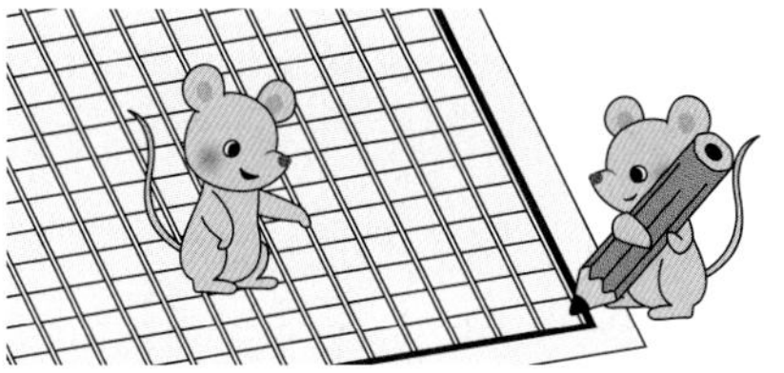

3　小論文の書き方

思いついたことを書き連ねただけでは，論理的な文章にはなりにくい。ここでは，どのように書いていけばよいのか，そのプロセスを確認しておこう。

①課題の要求を正確に読み取る。

↓

②課題の要求に対する自分の考えを明確にする。

いろいろと書き出してみて，最も重要だと思うもの，
強く主張したいと思うものを選ぶ。

↓

③裏づけとなる「根拠」を示す。

いろいろな方向から考えてみよう。
考えたことは，できるだけ短文で書きとめよう。

↓

④段落構成を検討する。

↓

⑤文章全体の流れをチェックする。

ここまでで，制限時間の3分の1程度を使う。

↓

⑥清書する。

↓

⑦読み返して推敲する。

原稿用紙は正しく使えているか？
文脈の乱れや誤字・脱字はないか？

4　諸注意

(1) 字数制限を厳守し，丁寧な字で書く。

(2) 誤字・脱字は減点対象となる。当て字や，漢字を使うべきところで使われていない場合も，減点されると考えてよい。自信のないときは，別の平易な言葉を探そう。

(3) 1文の長さは原則50字以内とする。長い文章は「ねじれ」が生じやすい。短く，きびきびした文章を心がけたい。

(4) 文体は常体（「だ・である」体）で統一する。敬体（「です・ます」体）や話し言葉は，原則として使用しない。「…と思う（感じる）」などの表現は避け，根拠を示して断定的に論じる。

(5) 解答欄が原稿用紙の形態になっている場合は，原稿用紙の使い方に留意する。以下は，横書き原稿用紙の場合の留意点である。

①書き出しは1字下げる。段落を改めた後も1字下げる。

②「门」などの略字を用いない。

③アルファベットの大文字は1文字1マス，小文字は2文字で1マスを使う。算用数字も，2桁以上の場合は，2文字で1マスを使うのが基本。

④数量は算用数字を用いて表すが，「一石二鳥」のような熟語の場合は，漢数字をそのまま用いる。

⑤『　』は書名，または「　」内の引用のみに用いる。

⑥句読点や，とじかっこは，行頭には置かず，前行末の文字と同じマス目に書き入れる。ただし，最終行の末尾まで文字を入れ，そのマス目に句点（。）を入れた場合，字数オーバーとみなされることがあるので，句点も1字と数え，制限字数内にまとめる。

小論文対策❶ ゲノム解読

龍谷大学　農学部　2017年度　改題

次の文章を読み，以下の問いに答えなさい。

　1953年に（　①　）の二重らせん構造をワトソン，クリックが発見したときから，生命現象の根幹である（　②　）が，物質的な基礎に支えられたものであるという認識が確定した。20世紀の後半は，分子生物学によって生命現象の物質的基盤が徹底的に暴かれ，すべての生命現象は神秘的な域から脱し，（　③　）に裏づけられたものという考えが主流となった。そして，その集大成というべきヒトゲノム全解読が，2003年に発表された。
（中略）
　ヒトゲノム解読のインパクトは，生命科学の学術研究そのものにとって計り知れないのみならず，今後はその社会的意義が次第に認識されるようになるであろう。
　第一の意義として，遺伝情報の全体像をすべて明らかにしたことによって，（　④　）の構造を決める遺伝子数が30000足らずで，（　⑤　）と大差がないことが判明した。最も最近の予測では20488とさらに少ない。この結果から生物存在が，単なる物質の寄せ集めではなく，むしろ物質の発現と消失を通じて機能を制御する情報によって見事に統合された複合体であるという認識に変わった。
　生物を構成する情報は，DNAに刻み込まれた（　⑥　）と，生後に獲得した情報とに大きく二分される。生後に獲得した情報とは，体験にもとづき（　⑦　）に蓄えられた記憶と，遭遇したさまざまな病原体に関する免疫系の記憶などである。そして（　⑧　）は，生後にさらされたさまざまな環境との軋轢《あつれき》のなかで，異常な獲得情報が蓄積した，生体情報の適応不全状態であると考えることもできる。このことから，生物の存在は今日，DNA遺伝情報を基本に獲得情報を合わせた情報集積体である，と考えるのがより正確ではないかと思われる。
　さて，ゲノムの塩基配列の並びのなかには，生物を構成するタンパク質分子がすべて規定されている。そして他の分子（（　⑨　））はタンパク質によってつくられる。ゲノム解読の第二の意義は，生物が有限の枠組みのなかで活動しているということを確定したことである。物理学では，あるものが存在しないのか，あるいは計測できていないのかどうかは，結論不可能である。しかしながら生命科学では，ゲノム情報にないものは生命体に存在しないと断言できるのである。しからば，有限の情報から成り立つ生物は，物理学で扱う事象に比べて単純かといえば，逆に生物がもっている分子や情報の複雑度は，おそらく物理学で扱う対象のレベルをはるかに超えるものと思われる。
　第三の意義は，（　⑩　）ゲノムなどとの比較によって，ヒトをヒトたらしめている遺伝子やその制御のしくみが遠からず白日のもとにさらされることである。これまでの予想ではその差はきわめて小さい。さらに個人個人のゲノム配列の決定が可能になり，個性や人格の基本が遺伝子レベルにおいて議論される日も遠くないことであろう。このことの社会的また人文科学的意義は計り知れない。

（出典：本庶佑著，『いのちとは何か　幸福・ゲノム・病』より抜粋）

問1 文章中の（　①　）から（　⑩　）に入る最も適切な語句を，次の［語群］のなかから1つずつ選び，答えなさい。
［語群］　タンパク質，チンパンジー，ショウジョウバエ，ミネラル，脂質や糖，遺伝情報，病気，遺伝子，DNA，RNA，大脳，物質

問2 著者はヒトゲノム解読の意義を3つ挙げている。3つの意義をそれぞれ60字以内で説明しなさい。

問3 下線部に関して，著者はその意義に言及しているが，その反面，悪い影響を及ぼすことも危惧している。あなたの考えを100字以内で簡潔に述べなさい。

解答のキーワード

ゲノム（➡p.78）　一塩基多型（➡p.79）

解法のポイント

　ワトソンとクリックによって遺伝子の本体であるDNAの二重らせん構造が明らかになってから，遺伝学は急速に前進したといえる。特に，1991年～2003年の13年間の年月をかけ，ヒトゲノムの全塩基配列が解読されたことは大きな成果である。課題文は，ヒトゲノムの全解読がもたらした，学術的・社会的意義などについて述べている。なお，ゲノム解読はヒト以外の生物でも進められており，2019年現在，真核生物で約500種，真正細菌で約5000種，古細菌で約300種のゲノム情報が解読されている。
　現在では，ゲノム解読だけでなく，それらが生命現象においてどのように機能しているかを明らかにすることが重要視されている。こうした研究は**ポストゲノム研究**（➡p.147）と総称される。その一環として，特定の遺伝子と病気との関係も解明されつつある。たとえば，遺伝的多型の一種である**一塩基多型**（SNP）（➡p.79）の解析から，病気の原因遺伝子を特定する研究が進められている。特定された原因遺伝子の遺伝子産物を制御するような物質ができれば，その病気に対して特異的に効く，副作用の少ない投薬治療が可能となる。このように，ゲノム情報をもとに新薬を開発する方法のことを**ゲノム創薬**といい，開発が盛んに進められている。今後は，ゲノム解読によって得られた，個々の患者の遺伝的背景と病態の情報から，より安全な治療を選択できる**オーダーメイド医療**（➡p.152）の普及も見込まれる。しかし，ゲノム情報の活用は，遺伝子差別などを生み出す可能性もある。個人のゲノム情報は究極のプライバシーであり，情報の悪用を防ぐためにも，厳重な保護・管理下で，適切に利用することが求められる。

問1　基礎的な知識を問うものである。課題文の内容が理解できていれば，語句は比較的容易に選ぶことができる。あとの問題の解答にも関わるため，落ち着いて解答したい。（　⑤　）の答えに関連して，ショウジョウバエは約14000個の遺伝子をもっていることがわかっており，ヒトの遺伝子数と大差はない。

問2　制限字数が60字と少ないので，第3～5段落目の内容を端的に要約し，3つの意義を1つずつ述べる。

問3　課題文では，ヒトゲノム全解読によってもたらされる科学的な知見にもとづいた直接的な意義が述べられている。これらを踏まえ，この発見・解明が社会にもたらしうる悪い影響や問題点について述べる。解答例文では，技術の普及に伴って浮上する可能性がある倫理的な問題について述べている。倫理的な問題としては，このほかにも，親の望む個性や人格をもつ**デザイナーベビー**にまつわるものや，胎児に遺伝性の障害があるかの可能性を調べ，結果によっては出産を避けるといった，**出生前診断**にまつわるものもある。制限字数が少ないため，要点を端的にまとめて述べる必要がある。

解答例文

問1　①DNA　②遺伝子　③物質　④タンパク質　⑤ショウジョウバエ　⑥遺伝情報　⑦大脳　⑧病気　⑨脂質や糖　⑩チンパンジー

問2　**1つ目の意義**　生物は単なる物質の集合体でなく，物質の発現と消失によって機能を制御する情報で統合された複合体であるとの認識に変えたこと。（60字）
2つ目の意義　ゲノム情報にないものは生命体にもないと断言でき，生物が有限の枠組みのなかで活動しているということを確定したこと。（56字）
3つ目の意義　ヒト独自の遺伝子やその制御のしくみが明らかになり，また，個性や人格の基本が遺伝子レベルで議論できるようになること。（57字）

問3　個性や人格の決定には，環境も大きく影響する。しかし，それが軽視され，遺伝情報だけにもとづいて個人を画一的に判断するようなしくみが生まれると，たとえば進学や就職，結婚などにおいて差別が生じる恐れがある。（100字）

小論文対策❷ 脳死と臓器移植

岡山大学　医学部　2011年度

次の文章を読み，以下の問いに答えなさい。

脳死になったときに，移植のために臓器を提供するかどうか，本人の意思がわからないときでも，家族が同意すれば提供できる。

そんな改正臓器移植法が17日から全面施行された。書面による本人の同意などの厳しい条件を定めていた旧法からの大きな転換である。

臓器移植法ができた1997年以来，脳死からの臓器提供は86例で，諸外国に比べると少ない。条件を緩やかにすればふえるはず，という声に押されての改正だった。

15歳未満の子どもからの臓器提供にも道が開ける。心臓などの移植を受けるには海外に行かざるを得なかったが，世界保健機関（WHO）が国外での移植の自粛を求める指針を採択したこともあり，対応を迫られていた。

しかし，法律が変わっても，医療現場に残された課題は多い。

全国の臓器提供病院を対象に朝日新聞が行ったアンケートによれば，子どもからの臓器提供にただちに対応できるとした病院は15％にとどまり，今後対応する予定の病院を合わせても40％しかなかった。

子どもの脳は回復力が強く，脳死判定には時間もかかる。脳死が虐待を受けた結果ではないと確認する必要もある。余裕のない医療現場への負担が大きくなることが背景にある。

また，家族にもこれまで以上の負担が生じる。本人が拒絶する意思を示していない限り，臓器提供について家族が重い決断を迫られるからだ。

ふだんから家族で話し合い，一人ひとりが意思を示しておくことが一段と重要になる。決して十分ではなかった改正案の審議のなかでも，本人意思を尊重する旧法への支持は強かった。運転免許証や健康保険証などにも意思表示の欄が設けられる。それらも考えるきっかけになるだろう。

もちろん，家族が提供への心理的圧力を受けるようなことは決してあってはならない。中立の立場で家族の判断を助け，提供した家族を支える移植コーディネーターの役割もいっそう重要になる。そうした人材を育ててふやすなど，支援体制の充実も課題だ。

一方，納得して臓器提供ができるには，救命のための治療が尽くされることが大前提だ。日本ではとりわけ小児救急体制が貧弱で，1～4歳の死亡率は先進国のなかできわだって高い。救急医療の充実は，移植医療以前の喫緊の課題であることはいうまでもない。

改正された法のなかで，親族への優先提供を認めている部分は1月から施行されている。医学的な必要性に応じて順番に，という移植医療の公平性の観点から懸念も指摘されている。

法の見直しも含め，信頼されるシステムづくりに向けて，やるべきことはまだまだ少なくない。　（出典：平成22年7月19日朝日新聞朝刊，社説より抜粋）

問1 改正臓器移植法により子どもの親や関係者からは歓迎する意見があるが，一方では「脳死は人の死」とする法律に対して批判する意見もあり，賛否両論がある。あなたの考えを300字以内で述べなさい。

問2 移植医療の公平性を保つ上で何が重要とされるかを200字以内で述べなさい。

解答のキーワード

脳死（➡p.167）　ドナー　レシピエント　拒絶反応（➡p.184）

解法のポイント

日本では，1997年に施行された「臓器移植法」によって，臓器移植を行う場合に限り，**脳死**を人の死として認めることが法律上可能となった。ただし，この法律では，脳死判定の条件として以下の点を定めていた。

・本人の書面による意思表示（ただし，有効な意思表示は15歳以上に限る）
・家族の承諾（または家族がいないこと）

したがって，15歳未満からの臓器提供は事実上認められず，子どもからの臓器提供を希望する患者は，多額の資金を集めて海外で移植手術を受けるしか道がなかった。これがやがて国際的な問題となり，国内での臓器移植の推進の声につながった。このようななか改正され，2010年に施行されたのが改正臓器移植法である。改正では，主に以下の点が変更された。

・本人の意思表示が不明であっても，家族の書面による承諾があれば臓器提供を可能とする。したがって，15歳未満であっても，家族の承諾が得られれば臓器提供が可能となる。
・親族に対する臓器提供の書面での意思表示を認める。

課題文のポイントは，この改正には，慢性的な**ドナー**（臓器提供者）不足の解消と，国外での移植の自粛という国際的な動きへの対応という2点が背景にあることである。また，改正後の課題としては，脳死判定を行う現場の負担や臓器提供の判断を迫られる家族の負担，移植医療の公平性の問題などがあることである。さらには，法の見直しも含めた信頼できる医療システムづくりの必要性を述べている。このような内容を簡単にまとめた上で論を展開していくとよいが，今回のように各設問の制限字数が少ない場合，要約などを省略してすぐに本論に入る場合もある。

なお出典の大学は，移植医療の拠点となっている大学である。現場における課題に常に向き合っているからこそ，その問題点や解決策を日頃から深く考えている学生を入学させたいというねらいがみえる設問である。

問1　日本では従来，死の3徴候と呼ばれる，心拍の不可逆的停止，自発呼吸の不可逆的停止，瞳孔反射消失の状態が死と認識されてきた。体温を保ち，心臓が拍動し続けている状態の脳死を「死」として受け入れるのに違和感や懐疑心を覚える人は多い。また，臓器移植の条件がそろったときのみ「脳死は人の死」とすることは，裏を返せばそうでないときには死としないということであり，「死」に2通りの判定基準が存在することになる。「脳死は人の死」であるか否かについては，臓器移植法の制定時には明示が避けられ，曖昧なままである。臓器移植によって救われる命を重視する立場と，移植のために死の基準が変えられることに反対する立場の間に横たわる溝は，埋まっていない。これらを踏まえて考えを述べることになるが，移植医療を担う医学部の入試論文であることも考慮し，問題点を指摘しながらも，それらを解決して移植を進めていく方向性で論じていくとよい。

問2　**レシピエント**（臓器受容者）の優先順位は，第三者機関である日本臓器移植ネットワークが医療的緊急度や拒絶反応に関わる適合性を考慮して決定している。このような選定を行っていることを周知し，必要に応じて情報を開示するなどシステムの透明性を確保できれば，公平性は維持される。なお，課題文にあるように，この改正では，親族への優先提供が認められた。心情は理解できるものであるが，移植が盛んな海外でもこのような法律は存在しない点や，移植医療が個人のレベルで可能な医療ではなく，多くの人々が関与する公の医療である点などを考慮すると，今後も検討が必要であろう。制限字数は少ないが，これらの内容は踏まえておきたい。

解答例文

問1 私はこの改正内容におおむね賛成である。ドナー不足により患者が適切な移植医療を受けられない現状では，条件の緩和は必要だと考えるからである。しかし，「脳死は人の死」とすることについては，臓器移植を前提とした場合にのみ特別な死の定義を用いることや，心臓が拍動している状態を死として受け入れることへの抵抗感などから，批判の声があるのは当然とも思える。ドナーの家族の気持ちに寄り添う支援体制を充実させるとともに，現場では正確な脳死判定を行い，移植で患者の命を救うことに可能な限りの治療を尽くすこと，そして「脳死は人の死であるか」について多様な視点から議論を深めていくことで国民の理解が得られていくと考える。（298字）

問2 移植医療の公平性を保つには，正確な情報開示が不可欠である。レシピエントの優先順位は，第三者機関が医療的緊急度や拒絶反応に関わる適合性を考慮して決定している。このシステムにおいて，プライバシーを除く情報開示などの透明性が保たれれば，公平性は維持されるであろう。なお，親族への優先提供については，公の医療である点を考慮すると優先順位の公平性に問題があるが，この場合も情報開示などの透明性は必須である。（198字）

小論文対策③ 地球温暖化

琉球大学　農学部　2016年度

次の文章を読み，以下の問いに答えなさい。

「地球温暖化は生物多様性にとって今後大きな脅威になるでしょう。顕在化している部分は大きくありませんが，予想されているように，100年後に地球の平均気温が2～3℃の上昇となると①相当大きなダメージを受けるのは間違いないと思います。高山の生物のなかには絶滅するものがかなり出てくるでしょう。絶滅が危惧される状態になったら，生き残れる場所に移植すればいいと考えがちですが，②移植した土地の生態系に問題を起こす可能性もあります。植物園に植えると少なくとも絶滅だけは免れますが，現地外保全は最後の手段です。問題が起きる前に，どうしたら高山植物を守れるのかを議論しておくべきでしょう。」

（出典：国立環境研究所地球環境センター編，『地球温暖化研究のフロントライン—最前線の研究者たちに聞く—』，p.76，2013年より抜粋・一部改変）

問1 下線部①について，特にどのような生物がダメージを強く受けると考えられるか。また，そう考える理由は何か。あなたの考えを500字以上，700字以内で述べなさい。

問2 下線部②について，一般に植物を別の場所に移植することで生じる可能性がある自然環境や農業生産上の問題について，500字以上，700字以内で述べなさい。

解答のキーワード

地球温暖化（➡p.333）　外来生物（➡p.332）
相互作用　生態系のバランス　病原体

解法のポイント

地球温暖化は現在注目されている環境問題の1つである。世界の年平均気温は年々上昇しており，その主な要因として，**温室効果ガス**である二酸化炭素の大気中濃度の上昇が挙げられている。人為起源による気候変化，影響，適応および緩和方策に関し，科学的，技術的，社会経済学的な見地から包括的な評価を行うことを目的として設立された政府間機関が，**IPCC**（Intergovernmental Panel on Climate Change：気候変動に関する政府間パネル）である。IPCCが2013年に公開した報告書によると，全世界の陸上および海氷面の年平均気温は1880～2012年にかけて0.85℃上昇した。このまま地球温暖化が進むと，海水面の上昇や異常気象の増加など，地球規模でさまざまな影響が現れることが懸念されている。生態系についても，課題文に取り上げられているように，多くの生物の生息環境が失われたり，生息地域が変化したりするなどの影響が現れることが考えられている。

温暖化は地球規模の問題であり，個人，地域レベルだけでなく，国境を越えた対策が必要である。地球温暖化には原因や対策についてさまざまな意見があり，小論文に頻出するテーマである。他人の意見を暗記するのではなく，科学的な視点から考え，自分自身の意見を述べられるようになることが大切である。

問1　解答例文では高山植物とサンゴの白化の両方を取り上げたが，いずれか一方でもよい。また，ホッキョクグマなどを取り上げてもよい。

高山植物は，島のように点在する高山の山頂付近に孤立しており，それぞれの環境に適応した固有種も多く，その個体数は少ない。気温上昇に伴う高山植物自体への影響としては，気温の上昇で高山帯の雪解けが早まることなどによって，土壌が長期的に乾燥することが挙げられている。これによって，乾燥に弱い種が衰退する一方，耐乾性のある種は増大し，種構成に大きな変化が現れることなども知られている。それ以外では，気温上昇に伴う生息範囲の拡大によって，亜高山帯から侵入してくる動植物による影響も大きい。南アルプスには高山帯に侵入した動物によって高山植物が食害され，その個体数が著しく減少している地域がある。

問2　**植物防疫法**は，日本の農業生産に甚大な被害を与える恐れのある病虫害の原因となる生物が，外国から侵入することを防止するために制定された。この法律では，日本の有用な植物を害する恐れのある昆虫，ダニ，線虫などの動物や，ウイルス，細菌，菌類，寄生植物などが輸入禁止品として規定されている。また，土または土の付着する植物も持ち込みが禁止されている。多くの植物は検疫を受ければ国内に持ち込めるが，このように規制されているのは，植物体や土壌によって農作物の病原体が容易に移動することを意味している。

植物が生育する環境には，病原体を含む無数の微生物が生息しており，土壌1g当たりの土壌微生物の数は，数百万から数億に達するともいわれる。植物を別の場所に移植するとこれらの病原体も同時に移動する。このことを念頭に移植による影響を推論する。

解答例文

問1 地球の年平均気温が数℃上昇することによって特にダメージを強く受けると考えられるのは，寒冷地に生息し，地球温暖化によって生息域が減少するような生物である。特に植物は，自ら移動することができないため，その影響を強く受けると推測される。たとえば，寒冷な環境に適応した高山植物のなかには，気温の上昇によって成長が阻害されたり，開花や結実に影響を受けたりして，子孫を残すことが難しくなるものも存在すると考えられる。また，高山植物自身の気温上昇に対する適応の可否のみならず，気温上昇に伴って生息域を広げ，山頂付近に侵入してきた他の植物との間に競争が生じ，その結果，生息場所を奪われることも考えられる。さらに，同様に生息域を広げ，高山帯に侵入できるようになった草食動物による食害を受けることも考えられる。高山植物も含め，高山の生物の場合，山頂付近に生息するため，近隣に同様な環境は存在せず，別の地域に移動することができない。高山植物の消失は，高山帯の生態系全体に大きな影響を与えると考えられる。

ほかには，温度変化に敏感な生物も，特にダメージを強く受けると考えられる。たとえばサンゴは，生育に適した水温より海水温が高い状態が長期間続くと，サンゴと共生する藻類を失うことが知られている。共生藻類が失われると，サンゴは白化する。サンゴは，生育に必要な栄養分の多くを共生藻類の光合成産物に依存しているので，白化が進行すると死んでしまう。サンゴは，さまざまな水生生物のすみかとなることから，その消失は，サンゴ礁の生態系全体にも大きな影響を与えるだろう。（664字）

問2 植物を人間活動によって本来の生息地から別の地域へ移すとき，ヒトが移植先の環境を撹乱することになる。これによって，移植先の生物相に影響を与える可能性がある。また，移植する植物は，それがたとえ国内の他の地域からのものであっても，移植先の生態系にとっては外来生物である。そのため，移植する植物自体も，生物相互の働きによって保たれていた移植先の生態系を撹乱することになる。生物は，本来の生息地には天敵となる捕食者が存在するため，その種だけが極端に増殖することはない。しかし，移植された場所に天敵がいない場合には，増殖して移植した土地の生態系のバランスを壊し，自然環境に甚大な影響を及ぼす可能性がある。

植物を移植した場所が農地の場合，農作物に影響が出る場合もある。植物が生育する環境には無数の病原体が生息しており，場所が異なればこれらの微生物相も異なる。ある場所に生育する植物を他の場所に移植した場合，移植する植物体や根系に付着する土壌に含まれる病原体も移される。自然界の土壌中では，微生物間の相互作用によって，特定の病原体だけが突然ふえることはまずない。また，それぞれの地域に生息する植物は，地域固有の病原体に耐性をもっていることが多い。しかし，植物の移植によって病原体を新しい地域に移動させた場合，移入先の微生物間の相互作用を乱し，特定の病原体だけが増殖することがある。また，移入した病原体に対する耐性が移植先の植物にないこともある。植物の移植先が農地ならば，そこで生育している農作物が，移入した病原体によって罹患し，農業生産に大きな被害が生じる可能性がある。（677字）

小論文対策④ バイオ燃料

徳島大学　生物資源産業学部　2016年度　改題

次の文章を読み，以下の問いに答えなさい。

地球温暖化の主な原因は，大気中の二酸化炭素濃度の増加であると考えられている。植物は，光合成によって二酸化炭素と水からグルコースを合成し，そのグルコースを用いてデンプンやセルロースをつくる。植物中に貯蔵されたデンプンを酸や酵素で加水分解することによって得られるグルコースは，酵母によるアルコール発酵によってエタノールに変換することができる。米国では，トウモロコシに由来するデンプンを用いてバイオエタノールが生産されている。

問1 植物由来のバイオマスはカーボンニュートラルのエネルギー資源といわれる。その理由を150字以内で説明しなさい。

問2 図は北半球と南半球の地表面付近の二酸化炭素濃度の月平均値の推移を示す。北半球では，二酸化炭素濃度の定期的な上下動がみられる。一方，南半球では，上下動はほとんどない。小問1，2に答えなさい。

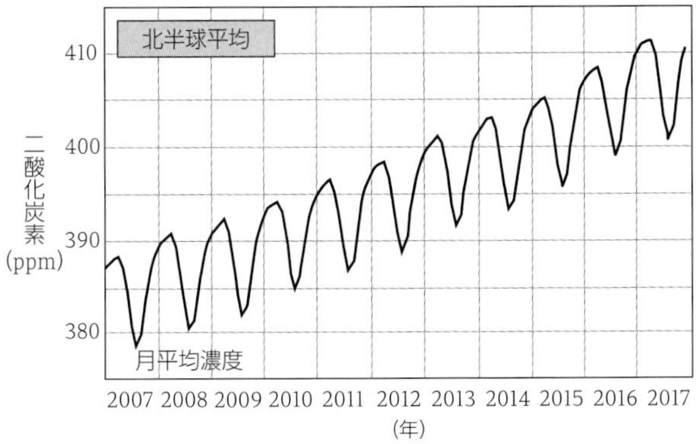

（気象庁資料・一部改変）

図　地表面付近の二酸化炭素濃度の月平均値の推移

小問1 図を見て，北半球と南半球で二酸化炭素濃度の変動の傾向が異なる理由を250字以内で説明しなさい。

小問2 地球温暖化を抑制するためには，化石燃料の使用量を減らし，再生可能エネルギーの使用量をふやす必要がある。バイオマスによるエネルギー産生の現状と問題点，およびその解決策について，250字以内で述べなさい。

解答のキーワード

地球温暖化(➡p.333)　化石燃料(➡p.322)
バイオマス(➡p.330)　カーボンニュートラル(➡p.330)

解法のポイント

問1　**バイオマス**(生物資源)や，**カーボンニュートラル**という概念について正しく理解しているかが問われている。バイオマスは化石燃料のように枯渇せず，くり返し生産可能な資源である。また，バイオマスは大気中の二酸化炭素が固定されたものであるため，燃焼しても大気中の二酸化炭素を増加させないカーボンニュートラル(新たな二酸化炭素を大気中に排出しない)な燃料とされている。しかし，実際に概念通りにカーボンニュートラルとなっているかは，問2小問2で問われているように，個別に検討する必要がある。なお，過去の生物の有機物に由来する燃料である**化石燃料**は，燃焼によって，過去に固定された二酸化炭素量を現在の炭素循環に追加することになるため，カーボンニュートラルとはいえない。

問2　小問1で着目すべき点は，問題文に示されているので，的外れな理由とならないように注意する。二酸化炭素濃度に1年周期で上下動がみられるのは，植物などの生産者による二酸化炭素の吸収量が，季節変化するためである。したがって，陸地が多く光合成を行う植物も多い北半球の二酸化炭素濃度の上下動は大きくなる。一方，南半球は陸地が少ないため，その変動は小さくなる。また，北半球は人間活動が盛んなため，その地表面付近では，人為起源の二酸化炭素の排出も盛んである。したがって，地球全体の二酸化炭素の排出と吸収は，北半球の地表面で大きな割合を占めることになる。

小問2について，バイオマスによるエネルギー産生の現状の問題点としては，栽培や加工，輸送等に多量の化石燃料が使用されていることが挙げられる。また，バイオマスはエネルギー効率が化石燃料よりも低く，安定したエネルギー供給のためには多くの資源が必要となる。この資源を確保するために，農地が拡大され，その結果森林破壊が加速していることも懸念されている。この森林破壊は，生態系に影響を与えるほか，その森林のもっていた二酸化炭素の固定能力が失われることにもつながる。さらに，食料や家畜飼料としても利用可能なトウモロコシなどの農作物を原材料として利用する場合，その需要が競合し，食糧や飼料の価格の高騰を招く懸念もある。解決策としては，解答例文で挙げたもの以外に，世界中に点在する休耕地や放棄農地を再利用し，森林を破壊せずに原材料を栽培することなども考えられる。

解答例文

問1 植物由来のバイオマスからつくられた燃料の燃焼で発生する二酸化炭素量は，その植物が成長過程で吸収した二酸化炭素量で理論上相殺することができる。そのため，化石燃料の利用とは異なり，現在の大気中の二酸化炭素濃度の増減には影響しないため，カーボンニュートラルであると考えることができる。(139字)

問2 **小問1**　北半球は，南半球と比べて陸地の割合が高く，植物が多く存在し，人間活動も盛んに行われている。呼吸や人間活動で排出された二酸化炭素の多くは光合成を行う植物などによって吸収される。したがって，北半球では，一年を通じて二酸化炭素が多く排出されるが，光合成が活発に行われる春から秋にかけては，二酸化炭素濃度の減少がみられる。一方，南半球では，人間活動による二酸化炭素排出量も，植物などによるその吸収量も，北半球と比べ少ないため，定期的な上下動の幅も小さい。また，季節が逆なので，その増減の時期も逆になる。(247字)

小問2　米国におけるバイオエタノール生産の例では，トウモロコシの栽培や加工，輸送などに多くの化石燃料を消費しているため，生産過程を含めた全体の二酸化炭素の収支は，現状，排出量の方が上回っている。また，栽培用農地拡大に伴う森林破壊や，食糧価格への影響なども懸念されている。これらの解決策としては，間伐材や非食用作物などから効率的にエネルギーを産出する技術の開発，生産過程で大気中に排出された二酸化炭素を吸収するための森林の再生や砂漠の緑化の促進，他のエネルギー施策との総合的な連携を図ることなどが考えられる。(249字)

小論文対策⑤ 日本の森林管理と持続可能な開発

岩手大学　農学部　2016年度　改題

次の文章を読み，以下の問いに答えなさい。

今から4000年ほど前の縄文海進終了以降の気候にはそれまでのような大きな変動はなく，現在の気候とほぼ同様とみられる。図で縦軸はその間の山地の平均侵食速度を基準としたときの侵食速度の増加量(過剰侵食速度と表示)，すなわち人間の活動が影響しなかった頃の山地からの平均流出土砂量からの増加量，言い換えれば砂浜の拡大速度を示している。この図に示したように，14世紀頃までは日本全体でみれば山地からの土砂流出量と海岸での侵食量はほぼ平衡していたと考えられる。あるいは平衡した状態で日本の海岸線が形成されていたと言っても良い。

しかし，①15世紀以降は人口が1000万人規模で増加し，それに伴って山地・森林の劣化による土砂流出が増加しはじめ，17世紀に入ると3000万人規模となり土砂流出量は急激に増大した。そのため，海岸では土砂の堆積が進み，以降300年程度は砂浜拡大の時代が続いた。飛砂害が多発した時代である。今から100年ほど前から状況は徐々に変化をみせはじめ，過去半世紀程度の間に状況は逆転し，むしろ砂浜が縮小する傾向に変わっている。つまり，17世紀以降半世紀前までは土砂流出過剰時代であり，その国土保全政策がこれまでの治山治水事業であったといえる。

この図は，日本の国土環境の変遷には，農耕社会における森林の劣化・消失や20世紀後半の森林の成長・回復が大きく影響していることを示している。農業・農村の変化や都市の変化は，私たちが実感してきたとおりである。しかし，私たちが森林から遠ざかってしまった現在，その影響はみえにくい。しかし，いま国土環境に海岸の後退という思わぬ危機が迫っているのである。森林の取り扱いの如何がここまで国土環境に影響を与えていることを，森林関係者だけでなく，国民全体が理解するべきである。少々大げさに言えば，国土環境の危機は主に②山地での森林の“飽和”にその原因があると言える。

このように日本の国土環境は21世紀に入って過去400年とはまったく異なるステージに入った。③国土管理に関わる人々はその新しい環境のなかで持続可能な社会を創出しなければならない。

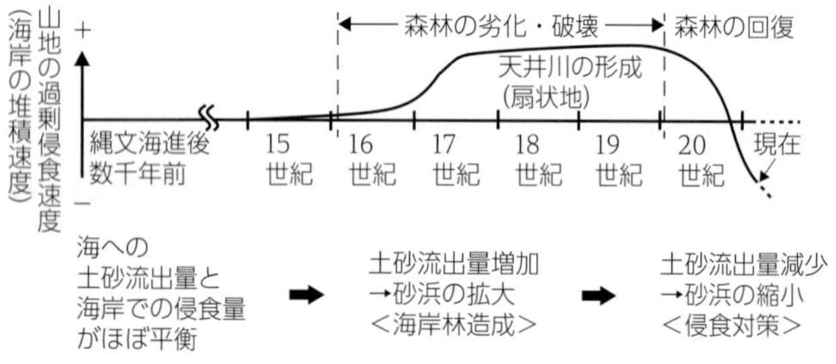

図　森林の変遷と国土環境の関係

(出典：太田猛彦著，『森林飽和　国土の変貌を考える』より抜粋・一部改変)

＜語句説明＞　縄文海進：縄文時代に起こった海水面の上昇

問1 下線部①について，15世紀以降に山地・森林が劣化して土砂流出量が増加したと考えられる理由を150字以内で述べなさい。

問2 下線部②に示す「森林の“飽和”」とはどのようなことを意味するのか。150字以内で述べなさい。

問3 下線部③について，「新しい環境のなかで持続可能な社会を創出」するためには，日本の森林をどのように管理し，利用していくことが望ましいか，あなたの考えを300字以内で述べなさい。

解答のキーワード

生態系サービス(➡p.326)　里山(➡p.331)　森林破壊(➡p.330)

解法のポイント

江戸時代に描かれた歌川広重の浮世絵「東海道五十三次」(1833)には豊かな森はみられない。森林の樹木はまばらで，貧弱な土壌でも育つマツだけが描かれている。明治から昭和中期まで，多くの場所で同じような状況であった。これは，当時の日本では建築用や燃料などの資源のほとんどを森林から得ていたためである。その後，森林の保全や材木の確保の観点から，森林の保護が少しずつ進むことにより森林は回復し，現在に至っている。

森林の活用なども含めた「持続可能な世界」を実現するために，「**SDGs**」が策定され，日本でも積極的に取り組んでいる。これは，「Sustainable Development Goals (持続可能な開発目標)」の略称で，2030年までの国際目標として2015年に国連サミットで採択された。持続可能な開発を実現するための17のゴールが掲げられている。基本理念として地球上の誰一人として取り残さない(No one will be left behind)ことを誓っている。この課題文のテーマである森林管理に関するゴールとしては，15番目に「陸の豊かさも守ろう」が挙げられている。

SDGsは他教科に関連する内容も含まれており，今後，小論文で頻出するテーマになると考えられる。目標が設定された背景なども押さえておき，目標達成のために自分ができることなどを考えてみるとよいだろう。

問1　15世紀以降に人口が急激に増加したことで，どのような問題が生じたかを推測する必要がある。当時は，衣食住に関する需要が膨らむと，樹木が燃料や建材などとして大量に消費されていたと考えられる。樹木の根は土壌を支えているため，伐採されると土壌は支えを失うこととなる。さらに，図から，森林が破壊されて海へ土砂が流出すると，土砂の終着点である海岸では，砂浜が拡大していくことにも着目したい。

問2　図より，20世紀後半から森林の回復傾向がみられるが，これは課題文にあるとおり，これまでの治山治水事業による結果であると考えられる。これにより現在は，森林の回復に伴って，海への土砂の流出量の減少と砂浜の縮小が進行していると筆者は述べている。

問3　解答例文は，持続可能な社会を創出するためにSDGsで掲げている内容に言及して展開している。また，「森林を守る」視点から，森林管理を継続して行うために必要な人材の育成と支援の必要性について述べた。さらに，森林の価値を見出して利用していく「森林を使う」視点から，**生態系サービス**の中の「文化的サービス」について述べていくのもよい。

解答例文

問1 急激な人口増加による食糧不足を解消するため，森林を開発し農業用地を拡大した。また，建築用の材木や燃料として樹木を大量に消費した。その結果，森林にあった多くの樹木が失われ，樹木の根に支えられていた山の表面が雨水で大きく侵食され崩壊した。この土砂が河川に流され，土砂流出量が増加したと考えられる。(146字)

問2 国土の海岸線は主に山地・森林からの土砂流出によって維持されているが，近年，砂浜は縮小している。これは，治山治水事業や農耕社会の変化などによって成長した森林が山地をおおい，土砂流出量が減少して海岸の侵食量を下回るようになったことを意味する。この森林の成長状態が「森林の飽和」であると考えられる。(146字)

問3 持続可能な社会を創出するために，森林はふやすばかりではなく積極的に利用していくことが重要である。たとえば，森林の活用として，森林セラピーやレクリエーション，自然とのふれあいの場としての教育活動に利用することが考えられる。また，国産材を積極的に利用するなど森林の商業的な価値を高めることができれば，管理の担い手を育てることができる。持続可能な世界を実現するために策定されたＳＤＧｓでは，森林減少の阻止や，劣化した森林の回復を目標としている。目標の達成のために，森林を林業の関係者や山村に住む人々のみにゆだねるのではなく，支援や助成制度など，国を挙げて体制を整えることが必要だろう。(289字)

小論文対策⑥ 英語課題文～外来生物～

長崎大学　医学部　2018年度　改題

次の英文を読み，以下の問いに答えなさい。

The central and local governments are struggling to prevent fire ants native to South America from becoming established in Japan, as the highly venomous insects have been found in many parts of the country. ①The key countermeasures include thorough monitoring and extermination of the insects at ports nationwide. An increasing number of citizens are growing anxious, but experts are calling for a calm response based on accurate information.

"We need to proceed with measures in a very proactive manner, while considering every possible scenario," Prime Minister Shinzo Abe said at a meeting of related ministries and agencies at the Prime Minister's Office on July 20. Abe instructed the ministries and agencies to help facilitate countermeasures.

②It was the first meeting of Cabinet ministers held specifically to discuss ways to deal with an invasive species.

"This is a time when children play outdoors more often because schools are on summer break," a senior official of the Environment Ministry said. "We needed to present unified government action on the matter to ease public concern." Concern is spreading.

（出典：The Japan News by The Yomiuri Shimbun: Jul. 24, 2017より一部抜粋）

fire ants：ヒアリ，invasive species：侵入種

問1 下線部①を日本語に訳しなさい。

問2 下線部②の関係閣僚会議を7月20日に開催した意図について，本文の記載内容に沿って説明しなさい。

問3 ヒアリのような外来生物は人の健康や生態系にどのような影響を与えるのか，あなたの考えを400字以内で述べなさい。

和　訳

国や地方自治体は，南米原産のヒアリが日本に定着しないように奮闘している。なぜなら，この毒性の強い昆虫が日本の各地で発見されているからだ。その主な対策には，全国の港湾におけるヒアリの徹底した監視と駆除がある。ますます多くの国民が不安を募らせているが，専門家は正しい情報にもとづいた冷静な対応を呼びかけている。

7月20日に首相官邸で行われた関係閣僚会議の席で，安倍首相は，「あらゆる事態を想定しながら，先手先手で対策を進める必要がある。」と述べた。また，関係省庁に対し，対策を進めるために助力するよう指示した。

これは，個別の侵入種の取り扱いを検討するために開かれた初の閣僚会議であった。

環境省の高官は，「夏休みに入り，子どもたちがより頻繁に野外に出る時期といえる。」「国民の不安を和らげるためにも，政府一丸となった取り組みを示す必要があった。」と述べた。現在も不安は広がりつつある。

解答のキーワード

外来生物（➡p.332）　種間競争（➡p.315）　アレルギー（➡p.187）

解法のポイント

英語課題文ではあるが，分量が比較的少なく，読みやすい文章となっている。問1，2は，和訳や本文の内容理解を問うもので，英語力が問われる。問3が小論文形式で，外来生物が侵入・定着したときの影響を問うものである。要点を押さえれば比較的答えやすいと思われる。

今回は問われていないが，外来生物に関する問題では，外来生物が生態系に与える影響のほかに，生態系を保全するための対策と，その際に留意すべき点を押さえておく必要がある。本文中にも記載されているが，ヒアリに対する主要な対策は，徹底的な監視体制と薬剤による駆除である。しかし，侵入する可能性があるからといってヒアリが発見されていない港に薬剤を置くことは避けなければならない。これは，薬剤によって在来種のアリや他の動物を殺傷する可能性があり，それらのニッチが空白化することによって逆に外来生物が侵入・定着する可能性が高まるためである。薬剤を用いる場合，必ず対象の外来生物の生息を確認してから使用する必要がある。

環境問題などの小論文で，影響やその対策が問われるときには，その項目に関する学習内容を整理して表現するとともに，他の領域の既習事項を含めて検討し，自分の考えを述べることが必要となる。

問1　単語の意味を知っていれば，平易な文章である。countermeasureがわからない場合でも，「徹底した監視と駆除が含まれる」から「対策」という意味を推測することができる。

問2　会議が7月20日に開催された理由について，文章中に記載されている内容から簡潔に解答する。この場合，下線部②の次に述べられている環境省高官の発言にその理由が示されている。この問いは，自分の考えを述べるのではなく，文章の内容理解を問うものであることに注意する。

問3　本来の生息場所から別の場所へもち込まれた生物は，移入先の環境に適応し，定着することがある。移入先に天敵となる捕食者がいない場合，本来の生息地よりも急激に増殖し，その地域の生態系のバランスを崩すことがある。たとえば，外来生物と在来種との間で，資源をめぐる**種間競争**が起こり，**競争的排除**によって在来種が減少，消滅することがある。また，外来生物が，近縁の在来種と交雑して雑種をつくることもある。この場合，在来種がもつ固有の遺伝子構成に別の遺伝子が広まり，遺伝子構成が攪乱される。この攪乱によって，在来種の希少な遺伝子が失われることが危惧される。

外来生物は，生態系へ影響を与えるだけでなく，人の健康を害する場合もある。たとえば，ヒアリのように，毒針をもつ生物に刺されると，痛みや腫れを伴う炎症を起こすことがある。刺された人の体質によっては，毒に対するアレルギー反応，および**アナフィラキシーショック**を引き起こす可能性もある。また，他の地域や国を原産とする病原体を媒介することもあり，人間社会で感染症が蔓延《まんえん》する原因となることもある。

2004年に制定された外来生物法では，外来生物のうち，生態系や人の生命・身体，農林水産業へ被害を及ぼすものや，及ぼすおそれのあるものを**特定外来生物**に指定し，取扱いに規制を設けている（➡p.332）。ヒアリも特定外来生物であり，2017年6月に日本ではじめて侵入が確認された。

解答例文

問1 その主な対策には，全国の港湾におけるヒアリの徹底した監視と駆除が含まれる。

問2 ヒアリが全国各地で見つかるなか，児童・生徒たちが夏休みに入り，子どもたちの野外での活動が多くなることから，ヒアリによる被害が懸念される。そのため，夏休みはじめの7月20日に会議を開催し，方針を示すことで国民の不安を緩和しようとした。

問3 外来生物が人の健康に害を与える事例としては，生物の刺咬による痛みや腫れがある。また，特定の生物の毒に対してアレルギー反応を起こす人では，刺咬後にじんましんや発熱などの症状が出る可能性があり，最悪の場合，アナフィラキシーショックによる呼吸困難などの影響で死に至ることがある。また，外来生物が他の地域や国を原産地とする病原体を媒介する危険性もある。外来生物が移入先の環境に適応し，増殖した場合，生態系にも大きな影響を与える。たとえば，在来種と資源をめぐった種間競争が起こり，在来種が排除されることがある。また，外来生物が在来種を捕食する新たな天敵となることもある。さらに，外来生物が近縁の在来種と交雑することで雑種が生まれ，在来種の遺伝子構成を攪乱することもある。これらの結果，在来種の急激な個体数の減少や生物相の大きな変化が起こり，周囲の生態系全体のバランスの崩壊につながりうる。（389字）

付録2

小論文対策❼ 英語課題文～遺伝子治療～

山口大学　医学部　2018年度　改題

次の英文を読み，以下の問いに日本語で答えなさい。

It's a boy! A 5-month-old baby is the first to be born using a new technique that incorporates DNA from three people. "This is great news and a huge deal," says Dusko Ilic at King's College London, who wasn't involved in the work. "It's revolutionary."

The controversial technique, which allows parents with rare genetic mutations to have healthy babies, has only been legally approved in the UK. But the birth of the baby, whose Jordanian parents were treated by a US-based team in Mexico, should fast-forward progress around the world, say embryologists.

The mother carries genes for Leigh syndrome, a fatal disorder that affects the developing nervous system. Genes for the disease sit in DNA in the mitochondria[注1], which provide energy for our cells and carry just 37 genes that are passed down to us from our mothers. This is separate from the majority of our DNA, which is housed in each cell's nucleus.

Around a quarter of the mother's mitochondria have the disease-causing mutation. While she is healthy, Leigh syndrome was responsible for the deaths of her first two children. She and her husband sought out the help of John Zhang and his team at the New Hope Fertility Center in New York City.

Zhang has been working on a way to avoid mitochondrial disease using a so-called "three-parent" technique. In theory, there are a few ways of doing this. The method approved in the UK is called pronuclear transfer and involves fertilising both the mother's egg and a donor egg with the father's sperm. Before the fertilised eggs start dividing into early-stage embryos, each nucleus is removed. The nucleus from the donor's fertilised egg is discarded and replaced by that from the mother's fertilised egg.

But this technique wasn't appropriate for the couple – as Muslims, they were opposed to the destruction of two embryos. So Zhang took a different approach, called spindle nuclear transfer. He removed the nucleus from one of the mother's eggs and inserted it into a donor egg that had had its own nucleus removed. The resulting egg – with nuclear DNA from the mother and mitochondrial DNA from a donor – was then fertilised with the father's sperm.

Zhang's team used this approach to create five embryos. They chose the male embryo that was of the highest quality to implant in the mother. Their baby was born nine months later. "It's exciting news," says Bert Smeets at Maastricht University in the Netherlands. The team will describe the findings at the American Society for Reproductive Medicine's Scientific Congress in Salt Lake City in October.

Neither method has been approved in the US, so Zhang went to Mexico instead, where he says "there are no rules". He is adamant that he made the right choice. "To save lives is the ethical thing to do," he says.

The team seems to have taken an ethical approach with their technique, says Sian Harding, who reviewed the ethics of the UK procedure. They avoided destroying embryos, and used a male embryo, so that the resulting child wouldn't pass on any inherited mitochondrial DNA, she says. "It's as good as or better than what we'll do in the UK."

A remaining concern is safety. Last time embryologists tried to create a baby using DNA from three people was in the 1990s, when they injected mitochondrial DNA from a donor into another woman's egg, along with sperm from her partner. Some of the babies went on to develop genetic disorders, and the company performing the technique were advised to halt it. The problem may have arisen from the babies having mitochondria from two sources.

When Zhang and his colleagues tested the boy's mitochondria, they found that less than 1 per cent carry the mutation. Hopefully, this is too low to cause any problems; generally it is thought to take around 18 per cent of mitochondria to be affected before problems start. "It's very good," says Ilic.

Smeets agrees, but cautions that the team should monitor the baby to make sure the levels stay low. There's a chance that faulty mitochondria could be better at replicating, and gradually increase in number, he says. "We need to wait for more births, and to carefully judge them," says Smeets.

（出典：Jessica Hamzelou著，'3-parent baby' success, *New Scientist*, October 1, 2016年より抜粋・一部改変）

incorporate:合体させる，genetic:遺伝子の，mutation:突然変異，legally:法律的に，Jordanian:ヨルダン人，fast-forward:早送りする，embryologist:発生学者，Leigh Syndrome:リー症候群，disorder:疾患，nucleus:細胞核，mitochondria:ミトコンドリア，fertility center:不妊治療センター，"three-parent" technique:「3人の遺伝的親」技術，pronuclear:前核の，fertilise:受精させる，donor:ドナー，sperm:精子，discard:処分する，Muslims:イスラム教徒，embryo:胎芽，spindle:紡錘体，implant:移植する，Netherlands:オランダ，reproductive:生殖の，adamant:断固とした，ethical:倫理的な，inject:注入する，halt:停止する，replicate:複製する

(注1) ミトコンドリアは細胞核ではなく細胞質に存在し，母親からのみ遺伝する。ミトコンドリアは，独自のDNAをもつ。

問1 チームが避けた倫理的ないし道徳的な問題点を2つ挙げなさい。(各30字以内)

問2 誕生した男児のミトコンドリアDNAの変異の現状と将来の安全性について述べなさい。(150字以内)

問3 近年，「3人の遺伝的親」技術を含む新しい技術の台頭によって，遺伝性疾患に対する遺伝子治療が論理的に可能となってきた。このような生殖細胞の遺伝子治療を認めて良いか，あなたの意見を述べなさい。(400字以内)

和　訳

男の子だ！ 3人のDNAを合体させるという新しい技術を使って生まれたはじめての赤ちゃん，生後5ヶ月である。「これは，大ニュースであり，そして一大事だ。」と，ロンドン キングスカレッジのダスコ イリッチ―彼は，この仕事には関与していない―は言う。「これは，革命的なことだ。」

珍しい遺伝子突然変異をもつ両親が，健康な赤ちゃんを授かることを可能とする技術については論争の的となっており，イギリスで法的に認可されているにすぎない。しかし，その赤ちゃんの誕生は―ちなみにその両親はヨルダン人で，アメリカのチームによる施術をメキシコで受けた―世界中の研究の進展を早めるはずだと発生学者は言う。

この母親はリー症候群の原因遺伝子の保因者である。リー症候群は神経系の発達に影響する致死性の疾患だ。この原因遺伝子は，ミトコンドリア内のDNAにある。ミトコンドリアは，細胞にエネルギーを供給し，母親から受け継がれた37の遺伝子を含む。ミトコンドリアDNAは，各細胞の核内に収められている大部分のDNAとは区別される。

その母親の約4分の1のミトコンドリアに，病気を引き起こす変異がある。彼女自身は健康だが，彼女のはじめの二児はリー症候群により亡くなった。彼女と夫は，ニューヨーク市のニューホープ不妊治療センターのジョン ザンと彼の研究チームに助けを求めた。

ザンは，いわゆる「3人の遺伝的親」技術を使ってミトコンドリア病を免れる方法を研究してきた。理論的には，この技術にはいくつかの方法がある。イギリスで認可されている方法は，前核移植と呼ばれ，母親の卵とドナーの

卵の両方を父親の精子と受精させる必要がある。受精卵が分裂をはじめて初期胎芽となる前に，それぞれ核が取り除かれる。ドナーの受精卵の核は処分され，母親の受精卵の核に置き換えられる。

しかし，この技術はこの夫婦には適していなかった。彼らはイスラム教徒として，2つの胎芽を破壊することに反対した。そこで，ザンは紡錘体核移植と呼ばれる別の方法をとった。母親の卵の1つから核を取り出し，その核をあらかじめ核が除去されたドナーの卵に導入したのだ。こうして得られた卵を，これは母親由来の核DNAと，ドナー由来のミトコンドリアDNAをもつわけだが，父親の精子と受精させた。

ザンの研究チームは，この方法を使って，5つの胎芽を作製した。彼らは母親へ移植するのに最も状態のよい男性の胎芽を選択した。彼らの赤ちゃんは9ヶ月後に生まれた。「エキサイティングな知らせだ。」とオランダのマーストリヒト大学のベルト スミーツは述べた。10月には，ソルトレイク市で開催される米国生殖医学会で，ザンのチームはこの結果を説明するだろう。

アメリカでは上記のいずれの方法も認可されていないため，ザンは代わりにメキシコへ向かった。「メキシコには規制がないんだ。」とザンは言う。自身が正しい選択をしたとザンは断固主張する。「命を救うことは倫理的な行いだ。」と彼は言う。

ザンのチームは，彼らの技術に対し，倫理的に配慮して取り組んでいるように思えると，シアン ハーディングは言う。ハーディングは，イギリスで認可された方法の倫理面について審査した人物である。彼らは複数の胎芽の破壊を回避し，生まれた子どもが，自身の受け継いだミトコンドリアDNAを，決して将来(自分の子に)渡すことのないよう男性の胎芽を用いた，と彼女は言う。「イギリスで行われることになる施術と同等かそれ以上によいものだわ。」

残る懸念は安全性である。これ以前に，発生学者が3人のDNAを用いて赤ちゃんを生み出そうと試みたのは1990年代のことである。その時彼らは，ドナー由来のミトコンドリアDNAを，パートナーの精子とともに母親の卵へ導入した。そのなかには，成長に伴って遺伝性疾患が次々と発症した赤ちゃんもおり，その施術を行っていた企業は施術の停止を勧告された。この問題は，異なる2人に由来するミトコンドリアを赤ちゃんがもっていたために起こった可能性がある。

ザンと同僚らが誕生した男の子のミトコンドリアを調べたところ，変異ミトコンドリアの割合は1％未満であることがわかった。おそらくこれは問題の生じない低さである。一般的には約18％のミトコンドリアが影響を受けると問題が生じると考えられている。「とてもいいよ。」とイリッチは言う。

スミーツは，同意はするが，その赤ちゃんの変異ミトコンドリアの割合が低いままであるか研究チームは検査を継続するべきだと警告する。変異をもったミトコンドリアの方が複製効率がよく，徐々に数をふやす可能性だってある，と彼は言う。「我々は，さらなる出生を待ち，そういったことについて慎重に判断する必要がある。」とスミーツは言う。

解答のキーワード

ミトコンドリア(➡p.24)　細胞質遺伝(➡p.251)
突然変異(➡p.256)　遺伝子治療(➡p.152)

解法のポイント

分子生物学の発展に伴い，遺伝子治療のさまざまな方法が開発されている。欧米では，2012年に米国遺伝子治療学会(ASGCT)によって数年以内に実用化可能な10の遺伝子治療対象疾患が発表され，そのうちのいくつかは実用化されるなど，遺伝子治療は実用的な医療技術として確立されつつある。課題文で紹介された「3人の遺伝的親」技術は，**ミトコンドリアDNA**の変異を原因とする不妊治療法として考案された。ここではドナーのミトコンドリアと母親の核をもつ卵を新たに作製することで疾患の発症を回避した事例とそれに伴う課題を紹介している。問1，2は本文の和訳をさせて英語力をみるものである。問3は自分の考えを論理的にまとめる小論文形式の設問である。

問1　ハーディングの発言に，ザンの研究チームがとった手法のどのような点が倫理的であるかが示されている。この内容と前核移植における倫理的な問題点も踏まえ，簡潔にまとめるとよい。

問2　ミトコンドリアDNAに占める変異型の割合と疾患の関係や，生まれた男児の状態については第11段落以降に説明がある。過去に行われたミトコンドリアDNAの導入の結果も踏まえ，150字以内で要約する。

問3　**遺伝子治療**は，目的とする遺伝子やその遺伝子をもつ細胞を患者の体内に導入するなどして行われる(➡p.152)。1990年代に登場した**ゲノム編集**(➡p.150)の技術の進展によって，近年開発に拍車がかかっている。

ゲノム編集は，人工制限酵素を用いた遺伝子改変技術で，ゲノム上の狙った部位に任意の変異(塩基の置換や挿入，欠失)を導入できる。従来の遺伝子組換え技術と比べ，段違いに正確に，効率よく，短期間に遺伝子操作が行えるため，研究の場で一気に広まった。ただし，100％正確とは言えず，さらなる技術開発が進められている。

課題文中のリー症候群のように，重症で，有効な治療方法がなく，遺伝子との関連が特に強い遺伝性疾患にとって，遺伝子治療は希望の光となるものである。しかし，多くの遺伝性疾患は，複数の遺伝子が関連しており，また，遺伝子のみではなく環境とのかね合いで発症することから，発症のメカニズムは非常に複雑である。さらに，各遺伝子の働きは，環境や，からだの各器官，年齢などによって異なることがあり，解明されていないことが非常に多い。したがって，遺伝子治療では，想定外の作用が現れるリスクが伴うことを十分に考慮する必要があり，安全性への配慮が求められる。

遺伝子治療は，従来，患者の体細胞に対して行われてきた。体細胞に行われた治療結果は，次世代には影響を及ぼさない。一方，生殖細胞に対して行われるものは，遺伝し，子孫に受け継がれうる。このことから，生殖細胞への遺伝子治療は，特に慎重になされる必要がある。さらに，病気の原因となるものも含め，変異は人の個性の源である。どの変異への治療を認めるかについては，安全性の確保は当然のこととして，科学，文化，倫理といった多様な側面から十分に検討され，規制される必要がある。生殖細胞に対する遺伝子治療技術は，健康，知能，外見などを人為的に選別した**デザイナーベビー**の作成に直結するものであることも念頭に置く必要があるだろう。

解答例文

問1 **問題点1**　母親とドナーそれぞれの卵から生じた2つの胎芽を壊すこと。(28文字)

問題点2　子がドナー由来のミトコンドリアDNAを次世代に渡すこと。(28字)

問2 男児の変異ミトコンドリアの割合は，現在1％未満で，問題は生じない状態である。しかし，かつて別の方法で誕生した3人の親をもつ赤ちゃんが遺伝性疾患を発症した例がある。また，変異ミトコンドリアの割合は増大する可能性もある。したがって，変異ミトコンドリアの割合が変化しないか，今後も検査を続ける必要がある。(149文字)

問3 リー症候群のような重症かつ特に遺伝子との関連が強い遺伝性疾患については，遺伝子治療の道は開かれるべきだ。遺伝子治療によって子どもを授かったことは，患者にとって大きな喜びだろう。遺伝子治療は，遺伝性疾患やがんなどに対する治療法として研究が進められており，その成果も確実に挙がっている。しかし，遺伝子と形質の関係は非常に複雑であり，遺伝子治療には想定外の影響が出る危険性がある。さらに，そのような疾患の原因となるものも含め，変異は人の個性の源である。どの変異を異常とみなすのか，その変異は本当にゲノムから取り除くべきものなのかという選定は，非常に慎重に行われるべきであろう。とりわけ，生殖細胞に対する遺伝子治療の場合，その影響がその対象となる子の子孫にも引き継がれる可能性がある。したがって，遺伝子治療によってもたらされる結果が完全に解明されるまでは，認められるべきではないと考える。(390文字)

付録3　生物学習のための化学知識

1　元素と原子

①元素

物質を構成する基本的な成分　（水素・炭素・窒素・ナトリウム・カリウム・鉄など）

②原子

物質を構成する最小の単位　化学的な方法ではそれ以上に分割することができない粒子で，半径が0.1～0.5 nm，質量は水素原子で約1.7×10^{-24} gというきわめて小さいものである。

③原子量

原子の質量はきわめて小さいため，これを正確に測定することはほとんど不可能である。また，仮にグラム単位で測定したとしても，極端に小さな値になる。このため，質量数12の炭素原子の質量を基準にして各原子の相対的な質量を定め，これを**原子量**《げんしりょう》と呼んでいる。

④同位体(アイソトープ)

原子番号が同じ原子のなかで，質量数が異なるものを互いに**同位体**《どういたい》という。同位体およびそれを含む化合物の化学的性質は，いずれもほぼ同じである。同位体を示すには，^{1}H (ふつうの水素)，^{2}H (重い水素) などのように，元素記号の左肩にその質量数(原子番号＋中性子の数)を書き添える。

⑤放射性同位体(ラジオアイソトープ)

ウランやラジウムなどの原子は，自然に崩壊して放射線を出す性質をもっている。このような性質を**放射能**《ほうしゃのう》という。放射能をもつ原子を**放射性同位体**《ほうしゃせいどういたい》といい，^{14}C，^{32}Pなどがある。現在では，人工的に数多くの放射性同位体をつくることができるようになった。

放射性同位体は，トレーサー(追跡標識)として広く生物の研究に利用されている。たとえば，同位体を含む物質を生物体内に取り込ませ，それを追跡することによって代謝の経路を明らかにしたりする。

2　分子とイオン

①分子

物質の化学的性質を失わずに，分割することができる最小の構成単位を**分子**《ぶんし》という。分子は，ふつう，多くの原子が集まって結合し，一定の構造をつくっている。

物質のなかには分子を構成単位としていないものもある。たとえば，塩化ナトリウムNaClは，ナトリウムイオンNa^{+}，塩化物イオンCl^{-}という2種類のイオンが規則正しく配列し，結合して結晶をつくっている。

②イオン

電気的に中性の原子や原子団が，1～数個の電子を失ったり他から電子を得たりして，電気を帯びた状態になったものを**イオン**という。また，原子や原子団がイオンになることを，電離またはイオン化という。イオンには，電子を失って正(＋)の電気をもった陽イオンと，電子を得て負(－)の電気をもった陰イオンとがある。イオンは，原子や原子団を示す化学式の右肩に，電気量に応じた符号(＋または－)と数字をつけて表す。

③分子量

分子の相対的質量を**分子量**《ぶんしりょう》といい，分子を構成している原子の原子量の総和として求められる。

式量

分子が存在しない物質についても，分子量に相当するものとして，組成式にもとづいた**式量**《しきりょう》が定められる。たとえば，塩化ナトリウムNaClは，Na^{+}とCl^{-}が1:1の数の割合で結合してできており，その式量は次のように求められる。

NaClの式量＝Naの原子量(23)＋Clの原子量(35.5)＝58.5

④モル(mol)

原子や分子の質量はきわめて小さいため，日常で扱う量の物質を構成する粒子の数は膨大になる。そのため，一定数(6.02×10^{23})の粒子の集団を単位(**1 mol(モル)**)として物質の量を扱う。molを単位として示された量を**物質量**《ぶっしつりょう》という。1 molの質量は，その原子量・分子量・式量などにグラム単位〔g〕をつけた数値となる。

主要元素

原子番号	元素名	元素記号	原子量
1	水素	H	1.0
6	炭素	C	12
7	窒素	N	14
8	酸素	O	16
11	ナトリウム	Na	23
12	マグネシウム	Mg	24
13	アルミニウム	Al	27
14	ケイ素	Si	28
15	リン	P	31
16	硫黄	S	32
17	塩素	Cl	35.5
19	カリウム	K	39
20	カルシウム	Ca	40
25	マンガン	Mn	55
26	鉄	Fe	56
27	コバルト	Co	59
29	銅	Cu	63.5
30	亜鉛	Zn	65.4
42	モリブデン	Mo	96
47	銀	Ag	108
53	ヨウ素	I	127
82	鉛	Pb	207
92	ウラン	U	238

同位体

元素	非放射性同位体	放射性同位体
水素	^{1}H，^{2}H	^{3}H
炭素	^{12}C，^{13}C	^{14}C
窒素	^{14}N，^{15}N	
酸素	^{16}O，^{18}O	
リン	^{31}P	^{32}P
硫黄	^{32}S	^{35}S

陽イオン	H^{+}	水素イオン
	Na^{+}	ナトリウムイオン
	K^{+}	カリウムイオン
	NH_4^{+}	アンモニウムイオン
	Mg^{2+}	マグネシウムイオン
	Ca^{2+}	カルシウムイオン
	Cu^{2+}	銅(Ⅱ)イオン
	Fe^{3+}	鉄(Ⅲ)イオン
陰イオン	Cl^{-}	塩化物イオン
	OH^{-}	水酸化物イオン
	NO_3^{-}	硝酸イオン
	SO_4^{2-}	硫酸イオン

気体の体積

1 molの気体が占める体積は，気体の種類に関係なく，0 ℃，1気圧(1.013×10^{5} Pa)のもとで，22.4 Lとなる。

物　質	分子式	分子量を求める計算		分子量	1 mol
酸素	O_2	16×2＝32	(原子量)	32	32 g
水	H_2O	1×2＋16＝18	O……16	18	18 g
エタノール	C_2H_6O	12×2＋1×6＋16＝46	H……1	46	46 g
グルコース	$C_6H_{12}O_6$	12×6＋1×12＋16×6＝180	C……12	180	180 g

3 化学式と化学反応式

①**化学式**　物質の組成や構造などを表す式として，組成式，分子式，構造式，示性式などがある。

化学式＼物質		水	エチレン	エタノール	酢酸
組成式	物質を構成する原子の種類と数の割合を示す。	H_2O	CH_2	C_2H_6O	CH_2O
分子式	分子を構成する原子の種類と数を示す。	H_2O	C_2H_4	C_2H_6O	$C_2H_4O_2$
構造式	分子を構成する原子の結合状態を模式的に示す。	H－O－H	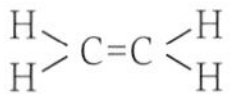	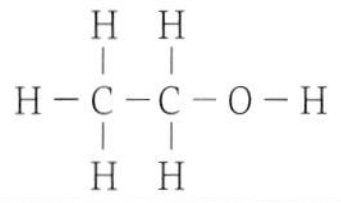	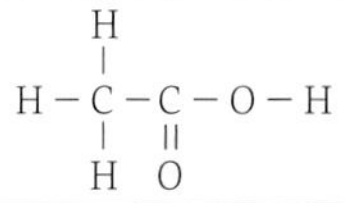
示性式	官能基という原子集団の種類と数を示す。		$CH_2=CH_2$	C_2H_5OH	CH_3COOH

②**化学反応式**

化学変化に関与する物質の種類と量の関係は，化学式を用いた化学反応式で示される。化学反応式中の物質の量が与えられると，これをもとにして他の物質の量を計算することができる。

(例)	$C_6H_{12}O_6$	＋	$6O_2$	＋	$6H_2O$	⟶	$6CO_2$	＋	$12H_2O$
物質量	1 mol	＋	6 mol	＋	6 mol	⟶	6 mol	＋	12 mol
質量	180 g	＋	6×32＝192 g	＋	6×18＝108 g	⟶	6×44＝264 g	＋	12×18＝216 g
体積(0 ℃・1013 hPa)			6×22.4＝134.4 L				6×22.4＝134.4 L		

4 溶液の濃度とpH

①**質量パーセント濃度(%)**　溶液の質量に対する溶質の質量を百分率で表したもの。

$$濃度(\%)=\frac{溶質の質量(g)}{溶液の質量(g)}\times 100$$

②**モル濃度(mol/L)**　溶液1 L中に溶けている溶質の物質量で表す。

(例) 1 mol/Lのグルコース液…グルコース溶液1 L中に，グルコース$C_6H_{12}O_6$が1 mol(180 g)溶けている。

③**pH(水素イオン指数)**

水溶液の酸性または塩基性(アルカリ性)の度合いは，水溶液中に含まれる水素イオン濃度$[H^+]$によって決まるが，$[H^+]$は非常に広範囲にわたって変化するため，ふつう，pH(水素イオン指数)が使われる。純粋な水は中性であるが，ごくわずかな分子が$H_2O \longrightarrow H^+ + OH^-$のように電離している。このとき，水素イオン濃度$[H^+]$と水酸化物イオン濃度$[OH^-]$は，いずれも$10^{-7}$ mol/Lである。

水に酸または塩基を溶かすと，H^+またはOH^-を供給することになるが，いずれの場合も両イオンの濃度の積は常に一定の値に保たれる。したがって，酸性・アルカリ性の度合いは水素イオン濃度$[H^+]$で表すことができ，水溶液が中性なら$[H^+]$は10^{-7} mol/L，酸性のときはそれよりも大きく，アルカリ性のときはそれよりも小さい。酸性・アルカリ性の度合いを簡単な数値で示すために，$[H^+]$の逆数の対数をpHとして定めている。

	(酸　性) ←							(中　性)							→ (アルカリ性)
$[H^+]$	1	10^{-1}	10^{-2}	10^{-3}	10^{-4}	10^{-5}	10^{-6}	10^{-7}	10^{-8}	10^{-9}	10^{-10}	10^{-11}	10^{-12}	10^{-13}	10^{-14}
$[OH^-]$	10^{-14}	10^{-13}	10^{-12}	10^{-11}	10^{-10}	10^{-9}	10^{-8}	10^{-7}	10^{-6}	10^{-5}	10^{-4}	10^{-3}	10^{-2}	10^{-1}	1
pH	0	1	2	3	4	5	6	7	8	9	10	11	12	13	14

5 酸化と還元

①**酸化**　物質が酸素原子を受け取る変化や，物質が水素原子あるいは電子を失う変化を**酸化**《さんか》という。

(例) $2H_2S + O_2 \longrightarrow 2S + 2H_2O$　　このとき，H_2Sは酸化されたという。

$NADPH + H^+ \longrightarrow NADP^+ + 2H^+ + 2e^-$　　このとき，NADPHは酸化されたという。

②**還元**　物質が酸素原子を失う変化や，物質が水素原子あるいは電子を受け取る変化を**還元**《かんげん》という。

(例) $2H_2O_2 \longrightarrow 2H_2O + O_2$　　このとき，H_2O_2は還元されたという。

$NAD^+ + 2H^+ + 2e^- \longrightarrow NADH + H^+$　　このとき，NAD^+は還元されたという。

③**酸化還元反応**　酸化と還元は常に同時に起こる。このような反応を**酸化還元反応**《さんかかんげんはんのう》という。

酸化剤《さんかざい》**(電子受容体**《でんしじゅようたい》**)**：還元されやすく，電子を受け取る物質　　(例) NAD^+，$NADP^+$，FAD，O_2など

還元剤《かんげんざい》**(電子供与体**《でんしきょうよたい》**)**：酸化されやすく，電子を放出する物質　　(例) NADH，NADPH，$FADH_2$，H_2，ビタミンCなど

(例) $2NH_3 + 3O_2 \longrightarrow 2HNO_2 + 2H_2O$　　アンモニアは酸化され，酸素は還元された。(亜硝酸菌による硝化(➡p.59))

アンモニア　亜硝酸

$CH_3CHO + NADH + H^+ \longrightarrow C_2H_5OH + NAD^+$　　NADHは酸化され，アセトアルデヒドは還元された。(アルコール発酵(➡p.65))

アセトアルデヒド　エタノール

$C_4H_6O_4 + FAD \longrightarrow C_4H_4O_4 + FADH_2$　　コハク酸は酸化され，FADは還元された。(クエン酸回路(➡p.62))

コハク酸　フマル酸

付録4　生物の分類（五界説の考え方にもとづく）

1　モネラ界

モネラ界…原核生物　　下の表には，比較のために，真核生物の特徴も記載している。

分類群		体制	核膜ヒストン	ミトコンドリア・葉緑体	リボソームの大きさ	クロロフィルの種類	鞭毛	細胞壁	無性生殖	有性生殖	生物例
モネラ界	細菌	単細胞（群体あり）	なし	なし	70 S（Sは沈降係数（➡p.20））	バクテリオクロロフィル	らせん状の繊維	ペプチドグリカン，テイコ酸，リポ多糖	分裂・栄養胞子	接合*2	大腸菌，根粒菌，肺炎双球菌，コレラ菌，ブドウ球菌
	シアノバクテリア					クロロフィルa	なし	ペプチドグリカン，リポ多糖			ユレモ，イシクラゲ
	アーキア	単細胞	なし*1			なし	らせん状の繊維	シュードムレイン，糖タンパク質，タンパク質など	分裂		メタン菌，高度好塩菌，好熱好酸菌
真核生物		単細胞 多細胞	あり	あり	80 S	クロロフィルa，b，c	9＋2構造（➡p.282）	セルロース，ペクチン，ケイ酸質など	分裂・出芽 栄養胞子 栄養生殖	接合・配偶子	

＊1　ただし，ヒストン様タンパク質をもち，クロマチン様構造を形成している。
＊2　種によっては，接合によって遺伝子の移動がみられる。

2　原生生物界

原生生物界…単細胞の真核生物，または胚を形成せず，組織が分化していない多細胞生物

分類群			体制	鞭毛	細胞壁	光合成色素			同化産物	無性生殖	有性生殖	生物例
						クロロフィル	カロテノイド	その他				
原生生物界		繊毛虫類	単細胞	繊毛	なし	なし			なし	分裂	接合	ゾウリムシ，ツリガネムシ
		アメーバ類		なし							—*4	アメーバ
		細胞性粘菌類	変形体（単核）	なし	セルロース					分裂，栄養胞子	接合	キイロタマホコリカビ
		変形菌類	変形体（多核）	尾型（2本）						分裂		ムラサキホコリ
		卵菌類	糸状体（多核の菌糸）	羽型，尾型	セルロース，グルカン					遊走子*3	菌糸の接合	ミズカビ，ツユカビ
	藻類	紅藻類	糸状体 葉状体	なし	セルロース，ペクチン	a	カロテンα，β キサントフィル （ルテインが多い）	フィコシアニン，フィコエリトリン	紅藻デンプン	栄養胞子	配偶子	アサクサノリ，カワモズク，マクサ
		渦鞭毛藻類	単細胞（群体あり）	片羽型，羽型	セルロース	a，c	カロテンβ キサントフィル （フコキサンチンが多い）	なし	デンプン，油脂	分裂	接合	ペリディニウム，ツノモ
		ケイ藻類		羽型，尾型	ペクチン，ケイ酸質				ラミナリン，油脂			ツノケイソウ，フナガタケイソウ
		褐藻類	葉状体		セルロース，アルギン酸				ラミナリン，マンニット，油脂	遊走子*3	配偶子	ホソメコンブ，ヒジキ，ワカメ
		ユーグレナ藻類	単細胞	片羽型	なし	a，b	カロテンβ キサントフィル		パラミロン，油脂	分裂	—*4	ミドリムシ
		緑藻類	単細胞，糸状体，葉状体	尾型（2，4，8本）	セルロース		カロテンα，β キサントフィル （ルテインが多い）		デンプン，スクロース	分裂，遊走子*3	接合，配偶子	アオサ，クロレラ，イカダモ，カサノリ
		車軸藻類	主に多細胞	尾型（2本）						栄養生殖など	配偶子など	シャジクモ，コレオケーテ

＊3　無性生殖の欄の遊走子は，減数分裂を経ないで生じるものに限る。　＊4　有性生殖は知られていない。

3　菌界

菌界…従属栄養生物で，胞子を形成する。多くは，一生，鞭毛をもつ胞子（遊走子）をつくらない。
地衣類…子のう菌類や担子菌類に緑藻類またはシアノバクテリアが共生したもの

分類群		体制	鞭毛	細胞壁	光合成色素			同化産物	無性生殖	有性生殖	生物例
					クロロフィル	カロテノイド	その他				
菌界	子のう菌類	糸状体（隔壁のある菌糸）	なし	キチン グルカン	なし			なし	出芽，栄養胞子	菌糸の接合	アオカビ，アカパンカビ
	担子菌類								栄養胞子		マツタケ，アンズタケ
	その他の菌類（ケカビのなかま）	糸状体（多核の菌糸）		キチン					栄養胞子	配偶子のうの接合	ケカビ，クモノスカビ
地衣類									胞子・粉芽		マツゲゴケ，ハナゴケ

4 植物界

植物界…胚を形成して光合成を行う独立栄養生物で，組織の分化がみられる。

分類群			体制		鞭毛	細胞壁	光合成色素			同化産物	無性生殖	有性生殖		生物例
							クロロフィル	カロテノイド	その他					
植物界	コケ植物		葉状体，茎葉体		尾型（2本，多数）	セルロース，ペクチン，ヘミセルロースなど	a，b	カロテンα，β キサントフィル（ルテインが多い）	なし	デンプン，スクロース	栄養生殖	造卵器植物	配偶子（卵細胞と精子）	スギゴケ，オオバチョウチンゴケ，ゼニゴケ
	シダ植物		維管束植物	茎葉体（維管束が発達）										トクサ，ゼンマイ，クラマゴケ，ワラビ
	種子植物	裸子植物											配偶子（卵細胞と精細胞・精子）	クロマツ，イチョウ，ソテツ，コメツガ
		被子植物			なし									エンドウ，マツムシソウ，オニユリ，ヤマザクラ

5 動物界

動物界…多細胞の従属栄養生物

分類群		発生						神経系		窒素代謝			呼吸系	循環系		消化系			生物例
		卵割*5	胚葉	中胚葉	原口		体腔			排出器		主な排出物							
海綿動物		放射卵割	（側生動物）					なし		なし		アンモニア	皮膚	なし		細胞内消化	（襟細胞 変形細胞）		ムラサキカイメン，ダイダイイソカイメン，カイロウドウケツ
刺胞動物			（二胚葉動物）					散在神経系						（胃水管系）		細胞外消化（内胚葉性の消化管あり）・有腸動物	肛門なし	（胃水管系）	イソギンチャク，ミズクラゲ，ヒドラ
有シツ動物																			フウセンクラゲ，ウリクラゲ
扁形動物		らせん卵割	三胚葉動物（左右相称動物）	裂体腔	旧口動物	（冠輪動物）	無体腔	集中神経系	かご形神経系	原腎管				なし					ヒラムシ，プラナリア，サナダムシ，コウガイビル
輪形動物							偽体腔		＊6								肛門あり	（中腸腺）	ヒルガタワムシ，ツボワムシ
軟体動物	マキガイ・ニマイガイ類						真体腔			腎管	ボヤヌス器		えら	開放				中腸腺（肝すい腺）あり	マイマイ，サザエ，ハマグリ，カキ
	頭足類（イカ類）										腎のう			閉鎖					カミナリイカ，マダコ，コウイカ
環形動物									はしご形神経系		体節器							盲のう	ゴカイ，ミミズ，ケヤリムシ，ウマビル
線形動物						（脱皮動物）	偽体腔		かご形神経系	（排泄細胞）			皮膚	なし					カイチュウ，ハリガネムシ，センチュウ
節足動物	甲殻類						真体腔		はしご形神経系	腎管	触角腺		えら	開放				中腸腺（肝すい腺）あり	イセエビ，メガネカラッパ，ミジンコ
	ムカデ・クモ類									マルピーギ管		尿酸	気管						アカムカデ，ヤスデ，ゲジ，キムラグモ，コガネグモ
	昆虫類																		オオカマキリ，キアゲハ，カブトムシ
棘皮動物	ヒトデ・ウニ類	放射卵割		腸体腔	新口動物				神経環	（水管系）		アンモニア	（水管系）	（水管系）					サンショウウニ，ニチリンヒトデ，ハスノハカシパン，カワテブクロ
	ナマコ類												（水肺）						マナマコ，ジャノメナマコ
原索動物	ホヤ類								管状神経系	なし			えら	開放					マボヤ，エボヤ，カラスボヤ
	ナメクジウオ類									（有管細胞）				閉鎖	一循環				ナメクジウオ
脊椎動物	無顎類									腎臓	前腎							肝臓・すい臓あり	ヤツメウナギ，スナヤツメ
	軟骨魚類										中腎	尿素							マダラエイ，ジンベエザメ，シビレエイ
	硬骨魚類																		バラハタ，チョウザメ，マダイ，タツノオトシゴ
	両生類											尿素							オオサンショウウオ，イモリ，トノサマガエル
	ハ虫類										後腎	尿酸	肺		二循環				アオウミガメ，ヤモリ，トカゲ，マムシ
	鳥類																		ジョウビタキ，ニワトリ，フクロウ，ペンギン
	哺乳類											尿素							リャマ，ハツカネズミ，コウモリ，クジラ

＊5　放射卵割，らせん卵割は，全割を行う生物のみに当てはまる卵割の様式である（➡p.288）。

＊6　3～5対の神経節をもち，脳神経節につながっている。

索引

主要なページ，または生物の写真を掲載したページを太字で示す。

索引

か

き

さ

し

す

せ

そ

た

ち

つ

て

ひ

ふ

へ

ゆ

よ

ら

り

る

れ

ろ

わ

写真・資料提供者（敬称略・五十音順）

相田光宏，浅野行蔵，足成，アーテファクトリー，アフロ，アマナイメージズ，有泉高史，アルプ㈱，生きもの好きの語る自然誌，石原直忠，井出千束・菊井悠允，稲垣昌樹・猪子誠人，井上敬，（国研）医薬基盤・健康・栄養研究所 JCRB 細胞バンク，イルミナ㈱，岩国市立ミクロ生物館，岩瀬哲，植村知博，内川昌則，宇野好宣，NIAID，NPS，NBRP（ゼブラフィッシュ，ネッタイツメガエル提供），㈱エビデント，大阪市立自然史博物館，大阪大学微生物病研究所・蓮輪英毅，大隅正子，大村嘉人，岡崎恒子，岡田典弘，小田耕平，（国研）海洋研究開発機構（JAMSTEC），香川県赤潮研究所，柏原真一，片岡勝子，学校法人 北里研究所 北里柴三郎記念室，門川朋樹，角谷侑香・山口暢俊・伊藤寿朗，化学と生物，Vol. 55，No. 9，602-610，2007，金井克晃，（公財）神奈川県栽培漁業協会，蒲郡市生命の海科学館，Current Biology，川井浩史，北里大学大村智記念研究所，キッコーマンバイオケミファ㈱，京都大学 iPS 細胞研究所，京都大学 木下政人，共立出版㈱「日本の海産プランクトン図鑑」，近畿大学病院，九町健一，黒木義人，㈲クロモソームサイエンスラボ，群馬県立自然史博物館，ゲッティイメージズ，ケニス㈱，合木茂，河野毅，小亀一弘，国立環境研究所・海洋研究開発機構，小林悟・佐藤隆奈・浅岡美穂，駒場バラ会，近藤侑貴，Science，Science Source Images/ユニフォトプレス，斎藤通紀，齋藤由美，Cynet Photo，酒井寿郎・稲垣毅，坂口修一，坂本尚昭，相賀裕美子，サナテックシード㈱，（国研）産業技術総合研究所，㈱サントリーフラワーズ，時事通信フォト，（公財）実験動物中央研究所，CDC（Janice Haney Carr, Alissa Eckert, MSMI, Dan Higgins, MAMS, Elizabeth H. White, M.S., Dr. G. William Gary, Jr.），（国研）森林研究・整備機構 森林総合研究所，菅沼教生，菅原正・松尾宗征，角南久仁子，精糖工業会，（独）製品評価技術基盤機構，素材辞典，田村宏治，筑波大学山岳科学センター，辻寛之，Developmental Cell，東海大学 海洋科学博物館・自然史博物館，東海大学自然史博物館，（公財）東京都公園協会，東京都立大学細胞遺伝学研究室，徳島県立博物館，徳富哲，戸部博，内閣府食品安全委員会発行「食品安全」第21号（p.153 ウイルス抵抗性パパイヤ），中川繭，長谷あきら，中野明彦，名黒知徳，NASA/JPL，西野栄正，西村いくこ，二歩裕，日本イーライリリー㈱，（公社）日本臓器移植ネットワーク，NOAA，（国研）農業・食品産業技術総合研究機構（農研機構），野崎久義，野田口理孝，橋場浩子，馳澤盛一郎・桧垣匠，原田康夫，東山哲也，PIXTA，㈱日立ハイテク，日野晶也，PPS 通信社，広島市植物公園，photolibrary，福原達人，藤目杉江，古谷将彦，PLOS Biolgy，POLS ONE，北隆館（「バッタの大発生の謎と生態」2021年４月刊（田中誠二編）），北興化学工業㈱，MIXA，松浦克美，松崎利行，松田勝，馬渕一誠，三浦知之，溝口史郎，溝口貴正・伊藤素行，南澤究，宮島水族館，宮村新一，村上明男，村中俊哉，（公財）目黒寄生虫館，元慶應義塾大学教授 柳川弘志，元東京農業大学名誉教授 河野友宏 所蔵　東京農業大学「食と農」の博物館 写真，安永遥美，山元大輔，USGS，雪印種苗㈱，ユニフォトプレス，吉岡泰，（国研）理化学研究所，理化学研究所バイオリソース研究センター 室長 三輪佳宏，リージョナルフィッシュ㈱ 木下政人，若山正隆，早稲田大学　大島登志男・NBRP（グリア細胞で蛍光タンパク質を発現するゼブラフィッシュ提供）

●デザインレイアウト・図版製作　朝井明日香，キャデック，彩考

クリエイティブ・コモンズ・ライセンスに関する情報

https://dg-w.jp/b/0430105

人間生活と生物学

生物学は，食品や日用品の製造，医療の発展，地球環境問題の解決に向けた取り組みなどを通じて，人間生活に深く関わっている。

食品

育種と遺伝子

食品には，交雑や遺伝子組換え技術(➡p.142)などによって，目的とする形質をもつように改変されたものも多い。

交配育種　目的の形質をもつものどうしを交雑させ，望む形質をもつ品種をつくる手法(交配育種)は，農業や畜産業において，古くから利用されている。

にじのきらめき

◀イネでは，育てやすさや米の味をよりよくする目的で品種改良が行われている。「にじのきらめき」は，高温に強い品種と，食味のよい品種を交雑したものである。イネには，胚乳の生育時期が高温になると米の品質が低下する品種が多い。この品種は，地球温暖化によってさらに気温が上昇しても，日本各地での栽培ができると期待されている。

遺伝子を改変した生物

遺伝子を改変する技術によって作出された作物には，病原体や除草剤に耐性があるものや，特定の栄養分などの量を変化させたものなどがある(➡p.153)。

ゲノム編集技術により，神経伝達物質のGABA(➡p.199)を多くもつように改変したトマトが実用化されている。▶

GABA高蓄積トマト

加工と酵素

さまざまな食品で，酵素の働きによる加工技術が利用されている。

風味の向上

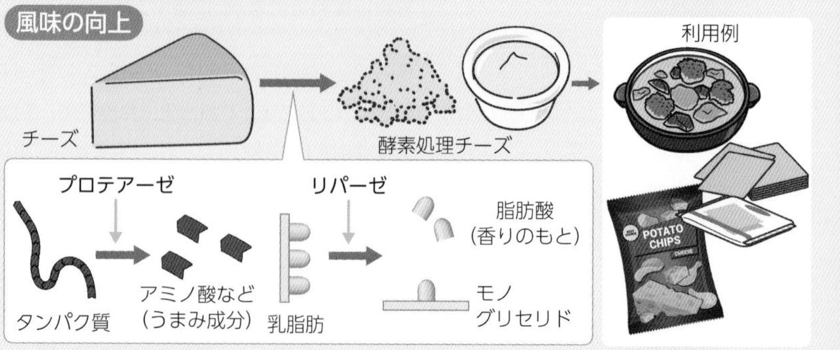

▲チーズ風味の食品や加工したチーズには，プロテアーゼやリパーゼなどの酵素によって味や香りを強めたチーズ(酵素処理チーズ)が用いられることがある。

栽培と植物ホルモン

植物ホルモンの作用は，作物栽培や果実の追熟などに利用されている。

農薬

除草剤(➡p.237)　リンゴなどの落果防止

▲農薬には，オーキシンと同様の作用をもつように合成された薬剤があり，除草剤や落果防止などさまざまな目的で利用されている。ジベレリンなども農薬として利用されている。

果実の追熟

バナナ

◀バナナは，未熟な状態で輸入された後，エチレンによって追熟してから出荷される。

工業

家庭用品と酵素

日常で利用する製品には，酵素の働きを利用したものがある。

洗剤　衣類用洗剤をはじめ(➡p.44)，食器用の洗剤などには，酵素を含み，その働きで汚れの成分を分解するものがある。

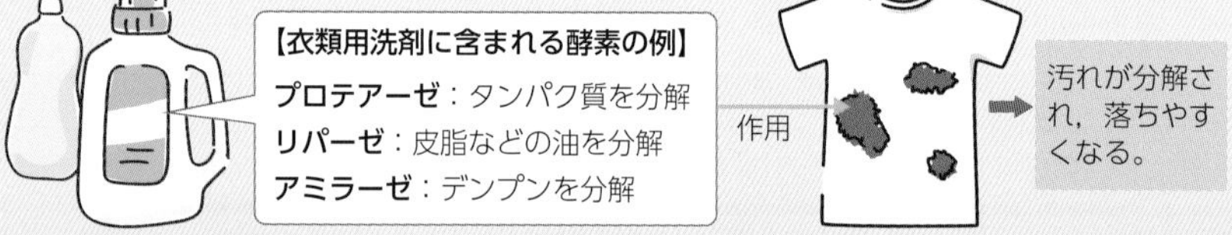

繊維の加工

酵素は繊維の加工にも利用され，たとえば，綿や麻繊維のセルロースをセルラーゼで適度に分解して減量し，衣類の肌触りをよくする加工などがある。

綿(左)や麻(右)を使用した衣類

情報とDNA

DNAの塩基配列をデジタルデータの保存に応用する研究が行われている。

DNAストレージ

デジタルデータは0と1の配列で表現される。DNAストレージは，これを塩基配列に変換し，DNAをデータの記憶媒体として利用する試みである。従来の技術に比べ，多量のデータをコンパクトに長期間保存できる技術として期待されている。

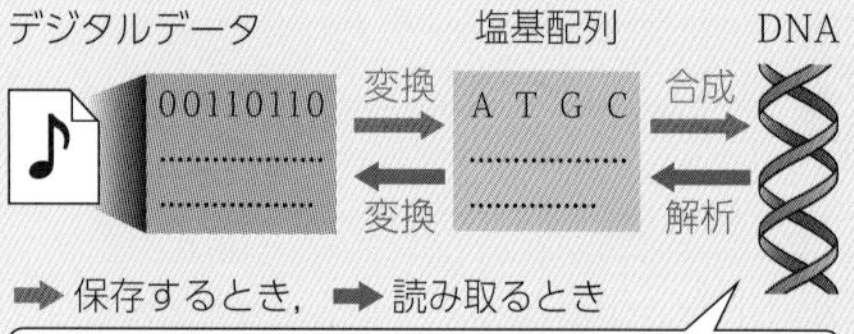

- DNAは，1gで最大6億8千GBものデータを保存できる。
- 保存条件がよければ，数十万年間もデータを保存できる(光ディスクの保存期間は約30年)。

衛生管理とATP

ATPを調べる技術は，食品産業や病院などのさまざまな分野で，衛生管理に活用されている。

ATPふき取り検査

ATP(➡p.46)は，すべての生物がもち，生物由来の汚れの指標となる。ATPを検出する試薬を用いて，綿棒でふき取った部分の汚れを検査する。